2026 최신판

에듀윌
산업위생관리기사
필기
+무료특강

합격자 수가
선택의 기준!

한달끝장
❶권 | 핵심이론+최빈출 100제

특별제공
계.산.끝. 부록
+
무료특강

복잡한 공학 개념, 한눈에 보이게!
7개년 기출+쉬운 설명으로 한달합격!

eduwill

2026 최신판

에듀윌 산업위생관리기사
필기 + 무료특강

계산문제 산뜻하게 끝내자

산업위생학개론

유형 01 적정휴식시간(Hertig식)

SUBJECT 01

Hertig식을 이용하여 적정휴식시간 또는 업무시간을 구하는 경우

연습문제

38세 된 남성근로자의 육체적 작업능력(PWC)은 15[kcal/min]이다. 이 근로자가 1일 8시간 동안 물체를 운반하고 있으며 이때의 작업대사량은 7[kcal/min]이고, 휴식 시 대사량은 1.2[kcal/min] 이다. 이 사람의 적정 휴식시간과 작업시간의 배분(매시간별)은 어떻게 하는 것이 이상적인가?

❶ $T_{rest} = \dfrac{E_{max} - E_{task}}{E_{rest} - E_{task}} \times 100$

❷ $E_{max} = \dfrac{\text{PWC}}{3} = 5[\text{kcal/min}]$

$T_{rest} = \dfrac{5-7}{1.2-7} \times 100 = 34.48[\%]$

휴식시간 = 60분 × 0.3448 ≒ 21분
작업시간 = 60분 − 휴식시간 = 60 − 21 = 39분

더 보기

- E_{max}, E_{task}, E_{rest}가 각각 어떤 의미인지 혼동하지 않아야 한다.
- 휴식시간을 구하는 문제인지, 또는 작업시간을 구하는 문제인지 문제의 요지를 잘 파악한다.

유형 02 작업강도(%MS)

작업자의 힘과 요구되는 힘을 제시하고 작업강도를 구하는 경우

연습문제

젊은 근로자에 있어서 약한 쪽 손의 힘은 평균 45[kp]라고 한다. 이러한 근로자가 무게 8[kg]인 상자를 양손으로 들어 올릴 경우 작업강도[%MS]는 약 얼마인가?

❶ $\%MS = \dfrac{RF}{MS} \times 100$

❷ $\%MS = \dfrac{RF}{MS} \times 100 = \dfrac{8 \times \dfrac{1}{2}}{45} \times 100 = 8.9[\%]$

유형 03 도수율(빈도율)

재해발생건수를 제시하고 연근로시간수와 도수율을 구하는 경우

연습문제

어떤 플라스틱 제조 공장에 200명의 근로자가 근무하고 있다. 1년에 40건의 재해가 발생하였다면 이 공장의 도수율은? (단, 1일 8시간, 연간 290일 근무기준이다.)

$$\text{도수율} = \dfrac{\text{재해건수}}{\text{연근로시간수}} \times 10^6$$

$$= \dfrac{40}{200 \times 8 \times 290} \times 10^6 = 86.21$$

더 보기

- 도수율은 근로자 100만 명이 1시간 작업 시 발생하는 재해건수이다.
- 경미한 재해이든 심각한 재해이든 1건으로 계수되므로 재해의 경중을 반영하지 못한다.

유형 04   [mg/m³] → [ppm] 단위변환

[mg/m^3]을 아보가드로의 법칙과 분자량을 이용하여 [ppm]으로 변환하는 경우

연습문제

온도 25[℃], 1기압 하에서 분당 100[mL]씩 60분 동안 채취한 공기 중에서 벤젠이 5[mg] 검출되었다면 검출된 벤젠은 약 몇 [ppm]인가? (단, 벤젠의 분자량은 78이다.)

$$\text{벤젠의 농도} = \frac{5\text{mg}}{\frac{100 \times 10^{-6}\text{m}^3}{\text{min}} \times 60\text{min}} = 833.33[\text{mg/m}^3]$$

$$\frac{\text{mg}}{\text{m}^3} = \frac{\text{ppm} \times \text{분자량}}{24.45} \text{이므로}(25[℃], 1\text{기압 기준})$$

$$\text{ppm} = \frac{24.45 \times 833.33}{78} = 261.22[\text{ppm}]$$

더 보기

- [ppm] = [mL/m^3]이다.
- 아보가드로의 법칙에 의해 모든 기체는 0[℃], 1기압에서 1[mol]의 부피가 22.4[L]이므로 이를 25[℃]로 보정하여 사용한다.(산업위생관리기사 시험에서는 특별한 조건이 없을 때 25[℃]를 표준상태로 가정함)

유형 05   시간가중평균노출수준(TWA)

노출시간에 따라 측정농도를 가중평균한 노출수준

연습문제

벤젠이 배출되는 작업장에서 채취한 시료의 벤젠농도 분석 결과가 3시간 동안 4.5[ppm], 2시간 동안 12.8[ppm], 1시간 동안 6.8[ppm]일 때, 이 작업장의 벤젠 TWA[ppm]는?

$$\text{TWA} = \frac{C_1 t_1 + C_2 t_2 + \cdots + C_n t_n}{8} = \frac{(3 \times 4.5) + (2 \times 12.8) + (1 \times 6.8) + (2 \times 0)}{8} = 5.74[\text{ppm}]$$

더 보기

보통 1일 8시간 작업을 기준으로 한다.

유형 06 노출지수(EI)

노출농도와 노출기준(TLV)으로 노출지수를 구하는 경우

SUBJECT 01

연습문제

공기 중 acetone 500[ppm], sec-butyl acetate 100ppm 및 methyl ethyl ketone 150[ppm]이 혼합물로서 존재할 때 복합노출지수[ppm]는? (단, acetone, sec-butyl acetate 및 methyl ethyl ketone의 TLV는 각각 750, 200, 200[ppm]이다.)

❶ $EI = \dfrac{C_1}{TLV_1} + \dfrac{C_2}{TLV_2} + \cdots + \dfrac{C_n}{TLV_n}$

❷ $EI = \dfrac{500}{750} + \dfrac{100}{200} + \dfrac{150}{200} = 1.92$

더 보기

- 유해성이 상가작용을 한다고 가정하여야 한다.
- 노출지수가 1을 초과하면 노출기준 초과로 판단한다.

작업위생측정 및 관리

유형 07 | 누적오차(E_c)

SUBJECT 02

공식을 이용하여 누적오차를 구하는 경우

연습문제

유량, 측정시간, 회수율 및 분석에 의한 오차가 각각 18[%], 3[%], 9[%], 5[%]일 때, 누적오차[%]는?

❶ $E_c = \sqrt{E_1^2 + E_2^2 + \cdots + E_n^2}$
❷ $E_c = \sqrt{18^2 + 3^2 + 9^2 + 5^2} = 20.95[\%]$

유형 08 | 침강속도식(Lippman식)

SUBJECT 02

Lippman식을 이용하여 입자의 침강속도를 구하는 경우

연습문제

입경이 20[μm]이고 입자비중이 1.5인 입자의 침강속도[cm/s]는?

❶ $V_g = 0.003 \times s_g \times d^2$
❷ $V_g = 0.003 \times 1.5 \times 20^2 = 1.8[\text{cm/sec}]$

더 보기

- 각 변수의 단위에 주의한다.
- 입자의 밀도가 아니라 비중이 주어지는 경우 사용 가능하다.

유형 09 · 기하평균(GM) — SUBJECT 02

공식을 이용하여 기하평균을 구하는 경우

연습문제

금속탈지 공정에서 측정한 trichloroethylene의 농도[ppm]가 101, 45, 51, 87, 36, 54, 40일 때, 기하평균 농도[ppm]는?

① $GM = \sqrt[n]{x_1 \times x_2 \times \cdots \times x_n}$
② $GM = \sqrt[7]{101 \times 45 \times 51 \times 87 \times 36 \times 54 \times 40} = 55.23[\text{ppm}]$

더 보기

제곱근이 아니라 n제곱근이라는 점을 유념한다.

유형 10 · 측정시간에 따른 소음평균치 — SUBJECT 02

누적소음노출량[%]과 측정시간을 이용하여 소음평균치를 구하는 경우

연습문제

10시간 동안 측정한 누적소음노출량이 300[%]일 때 측정시간 평균소음수준은 약 얼마인가?

① $SPL = 90 + 16.61 \log \dfrac{D}{12.5t}$
② $SPL = 90 + 16.61 \log \dfrac{300}{12.5 \times 10} = 96.32[\text{dB(A)}]$

작업환경관리대책

유형 11 연속방정식 SUBJECT 03

연속방정식을 이용하여 유량, 덕트의 면적 또는 내경을 구하는 경우

[연습문제]

직경이 38[cm] 유효높이 2.5[m]의 원통형 백필터를 사용하여 60[m³/min]의 함진가스를 처리할 때 여과속도[cm/s]는?

❶ $Q = A \times V$

❷ $V = \dfrac{Q}{A} = \dfrac{Q}{\pi D L}$

$= \dfrac{\dfrac{60\text{m}^3}{\text{min}} \times \dfrac{\text{min}}{60\text{sec}}}{\pi \times 0.38\text{m} \times 2.5\text{m}}$

$= 0.3351\text{m/sec} \times \dfrac{100\text{cm}}{\text{m}}$

$= 33.51[\text{cm/sec}]$

[더 보기]

- 연속방정식은 질량 보존의 법칙으로부터 유래된 공식으로써, 정상류로 흐르는 한 단면의 유체 질량과 다른 단면을 통과하는 질량이 같아야 한다는 법칙이다.
- 각 변수의 단위에 주의한다.

유형 12 공기 유속 공식(비중량을 모를 때)

SUBJECT 03

속도압을 이용하여 공기의 유속을 구하는 경우

연습문제

덕트에서 공기 흐름의 평균속도압이 25[mmH$_2$O]였다면 덕트에서의 공기의 반송속도[m/s]는?

❶ $V = 4.043\sqrt{\text{VP}}$
❷ $V = 4.043 \times \sqrt{25} = 20.22 [\text{m/s}]$

유형 13 속도압-유속공식(비중량을 알 때)

SUBJECT 03

유속을 이용하여 속도압을 구하는 경우

연습문제

밀도가 1.225[kg/m³]인 공기가 20[m/s]의 속도로 덕트를 통과하고 있을 때 동압[mmH$_2$O]은?

$$\text{VP} = \frac{\gamma V^2}{2g}$$
$$= \frac{1.225 \times 20^2}{2 \times 9.8} = 25 [\text{mmH}_2\text{O}]$$

더 보기

γ는 비중량을 의미하지만, 문제에서 밀도가 주어진 경우 밀도를 대입한다.

유형 14. 유입손실계수 및 후드의 압력손실 — SUBJECT 03

유입계수를 이용한 유입손실계수 계산 및 유입손실계수와 속도압을 이용하여 후드의 압력손실을 구하는 경우

연습문제

후드의 유입계수 0.86, 속도압 25[mmH$_2$O]일 때 후드의 압력손실[mmH$_2$O]은?

❶ $F_h = \dfrac{1}{Ce^2} - 1 = \dfrac{1}{0.86^2} - 1 = 0.352$

❷ $\Delta P = F_h \times VP = 0.352 \times 25 = 8.8\,[\text{mmH}_2\text{O}]$

더 보기

후드의 유입손실계수는 압력손실계수와 같다.

유형 15. 레이놀즈수 — SUBJECT 03

공식을 이용하여 레이놀즈수를 구하는 경우

연습문제

덕트 직경이 30[cm]이고 공기유속이 10[m/sec]일 때, 레이놀즈수는 약 얼마인가? (단, 공기의 점성계수는 1.85×10^{-5}[kg/sec·m], 공기밀도는 1.2[kg/m^3]이다.)

❶ $Re = \dfrac{\rho DV}{\mu}$

❷ $Re = \dfrac{1.2 \times 0.3 \times 10}{1.85 \times 10^{-5}} = 194{,}594.59$

더 보기

각 변수의 단위에 주의한다.

유형 16 · 농도 감소에 걸리는 시간
SUBJECT 03

공식을 사용하여 환기 시 오염물질 농도 감소에 걸리는 시간을 구하는 경우

연습문제

오염물질의 농도가 200[ppm]까지 도달하였다가 오염물질 발생이 중지되었을 때, 공기 중 농도가 200[ppm]에서 19[ppm]으로 감소하는 데 걸리는 시간[min]은? (단, 환기를 통한 오염물질의 농도는 시간에 대한 지수함수(1차 반응)으로 근사된다고 가정하고 환기가 필요한 공간의 부피는 3,000[m³], 환기 속도는 1.17[m³/s]이다.)

❶ $t = -\dfrac{V}{Q'} \ln \dfrac{C_2}{C_1}$

❷ $t = -\dfrac{3,000}{1.17} \times \ln \dfrac{19}{200} = = 6,035.59[\sec]$

$t = 6,035.59 \sec \times \dfrac{\min}{60 \sec} = 100.59[\min]$

유형 17 · 시간당 공기교환횟수(ACH)
SUBJECT 03

필요환기량과 실내 용적을 이용하여 시간당 공기교환횟수를 구하는 경우

연습문제

작업장 용적이 10[m]×3[m]×40[m]이고 필요환기량이 120[m³/min]일 때 시간당 공기교환횟수는?

❶ $ACH = \dfrac{Q}{V}$

❷ $ACH = \dfrac{120}{10 \times 3 \times 40} = 0.1[회/\min]$

$ACH = \dfrac{0.1회}{\min} \times \dfrac{60\min}{hr} = 6[회/hr]$

> **더 보기**
>
> 이산화탄소의 공기교환횟수 공식은 별도로 있으므로 유의한다.

유형 18 후드형태별 필요환기량

SUBJECT 03

공식을 사용하여 후드형태에 따라 필요한 환기량을 구하는 경우

연습문제

철재 연마공정에서 생기는 철가루의 비산을 방지하기 위해 가로 50[cm], 높이 20[cm]인 직사각형 후드에 플랜지를 부착하여 바닥면에 설치하고자 할 때, 필요환기량[m³/min]은? (단, 제어풍속은 ACGIH 권고치 기준의 하한으로 설정하며, 제어풍속이 미치는 최대거리는 개구면으로부터 30[cm]라 가정한다.)

❶
외부식 후드	플랜지 있음	플랜지 없음
공중	$Q = 0.75 V_c (10X^2 + A)$	$Q = V_c (10X^2 + A)$
바닥면	$Q = 0.5 V_c (10X^2 + A)$	$Q = V_c (5X^2 + A)$

❷ $A = 0.5 \times 0.2\,\text{m} = 0.1[\text{m}^2]$
철가루 비산 작업장의 ACGIH 최소 권고 제어풍속 = 3.7[m/s]
바닥면에 부착한 플랜지가 없는 후드이므로
$Q = 0.5 \times 3.7 \times (10 \times 0.3^2 + 0.1) = 1.85[\text{m}^3/\text{s}]$
$Q = \dfrac{1.85\,\text{m}^3}{\text{s}} \times \dfrac{60\,\text{s}}{\text{min}} = 111[\text{m}^3/\text{min}]$

더 보기

- 바닥에 있는 후드가 공중에 있는 후드보다 필요환기량이 적다.
- 플랜지를 부착한 후드가 부착하지 않은 후드보다 필요환기량이 적다.

유형 19 송풍기의 소요동력

SUBJECT 03

공식을 이용하여 송풍기의 소요동력을 구하는 경우

연습문제

흡인 풍량이 200[m³/min], 송풍기 유효전압이 150[mmH$_2$O], 송풍기 효율이 80[%]인 송풍기의 소요동력[kW]은?

$$\text{소요동력} = \frac{Q \times \Delta P}{6{,}120 \times \eta} \times \alpha$$
$$= \frac{200 \times 150}{6{,}120 \times 0.8} \times 1.0 = 6.13 [\text{kW}]$$

더 보기

문제에서 효율, 여유율에 대한 별도의 언급이 없으면 1.0으로 가정한다.

계.산.끝.

물리적유해인자관리

유형 20 | 음압수준(SPL) — SUBJECT 04

공식을 이용하여 음압수준을 구하거나 비교하는 경우

[연습문제]

음압이 2배로 증가하면 음압레벨(Sound Pressure Level)은 몇 [dB] 증가하는가?

❶ $\mathrm{SPL} = 20\log\dfrac{P}{P_o}$

❷ 음압이 2배로 증가하면 $P \to 2P$로 변화하는 것이다.

$$\mathrm{SPL} = 20\log\dfrac{2P}{P_o} = 20\log\left(2 \times \dfrac{P}{P_o}\right)$$
$$= 20\log 2 + 20\log\left(\dfrac{P}{P_o}\right)$$

따라서, $20\log 2 = 6[\mathrm{dB}]$만큼 증가한다.

[더 보기]

P_o는 기준음압으로, $2 \times 10^{-5}[\mathrm{N/m^2}]$이다.

유형 21. 습구흑구온도지수(WBGT)

공식을 이용하여 습구흑구온도지수를 구하는 경우

연습문제

옥외(태양광선이 내리쬐지 않는 장소)의 온열조건이 아래와 같을 때, WBGT[℃]는?

❶
옥내 또는 태양광선이 내리쬐지 않는 옥외	WBGT=0.7NWB+0.3GT
태양광선이 내리쬐는 옥외	WBGT=0.7NWB+0.2GT+0.1DT

❷ WBGT = 0.7 × 25 + 0.3 × 40
       = 29.5[℃]

유형 22. 음압수준(SPL)과 음향파워레벨(PWL)의 관계

공식을 이용하여 PWL을 먼저 계산하고 SPL을 구하는 경우

연습문제

음력이 1.2[W]인 소음원으로부터 35[m]되는 자유공간 지점에서의 음압수준[dB]은 약 얼마인가?

❶ $PWL = 10\log\dfrac{W}{W_o} = 10\log\dfrac{1.2}{10^{-12}} = 120.79[dB]$

❷ $SPL = PWL - 20\log r - 11$
       $= 120.79 - 20\log 35 - 11$
       $= 78.91[dB]$

더 보기

W_o는 기준음력으로, $10^{-12}[W]$이다.

유형 23 — 합산 소음

SUBJECT 04

공식을 이용하여 합산 소음을 구하는 경우

연습문제

공장 내 각기 다른 3대의 기계에서 각각 90[dB(A)], 95[dB(A)], 88[dB(A)]의 소음이 발생된다면 동시에 기계를 가동시켰을 때의 합산 소음[dB(A)]은 약 얼마인가?

❶ $L_\text{합} = 10 \log \left(10^{\frac{\text{SPL}_1}{10}} + 10^{\frac{\text{SPL}_2}{10}} + \cdots + 10^{\frac{\text{SPL}_n}{10}} \right)$

❷ $L_\text{합} = 10 \log \left(10^{\frac{90}{10}} + 10^{\frac{95}{10}} + 10^{\frac{88}{10}} \right) = 96.8 [\text{dB(A)}]$

더 보기

보통 8시간을 기준으로 시간가중평균을 구하는 경우가 많다.

유형 24 — 귀마개의 차음효과

SUBJECT 04

차음평가지수(NRR)가 주어졌을 때 귀마개의 차음효과를 구하는 경우

연습문제

금속을 가공하는 음압수준이 98[dB(A)]인 공정에서 NRR이 17인 귀마개를 착용했을 때의 차음효과[dB(A)]는? (단, OSHA의 차음효과 예측방법을 적용한다.)

❶ 차음효과 $= (\text{NRR} - 7) \times 0.5$

❷ 차음효과 $= (17 - 7) \times 0.5 = 5 [\text{dB(A)}]$

에듀윌과 함께 시작하면,
당신도 합격할 수 있습니다!

대학 졸업 후 취업을 준비하며
산업위생관리기사 자격시험을 공부하는 취준생

안전보건분야로 진로를 정하고 쌍기사 취득을 위해
산업위생관리기사에 도전하는 수험생

낮에는 현장에서 일하면서도 더 나은 미래를 꿈꾸며
산업위생관리기사 교재를 펼치는 주경야독 직장인

누구나 합격할 수 있습니다.
시작하겠다는 '다짐' 하나면 충분합니다.

마지막 페이지를 덮으면,

**에듀윌과 함께
산업위생관리기사 합격이 시작됩니다.**

에듀윌 산업위생관리기사 필기
개념원리 3회독 한 달 플래너

WEEK	DAY	학습내용	완료
WEEK 01	DAY 01	핵심이론 SUBJECT 01 산업위생학개론	☐
	DAY 02	핵심이론 SUBJECT 02 작업위생측정 및 평가	☐
	DAY 03	핵심이론 SUBJECT 03 작업환경관리대책	☐
	DAY 04	핵심이론 SUBJECT 04 물리적유해인자관리	☐
	DAY 05	핵심이론 SUBJECT 05 산업독성학	☐
	DAY 06	최빈출 100제 + <최빈출 100제 무료특강>	☐
	DAY 07	계.산.끝. 부록 + 핵심이론 복습	☐
WEEK 02	DAY 08	2025년 CBT 복원문제	☐
	DAY 09	2024년 CBT 복원문제	☐
	DAY 10	2023년 CBT 복원문제	☐
	DAY 11	2022년 기출문제	☐
	DAY 12	2021년 기출문제	☐
	DAY 13	2020년 기출문제	☐
	DAY 14	2019년 기출문제 1회독	☐
WEEK 03	DAY 15	1회독 오답노트 + 2025년 CBT 복원문제	☐
	DAY 16	2024년 CBT 복원문제	☐
	DAY 17	2023년 CBT 복원문제	☐
	DAY 18	2022년 기출문제	☐
	DAY 19	2021년 기출문제	☐
	DAY 20	2020년 기출문제	☐
	DAY 21	2019년 기출문제 2회독	☐
WEEK 04	DAY 22	2회독 오답노트 + 2025년 CBT 복원문제	☐
	DAY 23	2024~2023년 CBT 복원문제	☐
	DAY 24	2022~2021년 기출문제	☐
	DAY 25	2020~2019년 기출문제 3회독	☐
	DAY 26	3회독 오답노트	☐
	DAY 27	1~3회독 오답노트 복습	☐
	DAY 28	계.산.끝. 부록 + 핵심이론 복습	☐

기출집중 4회독 한 달 플래너

WEEK	DAY	학습내용	완료
WEEK 01	DAY 01	최빈출 100제 + <최빈출 100제 무료특강>	☐
	DAY 02	2025년 CBT 복원문제	☐
	DAY 03	2024년 CBT 복원문제	☐
	DAY 04	2023년 CBT 복원문제	☐
	DAY 05	2022년 기출문제	☐
	DAY 06	2021년 기출문제	☐
	DAY 07	2020년 기출문제	☐
WEEK 02	DAY 08	2019년 기출문제 [1회독]	☐
	DAY 09	1회독 오답노트 + 2025년 CBT 복원문제	☐
	DAY 10	2024년 CBT 복원문제	☐
	DAY 11	2023 CBT 복원문제	☐
	DAY 12	2022년 기출문제	☐
	DAY 13	2021년 기출문제	☐
	DAY 14	2020년 기출문제	☐
WEEK 03	DAY 15	2019년 기출문제 [2회독]	☐
	DAY 16	2회독 오답노트 + 2025년 CBT 복원문제	☐
	DAY 17	2024~2023년 CBT 복원문제	☐
	DAY 18	2022~2021년 기출문제	☐
	DAY 19	2020~2019년 기출문제 [3회독]	☐
	DAY 20	3회독 오답노트 + 2025년 CBT 복원문제	☐
	DAY 21	2024~2023년 CBT 복원문제	☐
WEEK 04	DAY 22	2022~2021년 기출문제	☐
	DAY 23	2020~2019년 기출문제 [4회독]	☐
	DAY 24	4회독 오답노트 + 최빈출 100제	☐
	DAY 25	1~4회독 오답노트 복습	☐
	DAY 26	핵심이론 SUBJECT 01~02	☐
	DAY 27	핵심이론 SUBJECT 03~05	☐
	DAY 28	계.산.끝. 부록 + 핵심이론 복습	☐

기술자격증 1위

선임 자격증 **단기 합격**엔,
에듀윌 **안전·보건** 시리즈!

안전×보건 쌍기사 취득으로 경쟁력을 강화시켜 보세요!

| Safety | × | Health |

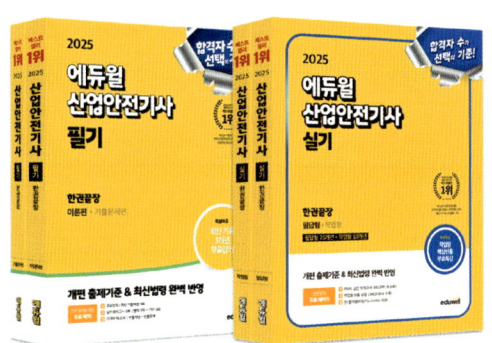
산업안전기사(필기/실기)

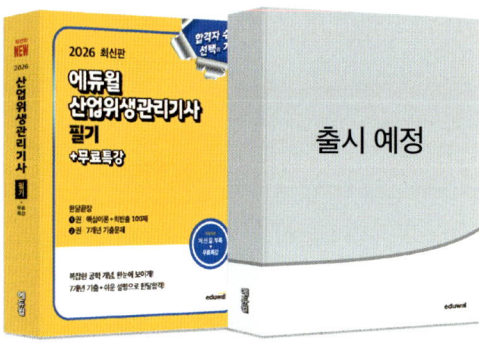
산업위생관리기사(필기/실기)

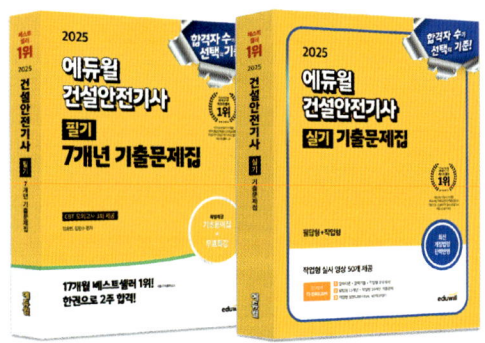
건설안전기사(필기/실기)

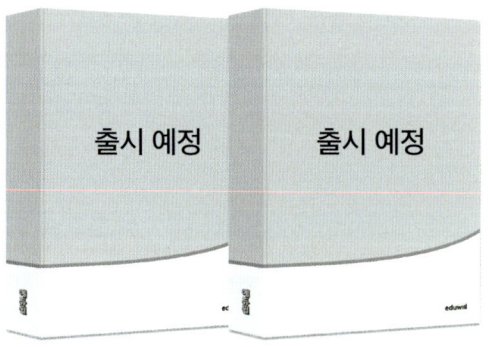
인간공학기사(필기/실기)

*2023 대한민국 브랜드만족도 기술자격증 교육 1위 (한경비즈니스)

에듀윌이
너를
지지할게
ENERGY

시작하는 방법은
말을 멈추고
즉시 행동하는 것이다.

– 월트 디즈니(Walt Disney)

에듀윌
산업위생관리기사

필기 핵심이론+최빈출 100제

Information
산업위생관리기사에 관한 A to Z

1 보건에 대한 중요도 증가로 지속적인 수요 증가

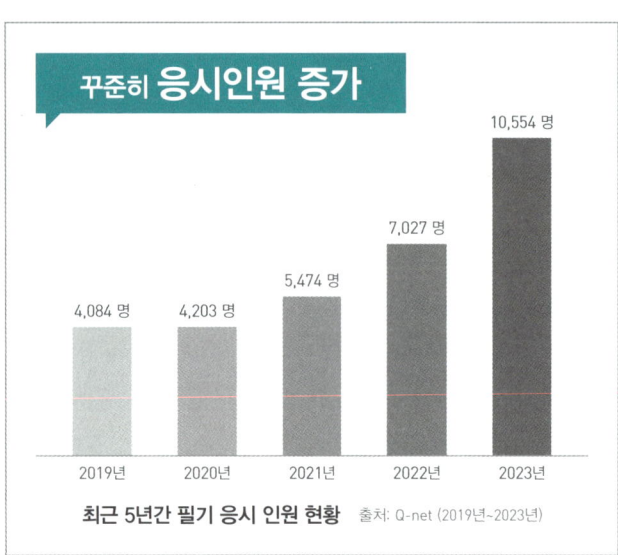

2019년도에는 산업위생관리기사 필기 시험 응시자 수가 4천 명 정도였지만, 매년 늘어나 2023년에는 그 수가 1만 명 이상으로 4년 만에 약 2.5배 증가하였습니다.

최근 우리나라는 사회적으로 산업재해에 대한 관심이 높아지고, 법령에 의해서 보건관리자를 선임하는 것이 의무이기 때문에 앞으로도 산업위생관리기사 응시생 수는 꾸준히 늘어날 것으로 전망됩니다.

2 「산업안전보건법」에 따른 '보건관리자' 선임 자격증

「산업안전보건법」에서 규정한 보건관리자로 선임되기 위해서는 산업보건지도사, 산업위생관리(산업)기사 또는 대기환경(산업)기사, 인간공학기사 이상의 자격을 취득하여야 합니다.

보건관리자는 제조 및 서비스업 등 각 산업현장에 배치되어 산업재해 예방 업무를 수행합니다.

> **산업안전보건법 제18조 【 보건관리자 】**
> ① 사업주는 사업장에 제15조제1항 각 호의 사항 중 보건에 관한 기술적인 사항에 관하여 사업주 또는 안전보건관리책임자를 보좌하고 관리감독자에게 지도·조언하는 업무를 수행하는 사람(이하 "보건관리자"라 한다)을 두어야 한다.
> ② 보건관리자를 두어야 하는 사업의 종류와 사업장의 상시근로자 수, 보건관리자의 수·자격·업무·권한·선임방법, 그 밖에 필요한 사항은 대통령령으로 정한다.
> ③ 대통령령으로 정하는 사업의 종류 및 사업장의 상시근로자 수에 해당하는 사업장의 사업주는 보건관리자에게 그 업무만을 전담하도록 하여야 한다.

3　작업환경측정, 석면농도측정 자격 획득

사업장 또는 작업환경측정기관에 소속된 산업위생관리기사는 작업환경을 측정할 수 있는 자격이 주어집니다.
작업환경측정(현장 시료채취 및 측정)은 오직 산업위생관리(산업)기사 이상만 수행 가능한 업무로, 산업위생관리기사의 가장 배타적인 권한입니다.

> **산업안전보건법 시행규칙 제187조 【 작업환경측정자의 자격 】**
> 법 제125조제1항에서 "고용노동부령으로 정하는 자격을 가진 자"란 그 사업장에 소속된 사람 중 산업위생관리산업기사 이상의 자격을 가진 사람을 말한다.

석면조사기관 또는 작업환경측정기관에 소속된 산업위생관리기사는 공기 중 석면농도를 측정할 수 있는 자격이 주어집니다.

> **산업안전보건법 시행규칙 제184조 【 석면농도를 측정할 수 있는 자의 자격 】**
> 법 제124조제2항에 따른 공기 중 석면농도를 측정할 수 있는 자는 다음 각 호의 어느 하나에 해당하는 자격을 가진 사람으로 한다.
> ① 법 제120조제1항에 따른 석면조사기관에 소속된 산업위생관리산업기사 또는 대기환경산업기사 이상의 자격을 가진 사람
> ② 법 제126조제1항에 따른 작업환경측정기관에 소속된 산업위생관리산업기사 이상의 자격을 가진 사람

" **취업 경쟁력 강화는
에듀윌 산업위생관리기사 시리즈!** "

Information
산업위생관리기사에 관한 A to Z

4 자격소개

산업위생관리기사 시험은 제조 및 서비스업 현장에서 보건관리자로 선임되거나, 작업환경측정 기관 또는 석면농도 측정 기관의 측정자로 활동하기 위한 자격 시험이다.

보건관리자는 사업장을 순회하며 근로자가 안전하게 작업할 수 있도록 점검하고, 사업장의 보건교육계획을 수립하는 등 산업재해가 발생하는 것을 방지하는 업무를 수행한다.

5 시험일정

구분	필기시험	필기합격(예정자)발표	실기시험	최종합격자 발표일
1회	25.02.07~25.03.04	25.03.12	25.04.19~25.05.09	25.06.13
2회	25.05.10~25.05.30	25.06.11	25.07.19~25.08.06	25.09.12
3회	25.08.09~25.09.01	25.09.10	25.11.01~25.11.21	25.12.14

※ 정확한 시험일정은 한국산업인력공단(Q-Net) 참고

6 응시자격

① 보건관리학, 보건위생학 관련학과의 대학졸업자 또는 졸업예정자
② 산업기사 등급 이상의 자격을 취득한 후 응시하려는 종목이 속하는 동일 및 유사 직무분야 에서 1년 이상 실무에 종사한 사람

※ 정확한 응시자격은 한국산업인력공단(Q-Net) 참고

7 출제항목

과목명	주요항목	문항 수
산업위생학개론	• 산업위생 • 인간과 작업환경 • 실내 환경 • 관련 법규 • 산업 재해	20문항
작업위생측정 및 평가	• 측정 및 분석 • 유해인자 측정 • 평가 및 통계	20문항
작업환경관리대책	• 산업 환기 • 작업공정관리 • 개인 보호구	20문항
물리적유해인자관리	• 온열조건 • 이상기압 • 소음진동 • 방사선	20문항
산업독성학	• 입자상 물질 • 유해화학물질 • 중금속 • 인체구조 및 대사	20문항

8 진행방법

시험과목	• 산업위생학개론, 작업위생측정 및 평가, 작업환경관리대책, 물리적유해인자관리, 산업독성학 • 과목당 20문항
검정방법	• 객관식, 4지택일, CBT 방식 • 과목당 30분(총 150분)
합격기준	• 100점을 만점으로 전과목 평균 60점 이상인 경우 • 1과목이라도 40점 미만이면 과락으로 불합격

Why?
한 달 합격, 에듀윌이니까 OK!

1 2권 분권으로 편리한 학습

학습 전략에 따라 1권(핵심이론+ 최빈출 100제)과 2권(7개년 기출문제)으로 분권하였으며, 학습 GUIDE를 제시하였습니다. 2가지로 제공되는 한 달 플래너와 함께 자신에게 필요한 교재만 들고 다니세요.

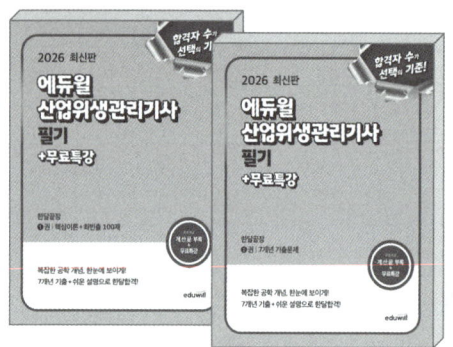

학습 전략

1권 (핵심이론+ 최빈출 100제)
핵심이론 학습 후 최빈출 100제를 풀어보면서 시험 출제경향과 출제 키워드를 가늠할 수 있습니다.

2권 (7개년 기출문제)
넉넉한 분량의 7개년 기출문제로 다양한 유형의 문제를 반복 학습할 수 있습니다.

2 풍부한 시각 자료로 이해력 UP!

교재 곳곳에 내용과 연계되는 그림, 사진 등 다양한 시각 자료를 활용하여 이해를 도왔습니다. 시각자료를 통해 합격에 한발 더 가까워지세요.

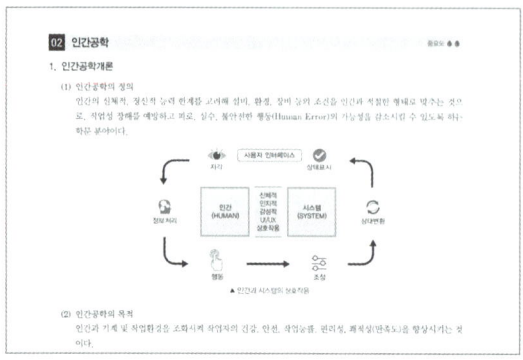
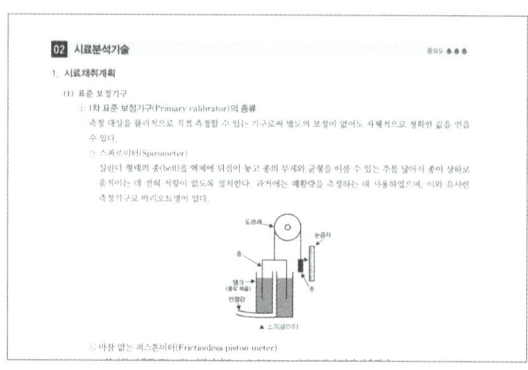

3 계산 문제 훈련을 위한 「계.산.끝.」 핸드북 제공

공학 계산이 낯선 수험생을 위하여 빈출 계산문제만 엄선한 「계.산.끝.」 핸드북을 제공합니다.
「계.산.끝.」 핸드북으로 자주 틀리는 공식을 정리하여 실기까지 대비해 보세요.

※ 교재 내 수록

학습전략

1권 학습 직후
1권(기출문제＋최빈출 100제) 학습 후, 2권(7개년 기출문제) 풀이 전 학습합니다.

2권 학습 완료 후
확실하게 이해한 문제는 넘어가고, 자주 틀리거나 어려운 계산문제 중심으로 복습합니다.

4 빠른 이해를 돕는 「최빈출 100제 특강」 무료 제공

학습자의 이해를 돕기 위하여 최빈출 100제와 「최빈출 100제 특강」을 무료로 제공합니다.
「최빈출 100제 특강」을 통하여 산업위생 전문가의 풀이 노하우를 직접 경험해 보세요.

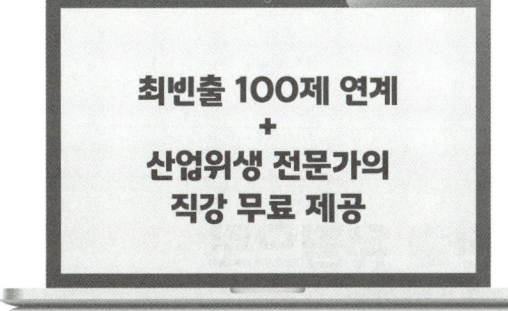

무료특강 수강경로
에듀윌 도서몰(book.eduwill.net) → 동영상강의실 → '산업위생' 검색
※ 무료특강은 2025년 7월 중 업로드 예정

How?
핵심, 유형, 기출 All in One

학습량을 줄여주는 효율적 핵심이론 및 최빈출 100제!

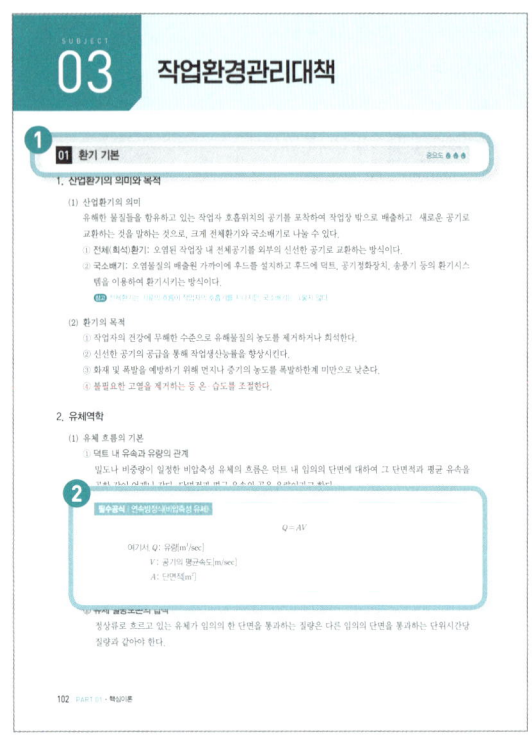

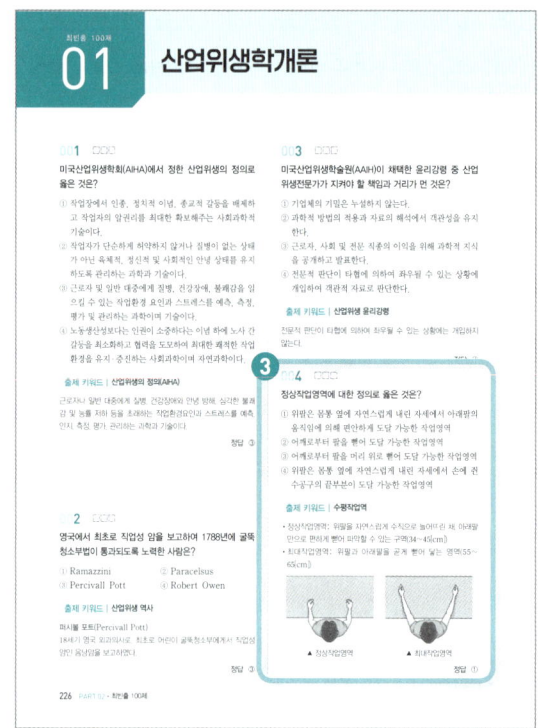

❶ 소제목마다 중요도를 표기하여 학습의 경중을 조절할 수 있도록 하였습니다.

❷ 계산 공식은 '필수공식'과 '심화이론'으로 분리하여 빈출 공식을 빠짐 없이 학습할 수 있도록 하였습니다.

❸ 시험에 자주 출제되는 유형만 모아 이론에서 익힌 개념을 빠르게 확인할 수 있도록 구성하였습니다.

" **핵심이론과 100개의 빈출 유형으로 한 달 합격 준비 완료** "

최신 CBT 기출문제까지 완벽 복원한 7개년 기출문제!

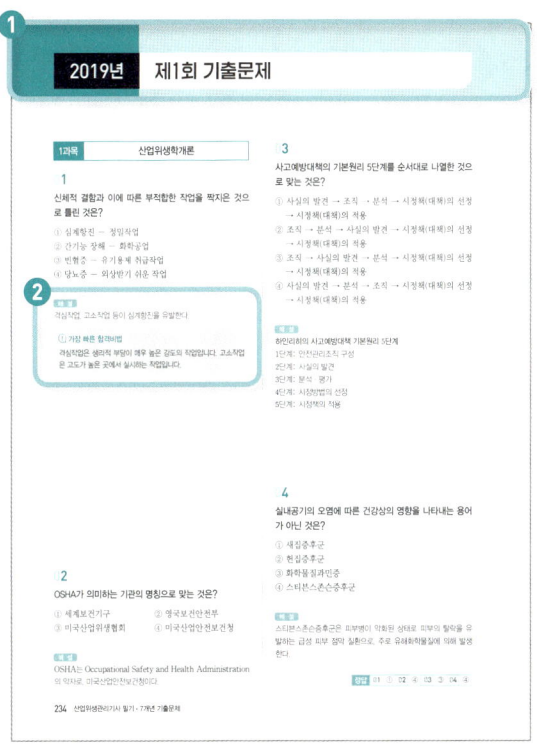

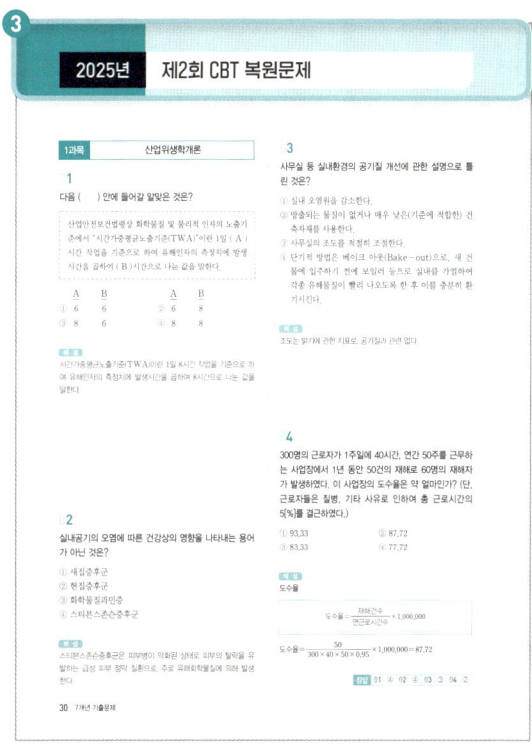

❶ CBT 복원문제를 포함하여 최신 7개년 기출문제를 누락 없이 제공하였습니다.

❷ 계산 문제의 해설을 상세하게 풀이하여 실기까지 대비할 수 있도록 하였습니다.

❸ 가장 최신에 치러진 2025년 1, 2회 CBT 복원문제를 추가 수록하였습니다.

※ 2025년 3회 복원문제는 2025년 9월 이후에 CBT 모의고사 형태로 제공될 예정입니다. 아래 QR 또는 링크로 접속하시면 응시 가능합니다.

" **가장 최신의 기출문제
2025년 1, 2회 제공** "

차례 CONTENTS

01 1권

핵심이론

SUBJECT 01	산업위생학개론	016
SUBJECT 02	작업위생측정 및 평가	068
SUBJECT 03	작업환경관리대책	102
SUBJECT 04	물리적유해인자관리	146
SUBJECT 05	산업독성학	182

최빈출 100제

산업위생학개론	228
작업위생측정 및 평가	233
작업환경관리대책	238
물리적유해인자관리	243
산업독성학	248

02 [2권]

7개년 기출문제

2025년 CBT 복원문제	006
2024년 CBT 복원문제	054
2023년 CBT 복원문제	124
2022년 기출문제	196
2021년 기출문제	274
2020년 기출문제	348
2019년 기출문제	424

PART 01 핵심이론

SUBJECT 01   산업위생학개론
SUBJECT 02   작업위생측정 및 평가
SUBJECT 03   작업환경관리대책
SUBJECT 04   물리적유해인자관리
SUBJECT 05   산업독성학

INDUSTRIAL
HYGIENE
MANAGEMENT

학습 GUIDE

산업위생관리기사 필기 시험에 출제되는 계산문제는 실기 시험에서도 출제되므로 확실히 이해하고 넘어가야 실기 시험이 수월합니다. 특히 SUBJECT 03 작업환경관리대책과 SUBJECT 04 물리적유해인자관리에서 다수의 계산문제가 출제되는데, 계산문제를 포기하면 이 두 과목에서 과락의 우려가 크므로 시간을 들여서라도 이해하는 공부법을 권장합니다.

SUBJECT 01 산업위생학개론

01 산업위생

1. 산업위생개론

(1) 산업위생의 정의(미국산업위생학회; American Industrial Hygiene Association, 1994)

근로자나 일반 대중에게 질병, 건강장애와 안녕방해, 심각한 불쾌감 및 능률저하 등을 초래하는 작업환경요인과 스트레스를 예측, 인지, 측정, 평가, 관리하는 과학과 기술이다.

① 예측(Anticipation)

새로운 물질·공정·기계의 도입, 새로운 제품의 생산 및 부산물의 산출로 인한 근로자들의 건강장애 및 영향을 사전에 예측해야 한다.

② 인지(Recognition)

현재 상황에서 존재 혹은 발생 가능성이 있는 물리적, 화학적, 생물학적, 인간공학적 및 사회·심리적 인자와 같은 유해인자 및 특성을 구체적으로 파악하는 것으로서 위험성평가(Risk Assessment)와 관련이 있다.

③ 측정(Measurement)

작업환경이나 조건의 유해 정도를 정성적 또는 정량적으로 계측하는 것으로, 기본적인 화학, 물리, 미생물학적 지식이 요구된다. 공기 중 유해화학물질을 측정할 때는 정확한 공기시료의 채취가 중요하다.

④ 평가(Evaluation)

유해인자에 대한 양, 정도가 근로자들의 건강에 어떤 영향을 미칠 것인지를 판단하는 의사결정단계이다. 유해 정도는 관찰, 면담, 측정에 의해 이루어지며 이렇게 얻어진 값들을 노출기준값(고용노동부 고시, 미국 허용기준 등)들과 비교한다.

⑤ 관리(Control)

산업위생활동 범위 중 최종 단계이며, 가장 중요하다. 유해인자로부터 근로자를 보호하는 모든 수단을 의미한다. 관리는 크게 공학적 대책, 관리적 대책, 개인 보호구에 의한 관리로 나눌 수 있다.

㉠ 본질적(근원적) 대책: 유해·위험성이 적은 물질로 대체, 설계단계에서 위험성 제거
㉡ 공학적 대책: 국소배기장치, 인터록 등 방호장치 설치
㉢ 관리적 대책: 안전기준·절차 관리, 적절한 휴식시간 부여, 근로자 교육
㉣ 개인 보호구: 호흡용 보호구(방진·방독·송기마스크), 보호복, 안전장갑 등

(2) 산업위생의 목적

① 작업환경 및 작업조건을 인간공학적으로 개선한다.
② 작업환경개선을 통한 직업병을 근원적으로 예방한다.
③ 산업재해의 예방과 작업능률의 향상을 도모한다.
④ 근로자의 건강보호 및 생산성 향상을 도모한다.

(3) 산업위생의 범위
  ① 인적 범위
    사업장 내의 모든 근로자를 말한다. 제조업 근로자, 서비스업 종사자 등 생산활동에 참여하여 유해환경에 노출되는 모든 사람을 말하며 만약 사업장의 유해인자가 지역사회까지 영향을 줄 때에는 지역사회 내 주민도 포함된다.
  ② 유해인자
    직장 또는 지역사회에서 건강에 영향을 미칠 수 있는 작업환경요인(물리적, 화학적, 생물학적 요인)을 파악하고 평가하여 수용 가능한 기준 이내로 관리한다.

(4) 산업위생 관련 기관
  ① 미국정부산업위생전문가협의회(ACGIH)   ② 미국산업위생학회(AIHA)
  ③ 미국산업안전보건청(OSHA)   ④ 국립산업안전보건연구원(NIOSH)
  ⑤ 국제암연구소(IARC)   ⑥ 영국산업위생학회(BOHS)
  ⑦ 영국산업안전보건청(HSE)   ⑧ 한국산업안전보건공단(KOSHA)

2. 외국의 산업위생 역사

구분	시기	업적
Hippocrates	B.C. 4세기	• 현대의학의 아버지, 최초의 직업병인 광산에서의 납중독 기술 • 직업과 질병 사이의 상관관계 기술
Pliny the Elder	A.D. 1세기	• 동물의 방광막을 먼지마스크로 사용할 것 주장 • 아연과 황의 유해성 기술
Galen	A.D. 2세기	납 중독 증세 관찰 후 특정 직업 종사자에게 특이한 질병이 생긴다고 지적
Ulrich Ellenbog	1440~1499년	납과 수은 중독에 관한 증상 및 예방조치 제시
P. Paracelsus	1493~1541년	• 스위스의 의사, 연금술사 및 독성학의 아버지 • 모든 화학물질은 독성을 가지고 있으며 "중독을 일으키는 것은 단지 그 양(Dose)에 달려있다"고 주장
Georgius Agricola	1499~1555년	• 독일의 의사 • 광부들의 호흡기 질환(천식증 등) 기술, 광산의 규폐증 유해성 언급
Bernardino Ramazzini	1633~1714년	• 이탈리아 의사, 산업보건의 시조 • 「노동자의 질병」이라는 책에서 수공업 직업병을 저술하고 직업병의 원인이 작업장에서 사용하는 유해물질, 근로자들의 불안전한 작업자세 및 과격한 동작이라고 주장
Percivall Pott	1713~1788년	• 영국의 외과의사 • 10세 이하 굴뚝 청소부에게서 최초로 직업성 암인 음낭암 발견
Sir George Baker	18세기	사이다 공장에서 납에 의한 복통 발표
M.V. Pettenkofer	1866년	• 실험 환경위생학의 시조 • 뮌헨대학에 위생학과 개설

구분	시기	업적
Rudolf Virchow	-	• 근대병리학의 시조 • 의학의 사회성 속에서 노동자의 건강보호 주장
Alice Hamilton	1869~1970년	• 산업보건 분야의 선구자 • 납, 이황화탄소, 수은중독, 규폐증 등 조사 • NIOSH 연구소(Hamilton 연구소) 창설
Loriga	1911년	진동공구에 의한 수지의 레이노드(Raynaud) 증상에 관하여 보고
공장법(Factories Act) 제정 (영국)	1833년	• 감독관을 임명하여 공장을 감독 • 18세 미만 야간작업 금지 • 작업연령 13세 이상으로 제한 • 주간작업 48시간 제한 • 근로자교육 의무화

3. 한국의 산업위생 역사

시기	업적
1953년	• 근로기준법(산업위생에 관한 최초의 법령) 제정·공포 • 16명 이상의 근로자를 고용하는 사업장에 적용 • 1975년부터 5명 이상으로 확대 적용
1954년	광산에서 진폐증 발견
1962년	가톨릭 산업의학연구소 설립 - 최초의 작업환경측정 실시
1963년	• 전국사업장에 작업환경조사와 건강진단 실시 • 산업재해보상보험법 제정 • 대한산업보건협회 창립
1977년	• 국립노동과학연구소 설립 • 근로복지공사 설립
1981년	노동청이 노동부로 승격, 산업안전보건법 공포
1986년	산업안전보건법 시행령 개정 - 산업위생관리기사에 대한 법적 근거 마련, 유해물질 허용농도 제정
1987년	한국산업안전공단, 한국산업안전교육원 설립
1988년	문송면 군 수은중독 사망으로 인하여 직업병이 사회적 이슈로 등장
1990년	한국산업위생학회 창립
1995년	인견사를 생산하는 원진레이온 공장에서 신경독성물질인 이황화탄소 중독 환자 발생
2004년	노말헥산에 의한 외국인 근로자들의 하지마비사건 발생
2016년	CNC절삭작업장에서 메탄올에 의한 시력손상 급성중독사고 발생

2020년	화력발전소 협력업체 고인 김용균씨의 사망으로 인하여 산업안전보건법 전면 개정(도급내용 강화)
2022년	트리클로로메탄에 의한 집단 독성간염 진단
2022년	중대재해처벌법 시행

4. 산업위생 윤리강령

(1) 산업위생 윤리강령의 목적

ACGIH(American Conference of Governmental Industrial Hygienists, 미국산업위생전문가협의회), AIHA(American Industrial Hygiene Association, 미국산업위생학회) 등에서 산업위생전문가가 준수해야 할 지침으로 근로자의 건강 보호, 작업환경 개선, 산업위생학을 양질의 전문영역이 되도록 하는 것이 있다.

(2) 산업위생 윤리강령의 책임과 의무

구분	설명
전문가로서의 책임	• 성실성과 학문적으로 최고 수준을 유지한다. • 과학적 방법을 적용하고 자료해석에서 객관성을 유지한다. • 전문분야로서 산업위생을 학문적으로 발전시킨다. • 근로자, 지역사회 그리고 산업위생 분야의 이익을 위해 과학적 지식을 공개한다. • 업무 중 취득한 정보에 대해 비밀을 보장한다. • 이해관계가 상반되는 상황에는 개입하지 않는다.
근로자에 대한 책임	• 근로자의 건강보호가 산업위생전문가의 1차적인 책임이라는 것을 인식한다. • 외부의 영향에 굴복하지 말고, 위험요인의 측정, 평가 및 관리하는 데 중립적 태도를 유지한다. • 위험요인과 예방조치에 관하여 근로자와 상담한다.
기업주와 고객에 대한 책임	• 쾌적한 작업환경을 만들기 위하여 산업위생의 이론을 적용하고 책임있게 행동한다. • 신뢰를 중요시하고 정직하게 권고하며, 결과와 개선사항을 정확히 보고한다. • 사용된 모든 자료들을 정확히 기록·유지·보관하며 산업위생업무를 전문가답게 운영·관리한다. • 기업주와 고객보다는 근로자의 건강보호에 궁극적 책임을 둔다.
일반 대중에 대한 책임	• 일반 대중과 관련된 문제에 대해서 정직하게 발표한다. • 확실한 사실을 근거로 전문적 견해를 밝힌다.

02 인간공학

1. 인간공학개론

(1) 인간공학의 정의

인간의 신체적, 정신적 능력 한계를 고려해 설비, 환경, 장비 등의 조건을 인간과 적절한 형태로 맞추는 것으로, 직업성 장해를 예방하고 피로, 실수, 불안전한 행동(Human Error)의 가능성을 감소시킬 수 있도록 하는 학문 분야이다.

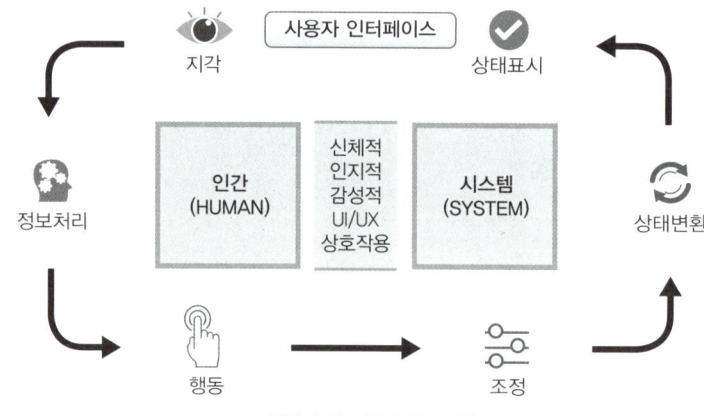

▲ 인간과 시스템의 상호작용

(2) 인간공학의 목적

인간과 기계 및 작업환경을 조화시켜 작업자의 건강, 안전, 작업능률, 편리성, 쾌적성(만족도)을 향상시키는 것이다.

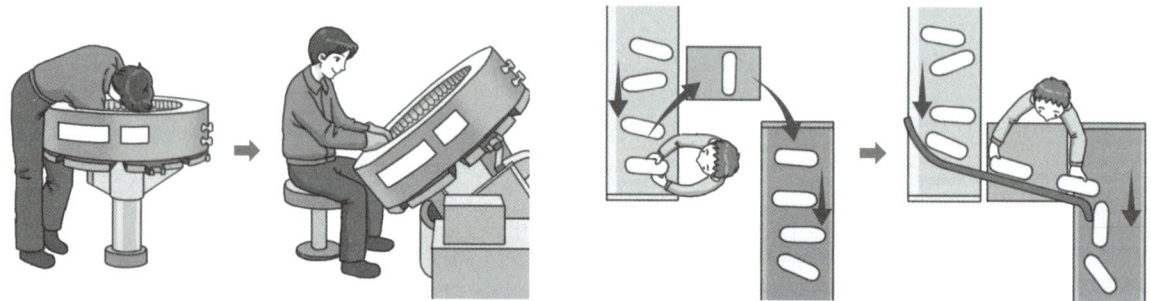

▲ 산업현장에서 작업물의 각도를 조절가능한 것으로 만들거나 재배치하면 허리와 목의 부상 위험을 최소화할 수 있음

(3) 인간공학의 가치

① 인력이용률, 생산성을 향상시킨다.
② 훈련비용, 사고로 인한 손실을 감소시킨다.
③ 수용도, 경제성을 향상시킨다.

(4) 인간공학 활용 3단계

단계		설명
1단계	준비단계	인간과 기계 관계 구성인자의 특성 파악
2단계	선택단계	작업수행에 필요한 직종 간의 연결성, 공장설계에 있어서 기능적 특성, 경제적 효율, 제한점 고려
3단계	검토단계	인간·기계 관계의 비합리적인 면을 수정·보완

2. 개별 작업공간 설계지침

(1) 인체 계측 방법

① 정적 치수(구조적 인체치수)

움직이지 않는 피측정자를 인체 측정기로 측정하며 동적 치수에 비해 데이터가 풍부하고 설계의 표준이 되는 기초적인 치수이다.

② 동적 치수(기능적 인체치수)

움직이는 몸의 자세로부터 측정하며 사람은 생활 중에 항상 몸을 움직이기에 어떤 설계 문제에는 기능적 치수가 더 널리 사용된다.

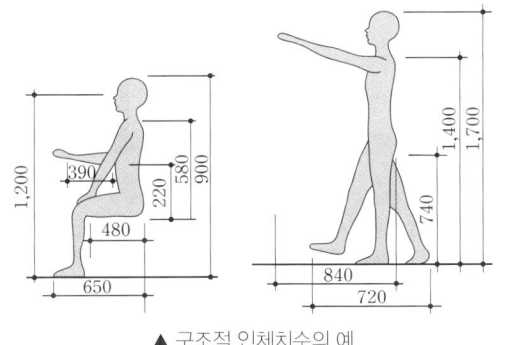

▲ 구조적 인체치수의 예

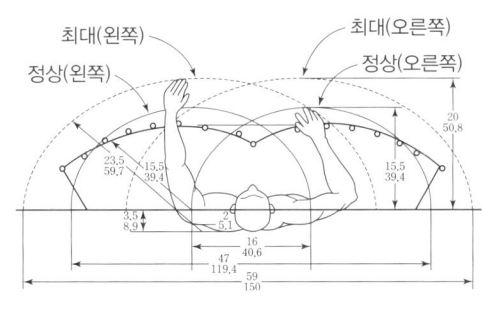

▲ 기능적 인체치수의 예

③ 인체계측자료의 응용 3원칙

㉠ 최대치수와 최소치수 설계(극단치 설계): 최대치수 또는 최소치수를 기준으로 한 설계이다.

최대치수 설계 예시	최소치수 설계 예시
• 문, 통로, 탈출구 등의 높이 및 폭 • 사다리의 강도	• 선반, 세면대의 높이 • 자동차 조정장치의 거리

㉡ 조절범위(조절식 설계): 체격이 다른 여러 사람에게 맞도록 하는 설계이다.(의자 높낮이 조절, 자동차의 좌석 위치 조정 등)

㉢ 평균치를 기준으로 한 설계: 극단치, 조절식으로 설계하기 곤란할 때 사용하는 방법이다.(은행의 창구 높이, 식당의 식탁과 의자 등)

(2) 수평작업역
   ① **정상작업영역**: 위팔을 자연스럽게 수직으로 늘어뜨린 채 아래팔만으로 편하게 뻗어 파악할 수 있는 구역이다. (34~45[cm])
   ② **최대작업영역**: 위팔과 아래팔을 곧게 뻗어 닿는 영역이며, 상지를 뻗어서 닿는 범위이다. (55~65[cm])
   ③ **파악한계**: 앉은 작업자가 특정한 수작업을 편히 수행할 수 있는 공간의 외곽한계이다.

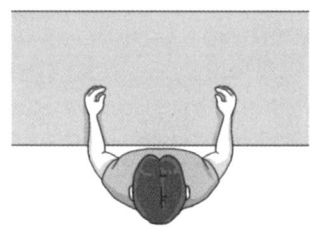
▲ 정상작업영역

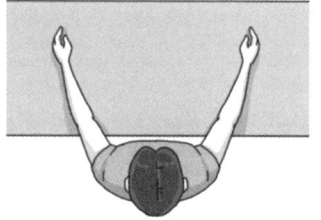
▲ 최대작업영역

(3) 입식 작업 높이
   ① **정밀작업**: 팔꿈치 높이보다 5~10[cm] 높게 설계한다.
   ② **일반작업**: 팔꿈치 높이보다 5~10[cm] 낮게 설계한다.
   ③ **힘든작업(重작업)**: 팔꿈치 높이보다 10~20[cm] 낮게 설계한다.

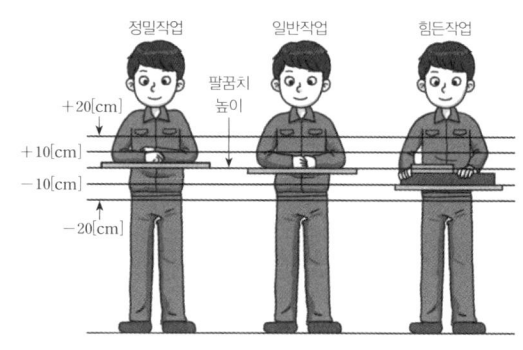
▲ 팔꿈치 높이와 작업대 높이의 관계

(4) 의자설계 원칙
   의자의 높이와 등받이 각도 등은 조절 가능하게 설계되어야 한다.

▲ 신체치수와 작업대 및 의자 높이의 관계

▲ 인간공학적 좌식 환경

3. 들기작업

(1) NIOSH 들기작업지침

▲ 반복적인 중량물 취급

▲ 어깨 위에서 중량물 취급

▲ 허리를 구부린 상태에서 중량물 취급

① NIOSH 기준의 적용범위
  ㉠ 보통속도로 두 손으로 들어올리는 작업이어야 한다.
  ㉡ 물체의 폭이 75[cm] 이하로서 두 손을 적당히 벌리고 작업할 수 있어야 한다.
  ㉢ 물체를 들어올리는 자세가 자연스러워야 한다.
  ㉣ 신발이 작업장 바닥에 닿을 때 미끄럽지 않아야 하며 손으로 물체를 잡을 때 불편이 없어야 한다.(Box인 경우는 손잡이가 있어야 함.)
  ㉤ 작업장 내의 온도가 적절해야 한다.

② 감시기준(AL; Action Limit) 설정 기준
  에너지대사량은 3.5[kcal/min]으로 남자 99[%], 여자 75[%]가 작업 가능하다.

> **심화이론 | 감시기준(AL)**
>
> $$AL = 40\left(\frac{15}{H}\right)(1 - 0.004|V-75|)\left(0.7 + \frac{7.5}{D}\right)\left(1 - \frac{F}{F_{max}}\right)$$
>
> 여기서, AL: 감시기준
> H: 대상물체의 수평거리
> V: 대상물체의 수직거리(바닥으로부터 물체 중심까지의 거리)
> D: 물체의 이동거리
> F: 작업의 빈도[회/min]
> F_{max}: 최빈수

③ 들기작업지침의 최대허용기준(MPL; Maximum Permissible Limit)
  ㉠ 에너지대사량은 5[kcal/min]를 초과하여 남자 25[%], 여자 1[%] 미만에서 작업이 가능하다.
  ㉡ 대부분의 근로자들에게 근육·골격장애가 발생하는 작업이다.

> **심화이론 | 최대허용기준(MPL)**
>
> $$MPL = 3AL$$
>
> 여기서, MPL: 최대허용기준
> AL: 감시기준

④ 권장무게한계(RWL ; Recommended Weight Limit)

건강한 작업자가 실제 작업시간 동안 요통의 위험 없이 들 수 있는 무게의 한계이다.

> **필수공식 | 권장무게한계(RWL)**
>
> $$RWL = LC \times HM \times VM \times DM \times AM \times FM \times CM$$
>
> 여기서, RWL: 권장무게한계 LC: 중량상수(23[kg])
> HM: 수평계수 VM: 수직계수
> DM: 거리계수 AM: 비대칭계수
> FM: 빈도계수 CM: 커플링계수

⑤ 중량물취급지수(LI ; Lifting Index)

> **필수공식 | 중량물취급지수(LI)**
>
> $$LI = \frac{L}{RWL}$$
>
> 여기서, LI: 중량물취급지수
> L: 실제 작업무게
> RWL: 권장무게한계

⑥ 요통 발생 요인
  ㉠ 작업빈도, 물체 특성 등 물리적 환경요인
  ㉡ 잘못된 작업방법, 작업자세
  ㉢ 근로자의 육체적인 조건
  ㉣ 작업습관과 생활태도

(2) NIOSH 권고기준에 의한 중량물 취급작업의 분류와 대책
  ① 최대허용기준(MPL)을 초과하는 경우
    공학적 방법을 적용하여 중량물 취급작업을 재설계하여야 한다.
  ② 권장무게한계(RWL)와 최대허용기준 사이의 영역
    근로자의 적정 배치 및 훈련, 작업방법을 개선하여야 한다.
  ③ 권장무게한계 이하의 영역
    대부분의 정상 근로자에게 적합한 작업조건이다.

(3) 중량물을 들어올리는 작업에 관한 특별조치

사업주는 5[kg] 이상의 중량물을 들어올리는 작업에 근로자를 종사하도록 하는 때에는 다음 조치를 하여야 한다.
  ① 주로 취급하는 물품에 대하여 근로자가 쉽게 알 수 있도록 물품의 중량과 무게중심에 대하여 작업장 주변에 안내표시할 것
  ② 취급하기 곤란한 물체에 대하여 손잡이를 붙이거나 갈고리, 진공빨판 등 적절한 보조도구를 활용할 것

4. VDT 증후군

(1) VDT 증후군의 정의

영상표시단말기를 취급하는 작업으로 인하여 발생되는 경견완증후군 및 기타 근골격계 증상, 눈의 피로, 피부증상, 정신신경계 증상을 통칭한다.

(2) 근골격계질환의 종류

① 경견완증후군(전화교환작업, 키펀치작업, 금전등록기 계산 작업)
② 작업 관련 근골격계질환(미국): WMSDs(Work-related Musculo Skeletal Disorders)
③ 반복성긴장장애(캐나다, 북유럽, 호주 등): RSI(Repetitive Strain Injuries)
④ 누적외상성질환: CTDs(Cumulative Trauma Disorders)
⑤ 반복동작장애: RMS(Repetitive Motion Disorders)
⑥ 과사용증후군: Overuse Syndromes

(3) 영상표시단말기(VDT) 작업자세 및 개선대책

① 작업 자세
  ㉠ 작업자의 시선은 화면상단과 눈높이가 일치하고 시야는 수평선상으로부터 아래로 10~15° 이내로 하며 눈으로부터 화면까지의 시거리는 40[cm] 이상 유지한다.
  ㉡ 윗팔은 자연스럽게 늘어뜨리고 팔꿈치의 내각은 90° 이상 되도록 한다.
  ㉢ 아래팔은 손등과 일직선을 유지하여 손목이 꺾이지 않도록 한다.
  ㉣ 무릎의 내각은 90° 전후가 되도록 한다.
  ㉤ 발의 위치는 발바닥 전면이 바닥면에 닿도록 한다.

② 작업 환경
  ㉠ 작업장 주변 환경의 조도를 화면의 바탕색상이 검은색 계통일 때 300~500[lx], 바탕색상이 흰색 계통일 때 500~700[lx] 유지한다.
  ㉡ 작업면에 도달하는 조명 및 채광의 각도를 45° 이내가 되도록 제한하여 눈부심을 예방한다.
  ㉢ 화면상의 문자와 배경과의 휘도비를 감소시킨다.
  ㉣ 조명은 화면과 명암의 차이가 심하지 않도록 하고 직사광선이 들어오지 않는 구조로 한다.
  ㉤ 서류받침대는 화면과 동일한 높이로 맞추어 작업한다.
  ㉥ 저휘도형의 조명기구를 사용하고 창·벽면 등은 반사되지 않는 재질로 한다.

5. 노동생리(작업생리)

(1) 노동에 사용하는 에너지원

포도당(Glucose)은 혐기성 및 호기성 대사의 에너지원으로 사용된다.

혐기성 대사 (Anaerobic Metabolism)	호기성 대사 (Aerobic Metabolism)
• 저장된 글리코겐이나 포도당을 산소 없이 분해하여 에너지 생성 • 혐기성 대사 과정: 　ATP(아데노신삼인산) → CP(크레아틴인산) → Glycogen(글리코겐) or Glucose(포도당)	• 산소를 이용하여 에너지를 생성하는 대사과정 • 호기성 대사 과정: 　포도당, 단백질, 지방 + 산소 → 에너지원

(2) 작업에 따른 영양관리
① 근육작업자의 에너지 공급은 당질 위주로 한다.
② 고온작업자에게는 식수와 식염을 우선적으로 공급한다.
③ 중작업자에게는 단백질을 공급한다.
④ 저온작업자에게는 지방질을 공급한다.

(3) 노동의 적응
① **직업성 변이**: 직업에 따라 신체형태와 기능에 국소적 변화가 발생하는 것이다.
② **순화**: 외부의 환경변화 등이 반복되면서 조절기능이 원활해지며 숙련·습득되는 것이다.

6. 근골격계질환

(1) 근골격계질환의 정의

반복적인 동작, 부적절한 작업자세, 무리한 힘의 사용, 날카로운 면과의 신체접촉, 진동 및 온도 등의 요인에 의하여 발생하는 건강장해로서 목, 어깨, 허리, 팔·다리의 신경·근육 및 그 주변 신체조직 등에 나타나는 질환이다.

① 근골격계질환의 특성
　㉠ 자각증상이 발생하며 환자발생이 집단적이다.
　㉡ 손상의 정도를 측정하기 어렵다.
　㉢ 단편적인 개선으로 개선되지 않는다.
　㉣ 회복과 악화가 반복된다.

② 근골격계질환의 종류
　㉠ 근육의 질환: 근막통증증후군, 근육염좌
　㉡ 결합조직의 질환: 건염, 건초염, 활액낭염, 결절종
　㉢ 신경의 질환: 수근관증후군(손목뼈터널증후군), 기용터널증후군

③ 근골격계질환 발생요인
　㉠ 부적절한(부자연스러운) 작업자세

▲ 무릎을 굽히거나 쪼그리는 자세에서 작업

▲ 팔꿈치를 반복적으로 머리 위 또는 어깨 위로 들어올리는 작업

▲ 목, 허리, 손목 등을 과도하게 구부리거나 비트는 작업

　㉡ 무리한 힘의 사용(중량물, 수공구 취급)

▲ 반복적인 중량물 취급

▲ 어깨 위에서 중량물 취급

▲ 허리를 구부린 상태에서 수공구 취급

　㉢ 날카로운 면과의 신체접촉(접촉 스트레스 발생)
　㉣ 진동공구 취급작업
　㉤ 반복적인 동작

▲ 목, 어깨, 팔, 팔꿈치, 손가락 등을 반복하는 작업

(2) 근골격계부담작업

단순반복작업 또는 인체에 과도한 부담을 주는 작업으로 작업량·작업속도·작업강도 및 작업장 구조 등에 따라 고용노동부장관이 정하여 고시하는 작업이다.

① 근골격계부담작업 11가지

호수	부담작업
제1호	하루에 4시간 이상 집중적으로 자료입력 등을 위해 키보드 또는 마우스를 조작하는 작업
제2호	하루에 총 2시간 이상 목, 어깨, 팔꿈치, 손목 또는 손을 사용하여 같은 동작을 반복하는 작업 | 신체부위	어깨	팔꿈치	손목/손
---	---	---	---
반복작업 기준횟수	2.5회/분	10회/분	10회/분	
제3호	하루에 총 2시간 이상 머리 위에 손이 있거나, 팔꿈치가 어깨 위에 있거나, 팔꿈치를 몸통으로부터 들거나, 팔꿈치를 몸통 뒤쪽에 위치하도록 하는 상태에서 이루어지는 작업
제4호	지지되지 않은 상태이거나 임의로 자세를 바꿀 수 없는 조건에서, 하루에 총 2시간 이상 목이나 허리를 구부리거나 트는 상태에서 이루어지는 작업
제5호	하루에 총 2시간 이상 쪼그리고 앉거나 무릎을 굽힌 자세에서 이루어지는 작업
제6호	하루에 총 2시간 이상 지지되지 않은 상태에서 1[kg] 이상의 물건을 한 손의 손가락으로 집어 옮기거나, 2[kg] 이상에 상응하는 힘을 가하여 한 손의 손가락으로 물건을 쥐는 작업
제7호	하루에 총 2시간 이상 지지되지 않은 상태에서 4.5[kg] 이상의 물건을 한 손으로 들거나 동일한 힘으로 쥐는 작업
제8호	하루에 10회 이상 25[kg] 이상의 물체를 드는 작업
제9호	하루에 25회 이상 10[kg] 이상의 물체를 무릎 아래에서 들거나, 어깨 위에서 들거나, 팔을 뻗은 상태에서 드는 작업
제10호	하루에 총 2시간 이상, 분당 2회 이상 4.5[kg] 이상의 물체를 드는 작업
제11호	하루에 총 2시간 이상, 시간당 10회 이상 손 또는 무릎을 사용하여 반복적으로 충격을 가하는 작업

(3) 근골격계질환 예방관리 프로그램

유해요인 조사, 작업환경 개선, 의학적 관리, 교육·훈련, 평가에 관한 사항 등이 포함된 근골격계질환을 예방관리하기 위한 종합적인 계획이다.

① 근골격계질환 예방관리 프로그램 수립대상
   ㉠ 근골격계질환으로 「산업재해보상보험법 시행령」에 따라 업무상 질병으로 인정받은 근로자가 연간 10명 이상 발생한 사업장 또는 5명 이상 발생한 사업장으로서 발생 비율이 그 사업장 근로자 수의 10[%] 이상인 경우
   ㉡ 근골격계질환 예방과 관련하여 노사 간 이견(異見)이 지속되는 사업장으로 고용노동부장관이 필요를 인정하여 근골격계질환 예방관리 프로그램을 수립하여 시행할 것을 명령한 경우

(4) 유해요인 조사

사업주는 근로자가 근골격계 부담작업을 하는 경우에 공정 및 부서의 유해요인을 제거·감소시키기 위해 3년마다 다음의 사항에 대한 유해요인조사를 하여야 한다. 다만, 신설되는 사업장의 경우에는 신설일부터 1년 이내에 최초의 유해요인 조사를 하여야 한다. 조사를 하는 경우에는 근로자와의 면담, 증상 설문조사, 인간공학적 측면 등을 고려한 적절한 방법을 사용한다.

① 설비·작업공정·작업량·작업속도 등 작업장 상황
② 작업시간·작업자세·작업방법 등 작업조건
③ 작업과 관련된 근골격계질환 징후와 증상 유무 등
④ 인간공학적 평가도구

정밀평가도구	신체 부위	특징
OWAS (Ovako Working-posture Analysis System)	상체, 허리, 하체	중량물취급을 포함한 모든 신체 부위에 대해 평가할 수 있지만 평가가 주관적
RULA (Rapid Upper Limb Assessment)	어깨, 팔목, 손목 등 상지	특별한 장비가 필요 없으며 작업자에게 방해 없이 평가가 가능하나 상지 위주의 평가도구로 전신 작업자세 평가에 한계 존재
REBA (Rapid Entire Body Assessment)	손목, 팔, 어깨, 목, 상체, 허리, 다리	간호사 등 작업이 비정형적(예측하기 힘든) 자세에서 이루어지는 서비스업 계통의 전체적인 신체작업에 대한 평가 가능
NLE(Revised NIOSH Lifting Equation)	허리	• 전문성이 요구되며 고정된 들기작업에만 적용 가능 • 반복적 작업, 밀기, 당기기는 평가 불가능
JSI (Job Strain Index)	상지 말단 (손, 손목)	• 손목의 특이적인 위험성만 평가하여 제한적인 작업에 대해서만 평가 가능 • 진동에 대한 위험요인 배제

7. 작업환경개선

(1) 부품배치 원칙
① **중요성의 원칙**: 중요한 정도에 따라 우선순위를 결정한다.
② **사용빈도의 원칙**: 부품을 사용하는 빈도에 따라 우선순위를 결정한다.
③ **기능별 배치의 원칙**: 기능적으로 관련된 부품들을 모아서 배치한다.
④ **사용 순서의 원칙**: 사용 순서에 따라 장치들을 가까이 배치한다.

(2) 동작경제 3원칙
① 인체 사용에 관한 원칙
② 작업장 배치에 관한 원칙
③ 공구 및 설비의 설계에 관한 원칙

03 산업피로·심리와 직무스트레스

1. 산업피로

(1) 피로(산업피로)의 정의
고단하다는 주관적인 느낌이 있으면서 작업능률이 떨어지고 생체기능의 변화를 가져오는 현상이다(가역적 생체의 변화).

(2) 피로의 특징
① 피로는 질병이 아니고 가역적이며 건강장해에 대한 경고반응이다.
② 정신피로와 신체피로는 일반적으로 함께 나타나기에 구별하기 어렵다.
③ 피로 현상은 개인의 감수성이 다르므로 객관적으로 판단하기 어렵다.
④ 작업시간이 등차급수적으로 늘어나면 피로회복에 필요한 시간은 등비급수적으로 증가한다.

(3) 피로의 3단계

단계		설명
1단계	보통피로	하룻밤 이후 완전 회복
2단계	과로	다음날까지 피로 지속 및 단기간 휴식으로 회복 가능한 단계(발병 아님)
3단계	곤비	과로 축적으로 단기간 회복 불가능, 병적인 상태

(4) 피로의 발생기전
① 산소, 영양소 등 에너지원의 소모
② 물질대사에 의한 노폐물, 젖산, 초성포도당, 잔여질소 등 피로물질의 체내 축적
③ 체내의 항상성 상실
④ 신체조절기능의 저하

(5) 산업피로의 발생요인
① 작업강도(가장 큰 영향)
② 작업환경조건
③ 작업시간과 작업편성

(6) 전신피로의 생리학적 원인
① 산소 공급 부족
산소소비량은 서서히 증가하다가 작업강도에 따라 일정한 수준에 도달하고 작업이 끝난 후 서서히 감소하는데, 작업이 끝난 후에도 산소가 소비된 것은 작업을 시작할 때 발생한 산소부채(Oxygen Debt)를 갚기 위한 것으로 아래 그림에서 ①은 산소부채, ②는 산소부채 보상 구간을 나타낸다.

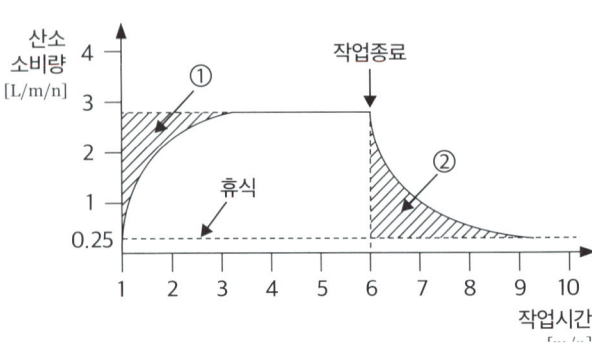

▲ 산소부채의 형성과 보상

② 혈중 포도당 농도의 저하(주요 원인)
③ 근육 내 글리코겐량의 감소
④ 혈중 젖산농도의 증가

(7) 피로의 증상

증상	설명
순환기능	맥박이 빨라지고 혈압은 초기에 높아지나 피로가 진행되면 낮아짐
호흡기능	호흡이 얕고 빠르며 심할 때는 호흡곤란 발생
신경기능	• 지각기능이 둔해지고, 반사기능 감소 • 판단력이 떨어지고 권태감, 졸음 발생
혈액 및 소변	• 혈당이 낮아지고 혈중 젖산과 탄산량이 증가하여 산혈증 발생 • 단백질 또는 교질물질의 배설량이 증가
체온	• 체온이 높아지나 피로가 심해지면 낮아짐 • 체온조절기능에 장해가 나타나며, 에너지소모량이 증가

(8) 국소피로와 전신피로의 평가

구분	국소피로	전신피로
평가방법	피로한 근육에서 측정된 EMG와 정상근육의 EMG 비교	작업을 마친 직후 회복기의 심박수 $HR_{30\sim60}$, $HR_{60\sim90}$, $HR_{150\sim180}$을 측정하여 산출
결과	• 저주파수(0~40[Hz])영역 힘의 증가 • 고주파수(40~200[Hz])영역 힘의 감소 • 평균 주파수영역 힘의 감소 • 총 전압 증가	심한 전신피로 상태일 때, • $HR_{30\sim60}$: 110 초과 • $HR_{150\sim180} - HR_{60\sim90} = 10$ 미만

참고 $HR_{a\sim b}$는 작업종료 후 $a\sim b$초 사이의 평균 맥박수이다.

(9) 산업피로 측정방법

생리학적 방법	생화학적 방법	심리학적 방법
• 근전도(EMG) • 심전도(ECG) • 뇌전도(EEG) • 점멸융합주파수(Flicker Test) • 산소소비량	• 혈액 농도 측정 • 혈액 수분 측정 • 뇨단백검사	• 연속반응시간 • 동작분석 • 집중력

(10) 산업피로의 예방대책
① 장시간에 한 번 휴식하는 것보다 단시간의 휴식을 여러 번 부여한다.
② 불필요한 동작을 줄이고 에너지 소모를 적게 한다.

③ 너무 정적인 작업은 피로를 더하므로 가능하면 동적인 작업으로 전환한다.
④ 유해한 작업환경(소음, 분진, 유해가스, 조명불량 등)은 작업피로를 가중시키므로 개선한다.
⑤ 커피, 홍차 및 비타민 B1은 피로회복에 도움을 준다.

2. 에너지소비량과 적정휴식시간

(1) 산소소비량(산소 1[L]≒5[kcal])
   ① 휴식 중 산소소비량: 0.25[L/min]
   ② 운동 중 산소소비량: 5[L/min]

(2) 육체적 작업능력(PWC)
   ① 피로를 느끼지 않고 하루 동안 지속할 수 있는 작업강도이다.
      ㉠ 남성평균: 16[kcal/min]
      ㉡ 여성평균: 12[kcal/min]
   ② 육체적 작업능력에 영향을 미치는 요소
      ㉠ 정신적 요소: 태도, 동기 등
      ㉡ 육체적 요소: 연령, 성별, 체격 등
      ㉢ 환경 요소: 온도, 압력 등
      ㉣ 작업특징 요소: 강도, 시간, 위치 등
   ③ 8시간 작업강도

> **필수공식 | 1일 8시간 작업강도**
>
> $$1일\ 8시간\ 작업강도 = PWC \times \frac{1}{3}$$

참고 개인 심폐기능에 따라 달라질 수 있다.

   ④ 피로예방 허용작업시간

> **심화이론 | 피로예방 허용작업시간**
>
> $$\log(T_{end}) = 3.720 - 0.1949E$$
>
> 여기서, T_{end}: 허용작업시간[min]
> E: 작업대사량[kcal/min]

   ⑤ 피로예방 적정휴식시간(Hertig 공식)

> **필수공식 | Hertig 공식**
>
> $$T_{rest} = \frac{E_{max} - E_{task}}{E_{rest} - E_{task}} \times 100$$
>
> 여기서, T_{rest}: 피로예방을 위한 적정 휴식시간 비[%](60분 기준)
> E_{max}: 1일 8시간 작업에 적합한 작업대사량 $\left(\frac{PWC}{3}\right)$
> E_{task}: 해당 작업의 작업대사량
> E_{rest}: 휴식 중 소모대사량

3. 작업강도

(1) 작업대사율(RMR ; Relative Metabolic Rate)
작업강도를 측정하는 방식으로, 단위시간 당 작업시 소비되는 열량이다. RMR이 클수록 작업강도가 높다.

> **필수공식 | 작업대사율**
>
> $$\text{작업대사율} = \frac{\text{작업대사량}}{\text{기초대사량}} = \frac{\text{작업 시 대사량} - \text{안정 시 대사량}}{\text{기초대사량}} = \frac{\text{작업 시 산소소비량} - \text{안정 시 산소소비량}}{\text{기초대사 시 산소소비량}}$$
>
> 여기서, 남자 기초대사량(0.95[kcal/min], 1,350[kcal/day])
> 여자 기초대사량(0.80[kcal/min], 1,150[kcal/day])

(2) 작업강도
근로자가 가지고 있는 최대힘(MS)에 대한 작업이 요구하는 힘(RF)의 비율이다.

> **필수공식 | 작업강도(%MS)**
>
> $$\%MS = \frac{RF}{MS} \times 100$$
>
> 여기서, %MS : 작업강도[%]
> RF : 작업이 요구하는 힘[kgf]
> MS : 근로자가 가지고 있는 최대힘[kgf]

① 작업강도별 대사율의 분류

작업강도	RMR	실노동률[%]
경작업	0~1	80 이상
중등작업	1~2	80~76
강작업	2~4	76~67
중작업	4~7	67~50
격심작업	7 이상	50 이하

② ACGIH 구분 작업강도

작업강도	대사량[kcal/hr]
경작업	200 이하
중등작업	200~350
중작업	350~500

③ 실동률

> **필수공식** | 실동률(사이또-오시마 공식)
>
> $$실동률(실노동률) = 85 - (5 \times RMR)$$

④ 계속작업 한계시간(CMT)

> **심화이론** | 계속작업 한계시간(CMT)
>
> $$\log(CMT) = 3.724 - 3.25\log(RMR)$$

4. 교대작업

(1) 교대제 관리원칙
① 긴 근무의 연속은 2~3일로 하고 각 반의 근무시간은 8시간이 바람직하다.
② 야간근무 종료 후 휴식은 48시간 이상 부여한다.
③ 야간근무 시 가면은 1시간 반 이상이 적절하며 보통 2~4시간이 적합하다.
④ 교대시간은 되도록 자정 이전에 한다.
⑤ 3조 3교대, 4조 3교대 근무가 바람직하다(불가피한 2교대 근무는 연속 2~3일 초과하지 않아야 함).
⑥ 교대방식은 정교대로 편성하는 것이 바람직하다(낮근무 → 저녁근무 → 밤근무 → 낮근무 …).
⑦ 일반적으로 오전 근무의 개시 시간은 오전 9시이다(오전 5~6시를 피하여야 함).

(2) 야간근무의 생체부담
① 체중의 감소가 발생한다.
② 야간근무 시 체온상승은 주간작업 시 보다 낮다.
③ 근무 후 주간 수면의 효율이 좋지 않다.
④ 주간근무에 비하여 피로가 쉽게 온다.

(3) Flex Time제
근로자들의 자유로운 출퇴근을 위하여 전 근로자가 일하는 중추시간을 제외하고 출퇴근 시간을 융통성 있게 운영하는 제도이다.

(4) 교대제도 운영 목적
① 공공사업에서 국민생활과 편의를 위하여(의료, 방송 등)
② 생산과정이 주야로 연속되어야 하는 경우(화학공업, 석유정제 등)
③ 시설투자의 상각 달성을 위해 생산설비를 완전 가동하는 경우(기계공업, 방직공업 등)

5. 산업심리

(1) 산업심리의 정의
산업현장에 종사하는 근로자들의 심리적 특성과 이와 연관된 조직의 특성을 연구·고찰·해결하려는 응용심리학의 한 분야이다.

(2) 산업심리검사의 조건
① **타당성**: 검사하려고 하는 것을 얼마나 정확하게 측정할 수 있는가
② **신뢰성**: 검사하려고 하는 것을 얼마나 일관성 있게 측정하였는가
③ **실용성**: 검사의 실시가 간편하고, 결과의 해석이 간단하거나 저비용인가
④ **표준화**: 검사의 조건과 절차가 일관성이 있는가

(3) 산업심리검사의 분류
① 지능검사
② 적성검사

적성검사 분류	검사항목
신체검사	체격검사 등
생리적 기능검사	감각기능검사, 심폐기능검사, 체력검사
심리학적 기능검사	지능검사, 지각동작검사, 기능검사, 인성검사

심리학적 기능검사 분류	검사항목
지능검사	언어, 기억, 추리, 귀납
지각동작검사	수족협조능, 운동속도능, 형태지각능
기능검사	직무에 관련된 기본지식, 숙련도, 사고력
인성검사	성격, 태도, 정신상태

③ 학력검사
④ 흥미검사
⑤ 성격검사

6. 직무 스트레스

(1) 스트레스의 정의
적응하기 어려운 환경에 처할 때 느끼는 심리적·신체적 긴장상태로, 적당한 직무 스트레스는 직무의욕과 생산성을 향상시키지만 과도하게 되면 생산성 감소, 사고의 직접적인 원인이 된다. 직무 스트레스의 요인으로는 작업속도, 근무시간, 업무 반복성 등이 있다.

(2) 스트레스의 특징
① 환경의 요구가 개인의 능력한계를 벗어날 때 발생하는 개인과 환경의 불균형 상태로, 위협적인 환경특성에 대한 개인의 반응이다.
② 스트레스를 지속적으로 받게 되면 인체는 자기조절능력을 상실한다.
③ 스트레스가 아주 없거나 너무 많을 때 역기능 스트레스로 작용한다.

(3) 스트레스 요인

시간적 압박	장시간 노동, 연장근무, 교대근무 내 능동적인 업무 통제가 불가능한 경우
업무구조	업무요구가 높고 재량권이 없거나, 조직에 변화가 있는 경우
물리적 환경	부족한 조명, 소음, 비좁고 비위생적인 공간, 불편한 책상 및 부적절한 온도의 환경인 경우
조직 내	업무요구사항이 불명확하고 역할이 모호한 경우, 관계 갈등 및 차별이 있는 경우
조직 외	직업 안정과 승진, 실업 등 직무안정성이 결여된 경우
비직업성	개인, 가족, 지역사회가 처한 환경 등이 부적절한 경우

(4) NIOSH 직무 스트레스 요인

작업요인	작업부하, 작업속도, 교대근무
환경요인	소음·진동, 고온·한랭, 환기상태 불량 및 부적절한 조명
조직요인	관리유형, 역할요구, 역할갈등, 직무안정성

(5) 산업안전보건법령상 직무 스트레스 대책
　① 작업환경, 작업내용, 근로시간 등 직무스트레스 요인에 대하여 평가하고 근로시간 단축, 장·단기 순환작업 등 개선대책을 마련하여 시행할 것
　② 작업량, 작업일정 등 작업계획 수립 시 해당 근로자의 의견을 반영할 것
　③ 작업과 휴식을 적정하게 배분하는 등 근로시간과 관련된 근로조건을 개선할 것
　④ 근로시간 외의 근로자 활동에 대한 복지 차원의 지원에 최선을 다할 것
　⑤ 건강진단결과, 상담자료 등을 참고하여 적절하게 근로자를 배치하고 직무스트레스 요인, 건강문제 발생가능성 및 대비책 등에 대하여 해당 근로자에게 충분히 설명할 것
　⑥ 뇌혈관 및 심장질환 발병위험도를 평가하여 금연, 고혈압관리 등 건강증진 프로그램을 시행할 것

(6) 직무스트레스 관리 프로그램 평가항목

객관적 지표	주관적 지표
• 보건의료비용 감소 • 결근율 감소 • 이직률 감소 • 생산성 향상	• 삶의 질 증진 • 근로자 간 인간관계 개선 • 스트레스 대응능력의 향상 • 조직과의 관계 개선

04 조직과 직업성 질환

1. 조직과 집단

(1) 안전관리조직

① 안전관리조직의 목적

기업 내 안전관리조직의 구성 목적은 근로자의 안전과 설비의 안전을 확보하여 생산합리화에 기여하는 것이다.

② 안전관리조직의 3대 기능

㉠ 위험제거기능
㉡ 생산관리기능
㉢ 손실방지기능

(2) 라인(Line)형 조직

소규모 기업에 적합한 조직으로서 안전관리에 관한 계획에서부터 실시에 이르기까지 모든 안전업무를 생산라인을 통하여 직선적으로 이루어지도록 편성된 조직이다.

① 규모 : 소규모(100명 이하)

② 장점

㉠ 안전에 관한 지시 및 명령계통이 철저하다.
㉡ 안전대책의 실시가 신속하다.
㉢ 명령과 보고가 상하관계뿐으로 간단 명료하다.

③ 단점

㉠ 안전에 대한 지식 및 기술축적이 어렵다.
㉡ 안전에 대한 정보수집 및 신기술 개발이 미흡하다.
㉢ 라인에 과중한 책임을 지우기 쉽다.

④ 구성도

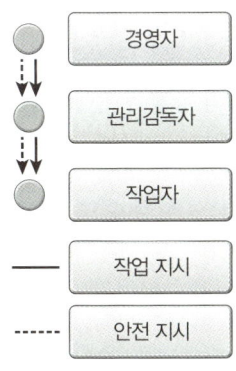

▲ 라인형 조직 구성도

(3) 스태프(Staff)형 조직

중소규모 사업장에 적합한 조직으로서 안전업무를 관장하는 참모(Staff)를 두고 안전관리에 관한 계획·조정·조사·검토·보고 등의 업무와 현장에 대한 기술지원을 담당하도록 편성된 조직이다.

① 규모: 중규모(100~500명 이하)

② 장점
  ㉠ 사업장 특성에 맞는 전문적인 기술연구가 가능하다.
  ㉡ 경영자에게 조언과 자문역할을 할 수 있다.
  ㉢ 안전정보 수집이 빠르다.

③ 단점
  ㉠ 안전지시나 명령이 작업자에게까지 신속·정확하게 전달되지 못한다.
  ㉡ 생산부분은 안전에 대한 책임과 권한이 없다.
  ㉢ 권한 다툼이나 조정 때문에 시간과 노력이 소모된다.

④ 구성도

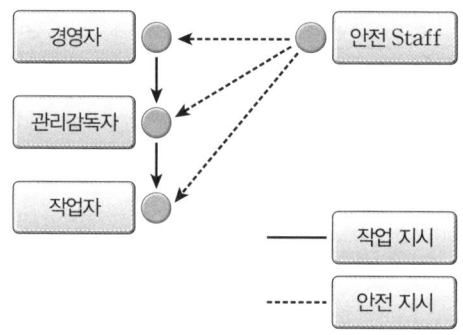

▲ 스태프형 조직 구성도

(4) 라인 – 스태프(Line – Staff)형 조직

대규모 사업장에 적합한 조직으로서 라인형과 스태프형의 장점만을 채택한 형태이며, 안전업무를 전담하는 스태프를 두고 생산라인의 각 계층에서도 각 부서장으로 하여금 안전업무를 수행하도록 하여 스태프에서 안전에 관한 사항이 결정되면 라인을 통하여 실천하도록 편성된 조직이다.

라인-스태프형은 라인과 스태프형의 장점을 절충·조정한 유형으로, 라인과 스태프가 협조를 이루어 나갈 수 있고 라인에게는 생산과 안전보건에 관한 책임을 동시에 지우므로 안전보건업무와 생산업무가 균형을 유지할 수 있는 이상적인 조직이다.

① 규모: 대규모(1,000명 이상)

② 장점
  ㉠ 안전에 대한 기술 및 경험 축적이 용이하다.
  ㉡ 사업장에 맞는 독자적인 안전개선책을 강구할 수 있다.
  ㉢ 안전지시나 안전대책이 신속하고 정확하게 하달될 수 있다.

③ 단점
  명령계통과 조언의 권고적 참여가 혼동되기 쉽다.

④ 구성도

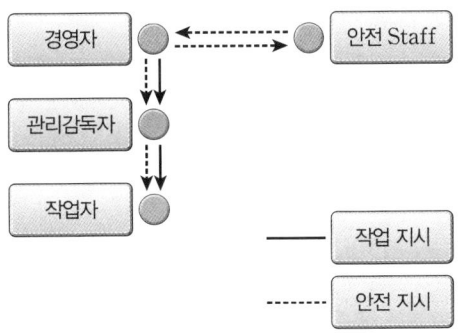

▲ 라인 – 스태프형 조직 구성도

2. 직업성 질환

(1) 직업성 질환의 정의
① 직업성 질환이란 어떤 직업에 종사함으로써 발생하는 업무상 질병을 말한다.
② 개개인의 직무로 인하여 가스, 분진, 소음, 진동 등 유해성 인자가 몸에 장·단기간 침투, 축적되어 이로 인하여 발생하는 질환을 총칭한다.

(2) 직업성 질환의 특성
① 부적절한 작업환경과 유해인자에 장기간 노출된 후 발생한다.
② 폭로 시작과 첫 증상이 나타나기까지 장시간이 걸려 직업과의 인과관계의 명확한 규명이 어렵다.
③ 질병 유발 물질에는 인체에 대한 영향이 확인되지 않은 새로운 물질들이 많다.
④ 임상적 또는 병리적 소견이 일반질병과 구별하기 어렵다.
⑤ 많은 직업성 요인이 비직업성 요인과 상승작용을 일으킨다.

(3) 직업성 질환의 범위
　① 업무에 기인하여 1차적으로 발생하는 원발성 질환을 포함한다.
　② 원발성 질환과 합병 작용하여 제2의 질환을 유발하는 경우를 포함한다.
　③ 합병증이 원발성 질환과 불가분의 관계를 가지는 경우를 포함한다.
　④ 원발성 질환과 떨어진 다른 부위에 동일한 원인에 의한 제2의 질환을 일으키는 경우를 포함한다.

(4) 직업병의 원인
　① **물리적 요인**: 소음·진동, 유해광선(전리방사선, 비전리방사선), 온도, 이상기압 등
　② **화학적 요인**: 화학물질(유기용제, 타르, 피치), 금속흄
　③ **생물학적 요인**: 바이러스, 진균 등
　④ **인간공학적 요인**: 작업방법, 작업자세, 중량물 취급 등

> **참고** 작업관련성 질환은 유해인자 이외에도 작업 외 개인적 특성, 환경적 요인도 함께 작용하여 발생한다.

(5) 유해요인에 따른 직업병
　① **카드뮴중독**: 이타이이타이병
　② **수은중독**: 미나마타병
　③ **크롬중독**: 비중격천공증
　④ **납중독**: 조혈장애
　⑤ **석면**: 악성중피종, 석면폐증, 폐암
　⑥ **망간**: 파킨슨증후군
　⑦ **이상기압**: 잠함병
　⑧ **국소진동**: 레이노드씨병

(6) 직업성 질환을 인정 및 판단할 때 고려사항
　① 작업내용과 종사한 기간 또는 유해작업의 정도
　② 작업환경, 원료, 중간체, 부산물 및 제품 자체의 유해성 유무와 공기 중 유해물질 농도
　③ 유해화학물질에 의한 중독증(직업병)
　④ 직업병에서 특이하게 볼 수 있는 증상
　⑤ 의학상 특징적인 임상검사 소견의 유무
　⑥ 유해물질에 폭로된 때부터 발병까지 시간적 간격 및 증상의 경로 추이
　⑦ 과거 질병 유무
　⑧ 업무에 기인하지 않은 다른 질환과의 상관성
　⑨ 동일한 작업장에서 비슷한 증상을 나타내는 환자의 발생 여부

(7) 직업성 질환 예방대책
　① 작업장 환기 및 작업환경, 방법의 개선
　② 특수건강진단 등 의학적 관리 및 보호구 착용(가장 나중에 적용할 것)
　③ 작업환경 정리정돈
　④ 작업시간 단축
　⑤ 기업주 안전보건교육 실시

(8) 건강진단에 의한 건강관리 구분
   ① A: 정상자
   ② C1: 직업병 요관찰자
   ③ C2: 일반질병 요관찰자
   ④ D1: 직업병 유소견자(직업성 질병의 소견을 보여 사후관리가 필요한 자)
   ⑤ D2: 일반질병 유소견자
   ⑥ R: 질환 의심자(2차 검진 대상자)

(9) 특수건강진단
   직업병의 조기발견을 위해 특수건강진단 대상 유해인자를 보유한 사업장이 당해 업무에 종사하고 있는 근로자에게 유해인자에 따라 해당 적정 주기마다 정기적으로 실시하는 건강진단으로 산업안전보건법 규정에 의하여 실시된다.
   ① 목적
      업무상 질병을 조기에 발견하여 증세가 더욱 나빠지지 않도록 하고 재발을 방지하기 위한 것으로, 업무 기인성을 역학적으로 추적하여 업무에서 비롯되는 질병의 발생을 예방하는 것이다.
   ② 특수건강진단 대상 유해인자
      ㉠ 화학적 인자
         유기화합물(109종), 금속류(20종), 산 및 알칼리류(8종), 가스상태물질류(14종), 허가대상물질(12종), 금속가공유
      ㉡ 분진 7종(곡물, 광물성, 면, 목재, 용접흄, 유리섬유, 석면)
      ㉢ 물리적 인자 8종
         소음, 진동, 방사선, 고기압, 저기압, 유해광선(자외선, 적외선, 마이크로파 및 라디오파)
      ㉣ 야간작업 2종

05 실내환경

1. 실내오염 유해인자

(1) 물리적 유해인자

온·습도, 소음 및 진동, 전리방사선, 비전리방사선, 조명 등이 있다.

(2) 화학적 유해인자

① **담배연기**: 같은 공간에 있는 비흡연자에게도 영향을 미치는 발암성, 돌연변이성, 기형성 물질을 포함한 실내오염물질이다.

② **일산화탄소(CO)**: 유기성 물질의 불완전 연소에 의해 생성되며, 혈중 헤모글로빈과 결합하여 CO-Hb 결합체를 형성하여 혈액의 산소운반능력을 저하시킨다.

③ **이산화탄소(CO_2)**: 대표적인 실내오염 지표물질로, 독성은 없지만 혈액 속에 녹아있는 이산화탄소의 양이 증가하게 되면 생명이 위협될 수 있다.

④ **오존(O_3)**: 복사기, 인쇄기 등에서 발생하며 표백 등에 사용되는 강한 산화제이다. 농도가 높아지면 자극적인 냄새가 난다.

⑤ **포름알데히드**: 합판, 보드, 단열재, 섬유 옷감 등에서 발생되고 자극적인 냄새를 갖고 있다. 눈, 코, 목을 자극하며 발암성이 있는 특별관리물질이다.

⑥ **라돈**: 건축자재로부터 방출되거나, 벽의 갈라진 부분 등 균열·틈새로부터 유입되는 발암성 물질이다. 무색, 무취, 무미의 가스상 물질로 인간의 감각으로 감지할 수 없다.

⑦ **석면**: 건축물 단열재, 절연재, 흡음재로서 천장재와 벽에 이용되어 왔으며 악성중피종과 폐암, 석면폐증을 일으키는 발암성 물질이다. 청석면, 갈석면 및 백석면으로 구분된다.(독성정도: 청석면>갈석면>백석면)

(3) 생물학적 유해인자

바이러스, 곰팡이, 세균, 레지오넬라균, 과민성 폐렴균, 집먼지 진드기 등이 있다. 이 유해인자들은 알레르기 반응(비염, 폐렴 등)과 레지오넬라증 같은 감염증을 일으킨다.

① **바이오에어로졸**: 살아있거나, 살아있는 생물체를 포함하거나 또는 살아있는 생물체로부터 방출된 0.01~100[μm] 입경 범위의 부유 입자, 거대 분자 또는 휘발성 성분

② **레지오넬라균**: 공기 순환 장치들과 냉각탑 등에 기생하며 실내외로 확산되어 호흡기 질환을 유발한다. 물속에서 1년까지도 생존 가능하며 주로 여름과 초가을에 번식한다.

(4) 실내오염 평가

① 사무실 공기의 측정시기·횟수 및 시료채취시간

오염물질	측정횟수(측정시기)	시료채취시간
미세먼지(PM10)	연 1회 이상	업무시간 동안: 6시간 이상 연속 측정
초미세먼지(PM2.5)	연 1회 이상	업무시간 동안: 6시간 이상 연속 측정
이산화탄소(CO_2)	연 1회 이상	업무시작 후 2시간 전후 및 종료 전 2시간 전후(각각 10분간 측정)
일산화탄소(CO)	연 1회 이상	업무시작 후 1시간 전후 및 종료 전 1시간 전후(각각 10분간 측정)

오염물질	측정횟수(측정시기)	시료채취시간
이산화질소(NO_2)	연 1회 이상	업무시작 후 1시간~종료 1시간 전: 1시간 측정
포름알데히드(HCHO)	연 1회 이상 및 신축(대수선 포함)건물 입주 전	업무시작 후 1시간~종료 1시간 전(30분간 2회 측정)
총휘발성유기화합물(TVOC)	연 1회 이상 및 신축(대수선 포함)건물 입주 전	업무시작 후 1시간~종료 1시간 전(30분간 2회 측정)
라돈	연 1회 이상	3일 이상~3개월 이내: 연속 측정
총부유세균	연 1회 이상	업무시작 후 1시간~종료 1시간 전(최고 실내온도에서 1회 측정)
곰팡이	연 1회 이상	업무시작 후 1시간~종료 1시간 전(최고 실내온도에서 1회 측정)

② 실내공기 오염물질 시료채취 및 분석방법

오염물질	시료채취방법	분석방법
미세먼지(PM10)	PM10 샘플러(Sampler)를 장착한 고용량 시료채취기에 의한 채취	중량분석(천칭의 해독도: 10[μg] 이상)
초미세먼지(PM2.5)	PM2.5 샘플러를 장착한 고용량 시료채취기에 의한 채취	중량분석(천칭의 해독도: 10[μg] 이상)
이산화탄소(CO_2)	비분산적외선검출기에 의한 채취	검출기의 연속 측정에 의한 직독식 분석
일산화탄소(CO)	비분산적외선검출기 또는 전기화학 검출기에 의한 채취	검출기의 연속 측정에 의한 직독식 분석
이산화질소(NO_2)	고체흡착관에 의한 시료채취	분광광도계로 분석
포름알데히드(HCHO)	2,4-DNPH(2,4-Dinitrophenylhydrazine)가 코팅된 실리카겔관(Silicagel Tube)이 장착된 시료채취기에 의한 채취	2,4-DNPH-포름알데히드 유도체를 HPLC-UVD(High Performance Liquid Chromatography-Ultraviolet Detector) 또는 GC-NPD(Gas Chromatography-Nitrogen-Phosphorous Detector)로 분석
총 휘발성 유기화합물(TVOC)	고체흡착관 또는 캐니스터(Canister)로 채취	• 고체흡착열탈착법 또는 고체흡착용매추출법을 이용한 GC(Gas Chromatography) 분석 • 캐니스터를 이용한 GC 분석
라돈	라돈연속검출기(자동형), 알파트랙(수동형), 충전막 전리함(수동형) 측정 등	3일 이상 3개월 이내 연속 측정 후 방사능감지를 통한 분석
총 부유세균	충돌법을 이용한 부유세균채취기(Bio Air Sampler)로 채취	채취·배양된 균주를 세어 공기 체적당 균주 수로 산출
곰팡이	충돌법을 이용한 부유세균채취기로 채취	채취·배양된 균주를 세어 공기 체적당 균주 수로 산출

(5) 실내오염 관리기준
　① 사무실 공기관리기준
　　㉠ 관리기준: 8시간 시간가중평균농도 기준
　　㉡ 라돈은 지상 1층을 포함한 지하에 위치한 사무실에만 적용한다.
　　㉢ [CFU/m^3]: 1[m^3] 중에 존재하고 있는 집락형성 세균 개체 수(Colony Forming Unit)
　② 사무실의 환기기준
　　공기정화시설을 갖춘 사무실에서 근로자 1인당 필요한 최소 외기량은 0.57[m^3/min]이며, 환기횟수는 시간당 4회 이상으로 한다.
　③ 시료채취 및 측정지점
　　공기의 측정시료는 사무실 내에서 공기질이 가장 나쁠 것으로 예상되는 2곳(다만, 사무실 면적이 500[m^2]을 초과하는 경우에는 500[m^2]당 1곳씩 추가) 이상에서 채취하고, 측정은 사무실 바닥면으로부터 0.9∼1.5[m] 높이에서 한다.
　④ 측정결과의 평가
　　사무실 공기질의 측정결과는 측정치 전체에 대한 평균값을 오염물질별 관리기준과 비교하여 평가한다. 다만, 이산화탄소는 각 지점에서 측정한 측정치 중 최고값을 기준으로 비교·평가한다.

(6) 사무실 공기관리 상태평가
　① 근로자가 호소하는 증상(호흡기, 눈·피부 자극 등) 조사
　② 공기정화설비 환기량이 적정한지 조사
　③ 외부의 오염물질 유입경로 조사
　④ 사무실 내 오염원 조사

2. 빌딩증후군(SBS; Sick Building Syndrome)

(1) 정의
　빌딩 내 거주자가 건물에서 보내는 시간 동안 불편을 느끼는 현상을 말하며, HVAC(공기조화시스템)에 의한 외부 공기 유입비율 등이 낮고 실외에서 유입되거나 실내에서 발생한 각종 오염물질들이 축적되면서 인체의 생리기능이 부적합 반응을 일으키는 환경유인성 증후군이다.

(2) 원인
　① 낮은 농도에서 여러 오염물질의 복합적인 영향 및 환기부족
　② 환경 스트레스 요인(과난방, 낮은 조명, 소음 등)
　③ 인간공학적 자극(VDT 작업 등)
　④ 단열재 및 기타 내장재(포름알데히드, 석면)의 사용

(3) 증상
　① 현기증, 두통, 메스꺼움, 졸음, 무기력, 불쾌감, 눈 및 인후의 자극, 집중력 감소, 피로, 피부발작
　② 작업능률 저하 및 정신적 피로 야기

(4) 대책
　① 외부 공기로 환기를 실시한다.

② 공기조화설비 필터 및 공기청정기 등으로 공기를 정화한다.
③ 오염물질의 발생을 경감한다.
④ 환풍기 및 냉난방기 필터를 정기적으로 교체한다.
⑤ 덕트나 환기구를 정기적으로 점검 및 청소한다.
⑥ 오염물질 배출이 적은 건축자재를 사용한다.

> 참고 Bake Out
> 새로운 건물이나 새로 지은 집에 입주하기 전 실내를 모두 닫고 30[℃] 이상으로 5~6시간 유지시킨 후 1시간 정도 환기를 하는 방식을 여러 번 반복하여 실내의 휘발성 유기화합물이나 포름알데히드의 저감효과를 얻는 방법

3. 복합 화학물질 민감증후군(화학물질과민증)

(1) 정의

특정화학물질에 오랫동안 접촉되면 과민성이 되어 나중에는 극미량에 잠시 접하는 것만으로도 두통, 불면, 소화기장애 등 기타 여러 가지 증상이 생기는 현상이다.

(2) 증상

불안, 불면, 우울증과 같은 신경증상이나 땀분비 이상, 손발의 냉증, 쉽게 피로한 갱년기 장애와 유사한 증상을 보이며, 각종 피부염과 자가면역질환 등이 발생한다.

4. 새집증후군(SHS; Sick House Syndrome)

건축 신축 시 사용하는 각종 자재나 벽지 등에서 나오는 유해화학물질로 인해 거주자들이 느끼는 건강상 문제 및 불쾌감을 이르는 용어이며, 주요 원인물질로는 마감재나 건축자재에서 발생하는 휘발성 유기화합물(VOCs)과 포름알데히드(HCHO), 벤젠, 톨루엔, 스티렌 등이다.

5. 빌딩 관련 질병(BRI; Building Related Illness)

빌딩 실내에 존재하는 원인, 즉 오염물질과 직접적으로 관련지을 수 있는 질환을 말하며 대표적인 질환으로는 레지오넬라병, 과민성 폐렴 등이 있다. 특정 화학물질 또는 바이러스, 곰팡이, 세균 등 생물학적 인자에 의한 특이적인 증상이 발생하며 대표적인 증상으로는 감각자극, 호흡기 과민반응 등이 있다. 비교적 증상의 발현 및 회복은 느리지만 병의 원인은 파악 가능하다.

06 산업재해

1. 산업재해

(1) 산업재해의 정의

노무를 제공하는 사람이 업무에 관계되는 건설물·설비·원재료·가스·증기·분진 등에 의하거나 작업 또는 그 밖의 업무로 인하여 사망 또는 부상하거나 질병에 걸리는 것이다.

(2) 산업재해 발생 보고

사업주는 산업재해로 사망자가 발생하거나 3일 이상의 휴업이 필요한 부상을 입거나 질병에 걸린 사람이 발생한 경우에는 해당 산업재해가 발생한 날부터 1개월 이내에 산업재해조사표를 작성하여 관할 지방고용노동청장 또는 지청장에게 제출하여야 한다.

(3) 산업재해 기록

사업주는 산업재해가 발생하였을 때에는 재해발생 원인 등을 기록·보존하여야 한다.
① 사업장의 개요 및 근로자의 인적사항
② 재해발생 일시 및 장소
③ 재해발생 원인 및 과정
④ 재해 재발방지 계획

(4) 중대재해
① 정의
  ㉠ 사망자가 1명 이상 발생한 재해
  ㉡ 3개월 이상의 요양이 필요한 부상자가 동시에 2명 이상 발생한 재해
  ㉢ 부상자 또는 직업성 질병자가 동시에 10명 이상 발생한 재해
② 발생 시 보고사항
사업주는 중대재해가 발생한 사실을 알게 된 경우에는 지체없이 다음 사항을 관할 지방고용노동관서의 장에게 전화·팩스 또는 그 밖의 적절한 방법으로 보고하여야 한다.
  ㉠ 발생개요 및 피해상황
  ㉡ 조치 및 전망
  ㉢ 그 밖에 중요한 사항

(5) 산업재해의 직접 발생원인
① 불안전한 행동(인적 요인)
  ㉠ 보호구 미착용 및 부적절한 착용   ㉡ 위험장소 접근
  ㉢ 기계·기구의 부적절한 사용   ㉣ 위험물 취급 부주의
  ㉤ 불안전한 작업자세
② 불안전한 상태(물적 요인)
  ㉠ 방호장치 미설치 및 고장   ㉡ 작업환경 부적절
  ㉢ 경고 및 지시표지 미부착   ㉣ 생산공정의 결함
③ 4M 요인
  인간관계(Man), 설비(Machine), 관리(Management), 작업환경(Media)

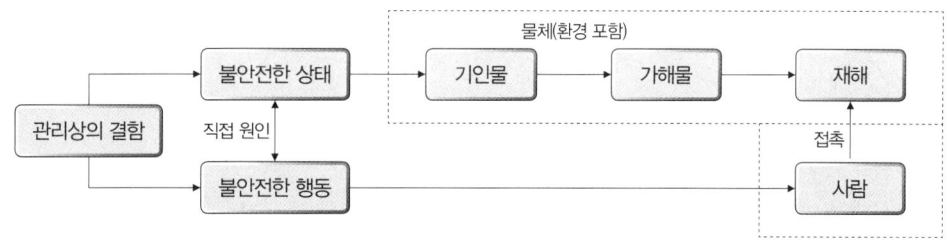

▲ 재해발생의 메커니즘

(6) 산업재해의 간접 발생원인
    ① 기술적 원인
        ㉠ 건물, 기계장치의 설계불량
        ㉡ 구조, 재료 부적합
        ㉢ 생산방법의 부적합
        ㉣ 점검, 정비 불량
    ② 교육적 원인
        ㉠ 안전지식의 부족
        ㉡ 안전수칙 오해
        ㉢ 경험, 훈련의 미숙
        ㉣ 작업방법의 교육 부적절
        ㉤ 유해·위험작업의 교육 불충분
    ③ 관리적 원인
        ㉠ 안전관리조직의 결함
        ㉡ 안전수칙 미제정
        ㉢ 작업준비 불충분
        ㉣ 인원배치 부적절
        ㉤ 작업지시 부적절
    ④ 정신적 원인
        ㉠ 안전의식 부족
        ㉡ 주의력 부족
        ㉢ 방심
        ㉣ 판단력 부족
    ⑤ 신체적 원인
        ㉠ 피로
        ㉡ 시력 및 청각기능의 이상
        ㉢ 육체적인 능력 초과

(7) 산업재해의 발생 특성
    ① 봄, 가을에 빈발한다.
    ② 오전 11~12시, 오후 2시~3시에 빈발한다.
    ③ 작은 규모의 산업체에서 재해율이 높다.
    ④ 입사 6개월 미만의 신규근로자의 발생률이 높다.

(8) 산업재해의 분석
    ① 하인리히의 법칙(1 : 29 : 300의 법칙)
        330회의 사고 가운데 중상 또는 사망 1회, 경상 29회, 무상해사고 300회의 비율로 사고가 발생한다는 법칙이다.
    ② 버드의 법칙(1 : 10 : 30 : 600의 법칙)
        ㉠ 1: 중상 또는 폐질
        ㉡ 10: 경상(인적, 물적 상해)
        ㉢ 30: 무상해사고(물적 손실 발생)
        ㉣ 600: 무상해사고

2. 산업재해 통계

(1) 재해통계 목적 및 역할
  ① 재해원인을 분석하고 위험한 작업 및 여건을 도출한다.
  ② 합리적이고 경제적인 재해예방 정책방향을 설정한다.
  ③ 재해실태를 파악하여 예방활동에 필요한 기초자료 및 지표를 제공한다.
  ④ 재해예방사업 추진실적을 평가하는 측정수단이다.

(2) 재해의 통계적 원인분석 방법
  ① **파레토도**: 분류 항목을 큰 순서대로 도표화한 분석법이다.
  ② **특성요인도**: 특성과 요인관계를 도표로 하여 어골상으로 세분화한 분석법이다.(원인과 결과를 연계하여 상호관계를 파악)
  ③ **클로즈(Close)분석도**: 데이터를 집계하고 표로 표시하여 요인별 결과 내역을 교차한 클로즈 그림을 작성하여 분석하는 방법이다.
  ④ **관리도**: 재해발생 건수 등의 추이를 파악하여 목표관리를 행하는 데 필요한 월별 재해발생수를 그래프화하여 관리선을 설정·관리하는 방법이다.

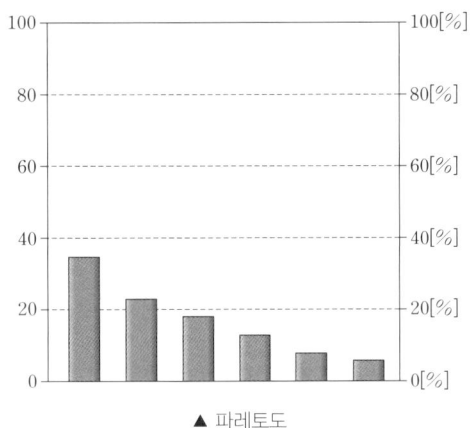
▲ 파레토도

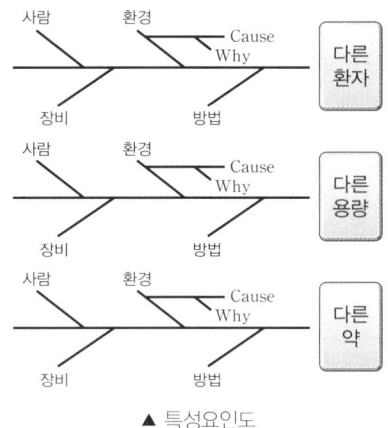
▲ 특성요인도

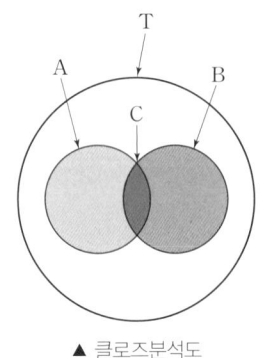
▲ 클로즈분석도

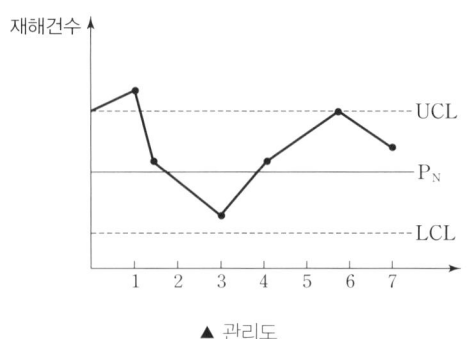
▲ 관리도

(3) 연천인율(年千人率)
  ① 근로자 1,000인당 1년간 발생하는 재해발생자 수이다.
  ② 근무시간이 같은 동종의 업체와 비교 가능하다.

> **필수공식 | 연천인율**
>
> $$연천인율 = \frac{재해자수}{연평균근로자수} \times 1,000$$

(4) 도수율(빈도율, FR; Frequency Rate of Injury)
① 근로자 100만 명이 1시간 작업 시 발생하는 재해건수이다.
② 근로자 1명이 100만 시간 작업 시 발생하는 재해건수와 같다.

> **필수공식 | 도수율**
>
> $$도수율 = \frac{재해발생건수}{연근로시간수} \times 10^6$$

(5) 강도율(SR; Severity Rate of Injury)
① 재해발생의 경중 또는 정도를 가장 잘 나타내는 재해지표이다.
② 연근로시간 1,000시간당 재해로 인해서 잃어버린 근로손실일수이다.

> **필수공식 | 강도율**
>
> $$강도율 = \frac{근로손실일수}{연근로시간수} \times 1,000$$

> **학습 나침반**
>
> ※ 근로손실일수의 산정
> - 사망 및 영구 전노동 불능(장애등급 1~3급): 7,500일
> - 영구 일부노동 불능(4~14등급)
>
> | 등급 | 4 | 5 | 6 | 7 | 8 | 9 | 10 | 11 | 12 | 13 | 14 |
> |---|---|---|---|---|---|---|---|---|---|---|---|
> | 일수 | 5,500 | 4,000 | 3,000 | 2,200 | 1,500 | 1,000 | 600 | 400 | 200 | 100 | 50 |
>
> - 일시 전노동 불능(의사의 진단에 따라 일정기간 노동에 종사할 수 없는 상해): 휴직일수 $\times \frac{300}{365}$

(6) 환산강도율
근로자가 입사하여 퇴직할 때까지 잃을 수 있는 근로손실일수이다.

> **심화이론 | 환산강도율**
>
> $$환산강도율 = 강도율 \times 100$$

(7) 환산도수율
근로자가 입사하여 퇴직할 때까지(40년=10만 시간) 당할 수 있는 재해건수이다.

> **심화이론 | 환산도수율**
>
> $$환산도수율 = \frac{도수율}{10}$$

3. 산업재해의 보상 및 재해이론

(1) 재해손실비의 정의

업무상 재해로서 인적 재해를 수반하는 재해에 의해 생기는 비용으로, 재해가 없었다면 발생하지 않아도 되는 직·간접 비용이다.

(2) 하인리히 방식의 총 재해코스트

> **필수공식 | 하인리히 방식의 총 재해코스트**
>
> 총 재해코스트 = 직접비 + 간접비

① 직접비: 법령으로 정한 피해자에게 지급되는 산재보험비이다.
  ㉠ 휴업보상비
  ㉡ 장해보상비
  ㉢ 요양보상비
  ㉣ 유족보상비
  ㉤ 장의비, 간병비

② 간접비: 휴업, 생산중단 등으로 기업이 입은 손실이다.
  ㉠ 인적손실: 본인 및 제3자에 관한 것을 포함한 시간손실
  ㉡ 물적손실: 기계, 공구, 재료, 시설의 복구에 소비된 시간손실 및 재산손실
  ㉢ 생산손실: 생산감소, 생산중단, 판매감소 등에 의한 손실

③ 직접비 : 간접비 = 1 : 4

> **참고** 우리나라의 재해손실비용은 '경제적 손실 추정액'이라 칭하며, 하인리히 방식으로 재해코스트를 산정한다.

(3) 시몬즈 방식의 총 재해코스트

> **필수공식 | 시몬즈 방식의 총 재해코스트**
>
> 총 재해비용 = 보험비용 + 비보험비용
>
> 여기서, 비보험비용 = 휴업상해건수 × A + 통원상해건수 × B + 응급조치건수 × C + 무상해사고건수 × D
>
> ※ A, B, C, D는 장해 정도에 의한 비보험비용의 평균치

(4) 재해예방의 4원칙

구분	설명
손실우연의 원칙	재해손실은 사고발생 시 사고 대상의 조건에 따라 달라지므로 한 사고의 결과로서 생긴 재해손실은 우연에 의해서 결정된다.
원인계기의 원칙	재해발생은 반드시 원인이 있다.
예방가능의 원칙	재해는 원칙적으로 원인만 제거하면 예방이 가능하다.
대책선정의 원칙	재해예방을 위한 가능한 안전대책은 반드시 존재한다.

(5) 사고예방대책의 기본원리 5단계(하인리히)

단계		활동
1단계	조직 (안전관리조직)	• 경영층의 안전목표 설정 • 안전관리조직(안전관리자 선임 등) • 안전활동 및 계획수립
2단계	사실의 발견 (현상파악)	• 사고 및 안전활동의 기록 검토 • 안전점검, 안전진단 • 사고조사 • 안전평가 • 각종 안전회의 및 토의
3단계	분석·평가 (원인규명)	• 사고조사 결과의 분석 • 불안전 상태, 불안전 행동 분석 • 작업공정, 작업형태 분석 • 교육 및 훈련의 분석 • 안전수칙 및 안전기준 분석
4단계	시정방법 선정	• 기술의 개선 • 인사조정 • 교육 및 훈련 개선 • 안전규정 및 수칙의 개선 • 이행의 감독과 제재강화
5단계	시정방법의 적용	• 목표 설정 • 3E[기술적(Engineering), 교육적(Education), 관리적(Enforcement)] 대책의 적용

(6) 재해 누발자 유형

구분	설명
미숙성 누발자	• 기능적으로 미숙한 사람 • 환경에 익숙하지 않은 사람
상황성 누발자	• 작업에 어려움이 존재하는 경우 • 기계설비에 결함이 존재하는 경우 • 심신에 근심이 존재하는 경우 • 주의력이 혼란되기 쉬운 환경인 경우
소질성 누발자	• 개인적 소질 중 재해원인이 존재하는 경우 • 특수한 성격 소유자인 경우
습관성 누발자	• 재해 경험으로 인해 신경과민인 경우 • 슬럼프에 빠진 경우

07 산업안전보건법령

1. 산업안전보건법

(1) 목적

산업안전·보건에 관한 기준을 확립하고 그 책임의 소재를 명확하게 하여 산업재해를 예방하고 쾌적한 작업환경을 조성함으로써 근로자의 안전과 보건을 유지·증진함을 목적으로 한다.

(2) 주요 용어의 정의

① **산업재해**: 노무를 제공하는 사람이 업무에 관계되는 건설물·설비·원재료·가스·증기·분진 등에 의하거나 작업 또는 그 밖의 업무로 인하여 사망 또는 부상하거나 질병에 걸리는 것

② **근로자**: 직업의 종류와 관계없이 임금을 목적으로 사업이나 사업장에 근로를 제공하는 사람

③ **사업주**: 근로자를 사용하여 사업을 하는 자

④ **근로자 대표**: 근로자의 과반수로 조직된 노동조합이 있는 경우에는 그 노동조합을, 근로자의 과반수로 조직된 노동조합이 없는 경우에는 근로자의 과반수를 대표하는 자

⑤ **안전·보건진단**: 산업재해를 예방하기 위하여 잠재적 위험성을 발견하고 그 개선대책을 수립할 목적으로 조사·평가하는 것

⑥ **중대재해**

㉠ 사망자가 1명 이상 발생한 재해

㉡ 3개월 이상의 요양이 필요한 부상자가 동시에 2명 이상 발생한 재해

㉢ 부상자 또는 직업성 질병자가 동시에 10명 이상 발생한 재해

⑦ **작업환경측정**: 작업환경의 실태를 파악하기 위하여 해당 근로자 또는 작업장에 대해 사업주가 유해인자에 대한 측정계획을 수립한 후 시료를 채취하고 분석·평가하는 것

(3) 산업안전보건법 적용 범위

모든 사업에 적용한다. 다만 유해위험의 종류, 사업 종류, 상시근로자 수(5인 미만) 등 대통령령으로 정하는 사업에 대해 이 법의 일부만 적용하거나 전부 적용하지 않을 수 있다.

2. 산업안전보건법 시행령

(1) 보건관리자 업무

① 산업안전보건위원회에서 심의·의결한 업무와 안전보건관리규정 및 취업규칙에서 정한 업무

② 의무안전인증대상 기계·기구 등과 자율안전확인대상 기계·기구 등 중 보건과 관련된 보호구 구입 시 적격품 선정

③ 위험성 평가에 관한 보좌 및 지도·조언

④ 물질안전보건자료의 게시 또는 비치에 관한 보좌 및 지도·조언

⑤ 산업보건의의 직무(「의료법」에 따른 의사인 경우로 한정)

⑥ 보건교육 계획의 수립 및 실시에 관한 보좌 및 조언·지도

⑦ 근로자를 보호하기 위한 응급처치 등의 의료행위(「의료법」에 따른 의사 또는 간호사의 경우로 한정)

⑧ 작업장 내에서 사용되는 전체 환기장치 및 국소 배기장치 등에 관한 설비의 점검과 작업방법의 공학적 개선에 관한 보좌 및 조언·지도

⑨ 사업장 순회점검·지도 및 조치의 건의
⑩ 산업재해 발생의 원인 조사·분석 및 재발 방지를 위한 기술적 보좌 및 조언·지도
⑪ 산업재해에 관한 통계의 유지·관리·분석을 위한 보좌 및 조언·지도
⑫ 법 또는 법에 따른 명령으로 정한 보건에 관한 사항의 이행에 관한 보좌 및 조언·지도
⑬ 업무수행 내용의 기록·유지
⑭ 그 밖에 작업관리 및 작업환경관리에 관한 사항

(2) 보건관리자를 두어야 하는 사업 종류 및 보건관리자 수

업종	근로자수 또는 공사금액	보건관리자수
광업 섬유제품 염색업, 석유정제품 제조 신발 및 신발부분품 제조업 화학물질 및 화학제품 제조업 1차 금속 제조업 자동차 및 트레일러 제조업 등	50~500명	1명 이상
	500~2,000명	2명 이상
	2,000명 이상	2명 이상 (반드시 의사 또는 간호사 포함)
제조업(일반)	50~1,000명	1명 이상
	1,000~3,000명	2명 이상
	3,000명 이상	2명 이상 (반드시 의사 또는 간호사 포함)
농업, 임업 및 어업 전기, 가스, 증기 및 수도사업 도·소매업 및 숙박·음식점업 등	50~5,000명	1명 이상
	5,000명 이상	2명 이상
건설업	공사금액 800억 이상(토목공사업은 1,000억) 또는 상시근로자 600명 이상	1명 이상
	1,400억원 증가 시 또는 근로자 600명 추가시마다	1명씩 추가

(3) 보건관리자 자격
① 산업보건지도사
② 「의료법」에 따른 의사
③ 「의료법」에 따른 간호사
④ 「국가기술자격법」에 따른 산업위생관리산업기사 또는 대기환경산업기사 이상의 자격을 취득한 사람
⑤ 「국가기술자격법」에 따른 인간공학기사 이상의 자격을 취득한 사람
⑥ 「고등교육법」에 따른 전문대학 이상의 학교에서 산업보건 또는 산업위생 분야의 학위를 취득한 사람(법령에 따라 이와 같은 수준 이상의 학력이 있다고 인정되는 사람을 포함)

(4) 산업안전보건위원회
    ① 산업안전보건위원회의 설치 대상
        ㉠ 상시근로자 50명 이상: 토사석 광업, 목재 및 나무제품 제조업(가구 제외), 화학물질 및 화학제품 제조업(의약품 제외), 비금속 광물제품 제조업, 1차 금속 제조업, 금속 가공제품 제조업(기계 및 가구 제외), 자동차 및 트레일러 제조업, 기타 기계 및 장비 제조업(사무용 기계 및 장비 제조업 제외), 기타 운동장비 제조업(전투용 차량 제조업 제외)
        ㉡ 상시근로자 100명 이상: 건설업의 경우에는 공사금액이 120억 원(토목공사업에 해당하는 공사의 경우에는 150억 원) 이상
        ㉢ 상시근로자 300명 이상: 농업, 어업, 소프트웨어 개발 및 공급업, 컴퓨터 프로그래밍, 시스템 통합 및 관리업, 정보서비스업, 금융 및 보험업, 임대업(부동산 제외), 전문 과학 및 기술 서비스업(연구 및 개발업 제외), 사업지원 서비스업, 사회복지 서비스업
    ② 산업안전보건위원회 위원
        ㉠ 근로자위원
            • 근로자 대표
            • 명예산업안전감독관
            • 근로자 대표가 지명하는 9명 이내의 해당 사업장의 근로자
        ㉡ 사용자위원
            • 해당 사업의 대표자
            • 안전관리자 1명(안전관리위탁사업장 안전관리전문기관 담당자)
            • 보건관리자 1명(보건관리위탁사업장 보건관리전문기관 담당자)
            • 산업보건의(해당 사업장에 선임되어 있는 경우로 한정)
            • 해당 사업의 대표자가 지명하는 9명 이내의 해당 사업장 부서의 장

(5) 제조, 수입, 양도, 제공 또는 사용이 금지되는 유해물질
    ① β-나프틸아민과 그 염
    ② 4-니트로디페닐과 그 염
    ③ 백연을 함유한 페인트(함유된 중량의 비율이 2[%] 이하인 것은 제외)
    ④ 벤젠을 함유하는 고무풀(함유된 중량의 비율이 5[%] 이하인 것은 제외)
    ⑤ 석면(Asbestos 등)
    ⑥ 폴리클로리네이티드 터페닐(Polychlorinated terphenyls 등)
    ⑦ 황린 성냥(Yellow phosphorus match)
    ⑧ 제1호, 제2호, 제5호 또는 제6호에 해당하는 물질을 함유한 혼합물(함유된 중량의 비율이 1[%] 이하인 것은 제외)
    ⑨ 「화학물질관리법」 제2조제5호에 따른 금지물질(같은 법 제3조제1항제1호부터 제12호까지의 규정에 해당하는 화학물질은 제외)
    ⑩ 그 밖에 보건상 해로운 물질로서 산업재해보상보험 및 예방심의위원회의 심의를 거쳐 고용노동부장관이 정하는 유해물질

3. 산업안전보건법 시행규칙

(1) 작업환경측정
  ① 유해인자로부터 근로자의 건강을 보호하고 쾌적한 작업환경을 조성하기 위하여 인체에 해로운 작업을 하는 작업장으로서 고용노동부령으로 정하는 작업장은 작업환경측정을 하도록 한 후 그 결과를 기록·보존(5년, 특별관리물질의 경우 30년)하고 고용노동부장관에게 보고하여야 한다. 작업환경측정기관은 시료채취를 마친 날부터 30일 이내에 결과표를 지방고용노동관서의 장에게 제출하여야 한다.
  ② 사업주는 작업환경측정의 결과를 해당 작업장 근로자에게 알려야 하며 그 결과에 따라 근로자의 건강을 보호하기 위하여 해당 시설 및 설비의 설치 또는 개선 등의 적절한 조치를 시행하여야 한다.

(2) 작업환경측정방법
  ① 예비조사를 먼저 실시한다.
  ② 작업이 정상적으로 이루어져 작업시간과 유해인자에 대한 근로자의 노출 정도를 정확히 평가할 수 있을 때 실시한다.
  ③ 개인 시료채취방법으로 하되, 개인 시료채취방법이 곤란한 경우에는 지역 시료채취방법으로 실시한다.

(3) 작업환경측정 횟수
  ① 신규로 가동, 변경되어 측정대상 작업장이 된 경우 30일 이내 측정하고 6개월에 1회 이상 정기측정한다.
  ② 다음 중 어느 하나에 해당하는 경우 3개월에 1회 이상 작업환경측정한다.
    ㉠ 화학적 인자 중 특별관리물질, 허가대상 유해물질의 측정치가 노출기준을 초과하는 경우
    ㉡ 화학적 인자(특별관리물질 및 허가대상 유해물질 제외)의 측정치가 노출기준을 2배 이상 초과하는 경우
  ③ 다음 중 어느 하나에 해당하는 경우 1년에 1회 이상 작업환경측정한다.
    ㉠ 작업공정 내 소음 작업환경측정 결과가 최근 2회 연속 85[dB] 미만인 경우
    ㉡ 작업공정 내 소음 외 다른 모든 인자의 작업환경측정 결과가 최근 2회 연속 노출기준 미만인 경우(특별관리물질 및 허가대상 유해물질은 제외)

(4) 건강진단의 종류 및 실시시기

건강진단의 종류	주요내용 및 실시주기
일반건강진단	• 상시 근로자의 건강관리를 위하여 주기적으로 실시하는 건강진단 • 사무직: 2년에 1회, 비사무직: 1년에 1회
특수건강진단	• 특수건강진단 대상 유해인자에 노출되는 업무 종사 근로자 • 해당 유해인자별 주기에 따름 | 구분	유해인자	시기*	주기
---	---	---	---
1	N,N-디메틸아세트아미드 디메틸포름아미드	1개월 이내	6개월
2	벤젠	2개월 이내	6개월
3	1,1,2,2-테트라클로로에탄 사염화탄소 아크릴로니트릴 염화비닐	3개월 이내	6개월
4	석면, 면분진	12개월 이내	12개월
5	광물성분진, 목재분진 소음 및 충격소음	12개월 이내	24개월
6	1~5번 제외한 유해인자	6개월 이내	12개월	 * 배치전 특수건강진단 이후 첫 번째 특수건강진단 실시시기
배치전 특수건강진단	특수건강진단 대상업무에 종사할 근로자에 대하여 배치 예정업무 적합성 평가를 위하여 실시하는 건강진단(특수건강진단의 한 종류)
수시건강진단	해당 유해인자에 의한 건강장해를 의심하게 하는 증상을 보이거나 의학적 소견이 있는 근로자에 대하여 실시하는 건강진단
임시건강진단	다음 어느 하나에 해당하는 경우 표시하는 건강진단 • 같은 부서에 근무하는 근로자 또는 같은 유해인자에 노출되는 근로자에게 유사한 질병의 자각·타각 증상이 발생한 경우 • 직업병 유소견자가 발생하거나 여러 명이 발생할 우려가 있는 경우 • 지방고용노동관서의 장이 필요하다고 판단하는 경우

4. 안전보건규칙

(1) 근로자가 상시 작업하는 장소의 작업면 조도
   ① 초정밀작업: 750[lx] 이상
   ② 정밀작업: 300[lx] 이상
   ③ 보통작업: 150[lx] 이상
   ④ 그 밖의 작업: 75[lx] 이상

(2) 보호구의 제한적 사용

사업주는 보호구를 사용하지 아니하더라도 근로자가 유해·위험작업으로부터 보호를 받을 수 있도록 설비개선 등 필요한 조치를 하여야 하고 조치가 어려운 경우에만 제한적으로 해당 작업에 맞는 보호구를 사용하도록 하여야 한다.

(3) 보호구의 지급 등
   ① 물체가 떨어지거나 날아올 위험 또는 근로자가 추락할 위험이 있는 작업: 안전모
   ② 높이 또는 깊이 2[m] 이상의 추락할 위험이 있는 장소에서 하는 작업: 안전대
   ③ 물체의 낙하·충격, 물체에의 끼임, 감전 또는 정전기의 대전에 의한 위험이 있는 작업: 안전화
   ④ 물체가 흩날릴 위험이 있는 작업: 보안경
   ⑤ 용접 시 불꽃이나 물체가 흩날릴 위험이 있는 작업: 보안면
   ⑥ 감전의 위험이 있는 작업: 절연용 보호구
   ⑦ 고열에 의한 화상 등의 위험이 있는 작업: 방열복
   ⑧ 선창 등에서 분진이 심하게 발생하는 하역작업: 방진마스크
   ⑨ −18[℃] 이하인 급냉동어창에서 하는 하역작업: 방한모·방한복·방한화·방한장갑
   ⑩ 물건을 운반하거나 수거·배달하기 위하여 「도로교통법」에 따른 이륜자동차 또는 원동기장치자전거를 운행하는 작업 : 「도로교통법 시행규칙」 기준에 적합한 승차용 안전모
   ⑪ 물건을 운반하거나 수거·배달하기 위해 「도로교통법」에 따른 자전거등을 운행하는 작업: 「도로교통법 시행규칙」 제32조제2항의 기준에 적합한 안전모

(4) 후드(Hood)
   ① 유해물질이 발생하는 곳마다 설치한다.
   ② 유해인자의 발생형태와 비중, 작업방법 등을 고려하여 발산원을 제어할 수 있는 구조로 설치한다.
   ③ 후드 형식은 가능하면 포위식 또는 부스식 후드로 설치한다.
   ④ 외부식 또는 리시버식 후드는 해당 분진 등의 발산원에 가장 가까운 위치에 설치한다.

(5) 덕트
   ① 가능하면 길이는 짧게 하고 굴곡부의 수는 적게한다.
   ② 접속부의 안쪽은 돌출된 부분이 없도록 한다.
   ③ 청소구를 설치하는 등 청소하기 쉬운 구조로 한다.
   ④ 덕트 내부에 오염물질이 쌓이지 않도록 이송속도를 유지한다.
   ⑤ 연결 부위 등은 외부 공기가 들어오지 않도록 한다.

(6) 전체환기장치
   ① 송풍기 또는 배풍기를 가능하면 발산원에 가장 가까운 위치에 설치한다.
   ② 송풍기 또는 배풍기는 직접 외부로 향하도록 개방하여 실외에 설치하는 등 배출되는 분진 등이 작업장으로 재유입되지 않는 구조로 한다.

(7) 관리대상 유해물질에 의한 건강장해 예방
  ① **관리대상 유해물질**: 근로자에게 상당한 건강장해를 일으킬 우려가 있어 건강장해를 예방하기 위한 보건상의 조치가 필요한 원재료·가스·증기·분진·흄, 미스트로서 유기화합물, 금속류, 산·알칼리류, 가스상태 물질류로 분류된다.
  ② **유기화합물**: 상온·상압에서 휘발성이 있는 액체로서 다른 물질을 녹이는 성질이 있는 유기용제를 포함한 탄화수소계 화합물 중에 따른 물질이다.
  ③ **금속류**: 고체가 되었을 때 금속광택이 나고 전기·열을 잘 전달하며, 전성과 연성을 가진 물질이다.
  ④ **산·알칼리류**: 수용액 중에서 해리하여 수소이온을 생성하고 염기와 중화하여 염을 만드는 물질과 산을 중화하는 수산화화합물로서 물에 녹는 물질이다.
  ⑤ **가스상태 물질류**: 상온·상압에서 사용하거나 발생하는 가스 상태의 물질이다.

(8) 국소배기장치 후드형식별 제어풍속(관리대상 유해물질)

물질의 상태	후드 형식	제어풍속[m/sec]
가스상태	포위식 포위형	0.4
	외부식 측방흡인형	0.5
	외부식 하방흡인형	0.5
	외부식 상방흡인형	1.0
입자상태	포위식 포위형	0.7
	외부식 측방흡인형	1.0
	외부식 하방흡인형	1.0
	외부식 상방흡인형	1.2

(9) 전체환기장치의 성능

필수공식 | 1시간당 필요환기량

$$Q = \frac{24.1 \times s \times G \times K \times 10^6}{M \times L}$$

여기서, Q: 시간당 필요환기량[m³/hr]
  s: 비중
  G: 유해물질의 시간당 사용량[L/hr]
  K: 안전계수
   • $K=1$: 작업장 내의 공기 혼합이 원활한 경우
   • $K=2$: 작업장 내의 공기 혼합이 보통인 경우
   • $K=3$: 작업장 내의 공기 혼합이 불완전한 경우
  M: 분자량
  L: 유해물질의 노출기준

(10) 소음에 의한 건강장해의 예방
① 강렬한 소음작업

1일 노출시간[hr]	소음강도[dB(A)]
8	90
4	95
2	100
1	105
0.5	110
0.25	115

② 충격소음작업

1일 노출횟수(회)	충격소음의 강도[dB(A)]
10,000	120
1,000	130
100	140

참고 충격소음이라 함은 최대음압수준에 120[dB(A)] 이상인 소음이 1초 이상의 간격으로 발생하는 것을 말한다.

(11) 보호구의 지급 등
① 다량의 고열물체를 취급하거나 매우 더운 장소에서 작업하는 근로자: 방열장갑과 방열복
② 다량의 저온물체를 취급하거나 현저히 추운 장소에서 작업하는 근로자: 방한모, 방한화, 방한장갑, 방한복
   참고 방한용품은 딱 맞게 착용하는 것보다는 살짝 여유있게 착용하는 것이 좋다.

(12) 밀폐공간작업으로 인한 건강장해의 예방
① **밀폐공간**: 산소결핍, 유해가스로 인한 질식·화재·폭발 등의 위험이 있는 장소이다(장기간 사용하지 않은 우물 내부, 분뇨나 썩은 물이 들어 있는 정화조, 불활성가스가 들어 있는 탱크 등).
② **유해가스**: 탄산가스·일산화탄소·황화수소 등의 기체로서 인체에 유해한 영향을 미치는 물질이다.
③ **적정공기**: 산소농도의 범위가 18[%] 이상 23.5[%] 미만, 이산화탄소의 농도가 1.5[%] 미만, 일산화탄소 농도가 30[ppm] 미만, 황화수소의 농도가 10[ppm] 미만인 수준의 공기이다.
④ **산소결핍**: 공기 중의 산소농도가 18[%] 미만인 상태이다.
⑤ **산소결핍증**: 산소가 결핍된 공기를 들이마심으로써 생기는 증상이다.

(13) 밀폐공간 작업 프로그램 수립·시행 등
사업주는 밀폐공간에서 근로자에게 작업을 하도록 하는 경우 다음 내용이 포함된 밀폐공간 작업 프로그램을 수립하여 시행하여야 한다.
① 사업장 내 밀폐공간의 위치 파악 및 관리방안
② 밀폐공간 내 질식·중독 등 유해·위험 요인의 파악 및 관리방안

③ 밀폐공간 작업 시 사전확인이 필요한 사항에 대한 확인 절차
④ 안전보건교육 및 훈련
⑤ 그 밖에 밀폐공간 작업근로자의 건강장해 예방에 관한 사항

(14) 산소 및 유해가스 농도의 측정
① 사업주는 밀폐공간에서 근로자에게 작업을 하도록 하는 경우 작업을 시작(작업을 일시 중단하였다가 다시 시작하는 경우 포함)하기 전에 밀폐공간의 산소 및 유해가스 농도의 측정 및 평가에 관한 지식과 실무경험이 있는 자를 지정하여 그로 하여금 해당 밀폐공간의 산소 및 유해가스 농도를 측정하여 적정공기가 유지되고 있는지를 평가하도록 하여야 한다.
② 사업주는 밀폐공간의 산소 및 유해가스 농도를 측정 및 평가하는 자에 대하여 밀폐공간에서 작업을 시작하기 전에 다음의 사항의 숙지 여부를 확인하고 필요한 교육을 실시해야 한다.
　㉠ 밀폐공간의 위험성
　㉡ 측정장비의 이상 유무 확인 및 조작 방법
　㉢ 밀폐공간 내에서의 산소 및 유해가스 농도 측정방법
　㉣ 적정공기의 기준과 평가 방법
③ 사업주는 산소 및 유해가스 농도를 측정한 결과 적정공기가 유지되고 있지 아니하다고 평가된 경우에는 작업장을 환기시키거나, 근로자에게 공기호흡기 또는 송기마스크를 지급하여 착용하도록 하는 등 근로자의 건강장해 예방을 위하여 필요한 조치를 하여야 한다.

08 노출기준

1. 노출기준의 정의

(1) 고용노동부 정의

근로자가 유해인자에 노출되는 경우, 노출기준 이하 수준에서는 거의 모든 근로자에게 건강상 나쁜 영향을 미치지 아니하는 기준을 말하며, 1일 작업시간 동안의 시간가중평균노출기준(TWA), 단시간노출기준(STEL) 또는 최고노출기준(C)으로 표시한다.

(2) ACGIH 정의

거의 모든 근로자가 건강장해를 입지 않고 매일 반복하여 노출될 수 있다고 생각되는 공기 중 유해물질의 농도 또는 물리적 인자의 강도를 말한다. 그러나 개인의 감수성 차이에 따라 소수의 근로자는 노출기준 이하의 농도에서도 직업병을 초래하거나 기존 질병이 악화될 수 있다.

(3) 국가별 산업보건 허용기준

① 미국산업안전보건청(OSHA)
  ㉠ PEL(Permissible Exposure Limits)
  ㉡ AL(Action Level)

② 미국국립산업안전보건연구원(NIOSH)
  ㉠ REL(Recommended Exposure Limits)

③ 미국산업위생학회(AIHA)
  ㉠ WEEL(Workplace Environmental Exposure Level)

④ 미국정부산업위생전문가협의회(ACGIH): 매년 노출기준 및 생물학적 노출지수를 발간한다.
  ㉠ TLVs(Threshold Limit Values, 허용기준): 권고사항으로, 세계적으로 가장 널리 사용
  ㉡ BEIs(Biological Exposure Indices, 생물학적 노출지수): 근로자가 유해물질에 어느 정도 노출되었는지를 파악하는 지표로서 작업자의 생체시료에서 대사산물 등을 측정하여 유해물질의 노출량을 추정하는 데 사용

⑤ 독일
  MAK(Maximale Arbeitsplatz-Konzentration) 기준

⑥ 한국
  화학물질 및 물리적 인자의 노출기준

⑦ 영국보건안전청(HSE)
  WEL(Workplace Exposure Limits) 기준

⑧ 스웨덴
  OEL(Occupational Exposure Limit) 기준

⑨ 농도단위: [ppm](가스, 증기), [mg/m^3](고체, 액체, 분진, 미스트), [개/cm^3](석면 개수)

> **필수공식** | [ppm]과 [mg/m³] 간의 상호 농도변환
>
> $$\mathrm{mg/m^3} = \frac{\mathrm{ppm} \times M}{22.4 \times \frac{273+25}{273}} = \frac{\mathrm{ppm} \times M}{24.45}$$
>
> $$\mathrm{ppm} = \mathrm{mg/m^3} \times \frac{22.4 \times \frac{273+25}{273}}{M} = \mathrm{mg/m^3} \times \frac{24.45}{M}$$
>
> 여기서, M : 분자량

참고 산업위생분야의 표준상태는 25[℃], 1기압이다.

2. 노출기준의 종류

(1) 시간가중평균노출기준(TWA; Time Weighted Average)
① 1일 8시간 작업을 기준으로 하여 유해인자의 측정치에 발생시간을 곱하여 8시간으로 나눈 값을 말한다.
② 모든 근로자가 나쁜 영향을 받지 않고 노출 가능한 농도와 같다.

> **필수공식** | 시간가중평균노출기준(TWA)
>
> $$\mathrm{TWA} = \frac{C_1 t_1 + C_2 t_2 + \cdots + C_n t_n}{8}$$
>
> 여기서, C_n : 유해인자의 측정농도[mg/m³ 또는 ppm]
> t_n : 유해인자의 발생시간[hr]

(2) 단시간노출기준(STEL; Short Term Exposure Limits)
15분 간의 시간가중평균노출값으로써 노출농도가 시간가중평균노출기준(TWA)을 초과하고 단시간노출기준(STEL) 이하인 경우에는 1회 노출 지속시간이 15분 미만이어야 하고, 이러한 상태가 1일 4회 이하로 발생하여야 하며, 각 노출의 간격은 60분 이상이어야 한다.

(3) 최고노출기준(C; Ceiling)
근로자가 1일 작업시간 동안 잠시라도 노출되어서는 아니 되는 기준이다.

(4) Skin
유해화학물질의 노출기준 또는 노출기준에 'Skin'이라는 표시가 있을 경우 그 물질은 점막과 눈 그리고 경피로 흡수되어 전체 영향을 일으킬 수 있다는 의미이다.(피부자극성이 아님)

(5) ACGIH의 허용농도상한치와 노출시간 권고사항 규정
TWA가 설정된 유해물질 중 독성자료가 부족하여 STEL, C가 설정되어 있지 않은 경우에는 다음과 같이 추정한다.

구분	추정치
STEL	TWA의 3배(노출시간 30분 이하)
C	TWA의 5배(잠시라도 노출되어서는 안됨)

(6) 노출기준 사용 시 주의사항
   ① 노출기준은 해당 유해인자가 단독으로 존재하는 경우의 기준을 말한다. 2종 또는 그 이상의 유해인자 혼재 시 상가작용으로 유해성이 증가할 수 있으므로 법에 따라 산출하는 기준을 사용한다.
   ② 대기오염 평가 및 관리에 사용할 수 없고 사업장 유해조건 평가 및 개선 용도로만 사용하여야 한다.
   ③ 1일 8시간 작업을 기준으로 하여 제정된 것으로 이를 이용할 경우에는 근로시간, 작업강도, 온열조건, 이상기압 등이 영향을 미칠 수 있으므로 제반요인을 고려하여야 한다.
   ④ 유해인자에 대한 감수성은 개인차가 있고, 노출기준 이하이더라도 직업성 질병에 이환되는 경우가 있으므로 노출기준은 직업병 진단에 사용하거나, 직업성 질병을 부정하는 근거로 사용할 수 없다.
   ⑤ 기존의 질병이나 신체적 조건을 판단하기 위한 척도로 사용할 수 없다.

(7) 혼합물의 노출기준
   ① **노출지수(EI; Exposure Index)**
   2가지 이상의 독성이 유사한 유해화학물질이 공존할 때, 유해성이 상가작용을 나타낸다고 가정하고 노출지수를 결정하며 노출지수가 1을 초과하면 노출기준을 초과한다고 평가한다.

   > **필수공식 | 노출지수(EI)**
   >
   > $$\text{노출지수(EI)} = \frac{C_1}{TLV_1} + \frac{C_2}{TLV_2} + \cdots + \frac{C_n}{TLV_n}$$
   >
   > 여기서, C_n: 농도[ppm]
   > TLV_n: 노출농도[ppm]

   ② 액체 혼합물의 노출기준

   > **필수공식 | 액체 혼합물의 노출기준**
   >
   > $$\text{혼합물 노출기준} = \frac{1}{\frac{f_1}{TLV_1} + \frac{f_2}{TLV_2} + \cdots + \frac{f_n}{TLV_n}}$$
   >
   > 여기서, f_n: 중량구성비
   > TLV_n: 노출농도[mg/m³]

(8) 비정상 작업시간에 대한 노출농도 보정
   ① OSHA의 보정방법
      ㉠ 급성중독을 일으키는 물질

   > **심화이론 | 급성중독물질의 노출농도 보정**
   >
   > $$\text{보정 노출농도} = \text{8시간 노출농도} \times \frac{\text{8시간}}{\text{노출시간/일}}$$

      ㉡ 만성중독을 일으키는 물질

   > **심화이론 | 만성중독물질의 노출농도 보정**
   >
   > $$\text{보정 노출농도} = \text{8시간 노출농도} \times \frac{\text{40시간}}{\text{노출시간/주}}$$

② Brief와 Scala의 보정방법

전신중독 또는 기관장애를 발생시키는 물질에 대해 노출농도 보정계수(RF; Reduction Factor)를 구한 후 노출농도에 곱하여 계산한다.

㉠ 노출농도 보정계수(RF)
- 1일 노출시간 기준

> **심화이론 | 노출농도 보정계수(1일 노출시간 기준)**
>
> $$RF = \frac{8}{H} \times \frac{24-H}{16}$$
>
> 여기서, RF: 노출농도 보정계수
> H: 노출시간[노출시간/일]

- 1주 노출시간 기준

> **심화이론 | 노출농도 보정계수(1주 노출시간 기준)**
>
> $$RF = \frac{8}{H} \times \frac{168-H}{128}$$
>
> 여기서, RF: 노출농도 보정계수
> H: 노출시간[노출시간/주]

㉡ 보정 노출농도

> **필수공식 | 보정 노출농도**
>
> 보정 노출농도 = RF × 노출농도

③ 우리나라 작업환경측정 규정

1일 작업시간이 8시간을 초과하는 경우 적용한다.

> **필수공식 | 보정 노출농도**
>
> $$\text{보정 노출농도} = 8\text{시간 노출농도} \times \frac{8\text{시간}}{\text{노출시간/일}}$$

3. 노출기준의 설정

(1) 노출기준 설정의 이론적 배경
   ① 사업장 역학조사(노출기준 설정 시 가장 중요)
   ② 인체실험자료
   ③ 동물실험자료
   ④ 화학구조상의 유사성

(2) Hatch의 양 – 반응 관계와 허용농도 개념
   ① 항상성 유지(Homeostasis) : 유해인자 노출에 대해 적응할 수 있는 단계이다.(정상상태 유지)
   ② 보상(Compensation) : 방어기전을 동원하여 기능장애를 방어할 수 있는 단계이다.
   ③ 고장(Breakdown) : 보상이 불가능하여 기관이 파괴되는 단계이다.

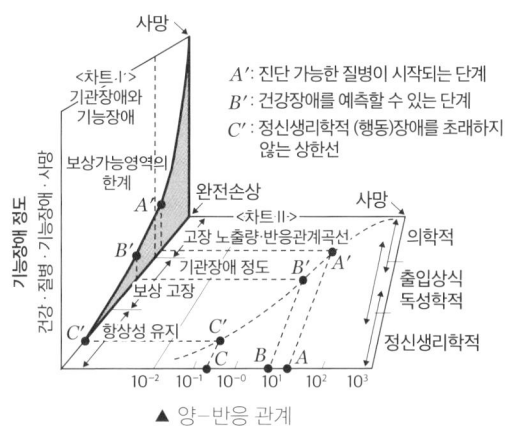

▲ 양-반응 관계

(3) 노출기준의 종류별 측정시간
   ① 「화학물질 및 물리적 인자의 노출기준(노출기준 고시)」에 시간가중평균기준(TWA)이 설정되어 있는 대상물질을 측정하는 경우에는 1일 작업시간 동안 6시간 이상 연속 측정하거나 작업시간을 등간격으로 나누어 6시간 이상 연속분리하여 측정하여야 한다. 다만, 다음 어느 하나에 해당하는 경우에는 대상물질의 발생시간 동안 측정할 수 있다.
      ㉠ 대상물질의 발생시간이 6시간 이하인 경우
      ㉡ 불규칙작업으로 6시간 이하의 작업을 하는 경우
      ㉢ 발생원에서 발생시간이 간헐적인 경우
   ② 노출기준 고시에 단시간 노출기준(STEL)이 설정되어 있는 물질로서 노출이 균일하지 않은 작업특성으로 인하여 단시간 노출평가가 필요하다고 자격자 또는 작업환경측정기관이 판단하는 경우에는 ①의 측정에 추가하여 단시간 측정을 할 수 있다. 이 경우 1회에 15분간 측정하되 유해인자 노출특성을 고려하여 측정횟수를 정할 수 있다.
   ③ 노출기준 고시에 최고노출기준(Ceiling, C)이 설정되어 있는 대상물질을 측정하는 경우에는 최고노출 수준을 평가할 수 있는 최소한의 시간동안 측정하여야 한다. 다만 시간가중평균기준(TWA)이 함께 설정되어 있는 경우에는 ①에 따른 측정을 병행하여야 한다.

(4) 시료채취 근로자 수
① 단위작업 장소에서 최고 노출근로자 2명 이상에 대하여 동시에 개인 시료채취 방법으로 측정하되, 단위작업 장소에 근로자가 1명인 경우에는 그러하지 아니하며, 동일 작업근로자수가 10명을 초과하는 경우에는 매 5명당 1명 이상 추가하여 측정하여야 한다. 다만, 동일 작업근로자수가 100명을 초과하는 경우에는 최대 시료채취 근로자수를 20명으로 조정할 수 있다.
② 지역 시료채취 방법으로 측정을 하는 경우 단위작업장소 내에서 2개 이상의 지점에 대하여 동시에 측정하여야 한다. 다만, 단위작업 장소의 넓이가 50평방미터 이상인 경우에는 매 30평방미터마다 1개 지점 이상을 추가로 측정하여야 한다.

(5) 유해인자의 단위
① 화학적 인자의 가스, 증기, 분진, 흄(fume), 미스트(mist) 등의 농도는 피피엠[ppm] 또는 세제곱미터 당 밀리그램[mg/m^3]으로 표시한다. 다만, 석면의 농도 표시는 세제곱센티미터 당 섬유개수[개/cm^3]로 표시한다.
② 소음수준의 측정단위는 데시벨[dB(A)]로 표시한다.
③ 고열(복사열 포함)의 측정단위는 습구흑구온도지수(WBGT)를 구하여 섭씨온도[°C]로 표시한다.

09 물질안전보건자료(MSDS)

1. 물질안전보건자료

    (1) 물질안전보건자료 작성항목
        ① 화학제품과 회사에 관한 정보
        ② 유해성·위험성
        ③ 구성성분의 명칭 및 함유량
        ④ 응급조치요령
        ⑤ 폭발·화재시 대처방법
        ⑥ 누출사고시 대처방법
        ⑦ 취급 및 저장방법
        ⑧ 노출방지 및 개인보호구
        ⑨ 물리화학적 특성
        ⑩ 안정성 및 반응성
        ⑪ 독성에 관한 정보
        ⑫ 환경에 미치는 영향
        ⑬ 폐기 시 주의사항
        ⑭ 운송에 필요한 정보
        ⑮ 법적규제 현황
        ⑯ 그 밖의 참고사항

SUBJECT 02 작업위생측정 및 평가

01 작업환경측정 및 시료채취계획

1. 작업환경측정

(1) 작업환경측정의 정의

사업주는 유해인자로부터 근로자의 건강을 보호하고 쾌적한 작업환경을 조성하기 위해 산업위생관리산업기사 이상 자격을 가진 자로 하여금 작업환경측정 대상 유해인자에 노출되는 작업장에 대해 측정을 실시하도록 한 후 그 결과를 기록·보존하여야 한다.

(2) 작업환경측정의 목적

① 유해인자에 노출되는 근로자의 노출정도를 파악한다.
② 작업환경의 정확한 실태를 파악하여 시료의 채취, 분석 및 평가 등 필요한 사항을 정하여 자격을 가진 자로 하여금 실시하도록 하여 신뢰성(정밀도 및 정확도)을 높인다.
③ 작업환경개선에 대한 효과를 평가한다.
④ 당해 작업장에서 일하는 근로자의 건강장해를 예방하여 안전하고 쾌적한 작업환경을 만든다.
⑤ 미국산업위생학회(AIHA)의 작업환경측정 목적

구분	설명
기초자료 확보	• 유사노출그룹(HEG)별 유해물질 노출정도의 범위 및 분포를 평가 • 유사노출그룹별 전체 근로자의 노출정도를 파악
작업환경진단을 위한 측정	• 위험을 초래하는 작업과 원인을 파악 • 근로자에게 가장 큰 위험을 초래하는 작업과 원인을 파악
법적인 노출기준 초과 여부를 판단	근로자의 노출정도를 파악하여 최고 노출근로자를 측정

(3) 작업환경측정의 종류

① 작업환경측정 대상 유해인자에 노출되는 근로자의 노출정도를 평가
② 노출수준의 신뢰성 평가를 위한 작업환경측정
③ 역학조사 등 필요에 의해 실시하는 임시 작업환경측정
④ 연구목적의 작업환경측정
⑤ 진단을 위한 작업환경측정

2. 시료채취계획

(1) 용어의 정의

① **액체채취방법**: 시료공기를 액체 중에 통과시키거나 액체의 표면과 접촉시켜 용해·반응·흡수·충돌 등을 일으키게 하여 해당 액체에 측정하려는 물질을 채취하는 방법이다.

② **고체채취방법**: 시료공기를 고체의 입자층을 통해 흡입·흡착하여 해당 고체입자에 측정하려는 물질을 채취하는 방법이다.

③ **직접채취방법**: 시료공기를 흡수, 흡착 등의 과정을 거치지 아니하고 직접채취대 또는 진공채취병 등의 채취용기에 물질을 채취하는 방법이다.

④ **냉각응축채취방법**: 시료공기를 냉각된 관 등에 접촉·응축시켜 측정하려는 물질을 채취하는 방법이다.

⑤ **여과채취방법**: 시료공기를 여과재를 통하여 흡인함으로써 해당 여과재에 측정하려는 물질을 채취하는 방법이다.

⑥ **개인시료채취**: 개인시료채취기를 이용하여 가스·증기·분진·흄(fume)·미스트(mist) 등을 근로자의 호흡위치(호흡기를 중심으로 반경 30[cm]인 반구)에서 채취하는 것이다.

⑦ **지역시료채취**: 시료채취기를 이용하여 가스·증기·분진·흄·미스트 등을 근로자의 작업행동 범위에서 호흡기 높이에 고정하여 채취하는 것이다.

⑧ **단위작업장소**: 작업환경측정 대상이 되는 작업장 또는 공정에서 정상적인 작업을 수행하는 동일 노출집단의 근로자가 작업을 하는 장소이다.

⑨ **노출기준**

㉠ 시간가중평균노출기준(TWA): 1일 8시간 작업을 기준으로 하여 유해인자의 측정치에 발생시간을 곱하여 8시간으로 나눈 값을 말한다.

> **필수공식 | 시간가중평균노출기준(TWA)**
>
> $$TWA = \frac{C_1 t_1 + C_2 t_2 + \cdots + C_n t_n}{8}$$
>
> 여기서, C_n: 유해인자의 측정농도[ppm, mg/m³ 또는 개/cm³]
> t_n: 유해인자의 발생시간[시간]

㉡ 단시간노출기준(STEL): 15분간의 시간가중평균노출값으로써 노출농도가 시간가중평균노출기준을 초과하고 단시간노출기준 이하인 경우 1회 노출 지속시간이 15분 미만이어야 하고, 이러한 상태가 1일 4회 이하로 발생하여야 하며, 각 노출의 간격은 60분 이상이어야 한다.

㉢ 최고노출기준(C): 근로자가 1일 작업시간 동안 잠시라도 노출되어서는 아니 되는 기준이다.

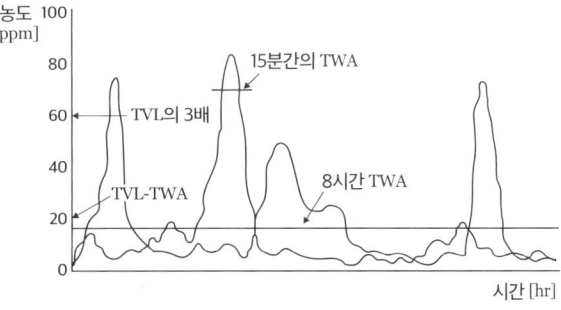

▲ 시료채취시간 및 농도 예시

(2) 작업환경측정 대상 유해인자

① **화학적인자(183종)**: 유기화합물(114종), 금속류(24종), 산 및 알칼리류(17종), 가스 상태 물질류(15종), 허가대상 유해물질(12종), 금속가공유(1종)

② **물리적인자(2종)**: TWA 80[dB] 이상 소음, 고열

③ **분진(7종)**: 광물성분진, 곡물분진, 면분진, 목재분진, 석면분진, 용접흄, 유리섬유

> **참고** 작업환경측정 제외
> - 관리대상 유해물질의 허용소비량을 초과하지 않는 작업장
> - 임시 작업 및 단시간 작업을 하는 작업장(특별관리물질 및 허가대상 유해물질 제외)
> - 분진작업의 적용 제외 작업장
> - 그 밖에 작업환경측정 대상 유해인자의 노출 수준이 노출기준에 비하여 현저히 낮은 경우로서 고용노동부장관이 정하여 고시하는 작업장(주유소)

(3) 작업환경측정 시기 및 시간

① **작업환경측정 시기**

㉠ 사업주는 작업장 또는 작업공정이 신규로 가동되거나 변경되는 등으로 작업환경측정 대상 작업장이 된 경우 그 날부터 30일 이내에 작업환경측정을 하고, 그 후 반기에 1회 이상 정기적으로 작업환경을 측정하여야 한다.

㉡ 작업환경측정 결과가 다음 중 어느 하나에 해당하는 작업장 또는 작업공정은 해당 유해인자에 대하여 그 측정일부터 3개월에 1회 이상 작업환경측정을 하여야 한다.
- 특별관리물질 및 허가대상 유해물질의 측정치가 노출기준을 초과한 경우
- 위 경우를 제외한 화학적인자의 측정치가 노출기준을 2배 이상 초과한 경우

㉢ 최근 1년간 작업공정에서 공정 설비의 변경, 작업방법의 변경, 설비의 이전, 사용 화학물질의 변경 등으로 작업환경측정 결과에 영향을 주는 변화가 없는 경우로서 다음 중 어느 하나에 해당하는 경우 해당 유해인자에 대한 작업환경측정을 연 1회 이상 할 수 있다.
- 작업공정 내 소음의 작업환경측정 결과가 최근 2회 연속 85[dB] 미만인 경우
- 작업공정 내 소음 외 다른 모든 인자의 작업환경측정 결과가 최근 2회 연속 노출기준 미만인 경우

② **작업환경측정 시간**

㉠ 시간가중평균기준(TWA)이 설정되어 있는 대상 물질
- 대상물질의 발생시간이 6시간 이하인 경우
- 불규칙작업으로 6시간 이하의 작업을 하는 경우
- 발생원에서 발생시간이 간헐적인 경우

㉡ 단시간 노출기준(STEL)이 설정되어 있는 물질로서 노출이 균일하지 않은 작업특성으로 인하여 단시간 노출평가가 필요하다고 자격자가 판단하는 경우 측정에 추가하여 단시간 측정을 할 수 있다. 이 경우 1회에 15분간 측정하되 유해인자 노출특성을 고려하여 측정횟수를 정할 수 있다.

㉢ 최고노출기준(C)이 설정되어 있는 대상물질을 측정하는 경우 최고노출 수준을 평가할 수 있는 최소한의 시간동안 측정하여야 한다. 다만 시간가중평균기준이 함께 설정되어 있는 경우 시간가중평균기준과 최고노출기준을 병행하여 측정한다.

(4) 작업환경측정 방법(단위작업장소의 측정설계)
   ① **개인시료채취**: 단위작업장소에서 최고노출근로자 2명 이상에 대하여 동시에 측정하되, 단위작업장소에서 근로자가 1명인 경우에는 그러하지 아니하며, 동일 작업근로자 수가 10명을 초과하는 경우에는 매 5명당 1명(1개 지점) 이상 추가하여 측정하여야 한다. 다만, 동일 작업근로자 수가 100명을 초과하는 경우에는 최대 시료채취 근로자 수를 20명으로 조정할 수 있다.
   ② **지역시료채취**: 단위작업장소에서 2개 이상에 대하여 동시에 측정하여야 한다. 다만, 단위작업장소의 넓이가 50[m^2] 이상인 경우에는 매 30[m^2]마다 1개 지점 이상을 추가로 측정하여야 한다.

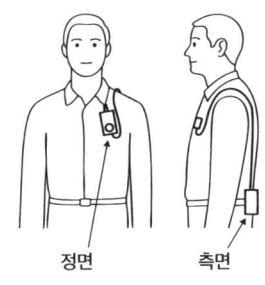

▲ 측정기 착용 예시

(5) 작업환경측정 순서
   ① 예비조사 → 측정계획(전략) 수립 → 작업환경측정 전 유량보정 → 작업환경측정 → 작업환경측정 후 유량보정 → 분석 및 평가 → 대책 수립(필요시)
   ② 각 사업장 내 발생하는 유해인자의 분포실태 파악을 위한 예비조사를 실시하여 얻은 기초자료로 측정대상, 측정 장소, 측정 수, 측정 및 분석방법 등 측정계획을 수립한 후 시료의 채취와 분석을 통해 작업환경측정 결과를 평가하고 평가결과에 따라 근로자 건강에 유해한 수준에 해당한 경우 작업공정의 변경, 공학적 대책, 관리적 대책을 수립 및 실행해야 한다.

(6) 예비조사
작업장, 작업공정, 작업내용, 발생되는 유해인자와 허용기준, 잠재된 노출 가능성과 관련된 기본적인 특성을 조사하는 것이 예비조사이며 이는 작업환경측정의 첫 준비 작업에 해당된다.
   ① **예비조사의 목적**: 동일노출그룹(HEG; Homogeneous Exposure Group) 또는 유사노출그룹(SEG; Similar Exposure Group)을 설정하여 올바른 시료채취전략 수립
   ② **작업환경측정을 위한 기초자료 확보**
   ③ **예비조사 및 측정계획서의 작성**

(7) 유사노출군(HEG)
노출되는 유해인자의 농도와 특성이 유사하거나 동일한 근로자 그룹을 유사노출군이라고 한다.
   ① 유사노출군 설정의 목적
      ㉠ 시료채취 수를 경제적으로 결정할 수 있다.
      ㉡ 역학조사 시 질병호소자가 속한 HEG의 노출농도를 근거로 노출원인을 추정할 수 있다.
      ㉢ 모든 근로자의 노출 농도를 평가 가능하다.
   ② 유사노출군 설정방법
      ㉠ 조직, 공정, 작업범주, 그리고 공정과 작업내용별 순으로 구분하여 설정한다.
      ㉡ 모든 근로자는 반드시 하나의 HEG에 분류되어야 한다.

02 시료분석기술

1. 시료채취계획

(1) 표준 보정기구

① 1차 표준 보정기구(Primary calibrator)의 종류

측정 대상을 물리적으로 직접 측정할 수 있는 기구로써 별도의 보정이 없어도 자체적으로 정확한 값을 얻을 수 있다.

㉠ 스피로미터(Spirometer)

실린더 형태의 종(bell)을 액체에 뒤집어 놓고 종의 무게와 균형을 이룰 수 있는 추를 달아서 종이 상하로 움직이는 데 전혀 저항이 없도록 설치한다. 과거에는 폐활량을 측정하는 데 사용하였으며, 이와 유사한 측정기구로 마리오트병이 있다.

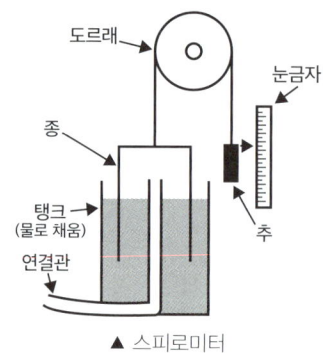

▲ 스피로미터

㉡ 마찰 없는 피스톤미터(Frictionless piston meter)

- 무마찰 거품관 또는 비누거품미터(Soap bubble meter)라고 하며 널리 사용된다.
- 뷰렛 내 일정한 부피의 거품막이 펌프로 이동하는 시간을 측정하여 공기유량을 계산한다.
- 유량 0.001~10[L/min]에서 적용할 수 있으며 정확도는 1[%] 이내이다.

㉢ 피토 튜브(Pitot tube)

- 기류를 측정하는 1차 표준기구로서 보정이 필요 없다.
- 유량은 15[mL/min] 이하로, 정확도는 ±1[%] 이내이다.

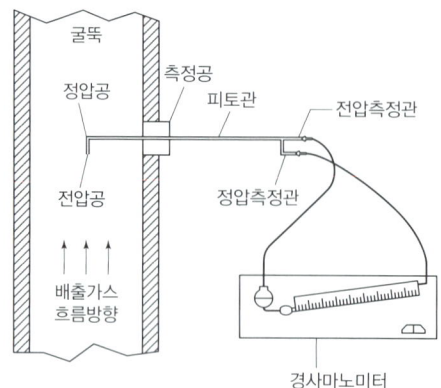

▲ 피토관에 의한 배출가스 유속측정

② 2차 표준 보정기구(Secondary calibrator)의 종류

측정 대상을 물리적으로 측정할 수 없고 1차 표준기구를 기준으로 보정하여야 정확도를 확보할 수 있는 기구이다.

㉠ 습식테스트미터(정확도 ±0.5[%] 정도)
㉡ 건식가스미터(정확도 ±1.0[%] 정도)
㉢ 로타미터(Rota Meter)
㉣ 오리피스미터(Orifice Meter)
㉤ 열선기류계(thermo-anemometer)
㉥ 벤투리미터(Venturi Meter)
㉦ 바이패스미터(Bypass Meter)

구분	표준기구	일반사용 범위	정확도
1차 표준기구	스피로미터(폐활량계)	100~600[L]	±1[%] 이내
	비누거품미터	1~30[mL/min]	±1[%] 이내
	피토튜브	15[mL/min] 이하	±1[%] 이내
	흑연피스톤미터	1[mL]~50[L/min]	±1~2[%] 이내
	유리피스톤미터	10~200[mL/min]	±2[%] 이내
	가스치환병(가스치환계)	10~500[mL/min]	±0.05~0.25[%]
2차 표준기구	습식테스트미터	0.5~200[L/min]	±0.5[%]
	건식가스미터	10~150[L/min]	±1[%]
	로타미터	1[mL/min] 이하	±1~25[%]
	오리피스미터	—	±0.5[%]
	열선기류계	0.1~30[m/sec]	±0.1~0.2[%]

③ 직독식 기구의 보정

㉠ 기구의 눈금과 실제농도 사이의 관계를 일치시키기 위한 것이다.
㉡ 적절한 범위의 스케일을 선정한 후 알고 있는 농도(Spike sample)를 노출시켜서 기구의 눈금과 실제농도를 일치시킨다.
㉢ 온도, 압력, 습도 등의 요인에 의한 영향을 알고자 할 때 실시한다.

(2) 정도관리

작업환경측정·분석치에 대한 정확성과 정밀도를 확보하기 위하여 지정측정기관의 작업환경측정·분석능력을 평가하고, 그 결과에 따라 지도·교육 그 밖에 측정·분석능력 향상을 위하여 행하는 모든 관리적 수단을 말한다. 정도관리는 정기정도관리와 특별정도관리로 구분한다.

① **정기정도관리**: 매년 반기별로 각 1회 실시
② **특별정도관리**
  ㉠ 작업환경측정기관으로 지정받고자 하는 경우 실시한다.
  ㉡ 직전 정기정도관리에 불합격한 경우 실시한다.
  ㉢ 대상기관이 부실측정과 관련한 민원을 야기하는 등 운영위원회에서 특별정도관리가 필요하다고 인정하는 경우 실시한다.

(3) 측정치의 오차

측정값과 참값의 차이를 오차라 하며, 오차가 작을수록 정확도는 높아진다. 시료채취와 분석과정에서 가장 많이 발생한다.

① **측정할 수 있는 오차**
  ㉠ 조작오차: 실험조작의 잘못에서 발생하는 오차
  ㉡ 개인오차: 개인의 실수, 습관 등에 의해서 발생하는 오차
  ㉢ 방법오차: 분석방법 자체에 원인이 있는 오차
② **측정할 수 없는 오차**
  ㉠ 원인을 알 수 없고 그 양을 측정할 수 없는 오차로, 우발오차라고 한다.
  ㉡ 불확정성이 원인이다.
③ **오차의 종류**
  ㉠ 계통적 오차(Systemic error)
   측정치가 참값에서 벗어난 정도를 말하며 회수율의 비효율성, 공시료 오염 등에 의해서 발생한다.
  ㉡ 상가적 오차(Additive error)
   분석물질의 농도와 관계 없이 크기가 일정한 오차로 이론치와 측정치의 관계식은 직선관계이고 단위 경사도를 가지며 절편은 0이 아니다.
  ㉢ 비례적 오차(Proportional error)
   오차의 크기가 분석물질의 농도와 비례하는 오차를 말한다. 이론치와 측정치의 관계식은 단위가 아닌 경사도를 가지는 곡선관계이다.
  ㉣ 누적오차

> **필수공식 | 누적오차**
>
> $$E_c = \sqrt{E_1^2 + E_2^2 + \cdots + E_n^2}$$
>
> 여기서, E_c: 누적오차
> $E_1, E_2, \cdots, E_n$: 각 요소별 오차

2. 시료분석법

(1) 기기분석법

① 가스크로마토그래피(GC ; Gas Chromatography)

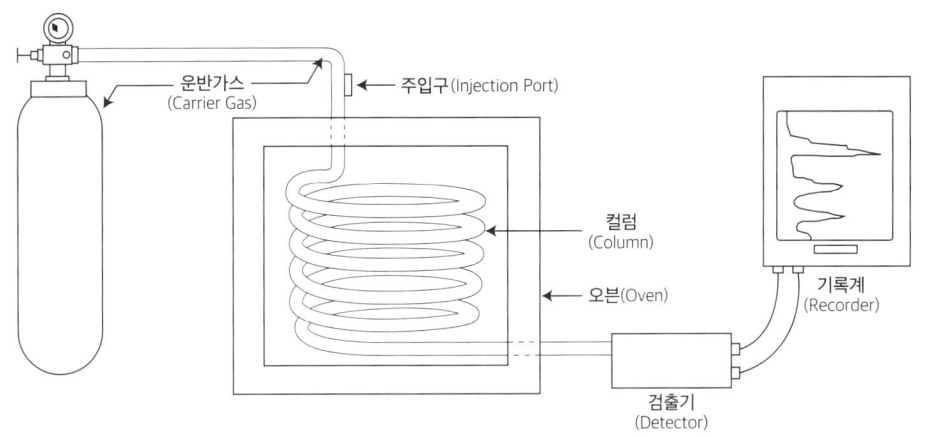

▲ 가스크로마토그래피

㉠ 원리 및 적용범위

기체시료 또는 기화한 액체나 고체시료를 운반가스로 고정상이 충진된 컬럼(또는 분리관) 내부를 이동시키면서 시료의 각 성분을 분리·전개시켜 정량하는 분석법으로서 휘발성 유기화합물의 분석에 적용한다.

㉡ 주요 구성

가스크로마토그래피는 주입부(Injector), 컬럼(Column)오븐 및 검출기(Detector)의 3가지 요소로 구성되어 있다.

- 주입부
  - 주입부는 충진컬럼(Packed Column)에 적합한 것이어야 한다.
  - 기체-고체크로마토그래피법에서는 컬럼(Column)의 안지름에 따라 입도가 고른 흡착성 고체분말을 사용한다. 흡착성 고체분말은 분석대상 물질과의 흡착성 차이를 이용한 것으로, 실리카겔, 활성탄, 알루미나, 합성제올라이트 등이 있다.

- 컬럼오븐

  오븐 내 전체온도가 균일하게 조절되고 가열 및 냉각이 신속하여야 한다. 설정온도에 대한 온도조절 정밀도는 ±0.5[℃]의 범위 이내, 전원의 전압변동 10[%]에 대하여도 온도변화가 ±0.5[℃] 범위 이내이어야 한다.

• 검출기

구분	설명
불꽃이온화검출기 (FID)	분리관에서 분리된 물질이 검출기 내부로 들어와 수소가스와 혼합되고 혼합된 기체는 공기가 통과하고 있는 제트(jet)로 들어가서 제트 위에 형성된 2,100[℃] 정도의 불꽃 안에서 연소되면서 이온화가 이루어지는 것이다. • 성분의 탄소수에 비례하여 높은 감응도를 보인다. • 검출기의 온도가 너무 낮은 경우에는 검출기 내부에 수분이 응축되어 기기가 부식될 가능성이 있으므로 적어도 80~100[℃] 이상의 온도를 유지할 필요가 있다.
전자포획검출기 (ECD)	시료와 운반가스가 β선을 방출하는 검출기를 통과할 때 이 β선에 의해 운반가스(흔히 질소를 사용함)의 원자로부터 많은 전자를 방출하게 만들고 일정한 전류가 흐르게 하는 것이다. • PCBs나 할로겐 유기계 농약성분, 과산화물, 퀴논, 니트로기와 같은 전기음성도가 큰 작용기에 대하여 대단히 예민하게 반응한다. • 아민, 알코올류, 탄화수소와 같은 화합물에는 감응하지 않는다. • 염소를 함유한 농약의 검출에 널리 사용되고, ECD를 통과한 화합물은 파괴되지 않는다는 장점이 있다.
불꽃광전자검출기 (FPD)	시료가 검출기 내부에서 연소하는 과정에서 에너지가 높은 상태(Excited state)로 들뜨게 되고, 다시 바닥상태(Ground state)로 돌아올 때 특정한 빛을 내놓는 불꽃 발광현상을 이용한 것이다. 이 빛은 광 증배관에 의해 수집되고 측정되며 광학필터에 의해 황 및 인을 함유한 화합물에 매우 높은 선택성을 갖게 된다.

이 외에 질소인검출기(NPD), 열전도도검출기(TCD), 광이온화검출기(PID) 등이 있다.

ⓒ 분해능(Resolution)

인접되는 성분끼리 분리된 정도를 정량적으로 나타낸 값으로 분해능이 높으면 분리된 정도가 크므로 바람직하다.

② 고성능액체크로마토크래피(HPLC; High Performance Liquid Chromatography)

㉠ 원리 및 적용범위

끓는점이 높아 가스크로마토그래피를 적용하기 곤란한 고분자화합물이나 열에 불안정한 물질, 극성이 강한 물질들을 고정상과 액체이동상 사이의 물리화학적 반응성의 차이를 이용하여 서로 분리하는 분석기기이며 빠른 분석속도, 해상도, 민감도 등의 장점이 있다.(검출물질: 포름알데히드, 이소시아네이트류, PCB 등 유기화학물질)

㉡ 주요 구성

용매, 탈기장치(degassor), 펌프, 시료주입기, 컬럼, 검출기로 구성된다.

• 펌프

이동상으로 사용되는 용매를 저장용기로부터 시료주입기를 거쳐 컬럼(Column)으로 연속적으로 밀어주어 최종적으로 검출기를 통과하여 이동상인 용매와 시료주입기를 통해 주입된 시료가 밖으로 나올 수 있도록 압력을 가해주는 장치이다. 최소한 500[psi]의 고압에도 견딜 수 있어야 하고, 0.1~10[mL/min] 정도의 유량조절이 가능해야 한다.

• 시료주입기

분석하고자 하는 시료를 이동상인 용매의 흐름에 실어주는 장치이다.

- 컬럼

  일반적으로 많이 사용되는 컬럼은 길이 10~30[cm], 내경 4.6[mm], 충진제의 크기 5[μm], 이론단수 40,000~60,000[단/m]이다.

- 검출기
  - 자외선-가시광선검출기: 특정 파장에서 흡광도의 강도를 측정하는 기기로서 각 물질별로 흡광도가 가장 높은 파장을 이용. HPLC 검출기 중에서 가장 많이 사용되는 검출기이다.
  - 형광검출기: 형광을 띠는 물질을 검출하는 기기로 여기된 파장을 이용하여 검출한다. 자외선-가시광선검출기와 같은 흡광도검출기에 비해 10~100배 이상의 좋은 감도를 가진다.
  - 굴절률검출기: 분자량이 큰 물질이나 흡광도가 약하거나 형광을 띠지 않는 거대분자를 분석하는 경우에 이용한다.
  - 전기화학검출기: 고정상을 통과한 물질 중에서 이온을 띠는 물질을 검출한다.

③ 흡광광도법

  ㉠ 원리

  세기 I_o인 빛이 아래 그림과 같이 농도 c, 길이 ℓ되는 용액층을 통과하면 이 용액에 빛이 흡수되어 입사광의 세기가 감소한다. 통과한 직후의 빛의 세기 I_t와 I_o 사이에는 램버트-비어의 법칙에 따라 다음의 관계가 성립한다.

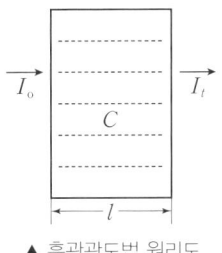

▲ 흡광광도법 원리도

심화이론 | 램버트-비어의 법칙

$$A = \log \frac{I_o}{I_t} = \varepsilon c \ell$$

여기서, A: 흡광도
I_t: 투과광의 광도
ℓ: 빛의 투과거리(석영 Cell의 두께)
I_o: 입사광의 광도
c: 농도
ε: 비례상수(흡광계수)

I_t와 I_o의 관계에서 $t\left(=\dfrac{I_o}{I_t}\right)$를 투과도라 하고 투과도의 역수의 상용대수, 즉 $\log \dfrac{1}{t} = A$를 흡광도라 한다.

  ㉡ 구성

  구조는 크게 광원부 → 파장선택부(단색화장치) → 시료부 → 측광부로 구성된다.

  광원의 경우 주로 가시부, 근적외선 영역은 텅스텐 램프를, 자외선 영역은 중수소방전관을 사용한다.

  단색화장치는 입사된 빛 중 원하는 파장의 빛만을 골라내기 위해 사용한다. 선택된 파장의 빛을 시료액층으로 통과시킨 후 흡광도를 측정하여 농도를 구하고 표준액에 대한 흡광도와 농도의 관계를 구한 후, 시료의 흡광도를 측정하여 농도를 구한다.

④ 원자흡광광도법(AAS; Atomic Absorption Spectrophotometer)

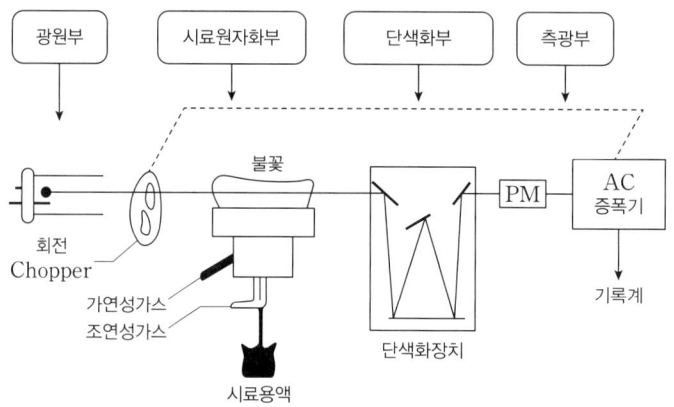

▲ 원자흡수분광광도법 분석장치의 구성

㉠ 원리 및 적용범위

분석대상 원소가 포함된 시료를 불꽃이나 전기열에 의해 바닥상태의 원자로 해리시키고, 이 원자의 증기층에 특정파장의 빛을 투과시키면 바닥상태의 분석대상 원자가 그 파장의 빛을 흡수하여 들뜬 상태의 원자로 되는데, 이때 흡수하는 빛의 세기를 측정하는 분석기기로서 금속 및 중금속의 분석방법에 적용한다.(분석물질: 산화마그네슘, 망간, 구리 등 금속)

㉡ 주요 구성

광원 → 시료원자화장치 → 단색화장치 → 검출기로 구성

- 시료 원자화 장치
  - 불꽃원자화방법: 분석시간이 적게 소요되며 조작이 쉽고 간편하고 유도결합플라즈마 장치에 비해 저렴하다. 다만, 시료량이 많이 소요되며 감도가 낮고 고체시료의 경우 전처리로 기질을 제거할 필요가 있다. 대부분 금속물질을 분석하는 데 사용된다.
  - 비불꽃원자화방법 : 전열고온로법(Graphite Furnace)과 기화법이 있으며, 전열고온로법은 감도가 좋아 미량의 생체시료 중 금속성분을 분석하는 데 주로 사용되고 있으며, 기화법은 화학적 반응을 유도하여 분석하고자 하는 원소를 시료로부터 기화시켜 분석하는 방법으로 이 방법 또한 미량분석이 가능하므로 수은이나 비소의 분석에 사용된다.

㉢ 특징

- 분석 시 표준용액과 시료용액의 분무현상은 동일해야 한다.
- 불꽃 속으로 진입하는 입자의 크기가 미세하고 균일할수록 원자화가 골고루 일어나 흡광도가 안정적으로 된다.
- 연료가스 및 산화가스가 용액 입자에 얼마나 잘 혼합되느냐에 따라 분석 시 감도 및 재현성이 달라진다.
- 아세틸렌-공기와 아세틸렌-아산화질소로서 분석대상 금속에 따라 이를 적절히 선택하여 사용하여야 한다.

⑤ 유도결합플라즈마 – 원자발광분석기(ICP)
  ㉠ 원리
    • 플라즈마: 같은 수의 전자와 양이온이 상당량(1[%] 이상) 존재하는 어떤 물질의 형태를 의미하며 대개 기체 상태에서 플라즈마가 형성된다.
    • 유도결합플라즈마: 들뜬 상태의 원자가 다시 바닥 상태의 원자로 되면서 특정파장을 방출하게 되는데 이렇게 방출된 빛을 검출기로 검출하는 분석기기이다.
  ㉡ 기기 구성
    시료주입 → 플라즈마토치 → RF 발생기 → 분광장치기 → 검출기
  ㉢ 특징
    여러 금속을 동시에 분석할 수 있으며, 넓은 농도범위에서 직선성이 좋고 정밀도가 높은 장점이 있다. 단, 높은 온도에서 복사선을 방출하여 분광학적 방해 요소가 존재한다.

(2) 포집시료의 처리방법
  ① 보관
    ㉠ 필터 여과지: 여과지가 장착된 카세트를 밀봉하여 보관한다.
    ㉡ 고체흡착관: 플라스틱 마개로 닫고 실링테이프로 밀봉하여 가급적 저온에서 보관한다.
    ㉢ 액체흡수관: 시료 채취 후 즉시 임핀저의 용액을 유리병에 옮겨 보관한다.
    ㉣ 고형시료: 바이알 또는 유리병에 밀봉하여 보관한다.
  ② 운반
    시료 채취 후 가급적 냉장보관한 상태로 즉시 분석실로 운반하여 보관토록 한다.

(3) 기기분석의 감도와 검출한계
  ① **검출한계(LOD; Limit of Detection)**: 표준편차의 3배
    ㉠ LOD는 분석기기에서 바탕선량과 구별하여 검출할 수 있는 가장 적은 양을 말한다.
    ㉡ LOD는 공시료와 통계적으로 다르게 결정될 수 있는 가장 낮은 농도이다.
    ㉢ LOD는 표준편차의 3배로 정의된다.
    ㉣ 기기분석에 있어서 LOD는 신호 대 잡음비가 3 : 1인 경우에 해당된다.
  ② **정량한계(LOQ; Limit of Quantification)**: 표준편차의 10배
    ㉠ LOQ는 분석기기가 정량할 수 있는 가장 적은 양을 말한다.
    ㉡ LOQ 측정치는 공시료＋10표준편차로 검량선의 방정식으로 구할 수도 있다.
    ㉢ 기기분석에서는 신호 대 잡음비가 10 : 1인 경우에 해당된다.
    ㉣ LOD 이하는 불검출(Non Detected), LOD와 LOQ 사이는 Trace이다.

03 물리적 인자 측정

1. 물리적 유해인자의 노출기준

(1) 연속소음 노출기준

1일 노출시간	소음강도[dB(A)]	1일 노출시간	소음강도[dB(A)]
8[hr]	90	4[hr]	95
2[hr]	100	1[hr]	105
30[min]	110	15[min]	115

(2) 충격소음 노출기준

1일 노출횟수(회)	충격소음의 강도[dB(A)]
10,000	120
1,000	130
100	140

참고 충격소음이라 함은 최대음압수준이 120[dB(A)] 이상인 소음이 1초 이상의 간격으로 발생하는 것을 말한다.

(3) 노출지수

필수공식 | 노출지수(EI)

$$EI = \frac{C_1}{TLV_1} + \frac{C_2}{TLV_2} + \cdots + \frac{C_n}{TLV_n}$$

여기서, EI: 노출지수
C_n: 노출시간
TLV_n: 허용노출시간

(4) 등가소음레벨

필수공식 | 등가소음레벨

$$L_{eq} = 16.61 \log\left(\frac{t_1 \times 10^{\frac{LA_1}{16.61}} + t_2 \times 10^{\frac{LA_2}{16.61}} + \cdots + t_n \times 10^{\frac{LA_n}{16.61}}}{t_1 + t_2 + \cdots + t_n}\right)$$

여기서, L_{eq}: 등가소음레벨
LA_n: 각 소음레벨의 측정치[dB(A)]
t_n: 각 소음레벨 측정치 발생시간[min]

(5) 고열 노출기준

(단위: [℃], WBGT)

작업강도 작업·휴식시간비	경작업	중등작업	중작업
계속 작업	30.0	26.7	25.0
매시간 75[%] 작업, 25[%] 휴식	30.6	28.0	25.9
매시간 50[%] 작업, 50[%] 휴식	31.4	29.4	27.9
매시간 25[%] 작업, 75[%] 휴식	32.2	31.1	30.0

> 참고 경작업: 200[kcal]까지 열량 소요 작업(앉거나 서서 기계 조정을 위해 손, 팔을 가볍게 쓰는 일 등)
> 중등작업: 시간당 200~350[kcal] 열량 소요 작업(물체를 들거나 밀면서 걸어다니는 일 등)
> 중작업: 시간당 350~500[kcal] 열량 소요 작업(곡괭이질 또는 삽질하는 일 등)

2. 물리적 유해인자의 측정

(1) 소음의 측정

① **소음계**: 소음의 주파수를 분석하지 않고 총 음압수준만을 측정하는 기기이다.
② **소음노출량계**: 개인의 소음 노출량을 측정하는 기기이다.
③ 소음계는 주파수별 청자의 느낌을 감안하여 음압을 측정할 수 있고 보정 없이 측정할 수도 있다.
④ 음압수준의 보정(특성보정치 기준 주파수=1,000[Hz])

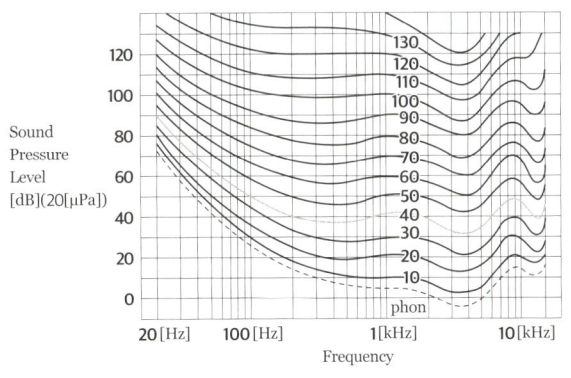

▲ 등청감곡선

특성	설명
A특성	40[phon]의 등감곡선과 비슷하게 주파수에 따른 반응을 보정하여 측정한 음압수준이다.
B특성	70[phon]의 등감곡선과 비슷하게 주파수에 따른 반응을 보정하여 측정한 음압수준이다.
C특성	85[phon]의 등감곡선과 비슷하게 주파수에 따른 반응을 보정하여 측정한 음압수준이다.

> 참고 A특성과 C특성의 차가 크면 저주파음이고 차가 작으면 고주파음이다.

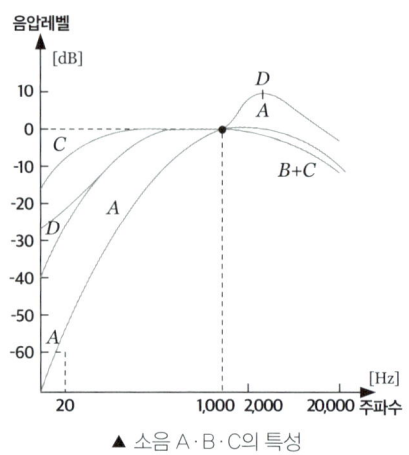

▲ 소음 A·B·C의 특성

⑤ 측정시간에 따른 소음평균치

> **필수공식 | 측정시간에 따른 소음평균치**
>
> $$SPL = 90 + 16.61 \log \frac{D}{100}$$
>
> 여기서, SPL: 측정시간에 따른 소음 평균치[dB(A)]
> D: 소음노출량계로 측정한 노출량[%]

- dB(decibel)
  - 음압수준을 표시하는 한 방법으로 사용하는 단위이다.
  - 사람이 들을 수 있는 음압은 0.00002~20[N/m²] 범위로 [dB]로 표시하면 0~100[dB]이다.

⑥ 주파수와 음속

> **심화이론 | 주파수와 음속의 관계**
>
> $$c = \lambda f$$
> $$c = 331.42 + 0.6T$$
>
> 여기서, c: 음속[m/sec](정상조건에서 344.4[m/sec])
> λ: 파장[m]
> f: 주파수[Hz]
> T: 음 전달 매질의 온도[℃]

⑦ 음압

음에너지가 전달되며 매질에는 미세한 압력변화가 생긴다. 이 압력변화 부분을 음압이라 한다. 음압실효치(rms값) P는 음압진폭 P_m(피크치)의 $\frac{1}{\sqrt{2}}$배이다.

> **필수공식 | 음압수준, 음압차**
>
> $$\mathrm{SPL} = 10\log\left(\frac{P}{P_o}\right)^2 = 20\log\frac{P}{P_o}$$
>
> 여기서, SPL : 음압수준[dB]
> P : 음압[N/m²]
> P_o : 기준음압(2×10^{-5}[N/m²])
>
> $$\mathrm{SPL}_2 - \mathrm{SPL}_1 = 20\log\frac{P_2}{P_1}$$
>
> 여기서, SPL : 음압레벨

⑧ 음의 세기(Sound Intensity)

음의 전파는 매질의 진동에너지가 전달되는 것이므로, 음의 진행방향에 수직하는 단위면적을 단위시간에 통과하는 음에너지를 음의 세기(I, [W/m²])라 한다.

> **심화이론 | 음의 세기**
>
> $$I = \frac{P^2}{\rho c}$$
>
> 여기서, I : 음의 강도[W/m²]
> P : 음압
> ρ : 공기밀도(1.18[kg/m³])
> c : 공기에서의 음속(344.4[m/sec])

⑨ 음력(Sound Power)

음향출력 또는 음력은 음원으로부터 단위 시간당 방출되는 총 음에너지를 말하며, 그 표시 기호는 W, 단위는 [W](watt)이다. 음력 W의 무지향성 음원으로부터 r[m]만큼 떨어진 점에서의 음의 세기를 I라 하면 다음과 같이 표현할 수 있다.

참고 무지향성 음원 : 지향하는 방향이 없는 음원이다. 즉, 모든 방향으로 퍼지는 음원이다.

> **필수공식 | 음력**
>
> $$W = I \times S$$
>
> 여기서, W : 음력[W]
> I : r[m]에서의 음의 세기
> S : 표면적[m²](자유공간일 때 : $4\pi r^2$, 반자유공간일 때 : $2\pi r^2$)

⑩ 음의 세기레벨(SIL; Sound Intensity Level)

> **심화이론 | 음의 세기레벨(SIL)**
>
> $$\mathrm{SIL} = 10\log\frac{I}{I_0} = \mathrm{SPL} = 20\log\frac{P}{P_o}$$
>
> 여기서, SIL: 음의 세기 레벨[dB]
> I: 음의 세기[W/m²]

참고 음향 임피던스가 $\rho c \sim 400$[rayls]인 경우 SIL=SPL로 가정 가능하다.

⑪ 음향파워레벨(PWL; Sound Power Level)

> **필수공식 | 음향파워레벨(PWL)**
>
> $$\mathrm{PWL} = 10\log\left(\frac{W}{W_o}\right)$$
>
> 여기서, PWL: 음향파워레벨[dB]
> W: 측정음력[W]
> W_o: 기준음력(10^{-12}[W])

⑫ 소음의 합산

> **필수공식 | 합산 소음**
>
> $$L_{합} = 10\log(10^{\frac{\mathrm{SPL}_1}{10}} + 10^{\frac{\mathrm{SPL}_2}{10}} + \cdots + 10^{\frac{\mathrm{SPL}_n}{10}})$$
>
> 여기서, $L_{합}$: 합산소음[dB]
> SPL_n: 음압수준[dB]

⑬ 주파수 분석

소음특성을 정확히 평가하기 위해 옥타브밴드 분석기를 사용한다.

㉠ 옥타브밴드 분석기

중심주파수 31.5, 63, 125, 250, 500, …, 8,000[Hz]에서 분석할 수 있는 기구이다.

㉡ 주파수 분석기

주파수 분석기는 소음의 특성(스펙트라)을 분석하여 방지기술에 활용하는 데 필수적이다. 주파수 분석기에는 정비형과 정폭형이 있다.

• 정비형: 대역(band)의 하한 및 상한주파수를 f_L 및 f_U라 할 때, 어떤 대역에서도 $\dfrac{f_U}{f_L}$의 비가 일정한 필터이다.

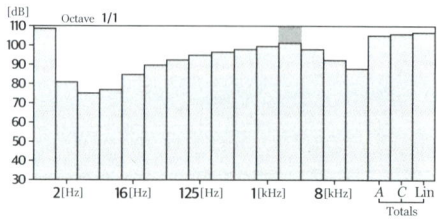

▲ 주파수 분석(1/1 옥타브밴드)의 예

> **심화이론 | 정비형 주파수**
>
> $$\frac{f_U}{f_L} = 2^n$$
>
> 여기서, $n = 1/1$ 혹은 $1/3$

- 정폭형: 각 대역의 주파수 폭($f_U - f_L$)이 일정한 필터이다.

(2) 온도·습도·기류

① 고열의 측정

㉠ 측정방법

고온 및 저온의 측정은 단위작업장소에서 측정대상이 되는 근로자의 작업행동 범위 내에서 주 작업 위치의 바닥면으로부터 50[cm] 이상, 150[cm] 이하의 위치에서 행하여야 한다.

㉡ 습구흑구온도지수(WBGT, Wet Bulb Globe Temperature Index)

자연습구온도, 흑구온도 및 건구온도를 통해 계산하는 온열지수 값으로, 고온 노출기준에 따른 작업·휴식시간비를 결정할 때 사용된다.

> **필수공식 | 습구흑구온도지수(WBGT)**
>
> | 조건 | 공식 |
> | --- | --- |
> | 옥내 또는 옥외(태양광선이 내리쬐지 않는 장소) | WBGT = 0.7NWB + 0.3GT |
> | 옥외(태양광선이 내리쬐는 장소) | WBGT = 0.7NWB + 0.2GT + 0.1DT |
>
> 여기서, NWB: 자연습구온도　　GT: 흑구온도　　DT: 건구온도

② 온·습도 및 기류의 측정

㉠ 온·습도 측정방법

구분	측정기기	측정시간
습구온도	0.5[°C] 간격의 눈금이 있는 아스만통풍건습계, 자연습구온도를 측정할 수 있는 기기 또는 이와 동등 이상의 성능이 있는 측정기기	• 아스만통풍건습계: 25분 이상 • 자연습구온도계: 5분 이상
흑구 및 습구흑구온도	직경이 5[cm] 이상 되는 흑구온도계 또는 습구흑구온도(WBGT)를 동시에 측정할 수 있는 기기	• 직경이 15[cm]일 경우 25분 이상 • 직경이 7.5[cm] 또는 5[cm]일 경우 5분 이상

㉡ 온·습도 측정계

- 아스만통풍건습계: 풍속관에 2개의 수은온도계를 투입한 것으로, 한 개는 건구상태이고 다른 한 개는 구부에 거즈를 감아 물에 적시도록 되어 있는 습구이다.
- 흑구온도계: 고온사업장의 복사열을 측정하는 데 사용되며 설치 후 15~20분이 지난 후 온도계의 눈금이 안정되었을 때 지시치를 읽는다.

ⓒ 기류측정계
- 카타(Kata)온도계: 기류의 방향이 일정하지 않거나, 0.2~0.5[m/s] 정도의 실내불감기류를 측정할 때 사용한다.
- 풍차풍속계: 옥외용으로 기류가 1[m/s] 이상인 경우에 사용한다.
- 열선풍속계: 전기적으로 가열된 금속선에 기류가 닿으면 열손실이 일어나서 금속선이 냉각되는 원리로 기류속도 외 정압을 동시에 측정할 수 있다.

04 시료채취방법

1. 가스·입자상 유해인자의 측정

(1) 가스상 물질의 포집방법

① 고체포집

시료공기를 고체의 입자층에 통과시켜 흡입·흡착하여 물질을 포집하는 방법으로, 유해물질 흡착에 많이 쓰이는 흡착제는 활성탄관(Charcoal Tube)과 실리카겔관(SilicaGel Tube) 등이다. 이중 활성탄관은 주로 알코올류 등 비극성 유기용제류 포집에 주로 사용되는 반면 실리카겔관의 경우 산(Acid) 및 방향족 아민류 등 극성 유기용제 포집에 사용된다. 활성탄관 이용 시 주의사항으로는 오염물질이 흡착허용수준 이상으로 포집되면 더 이상 흡착되지 않고 그대로 통과하므로 농도를 과소평가할 우려가 있으며 이를 파과(Break Through)라고 한다. 아울러 습기 등에 큰 영향을 받기도 한다.

㉠ 고체 흡착제를 사용하여 시료채취 시 영향을 주는 인자

흡착률 증가	온도↓	습도↑	유량속도↑	농도↑	입자 크기↓
흡착률 감소	온도↑	습도↓	유량속도↓	농도↓	입자 크기↑

㉡ 탈착제

탈착제		설명
실리카겔	특징	• 실리카겔은 규산나트륨과 황산과의 반응에서 유도된 무정형의 물질이다. • 극성을 띠고 흡습성이 강하므로 습도가 높을수록 파과용량이 감소한다. • 추출액이 화학분석이나 기기분석에 방해물질로 작용하는 경우가 적다.
	장점	• 극성 물질을 채취한 경우 물, 메탄올 등 다양한 용매로 쉽게 탈착된다. • 추출용액이 화학분석이나 기기분석에 방해물질로 작용하는 경우가 많지 않다. • 활성탄으로 채취가 어려운 아닐린 등의 아민류나 몇몇 무기물질의 채취도 가능하다. • 매우 유독한 이황화탄소를 탈착용매로 사용하지 않는다.
활성탄	제한점	• 휘발성이 높은 저분자량의 탄화수소 화합물의 채취효율은 떨어진다. • 암모니아, 에틸렌, 염화수소와 같은 저비점 화합물에 비효과적이다. • 메르캅탄과 알데히드 포집 시 표면산화력에 의한 반응성이 크므로 포집에 부적합하다. • 비교적 높은 습도는 활성탄의 흡착용량을 저하시킨다.
이황화탄소	특징	• 활성탄으로 시료채취 시 가장 많이 사용되는 탈착제이다. • 독성이 강하다. • 탈착효율이 좋다. • 인화성이 있어 화재의 위험이 있다.

② 수동식 시료채취기(Passive Sampler)
　㉠ 원리 : 공기채취용 펌프를 이용하지 않고 작업장에 존재하는 자연적인 기류를 이용하여 확산과 투과라는 물리적인 과정에 의해 가스상 오염물질을 흡착제에 채취하는 장치를 말한다.

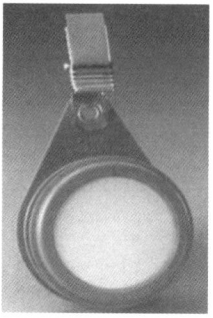
▲ 수동식 시료채취기

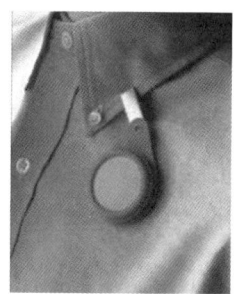
▲ 수동식 시료채취기 착용 예시

　㉡ 장단점

구분	설명
장점	• 배지 타입으로 가볍다. • 간편하게 착용하여 시료를 채취할 수 있다.
단점	• 실험실에서 분석해야 한다. • 포집기의 접촉면에 공기가 정체되어 있으면 안 된다.

③ 여과포집
시료공기를 여과재를 통하여 흡인함으로써 당해 여과재에 측정하고자 하는 물질을 포집하는 방법으로, 분진이나 용접흄 등 입자상 물질을 채취하는 데 주로 사용되며 채취물질에 따라 여과지 종류가 달라진다.

구분	여과지 종류	특징	주요 포집물질	비고
섬유상 여과지	유리섬유	저흡습성, 높은 포집 용량, 낮은 압력강하	농약류, 다핵방향족 탄화수소 화합물, 총분진, 염료분진	강도가 낮음(부서지기 쉬움), 여과지의 안쪽 층에도 채취됨, 중량분석에 부적합
	셀룰로오스섬유 여과지	친수성, 고장력, 회화가 용이	주로 실험실 분석용	와트만 여과지가 대표적

구분	여과지 종류	특징	주요 포집물질	비고
막 여과지	PVC	내염기성, 내산성, 저흡습성	호흡성, 결정형 유리규산, 석탄 등 분진, 6가 크롬	정전기에 의한 채취효율 저감, 흡습성이 낮아 중량분석에 적합
	MCE	산에 쉽게 용해, 회화 용이, 용해성	석면, 중금속	고가이나 용해성이 좋아 중금속분석에 사용, 흡습성이 높아 중량분석에 부적합
	PTFE (테프론 여과지)	열, 화학물질, 압력에 강한 특성	농약, 알칼리성 먼지, 콜타르피치, 입자상 PAH	고열공정에서 PAH 채취
	은막	유리물질 비함유, 열화학적 안정성	코크스오븐 배출물질, 다핵방향족 탄화수소 등	균일한 금속은을 소결하여 만듦
	Nucleopore	열 안정성, 강도 우수	석면(TEM)	폴리카보네이트재질에 레이저 빔을 쏘아 만듦, 공극이 일직선임

④ 액체포집

㉠ 원리

시료공기를 액체 중에 통과시키거나 액체의 표면과 접촉시켜 용해반응, 흡수 충돌 및 침전, 현탁 등을 일으키게 하여 당해 액체에 측정하고자 하는 물질을 포집하는 방법으로, 주로 활성탄관이나 실리카겔관으로 흡착이 되지 않는 증기, 산 등을 채취하며 임핀저(Impinger) 혹은 버블러(Bubbler)를 사용한다.

㉡ 흡수효율을 증가시키는 방법
- 시료를 냉각시키면 휘발성이 낮아져서 포집효율이 증가한다.
- 흡수용액을 증가시킨다.
- 시료채취속도를 낮춘다.
- 채취효율이 좋은 기구를 사용한다.

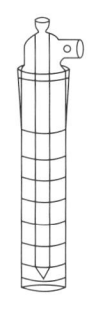

▲ 미젯 임핀저

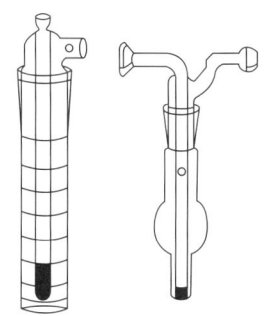

▲ Fritted 버블러

⑤ 냉각응축포집

시료공기를 냉각된 관 등에 접촉·응축시켜 측정하고자 하는 물질을 포집하는 방법으로, 방사선 물질에 대한 포집에 사용된다.

⑥ 직접포집

시료공기를 흡수·흡착 등의 과정을 거치지 아니하고 직접포집대 또는 진공포집병 등의 포집용기에 물질을 포집하는 순간시료채취법이다.

㉠ 장단점

구분	설명
장점	• 몇 초 또는 몇 분 내에 시료포집을 마칠 수 있다. • 피크농도(천장값)를 알고자 할 때 유용하다. • 포집효율이 100[%]이다.
단점	• 다양한 원인에 의하여 시료가 손실된다. • 농도가 시간마다 변할 때는 사용할 수 없다. • 대기 중 존재하는 농도가 낮을 때는 사용이 부적합하다. • 측정치로 시간가중평균치를 결정하는 것이 부적합하다.

㉡ 시료채취백의 사용상 주의점
- 시료채취백 선택 시 오염물질과 반응성이 없는 제품을 선택해야 한다.
- 누출검사를 반드시 실시하여야 한다.
- 순수공기로 내부 오염물질을 제거한 후 대상 공기로 수차례 치환해야 한다.

(2) 입자상 물질의 포집방법

① 입자상 물질의 종류

구분	설명
에어로졸(Aerosol)	미세한 고체나 액체 입자가 공기 중에 부유하고 있는 상태
먼지(Dust)	약 100[μm] 이하의 고체입자가 공기 중에 부유하고 있는 상태
흄(Fume)	금속이 증기화, 산화, 응축 등의 반응단계를 거쳐 발생되는 고체입자
미스트(Mist)	분산되어 있는 액체입자(육안으로 볼 수 있음)
섬유(Fiber)	5[μm] 이상 길이의 길이와 너비의 비가 3 : 1 이상인 먼지(석면, 유리섬유 등)
안개(Fog)	액체입자가 분산되어 있는 에어로졸 상태
연기(Smoke)	불완전 연소로 발생하는 에어로졸 상태(주로 고체상태 입자)
스모그(Smog)	Smoke와 Fog가 결합된 상태

② 입자의 침강속도

> **필수공식 | 침강속도식(Lippman 식)**
>
> $$V_g = 0.003 \times s_g \times d^2$$
>
> 여기서, V_g : 침강속도[cm/sec]
> s_g : 입자의 비중
> d : 입자의 직경[μm]

> **필수공식 | 침강속도식(Stoke's 식)**
>
> $$V_g = \frac{d_p^2(\rho_p - \rho)g}{18\mu}$$
>
> 여기서, V_g : 침강속도[cm/sec]
> d_p : 입자상 물질의 직경[cm]
> ρ_p : 입자상 물질의 밀도[g/cm^3]
> ρ : 공기의 밀도(0.0012[g/cm^3])
> g : 중력가속도(980[cm/sec^2])
> μ : 공기의 점성계수(1.807×10^{-4}[poise])

참고 [poise]=[g/cm·sec]=[dyne·sec/cm^2]

③ 입자상 물질의 정의(ACGIH)

구분	설명
흡입성 입자상 물질 (IPM; Inhale Particulate Mass)	호흡기의 어느 부위에 침착하더라도 독성을 나타내는 물질로서, 비암이나 비중격천공을 일으키는 물질이 여기에 속한다. 평균입경은 100[μm]이다.
흉곽성 입자상 물질 (TPM; Thoracic Particulate Mass)	기도나 폐포에 침착할 때 독성을 나타내는 물질로서 평균입경은 10[μm]이다.
호흡성 입자상 물질 (RPM; Respirable Particulate Mass)	가스교환부위, 즉 폐포에 침착할 때 독성을 나타내는 물질로서 평균입경은 4[μm]이다.

④ 입자상 물질의 측정방법
  ㉠ 측정방법
    - 석면은 지름 25[mm] 셀룰로오스막여과지(Mixed Cellulose Membrane filter, MCE)를 장착한 연장통이 달린 카세트를 사용한 여과채취방법에 의한 위상차현미경 계수방법 또는 이와 동등 이상의 분석방법으로 측정한다.
    - 석영, 크리스토바라이트(Cristobalite), 트리디마이트(Tridymite) 등 결정체 산화규소 성분을 함유한 광물성 분진은 37[mm] PVC 여과지를 장착한 카세트를 사용하여 시료를 채취하고 적외선분광분석기를 이용하여 분석한다. 이 경우 호흡성 분진의 채취 시에는 사이클론 등 분립장치를 장착하되 해당 장치의 제조사가 제시한 채취 유량을 준수한다.
    - 용접흄은 37[mm] PVC 여과지나 MCE 여과지를 장착한 카세트에 포집하여 전자저울을 이용한 중량분석법을 이용한다. 호흡성 용접흄의 채취 시에는 사이클론 등 분립장치를 장착하되 해당 장치의 제조사가 제시한 채취유량을 준수한다. 또한, 용접보안면을 착용한 경우 그 내부에서 채취한다.
    - 소우프스톤, 운모, 포틀랜드시멘트, 활석, 흑연 등 결정체 산화규소 성분 1[%] 미만 함유한 광물성 분진은 37[mm] PVC 여과지를 장착한 카세트에 포집하여 전자저울을 이용한 중량분석법을 이용한다. 이 경우 호흡성 분진의 채취 시에는 사이클론 등 분립장치를 장착하되 해당 장치의 제조사가 제시한 채취 유량을 준수한다.
    - 곡물 분진, 유리섬유 분진은 37[mm] PVC 여과지를 장착한 카세트에 포집하여 전자저울을 이용한 중량분석법을 이용한다. 이 경우 호흡성 분진의 채취 시에는 사이클론 등 분립장치를 장착하되 해당 장치의 제조사가 제시한 채취 유량을 준수한다.
    - 목재 분진과 같은 흡입성 분진을 측정하려는 경우 PVC 여과지가 장착된 IOM sampler(Institute of Occupational Medicine) 또는 직경분립충돌기 등 동등 이상의 채취가 가능한 장비를 이용하여 시료를 채취하고 전자저울을 이용한 중량분석법으로 정량한다.
  ㉡ 측정기기
    동 고시에 따라 개인시료채취방법으로 작업환경 측정을 하는 경우에는 측정기기를 작업 근로자의 호흡기 위치에 장착하여야 하며, 지역시료채취방법의 경우에는 측정기기를 분진 발생원의 근접한 위치 또는 작업근로자의 주 작업행동 범위의 작업근로자 호흡기 높이에 설치하여야 한다.
    - 캐스케이드(직경분립충돌기 또는 입경분립충돌기) 임팩터

구분	설명
기전	• 공기흐름이 층류(Laminar)일 때 입자가 포집판에 충돌되어 포집된다. • 공기흐름속도를 조절하여 포집입자의 크기를 조정할 수 있다.(질량분포를 구할 수 있음)
특성	• 흡입성, 흉곽성, 호흡성 입자의 크기별 분포와 농도를 계산할 수 있다. • 작은 입자는 공기흐름속도를 크게 하여 충돌판에 포집할 수 있다. • 입자를 크기별로 포집할 때 충돌판의 기하구조는 큰 영향을 주지 않는다. • 입자를 크기별로 포집할 때 충돌판과 입구 사이의 거리는 큰 영향을 주지 않는다. • 시료채취가 까다롭고 경험이 많은 전문가에 의해 측정해야 한다.

되튐현상	• 임팩터의 가장 큰 단점이다. • 충돌판에 끈적한 물질을 피복시켜 바운드를 방지한다. • 충돌판에 입자가 계속 축적되면 끈적한 물질이 피복된 충돌판에서도 바운드가 발생한다. • 충돌판 표면에 홈을 만들어서 바운드를 극복한다.

- 임핀저
  - 공기를 액체 속에 뿜는 것 이외에는 임팩터와 비슷하다.
  - 임핀저 오리피스의 속도는 보통 60[m/s] 이상이다.
  - 먼지 개수를 세기(Count) 위하여 사용하였다.
  - 흑연, 운모, 광물성 울 섬유 등의 포집에 사용하였다.
  - 가스, 증기, 산, 미스트, 여러 형태의 에어로졸 포집에 사용한다.
  - 1~20[μm]의 직경을 포집하는 데 효과적이다.

ⓒ 채취원리

여과 기전	특성
직접차단(간섭)	미세입자가 섬유와 접촉에 의해 포집되며 분진입자 직경, 섬유 직경, 여과지 직경 및 여과지 고형성분에 영향을 받음
관성충돌	• 관성 때문에 섬유층에 직접 충돌 • 유속이 빠를수록 포집효율 좋음
확산	유속이 느릴 때 포집효율 좋음, 브라운 운동에 의한 포집원리
중력침강	입경이 비교적 크고 비중이 큰 입자가 저속기류에서 중력에 의해 침강되어 포집
정전기침강	입자의 정전기에 의한 포집

ⓓ 석면의 측정

측정방법	특징
위상차 현미경법	• 가장 많이 사용되는 방법 • MCE여과지 사용 • 간편하게 사용할 수 있으나 석면의 감별이 어려움
전자 현미경법	• 공기 중 석면농도 분석 시 사용 • 석면의 성분분석(정성분석, 감별분석)이 가능 • 가격이 높으며 분석시간이 오래 소요되는 단점이 있음 • 가장 정밀함
편광 현미경법	• 고형시료 분석에 사용 • 석면의 성분분석이 가능
X선 회절법	• 고형시료 분석에 사용 • 가격이 매우 비싸며 복잡한 조작으로 훈련된 전문가에 의함

(3) 가스 및 증기상 물질의 특성

가스와 증기는 공기 중에서 쉽게 확산하여 빠르게 퍼져나갈 수 있다.

① 보일(Boyle)의 법칙

일정한 온도에서 일정한 질량을 갖는 기체의 체적은 압력에 반비례한다.

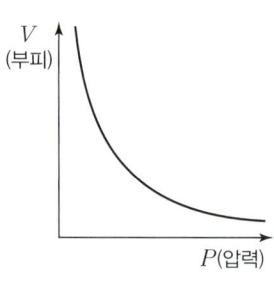

▲ 보일의 법칙

필수공식 | 보일(Boyle)의 법칙

$$\frac{P_1}{P_2}=\frac{V_2}{V_1} \longrightarrow P_1V_1=P_2V_2$$

여기서, P_1: 초기압력
V_1: 초기부피
P_2: 최종압력
V_2: 최종부피

② 샤를(Charles)의 법칙

일정한 압력에서 기체가 점유하는 체적은 온도에 비례한다.

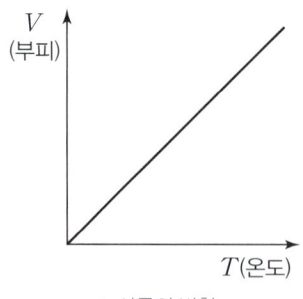

▲ 샤를의 법칙

필수공식 | 샤를(Charles)의 법칙

$$V \propto T \longrightarrow \frac{V_1}{T_1}=\frac{V_2}{T_2}$$

여기서, V_1: 초기체적
T_1: 초기온도[K]
V_2: 최종부피
T_2: 최종온도[K]

③ 보일-샤를의 법칙

> **필수공식 | 보일-샤를의 법칙**
>
> $$VP = nRT \quad \longrightarrow \quad \frac{VP}{T} = nR$$
>
> $$V'P' = nRT' \quad \longrightarrow \quad \frac{V'P'}{T'} = nR$$
>
> $$\frac{VP}{T} = \frac{V'P'}{T'} \quad \longrightarrow \quad V' = V \times \frac{T'}{T} \times \frac{P}{P'}$$
>
> 여기서, V: 초기체적
> P: 초기압력
> T: 초기온도
> V': 최종부피
> P': 최종압력
> T': 최종온도
> n: 기체 mol 수
> R: 기체상수

05 평가 및 통계

1. 통계학

(1) 통계의 필요성

산업위생통계는 사업장 내의 유해인자에 대한 원인규명 자료를 제공하며, 보건관리에 대한 문제점을 제시한다.

(2) 용어의 이해

① 대표치

㉠ 평균치(Mean)

- 산술평균: $x_1, x_2, \cdots, x_n$인 n개의 측정치가 있을 때 이들 값의 총합을 측정치의 개수로 나눈 것이 산술평균이다.

필수공식 | 산술평균

$$\bar{x} = \frac{x_1 + x_2 + \cdots + x_n}{n} = \frac{\sum_{i=1}^{n} x_i}{n}$$

여기서, $\bar{x}$: 산술평균
x_n: 측정치
n: 측정치의 개수

- 기하평균(Geometrical Mean): n개의 측정치 $x_1, x_2, \cdots, x_n$이 있을 때 이들 곱의 n제곱근을 기하평균이라고 하며, GM으로 나타낸다. 기하평균은 생화학적 측정치와 유해물질농도의 평가를 산출하는 데 흔히 쓰인다.

필수공식 | 기하평균(GM)

$$GM = \sqrt[n]{x_1 \times x_2 \times x_3 \times \cdots \times x_n}$$

여기서, GM: 가중평균
x_n: 측정치
n: 측정치의 개수

㉡ 중앙치(Median)

n개의 측정치를 오름차순 순서대로 배열하였을 때 중앙에 오는 값을 중앙치 또는 중위수라고 한다.

필수공식 | 중앙치

경우	중앙치
n이 홀수일 때	$\frac{n+1}{2}$번째의 측정치
n이 짝수일 때	$\frac{n}{2}$번째의 측정치와 $\left(\frac{n}{2}+1\right)$번째 측정치의 산술평균

여기서, n: 측정치의 개수

중앙치는 분포의 끝에 엉뚱한 값이 나타났을 경우 그러한 값에 영향을 받지 않는다.

② 산포도

산포도는 평균 가까이에 모여 분포하고 있는지 혹은 흩어져 분포하고 있는 것인지를 측정하는 것이다. 그림에서 B는 A보다 넓게 흩어져 있으므로 A보다 산포도가 크다.

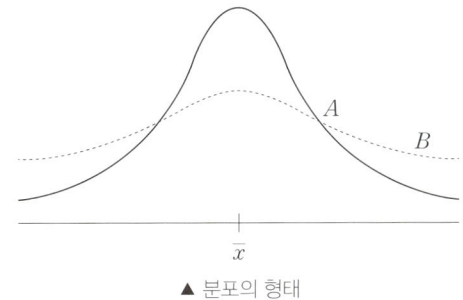

▲ 분포의 형태

㉠ 표준편차(SD; Standard Deviation)

자료의 산포도를 나타내는 수치이다.

필수공식 | 표준편차(SD)

$$SD = \sqrt{\frac{\sum_{i=1}^{n}(x_i - \bar{x})^2}{n-1}}$$

여기서, SD: 표준편차
x_i: 측정치
$\bar{x}$: 산술평균
n: 측정치의 개수

참고 모집단일 경우에는 n으로 나누고, 표본집단인 경우에는 $n-1$로 나눈다.

㉡ 표준오차(SE; Standard Error)

표본평균치들의 표준편차를 표준오차(Standard Error)라고 부르며 공식은 다음과 같다.

필수공식 | 표준오차(SE)

$$SE = \frac{SD}{\sqrt{n}}$$

여기서, SE: 표준오차
SD: 표준편차
n: 측정치의 개수

ⓒ 범위(Range)

범위는 최대치와 최소치의 차를 말한다. 최대치와 최소치는 각각 $x_{\max}$, $x_{\min}$로 표현하며, 범위의 계산식은 다음과 같다.

필수공식 | 범위(R)

$$R = x_{\max} - x_{\min}$$

여기서, R: 범위
  $x_{\max}$: 최대치
  $x_{\min}$: 최소치

ⓔ 변이계수(CV; Coefficient of Variation)

비교집단 자료들의 평균값이 같다면 표준편차를 이용하여 산포도를 나타낼 수 있으나, 평균값이 다를 경우 산포도를 비교하기가 곤란하므로 이때 변이계수를 사용한다.

필수공식 | 변이계수(CV)

$$CV = \frac{SD}{\bar{x}}$$

여기서, CV: 변이계수
  SD: 표준편차
  $\bar{x}$: 산술평균

참고 변이계수는 측정값에 대한 정밀성·균일성을 표현하는 것으로, 상대적인 산포도이다.

(3) 분포의 종류

① **정규분포**: 평균을 중심으로 좌우대칭인 종모양을 이루는 분포형태이다.

② **대수(로그)정규분포**: 좌측 또는 우측 방향으로 비대칭이며 한쪽으로 무한히 뻗어 있는 분포형태이다.

(4) 기하평균(GM)과 기하표준편차(GSD) 계산

① GM: 누적도수 50[%]에 해당하는 값과 같다.

② GSD: 누적도수 84.1[%] 또는 15.9[%]에 해당하는 값을 구한 후 계산한다.

심화이론 | 기하표준편차(GSD)

$$GSD = \frac{84.1[\%]\text{에 해당하는 값}}{50[\%]\text{에 해당하는 값(GM)}} \text{ or } \frac{50[\%]\text{에 해당하는 값(GM)}}{15.9[\%]\text{에 해당하는 값}}$$

2. 평가 및 해석

(1) 고용노동부 고시: 측정 농도의 평가방법(허용기준설정물질)

① 측정한 유해인자의 시간가중평균값 및 단시간노출값을 구한다.

㉠ 시간가중평균농도

> **필수공식 | 시간가중평균농도**
>
> $$TWA = \frac{C_1 t_1 + C_2 t_2 + \cdots + C_n t_n}{t_1 + t_2 + \cdots + t_n}$$
>
> 여기서, TWA: 시간가중평균농도
> C_n: 유해인자의 측정농도[ppm, mg/m³, 개/cm³]
> t_n: 유해인자의 발생시간[시간]

㉡ 단시간노출농도

STEL 허용기준이 설정되어 있는 유해인자가 작업시간 내 간헐적(단시간)으로 노출되는 경우에는 15분씩 측정하여 단시간 노출값을 구한다.

② TWA(or STEL)을 허용기준으로 나누어 Y(표준화값)를 구한다.

> **필수공식 | 표준화값(Y)**
>
> $$Y = \frac{TWA(\text{or } STEL)}{\text{허용기준}}$$
>
> 여기서, Y: 표준화값
> $TWA(\text{or } STEL)$: 시간가중평균농도(또는 단시간노출농도)

③ 95[%]의 신뢰도를 가진 하한치를 계산한다.

> **필수공식 | 하한치(95% 신뢰수준)**
>
> 하한치 = Y − 시료채취분석오차
>
> 여기서, Y: 표준화값

④ 허용기준 초과 여부 판정

㉠ 하한치가 1일 때 허용기준을 초과한 것으로 판정한다.

㉡ 상기의 값을 구한 경우 이 값이 허용기준 TWA를 초과하고 허용기준 STEL 이하일 때 다음 어느 하나 이상에 해당되면 허용기준을 초과한 것으로 판정한다.
- 1회 노출지속시간이 15분 이상인 경우
- 1일 4회를 초과하여 노출되는 경우
- 각 회의 간격이 60분 미만인 경우

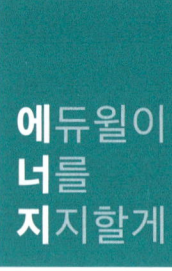

인생에 새로운 시도가 없다면
결코 실패하지 않습니다.

단 한 번도 실패하지 않은 인생은
결코 새롭게 시도해 보지 않았기 때문입니다.

− 조정민, 「인생은 선물이다」, 두란노

SUBJECT 03 작업환경관리대책

01 환기 기본

1. 산업환기의 의미와 목적

(1) 산업환기의 의미

유해한 물질들을 함유하고 있는 작업자 호흡위치의 공기를 포착하여 작업장 밖으로 배출하고 새로운 공기로 교환하는 것을 말하는 것으로, 크게 전체환기와 국소배기로 나눌 수 있다.

① **전체(희석)환기**: 오염된 작업장 내 전체공기를 외부의 신선한 공기로 교환하는 방식이다.
② **국소배기**: 오염물질의 배출원 가까이에 후드를 설치하고 후드에 덕트, 공기정화장치, 송풍기 등의 환기시스템을 이용하여 환기시키는 방식이다.

> **참고** 전체환기는 기류의 흐름이 작업자의 호흡기를 지나지만, 국소배기는 그렇지 않다.

(2) 환기의 목적

① 작업자의 건강에 무해한 수준으로 유해물질의 농도를 제거하거나 희석한다.
② 신선한 공기의 공급을 통해 작업생산능률을 향상시킨다.
③ 화재 및 폭발을 예방하기 위해 먼지나 증기의 농도를 폭발하한계 미만으로 낮춘다.
④ 불필요한 고열을 제거하는 등 온·습도를 조절한다.

2. 유체역학

(1) 유체 흐름의 기본

① 덕트 내 유속과 유량의 관계

밀도나 비중량이 일정한 비압축성 유체의 흐름은 덕트 내 임의의 단면에 대하여 그 단면적과 평균 유속을 곱한 값이 언제나 같다. 단면적과 평균 유속의 곱을 유량이라고 한다.

> **필수공식 | 연속방정식(비압축성 유체)**
>
> $$Q = AV$$
>
> 여기서, Q: 유량[m³/sec]
> V: 공기의 평균속도[m/sec]
> A: 단면적[m²]

② 유체 질량보존의 법칙

정상류로 흐르고 있는 유체가 임의의 한 단면을 통과하는 질량은 다른 임의의 단면을 통과하는 단위시간당 질량과 같아야 한다.

> **필수공식 | 유체 질량보존의 법칙**
>
> $$Q = A_1V_1 = A_2V_2$$
>
> 여기서, Q: 단위시간에 흐르는 유체의 유량[m³/sec]
> A_1, A_2: 각 유체 통과 단면적[m²]
> V_1, V_2: 각 유체의 통과 유속[m/sec]

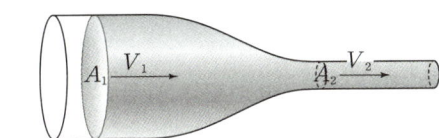

▲ $Q = A_1V_1 = A_2V_2$: 단면적에 따라 유속은 변하지만 유량은 동일함

③ 베르누이 정리(Bernoulli's Theorem)

덕트 내에서 기체가 흐를 때 유체와 덕트 내부 재질에 따른 마찰 또는 유체 내부의 소용돌이에 의한 에너지 손실로 기체가 갖는 에너지의 형태는 바뀌어도 전체 에너지의 합은 변하지 않는다. 즉, 동압이 떨어지면 정압의 형태로 환원되는 등 유체가 갖는 에너지는 일정하다.

> **참고** 산업환기에서는 위치수두의 값이 매우 작아 일반적으로 무시한다.

> **필수공식 | 베르누이 방정식**
>
> $$P_s(\text{압력수두}) + \frac{\gamma V^2}{2g}(\text{속도수두}) + z(\text{위치수두, 무시}) = \text{constant}(=k)$$
>
> 양변을 비중량 γ로 나누면 $\dfrac{P_s}{\gamma} + \dfrac{V^2}{2g} = k$
>
> 여기서, P_s: 정압(압력수두)
> γ: 유체의 비중량
> V: 유속
> g: 중력가속도

베르누이의 정리에서 $\dfrac{\gamma V^2}{2g}$ 항목은 유속과 속도압(동압)의 관계를 나타내는 것으로, 표준상태(0[℃], 1기압)에서 공기의 비중량(γ)을 1.203[kgf/m³], 중력가속도를 9.8[m/s²]이라 하면 다음과 같이 나타낼 수 있다.

> **필수공식 | 공기 유속 공식**
>
> $$V = 4.043\sqrt{\text{VP}}$$
>
> 여기서, V: 덕트 내 유속[m/sec]
> VP: 속도압(동압)[mmH₂O]

즉, 동압을 측정하면 덕트 내 유속을 계산할 수 있다.

㉠ 유체역학적 법칙 적용의 조건

환기시설 내 기류는 질량보존법칙과 에너지보존법칙의 유체역학적 원리에 의하여 지배된다.
- 환기시설 내·외의 열교환은 무시한다. 그러나 덕트 내 온도가 외부온도와 크게 다를 때는 덕트 내·외의 열교환이 일어날 수 있고 덕트 내 온도 변화에 따라 공기유량도 변할 수 있다.
- 공기의 압축이나 팽창을 무시한다. 그러나 만약 공기가 환기시설의 입구로부터 마지막 송풍기까지 흐르는 동안 20[inH_2O] 이상의 압력손실이 발생하면 공기의 밀도가 5[%] 이상 달라지고 동시에 유량도 변하므로 보정이 필요하다.
- 공기는 건조하다고 가정한다. 만약 다량의 수증기가 포함되어 있다면 이에 대한 밀도 보정이 요구된다.
- 대부분의 환기시설에서는 공기 중에 포함된 유해물질의 무게와 용량을 무시한다. 다만 유해물질의 농도가 높아서 화재나 폭발 위험의 수준에 도달했을 경우는 이에 대한 보정이 필요하다.

(2) 공기의 성질

공기는 질소(78.09[%]), 산소(20.95[%]), 아르곤(0.93[%]), 이산화탄소(0.03[%]) 및 기타 가스, 먼지 등으로 구성되어 있다.

① 표준상태의 정의

분야	산업환기	산업위생	일반화학
표준상태	21[℃], 1기압의 공기	25[℃], 1기압의 공기	0[℃], 1기압의 공기

㉠ 표준상태의 공기밀도는 1.2[kg/m^3]
㉡ 기체의 비중은 해당 기체의 질량 대 공기질량(28.97)의 비율로 정의

② 밀도(Density)

단위체적당 질량을 말하며 [g/mL], [kg/m^3], [lb/ft^3] 등의 단위로 표시한다. 통상 기체의 밀도는 표준상태(0[℃], 1[atm])에서의 값을 의미한다.

③ 비중(Specific Gravity)

액체 및 고체의 비중은 해당 물체의 밀도와 물의 밀도비로 정의된다.

즉, $\dfrac{\text{고체 혹은 액체의 물질 밀도}}{\text{물의 밀도}}$ 이다. 기체의 비중은 동일온도, 동일압력에서의 건조상태공기에 대한 비중으로 표시되며 보통 0[℃], 760[mmHg]에 대한 값을 의미한다.

④ 기체의 압력

유체에 작용하는 힘은 압력단위로 나타내는데 대기압은 기압계로 측정된 압력으로 보통 [mmHg]로 표시된다.

[atm]	[Bar]	[kg/cm^2]	[lb/in^2]	Hg(0[℃])		H_2O(15[℃])	
				[mm]	[in]	[m]	[ft]
1	1.01325	1.03323	14.6960	760.00	29.921	10.332	33.929

게이지압력(Gage Pressure)은 흔히 대기압을 포함하지 않는 압력을 말하며 측정압력과 대기압과의 차를 나타낸다. 만약 측정한 압력이 대기압보다 크면 양압, 적으면 음압을 나타낸다. 아울러 절대압은 대기압과 게이지압의 합을 의미한다.

⑤ 화씨온도[℉]

필수공식 | 섭씨온도 ↔ 화씨온도 변환식

$$℉ = \left[\frac{9}{5} \times 섭씨온도[℃]\right] + 32$$

(3) 공기의 압력

① 압력

단위면적당 작용하는 힘이다.

② 단위

1기압 = 760[mmHg] = 10,332[mmH$_2$O] = 1.0332[kg/cm^2] = 10,325[Pa]

③ 속도압(VP; Velocity Pressure)

정지상태의 공기를 일정한 속도로 가속시키는 데 필요한 압력이다.

필수공식 | 속도압(VP)

$$VP = \frac{\gamma V^2}{2g}$$

여기서, VP: 속도압(속도수두, 동압)[mmH$_2$O]

γ: 표준공기의 비중량(1.203[kgf/m^3])

V: 유속[m/sec]

g: 중력가속도(9.8[m/sec^2])

④ 정압(SP; Static Pressure)

일정 공간에 있는 유체가 모든 방향의 공간 벽에 동일한 크기로 미치는 압력이다. 공간 벽을 팽창시키려는 압력을 양압(+)이라고 하고, 수축시키려는 방향으로 작용하는 압력을 음압(-)이라고 한다. 환기시설에서는 송풍기 앞쪽에 있는 덕트에는 안으로 수축시키려는 압력이므로 음압이 되지만 송풍기 뒤쪽에 있는 덕트에는 밖으로 팽창시키려는 압력이므로 양압이 된다. 정압은 환기장치 내 이동공기의 초기속도를 부여하고 이동 시 발생하는 마찰과 난류로 인한 유체저항을 극복하여 공기 이동을 지속시키는 데 필요한 국소배기장치 내 잠재에너지이다.

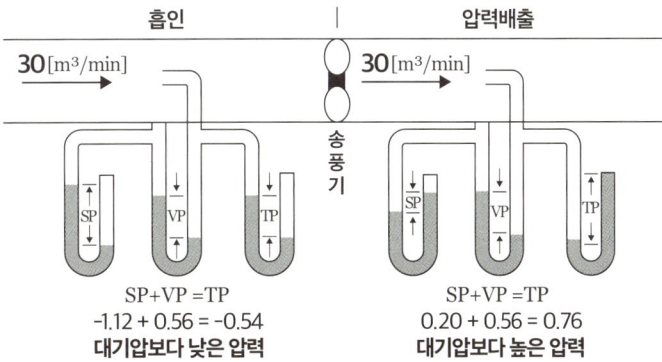

▲ 정압, 속도압, 전압측정의 원리

⑤ 전압(TP; Total Pressure)

전압은 정압과 속도압의 합으로 표시되며, 장치 내에서 필요한 전체 에너지다.

> **필수공식 | 전압(TP)**
>
> $$TP = VP + SP$$
>
> 여기서, TP: 전압
> VP: 속도압
> SP: 정압

정압이나 속도압은 상호 변환이 가능하다. 즉, 정압이 큰 곳에서는 속도압이 작아지고 그 반대도 성립된다.

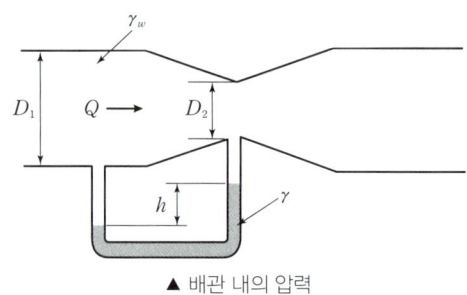

▲ 배관 내의 압력

3. 압력손실

(1) 유체의 압력손실

공기를 후드 내로 유입하기 위해서는 정지상태의 외부 공기를 일정한 속도로 움직이도록 가속화하고, 공기가 후드나 덕트로 유입될 때 발생하는 난류에 의한 압력손실을 극복해야 한다.

손실 발생 위치	특징
후드	후드 유입, 가속, 필터 등 압력손실
덕트 내	마찰, 곡관, 합류관, 축소판, 플렉시블 덕트 등 압력손실
공기정화장치	집진기 종류에 따른 압력손실(가장 큼)
배기구	비마개굴뚝형 등 형태에 따른 압력손실

(2) 후드압력손실

공기가속화 및 난류에 의한 압력손실을 합하여 후드 압력손실이라 하며 다음 식으로 표시한다.

> **필수공식 | 후드정압**
>
> $$\Delta P = F_h \times VP$$
> $$SP_h = VP + \Delta P = VP + F_h \times VP = VP(1 + F_h)$$
>
> 여기서, ΔP: 후드 압력손실
> VP: 속도압
> F_h: 유입손실계수
> SP_h: 후드정압

> **필수공식 | 후드정압**
>
> $$\Delta P = F_h \times VP$$
> $$SP_h = VP + \Delta P = VP + F_h \times VP = VP(1+F_h)$$
>
> 여기서, ΔP: 후드 압력손실 F_h: 유입손실계수
> VP: 속도압 SP_h: 후드정압

> **필수공식 | 유입계수**
>
> $$F_h = \frac{1-Ce^2}{Ce^2} = \frac{1}{Ce^2} - 1 \qquad Ce = \sqrt{\frac{1}{1+F_h}}$$
>
> 여기서, F_h: 유입손실계수 Ce: 유입계수

(3) 덕트 내 기류의 압력손실

① 레이놀즈수(Re; Reynolds Number)

> **필수공식 | 레이놀즈수(R_e)**
>
> $$Re = \frac{관성력}{점성력} = \frac{\rho DV}{\mu} = \frac{DV}{\nu}$$
>
> 여기서, Re: 레이놀즈수 ρ: 유체의 밀도[kg/m³]
> D: 덕트의 직경[m] V: 유체의 평균유속[m/sec]
> μ: 점성계수[kg/m·sec] ν: 동점성계수[m²/sec]

레이놀즈수는 유체의 흐름형태가 층류인지 난류인지를 결정하는 중요한 무차원의 수이므로 일반적으로 공학자들은 설계 시 원형 덕트에 대한 임계 레이놀즈수를 2,100으로 잡는다.

환기시설에서 사용하는 덕트 내 는 보통 $10^5 \sim 10^6$이기 때문에 난류를 형성하고 있다. 따라서 아무리 작은 경우에도 $Re = 3 \times 10^4$ 정도이기 때문에 대체로 난류이다.

> **참고** 레이놀즈수에 따른 층류와 난류의 구분
> $R_e < 2,100$: 층류
> $2,100 < R_e < 4,000$: 천이영역
> $R_e > 4,000$: 난류

② 덕트 내 마찰손실

> **심화이론 | Darcy-Weisbach 마찰계수 방정식**
>
> $$\Delta P = f_d \times \frac{l}{D} \times VP$$
>
> 여기서, ΔP: 마찰손실 f_d: 덕트마찰계수[달시마찰계수]
> l: 덕트길이[m] D: 덕트직경[m]
> VP: 속도압[mmHg]

③ 덕트 형태에 따른 압력손실
　㉠ 원형 덕트인 경우의 압력손실
　　직경이 D[m]인 수평상의 원형 덕트 내를 밀도 ρ[kg/m³]인 유체가 평균속도 V[m/sec]로 흐를 때, 거리 l[m]만큼 떨어진 두 공간 점 사이에서 단위체적당 유체가 잃는 에너지, 즉 압력손실[kg/m²]은 다음과 같다.

심화이론 | 압력손실(원형 덕트)

$$\Delta P = f_d \times \frac{l}{D} \times \frac{\gamma V^2}{2g} = f_d \times \frac{l}{D} \times \text{VP} \quad \text{또는} \quad \Delta P = 4f \times \frac{l}{D} \times \frac{\gamma V^2}{2g} = 4f \times \frac{l}{D} \times \text{VP}$$

여기서, ΔP: 압력손실　　　　　　　　　　　　VP: 속도압
　　　　f: 페닝마찰계수(표면마찰계수)　　　　　f_d: 덕트마찰계수(달시마찰계수)
　　　　l: 덕트의 길이[m]　　　　　　　　　　D: 덕트의 직경[m]
　　　　γ: 표준공기의 비중량(1.203[kgf/m³])　　V: 유체의 속도[m/sec]
　　　　g: 중력가속도(9.8[m/sec²])

　㉡ 사각형 덕트인 경우의 압력손실
　　덕트의 모양이 원형이 아닌 경우에는 사각형 덕트와 동일한 유체역학적인 특성을 갖는 원형덕트의 직경을 이용해야 하는데, 이를 등가직경(Equivalent Diameter, 상당직경)이라고 한다. 사각형 덕트는 비용이 저렴하지만 원형 덕트의 압력손실보다 20[%] 정도 커지기 때문에 특별한 경우가 아니면 권장하지 않는다.

심화이론 | 압력손실(사각형 덕트)

$$\Delta P = f_d \times \frac{l}{d_e} \times \frac{\gamma V^2}{2g} = f_d \times \frac{l}{d_e} \times \text{VP}$$

여기서, ΔP: 압력손실　　　　　　　　　　　　f_d: 덕트마찰계수(달시마찰계수)
　　　　l: 덕트의 길이[m]　　　　　　　　　　V: 유체의 속도[m/sec]
　　　　d_e: 덕트의 상당직경 또는 등가직경$\left(=\dfrac{2ab}{a+b}\right)$ (a, b: 각각 덕트의 가로와 세로 길이)
　　　　γ: 밀도[kg/m³]　　　　　　　　　　VP: 속도압
　　　　g: 중력가속도(9.8[m/sec²])

④ 확대관의 압력손실

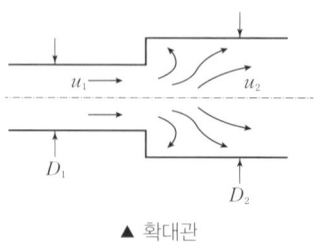

▲ 확대관

$$(\text{SP}_2 - \text{SP}_1) = (\text{VP}_1 - \text{VP}_2) - \zeta(\text{VP}_1 - \text{VP}_2) = \zeta'(\text{VP}_1 - \text{VP}_2)$$

▲ 압력손실 확대관측정압(정압회복량)

필수공식 | 압력손실(확대관)

구분	공식
압력손실계수 ζ로 구하는 방법	$\Delta P = \zeta(VP_1 - VP_2)$
정압회복계수 ζ'로 구하는 방법	$\Delta P = (SP_2 - SP_1) + \zeta'(VP_1 - VP_2)$

여기서, ΔP: 압력손실[mmH_2O]
 ζ: 압력손실계수($= 1 - \zeta'$)
 VP: 속도압
 SP: 정압
 ζ': 정압회복계수($= 1 - \zeta$)

⑤ 축소관의 압력손실

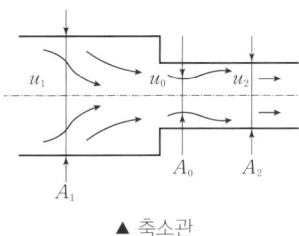

▲ 축소관

$$(SP_2 - SP_1) = -(VP_2 - VP_1) - \zeta(VP_2 - VP_1)$$

▲ 압력손실 축소관측정압

심화이론 | 압력손실(축소관)

$$\Delta P = \zeta(VP_2 - VP_1)$$

여기서, ΔP: 압력손실[mmH_2O]
 ζ: 압력손실계수
 VP: 속도압

⑥ 환기시스템계의 총 압력손실

㉠ 총 압력손실 계산 목적
- 각 후드마다 발생원을 적절히 포집할 수 있는 적정 제어풍속을 만족하기 위함이다.
- 덕트 내부에 퇴적물이 생기지 않는 적정 반송속도를 만족하기 위함이다.
- 국소배기장치 전체의 압력손실에 맞는 송풍기 동력, 형식 및 규모를 정하기 위함이다.

참고 제어풍속과 반송속도
- **제어풍속**: 오염물질을 후드로 흡인하기 위하여 필요한 유속이다.
- **반송속도**: 덕트를 통하여 이동하는 물질이 퇴적을 발생시키지 않기 위해 필요한 최소 유속이다.

ⓒ 압력손실 산출법

구분	설명	
유속조절평형법 (정압조절평형법)	• 분지관이 적은 경우에 사용하는 방법이다. • 저항이 큰 쪽의 덕트관을 약간 크게 하여 저항을 줄이든지 저항이 작은 쪽의 덕트관을 약간 가늘게 하여 저항을 증가시키든지 또는 양쪽을 병용해서 저항의 밸런스를 잡는 방법이다. • 가지덕트 간의 정압차가 20[%] 이상인 경우: 압력손실이 큰 덕트의 크기를 다시 설계한다. • 가지덕트 간의 정압차가 20[%] 이하인 경우: 압력손실이 작은 덕트의 송풍량을 증가시킨다.	
	장점	단점
	• 유속의 범위가 적절히 선택되면 침식, 부식, 분진퇴적으로 인한 덕트 폐쇄현상이 일어나지 않는다. • 분지관과 최대저항경로 선정이 잘못 설계되어 있어도 쉽게 발견할 수 있다. • 설계가 정확할 때는 가장 효율적인 시설이 될 수 있다.	• 설계 시 잘못된 유량을 수정하기 어렵다. • 임의로 유량을 조절할 수 없다. • 설계가 복잡하고 시간이 많이 걸린다. • 유량산정 설계가 잘못되었을 경우 덕트의 크기 변경을 필요로 한다. • 설치 후 변경이나 확장이 어렵다.
저항조절평형법 (댐퍼조절평형법)	• 배출원이 많아서 여러 개의 후드를 배관에 연결하는 경우에 사용하는 방법이다. 즉, 배관의 압력손실이 많을 때 사용하는 압력손실의 계산 방법이다. • 저항이 작은 쪽의 송풍관에 댐퍼를 설치하여 저항이 같아지도록 조여주는 방법이다.	
	장점	단점
	• 시설 설치 후 변경이 쉽다. • 최소 설계풍량으로 평형유지가 가능하다. • 설계계산이 간편하고 작업공정에 따라 덕트 위치의 변경이 가능하다. • 임의로 유량을 조절하기가 용이하다. • 덕트의 크기를 변경할 필요가 없어 이송속도를 설계값 그대로 유지할 수 있다.	• 댐퍼를 잘못 설치 시 평형상태가 깨질 수 있다. • 최대 저항경로의 선정이 잘못되어도 설계 시 쉽게 발견할 수 없다. • 임의의 댐퍼 조정 시 평형상태가 깨질 수 있다. • 댐퍼조절을 누구나 쉽게 할 수 있어 정상기능을 저해할 수 있다.

4. 흡기와 배기

개구면에서 공기를 불어내는 경우 개구면으로부터 상당한 거리까지 영향을 줄 수 있으나 반대로 공기를 흡인하는 경우 개구면으로부터 영향을 주는 범위가 매우 제한적이다.

불어내는 공기의 경우 직경을 d라고 했을 때 개구면 직경의 30배인 30d만큼 떨어진 곳에서도 개구면 유출속도의 10[%]에 해당하는 속도를 유지하고 있는 반면, 흡인하는 경우 개구면 직경 d와 같은 1d의 거리에서 개구면 속도의 10[%]에 해당하는 속도밖에 유지하지 못함을 알 수 있다. 그러므로 국소배기장치를 설치할 때 오염발생원에서 가능한 한 가까운 위치에 후드를 설치하지 않으면 만족할 만한 효과를 기대하기 어렵다.

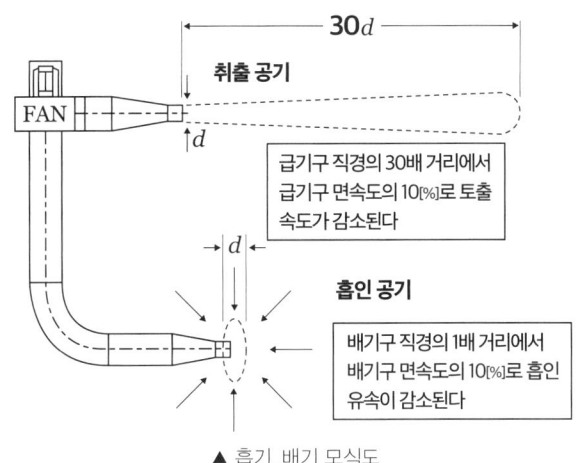

▲ 흡기, 배기 모식도

흡입기류의 특성은 후드 개구면의 풍속을 100이라 했을 때의 풍속을 백분율로 표시하며 그 분포의 등속선으로 표시할 수 있는데 다음의 그림은 원형 후드에 있어서 등속선에 관한 표시이다.

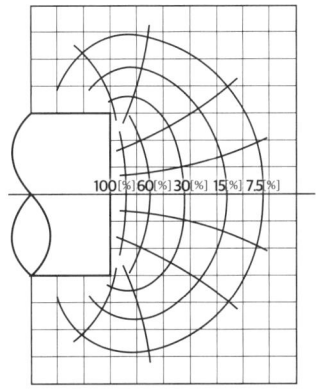

▲ 후드의 흡입기류 특성

02 전체환기

1. 전체환기 기본

(1) 전체환기의 정의와 목적

① 전체환기의 정의

실외의 신선한 공기를 공급하고 실내의 오염공기를 실외로 배출하여 오염공기를 희석하는 방법이다.

② 전체환기의 목적

㉠ 신선한 공기를 공급하고 유해물질을 배출하여 농도를 희석한다.

㉡ 화재나 폭발이 발생하지 않도록 가연물의 농도를 폭발하한계 미만으로 낮춘다.

㉢ 온·습도를 조절한다.

③ 전체환기 설치의 기본원칙

㉠ 배출공기를 보충하기 위하여 신선한 공기를 공급한다.

㉡ 오염물질 배출구는 가능한 한 오염발생원으로부터 가까운 곳에 설치하여 점환기의 효과를 얻는다.

㉢ 공기배출구와 근로자의 작업위치 사이에 오염발생원이 위치하여야 한다.

㉣ 공기가 배출되면서 오염장소를 통과하도록 공기배출구와 유입구의 위치를 선정한다.

㉤ 배출된 공기가 재유입되지 않도록 배출구 높이를 설계하고 창문이나 출입문 위치를 피한다.

(2) 전체환기의 종류

① 강제환기방법

㉠ 급기는 루버나 창문을 이용한 자연급기 또는 팬을 이용한 강제급기를 모두 사용한다.

㉡ 지붕 또는 벽면에 배기팬을 설치하여 오염물질을 환기시키는 방법이다.

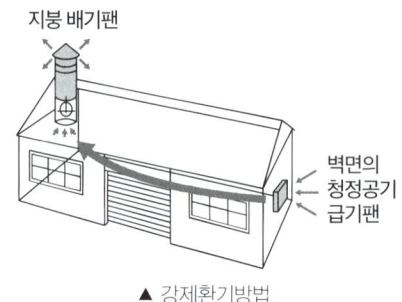

▲ 강제환기방법

② 자연환기방법

㉠ 자연환기는 실내외 온도차 및 풍력 등 자연적인 힘을 이용한 환기방법이다.

㉡ 지붕 모니터 등을 이용하여 공장 내 오염물질을 배출시킨다.

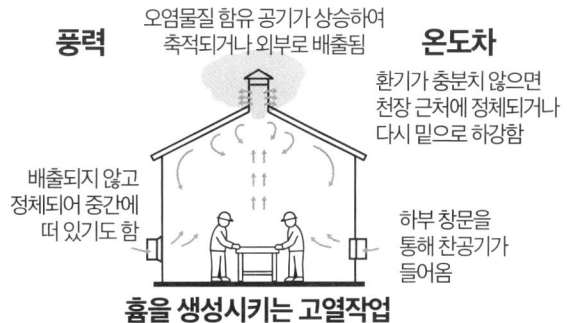
▲ 자연환기방법

구분	장점	단점
강제환기	• 필요환기량을 송풍기 용량으로 조절 • 작업환경을 일정하게 유지	송풍기 가동에 따른 소음, 진동뿐만 아니라 막대한 에너지 비용 발생
자연환기	• 소음 및 운전비가 필요 없음 • 적당한 온도차와 바람이 있다면 기계 환기보다 효과적임 • 효율적인 자연환기는 냉방비 절감효과가 있음	• 환기량의 변화가 심함(기상조건, 작업장 내부 조건) • 환기량 예측자료가 없음 • 벤틸레이터 형태에 따른 효율평가자료가 없음

(3) 전체환기의 조건 및 고려사항

① 전체환기의 조건
  ㉠ 오염발생원에서 발생하는 유해물질의 양이 적어 국소배기장치 설치가 비경제적인 경우
  ㉡ 작업장이 오염발생원으로부터 멀리 떨어져 있어 유해물질의 농도가 허용기준 이하일 때
  ㉢ 오염물질의 독성이 낮은 경우
  ㉣ 오염물질의 발생량이 균일한 경우
  ㉤ 한 작업장 내에 오염발생원이 분산되어 있는 경우
  ㉥ 오염발생원이 이동성인 경우
  ㉦ 기타 국소배기장치 설치가 불가능한 경우

② 전체환기 시스템을 설계할 때 고려사항
  ㉠ 필요환기량은 오염물질을 충분히 희석하기 위하여 실제 데이터를 사용해야 한다.
  ㉡ 오염발생원의 근처에 배기구를 설치한다.
  ㉢ 급기구나 배기구는 환기용 공기가 오염영역을 통과하도록 위치시킨다.
  ㉣ 충만실 등을 이용하여 배기하는 공기량만큼 보충한다.
  ㉤ 작업자와 배기구 사이에 오염발생원을 위치시킨다.
  ㉥ 배기한 공기가 재유입되지 않게 한다.
  ㉦ 인접한 작업공간이 존재할 경우는 배기를 급기보다 약간 많이 하고 존재하지 않을 경우 급기를 배기보다 약간 많이 한다.

2. 전체환기량 계산

(1) 화재 및 폭발방지를 위한 전체환기

환기량을 구한 후 보일-샤를의 법칙으로 온도를 보정해야 한다.

> **필수공식 | 폭발방지를 위한 전체환기량**
>
> $$Q = \frac{24.1 \times s \times G \times K \times 100}{M \times \text{LEL} \times B}$$
>
> 여기서, Q: 표준공기(21[℃]) 환기량[m³/hr]
> s: 비중
> G: 사용량[L/hr]
> K: 안전계수
> M: 분자량[g]
> LEL: 폭발 방지 최저농도[%]
> B: 상수(120[℃] 이하는 $B=1$, 120[℃] 초과 시 $B=0.7$)

(2) 시간당 필요 전체환기량

> **필수공식 | 혼합물질 발생 시 전체환기량**
>
> $$Q = \frac{24.1 \times s \times G \times K \times 10^6}{M \times \text{TLV}}$$
>
> 여기서, Q: 작업시간 1시간당 필요환기량[m³/hr]
> s: 비중
> G: 사용량[L/hr]
> K: 안전계수
> M: 분자량[g]
> TLV: 유해물질의 노출기준[ppm]

(3) 전체환기량 이론

오염물질의 발생량과 환기에 의해 제거되는 양이 같을 경우($dC=0$)

$$Gdt = Q'Cdt$$

$$\int_{t_1}^{t_2} Gdt = \int_{t_1}^{t_2} Q'Cdt$$

$$G(t_2 - t_1) = Q'C(t_2 - t_1)$$

$$Q' = \frac{G}{C}$$

여기서, Q': 유효환기량

불완전 혼합을 고려하여 혼합계수(Mixing Factor, K)를 도입하면

> **필수공식** | 전체환기량(정상상태)
>
> $$Q' = \frac{Q}{K} \qquad Q = \left(\frac{G}{C}\right)K$$

참고 K는 보통 1에서 10 사이의 값이다.

① 오염물질 농도의 시간에 따른 변화

$$VdC = Gdt - Q'Cdt$$

$$\int_{t_1}^{t_2} \frac{dC}{G - Q'C} = \int_{t_1}^{t_2} \frac{dt}{V}$$

$$\ln\left(\frac{G - Q'C_2}{G - Q'C_1}\right) = -\frac{Q'}{V}(t_2 - t_1)$$

만약 농도 C_2에 도달하는 시간($\Delta t = t_2 - t_1$)을 구하고자 할 경우 식을 다음과 같이 변형한다.

$$\Delta t = -\frac{V}{Q'}\left[\ln\left(\frac{G - Q'C_2}{G - Q'C_1}\right)\right]$$

만약 초기농도 C_1이 0일 경우 다음 식이 성립한다.

$$\Delta t = -\frac{V}{Q'}\left[\ln\left(\frac{G - Q'C_2}{G}\right)\right]$$

초기농도 C_1이 0이고 시간 t가 경과한 후의 농도 C_2는 식을 다음과 같이 변형한다.

> **심화이론** | 전체환기량(t시간 후의 농도)
>
> $$C_2 = \frac{G\left[1 - e^{\left(\frac{-Q'\Delta t}{V}\right)}\right]}{Q'}$$

② 오염물질의 발생이 정지되어 환기에 의해 오염물질의 농도가 감소될 경우($Gdt = 0$)

$$VdC = -Q'Cdt$$

$$\int_{c_1}^{c_2} \frac{dC}{C} = -\frac{Q'}{V}\int_{t_1}^{t_2} dt$$

> **필수공식** | 전체환기량(오염물질의 농도가 감소될 때)
>
> $$\ln\left(\frac{C_2}{C_1}\right) = -\frac{Q'}{V}(t_2 - t_1)$$

③ 혼합물질의 복합적 작용

혼합물질이 존재할 경우 각각의 유해성보다는 혼합물의 복합적 작용이 중요하다. 이러한 작용의 종류로는 상가작용, 상승작용, 독립작용, 길항작용 등이 있다. 여기서는 상가작용과 독립작용에 대해서만 기술하기로 한다.

㉠ 상가작용: 각 유해물질의 농도를 허용농도기준 이하로 유지되도록 각각에 대한 환기량을 계산한 후 각각의 환기량을 모두 합하여 필요환기량을 구한다.

㉡ 독립작용: 각 물질에 대한 환기량을 중에서 가장 큰 값을 필요환기량으로 구한다.

(4) 온열관리와 환기

① 인적환기(Human ventilation)

온도, 습도 및 공기유동에 의해 결정되는 온감을 조절함으로써 근로자가 불쾌감을 느끼지 않고 생리적 장애를 일으키지 않도록 하기 위한 전체환기를 말한다.

② 발열 시 필요환기량

필수공식 | 발열 시 필요환기량

$$Q = \frac{H_s}{C_p \times \Delta t}$$

여기서, Q: 필요환기량[m³/h]
H_s: 작업장 내 열부하[kcal/h]
Δt: 급배기(실내외) 온도차[℃]
C_p: 정압비열[kcal/m³·℃]

③ 레시버식 캐노피 후드의 필요환기량

필수공식 | 레시버식 캐노피 후드의 필요 송풍량

$$Q' = Q\{1 + (m \times K_L)\}$$

여기서, Q': 소요 송풍량
Q: 필요환기량
m: 누출안전계수
K_L: 누입한계유량비

(4) 시간당 공기교환횟수(ACH; Air Change per Hour)

심화이론 | 시간당 공기교환횟수

$$\text{ACH} = \frac{Q}{V}$$

여기서, Q: 필요환기량
V: 용적

$$\text{ACH} = \frac{\ln(C_1 - C_o) - \ln(C_2 - C_o)}{\text{hour}}$$

여기서, C_1: 측정 초기 이산화탄소 농도[ppm]
C_2: t시간 후 이산화탄소 농도[ppm]
C_o: 외부 공기 중 이산화탄소 농도[ppm]

03 국소배기시설

1. 국소배기시설 기본

(1) 국소배기시설의 개요

발생원에서 발생되는 유해물질을 후드, 덕트, 공기정화장치, 배풍기 및 배기구를 설치하여 배출하거나 처리하는 장치로, 전체환기보다 작업자의 건강장해 예방에 더 효율적이다.

(2) 국소배기시설의 구성

후드 → 덕트 → 공기정화장치(집진기) → 송풍기 → 배기구(굴뚝) 순으로 구성된다.

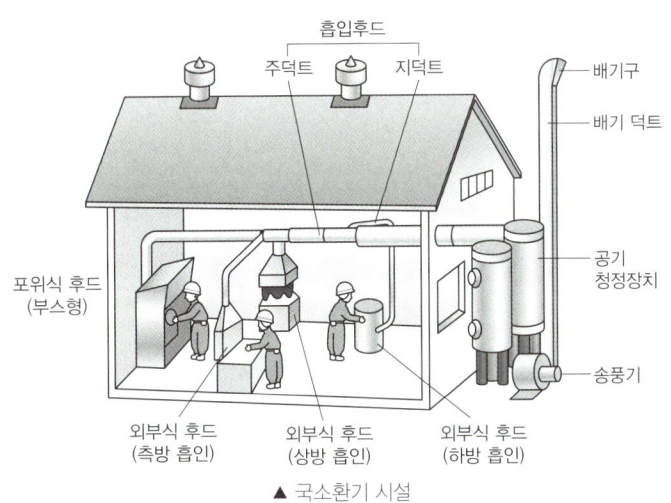

▲ 국소환기 시설

(3) 국소배기시설의 역할

① 발생원에서 유해물질을 포집하여 제거하므로 전체환기보다 환기효율이 좋다.
② 필요송풍량이 전체환기의 필요송풍량보다 적어 경제적이다.
③ 분진의 제거도 가능하다.

2. 후드

유해물질을 포집·제거하기 위해 해당 발생원의 가장 근접한 위치에 다양한 형태로 설치하는 구조물로서 국소배기장치의 개구부이다.

(1) 후드의 선정 조건

① 필요환기량을 최소화한다.
 ㉠ 발생원을 가능한 한 포위하는 형태인 포위식 형식의 구조로 하고, 발생원을 포위할 수 없을 때는 발생원과 가장 가까운 위치에 외부식 후드를 설치한다.
 ㉡ 발생/배출되는 오염물질의 절대량을 감소시키는 것이 필요환기량을 감소시키는 방법이다.
 ㉢ 방해기류를 최소화하여 후드 개구면에서 기류가 균일하게 분포되도록 설계한다.
 ㉣ 한 부분의 최소설계속도를 맞추려고 다른 후드나 개구부보다 높은 속도로 설계하지 않는다.
 ㉤ 후드의 흡입방향은 유해물질이 작업자의 호흡영역을 통과하지 않도록 설계한다.
 ㉥ 후드의 형태는 작업에 방해되지 않도록 설치한다.

ⓢ 유해물질의 성상 및 후드의 형태에 따른 적정 제어풍속을 만족하도록 설치한다.
ⓞ 변형 등이 발생하지 않는 충분한 강도를 지닌 내마모성 또는 내부식성 등의 재질을 사용한다.
ⓩ 오염발생원의 흡인거리, 물질, 비중 등 일반적인 오류를 범하지 말아야 한다.
- 후드의 개구면에서 멀리 떨어진 곳에서도 공기를 흡입할 수 있다는 착각을 주의한다.
- 후드 개구면에서 60[cm] 이상 벗어나면 충분한 포집이 불가능하다.
- 작업장 내 방해기류는 오염물질을 공기 중으로 비산시켜 바닥으로 가라앉지 않게 한다.
ⓧ ACGIH 또는 OSHA의 설계나 KOSHA(한국산업안전보건공단)의 표준환기모델을 따른다.

(2) 후드와 관련된 용어
① 플랜지(Flange)
흡인 시 후드 뒤에서 돌아오는 공기의 흐름을 방지하고 흡인속도를 증가시키기 위해 후드개구부에 부착하는 판을 말한다.

▲ 플랜지

② 테이퍼(Taper)
후드와 덕트가 연결되는 부위에 급격한 단면의 변화로 인한 손실을 방지하고 배기를 균일하게 하기 위하여 점진적인 경사를 두는 부위이다.

③ 차단판(차폐막, Baffle)
사각형 후드나 포위형 부스의 내부에 설치하여 개구면의 유속을 균일하게 해주는 판 또는 기류배분판이다.

④ 슬롯(Slot)형 후드
후드 개방부분이 길이는 길고 높이(폭)가 좁은 형태로, 높이와 길이의 비가 0.2 이하인 후드를 말하며, 유속이 개구부 전체에 균일하게 분포되게 할 목적으로 사용한다.

▲ 슬롯형

⑤ 충만실(Plenum)
슬롯후드의 뒤쪽에 위치하여 압력을 균일화시키는 공간이다.

⑥ 제어풍속

발생원이 작업자에게 노출되지 않도록 후드 내로 유입시키기 위한 최소풍속이다.

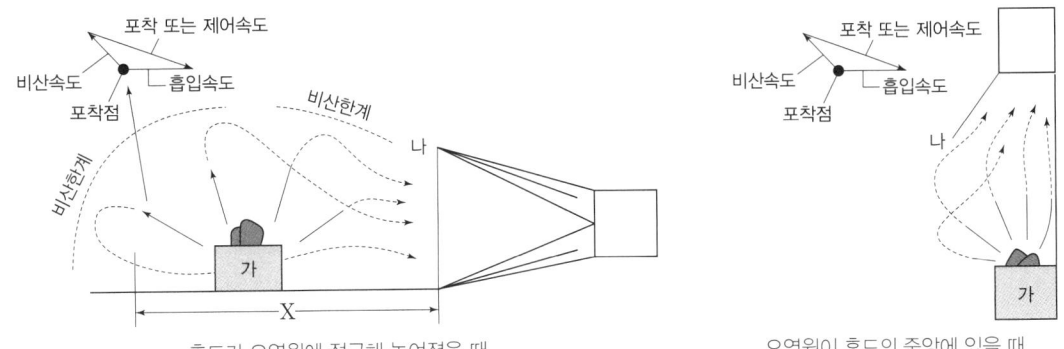

▲ 포착점과 포착속도(제어속도)

(3) 후드의 종류

① 포위식 후드(포위형, 장갑부착상자형, 건축부스형, 드래프트 챔버형)

유해물질 발생원이 후드로 완전히 포위되어 후드 내부에 유해물질 발생원이 위치하는 형태의 후드이다.

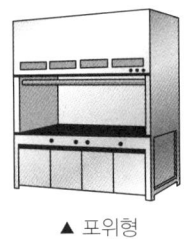

▲ 포위형

② 외부식 후드(레시버형, 포집형, 그리드형, 푸쉬-풀형)

유해물질 발생원을 후드 외부에 두고 송풍기에 의한 흡인력으로 후드 개구부로 유해물질을 흡인한 후 제거하는 후드이다.

㉠ 레시버식 후드(그라인더커버형, 캐노피형)

방향성을 가진 기류에 의해 유해물질을 흡인한 후 제거하는 후드로, 회전 연삭기에서 입자상 물질이 연삭기 회전방향으로 배출되고, 가열로의 열에 의해 기류가 상승하는 후드 등이 있다.

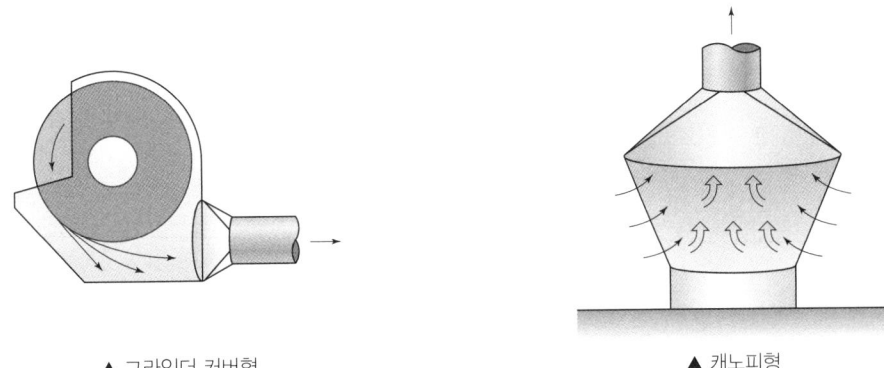

▲ 그라인더 커버형   ▲ 캐노피형

ⓛ 포집형 후드

오염발생원의 외부에 설치하여 송풍기의 흡인력을 이용하여 오염물질을 처리하는 후드로 상방형, 측방형, 하방형 및 슬롯형 등의 종류가 있다.

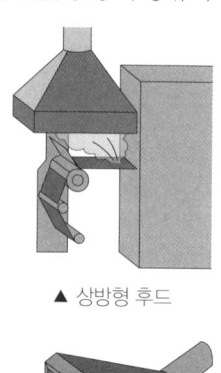
▲ 상방형 후드

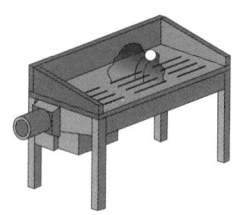
▲ 하방형 후드

▲ 측방형 후드

▲ 슬롯후드

(4) 후드의 종류별 장단점

구분	장점	단점
포위식	• 오염발생원이 후드 내 있어 작업장의 완전한 오염방지 가능 • 최소 필요환기량으로 유해물질 제거가 가능 • 난기류 등의 영향을 거의 받지 않아 효율적 • 독성이 높은 물질을 취급하는 작업장에 적합	• 상황에 따라 작업방해가 클 수 있음 • 개구부가 클수록 적정 제어풍속 설계가 어려움
외부식	다른 종류의 후드보다 작업방해가 적음	• 포위형 후드에 비해 필요송풍량이 많음 • 난기류의 영향을 포위형에 비해 많이 받음 • 후드 주변의 기류속도가 빠르기 때문에 쉽게 흡인될 수 있는 물질은 손실됨
레시버식 (그라인더커버형)	유해물질이 발생원에서 관성기류 등 일정방향의 흐름을 이용하여 효율적임	• 연삭작업시 발생분진의 대부분은 받침대 위에서 수반기류에 휘말려서 커버 하부의 개구부로 흡인되지 않고 발진하게 됨 • 분진의 비산방향이 개구면으로 향하지 않기 때문에 흡입이 잘 되지 못함
푸쉬-풀형	• 다른 종류의 후드보다 작업방해가 적음 • 포집효율을 증가시키면서 필요환기량 감소 가능 • 발생원이 넓은 개방조 등에 적용 가능	• 형태로 설계가 어려움 • 설계 오류 시 유해물질 비산의 위험이 있음 • 개방조 등 발생원 면적이 넓어 원료 손실이 큼

(5) 후드 형태별 필요환기량

후드 형태		W : L	필요환기량	비고
복수 슬롯형		0.2 이상	$Q = V_c(10X^2 + A)$	
복수 슬롯형 (플랜지 부착)		0.2 이상	$Q = 0.75 V_c(10X^2 + A)$	
슬롯형		0.2 이하	$Q = 3.7 LXV_c$	
슬롯형 (플랜지 부착)		0.2 이하	$Q = 2.6 LXV_c$	Q: 유량[m³/sec] V_c: 제어속도[m/sec] X: 포착점까지의 거리[m] A: 면적[m²] L: 장변의 길이[m] W: 단변의 길이[m]
원형, 사각형 외부식		0.2 이상 및 원형	$Q = V_c(10X^2 + A)$	
원형, 사각형 외부식 (플랜지 부착)		0.2 이상 및 원형	$Q = 0.75 V_c(10X^2 + A)$	
작업대 위 원형, 사각형 외부식		0.2 이상 및 원형	$Q = V_c(5X^2 + A)$	
작업대 위 원형, 사각형 외부식 (플랜지 부착)		0.2 이상 및 원형	$Q = 0.5 V_c(10X^2 + A)$	

(6) 후드 개구면 속도

후드 개구면에서 균일한 유속분포가 생성되어야 오염물질을 성공적으로 포집할 수 있다.

> **참고** 균일한 유속분포를 형성하는 방법
> 플랜지 부착 / 테이퍼 부착 / 분리날개 설치 / 슬롯 사용 / 차단판 사용

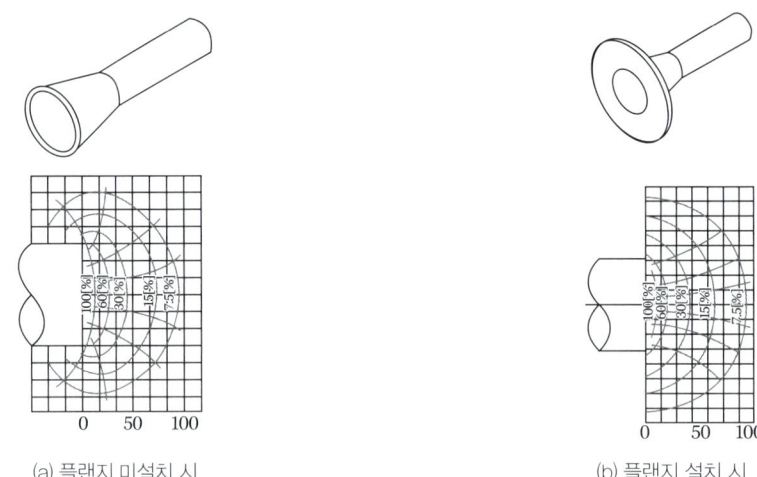

(a) 플랜지 미설치 시 (b) 플랜지 설치 시

▲ 플랜지 설치 유무에 따른 원형 후드의 등속흡인선 분포

(7) 후드의 기류 구분

① 잠재중심부: 분사구에서 5d(d: 분사구 직경)까지 분사속도가 변하지 않는 부분이다.

② 천이부: 분사구에서 5d로부터 30d까지 분사속도의 50[%]가 줄어드는 부분이다.

③ 완전개구부: 분사구에서 30d 이후 부분이다.

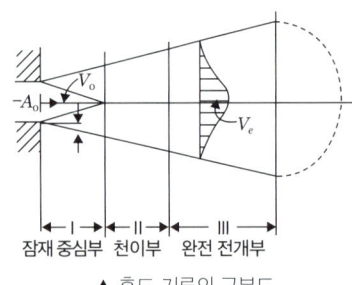

▲ 후드 기류의 구분도

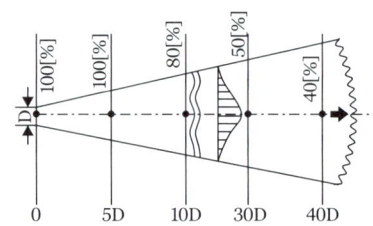

▲ 분사구 직경과 분사 길이에 의한 기류의 감소

(8) 후드를 사용하여 흡인할 때의 유의사항:

① 후드는 오염발생원 포집에만 집중할 수 있도록 가능한 한 발생원에 가까이 접근시킨다.

② 발생원과 후드 간의 장해물에 의한 기류의 흐름을 충분히 고려한다.(필요 시 에어커튼 활용)

③ 후드의 개구면적을 작게 하여 흡인 개구부의 포착속도를 높인다.

④ 오염발생원을 충분히 포집할 수 있는 제어풍속을 유지한다.

3. 덕트

(1) 통기저항 및 반송속도

후드에서 흡인한 오염물질을 공기정화장치와 송풍기를 거쳐 배기구까지 운반하는 관이다.

① 통기저항: 송풍관의 내부를 흐르는 공기 흐름을 방해하는 저항이다.

② 반송속도: 덕트를 통하여 이동하는 유해물질이 덕트 내에서 퇴적이 일어나지 않는 상태로 이동시키기 위하여 필요한 최소 풍속이다.

발생형태	유해물질 종류	반송속도[m/sec]
증기·가스·연기	모든 증기, 가스 및 연기	5.0~10.0
흄	아연흄, 산화알미늄흄, 용접흄 등	10.0~12.5
미세하고 가벼운 분진	미세한 면분진, 미세한 목분진, 종이분진 등	12.5~15.0
건조한 분진이나 분말	고무분진, 면분진, 가죽분진, 동물털분진 등	15.0~20.0
일반 산업분진	그라인더 분진, 일반적인 금속분말분진, 모직물분진, 실리카분진, 주물분진, 석면분진 등	17.5~20.0
무거운 분진	젖은 톱밥분진, 입자가 혼입된 금속분진, 샌드블라스트분진, 납분진	20.0~22.5
무겁고 습한 분진	습한 시멘트분진, 작은 칩이 혼입된 납분진, 석면덩어리 등	22.5 이상

㉠ 반송속도 결정요소
- 작업 종류
- 분진 종류
- 분진 성질
- 배관 형태

(2) 유의사항 및 고려사항

① 덕트 배치시 유의사항

㉠ 가능하면 길이는 짧게 하고 굴곡부의 수는 적게한다.

㉡ 접속부의 안쪽은 돌출된 부분이 없도록 한다.

㉢ 청소구를 설치하는 등 청소하기 쉬운 구조로 한다.

㉣ 덕트 내부에 오염물질이 쌓이지 않도록 반송속도(이송속도)를 유지한다.

㉤ 연결 부위 등은 외부 공기가 들어오지 않도록 한다.

㉥ 송풍관 단면은 되도록 급격한 변화를 피한다.

㉦ 긴 송풍관은 퇴적을 방지하기 위해 1[%] 정도 하향 구배를 만든다.

② 설치시 고려사항

㉠ 가급적 원형 덕트를 사용하는 것이 좋다.

㉡ 덕트의 굴곡과 접속은 공기흐름의 저항이 최소화될 수 있도록 한다.

㉢ 덕트 내부는 가능한 한 매끄러워야 하며, 마찰손실을 최소화 한다.

㉣ 마모성, 부식성 유해물질을 반송하는 덕트는 충분한 강도를 지녀야 한다.

(3) 베나수축(Vena Contracta)

공기가 덕트로 유입될 때 개구부 바로 뒤쪽에서 난류 발생으로 기류의 단면적이 수축되는 현상이다.

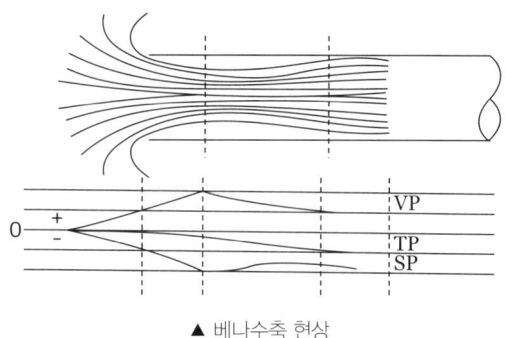

▲ 베나수축 현상

① 베나수축이 일어나는 기류의 단면적이 가장 좁은 부분의 직경은 덕트 직경의 88[%]에 해당한다.
② 이 지점에서의 속도는 동일한 양의 공기가 더 좁은 단면적을 통과하므로 더 빠르다.
③ 베르누이 법칙에 따라 속도압은 증가하고 정압은 감소한다.
④ 공기가 베나수축 지점을 통과하면 기류는 덕트를 채우게 되고 속도는 다시 감소한다.
⑤ 이러한 속도 감소는 난류를 형성하게 되고 일부 에너지가 손실된다.
⑥ 이와 같은 압력손실을 후드유입손실이라고 하며 베나수축이 심할수록 후드유입손실은 증가한다.
⑦ 베나수축 현상 중 덕트단면에서 유체의 유속이 가장 빠른 부분은 덕트의 중심부이다.

4. 공기정화장치

(1) 제진장치별 설계 특성

원리	한계입경[μm]	압력손실[mmAq]	제거율[%]	설비비	운전비
중력	50	10~15	40~60	小	小
관성력	10	30~70	50~70	小	小
원심력	3	50~150	85~95	中	中
세정	0.1	300~380	80~95	中	中
여과	0.1	100~200	90~99	中	中
전기	0.05	10~20	80~99.9	大	小~中

(2) 제진장치별 장단점

제진장치의 종류	장점	단점
중력, 원심력	• 설치비용이 저렴함 • 고온에서도 운전이 가능 • 간단한 구조로 유지보수 비용이 저렴함 • 다른 장치에 비해 압력손실이 낮음	• 미세입자에 대한 포집효율이 낮음 • 설치면적이 큼 • 미세입자 재비산 우려
세정	• 가연성 및 폭발성 분진 처리 가능 • 단일장치에서 분진과 가스 동시 처리 가능 • 미스트 형태의 물질 처리 가능 • 고온가스를 냉각시킬 수 있음 • 포집효율 조정 가능 • 부식성 가스와 분진 중화 가능	• 부식의 잠재성이 큼 • 유출 시 수질오염 우려 • 포집된 분진은 회수할 수 없음
전기	• 미세입자에 대한 집진효율이 높음 • 낮은 압력손실로 대량가스 처리 가능 • 고온가스 등 광범위한 온도범위 설계 가능 • 건식 및 습식으로 집진 가능 • 운영비용 저렴	• 초기 설치비용이 큼 • 가연성입자 처리 불가능 • 운전조건 변화에 유연성 낮음 • 설치면적이 큼 • 저항이 너무 크거나 너무 작은 분진에는 적용하기 어려움
여과	• 미세입자에 대한 포집효율이 높음 • 여러가지 형태의 분진 포집 가능 • 다양한 용량 처리 가능 • 비교적 작은 용량의 압력강하를 요구	• 설치면적이 큼 • 화재 및 폭발 위험성 존재 • 습도 높으면 사용불가(막힘) • 여과재는 고온, 부식성물질에 취약

(3) 원심력집진장치

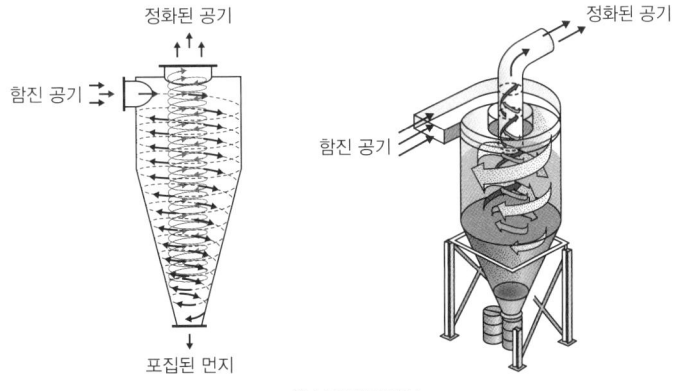

▲ 원심력집진장치

① 원리

처리가스를 사이클론의 입구로 유입시켜 선회류를 형성시키면 처리가스 내의 크고 작은 입경을 가진 분진은 원심력을 얻어 선회류를 벗어나 원심력 집진기본체 내벽에 충돌·집진된다.

② 특징

㉠ Blow down 효과를 이용하여 집진효율을 높인다.

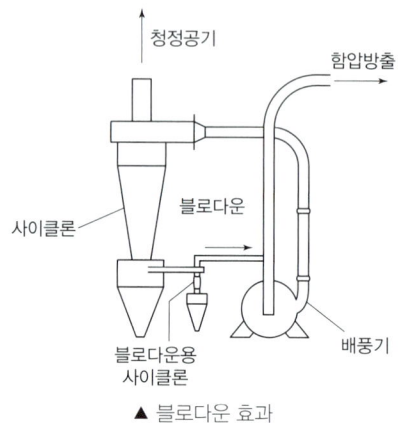

▲ 블로다운 효과

> **학습 나침반**
>
> 블로우다운(Blow down) 효과
> - 처리배기량의 5~10[%]를 재유입시킨다.
> - 유효원심력을 증가시켜 선회기류의 흐트러짐을 방지한다.
> - 관 내 분진 부착으로 인한 장치의 폐쇄현상을 방지한다.
> - 부분적 난류 감소로 집진된 입자의 재비산을 방지한다.

㉡ 구조가 간단하며 설치비용도 저렴하고 유지관리도 편하므로 단독 장치 또는 다른 장치의 전처리용으로 광범위하게 사용된다.

㉢ 배기관경 혹은 내경이 작을수록 입경이 작은 입자를 제거할 수 있다.

㉣ 입구유속이 빠를수록 효율이 높은 반면 압력손실이 커진다.

㉤ 사이클론의 배열단수, 적당한 Dust Box 모양과 크기도 효율에 영향을 미친다.

㉥ 한계입경 및 절단입경
- 한계입경(임계입경): 100[%] 포집되는 입자의 최소입경이다.
- 절단입경(Cut-size입경): 50[%] 처리효율로 제거되는 입자의 최소입경이다.

(3) 세정집진장치

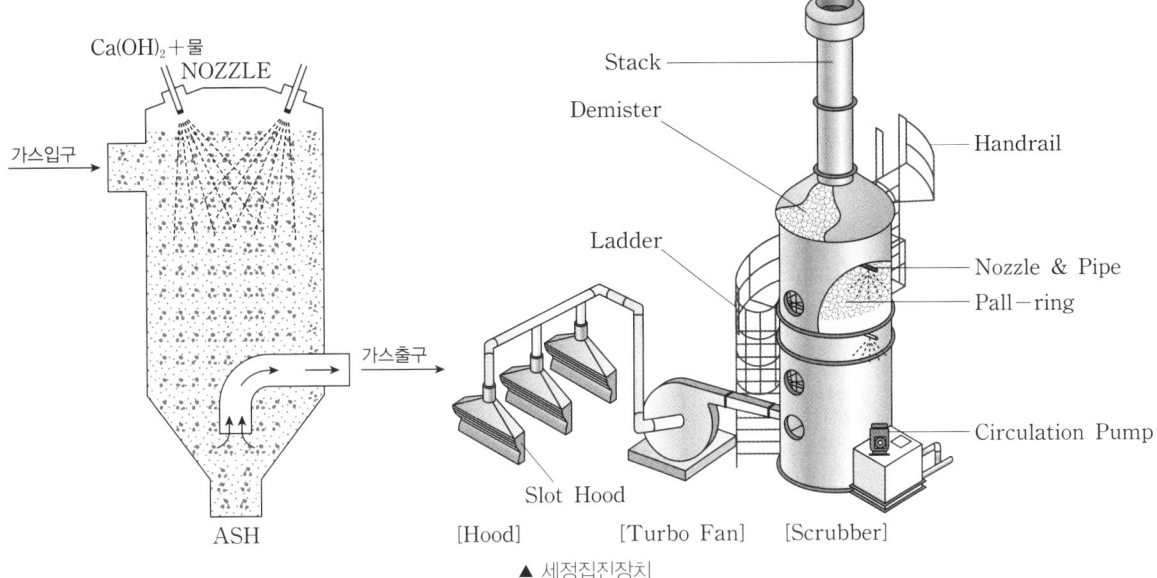
▲ 세정집진장치

① 원리
  ㉠ 흄, 미스트, 부유 분진을 액체와 직접적인 접촉에 의해 제거하는 장치로 입자 포집원리는 다음과 같다.
    • 액적에 입자가 충돌하여 부착한다.
    • 미립자 확산에 의해 액적과 접촉을 쉽게 한다.
    • 배기의 증습에 의하여 입자가 서로 응집한다.
    • 입자를 핵으로 한 증기 응결로 응집성을 촉진시킨다.
    • 액막, 기포에 입자가 접촉하여 부착한다.
  ㉡ 다량의 액적, 액막, 기포를 형성시켜 배기와 접촉을 용이하게 함으로써 제진효율을 높일 수 있다.
  ㉢ 제진효율 증가방법
    • 분무시킨 물방울의 모양과 크기를 높인다.
    • 충전재의 표면적과 충진밀도를 크게 한다.
    • 수압을 높인다.
    • 공탑 내 체류시간을 길게 한다.(배기속도를 낮춤)

② 구조 및 종류
  ㉠ 유수식: 제진실 내에 일정한 양 또는 액체를 채워 놓고 처리배기의 유입에 의해 다량의 액적, 액막, 기포를 형성시켜 함진배기를 세정한다.
  ㉡ 가압수식: 물을 가압공급하여 함진배기를 세정하는 방법으로 충전탑(흡수법), 스크러버 등이 있다.

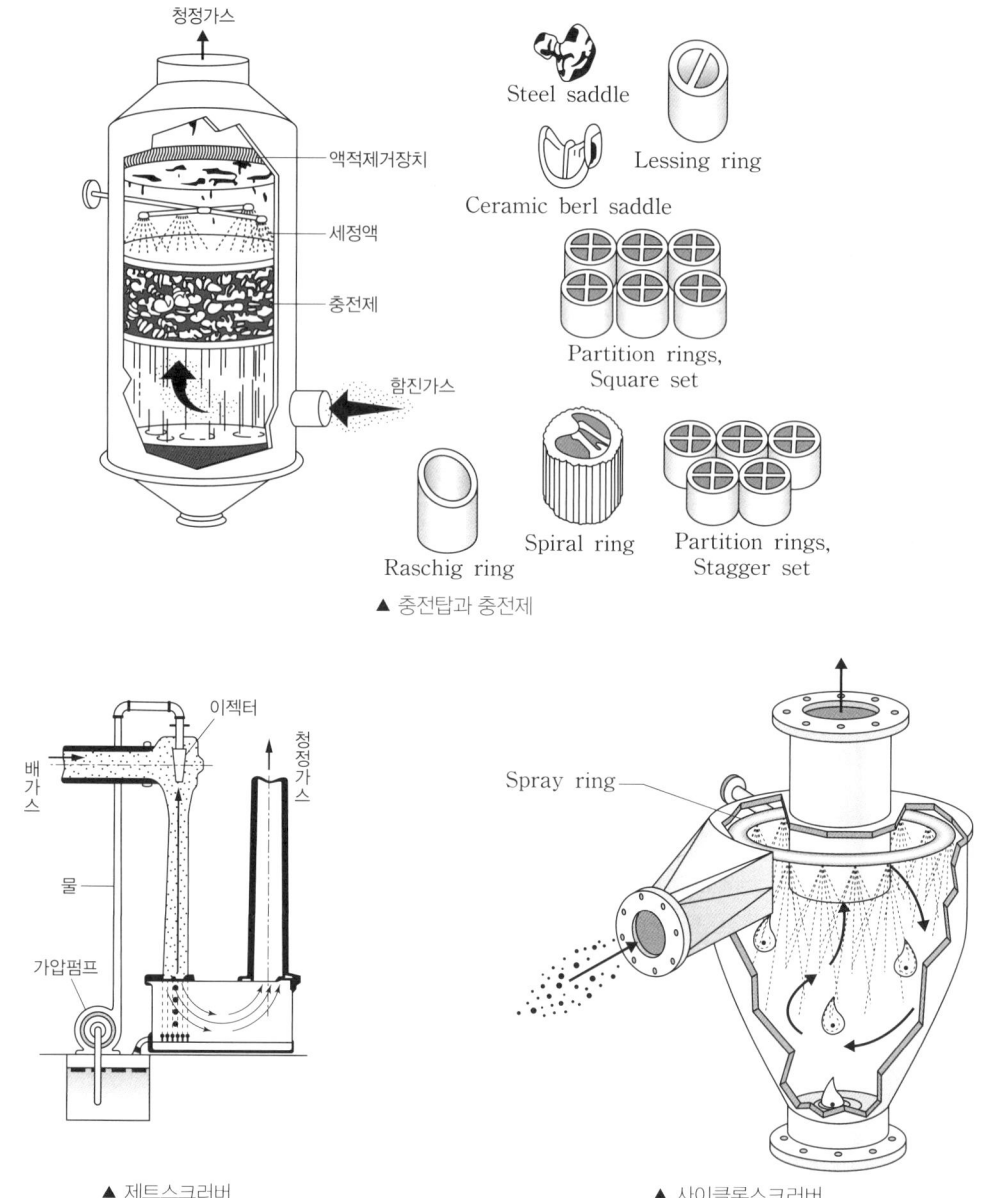

▲ 충전탑과 충전제

▲ 제트스크러버

▲ 사이클론스크러버

③ 특징

㉠ 충전탑에서 공탑 내의 배기속도가 작을수록 좋다.

㉡ 분무압력이 높을수록 물방울의 입경은 작아지며 세정효과는 높아진다. 또한 사용 수량이 많고 액적, 액막 등의 표면적이 클수록 제진효율은 크다.

㉢ 충전재의 표면적, 충진밀도는 크고 처리가스의 체류시간이 길수록 집진효율은 높다.

㉣ 충전재는 플라스틱과 같이 가벼운 재질로 보통 직경이 1~1.5[in]이고 표면이 매끈한 것을 충진층에 넣어 배기가스와 액체의 접촉면적을 크게 함으로써 함진배기를 세정한다.

(4) 여과제진장치

① 원리

여과재의 여과섬유 사이 구멍으로 처리가스가 통과할 때 분진은 분진입경(질량), 운동량 등에 따라 여과재를 구성하는 섬유와 관성충돌(Impaction), 직접차단(Interception), 확산(Diffusion), 중력 및 정전기력에 의해서 부착되어 가교형성(Bridge) 및 일차층을 형성하여 여과집진을 가능하게 한다.

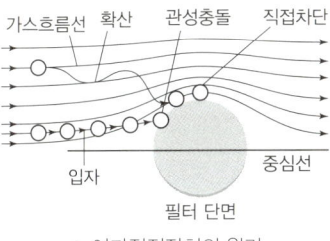

▲ 여과집진장치의 원리

② 구조와 기능

㉠ 여과재

비교적 얇은 여과재를 써서 표면에 처음 부착된 입자층을 여과층으로 하여 미립자를 포집한다. 이 Bag Filter 방식에서는 입자가 일정량이 되었을 때 터는데, 초층의 먼지는 거의 떨어지지 않아서 일단 초층이 형성되면 1[μm] 이하의 미립자가 포집된다.

㉡ 여과속도

처리배기량(Q)을 여포의 총 면적(A)으로 나눈 것을 여과속도(V_f)라고 한다. 그 관계는 다음과 같이 나타낸다.

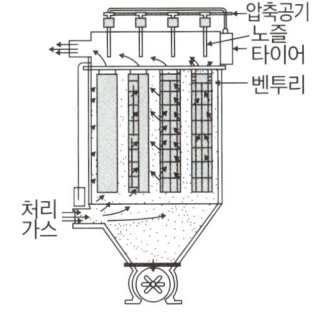

▲ 여과집진장치

필수공식 | 여과속도

$$V_f = \frac{Q}{A} \times 100$$

여기서, V_f: 여과속도[cm/sec]

Q: 처리배기량[m³/sec]

A: 여과재 총 면적[m²]

여과속도는 처리분진의 성상, 소요 제진율에 따라 달라서 0.3~10[cm/sec]의 범위로 한다. 그러나 미세한 1[μm] 전후의 입자를 처리할 때는 보통 1~2[cm/sec] 정도로 한다.

(5) 전기집진장치

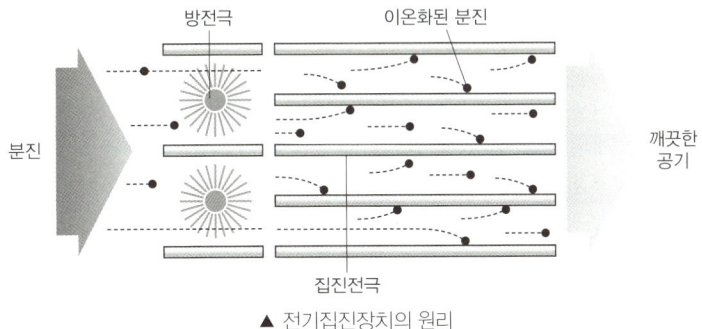

▲ 전기집진장치의 원리

정전력을 사용하여 입자를 집진하는 장치로서, 입경이 10~20[μm]보다 작은 입자의 제진에 효과적이다. 전기집진기의 주요 구성성분은 그림에서와 같이 방전극(Discharge Electrode), 집진극(Collection Electrode), 타봉(Rapper) 및 호퍼(Hopper)로 이루어진다.

(6) 집진효율
　① 집진효율

> **필수공식 | 집진효율**
>
> $$\eta = \frac{S_c}{S_i} \times 100$$
>
> 여기서, η: 집진효율[%]
> 　　　　S_c: 집진장치에 포집된 분진량[g/hr]　　　S_i: 집진장치에 유입된 분진량[g/hr]

　② 1차 집진 후 2차 집진 시(직렬연결) 총 집진율

> **필수공식 | 총 집진율(직렬연결)**
>
> $$\eta_T = \eta_1 + \eta_2(1 - \eta_1)$$
>
> 여기서, η_T: 총 집진율
> 　　　　η_1: 1차 집진기 집진율　　　η_2: 2차 집진기 집진율

5. 송풍기

(1) 송풍기의 정의

국소배기장치의 일부로 오염된 공기를 후드에서 덕트 내부로 유동시켜서 옥외로 배출하는 원동력을 만들어 내는 흡인장치를 말한다. Fan, Blower 등으로 불리며 통상적으로 압력상승 한계가 1,000[mmH$_2$O] 미만인 것을 Fan이라 하고 그 이상인 것을 Blower라고 한다.

송풍기		압축기
Fan	Blower	
1,000[mmH$_2$O] 미만	1,000[mmH$_2$O]~10,000[mmH$_2$O]	10,000[mmH$_2$O] 이상

(2) 유동의 특성에 따른 분류

　① 축류형 송풍기(Axial-flow Fan)
　　㉠ 공기의 유동이 날개차의 회전축과 평행방향으로 발생하여 입구와 출구의 유동방향이 모두 회전축과 일치하는 형식이다.
　　㉡ 동력은 주로 유체의 속도를 증가시키는 데 사용된다.
　　㉢ 많은 유량이 필요하나 높은 압력을 필요로 하지 않은 곳에 사용하는 것이 바람직하며 프로펠러형 송풍기, 가정용 선풍기 등이 해당된다.

　② 방사류형 송풍기(Radial-flow Fan)
　　㉠ 원심력에 의한 압력증가가 주된 목적인 경우 사용한다.
　　㉡ 유량보다는 압력이 필요한 곳에 주로 사용한다.
　　㉢ 유동을 안내하는 케이싱(Casing)의 형식에 따라 나선형과 튜브형으로 구분하며 원심력송풍기가 이에 해당한다.

구분	축류송풍기	원심력송풍기
원동력	양력	원심력
흐름	축 방향	축에 수직 방향
종류	평판형(프로펠러형), 베인형(고정날개축류형), 튜브형(원통축류형)	다익형(전향날개형), 익형(비행기날개형), 레디얼형(방사날개형, 방사경사형), 터보형(후향날개형)
형태		

③ 혼합류형(Mixed-flow Fan) 송풍기
  ㉠ 날개차 내에서 축 방향과 반경 방향의 유동이 같이 존재하는 경우 사용하는 송풍기 형식이다.
  ㉡ 유량과 압력의 증가가 동시에 요구될 때 사용한다.

(3) 날개형상에 따른 분류
① 후곡형 송풍기
  ㉠ 블레이드의 끝부분이 회전방향의 뒤쪽으로 굽은 후곡형과 날개가 직선으로 된 것이 있다.
  ㉡ 효율이 높고 고속회전에서도 비교적 조용한 운전을 할 수 있는 것으로, 터보형 송풍기(Turbo Fan)에 적용되며 날개의 매수도 다익형 송풍기보다 적고 높은 압력에 사용된다.

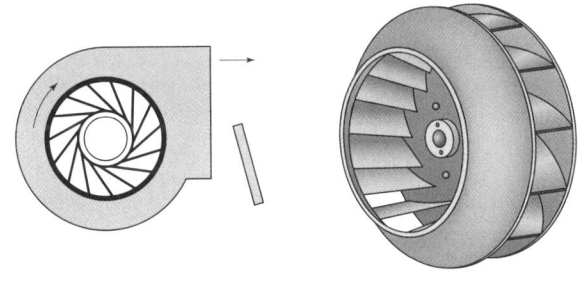

▲ 터보형

② 익형 송풍기(Air Foil)
  ㉠ 후곡형과 다익형을 개량한 것으로, 박판을 접어서 유선형의 날개를 형성한 것은 고속회전이 가능하고 소음이 적다.
  ㉡ 다익형 송풍기의 경우에는 풍량이 증가하면 축동력이 급격히 증가하여 과부하가 되므로 이를 보완한 것이 익형(Air Foil)이다.

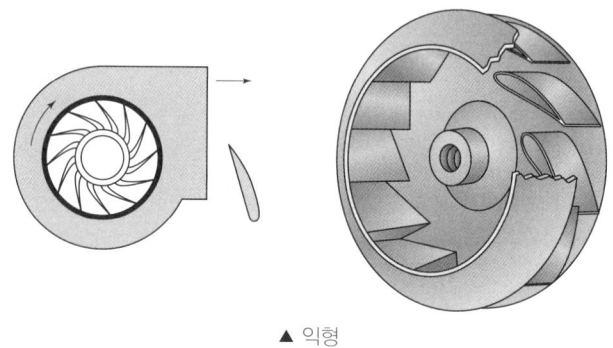

▲ 익형

③ 방사형 송풍기

　㉠ 날개가 방사형으로서 평판형과 전곡형(Forward)이 있고 플레이트형 송풍기라고도 한다.
　㉡ 자가청소의 특성이 있어 분진의 퇴적이 심하고 송풍기 날개 손상이 우려되는 현장에 적합하다.
　㉢ 큰 압력손실로 효율과 발생소음 측면에서는 다른 송풍기에 비해 좋지 못하다.

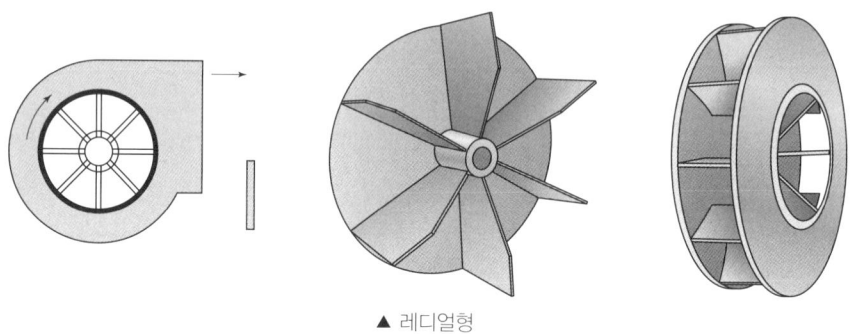

▲ 레디얼형

④ 다익형 송풍기(전향날개형 송풍기)

　㉠ 앞쪽으로 굽은 날개를 가지고 있으며, 시로코팬(Sirocco Fan)이라고도 불린다.
　㉡ 회전수가 많지 않고 진동도 적지만 방진을 필요로 할 때는 방진고무나 스프링을 사용하여 설치한다.
　㉢ 100[mmAq] 이하의 저압용에 사용하며 팬코일 유닛(FCU ; Fan Coil Unit)에 적합하다.

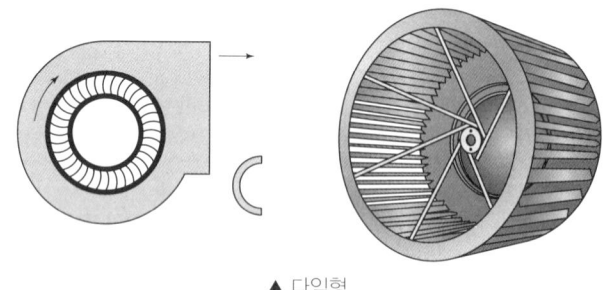

▲ 다익형

⑤ 축류형 송풍기

　㉠ 프로펠러형의 블레이드가 기체를 축방향으로 송풍하는 형식으로 낮은 풍압에 많은 풍량을 송풍하는 데 적합하다.
　㉡ 덕트 시스템이 없고, 공기 기류에 대한 저항이 적은 환기팬, 소형 냉각탑 유닛, 히터 등에는 프로펠러형 팬을 사용한다.

ⓒ 튜브 축류팬(Tube Axial Fan)은 관 모양의 하우징(Housing) 내에 송풍기가 들어있어 덕트 중간에 설치하여 송풍압력을 높이거나 국소통풍 또는 대형 냉각탑에 사용한다.

(4) 송풍기의 전압과 정압

> **필수공식 | 송풍기의 전압(TP)과 정압(SP)**
>
> $$TP = (SP_2 - SP_1) + (VP_2 - VP_1)$$
> $$SP = TP - VP_2$$
>
> 여기서, VP_1, SP_1: 흡입구측 동압, 정압
> VP_2, SP_2: 토출구측 동압, 정압

(5) 송풍기 상사법칙

① 송풍기 크기가 같고 공기의 비중이 일정할 때

> **필수공식 | 상사법칙 I – 회전수(N)와의 관계**
>
> - 풍량은 회전수에 비례한다.
>
> $$\frac{Q_2}{Q_1} = \frac{N_2}{N_1}$$
>
> 여기서, Q_1: 변경 전 풍량[m³/min]
> Q_2: 변경 후 풍량[m³/min]
> N_1: 변경 전 회전수[rpm]
> N_2: 변경 후 회전수[rpm]
>
> - 풍압(전압)은 회전수의 제곱에 비례한다.
>
> $$\frac{FTP_2}{FTP_1} = \left(\frac{N_2}{N_1}\right)^2$$
>
> 여기서, FTP_1: 변경 전 풍압
> FTP_2: 변경 후 풍압
>
> - 동력은 회전수의 세제곱에 비례한다.
>
> $$\frac{W_2}{W_1} = \left(\frac{N_2}{N_1}\right)^3$$
>
> 여기서, W_1: 변경 전 동력
> W_2: 변경 후 동력

② 송풍기 회전수, 공기의 비중이 일정할 때

> **필수공식 | 상사법칙 II – 송풍기 직경(D)과의 관계**
>
> - 풍량은 송풍기 직경의 세제곱에 비례한다.
>
> $$\frac{Q_2}{Q_1} = \left(\frac{D_2}{D_1}\right)^3$$
>
> 여기서, D_1: 변경 전 송풍기의 직경
> D_2: 변경 후 송풍기의 직경

- 풍압(전압)은 송풍기 크기의 제곱에 비례한다.

$$\frac{\text{FTP}_2}{\text{FTP}_1}=\left(\frac{D_2}{D_1}\right)^2$$

여기서, FTP_1: 변경 전 풍압
FTP_2: 변경 후 풍압

- 동력은 송풍기 크기의 다섯 제곱에 비례한다.

$$\frac{W_2}{W_1}=\left(\frac{D_2}{D_1}\right)^5$$

여기서, W_1: 송풍기 크기 변경 전 동력
W_2: 송풍기 크기 변경 후 동력

③ 송풍기 회전수와 직경이 일정할 때

필수공식 | 상사법칙 Ⅲ – 유체의 비중(s), 온도(T)와의 관계

- 풍량은 비중의 변화에 무관하다.

$$Q_1=Q_2$$

여기서, Q_1: 비중 변경 전 풍량
Q_2: 비중 변경 후 풍량

- 풍압(전압)과 동력은 비중에 비례, 절대온도에 반비례한다.

$$\frac{\text{FTP}_2}{\text{FTP}_1}=\frac{W_2}{W_1}=\frac{s_2}{s_1}=\frac{T_1}{T_2}$$

여기서, $\text{FTP}_1, \text{FTP}_2$: 변경 전후의 풍압
W_1, W_2: 변경 전후의 동력
s_1, s_2: 변경 전후의 비중
T_1, T_2: 변경 전후의 절대온도

(6) 성능곡선, 시스템곡선 및 작동점(가동점)
 ① **성능곡선(정압곡선)**: 송풍기 정압에 따라 송풍량이 변하는 경향을 나타내는 곡선이다.
 ② **시스템 곡선**: 송풍량에 따라 송풍기 정압이 변하는 경향을 나타내는 곡선이다.
 ③ **작동점**: 송풍기 성능곡선과 시스템 요구곡선이 만나는 점이다.

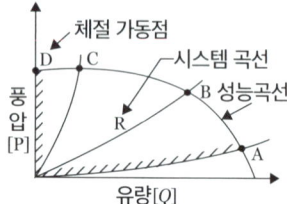
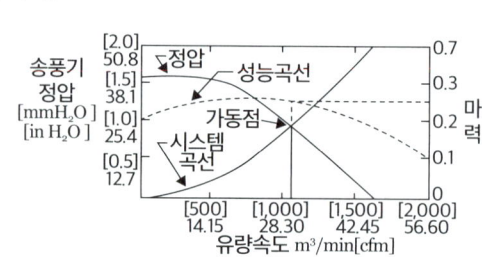

▲ 송풍기 성능곡선

왼쪽 그림에서 두 곡선이 만나는 점이 송풍기가 공급해야 할 송풍량으로 작동점이라고 한다. 작동점은 밸브의 개폐정도가 큰 쪽에서 작은 쪽으로 이동함에 따라 밸브저항이 커지게 되므로 A → B → C → D로 이동하게 된다. 완전밀폐가 되는 D점을 체절(Shut off)점이라고 한다.

(7) 소요동력과 유효압

① 일반적인 송풍기 소요동력

필수공식 | 소요동력

$$kW = \frac{Q \times \Delta P}{6,120 \times \eta} \times \alpha$$

$$HP = \frac{Q \times \Delta P}{4,500 \times \eta} \times \alpha$$

여기서, Q: 송풍량[m³/min]
ΔP: 송풍기 유효정압(또는 전압)[mmH$_2$O]
η: 효율
α: 여유율

② 송풍기 전압 및 유효정압

필수공식 | 송풍기 전압 및 유효정압

$$FTP = TP_{out} - TP_{in}$$
$$= (SP_{out} + VP_{out}) - (SP_{in} + VP_{in})$$
$$FSP = FTP - VP_{out}$$
$$= (SP_{out} + VP_{out}) - (SP_{in} + VP_{in}) - VP_{out}$$
$$= SP_{out} - TP_{in}$$

여기서, FTP: 송풍기 유효전압
FSP: 송풍기 유효정압
TP_{in}, SP_{in}, VP_{in}: 흡입구 측 전압, 정압, 동압
TP_{out}, SP_{out}, VP_{out}: 토출구 측 전압, 정압, 동압

04 환기시스템 설계 및 유지관리

1. 환기시스템 설계

(1) 설계 개요

국소배기장치의 설계는 생산, 관리, 안전보건, 소방, 환경 등 모든 관련부서도 함께 참여하는 것이 바람직하다. 설계 전에는 반드시 작업장 배치도, 설비 배치도 등 필요한 도면을 확보해야 하며, 특히 공기정화장치의 위치나 송풍기의 위치, 배출구의 위치는 미리 정해야 한다.

(2) 설계의 목적

필요한 유량을 배기시킬 때 시스템에 걸리는 압력손실을 계산하여 적정한 규격의 송풍기를 선정하는 것이다.
① **국소배기시스템 설정**: 후드에서 필요한 제어풍속으로 오염발생원을 포집하여 작업자를 보호한다.
② **송풍기의 규격**: 필요한 배기유량과 송풍기 정압의 적정 여부를 판단한다.

(3) 설계의 순서

단계		설명
설계준비		국소배기장치 수요 파악, 대기배출시설 여부 파악
후드설계		작업방법 등을 고려한 후드 형태 선정
덕트 레이아웃 작성		작업공간 및 공기정화장치 등의 위치를 고려한 레이아웃 작성
시스템 설계		총 배기유량 및 시스템 전체 압력손실 계산
국소배기장치의 설계	후드의 형식 선정	
	제어속도 결정	제어속도: 포착점에서의 적정한 흡인속도, 후드 내로 유입하기 위한 최소 풍속
	소요송풍량 계산	소요송풍량=제어속도×후드의 개구면적
	반송속도 결정	반송속도: 덕트 기저부에 분진이 쌓이지 않는 이송속도
	덕트내경 산출	반송속도와 송풍량으로 덕트의 내경 산출
	후드의 크기 결정	• 후드 개구면적 A와 반송관 단면적 a의 관계: $A \geq 5a$ • 후드 전면에서 반송관까지의 길이 D와 덕트관경 d의 관계: $D > 3d$
	덕트의 배치와 설치장소 선정	
	공기정화장치 선정	대기환경보전법 배출허용기준에 맞는 장치 선정
	계통도와 배치도 작성	후드, 덕트, 공기정화장치, 송풍기, 굴뚝 등의 계통도와 배치도 작성
	총 압력손실량 계산	후드, 덕트, 공기정화장치 등의 총 압력손실 합계 산출
	송풍기 선정	총 압력손실과 총 배기량으로 송풍기 풍량과 풍정압 및 소요동력 결정

(4) 공기공급시스템

환기시설에 의해 작업장 내에서 배기된 만큼의 공기를 작업장 내로 재공급하는 시스템을 말한다. 즉, 효과적인 국소배기장치는 후드를 통해 배출되는 양의 공기만큼 외부로부터 보충되어야 한다.

① 공기공급시스템이 필요한 이유
㉠ 국소배기장치의 원활한 작동을 위하여
㉡ 국소배기장치의 효율 유지를 위하여
㉢ 작업장 내 음압 발생에 의한 안전사고를 예방하기 위하여
㉣ 에너지(연료)를 절약하기 위하여
㉤ 작업장 내의 방해기류(교차기류)가 생기는 것을 방지하기 위하여
㉥ 정화되지 않은 외부공기가 작업장 내로 유입되는 것을 방지하기 위하여

② 공기공급(Make-up Air)을 위한 고려사항
㉠ 공기공급량은 배기량의 약 10[%] 정도가 넘게 공급되어야 한다.
㉡ 공기공급은 작업장 내 깨끗한 지역의 공기가 오염물질이 존재하는 지역으로 흐르도록 유지해야 한다.
㉢ 공기는 바닥에서부터 2.4~3.0[m] 높이인 작업자가 머무는 영역으로 유입되도록 조절해야 한다.
㉣ 공기 유입구는 배출된 오염물질의 재유입을 막을 수 있도록 위치시켜야 한다.

(5) 푸시-풀(Push-Pull)형 국소배기장치

① 원리 : 오염발생원이 있는 개방조의 한 면에서 압축공기를 분사하고 반대면에서는 슬롯형 후드로 흡인하여 작업자의 건강을 보호하는 국소배기 방법이다.

② 구조

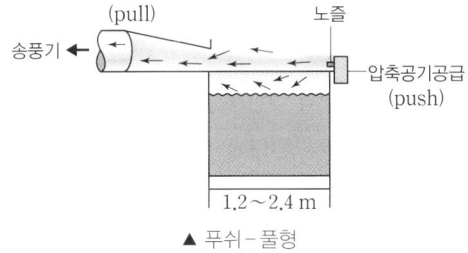

▲ 푸쉬-풀형

㉠ 도금조와 같이 상부가 개방되어 있고 그 면적이 넓어 한쪽 방향에 후드를 설치하는 것으로는 충분한 흡인력이 발생되지 않은 경우에 적용하고 포집효율을 증가시키면서 필요유량을 대폭 감소시킬 수 있는 장점이 있다.
㉡ 도금조(개방조) 한 변에서 압축공기를 이용하여 오염물질이 발생하는 표면에 공기를 불어 반대쪽에 오염물질이 도달하게 한다.
㉢ 작업자의 방해가 적고 적용이 용이하다.
㉣ 공정에서 작업물체를 처리조에 넣거나 꺼내는 중에 공기막이 파괴되어 오염물질이 발생하는 단점이 있다.

2. 환기장치 성능검사 및 성능검사장비

(1) 검사목적

환기장치의 성능(제어풍속, 반송속도, 집진능력 등)을 유지하여 유해인자에 노출되는 근로자의 건강장해를 예방한다.

(2) 검사장비

측정항목	장비
국소배기장치 성능	발연관(Smoke Tester)
	청음기 또는 청음봉
	절연저항계
	표면/초자온도계
	줄자
	열선풍속계(선택)
풍속(기류) 측정	피토관
	회전날개형 풍속계
	그네날개형 풍속계
	열선풍속계
	카타온도계
	풍향풍속계
	풍차풍속계(옥외용, 기류 1[m/s] 이상인 경우 사용)
압력 측정	피토관
	U자 마노미터(피토관의 정확성 한계 시 사용)
	경사마노미터(피토관의 정확성 한계 시 사용)
	아네로이드 게이지
	마크네헬릭 게이지
송풍기 회전수	RPM 측정기
	타코미터

3. 작업공정관리

(1) 대치(Substitution)
　① 공정의 변경　　　② 시설의 변경　　　③ 물질의 변경

(2) 격리(Isolation) 또는 밀폐
　① 저장물질의 격리
　② 시설의 격리
　③ 공정의 격리

(3) 환기(Ventilation)
　① 국소배기장치　　　② 전체환기

(4) 교육(Education)

(5) 작업공정관리 예시

관리원칙	관리방법	예시
대치	공정	• 페인트 분무공정을 담그거나 전기흡착식 공정으로 한다.(페인트 성분 비산방지) • 납을 저속 Oscillating Type Sander로 깎아낸다.(납성분 비산방지) • 금속을 톱으로 자른다.(소음 감소) • 금속표면을 블라스팅할 때 모래 대신 철구슬을 사용한다.
	시설	• 가연성 물질을 철제통에 저장하지 않는다.(화재방지) • 염화탄화수소 취급장에서 폴리비닐알코올 장갑을 사용한다.(용해나 파손방지)
	물질	• 성냥 제조시 황린을 적린으로 대치한다. • 세탁소에서 석유납사(석유나프타)를 퍼클로로에틸렌으로 바꾼다. • 야광시계 자판의 라듐을 인으로 대치한다. • 벤젠을 크실렌으로 한다. • 보온재로 석면 대신 유리섬유나 암면 등을 사용한다. • 주물공정에서 실리카 모래 대신 그린 모래로 주형을 채우도록 대치한다. • 아소염료의 합성에서 벤지딘을 디클로로벤지딘으로 전환한다.
격리	공정	포위식 후드를 사용하여 유해물질의 확산을 원천 차단한다.
	시설	고압이나 고속회전 기계, 방사능 물질은 원격조정이나 자동화 감시체제를 사용한다.
	저장 물질	인화성 물질을 탱크에 저장 시 탱크 사이로 도랑을 파고 제방을 만든다.(확산 방지)
환기	국소배기장치	• 배기관의 성능이 확실해야 한다. • 공기 속도를 조절하고 개구부에 난류가 생기지 않아야 한다. • 유해물질의 성질, 발생양상에 따라 설계되어야 한다.
	전체 환기	유독물질에는 큰 효과가 없으므로 주로 고온·다습을 조절하거나 분진, 냄새, 가스를 희석하는 데 사용한다.

05 개인보호구

1. 호흡용 보호구

(1) 개인보호구의 이해

근로자 건강의 예방차원으로는 공정의 개선 등 기타 공학적 대책이 우선 선행되어야 하지만 현실적으로 개선이 어려운 경우 소극적인 차원에서 이용되는 장비이다.

보호구 선택 시 다음의 주의사항을 고려하여 선정하는 것이 바람직하다.

① 공업규격에 합격하고 보호성능이 보장되어야 한다.
② 착용하고 작업할 때 편안한 느낌이 들어야 한다.
③ 입고 벗는 것이 용이하고 크기는 사용자에게 잘 맞아야 한다.

(2) 호흡용 보호구의 종류별 선정방법

호흡용 보호구는 크게 방독마스크와 방진마스크로 구분된다. 방독마스크는 종류에 따라 사용할 수 있는 유해물질의 농도범위와 대상 유해물이 다를 뿐만 아니라 산소가 부족한 지역에서는 사용이 제한된다.

자연환기가 불충분하거나 밀폐된 공간인 경우에는 작업 전에 산소농도가 18[%] 이상인지를 확인한 후에 방진마스크를 착용하여 작업하도록 하고 작업 중에는 송풍기 등을 이용하여 계속 환기하도록 한다.

① 방진마스크

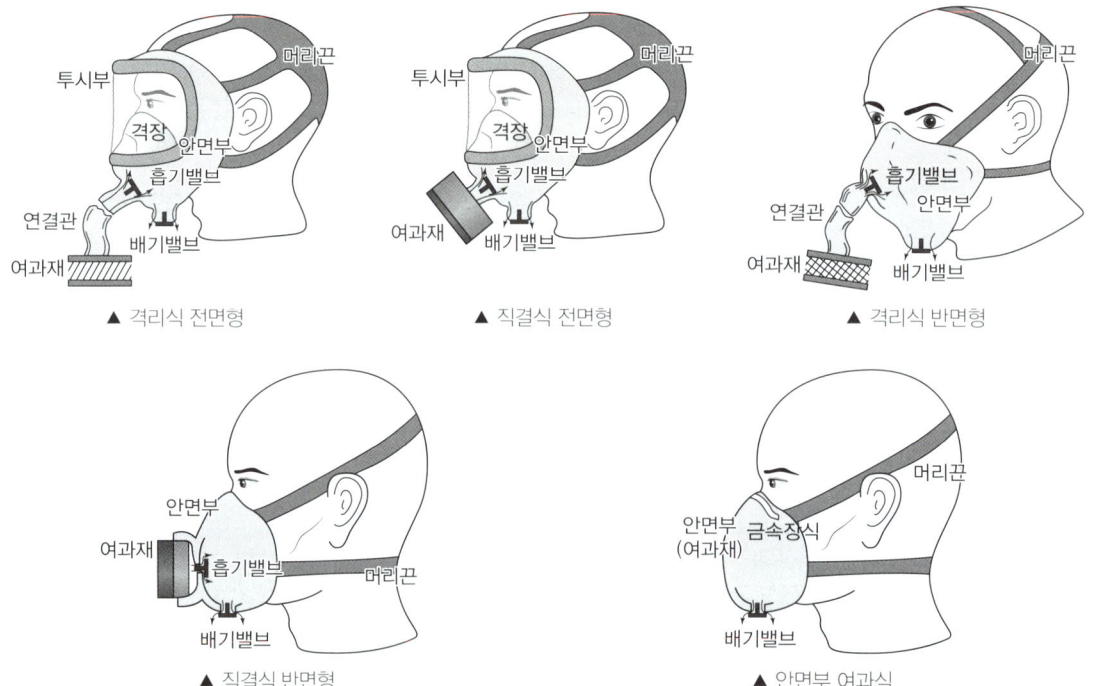

▲ 격리식 전면형　　▲ 직결식 전면형　　▲ 격리식 반면형

▲ 직결식 반면형　　▲ 안면부 여과식

㉠ 방진마스크가 갖추어야 할 조건
- 분진포집효율(여과효율)이 좋을 것
- 중량이 가벼울 것
- 얼굴에 밀착성이 좋을 것
- 흡기, 배기저항이 낮을 것
- 시야가 넓을 것

ⓒ 방진마스크의 성능기준

등급	포집효율 염화나트륨 및 파라핀 오일 시험[%]		사용장소
	분리식	안면부여과식	
특급	99.95[%] 이상	99.0[%] 이상	• 베릴륨 등과 같이 독성이 강한 물질들을 함유한 분진 등 발생장소 • 석면 취급장소(안면부 누설률 0.05[%] 이하인 경우에 한함)
1급	94.0[%] 이상	94.0[%] 이상	• 전동식 특급 착용 장소를 제외한 분진 등 발생장소 • 금속흄 등과 같이 열적으로 생기는 분진 등 발생장소 • 기계적으로 생기는 분진 등 발생장소(규소 등과 같이 전동식 2급을 착용하여도 무방한 경우는 제외)
2급	80.0[%] 이상	80.0[%] 이상	전동식 특급 및 전동식 1급 착용장소를 제외한 분진 등 발생장소

② 방독마스크

방독마스크는 흡수제의 종류인 각 제품의 형태에 따라 그 수명이 다른데 어느 정도 시간이 경과하면 흡수제의 수명이 다하므로 반드시 흡수제의 파과시간을 고려하여 착용하여야 한다.

산소농도가 부족한 지역에서 사용할 경우 질식에 의한 사고가 발생할 수 있기 때문에 사용에 각별한 주의를 요한다. 특히 공기 중의 산소가 18[%] 미만이면 방독마스크를 사용할 수 없다. 이 경우 반드시 공기호흡기 또는 송기마스크 등의 공기공급식 보호구를 착용해야 한다.

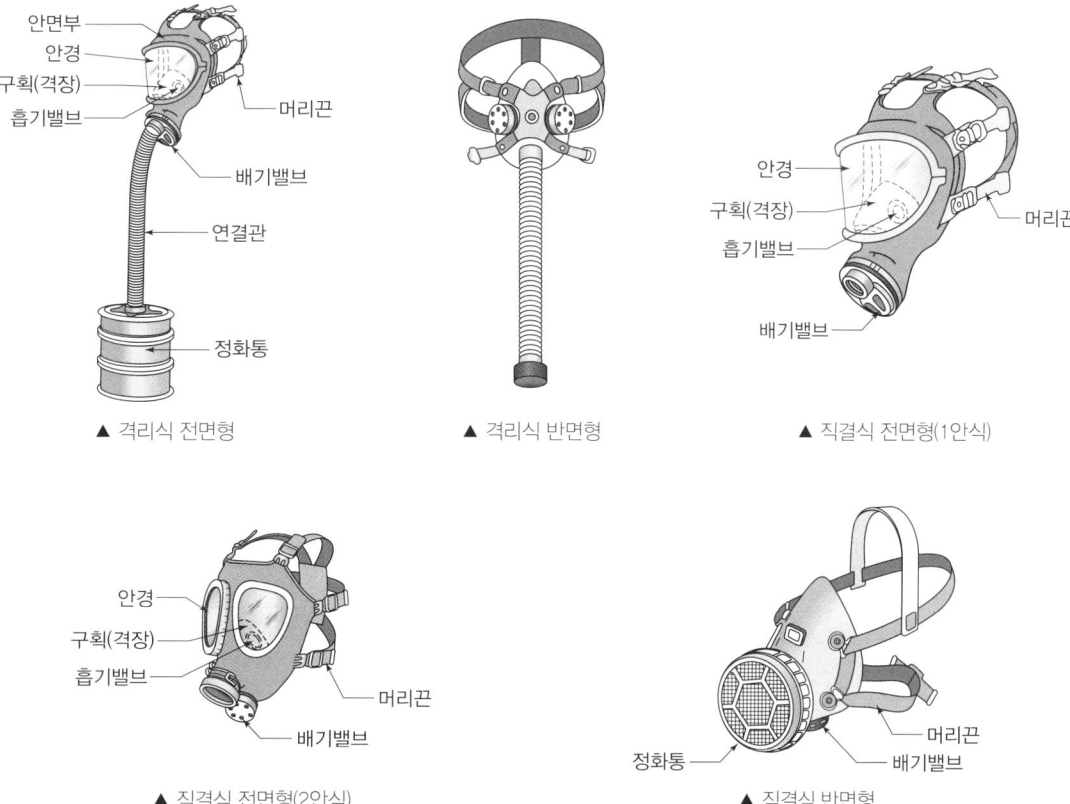

▲ 격리식 전면형   ▲ 격리식 반면형   ▲ 직결식 전면형(1안식)

▲ 직결식 전면형(2안식)   ▲ 직결식 반면형

③ 송기마스크 및 공기호흡기
  ㉠ 송기마스크: 신선한 공기 또는 공기원(공기압축기, 압축공기관, 고압공기용기 등)을 사용하여 공기를 호스를 통해 송기함으로써 산소결핍으로 인한 위험을 방지한다.
  ㉡ 공기호흡기: 압축공기를 충전시킨 소형 고압공기용기를 사용하여 공기를 공급함으로써 산소결핍으로 인한 위험을 방지한다.

(3) 보호구 보호계수(PF; Protection Factor)
보호구를 착용함으로써 유해물질로부터 얼마나 보호해 줄 수 있는가의 정도를 의미한다.

> **필수공식 | 보호구 보호계수(PF)**
>
> $$PF = \frac{Q_o}{Q_i}$$
>
> 여기서, PF: 보호계수
> Q_o: 보호구 밖의 농도
> Q_i: 보호구 안의 농도

(4) 할당보호계수(APF; Assigend Protection Factor)
일반적인 보호구 보호계수(PF)의 특별한 적용으로 훈련된 착용자들이 작업장에서 보호구 착용 시 기대되는 최소보호 정도 수준을 의미한다.

> **참고** APF 50: 보호구를 착용하고 작업 시 착용자는 외부 유해물질로부터 적어도 50배만큼 보호를 받을 수 있다는 의미로, 할당보호계수가 가장 큰 것은 양압식 공기호흡기 중 공기공급식(SCBA, 압력식) 전면형이다.

> **필수공식 | 할당보호계수(APF)와 위해비**
>
> $$APF \geq \frac{\text{기대되는 공기 중 농도}}{\text{노출기준}} = HR$$
>
> 여기서, APF: 할당보호계수
> HR: 위해비

(5) 최대사용농도(MUC; Maximum Use Concentrations)
보호구에 대한 유해물질의 최대사용농도를 의미한다.

> **필수공식 | 최대사용농도(MUC)**
>
> $$MUC = TWA \times APF$$
>
> 여기서, MUC: 최대사용농도
> TWA: 노출기준
> APF: 할당보호계수

> **필수공식 | 유효사용시간(파과시간)**
>
> $$유효사용시간 = \frac{표준유시간 \times 시험가스 농도}{공기 중 유해가스 농도}$$

⊙ 방독마스크의 일반구조
- 착용 시 이상한 압박감이나 고통을 주지 않을 것
- 착용자의 얼굴과 방독마스크의 내면 사이의 공간이 너무 크지 않을 것
- 전면형은 호흡 시에 투시부가 흐려지지 않을 것
- 격리식 및 직결식 방독마스크는 정화통·흡기밸브·배기밸브 및 머리끈을 쉽게 교환할 수 있고 착용자 스스로 안면부와의 밀착성 여부를 수시로 확인할 수 있을 것

2. 기타 보호구

(1) 차광 및 비산물 위험방지용 보안경

① 차광보안경의 종류

종류	사용구분
자외선용	자외선이 발생하는 장소
적외선용	적외선이 발생하는 장소
복합용	자외선 및 적외선이 발생하는 장소
용접용	산소용접작업 등과 같이 자외선, 적외선 및 강렬한 가시광선이 발생하는 장소

② 보안경의 종류
  ⊙ 차광안경
  ⊙ 유리보호안경
  ⊙ 플라스틱보호안경
  ⊙ 도수렌즈보호안경

  참고 차광도 = (보호구 1의 차광도 + 보호구 2의 차광도) - 1

(2) 피부 보호구

① 피부 보호구의 종류

피부 보호구는 모양과 착용부위에 따라 앞치마, 장갑장화 등과 같이 신체의 특정부위를 보호할 수 있는 것과 온몸을 전부 둘러싸 인체를 전면적으로 보호해주는 형태인 보호복이 있는데 고온작업 시 방열복, 한랭작업 시 방한복, 산이나 알칼리·가스·산화제 등으로부터 피부장해를 방지하는 화학물질 보호복 등이 있다.

② 보호장갑 및 보호크림

구분	재질 및 사용
보호장갑	• 라텍스 또는 라텍스 코팅: 산, 알칼리, 강한 산화제에 사용, 비극성 용제에 부적합 • 면: 고체상 물질(용제 사용 불가) • 폴리비닐알코올장갑: 물에 대해 약한 성질 • 고무: 강한 산, 알칼리 취급 시 • 알루미늄: 고온, 복사열 취급 시 • 부틸고무: 극성용제에 적합 • 에틸렌비닐알코올: 대부분의 화학물질에 이용 • Neroprene 고무: 극성 용제, 부식성 물질에 적합 • Nitrile 고무: 비극성 용제에 적합 • Polyvinyl Chloride: 수용성 용액, 산, 부식성 물질에 적합 • Viton: 비극성 용제에 적합
보호크림	• 친수성 크림: 스테아린산, 벤토나이트, 카르복실셀룰로오스, 밀랍, 이산화티타늄, 탈수라노린 • 소수성 크림: 밀랍, 탈수라노린, 파라핀, 유동파라핀 • 차광크림: 글리세린, 산화제이철 • 피막형 크림: 정제벤토나이트겔, 염화비닐수지

(3) 청력 보호구

① **귀마개**: 2,000[Hz]에서 20[dB], 4,000[Hz]에서 25[dB] 정도의 차음력을 가지고 있다.
  ㉠ 1종(EP-1): 저음(회화음)~고음 차음
  ㉡ 2종(EP-2): 고음 차음
② **귀덮개**: 저음일 경우 20[dB], 고음일 경우 45[dB]의 차음력을 가지고 있다.
③ **귀마개 차음효과의 예측**(미국 OSHA 기준)

> **필수공식 | 차음효과**
>
> $$\text{차음효과} = (\text{NRR} - 7) \times 50$$

참고 차음평가지수(NRR: Noise Reduction Rating)는 귀마개 제조사별로 값이 정해져 있다.

④ 귀마개 및 귀덮개의 장단점

구분	장점	단점
귀마개	• 작아서 편리하다. • 안경, 귀걸이, 머리카락, 모자 등에 의해 방해를 받지 않는다. • 고온에서 착용해도 불편이 없다. • 좁은 공간에서도 고개를 움직이는데 불편이 없다. • 귀덮개보다 저렴하다.	• 귀에 맞도록 조절하는 데 많은 시간과 노력이 요구된다. • 좋은 귀마개라도 차음효과가 귀덮개보다 떨어지고 사용자 간의 개인차가 크다. • 귀마개에 묻은 오염물질이 귀에 들어갈 수 있다. • 잘 보이지 않아 귀마개의 착용 여부를 확인하는 데 어려움이 있다. • 귀에 염증이 있는 사람은 사용할 수 없다.

구분	장점	단점
귀덮개	• 귀마개보다 차음효과가 일관성 있다. • 사이즈 구분 없이 사용이 가능하다. • 멀리서도 착용 여부를 확인하기 쉽다. • 귀에 염증이 있어도 사용할 수 있다. • 크기가 커서 잃어버릴 염려가 없다. • 간헐적 소음 노출시 간편하게 착용가능하다.	• 운반과 보관이 쉽지 않고 고온 작업장에서 불편하다. • 안경, 귀걸이, 머리카락 등이 착용에 불편을 준다. • 귀덮개 밴드에 의해 차음효과가 감소될 수 있다. • 좁은 공간에서 고개를 움직이는데 불편하다. • 가격이 귀마개보다 비싸다. • 타 보호구 동시 착용 시 불편함을 느낄 수 있다.

(4) 안전모

종류	사용구분	비고
AB	물체의 낙하 또는 비래 및 추락에 의한 위험을 방지 또는 경감시키기 위한 것	
AE	물체의 낙하 또는 비래에 의한 위험을 방지 또는 경감하고, 머리부위 감전에 의한 위험을 방지하기 위한 것	내전압성 (7,000[V] 이하)
ABE	물체의 낙하 또는 비래 및 추락에 의한 위험을 방지 또는 경감하고, 머리부위 감전에 의한 위험을 방지하기 위한 것	내전압성 (7,000[V] 이하)

SUBJECT 04 물리적유해인자관리

01 온열조건

1. 온열요소

(1) 생체와 환경 사이의 열교환 요소
   ① 기온
   ② 기습(습도)
   ③ 기류
   ④ 복사열

(2) 기온(Air Temperature)

구분	설명
지적온도 (적정온도)	• 인간활동에 가장 좋은 상태인 이상적인 온열조건이다.(통상 16~20[℃]) • 작업량이 클수록 체열 생산량이 많아지므로 지적온도는 낮아진다. • 여름이 겨울보다 지적온도가 높다. • 더운 음식물, 알코올, 기름진 음식 등을 섭취하면 지적온도는 낮아진다. • 노인보다 젊은 사람의 지적온도가 낮다.
감각온도 (실효온도)	• 기온, 습도, 기류의 조건에 따른 체감온도이다. • 기류속도가 0.5[m/sec] 이상일 경우 고온의 영향이 과대평가된다. • 통상 습구흑구온도지수(WBGT)를 사용하여 감각온도를 평가한다.

(3) 습도(Humidity)

① 정의

공기 중에 있는 수증기 포화도로, 포화습도는 기온이 높을 때 높아지고 기온이 낮을 때 낮아진다. 또한, 습도는 작업환경과 밀접한 관계가 있다.

② 종류

㉠ 절대습도: 공기 1[m³] 중에 포함되어 있는 수증기의 양 또는 수증기의 압력이다.

㉡ 포화습도: 일정 공기 중의 수증기량이 한계를 넘을 때 공기 중의 수증기량이나 압력이다. 즉 공기 1[m³]이 포화상태에서 함유할 수 있는 수증기량 또는 압력이다.

㉢ 상대습도(비교습도): 포화습도에 대한 절대습도의 비를 [%]로 나타낸 것이다.

> **필수공식 | 상대습도(비교습도)**
>
> $$상대습도 = \frac{절대습도}{포화습도} \times 100$$

③ 습도의 측정
   ㉠ 측정기 종류: 아스만 통풍온습도계, 아우구스트 건습계, 회전습도계, 모발습도계, 자기습도계
   ㉡ 아스만 통풍온습도계: 습구의 거즈를 스포이드로 적시고 팬을 회전시킨 후 4~5분이 경과한 후 건습구온도를 읽어 습도표를 사용하여 습도를 구한다.

(4) 기류(Air Velocity, 풍속)
   ① 기류속도가 0.5[m/sec] 이상일 경우 고온의 영향이 과대 평가된다.
   ② 기온이 10[℃] 이하일 때는 1[m/sec] 이상의 기류에 직접 접촉해서는 아니 된다.
   ③ 인체에 적당한 기류는 6~7[m/min]이다.
   ④ 환기를 위한 창의 면적은 바닥 면적의 1/20 이상이어야 한다.
   > **참고** 불감기류는 인체의 피부로 기류를 느낄 수 없다 하여 '不感'기류이다. 보통 0.5[m/sec] 미만이다.

(5) 복사열(Radiant Temperature)
   ① 복사열원으로는 실외에서 태양, 실내에서 용해로, 전기로 등이 있다.
   ② 인체는 복사열을 흡수하는 특성이 있다.

2. 고열 장해와 생체 영향

(1) 고열 장해의 정의
   고열에 노출되어 발생한 자각적 및 임상적인 체온조절기능의 변조 및 장해이다.

(2) 고열 장해 발생원인

요인	설명
외적 요인	• 고열 • 높은 습도: 발한 증발 억제로 체온의 상승을 야기 • 대류에 의한 열방산 방해: 기온 37[℃]가 넘으면 인체에서 열 흡수 촉진 • 작업밀도: 강도 높은 근력작업 시 또는 휴식시간이 짧은 경우 체온 상승
내적 요인	• 순환기 기능이 저하된 작업자(비만 등) • 숙련도 • 시상하부(물리적 조절작용) 장해

> **참고** 물리적 조절작용은 체온조절중추인 시상하부의 온도 감지, 체온 방산작용 메커니즘을 말한다.

(3) 고열 장해의 종류

① 열사병(Heat Stroke)

구분	설명
원인	고온다습한 환경에서 육체적 노동을 하거나 태양의 복사선을 두부에 직접적으로 받는 경우에 발생하며 발한에 의한 체열방출장해로 체내에 축적된 열이 원인이다.
증상	• 뇌 온도의 상승으로 체온조절중추 기능장해 발생 • 뜨겁고 마른 피부(땀을 흘리지 못함) • 땀을 흘리지 못해 체열 발산이 불가능하므로 체온이 40[℃] 이상 급상승되어 혼수상태에 이르며 사망
치료	• 울혈 방지와 체온 저하를 돕기 위한 얼음 마사지를 실시한다. • 호흡 곤란 시 산소를 공급한다. • 체열의 생산을 억제하기 위한 항신진대사제를 투여한다.

② 열허탈(Heat Collapse) 또는 열실신(Heat Syncope)

구분	설명
원인	고열에 순화되지 못한 작업자가 고열작업을 수행할 경우 혈액순환장해로 인해 신체 말단에 혈액이 저류하게 되면서 뇌에 혈액공급이 부족하게 되는 증상이다.
증상	체온은 정상이지만, 뇌의 산소 부족으로 전신권태, 현기증 및 탈진증상이 발생하며 심할 경우 의식을 상실한다.
치료	시원한 장소에서 휴식을 취하고 물과 염분을 보충한다.

③ 열피로(Heat Exhaustion) 또는 열탈진

구분	설명
원인	고온에 장시간 노출되어 말초혈관 운동신경의 조절 장애와 심박출량의 부족으로 순환부전, 특히 대뇌피질의 혈류량 부족이 원인이다.
증상	• 전구증상: 전신의 권태감, 탈력감, 두통, 현기증, 귀울림, 구역질 • 증상: 보행 곤란, 의식이 흐려짐, 허탈감, 저혈압
치료	• 시원하고 쾌적한 환경에서 휴식을 취하고 탈수가 심하면 5[%] 포도당 용액을 정맥주사한다. • 뜨거운 카페인 음료를 마시게 하거나 강심제를 투여한다. • 며칠 동안 순환기 계통의 이상 유무를 관찰한다.

④ 열경련(Heat Cramp)

구분	설명
원인	고온에서 심한 육체적 노동을 할 경우 발생하며, 지나친 발한에 의한 탈수와 염분 손실로 혈액이 농축되는 것이 원인이다.
증상	수의근에 유통성 경련, 과도한 발한, 일시적 단백뇨
치료	• 통풍이 잘되는 장소에 환자를 눕혀서 체열 방출을 촉진한다. • 수분(생리식염수 1~2[L] 정맥주사)과 염분(0.1[%] 식염수 음용)을 보충한다.

⑤ 열쇠약(Heat Prostration)

구분	설명
원인	고온에 의한 만성 체력소모가 원인이다.
증상	전신권태, 식욕부진, 위장장해, 불면, 빈혈
치료	시원한 장소에서 휴식하고 물과 염분을 보충한다.

⑥ 열발진(Heat Rashes) 또는 땀띠(Heat Rash)

구분	설명
원인	고온다습한 환경에 장시간 폭로 시 한공(땀구멍)이 케라틴으로 막히고 염증이 발생하는 것이 원인이다.
증상	• 피부에 작은 수포가 발생하며, 범위가 넓어지면 발한에도 장해가 발생한다. • 작업자 내열성을 크게 저하시킨다.
치료	발생 부위를 세척 후 건조, 냉각한다.

(4) 고온순화

① 정의

고온작업환경에서도 잘 작업할 수 있도록 적응된 신체상태를 고온순화라고 한다. 고온에 반복적, 지속적 폭로 시 4~6일만에 순화된다.

② 고온순화에 의한 생리적 변화

㉠ 땀 속 염분농도 감소

㉡ 체표면 땀샘 수(한선) 증가

㉢ 발한속도 증가

㉣ 갑상선자극호르몬 감소

㉤ 호흡 촉진

㉥ 간기능 저하로 인한 콜레스테롤/콜레스테롤에스터비 감소

㉦ 근육 이완

㉧ 위액 분비 및 산도 감소로 인한 식욕부진, 소화불량 발생

③ 식염 요구량

보통 1시간마다 0.5[g], 땀을 흘리는 작업에서는 1시간마다 2[g]이 필요하다.

3. 고열 측정 및 평가

(1) 측정방법

① 측정은 단위작업장소에서 측정대상이 되는 근로자의 작업행동범위에서 주작업 위치의 바닥면으로부터 50[cm] 이상, 150[cm] 이하의 위치에서 한다.

② 측정구분 및 측정기기에 따른 측정시간은 아래와 같이 한다.

구분	측정기기	측정시간
습구온도	0.5[℃] 간격의 눈금이 있는 아스만통풍건습계, 자연습구온도를 측정할 수 있는 기기 또는 이와 동등 이상의 성능이 있는 측정기기	• 아스만통풍건습계: 25분 이상 • 자연습구온도계: 5분 이상
흑구 및 습구흑구 온도	직경이 5[cm] 이상 되는 흑구온도계 또는 습구흑구온도(WBGT)를 동시에 측정할 수 있는 기기	• 직경 15[cm]: 25분 이상 • 직경 7.5[cm] 또는 5[cm]: 5분 이상

(2) 습구흑구온도지수(WBGT)

습구온도계, 흑구온도계, 건구온도계를 사용하여 주변 환경으로부터의 열복사 영향을 관측하기 위해 사용하는 지수이다. 우리나라 고열 허용기준에 사용한다.

> **필수공식 | 습구흑구온도지수(WBGT)**
>
> $$WBGT(옥외) = 0.7NWB + 0.2GT + 0.1DT$$
> $$WBGT(옥내) = 0.7NWB + 0.3GT$$
>
> 여기서, NWB: 자연습구온도[℃]
> GT: 흑구온도[℃]
> DT: 건구온도[℃]

(3) 고열작업장의 노출기준(WBGT 측정값 적용)

(단위: [℃], WBGT)

작업·휴식시간비 \ 작업강도	경작업	중등작업	중작업
계속 작업	30.0	26.7	25.0
매시간 75[%] 작업, 25[%] 휴식	30.6	28.0	25.9
매시간 50[%] 작업, 50[%] 휴식	31.4	29.4	27.9
매시간 25[%] 작업, 75[%] 휴식	32.2	31.1	30.0

> **참고** 경작업: 200[kcal]까지 열량 소요 작업
> 중등작업: 시간당 200~350[kcal] 열량 소요 작업
> 중작업: 시간당 350~500[kcal] 열량 소요 작업

4. 고열에 대한 대책

(1) 작업환경 개선
  ① 열복사의 확산 방지, 대류에 의한 환기 촉진, 휴게실 냉방 등으로 온도 상승을 방지한다.
  ② 발생원을 차폐한다.

(2) 작업조건 개선
  작업강도가 중등도(RMR 2~4)일 경우 휴식 대 작업의 비율을 1 : 1로 조정한다.

(3) 개인 방호
  알루미늄 박판을 붙인 방열복, 방서복, 방열면, 방열모자, 방열안경을 착용한다.
  참고 알루미늄은 반사율이 높기 때문에 복사열을 차단하기에 용이하다.

(4) 고열 스트레스 평가지수
  ① 열평형
  ② 유효온도
  ③ 대사열

5. 한랭의 생체 영향

(1) 저온에 의한 생리적 반응

구분	반응
1차 생리반응	• 체표면적 감소 • 피부혈관 수축 • 화학적 대사작용 증가 • 근육긴장 증가 및 전율
2차 생리반응	• 말초혈관의 수축 • 혈압의 일시적 상승 • 조직대사의 증진과 식욕항진

(2) 건강장해
  ① 저체온증
    ㉠ 심부 온도가 35[℃] 이하로 떨어지는 급성 중증장해이다.
    ㉡ 맥박, 호흡이 느려지며 직장 온도가 30[℃] 이하로 떨어지면 되면 사망 위험이 있다.
  ② 동상
    ㉠ 이론상 피부의 빙점은 −1[℃]이고, 빙점 이하의 물체와 접촉 시 피부 내 수분이 얼면서 발생한다.

ⓒ 동상의 단계

단계	설명
제1도 (발적)	• 피부표면 혈관수축에 의해 청백색으로 변화 • 이후 울혈이 나타나 피부가 자색을 띠고 동통 후 저림 발생
제2도 (수포 형성과 염증)	혈관마비는 동맥까지 이르고 심한 울혈에 의해 피부종창을 초래(수포동반 염증 발생)
제3도 (조직괴사로 괴저 발생)	혈행의 저하로 인하여 피부는 동결되고 괴사 발생

③ 참호족(침수족)
  ㉠ 발이 한랭 상태에 장기간 노출되고, 동시에 습기나 물에 젖으면 피부에 국소적인 산소결핍이 발생하여 모세혈관벽이 손상되는 질환이다.
  ㉡ 원인
    • 저온 작업 중 손가락, 발가락 등의 말초 부위에서 피부 온도 저하가 심하게 발생하는 경우
    • 조직 내부의 온도가 10[℃]에 도달하여 조직표면이 얼게 될 경우
  ㉢ 증상: 부종, 작열감, 심한 동통, 소양감, 수포, 괴사

6. 한랭에 대한 대책

(1) 개선대책
  ① 난방을 가동한다.(수증기 및 온수 난방, 온풍 난방)
  ② 작업시간을 조정한다.
  ③ 작업조건을 개선한다.
  ④ 작업복은 보온성, 통기성, 투습성을 고려한다.

(2) 한랭장해 예방조치
  ① 혈액순환을 원활히 하기 위한 운동을 지도한다.
  ② 적정한 지방과 비타민 섭취를 위한 영양 지도를 실시한다.
  ③ 체온 유지를 위한 온수를 비치한다.
  ④ 젖은 작업복 등은 즉시 갈아입도록 조치한다.

02 이상기압 및 산소결핍

학습 나침반

1기압 = 1[atm] = 760[mmHg] = 10,332[mmH$_2$O] = 1.013 × 10^5[Pa]
= 760[Torr] = 1[kgf/cm^2] = 14.7[psi]

구분	설명
게이지압력	기준압력이 대기압인 압력으로, 대기압 이상의 압력이 가해질 시 그 수치부터 나타낸다.
절대압력	기준압력이 완전 진공인 압력으로, 대기압이 더해진 수치를 나타낸다.

참고 문제에서 별다른 조건이 주어지지 않으면 게이지압력으로 가정한다.

1. 고압환경에서의 생체 영향

구분		증상
1차 압력현상 (기계적 장해)		• 인체와 환경 사이의 압력 차이로 인한 기계적 작용 • 울혈, 부종, 출혈, 동통 • 기압 증가에 의하여 부비강, 치아의 압박장해 • 흉곽이 잔기량보다 적은 용량까지 압축되면 폐압박 현상 발생
2차 압력현상 (화학적 장해)		체액과 지방조직 내 질소 기포 증가
	질소 마취	• 4기압 이상에서 공기 중의 질소가 마취작용 유발 • 작업력의 저하, 기분의 변환 등 다행증(euphoria) 발생
	산소 중독	• 산소분압이 2기압을 넘으면 발생 • 고압산소에 대한 노출이 중지되면 즉각 호전 • 손가락, 발가락의 작열통, 시력장해, 정신 혼란, 근육경련 발생
	이산화탄소 중독	• 산소 독성과 질소의 마취작용 증강 • 이산화탄소 분압 증가 시 동통성 관절 장해 발생 • 고압환경에서 이산화탄소의 농도는 0.2[%]를 초과하지 않아야 함

2. 감압환경에서의 생체 영향

(1) 생체 영향

① 감압병(Decompression Sickness, 케이슨병, 잠함병)
고압환경에서 체내에 과다하게 용해되었던 질소가 압력이 낮아지면서 과포화상태로 되어 혈액과 조직에 질소 기포를 형성하여 혈액의 순환을 방해하거나 조직에 영향을 주는 질병이다.

② 질소 기포형성으로 나타나는 증상
㉠ 급성장해: 동통성 관절 장해, 마비
㉡ 만성장해: 감염성·비감염성 골괴사

(2) 질소 기포형성 결정인자

① **조직에 용해된 가스량**: 체내 지방량, 노출 정도, 노출 시간
② **혈류를 변화시키는 환경**: 연령, 기온, 온도, 공포감, 음주 등
③ 감압 속도

3. 저압환경에서의 생체 영향

구분	설명
고공성 폐수종	• 진해성 기침과 호흡곤란, 폐동맥 혈압 상승 • 어른보다는 어린이에게 많이 발생 • 고공 순화된 사람이 해수면에 돌아와도 흔히 발생 • 산소 공급과 해면 귀환으로 급속히 소실되며 증세는 반복해서 발병하는 경향이 있음
고산병	우울증, 두통, 구역질, 구토, 식욕 상실, 흥분성 유발
고공 증상	저산소증, 동통성 관절 장해, 신경 장해, 공기색전증, 항공성 치통, 항공성 이염, 항공성 부비강염 유발

참고 고도 10,000[ft]까지는 시력, 협조운동의 가벼운 장해 및 피로를 유발한다. 18,000[ft] 이상이 되면 호흡수 및 맥박수가 증가하며 최소 21[%] 이상의 산소가 필요하다.

4. 이상기압에 의한 생체 영향 예방대책

구분	대책
고압	• 질소를 헬륨으로 대치한 공기 흡입 • 탄산가스의 분압이 증가하지 않도록 신선한 공기를 송기 • 귀 등의 장해를 예방하기 위하여 가압 시 압력 가속을 분당 $0.8[kg/cm^2]$ 이하로 유지 • 고압작업실의 체적이 근로자 1인당 $4[m^3]$ 이상 되도록 조치
감압	• 원래의 고압 환경으로 복귀시키거나 인공고압실 사용 • 잠수 시 1분에 $10[m]$씩 하강하는 것이 안전 • 감압이 끝날 무렵 순수한 산소를 흡입시키면 잠함병 예방 효과가 있을 뿐 아니라, 감압시간 25[%] 가량 단축

5. 산소결핍

(1) 저산소증(Hypoxia)
   ① 산소가 결핍된 공기를 흡입하여 생기는 대표적인 질환이다.
   ② 산소 농도 16[%] 이하의 공기를 호흡하면 세포조직의 산소가 부족하여 빈맥, 빈호흡, 구토, 두통이 발생한다.
   ③ 공기 중 산소 농도가 10[%] 이하이면 의식상실, 경련, 혈압 강하를 초래하여 질식사한다.
   ④ 특히 뇌는 전체 산소소비량 중 약 25[%]를 사용하므로 산소결핍에 민감하며, 산소 공급 중지 시 1.5분 이내에는 복원이 가능하나 2분 이상으로 중지되면 비가역적인 세포 파괴가 발생한다.

(2) 산소농도에 따른 증상

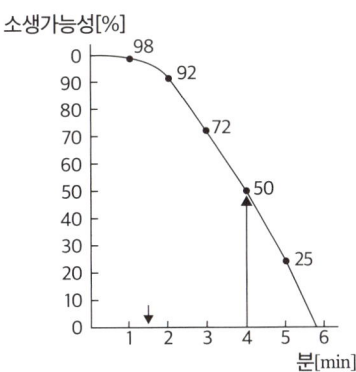

▲ 산소결핍의 시간별(분단위) 소생 가능성

산소농도[%]	증상
12~16	맥박·호흡수 증가, 두통, 구역질, 이명
9~14	판단력 저하, 기억상실, 전신 탈력, 체온 상승, 호흡 장해, 청색증 유발
6~10	의식상실, 근육경련, 중추신경 장해, 청색증 유발, 4~5분 내 치료 시 회복 가능
6 이하	40초 내 혼수상태, 호흡 정지로 인한 사망

(3) 질식제

구분	종류
단순 질식제	농도가 높아질 시 산소 농도가 저하되어 질식의 위험이 있는 물질 예 수소, 헬륨, 이산화탄소, 질소, 에탄, 메탄 등
화학적 질식제	혈색소의 산소운반능력을 억제하여 빈혈성 저산소증을 유발하거나, 산화작용에 관여하는 효소작용을 저해하여 조직의 산소이용능력을 떨어뜨리는 물질 예 일산화탄소, 청산 및 그 화합물, 아닐린, 톨루이딘, 니트로벤젠, 황화수소 등

참고 오존(O_3)은 단순 질식제도 아니고, 화학적 질식제도 아니다.

(4) 산소결핍에 대한 대책 및 측정
① 작업 전·중 산소농도를 측정한다.
② 산소농도 18[%] 이상을 유지하기 위해 환기를 실시한다.
③ 송기마스크, 공기호흡기와 같은 호흡용 보호구를 지급·착용한다.
④ 밀폐공간 작업 프로그램을 수립·시행한다.

03 소음

1. 소음 기본

(1) 소음의 정의

① 공기의 진동에 의한 음파 중 인간에게 감각적으로 바람직하지 못한 소리로, 인간의 감각에 따라 소음 여부가 결정되므로 소음계로 명확히 구분하는 것이 불가능하다.

② 물리적 성질은 음(sound)과 동일하지만, 불쾌감을 주고 일상생활을 방해하며 인간의 생리적 기능에 변화를 주고 청력을 저해하는 음으로 정의할 수 있다.

③ 소음작업이란 1일 8시간 작업기준 85[dB(A)] 이상의 소음이 발생하는 작업이다.

(2) 소음의 단위

단위	설명
[dB] (decibel)	• 음압 수준을 표시하는 한 방법으로 사용하는 무차원의 상대단위이다. • 사람이 들을 수 있는 음압은 0.00002~20[N/m^2] 범위로, dB로 표시하면 0~100[dB] • Weber-Fechner의 법칙에 의해 사람의 감각량은 자극량에 대수적으로 변하는 것을 이용하였다. • 각 주파수별 등감곡선을 보정하여 A, B, C 특성으로 구분한다. • A와 C 특성으로 측정한 값의 차이로 개략적 소음의 주파수 구성을 알 수 있다.
[phon]	• 감각적인 음의 크기를 나타내는 양이다. • 음을 귀로 들어 1,000[Hz] 순음의 크기와 평균적으로 같은 크기로 느껴지는 음의 세기 레벨이다.
[sone]	• 음의 감각량으로서 음의 대소를 표현하는 단위이다. • 1,000[Hz], 40[dB]일 때의 순음의 크기가 1[sone]이다. • $sone = 2^{\frac{phon-40}{10}}$

2. 소음의 물리적 특성

(1) 소리의 특성

① 주파수와 음속

필수공식 | 음속 공식

$$c = \lambda f$$
$$c = 331.42 + 0.6T$$

여기서, c: 음속[m/sec]
λ: 파장[m]
f: 주파수[Hz]
T: 음 전달 매질의 온도[℃]

참고 일반적인 조건에서 음속은 331.42[m/sec]이다.

② 파동의 간섭(Masking)

진동수가 적다
(=파동이 크다)
낮은소리

진동수가 많다
(=파동이 작다)
높은소리

작은 소리 : 진폭이 작다
큰 소리 : 진폭이 크다

▲ 주파수와 진폭

㉠ 어떤 소리에 의해 다른 소리가 파묻혀서 들리지 않게 되는 현상을 마스킹 효과라고 한다.

㉡ 주파수가 낮은 저음이 주파수가 높은 고음을 마스킹하기 쉽다.

㉢ 두 음의 주파수가 비슷하면 마스킹 효과가 크다.

㉣ 두 음의 주파수가 똑같을 경우 맥동현상이 발생하여 마스킹 효과는 감소한다.

(2) 음압

① 음압실효치

음압(P, [N/m^2])이란 소리에너지가 매질에 발생시키는 미세한 압력변화를 말한다.

필수공식 | 음압실효치(rms값)

$$P = \frac{P_m}{\sqrt{2}}$$

여기서, P: 음압실효치[N/m^2]
P_m: 피크치[N/m^2]

참고 rms는 'root mean square'의 약자로, 피크치를 $\sqrt{2}$로 나누면 실효값을 얻을 수 있다.

② 음압수준(SPL, Sound Pressure Level, 음압레벨)

㉠ 특정 위치에서 측정되는 소리의 유효 압력이다.

㉡ 음압은 거리에 반비례한다.

필수공식 | 음압수준(SPL)

$$\text{SPL} = 10 \log \left(\frac{P}{P_o} \right)^2 = 20 \log \frac{P}{P_o}$$

여기서, SPL: 음압수준[dB]
P: 음압[N/m^2]
P_o: 기준음압(2×10^{-5}[N/m^2])

참고 P_o는 정상 청력의 사람이 1,000[Hz]에서 가청할 수 있는 최소 음압실효치이다.

③ 음압수준의 보정(기준 주파수: 1,000[Hz])

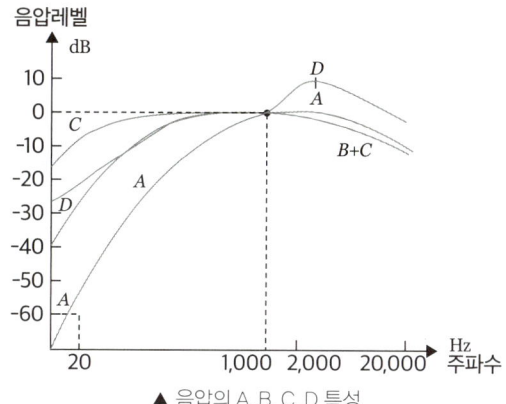
▲ 음압의 A, B, C, D 특성

청감보정회로	신호보정	[phon]	용도
A 특성	저음역대	40	일반적으로 많이 이용(인간청력과 유사)
B 특성	중음역대	70	거의 사용하지 않음
C 특성	고음역대	85	소음등급 평가, 물리적 특성 파악
D 특성	고음역대	—	항공기 소음 평가

참고 A 특성과 C 특성의 차이가 크면 저주파음이고 차이가 작으면 고주파음이다.

(3) 음의 세기(Sound Intensity)

① 소리의 진행 방향에 수직하는 단위면적을 단위시간 동안 통과하는 소리에너지를 음의 세기라고 한다.

필수공식 | 음의 세기

$$I = \frac{P^2}{\rho c}$$

여기서, I: 음의 세기[W/m²]
P: 음압실효치[N/m²]
ρ: 매질의 밀도[kg/m³]
c: 매질에서의 음속[m/sec]

참고 ρc를 특성 음향임피던스라고도 한다.

② 음의 세기레벨(SIL, Sound Intensity Level)

필수공식 | 음의 세기레벨(SIL)

$$SIL = 10 \log \frac{I}{I_o}$$

여기서, SIL: 음의 세기레벨[dB]
I: 대상음의 세기[W/m²]
I_o: 최소가청음 세기(10^{-12}[W/m²])

(4) 음력(Sound Power, 음향출력)
① 음력(음향출력)은 음원으로부터 단위시간당 방출되는 총 소리에너지를 말한다.

> **필수공식 | 음력**
>
> $$W = I \times S$$
>
> 여기서, W: 음력[W]
> I: 음의 세기[W/m^2]
> S: 표면적[m^2](구면파일 때: $4\pi r^2$, 반구면파일 때: $2\pi r^2$)

참고 구면파일 경우에는 표면적 S가 구의 표면적 $4\pi r^2$이고, 반구면파일 경우에는 반구의 표면적인 $2\pi r^2$이다.

② 음력수준(PWL, Sound Power Level, 음향파워레벨)

> **필수공식 | 음력수준(PWL)**
>
> $$\text{PWL} = 10 \log \frac{W}{W_o}$$
>
> 여기서, PWL: 음력수준[dB]
> W: 측정 음력[W]
> W_o: 기준 음력(10^{-12}[W])

(5) SPL과 PWL의 관계
① PWL은 변하지 않는 값이고, SPL은 거리에 따라 변하는 값이다.

> **필수공식 | SPL과 PWL의 관계**
>
> $$\text{PWL} = 10 \log \frac{W}{W_o} = 10 \log \frac{I \times S}{10^{-12}}$$
> $$= 10 \log \frac{I}{10^{-12}} + 10 \log S$$
> $$= \text{SPL} + 10 \log S$$
>
> 여기서, PWL: 음력수준[dB]
> SPL: 음압수준[dB]
> S: 표면적[m^2]

참고 PWL과 SPL의 차이는 지진 관측에서 사용하는 개념인 규모와 진도를 생각하면 된다. PWL(규모)는 절대적인 에너지의 크기(불변)를 말하고, SPL(진도)은 거리에 따라 변화(가변)한다.

② 자유공간, 반자유공간에서 SPL과 PWL의 관계
　㉠ SPL과 PWL의 관계(자유공간)

> **필수공식 | SPL과 PWL의 관계(자유공간)**
>
> $$\begin{aligned} SPL &= PWL - 10\log S \\ &= PWL - 10\log(4\pi r^2) \\ &= PWL - 10[\log(4\pi) + 2\log r] \\ &= PWL - 20\log r - 11 \end{aligned}$$
>
> 여기서, PWL : 음력수준[dB]
> 　　　　r : 음원으로부터 떨어진 거리[m]

참고 무지향성 점음원이 자유공간에 있을 경우(구면파일 경우) 표면적 S는 구의 표면적 $4\pi r^2$이다.

　㉡ SPL과 PWL의 관계(반자유공간)

> **필수공식 | SPL과 PWL의 관계(반자유공간)**
>
> $$\begin{aligned} SPL &= PWL - 10\log S \\ &= PWL - 10\log(2\pi r^2) \\ &= PWL - 10[\log(2\pi) + 2\log r] \\ &= PWL - 20\log r - 8 \end{aligned}$$
>
> 여기서, PWL : 음력수준[dB]
> 　　　　r : 음원으로부터 떨어진 거리[m]

참고 무지향성 점음원이 반자유공간에 있을 경우(반구면파일 경우) 표면적 S는 반구의 표면적인 $2\pi r^2$이다.

(6) 음압의 거리 감쇠

> **필수공식 | 음압의 거리 감쇠**
>
> - 점음원 : $SPL_1 - SPL_2 = 20\log \dfrac{r_2}{r_1}$
> - 선음원 : $SPL_1 - SPL_2 = 10\log \dfrac{r_2}{r_1}$
>
> 여기서, SPL : 음압수준[dB]
> 　　　　r : 음원으로부터 떨어진 거리[m]

3. 소음의 생체 영향

(1) 청신경 메커니즘
　① 소리의 전달순서

```
공기의 진동  →  기계적 진동   →  액체의 진동    →  신경자극
    ↓           ↓     ↓          ↓    ↓           ↓
   고막       이소골  전정창     외임파 코르티       신경
            (3개)             내임파  기관         섬유
```

② 외이도를 통해 소리가 들어오면 고막에서 진동(매질: 기체)하고 중이 이소골(매질: 고체)에서 20배 증폭되어 내이(매질: 액체) 속 섬모에 전달된다.

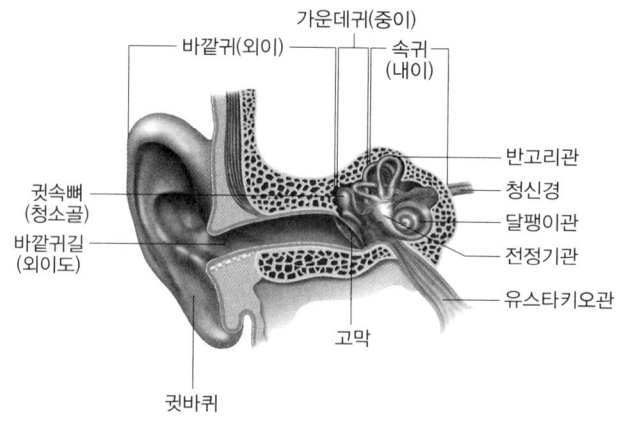

▲ 귀의 구조와 음파의 통로

㉠ 음의 대소: 섬모가 받는 자극의 크기에 따라 달라짐
㉡ 음의 고저: 자극받는 섬모의 위치에 따라 달라짐(입구: 고주파, 와우관 속: 저주파)

(2) 청력장해

구분	설명
일시적 청력장해 (청력피로)	• 4,000~6,000[Hz]에 노출되었을 때 발생하는 일과성 청력손실이다. • 폭로 후 2시간 이내 발생하며, 노출 중지 후 12~24시간 이내에 회복한다.
영구적 청력장해 (소음성 난청)	• 4,000[Hz] 부근의 심한 소음에 반복하여 노출되면 영구적 청력장해가 발생하여 회복이 불가능하다.(코르티기관 섬모세포의 비가역적 손상) • C_5-dip 현상: 소음성 난청은 3,000~6,000[Hz]에서 청력의 저하가 뚜렷하고 4,000[Hz]에서 가장 심하게 발생하는데, 이를 C_5-dip 현상이라고 한다. 청력도 상으로 C_5 음계에서 청력손실이 가장 커서 움푹 들어가므로 C_5-dip이라고 부르게 되었다.
노인성 난청	• 노화에 의한 퇴행성 청력 질환이다. • 양쪽 귀에 대칭적이고 점진적으로 발생한다. • 6,000[Hz] 이상의 고음 영역부터 청력손실이 나타난다.

(3) 소음성 난청에 영향을 미치는 요소

요소	설명
음압 수준	음압이 높을수록 유해
주파수	주파수가 높을수록 유해
발생 특성	계속적 노출이 간헐적 노출보다 유해

(4) 소음의 부정적 영향

요소	설명
회화방해	언어소통과 대화에 지장 초래
작업방해	작업능률 저하, 에너지 소비량 증가
수면방해	55[dB(A)]일 경우 30[dB(A)]보다 2배 늦게 잠들고, 수면 시간을 60[%] 단축
생리반응	발한, 혈압 증가, 맥박 증가, 동공팽창, 전신 근육 긴장, 호흡 불안정, 위 수축 운동 감퇴

(5) 청력손실 평가 및 재해 인정기준

평균청력손실이 25[dB] 이상이면 난청으로 판정한다.

> **필수공식** | 평균청력손실(4분법, 6분법)
>
> - 4분법: 평균청력손실 = $\dfrac{a+2b+c}{4}$
> - 6분법: 평균청력손실 = $\dfrac{a+2b+2c+d}{6}$
>
> 여기서, a: 500[Hz]에서의 청력손실
> b: 1,000[Hz]에서의 청력손실
> c: 2,000[Hz]에서의 청력손실
> d: 4,000[Hz]에서의 청력손실

4. 소음의 측정과 예방

(1) 소음에 대한 노출기준

① 연속음의 노출기준

1일 8시간 노출시 노출기준은 90[dB]이고 5[dB] 증가할 때마다 노출시간은 반감된다.

1일 노출시간[hr]	소음강도[dB(A)]	1일 노출시간[hr]	소음강도[dB(A)]
8	90	4	95
2	100	1	105
$\dfrac{1}{2}$	110	$\dfrac{1}{4}$	115

참고 「안전보건규칙」 제512조에 명시된 소음작업의 정의에 따라, 8시간에 대한 노출기준을 85[dB]로 오해할 수 있으나, 「작업환경측정 및 정도관리 등에 관한 고시」 제26조에 따라 8시간에 대한 노출기준은 90[dB]로 보는 것이 적절하다.

② 충격소음의 노출기준

1일 노출횟수(회)	충격소음의 강도[dB(A)]
10,000	120
1,000	130
100	140

㉠ 충격소음이라 함은 최대 음압수준에 120[dB(A)] 이상인 소음이 1초 이상의 간격으로 발생하는 것을 말한다.

㉡ 작업자는 최대 음압수준이 140[dB(A)]를 초과하는 충격소음에 노출되어서는 아니 된다.

(2) 소음의 분석 및 평가

① 등청감곡선

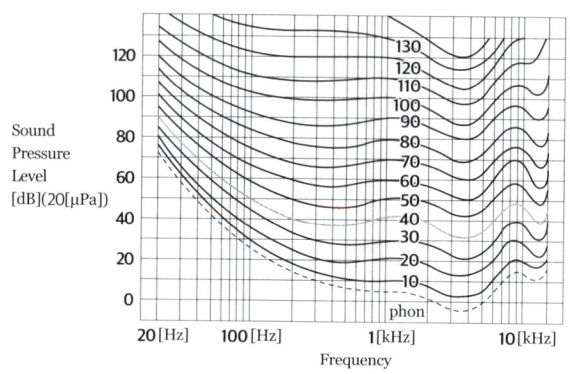

▲ 순음에 대한 등청감곡선

㉠ 정상적인 청력을 가진 18~25세의 사람을 대상으로 순음에 대하여 느끼는 시끄러움의 크기를 실험하여 얻은 곡선이다.

㉡ 같은 크기로 느끼는 순음을 주파수별로 구하여 작성한 그래프이다.

㉢ 사람은 20~20,000[Hz]의 음압수준 0~130[dB] 정도를 가청할 수 있고, 청감은 4,000[Hz] 부근의 소리에서 가장 예민하며 100[Hz] 이하의 저주파음에서는 둔하다.

② 소음의 평가

㉠ 대다수의 작업장에서는 불규칙적으로 소음이 발생하므로, 소음 측정 시 누적소음노출량측정기를 사용한다.

필수공식 | 시간가중평균소음수준(TWA)

$$TWA = 90 + 16.61 \log \frac{D}{100}$$

여기서, TWA: 시간가중평균 소음수준[dB(A)]
D: 누적소음폭로량[%]

ⓒ 누적소음노출량측정기 설정 기준
- 허용기준(Criteria): 90[dB]
- 청력역치(Threshold Level): 80[dB]
- 변화율(Exchange Rate): 5[dB]

③ **주파수 분석**

소음특성을 정확히 평가하기 위해 옥타브밴드 분석기를 사용한다.

㉠ 옥타브밴드 분석기

중심주파수 31.5, 63, 125, 250, 500, ⋯, 8,000[Hz]에서 분석할 수 있는 기구이다.

㉡ 주파수 분석기

주파수 분석기는 소음의 특성(스펙트라)을 분석하여 방지기술에 활용하는 데 필수적이다. 주파수 분석기에는 정비형과 정폭형이 있다.

- 정비형: 대역(band)의 하한 및 상한주파수를 f_L 및 f_U라 할 때, 어떤 대역에서도 $\dfrac{f_U}{f_L}$의 비가 일정한 필터이다.

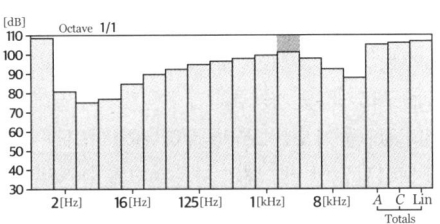

▲ 주파수 분석(1/1 옥타브밴드)의 예

| 심화이론 | 정비형 주파수 |

$$\frac{f_U}{f_L}=2^n$$

여기서, $n=1/1$ 혹은 $1/3$

중심주파수(f_c)	$\sqrt{f_L \times f_U}$
f_c(1/1 옥타브밴드)	f_c(1/3 옥타브밴드)
$\sqrt{2}f_L$	$\sqrt{1.26}f_L$

- 정폭형: 각 대역의 주파수 폭(밴드폭)이 일정한 필터이다.

5. 청력보호구

(1) 귀마개

▲ 폼타입 귀마개

▲ 재사용 귀마개

① 귀마개의 장단점

구분	설명
장점	• 작아서 편리하다. • 안경, 귀걸이, 머리카락, 모자 등에 의해 방해를 받지 않는다. • 고온에서 착용해도 불편이 없다. • 작은방에서도 고개를 움직이는 데 불편이 없다. • 가격이 귀덮개보다 저렴하다.
단점	• 귀에 맞도록 조절하는 데 많은 시간과 노력이 필요하다. • 좋은 귀마개라도 차음효과가 귀덮개보다 떨어지고 사용자 간의 개인차가 크다. • 귀마개에 묻어 있는 오염물질이 귀에 들어갈 수 있다. • 잘 보이지 않아 귀마개의 사용 여부를 확인하는 데 어려움이 있다. • 귀가 건강한 사람만 사용할 수 있다. • 일반적으로 귀덮개보다 차음효과가 떨어진다. • 귀덮개에 비해 제대로 착용하는 데 시간이 많이 소요된다.

② 귀마개의 차음효과 예측

> **심화이론** | 귀마개의 차음효과(OSHA 기준)
>
> $$차음효과 = (NRR - 7) \times 50$$
>
> 여기서, NRR(Noise Reduction Rating): 차음평가지수

(2) 귀덮개

▲ 귀덮개의 종류

① 귀덮개의 장단점

구분	설명
장점	• 귀마개보다 일관성 있는 차음효과를 얻을 수 있다. • 동일한 크기의 귀덮개를 대부분의 근로자가 사용할 수 있다. • 귀덮개를 멀리서도 볼 수 있으므로 사용 여부를 확인하기 쉽다. • 귀에 염증이 있어도 사용할 수 있다. • 귀마개보다 차음효과가 일반적으로 크다.
단점	• 고온에 불편하다. • 가격이 귀마개보다 비싸다. • 안경, 귀걸이, 모자, 머리카락 등이 착용에 불편을 준다. • 귀덮개의 밴드에 의해 차음효과가 감소될 수 있다. • 작은 작업장에서 고개를 움직이는 데 불편하다.

6. 소음관리 대책

(1) 소음대책

대책	설명
발생원 대책	• 저소음형 기계 사용, 작업방법 변경, 기기 변경 • 소음기 사용 • 방진 및 제진(동적 흡진) • 기초중량의 부가 및 경감 • 불평형력의 균형 • 병타법을 용접법으로 대치 • 단조법을 프레스법으로 대치 • 노즐, 버너 개량 또는 공명부분 차단 • 압축공기 구동기기를 전동기기로 대체
전파경로 대책	• 건물 내벽 흡음처리 • 지향성 변환(음원방향 변경) • 방음벽 및 차음벽 사용 • 거리 감쇠

(2) 흡음대책

① 소음감소량(감음량)

필수공식 | 소음감소량(NR, 감음량)

$$NR = 10 \log \frac{A_2}{A_1}$$

여기서, NR : 소음감소량[dB]
A_1 : 흡음물질을 처리하기 전의 총 흡음량[sabins]
A_2 : 흡음물질을 처리한 후의 총 흡음량[sabins]

② 소리의 잔향시간

잔향시간이란 실내의 음원을 정지한 순간부터 음압 수준이 60[dB] 감쇠되는 데 소요되는 시간이다.

> **심화이론** | 잔향시간
>
> $$T = 0.161 \frac{V}{A}$$
>
> 여기서, T : 잔향시간[sec]
> V : 작업공간 부피[m³]
> A : 흡음력[sabin, m²]

③ 흡음재료의 선택 및 사용상 주의사항

㉠ 흡음재료를 벽면에 부착할 때 한곳에 집중하는 것보다 전체 내벽에 분산 부착하는 것이 효과적이다.

㉡ 실내의 모서리나 가장자리에 흡음재를 부착시키면 흡음효과가 상승한다.

㉢ 저주파 성분이 큰 공장이나 기계실은 판상재료, 타공판 구조체, 슬라브 구조체, 단일레즈레이터 등을 사용한다.

(3) 차음대책

① 벽의 투과손실

투과손실은 소음이 물체를 통과할 때 잃어버리는 소음량이다.

> **심화이론** | 투과손실
>
> $$\Delta L_t = 10 \log\left(\frac{1}{\tau}\right)$$
>
> 여기서, ΔL_t : 투과손실[dB]
> τ : 투과율
>
> $$\Delta L_t = 20 \log(m \times f) - 47$$
>
> 여기서, ΔL_t : 투과손실[dB]
> m : 투과재료의 면적밀도[kg/m²]
> f : 주파수[Hz]

② 차음효과

㉠ 차음 시 저주파는 2~5[dB], 고주파는 10~15[dB] 정도 감쇠시킬 수 있다.

㉡ 밀도가 높은 차음물질을 사용할수록 효과적이다.

㉢ 단일벽보다 2중, 3중벽을 사용하면 효과적이다.

㉣ 부분밀폐보다 완전밀폐방식을 선택한다.

04 진동

1. 진동 기본

(1) 정의
  ① **진동:** 물체의 평형점을 중심으로 좌우 또는 상하로 흔들리는 현상이다.
  ② **진동의 강도:** 정상 정지 위치로부터 최대변위이다.
  ③ **최소 진동역치:** 사람이 진동을 느끼기 위해 필요한 최소한의 강도로, 55±5[dB] 정도이다.
  ④ **공명:** 진동계가 그 고유진동수와 같은 진동수를 가진 외력을 주기적으로 받을 때 진폭이 뚜렷하게 증가하는 현상이다.

(2) 진동의 종류
  ① 정현진동
    정현파(사인파) 형태로 진동하는 파동이다.
  ② 충격진동
    짧고 강한 충격을 받은 후에 발생하는 진동이다.
  ③ 감쇠진동
    진동하면서 점차 에너지를 잃어 진폭이 줄어드는 진동이다.
  ④ 강제진동
    외부에서 지속적으로 힘을 가해주며 진동시키는 것이다.
  ⑤ 자유진동
    외부에서 한 번 힘을 가하면 그 이후로는 외력이 작용하지 않아도 스스로 진동하는 것이다.

2. 진동의 생체 영향

(1) 진동의 생체반응 관계 4요소
  ① 진동 강도
  ② 진동수
  ③ 진동 방향
  ④ 진동 노출시간

(2) 진동에 의한 영향

구분	설명
국소진동의 영향	• 8~1,500[Hz] 범위의 진동에서 주로 발생한다. • 중추신경계, 특히 내분비계통에 만성적인 작용을 한다. • 레이노드증후군(Raynaud's Disease): 손가락의 말초혈관 혈액순환장애로, 손가락의 감각이 마비되고 창백해지며 추운 환경에서 더욱 심해진다. 착암기나 해머 등 진동공구 작업이 발생 원인이다.
전신진동의 영향	• 4~12[Hz] 범위의 진동에서 주로 발생한다. • 수평·수직 진동이 동시에 가해지면 자각현상이 2배 더 커진다. • 신체의 공진현상은 서 있을 때보다 앉아 있을 때 더욱 심하다. • 안구 공진에 의한 시력 저하, 내장의 공진에 의한 위장 악화, 순환기 장애, 말초신경 수축, 발한 및 피부 저항 저하, 산소소비량 증가 • 공명 주파수: 상체(5[Hz]), 두부·견부(20~30[Hz]), 안구(60~90[Hz]), 내장(4[kHz])

3. 진동대책

(1) 신체진동대책

구분		대책
전신진동 대책	발생원 대책	• 진동원 제거 • 저진동 기계 교체 • 탄성지지 • 가진력 감쇠 • 기초 중량의 부가 및 경감 • 동적 흡인
	전파경로 대책	• 수진점 근방 방진구 설치(전파경로 차단) • 진동원과의 거리 증가 • 측면 전파 방지 • 전파경로에 대한 수용자의 위치 변경
	수진 측 대책	• 수진점의 기초 중량의 부가 및 경감 • 수진 측 탄성지지 • 수진 측 강성변경 • 진동방지장갑 착용 • 수용자의 격리
	인체에 도달되는 진동장해의 최소화 대책	• 진동의 폭로기간을 최소화 • 작업 중 적절한 휴식 • 피할 수 없는 진동인 경우 최선의 작업을 위한 인간공학적 설계 • 진동을 최소화시키기 위한 공학적 설계와 관리 • 근로자의 신체적 적합성, 금연 • 진동의 감수성을 촉진시키려는 물리적·화학적 유해물질의 제거 또는 회피 • 심한 진동이나 운전에 있어서 직업적으로 폭로된 근로자들을 작업에서 부적격자로 제외
국소진동 대책		• 진동공구에서의 진동 발생 감소 • 진동공구의 무게는 10[kg] 미만 • 손에 진동이 도달하는 것을 감소시키며, 진동의 감소를 위하여 장갑 사용 • 적절한 휴식

(2) 방진재료

① 금속스프링

구분	설명
장점	• 저주파 차진에 효과 • 설계요소가 명확하여 처짐량도 크게 할 수 있음 • 환경요소에 대한 저항성이 높음 • 다양한 형상으로 제작이 가능하며 내구성이 좋음
단점	• 감쇠가 거의 없음 • 공진 시 전달률이 매우 높음 • 공진점의 진폭을 억제하려면 오일 댐퍼 등의 저항요소 필요 • 코일 용수철 자체의 종진동에 의하여 저항

② 공기스프링

구분	설명
장점	• 구조가 복잡하여도 성능이 좋음 • 부하능력 광범위 • 하중의 변화에 따라 고유진동수를 일정하게 유지 가능 • 높이 조정변에 의해 높이 조절 가능
단점	• 사용진폭이 작아 별도의 댐퍼가 필요 • 압축기 등 부대시설 필요

③ 방진고무

구분	설명
장점	• 형상의 선택이 비교적 자유로움 • 자체의 내부마찰에 의해 저항을 얻을 수 있어 고주파진동의 차진에 강점 • 공진 시의 진폭도 지나치게 커지지 않음 • 여러 가지 형태로 된 철물로 튼튼하게 부착할 수 있음 • 용수철 정수를 광범위하게 선택 가능
단점	내약품성, 내후성 및 내유성이 약하고 공기 중 오존에 의해 산화

④ 코르크
　㉠ 재질이 균일하지 않으므로 정확한 설계가 곤란하고 처짐을 크게 할 수 없다.
　㉡ 고유진동수가 10[Hz] 전후밖에 되지 않아 진동방지보다는 고체음의 전파방지에 유리하다.

⑤ 펠트(Felt)
　㉠ 경미한 것 이외에는 사용하지 않는다.
　㉡ 방진재료라기보다는 지지용으로 강체 간의 고체음 전파를 전열시키는 데 사용한다.

05 방사선 및 조명

중요도 ●●●

1. 전리방사선의 개요

(1) 전리방사선의 정의

전자파나 입자선 중 원자에서 전자를 떼어내어 주위의 물질을 이온화시킬 수 있는 능력을 가진 것으로서 알파(α)선, 중양자선, 양자선, 베타(β)선, 그 밖의 중하전 입자선, 중성자선, 감마(γ)선, 엑스(X)선 등의 에너지를 가진 입자나 파동을 말한다.

(2) 전리방사선의 구분

① 광자에너지가 최소 12[eV] 이상이다.
② 이온화 성질, 파장, 주파수로 비전리방사선과 구분된다.

이온생성 능력 여부에 따른 분류	전리방사선	α, β, γ, X, 중성자 등
	비전리방사선	전파, 적외선, 자외선, 가시광선 등
형태에 따른 분류	입자방사선	α, β, 중성자 등
	전자기방사선	γ, X, 자외선, 전파 등

2. 전리방사선의 성질

(1) 전리방사선의 물리적 특성

> **학습 나침반**

종류	형태	방사선원	RBE	피해 부위
α선	고속도의 He핵	방사선원자핵	10	내부폭로
β선	고속도의 전자	방사선원자핵	1	내부폭로
γ선	전자파	방사선원자핵	1	외부폭로
X선	전자파	X선관	1	외부폭로
중성자	중성입자	핵분열 및 핵변환반응	10	외부폭로

참고 RBE(Relative Biological Effectiveness, 상대적 생물학적 효과 비) : [rad]를 기준으로 방사선 효과를 상대적으로 나타낸 것이다.

구분	설명
X선	• 전자기방사선으로, 뢴트겐선이라고도 한다. • 에너지가 클수록 파장이 짧아진다.
γ선	• X선과 같은 전자기방사선이다. • 원자핵 전환 또는 원자핵 붕괴에 따라 자연적으로 발생하는 전리방사선이다. • 전리방사선 중 투과력이 가장 커서 외부조사 시 치명적이다.
α선	• 방사선 동위원소 붕괴과정 중 원자핵에서 방출되는 입자이다. • 2개의 양성자와 두 개의 중성자로 구성되어 있다.(He 원자핵과 동일) • 전리방사선 중 전리작용이 가장 크다. • 흡입, 섭취하는 경우 내부조사로 인해 치명적이다. • 질량과 하전 여부에 따라서 위험성이 결정된다.
β선	• 방사선 동위원소 붕괴과정 중 원자핵에서 방출되는 음전하 입자이다. • α입자보다 가벼워서 이동속도가 10배 더 빠르므로 충돌할 때마다 방향을 바꾼다. • 외부조사보다 내부조사가 더 치명적이다.

(2) 방사능, 방사선량 단위

구분		SI 단위	일반 단위	환산	비고
방사능 단위		Bq(베크렐)	Ci(퀴리)	$1[Bq]=2.7\times10^{-11}[Ci]$	단위시간 동안 발생하는 방사선 붕괴율을 표현
방사선량 단위	조사선량	C/kg(쿨롱/킬로그램)	R(뢴트겐)	$1[R]=2.58\times10^{-4}[C/kg]$ $1[C/kg]=3.88\times10^{3}[R]$	X선, γ선만 해당
	흡수선량	Gy(그레이)	rad(라드)	$1[Gy]=100[rad]$	모든 방사선
	등가선량	Sv(시버트)	rem(렘)	$1[Sv]=100[rem]$	—

3. 전리방사선의 생물학적 작용

(1) 전리방사선의 영향 인자

① 전리작용

② 피폭선량

③ 조직의 감수성

④ 투과력

(2) 전리방사선의 생체 영향

① 전리방사선의 투과력 및 전리작용 순서

구분	순서
투과력	중성자 > γ선, X선 > β선 > α선
전리작용	α선 > β선 > γ선, X선

참고 내부피폭의 경우 α선과 같은 입자방사선이 가장 위험하나, 현실에서는 외부피폭에 의한 피해가 더 많기 때문에 γ선이나 X선에 의한 피폭을 예방하여야 한다.

② 방사선에 의한 손상

구분		설명
신체조직	감수성이 큰 순서	골수, 임파구, 임파선, 흉선 및 림프조직 > 눈의 수정체 > 고환 및 난소, 타액선, 상피세포 > 혈관, 복막 등 내피세포 > 결합조직과 지방조직 > 뼈 및 근육조직 > 폐, 위장관, 뼈 등 내장기관 조직
	구성성분 손상단계	1단계: 분자수준 손상
		2단계: 세포수준 손상
		3단계: 조직 및 기관수준 손상
		4단계: 발암현상
세포조직	감수성이 커지는 조건	• 세포의 증식력이 클수록 • 재생기전이 왕성할수록 • 세포핵 분열이 영속적일수록 • 형태와 기능이 미완성일수록

4. 전리방사선의 관리대책

(1) 방사선 관리 원칙

구분		원칙
방사선 방어의 3원칙	시간	방사선 노출시간을 가능한 한 단축시킨다.
	거리	방사선원으로부터 거리를 멀리한다.
	차폐	방사선원을 납, 콘크리트 등으로 차폐한다.
전리방사선 관리의 4원칙		경고장치 설치
		축적량 체크
		의학적 건강진단
		사고 시 응급처치

(2) 방사선별 차폐물

구분	설명	
X선, γ선	• 납판, 철판	• 콘크리트벽
α선, β선	• 알루미늄판 • 4[mm] 초자판	• 얇은 철판
중성자선	• 파라핀 • 콘크리트	• 흑연 • 물

5. 비전리방사선

(1) 비전리방사선의 정의

물질에 전자기파 에너지를 전달하지만, 원자를 이온화시키지 못하는 비이온화 방사선이다.
자외선, 가시광선, 적외선, 마이크로파, 라디오파, 초저주파, 극저주파로 구분한다.

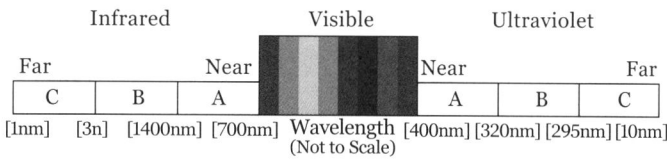

▲ 파장에 따른 분류

(2) 자외선(Ultra Violet, 200~380[nm])

구분	설명	
선원	태양광, 수은등, 수은아크등, 탄소아크등, 수소방전관, 헬륨방전관, 전기아크용접	
물리·화학적 성질	분류	200~280[nm]: 원자외선(UV-C)
		280~315[nm]: 중자외선(UV-B)
		315~400[nm]: 근자외선(UV-A)
	• 자외선 파장 중 280~315[nm](2,800~3,150[Å]) 사이의 파장을 건강선(도르노선, Dorno-ray)이라고 하며, 소독작용, 비타민D 생성 작용을 하지만 장시간 노출 시 피부암 발생의 위험이 있다. • 자외선은 구름이나 눈에 반사되어 구름이 낀 맑은 날에 가장 지수가 높다. • 자외선은 화학선이라고도 부르며 광화학반응으로 단백질과 핵산분자를 파괴하고 변성시킨다. • 290~320[nm] 사이의 자외선이 피하조직 내의 에르고스테린 디하이드로 콜레스테롤(Ergosterin dehydro-cholesterol)을 활성화하여 비타민D가 합성된다.	

건강장해	피부 장해	각질층의 표피세포에 히스타민(염증생성물질)의 양이 많아져 모세혈관 확장, 홍반, 색소침착 등이 나타난다.(홍반은 297[nm], 색소 침착은 300~420[nm], 피부암은 280~320[nm]에서 발생 위험성 증가)
	안장해	자외선은 결막염, 각막염, 수포, 안검부종, 전광성 안염, 수정체 단백질 변성 등을 유발한다.(안구 부위별로 약간씩 다르지만, 대체로 270~280[nm] 부근에서 가장 유해)
	기타 건강 장해	• 두통, 흥분, 피로 • 신진대사 항진 • 적혈구, 백혈구, 혈소판 증가

(3) 가시광선(Visible Light, 380~780[nm])

구분		설명
선원		형광등, LED등
물리·화학적 성질		생물학적 리듬에서 간접작용을 한다.
건강장해	조명 부족 시	조명 부족은 안구진탕증, 안정피로, 근시 등의 안질환을 유발한다.
	조명 과잉 시	• 시력장해, 시야협착: 강력한 광선이 망막을 자극해서 잔상을 동반하는 장해이다. • 광시, 암순응의 저하: 장시간 강렬한 광선에 폭로될 경우 발생한다.

참고 녹내장, 백내장, 망막변성 등 기질적 안질환은 조명과 무관하다.

(4) 적외선(Infrared Rays, 780~12,000[nm])

구분		설명	
선원		광물이나 금속의 용해 작업, 노 작업, 제강, 단조, 용접, 야금 공정 등에서 취급하는 고온의 물질	
물리·화학적 성질	분류	0.1~1[mm]: IR-C(원적외선)	
		1.4~10[μm]: IR-B(중적외선)	
		700~1,400[nm]: IR-A(근적외선)	
	열선이라고도 부르며, 온도에 비례하여 적외선을 방출한다.		
건강장해	피부 장해	• 피부에 조사하면 온도가 상승한다. • 장시간 조사 시 습진, 피부 괴사, 화상을 유발한다.	
	안장해	• 1,400[nm] 이상: 각막 손상 • 1,400[nm] 미만: 망막 손상, 안구건조증, 백내장	
	두부 장해	강력한 적외선은 뇌막 자극으로 인하여 의식상실, 경련 등을 유발하고 열사병을 발생시킨다.	

(5) 레이저(LASER ; Light Amplification by Stimulated Emission of Radiation)
   ① 파장: 크세논 레이저(172[nm]) 등 60종 이상으로 다양하다.
   ② 물리·화학적 성질
      ㉠ 단색성, 간섭성, 지향성, 집속성, 고출력성이 특징적인 빛이다.
      ㉡ 단일파장(단색성)이며, 빛의 분산이 적다(지향성).
      ㉢ 에너지의 양을 지속적으로 축적하여 강력한 파동을 발생시키는 것을 맥동파라고 한다.
   ③ 생물학적 작용
      ㉠ 레이저 감수성이 가장 큰 부위는 안구이다.(백내장, 각막염 유발)
      ㉡ 파장과 조직의 흡수능력에 따라 장애 출현 부위가 달라진다.
      ㉢ 높은 출력의 레이저는 피부에 열응고, 탄화, 괴사 등의 피부화상을 일으키지만, 치료 시 회복 가능하다.

(6) 마이크로파와 라디오파(Microwave&Radio Waves)
   ① 파장(주파수)
      ㉠ 마이크로파의 범위: 1[mm]~10[m](10~1,000[MHz])
      ㉡ 라디오파의 범위: 1[mm]~100[km](3[kHz]~300[GHz])
   ② 생물학적 작용
      ㉠ 마이크로파와 라디오파가 인체에 흡수되면 온감을 느끼는 열작용이 발생한다.
      ㉡ 노출 시 성적 흥분 감퇴, 정서불안정이 나타나고, 폭로 초기에는 혈압이 상승하나 곧 억제 효과가 발생하여 낮아진다.
      ㉢ 150[MHz] 이하의 파동은 피부에 흡수되어도 감지할 수 없으나, 1,000~3,000[MHz]의 파동은 피부 심부까지 흡수된다.
      ㉣ 1,000~10,000[MHz]의 파동에 안구가 노출되면 백내장이 생기고 비타민C가 감소한다.

6. 조명

(1) 조명의 정의
   ① 채광과 인공조명을 합하여 조명이라고 부른다.
   ② 채광 및 인공조명이 불량하면 작업능률 저하와 피로를 증대시키므로 산업재해의 발생빈도가 높아진다.

(2) 빛의 단위

구분	단위	설명
칸델라	[cd]	• 빛의 세기인 광도를 나타내는 단위이다. • 1[cd]는 540×10^{12}[Hz]의 진동수를 가진 단일 파장 빛의 발광 효율이 $K_{cd}=683[cd \cdot sr \cdot W^{-1}]$가 될 때의 광도이다.
루멘	[lm]	1촉광의 광원으로부터 한 단위입체각으로 나가는 광속(광원에서 나오는 빛의 양)의 단위이다.
풋캔들	[fc]	1[lm]의 광원이 1[ft²] 평면상에 수직으로 비칠 때 그 평면의 밝기가 1[lm/ft²]이다. (1[fc]=10.8[lm/ft²])
럭스	[lx]	• 1[lm]의 광원이 1[m²]의 평면에 수직으로 비칠 때 밝기가 1[lx]이다. • 1[cd]의 점광원으로부터 1[m] 떨어진 곳에 있는 광선의 수직인 면의 조명도도 1[lx]이다. • 광속의 양에 비례하고, 입사면의 단면적에 반비례한다.

(3) 조명방법

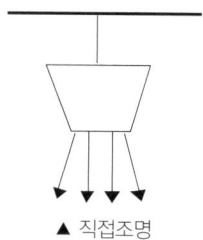
▲ 직접조명

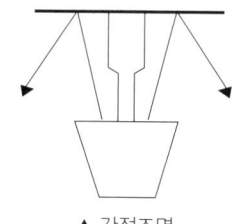
▲ 간접조명

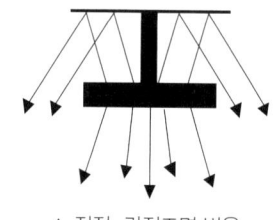
▲ 직접·간접조명 병용

구분	특징
직접조명	• 반사갓을 이용하여 광속의 90~100[%]가 아래로 향하게 하는 방식이다. • 조명기구가 간단하고 조명효율이 좋다. • 경제적이고 설치가 간편하며, 벽체·천장 등의 오염으로부터 조도의 감소가 적다. • 눈부심이 심하고 그림자가 뚜렷하다. • 균일한 조도를 얻기 어렵고, 휘도가 크다.
간접조명	• 광속의 90~100[%]를 위로 발산하여 천장과 벽에서 반사, 확산시켜 균일한 조명도를 얻는 방식이다. • 눈부심이 적고 조도가 균일하다. • 설치가 복잡하고 실내의 입체감이 감소한다. • 기구 효율이 나쁘고 경제성이 떨어진다.
국소조명	• 필요 장소만 높은 조도를 취하는 방식으로, 작은 물건의 식별이 필요한 장소에 음영이 생기지 않도록 적용한다. • 명암 차이가 심하여 눈이 금방 피로해진다.
전반, 국소를 병용한 조명	• 전반적으로 적당한 조도를 취하지만, 부분적으로 필요한 장소에서는 높은 조도를 취하는 조명방식이다. • 작업능률을 높이기 위해 가장 효과적인 방식이다. • 전체조명의 조도는 국부조명의 10~20[%]가 되도록 조정한다.

7. 채광 및 조명방법

(1) 채광계획

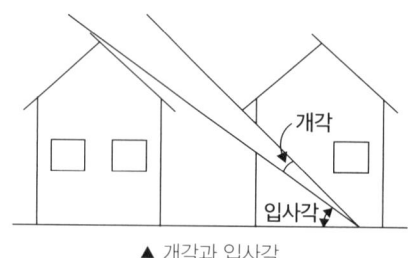
▲ 개각과 입사각

① 많은 채광을 요할 시 창의 방향은 남향으로 하고, 균일한 조명을 요할 시에는 동북 또는 북향으로 한다.
② 창의 면적은 바닥 면적의 15~20[%]로 한다.
③ 실내 각 점의 개각은 4~5°, 입사각은 28° 이상으로 한다.
④ 바탕 조도는 창의 크기를 증가시키는 것보다 창의 높이를 증가시키는 것이 유리하다.

에듀윌이
너를
지지할게
ENERGY

내를 건너서 숲으로
고개를 넘어서 마을로

어제도 가고 오늘도 갈
나의 길 새로운 길

– 윤동주, '새로운 길'

SUBJECT 05 산업독성학

01 입자상 물질

1. 입자상 물질 개요

(1) 입자상 물질의 정의
  공기 중에 부유하여 호흡기관으로 들어올 수 있는 고체 또는 액체상의 미립자 물질이다.

(2) 입자상 물질의 종류

구분	설명
에어로졸(Aerosol)	대기 중에 떠다니는 고체 또는 액체상의 입자상 물질을 총괄하여 일컫는 말이다.
먼지(Dust)	약 100[μm] 이하의 고체 입자가 공기 중에 부유하고 있는 상태이다.
흄(Fume)	금속이 증기화, 산화, 응축 등의 단계를 거쳐 형성되는 고체 입자이다.
미스트(Mist)	대기 중에 부유하고 있는 액체의 미립자를 말한다.
섬유(Fiber)	5[μm] 이상 길이의 먼지와 너비의 비가 3 : 1 이상인 먼지를 말한다.(석면, 유리섬유 등)
안개(Fog)	1~5[μm]의 액체 입자가 대기 중에 분산되어 있는 에어로졸 상태이다.
연기(Smoke)	가연성 물질이 연소할 때 발생하는 에어로졸 상태이다.(주로 고체, 액체 입자)
스모그(Smog)	연기(Smoke)와 안개(Fog)가 결합된 상태이다.

(3) 입자상 물질의 직경
  ① 물리적 직경

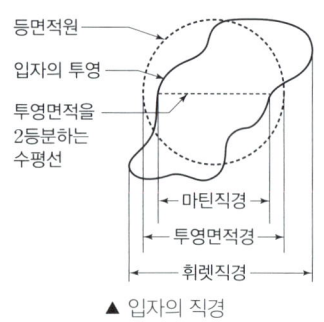
▲ 입자의 직경

구분	설명
Martin 직경	• 입자의 크기를 이등분하는 선을 직경으로 사용하는 방법 • 실제 직경보다 과소평가되는 경향이 많음
Feret 직경	• 입자의 끝과 끝을 잇는 직선을 직경으로 사용하는 방법 • 실제 직경보다 과대평가되는 경향이 많음
등면적 직경	• 입자의 면적으로 가상의 구를 만들었을 때 형성되는 직경으로 사용하는 방법 • 실제 직경과 일치하는 가장 적절한 방법

② 공기역학적 직경(Aerodynamic Diameter)

본래의 분진과 침강속도가 동일하며 밀도가 1[g/cm³]인 구형입자의 직경이다.

㉠ 장점
- 호흡기관의 각 부위에 침착되는 입자의 직경과 거의 일치한다.
- Stoke's 법칙에 의하여 직경을 결정할 수 있다.

필수공식 | 침강속도식(Stoke's식)

$$V_g = \frac{d_p^2(\rho_p - \rho)g}{18\mu}$$

여기서, V_g: 침강속도[cm/sec]
   d_p: 입자상 물질 직경[cm]
   ρ_p: 입자상 물질 밀도[g/cm³]
   ρ: 공기 밀도(0.0012[g/cm³])
   g: 중력가속도(980[cm/sec²])
   μ: 점성계수[poise]

- 직경이 1~50[μm]일 경우 침강속도법칙(간편식)

심화이론 | 침강속도식(Lippman식)

$$V_g = 0.003 \times s_g \times d^2$$

여기서, V_g: 침강속도[cm/sec]
   s_g: 입자 비중
   d: 입자 직경[μm]

㉡ 단점
- 대상 입자의 비중이 1보다 크면 직경이 과대평가된다.
- 대상 입자의 비중이 1보다 작으면 직경이 과소평가된다.

2. 입자상 물질의 생체 영향

(1) 호흡기계 축적 메커니즘

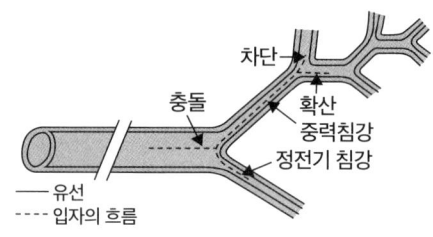

▲ 호흡기계 축적 메커니즘

구분	입자 크기[μm]	설명
관성충돌	5~30	공기의 흐름이 기관에서 기관지로 바뀔 때 입자상 물질의 관성력에 의해 충돌되어 호흡기계에 축적되는 것으로, 호흡기계의 가지 부분은 입자상 물질이 가장 많이 축적된다.
침강	1~5	가지기관을 지난 후 입자가 가지고 있는 자체 무게에 의해 중력침강이 발생한다.
확산	1 이하	매우 미세한 입자의 경우 확산에 의해 침착된다.
차단	—	기도 표면에 섬유 입자의 한쪽 끝이 표면에 접촉하게 될 경우 간섭으로 인한 침착이 발생한다.

(2) 입자상 물질의 노출기준(고용노동부)

유해물질의 명칭	노출기준				비고 (CAS번호 등)
	TWA		STEL		
	[ppm]	[mg/m³]	[ppm]	[mg/m³]	
산화규소(결정체 석영)	—	0.05	—	—	발암성 1A, 호흡성
산화규소(결정체 크리스토바라이트)	—	0.05	—	—	발암성 1A, 호흡성
산화규소(결정체 트리디마이트)	—	0.05	—	—	발암성 1A, 호흡성
산화철(흄)	—	5	—	—	—
석면(모든 형태)	—	0.1 [개/cm³]	—	—	발암성 1A
용접 흄 및 분진	—	5	—	—	발암성 2
기타분진 (산화규소 결정체 1[%] 이하)	—	10	—	—	발암성 1A (산화규소 결정체 0.1[%] 이상)

(3) 입자상 물질에 의한 건강장해
① 진폐증(Pneumoconiosis)
유리규산, 석면 등 분진에 의해 폐조직이 섬유화되는 것으로 폐포, 폐포관, 모세기관 등을 이루고 있는 세포 사이에 콜라겐 섬유가 증식하여 폐기능 저하가 발생되는 병리적 현상이다.
㉠ 흡입성 분진의 종류에 따른 분류

무기성 분진에 의한 진폐증	유기성 분진에 의한 진폐증
• 규폐증(Silicosis) • 탄광부진폐증(Coal Worker's Pneumoconiosis) • 용접공폐증(Welders Lung) • 활석폐증(Talcosis) • 베릴륨폐증(Berylliosis) • 석면폐증(Asbestosis) • 흑연폐증(Graphite Lung) • 알루미늄폐증(Aluminium Lung) • 탄소폐증(Carbon Lung) • 철폐증(Siderosis) • 규조토폐증(Diatomaceous-earth Pneumoconiosis) • 주석폐증(Stanosis) • 칼륨폐증(Calcitosis) • 바륨폐증(Baritosis)	• 면폐증(Byssinosis) • 설탕폐증(Bagassosis) • 농부폐증(Farmers Lung) • 목재분진폐증(Suberosis) • 연초폐증(Tabacosis) • 모발분진폐증(Theosurosis)

㉡ 병리적 변화에 따른 분류

구분	설명
교원성 진폐증	• 폐포조직의 비가역적 변화나 파괴 • 폐조직의 병리적 반응이 영구적이며 교원성 간질반응이 명백하고 그 정도가 심함 • 병증 : 섬유성 분진(규폐증, 석면폐증 등), 비섬유성 분진(탄광부진폐증, 진행성 괴사성 섬유화)
비교원성 진폐증	• 폐조직이 정상이며 간질반응이 경미함 • 망상섬유로 구성되어 있고 조직반응이 가역적인 경우가 많음 • 병증 : 용접공폐증, 주석폐증, 바륨폐증, 칼륨폐증 등

㉢ 흉부사진상 진폐증의 진행 정도에 따른 분류
• 소음영(불규칙성 음영)
• 큰 음영

㉣ 주요 진폐증의 종류

구분	설명
규폐증	• 폐조직에서 섬유상 결절이 발견된다. • 유리규산(이산화규소, SiO_2) 분진 흡입으로 폐에 만성 섬유증식이 나타난다. • 분진입자의 크기가 2~5[μm]일 때 유리규산분진에 의한 규폐성 결정과 폐포벽 파괴 등 망상 내피계 반응이 일어난다. • 합병증인 폐결핵이 폐하엽부위에 많이 생긴다. • 자각증상 없이 서서히 진행(10년 이상)된다. • 고농도의 규소입자에 노출되면 급성 규폐증에 걸리며, 열, 기침, 체중감소, 청색증이 나타난다.
석면폐증	석면폐의 문제점은 섬유화로 인한 허파의 기능 저하뿐만 아니라 폐암을 일으킨다는 점이다.
석탄폐증	규소의 영향 없이 석탄 때문에 생기는 진폐증으로 허파의 섬유화나 증상의 정도가 다른 물질에 따른 진폐증보다 훨씬 덜하다. 직접 석탄을 캐는 광부에게 생기는 것으로 알려져 있다.

㉤ 진폐증 발생에 관여하는 요인
- 분진농도
- 분진크기
- 노출기간 및 작업강도
- 개인차

② 석면에 의한 건강장해

백석면(크리소타일), 갈석면(아모사이트), 청석면(크로시도라이트), 트레모라이트, 악티노라이트 및 안소필라이트 등의 석면은 폐의 섬유화를 초래하고 폐암 및 악성중피종을 유발한다.

위 석면 중 청석면의 발암성이 가장 강한 것으로 알려져 있다.

(발암성↑ : 청석면 > 갈석면 > 백석면)

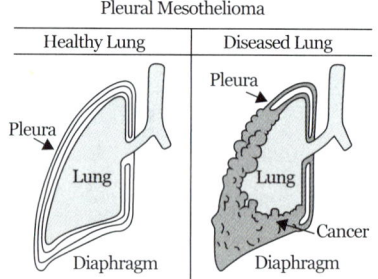

▲ 악성중피종이 유발된 폐의 모습

(4) 직업성 천식

작업장에서 흡입되는 물질에 의해 발생하는 천식을 말한다. 처음 얼마 동안은 증상 없이 지내다가 수개월 혹은 수년 후에 천식증상이 나타나게 된다. 일단 질환에 이환하게 되면 작업환경에서 추후 소량의 동일한 유발물질에 노출되더라도 지속적으로 증상이 발현된다. 증상은 주말이나 휴가 시엔 완화되고 직장에 복귀하면 악화되는 특징을 갖고 있다.

참고 직업성 천식 유발물질
- TDI(Toluene Disocyanate)
- TMA(Trimelitic Anhydride)
- 디메틸에탄올아민 등

(5) 분진의 구분

구분	설명
전신중독성 분진	망간, 유황 등의 화합물
알레르기성 분진	꽃가루, 털, 목재분진 등
자극성 분진	크롬산 등
진폐성 분진	규산, 석면, 활성탄, 흑연 등
불활성 분진	석탄, 시멘트, 탄화규소 등
발암성 분진	석면, 니켈카보닐, 아민계 색소 등

(6) 인체 방어기전

구분	설명
점액 섬모운동	• 입자상 물질에 대한 가장 기초적인 방어작용이다. • 흡입된 공기 속 입자들은 호흡상피에서 분비된 점액의 점액층에 달라붙어 구강 쪽으로 향하는 섬모운동에 의해 객담으로 외부 배출된다. • 섬모운동 방해물질: 담배 연기, 카드뮴, 니켈, 암모니아, 수은 등
대식세포	• 기관지나 세기관지에 침착된 먼지는 상부 기도로 옮겨지거나 대식세포가 방출하는 효소에 의해 제거된다. • 대식세포의 용해 효소에 제거되지 않는 물질: 석면, 유리규산

02 유해화학물질

1. 유해화학물질 개요

(1) 관련 용어

구분	설명
NEL (No Effect Level)	실험동물에서 어떠한 악영향도 나타나지 않은 수준
NOEL (NO Observed Effect Level, 무관찰영향수준)	• 무관찰 작용량으로서 가능한 독성영향 연구 시 현재의 평가방법으로 독성영향이 관찰되지 않은 수준 • 양-반응 관계에서 안전하다고 여겨지는 양 • 동물실험에서 역치량(ThD)으로 이용 • SNARL(Suggested No-Adverse-Response Level)과 동일한 의미
NOAEL (No Observed Adverse Effect Level)	• 어떠한 악영향도 관찰되지 않은 수준 • 화학물질의 노출기준을 설정하기 위해 필요한 기준
ThD (Threshold Dose, 역치량)	• 양-반응관계에서 안전하다고 여겨지는 양 • 동물실험 양-반응관계에서 구한 NOEL과 안전계수(SF; Safety Factor) 또는 불확실성 계수 등을 고려하여 사람에게 미칠 위험을 외삽해서 사람에 대한 안전 상한치라고 여겨지는 양
LD (Lethal Dose, 치사량)	• LD_{50}은 실험동물의 50[%]를 죽게 하는 양 • 보통 치사량은 단위체중당으로 표시함
ED (Effective Dose, 유효량)	• 실험동물에게 투여했을 때 독성이 발생되지 않지만 관찰 가능한 가역적인 반응이 나타나는 물질의 양 • ED_{50}은 실험동물의 50[%]가 관찰 가능한 가역적인 반응을 나타내는 양
TD (Toxic Dose, 독성량)	• 실험동물에게 투여했을 때 죽는 것은 아니지만 조직손상이나 종양과 같은 심각한 독성반응을 초래하는 투여량 • TD_{50}은 실험동물의 50[%]가 심각한 독성반응을 나타내는 양
LC (Lethal Concentration, 치사농도)	• 실험동물에게 투여했을 때 실험동물을 죽게 하는 물질의 농도 • LC_{50}은 실험동물의 50[%]를 죽게 하는 농도 • 흡입실험 경우의 치사량 단위는 [ppm], [mg/m³]으로 표시
유해성(Hazard)과 위험성(Risk)	• 유해성(Hazard): 화학물질의 독성 등 인체에 영향을 미치는 화학물질의 고유한 성질 • 위험성(Risk): 근로자가 유해성이 있는 화학물질에 노출됨으로써 건강장해가 발생할 가능성과 건강에 영향을 주는 정도의 조합

화학물질 노출기준의 표기	• Skin 표시 물질: 점막, 눈 및 경피로 흡수되어 전신영향을 일으킬 수 있는 물질(피부자극성이 아님) • 발암성 정보물질의 표기 | 1A	사람에게 충분한 발암성 증거가 있는 물질
1B	시험동물에서 발암성 증거가 충분히 있거나, 시험동물과 사람 모두에서 제한된 발암성 증거가 있는 물질
2	사람이나 동물에서 제한된 증거가 있지만, 구분1로 분류하기에는 증거가 충분하지 않은 물질 | • 생식세포 변이원성 정보물질의 표기 | 1A	사람에게서의 역학조사 연구결과 양성의 증거가 있는 물질
1B	포유류를 이용한 생체 내(in vivo) 유전성 생식세포 변이원성 시험에서 양성
	포유류를 이용한 생체 내 체세포 변이원성 시험에서 양성이고, 생식세포에 돌연변이를 일으킬 수 있다는 증거가 있음
	노출된 사람의 정자 세포에서 이수체 발생빈도의 증가와 같이 사람의 생식세포 변이원성 시험에서 양성
2	포유류를 이용한 생체 내 체세포 변이원성 시험에서 양성
	그 밖에 시험동물을 이용한 생체 내 체세포 유전독성 시험에서 양성이고, 시험관 내(in vitro) 변이원성 시험에서 추가로 입증된 경우
	포유류 세포를 이용한 변이원성시험에서 양성이며, 알려진 생식세포 변이원성 물질과 화학적 구조활성 관계를 가지는 경우 | • 생식독성 정보물질의 표기 | 1A	사람에게 성적 기능, 생식능력이나 발육에 악영향을 주는 것으로 판단할 정도의 사람에서의 증거가 있는 물질
1B	사람에게 성적 기능, 생식능력이나 발육에 악영향을 주는 것으로 추정할 정도의 동물시험 증거가 있는 물질

2	사람에게 성적 기능, 생식능력이나 발육에 악영향을 주는 것으로 의심할 정도의 사람 또는 동물시험 증거가 있는 물질 |
	
	• 수유독성
	  - 흡수대사, 분뇨 및 배설에 대한 연구에서 해당 물질이 잠재적으로 유독한 수준으로 모유에 존재할 가능성을 보임
	  - 동물에 대한 1세대 또는 2세대 연구 결과에서 모유를 통해 전이되어 자손에게 유해영향을 주거나 모유의 질에 유해영향을 준다는 명확한 증거가 있음
	  - 수유 기간 동안 아기에게 유해성을 유발한다는 사람에 대한 증거가 있음

(2) SHD(Safety Human Dose, 사람에 대한 안전용량)

사람의 호흡률, 노출시간, 폐 흡수율을 고려하여 계산한다.

> **필수공식 | SHD(사람에 대한 안전용량)**
>
> $$SHD = C \times t \times V \times R$$
>
> 여기서, SHD: 체내 흡수량[mg/kg몸무게]
> C: 공기 중 유해물질 농도[mg/m³]
> t: 노출시간[hr]
> V: 폐환기율[m³/hr]
> R: 체내 잔류율(보통 1.0)

2. 유해화학물질의 종류

(1) 유해화학물질의 정의

제조 금지물질, 허가대상 유해물질, 관리대상 유해물질, 유독물질, 사고대비물질 등 화재·폭발 또는 근로자의 건강장해를 일으키는 화학물질을 말한다.

① 지속기간에 의한 분류

구분	설명
급성독성 (Acute Toxicity)	• 노출 후 단기간(1~14일)에 독성이 발생하는 것으로, 가역적인 영향을 준다. • 순간 접촉, 흡입, 섭취 등 단기간의 영향이다.
만성독성 (Chronic Toxicity)	• 장기간(1년 이상)에 걸쳐서 독성이 발생하는 것으로, 비가역적인 영향을 준다. • 반복투여 후 중·장기간 내에 나타나는 독성을 질적·양적으로 검사한다.

참고 실험동물에 외인성물질을 투여하는 경우 만성독성에 해당하는 기간은 3개월~1년 정도이다.

② 작용부위에 의한 분류

구분	설명	
국부독성 (Local Toxicity)	독성물질과 생체시스템 사이에서 발생되는 폭로 또는 독성작용이 국부적이다. 최초 노출된 부위에서 독성이 나타나며 피부, 눈, 호흡기계통의 노출로 인한 자극 및 괴사작용 등이 있다.	
전신독성 (Systemic Toxicity)	독성물질 흡수 후 피의 흐름에 동반하여 표적장기로 이동하여 독성이 발생하는 영향을 말한다. 서로 다른 장기에서 나타나는 독성을 표적장기독성 또는 전신독성이라 부른다. 전신독성이 나타내기 위해서는 흡수·분포되어 노출부위에서 멀리 떨어진 장기에서 독성이 관찰되어야 한다.	
	1차 표적장기	독성물질에 의하여 직접적으로 혹은 아주 심하게 영향을 받는 장기
	2차 표적장기	간접적으로 혹은 다소 약하게 영향을 받는 장기

(2) 유기용제

상온·상압에서 휘발성이 있는 액체로서 다른 물질을 녹이는 성질이 있는 것이다.

① 유기용제의 생체 영향

㉠ 유기용제의 독성작용
- 유기용제의 공통적인 독성작용은 중추신경계의 억제작용이다.
- 탄소사슬의 길이가 길수록 지용성이 커져 중추신경 억제가 증가한다.
- 할로겐기능기가 첨가되면 마취작용 증가에 따른 중추신경계에 대한 억제작용이 증가한다.
- 불포화화합물(이중결합, 삼중결합 등)은 포화화합물(단일결합)보다 더욱 강력한 중추신경 억제물질이다.
- 유기용제와 같은 지용성 화학물질은 지방에 대한 친화력이 높고 물에 대한 친화력이 낮아 신체조직의 지방, 지질 부분에 축적될 가능성이 높다.

㉡ 생체막과 조직에 대한 자극
- 모든 유기화학물질은 자극적인 특성을 갖고 있다.
- 단백질과 지질로 된 격막의 세포가 유기용매에 의하여 지방이나 지질이 추출되면 자극이 생기고 손상되어 피부나 허파, 눈까지 상하게 할 수 있다.
- 자극작용 크기 순서: 알칸 > 알코올 > 알데히드 또는 케톤 > 유기산 > 아민류

㉢ 유기용제 응급처치
- 유기용제가 묻은 작업복 등을 벗긴다.
- 의식장해가 있을 때에는 산소를 흡입시킨다.
- 환기가 잘 되는 곳으로 이동시킨다.
- 유기용제가 있는 곳으로부터 대피시킨다.

② 방향족 유기용제

구분		설명
크실렌	PAH (다핵방향족 탄화수소)	• 다핵방향족 탄화수소류는 벤젠고리가 2개 이상 연결된 것으로, 인체 대사에 관여하는 효소가 p-448로 대사되어 발암성을 나타냄 • 비극성의 지용성 화합물이며 소화관을 통해서 흡수됨 • 철강 제조업에서 석탄을 건류할 때나 아스팔트를 콜타르 피치로 포장할 때 발생 • 시토크롬(Cytochrome) P-450의 준개체단에 의하여 대사

	• 독성
	  - 골수 및 조혈기능 장해를 유발하지 않음
	  - 급성중독은 중추신경계 장해와 눈, 코, 목, 피부의 자극증상
	  - 고농도에서는 신장 및 간장 장해
	• 생물학적 감시
	  - 요 중 Methyl Hippuric Acid 측정	

구분	설명

벤젠	• 상온, 상압에서 향기로운 냄새가 나는 무색 투명 액체
	• 사람에게 충분한 발암성 증거가 있는 물질[1A(고용노동부), A1(ACGIH)]
	• 독성
	   - 중추신경계, 조혈기관의 장해
	   - 급성독성: 심장 감작성, 부조화 증상, 호흡기 염증, 폐출혈, 신장출혈, 뇌부종, 홍반
	   - 만성독성: 골수독소 → 혈액 응고력 저하(범혈구 감소증, 재생불량성 빈혈증) → 골수과다 증식증 → 성장 부전증 → 백혈병
	• 벤젠에 의한 혈액 조직의 단계별 변화
	   - 1단계: 범혈구 감소증, 재생불량성 빈혈 발생
	   - 2단계: 골수 과다증식, 백혈구 생성 자극
	   - 3단계: 성장부전증, 빈혈/출혈 발생, 백혈병 발생
	• 생물학적 감시
	   - 0.5[ppm] 노출기준: 당일 요 중 뮤콘산 또는 당일 혈액 중 벤젠
	   - 10[ppm] 노출기준: 당일 요 중 페놀(0.5[ppm] 노출기준 사용 권장)
	
	| 유해물질 명칭
		TWA [ppm]	TWA [mg/m³]	STEL [ppm]	STEL [mg/m³]	비고 |
						|---|---|---|---|---|---|
						| 벤젠 | 0.5 | - | 2.5 | - | 발암성 1A, 생식세포 변이원성 1B, skin |

톨루엔	• 방향족 탄화수소 중 급성 전신중독을 일으키는 데 독성이 가장 강함
	• 피부로도 흡수되며 증기 형태로 흡입 시 약 50[%] 정도가 체내에 남음
	• 벤젠보다 더 강력한 중추신경억제제
	• 독성
	   - 골수 및 조혈기능 장해를 유발하지 않음
	
	| 급성독성 | • 100[ppm] 이상에 폭로되면 눈, 목, 기도, 피부에 자각증상이 발생
	• 마취 전구증상이 발생 |
	|---|---|
	| 만성독성 | 비만성 뇌증, 비가역적 신경장해, 간장과 신장장해 |
	
	• 생물학적 감시
	   - 요 중 o-크레졸(이전에는 마뇨산) 측정
	   - 정맥 내의 톨루엔 측정
	   - 호기 중 톨루엔 측정
	
	| 유해물질 명칭 | TWA [ppm] | TWA [mg/m³] | STEL [ppm] | STEL [mg/m³] | 비고 |
	|---|---|---|---|---|---|
	| 톨루엔 | 50 | - | 150 | - | 생식독성 2 |

③ 알콜 유기용제

구분	설명
메탄올	• 공업용제로 신경독성물질임 • 주요 독성은 시각장해, 중추신경 억제, 혼수상태 야기 • 호흡기 및 피부를 통해 인체에 흡수 • 시각장해기전(메탄올 → 포름알데히드 → 포름산 → 이산화탄소)
에탄올	• 국소자극제로 작용하며 중추신경에 강력한 영향을 끼침 • 고농도에서 심장, 골격에 근병증을 유발 • 간경화증을 유발시켜 간암으로 진행할 수 있음 • 피부혈관을 확장시켜 심장혈관을 억압하고 위액 분비를 증가시켜 궤양을 일으킴
에틸렌글리콜	• 무색·무취의 액체로 용제, 부동액에 이용됨 • 노출 초기에는 호흡마비, 말기에는 단백뇨, 신부전 증상을 나타냄 • 독성은 약하며 눈에 들어가면 가역적인 결막염이 생김 • 피부자극성 없음

④ 알데히드류 유기용제

호흡기에 대한 자극작용이 심한 것이 특징이며 지용성 알데히드는 기관지 및 폐를 자극한다.

구분	설명						
포르말린	• 포름알데히드 37[%] 수용액에 소량의 메탄올을 혼합한 것 • 호흡기에 대한 자극작용이 나타나고 고농도 폭로 시 소화관의 염증을 초래 • 무색의 액체로 매우 자극적인 냄새가 나며 인화·폭발의 위험이 있음 • 피부점막에 대한 자극이 강하고, 고농도 흡입으로 기관지염, 폐수종 등을 일으킬 수 있음						
		노출기준					
	유해물질 명칭	TWA		STEL		비고
		[ppm]	[mg/m³]	[ppm]	[mg/m³]	
	포름알데히드	0.3	—	—	—	발암성 1A
아세트알데히드	• 피부·점막의 자극작용, 마취작용이 있음 • 유기합성의 원료로 사용 • 자극성 냄새가 나는 무색의 액체 • 인화·폭발의 위험이 있음						
아크로레인	눈, 폐를 심하게 자극하며, 피부 괴저현상을 유발						

⑤ 케톤류 유기용제

　㉠ CNS 억제작용

　㉡ 자극작용

　㉢ 호흡부전증(과량 흡입 시 사망)

⑥ 아민류 유기용제
　㉠ 독성
　　• 가장 독성이 강한 유기용제류이다.
　　• 자극성이 강하므로 다른 유기용제보다 취급상의 위험이 크다.
　　• pH 10 이상이어서 피부 접촉 시 화상이 발생한다.
　　• 화합물의 크기, 치환의 정도는 아민기의 부식성에 별다른 영향을 미치지 않는다.
　　• 조직독성: 폐부종, 폐출혈, 간장괴저, 신장괴저, 신장염, 신장근의 퇴행
　　• 불포화 아민류는 조직독성과 피부독성이 더 크다.
　㉡ 아민류의 발암작용
　　• 벤지딘, 2-나프틸아민, 4-아미노디페닐, 아닐린: 방광종양
　　• 니트로스아민: 간암 유발

⑦ 유기할로겐 화합물

구분	설명
염화메틸	• 냉동매체, 에어로졸 분사제, 화학적 중간체로 사용된다. • 독성: 근운동의 부조화, 허약, 어지러움, 경련, 언어 곤란, 오심, 시야 흐림, 복통, 설사 등을 일으킨다.
브롬화메틸 (CH_3Br)	• 자극성이 강하다. • 증기에 접촉되면 피부에 심한 화상을 입거나 폐에 심한 자극을 받는다. • 신경계에 대한 영향이 심하다.
염화메틸렌 (CH_2Cl_2)	• 4개의 염소화메탄 중에서 가장 독성이 적다. • 고도의 증기에서만 만취한 상태로 만들게 된다. • 피부자극은 적지만 눈에 폭로되면 고통스럽다. • 폭로가 계속되면 냄새에 순응되어 감지능력이 저하된다.
클로로포름 ($CHCl_3$)	• 급성독성은 중추신경계(CNS) 억제에 기인한다. • 급성폭로에 의하여 간과 신장이 손상되고 심장도 예민하게 된다. • 피부자극은 적지만 눈에 폭로되면 고통스럽다. • 폭로가 계속되면 냄새에 순응되어 감지능력이 저하된다. • 약품 정제를 하기 위한 추출제 등에 이용되는 물질로 간장, 신장의 암발생에 주로 영향을 미친다.
염화비닐 (CH_2CHCl)	• 피부 자극제이며 남성 생식 독성 유발인자로 알려져 있다. • 액체에 노출되면 증발에 의하여 동상이 발생하고, 눈이 심하게 자극을 받는다. • CNS를 억제하므로 경도의 알코올 중독과 비슷한 증상을 일으킨다. • 급성폭로 시 증상: 현기증, 오심, 시야혼탁, 청력 저하, 사망(고농도 노출 시) • 만성폭로 시 증상: 관절-뼈 연화증, 피부경화증, 간암인 혈관육종, 레이노드씨 증상 등 • 장기간 폭로될 때 간 조직세포에서 섬유화 증상이 나타나 간에 혈관육종을 일으킴

⑧ 유기인제 살충제
　아세틸콜린이라는 신경전달물질을 파괴한다.
　㉠ 화학전달체 효소를 파괴
　㉡ 아세틸콜린에스테라제의 활동을 억제

3. 유해물질의 종류 및 발생원

(1) 자극제

자극제는 주로 피부 및 점막에 작용하여 부식시키거나 수포를 형성한다. 고농도인 경우 호흡이 정지되며 눈에 들어가면 결막염과 각막염을 일으킨다. 호흡기에 대한 자극작용은 유해물질의 용해도에 따라서 다르며 이에 따라 자극제를 상기도 점막 자극제, 상기도 점막 및 폐조직 자극제, 종말기관지 및 폐포점막 자극제로 구분한다.

① 상기도 점막 자극제

구분	설명
암모니아	• 알칼리성으로 자극적인 냄새가 강한 무색의 액체 • 비료, 냉동제 등에서 주요 사용 • 피부, 점막에 작용하며 눈의 결막, 각막을 자극하고 폐부종, 성대경련, 호흡장애 및 기관지경련 등을 초래 • 암모니아 중독 시 비타민 C가 효과적
염화수소	• 무색, 자극성 기체로 물에 녹는 것은 염산임 • 피부, 점막에 작용하며 눈의 결막, 각막을 자극하고 폐부종, 성대경련, 호흡장애 및 기관지경련 등을 초래 • 주로 눈과 기관지계를 자극
포름알데히드	• 매우 자극적인 냄새가 나는 무색의 수용성 가스로, 인화폭발의 위험성이 있음 • 합성수지의 원료로 주로 이용되며 건축마감재, 단열재에서 주로 발생 • 피부, 점막에 대한 자극이 강하고, 고농도 흡입 시 기관지염, 폐수종을 일으킴 • 발암성 물질 1A
산화에틸렌	• 무색의 기체이며 인화성이 강함 • 병원의 소독용(침대시트, 환자복 등)으로 사용 • 눈, 상기도, 피부에 자극작용이 있음 • 신경장해, 혈액이상, 생식 및 발육기능 장애 유발 • 발암성 물질 1A, 생식세포 변이원성 1B

② 상기도점막 및 폐조직 자극제

구분	설명
불소	• 자극성이 있는 황갈색 기체로 물과 반응하여 불화수소 발생 • 불소화합물은 유기합성, 도금에 많이 이용됨 • 뼈에 가장 많이 축적되어 뼈를 연화시킴
요오드	증기는 강한 자극성이 있으며 고농도 흡입 시 폐수종을 일으킴
염소	• 강한 자극성의 황록색 기체 • 산화제, 표백제, 수돗물의 살균제 및 염소화합물 합성에 사용됨 • 피부나 점막에 부식성·자극성 작용 • 기관지염을 일으키며 만성작용으로 치아산식증이 일어남

③ 종말기관지 및 폐포점막 자극제

구분	설명
이산화질소	• 물에 대해 용해성이 낮고 물에 용해 시 일산화질소나 질산을 생성함 • 적갈색의 기체 • 눈, 점막, 호흡기 자극을 유발
포스겐	• 무색의 기체 • 트리클로로에틸렌이 자외선과 광화학반응을 하면 포스겐으로 전환되므로 아크용접을 실시하는 경우 트리클로로에틸렌이 고농도로 존재하는 사업장에서 포스겐으로 전환될 수 있음 • 독성은 염소보다 약 10배 정도 강함 • 호흡기, 중추신경, 폐에 장해를 일으키고 폐수종을 유발하여 사망케 함

④ 기타 자극제: 사염화탄소(CCl_4)
   ㉠ 특이한 냄새가 나는 무색의 액체이다.
   ㉡ 초기 증상으로는 지속적인 두통, 구역 또는 구토, 복부선통과 설사 등이 있다.
   ㉢ 간에 대한 독성작용이 강하며 간의 중심소엽성 괴사를 일으킨다.
   ㉣ 신장장애 증상으로 감뇨, 혈뇨 등이 발생하며 완전 무뇨증이 되면 사망할 수도 있다.
   ㉤ 고온에서 금속과의 접촉으로 포스겐, 염화수소를 발생시킨다.
   ㉥ 고농도 폭로 시 중추신경계와 간장이나 신장에 장애를 일으킨다.

(2) 질식제

질식제는 세포의 산소활용을 방해하여 질식시키는 물질로, 조직 내 산화작용을 방해한다.

① 단순 질식제
   ㉠ 정상적 호흡에 필요한 혈중 산소량을 낮추나 생리적으로 어떠한 작용도 하지 않는 불활성 가스이다.
   ㉡ 종류: 이산화탄소, 메탄, 질소, 수소, 에탄, 프로판, 에틸렌, 아세틸렌, 헬륨 등

② 화학적 질식제
   ㉠ 혈액 중의 혈색소와 직접 결합하여 산소운반능력을 방해하는 물질을 말하며 이에 따라 세포의 산소수용 능력을 상실시킨다.
   ㉡ 화학적 질식제에 고농도로 노출될 경우 폐 속으로 들어가는 산소의 활용을 방해하기 때문에 사망에 이르게 된다.

구분	설명
일산화탄소	• 혈액 중 헤모글로빈과의 결합력이 산소보다 240배 강하여 체내 산소공급 능력을 방해하여 질식을 일으키며, 이는 혈색소와 친화도가 산소보다 강하여 카르복시헤모글로빈(COHb)를 형성하여 조직에서 산소공급을 억제한다. 이는 혈중 COHb의 농도가 높아지며 HbO_2의 해리작용을 방해하는 작용을 하기 때문이다. • 치료는 높은 압력으로 100[%]의 산소를 체내에 주입하는 고압산소요법 등이 있다.
황화수소	• 썩은 달걀냄새가 나는 무색의 기체이다. • 주로 집수조, 맨홀 내부에서 발생된다. • 뇌의 호흡중추를 마비시킨다.

시안화수소	• 상온에서 무색의 기체이다. • 중추신경계의 기능 마비를 일으켜 사망케 한다. • 호기성 세포가 산소 이용에 관여하는 시토크롬산화제를 억제하여 산소를 얻을 수 없게 한다.
아닐린	• 투명한 기체이다. • 메트헤모글로빈을 형성하여 간장, 신장, 중추신경계 장해를 일으킨다. • 시력과 언어장해 증상을 유발한다.

(3) 마취제

마취의 정도가 심하면 의식이 없어지고 움직이지 못하며 반사작용이 상실되어 그대로 방치할 경우 호흡중추가 침해되어 사망하게 된다.

① 지방족 알코올류
② 지방족 케톤류
③ 올레핀계 탄화수소
④ 에틸에테르
⑤ 이소프로필에테르
⑥ 에스테르류

(4) 기타 유해화학물질: 이황화탄소

휘발성이 높은 무색의 액체로 인조견과 셀로판 생산에 사용되며 사염화탄소의 제조에도 흔히 이용된다. 중추신경계에 대한 특징적인 독성작용을 유발한다.

① 휘발성이 매우 높은 무색 액체로 대부분 상기도를 통해서 체내에 흡수된다.
② 중추신경계에 대한 독성 작용으로 심한 급성 혹은 아급성 뇌병증을 유발한다.

4. 입자 크기별 호흡기계 침전(ACGIH 정의)

구분	설명
흡입성 입자상 물질 (IPM; Inhale Particulate Mass)	호흡기의 어느 부위에 침착하더라도 독성을 나타내는 입자 (평균입경: 100[μm])
흉곽성 입자상 물질 (TPM; Thoracic Particulate Mass)	기도나 폐포에 침착할 때 독성을 나타내는 입자 (평균입경: 10[μm])
호흡성 입자상 물질 (RPM; Respirable Particulate Mass)	가스교환부위, 즉 폐포에 침착할 때 독성을 나타내는 입자 (평균입경: 4[μm])

5. 유해화학물질의 영향

(1) 호흡기에 대한 영향

공기 중 화학물질의 경우 호흡기를 통한 침입이 가장 높다. 가스상 물질의 경우 물에 녹는 정도에 따라 위해 범위가 결정된다. 친수성 물질(염산, 암모니아 등)의 경우 상기도, 기관지에 자극, 염증을 일으켜 위해 정도를 바로 인식할 수 있으나 오존, 포스겐의 경우 이러한 자극 없이 바로 폐의 깊숙한 곳까지 침투하여 영향을 일으켜 폐의 산소교환을 억제함으로써 순간적으로 생명에 영향을 줄 수 있다.

(2) 피부에 대한 영향

① 피부의 일반적 특징
  ㉠ 피부는 표피층과 진피층으로 구성되어 있다.
  ㉡ 표피는 대부분 각질세포로 구성되며 멜라닌세포와 랑거한스세포가 존재하고 자외선에 노출될 경우 멜라닌세포가 증가하여 각질층이 비후되어 자외선으로부터 피부를 보호한다.
  ㉢ 랑거한스세포는 피부의 면역반응에 중요하다.

② 접촉성 피부염
  ㉠ 작업장에서 발생빈도가 가장 높은 피부질환이다.
  ㉡ 과거 노출경험이 없어도 반응이 나타날 수 있다.

③ 알레르기성 접촉피부염
  ㉠ 항원에 노출되고 일정시간 후 재노출 시 세포매개성 과민반응에 의해 나타난다.
  ㉡ 알레르기성 반응은 극소량 노출로도 피부염이 발생할 수 있는 것이 특징이다.
  ㉢ 알레르기 반응을 일으키는 관련세포는 대식세포, 림프구, 랑거한스세포로 구분된다.
  ㉣ 첩포시험(Patch Test): 정상인에게는 반응을 일으키지 않고 감작된 사람에게만 반응하도록 일정농도로 조절한 알레르겐을 직경 약 8[mm] 정도의 알루미늄 판을 부착한 특수용기에 담아 피부에 붙여 48시간과 96시간 후에 피부에 나타난 반응을 관찰하여 알레르기 접촉피부염 유무를 진단하는 시험이다.

(3) 유해화학물질에 의한 건강장해

① 혈액 독성

> **학습 나침반**
>
> 간층 조직세포가 골수 내 분화과정을 통해 성숙세포(수임세포)로 출현하여 이것이 적혈구, 혈소판, 백혈구의 성분이 된다.
> - 적혈구: 산소전달역할을 하며 감소 시 빈혈증 발생
> - 혈소판: 출혈 시 응결시키는 역할을 하며 감소 시 혈소판 감소증 발생
> - 백혈구: 노폐물을 제거하고, 이물질에 대한 방어 역할

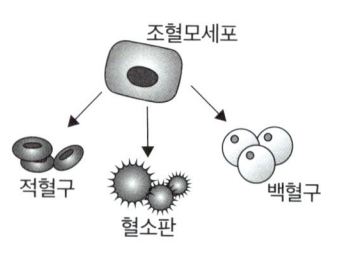

골수	조혈장애	• 적혈구: 빈혈(비소, 납) • 모든 세포: 범혈구 감소증, 재생불량성 빈혈 • 기타 세포: 혈구 감소증 • 원인물질: 벤젠, 트리나이트로톨루엔(TNT)
	발암	백혈병
혈액	순환세포 수의 감소	• 적혈구: 용혈성 빈혈(비소) • 백혈구: 혈구감소증
	기능성 부진	• 적혈구: 메트헤모글로빈성 빈혈 • 혈소판: 응혈 • 백혈구: 식세포 작용 방해

② 간 독성
  ㉠ 간의 기능

구분	기능
간의 일반적 기능	• 탄수화물 저장 및 대사작용 • 호르몬의 내인성 폐기물 및 이물질의 대사작용 • 혈액 단백질의 합성 • 요소의 생성 • 지방의 대사작용 • 담즙의 생성
화학물질의 생 활성화와 무독화	• 생 활성화 작용은 불활성이고 무독한 화학물질을 활성적인 형태로 전환하는 것이다.(유익하지 못한 경우가 더 많음) • 독성물질의 대사경로 1단계(무독화 경로) → 2단계(활성화 또는 독성화 경로) → 3단계(해독 경로) → 4단계(독성 발생)

  ㉡ 간 손상

손상의 종류	관련물질	손상의 종류	관련물질
괴사	사염화탄소, 베릴륨	신형성	사염화탄소, 염화비닐
담즙울체증	사염화탄소, 에탄올	섬유증/간경변	사염화탄소, TNT
지방정체	유기비소	혼합형 손상	사염화탄소

> 참고
> • 괴사: 세포가 죽은 형태
> • 담즙울체증: 담즙의 분비가 지체되거나 중지되는 증상
> • 지방정체: 세포 내 지방이 축적되는 증상
> • 신형성: 간에 새로운 조직이 형성되는 현상(종양·암 등)
> • 간경변(간섬유화증): 간에 섬유성 결합조직이 과하게 형성되어 딱딱하게 굳어지는 증상

③ 신장 독성

구분	설명
플라스틱 및 수지 생산과 관련된 화학물질	• 아크릴로니트릴 • 스티렌
폐쇄성 뇨로증의 원인물질	• Methotrexate • Sulfonamide • 에틸렌글리콜
신장장해 유발성 가스	• 비소가스 • 헤로인

④ 폐 독성

구분			기능
폐의 구조	비강		호흡공기의 온도 및 수분조절, 공기에 함유된 오염물질 제거 기능
	기관지		공기를 폐로 유입시키는 공기관 역할과 소비된 공기를 제거하는 통로
	폐포		약 3억 개, 표면적이 약 70[m²]로 기체교환이 일어나는 장소, 대식세포가 오염물질을 제거
폐포의 기체교환	기체교환 과정		폐포공간 → 폐포상피 → 조직 간 공간 → 모세관 내피 → 혈장 → 헤모글로빈
	• 모세관막이 손상되면 반흔조직 생성 　－ 막의 두께를 증가시킨다. 　－ 폐포 격막의 탄력성을 변화시킨다.		
폐의 방어기전	점막성 섬모 메커니즘	상부 점막층	점착성 두꺼운 점액
		상부 겔층	연속적으로 호흡통로의 입구를 향하게 함
		하부 점막층	섬모와 접촉하고 있는 수용성의 얇은 점액
		하부 졸층	섬모의 자유로운 율동을 가능케 함
	폐포의 식균작용		폐포의 대식세포에서 일어나는 폐의 두 번째 방어기전

참고 폐의 침착 메커니즘 : 충돌, 침전, 확산

⑤ 신경 독성

㉠ 신경계의 구성 및 분류

구분		기능
신경계의 구조	뉴런	여러 개의 짧은 돌기로 구성된 수상돌기와 하나의 긴 돌기로 구성
	지지세포	중추신경계에서는 신경교세포라 부르며, 말초신경계에서는 슈반세포라 부름
	기타 세포	내피세포, 혈액세포

신경계의 분류	중추신경계		뇌
			척수
	말초신경계	체성신경계	감각신경
			운동신경
		자율신경계	교감신경
			부교감신경

ⓒ 중추신경계 독성물질

중추신경계는 뇌와 척수로 구성되어 있으며 뇌는 화학물질에 매우 민감하다.

신경독성	화학물질
뇌질환	유기염소계농약, 비소
급성 신경절 손상	일산화탄소, 마그네슘, 이황화탄소
소뇌 손상	유기수은
후두골 피질 손상	유기수은
두개강내압	납, 유기주석
파킨스 운동장애	일산화탄소, 망간, 마그네슘, 이황화탄소
이각화증과 진전	메틸브롬아이드
진전(떨림현상)	수은, 유기화합물
경련	유기염소계농약, 사염화탄소, 납
만성 손상	이황화탄소, 유기용매, 납, 무기수은, 비소
척수 증상	
다발성 신경염	탈륨, Triorthocresol Phosphate
암	염화비닐 등

ⓒ 말초신경계 독성물질

말초신경계는 체성신경계와 자율신경계로 나누어지며 감각정보를 수용하고 운동정보를 전달한다.

신경독성	물질

독성신경증(다발성 신경염)	• 금속: 비소, 납, 수은(유기)
	• 유기용제: 노말헥산, 이황화탄소, 메탄올, 트리클로로에틸렌
	• 농약: 유기인제재, 염화페닐유도체
	• 가스: 메틸브롬아이드, 이산화탄소
	• 기타: Polychlorinated Biphenyls(PCBs)
	      Polybromiated Biphenyls(PBBs)
	      스티렌, 아크릴아미드 등

신경근 접속장애	유기인계 화합물

(4) 독성물질의 생체 작용
  ① 독성물질의 생체 내 이동경로
     독성물질 침투 → 혈액에 의한 이동(배설로 일부 제거) → 표적장기에 축적 → 독성작용
  ② 급성영향
     ㉠ 급성노출의 경우 흡수가 빠르며 심각한 증상이 빠르게 나타난다.
     ㉡ 화학적 위험성의 영향이 단시간(수분 또는 수시간)이다.
  ③ 만성영향
     ㉠ 비가역적인 손상을 일으키는 물질에 노출됨으로서 유발된다.
     ㉡ 오염원의 정도가 상대적으로 낮아 작업자가 노출되는 것을 인식하지 못할 수도 있다.
  ④ 종양 형성
     ㉠ 종양세포가 조직을 침범하거나 체내에서 새로운 부위에 퍼지게 되면 양성 또는 악성 종양이 된다.
     ㉡ 발암물질은 잠재적인 악성 종양을 유발하고 악성 종양세포의 증식을 가속화한다.
  ⑤ 돌연변이
     ㉠ 돌연변이원은 사람이나 동물의 유전체계에 영향을 주는 물질로 자손세대에 유전자 변이를 일으킨다.
     ㉡ 대표적인 돌연변이원: 방사선
  ⑥ 기형성 작용
     ㉠ 화학물질이 임신한 여성에게 투여되거나 흡수될 때 기형 자손을 낳을 수 있는 것을 말한다.
     ㉡ 대표적인 기형 발생 요인: 루벨라, 탈리도마이드, 스테로이드, 이온화방사선 등

(5) 독성을 결정하는 인자
  ① 농도
  ② 폭로시간
  ③ 작업강도
  ④ 감수성
  ⑤ 침입경로
  ⑥ 물리화학적 특성
  ⑦ 환경조건

(6) 독성물질의 생체변환

구분	설명
제1상 반응	• 분해반응, 이화반응(산화, 환원, 가수분해반응) • 알킬벤젠의 체내변환과정에서 대표적인 P450 효소 등으로 산화반응이 일어남
제2상 반응	• 제1상 반응물질을 수용성 물질로 변화하여 배설을 촉진하는 결합반응 • Glucuronidation: 제2상의 대표적인 반응 • 제2상의 생성물은 기질보다는 훨씬 수용성이 높기 때문에 체내 화학물질의 배설이 촉진

(7) 발암성

구분		물질
국제암연구 위원회 (IARC)	Group 1	확실한 발암물질(인체 발암성 확인물질)
	Group 2A	가능성이 높은 발암물질(인체 발암성 예측, 추정 물질)
	Group 2B	가능성 있는 발암물질(인체 발암성 가능 물질, 동물 발암성 확인물질)
	Group 3	발암성이 불확실한 물질(인체 발암성 미분류 물질)
	Group 4	발암성이 없는 물질(인체 미발암성 추정 물질)
미국산업위생 전문가협의회 (ACGIH)	A1	인체발암 확정 물질
	A2	인체발암이 의심되는 물질(발암 추정물질)
	A3	동물 발암성 확인물질
	A4	인체 발암성 미분류 물질, 인체 발암성이 확인되지 않은 물질
	A5	인체 발암성 미의심 물질
대한민국 고용노동부	1A	사람에게 충분한 발암성 증거가 있는 물질
	1B	시험동물에서 발암성 증거가 충분히 있거나, 시험동물과 사람 모두에서 제한된 발암성 증거가 있는 물질
	2	사람이나 동물에서 제한된 증거가 있지만, 구분 1로 분류하기에는 증거가 충분하지 않은 물질

03 중금속

1. 중금속 개요

(1) 금속의 일반적인 독성 기전
① **효소억제**: 효소의 구조 및 기능을 변화시켜 효소작용을 억제한다.
② **간접영향**: 세포성분의 역할을 변화시킨다.
③ **필수금속 성분의 대체**: 생물학적 대사과정을 변화시킨다.
④ **필수금속 평형의 파괴**: 필수금속의 농도를 변화시켜 평형을 파괴한다.
⑤ 설프하이드릴(Sulfhydryl)기와의 친화성으로 단백질의 기능을 변화시킨다.

(2) 금속의 흡수와 배설

구분	경로
금속의 흡수	• 호흡기계 • 소화기계(단순확산 또는 촉진확산, 특이적 수송과정, 음세포작용) • 피부
금속의 배설	• 신장(주경로) • 소화기계 • 땀, 타액 • 머리카락, 손톱, 발톱 • 모유

2. 중금속의 종류 및 생체 영향

(1) 납
① 종류 및 용도
  ㉠ 종류
   • 무기연: 금속연, 연의 산화물(일산화연, 삼산화이연, 사산화삼연), 연의 염류(아질산연, 질산연, 과염소산연, 황산연, 크롬산연, 인산연, 황화연, 염기성 탄산염, 비산연)
   • 유기연: 4-메틸연(TML), 4-에틸연(TEL)
  ㉡ 주용도

구분	장소 및 공정
납의 분진이나 흄이 발생하는 장소	• 납제련 • 납재생 • 납용접 • 축전지 제조 • 크리스탈 유리 제조 공장
여러 종류의 납 화합물을 발생하는 곳	• 염화비닐수지 가공업 • 페인트 또는 안료의 제조 • 도자기 제조 공장
알킬 납 발생	석유 정제업

ⓒ 납 중독을 강화시키는 요인
- 철분 부족
- 칼슘 부족
- 비타민 D 부족

② 흡수 경로
ⓐ 피부
 유기납의 경우 피부로 흡수 가능하다.
ⓑ 소화기
- 호흡기로 흡입된 납 중 상기도관에 침착된 것은 소화기로 들어가 흡수된다.
- 약 10[%]만이 소장에서 흡수되고 나머지는 대변으로 배설된다.
ⓒ 호흡기
 대부분 납은 소화기를 통하여 흡수된다.

③ 체내에 축적된 납
ⓐ 축적되어 있는 상태
- 혈액 및 연부조직에 축적되어 있으면서 빠르게 교환이 가능한 납
- 피부 및 근육에 있으면서 교환성이 중간 정도 되는 납
- 뼈에서 안정된 상태로 존재하는 납(뼈에 약 90[%]가 축적)
ⓑ 체내 대사활동
- 혈액 중에 있는 납은 축적량의 2[%]에 불과하다.
- 혈액 내에 있는 납의 90[%]는 적혈구와 결합되어 존재한다.
- 혈중에 있는 납의 양은 최근에 폭로된 납을 나타낼 뿐이다.

④ 납중독의 병리현상
ⓐ 조혈기능에 대한 영향
ⓑ 신장기능의 변화
ⓒ 신경조직의 변화

⑤ 증후 및 증상
ⓐ 납 중독의 4대 징후
- 납선(Burton's line)
- 납빈혈
- 망상적혈구와 친염기성 적혈구 수의 증가
- 요 중 코프로포르피린 증가

> 참고
> - 납선: 납 중독 환자의 치아 기저부, 잇몸 가장자리를 따라 보이는 얇은 검은색-파란색의 선이다.
> - 납빈혈: 헴(Heme)의 생합성에 관여하는 효소를 납이 억제하므로 혈색소량 감소로 인한 빈혈이 발생한다.
> - 망상적혈구: 망상적혈구는 미성숙한 적혈구로, 신체의 조혈능력을 평가하는 척도이다.
> - 코프로포르피린(Coproporphyrin): 헴(Heme) 형성 과정에서 이상이 발생하여 검출되는 물질이다.

ⓒ 적혈구에 미치는 악영향
- K^+와 수분이 손실된다.
- 삼투압이 증가하여 적혈구를 위축시킨다.
- 적혈구 생존 기간을 감소시킨다.
- 적혈구 내 전해질을 감소시킨다.
- 망상적혈구, 친염기성 적혈구를 증가시킨다.
- 혈색소량을 저하시키고 혈청 내 철을 증가시킨다.

ⓒ 위장장해
- 초기: 식욕부진, 변비, 복부 팽창감
- 중·말기: 급성 복부산통, 권태감, 전신쇠약증상, 불면증, 근육통, 관절통, 두통

ⓔ 신경 및 근육계통 장해
- 사지의 신근 쇠약 또는 마비, 팔과 손의 마비
- 근육통, 관절염, 다른 근육의 경직

ⓜ 중추신경계 장해
- 급성 뇌증: 유기연에 폭로된 경우 특징적으로 나타난다.
- 심한 흥분과 정신착란, 혼수상태, 조증, 허탈상태

ⓗ 이미증(소아에게 발생)

  참고 이미증(Pica): 영양분이 없는 물질을 강박적으로 과도하게 먹는 섭식장애이다.

ⓢ 급성중독
  신전근의 마비와 통증, 창백, 구토, 설사, 혈변

ⓞ 만성중독
  피로 및 쇠약, 구역질 및 변비 등의 위장병, 근육마비, 정신장해, 환각, 두통과 빈혈

⑥ 진단 및 치료
ⓐ 진단: 직업력, 병력, 임상검사를 통하여 진단한다.
- 빈혈검사
- 요 중의 코프로포르피린 및 δ-아미노레불린산의 배설량 측정
- 혈액 및 요 중의 납량 정량
- 혈액 중의 α-ALA 탈수효소 활성치 측정
- 신경전달속도 측정: 납 중독은 신경자극이 전달되는 속도를 저하
- Ca-EDTA 이동시험: 체내의 납량을 측정할 수 있으며, Ca-EDTA 투여 24시간 동안 요 채취 시 납의 총량을 구함

ⓑ 치료: 배설촉진제(Ca-EDTA, 페니실라민(Penicillamine))를 사용한다.
- 급성중독
  경구 섭취 시 3[%] 황산소다용액으로 위세척을 하고, $CaNa_2$-EDTA로 치료한다.
- 만성중독
  전리된 납을 비전리납으로 변화시키는 $CaNa_2$-EDTA와 페니실라민을 사용한다.

(2) 수은
　① 종류 및 중독 용도
　　㉠ 종류
　　　• 무기수은: 아말감, 질산수은 등
　　　• 유기수은: 페닐수은 등 아릴화합물, 메틸 및 에틸수은 등 알킬화합물로 무기수은보다 독성이 크다.
　　㉡ 주용도
　　　• 인간의 연금술, 의약품 등에 가장 오래 사용해 왔던 중금속 중 하나이다.
　　　• 수은 온도계, 체온계, 수은전지, 수은 정류기, 수은 전극, 수은 아말감, 금과 은의 정련, 실험실 기구, 수은등, 수은 스위치, 주석 등의 도금, 사진 인화, 도료, 안료, 인견 제조
　② 체내 대사
　　㉠ 흡수

구분	경로
금속수은	주로 수은 증기 상태로 호흡기를 통하여 흡수되고, 경구로는 2~7[%] 소량 흡수된다.
무기수은	• 무기수은염류는 호흡기나 경구 어느 경로로도 흡수 가능하지만, 주로 기도나 피부를 통해 흡수된다. • 금속수은보다 흡수율은 낮다.
유기수은	모든 경로로 흡수가 잘되고, 경구로는 거의 전부 흡수된다.

　　　• 흡수된 수은 증기의 약 80[%]는 폐포에서 빠르게 흡수된다.
　　　• 수은에 폭로되지 않은 사람도 음식물을 통하여 하루에 5~20[μg]의 수은을 섭취한다.
　　　• 수은이온(Hg^{2+})은 단백질의 $-SH$기에 특히 강한 친화성을 가져 조직 내 $(RS)_2Hg$ 형태로 침전된다.
　　㉡ 체내 이동
　　　혈관을 통하여 이동하며, 뇌막을 쉽게 통과한다.
　　㉢ 축적
　　　• 금속수은: 뇌, 혈액, 심근
　　　• 무기수은: 신장, 간장, 갑상선
　　　• 유기수은: 신장, 간장, 심근
　　㉣ 배설
　　　• 금속수은: 주로 소변으로 배설된다.
　　　• 무기수은: 주로 소변으로 배설된다.
　　　• 유기수은: 주로 대변으로 배출된다.
　③ 중독 증상 및 징후
　　㉠ 수은중독의 특징
　　　• 구내염
　　　• 근육진전
　　　• 정신증상

ⓒ 초기 증상

안색이 노랗게 되고, 두통·구토·복통·설사 등 소화불량 증세가 나타난다.

ⓒ 구내염 증상
- 금속성 맛이 나고 치은부(잇몸)가 붓고, 압통이 있으며, 쉽게 출혈이 발생하고 궤양을 형성한다.
- 말을 하기 어려울 정도로 침을 흘리고 때로는 구내염 증상 없이 침만 흘리는 경우도 있다.

ⓒ 치은부 증상

치조농양으로 치아의 뿌리가 삭아서 빠진다.

ⓒ 근육진전(Hatter's Shake)
- 불수의적으로 근육이 수축함으로써 근육의 뒤틀림이나 반복적인 움직임 등 비정상적인 운동 또는 이상한 자세를 취한다. 안검, 혀, 손가락에서 볼 수 있다.
- 잠잘 때, 안정을 취할 때는 증상이 잠시 없어진다.

ⓑ 정신증상
- 우울, 무욕상태, 졸음 등의 정신장해가 일어난다.
- 정신변화를 일으켜 환각, 기억력 상실 등으로 지능활동이 떨어진다.
- 주로 중추신경계통, 특히 뇌조직을 침범하여 심할 경우에는 불가역적인 뇌손상을 입어 정신기능이 소실된다.

ⓢ 급성중독

신장장해, 구강의 염증, 폐렴, 기관지 자극증상

ⓞ 만성중독

구강 및 잇몸의 염증, 위장장해, 정신장해, 보행실조, 시력마비, 경련, 혼수상태

④ 진단 및 대책

ⓐ 진단
- 간기능 검사
- 신기능 검사
- 요 중의 수은량 측정

ⓑ 급성중독
- 위세척을 한다. 위의 점막이 손상된 상태이므로 조심히 시행하고, 세척액은 200~300[mL]를 넘지 않도록 유의해야 한다.
- BAL(British Anti Lewisite), 디메르카프롤(Dimercaprol) 투여

  참고 BAL : 영국에서 개발된 킬레이트 중 하나로, 루이사이트라는 생화학 무기의 해독제로 개발되었다.

ⓒ 만성중독
- 수은 취급을 즉시 중단한다.
- BAL을 투여한다.
- N-acetyl-D-penicillamine(N-아세틸-D-페니실라민)을 투여한다.
- 증상이 심하면 10[%] 글루콘산칼슘(Calcium Gluconate) 20[mL]를 정맥주사한다.
- 하루 10[L] 정도의 등장식염수를 공급하여 이뇨작용을 촉진한다.
- EDTA의 투여는 금기이다.

(3) 크롬
  ① 종류 및 용도
    ㉠ 종류

구분	경로
3가 크롬	• 피부 흡수가 어렵다. • 크롬은 자연 중에 대부분 3가의 형태로 존재한다. • 세포 내에서 핵산, Nuclear Enzyme, 뉴클레오티드(Nucleotide)와 결합 시 발암성을 나타낸다.
6가 크롬	• 피부 흡수가 쉽다.(3가 크롬보다 유해함) • 세포 내에서 수 분~수 시간 만에 발암성을 가진 3가 형태로 환원되는데, 세포질 내에서의 환원은 독성이 적으나 DNA 부근에서의 환원은 강한 변이원성을 나타낸다.

    ㉡ 용도
      • 크롬산 납: 안료, 가죽제조, 염색 등
      • 크롬산: 도금, 강철의 합금, 스테인리스강, 니크롬선, 내화벽돌의 제조, 시멘트 제조업, 화학비료공업, 석판 인쇄업 등
  ② 체내 대사
    ㉠ 흡수
      • 호흡기, 소화기, 피부를 통하여 흡수되어 간, 신장, 폐, 골수 등에 축적된다.
      • 6가 크롬이 3가 크롬보다 체내흡수가 잘된다.
    ㉡ 생체 전환
      • 6가 크롬은 생체막을 통과하여 세포 내에서 3가로 환원된다.
      • 환원되는 정도는 환원제의 양에 좌우된다.
    ㉢ 배설
      주로 소변을 통해 배설된다.
  ③ 증상 및 징후
    ㉠ 피부장해
      • 크롬산과 크롬산염이 피부의 개구부로 흡수되어 깊고 둥근 궤양을 형성한다.
      • 수용성 6가 크롬은 저농도에서도 피부염을 유발한다.
    ㉡ 급성중독
      • 심한 신장장해: 심한 과뇨증 후 무뇨증 발생, 요독증으로 1~2일 또는 길어야 7~8일 안에 사망
      • 위장장해: 심한 복통과 빈혈을 동반하는 설사 및 구토
      • 급성폐렴 발생
    ㉢ 만성중독
      • 코, 폐, 위장 점막에 병변 발생
      • 위장장해: 기침, 두통, 호흡곤란, 심호흡 때의 흉통, 발열, 체중감소, 식욕감퇴, 구역, 구토
      • 비점막장해: 빠르면 2개월 이내에 비점막에 염증이 발생하며 계속 진행되면 비중격의 연골부에 구멍이 뚫린다.(비중격천공)
      • 기도, 기관지 자극 및 부종
      • 장기간 흡입 시 기관지암, 폐암, 비강암 발생

④ 치료 및 대책
　㉠ 크롬 섭취 시 응급조치
　　환원제로서 우유, 비타민 C를 섭취한다.
　㉡ 만성 크롬중독
　　• 폭로중단 이외에는 특별한 방법이 없다.
　　• BAL, Ca—EDTA는 효과가 없다.
　　• 코와 피부의 궤양은 10[%] $CaNa_2$—EDTA, 5[%] 티오황산소다(Sodium Thiosulfate) 용액, 5~10[%] 구연산소다 용액을 사용한다.

(4) 카드뮴
① 용도
　도자기, 페인트의 안료, 니켈카드뮴 배터리, 살균제 등
② 체내 대사
　㉠ 경구 흡수율은 5~8[%]로 호흡기 흡수율보다 작으나 칼슘, 철의 결핍 또는 단백질이 적은 식사를 할 경우 흡수율이 증가한다.
　㉡ 카드뮴이 체내에서 이동 및 분해하는 과정에는 저분자 단백질인 메탈로티오네인(Metallothionein)이 관여한다.
　㉢ 태반은 메탈로티오네인을 형성하여 모체 내 카드뮴이 태아로 이동하는 것을 방지하지만 카드뮴 폭로가 많은 경우 태아에서도 검출된다.
　㉣ 체내에 흡수된 카드뮴은 혈액을 통해 $\frac{2}{3}$가 간과 신장으로 이동한다.
③ 증상 및 징후
　㉠ 급성중독
　　• 구토를 동반하는 설사와 급성 위장염
　　• 두통, 금속성 맛, 근육통, 복통, 체중감소, 착색뇨
　　• 간, 신장 기능장해
　　• 폐부종, 폐수종
　㉡ 만성중독
　　• 자각증상: 가래, 기침, 후각 이상, 식욕부진, 위장장해, 체중감소, 치은부에서 연한 황색환상 색소침착
　　• 신장기능 장해: 요 중 카드뮴 배설량 증가, 단백뇨, 아미노산뇨, 당뇨, 인의 신세뇨관 재흡수 저하, 신석증 유발
　　• 폐기능 장해: 만성 기관지염, 하기도의 진행성 섬유증
　　• 골격계 장해: 다량의 칼슘 배설, 골연화증, 뼈 통증, 철결핍성 빈혈
④ 대책
　㉠ 급성중독
　　• 섭취 시 즉시 3[%] 황산소다용액으로 위세척
　　• Ca—EDTA, BAL 사용금지(신독성유발)
　㉡ 만성중독
　　진정제, 안정제, 비타민 B1, B2 사용

(5) 망간
- ① 종류 및 용도
    - ㉠ 종류
        - 2가 망간 화합물: 만성중독 유발
        - 3가 이상의 망간 화합물: 부식성
    - ㉡ 용도
        특수강철 제조업, 건전지 제조업, 전기용접봉 제조업, 도자기 제조업, 타일 제조업, 용접작업 등
- ② 체내 대사
    - ㉠ 호흡기를 통한 경로가 가장 빈번하고 위험하다.
    - ㉡ 소화기로 노출된 망간의 4[%]가 체내로 흡수된다.
    - ㉢ 체내에 흡수된 망간 중 10~20[%]는 간에 축적되며, 뇌혈관막과 태반을 통과한다.
    - ㉣ 폐·비장에도 축적되고, 손톱·머리카락에도 축적된다.
- ③ 증상 및 징후
    - ㉠ 초기단계
        무력증, 식욕감퇴, 두통, 현기증, 무관심, 무감동, 정서장해, 행동장해, 흥분성 발작, 망간 정신병, 발언이상, 보행장해, 경련, 배통 등
    - ㉡ 중기단계
        파킨슨증후군의 양상이 두드러진다.
    - ㉢ 말기단계
        - 근강직
        - 감각기능은 정상이나 정신력은 늦어지고, 글씨 쓰는 것이 불규칙하게 되며 글자를 읽을 수 없게 된다.
- ④ 대책
    - ㉠ 증상 초기에 망간 폭로를 중단하는 것이 중요하며, 중독 초기에는 킬레이트 제재를 사용하여 어느 정도 효과를 얻을 수 있으나 이미 신경손상이 진행되면 회복이 어렵다.
    - ㉡ BAL, Ca-EDTA, Calcium disodium-EDTA는 치료효과가 없고, 페니실라민이나 L-도파(L-dopa)를 투여한다.

(6) 베릴륨
- ① 용도
    우주항공산업, 정밀기기 제작, 컴퓨터 제작, 형광등 제조, X-선 관구, 네온사인 제조, 합금, 도자기 제조업, 원자력 공업 등
- ② 체내 대사
    - ㉠ 주된 흡수경로는 호흡기이며, 소변이나 대변으로 배설
    - ㉡ 비용해성 물질은 폐에 축적되고, 용해성 물질은 신체 각 기관에 재분배된다.
    - ㉢ 태반을 통과할 수 있고 모유를 통하여 태아에게 영향을 미칠 수 있다.
- ③ 증상 및 징후
    - ㉠ 급성중독
        - 염화물, 황화물, 불화물 같은 용해성 베릴륨 화합물의 경우 급성중독을 유발한다.
        - 인후염, 기관지염, 모세기관지염, 폐부종을 유발한다.

ⓒ 만성중독
- 금속 베릴륨, 산화베릴륨 등과 같은 비용해성 베릴륨 화합물은 만성중독을 유발한다.
- 초기 증상으로는 운동 시 호흡곤란, 마른기침, 열 등이 발생하고, 말기 증상은 호흡곤란이 심해지고 흉부 통증, 피로감, 전신권태, 무기력증, 체중 감소가 나타난다.
- 피부 등에 육아종을 발생한다.
- 'Neighborhood Cases'라고도 불린다.

④ 대책
ⓐ 급성 폐렴의 치료에는 산소와 스테로이드를 투여한다.
ⓑ 만성중독 시에도 스테로이드를 투여한다.
ⓒ 피부병소는 깨끗이 세척하고 스테로이드 제제 연고를 바른다.

(7) 비소
① 용도 및 성상
ⓐ 용도
비소제련, 비소광석 용해, 목재방부제 제조, 살충제 제조, 야금, 전자산업, 납과 비소의 합금, 금속광석 또는 잔사 추출, 아세틸렌 용접 등
ⓑ 성상
- 3가의 독성이 5가에 비해 강하다.
- 호흡기 노출이 가장 위험하다.
- 삼수소화비소 취급 시 주의해야 한다.

② 체내 대사
ⓐ 호흡기 또는 피부를 통하여 체내에 흡수 가능하며, 호흡기 노출이 가장 위험하다.
ⓑ −SH기를 갖고 있는 효소작용을 저해하여 세포호흡에 장애를 유발한다.
ⓒ 체내에서 As(Ⅲ)은 As(Ⅴ)로 산화되고, 그 반대도 가능하다.
ⓓ 뼈에는 비산칼륨의 형태로 존재하고, 모발과 손톱의 −SH기와 결합하여 축적된다.

③ 증상 및 징후
ⓐ 급성중독
- 심한 구토와 설사, 근육경직, 안면 부종, 심장이상, 쇼크, 탈수 발생
- 접촉성 피부염, 모낭염, 습진성 발진, 피부궤양 발생
- 무기비소 흡입 시 비염, 인두염, 후두염 등 상기도에 염증 발생
ⓑ 만성중독
- 피부, 호흡기, 심장, 혈액, 조혈기관, 신경계에 영향
- 체내에 흡수된 비소제: 구토, 위경련, 설사

④ 대책
ⓐ 급성중독 시 구토를 유도하고, 활성탄과 설사약을 투여한다.
ⓑ 비소중독이 확진되면 BAL(Dimercaprol)을 투여한다.(삼산화비소는 효과 없음)
ⓒ 비소 폭로가 심한 경우 전체 수혈을 실시하고, 쇼크 발생 시 혈압상승제와 정맥수액제를 투여한다.

(8) 니켈
    ① 용도
        합금 제조, 도금, 안료, 촉매, 니켈전지 등의 제조
    ② 증상 및 징후
        ㉠ 급성중독
            폐렴, 폐부종, 접촉성 피부염
        ㉡ 만성중독
            • 비강, 부비강, 폐에 암 유발
            • 호흡기 장애와 전신중독 유발
    ③ 치료
        ㉠ 니켈 폭로로부터 격리한다.
        ㉡ 디에틸디티오카르밤산(Diethyldithiocarbamic acid)을 투여한다.

(9) 인
    ① 용도
        황린·인산 제조, 농약 제조 등
    ② 증상
        ㉠ 황린·인산염의 증기는 독성이 강하고, 흡입하면 중독된다.
        ㉡ 권태, 식욕부진, 소화기 장애, 빈혈, 황달이 나타난다.

(10) 금속 증기열
    ① 발생원
        용접, 전기도금, 금속 제련 등
    ② 원인
        아연, 마그네슘, 망간, 마그네슘, 니켈, 카드뮴, 안티몬 산화물의 증기
    ③ 증상
        체온이 높아지고 오한, 갈증, 기침, 호흡곤란 증세가 나타난다. 이러한 증상은 12~24시간 후에 완전히 없어진다.

04 인체의 구조 및 대사

중요도 ●●

1. 기관계

기관계	기능	기관
외피계 (Integumentary System)	미생물과 화학물질의 침입 장벽 역할, 체온 조절	피부, 털, 피하조직
골격계 (Sketal System)	• 몸의 지지 및 운동 ; 내부기관 보호 • 무기물 저장 ; 혈액 형성	뼈, 연골, 인대, 골수
근육계 (Muscular System)	운동 및 체온 유지	근육, 건
신경계 (Nervous System)	기관계의 상호 활동 조정	뇌, 척수, 신경
내분비계 (Endocrine System)	호르몬에 의한 신체 기능 조절	뇌하수체, 부갑상샘, 갑상샘, 부신, 가슴샘, 췌장, 생식샘
심혈관계(순환계) (Cardiovascular System)	산소와 영양분 운반, 노폐물 제거	심장, 혈액, 혈관
림프계 (Lymphatic System)	조직액을 혈액으로 반송, 유해한 미생물에 대한 방어	비장, 림프절, 가슴샘, 림프관
호흡기계 (Respiratory System)	산소와 이산화탄소의 교환	폐, 기도, 인두, 후두, 비강
소화기계 (Digestive System)	음식물의 처리 및 영양분 흡수	위, 장관, 간, 췌장, 식도, 침샘
비뇨기계 (Urinary System)	노폐물 배설, pH와 혈액량 조절	신장, 방광, 요도
생식기계 (Reproductive System)	생식세포의 생산, 태아의 생장(여성)	난소, 자궁, 정소, 전립샘

2. 유해물질 대사 및 축적

(1) 화학물질의 용량 – 반응관계

유해화학물질의 노출량 또는 투여량(흡수량)에 따른 신체의 반응 정도를 나타내는 함수이다.

① 용량

㉠ 한번에 투여하는 물질의 양이다.

㉡ 생체이물(Xenobiotics)에 대한 노출을 특성화하기 위해 다양한 변수들이 요구된다.

② 용량의 형태

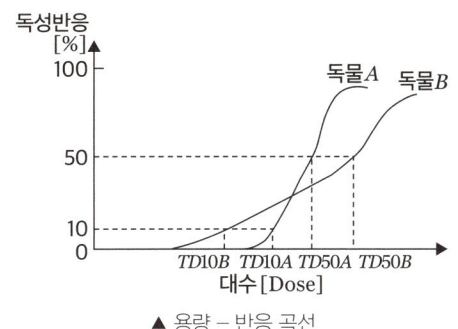

▲ 용량 – 반응 곡선

노출량(Dose)	환경 중 측정되어지는 생체이물의 양
흡수량	체내로 들어오는 실질적인 노출량
투여량	대개는 구강 또는 주사로 투여되는 양
총량	모든 개별 용량에 대한 합계

(2) 독성의 평가

> **학습 나침반**
>
> | 혼합물질의 상호작용 | 작용내용 | 예시 |
> |---|---|---|
> | 상가작용
(Additive Action) | 2종 이상의 화학물질이 혼재하는 경우 인체의 같은 부위에 작용함으로써 그 유해성이 가중되는 작용 | 2+4=6 |
> | 상승작용
(Synergism) | 각각의 단일물질에 노출되었을 때보다 훨씬 큰 독성을 발휘하는 작용 | 1+3=10 |
> | 잠재작용
(가승작용, 강화작용, Potentiation) | 인체에 영향을 나타내지 않은 물질이 다른 독성물질과 노출되어 그 독성이 커지는 작용 | 2+0=5 |
> | 길항작용
(Antagonism) | 2종 이상의 화합물이 있을 때 서로의 작용을 방해하는 경우 | 4+6=8 |

① 생체전환

생체전환은 생체이물에 대한 제거의 첫 기전이며, 제1상 반응과 제2상 반응으로 구분된다.
  ㉠ 제1상 반응
    분해반응, 이화반응(산화, 환원, 가수분해반응)
  ㉡ 제2상 반응
    제1상 반응물질을 수용성 물질로 변화하여 배설을 촉진

② 독성 실험 단계
　㉠ 제1단계(동물에 대한 급성폭로 실험)
　　• 치사율, 치사성과 기관장해에 대한 반응곡선 작성
　　• 눈과 피부에 대한 자극성 실험
　　• 변이원성에 대하여 1차적인 스크리닝 실험
　㉡ 제2단계(동물에 대한 만성폭로 실험)

> **학습 나침반**

길항작용의 종류	작용	예시
화학적 길항작용	두 화학물질이 반응하여 저독성의 물질로 변화되는 경우	수은의 독성은 Dimercaprol이 수은 이온을 킬레이팅시킴으로써 감소
기능적 길항작용	동일한 생리적 기능에 길항작용을 나타내는 경우	삼켜진 독은 위 속에 모탄을 삽입하여 흡수시킴
배분적 길항작용	독성물질의 생체과정인 흡수, 분포, 배설 등의 변화를 일으켜 독성이 낮아지는 경우	바비투레이트의 과량투여로 인한 혈압의 극심한 강하현상은 혈압을 증가시키기 위한 혈관 수축제를 투여함으로써 복귀시킬 수 있음
수용적 길항작용	두 화학물질이 같은 수용체에 결합하여 독성이 저하되는 경우	일산화탄소 중독은 고압산소를 이용하여 헤모글로빈 수용체로부터 일산화탄소를 치환시킴으로써 치료

　　• 상승작용, 길항작용 등에 대한 실험
　　• 생식독성과 최기형성 실험
　　• 거동 특성을 실험
　　• 장기독성을 실험
　　• 변이원성에 대하여 2차적인 스크리닝 실험
③ 생식독성
　㉠ 생식독성의 정의
　　생식세포와 생식세포의 수정, 태아의 발육에 관련이 있는 부분에 영향을 미치는 독성이다.
　㉡ 생식독성의 평가방법
　　• 수태능력 시험
　　• 최기형성 시험
　　• 주산, 수유기 시험
　㉢ 생식독성 유발인자
　　• 남성 근로자
　　　고온, X선, 마이크로파, 납, 카드뮴, 망간, 수은, 항암제, 마취제, 알킬화제, 이황화탄소, 염화비닐, 흡연, 음주, 마약, 호르몬제제 등
　　• 여성 근로자
　　　고열, X선, 저산소증, 납, 수은, 카드뮴, 항암제, 이뇨제, 알킬화제, 유기인계 농약, 음주, 흡연, 마약 등

④ 혈액독성
  ㉠ 혈색소
    • 정상수치는 약 12~16[g/dL]
    • 정상치보다 높으면 만성적인 두통, 홍조증, 황달 발생
    • 정상치보다 낮으면 빈혈 발생
  ㉡ 백혈구 수
    • 정상수치 약 4,000~8,000[개/μL]
    • 정상수치보다 높으면 백혈병 발생
    • 정상수치보다 낮으면 재생 불량성 빈혈 의심
  ㉢ 혈소판 수
    • 정상수치 약 150,000~450,000[개/μL]
    • 정상수치보다 높으면 출혈 및 조직의 손상 의심
    • 정상수치보다 낮으면 골수기능 저하 의심
  ㉣ 혈구용적
    • 정상수치 약 34~48[%]
    • 정상수치보다 높으면 탈수증과 다혈구증 의심
    • 정상수치보다 낮으면 빈혈 의심
  ㉤ 적혈구 수
    • 정상수치 : 남자 약 410~530만[개/μL], 여자 약 380~480만[개/μL]
    • 정상수치보다 높으면 다혈증, 다혈구증 의심
    • 정상수치보다 낮으면 헤모글로빈 감소하여 현기증, 기절증상 의심

3. 생물학적 모니터링

(1) 정의와 목적

화학물질에 노출된 근로자의 체내 노출량을 생물학적 검체(소변, 혈액, 머리카락, 생체 내 효소나 조직 등)의 측정을 통해서 노출의 정도나 건강위험을 평가하는 것이다.

① 정의(NIOSH)

생물학적 모니터링이란 참고치와 비교하여 건강위험성과 노출을 평가하기 위하여 인체의 조직, 분비물, 배설물, 호기 또는 이들 지표의 조합 등에서 작업장 화학물질 또는 이들의 대사산물을 측정·평가하는 것이다.

② 목적
  ㉠ 유해물질에 노출된 근로자 개인에 관한 정보를 제공한다.
  ㉡ 개인보호구의 효율성 평가와 기술적 대책, 보건관리에 관한 평가에 이용한다.
  ㉢ 작업장 근로자 보호를 위한 모든 개선 전략을 적정하게 평가하기 위함이다.

(2) 생물학적 모니터링의 평가기준

① 생물학적 노출기준(BEI, Biological Exposure Indices)과 비교
  ㉠ 측정값이 생물학적 노출기준 이하일 경우 작업조건과 노출상태는 양호하다고 판정할 수 있다.
  ㉡ 측정 근로자의 전부 혹은 대다수의 근로자가 생물학적 노출기준을 초과한 경우 전반적인 노출수준상태가 불량하므로 작업환경개선을 실시한다.

ⓒ 대부분 노출기준 이하이나 소수의 근로자가 노출기준 초과로 나타날 경우 작업방법이나 작업환경에 의한 것인지 비작업적 노출에 의한 내재용량의 변화에 의한 것인지 추후 조사를 통하여 해석한다.

② 생물학적 노출기준 적용 시 주의사항
  ㉠ 유해한 노출과 무해한 노출을 명확히 구분해주는 기준이 아니다.
  ㉡ 대기 및 수질오염 등 비직업성 노출의 안전수준을 결정하는 데 이용해서는 안 된다.
  ㉢ 직업성 질환이나 중독 정도를 평가하는 데 사용해서는 안 된다.
  ㉣ 주 5일, 1일 8시간 작업하는 경우에 적용한다.

(3) 생물학적 모니터링의 제한점
  ① 현재는 생물학적 노출지표가 설정되어 있는 물질이 제한적이다.
  ② 급성노출인 경우는 대사가 빠른 물질에 대해서만 노출에 대한 정보를 제공한다.
  ③ 평가량이 현재의 노출인지 축적된 노출량을 의미하는지 명확하지 않은 경우가 있다.

(4) 검사방법의 분류
  ① 생체 시료나 호기중 해당 물질 또는 대사산물을 측정한다.
  ② 체내 노출량과 관련된 생물학적 영향을 정량화한다.
  ③ 표적과 비표적 분자와 상호작용하는 활성화학물질량을 측정한다.

(5) 노출평가 방법
  ① 작업환경측정(노출기준-TLV)
    작업시간, 작업장소 및 작업량에 영향을 받는다.
  ② 생물학적 모니터링(노출기준-BEI)
    시료채취가 까다롭고 개인의 감수성에 영향을 받는다.
  ③ 건강감시(Medical Surveillance)
    ㉠ 유해물질에 노출된 근로자에게 주기적으로 의학적, 생리학적 검사를 실시한다.
    ㉡ 생물학적 모니터링이 유해물질의 악영향을 알기 위함이라면, 건강감시는 근로자의 건강상태를 평가하고 유해물질의 초기 영향을 파악하는 데 목적이 있다.

(6) 생물학적 노출지표

구분	유해물질	생물학적 노출지표물질		시료채취시기
금속류	납	혈액 중 납		수시
		요 중 납, δ−ALA		
	수은	요 중 수은		작업 전
	카드뮴	혈액 중 카드뮴		수시
유기화합물	벤젠	0.5[ppm] 기준	혈액 중 벤젠	당일
			요 중 뮤콘산	
		10[ppm] 기준*	요 중 페놀	
	톨루엔	요 중 o−크레졸		당일
	크실렌	요 중 메틸마뇨산		당일
	스티렌	요 중 만델릭산+페닐글리옥실산		당일
		요 중 스티렌		
	트리클로로에틸렌	요 중 삼염화초산		주말
	퍼클로로에틸렌	요 중 삼염화초산		주말
	메틸클로로포름	요 중 삼염화초산		주말
		요 중 총삼염화에탄올		
	디메틸포름아미드	요 중 N−메틸포름아미드		당일
	p−니트로클로로벤젠	혈액 중 메트헤모글로빈		수시
	메틸 n−부틸케톤	요 중 2,5−헥산디온		당일
	이황화탄소	요 중 TTCA		당일
	n−헥산	요 중 2,5−헥산디온		당일
가스 상태 물질류	일산화탄소	혈액 중 카복시헤모글로빈		당일 (작업 전−후를 측정하여 비교)
		호기 중 일산화탄소		
산 및 알칼리류	불화수소	요 중 불화물		당일 (작업 전−후를 측정하여 비교)

> 참고 작업환경 노출기준 10[ppm](1999)이 0.5[ppm]으로 강화되어 10[ppm] 기준의 벤젠노출지표인 소변 중 페놀은 사용하지 않으려는 경향이 있다.

(7) 시료 채취 시기 및 분석방법

① 반감기가 5분 이내인 물질

작업 중 또는 작업 종료 시에 시료를 채취한다.(인체에 축적되지 않으므로 시료 채취 시기가 대단히 중요)

예 벤젠, 톨루엔, 크실렌, 페놀, 노말헥산, 아세톤, 이황화탄소, 일산화탄소 등

② 반감기가 5시간을 넘어서 주중에 축적될 수 있는 물질

주중 마지막 작업종료 후 시료를 채취한다.

예 트리클로로에틸렌, 수은, 6가 크롬 등

③ 반감기가 수년이어서 인체에 지속적으로 축적되는 물질

측정 시기 중요하지 않다.

예 납, 카드뮴 등 중금속류

④ 분석방법

㉠ 소변

가급적 신속하게 분석한다.

㉡ 혈액

- 특정물질의 단백질 결합을 고려하여 분석한다.
- 휘발성 물질에 대한 BEI는 정맥혈과 관계가 있으며 동맥혈을 대표하는 모세혈액에는 적용할 수 없다.

㉢ 호기분석: 폐포 공기가 혼합된 호기 시료에서 측정한다.

05 역학조사

1. 산업역학

(1) 개요

역학이란 집단에서의 병과 건강상태를 판정하고 건강에 영향을 주는 인자를 확인하여 궁극적으로 인간의 안녕에 이바지하는 학문이다.

(2) 역학의 분야

① 기술역학
  ㉠ 원인과의 연관성을 찾기보다는 현상 그대로 상황을 파악하여 기술하는 분야이다.
  ㉡ 새로운 질병 발생에 관한 자료를 통해서 예견성을, 과거에 발생하였던 질병 자료를 통해서는 과거를 유추할 수 있다.

② 분석역학
분석역학의 목적은 가설을 시험하는 것으로, 잠재적 결정요인(작업장 노출)과 건강에 대한 결과(질병이나 손상) 간의 관련성을 서로 다른 그룹 간 비교를 통하여 검증한다.
  ㉠ 코호트 연구
   • 질병의 잠재적 요소에 노출되었는가 아닌가 하는 기초적인 문제의 연구를 위하여 주제를 선정한다. 가장 간단한 코호트 연구는 노출을 이분법(노출과 비노출)으로 나누는 것이다.
   • 특정 유해요인에 노출된 집단과 노출되지 않은 집단을 추적하고 연구대상 질병의 발생률을 비교하여 유해요인과 질병 발생 관계를 조사하는 연구방법으로 요인대조연구라고도 불린다. 또한 한 집단은 유해요인에 노출시키고 다른 한 집단은 유해요인에 노출시키지 않은 후 어느 시점에서 두 집단 간의 발생률을 비교하는 계획코호트 연구가 있다.
  ㉡ 환자대조군 연구
사례-참고 연구로도 알려져 있는 환자대조군 연구에서는 관심의 대상이 되는 질병이나 건강의 손상을 경험한 경우와 적당한 비교그룹(대조군 혹은 참조군)을 조합한다. 사례가 발생된 그룹에서 하나 혹은 그 이상의 가설적인 인자에 노출된 빈도를 대조군과 비교한다.
  ㉢ 단면연구
단면연구에서는 건강의 손상과 결정적인 요인 간의 상관성을 동시에 조사한다. 일련의 그룹사람들을 선정하여 노출과 질병상태를 동시에 분석한다.

(3) 역학자료 분석

① 위해성과 이환율
  ㉠ 위해성
향후 어떤 사건, 즉 질병이나 손상의 발생 가능성을 말한다. 어떤 개인에게서 질병이 발생할 것인지를 예측하는 것은 불가능하지만 역학적인 방법이 개인의 질병에 관한 위해성을 평가하는 데 활용될 수 있다.
  ㉡ 이환율
이미 알려진 위해인자를 갖고 있는 특정 그룹의 사람에게서 특정 상황이 발생하는 정도이다. 즉 이환율은 그 그룹 내에 있는 개인이 직면한 위해성과 동일한 것으로 생각할 수 있다. 따라서 이환율은 때때로 절대적 위해성으로 간주되기도 한다.

② 코호트 연구에서의 분석

코호트 연구에서 질병의 발생률은 노출그룹과 비노출그룹 간에 직접 측정할 수 있다. 만약 하나의 노출그룹과 하나의 비노출그룹이 있으면 두 그룹 사이의 이환율은 바로 비교할 수 있다.

㉠ 유병률

어떤 특정한 시간에 전체 인구 중에서 질병을 가지고 있는 분율을 나타내는 것이며, 다음과 같은 공식으로 표현된다.

심화이론 | 유병률

$$유병률 = 발생률 \times 평균이환기간$$

㉡ 발생률

특정한 기간 동안에 일정한 위험집단 중에서 새롭게 질병이 발생하는 환자 수의 비율이다.

㉢ 위험도

집단에 소속된 구성원 개개인이 일정기간 내에 질병이 발생할 확률이다.

㉣ 상대위험비(상대위험도, 비교위험도)

요인에 노출된 집단에서의 질병발생률을 비노출군의 질병발생률로 나눈 값이다.

필수공식 | 상대위험비

$$상대위험비 = \frac{노출군에서의 발생률}{비노출군에서의 발생률}$$

참고 상대위험비의 해석

상대위험비 > 1 → 위험의 증가
상대위험비 = 1 → 노출과 질병 사이의 연관성 없음
상대위험비 < 1 → 질병에 대한 방어효과 있음

㉤ 기여위험도(귀속위험도)

'위험도차이'라고도 부르며, 그룹에서의 이환율에서 비노출그룹에서의 이환율을 차감하여 계산한다. 기여위험도는 순수하게 유해요인에 노출되어 나타난 위험도를 평가하기 위한 것으로 어떤 유해요인에 노출되어 얼마만큼 환자 수가 증가되어 있는지를 설명해 준다.

심화이론 | 기여위험도

$$기여위해도 = 노출군의 발생률 - 비노출군 발생률$$

③ 환자대조군 연구에서의 분석

코호트연구와는 달리 환자대조군 연구는 질병을 가진 사례집단과 질병이 없는 집단의 선정에서 출발한다. 사례집단이나 대조집단의 수를 조사자가 설정하기 때문에 연구에서 이환율이 바로 결정되지는 않는다. 따라서 상대위해도는 직접적으로 계산되지 않는다. 대신 상대위해도는 사례집단과 대조집단 내에서 상태적 노출빈도를 조사함으로써 평가할 수 있다. 이러한 평가를 교차비(Odds Ratio)라 부른다.

> **심화이론 | 교차비**
>
> $$교차비 = \frac{환자군에서의\ 노출대응비}{대조군에서의\ 노출대응비}$$

참고 교차비의 해석

교차비 > 1 → 요인에 노출된 것이 질병 발생을 증가시킴
교차비 = 1 → 요인과 질병 사이의 관계가 없음
교차비 < 1 → 요인에 노출된 것이 질병 발생을 방어함

④ 자료의 신뢰도와 타당도

종류				
타당도	○	×	○	×
신뢰도	○	○	×	×

㉠ 신뢰도

실험, 검사 또는 측정 절차를 반복 시행할 경우에 어느 정도 동일한 결과를 얻을 수 있는가의 척도이다. 모든 현상을 측정할 경우에는 항상 측정오차(Measurement Error)가 발생하게 된다. 비록 측정 시에 측정오차가 발생하기는 하지만 측정을 반복적으로 시행할 경우에는 측정마다 일관되는 경향을 보인다. 예를 들면 처음 혈압을 측정할 때 혈압이 높은 대상은 두 번째 측정에서도 높은 혈압을 보이는 경향이 있다. 이와 같은 반복 측정 시 나타나는 일관된 경향을 신뢰도라고 한다. 체계오차(Systemic Error)가 있는 경우에도 신뢰도는 높을 수 있다.

㉡ 타당도

측정하고자 의도한 것을 측정할 경우에 타당도가 있다고 한다. 따라서 타당도(Validity)는 개념과 지표 간의 관계가 중요하다. 타당도는 본래의 목적 이외에는 사용할 수 없다. 예를 들어 지능검사의 경우 지적 잠재력을 사용하는 데에는 적합하지만 미래의 수입을 예측하는 것은 불가능하다. 이와 같은 타당도도 신뢰도와는 그 의미가 다르다. 어떤 자료가 신뢰도가 높다고 해서 타당도가 높은 것을 의미하지는 않는다. 역학에서 어떤 검사의 타당성은 민감도(질병자를 양성으로 검출하는 정도)와 특이도(건강자를 음성으로 검출하는 정도)에 의하여 정해지며 이 두 가지가 모두 높을 때 그 검사법의 타당성이 인정된다.

⑤ 오류

㉠ 계통적 오류
- 편견으로부터 발생한다.
- 표본 수를 증가시키더라도 오류를 감소할 수 없다.
- 반복측정하더라도 결과의 오류가 같다.

㉡ 무작위 오류
- 측정방법의 부정확성에 의해 결과의 정밀성이 낮아지는 오류이다.
- 실제값 주위의 넓은 범위에 걸쳐 측정치가 존재하여 두 집단 간 비교 시 차이점이 없는 결과가 발생한다.
- 표본 수 증가로 무작위 오류를 감소시킬 수 있다.

⑥ 측정타당도

측정정확도의 결과를 해석할 때 매우 중요하다.

구분		실제값		합계
		양성	음성	
검사법	양성	A	B	A+B
	음성	C	D	C+D
합계		A+C	B+D	

필수공식 | 민감도, 가음성률, 가양성률, 특이도

민감도	$\dfrac{A}{A+C}$
가음성률	$\dfrac{C}{A+C}$
가양성률	$\dfrac{B}{B+D}$
특이도	$\dfrac{D}{B+D}$

㉠ 민감도

실제 노출된 사람이 이 측정법으로 노출된 것으로 나타날 확률이다.

㉡ 가음성률

민감도의 상대적 개념으로 '1-민감도'의 값이다.

㉢ 가양성률

특이도의 상대적 개념으로 '1-특이도'의 값이다.

㉣ 특이도

실제 노출되지 않은 사람이 이 측정방법에 의해 노출되지 않은 것으로 나타날 확률이다.

에듀윌이
너를
지지할게

ENERGY

내를 건너서 숲으로
고개를 넘어서 마을로

어제도 가고 오늘도 갈
나의 길 새로운 길

– 윤동주, '새로운 길'

PART 02

최빈출 100제

INDUSTRIAL HYGIENE MANAGEMENT

01	산업위생학개론	228~232
02	작업위생측정 및 평가	233~237
03	작업환경관리대책	238~242
04	물리적유해인자관리	243~247
05	산업독성학	248~252

학습 GUIDE

PART 02 최빈출 100제는 시험에 자주 출제되는 100가지 키워드를 엄선하여 담았습니다. 특히, 과락의 주원인이 되는 계산문제 연습에 초점을 맞추어 다양한 공식을 수록하였습니다. PART 01 핵심이론 학습을 마친 직후, 또는 2권 7개년 기출문제 학습 직전에 무료특강과 함께 학습하여 합격에 한 걸음 더 가까워지세요.

01 산업위생학개론

001

미국산업위생학회(AIHA)에서 정한 산업위생의 정의로 옳은 것은?

① 작업장에서 인종, 정치적 이념, 종교적 갈등을 배제하고 작업자의 알권리를 최대한 확보해주는 사회과학적 기술이다.
② 작업자가 단순하게 허약하지 않거나 질병이 없는 상태가 아닌 육체적, 정신적 및 사회적인 안녕 상태를 유지하도록 관리하는 과학과 기술이다.
③ 근로자 및 일반 대중에게 질병, 건강장애, 불쾌감을 일으킬 수 있는 작업환경 요인과 스트레스를 예측, 측정, 평가 및 관리하는 과학이며 기술이다.
④ 노동생산성보다는 인권이 소중하다는 이념 하에 노사 간 갈등을 최소화하고 협력을 도모하여 최대한 쾌적한 작업환경을 유지·증진하는 사회과학이며 자연과학이다.

출제 키워드 | 산업위생의 정의(AIHA)

근로자나 일반 대중에게 질병, 건강장애와 안녕 방해, 심각한 불쾌감 및 능률 저하 등을 초래하는 작업환경요인과 스트레스를 예측, 인지, 측정, 평가, 관리하는 과학과 기술이다.

정답 ③

002

영국에서 최초로 직업성 암을 보고하여 1788년에 굴뚝청소부법이 통과되도록 노력한 사람은?

① Ramazzini ② Paracelsus
③ Percivall Pott ④ Robert Owen

출제 키워드 | 산업위생 역사

퍼시볼 포트(Percivall Pott)
18세기 영국 외과의사로, 최초로 어린이 굴뚝청소부에서 직업성 암인 음낭암을 보고하였다.

정답 ③

003

미국산업위생학술원(AAIH)이 채택한 윤리강령 중 산업위생전문가가 지켜야 할 책임과 거리가 먼 것은?

① 기업체의 기밀은 누설하지 않는다.
② 과학적 방법의 적용과 자료의 해석에서 객관성을 유지한다.
③ 근로자, 사회 및 전문 직종의 이익을 위해 과학적 지식을 공개하고 발표한다.
④ 전문적 판단이 타협에 의하여 좌우될 수 있는 상황에 개입하여 객관적 자료로 판단한다.

출제 키워드 | 산업위생 윤리강령

전문적 판단이 타협에 의하여 좌우될 수 있는 상황에는 개입하지 않는다.

정답 ④

004

정상작업영역에 대한 정의로 옳은 것은?

① 위팔은 몸통 옆에 자연스럽게 내린 자세에서 아래팔의 움직임에 의해 편안하게 도달 가능한 작업영역
② 어깨로부터 팔을 뻗어 도달 가능한 작업영역
③ 어깨로부터 팔을 머리 위로 뻗어 도달 가능한 작업영역
④ 위팔은 몸통 옆에 자연스럽게 내린 자세에서 손에 쥔 수공구의 끝부분이 도달 가능한 작업영역

출제 키워드 | 수평작업역

- 정상작업영역: 위팔을 자연스럽게 수직으로 늘어뜨린 채, 아래팔만으로 편하게 뻗어 파악할 수 있는 구역(34~45[cm])
- 최대작업영역: 위팔과 아래팔을 곧게 뻗어 닿는 영역(55~65[cm])

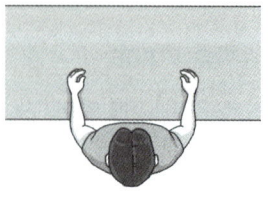 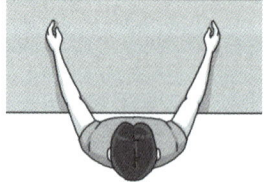

▲ 정상작업영역　　▲ 최대작업영역

정답 ①

005

물체 무게가 2[kg], 권고중량한계가 4[kg]일 때 NIOSH의 중량물 취급지수(LI, Lifting Index)는?

① 0.5
② 1
③ 2
④ 4

출제 키워드 | 중량물 취급지수(LI)

$$LI = \frac{L}{RWL} = \frac{2}{4} = 0.5$$

✓ 중량물 취급지수(LI)

$$LI = \frac{L}{RWL}$$

정답 ①

006

다음 근육운동에 동원되는 주요 에너지 생산방법 중 혐기성 대사에 사용되는 에너지원이 아닌 것은?

① 아데노신삼인산
② 크레아틴인산
③ 지방
④ 글리코겐

출제 키워드 | 노동에 사용하는 에너지원

혐기성 대사 순서
아데노신삼인산(ATP) → 크레아틴인산(CP) → 글리코겐(Glycogen) 또는 포도당(Glucose)

정답 ③

007

산업안전보건법령상 근골격계부담작업에 해당하지 않는 것은?

① 하루에 4시간 이상 집중적으로 자료입력 등을 위해 키보드 또는 마우스를 조작하는 작업
② 하루에 10회 이상 25[kg] 이상의 물체를 드는 작업
③ 하루에 총 2시간 이상 쪼그리고 앉거나 무릎을 굽힌 자세에서 이루어지는 작업
④ 하루에 총 1시간 이상 목, 어깨, 팔꿈치, 손목 또는 손을 사용하여 같은 동작을 반복하는 작업

출제 키워드 | 근골격계부담작업

하루에 총 2시간 이상 목, 어깨, 팔꿈치, 손목 또는 손을 사용하여 같은 동작을 반복하는 작업이 근골격계부담작업에 해당한다.

정답 ④

008

단기간 휴식을 통해서는 회복될 수 없는 발병단계의 피로를 무엇이라 하는가?

① 곤비
② 정신피로
③ 과로
④ 전신피로

출제 키워드 | 피로의 3단계

보통피로	하룻밤 이후 완전 회복 가능
과로	다음날까지 피로 지속 및 단기간 휴식으로 회복 가능한 단계(발병 아님)
곤비	과로 축적으로 단기간 안에 회복 불가능(병적인 상태)

정답 ①

009

심리학적 적성검사와 가장 거리가 먼 것은?

① 감각기능검사 ② 지능검사
③ 지각동작검사 ④ 인성검사

출제 키워드 | 산업심리검사 중 적성검사

적성검사 분류	검사항목
신체검사	체격검사 등
생리적 기능검사	감각기능검사, 심폐기능검사, 체력검사
심리학적 기능검사	지능검사, 지각동작검사, 기능검사, 인성검사

정답 ①

010

육체적 작업능력(PWC)이 15[kcal/min]인 근로자가 1일 8시간 물체를 운반하고 있다. 이때의 작업대사율이 6.5[kcal/min]이고, 휴식 시의 대사량이 1.5[kcal/min]일 때 매 시간당 적정 휴식시간은 약 얼마인가? (단, Hertig의 식을 적용한다.)

① 18분 ② 25분
③ 30분 ④ 42분

출제 키워드 | 적정 휴식시간(Hertig식)

$E_{max} = \dfrac{15}{3} = 5[\text{kcal/min}]$

$T_{rest} = \dfrac{5-6.5}{1.5-6.5} \times 100 = 30[\%]$

휴식시간 = 60분 × 0.3 = 18[min]

✓ 적정 휴식시간(Hertig식)

$$T_{rest} = \dfrac{E_{max} - E_{task}}{E_{rest} - E_{task}} \times 100$$

정답 ①

011

젊은 근로자의 약한 쪽 손의 힘은 평균 50[kp]이고, 이 근로자가 무게 10[kg]인 상자를 두 손으로 들어 올릴 경우에 한 손의 작업강도[%MS]는 얼마인가? (단, 1[kp]는 질량 1[kg]을 중력의 크기로 당기는 힘을 말한다.)

① 5 ② 10
③ 15 ④ 20

출제 키워드 | 작업강도(%MS)

$\%MS = \dfrac{10 \times \dfrac{1}{2}}{50} \times 100 = 10[\%]$

✓ 작업강도(%MS)

$$\%MS = \dfrac{RF}{MS} \times 100$$

정답 ②

012

직업성 질환의 범위에 대한 설명으로 틀린 것은?

① 합병증이 원발성 질환과 불가분의 관계를 가지는 경우를 포함한다.
② 직업상 업무에 기인하여 1차적으로 발생하는 원발성 질환은 제외한다.
③ 원발성 질환과 합병작용하여 제2의 질환을 유발하는 경우를 포함한다.
④ 원발성 질환 부위가 아닌 다른 부위에서도 동일한 원인에 의하여 제2의 질환을 일으키는 경우를 포함한다.

출제 키워드 | 직업성 질환의 범위

- 업무에 기인하여 1차적으로 발생하는 원발성 질환을 포함한다.
- 원발성 질환과 합병 작용하여 제2의 질환(속발성 질환)을 유발하는 경우를 포함한다.
- 합병증이 원발성 질환과 불가분의 관계를 가지는 경우를 포함한다.
- 원발성 질환과 떨어진 다른 부위에 동일한 원인에 의한 제2의 질환을 일으키는 경우를 포함한다.

정답 ②

013

산업안전보건법상 사무실 공기관리의 관리대상 오염물질의 종류에 해당하지 않는 것은?

① 미세먼지(PM10)
② 총부유세균
③ 아산화질소(N_2O)
④ 일산화탄소(CO)

출제 키워드 | 실내오염평가

오염물질	관리기준
미세먼지(PM10)	100[μg/m³]
초미세먼지(PM2.5)	50[μg/m³]
이산화탄소(CO_2)	1,000[ppm]
일산화탄소(CO)	10[ppm]
이산화질소(NO_2)	0.1[ppm]
포름알데히드(HCHO)	100[μg/m³]
총휘발성유기화합물(TVOC)	500[μg/m³]
라돈(radon)	148[Bq/m³]
총부유세균	800[CFU/m³]
곰팡이	500[CFU/m³]

정답 ③

014

실내공기의 오염에 따른 건강상의 영향을 나타내는 용어가 아닌 것은?

① 새집증후군
② 헌집증후군
③ 화학물질과민증
④ 스티븐스존슨증후군

출제 키워드 | 실내오염평가

스티븐스존슨증후군은 피부병이 악화된 상태로 피부의 탈락을 유발하는 급성 피부 점막 질환으로, 주로 유해화학물질에 의해 발생한다.

정답 ④

015

상시근로자수가 1,000명인 사업장에 1년 동안 6건의 재해로 8명의 재해자가 발생하였고, 이로 인한 근로손실일수는 80일이었다. 근로자가 1일 8시간씩 매월 25일씩 근무하였다면, 이 사업장의 도수율은 얼마인가?

① 0.03
② 2.50
③ 4.00
④ 8.00

출제 키워드 | 도수율(빈도율)

$$도수율 = \frac{6}{1,000 \times 8 \times 25 \times 12} \times 10^6 = 2.5$$

☑ 도수율(빈도율)

$$도수율 = \frac{재해건수}{연근로시간수} \times 10^6$$

정답 ②

016

다음 중 재해예방의 4원칙에 관한 설명으로 옳지 않은 것은?

① 재해발생과 손실의 관계는 우연적이므로 사고의 예방이 가장 중요하다.
② 재해발생에는 반드시 원인이 있으며, 사고와 원인의 관계는 필연적이다.
③ 재해는 예방이 불가능하므로 지속적인 교육이 필요하다.
④ 재해예방을 위한 가능한 안전대책은 반드시 존재한다.

출제 키워드 | 재해예방의 4원칙

- 손실우연의 원칙: 재해발생과 손실의 관계는 우연적이다.
- 예방가능의 원칙: 재해는 원인만 제거하면 예방이 가능하다.
- 대책선정의 원칙: 재해예방을 위한 가능한 안전대책은 반드시 존재한다.
- 원인계기의 원칙: 재해발생에는 반드시 원인이 있으며, 사고와 원인의 관계는 필연적이다.

정답 ③

017

사고예방대책 기본원리 5단계를 올바르게 나열한 것은?

① 사실의 발견 → 조직 → 분석·평가 → 시정방법의 선정 → 시정책의 적용
② 사실의 발견 → 조직 → 시정방법의 선정 → 시정책의 적용 → 분석·평가
③ 조직 → 사실의 발견 → 분석·평가 → 시정방법의 선정 → 시정책의 적용
④ 조직 → 분석·평가 → 사실의 발견 → 시정방법의 선정 → 시정책의 적용

출제 키워드 | 사고예방의 기본원리 5단계

1단계: 안전관리조직 구성
2단계: 사실의 발견
3단계: 분석·평가
4단계: 시정방법의 선정
5단계: 시정책의 적용

정답 ③

018

산업안전보건법령상 제조 등이 금지되는 유해물질이 아닌 것은?

① 석면
② 염화비닐
③ β-나프틸아민
④ 4-니트로디페닐

출제 키워드 | 산업안전보건법

- β-나프틸아민과 그 염(중량비율 1[%] 이하 제외)
- 4-니트로디페닐과 그 염(중량비율 1[%] 이하 제외)
- 백연을 포함한 페인트(중량비율 2[%] 이하 제외)
- 벤젠을 포함하는 고무풀(중량비율 5[%] 이하 제외)
- 석면(중량비율 1[%] 이하 제외)
- 폴리클로리네이티드 터페닐(중량비율 1[%] 이하 제외)
- 황린 성냥

정답 ②

019 대표기출

어느 사업장에서 톨루엔($C_6H_5CH_3$)의 농도가 0[℃]일 때 100[ppm]이었다. 기압의 변화 없이 기온이 25[℃]로 올라갈 때 농도는 약 몇 [mg/m³]인가?

① 325 ② 346
③ 365 ④ 376

출제 키워드 | 단위변환 및 온도보정

25[℃]일 때의 톨루엔 1[mol](=92[g])의 부피
$= 22.4 \times \dfrac{273+25}{273} = 24.4513[L]$

$\dfrac{mg}{m^3} = \dfrac{100mL}{m^3} \times \dfrac{92mg}{24.4513mL} = 376.26[mg/m^3]$

정답 ④

020

다음 ( ) 안에 들어갈 알맞은 것은?

> 산업안전보건법령상 화학물질 및 물리적 인자의 노출기준에서 "시간가중평균노출기준(TWA)"이란 1일 (A) 시간 작업을 기준으로 하여 유해인자의 측정치에 발생시간을 곱하여 (B)시간으로 나눈 값을 말한다.

	A	B		A	B
①	6	6	②	6	8
③	8	6	④	8	8

출제 키워드 | 시간가중평균노출기준(TWA)

산업안전보건법에서 정의하는 시간가중평균노출기준(TWA)이란 1일 8시간 작업을 기준으로 하여 유해인자의 측정치에 발생시간을 곱하여 8시간으로 나눈 값을 말한다.

정답 ④

02 작업위생측정 및 평가

021

이황화탄소(CS_2)가 배출되는 작업장에서 시료분석농도가 3시간에 3.5[ppm], 2시간에 15.2[ppm], 3시간에 5.8[ppm]일 때, 시간가중평균값은 약 몇 [ppm]인가?

① 3.7 ② 6.4
③ 7.3 ④ 8.9

출제 키워드 | 시간가중평균노출수준(TWA)

$$TWA = \frac{(3.5 \times 3) + (15.2 \times 2) + (5.8 \times 3)}{3 + 2 + 3}$$
$$= 7.3[ppm]$$

☑ 시간가중평균노출수준(TWA)

$$TWA = \frac{C_1 t_1 + C_2 t_2 + \cdots + C_n t_n}{8}$$

정답 ③

022

공기시료채취 시 공기유량과 용량을 보정하는 표준기구 중 1차 표준기구는?

① 흑연피스톤미터
② 로터미터
③ 습식테스트미터
④ 건식가스미터

출제 키워드 | 공기시료채취

1차 표준기구는 측정 대상을 물리적으로 직접 측정할 수 있는 기구이다. 별도의 보정이 없어도 자체적으로 정확한 값을 얻을 수 있다.
예 흑연피스톤미터, 비누거품미터, 유리피스톤미터 등

정답 ①

023

유량, 측정시간, 회수율 및 분석에 의한 오차가 각각 18[%], 3[%], 9[%], 5[%]일 때, 누적오차는 약 몇 [%]인가?

① 18 ② 21
③ 24 ④ 29

출제 키워드 | 누적오차

$$E_c = \sqrt{18^2 + 3^2 + 9^2 + 5^2} = 20.95[\%]$$

☑ 누적오차(E_c)

$$E_c = \sqrt{E_1^2 + E_2^2 + \cdots + E_n^2}$$

정답 ②

024

누적소음노출량 측정기로 소음을 측정하는 경우, 기기 설정으로 적절한 것은? (단, 고용노동부 고시를 기준으로 한다.)

	Criteria	Exchange Rate	Threshold
①	80[dB]	5[dB]	90[dB]
②	80[dB]	10[dB]	90[dB]
③	90[dB]	10[dB]	80[dB]
④	90[dB]	5[dB]	80[dB]

출제 키워드 | 누적소음노출량측정기

- Threshold = 80[dB]
- Criteria = 90[dB]
- Exchange Rate = 5[dB]

정답 ④

025

공장 내 지면에 설치된 한 기계로부터 10[m] 떨어진 지점의 소음이 70[dB(A)]일 때, 기계의 소음이 50[dB(A)]로 들리는 지점은 기계에서 몇 [m] 떨어진 곳인가? (단, 점음원을 기준으로 하고, 기타 조건은 고려하지 않는다.)

① 50
② 100
③ 200
④ 400

출제 키워드 | 음압의 거리감쇠

$$70 - 50 = 20 \log \frac{r_2}{10}$$

$$\log \frac{r_2}{10} = 1$$

$$r_2 = 100[\text{m}]$$

✓ 음압의 거리감쇠

$$SPL_1 - SPL_2 = 20 \log \frac{r_2}{r_1}$$

정답 ②

026 (대표기출)

공기 중 acetone 500[ppm], sec-butyl acetate 100ppm 및 methyl ethyl ketone 150[ppm]이 혼합물로서 존재할 때 복합노출지수[ppm]는? (단, acetone, sec-butyl acetate 및 methyl ethyl ketone의 TLV는 각각 750, 200, 200[ppm]이다.)

① 1.25
② 1.56
③ 1.74
④ 1.92

출제 키워드 | 노출지수

$$EI(\text{노출지수}) = \frac{500}{750} + \frac{100}{200} + \frac{150}{200} = 1.92$$

✓ 노출지수(EI)

$$EI = \frac{C_1}{TLV_1} + \frac{C_2}{TLV_2} + \cdots + \frac{C_n}{TLV_n}$$

정답 ④

027

소음작업장에서 두 기계 각각의 음압레벨이 90[dB]로 동일하게 나타났다면 두 기계가 모두 가동되는 이 작업장의 음압레벨[dB]은? (단, 기타 조건은 같다.)

① 93
② 95
③ 97
④ 99

출제 키워드 | 등가소음레벨

$$L_\text{합} = 10 \log \left(10^{\frac{90}{10}} + 10^{\frac{90}{10}} \right) = 93[\text{dB}]$$

✓ 등가소음레벨($L_\text{합}$)

$$L_\text{합} = 10 \log \left(10^{\frac{SPL_1}{10}} + 10^{\frac{SPL_2}{10}} + \cdots + 10^{\frac{SPL_n}{10}} \right)$$

정답 ①

028

누적소음노출량(D, [%])을 적용하여 시간가중평균소음기준(TWA, [dB(A)])을 산출하는 식은? (단, 고용노동부 고시를 기준으로 한다.)

① $TWA = 61.16 \log \frac{D}{100} + 70$

② $TWA = 16.61 \log \frac{D}{100} + 70$

③ $TWA = 16.61 \log \frac{D}{100} + 90$

④ $TWA = 61.16 \log \frac{D}{100} + 90$

출제 키워드 | 시간가중평균소음수준(TWA)

✓ 시간가중평균소음수준(TWA)

$$TWA = 90 + 16.61 \log \frac{D}{100}$$

정답 ③

029

옥내작업장에서 측정한 건구온도가 73[℃]이고 자연습구온도 65[℃], 흑구온도 81[℃]일 때, 습구흑구온도지수는?

① 64.4[℃]
② 67.4[℃]
③ 69.8[℃]
④ 71.0[℃]

출제 키워드 | 습구흑구온도지수(WBGT)

$WBGT = (0.7 \times 65) + (0.3 \times 81) = 69.8[℃]$

✔ 습구흑구온도지수(옥내 또는 태양광선이 내리쬐지 않는 옥외)

$$WBGT = 0.7NWT + 0.3GT$$

정답 ③

030

시간당 200~300[kcal]의 열량이 소요되는 중등작업 조건에서 WBGT 측정치가 31.1[℃]일 때 고열작업 노출기준의 작업휴식조건으로 가장 적절한 것은?

① 계속 작업
② 매시간 25[%] 작업, 75[%] 휴식
③ 매시간 50[%] 작업, 50[%] 휴식
④ 매시간 75[%] 작업, 25[%] 휴식

출제 키워드 | 고온의 노출기준

작업휴식시간비 (시간당)	작업강도[kcal]		
	경작업 (200 미만)	중등작업 (200~350)	중작업 (350~500)
계속 작업	30.0	26.7	25.0
75[%] 작업/25[%] 휴식	30.6	28.0	25.9
50[%] 작업/50[%] 휴식	31.4	29.4	27.9
25[%] 작업/75[%] 휴식	32.2	31.1	30.0

정답 ②

031

다음 중 0.2~0.5[m/sec] 이하의 실내기류를 측정하는 데 사용할 수 있는 온도계는?

① 금속온도계
② 건구온도계
③ 카타온도계
④ 습구온도계

출제 키워드 | 기류의 측정

금속온도계, 건구온도계, 습구온도계는 작업장의 열환경 평가 시 사용되며 기류 측정에는 사용할 수 없다.

정답 ③

032

다음 중 흡착관인 실리카겔관에 사용되는 실리카겔에 관한 설명과 가장 거리가 먼 것은?

① 이황화탄소를 탈착용매로 사용하지 않는다.
② 극성 물질을 채취한 경우 물 또는 메탄올을 용매로 쉽게 탈착된다.
③ 추출용액이 화학분석이나 기기분석에 방해물질로 작용하는 경우가 많지 않다.
④ 파라핀류가 케톤류보다 극성이 강하기 때문에 실리카겔에 대한 친화력도 강하다.

출제 키워드 | 흡착포집

케톤류의 극성이 대체로 파라핀류보다 강한 편이므로, 실리카겔에 대한 친화력도 강하다.

정답 ④

033

다음 중 PVC막 여과지에 관한 설명과 가장 거리가 먼 것은?

① 수분에 대한 영향이 크지 않다.
② 공해성 먼지, 총 먼지 등의 중량분석을 위한 측정에 이용된다.
③ 유리규산을 채취하여 X선 회절법으로 분석하는 데 적절하다.
④ 코크스 제조공정에서 발생되는 코크스오븐 배출물질을 채취하는 데 이용된다.

출제 키워드 | 여과포집

코크스오븐 배출물질을 채취하는 데 이용되는 여과지는 은막 여과지이다.

정답 ④

034

입경이 20[μm]이고 입자비중이 1.5인 입자의 침강속도는 약 몇 [cm/sec]인가?

① 1.8 ② 2.4
③ 12.7 ④ 36.2

출제 키워드 | 침강속도식(Lippman식)

$V_g = 0.003 \times 1.5 \times 20^2 = 1.8[\text{cm/sec}]$

☑ 침강속도식(Lippman식)

$$V_g = 0.003 \times s_g \times d^2$$

정답 ①

035

흉곽성 입자상 물질(TPM)의 평균입경[μm]은? (단, ACGIH 기준)

① 1 ② 4
③ 10 ④ 50

출제 키워드 | 입자상 물질

구분	평균입경(μm)
흡입성 입자상 물질(IPM)	100
흉곽성 입자상 물질(TPM)	10
호흡성 입자상 물질(RPM)	4

정답 ③

036

유기용제 작업장에서 측정한 톨루엔 농도는 65, 150, 175, 63, 83, 112, 58, 49, 205, 178[ppm]일 때, 산술평균과 기하평균값은 약 몇 [ppm]인가?

① 산술평균 108.4, 기하평균 100.4
② 산술평균 108.4, 기하평균 117.6
③ 산술평균 113.8, 기하평균 100.4
④ 산술평균 113.8, 기하평균 117.6

출제 키워드 | 산술평균, 기하평균

$\bar{x} = \dfrac{65+150+175+63+83+112+58+49+205+178}{10}$
$= 113.8[\text{ppm}]$
$\text{GM} = \sqrt[10]{65 \times 150 \times 175 \times 63 \times 83 \times 112 \times 58 \times 49 \times 205 \times 178}$
$= 100.35 ≒ 100.4$

☑ 산술평균($\bar{x}$)

$$\bar{x} = \frac{x_1 + x_2 + \cdots + x_n}{n}$$

☑ 기하평균(GM)

$$\text{GM} = \sqrt[n]{x_1 \times x_2 \times \cdots \times x_n}$$

정답 ③

037

먼지를 크기별 분포로 측정한 결과를 가지고 기하표준편차(GSD)를 계산하고자 할 때 필요한 자료가 아닌 것은?

① 15.9[%]의 분포를 가진 값
② 18.1[%]의 분포를 가진 값
③ 50.0[%]의 분포를 가진 값
④ 84.1[%]의 분포를 가진 값

출제 키워드 | 기하표준편차

$$GSD = \frac{\text{누적도수 84.1[\%]에 해당하는 값}}{\text{누적도수 50[\%]에 해당하는 값(GM)}}$$
$$= \frac{\text{누적도수 50[\%]에 해당하는 값(GM)}}{\text{누적도수 15.9[\%]에 해당하는 값}}$$

정답 ②

038

어느 작업장에서 A물질의 농도를 측정한 결과가 각각 23.9[ppm], 21.6[ppm], 22.4[ppm], 24.1[ppm], 22.7[ppm], 25.4[ppm]을 얻었다. 측정 결과에서 중앙값(Median)은 몇 [ppm]인가?

① 23.0
② 23.1
③ 23.3
④ 23.5

출제 키워드 | 중앙값

중앙값(중앙치)을 구하기 위해서는 우선 측정 결과를 오름차순으로 배치한다.
21.6, 22.4, 22.7, 23.9, 24.1, 25.4
측정치의 개수가 짝수이므로, 가운데 두 측정치의 산술평균이 중앙값이다.
중앙값 $= \frac{22.7 + 23.9}{2} = 23.3$[ppm]

정답 ③

039

산업위생통계에서 적용하는 변이계수에 대한 설명으로 틀린 것은?

① 표준오차에 대한 평균값의 크기를 나타낸 수치이다.
② 통계집단의 측정값들에 대한 균일성, 정밀성 정도를 표현하는 것이다.
③ 단위가 서로 다른 집단이나 특성값의 상호 산포도를 비교하는 데 이용될 수 있다.
④ 평균값의 크기가 0에 가까울수록 변이계수의 의의가 작아지는 단점이 있다.

출제 키워드 | 변이계수

변이계수는 표준편차의 수치가 평균치에 비해 몇 [%]인지 나타낸 값이다.

정답 ①

040

어느 작업장에 9시간 작업시간 동안 측정한 유해인자의 농도는 0.045[mg/m³]일 때, 95[%]의 신뢰도를 가진 하한치는 얼마인가? (단, 유해인자의 노출기준은 0.05[mg/m³], 시료채취분석오차는 0.132이다.)

① 0.768
② 0.929
③ 1.032
④ 1.258

출제 키워드 | 표준화값

표준화값 $= \frac{\text{시간가중평균값(또는 단시간노출값)}}{\text{허용기준}} = \frac{0.045}{0.05} = 0.9$

하한치 = 표준화값 − 시료채취분석오차
= 0.9 − 0.132 = 0.768

정답 ①

03 작업환경관리대책

041

내경 15[mm] 관에 40[m/min]의 속도로 비압축성 유체가 흐르고 있다. 같은 조건에서 내경이 10[mm]로 변하였다면, 유속은 약 몇 [m/min]인가? (단, 관 내 유체의 유량은 같다.)

① 90　　② 120
③ 160　　④ 210

출제 키워드 | 연속방정식

$Q_1 = A_1 \times V_1$
$\quad = \dfrac{\pi \times 0.015^2}{4} \times 40$
$\quad = 0.007 [\text{m}^3/\text{min}]$
$Q_1 = A_2 \times V_2$
$V_2 = \dfrac{Q_1}{A_2} = \dfrac{0.007}{\dfrac{\pi \times 0.01^2}{4}}$
$\quad = 89.13 [\text{m/min}]$

☑ 연속방정식

$$Q = A \times V$$

정답 ①

042

덕트에서 평균 속도압이 25[mmH₂O]일 때, 반송속도 [m/s]는?

① 101.1　　② 50.5
③ 20.2　　④ 10.1

출제 키워드 | 공기 유속 공식

$V = 4.043\sqrt{25} = 20.22 [\text{m/s}]$

☑ 공기 유속 공식

$$V = 4.043\sqrt{VP}$$

정답 ③

043

공기가 20[℃]의 송풍관 내에서 20[m/sec]의 유속으로 흐를 때, 공기의 속도압은 약 몇 [mmH₂O]인가? (단, 공기밀도는 1.2[kg/m³])

① 15.5　　② 24.5
③ 33.5　　④ 40.2

출제 키워드 | 속도압(동압)

$VP = \dfrac{1.2 \times 20^2}{2 \times 9.8} = 24.49 [\text{mmH}_2\text{O}]$

☑ 연속방정식

$$VP = \dfrac{\gamma V^2}{2g}$$

정답 ②

044

후드의 유입계수가 0.7이고 속도압이 20[mmH₂O]일 때, 후드의 유입손실은 약 몇 [mmH₂O]인가?

① 10.5　　② 20.8
③ 32.5　　④ 40.8

출제 키워드 | 후드의 유입손실

$F_h = \dfrac{1}{0.7^2} - 1 = 1.04$
$\Delta P = 1.04 \times 20 = 20.8 [\text{mmH}_2\text{O}]$

☑ 유입손실계수

$$F_h = \dfrac{1}{Ce^2} - 1$$

☑ 후드의 압력손실

$$\Delta P = F_h \times VP$$

정답 ②

045

덕트 직경이 30[cm]이고 공기유속이 10[m/sec]일 때, 레이놀즈수는 약 얼마인가? (단, 공기의 점성계수는 1.85×10^{-5}[kg/sec·m], 공기밀도는 1.2[kg/m³]이다.)

① 195,000　　② 215,000
③ 235,000　　④ 255,000

출제 키워드 | 레이놀즈수

$$Re = \frac{1.2 \times 0.3 \times 10}{1.85 \times 10^{-5}} = 194,594.59$$

☑ 레이놀즈수

$$Re = \frac{\rho DV}{\mu} = \frac{DV}{\nu}$$

정답 ①

046

확대각이 10°인 원형 확대관에서 입구직관의 정압은 −15[mmH₂O], 속도압은 35[mmH₂O]이고, 확대된 출구직관의 속도압은 25[mmH₂O]이다. 확대측의 정압 [mmH₂O]은? (단, 확대각이 10°일 때 압력손실계수(ζ)는 0.28이다.)

① 7.8　　② 15.6
③ −7.8　　④ −15.6

출제 키워드 | 확대관의 압력손실

$(SP_2 - SP_1) = (VP_1 - VP_2) - \Delta P$
$7.2 = \frac{\Delta P}{\zeta} - \Delta P$
$\Delta P = \zeta(VP_1 - VP_2) = 0.28 \times (35 - 25) = 2.8$[mmH₂O]
$(SP_2 - SP_1) = (VP_1 - VP_2) - \Delta P$
$SP_2 = (VP_1 - VP_2) + SP_1 - \Delta P$
　　$= (35 - 25) - 15 - 2.8$
　　$= -7.8$[mmH₂O]

☑ 확대관의 압력손실

$$\Delta P = \zeta(VP_1 - VP_2)$$
$$(SP_2 - SP_1) = (VP_1 - VP_2) - \Delta P$$

☑ 압력손실계수 및 정압회복계수

$$\zeta = 1 - \zeta'$$

정답 ③

047

작업장에서 methylene chloride(비중=1.336, 분자량=84.94, TLV=500[ppm])를 500[g/hr]를 사용할 때, 필요한 환기량은 약 몇 [m³/min]인가? (단, 안전계수는 7이고, 실내온도는 21[℃]이다.)

① 26.3　　② 33.1
③ 42.0　　④ 51.3

출제 키워드 | 전체환기량

이염화메탄(methylene chloride) 사용량=0.5[kg/hr]
이염화메탄 발생률(G)
84.94[kg] : 24.1[m³] = 0.5[kg/hr] : x[m³/hr]
$x = \frac{24.1 \times 0.5}{84.94} = 0.1419$[m³/hr]
$G = \frac{0.1419 \text{m}^3}{\text{hr}} \times \frac{10^6 \text{mL}}{\text{m}^3} \times \frac{\text{hr}}{60 \text{min}} = 2,365$[mL/min]
$Q = \frac{2,365}{500} \times 7 = 33.11$[m³/min]

☑ 전체환기량

$$Q = \frac{G}{\text{TLV}} \times K$$

정답 ②

048

체적이 1,000[m³]이고 유효환기량이 50[m³/min]인 작업장에 메틸클로로포름 증기가 발생하여 100[ppm]의 상태로 오염되었다. 이 상태에서 증기발생이 중지되었다면 25[ppm]까지 농도를 감소시키는 데 걸리는 시간은?

① 약 17분　　② 약 28분
③ 약 32분　　④ 약 41분

출제 키워드 | 농도 감소에 걸리는 시간

$t = -\frac{1,000}{50} \ln \frac{25}{100} = 27.7$[min]

☑ 농도 감소에 걸리는 시간

$$t = -\frac{V}{Q'} \ln \frac{C_2}{C_1}$$

정답 ②

049

작업장 용적이 10[m]×3[m]×40[m]이고 필요환기량이 120[m³/min]일 때 시간당 공기교환횟수는?

① 360회 ② 60회
③ 6회   ④ 0.6회

출제 키워드 | 시간당 공기교환횟수

$$ACH = \frac{120}{10 \times 3 \times 40} = 0.1[회/min]$$

$$ACH = \frac{0.1회}{min} \times \frac{60min}{hr} = 6[회/hr]$$

☑ 시간당 공기교환횟수(ACH)

$$ACH = \frac{Q}{V}$$

정답 ③

050

국소배기시설의 일반적 배열순서로 가장 적절한 것은?

① 후드 → 덕트 → 송풍기 → 공기정화장치 → 배기구
② 후드 → 송풍기 → 공기정화장치 → 덕트 → 배기구
③ 후드 → 덕트 → 공기정화장치 → 송풍기 → 배기구
④ 후드 → 공기정화장치 → 덕트 → 송풍기 → 배기구

출제 키워드 | 국소배기시설의 구성

후드(Hood) → 덕트(Duct) → 공기정화기(Air cleaner equipment) → 송풍기(Fan) → 배출구

정답 ③

051

후드로부터 0.25[m] 떨어진 곳에 있는 공정에서 발생되는 먼지를 제어속도가 5[m/s], 후드직경이 0.4[m]인 원형후드를 이용하여 제거할 때, 필요환기량은 약 몇 [m³/min]인가? (단, 플랜지 등 기타 조건은 고려하지 않음)

① 205 ② 215
③ 225 ④ 235

출제 키워드 | 후드형태별 필요환기량

$$Q = 5 \times (10 \times 0.25^2 + \frac{\pi}{4} \times 0.4^2) = 3.75[m^3/min]$$

$$Q = \frac{3.75m^3}{sec} \times \frac{60sec}{min} = 225[m^3/min]$$

☑ 후드형태별 필요환기량(외부식, 플랜지 미부착)

$$Q = V_c(10X^2 + A)$$

정답 ③

052

무거운 분진(납분진, 주물사, 금속가루분진)의 일반적인 반송속도로 적절한 것은?

① 5[m/s]   ② 10[m/s]
③ 15[m/s] ④ 25[m/s]

출제 키워드 | 반송속도

발생형태	유해물질 종류	반송속도[m/s]
증기, 가스, 연기	모든 증기, 가스 및 연기	5.0~10.0
흄	아연흄, 산화알루미늄흄, 용접흄 등	10.0~12.5
미세하고 가벼운 분진	미세 면분진, 미세 목분진, 종이분진 등	12.5~15.0
건조한 분진이나 분말	고무분진, 면분진, 가죽분진, 동물털 등	15.0~20.0
일반 산업분진	그라인더 분진, 금속분진, 모직물, 실리카, 석면	17.5~20.0
무거운 분진	젖은 톱밥분진, 샌드블라스트, 납분진	20.0~22.5
무겁고 습한 분진	습한 시멘트, 석면 덩어리 등	22.5 이상

※ 문헌마다 약간의 수치 차이 있음

정답 ④

053

움직이지 않는 공기 중으로 속도 없이 배출되는 작업조건(예시: 탱크에서 증발)의 제어속도 범위[m/s]는? (단, ACGIH 권고 기준)

① 0.1~0.3
② 0.3~0.5
③ 0.5~1.0
④ 1.0~1.5

출제 키워드 | 제어속도

작업조건	제어속도[m/s]
• 움직이지 않는 공기 중에서 속도 없이 배출되는 작업조건 • 조용한 대기 중에 거의 속도가 없는 상태로 발산하는 작업조건	0.25~0.5
공기의 움직임이 적은 대기 중에서 저속으로 비산하는 작업조건	0.5~1.0
발생기류가 높고 유해물질이 활발하게 발생하는 작업조건	1.0~2.5
초고속 기류가 있는 작업장소에 초고속으로 비산하는 작업조건	2.5~10

정답 ②

054

사이클론 집진장치의 블로다운에 대한 설명으로 옳은 것은?

① 유효원심력을 감소시켜 선회기류의 흐트러짐을 방지한다.
② 관 내 분진 부착으로 인한 장치의 폐쇄현상을 방지한다.
③ 부분적 난류 증가로 집진된 입자가 재비산된다.
④ 처리배기량의 50[%] 정도가 재유입되는 현상이다.

출제 키워드 | 원심력 집진장치

블로다운(Blow down)은 처리배기량의 5~10[%] 정도를 재유입하여 사이클론 집진장치의 유효원심력을 증가시키는 방법으로, 관 내 분진 부착으로 인한 장치의 폐쇄현상을 방지한다.

정답 ②

055

입자의 크기에 따라 여과기전 및 채취효율이 다르다. 입자크기가 0.1~0.5[μm]일 때 주된 여과기전은?

① 충돌과 간섭
② 확산과 간섭
③ 차단과 간섭
④ 침강과 간섭

출제 키워드 | 여과 집진장치

입경범위가 0.1~0.5[μm]인 경우 확산과 간섭이 주된 메커니즘이다.

정답 ②

056

두 개의 버블러를 연속적으로 연결하여 시료를 채취할 때 첫 번째 버블러의 채취효율이 75[%]이고, 두 번째 버블러의 채취효율이 90[%]이면 전체 채취효율[%]은?

① 91.5
② 93.5
③ 95.5
④ 97.5

출제 키워드 | 전체효율

$\eta_T = 0.75 + 0.9 \times (1 - 0.75) = 0.975 = 97.5[\%]$

✓ 전체 효율(직렬연결)

$$\eta_T = \eta_1 + \eta_2(1 - \eta_1)$$

정답 ④

057

원심력 송풍기인 방사날개형 송풍기에 관한 설명으로 틀린 것은?

① 깃이 평판으로 되어 있다.
② 플레이트형 송풍기라고도 한다.
③ 깃의 구조가 분진을 자체 정화할 수 있도록 되어 있다.
④ 큰 압력손실에서 송풍량이 급격히 떨어지는 단점이 있다.

출제 키워드 | 송풍기

높은 압력손실에서 송풍량이 급격하게 떨어지는 단점이 있는 송풍기는 다익형(전향날개형)이다.

정답 ④

058

작업장에 설치된 후드가 100[m³/min]으로 환기되도록 송풍기를 설치하였다. 사용함에 따라 정압이 절반으로 줄었을 때, 환기량의 변화로 옳은 것은? (단, 상사법칙을 적용한다.)

① 환기량이 33.3[m³/min]으로 감소하였다.
② 환기량이 50[m³/min]으로 감소하였다.
③ 환기량이 57.7[m³/min]으로 감소하였다.
④ 환기량이 70.7[m³/min]으로 감소하였다.

출제 키워드 | 상사법칙

$0.5 = \left(\dfrac{Q_2}{100}\right)^2$

$Q_2 = 100 \times \sqrt{0.5} = 70.7 [\text{m}^3/\text{min}]$

☑ 상사법칙(풍압-풍량)

$$\dfrac{P_2}{P_1} = \left(\dfrac{Q_2}{Q_1}\right)^2$$

정답 ④

059

국소배기시스템 설계에서 송풍기 전압이 136[mmH₂O]이고, 송풍량은 184[m³/min]일 때, 필요한 송풍기 소요동력은 약 몇 [kW]인가? (단, 송풍기의 효율은 60[%]이다.)

① 2.7
② 4.8
③ 6.8
④ 8.7

출제 키워드 | 송풍기 소요동력

소요동력 $= \dfrac{184 \times 136}{6,120 \times 0.6} \times 1.0 = 6.8 [\text{kW}]$

☑ 송풍기 소요동력

$$\text{소요동력} = \dfrac{Q \times \Delta P}{6,120 \times \eta} \times \alpha$$

정답 ③

060

방진마스크에 대한 설명으로 옳은 것은?

① 흡기저항상승률이 높은 것이 좋다.
② 형태에 따라 전면형 마스크와 후면형 마스크가 있다.
③ 필터의 여과효율이 낮고 흡입저항이 클수록 좋다.
④ 비휘발성 입자에 대한 보호가 가능하고 가스 및 증기의 보호는 안 된다.

출제 키워드 | 보호구

방진마스크는 입자상 물질(비휘발성 물질)에 대한 보호만 가능하며, 가스 및 증기로부터의 보호는 불가능하다.

정답 ④

04 물리적유해인자관리

061

고열장해에 대한 내용으로 옳지 않은 것은?

① 열경련(heat cramps): 고온 환경에서 고된 육체적인 작업을 하면서 땀을 많이 흘릴 때 많은 물을 마시지만 신체의 염분 손실을 충당하지 못할 경우 발생한다.
② 열허탈(heat collapse): 고열작업에 순화되지 못해 말초혈관이 확장되고, 신체 말단에 혈액이 과다하게 저류되어 뇌의 산소부족이 나타난다.
③ 열소모(heat exhaustion): 과다발한으로 수분/염분 손실에 의하여 나타나며, 두통, 구역감, 현기증 등이 나타나지만 체온은 정상이거나 조금 높아진다.
④ 열사병(heat stroke): 작업환경에서 가장 흔히 발생하는 피부장해로서 땀에 젖은 피부 각질층이 떨어져 땀구멍을 막아 염증성 반응을 일으켜 붉은 구진 형태로 나타난다.

출제 키워드 | 고열장해의 종류

열사병은 발한에 의한 체열방출장해로 체내에 축적된 열이 원인이며, 뇌의 온도가 상승하여 체온조절중추 기능이 망가져 사망에 이를 수 있다.

정답 ④

062

옥내작업장에서 측정한 건구온도가 73[℃]이고 자연습구온도 65[℃], 흑구온도 81[℃]일 때, 습구흑구온도지수는?

① 64.4[℃] ② 67.4[℃]
③ 69.8[℃] ④ 71.0[℃]

출제 키워드 | 고열측정 및 평가

$WBGT = (0.7 \times 65) + (0.3 \times 81) = 69.8[℃]$

 습구흑구온도지수(옥내 또는 태양광선이 내리쬐지 않는 옥외)

$$WBGT = 0.7NWB + 0.3GT$$

정답 ③

063

저온환경에서 나타나는 일차적인 생리적 반응이 아닌 것은?

① 체표면적의 증가
② 피부혈관의 수축
③ 근육긴장의 증가와 떨림
④ 화학적 대사작용의 증가

출제 키워드 | 저온에 의한 생리적 반응

저온환경에서 체표면적은 감소한다.

정답 ①

064

인체와 작업환경 사이의 열교환이 이루어지는 조건에 해당되지 않는 것은?

① 대류에 의한 열교환
② 복사에 의한 열교환
③ 증발에 의한 열교환
④ 기온에 의한 열교환

출제 키워드 | 열평형방정식

기온에 의한 열교환은 열평형방정식의 변수가 아니다.

정답 ④

065

이상기압과 건강장해에 대한 설명으로 맞는 것은?

① 고기압 조건은 주로 고공에서 비행업무에 종사하는 사람에게 나타나며 이를 다루는 학문은 항공의학 분야이다.
② 고기압 조건에서의 건강장해는 주로 기후의 변화로 인한 대기압의 변화 때문에 발생하며 휴식이 가장 좋은 대책이다.
③ 고압 조건에서 급격한 압력저하(감압)과정은 혈액과 조직에 녹아 있던 질소가 기포를 형성하여 조직과 순환기계 손상을 일으킨다.
④ 고기압 조건에서 주요 건강장해 기전은 산소부족이므로 일차적인 응급치료는 고압산소실에서 치료하는 것이 바람직하다.

출제 키워드 | 이상기압

고압에서 급격하게 감압하면 혈액과 조직에 녹아있던 질소가 기포를 형성하여 체내 조직과 순환기계에 손상을 일으킨다.

정답 ③

066

산업안전보건법령상 적정한 공기에 해당하는 것은? (단, 다른 성분의 조건은 적정한 것으로 가정한다.)

① 이산화탄소농도가 1.0[%]인 공기
② 산소농도가 16[%]인 공기
③ 산소농도가 25[%]인 공기
④ 황화수소농도가 25[ppm]인 공기

출제 키워드 | 용어의 정의

적정공기 기준
- 산소: 18[%] 이상 23.5[%] 미만
- 일산화탄소: 30[ppm] 미만
- 이산화탄소: 1.5[%] 미만
- 황화수소: 10[ppm] 미만

정답 ①

067

6[N/m²]의 음압은 약 몇 [dB]의 음압수준인가?

① 90
② 100
③ 110
④ 120

출제 키워드 | 음압수준

$$\text{SPL} = 20\log\frac{6}{2\times 10^{-5}} = 109.54[\text{dB}]$$

☑ 음압수준(SPL)

$$\text{SPL} = 20\log\frac{P}{P_0}$$

정답 ③

068 [대표기출]

출력이 0.4[W]인 작은 점음원에서 10[m] 떨어진 곳의 음압수준은 약 몇 [dB]인가? (단, 공기의 밀도는 1.18[kg/m³]이고, 공기에서 음속은 344.4[m/sec]이다.)

① 80
② 85
③ 90
④ 95

출제 키워드 | SPL과 PWL의 관계

$$\text{PWL} = 10\log\frac{0.4}{10^{-12}} = 116.02[\text{dB}]$$

$$\text{SPL} = 116.02 - 20\log 10 - 11 = 85.02[\text{dB}]$$

☑ SPL과 PWL의 관계

$$\text{SPL} = \text{PWL} - 20\log r - 11$$

☑ 음향파워레벨(PWL)

$$\text{PWL} = 10\log\frac{W}{W_0}$$

정답 ②

069

일반적으로 소음계는 A, B, C 세 가지 특성에서 측정할 수 있도록 보정되어 있다. 그 중 A특성치는 몇 [phon]의 등감곡선에 기준한 것인가?

① 20[phon] ② 40[phon]
③ 70[phon] ④ 100[phon]

출제 키워드 | 음압수준의 보정

- A특성치: 40[phon] 등감곡선으로 보정
- B특성치: 70[phon] 등감곡선으로 보정
- C특성치: 100[phon] 등감곡선으로 보정

정답 ②

070

난청에 관한 설명으로 옳지 않은 것은?

① 일시적 난청은 청력의 일시적인 피로현상이다.
② 영구적 난청은 노인성 난청과 같은 현상이다.
③ 일반적으로 초기청력 손실을 C_5-dip 현상이라 한다.
④ 소음성 난청은 내이의 세포변성을 원인으로 볼 수 있다.

출제 키워드 | 청력장해

영구적 난청은 강렬한 소음이나 지속적인 소음 노출에 의해 코르티 기관의 섬모세포 손상으로 발생되고 노인성 난청은 퇴행성 질환이다.

정답 ②

071

산업안전보건법령상 소음의 노출기준에 따르면 몇 [dB(A)]의 연속소음에 노출되어서는 안 되는가? (단, 충격소음은 제외한다.)

① 85 ② 90
③ 100 ④ 115

출제 키워드 | 연속음의 노출기준

산업안전보건법상 115[dB(A)]를 초과하는 소음 수준에 노출되어서는 안 된다.

정답 ④

072

귀마개의 차음평가수(NRR)가 27일 경우 이 귀마개의 차음효과는 얼마인가? (단, OSHA의 계산방법을 따른다.)

① 6[dB] ② 8[dB]
③ 10[dB] ④ 12[dB]

출제 키워드 | 귀마개 차음효과의 예측

차음효과 $=(27-7)\times 0.5=10$[dB]

☑ 귀마개 차음효과의 예측(OSHA)

$$차음효과=(NRR-7)\times 50$$

정답 ③

073

다음 중 진동에 의한 장해를 최소화시키는 방법과 거리가 먼 것은?

① 진동의 발생원을 격리시킨다.
② 진동의 노출시간을 최소화시킨다.
③ 훈련을 통하여 신체의 적응력을 향상시킨다.
④ 진동을 최소화하기 위하여 공학적으로 설계 및 관리한다.

출제 키워드 | 소음대책

훈련으로 신체의 적응력을 향상시킨다고 하여 진동에 의한 장해를 방지할 수 없다.

정답 ③

074

손가락의 말초혈관운동의 장애로 인한 혈액순환장애로 손가락의 감각이 마비되고 창백해지며, 추운 환경에서 더욱 심해지는 레이노(Raynaud) 현상의 주요 원인으로 옳은 것은?

① 진동
② 소음
③ 조명
④ 기압

출제 키워드 | 진동에 의한 장해

레이노 현상의 주요원인은 진동이다.

정답 ①

075

다음 전리방사선 중 투과력이 가장 약한 것은?

① 중성자
② γ선
③ β선
④ α선

출제 키워드 | 전리방사선의 특징

전리방사선의 투과력 순서
중성자>X선 또는 γ선>β선>α선

정답 ④

076

방사선 용어 중 조직(또는 물질)의 단위질량당 흡수된 에너지를 나타낸 것은?

① 등가선량
② 흡수선량
③ 유효선량
④ 노출선량

출제 키워드 | 방사능 및 방사선량의 단위

흡수선량은 단위질량당 흡수된 방사선 에너지를 의미하며, 단위로 [Gy](그레이) 또는 [rad](래드)를 사용한다.

정답 ②

077

전리방사선에 대한 감수성이 가장 큰 조직은?

① 간
② 골수세포
③ 연골
④ 신장

출제 키워드 | 방사선에 의한 손상

방사선에 감수성이 큰 조직 순서
골수, 임파구, 임파선, 흉선 및 림프조직 > 눈의 수정체 > 피부 등 상피세포 > 혈관, 복막 등 내피세포 > 결합조직, 지방조직 > 뼈, 근육조직 > 폐, 위장관 등 내장기관 조직 > 신경조직

정답 ②

078

도르노선(Dorno-ray)에 대한 내용으로 맞는 것은?

① 가시광선의 일종이다.
② 280~315[Å] 파장의 자외선을 의미한다.
③ 소독작용, 비타민 D 형성 등 생물학적 작용이 강하다.
④ 절대온도 이상의 모든 물체는 온도에 비례하여 방출한다.

출제 키워드 | 자외선

도르노선은 280~315[nm] 파장의 자외선으로, 소독작용과 비타민 D 형성 등 생물학적 작용이 강하다.

정답 ③

079

다음 중 적외선의 생체작용에 대한 설명으로 틀린 것은?

① 조직에 흡수된 적외선은 화학반응을 일으키는 것이 아니라 구성분자의 운동에너지를 증대시킨다.
② 만성노출에 따라 눈장해인 백내장을 일으킨다.
③ 700[nm] 이하의 적외선은 눈의 각막을 손상시킨다.
④ 적외선이 체외에서 조사되면 일부는 피부에서 반사되고 나머지만 흡수된다.

출제 키워드 | 적외선

적외선에 의한 각막 손상은 1,400[nm] 이상의 파장에서 주로 발생한다.

정답 ③

080

자연조명에 관한 설명으로 틀린 것은?

① 창의 면적은 바닥면적의 15~20[%] 정도가 이상적이다.
② 개각은 4~5°가 좋으며, 개각이 작을수록 실내는 밝다.
③ 균일한 조명을 요하는 작업실은 동북 또는 북창이 좋다.
④ 입사각은 28° 이상이 좋으며, 입사각이 클수록 실내는 밝다.

출제 키워드 | 조명

개각 및 입사각이 클수록 실내가 밝다.

정답 ②

05 산업독성학

최빈출 100제

081

대상 먼지와 침강속도가 같고, 밀도가 1이며 구형인 먼지의 직경으로 환산하여 표현하는 입자상 물질의 직경을 무엇이라 하는가?

① 입체적 직경
② 등면적 직경
③ 기하학적 직경
④ 공기역학적 직경

출제 키워드 | 입자상 물질의 직경

대상 먼지와 침강속도가 같고, 밀도가 1이며 구형인 먼지의 직경으로 환산한 직경을 공기역학적 직경이라고 한다.

정답 ④

082

공기 중 입자상 물질의 호흡기계 축적기전에 해당하지 않는 것은?

① 교환
② 충돌
③ 침전
④ 확산

출제 키워드 | 호흡기계 축적 메커니즘

- 관성충돌
- 침강
- 확산
- 차단

정답 ①

083

산업안전보건법령상 기타 분진의 산화규소 결정체 함유율과 노출기준으로 맞는 것은?

① 함유율: 0.1[%] 이상, 노출기준: 5[mg/m^3]
② 함유율: 0.1[%] 이하, 노출기준: 10[mg/m^3]
③ 함유율: 1[%] 이상, 노출기준: 5[mg/m^3]
④ 함유율: 1[%] 이하, 노출기준: 10[mg/m^3]

출제 키워드 | 입자상 물질의 노출기준

기타 분진의 산화규소 결정체 함유율은 1[%] 이하이며 노출기준은 10[mg/m^3]이다.

정답 ④

084

흡인분진의 종류에 의한 진폐증의 분류 중 무기성 분진에 의한 진폐증이 아닌 것은?

① 규폐증
② 면폐증
③ 철폐증
④ 용접공폐증

출제 키워드 | 입자상 물질에 의한 건강장해

무기성 분진에 의한 진폐증		유기성 분진에 의한 진폐증	
• 규폐증	• 탄광부 진폐증	• 면폐증	• 설탕폐증
• 용접공폐증	• 활석폐증	• 농부폐증	• 목재분진폐증
• 베릴륨폐증	• 석면폐증	• 연초폐증	• 모발분진폐증
• 흑연폐증	• 알루미늄폐증		
• 탄소폐증	• 철폐증		
• 규조토폐증	• 주석폐증		
• 칼륨폐증	• 바륨폐증		

정답 ②

085

폐에 침착된 먼지의 정화과정에 대한 설명으로 틀린 것은?

① 어떤 먼지는 폐포벽을 통과하여 림프계나 다른 부위로 들어가기도 한다.
② 먼지는 세포가 방출하는 효소에 의해 용해되지 않으므로 점액층에 의한 방출 이외에는 체내에 축적된다.
③ 폐에 침착된 먼지는 식세포에 의하여 포위되어, 포위된 먼지의 일부는 미세 기관지로 운반되고 점액 섬모 운동에 의하여 정화된다.
④ 폐에서 먼지를 포위하는 식세포는 수명이 다한 후 사멸하고 다시 새로운 식세포가 먼지를 포위하는 과정이 계속적으로 일어난다.

출제 키워드 | 인체의 방어기전

먼지는 대식세포가 방출하는 효소에 의해 용해된다.

정답 ②

086

자동차 정비업체에서 우레탄 도료를 사용하는 도장작업 근로자에게서 직업성 천식이 발생되었을 때, 원인 물질로 추측할 수 있는 것은?

① 시너(Thinner)
② 벤젠(Benzene)
③ 크실렌(Xylene)
④ TDI(Toluene Diisocyanate)

출제 키워드 | 직업성 천식

천식을 유발하는 대표적인 물질로 톨루엔디이소시안산염(TDI), 무수트리멜리트산(TMA)이 있다.

정답 ④

087

산업독성학에서 LC_{50}의 설명으로 맞는 것은?

① 실험동물의 50[%]가 죽게 되는 양이다.
② 실험동물의 50[%]가 죽게 되는 농도이다.
③ 실험동물의 50[%]가 살아남을 비율이다.
④ 실험동물의 50[%]가 살아남을 확률이다.

출제 키워드 | 산업독성학 관련 용어

LC_{50}은 실험동물의 50[%]를 죽게 하는 독성물질의 농도이다.

정답 ②

088

납의 독성에 대한 인체실험 결과, 안전흡수량이 체중[kg]당 0.005[mg/m³]이었다. 1일 8시간 작업 시의 허용농도[mg/m³]는? (단, 근로자의 평균 체중은 70[kg], 해당 작업 시의 폐환기량(또는 호흡량)은 시간당 1.25[m³]으로 가정한다.)

① 0.030
② 0.035
③ 0.040
④ 0.045

출제 키워드 | 사람에 대한 안전용량

$$SHD = 70kg \times \frac{0.005mg}{kg} = 0.35[mg]$$

$$C = \frac{SHD}{t \times V \times R} = \frac{0.35}{8 \times 1.25 \times 1.0} = 0.035[mg/m^3]$$

☑ 사람에 대한 안전용량(SHD)

$$SHD = C \times t \times V \times R$$

정답 ②

089

유기용제의 중추신경 활성 억제의 순위를 큰 것에서부터 작은 순으로 나타낸 것 중 옳은 것은?

① 알켄>알칸>알코올
② 에테르>알코올>에스테르
③ 할로겐화합물>에스테르>알켄
④ 할로겐화합물>유기산>에테르

출제 키워드 | 유기용제의 독성

중추신경계 활성 억제 작용 순서
할로겐화합물>에테르>에스테르>유기산>알코올>알켄>알칸

정답 ③

090

화학물질의 생리적 작용에 의한 분류에서 종말기관지 및 폐포점막 자극제에 해당되는 유해가스는?

① 불화수소
② 이산화질소
③ 염화수소
④ 아황산가스

출제 키워드 | 자극제

종말기관지 및 폐포점막 자극제에 해당되는 유해가스는 이산화질소와 포스겐 등이다.

정답 ②

091

생리적으로는 아무 작용도 하지 않으나 공기 중에 많이 존재하여 산소분압을 저하시켜 조직에 필요한 산소의 공급부족을 초래하는 질식제는?

① 단순 질식제
② 화학적 질식제
③ 물리적 질식제
④ 생물학적 질식제

출제 키워드 | 질식제

단순 질식제는 농도가 높아질 시 산소 농도가 저하되어 질식의 위험이 있는 물질이다.

정답 ①

092

알레르기성 접촉 피부염에 관한 설명으로 옳지 않은 것은?

① 알레르기성 반응은 극소량 노출에 의해서도 피부염이 발생할 수 있는 것이 특징이다.
② 알레르기 반응을 일으키는 관련세포는 대식세포, 림프구, 랑거한스세포로 구분된다.
③ 항원에 노출되고 일정시간이 지난 후에 다시 노출되었을 때 세포매개성 과민반응에 의하여 나타나는 부작용의 결과이다.
④ 알레르기원에 노출되고 이 물질이 알레르기원으로 작용하기 위해서는 일정기간이 소요되며 그 기간을 휴지기라 한다.

출제 키워드 | 직업성 피부질환

알레르기원에 노출되고 이 물질이 알레르기원으로 작용하기 위해서는 일정기간이 소요되며 그 기간을 유도라 한다.

정답 ④

093

방향족 탄화수소 중 만성노출에 의한 조혈장해를 유발시키는 것은?

① 벤젠 ② 톨루엔
③ 클로로포름 ④ 나프탈렌

출제 키워드 | 조혈계 독성물질

방향족 탄화수소 중 만성노출에 의한 조혈장해를 유발시키는 것은 벤젠이다.

정답 ①

094

다음 중 유해화학물질에 의한 간의 중요한 장해인 중심소엽성 괴사를 일으키는 물질로 옳은 것은?

① 수은 ② 사염화탄소
③ 이황화탄소 ④ 에틸렌글리콜

출제 키워드 | 간 독성물질

사염화탄소는 간의 장해인 중심소엽성 괴사를 유발한다.

정답 ②

095

다음 중 ACGIH의 발암물질 구분 중 인체발암성 미분류 물질 구분으로 알맞은 것은?

① A_2 ② A_3
③ A_4 ④ A_5

출제 키워드 | 발암성의 구분(ACGIH)

ACGIH의 발암성 물질 구분

그룹	설명
A1	인체발암 확정 물질
A2	인체발암이 의심되는 물질(발암 추정물질)
A3	동물 발암성 확인물질
A4	인체 발암성 미분류 물질
A5	인체 발암성 미의심 물질

정답 ③

096

다음 중 카드뮴의 중독, 치료 및 예방대책에 관한 설명으로 틀린 것은?

① 소변 속의 카드뮴 배설량은 카드뮴 흡수를 나타내는 지표가 된다.
② BAL 또는 Ca-EDTA 등을 투여하여 신장에 대한 독성작용을 제거한다.
③ 칼슘대사에 장해를 주어 신결석을 동반한 증후군이 나타나고 다량의 칼슘배설이 일어난다.
④ 폐활량 감소, 잔기량 증가 및 호흡곤란의 폐증세가 나타나며, 이 증세는 노출기간과 노출농도에 의해 좌우된다.

출제 키워드 | 중금속

카드뮴 중독에 디메르카프롤(BAL)이나 Ca-EDTA를 사용하면 체내 카드뮴 배설은 늘어나지만, 동시에 신장 조직 내 카드뮴 농도가 증가하여 신독성이 악화된다.

정답 ②

097

수치로 나타낸 독성의 크기가 각각 2와 3인 두 물질이 화학적 상호작용에 의해 상대적 독성이 9로 상승하였다면 이러한 상호작용을 무엇이라 하는가?

① 상가작용
② 가승작용
③ 상승작용
④ 길항작용

출제 키워드 | 혼합물질의 상호작용

각각 단일물질에 노출되었을 때의 독성보다 훨씬 독성이 커지는 경우 상승작용이다.

정답 ③

098

생물학적 모니터링에 관한 설명으로 옳지 않은 것을 모두 고른 것은?

> (A) : 생물학적 검체인 호기, 소변, 혈액 등에서 결정인자를 측정하여 노출정도를 추정하는 방법이다.
> (B) : 결정인자는 공기 중에서 흡수된 화학물질이나 그것의 대사산물 또는 화학물질에 의해 생긴 비가역적인 생화학적 변화이다.
> (C) : 공기 중의 농도를 측정하는 것이 개인의 건강위험을 보다 직접적으로 평가할 수 있다.
> (D) : 목적은 화학물질에 대한 현재나 과거의 노출이 안전한 것인지를 확인하는 것이다.
> (E) : 공기 중 노출기준이 설정된 화학물질의 수만큼 생물학적 노출기준(BEI)이 있다.

① (A), (B), (C)
② (A), (C), (D)
③ (B), (C), (E)
④ (B), (D), (E)

출제 키워드 | 생물학적 모니터링

(B) : 결정인자는 공기 중에서 흡수된 화학물질에 의하여 생긴 가역적 생화학적 변화이다.
(C) : 공기 중 유해물질의 농도를 측정하는 것보다는 생물학적 모니터링이 개인의 건강위험을 보다 직접적으로 평가할 수 있다.
(E) : 공기 중 노출기준이 설정된 화학물질보다 생물학적 노출기준의 개수가 훨씬 적다.

정답 ③

099

벤젠의 생물학적 지표가 되는 대사물질은?

① Phenol
② Coproporphyrin
③ Hydroquinone
④ 1,2,4-Trihydroxybenzene

출제 키워드 | 생물학적 노출지표

벤젠의 생물학적 노출지표는 혈액 중 벤젠과 요 중 페놀 및 뮤콘산이다.

정답 ①

100

다음 표는 A작업장의 백혈병과 벤젠에 대한 코호트 연구를 수행한 결과이다. 이때 벤젠의 백혈병에 대한 상대위험비는 약 얼마인가?

구분	백혈병 발생	백혈병 비발생	합계(명)
벤젠노출군	5	14	19
벤젠비노출군	2	25	27
합계(명)	7	39	46

① 3.29
② 3.55
③ 4.64
④ 4.82

출제 키워드 | 산업역학

노출군에서의 발생률 $= \dfrac{5}{19}$

비노출군에서의 발생률 $= \dfrac{2}{27}$

상대위험비 $= \dfrac{\frac{5}{19}}{\frac{2}{27}} = 3.55$

✓ 상대위험도(비교위험도)

$$\text{상대위험비} = \dfrac{\text{노출군에서의 발생률}}{\text{비노출군에서의 발생률}}$$

정답 ②

에듀윌이 너를 지지할게

ENERGY

삶의 순간순간이
아름다운 마무리이며
새로운 시작이어야 한다.

– 법정 스님

▶ 대표저자 **최창률**

한국교통대학교 대학원(안전공학) 공학박사

전기안전기술사

(전) 한국산업안전보건공단 32년 근무
- 한국산업안전보건공단 서비스재해예방실장 역임
- 한국산업안전보건공단 대구광역/인천광역 전문기술위원실장 역임
- 한국산업안전보건공단 경기동부/경북동부/경남동부지사장 역임

(전) 사단법인 안전보건진흥원 상임이사 역임

(전) KSR인증원 원장 역임

(전) 부산가톨릭대학교 안전보건학과 겸임교수 역임

(현) ㈜한국미래안전원 원장

(현) 법무법인 대륙아주 안전고문

(현) 한국광해광업공단 안전보건자문 및 안전경영위원회 위원

(현) 한국관광공사 안전보건자문

(현) 한국가스안전공사 안전보건자문

(현) 한국해양과학기술원 안전보건자문

(현) 서민금융진흥원 안전보건자문

(현) 전기안전기술사/화공안전기술사 저자

(현) 산업안전기사/산업안전산업기사 저자(1992년 최초 저자)

(현) 위험물산업기사/위험물기능사 저자

(현) 중대재해처벌법/안전보건경영시스템(ISO45001)/위험성평가 컨설팅

(현) 공공기관 안전활동수준평가 및 안전관리등급제 컨설팅

2026 에듀윌 산업위생관리기사 필기 한달끝장

발 행 일	2025년 6월 26일 초판
편 저 자	최창률
펴 낸 이	양형남
개발책임	목진재
개 발	한재성
I S B N	979-11-360-3795-4
펴 낸 곳	(주)에듀윌
등록번호	제25100-2002-000052호
주 소	08378 서울특별시 구로구 디지털로34길 55 코오롱싸이언스밸리 2차 3층

* 이 책의 무단 인용·전재·복제를 금합니다.

www.eduwill.net
대표전화 1600-6700

여러분의 작은 소리 에듀윌은 크게 듣겠습니다.

본 교재에 대한 여러분의 목소리를 들려주세요.
공부하시면서 어려웠던 점, 궁금한 점,
칭찬하고 싶은 점, 개선할 점, 어떤 것이라도 좋습니다.
에듀윌은 여러분께서 나누어 주신 의견을
통해 끊임없이 발전하고 있습니다.

에듀윌 도서몰 book.eduwill.net
- 부가학습자료 및 정오표: 에듀윌 도서몰 → 도서자료실
- 교재 문의: 에듀윌 도서몰 → 문의하기 → 교재(내용, 출간) / 주문 및 배송

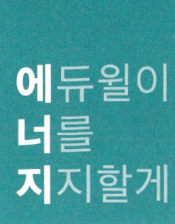

세상을 움직이려면
먼저 나 자신을 움직여야 한다.

– 소크라테스(Socrates)

에듀윌
산업위생관리기사

필기 7개년 기출문제

차례 CONTENTS

01 1권

핵심이론

SUBJECT 01 산업위생학개론		016
SUBJECT 02 작업위생측정 및 평가		068
SUBJECT 03 작업환경관리대책		102
SUBJECT 04 물리적유해인자관리		146
SUBJECT 05 산업독성학		182

최빈출 100제

산업위생학개론	228
작업위생측정 및 평가	233
작업환경관리대책	238
물리적유해인자관리	243
산업독성학	248

02 2권

7개년 기출문제

2025년 CBT 복원문제	006
2024년 CBT 복원문제	054
2023년 CBT 복원문제	124
2022년 기출문제	196
2021년 기출문제	274
2020년 기출문제	348
2019년 기출문제	424

2025년 제1회 CBT 복원문제

1과목 산업위생학개론

01
영국의 외과의사 Pott에 의하여 발견된 직업성 암은?

① 비암
② 폐암
③ 간암
④ 음낭암

해설

퍼시볼 포트(Percivall Pott)
18세기 영국 외과의사로, 최초로 어린이 굴뚝청소부에게서 직업성 암인 음낭암을 보고하였다.

02
산업위생전문가의 윤리강령 중 "근로자에 대한 책임"에 해당하는 것은?

① 적절하고도 확실한 사실을 근거로 전문적인 견해를 발표한다.
② 기업주에 대하여는 실현 가능한 개선점으로 선별하여 보고한다.
③ 이해관계가 있는 상황에서는 고객의 입장에서 관련 자료를 제시한다.
④ 근로자의 건강보호가 산업위생전문가의 1차적인 책임이라는 것을 인식한다.

오답해설

① 확실한 사실을 근거로 전문적인 견해를 발표하는 것은 일반 대중에 대한 책임이다.
② 결과와 개선점 및 권고사항을 정확히 보고하는 것은 기업주와 고객에 대한 책임이다.
③ 이해관계가 있는 상황에는 개입하지 않는 것은 산업위생전문가로서의 책임이다.

03
산업안전보건법령상 입자상 물질의 농도 평가에서 2회 이상 측정한 단시간노출농도값이 단시간노출기준과 시간가중평균기준값 사이일 때 노출기준 초과로 평가해야 하는 경우가 아닌 것은?

① 1일 4회를 초과하는 경우
② 15분 이상 연속 노출되는 경우
③ 노출과 노출 사이의 간격이 1시간 이내인 경우
④ 단위작업장소의 넓이가 80평방미터 이상인 경우

해설

노출농도가 시간가중평균노출기준을 초과하고 단시간노출기준 이하인 경우 아래의 조건 중 하나라도 해당되면 노출기준 초과로 판단한다.
- 1회 노출 지속시간이 15분 이상
- 1일 4회를 초과하여 노출
- 각 노출의 간격이 60분 이내

04
단순반복동작 작업으로 손, 손가락 또는 손목의 부적절한 작업방법과 자세 등으로 주로 손목 부위에 주로 발생하는 근골격계질환은?

① 테니스엘보
② 회전근개 손상
③ 수근관증후군
④ 흉곽출구증후군

해설

수근관(손목터널)증후군은 단순반복동작 작업으로 인하여 주로 손목 부위에 발생하는 근골격계질환이다.

정답 01 ④ 02 ④ 03 ④ 04 ③

05

재해예방의 4원칙에 해당되지 않는 것은?

① 손실우연의 원칙
② 예방가능의 원칙
③ 대책선정의 원칙
④ 원인조사의 원칙

해설

재해예방의 4원칙
- 손실우연의 원칙
- 예방가능의 원칙
- 대책선정의 원칙
- 원인계기의 원칙

06

RMR이 10인 격심한 작업을 하는 근로자의 실동률(A)과 계속작업의 한계시간(B)으로 옳은 것은? (단, 실동률은 사이또-오시마식을 적용한다.)

	A	B		A	B
①	55[%]	약 7분	②	45[%]	약 5분
③	35[%]	약 3분	④	25[%]	약 1분

해설

실동률(사이또-오시마 공식)

$$실동률 = 85 - (5 \times RMR)$$

여기서, RMR: 작업대사율

실동률 $= 85 - (5 \times 10) = 35[\%]$

계속작업 한계시간(CMT; Continuous Maximum Task time)

$$\log(CMT) = 3.724 - 3.25\log(RMR)$$

여기서, CMT: 계속작업 한계시간[min]
RMR: 작업대사율

$\log(CMT) = 3.724 - 3.25\log 10$
$= 0.474$
$CMT = 10^{0.474} = 2.98[min]$

07

물체의 실제 무게를 미국 NIOSH의 권고 중량물한계기준(RWL; Recommended Weight Limit)으로 나누어 준 값을 무엇이라 하는가?

① 중량상수(LC)
② 빈도승수(FM)
③ 비대칭승수(AM)
④ 중량물 취급지수(LI)

해설

중량물 취급지수(LI)

$$LI = \frac{L}{RWL}$$

여기서, LI: 중량물 취급지수
L: 실제 작업무게
RWL: 권장무게한계

08

사무실 공기관리 지침상 근로자가 건강장해를 호소하는 경우 사무실 공기관리 상태를 평가하기 위해 사업주가 실시해야 하는 조사 항목으로 옳지 않은 것은?

① 사무실 조명의 조도 조사
② 외부의 오염물질 유입경로 조사
③ 공기정화시설 환기량의 적정여부 조사
④ 근로자가 호소하는 증상(호흡기, 눈, 피부 자극 등)에 대한 조사

해설

조명의 조도와 공기 상태는 연관성이 없다.

관련개념

사무실 공기관리 상태평가
- 외부의 오염물질 유입경로 조사
- 공기정화설비 환기량이 적정한지 여부조사
- 근로자가 호소하는 증상(호흡기, 눈·피부 자극 등) 조사
- 사무실 내 오염원 조사

정답 05 ④ 06 ③ 07 ④ 08 ①

09

산업피로의 대책으로 적합하지 않은 것은?

① 불필요한 동작을 피하고 에너지 소모를 적게 한다.
② 작업과정에 따라 적절한 휴식시간을 가져야 한다.
③ 작업능력에는 개인별 차이가 있으므로 각 개인마다 작업량을 조정해야 한다.
④ 동적인 작업은 피로를 더하게 하므로 가능한 한 정적인 작업으로 전환한다.

해 설

지나치게 정적인 작업은 피로를 더하므로 가능하면 동적인 작업으로 전환하여야 한다.

10

정상작업영역에 대한 정의로 옳은 것은?

① 위팔은 몸통 옆에 자연스럽게 내린 자세에서 아래팔의 움직임에 의해 편안하게 도달 가능한 작업영역
② 어깨로부터 팔을 뻗어 도달 가능한 작업영역
③ 어깨로부터 팔을 머리 위로 뻗어 도달 가능한 작업영역
④ 위팔은 몸통 옆에 자연스럽게 내린 자세에서 손에 쥔 수공구의 끝부분이 도달 가능한 작업영역

해 설

수평작업역
- 정상작업영역: 위팔을 자연스럽게 수직으로 늘어뜨린 채, 아래팔만으로 편하게 뻗어 파악할 수 있는 구역이다.(34~45[cm])
- 최대작업영역: 위팔과 아래팔을 곧게 뻗어 닿는 영역이다.(55~65[cm])

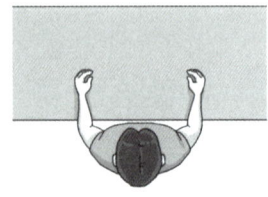
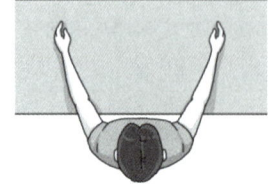

▲ 정상작업영역   ▲ 최대작업영역

11

심리학적 기능검사와 가장 거리가 먼 것은?

① 감각기능검사   ② 지능검사
③ 지각동작검사   ④ 인성검사

해 설

산업심리검사 중 적성검사

적성검사 분류	검사항목
신체검사	체격검사 등
생리적 기능검사	감각기능검사, 심폐기능검사, 체력검사
심리학적 기능검사	지능검사, 지각동작검사, 기능검사, 인성검사

12

산업위생 활동 중 유해인자의 양적, 질적인 정도가 근로자들의 건강에 어떤 영향을 미칠 것인지 판단하는 의사결정단계는?

① 인지   ② 예측
③ 측정   ④ 평가

해 설

평가(Evaluation)
유해인자의 양, 정도가 근로자 건강에 어떤 영향을 미칠 것인지 판단하는 의사결정 단계이다.

정답 09 ④ 10 ① 11 ① 12 ④

13

다음 ( ) 안에 들어갈 알맞은 용어는?

> ( )은/는 근로자나 일반 대중에게 질병, 건강장해와 능률저하 등을 초래하는 작업환경요인과 스트레스를 예측, 인식(측정), 평가, 관리하는 과학인 동시에 기술을 말한다.

① 유해인자
② 산업위생
③ 위생인식
④ 인간공학

해설

산업위생의 정의(AIHA)
근로자나 일반 대중에게 질병, 건강장애와 안녕 방해, 심각한 불쾌감 및 능률 저하 등을 초래하는 작업환경요인과 스트레스를 예측, 인지, 측정, 평가, 관리하는 과학과 기술이다.

14

공기 중의 혼합물로서 아세톤 400[ppm](TLV=750[ppm]), 메틸에틸케톤 100[ppm](TLV=200[ppm])이 서로 상가작용을 할 때 이 혼합물의 노출지수(EI)는 약 얼마인가?

① 0.82
② 1.03
③ 1.10
④ 1.45

해설

EI(노출지수)

$$EI = \frac{C_1}{TLV_1} + \frac{C_2}{TLV_2} + \cdots + \frac{C_n}{TLV_n}$$

여기서, EI: 노출지수
C_n: 농도[ppm]
TLV_n: 노출농도[ppm]

$$EI = \frac{400}{750} + \frac{100}{200} = 1.03$$

15

산업재해의 원인을 직접원인(1차원인)과 간접원인(2차원인)으로 구분할 때 직접원인에 대한 설명으로 옳지 않은 것은?

① 불안전한 상태와 불안전한 행위로 나눌 수 있다.
② 근로자의 신체적 원인(두통, 현기증, 만취상태 등)이 있다.
③ 근로자의 방심, 태만, 무모한 행위에서 비롯되는 인적 원인이 있다.
④ 작업장소의 결함, 보호장구의 결함 등의 물적 원인이 있다.

해설

근로자의 신체적 원인(두통, 현기증, 만취상태 등)은 간접원인이다.

16

근골격계질환에 관한 설명으로 옳지 않은 것은?

① 점액낭염(bursistis)은 관절 사이의 윤활액을 싸고 있는 윤활낭에 염증이 생기는 질병이다.
② 건초염(tendosynovitis)은 건막에 염증이 생긴 질환이며, 건염(tendonitis)은 건의 염증으로, 건염과 건초염을 정확히 구분하기 어렵다.
③ 수근관증후군(carpal tunnel syndrome)은 반복적이고 지속적인 손목의 압박, 무리한 힘 등으로 인해 수근관 내부에 정중신경이 손상되어 발생한다.
④ 요추 염좌(lumbar sprain)는 근육이 잘못된 자세, 외부의 충격, 과도한 스트레스 등으로 수축되어 굳어지면 근섬유의 일부가 띠처럼 단단하게 변하여 근육의 특정 부위에 압통, 방사통, 목부위 운동제한, 두통 등의 증상이 나타난다.

해설

요추 염좌는 인대, 근육 및 건조직이 과도하게 신전되거나 파열될 경우 또는 추간관절의 활액조직에 자극성 염증이 있을 때 주로 발생하며 근육에 통증과 경련이 일어난다.

정답 13 ② 14 ② 15 ② 16 ④

17

산업안전보건법령상 작업환경측정에 관한 내용으로 옳지 않은 것은?

① 모든 측정은 지역 시료채취방법을 우선으로 실시하여야 한다.
② 작업환경측정을 하기 전에 예비조사를 하여야 한다.
③ 작업환경측정자는 그 사업장에 소속된 사람 중 산업위생관리산업기사 이상의 자격을 가진 사람이다.
④ 작업이 정상적으로 이루어져 작업시간과 유해인자에 대한 근로자의 노출정도를 정확히 평가할 수 있을 때 실시하여야 한다.

해설

모든 측정은 개인 시료채취방법으로 하되, 개인 시료채취방법이 곤란한 경우에는 지역 시료채취방법으로 실시하여야 한다.

18

육체적 작업능력(PWC)이 15[kcal/min]인 근로자가 1일 8시간 물체를 운반하고 있다. 이때의 작업대사율이 6.5[kcal/min]이고, 휴식 시의 대사량이 1.5[kcal/min]일 때 매 시간당 적정 휴식시간은 약 얼마인가? (단, Hertig의 식을 적용한다.)

① 18분 ② 25분
③ 30분 ④ 42분

해설

적정 휴식시간비(Hertig 공식)

$$T_{rest} = \frac{E_{max} - E_{task}}{E_{rest} - E_{task}} \times 100$$

여기서, T_{rest}: 피로 예방을 위한 적정 휴식시간 비[%] (60분 기준)
E_{max}: 1일 8시간 작업에 적합한 작업대사량 $\left(\frac{PWC}{3}\right)$
E_{rest}: 휴식 중 소모대사량
E_{task}: 해당 작업의 작업대사량

$E_{max} = \frac{15}{3} = 5[kcal/min]$

$T_{rest} = \frac{5 - 6.5}{1.5 - 6.5} \times 100 = 30[\%]$

휴식시간 = 60분 × 0.3 = 18[min]

19

산업안전보건법령상 자격을 갖춘 보건관리자가 해당 사업장의 근로자를 보호하기 위한 조치에 해당하는 의료행위를 모두 고른 것은? (단, 보건관리자는 의료법에 따른 의사로 한정한다.)

가. 자주 발생하는 가벼운 부상에 대한 치료
나. 응급처치가 필요한 사람에 대한 처치
다. 부상·질병의 악화를 방지하기 위한 처치
라. 건강진단 결과 발견된 질병자의 요양지도 및 관리

① 가, 나   ② 가, 다
③ 가, 다, 라 ④ 가, 나, 다, 라

해설

근로자를 보호하기 위한 의료행위(의사 또는 간호사만 가능)
• 자주 발생하는 가벼운 부상에 대한 치료
• 응급처치가 필요한 사람에 대한 처치
• 부상·질병의 악화를 방지하기 위한 처치
• 건강진단 결과 발견된 질병자의 요양지도 및 관리
• 의료행위에 따르는 의약품의 투여

20

사고예방대책의 기본원리 5단계를 순서대로 나열한 것으로 옳은 것은?

① 사실의 발견 → 조직 → 분석 → 시정책(대책)의 선정 → 시정책(대책)의 적용
② 조직 → 분석 → 사실의 발견 → 시정책(대책)의 선정 → 시정책(대책)의 적용
③ 조직 → 사실의 발견 → 분석 → 시정책(대책)의 선정 → 시정책(대책)의 적용
④ 사실의 발견 → 분석 → 조직 → 시정책(대책)의 선정 → 시정책(대책)의 적용

해설

하인리히의 사고예방대책 기본원리 5단계
1단계: 안전관리조직 구성
2단계: 사실의 발견
3단계: 분석·평가
4단계: 시정방법의 선정
5단계: 시정책의 적용

2과목　작업위생측정 및 평가

21
어느 작업장에서 소음의 음압수준[dB]을 측정한 결과가 85, 87, 84, 86, 89, 81, 82, 84, 83, 88일 때, 측정 결과의 중앙값[dB]은?

① 83.5
② 84.0
③ 84.5
④ 84.9

해설

중앙값(중앙치)를 구하기 위해서는 우선 측정 결과를 오름차순으로 배치한다.
81, 82, 83, 84, 84, 85, 86, 87, 88, 89
측정치의 개수가 짝수이므로, 가운데 두 측정치의 산술평균이 중앙값이다.
중앙값 $= \dfrac{84+85}{2} = 84.5[\text{dB}]$

22
불꽃방식의 원자흡광광도계의 특징으로 옳지 않은 것은?

① 조작이 쉽고 간편하다.
② 분석시간이 흑연로장치에 비하여 적게 소요된다.
③ 주입 시료액의 대부분이 불꽃부분으로 보내지므로 감도가 높다.
④ 고체 시료의 경우 전처리에 의하여 매트릭스를 제거해야 한다.

해설

불꽃 원자흡광광도계
- 시료량 많이 소요되고 감도가 낮다.
- 조작이 쉽고 간편하다.
- 분석 시간이 적게 소요된다.
- 고체 시료는 전처리로 기질 제거가 필요하다.
- 금속 원소의 농도를 측정할 수 있다.
- 가격이 흑연로장치, 유도결합플라즈마 장치에 비해 저렴하다.

23
예비조사 시 유해인자 특성파악에 해당되지 않는 것은?

① 공정보고서 작성
② 유해인자의 목록 작성
③ 월별 유해물질 사용량 조사
④ 물질별 유해성 자료 조사

해설

예비조사 시 유해인자 특성 파악 내용
- 유해인자 목록
- 유해물질 사용량
- 물질별 유해성 자료
- 유해인자의 발생시간

24
다음 중 1차 표준기구가 아닌 것은?

① 오리피스미터
② 폐활량계
③ 가스치환병
④ 유리피스톤미터

해설

2차 표준기구는 측정 대상을 물리적으로 직접 측정할 수 없고, 1차 표준기구를 기준으로 보정하여야 정확도를 확보할 수 있는 기구이다.
예) 오리피스미터, 로터미터, 건식가스미터 등

! 가장 빠른 합격비법

1차 표준기구는 측정 대상을 물리적으로 직접 측정할 수 있는 기구입니다. 별도의 보정이 없어도 자체적으로 정확한 값을 얻을 수 있습니다.

정답 21 ③　22 ③　23 ①　24 ①

25

다음 중 PVC막 여과지에 관한 설명과 가장 거리가 먼 것은?

① 수분에 대한 영향이 크지 않다.
② 공해성 먼지, 총 먼지 등의 중량분석을 위한 측정에 이용된다.
③ 유리규산을 채취하여 X선 회절법으로 분석하는 데 적절하다.
④ 코크스 제조공정에서 발생되는 코크스오븐 배출물질을 채취하는 데 이용된다.

> **해 설**
>
> 코크스오븐 배출물질을 채취하는 데 이용되는 여과지는 은막 여과지이다.

26

일반적으로 소음계는 A, B, C 세 가지 특성에서 측정할 수 있도록 보정되어 있다. 그 중 A특성치는 몇 [phon]의 등감곡선에 기준한 것인가?

① 20[phon]　　② 40[phon]
③ 70[phon]　　④ 100[phon]

> **해 설**
>
> 음압수준의 보정
> • A특성치 : 40[phon] 등감곡선으로 보정한다.
> • B특성치 : 70[phon] 등감곡선으로 보정한다.
> • C특성치 : 100[phon] 등감곡선으로 보정한다.

27

노출기준(TLV) 적용상 주의할 사항으로 틀린 것은?

① 대기오염평가 및 관리에 적용될 수 없다.
② 기존의 질병이나 육체적 조건을 판단하기 위한 척도로 사용될 수 없다.
③ 사업장의 유해조건을 평가하고 개선하는 지침으로 사용될 수 없다.
④ 안전농도와 위험농도를 정확히 구분하는 경계선이 아니다.

> **해 설**
>
> ACGIH에서 권고하는 TLV는 사업장의 유해조건을 평가하고 개선하기 위한 지침이다.

28

18[℃], 770[mmHg]인 작업장에서 methylethyl ketone의 농도가 26[ppm]일 때 [mg/m³] 단위로 환산된 농도는? (단, Methylethyl ketone의 분자량은 72[g/mol]이다.)

① 64.5　　② 79.4
③ 87.3　　④ 93.2

> **해 설**
>
> $$\frac{mg}{m^3} = \frac{ppm \times 분자량}{22.4} \quad (0[℃], 1기압 기준)$$
>
> 분자의 부피를 18[℃], 770[mmHg]로 보정해준다.
>
> $$\frac{mg}{m^3} = \frac{26 \times 72}{22.4 \times \frac{273+18}{273} \times \frac{760}{770}} = 79.43[mg/m^3]$$

정답 25 ④　26 ②　27 ③　28 ②

29

작업장의 유해인자에 대한 위해도 평가에 영향을 미치는 것과 가장 거리가 먼 것은?

① 유해인자의 위해성
② 휴식시간의 배분 정도
③ 유해인자에 노출되는 근로자수
④ 노출되는 시간 및 공간적인 특성과 빈도

해설

휴식시간의 배분 정도는 유해인자에 대한 위해도 평가에 영향을 미치지 않는다.

관련개념

작업장의 유해인자 위해도 평가에 영향을 미치는 인자
- 유해인자 위해성
- 유해인자에 노출되는 근로자수
- 노출시간 및 공간적인 특성과 빈도

30

대푯값에 대한 설명 중 틀린 것은?

① 측정값 중 빈도가 가장 많은 수가 최빈값이다.
② 가중평균은 빈도를 가중치로 택하여 평균값을 계산한다.
③ 중앙값은 측정값을 모두 나열하였을 때 중앙에 위치하는 측정값이다.
④ 기하평균은 n개의 측정값이 있을 때 이들의 합을 개수로 나눈 값으로 산업위생분야에서 많이 사용한다.

해설

n개의 측정값이 있을 때 이들의 합을 측정값의 개수로 나눈 값을 산술평균이라고 한다.

31

처음 측정한 측정치는 유량, 측정시간, 회수율, 분석에 의한 오차가 각각 15[%], 3[%], 10[%], 7[%]이었으나 유량에 의한 오차가 개선되어 10[%]로 감소되었다면 개선 전 측정치의 누적오차와 개선 후 측정치의 누적오차의 차이[%]는?

① 6.5
② 5.5
③ 4.5
④ 3.5

해설

누적오차

$$E_c = \sqrt{E_1^2 + E_2^2 + \cdots + E_n^2}$$

여기서, E_c: 누적오차
E_n: 각 요소별 오차

개선 전 $E_c = \sqrt{15^2 + 3^2 + 10^2 + 7^2} = 19.57[\%]$
개선 후 $E_c = \sqrt{10^2 + 3^2 + 10^2 + 7^2} = 16.06[\%]$
누적오차의 차이 $= 19.57 - 16.06 = 3.51[\%]$

32

산업안전보건법령상 단위작업장소에서 작업근로자수가 17명일 때, 측정해야 할 근로자수는? (단, 시료채취는 개인 시료채취로 한다.)

① 1
② 2
③ 3
④ 4

해설

- 단위작업장소에서 최고 노출근로자 2명 이상에 대하여 동시에 개인 시료채취 방법으로 측정하되, 동일 작업근로자가 10명을 초과하는 경우에는 매 5명당 1명 이상 추가하여 측정하여야 한다.
- 위 규정에 의하여 17명의 작업근로자 중 최고 노출근로자 2명을 개인 시료채취 방법으로 측정한다.
- 작업근로자가 10명을 초과하므로, 초과분 7명에 대하여 매 5명당 1명 이상 추가하여 측정하여야 한다.

$$\frac{17-10}{5} = 1.4 ≒ 2명$$

- $2+2=4명$
  따라서, 최소 4명 이상 측정하여야 한다.

정답 29 ② 30 ④ 31 ④ 32 ④

33

단위작업 장소에서 소음의 강도가 불규칙적으로 변동하는 소음을 누적소음노출량 측정기로 측정하였다. 누적소음노출량이 300[%]인 경우, 시간가중평균소음수준[dB(A)]은?

① 92
② 98
③ 103
④ 106

해설

시간가중평균소음수준(TWA)

$$TWA = 90 + 16.61 \log \frac{D}{100}$$

여기서, TWA: 시간가중평균소음수준[dB(A)]
D: 누적소음폭로량[%]

$TWA = 90 + 16.61 \log \frac{300}{100} = 97.92 = 98[dB(A)]$

34

산업안전보건법령상 누적소음노출량 측정기로 소음을 측정하는 경우의 기기설정값은?

Criteria: (A)[dB]
Exchange Rate: (B)[dB]
Threshold: (C)[dB]

	A	B	C		A	B	C
①	80	10	90	②	90	10	80
③	80	4	90	④	90	5	80

해설

누적소음노출량 측정기로 소음을 측정하는 경우에는 Criteria는 90[dB], Exchange Rate는 5[dB], Threshold는 80[dB]로 기기를 설정하여야 한다.

35

다음 중 자외선에 관한 내용과 가장 거리가 먼 것은?

① 비전리방사선이다.
② 인체와 관련된 Dorno선을 포함한다.
③ 100~1,000[nm] 사이의 파장을 갖는 전자파를 총칭하는 것으로 열선이라고도 한다.
④ UV-B는 약 280~315[nm]의 파장의 자외선이다.

해설

자외선의 파장 범위는 200~380[nm]이며, 열선으로 불리는 비전리방사선은 적외선이다.

36

소음의 측정방법으로 틀린 것은? (단, 고용노동부 고시를 기준으로 한다.)

① 소음계의 청감보정회로는 A특성으로 한다.
② 소음계 지시침의 동작은 느린(Slow) 상태로 한다.
③ 소음계의 지시치가 변동하지 않는 경우에는 해당 지시치를 그 측정점에서의 소음수준으로 한다.
④ 소음이 1초 이상의 간격을 유지하면서 최대음압수준이 120[dB(A)] 이상의 소음인 경우에는 소음수준에 따른 10분 동안의 발생횟수를 측정한다.

해설

소음의 측정방법

소음이 1초 이상의 간격을 유지하면서 최대음압수준이 120[dB(A)] 이상의 소음인 경우에는 소음수준에 따른 1분 동안의 발생횟수를 측정한다.

정답 33 ② 34 ④ 35 ③ 36 ④

37

입자상 물질인 흄(Fume)에 관한 설명으로 옳지 않은 것은?

① 용접공정에서 흄이 발생한다.
② 일반적으로 흄은 모양이 불규칙하다.
③ 흄의 입자 크기는 먼지보다 매우 커 폐포에 쉽게 도달하지 않는다.
④ 흄은 상온에서 고체상태의 물질이 고온으로 액체화된 다음 증기화되고, 증기물의 응축 및 산화로 생기는 고체상의 미립자이다.

해설
흄의 입자 크기는 먼지보다 매우 작아 폐포에 쉽게 도달하여 각종 직업병을 일으킨다.

38

원자흡광분광법의 기본 원리가 아닌 것은?

① 모든 원자들은 빛을 흡수한다.
② 빛을 흡수할 수 있는 곳에서 빛은 각 화학적 원소에 대한 특정파장을 갖는다.
③ 흡수되는 빛의 양은 시료에 함유되어 있는 원자의 농도에 비례한다.
④ 컬럼 안에서 시료들은 충진제와 친화력에 의해서 상호작용하게 된다.

해설
원자흡광분광법은 컬럼이나 충진재를 사용하지 않는다.

! 가장 빠른 합격비법
시료가 컬럼 안에서 충진제와의 친화력에 의해 상호작용하는 기법은 크로마토그래피(chromatography)입니다.
크로마토그래피는 시료가 이동상과 정지상 사이에서 친화성의 차이에 따라 분리되는 성질을 이용합니다.

39

작업환경측정 및 정도관리 등에 관한 고시상 시료채취 근로자수에 대한 설명 중 옳은 것은?

① 단위작업 장소에서 최고 노출근로자 2명 이상에 대하여 동시에 개인 시료채취 방법으로 측정하되, 단위작업 장소에 근로자가 1명인 경우에는 그러하지 아니하며, 동일 작업근로자수가 20명을 초과하는 경우에는 매 5명당 1명 이상 추가하여 측정하여야 한다.
② 단위작업 장소에서 최고 노출근로자 2명 이상에 대하여 동시에 개인 시료채취 방법으로 측정하되, 동일 작업근로자수가 100명을 초과하는 경우에는 최대 시료채취 근로자수를 20명으로 조정할 수 있다.
③ 지역 시료채취 방법으로 측정을 하는 경우 단위작업장소 내에서 3개 이상의 지점에 대하여 동시에 측정하여야 한다.
④ 지역 시료채취 방법으로 측정을 하는 경우 단위작업 장소의 넓이가 60평방미터 이상인 경우에는 매 30평방미터마다 1개 지점 이상을 추가로 측정하여야 한다.

오답해설
① 단위작업 장소에서 최고 노출근로자 2명 이상에 대하여 동시에 개인 시료채취 방법으로 측정하되, 동일 작업근로자수가 100명을 초과하는 경우에는 최대 시료채취 근로자수를 20명으로 조정할 수 있다.
③ 지역 시료채취 방법으로 측정을 하는 경우 단위작업장소 내에서 2개 이상의 지점에 대하여 동시에 측정하여야 한다.
④ 지역 시료채취 방법으로 측정을 하는 경우 단위작업 장소의 넓이가 50평방미터 이상인 경우에는 매 30평방미터마다 1개 지점 이상을 추가로 측정하여야 한다.

40

빛의 파장의 단위로 사용되는 Å(Ångström)을 국제표준단위계(SI)로 나타낸 것은?

① 10^{-6}[m]
② 10^{-8}[m]
③ 10^{-10}[m]
④ 10^{-12}[m]

해설
1[Å]은 10^{-10}[m]와 같다.

정답 37 ③ 38 ④ 39 ② 40 ③

3과목　작업환경관리대책

41
다음 중 국소배기장치에서 공기공급시스템이 필요한 이유와 가장 거리가 먼 것은?

① 에너지 절감
② 안전사고 예방
③ 작업장의 교차기류 촉진
④ 국소배기장치의 효율 유지

해설
교차기류는 환기를 방해하는 방해기류의 일종이다.
공기공급시스템은 교차기류의 형성을 방지하는 역할을 한다.

42
터보(Turbo) 송풍기에 관한 설명으로 틀린 것은?

① 후향날개형 송풍기라고도 한다.
② 송풍기의 깃이 회전방향 반대편으로 경사지게 설계되어 있다.
③ 고농도 분진함유 공기를 이송시킬 경우, 집진기 후단에 설치하여 사용해야 한다.
④ 방사날개형이나 전향날개형 송풍기에 비해 효율이 떨어진다.

해설
후향날개형(터보형) 송풍기는 원심력 송풍기 중 가장 효율이 좋다.

43
국소배기장치로 외부식 측방형 후드를 설치할 때, 제어풍속을 고려하여야 할 위치는?

① 후드의 개구면
② 작업자의 호흡 위치
③ 발산되는 오염 공기 중의 중심위치
④ 후드의 개구면으로부터 가장 먼 작업위치

해설
제어풍속은 후드 개구면에서 유해물질을 흡입하여 제거할 수 있는 공기속도로, 외부식 후드의 경우 후드의 개구면으로부터 가장 먼 작업위치 또는 가장 먼 유해물질 발생원에서 후드로 흡인되는 기류의 속도를 의미한다.

44
환기시스템에서 포착속도(capture velocity)에 대한 설명 중 틀린 것은?

① 먼지나 가스의 성상, 확산조건, 발생원 주변 기류 등에 따라서 크게 달라질 수 있다.
② 제어풍속이라고도 하며 후드 앞 오염원에서의 기류로서 오염공기를 후드로 흡인하는 데 필요하며, 방해기류를 극복해야 한다.
③ 유해물질의 발생기류가 높고 유해물질이 활발하게 발생할 때는 대략 15~20[m/s]이다.
④ 유해물질이 낮은 기류로 발생하는 도금 또는 용접 작업공정에서는 대략 0.5~1.0[m/s]이다.

해설
유해물질의 발생기류가 높고 활발하게 발생하는 경우의 제어속도는 대략 1.0~2.5[m/s]이다.

가장 빠른 합격비법
제어속도는 최대 10[m/s] 정도 내외로, 상황에 알맞게 설정하여야 환기시스템 효율이 올라갑니다.

정답 41 ③　42 ④　43 ④　44 ③

45

푸시풀 후드(Push-pull Hood)에 대한 설명으로 적합하지 않은 것은?

① 도금조와 같이 폭이 넓은 경우에 사용하면 포집효율을 증가시키면서 필요유량을 감소시킬 수 있다.
② 공정에서 작업물체를 처리조에 넣거나 꺼내는 중에 발생되는 공기막 파괴현상을 사전에 방지할 수 있다.
③ 개방조 한 변에서 압축공기를 이용하여 오염물질이 발생하는 표면에 공기를 불어 반대쪽에 오염물질이 도달하게 한다.
④ 제어속도는 푸시 제트기류에 의해 발생한다.

해 설
푸시풀 후드는 공정에서 작업물체를 처리조에 넣거나 꺼내는 중에 공기막이 파괴되어 오염물질이 발생하는 단점이 있다.

관련개념
푸시풀 후드는 뒤쪽에서 깨끗한 공기를 밀어(push)주고, 앞쪽에서 오염된 공기를 당기면서(pull) 작업공간과 외부를 분리합니다. 이렇게 후드 앞면에서 흐르는 일정한 공기층을 공기막이라고 합니다.

46

다음은 분진발생 작업환경에 대한 대책이다. 옳은 것을 모두 고른 것은?

> ㉠ 연마작업에서는 국소배기장치가 필요하다.
> ㉡ 암석 굴진작업, 분쇄작업에서는 연속적인 살수가 필요하다.
> ㉢ 샌드블라스팅에 사용하는 모래를 철사나 금강사로 대치한다.

① ㉠, ㉡
② ㉡, ㉢
③ ㉠, ㉢
④ ㉠, ㉡, ㉢

해 설
㉠ 연마작업 시 다량의 분진이 발생하므로 이를 흡입할 국소배기장치가 필요하다.
㉡ 암석 굴진작업, 분쇄작업 시 발생하는 암석분진은 살수에 의해 어느 정도 제거가 가능하므로 연속적인 살수가 필요하다(작업공정의 습식화).
㉢ 샌드블라스팅에 사용하는 모래를 철사나 금강사로 대치하면 분진발생이 감소한다.

47

스토크스식에 근거한 중력침강속도에 대한 설명으로 틀린 것은? (단, 공기 중의 입자를 고려한다.)

① 중력가속도에 비례한다.
② 입자직경의 제곱에 비례한다.
③ 공기의 점성계수에 반비례한다.
④ 입자와 공기의 밀도차에 반비례한다.

해 설
침강속도식(Stoke's식)

$$V_g = \frac{d_p^2(\rho_p - \rho)g}{18\mu}$$

여기서, V_g: 침강속도
d_p: 입자의 직경
ρ_p: 입자의 밀도
ρ: 공기의 밀도
g: 중력가속도
μ: 점성계수

스토크스 법칙에 따르면, 입자의 침강속도는 입자와 공기 사이의 밀도차에 비례한다.

48

전기집진장치의 장점으로 옳지 않은 것은?

① 가연성 입자의 처리에 효율적이다.
② 넓은 범위의 입경과 분진농도에 집진효율이 높다.
③ 압력손실이 낮으므로 송풍기의 가동 비용이 저렴하다.
④ 고온 가스를 처리할 수 있어 보일러와 철강로 등에 설치할 수 있다.

해 설
전기집진장치는 집진 시 집진 전극에서 스파크가 발생할 수 있으므로 가연성 입자의 처리가 어렵다.

정답 45 ② 46 ④ 47 ④ 48 ①

49

움직이지 않는 공기 중으로 속도 없이 배출되는 작업조건(예시: 탱크에서 증발)의 제어속도 범위[m/s]는? (단, ACGIH 권고 기준)

① 0.1~0.3
② 0.3~0.5
③ 0.5~1.0
④ 1.0~1.5

해설
움직이지 않는 공기 중에서 속도 없이 배출되는 물질의 제어속도는 0.25~0.5[m/s]가 적당하다.

관련개념
제어속도 권고기준(ACGIH)

작업조건	제어속도[m/s]
• 움직이지 않는 공기 중에서 속도 없이 배출되는 작업조건 • 조용한 대기 중에 거의 속도가 없는 상태로 발산하는 작업조건	0.25~0.5
공기의 움직임이 적은 대기 중에서 저속으로 비산하는 작업조건	0.5~1.0
발생기류가 높고 유해물질이 활발하게 발생하는 작업조건	1.0~2.5
초고속 기류가 있는 작업장소에 초고속으로 비산하는 작업조건	2.5~10

50

다음 중 작업장에서 거리, 시간, 공정, 작업자 전체를 대상으로 실시하는 대책은?

① 대체
② 격리
③ 환기
④ 개인보호구

해설
격리는 물리적, 거리적, 시간적인 격리를 의미하며 작업자 전체를 대상으로 쉽게 적용 가능한 효과적인 대책이다.

51

산업위생관리를 작업환경관리, 작업관리, 건강관리로 나눠서 구분할 때, 다음 중 작업환경관리와 가장 거리가 먼 것은?

① 유해 공정의 격리
② 유해 설비의 밀폐화
③ 전체환기에 의한 오염물질의 회석 배출
④ 보호구 사용에 의한 유해물질의 인체 침입방지

해설
보호구 사용에 의한 유해물질의 인체 침입방지는 건강관리의 내용이다.

52

온도 50[℃]인 기체가 관을 통하여 20[m³/min]으로 흐르고 있을 때, 같은 조건의 0[℃]에서 유량[m³/min]은? (단, 관내압력 및 기타 조건은 일정하다.)

① 14.7
② 16.9
③ 20.0
④ 23.7

해설
$$Q = 20 \times \frac{273}{273+50} = 16.9[\text{m}^3/\text{min}]$$

정답 49 ② 50 ② 51 ④ 52 ②

53

전체환기의 목적에 해당되지 않는 것은?

① 발생된 유해물질을 완전히 제거하여 건강을 유지·증진한다.
② 유해물질의 농도를 희석시켜 건강을 유지·증진한다.
③ 실내의 온도와 습도를 조절한다.
④ 화재나 폭발을 예방한다.

해설

발생된 유해물질 농도를 희석 및 감소시켜 근로자의 건강을 유지·증진하는 것이 전체환기의 목적이다.

54

길이가 2.4[m], 폭이 0.4[m]인 플랜지 부착 슬롯형 후드가 바닥에 설치되어 있다. 포착점까지의 거리가 0.5[m], 제어속도가 0.4[m/s]일 때 필요송풍량[m³/min]은? (단, $\frac{1}{4}$ 원주 슬롯형이다.)

① 20.2 ② 46.1
③ 80.6 ④ 161.3

해설

필요송풍량(외부식 슬롯형)

$$Q = C \times L \times X \times V_c$$

여기서, Q: 필요송풍량[m³/sec]
C: 형상계수
(전원주: 5, $\frac{3}{4}$ 원주: 4.1, $\frac{1}{2}$ 원주: 2.8, $\frac{1}{4}$ 원주: 1.6)
L: 후드의 길이[m]
X: 포착점까지의 거리[m]
V_c: 제어속도[m/s]

$Q = 1.6 \times 2.4 \times 0.5 \times 0.4 = 0.768$[m³/sec]

$Q = \frac{0.768 m^3}{sec} \times \frac{60 sec}{min} = 46.08$[m³/min]

55

공기 중의 포화증기압이 1.52[mmHg]인 유기용제가 공기 중에 도달할 수 있는 포화농도[ppm]는?

① 2,000 ② 4,000
③ 6,000 ④ 8,000

해설

포화농도[ppm]

$$포화농도 = \frac{증기압}{760} \times 10^6$$

여기서, 포화농도[ppm]
증기압[mmHg]

$\frac{1.52}{760} \times 10^6 = 2,000$[ppm]

56

후드의 유입계수가 0.7이고 속도압이 20[mmH₂O]일 때, 후드의 유입손실은 약 몇 [mmH₂O]인가?

① 10.5 ② 20.8
③ 32.5 ④ 40.8

해설

유입손실계수(F_h)

$$F_h = \frac{1}{Ce^2} - 1$$

여기서, F_h: 유입손실계수
Ce: 유입계수

$F_h = \frac{1}{0.7^2} - 1 = 1.04$

후드 압력손실(ΔP)

$$\Delta P = F_h \times VP$$

여기서, ΔP: 후드 압력손실[mmH₂O]
F_h: 유입손실계수
VP: 속도압[mmH₂O]

$\Delta P = 1.04 \times 20 = 20.8$[mmH₂O]

정답 53 ① 54 ② 55 ① 56 ②

57
다음 중 국소배기장치에 관한 주의사항과 가장 거리가 먼 것은?

① 유독물질의 경우에는 굴뚝에 흡인장치를 보강할 것
② 흡인되는 공기가 근로자의 호흡기를 거치지 않도록 할 것
③ 배기관은 유해물질이 발산하는 부위의 공기를 모두 흡입할 수 있는 성능을 갖출 것
④ 먼지를 제거할 때에는 공기속도를 조절하여 배기관 안에서 먼지가 일어나도록 할 것

해설
국소배기장치의 먼지를 제거할 때에는 배기관 안의 먼지가 재비산하지 않도록 공기속도를 조절하여야 한다.

58
0[℃], 1기압에서 A기체의 밀도가 1.415[kg/m³]일 때, 100[℃], 1기압에서 A기체의 밀도는 몇 [kg/m³]인가?

① 0.903
② 1.036
③ 1.085
④ 1.411

해설
밀도에 온도보정을 적용한다.
$$\rho = 1.415 \times \frac{273}{273+100} = 1.036 [kg/m^3]$$

59
어떤 공장에서 접착공정이 유기용제 중독의 원인이 되었다. 직업병 예방을 위한 작업환경관리 대책이 아닌 것은?

① 신선한 공기에 의한 희석 및 환기 실시
② 공정의 밀폐 및 격리
③ 조업방법의 개선
④ 보건교육 미실시

해설
직업병 예방을 위해서는 보건교육을 실시하여야 한다.

60
환기시설 내 기류가 기본적인 유체역학적 원리에 따르기 위한 전제조건과 가장 거리가 먼 것은?

① 공기는 절대습도를 기준으로 한다.
② 환기시설 내외의 열교환은 무시한다.
③ 공기의 압축이나 팽창은 무시한다.
④ 공기 중에 포함된 유해물질의 무게와 용량을 무시한다.

해설
건조공기를 가정한다.

4과목　　물리적유해인자관리

61
자연조명에 관한 설명으로 옳지 않은 것은?

① 창의 면적은 바닥 면적의 15~20[%] 정도가 이상적이다.
② 개각은 4~5°가 좋으며, 개각이 작을수록 실내는 밝다.
③ 균일한 조명을 요구하는 작업실은 동북 또는 북창이 좋다.
④ 입사각은 28° 이상이 좋으며, 입사각이 클수록 실내는 밝다.

해설
개각은 4~5°가 좋으며, 개각이 클수록 실내는 밝다.

정답 57 ④　58 ②　59 ④　60 ①　61 ②

62

방진재료로 적절하지 않은 것은?

① 방진고무　　② 코르크
③ 유리섬유　　④ 코일 용수철

해설

유리섬유는 진동에너지를 효과적으로 소산하지 못하므로 방진재료로 적절하지 않다.

63

저온 환경에 의한 장해의 내용으로 옳지 않은 것은?

① 근육 긴장이 증가하고 떨림이 발생한다.
② 혈압은 변화되지 않고 일정하게 유지된다.
③ 피부 표면의 혈관들과 피하조직이 수축된다.
④ 부종, 저림, 가려움, 심한 통증 등이 생긴다.

해설

저온에 의한 생리적 반응

1차	체표면적 감소, 피부혈관 수축, 화학적 대사작용 증가, 근육 긴장 증가 및 전율
2차	말초혈관의 수축, 혈압의 일시적 상승, 조직대사의 증진과 식욕항진

저온 환경에 노출 시 혈압이 일시적으로 상승한다.

64

사람이 느끼는 최소 진동역치로 맞는 것은?

① 35 ± 5[dB]　　② 45 ± 5[dB]
③ 55 ± 5[dB]　　④ 65 ± 5[dB]

해설

최소 진동역치란 사람이 진동을 감지할 수 있는 최소한의 진동 강도이다. 평균적으로 50~60[dB]이 최소 진동역치에 해당한다.

65

다음은 빛과 밝기의 단위를 설명한 것으로 ㉠, ㉡에 해당하는 용어로 옳은 것은?

> 1루멘의 빛이 1[ft²]의 평면상에 수직방향으로 비칠 때, 그 평면의 빛의 양, 즉 조도를 (㉠)(이)라하고, 1[m²]의 평면에 1루멘의 빛이 비칠 때 밝기를 (㉡)(이)라고 한다.

	㉠	㉡
①	캔들(Candle)	럭스(Lux)
②	럭스(Lux)	캔들(Candle)
③	럭스(Lux)	푸트캔들(Footcandle)
④	푸트캔들(Footcandle)	럭스(Lux)

해설

푸트캔들
1루멘의 빛이 1[ft²]의 평면상에 수직방향으로 비칠 때, 그 평면의 빛의 양을 1푸트캔들이라고 한다.

럭스
1[m²]의 평면에 1루멘의 빛이 비칠 때 밝기를 1럭스라고 한다.

66

다음 중 진동에 의한 장해를 최소화시키는 방법과 거리가 먼 것은?

① 진동의 발생원을 격리시킨다.
② 진동의 노출시간을 최소화시킨다.
③ 훈련을 통하여 신체의 적응력을 향상시킨다.
④ 진동을 최소화하기 위하여 공학적으로 설계 및 관리한다.

해설

훈련으로 신체의 적응력을 향상시킨다고 하여 진동에 의한 장해를 방지할 수 없다.

정답 62 ③　63 ②　64 ③　65 ④　66 ③

67

소음평가치의 단위로 가장 적절한 것은?

① [Hz]　　② [NRR]
③ [phon]　　④ [NRN]

해 설

NRN(Noise Rating Number)은 실내소음평가지수이므로 소음평가치의 단위로 가장 적절하다.

68

소음에 의하여 발생하는 노인성 난청의 청력손실에 대한 설명으로 옳은 것은?

① 고주파영역으로 갈수록 큰 청력손실이 예상된다.
② 2,000[Hz]에서 가장 큰 청력장애가 예상된다.
③ 1,000[Hz] 이하에서는 20~30[dB]의 청력손실이 예상된다.
④ 1,000~8,000[Hz] 영역에서는 0~20[dB]의 청력손실이 예상된다.

해 설

노인성 난청은 노화에 의한 퇴행성 청력질환으로, 6,000[Hz] 이상의 고음에 대한 청력손실이 현저하다.

69

레이노 현상(Raynaud's phenomenon)과 관련이 없는 것은?

① 방사선　　② 국소진동
③ 혈액순환장애　　④ 저온환경

해 설

레이노 현상의 주요 원인은 국소진동이며, 방사선은 레이노 현상과 무관하다.

70

25[℃]일 때, 공기 중에서 1,000[Hz]인 음의 파장은 약 몇 m인가? (단, 0[℃], 1기압에서의 음속은 331.5[m/s]이다.)

① 0.035　　② 0.35
③ 3.5　　④ 35

해 설

파장과 음속

$$c = \lambda f$$
$$c = 331.42 + 0.6T$$

여기서, c : 음속[m/sec]
λ : 파장[m]
f : 주파수[Hz]
T : 음 전달 매질의 온도[℃]

$$\lambda = \frac{c}{f} = \frac{331.42 + (0.6 \times 25)}{1,000} = 0.35[m]$$

71

인간 생체에서 이온화시키는 데 필요한 최소에너지를 기준으로 전리방사선과 비전리방사선을 구분한다. 전리방사선과 비전리방사선을 구분하는 에너지의 강도는 약 얼마인가?

① 7[eV]　　② 12[eV]
③ 17[eV]　　④ 22[eV]

해 설

광자에너지가 12[eV] 이상이면 전리방사선으로 분류한다.

정답 67 ④　68 ①　69 ①　70 ②　71 ②

72

산업안전보건법령상 이상기압에 의한 건강장해의 예방에 있어 사용되는 용어의 정의로 옳지 않은 것은?

① 압력이란 절대 압력과 게이지 압력의 합을 말한다.
② 고압작업이란 고기압에서 잠함공법이나 그 외의 압기공법으로 하는 작업을 말한다.
③ 기압조절실이란 고압작업을 하는 근로자 또는 잠수작업을 하는 근로자가 가압 또는 감압을 받는 장소를 말한다.
④ 표면공급식 잠수작업이란 수면 위의 공기압축기 또는 호흡용 기체통에서 압축된 호흡용 기체를 공급받으면서 하는 작업을 말한다.

해 설
압력이란 게이지 압력을 말한다.

73

잔향시간(Reverberation Time)에 관한 설명으로 옳은 것은?

① 잔향시간과 작업장의 공간부피만 알면 흡음량을 추정할 수 있다.
② 소음원에서 소음발생이 중지한 후 소음의 감소는 시간의 제곱에 반비례하여 감소한다.
③ 잔향시간은 소음이 닿는 면적을 계산하기 어려운 실외에서의 흡음량을 추정하기 위하여 주로 사용한다.
④ 소음원에서 발생하는 소음과 배경소음 간의 차이가 40[dB]인 경우에는 60[dB]만큼 소음이 감소하지 않기 때문에 잔향시간을 측정할 수 없다.

해 설
잔향시간

$$T = 0.161 \frac{V}{A}$$

여기서, T: 잔향시간[sec]
V: 작업공간 부피[m³]
A: 흡음력[sabin, m²]

음원을 끈 순간부터 음압수준이 60[dB] 감쇠되는 데 소요되는 시간이다.
잔향시간과 작업공간부피만 알면 재료의 흡음력을 알 수 있다.

74

다음 파장 중 살균작용이 가장 강한 자외선의 파장범위는?

① 220~234[nm]   ② 254~280[nm]
③ 290~315[nm]   ④ 325~400[nm]

해 설
자외선의 살균작용은 254~280[nm]에서 가장 강하다.

75

소음에 의한 인체의 장해(소음성 난청)에 영향을 미치는 요인이 아닌 것은?

① 소음의 크기
② 개인의 감수성
③ 소음 발생 장소
④ 소음의 주파수 구성

해 설
소음성 난청에 영향을 미치는 요소로는 소음의 크기, 개인의 감수성, 소음의 주파수 및 소음의 발생 특성 등이 있다.

76

저기압의 영향에 관한 설명으로 틀린 것은?

① 산소결핍을 보충하기 위하여 호흡수, 맥박수가 증가된다.
② 고도 18,000[ft](5,468[m]) 이상이 되면 21[%] 이상의 산소가 필요하게 된다.
③ 고도 10,000[ft](3,048[m])까지는 시력, 협조운동의 가벼운 장해 및 피로를 유발한다.
④ 고도의 상승으로 기압이 저하되면 공기의 산소분압이 상승하여 폐포 내의 산소분압도 상승한다.

해 설
고도가 상승하면 공기 중 산소분압이 낮아져 폐포 내의 산소분압도 저하한다.

정답 72 ① 73 ① 74 ② 75 ③ 76 ④

77

개인의 평균청력손실을 평가하기 위하여 6분법을 적용하였을 때, 500[Hz]에서 6[dB], 1,000[Hz]에서 10[dB], 2,000[Hz]에서 10[dB], 4,000[Hz]에서 20[dB]이면 이때의 청력손실은 얼마인가?

① 10[dB]
② 11[dB]
③ 12[dB]
④ 13[dB]

해 설

평균청력손실(6분법)

$$평균청력손실 = \frac{a+2b+2c+d}{6}$$

여기서, a: 500[Hz]에서의 청력손실
b: 1,000[Hz]에서의 청력손실
c: 2,000[Hz]에서의 청력손실
d: 4,000[Hz]에서의 청력손실

평균청력손실 $= \dfrac{6+(2\times 10)+(2\times 10)+20}{6} = 11[dB]$

78

소음작업장에서 각 음원의 음압레벨이 A=110[dB], B=80[dB], C=70[dB]이다. 음원이 동시에 가동될 때 음압레벨(SPL)은?

① 87[dB]
② 90[dB]
③ 95[dB]
④ 110[dB]

해 설

합산 소음

$$L_\text{합} = 10\log\left(10^{\frac{SPL_1}{10}} + 10^{\frac{SPL_2}{10}} + \cdots + 10^{\frac{SPL_n}{10}}\right)$$

여기서, $L_\text{합}$: 합산 소음[dB]
SPL_n: 음압수준[dB]

$L_\text{합} = 10\log\left(10^{\frac{110}{10}} + 10^{\frac{80}{10}} + 10^{\frac{70}{10}}\right) = 110[dB]$

79

작업자 A의 4시간 작업 중 소음노출량이 76[%]일 때, 측정시간에 있어서의 평균치는 약 몇 [dB(A)]인가?

① 88
② 93
③ 98
④ 103

해 설

측정시간에 따른 소음평균치

$$SPL = 90 + 16.61\log\frac{D}{12.5t}$$

여기서, SPL: 측정시간에 따른 소음평균치[dB]
D: 소음노출량계로 측정한 노출량[%]
t: 측정시간[hr]

$SPL = 90 + 16.61\log\dfrac{76}{12.5\times 4}$
$= 93.02[dB(A)]$

80

저온에 의한 1차적인 생리적 영향에 해당하는 것은?

① 말초혈관의 수축
② 혈압의 일시적 상승
③ 근육긴장의 증가와 전율
④ 조직대사의 증진과 식욕 항진

해 설

정답을 제외한 나머지 보기는 저온환경에 의한 2차 생리적 영향이다.

5과목 산업독성학

81
화학적 질식제(Chemical Asphyxiant)에 심하게 노출되었을 경우 사망에 이르게 되는 이유로 적절한 것은?

① 폐에서 산소를 제거하기 때문
② 심장의 기능을 저하시키기 때문
③ 폐 속으로 들어가는 산소의 활용을 방해하기 때문
④ 신진대사 기능을 높여 가용한 산소가 부족해지기 때문

해설
화학적 질식제는 혈색소의 산소운반능력을 억제하여 빈혈성 저산소증을 유발하거나, 산화작용에 관여하는 효소작용을 저해하여 조직의 산소이용능력을 떨어트리는 물질이다.

82
다음 중 혈색소와 친화도가 산소보다 강하여 COHb를 형성하여 조직에서 산소공급을 억제하며, 혈중 COHb의 농도가 높아지면 HbO_2의 해리작용을 방해하는 물질은?

① 일산화탄소
② 에탄올
③ 리도카인
④ 염소산염

해설
일산화탄소는 헤모글로빈과의 결합력이 산소보다 240배 강해 COHb을 형성하여 산소공급을 억제한다. 또한, HbO_2의 해리작용을 방해한다.

83
먼지가 호흡기계로 들어올 때 인체가 가지고 있는 방어기전으로 가장 적정하게 조합된 것은?

① 면역작용과 폐 내의 대사작용
② 폐포의 활발한 가스교환과 대사작용
③ 점액 섬모운동과 가스교환에 의한 정화
④ 점액 섬모운동과 폐포의 대식세포의 작용

해설
호흡기계의 인체 방어기전으로는 점액 섬모운동과 대식세포에 의한 정화가 대표적이다.

84
벤젠을 취급하는 근로자를 대상으로 벤젠에 대한 노출량을 추정하기 위해 호흡기 주변에서 벤젠 농도를 측정함과 동시에 생물학적 모니터링을 실시하였다. 벤젠 노출로 인한 대사산물의 결정인자(determinant)로 옳은 것은?

① 호기 중의 벤젠
② 소변 중의 마뇨산
③ 소변 중의 총페놀
④ 혈액 중의 만델릭산

해설
소변 중 페놀을 벤젠의 생물학적 노출지표로 사용할 수 있으나, 근래에는 혈액 중 벤젠 또는 소변 중 뮤콘산을 더 빈번하게 사용한다.

정답 81 ③ 82 ① 83 ④ 84 ③

85

물질 A의 독성에 관한 인체실험 결과, 안전흡수량이 체중 [kg]당 0.1[mg]이었다. 체중이 50[kg]인 근로자가 1일 8시간 작업할 경우 이 물질의 체내 흡수를 안전흡수량 이하로 유지하려면 공기 중 농도를 몇 [mg/m³] 이하로 하여야 하는가? (단, 작업시 폐환기율은 1.25[m³/h], 체내 잔류율은 1.0으로 한다.)

① 0.5
② 1.0
③ 1.5
④ 2.0

해설

체내 흡수량

> 체내 흡수량 $= C \times t \times V \times R$
>
> 여기서, C: 공기 중 유해물질 농도[mg/m³]
> t: 노출시간[hr]
> V: 폐환기율, 호흡률[m³/hr]
> R: 체내 잔류율(보통 1.0)

$C = \dfrac{0.1 \times 50}{8 \times 1.25 \times 1.0} = 0.5 [\text{mg/m}^3]$

86

납중독에 대한 치료방법의 일환으로 체내에 축적된 납을 배출하도록 하는 데 사용되는 것은?

① Ca-EDTA
② DMPS
③ 2-PAM
④ Atropin

해설

납중독에 대한 치료방법의 일환으로 체내에 축적된 납을 배출하도록 하는 데 사용되는 것은 Ca-EDTA이다.

① 가장 빠른 합격비법

Ca-EDTA는 체내에 들어오면 납이온(Pb^{2+})과 잘 결합하여 수용성의 킬레이트 화합물을 형성합니다. 이 화합물은 신장을 통해 소변으로 배출되기 쉬운 형태이기 때문에, 체내 납의 농도를 효과적으로 낮출 수 있습니다.

87

폐에 침착된 먼지의 정화과정에 대한 설명으로 옳지 않은 것은?

① 어떤 먼지는 폐포벽을 통과하여 림프계나 다른 부위로 들어가기도 한다.
② 먼지는 세포가 방출하는 효소에 의해 용해되지 않으므로 점액층에 의한 방출 이외에는 체내에 축적된다.
③ 폐에 침착된 먼지는 식세포에 의하여 포위되어, 포위된 먼지의 일부는 미세기관지로 운반되고 점액 섬모운동에 의하여 정화된다.
④ 폐에서 먼지를 포위하는 식세포는 수명이 다한 후 사멸하고 다시 새로운 식세포가 먼지를 포위하는 과정이 계속적으로 일어난다.

해설

먼지는 대식세포가 방출하는 효소에 의해 용해된다.

88

피부는 표피와 진피로 구분하는데, 진피에만 있는 구조물이 아닌 것은?

① 혈관
② 모낭
③ 땀샘
④ 멜라닌세포

해설

정상 피부에서 멜라닌세포는 표피에만 존재한다.

① 가장 빠른 합격비법

멜라닌세포가 생성한 멜라닌(Melanin)은 자외선을 흡수·차단함으로써 피부 손상을 줄이는 역할을 합니다.

정답 85 ① 86 ① 87 ② 88 ④

89

무기성 분진에 의한 진폐증이 아닌 것은?

① 규폐증(silicosis)
② 연초폐증(tabacosis)
③ 흑연폐증(graphite lung)
④ 용접공폐증(welder's lung)

해설

무기성 분진에 의한 진폐증		유기성 분진에 의한 진폐증	
• 규폐증	• 탄광부 진폐증	• 연초폐증	• 설탕폐증
• 용접공폐증	• 활석폐증	• 농부폐증	• 목재분진폐증
• 베릴륨폐증	• 석면폐증	• 면폐증	• 모발분진폐증
• 흑연폐증	• 알루미늄폐증		
• 탄소폐증	• 철폐증		
• 규조토폐증	• 주석폐증		
• 칼륨폐증	• 바륨폐증		

90

화학물질을 투여한 실험동물의 50[%]가 관찰 가능한 가역적인 반응을 나타내는 양을 의미하는 것은?

① ED_{50}　　② LC_{50}
③ LE_{50}　　④ TE_{50}

해설

화학물질을 투여한 실험동물의 50[%]가 관찰 가능한 가역적인 반응을 나타내는 양을 의미하는 것은 ED_{50}이다.

가장 빠른 합격비법

쉽게 풀어 말하면, ED_{50}(Effective Dose 50)은 화학물질을 투여하였을 때 투여한 실험동물 절반에 어떠한 효과가 나타나는 용량을 의미합니다.

91

이황화탄소를 취급하는 근로자를 대상으로 생물학적 모니터링을 하는 데 이용될 수 있는 생체 내 대사산물은?

① 소변 중 마뇨산
② 소변 중 메탄올
③ 소변 중 메틸마뇨산
④ 소변 중 TTCA(2-thiothiazolidine-4-carboxylic acid)

해설

이황화탄소의 생물학적 노출지표는 요 중 TTCA이다.

92

납중독을 확인하기 위한 시험방법과 가장 거리가 먼 것은?

① 혈액 중 납 농도 측정
② 헴(Heme) 합성과 관련된 효소의 혈중농도 측정
③ 신경전달속도 측정
④ β-ALA 이동 측정

해설

납 중독을 진단할 때 혈중 α-ALA 탈수효소 활성치를 측정한다.

정답 89 ②　90 ①　91 ④　92 ④

93

다음 표와 같은 크롬중독을 스크린하는 검사법을 개발하였다면 이 검사법의 특이도는 얼마인가?

구분		크롬중독진단		합계
		양성	음성	
검사법	양성	15	9	24
	음성	9	21	30
합계		24	30	54

① 68[%] ② 69[%]
③ 70[%] ④ 71[%]

해설

특이도
$= \dfrac{\text{검사법 음성이고 실제 진단도 음성}}{\text{검사법은 양성이나 실제 진단은 음성+검사법 음성이고 실제 진단도 음성}}$
$= \dfrac{21}{9+21} = 0.7 = 70[\%]$

94

크롬화합물 중독에 대한 설명으로 옳지 않은 것은?

① 크롬중독은 요 중의 크롬양을 검사하여 진단한다.
② 크롬 만성중독의 특징은 코, 폐 및 위장에 병변을 일으킨다.
③ 중독치료는 배설촉진제인 Ca-EDTA를 투약하여야 한다.
④ 정상인보다 크롬취급자는 폐암으로 인한 사망률이 약 13~31배나 높다고 보고된 바 있다.

해설

크롬 중독에 BAL, Ca-EDTA는 효과가 없다.

95

산업안전보건법령상 석면 및 내화성 세라믹 섬유의 노출기준 표시단위로 옳은 것은?

① [%] ② [ppm]
③ [개/cm^3] ④ [mg/m^3]

해설

석면은 위상차현미경을 통해 개수를 센다.
(단위: [개/cm^3]=[개/mL]=[개/cc])

96

중금속 노출에 의하여 나타나는 금속열은 흄 형태의 금속을 흡입하여 발생되는데, 감기증상과 매우 비슷하여 오한, 구토감, 기침, 전신위약감 등의 증상이 있으며 월요일 출근 후에 심해져서 월요일열(monday fever)이라고도 한다. 다음 중 금속열을 일으키는 물질이 아닌 것은?

① 납 ② 카드뮴
③ 안티몬 ④ 산화아연

해설

납은 금속열을 유발하는 주요 원인이 아니다.

정답 93 ③ 94 ③ 95 ③ 96 ①

97

작업자의 소변에서 o-크레졸이 검출되었다. 이 작업자는 어떤 물질을 취급하였다고 볼 수 있는가?

① 톨루엔
② 에탄올
③ 클로로벤젠
④ 트리클로로에틸렌

해 설

톨루엔의 생물학적 노출지표는 요 중 o-크레졸이다.

98

상기도 점막 자극제로 볼 수 없는 것은?

① 포스겐
② 크롬산
③ 암모니아
④ 염화수소

해 설

상기도 점막 자극제로는 불화수소, 염화수소, 아황산가스, 암모니아, 포름알데히드, 아세트알데히드, 산화에틸렌 및 크롬산 등이 있다.

⚡ 가장 빠른 합격비법

포스겐($COCl_2$)은 독성이 매우 강한 기체로, 제1차 세계대전 당시 살상용 가스로 사용되었습니다.

99

대상 먼지와 침강속도가 같고, 밀도가 1이며 구형인 먼지의 직경으로 환산하여 표현하는 입자상 물질의 직경을 무엇이라 하는가?

① 입체적 직경
② 등면적 직경
③ 기하학적 직경
④ 공기역학적 직경

해 설

대상 먼지와 침강속도가 같고, 밀도가 1이며 구형인 먼지의 직경으로 환산한 직경을 공기역학적 직경이라고 한다.

100

증상으로는 무력증, 식욕감퇴, 보행장해 등의 증상을 나타내며, 계속적인 노출시에는 파킨슨씨 증상을 초래하는 유해물질은?

① 망간
② 카드뮴
③ 산화칼륨
④ 산화마그네슘

해 설

망간 중독
- 파킨슨증후군을 유발한다.
- 이산화망간 흄에 급성 폭로될 시 금속열(열, 오한, 호흡곤란 등)이 발생한다.
- 언어장해, 균형감각 상실 등의 증상이 발생한다.

⚡ 가장 빠른 합격비법

망간의 키워드는 파킨슨증후군, 보행장애입니다.

정답 97 ① | 98 ① | 99 ④ | 100 ①

2025년 제2회 CBT 복원문제

1과목 산업위생학개론

01
다음 (　) 안에 들어갈 알맞은 것은?

> 산업안전보건법령상 화학물질 및 물리적 인자의 노출기준에서 "시간가중평균노출기준(TWA)"이란 1일 (A)시간 작업을 기준으로 하여 유해인자의 측정치에 발생시간을 곱하여 (B)시간으로 나눈 값을 말한다.

	A	B		A	B
①	6	6	②	6	8
③	8	6	④	8	8

해설
시간가중평균노출기준(TWA)이란 1일 8시간 작업을 기준으로 하여 유해인자의 측정치에 발생시간을 곱하여 8시간으로 나눈 값을 말한다.

02
실내공기의 오염에 따른 건강상의 영향을 나타내는 용어가 아닌 것은?

① 새집증후군
② 헌집증후군
③ 화학물질과민증
④ 스티븐스존슨증후군

해설
스티븐스존슨증후군은 피부병이 악화된 상태로 피부의 탈락을 유발하는 급성 피부 점막 질환으로, 주로 유해화학물질에 의해 발생한다.

03
사무실 등 실내환경의 공기질 개선에 관한 설명으로 틀린 것은?

① 실내 오염원을 감소한다.
② 방출되는 물질이 없거나 매우 낮은(기준에 적합한) 건축자재를 사용한다.
③ 사무실의 조도를 적절히 조절한다.
④ 단기적 방법은 베이크 아웃(Bake-out)으로, 새 건물에 입주하기 전에 보일러 등으로 실내를 가열하여 각종 유해물질이 빨리 나오도록 한 후 이를 충분히 환기시킨다.

해설
조도는 밝기에 관한 지표로, 공기질과 관련 없다.

04
300명의 근로자가 1주일에 40시간, 연간 50주를 근무하는 사업장에서 1년 동안 50건의 재해로 60명의 재해자가 발생하였다. 이 사업장의 도수율은 약 얼마인가? (단, 근로자들은 질병, 기타 사유로 인하여 총 근로시간의 5[%]를 결근하였다.)

① 93.33　　② 87.72
③ 83.33　　④ 77.72

해설
도수율

$$\text{도수율} = \frac{\text{재해건수}}{\text{연근로시간수}} \times 1,000,000$$

$$\text{도수율} = \frac{50}{300 \times 40 \times 50 \times 0.95} \times 1,000,000 = 87.72$$

정답 01 ④　02 ④　03 ③　04 ②

05

산업안전보건법령상 근골격계부담작업에 해당하지 않는 것은?

① 하루에 4시간 이상 집중적으로 자료입력 등을 위해 키보드 또는 마우스를 조작하는 작업
② 하루에 10회 이상 25[kg] 이상의 물체를 드는 작업
③ 하루에 총 2시간 이상 쪼그리고 앉거나 무릎을 굽힌 자세에서 이루어지는 작업
④ 하루에 총 1시간 이상 목, 어깨, 팔꿈치, 손목 또는 손을 사용하여 같은 동작을 반복하는 작업

해 설

하루에 총 2시간 이상 목, 어깨, 팔꿈치, 손목 또는 손을 사용하여 같은 동작을 반복하는 작업이 근골격계부담작업에 해당한다.

06

산업안전보건법령상 발암성 정보물질의 표기법 중 '사람에게 충분한 발암성 증거가 있는 물질'에 대한 표기방법으로 옳은 것은?

① 1
② 1A
③ 2A
④ 2B

해 설

화학물질 및 물리적 인자의 노출기준상 발암성 분류

구분	설명
1A	사람에게 충분한 발암성 증거가 있는 물질
1B	시험동물에서 발암성 증거가 충분히 있거나, 시험동물과 사람 모두에서 제한된 발암성 증거가 있는 물질
2	사람이나 동물에서 제한된 증거가 있지만, 구분 1로 분류하기에는 증거가 충분하지 않은 물질

07

피로의 예방대책으로 적절하지 않은 것은?

① 충분한 수면을 갖는다.
② 작업환경을 정리, 정돈한다.
③ 정적인 자세를 유지하는 작업을 동적인 작업으로 전환하도록 한다.
④ 작업과정 사이에 여러 번 나누어 휴식하는 것보다 장시간의 휴식을 취한다.

해 설

휴식시간을 여러 번으로 나누는 것이 장시간 휴식하는 것보다 효과적이다.

08

산업안전보건법령상 영상표시단말기(VDT) 취급 근로자의 작업자세로 옳지 않은 것은?

① 팔꿈치의 내각은 90° 이상이 되도록 한다.
② 근로자의 발바닥 전면이 바닥면에 닿는 자세를 기본으로 한다.
③ 무릎의 내각은 90° 전후가 되도록 한다.
④ 근로자의 시선은 수평선상으로부터 10~15° 위로 가도록 한다.

해 설

작업자의 시선은 수평선상으로부터 아래로 10~15° 이내이어야 한다.

정답 05 ④ 06 ② 07 ④ 08 ④

09

신체적 결함과 이에 따른 부적합한 작업을 짝지은 것으로 틀린 것은?

① 심계항진 － 정밀작업
② 간기능 장해 － 화학공업
③ 빈혈증 － 유기용제 취급작업
④ 당뇨증 － 외상받기 쉬운 작업

해설
격심작업, 고소작업 등이 심계항진을 유발한다.

가장 빠른 합격비법
격심작업은 생리적 부담이 매우 높은 강도의 작업입니다. 고소작업은 고도가 높은 곳에서 실시하는 작업입니다.

10

근육운동을 하는 동안 혐기성 대사에 동원되는 에너지원과 가장 거리가 먼 것은?

① 글리코겐
② 아세트알데히드
③ 크레아틴인산(CP)
④ 아데노신삼인산(ATP)

해설
혐기성 대사 순서
아데노신삼인산(ATP) → 크레아틴인산(CP) → 글리코겐(Glycogen) 또는 포도당(Glucose)

11

산업안전보건법령에서 정하고 있는 제조 등이 금지되는 유해물질에 해당되지 않는 것은?

① 석면(Asbestos)
② 크롬산 아연(Zinc chromates)
③ 황린 성냥(Yellow phosphorus match)
④ β－나프틸아민과 그 염(β－Naphthylamine and its salts)

해설
제조 등 금지물질
- β－나프틸아민과 그 염(중량비율 1[%] 이하 제외)
- 4－니트로디페닐과 그 염(중량비율 1[%] 이하 제외)
- 백연을 포함한 페인트(중량비율 2[%] 이하 제외)
- 벤젠을 포함하는 고무풀(중량비율 5[%] 이하 제외)
- 석면(중량비율 1[%] 이하 제외)
- 폴리클로리네이티드 터페닐(중량비율 1[%] 이하 제외)
- 황린 성냥

12

미국산업안전보건연구원(NIOSH)에서 제시한 중량물의 들기작업에 관한 감시기준(Action Limit)과 최대허용기준(Maximum Permissible Limit)의 관계를 바르게 나타낸 것은?

① MPL=5AL
② MPL=3AL
③ MPL=10AL
④ MPL=$\sqrt{2}$AL

해설
최대허용기준(MPL; Maximum Permissible Limit)

$$MPL = 3AL$$

여기서, MPL : 최대허용기준
AL : 감시기준

정답 09 ① 10 ② 11 ② 12 ②

13

산업안전보건법령상 보건관리자의 자격에 해당되지 않는 것은?

① 「의료법」에 따른 의사
② 「의료법」에 따른 간호사
③ 「국가기술자격법」에 따른 산업위생관리산업기사 이상의 자격을 취득한 사람
④ 「국가기술자격법」에 따른 수질환경기사 이상의 자격을 취득한 사람

해설

보건관리자의 자격 기준
- 「산업안전보건법」에 따른 산업보건지도사 자격을 가진 사람
- 「의료법」에 따른 의사
- 「의료법」에 따른 간호사
- 「국가기술자격법」에 따른 산업위생관리산업기사 또는 대기환경산업기사 이상의 자격을 취득한 사람
- 「국가기술자격법」에 따른 인간공학기사 이상의 자격을 취득한 사람
- 「고등교육법」에 따른 전문대학 이상의 학교에서 산업보건 또는 산업위생 분야의 학위를 취득한 사람

14

인체의 항상성 유지기전의 특성에 해당하지 않는 것은?

① 확산성(diffusion)
② 보상성(compensatory)
③ 자가조절성(self-regulatory)
④ 되먹이기전(feedback mechanism)

해설

인체의 항상성 유지기전의 특성으로는 보상성, 자가조절성, 되먹이기전 등이 있다.

> **가장 빠른 합격비법**
>
> 인체의 항상성이란 외부 조건의 변화에 대하여 인체 내부 환경을 일정하게 유지하는 과정으로, 대표적인 예로 체온 조절 및 pH 유지가 있습니다.

15

사무실 공기관리 지침에 관한 내용으로 옳지 않은 것은? (단, 고용노동부 고시를 기준으로 한다.)

① 오염물질인 미세먼지(PM10)의 관리기준은 100[μg/m³]이다.
② 사무실 공기의 관리기준은 8시간 시간가중평균농도를 기준으로 한다.
③ 총부유세균의 시료채취방법은 충돌법을 이용한 부유세균채취기(bioair sampler)로 채취한다.
④ 사무실 공기질의 모든 항목에 대한 측정결과는 측정치 전체에 대한 평균값을 이용하여 평가한다.

해설

이산화탄소의 경우 각 지점에서 측정한 측정치 중 최고값을 기준으로 비교 평가한다.

16

체중이 60[kg]인 사람이 1일 8시간 작업 시 안전흡수량이 1[mg/kg]인 물질의 체내 흡수를 안전흡수량 이하로 유지하려면 공기 중 유해물질 농도를 몇 [mg/m³] 이하로 하여야 하는가? (단, 작업 시 폐환기율은 1.25[m³/hr], 체내 잔류율은 1로 가정한다.)

① 0.06 ② 0.6
③ 6   ④ 60

해설

사람에 대한 안전용량(SHD)

$$SHD = C \times t \times V \times R$$

여기서, SHD: 체내 흡수량[mg]
C: 공기 중 유해물질 농도[mg/m³]
t: 노출시간[hr]
V: 폐환기율[m³/hr]
R: 체내 잔류율

$$SHD = 60kg \times \frac{1mg}{kg} = 60[mg]$$

$$C = \frac{SHD}{t \times V \times R} = \frac{60}{8 \times 1.25 \times 1.0} = 6[mg/m^3]$$

정답 13 ④ 14 ① 15 ④ 16 ③

17

온도 25[℃], 1기압 하에서 분당 100[mL]씩 60분 동안 채취한 공기 중에서 벤젠이 5[mg] 검출되었다면 검출된 벤젠은 약 몇 [ppm]인가? (단, 벤젠의 분자량은 78이다.)

① 15.7
② 26.1
③ 157
④ 261

해설

벤젠의 농도 = $\dfrac{5mg}{\dfrac{100 \times 10^{-6} m^3}{min} \times 60min}$ = 833.33[mg/m³]

$\dfrac{mg}{m^3} = \dfrac{ppm \times 분자량}{24.45}$ 이므로 (25[℃], 1기압 기준)

ppm = $\dfrac{24.45 \times 833.33}{78}$ = 261.22[ppm]

⚠ 가장 빠른 합격비법

- ppm = $\dfrac{mL}{m^3}$ 이므로 $\dfrac{mL}{m^3} \times \dfrac{mg}{mL}$ = [mg/m³]입니다.
- 0[℃], 1기압에서 1[mol]의 공기는 22.4[L]이므로, 25[℃], 1기압에서는 22.4 × $\dfrac{(273+25)K}{273K}$ = 24.45[L]입니다.

18

산업재해의 기본원인을 4M(Management, Machine, Media, Man)이라고 할 때 다음 중 Man(사람)에 해당되는 것은?

① 안전교육과 훈련의 부족
② 인간관계·의사소통의 불량
③ 부하에 대한 지도·감독부족
④ 작업자세·작업동작의 결함

해설

산업재해의 기본원인(4M)

구분	설명
Man (사람)	인간관계, 의사소통 불량
Machine (기계, 설비)	기계, 설비의 결함
Media (환경, 작업방법)	작업동작, 작업방법의 결함
Management (관리, 감독)	안전교육 및 훈련의 부족, 관리 및 감독의 부족

19

산업안전보건법령상 석면에 대한 작업환경측정 결과 측정치가 노출기준을 초과하는 경우 그 측정일로부터 몇 개월에 몇 회 이상의 작업환경측정을 하여야 하는가?

① 1개월에 1회 이상
② 3개월에 1회 이상
③ 6개월에 1회 이상
④ 12개월에 1회 이상

해설

3개월에 1회 이상 작업환경측정을 해야 하는 경우
- 화학적 인자(발암성 물질(석면, 벤젠 등)만 해당)의 측정치가 노출기준을 초과하는 경우
- 화학적 인자(발암성 물질 제외)의 측정치가 노출기준을 2배 이상 초과하는 경우

20

인간공학에서 고려해야 할 인간의 특성과 가장 거리가 먼 것은?

① 감각과 지각
② 운동과 근력
③ 감정과 생산능력
④ 기술, 집단에 대한 적응능력

해설

인간공학에서는 인간의 감정과 생산능력에 대해 고려하지 않는다.

정답 17 ④ 18 ② 19 ② 20 ③

2과목 작업위생측정 및 평가

21
어느 작업장에 9시간 작업시간 동안 측정한 유해인자의 농도는 0.045[mg/m³]일 때, 95[%]의 신뢰도를 가진 하한치는 얼마인가? (단, 유해인자의 노출기준은 0.05[mg/m³], 시료채취분석오차는 0.132이다.)

① 0.768 ② 0.929
③ 1.032 ④ 1.258

해설

표준화값 = $\dfrac{\text{시간가중평균값(또는 단시간노출값)}}{\text{허용기준}}$ = $\dfrac{0.045}{0.05}$ = 0.9

하한치 = 표준화값 − 시료채취분석오차
     = 0.9 − 0.132 = 0.768

22
다음 중 0.2~0.5[m/sec] 이하의 실내기류를 측정하는 데 사용할 수 있는 온도계는?

① 금속온도계 ② 건구온도계
③ 카타온도계 ④ 습구온도계

오답해설

①, ②, ④: 작업장의 열환경 평가 시 사용되며, 기류 측정에는 사용할 수 없다.

23
산업안전보건법령상 고열작업장소에 해당하지 않는 곳은?

① 도자기나 기와 등을 소성하는 장소
② 용광로, 평로, 전로 또는 전기로에 의하여 광물이나 금속을 제련하거나 정련하는 장소
③ 광물을 배소 또는 소결하는 장소
④ 다량의 증기를 사용하여 염색조로 염색하는 장소

해설

다량의 증기를 사용하여 염색조로 염색하는 장소는 다습작업장소에 해당한다.

24
후드의 유입계수가 0.82, 속도압이 50[mmH₂O]일 때 후드의 유입손실[mmH₂O]은?

① 22.4 ② 24.4
③ 26.4 ④ 28.4

해설

유입손실계수(F_h)

$$F_h = \dfrac{1}{Ce^2} - 1$$

여기서, F_h: 유입손실계수
Ce: 유입계수

$F_h = \dfrac{1}{0.82^2} - 1 = 0.487$

후드 압력손실(ΔP)

$$\Delta P = F_h \times VP$$

여기서, ΔP: 후드 압력손실[mmH₂O]
F_h: 유입손실계수
VP: 속도압[mmH₂O]

$\Delta P = 0.487 \times 50 = 24.35[\text{mmH}_2\text{O}]$

25
흡수액 측정법에 주로 사용되는 주요 기구로 옳지 않은 것은?

① 테드라 백(Tedlar bag)
② 프리티드 버블러(Fritted bubbler)
③ 간이 가스 세척병(Simple gas washing bottle)
④ 유리구 충진분리관(Packed glass bead column)

해설

테들러 백(Tedlar bag)
가스상 시료를 채취 및 보관할 때 널리 쓰이는 가스샘플링용 백이다.

정답 21 ① 22 ③ 23 ④ 24 ② 25 ①

26

분석용어에 대한 설명 중 틀린 것은?

① 이동상이란 시료를 이동시키는 데 필요한 유동체로서 기체일 경우를 GC라고 한다.
② 크로마토그램이란 유해물질이 검출기에서 반응하여 띠 모양으로 나타낸 것을 말한다.
③ 전처리는 분석물질 이외의 것들을 제거하거나 분석에 방해되지 않도록 하는 과정으로서 분석기기에 의한 정량을 포함한다.
④ AAS분석원리는 원자가 갖고 있는 고유한 흡수파장을 이용한 것이다.

해 설

시료 전처리는 양질의 값을 얻기 위해 분석하려는 대상 물질의 방해요소를 제거하여 최적의 상태를 만들기 위한 작업이다.

27

시간당 200~300[kcal]의 열량이 소요되는 중등작업 조건에서 WBGT 측정치가 31.1[℃]일 때 고열작업 노출기준의 작업휴식조건으로 가장 적절한 것은?

① 계속 작업
② 매시간 25[%] 작업, 75[%] 휴식
③ 매시간 50[%] 작업, 50[%] 휴식
④ 매시간 75[%] 작업, 25[%] 휴식

해 설

고온의 노출기준[℃, WBGT]

작업휴식시간비 (시간당)	작업강도[kcal]		
	경작업 (200 미만)	중등작업 (200~350)	중작업 (350~500)
계속 작업	30.0	26.7	25.0
75[%] 작업/25[%] 휴식	30.6	28.0	25.9
50[%] 작업/50[%] 휴식	31.4	29.4	27.9
25[%] 작업/75[%] 휴식	32.2	31.1	30.0

28

측정기구와 측정하고자 하는 물리적인자의 연결이 틀린 것은?

① 피토관 - 정압
② 흑구온도 - 복사온도
③ 아스만통풍건습계 - 기류
④ 가이거뮬러카운터 - 방사능

해 설

아스만통풍건습계는 건구온도 및 습구온도를 동시에 측정할 수 있도록 설계된 장비이다.

29

고열(Heat Stress) 환경의 온열 측정과 관련된 내용으로 틀린 것은?

① 흑구온도와 기온과의 차를 실효복사온도라 한다.
② 실제 환경의 복사온도를 평가할 때는 평균복사온도를 이용한다.
③ 고열로 인한 환경적인 요인은 기온, 기류, 습도 및 복사열이다.
④ 습구흑구온도지수(WBGT) 계산 시에는 반드시 기류를 고려하여야 한다.

해 설

습구흑구온도지수 계산 시 기류가 고려되지 않는다.

정답 26 ③ 27 ② 28 ③ 29 ④

30

근로자 개인의 청력 손실 여부를 알기 위해 사용하는 청력 측정용 기기는?

① Audiometer
② Noise dosimeter
③ Sound level meter
④ Impact sound level meter

해 설

근로자 개인의 청력 손실 여부를 알기 위해 사용하는 청력 측정용 기기는 Audiometer이다.

31

피토관(Pitot tube)에 대한 설명 중 옳은 것은? (단, 측정 기체는 공기이다.)

① Pitot tube의 정확성에는 한계가 있어 정밀한 측정에서는 경사마노미터를 사용한다.
② Pitot tube를 이용하여 곧바로 기류를 측정할 수 있다.
③ Pitot tube를 이용하여 총압과 속도압을 구하여 정압을 계산한다.
④ 속도압이 25[mmH$_2$O] 일때 기류속도는 28.58[m/s]이다.

오답해설

② 피토관을 통해 측정되는 동압을 통해 기류를 계산하여야 한다.
③ 피토관으로 총압과 정압을 측정하여 속도압을 구할 수 있다.
  (속도압＝총압－정압)
④ 속도압(VP)＝$\dfrac{\gamma V^2}{2g}$ 이므로 기류속도는

$V = \sqrt{\dfrac{VP \times 2g}{\gamma}} = \sqrt{\dfrac{25 \times 2 \times 9.8}{1.2}} = 20.21[m/s]$

32

알고 있는 공기 중 농도를 만드는 방법인 Dynamic Method에 관한 내용으로 틀린 것은?

① 만들기가 복잡하고 가격이 고가이다.
② 온습도 조절이 가능하다.
③ 소량의 누출이나 벽면에 의한 손실은 무시할 수 있다.
④ 대개 운반용으로 제작하기가 용이하다.

해 설

Dynamics Method의 특징
- 만들기가 복잡하고 가격이 고가이다.
- 온·습도 조절이 가능하다.
- 소량의 누출이나 벽면에 의한 손실은 무시 가능하다.
- 다양한 농도범위에서 제조가 가능하다.
- 가스, 증기, 에어로졸 실험도 가능하다.
- 지속적인 모니터링이 필요하다.

33

측정결과를 평가하기 위하여 표준화값을 산정할 때 필요한 것은? (단, 고용노동부 고시를 기준으로 한다.)

① 시간가중평균값(단시간노출값)과 허용기준
② 평균농도와 표준편차
③ 측정농도와 시료채취분석오차
④ 시간가중평균값(단시간노출값)과 평균농도

해 설

표준화값＝$\dfrac{\text{시간가중평균값(또는 단시간노출값)}}{\text{허용기준}}$

정답 30 ① 31 ① 32 ④ 33 ①

34

다음은 작업장 소음측정에 관한 고용노동부 고시 내용이다. ( ) 안에 내용으로 옳은 것은?

> 누적소음노출량측정기로 소음을 측정하는 경우에는 Criteria 90[dB], Exchange Rate 5[dB], Threshold ( )[dB]로 기기를 설정한다.

① 50　　② 60
③ 70　　④ 80

해설
누적소음노출량측정기로 소음을 측정하는 경우에는 Criteria 90[dB], Exchange Rate 5[dB], Threshold 80[dB]로 기기를 설정한다.

35

누적소음노출량(D, [%])을 적용하여 시간가중평균소음기준(TWA, [dB(A)])을 산출하는 식은? (단, 고용노동부 고시를 기준으로 한다.)

① $TWA = 61.16 \log \dfrac{D}{100} + 70$

② $TWA = 16.61 \log \dfrac{D}{100} + 70$

③ $TWA = 16.61 \log \dfrac{D}{100} + 90$

④ $TWA = 61.16 \log \dfrac{D}{100} + 90$

해설
시간가중평균소음수준(TWA)

$$TWA = 90 + 16.61 \log \dfrac{D}{100}$$

여기서, TWA: 시간가중평균소음수준[dB(A)]
　　　　D: 누적소음폭로량[%]

36

작업환경측정결과를 통계처리 시 고려해야 할 사항으로 적절하지 않은 것은?

① 대표성　　② 불변성
③ 통계적 평가　　④ 2차 정규분포 여부

해설
2차 정규분포라는 분포는 없다.

37

검지관의 장·단점으로 틀린 것은?

① 측정대상물질의 동정이 미리 되어 있지 않아도 측정이 가능하다.
② 민감도가 낮으며 비교적 고농도에 적용이 가능하다.
③ 특이도가 낮다. 즉, 다른 방해물질의 영향을 받기 쉬워 오차가 크다.
④ 색이 시간에 따라 변화하므로 제조자가 정한 시간에 읽어야 한다.

해설
검지관은 측정대상물질을 미리 동정해야 측정이 가능하다.

가장 빠른 합격비법
동정(identification)은 시료 중 포함된 화학종이 알려진 화학종과 동일함을 확인하는 과정입니다.

정답　34 ④　35 ③　36 ④　37 ①

38

레이저광의 폭로량을 평가하는 사항에 해당하지 않는 항목은?

① 각막 표면에서의 조사량[J/cm²] 또는 폭로량을 측정한다.
② 조사량의 서한도는 1[mm] 구경에 대한 평균치이다.
③ 레이저광과 같은 직사광파 형광등 또는 백열등과 같은 확산광은 구별하여 사용해야 한다.
④ 레이저광에 대한 눈의 허용량은 폭로시간에 따라 수정되어야 한다.

해 설

레이저광에 대한 눈의 허용량은 파장에 따라 수정되어야 한다.

39

0.04[M] HCl이 2[%] 해리되어 있는 수용액의 pH는?

① 3.1
② 3.3
③ 3.5
④ 3.7

해 설

수소이온농도지수(pH)

$$pH = -\log[H^+]$$

여기서, pH : 수소이온농도지수
[H$^+$] : 수소이온농도[mol/L]

HCl ↔ H$^+$ + Cl$^-$
염화수소(HCl)와 수소이온(H$^+$)의 반응비가 1 : 1이다.
[H$^+$] = 0.04 × 0.02 = 0.0008[M]
pH = $-\log[H^+]$ = $-\log 0.0008$ = 3.1

💡 가장 빠른 합격비법

[M]은 몰농도의 단위이며, [M] = [mol/L]입니다.

40

방사성 물질의 단위에 대한 설명이 잘못된 것은?

① 방사능의 SI 단위는 Becquerel[Bq]이다.
② 1[Bq]는 3.7×10^{10}[DPS]이다.
③ 물질에 조사되는 선량은 Röntgen[R]으로 표시한다.
④ 방사선의 흡수선량은 Gray[Gy]로 표시한다.

해 설

1[Bq]은 1초에 한 번 방사성 붕괴가 일어나는 것을 의미한다. 이는 곧 1[DPS](Disintegration Per Second, 1초당 1붕괴)와 같다.

3과목   작업환경관리대책

41

송풍기 입구 전압이 280[mmH₂O]이고 송풍기 출구 정압이 100[mmH₂O]이다. 송풍기 출구 속도압이 200[mmH₂O]일 때, 전압[mmH₂O]은?

① 20
② 40
③ 80
④ 180

해 설

송풍기 유효전압(FTP)

$$FTP = (TP_{out} - TP_{in})$$
$$= (SP_{out} + VP_{out}) - (SP_{in} + VP_{in})$$

여기서, FTP : 송풍기 유효전압
TP$_{out}$, SP$_{out}$, VP$_{out}$: 토출구 측 전압, 정압, 속도압
TP$_{in}$, SP$_{in}$, VP$_{in}$: 흡입구 측 전압, 정압, 속도압

FTP = (SP$_{out}$ + VP$_{out}$) − TP$_{in}$
= (100 + 200) − 280 = 20[mmH₂O]

정답 38 ④ 39 ① 40 ② 41 ①

42

환기량을 Q[m³/hr], 작업장 내 체적을 V[m³]라고 할 때, 시간당 환기횟수[회/hr]로 옳은 것은?

① 시간당 환기횟수 = $Q \times V$
② 시간당 환기횟수 = V/Q
③ 시간당 환기횟수 = Q/V
④ 시간당 환기횟수 = $Q\sqrt{V}$

해설

시간당 공기교환횟수(ACH)

$$ACH = \frac{Q}{V}$$

여기서, ACH: 시간당 공기교환횟수
Q: 필요환기량
V: 실내 용적

43

에틸벤젠의 농도가 400[ppm]인 1,000[m³] 체적의 작업장의 환기를 위해 90[m³/min] 속도로 외부 공기를 유입한다고 할 때, 이 작업장의 에틸벤젠 농도가 노출기준(TLV) 이하로 감소되기 위한 최소소요시간[min]은? (단, 에틸벤젠의 TLV는 100[ppm]이고 외부유입공기 중 에틸벤젠의 농도는 0[ppm]이다.)

① 11.8 ② 15.4
③ 19.2 ④ 23.6

해설

농도 감소에 걸리는 시간

$$t = -\frac{V}{Q'} \ln \frac{C_2}{C_1}$$

여기서, t: 농도 감소에 걸리는 시간[sec]
V: 공간의 부피[m³]
Q': 환기속도[m³/sec]
C_2: 나중 농도[ppm]
C_1: 처음 농도[ppm]

$t = -\frac{1,000}{90} \times \ln \frac{100}{400} = 15.40[\text{min}]$

44

흡인 풍량이 200[m³/min], 송풍기 유효전압이 150[mmH₂O], 송풍기 효율이 80[%]인 송풍기의 소요동력[kW]은?

① 4.1 ② 5.1
③ 6.1 ④ 7.1

해설

송풍기 소요동력

$$\text{소요동력} = \frac{Q \times \Delta P}{6,120 \times \eta} \times \alpha$$

여기서, Q: 송풍량[m³/min]
ΔP: 송풍기 유효정압(또는 전압)[mmH₂O]
η: 효율
α: 여유율

소요동력 = $\frac{200 \times 150}{6,120 \times 0.8} \times 1.0 = 6.13[\text{kW}]$

⚠ 가장 빠른 합격비법

송풍기 소요동력 계산 시 효율, 여유율에 대한 별도의 언급이 없으면 1.0으로 가정합니다.

45

금속을 가공하는 음압수준이 98[dB(A)]인 공정에서 NRR이 17인 귀마개를 착용했을 때의 차음효과[dB(A)]는? (단, OSHA의 차음효과 예측방법을 적용한다.)

① 2 ② 3
③ 5 ④ 7

해설

귀마개 차음효과의 예측(미국 OSHA 기준)

$$\text{차음효과} = (\text{NRR} - 7) \times 0.5$$

여기서, NRR: 차음평가지수

차음효과 = $(17 - 7) \times 0.5 = 5[\text{dB(A)}]$

정답 42 ③ 43 ② 44 ③ 45 ③

46

차음보호구인 귀마개(Ear Plug)에 대한 설명으로 가장 거리가 먼 것은?

① 차음효과는 일반적으로 귀덮개보다 우수하다.
② 외청도에 이상이 없는 경우에 사용이 가능하다.
③ 더러운 손으로 만짐으로써 외청도를 오염시킬 수 있다.
④ 귀덮개와 비교하면 제대로 착용하는데 시간은 걸리나 부피가 작아서 휴대하기가 편리하다.

해설
차음효과는 일반적으로 귀덮개보다 떨어진다.

47

작업장 내 열부하량이 5,000[kcal/h]이며, 외기온도 20[℃], 작업장 내 온도는 35[℃]이다. 이때 전체환기를 위한 필요환기량은 약 몇 [m³/min]인가? (단, 정압비열은 0.3[kcal/m³·℃]이다.)

① 18.5
② 37.1
③ 185
④ 1,111

해설
발열 시 필요환기량

$$Q = \frac{H_s}{C_p \times \Delta t}$$

여기서, Q: 필요환기량[m³/h]
H_s: 작업장 내 열부하[kcal/h]
C_p: 정압비열[kcal/m³·℃]
Δt: 실내외 온도차[℃]

$Q = \dfrac{5,000}{0.3 \times (35-20)} = 1,111.11 [\text{m}^3/\text{h}]$

$Q = \dfrac{1,111.11 \text{m}^3}{\text{h}} \times \dfrac{\text{h}}{60\text{min}} = 18.52 [\text{m}^3/\text{min}]$

48

다음 그림이 나타내는 국소배기장치의 후드 형식은?

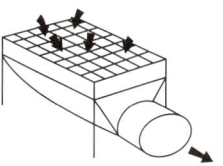

① 측방형
② 포위형
③ 하방형
④ 슬롯형

해설
외부식 후드 형식 중 하방으로 공기를 흡입하는 형식은 하방형 후드이다.

49

다음 중 방독마스크의 카트리지의 수명에 영향을 미치는 요소와 가장 거리가 먼 것은?

① 흡착제의 질과 양
② 상대습도
③ 온도
④ 분진입자의 크기

해설
방독마스크는 분진이 아니라 유해가스 및 증기를 차단하기 위한 보호구이며, 유해가스의 농도가 높을수록 카트리지의 수명이 짧아진다.

정답 46 ① 47 ① 48 ③ 49 ④

50

어떤 원형덕트에 유체가 흐르고 있다. 덕트의 직경을 1/2로 하면 직관 부분의 압력손실은 몇 배로 되는가? (단, 달시의 방정식을 적용한다.)

① 4배 ② 8배 ③ 16배 ④ 32배

해 설

압력손실(원형 덕트)

$$\Delta P = f_d \times \frac{l}{D} \times \frac{\gamma V^2}{2g}$$

여기서, ΔP: 압력손실 f_d: 덕트마찰계수
l: 덕트의 길이 D: 덕트의 직경
γ: 유체의 비중량 V: 유체의 속도
g: 중력가속도

$Q = AV = \frac{\pi}{4}D^2 \times V_1$

$D \longrightarrow \frac{1}{2}D$이므로 $Q = \frac{\pi}{16}D^2 \times V_2$

연속방정식에 의해 유체의 유량은 같아야 한다.

$\frac{\pi}{4}D^2 \times V_1 = \frac{\pi}{16}D^2 \times V_2$ $V_2 = 4V_1$

덕트의 직경만 $\frac{1}{2}$로 변하므로, V와 D를 제외한 나머지 변수는 고려하지 않는다.

$\Delta P = \frac{\Delta P_2}{\Delta P_1} = \frac{\frac{16V^2}{\frac{1}{2}D}}{\frac{V^2}{D}} = 32$배

51

안전보건규칙상 국소배기장치의 덕트 설치 기준으로 틀린 것은?

① 가능하면 길이는 짧게 하고 굴곡부의 수는 적게 할 것
② 접속부의 안쪽은 돌출된 부분이 없도록 할 것
③ 덕트 내부에 오염물질이 쌓이지 않도록 이송속도를 유지할 것
④ 연결 부위 등은 내부 공기가 들어오지 않도록 할 것

해 설

연결 부위 등은 외부 공기가 들어오지 않도록 하여야 한다.

52

산업위생보호구의 점검, 보수 및 관리방법에 관한 설명 중 틀린 것은?

① 보호구의 수는 사용하여야 할 근로자의 수 이상으로 준비한다.
② 호흡용보호구는 사용 전, 사용 후 여재의 성능을 점검하여 성능이 저하된 것은 폐기, 보수, 교환 등의 조치를 취한다.
③ 보호구의 청결 유지에 노력하고, 보관할 때에는 건조한 장소와 분진이나 가스 등에 영향을 받지 않는 일정한 장소에 보관한다.
④ 호흡용보호구나 귀마개 등은 특정 유해물질 취급이나 소음에 노출될 때 사용하는 것으로서 그 목적에 따라 반드시 공용으로 사용해야 한다.

해 설

호흡용보호구나 귀마개 등은 특정 유해물질 취급이나 소음에 노출될 때 사용하는 것으로서, 그 목적에 따라 반드시 개인용으로 사용하여야 한다.

53

국소환기시스템의 슬롯(slot) 후드에 설치된 충만실(plenum chamber)에 관한 설명 중 옳지 않은 것은?

① 후드가 크게 되면 충만실의 공기속도 손실도 고려해야 한다.
② 제어속도는 슬롯속도와는 관계가 없어 슬롯속도가 높다고 흡인력을 증가시키지는 않는다.
③ 슬롯에서의 병목현상으로 인하여 유체의 에너지가 손실된다.
④ 충만실의 목적은 슬롯의 공기유속을 결과적으로 일정하게 상승시키는 것이다.

해 설

충만실의 목적은 슬롯의 공기유속을 결과적으로 일정하게 만들기 위함이다.

가장 빠른 합격비법

충만실은 공기가 먼저 모이는 공간으로, 슬롯 전체에서 고르게 공기를 흡입하도록 도와줍니다.
충만실이 없이 바로 덕트에 연결되면, 슬롯의 덕트와 가까운 쪽만 공기가 많이 흡입되고, 먼 쪽은 흡입력이 약해집니다.

정답 50 ④ 51 ④ 52 ④ 53 ④

54

방사형 송풍기에 관한 설명과 가장 거리가 먼 것은?

① 고농도 분진함유 공기나 부식성이 강한 공기를 이송시키는 데 많이 이용된다.
② 깃이 평판으로 되어 있다.
③ 가격이 저렴하고 효율이 높다.
④ 깃의 구조가 분진을 자체 정화할 수 있도록 되어 있다.

해 설

방사형 송풍기의 효율은 65[%] 정도로, 중간 정도의 효율을 가진다.

55

호흡용 보호구 중 방독/방진마스크에 대한 설명 중 옳지 않은 것은?

① 방진마스크의 흡기저항과 배기저항은 모두 낮은 것이 좋다.
② 방진마스크의 포집효율과 흡기저항상승률은 모두 높은 것이 좋다.
③ 방독마스크는 사용 중에 조금이라도 가스냄새가 나는 경우 새로운 정화통으로 교체하여야 한다.
④ 방독마스크의 흡수제는 활성탄, 실리카겔, sodalime 등이 사용된다.

해 설

방진마스크는 포집효율이 높고 흡기저항과 흡기저항상승률은 낮아야 한다.

⚠ 가장 빠른 합격비법

흡기저항은 착용자가 방진마스크로 공기를 들이마실 때 느끼는 저항력을 말합니다. 흡기저항이 클수록 호흡에 더 많은 에너지가 소모되므로 피로감, 호흡곤란의 증상이 나타날 수 있습니다.

56

국소배기시설에서 장치 배치 순서로 가장 적절한 것은?

① 송풍기 → 공기정화기 → 후드 → 덕트 → 배출구
② 공기정화기 → 후드 → 송풍기 → 덕트 → 배출구
③ 후드 → 덕트 → 공기정화기 → 송풍기 → 배출구
④ 후드 → 송풍기 → 공기정화기 → 덕트 → 배출구

해 설

국소배기시설의 구성
후드(Hood) → 덕트(Duct) → 공기정화기(Air cleaner equipment) → 송풍기(Fan) → 배출구

⚠ 가장 빠른 합격비법

송풍기 보호, 송풍기 성능 유지, 배출가스 기준 준수 등을 위해 송풍기 이전에 공기정화기를 설치합니다.

57

전기집진장치에 대한 설명 중 틀린 것은?

① 초기 설치비가 많이 든다.
② 운전 및 유지비가 비싸다.
③ 가연성 입자의 처리가 곤란하다.
④ 고온가스를 처리할 수 있어 보일러와 철강로 등에 설치할 수 있다.

해 설

전기집진장치

장점	단점
• 운영비용이 저렴함	• 초기 설치비용이 큼
• 미세입자에 대한 집진효율이 높음	• 가스상 오염물질 제거 불가능
• 낮은 압력손실로 대량가스 처리 가능	• 운전조건 변화에 대한 유연성 낮음
• 광범위한 온도범위 설계가능	• 설치면적이 큼
• 건식 및 습식으로 집진 가능	• 저항이 너무 크거나 너무 작은 분진에는 적용하기 어려움

정답 54 ③ 55 ② 56 ③ 57 ②

58

송풍기에 관한 설명으로 옳은 것은?

① 풍량은 송풍기의 회전수에 비례한다.
② 동력은 송풍기의 회전수의 제곱에 비례한다.
③ 풍력은 송풍기의 회전수의 세제곱에 비례한다.
④ 풍압은 송풍기의 회전수의 세제곱에 비례한다.

오답해설

② 동력은 회전수의 세제곱에 비례한다.
③ 풍력에 관한 상사법칙은 없다.
④ 풍압은 회전수의 제곱에 비례한다.

59

내경 15[mm] 관에 40[m/min]의 속도로 비압축성 유체가 흐르고 있다. 같은 조건에서 내경이 10[mm]로 변화하였다면, 유속은 약 몇 [m/min]인가? (단, 관 내 유체의 유량은 같다.)

① 90
② 120
③ 160
④ 210

해 설

연속방정식

$$Q = A \times V$$

여기서, Q: 유량[m³/s]
A: 단면적[m²]
V: 공기의 평균속도[m/s]

$Q_1 = A_1 \times V_1$
$= \dfrac{\pi \times 0.015^2}{4} \times 40$
$= 0.007[\text{m}^3/\text{min}]$

$Q_1 = A_2 \times V_2$

$V_2 = \dfrac{Q_1}{A_2} = \dfrac{0.007}{\dfrac{\pi \times 0.01^2}{4}}$

$= 89.13[\text{m/min}]$

60

정압이 3.5[cmH₂O]인 송풍기의 회전속도를 180[rpm]에서 360[rpm]으로 증가시켰다면, 송풍기의 정압은 약 몇 [cmH₂O]인가? (단, 기타 조건은 같다고 가정한다.)

① 16
② 14
③ 12
④ 10

해 설

상사법칙(풍압 – 회전수)

$$\dfrac{P_2}{P_1} = \left(\dfrac{N_2}{N_1}\right)^2$$

여기서, P_1, P_2: 변경 전, 변경 후 풍압
N_1, N_2: 변경 전, 변경 후 회전수

$P_2 = P_1 \times \left(\dfrac{N_2}{N_1}\right)^2 = 3.5 \times \left(\dfrac{360}{180}\right)^2 = 14[\text{cmH}_2\text{O}]$

4과목 　　물리적유해인자관리

61

진동이 인체에 미치는 영향에 관한 설명으로 옳지 않은 것은?

① 맥박수가 증가한다.
② 1~3[Hz]에서 호흡이 힘들고 산소소비가 증가한다.
③ 1~3[Hz]에서 허리, 가슴 및 등 쪽에 감각적으로 가장 심한 통증을 느낀다.
④ 신체의 공진현상은 앉아 있을 때가 서 있을 때보다 심하게 나타난다.

해 설

가슴, 등에 심한 통증을 느끼는 진동수는 6[Hz]이다.

정답 58 ① 59 ① 60 ② 61 ③

62

다음 중 음향파워레벨(PWL)을 나타내는 [dB]의 계산식으로 옳은 것은? (단, W_o: 기준 음력, W: 발생 음력)

① $dB = 10 \log \dfrac{W}{W_o}$

② $dB = 20 \log \dfrac{W}{W_o}$

③ $dB = 10 \log \dfrac{W_o}{W}$

④ $dB = 20 \log \dfrac{W_o}{W}$

해설

음력수준(PWL)

$$PWL = 10 \log \dfrac{W}{W_o}$$

여기서, PWL: 음력수준(음향파워레벨)[dB]
W: 측정음력[W]
W_o: 기준음력(10^{-12}[W])

63

실효음압이 2×10^{-3}[N/m²]인 음의 음압수준은 몇 [dB]인가?

① 40 ② 50
③ 60 ④ 70

해설

음압수준(음압레벨)

$$SPL = 20 \log \dfrac{P}{P_o}$$

여기서, SPL: 음압수준[dB]
P: 음압[N/m²]
P_o: 기준음압(2×10^{-5}[N/m²])

$SPL = 20 \log \dfrac{2 \times 10^{-3}}{2 \times 10^{-5}} = 40$[dB]

64

1[fc](foot candle)은 약 몇 럭스(lux)인가?

① 3.9 ② 8.9
③ 10.8 ④ 13.4

해설

1[fc] = 10.8[lx]

65

난청에 관한 설명으로 옳지 않은 것은?

① 일시적 난청은 청력의 일시적인 피로현상이다.
② 영구적 난청은 노인성 난청과 같은 현상이다.
③ 일반적으로 초기청력 손실을 C_5-dip 현상이라 한다.
④ 소음성 난청은 내이의 세포변성을 원인으로 볼 수 있다.

해설

영구적 난청은 강렬한 소음이나 지속적인 소음 노출에 의해 코르티 기관의 섬모세포 손상으로 발생되고 노인성 난청은 퇴행성 질환이다.

66

다음 중 피부에 강한 특이적 홍반작용과 색소침착, 피부암 발생 등의 장해를 모두 일으키는 것은?

① 가시광선 ② 적외선
③ 마이크로파 ④ 자외선

해설

피부에 강한 특이적 홍반작용과 색소침착, 피부암 발생 등의 장해를 모두 일으키는 것은 자외선이다.

정답 62 ① 63 ① 64 ③ 65 ② 66 ④

67

인체와 환경 간의 열교환에 관여하는 온열조건 인자로 볼 수 없는 것은?

① 대류
② 증발
③ 복사
④ 기압

해설

열평형방정식

$$\Delta S = M \pm C \pm R - E$$

여기서, ΔS: 생체 열용량의 변화
M: 작업대사량
C: 대류에 의한 열득실
R: 복사에 의한 열득실
E: 증발에 의한 열방산

기압은 열교환에 관여하는 인자로 보기 어렵다.

68

인간 생체에서 이온화시키는 데 필요한 최소에너지를 기준으로 전리방사선과 비전리방사선을 구분한다. 전리방사선과 비전리방사선을 구분하는 에너지의 강도는 약 얼마인가?

① 7[eV]
② 12[eV]
③ 17[eV]
④ 22[eV]

해설

광자에너지가 12[eV] 이상이면 전리방사선으로 분류한다.

69

한랭 환경에서 인체의 일차적 생리적 반응으로 볼 수 없는 것은?

① 피부혈관의 팽창
② 체표면적의 감소
③ 화학적 대사작용의 증가
④ 근육긴장의 증가와 떨림

해설

한랭 환경에서는 피부혈관이 수축된다.

70

자연조명에 관한 설명으로 옳은 것은?

① 창의 면적은 바닥면적의 15~20[%] 정도가 이상적이다.
② 입사각은 4~5°가 좋으며, 입사각이 클수록 실내는 밝다.
③ 밝은 조명을 요구하는 작업실은 북향이 좋다.
④ 어두운 조명을 요구하는 작업실은 남향이 좋다.

오답해설

② 입사각은 28° 이상이 좋으며, 입사각이 클수록 실내는 밝다.
③ 밝은 조명을 요구하는 작업실은 남향이 좋다.
④ 어두운 조명을 요구하는 작업실은 북향이 좋다.

71

다음 중 진동에 의한 장해를 최소화시키는 방법과 거리가 먼 것은?

① 진동의 발생원을 격리시킨다.
② 진동의 노출시간을 최소화시킨다.
③ 훈련을 통하여 신체의 적응력을 향상시킨다.
④ 진동을 최소화하기 위하여 공학적으로 설계 및 관리한다.

해설

훈련으로 신체의 적응력을 향상시킨다고 하여 진동에 의한 장해를 방지할 수 없다.

정답 67 ④ 68 ② 69 ① 70 ① 71 ③

72

작업자 A의 4시간 작업 중 소음노출량이 76[%]일 때, 측정시간에 있어서 평균치는 약 몇 [dB(A)]인가?

① 88
② 93
③ 98
④ 103

해설

측정시간에 따른 소음평균치

$$SPL = 90 + 16.61 \log \frac{D}{12.5t}$$

여기서, SPL: 측정시간에 따른 소음평균치[dB]
D: 소음노출량계로 측정한 노출량[%]
t: 측정시간[hr]

$$SPL = 90 + 16.61 \log \frac{76}{12.5 \times 4}$$
$$= 93.02 [dB(A)]$$

73

소음의 흡음평가 시 적용되는 반향시간(Reverberation Time)에 관한 설명으로 맞는 것은?

① 반향시간은 실내공간의 크기에 비례한다.
② 실내흡음량을 증가시키면 반향시간도 증가한다.
③ 반향시간은 음압수준이 30[dB] 감소하는 데 소요되는 시간이다.
④ 반향시간을 측정하려면 실내 배경소음이 90[dB] 이상 되어야 한다.

오답해설

② 실내흡음량을 증가시키면 반향시간(잔향시간)은 감소한다.
③ 반향시간은 음원을 끈 순간부터 음압수준이 60[dB] 감소하는 데 소요되는 시간이다.
④ 잔향시간을 측정하려면 실내 배경소음이 측정소음보다 15[dB] 이상 낮아야 한다.

74

다음 중 감압과정에서 감압속도가 너무 빨라서 나타나는 종격기종, 기흉의 원인이 되는 것은?

① 질소
② 이산화탄소
③ 산소
④ 일산화탄소

해설

감압과정에서 감압속도가 너무 빠르면 혈액과 조직에 질소기포가 형성되어 종격기종, 기흉의 원인이 된다.

가장 빠른 합격비법

- 종격기종: 종격동(가슴의 중앙부)에 공기가 존재하는 상태입니다.
- 기흉: 폐에 생긴 구멍으로 공기가 새면서 늑막강 안에 공기가 차는 질환입니다.

75

빛 또는 밝기와 관련된 단위가 아닌 것은?

① weber
② candela
③ lumen
④ foot lambert

해설

weber는 자속을 나타내는 단위이다.

76

일반적인 작업장의 인공조명 시 고려사항으로 적절하지 않은 것은?

① 조명도를 균등히 유지할 것
② 경제적이며 취급이 용이할 것
③ 가급적 직접조명이 되도록 설치할 것
④ 폭발성 또는 발화성이 없으며 유해가스를 발생하지 않을 것

해설

작업장의 인공조명은 가급적 간접조명이 되도록 설치하여야 한다.

정답 72 ② 73 ① 74 ① 75 ① 76 ③

77

6[N/m²]의 음압은 약 몇 [dB]의 음압수준인가?

① 90
② 100
③ 110
④ 120

해설

음압수준

$$SPL = 20\log\frac{P}{P_o}$$

여기서, SPL: 음압수준[dB]
  P: 음압[N/m²]
  P_o: 기준음압(2×10^{-5}[N/m²])

$SPL = 20\log\dfrac{6}{2 \times 10^{-5}} = 109.54$[dB]

78

지적환경(optimum working environment)을 평가하는 방법이 아닌 것은?

① 생산적(productive) 방법
② 생리적(physiological) 방법
③ 정신적(psychological) 방법
④ 생물역학적(biomechanical) 방법

해설

생물역학적 방법은 지적환경의 평가방법으로 거리가 멀다.

관련개념

지적환경 평가방법
- 생산적 방법
- 생리적 방법
- 정신적 방법

79

진동에 의한 작업자의 건강장해를 예방하기 위한 대책으로 옳지 않은 것은?

① 공구의 손잡이를 세게 잡지 않는다.
② 가능한 한 무거운 공구를 사용하여 진동을 최소화한다.
③ 진동공구를 사용하는 작업시간을 단축시킨다.
④ 진동공구와 손 사이 공간에 방진재료를 채워 놓는다.

해설

진동공구는 10[kg] 이상 초과하지 않도록 한다.

80

진동 작업장의 환경관리 대책이나 근로자의 건강보호를 위한 조치로 옳지 않은 것은?

① 발진원과 작업자의 거리를 가능한 한 멀리한다.
② 작업자의 체온을 낮게 유지시키는 것이 바람직하다.
③ 절연패드의 재질로는 코르크, 펠트(felt), 유리섬유 등을 사용한다.
④ 진동공구의 무게는 10[kg]을 넘지 않게 하며 방진장갑 사용을 권장한다.

해설

작업자의 체온을 따뜻하게 유지시키는 것이 바람직하다.

가장 빠른 합격비법

진동은 말초 부위의 혈액 순환을 방해하는데, 체온을 따뜻하게 유지하면 혈관 수축을 억제하여 혈액 순환 장애를 완화할 수 있습니다.

정답 77 ③ 78 ④ 79 ② 80 ②

5과목 산업독성학

81
화학적 질식제에 대한 설명으로 맞는 것은?

① 뇌순환 혈관에 존재하면서 농도에 비례하여 중추신경 작용을 억제한다.
② 피부와 점막에 작용하여 부식작용을 하거나 수포를 형성하는 물질로, 고농도 하에서 호흡이 정지되고 구강 내 치아산식증 등을 유발한다.
③ 공기 중에 다량 존재하여 산소분압을 저하시켜 조직세포에 필요한 산소를 공급하지 못하게 하여 산소부족 현상을 발생시킨다.
④ 혈액 중에서 혈색소와 결합한 후에 혈액의 산소운반능력을 방해하거나, 또는 조직세포에 있는 철 산화효소를 불활성화시켜 세포의 산소수용능력을 상실시킨다.

해설
화학적 질식제는 혈색소의 산소운반능력을 억제하여 빈혈성 저산소증을 유발하거나, 산화작용에 관여하는 효소작용을 저해하여 조직의 산소이용능력을 떨어트리는 물질이다.

82
유해화학물질의 노출기준으로 정하고 있는 기관과 노출기준 명칭의 연결이 옳은 것은?

① OSHA − REL
② AIHA − MAC
③ ACGIH − TLV
④ NIOSH − PEL

오답해설
① OSHA(미국산업안전보건청): PEL
② AIHA(미국산업위생학회): WEEL
④ NIOSH(국립산업안전보건연구원): REL

83
다음 중 만성중독 시 코, 폐, 위장의 점막에 병변을 일으키며, 장기간 흡입하는 경우 원발성 기관지암과 폐암이 발생하는 것으로 알려진 대표적인 물질은?

① 클로로포름($CHCl_3$)
② 벤젠(C_6H_6)
③ 크롬(Cr)
④ 톨루엔($C_6H_5CH_3$)

해설
크롬에 만성중독 시 비중격천공, 크롬폐증 등의 호흡기장애 및 기관지암, 폐암 등의 암을 유발한다.

84
중금속 노출에 의하여 나타나는 금속열은 흄 형태의 금속을 흡입하여 발생되는데, 감기증상과 매우 비슷하여 오한, 구토감, 기침, 전신위약감 등의 증상이 있으며 월요일 출근 후에 심해져서 월요일열(monday fever)이라고도 한다. 다음 중 금속열을 일으키는 물질이 아닌 것은?

① 납
② 카드뮴
③ 안티몬
④ 산화아연

해설
납은 금속열을 유발하는 주요 원인이 아니다.

정답 81 ④ 82 ③ 83 ③ 84 ①

85

근로자의 유해물질 노출 및 흡수 정도를 종합적으로 평가하기 위하여 생물학적 측정이 필요하다. 또한 유해물질 배출 및 축적 속도에 따라 시료채취시기를 적절히 정해야 하는데, 시료채취시기에 제한을 가장 작게 받는 것은?

① 요 중 납
② 호기 중 벤젠
③ 요 중 총 페놀
④ 혈 중 총 무기수은

해설
납 등 중금속은 반감기가 길어서 시료채취시간이 중요하지 않다.

86

대상 먼지와 침강속도가 같고, 밀도가 1이며 구형인 먼지의 직경으로 환산하여 표현하는 입자상 물질의 직경을 무엇이라 하는가?

① 입체적 직경
② 등면적 직경
③ 기하학적 직경
④ 공기역학적 직경

해설
대상 먼지와 침강속도가 같고, 밀도가 1이며 구형인 먼지의 직경으로 환산한 직경을 공기역학적 직경이라고 한다.

87

방향족 탄화수소 중 만성노출에 의한 조혈장해를 유발시키는 것은?

① 벤젠
② 톨루엔
③ 클로로포름
④ 나프탈렌

해설
방향족 탄화수소 중 만성노출에 의한 조혈장해를 유발시키는 것은 벤젠이다.

88

산업안전보건법령상 사람에게 충분한 발암성 증거가 있는 유해물질에 해당하지 않는 것은?

① 석면(모든 형태)
② 크롬광 가공(크롬산)
③ 알루미늄(용접 흄)
④ 황화니켈(흄 및 분진)

해설

1A	정의	사람에게 충분한 발암성 증거가 있는 물질
	예시	황화니켈(흄 및 분진), 석면(모든 형태), 트리클로로에틸렌, 클로로에틸렌, 크롬광 가공(크롬산), 카드뮴 및 그 화합물, 액화석유가스 등

정답 85 ① 86 ④ 87 ① 88 ③

89

증상으로는 무력증, 식욕감퇴, 보행장해 등의 증상을 나타내며, 계속적인 노출시에는 파킨슨씨 증상을 초래하는 유해물질은?

① 망간
② 카드뮴
③ 산화칼륨
④ 산화마그네슘

해설

망간 중독
- 파킨슨증후군을 유발한다.
- 이산화망간 흄에 급성 폭로될 시 금속열(열, 오한, 호흡곤란 등)이 발생한다.
- 언어장해, 균형감각 상실 등의 증상이 발생한다.

⚠ **가장 빠른 합격비법**
망간의 키워드는 파킨슨증후군, 보행장애입니다.

90

유해물질과 생물학적 노출지표와의 연결이 잘못된 것은?

① 벤젠 − 소변 중 페놀
② 크실렌 − 소변 중 카테콜
③ 스티렌 − 소변 중 만델린산
④ 퍼클로로에틸렌 − 소변 중 삼염화초산

해설

크실렌의 생물학적 노출지표는 소변 중 메틸마뇨산이다.

91

페니실린을 비롯한 약품을 정제하기 위한 추출제 혹은 냉동제 및 합성수지에 이용되는 물질로 가장 적절한 것은?

① 벤젠
② 클로로포름
③ 브롬화메틸
④ 헥사클로로나프탈렌

해설

클로로포름은 페니실린을 비롯한 약품을 정제하기 위한 추출제 혹은 냉동제 및 합성수지에 이용된다.

92

다음 중 유해물질의 흡수에서 배설까지의 과정에 대한 설명으로 옳지 않은 것은?

① 흡수된 유해물질은 원래의 형태든, 대사산물의 형태든 배설되기 위하여 수용성으로 대사된다.
② 흡수된 유해화학물질은 다양한 비특이적 효소에 의한 유해물질의 대사로 수용성이 증가되어 체외로의 배출이 용이하게 된다.
③ 간은 화학물질을 대사시키고 콩팥과 함께 배설시키는 기능을 담당하여, 다른 장기보다도 여러 유해물질의 농도가 낮다.
④ 유해물질은 조직에 분포되기 전에 먼저 몇 개의 막을 통과하여야 하며, 흡수속도는 유해물질의 물리화학적 성상과 막의 특성에 따라 결정된다.

해설

간은 화학물질을 대사시키기 때문에 다른 장기보다도 여러 유해물질의 농도가 높다.

정답 89 ① 90 ② 91 ② 92 ③

93

할로겐화 탄화수소에 속하는 삼염화에틸렌(Trichloroethylene)은 호흡기를 통하여 흡수된다. 삼염화에틸렌의 대사 산물은?

① 삼염화초산
② 메틸마뇨산
③ 사염화에틸렌
④ 페놀

해 설

삼염화에틸렌(트리클로로에틸렌)의 생물학적 노출지표는 요 중 삼염화초산이다.

94

크롬화합물 중독에 대한 설명으로 옳지 않은 것은?

① 크롬중독은 뇨 중의 크롬양을 검사하여 진단한다.
② 크롬 만성중독의 특징은 코, 폐 및 위장에 병변을 일으킨다.
③ 중독치료는 배설촉진제인 Ca-EDTA를 투약하여야 한다.
④ 정상인보다 크롬취급자는 폐암으로 인한 사망률이 약 13~31배나 높다고 보고된 바 있다.

해 설

크롬 중독에 BAL, Ca-EDTA는 효과가 없다.

95

피부독성 반응의 설명으로 옳지 않은 것은?

① 가장 빈번한 피부반응은 접촉성 피부염이다.
② 알레르기성 접촉피부염은 면역반응과 관계가 없다.
③ 광독성 반응은 홍반·부종·착색을 동반하기도 한다.
④ 담마진 반응은 접촉 후 보통 30~60분 후에 발생한다.

해 설

알레르기성 접촉피부염은 면역반응으로 인하여 발생한다.

96

독성물질의 생체과정인 흡수, 분포, 생전환, 배설 등에 변화를 일으켜 독성이 낮아지는 길항작용(antagonism)은?

① 화학적 길항작용
② 기능적 길항작용
③ 배분적 길항작용
④ 수용체 길항작용

해 설

배분적 길항작용은 독성물질의 생체과정인 흡수, 분포, 생전환, 배설 등에 변화를 일으켜 독성이 낮아지는 작용이다.

정답 93 ① 94 ③ 95 ② 96 ③

97
중금속의 노출 및 독성기전에 대한 설명으로 옳지 않은 것은?

① 작업환경 중 작업자가 흡입하는 금속형태는 흄과 먼지 형태이다.
② 대부분의 금속이 배설되는 가장 중요한 경로는 신장이다.
③ 크롬은 6가크롬보다 3가크롬이 체내 흡수가 많이 된다.
④ 납에 노출될 수 있는 업종은 축전지 제조, 합금업체, 전자산업 등이다.

해설
크롬은 3가크롬보다 6가크롬이 체내 흡수가 많이 된다.

98
적혈구의 산소운반 단백질을 무엇이라 하는가?

① 백혈구　　② 단구
③ 혈소판　　④ 헤모글로빈

해설
적혈구의 산소운반 단백질은 헤모글로빈이다.

99
2000년대 외국인 근로자에게 다발성말초신경병증을 집단으로 유발한 노말헥산(n-hexane)은 체내 대사과정을 거쳐 어떤 물질로 배설되는가?

① 2-hexanone
② 2,5-hexanedione
③ hexachlorophene
④ hexachloroethane

해설
노말헥산은 체내 대사과정을 거쳐 2,5-hexanedione으로 배설된다.

가장 빠른 합격비법
2,5-헥산디온(2,5-hexanedione)은 노말헥산의 최종 대사산물입니다. 신경독성이 강하며, 소변으로 배설되어 노말헥산의 생물학적 노출지표로 사용합니다.

100
산업안전보건법령상 기타 분진의 산화규소 결정체 함유율과 노출기준으로 옳은 것은?

① 함유율: 0.1[%] 이상, 노출기준: 5[mg/m^3]
② 함유율: 0.1[%] 이하, 노출기준: 10[mg/m^3]
③ 함유율: 1[%] 이상, 노출기준: 5[mg/m^3]
④ 함유율: 1[%] 이하, 노출기준: 10[mg/m^3]

해설
화학물질의 노출기준
산화규소 결정체 1[%] 이하: 10[mg/m^3]

정답 97 ③　98 ④　99 ②　100 ④

2024년 제1회 CBT 복원문제

| 1과목 | 산업위생학개론 |

01
산업피로의 발생요인 중 작업부하와 관련이 가장 적은 것은?

① 작업강도
② 적응조건
③ 작업자세
④ 조작방법

해설
적응조건은 직접적인 작업부하의 구성요소가 아니다.

02
다음 중 노동의 적응과 장애에 대한 설명으로 틀린 것은?

① 작업에 따라 신체형태와 기능에 국소적인 변화가 일어나는 경우를 직업성 변이라고 한다.
② 외부의 환경변화와 신체활동이 반복되거나 오래 계속되어 조절기능이 숙련된 상태를 순화라고 한다.
③ 환경에 대한 인체 적응에는 한도가 있으며 이러한 한도를 허용기준 또는 노출기준이라 한다.
④ 인체에 어떤 자극이건 간에 체내 호르몬계를 중심으로 한 특유의 반응이 일어나는 것을 적응증상군이라고 하며, 이러한 상태를 스트레스라고 한다.

해설
허용기준 및 노출기준은 법적, 행정적 안전기준으로, 인체가 견딜 수 있는 최대치를 의미하지는 않는다.

03
다음 중 근골격계질환의 발생에 관한 설명으로 틀린 것은?

① 무거운 물건을 들어 올리거나 밀고 당기고 운반하는 작업에서 많이 발생한다.
② 장시간 부자연스러운 작업자세로 작업하는 경우 많이 발생한다.
③ 손목 등을 반복적으로 무리하게 사용하는 작업에서 많이 발생한다.
④ 진동이 적고 고온의 작업조건에서 많이 발생한다.

해설
근골격계질환은 진동이 심하고 저온인 작업조건에서 많이 발생한다.

04
주로 여름과 초가을에 흔히 발생되고 강제기류 난방장치, 가습장치, 저수조 온수장치 등 공기를 순환시키는 장치들과 냉각탑 등에 기생하며 실내외로 확산되어 호흡기 질환을 유발시키는 세균은?

① 나이세리아균
② 바실러스균
③ 푸른곰팡이
④ 레지오넬라균

오답해설
레지오넬라균은 온수탱크, 냉각탑, 가습기 등 습한 곳에서 증식하며 주로 수온이 올라가는 여름과 가을 사이에 번식이 활발하다.
레지오넬라균에 감염되면 전형적인 폐렴 양상을 보인다.

정답 01 ② 02 ③ 03 ④ 04 ④

05

다음 중 작업강도를 분류하는 2가지 척도로 가장 적절한 것은?

① 삼박동률과 심전도
② 실동률과 총 에너지소비량
③ 계속작업의 한계시간과 실동률
④ 총 에너지소비량과 심박동률

해설

작업강도를 분류하는 2가지 척도는 총 에너지소비량과 심박동률이다.

06

다음 중 근로자 건강진단 실시 결과 건강관리 구분에 따른 내용의 연결이 틀린 것은?

① C1: 직업성 질병으로 진전될 우려가 있어 추적검사 등 관찰이 필요한 근로자
② D1: 직업성 질병의 소견을 보여 사후관리가 필요한 근로자
③ D2: 일반질병의 소견을 보여 사후관리가 필요한 근로자
④ R: 건강관리상 사후관리가 필요 없는 근로자

해설

R은 건강진단 1차 검사결과 건강수준의 평가가 곤란하거나 질병이 의심되는 근로자(제2차 건강진단 대상자)이고, 건강관리상 사후관리가 필요 없는 근로자(건강한 근로자)는 A이다.

07

다음 중 누적외상성질환의 발생과 가장 관련이 적은 것은?

① 진동이 수반되는 곳에서 조립작업
② 나무망치를 이용한 간헐적인 분해작업
③ 동일한 연속동작의 운반작업
④ 18[℃] 이하의 하역작업

해설

보통 일시적이거나 간헐적인 작업은 누적외상성질환의 원인으로 보기 힘들다.

08

다음 중 가스상 물질의 측정을 위한 수동식 시료채취에 관한 설명으로 옳지 않은 것은?

① 오염물질의 확산, 투과를 이용하므로 농도구배의 영향을 받지 않는다.
② 수동식 시료채취기는 능동식에 비해 시료채취속도가 느리다.
③ 산업위생전문가의 입장에서는 펌프의 보정이나 충전에 드는 시간과 노동력을 절약할 수 있다.
④ 수동식 시료채취의 원리는 Fick's의 확산 제1법칙으로 나타낼 수 있다.

해설

수동식 시료채취는 오염물질의 확산, 투과를 이용하므로 농도구배의 영향을 받는다.

정답 05 ④ 06 ④ 07 ② 08 ①

09

흡착을 위해 사용하는 활성탄관의 흡착 양상에 대한 설명으로 옳지 않은 것은?

① 메탄, 일산화탄소와 같은 가스는 흡착이 되지 않는다.
② 끓는점이 낮은 암모니아 증기는 흡착속도가 높지 않다.
③ 유기용제 증기, 수은 증기와 같이 상대적으로 무거운 증기는 흡착이 용이하다.
④ 끓는점이 높은 에틸렌, 포름알데히드 증기는 흡착속도가 높다.

해설

에틸렌(끓는점: $-104[℃]$)과 포름알데히드(끓는점: $-19[℃]$)는 끓는점이 낮은 편이므로 반데르발스 힘이 약하여 흡착속도가 빠르지 않다.

가장 빠른 합격비법

반데르발스(Van der Waals) 힘이란 전기적 상호작용이 아닌 분자 간에 작용하는 인력 또는 척력을 말합니다.
활성탄관에 의한 흡착은 주로 반데르발스 힘에 의하여 발생합니다.

10

흡착제 중 다공성 중합체에 관한 설명으로 옳지 않은 것은?

① 활성탄보다 흡착용량이 크며 반응성도 높다.
② 활성탄보다 비표면적이 작다.
③ 특별한 물질에 대한 선택성이 좋다.
④ Tenax GC는 열안정성이 높아 열탈착에 의한 분석이 가능하다.

해설

다공성 중합체는 활성탄보다 비표면적, 흡착용량, 반응성이 작지만 특수한 물질의 채취에 용이하다.

11

압전결정판이 일정한 주파수로 진동할 때 먼지로 인해 결정판의 질량이 달라지면 그 변화량에 비례하여 진동주파수가 달라지게 되는데 이러한 현상을 이용한 직독식 먼지측정기는?

① 전기장을 이용한 계측기
② β선 흡수를 이용한 계측기
③ Tyndall 보정식 측정기
④ Piezo-electric 저울식 측정기

오답해설

Piezo-electric 저울식 측정기
먼지의 부착, 탈락 여부에 의하여 결정판의 진동수 변화를 이용한 먼지측정기이다.

12

산업안전보건법령상 유해위험방지계획서의 제출 대상이 되는 사업이 아닌 것은? (단, 모두 전기 계약용량이 300 킬로와트 이상이다.)

① 항만운송사업
② 반도체 제조업
③ 식료품 제조업
④ 전자부품 제조업

해설

항만운송사업은 유해위험방지계획서 제출 대상이 아니다.

관련개념

유해위험방지계획서 제출 대상
- 금속가공제품 제조업: 기계 및 가구 제외
- 비금속 광물제품 제조업
- 기타 기계 및 장비 제조업
- 자동차 및 트레일러 제조업
- 식료품 제조업
- 고무제품 및 플라스틱제품 제조업
- 목재 및 나무제품 제조업
- 기타 제품 제조업
- 1차 금속 제조업
- 가구 제조업
- 화학물질 및 화학제품 제조업
- 반도체 제조업
- 전자부품 제조업

정답 09 ④ 10 ① 11 ④ 12 ①

13

피로의 예방대책으로 적절하지 않은 것은?

① 충분한 수면을 갖는다.
② 작업환경을 정리, 정돈한다.
③ 정적인 자세를 유지하는 작업을 동적인 작업으로 전환하도록 한다.
④ 작업과정 사이에 여러 번 나누어 휴식하는 것보다 장시간의 휴식을 취한다.

해설

휴식시간을 여러 번으로 나누는 것이 장시간 휴식하는 것보다 효과적이다.

14

젊은 근로자의 약한 손(오른손잡이일 경우 왼손)의 힘이 평균 45[kp]일 경우 이 근로자가 무게 10[kg]인 상자를 두 손으로 들어 올릴 경우의 작업강도[%MS]는 약 얼마인가?

① 1.1
② 8.5
③ 11.1
④ 21.1

해설

작업강도(%MS)

$$\%MS = \frac{RF}{MS} \times 100$$

여기서, %MS: 작업강도[%]
RF: 작업이 요구하는 힘[kgf]
MS: 근로자가 가지고 있는 최대힘[kgf]

$$\%MS = \frac{10 \times \frac{1}{2}}{45} \times 100 = 11.11[\%]$$

15

온도 25[℃], 1기압 하에서 분당 100[mL]씩 60분 동안 채취한 공기 중에서 벤젠이 3[mg] 검출되었다면 이때 검출된 벤젠은 약 몇 [ppm]인가? (단, 벤젠의 분자량은 78이다.)

① 11
② 15.7
③ 111
④ 157

해설

$$벤젠의 농도 = \frac{3mg}{\frac{100 \times 10^{-6} m^3}{min} \times 60min} = 500[mg/m^3]$$

$$\frac{mg}{m^3} = \frac{ppm \times 분자량}{24.45} (25[℃], 1기압 기준)$$

$$ppm = \frac{24.45 \times 500}{78} = 156.73[ppm]$$

16

작업대사율이 3인 강한 작업을 하는 근로자의 실동률[%]은?

① 50
② 60
③ 70
④ 80

해설

실동률(사이또-오시마 공식)

$$실동률 = 85 - (5 \times RMR)$$

여기서, RMR: 작업대사율

실동률 = $85 - (5 \times 3) = 70[\%]$

정답 13 ④ 14 ③ 15 ④ 16 ③

17

사무실 공기관리 지침 상 오염물질과 관리기준이 잘못 연결된 것은? (단, 관리기준은 8시간 시간가중평균농도이며, 고용노동부 고시를 따른다.)

① 총부유세균 − 800[CFU/m^3]
② 일산화탄소(CO) − 10[ppm]
③ 초미세먼지(PM2.5) − 50[$\mu g/m^3$]
④ 포름알데히드(HCHO) − 150[$\mu g/m^3$]

해설

포름알데히드(HCHO) − 100[$\mu g/m^3$]

18

심한 노동 후의 피로 현상으로 단기간의 휴식에 의해 회복될 수 없는 병적상태를 무엇이라 하는가?

① 곤비　　　　　　② 과로
③ 전신피로　　　　④ 국소피로

해설

피로의 3단계

보통피로	하룻밤 이후 완전 회복 가능
과로	다음날까지 피로 지속 및 단기간 휴식으로 회복 가능한 단계(발병 아님)
곤비	과로 축적으로 단기간 안에 회복 불가능(병적인 상태)

19

현재 총 흡음량이 1,200[sabins]인 작업장의 천장에 흡음 물질을 첨가하여 2,400[sabins]를 추가할 경우 예측되는 소음감음량(NR)은 약 몇 [dB]인가?

① 2.6　　　　② 3.5
③ 4.8　　　　④ 5.2

해설

소음감소량(감음량, NR)

$$NR = 10\log\frac{A_2}{A_1}$$

여기서, NR : 소음감소량[dB]
　　　A_1 : 흡음물질을 처리하기 전의 총 흡음량[sabins]
　　　A_2 : 흡음물질을 처리한 후의 총 흡음량[sabins]

$$NR = 10\log\frac{1,200+2,400}{1,200} = 4.8[dB]$$

20

OSHA가 의미하는 기관의 명칭으로 맞는 것은?

① 세계보건기구　　　② 영국보건안전부
③ 미국산업위생협회　④ 미국산업안전보건청

해설

OSHA는 Occupational Safety and Health Administration의 약자로, 미국산업안전보건청이다.

정답 17 ④　18 ①　19 ③　20 ④

2과목 작업위생측정 및 평가

21

작업장 내 다습한 공기에 포함된 비극성 유기증기를 채취하기 위해 이용할 수 있는 흡착제의 종류로 가장 적절한 것은?

① 활성탄(Activated Charcoal)
② 실리카겔(Silica Gel)
③ 분자체(Molecular Sieve)
④ 알루미나(Alumina)

해설
활성탄은 비극성물질이므로 주로 비극성 유기용제 포집에 사용된다.

22

고열장해와 가장 거리가 먼 것은?

① 열사병
② 열경련
③ 열호족
④ 열발진

해설
① 열사병: 발한에 의한 체열방출 장해로 체내에 축적된 열이 원인이다.
② 열경련: 고온에서 심한 육체적 노동을 할 경우 발생하며, 지나친 발한에 의한 탈수와 염분 손실로 혈액이 농축되는 것이 원인이다.
④ 열발진: 고온다습한 환경에 장시간 폭로 시 땀구멍이 막혀 염증이 발생하는 것이 원인이다.

23

유량, 측정시간, 회수율 및 분석에 의한 오차가 각각 18[%], 3[%], 9[%], 5[%]일 때, 누적오차는 약 몇 [%]인가?

① 18
② 21
③ 24
④ 29

해설
누적오차(E_c)

$$E_c = \sqrt{E_1^2 + E_2^2 + \cdots + E_n^2}$$

여기서, E_c: 누적오차
E_n: 각 요소별 오차

$E_c = \sqrt{18^2 + 3^2 + 9^2 + 5^2} = 20.95[\%]$

24

어느 작업환경에서 발생되는 소음원 1개의 음압수준이 92[dB]이라면, 이와 동일한 소음원이 8개일 때의 전체음압수준은?

① 101[dB]
② 103[dB]
③ 105[dB]
④ 107[dB]

해설
합산 소음

$$L_{합} = 10\log\left(10^{\frac{SPL_1}{10}} + 10^{\frac{SPL_2}{10}} + \cdots + 10^{\frac{SPL_n}{10}}\right)$$

여기서, $L_{합}$: 합산 소음[dB]
SPL_n: 음압 수준[dB]

$L_{합} = 10\log\left(8 \times 10^{\frac{92}{10}}\right) = 101.03[\text{dB}]$

정답 21 ① 22 ③ 23 ② 24 ①

25

다음 중 석면을 포집하는 데 적합한 여과지는?

① 은막 여과지
② 섬유상 막여과지
③ PTFE 막여과지
④ MCE 막여과지

> **해 설**
> 석면은 MCE 막여과지로 채취하여 위상차현미경법 등을 통해 측정한다.

26

작업자가 유해물질에 노출된 정도를 표준화하기 위한 계산식으로 옳은 것은? (단, 고용노동부 고시를 기준으로 하며, C는 유해물질의 농도, T는 노출시간을 의미한다.)

① $\dfrac{\sum_{n=1}^{m}(C_n \times T_n)}{8}$
② $\dfrac{8}{\sum_{n=1}^{m}(C_n \times T_n)}$
③ $\dfrac{\sum_{n=1}^{m}(C_n) \times T_n}{8}$
④ $\dfrac{\sum_{n=1}^{m}(C_n) + T_n}{8}$

> **해 설**
> 시간가중평균노출기준(고용노동부 고시 기준)
>
> $$TWA = \dfrac{C_1 t_1 + C_2 t_2 + \cdots + C_n t_n}{8}$$
>
> 여기서, TWA : 시간가중평균노출기준
> C_n : 유해인자의 측정농도[mg/m³ 또는 ppm]
> t_n : 유해인자의 발생시간[hr]

27

셀룰로오스 에스테르 막여과지에 관한 설명으로 옳지 않은 것은?

① 산에 쉽게 용해된다.
② 중금속 시료채취에 유리하다.
③ 유해물질이 표면에 주로 침착된다.
④ 흡습성이 적어 중량분석에 적당하다.

> **해 설**
> 흡습성이 높아 중량분석에 부적합하다.
>
> ⚠ **가장 빠른 합격비법**
> 흡습성이 높으면 공기 중 습기를 쉽게 흡수하여 중량오차를 유발할 수 있습니다.

28

산업안전보건법령상 소음의 측정시간에 관한 내용 중 A에 들어갈 숫자는?

> 단위작업 장소에서 소음수준은 규정된 측정위치 및 지점에서 1일 작업시간 동안 A시간 이상 연속측정하거나 작업시간을 1시간 간격으로 나누어 (A)회 이상 측정하여야 한다. 다만, ……(후략)

① 2 ② 4
③ 6 ④ 8

> **해 설**
> 소음 측정시간
> • 단위작업 장소에서 소음수준은 규정된 측정위치 및 지점에서 1일 작업시간 동안 6시간 이상 연속 측정하거나 작업시간을 1시간 간격으로 나누어 6회 이상 측정해야 한다. 다만, 소음의 발생 특성이 연속음으로서 측정치가 변동이 없다고 자격자 또는 지정측정기관이 판단한 경우에는 1시간 동안을 등간격으로 나누어 3회 이상 측정할 수 있다.
> • 단위작업 장소에서의 소음발생시간이 6시간 이내인 경우나 소음 발생원에서의 발생시간이 간헐적인 경우에는 발생시간동안 연속 측정하거나 등간격으로 나누어 4회 이상 측정하여야 한다.

정답 25 ④ 26 ① 27 ④ 28 ③

29

산화마그네슘, 망간, 구리 등의 금속 분진을 분석하기 위한 장비로 가장 적절한 것은?

① 자외선/가시광선 분광광도계
② 가스크로마토그래피
③ 핵자기공명분광계
④ 원자흡광광도계

해설

원자흡광광도계(AAS)
분석대상 원소가 포함된 시료를 불꽃이나 전기열에 의해 바닥상태의 원자로 해리시키고, 이 원자의 증기층에 특정 파장의 빛을 투과시키면 바닥상태의 분석대상 원자가 그 파장의 빛을 흡수하여 들뜬 상태의 원자로 되는데, 이때 흡수하는 빛의 세기를 측정하는 분석기기로서 주로 금속 및 중금속의 분석에 적용한다.

30

가스상 물질의 분석 및 평가를 위한 열탈착에 관한 설명으로 틀린 것은?

① 이황화탄소를 활용한 용매 탈착은 독성 및 인화성이 크고 작업이 번잡하여 열탈착이 보다 간편한 방법이다.
② 활성탄관을 이용하여 시료를 채취한 경우, 열탈착에 300[℃] 이상의 온도가 필요하므로 사용이 제한된다.
③ 열탈착은 용매탈착에 비하여 흡착제에 채취된 일부 분석물질만 기기로 주입되어 감도가 떨어진다.
④ 열탈착은 대개 자동으로 수행되며 탈착된 분석물질이 가스크로마토그래피로 직접 주입되도록 되어 있다.

해설

열탈착은 한 번에 모든 시료가 주입된다.

31

공기 중 먼지를 채취하여 채취된 입자 크기의 중앙값(median)은 1.12[㎛]이고 84[%]에 해당하는 크기가 2.68[㎛]일 때, 기하표준편차 값은? (단, 채취된 입경의 분포는 대수정규분포를 따른다.)

① 0.42
② 0.94
③ 2.25
④ 2.39

해설

기하표준편차(GSD)

$$GSD = \frac{누적도수\ 84.1[\%]에\ 해당하는\ 값}{누적도수\ 50[\%]에\ 해당하는\ 값(GM)}$$

$$= \frac{누적도수\ 50[\%]에\ 해당하는\ 값(GM)}{누적도수\ 15.9[\%]에\ 해당하는\ 값}$$

여기서, GSD: 기하표준편차
GM: 기하평균

$$GSD = \frac{누적도수\ 84.1[\%]에\ 해당하는\ 값}{누적도수\ 50[\%]에\ 해당하는\ 값(GM)}$$

$$= \frac{2.68}{1.12} = 2.39$$

가장 빠른 합격비법

로그정규분포에서 평균을 중심으로 -1σ 지점의 누적도수가 약 15.9[%], $+1\sigma$ 지점의 누적도수가 약 84.1[%]이므로 해당 값을 이용하여 기하표준편차를 구할 수 있습니다.

32

다음 중 정밀도를 나타내는 통계적 방법과 가장 거리가 먼 것은?

① 오차
② 산포도
③ 표준편차
④ 변이계수

해설

정밀도는 반복적으로 측정한 값 간의 일관성, 재현성을 나타내며, 이는 산포도, 표준편차, 변이계수 같은 산포 지표로 표현된다.
반면, 오차는 측정값과 참값 사이의 차이로, 정확도와 관련된 개념이다.

33

분석에서 언급되는 용어에 대한 설명으로 옳은 것은?

① LOD는 LOQ의 10배로 정의하기도 한다.
② LOQ는 분석결과가 신뢰성을 가질 수 있는 양이다.
③ 회수율[%]은 $\dfrac{첨가량}{분석량} \times 100$으로 정의된다.
④ LOQ란 검출한계를 말한다.

오답해설

① LOQ는 LOD의 3배의 값을 가지는 경우가 일반적이다.
③ 회수율[%] = $\dfrac{검출량}{첨가량} \times 100$
④ LOQ는 정량한계를 말한다.(LOD가 검출한계임)

34

직경이 5[μm], 비중이 1.8인 원형 입자의 침강속도[cm/min]는? (단, 공기의 밀도는 0.0012[g/cm³], 공기의 점도는 1.807×10^{-4}[poise]이다.)

① 6.1 ② 7.1
③ 8.1 ④ 9.1

해설

침강속도식(Stoke's 법칙)

$$V_g = \frac{d_p^2(\rho_p - \rho)g}{18\mu}$$

여기서, V_g: 침강속도
  d_p: 입자의 직경
  ρ_p: 입자의 밀도
  ρ: 공기의 밀도
  g: 중력가속도
  μ: 점성계수

$V_g = \dfrac{(5 \times 10^{-4})^2 \times (1.8 - 0.0012) \times 980}{18 \times 1.807 \times 10^{-4}} = 0.1355$[cm/sec]

$V_g = \dfrac{0.1355 \text{cm}}{\text{sec}} \times \dfrac{60 \text{sec}}{\text{min}} = 8.13$[cm/min]

35

입자상 물질의 측정 및 분석방법으로 틀린 것은? (단, 고용노동부 고시를 기준으로 한다.)

① 석면의 농도는 여과채취방법에 의한 계수방법으로 측정한다.
② 규산염은 분립장치 또는 입자의 크기를 파악할 수 있는 기기를 이용한 여과채취방법으로 측정한다.
③ 광물성 분진은 여과채취방법으로 측정하고 석영, 크리스토바라이트, 트리디마이트를 분석할 수 있는 적합한 분석방법으로 분석한다.
④ 용접흄은 여과채취방법으로 측정하되 용접보안면을 착용한 경우에는 그 내부에서 시료를 채취하고 중량분석방법과 원자흡광광도계 또는 유도결합플라스마를 이용한 방법으로 분석한다.

해설

규산염과 그 밖의 광물성 분진은 중량분석방법으로 분석한다.

36

어떤 작업장에 50[%] acetone, 30[%] benzene, 20[%] xylene의 중량비로 조성된 용제가 증발하여 작업환경을 오염시키고 있을 때, 이 용제의 허용농도(TLV; [mg/m³])는? (단, acetone, benzene, xylene의 TLV는 각각 1,600, 720, 670[mg/m³]이고, 용제의 각 성분은 상가작용을 하며, 성분 간 비휘발도 차이는 고려하지 않는다.)

① 873 ② 973
③ 1,073 ④ 1,173

해설

혼합물의 허용농도

$$\text{혼합물의 허용농도} = \dfrac{1}{\dfrac{f_1}{\text{TLV}_1} + \dfrac{f_2}{\text{TLV}_2} + \cdots + \dfrac{f_n}{\text{TLV}_n}}$$

여기서, f_n: 중량 구성비
  TLV_n: 각 물질의 허용농도

혼합물의 허용농도 = $\dfrac{1}{\dfrac{0.5}{1,600} + \dfrac{0.3}{720} + \dfrac{0.2}{670}} = 973.07$[mg/m³]

정답 33 ② 34 ③ 35 ② 36 ②

37

작업환경측정 결과 측정치가 다음과 같을 때, 평균편차가 얼마인가?

> 7, 5, 15, 20, 8

① 2.8
② 5.2
③ 11
④ 17

해설

산술평균

$$\bar{x} = \frac{x_1 + x_2 + \cdots + x_n}{n}$$

여기서, $\bar{x}$: 산술평균
x_n: 측정치
n: 측정치의 수

$$\bar{x} = \frac{7+5+15+20+8}{5} = 11$$

평균편차(MAD)

$$MAD = \frac{\sum_{i=1}^{n} |x_i - \bar{x}|}{n}$$

여기서, MAD: 평균편차
x_i: 측정치
$\bar{x}$: 산술평균
n: 측정치의 수

$$MAD = \frac{|7-11| + |5-11| + |15-11| + |20-11| + |8-11|}{5}$$
$$= 5.2$$

38

유사노출그룹에 대한 설명으로 틀린 것은?

① 유사노출그룹은 노출되는 유해인자의 농도와 특성이 유사하거나 동일한 근로자 그룹을 말한다.
② 역학조사를 수행할 때 사건이 발생된 근로자가 속한 유사노출그룹의 노출농도를 근거로 노출원인을 추정할 수 있다.
③ 유사노출그룹 설정을 위해 시료채취 수가 과다해지는 경우가 있다.
④ 유사노출그룹은 모든 근로자의 노출 상태를 측정하는 효과를 가진다.

해설

유사노출그룹을 설정함으로 시료채취 수를 줄여 경제성을 확보할 수 있다.

39

노출기준(TLV) 적용상 주의할 사항으로 틀린 것은?

① 대기오염평가 및 관리에 적용될 수 없다.
② 기존의 질병이나 육체적 조건을 판단하기 위한 척도로 사용될 수 없다.
③ 사업장의 유해조건을 평가하고 개선하는 지침으로 사용될 수 없다.
④ 안전농도와 위험농도를 정확히 구분하는 경계선이 아니다.

해설

ACGIH에서 권고하는 TLV는 사업장의 유해조건을 평가하고 개선하기 위한 지침이다.

40

유기용제 취급 사업장의 메탄올 농도 측정 결과가 100, 89, 94, 99, 120[ppm]일 때, 이 사업장의 메탄올 농도 기하평균[ppm]은?

① 99.4
② 99.9
③ 100.4
④ 102.3

해설

기하평균(GM)

$$GM = \sqrt[n]{x_1 \times x_2 \times \cdots \times x_n}$$

여기서, GM: 기하평균
x_n: 측정치
n: 측정치의 개수

$GM = \sqrt[5]{100 \times 89 \times 94 \times 99 \times 120} = 99.88[ppm]$

3과목 작업환경관리대책

41

다음 중 분사구의 등속점에서 거리가 멀어질수록 기류속도가 작아져 분출기류의 속도가 50[%]로 줄어드는 부위를 무엇이라 하는가?

① 잠재중심부
② 천이부
③ 완전개방부
④ 흡인부

해설

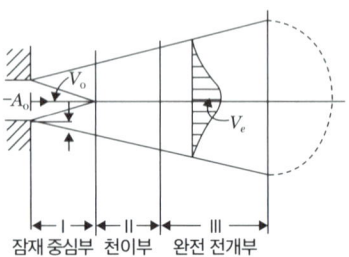

천이부는 분사구로부터 5d에서 30d까지의 거리를 말하며, 분사속도의 50[%]가 줄어드는 부분이다.

42

후드의 열상승기류량이 10[m³/min]이고 유도기류량이 15[m³/min]일 때 누입한계유량비(K_L)는 얼마인가? (단, 기타 조건은 무시한다.)

① 1.0
② 1.5
③ 2.0
④ 2.5

해설

누입한계유량비

$$누입한계유량비 = \frac{유도기류량}{열상승기류량}$$

누입한계유량비 $= \dfrac{15}{10} = 1.5$

43

공기정화장치인 집진장치의 선정 및 설계에 영향을 미치는 인자로 거리가 먼 것은?

① 요구되는 집진효율
② 오염물질의 회수율
③ 처리가스 흐름특성과 용량 및 온도
④ 오염물질 함진농도와 입경

해설

오염물질의 회수율은 집진한 물질을 자원화할 때 고려하는 부수적 요소로, 일반적인 공기정화장치의 선정 및 설계인자로 보기 힘들다.

44

다음 중 국소배기장치의 자체검사 시 갖추어야 할 필수 측정기구로 볼 수 없는 것은?

① 연기발생기
② 줄자
③ 청음기
④ 피토관

해설

피토관은 유량과 속도압을 측정하기 위한 장비이며, 자체검사의 필수측정기구에는 포함되지 않는다.

정답 40 ② 41 ② 42 ② 43 ② 44 ④

45

덕트 내 공기흐름에서의 레이놀즈수(Reynolds Number)를 계산하기 위해 알아야 하는 모든 요소는?

① 공기속도, 공기점성계수, 공기밀도, 덕트의 직경
② 공기속도, 공기밀도, 중력가속도
③ 공기속도, 공기온도, 덕트의 길이
④ 공기속도, 공기점성계수, 덕트의 길이

해설

레이놀즈수(Re)

$$Re = \frac{\rho DV}{\mu} = \frac{DV}{\nu}$$

여기서, Re : 레이놀즈수
ρ : 유체의 밀도[kg/m³]
D : 덕트의 직경[m]
V : 유체의 평균속도[m/sec]
μ : 점성계수[kg/m·sec]
ν : 동점성계수[m²/sec]

46

밀도가 1.225[kg/m³]인 공기가 20[m/s]의 속도로 덕트를 통과하고 있을 때 동압[mmH₂O]은?

① 15
② 20
③ 25
④ 30

해설

속도압(동압)

$$VP = \frac{\gamma V^2}{2g}$$

여기서, VP : 속도압[mmH₂O]
γ : 유체의 비중량[kgf/m³]
V : 유속[m/s]
g : 중력가속도[m/s²]

$$VP = \frac{1.225 \times 20^2}{2 \times 9.8} = 25[mmH_2O]$$

47

작업장에서 작업공구와 재료 등에 적용할 수 있는 진동대책과 가장 거리가 먼 것은?

① 진동공구의 무게는 10[kg] 이상 초과하지 않도록 만들어야 한다.
② 강철로 코일용수철을 만들면 설계를 자유롭게 할 수 있으나 Oil Damper 등의 저항요소가 필요할 수 있다.
③ 방진고무를 사용하면 공진 시 진폭이 지나치게 커지지 않지만 내구성, 내약품성이 문제가 될 수 있다.
④ 코르크는 정확하게 설계할 수 있고 고유진동수가 20[Hz] 이상이므로 진동방지에 유용하게 사용할 수 있다.

해설

코르크는 재질이 일정하지 않아 정확한 설계가 어려우며 고유진동수가 10[Hz] 전후로 진동방지보다 고체음 전파방지에 사용된다.

48

국소배기시설에서 필요환기량을 감소시키기 위한 방법으로 틀린 것은?

① 후드 개구면에서 기류가 균일하게 분포되도록 설계한다.
② 공정에서 발생 또는 배출되는 오염물질의 절대량을 감소시킨다.
③ 포집형이나 레시버형 후드를 사용할 때에는 가급적 후드를 배출 오염원에 가깝게 설치한다.
④ 공정 내 차폐막이나 커튼 사용을 줄여 오염물질의 희석을 유도한다.

해설

공정 내 측면 부착 차폐막이나 커튼 사용을 늘려 오염물질의 희석을 방지한다.

정답 45 ① 46 ③ 47 ④ 48 ④

49
다음 중 덕트 합류 시 댐퍼를 이용한 균형유지법의 특징과 가장 거리가 먼 것은?

① 임의로 댐퍼 조정 시 평형상태가 깨진다.
② 시설 설치 후 변경이 어렵다.
③ 설계 계산이 상대적으로 간단하다.
④ 설치 후 부적당한 배기 유량의 조절이 가능하다.

해설
댐퍼조절평형법(저항조절평형법)은 설계 과정이 매우 단순하고 시설 설치 후 변경이 용이하다.

50
보호장구의 재질과 대상 화학물질이 잘못 짝지어진 것은?

① 부틸고무 ― 극성용제
② 면 ― 고체상 물질
③ 천연고무(Latex) ― 수용성 용액
④ Viton ― 극성용제

해설
Viton 재질은 비극성 용제에 적절하다.

51
다음 중 국소배기장치 설계의 순서로 가장 적절한 것은?

① 소요풍량 계산 → 후드형식 선정 → 제어속도 결정
② 제어속도 결정 → 소요풍량 계산 → 후드형식 선정
③ 후드형식 선정 → 제어속도 결정 → 소요풍량 계산
④ 후드형식 선정 → 소요풍량 계산 → 제어속도 결정

해설
국소배기장치의 설계 순서
후드형식 선정 → 제어속도 결정 → 소요풍량 계산 → 반송속도 결정

52
전기집진장치의 장점으로 옳지 않은 것은?

① 가연성 입자의 처리에 효율적이다.
② 넓은 범위의 입경과 분진농도에 집진효율이 높다.
③ 압력손실이 낮으므로 송풍기의 가동 비용이 저렴하다.
④ 고온 가스를 처리할 수 있어 보일러와 철강로 등에 설치할 수 있다.

해설
집진 전극에서 스파크가 발생할 수 있으므로 가연성 입자의 처리가 어렵다.

53
기류를 고려하지 않고 감각온도(Effective Temperature)의 근사치로 널리 사용되는 지수는?

① WBGT
② Radiation
③ Evaporation
④ Glove Temperature

해설
WBGT(습구흑구온도지수)는 기류를 고려하지 않은 감각온도 근사치로 널리 사용된다.

정답 49 ② 50 ④ 51 ③ 52 ① 53 ①

54

작업대 위에서 용접할 때 흄(fume)을 포집 제거하기 위해 작업면에 고정된 플랜지가 붙은 외부식 사각형 후드를 설치하였다면 소요송풍량[m³/min]은? (단, 개구면에서 작업지점까지의 거리는 0.25[m], 제어속도는 0.5[m/s], 후드 개구면적은 0.5[m²]이다.)

① 0.281　　② 8.430
③ 16.875　　④ 26.425

해설

필요환기량(바닥면, 플랜지 부착)

$$Q = 0.5 V_c (10 X^2 + A)$$

여기서, Q: 필요환기량[m³/s]
V_c: 제어속도[m/s]
X: 후드 중심선으로부터 발생원까지의 거리[m]
A: 개구부의 면적[m²]

$Q = 0.5 \times 0.5 \times (10 \times 0.25^2 + 0.5) = 0.28125 [\text{m}^3/\text{sec}]$

$Q = \dfrac{0.28125 \text{m}^3}{\text{sec}} \times \dfrac{60 \text{sec}}{\text{min}} = 16.875 [\text{m}^3/\text{min}]$

55

산업위생관리를 작업환경관리, 작업관리, 건강관리로 나눠서 구분할 때, 다음 중 작업환경관리와 가장 거리가 먼 것은?

① 유해 공정의 격리
② 유해 설비의 밀폐화
③ 전체환기에 의한 오염물질의 희석 배출
④ 보호구 사용에 의한 유해물질의 인체 침입방지

해설

보호구 사용에 의한 유해물질의 인체 침입방지는 건강관리의 내용이다.

56

온도 50[℃]인 기체가 관을 통하여 20[m³/min]으로 흐르고 있을 때, 같은 조건의 0[℃]에서 유량[m³/min]은? (단, 관내압력 및 기타 조건은 일정하다.)

① 14.7　　② 16.9
③ 20.0　　④ 23.7

해설

$$Q = 20 \times \dfrac{273}{273 + 50} = 16.9 [\text{m}^3/\text{min}]$$

57

심한 난류상태의 덕트 내에서 마찰계수를 결정하는 데 가장 큰 영향을 미치는 요소는?

① 덕트의 직경
② 공기점도와 밀도
③ 덕트의 표면조도
④ 레이놀즈수

해설

완전난류상태의 덕트 내 마찰계수는 레이놀즈수와 무관해지고, 오직 상대조도에 의해서만 결정된다.

정답 54 ③　55 ④　56 ②　57 ③

58

덕트의 설치 원칙과 가장 거리가 먼 것은?

① 가능한 한 후드와 먼 곳에 설치한다.
② 덕트는 가능한 한 짧게 배치하도록 한다.
③ 밴드의 수는 가능한 한 적게 하도록 한다.
④ 공기가 아래로 흐르도록 하향구배를 만든다.

해 설

덕트는 후드와 가능한 한 가까운 곳에 설치한다.

59

후드 제어속도에 대한 내용 중 틀린 것은?

① 제어속도는 오염물질의 증발속도와 후드 주위의 난기류 속도를 합한 것과 같아야 한다.
② 포위식 후드의 제어속도를 결정하는 지점은 후드의 개구면이 된다.
③ 외부식 후드의 제어속도를 결정하는 지점은 유해물질이 흡인되는 범위 안에서 후드의 개구면으로부터 가장 멀리 떨어진 지점이 된다.
④ 오염물질의 발생상황에 따라서 제어속도는 달라진다.

해 설

제어속도는 오염물질을 후드로 흡인하기 위하여 필요한 최소 풍속을 의미하며, 오염물질의 증발속도, 후드 주위의 기류, 후드의 개구부 모양, 후드와 오염물질 사이의 거리 등 다양한 요소를 고려하여 정한다.

60

주물작업 시 발생되는 유해인자로 가장 거리가 먼 것은?

① 소음 발생
② 금속흄 발생
③ 분진 발생
④ 자외선 발생

해 설

주물작업 시 주로 적외선이 발생한다.

4과목 물리적유해인자관리

61

다음 중 소음공해의 특징이 아닌 것은?

① 축적성이 있다.
② 감각공해이다.
③ 주위의 진정이 많다.
④ 대책 후 처리할 물질이 거의 발생하지 않는다.

해 설

배출된 소리는 주변에 잔류하거나 축적되지 않는다.

62

전리방사선인 β입자에 관한 설명으로 옳지 않은 것은?

① 선원은 방사선 원자핵이며 형태는 고속의 적자(입자)이다.
② 외부조사도 잠재적 위험이 되나 내부조사가 더욱 큰 건강상의 문제를 일으킨다.
③ RBE는 1이다.
④ α(알파) 입자에 비해서 무겁고 속도가 느리다.

해 설

β입자는 α입자에 비해 질량이 매우 작고 속도는 10배 정도 더 빠르다.

정답 58 ① 59 ① 60 ④ 61 ① 62 ④

63

용접작업 시 발생하는 가스에 관한 설명으로 옳지 않은 것은?

① 이산화탄소용접에서 이산화탄소가 일산화탄소로 환원된다.
② 포스겐은 TCE로 세정된 철강재 용접 시 발생한다.
③ 아크전압이 낮은 경우 불완전연소로 이황화탄소가 발생한다.
④ 강한 자외선에 의해 산소가 분해되면서 오존이 형성된다.

해설

이황화탄소(CS_2)는 용접 시 발생하기 힘든 물질로, 아크용접으로 인하여 불완전연소가 일어났다고 하더라도 잘 생성되지 않는다.

64

이온화방사선과 비이온화방사선을 구분하는 광자에너지는?

① 1[eV]
② 4[eV]
③ 12.4[eV]
④ 15.6[eV]

해설

광자에너지가 12[eV] 이상이면 전리방사선으로 분류한다.

65

손가락의 말초혈관운동의 장애로 인한 혈액순환장애로 손가락의 감각이 마비되고 창백해지며, 추운 환경에서 더욱 심해지는 레이노(Raynaud) 현상의 주요 원인으로 옳은 것은?

① 진동
② 소음
③ 조명
④ 기압

해설

레이노 현상의 주요원인은 진동이다.

66

실내 작업장에서 실내 온도조건이 다음과 같을 때 WBGT[℃]는?

- 흑구온도: 32[℃]
- 건구온도: 27[℃]
- 자연습구온도: 30[℃]

① 30.1
② 30.6
③ 30.8
④ 31.6

해설

습구흑구온도지수(옥내 또는 태양광선이 내리쬐지 않는 옥외)

$$WBGT = 0.7NWB + 0.3GT$$

여기서, WBGT: 습구흑구온도지수[℃]
NWB: 자연습구온도[℃]
GT: 흑구온도[℃]

$WBGT = (0.7 \times 30) + (0.3 \times 32) = 30.6[℃]$

67

비전리방사선이 아닌 것은?

① 적외선
② 레이저
③ 라디오파
④ 알파(α)선

해설

전리방사선의 종류
- 전자기방사선: γ선, X선
- 입자방사선: α선, β선, 중성자

정답 63 ③ 64 ③ 65 ① 66 ② 67 ④

68

인체와 환경 간의 열교환에 관여하는 온열조건 인자로 볼 수 없는 것은?

① 대류
② 증발
③ 복사
④ 기압

해설

열평형방정식

$$\Delta S = M \pm C \pm R - E$$

여기서, ΔS: 생체 열용량의 변화
M: 작업대사량
C: 대류에 의한 열득실
R: 복사에 의한 열득실
E: 증발에 의한 열방산

기압은 열교환에 관여하는 인자로 보기 어렵다.

69

다음 중 전리방사선에 대한 감수성의 크기를 올바른 순서대로 나열한 것은?

ㄱ. 상피세포
ㄴ. 골수, 흉선 및 림프조직(조혈기관)
ㄷ. 근육세포
ㄹ. 신경조직

① ㄱ > ㄴ > ㄷ > ㄹ
② ㄱ > ㄹ > ㄴ > ㄷ
③ ㄴ > ㄱ > ㄷ > ㄹ
④ ㄴ > ㄷ > ㄹ > ㄱ

해설

전리방사선 감수성의 크기
골수, 임파/림프조직 > 수정체 > 상피/내피세포 > 근육세포 > 신경조직

70

음향출력이 1,000[W]인 음원이 반자유공간(반구면파)에 있을 때 20[m] 떨어진 지점에서의 음의 세기는 약 얼마인가?

① 0.2[W/m²]
② 0.4[W/m²]
③ 2.0[W/m²]
④ 4.0[W/m²]

해설

음력 수준(PWL)

$$PWL = 10 \log \frac{W}{W_0}$$

여기서, PWL: 음력 수준(음향파워레벨)[dB]
W: 측정음력[W]
W_0: 기준음력(10^{-12}[W])

$PWL = 10 \log \frac{1,000}{10^{-12}} = 150$[dB]

SPL과 PWL의 관계(반자유공간)

$$SPL = PWL - 20 \log r - 8$$

여기서, SPL: 음압수준[dB]
PWL: 음력수준[dB]
r: 음원으로부터 떨어진 거리[m]

$SPL = 150 - 20 \log 20 - 8$
$= 115.98$[dB]

음의 세기레벨(SIL)

$$SIL = SPL = 10 \log \frac{I}{I_0}$$

여기서, SIL: 음의 세기레벨[dB]
I: 음의 강도[W/m²]
I_0: 최소가청음 세기(10^{-12}[W/m²])

$SIL = SPL = 11.598 = 10 \log \frac{I}{I_0}$

$\log \frac{I}{I_0} = 11.60$

$\frac{I}{I_0} = 10^{11.60} = 10^{-12} \times 10^{11.60} = 0.4$[W/m²]

71

다음 중 공장 내부에 기계 및 설비가 복잡하게 설치되어 있는 경우에 작업장 기계에 의한 흡음이 고려되지 않아 실제 흡음보다 과소평가되기 쉬운 흡음 측정방법은?

① Sabin method
② Reverberation time method
③ Sound power method
④ Loss due to distance method

해 설

공장 내부에 기계 및 설비가 복잡하게 설치되어 있는 경우에 작업장 기계에 의한 흡음이 고려되지 않아 실제 흡음보다 과소평가되기 쉬운 흡음 측정방법은 Sabin method이다.

72

정상인이 들을 수 있는 가장 낮은 이론적 음압은 몇 [dB]인가?

① 0
② 5
③ 10
④ 20

해 설

사람이 들을 수 있는 음압은 0~130[dB] 사이이다.

가장 빠른 합격비법

0[dB]은 소리의 절대적인 무(無)가 아니라, 사람이 감지할 수 있는 최소 소리 크기를 의미합니다.

73

빛 또는 밝기와 관련된 단위가 아닌 것은?

① weber
② candela
③ lumen
④ foot lambert

해 설

weber는 자속을 나타내는 단위이다.

74

도르노선(Dorno-ray)에 대한 내용으로 맞는 것은?

① 가시광선의 일종이다.
② 280~315[Å] 파장의 자외선을 의미한다.
③ 소독작용, 비타민 D 형성 등 생물학적 작용이 강하다.
④ 절대온도 이상의 모든 물체는 온도에 비례하여 방출한다.

오답해설

① 도르노선은 자외선의 일종이다.
② 280~315[nm](2,800~3,150[Å]) 파장의 자외선이다.
④ 절대온도 이상의 모든 물체가 방출하는 빛은 적외선이다.

75

흡음재의 종류 중 다공질 재료에 해당되지 않는 것은?

① 암면
② 펠트(felt)
③ 석고보드
④ 발포수지재료

해 설

석고보드는 내부에 기공 구조가 없는 밀착층 형태이므로 다공질 재료로 분류하지 않는다.

관련개념

① 암면: 무수한 미세 섬유 사이에 기공이 많아 다공질이다.
② 펠트: 섬유를 압착·결합한 구조로 내부에 공극이 많아 다공질이다.
④ 발포수지재료: 발포 공정으로 기포가 형성되어 다공질이다.

정답 71 ① 72 ① 73 ① 74 ③ 75 ③

76
유해한 환경의 산소결핍장소에 출입 시 착용하여야 할 보호구와 가장 거리가 먼 것은?

① 방독마스크 ② 송기마스크
③ 공기호흡기 ④ 에어라인마스크

해설
방독마스크와 방진마스크는 산소결핍 작업장에서 사용할 경우 질식의 위험이 있다.

77
다음에서 설명하고 있는 측정기구는?

> 작업장의 환경에서 기류의 방향이 일정하지 않거나 실내 0.2~0.5[m/s] 정도의 불감기류를 측정할 때 사용되며 온도에 따른 알코올의 팽창, 수축 원리를 이용하여 기류속도를 측정한다.

① 풍차풍속계
② 카타(Kata)온도계
③ 가열온도풍속계
④ 습구흑구온도계(WBGT)

오답해설
① 풍차풍속계: 수평 회전축에 부착된 반구가 바람에 밀려 회전하는 속도로 풍속 산출(알코올 사용 ×)
③ 가열온도풍속계: 유속이 클수록 와이어 냉각이 빨라지고, 이를 보상하려는 전류 변화를 측정해 풍속 산출(알코올 사용 ×)
④ 습구흑구온도계: 습구온도계, 흑구온도계를 사용하여 열환경 평가(기류 측정 ×, 알코올 사용 ×)

78
소음성 난청에 영향을 미치는 요소의 설명으로 옳지 않은 것은?

① 음압수준: 높을수록 유해하다.
② 소음 특성: 저주파음이 고주파음보다 유해하다.
③ 노출시간: 간헐적 노출이 계속적 노출보다 덜 유해하다.
④ 개인의 감수성: 소음에 노출된 사람이 똑같이 반응하지는 않으며, 감수성이 매우 높은 사람이 극소수 존재한다.

해설
고주파음이 저주파음보다 영향이 크다.

79
비전리방사선의 종류 중 옥외작업을 하면서 콜타르의 유도체, 벤조피렌, 안트라센 화합물과 상호작용하여 피부암을 유발시키는 것으로 알려진 비전리방사선은?

① γ선 ② 자외선
③ 적외선 ④ 마이크로파

해설
자외선은 비전리방사선임에도 에너지가 커서 화합물의 분해, 합성에 관여한다.
자외선이 콜타르의 유도체, 벤조피렌, 안트라센 화합물 등과 상호작용하면 피부암을 유발할 수 있다.

정답 76 ①　77 ②　78 ②　79 ②

80

일반소음에 대한 차음효과는 벽체의 단위표면적에 대하여 벽체의 무게가 2배 될때마다 약 몇 [dB]씩 증가하는가? (단, 벽체 무게 이외의 조건은 동일하다.)

① 4
② 6
③ 8
④ 10

해설

벽면의 투과손실

$$\Delta L_t = 20\log(m \times f) - 47$$

여기서, ΔL_t: 투과손실[dB]
m: 투과재료의 면적밀도[kg/m³]
f: 주파수[Hz]

$\Delta L_t = 20\log(m \times f) - 47$
$= 20\log m + 20\log f - 47$

단위 표면적당 무게는 밀도와 같은 의미이므로, 단위 표면적당 무게가 2배이면 밀도도 2배이다.

$\Delta L_t = 20\log(2m) + 20\log f - 47$
$= 20\log 2 + 20\log m + 20\log f - 47$

따라서, 투과손실은 $20\log 2 = 6$[dB]만큼 증가한다.

5과목 산업독성학

81

다음 중 지방질을 지방산과 글리세린으로 가수분해하는 물질은?

① 말토오스(Maltose)
② 리파아제(Lipase)
③ 트립신(Trypsin)
④ 판크레오지민(Pancreozymin)

해설

리파아제는 지방분해효소로, 지방질을 지방산과 글리세린으로 가수분해한다.

오답해설

① 말토오스: 엿당(맥아당)
③ 트립신: 췌장에서 분비되는 단백질분해효소
④ 판크레오지민: 쓸개즙을 분비시키는 소화호르몬

82

다음 중 규폐증을 잘 일으키는 먼지의 종류와 크기로 가장 적절한 것은?

① SiO_2 함유 먼지, 0.1[μm]의 크기
② SiO_2 함유 먼지, 0.5~5[μm]의 크기
③ 석면 함유 먼지, 0.1[μm]의 크기
④ 석면 함유 먼지, 0.5~5[μm]의 크기

해설

규폐증의 원인물질은 산화규소(SiO_2)이며, 크기 0.5~5[μm]에서 발생되기 쉽다.

83

사업장에서 노출되는 금속의 일반적인 독성기전이 아닌 것은?

① 효소억제
② 금속평형의 파괴
③ 중추신경계 활성억제
④ 필수금속 성분의 대체

해설

금속의 독성 기전

- 효소억제: 효소의 구조 및 기능을 변화시켜 효소작용을 억제한다.
- 필수금속 평형의 파괴: 필수금속의 농도를 변화시켜 평형을 파괴한다.
- 필수금속 성분의 대체: 생물학적 대사과정을 변화시킨다.
- 간접영향: 세포성분의 역할을 변화시킨다.

정답 80 ② | 81 ② | 82 ② | 83 ③

84

다음 중 만성중독 시 코, 폐 및 위장의 점막에 병변을 일으키며, 장기간 흡입하는 경우 원발성 기관지암과 폐암이 발생하는 것으로 알려진 대표적인 중금속은?

① 납(Pb)   ② 수은(Hg)
③ 크롬(Cr)   ④ 베릴륨(Be)

해 설

크롬에 만성중독 시 비중격천공, 크롬폐증 등의 호흡기장애 및 기관지암, 폐암 등의 암을 유발한다.

85

단시간노출기준이 시간가중평균농도(TLV-TWA)와 단기간노출기준(TLV-STEL) 사이일 경우 충족시켜야 하는 3가지 조건에 해당하지 않는 것은?

① 1일 4회를 초과해서는 안 된다.
② 15분 이상 지속 노출되어서는 안 된다.
③ 노출과 노출 사이에는 60분 이상의 간격이 있어야 한다.
④ TLV-TWA의 3배 농도에는 30분 이상 노출되어서는 안 된다.

해 설

노출농도가 시간가중평균노출기준(TWA)을 초과하고 단시간노출기준(STEL) 이하인 경우 다음 3가지 조건을 모두 충족하여야 한다.
- 1회 노출 지속시간이 15분 미만이어야 한다.
- 노출횟수가 1일 4회 이하이어야 한다.
- 각 노출의 간격은 60분 이상이어야 한다.

86

중추신경계에 억제 작용이 가장 큰 것은?

① 알칸족   ② 알켄족
③ 알코올족   ④ 할로겐족

해 설

중추신경계 활성 억제 작용 순서
할로겐화합물 > 에테르 > 에스테르 > 유기산 > 알코올 > 알켄 > 알칸

87

직업성 천식에 관한 설명으로 옳지 않은 것은?

① 작업환경 중 천식을 유발하는 대표물질로 톨루엔디이소시안산염(TDI), 무수트리멜리트산(TMA)이 있다.
② 일단 질환에 이환하게 되면 작업환경에서 추후 소량의 동일한 유발물질에 노출되더라도 지속적으로 증상이 발현된다.
③ 항원공여세포가 탐식되면 T림프구 중 I형 T림프구(type I killer T cell)가 특정 알레르기 항원을 인식한다.
④ 직업성 천식은 근무시간에 증상이 점점 심해지고, 휴일 같은 비근무시간에 증상이 완화되거나 없어지는 특징이 있다.

해 설

항원공여세포(APC)가 탐식하면 $CD4^+$ T세포가 항원을 인식한다. 직업성 천식의 경우 알레르기성 천식과 유사하므로, $CD4^+$ T세포는 주로 II형 보조 T세포(Th2)로 분화한다.

가장 빠른 합격비법

직업성 천식의 면역 과정은 다음과 같습니다.
항원공여세포가 알레르기 항원을 탐식 → $CD4^+$ T세포가 항원 인식 → 항원의 종류에 따라 Th1, Th2, Th17 등 다양한 보조 T세포로 분화

정답 84 ③ 85 ④ 86 ④ 87 ③

88

인체 내에서 독성이 강한 화학물질과 무독한 화학물질이 상호작용하여 독성이 증가되는 현상을 무엇이라 하는가?

① 상가작용
② 상승작용
③ 가승작용
④ 길항작용

해설

인체에 무해한 물질이 다른 독성물질과 동시에 노출될 경우 상호작용하여 독성이 증가하는 현상을 가승작용(잠재작용)이라고 한다.

오답해설

① 상가작용: 여러 물질이 인체의 같은 부위에 작용하여 그 유해성이 가중되는 현상이다.
② 상승작용: 단일물질에 노출되었을 때보다 혼합물질에 노출되었을 때 훨씬 큰 독성을 나타내는 현상이다.
④ 길항작용: 여러 물질이 서로의 작용을 방해하는 현상이다.

89

일산화탄소 중독과 관련이 없는 것은?

① 고압산소실
② 카나리아 새
③ 식염의 다량투여
④ 카르복시헤모글로빈(carboxyhemoglobin)

해설

① 고압산소실: 높은 압력으로 산소를 체내에 주입하는 치료실로, 일산화탄소 중독을 치료할 때 사용한다.
② 카나리아 새: 소량의 일산화탄소 노출에도 사망하여 누출조기 경보시스템으로 사용하기도 한다.
④ 카르복시헤모글로빈: 헤모글로빈이 일산화탄소와 결합하여 만들어진 안정적인 복합체이다.

90

알레르기성 접촉 피부염에 관한 설명으로 옳지 않은 것은?

① 알레르기성 반응은 극소량 노출에 의해서도 피부염이 발생할 수 있는 것이 특징이다.
② 알레르기 반응을 일으키는 관련세포는 대식세포, 림프구, 랑거한스세포로 구분된다.
③ 항원에 노출되고 일정시간이 지난 후에 다시 노출되었을 때 세포매개성 과민반응에 의하여 나타나는 부작용의 결과이다.
④ 알레르기원에 노출되고 이 물질이 알레르기원으로 작용하기 위해서는 일정기간이 소요되며 그 기간을 휴지기라 한다.

해설

알레르기원에 노출되고 이 물질이 알레르기원으로 작용하기 위해서는 일정기간이 소요되며 그 기간을 유도기라 한다.

91

메탄올의 시각장애 독성을 나타내는 대사 단계의 순서로 맞는 것은?

① 메탄올 → 에탄올 → 포름산 → 포름알데히드
② 메탄올 → 아세트알데히드 → 아세테이트 → 물
③ 메탄올 → 아세트알데히드 → 포름알데히드 → 이산화탄소
④ 메탄올 → 포름알데히드 → 포름산 → 이산화탄소

해설

메탄올의 체내 대사과정
메탄올 → 포름알데히드 → 포름산 → 이산화탄소

정답 88 ③ 89 ③ 90 ④ 91 ④

92
다음 중 조혈장해를 일으키는 물질은?

① 납
② 망간
③ 수은
④ 우라늄

해설
체내에 흡수된 납의 90[%] 이상은 뼈에 축적되므로 납중독은 조혈장해를 유발한다.

93
벤젠 노출근로자의 생물학적 모니터링을 위하여 소변시료를 확보하였다. 다음 중 분석해야 하는 대사산물로 맞는 것은?

① 마뇨산(Hippuric Acid)
② t,t-뮤코닉산(t,t-Muconic Acid)
③ 메틸마뇨산(Methylhippuric Acid)
④ 트리클로로아세트산(Trichloroacetic Acid)

해설
벤젠의 생물학적 노출지표는 요 중 뮤콘산(Muconic Acid)이다.

94
유해물질을 생리적 작용에 의하여 분류한 자극제에 관한 설명으로 옳지 않은 것은?

① 상기도의 점막에 작용하는 자극제는 크롬산, 산화에틸렌 등이 해당된다.
② 상기도 점막과 호흡기관지에 작용하는 자극제는 불소, 요오드 등이 해당된다.
③ 호흡기관의 종말기관지와 폐포 점막에 작용하는 자극제는 수용성이 높아 심각한 영향을 준다.
④ 피부와 점막에 작용하여 부식작용을 하거나 수포를 형성하는 물질을 자극제라고 하며 고농도로 눈에 들어가면 결막염과 각막염을 일으킨다.

해설
호흡기관의 종말기관지와 폐포 점막에 작용하는 자극제는 수용성이 낮아 폐 속 깊이 침투하여 조직에 작용한다.

95
다음 사례의 근로자에게서 의심되는 노출인자는?

> 41세 A씨는 1990년부터 1997년까지 기계공구 제조업에서 산소용접작업을 하다가 두통, 관절통, 전신근육통, 가슴 답답함, 이가 시리고 아픈 증상이 있어 건강검진을 받았다. 건강검진 결과 단백뇨와 혈뇨가 있어 신장질환 유소견자 진단을 받았다. 이 유해인자의 혈중, 소변 중 농도가 직업병 예방을 위한 생물학적 노출기준을 초과하였다.

① 납
② 망간
③ 수은
④ 카드뮴

해설
카드뮴 중독은 다량의 칼슘 배설을 일으켜 뼈의 통증, 골연화증 및 골수 공증 등 근골격계 장해를 유발한다. 또한, 단백뇨, 혈뇨와 같은 신장기능 장애 및 호흡곤란, 폐기종 같은 폐기능 장애를 유발할 수도 있다.

96
납중독을 확인하는 데 이용하는 시험으로 옳지 않은 것은?

① 혈중 납농도
② EDTA 흡착능
③ 신경전달속도
④ 헴(heme)의 대사

해설
EDTA 흡착능은 납 중독 진단용으로 사용되지 않는다.

관련개념
납중독 확인 시험
- 혈중 납농도
- 헴(heme)의 대사
- 말초신경 신경전달속도
- Ca-EDTA 이동시험
- ALA 축적

정답 92 ① 93 ② 94 ③ 95 ④ 96 ②

97

입자상 물질의 호흡기계 침착기전 중 길이가 긴 입자가 호흡기계로 들어오면 그 입자의 가장자리가 기도의 표면을 스치게 됨으로써 침착하는 현상은?

① 충돌　　② 침전
③ 차단　　④ 확산

해설

호흡기계 축적 메커니즘 중 차단
섬유 입자의 한쪽 끝이 기도 표면에 접촉하게 될 경우 간섭으로 인한 침착이 발생한다.

98

유기용제별 중독의 대표적인 증상으로 올바르게 연결된 것은?

① 벤젠 — 간장해
② 크실렌 — 조혈장해
③ 염화탄화수소 — 시신경장해
④ 에틸렌글리콜에테르 — 생식기능장해

오답해설

① 벤젠 — 조혈장해
② 크실렌 — 중추신경장해, 신장 및 간장해
③ 염화탄화수소 — 간장해

99

다음 중 무기연에 속하지 않는 것은?

① 금속연　　② 일산화연
③ 사산화삼연　　④ 4메틸연

해설

메틸기($-CH_3$), 에틸기($-C_2H_5$) 등의 유기원자단과 결합되어 있으면 유기화합물이므로 4메틸납, 4에틸납은 유기연에 해당한다.

100

납중독에 대한 치료방법의 일환으로 체내에 축적된 납을 배출하도록 하는 데 사용되는 것은?

① Ca-EDTA　　② DMPS
③ 2-PAM　　④ Atropin

해설

납중독에 대한 치료방법의 일환으로 체내에 축적된 납을 배출하도록 하는 데 사용되는 것은 Ca-EDTA이다.

가장 빠른 합격비법

Ca-EDTA는 체내에 들어오면 납이온(Pb^{2+})과 잘 결합하여 수용성의 킬레이트 화합물을 형성합니다. 이 화합물은 신장을 통해 소변으로 배출되기 쉬운 형태이기 때문에, 체내 납의 농도를 효과적으로 낮출 수 있습니다.

정답 97 ③　98 ④　99 ④　100 ①

2024년 제2회 CBT 복원문제

1과목 산업위생학개론

01

다음 중 교대작업에서 작업주기 및 작업순환에 대한 설명으로 틀린 것은?

① 작업배치: 상대적으로 가벼운 작업을 야간근무조에 배치하는 등 업무를 탄력적으로 조정한다.
② 근무조 변경: 근무시간 종료 후 다음 근무 시작시간까지 최소 10시간 이상의 휴식시간이 있어야 하며 특히 야간근무조 이후에는 12~24시간 정도의 휴식이 필요하다.
③ 교대근무 순환주기: 주간근무조 → 저녁근무조 → 야간근무조 순서로 순환하는 것이 좋다.
④ 교대근무 시간: 근로자의 수면을 방해하지 않고 아침 교대시간은 아침 7시 이후에 하는 것이 좋다.

해설
근무시간 종료 후 다음 근무 시작까지 최소 15~16시간 이상의 휴식시간이 있어야 하며, 특히 야간근무조 이후에는 48시간 이상의 휴식시간이 필요하다.

02

다음 중 산업피로에 관한 설명으로 틀린 것은?

① 정신적 피로와 육체적 피로는 보통 구별하기 어렵다.
② 국소피로와 전신피로는 피로현상이 나타난 부위가 어느 정도인가를 상대적으로 표현한 것이다.
③ 곤비는 피로의 축적상태로 단기간에 회복되기 어렵다.
④ 피로는 비가역적 생체의 변화로 건강장애의 일종이다.

해설
일반적인 피로는 단기간에 회복 가능하다.(가역적)

03

L_5/S_1 디스크에 얼마 정도의 압력이 초과되면 대부분의 근로자에게 장해가 나타나는가?

① 3,400[N] ② 4,400[N]
③ 5,400[N] ④ 6,400[N]

해설
연구결과에 의하면, L_5/S_1 디스크에 6,400[N] 이상의 압력 부하 시 대부분의 근로자에게 장해가 나타났다.

04

다음 근육운동에 동원되는 주요 에너지 생산방법 중 혐기성 대사에 사용되는 에너지원이 아닌 것은?

① 아데노신삼인산
② 크레아틴인산
③ 지방
④ 글리코겐

해설
혐기성 대사 순서
아데노신삼인산(ATP) → 크레아틴인산(CP) → 글리코겐(Glycogen) 또는 포도당(Glucose)

정답 01 ② 02 ④ 03 ④ 04 ③

05

연평균 근로자수가 5,000명인 사업장에서 1년 동안에 125건의 재해로 인하여 250명의 사상자가 발생하였다면, 이 사업장의 연천인율은 얼마인가? (단, 이 사업장의 근로자 1인당 연간 근로시간은 2,400시간이다.)

① 10 ② 25
③ 50 ④ 200

해 설

연천인율

$$연천인율 = \frac{재해자수}{연평균근로자수} \times 1,000$$

연천연율 $= \frac{250}{5,000} \times 1,000 = 50$

06

화학적 원인에 의한 직업성 질환으로 볼 수 없는 것은?

① 정맥류 ② 수전증
③ 치아산식증 ④ 시신경 장해

해 설

정맥류는 물리적 원인에 의한 직업성 질환이다.

> **가장 빠른 합격비법**
> 정맥류(하지정맥류)는 주로 정맥 내 판막 기능 이상과 중력·역학적 부담에 의해 발생하는 질환이므로, 화학적 원인에 의한 직업성 질환으로 보기 어렵습니다.

07

재해발생의 주요 원인에서 불안전한 행동에 해당하는 것은?

① 보호구 미착용
② 방호장치 미설치
③ 시끄러운 주변 환경
④ 경고 및 위험표지 미설치

해 설

불안전한 행동(인적요인)
- 보호구 미착용
- 불안전한 상태 방치
- 불안전한 자세
- 위험장소 접근
- 안전장치(인터록) 제거

08

혈액을 이용한 생물학적 모니터링의 단점으로 옳지 않은 것은?

① 보관, 처치에 주의를 요한다.
② 시료채취 시 오염되는 경우가 많다.
③ 시료채취 시 근로자가 부담을 가질 수 있다.
④ 약물동력학적 변이 요인들의 영향을 받는다.

해 설

생물학적 모니터링을 위한 시료채취 시 오염되는 경우는 거의 없다.

정답 05 ③ 06 ① 07 ① 08 ②

09

산업피로에 대한 대책으로 옳은 것은?

① 커피, 홍차, 엽차 및 비타민 B_1은 피로 회복에 도움이 되므로 공급한다.
② 신체 리듬의 적응을 위하여 야간 근무는 연속으로 7일 이상 실시하도록 한다.
③ 움직이는 작업은 피로를 가중시키므로 될수록 정적인 작업으로 전환하도록 한다.
④ 피로한 후 장시간 휴식하는 것이 휴식시간을 여러 번으로 나누는 것보다 효과적이다.

오답해설
② 신체 리듬의 적응을 위하여 야간 근무의 연속일수는 2~3일로 한다.
③ 정적인 작업은 줄이고 동적인 작업을 늘려 피로를 줄여야 한다.
④ 휴식시간을 여러 번으로 나누는 것이 장시간 휴식하는 것보다 효과적이다.

10

미국에서 1910년 납(lead) 공장에 대한 조사를 시작으로 레이온 공장의 이황화탄소 중독, 구리 광산에서 규폐증, 수은 광산에서의 수은 중독 등을 조사하여 미국의 산업보건 분야에 크게 공헌한 선구자는?

① Leonard Hill
② Max Von Pettenkofer
③ Edward Chadwick
④ Alice Hamilton

해설
앨리스 해밀턴(Alice Hamilton)
• 미국 최초, 현대적 의미의 산업의학 전문 조사관이다.
• 직업성 질병이 유해물질(납, 수은, 이황화탄소) 때문임을 과학적으로 증명하였다. 특히, 납중독 문제를 강하게 제기하여 미국 내 납 사용 규제 기반을 마련하였다.

11

산업안전보건법령상 충격소음의 강도가 130[dB(A)]일 때 1일 노출회수 기준으로 옳은 것은?

① 50
② 100
③ 500
④ 1,000

해설
충격소음 노출기준

충격소음 강도[dB(A)]	1일 노출회수
140	100
130	1,000
120	10,000

12

산업안전보건법령상 보건관리자의 자격 기준에 해당하지 않는 사람은?

① 「의료법」에 따른 의사
② 「의료법」에 따른 간호사
③ 「국가기술자격법」에 따른 환경기능사
④ 「산업안전보건법」에 따른 산업보건지도사

해설
보건관리자의 자격 기준
• 「산업안전보건법」에 따른 산업보건지도사 자격을 가진 사람
• 「의료법」에 따른 의사
• 「의료법」에 따른 간호사
• 「국가기술자격법」에 따른 산업위생관리산업기사 또는 대기환경산업기사 이상의 자격을 취득한 사람
• 「국가기술자격법」에 따른 인간공학기사 이상의 자격을 취득한 사람
• 「고등교육법」에 따른 전문대학 이상의 학교에서 산업보건 또는 산업위생 분야의 학위를 취득한 사람

정답 09 ① 10 ④ 11 ④ 12 ③

13

산업안전보건법상 사무실 공기관리에 있어 오염물질에 대한 관리 기준이 잘못 연결된 것은?

① 미세먼지(PM10) — 50[μg/m³] 이하
② 일산화탄소 — 10[ppm] 이하
③ 이산화탄소 — 1,000[ppm] 이하
④ 포름알데히드(HCHO) — 0.1[ppm] 이하

해설

사무실 오염물질 관리기준

오염물질	관리기준
미세먼지(PM10)	100[μg/m³]
초미세먼지(PM2.5)	50[μg/m³]
이산화탄소(CO_2)	1,000[ppm]
일산화탄소(CO)	10[ppm]
이산화질소(NO_2)	0.1[ppm]
포름알데히드(HCHO)	100[μg/m³]
총휘발성유기화합물(TVOC)	500[μg/m³]
라돈(radon)	148[Bq/m³]
총부유세균	800[CFU/m³]
곰팡이	500[CFU/m³]

14

NIOSH의 권고중량한계(RWL; Recommended Weight Limit)에 사용되는 승수(Multiplier)가 아닌 것은?

① 들기거리(Lift Multiplier)
② 이동거리(Distance Multiplier)
③ 수평거리(Horizontal Multiplier)
④ 비대칭각도(Asymmetry Multiplier)

해설

권고중량한계(권장무게한계)

$$RWL = LC \times HM \times VM \times DM \times AM \times FM \times CM$$

여기서, LC: 중량상수(23[kg])
HM: 수평계수
VM: 수직계수
DM: 거리계수
AM: 비대칭계수
FM: 빈도계수
CM: 손잡이계수

15

다음 중 직업병 예방을 위하여 설비개선 등의 조치로는 어려운 경우 가장 마지막으로 적용하는 방법은?

① 격리 및 밀폐
② 개인보호구의 지급
③ 환기시설 등의 설치
④ 공정 또는 물질의 변경, 대치

해설

개인보호구의 지급이 가장 소극적 대책에 해당하므로 최후의 방법으로 적용한다.

16

산업위생전문가의 윤리강령 중 "전문가로서의 책임"에 해당하지 않는 것은?

① 기업체의 기밀은 누설하지 않는다.
② 과학적 방법의 적용과 자료의 해석에서 객관성을 유지한다.
③ 근로자, 사회 및 전문 직종의 이익을 위해 과학적 지식은 공개하거나 발표하지 않는다.
④ 전문적 판단이 타협에 의하여 좌우될 수 있는 상황에는 개입하지 않는다.

해설

과학적 지식은 공개, 발표한다.

관련개념

산업위생전문가로서 책임
- 성실성을 갖추고 학문적으로 최고 수준을 유지
- 자료해석 시 객관성 유지
- 산업위생을 학문적으로 발전
- 과학적 지식 공개 및 발표
- 기업기밀 보장
- 이해관계에 불개입

정답 13 ① 14 ① 15 ② 16 ③

17

생체와 환경과의 열교환 방정식을 올바르게 나타낸 것은? (단, ΔS: 생체 내 열용량의 변화, M: 대사에 의한 열생산, E: 수분증발에 의한 열 방산, R: 복사에 의한 열 득실, C: 대류 및 전도에 의한 열 득실이다.)

① $\Delta S = M + E \pm R - C$
② $\Delta S = M - E \pm R \pm C$
③ $\Delta S = R + M + C + E$
④ $\Delta S = C - M - R - E$

해설
열평형방정식

$$\Delta S = M \pm C \pm R - E$$

여기서, ΔS: 생체 열용량의 변화
M: 작업대사량
C: 대류에 의한 열득실
R: 복사에 의한 열득실
E: 증발에 의한 열방산

18

산업스트레스의 반응에 따른 심리적 결과에 해당되지 않는 것은?

① 가정문제
② 수면방해
③ 돌발적 사고
④ 성(性)적 역기능

해설
돌발적 사고는 산업스트레스의 행동적 결과이다.

19

다음 물질에 관한 생물학적 노출지수를 측정하려 할 때 시료의 채취시기가 다른 하나는?

① 크실렌
② 이황화탄소
③ 일산화탄소
④ 트리클로로에틸렌

해설
트리클로로에틸렌의 시료는 주말 작업 종료 시 채취한다.
크실렌, 이황화탄소, 일산화탄소의 시료는 당일 작업 종료 시 채취한다.

20

톨루엔(TLV=50[ppm])을 사용하는 작업장의 작업시간이 10시간일 때 허용기준을 보정하여야 한다. OSHA 보정법과 Brief and Scala 보정법을 적용하였을 경우 보정된 허용기준치 간의 차이는?

① 1[ppm]
② 2.5[ppm]
③ 5[ppm]
④ 10[ppm]

해설
OSHA 보정방법

$$\text{보정노출기준} = 8\text{시간 노출기준} \times \frac{8\text{시간}}{\text{노출시간/일}}$$

보정노출기준 $= 50 \times \frac{8}{10} = 40[\text{ppm}]$

Brief and Scala 보정방법(1일 노출시간 기준)

$$\text{RF} = \frac{8}{H} \times \frac{24-H}{16}$$

보정노출기준 = 8시간 노출기준 × RF

여기서, RF: 노출기준 보정계수
H: 노출시간[hr/일]

$\text{RF} = \frac{8}{10} \times \frac{24-10}{16} = 0.7$

보정노출기준 $= 50 \times 0.7 = 35[\text{ppm}]$
보정된 허용기준치 간의 차이 $= 40 - 35 = 5[\text{ppm}]$

정답 17 ② 18 ③ 19 ④ 20 ③

2과목 작업위생측정 및 평가

21

흡착제의 탈착을 위한 이황화탄소 용매에 관한 설명으로 틀린 것은?

① 탈착효율이 좋다.
② GC의 불꽃이온화검출기에서 반응성이 낮기 때문에 피크가 적게 나와 분석에 유리하다.
③ 인화성이 적어 화재의 염려가 적다.
④ 활성탄으로 시료채취 시 많이 사용된다.

해설
이황화탄소는 인화성과 독성이 큰 물질이다.

22

산업위생통계에서 적용하는 변이계수에 대한 설명으로 틀린 것은?

① 표준오차에 대한 평균값의 크기를 나타낸 수치이다.
② 통계집단의 측정값들에 대한 균일성, 정밀성 정도를 표현하는 것이다.
③ 단위가 서로 다른 집단이나 특성값의 상호 산포도를 비교하는 데 이용될 수 있다.
④ 평균값의 크기가 0에 가까울수록 변이계수의 의의가 작아지는 단점이 있다.

해설
변이계수(CV)는 표준편차를 산술평균으로 나누어 백분율로 표현한 값으로, 표준편차가 평균의 몇 [%] 정도인지 나타낸다.

23

실리카겔과 친화력이 가장 큰 물질은?

① 알데하이드류
② 올레핀류
③ 파라핀류
④ 에스테르류

해설
실리카겔의 친화력 크기 순서
물 > 알코올 > 알데히드(알데하이드) > 케톤 > 에스테르 > 방향족 탄화수소 > 올레핀 > 파라핀

24

공장에서 A용제 30[%](노출기준 1,200[mg/m³]), B용제 30[%](노출기준 1,400[mg/m³]) 및 C용제 40[%](노출기준 1,600[mg/m³])의 중량비로 조성된 액체용제가 증발되어 작업환경을 오염시킬 때, 이 혼합물의 노출기준[mg/m³]은? (단, 혼합물의 성분은 상가작용을 한다.)

① 1,400
② 1,450
③ 1,500
④ 1,550

해설
혼합물의 노출기준

$$TLV = \frac{1}{\frac{f_a}{TLV_a} + \frac{f_b}{TLV_b} + \cdots + \frac{f_n}{TLV_n}}$$

여기서, TLV : 혼합물의 노출기준
f_n : 중량 구성비
TLV_n : 해당 물질의 노출기준[mg/m³]

$$TLV = \frac{1}{\frac{0.3}{1,200} + \frac{0.3}{1,400} + \frac{0.4}{1,600}} = 1,400 [mg/m^3]$$

25

직경분립충돌기에 관한 설명으로 틀린 것은?

① 흡입성, 흉곽성, 호흡성 입자의 크기별 분포와 농도를 계산할 수 있다.
② 호흡기의 부분별로 침착된 입자 크기를 추정할 수 있다.
③ 입자의 질량크기분포를 얻을 수 있다.
④ 되튐 또는 과부하로 인한 시료 손실이 없어 비교적 정확한 측정이 가능하다.

해설
직경분립충돌기는 되튐으로 인한 시료의 손실이 있다.

> **가장 빠른 합격비법**
> 되튐이란 시료가 튕겨나가는 현상을 말합니다.

정답 21 ③ 22 ① 23 ① 24 ① 25 ④

26

다음 중 78[℃]와 동등한 온도는?

① 351[K] ② 189[°F]
③ 26[°F] ④ 195[K]

해 설

절대온도([℃] → [K])

$$T_K = T_℃ + 273.15$$

여기서, T_K: 절대온도[K]
$T_℃$: 섭씨온도[℃]

$T_K = 78 + 273.15 = 351.15[K]$

화씨온도([℃] → [°F])

$$T_°F = T_℃ \times \frac{9}{5} + 32$$

여기서, $T_°F$: 화씨온도[°F]

$T_°F = 78 \times \frac{9}{5} + 32 = 172.4[°F]$

27

소음의 측정방법으로 틀린 것은? (단, 고용노동부 고시를 기준으로 한다.)

① 소음계의 청감보정회로는 A특성으로 한다.
② 소음계 지시침의 동작은 느린(Slow) 상태로 한다.
③ 소음계의 지시치가 변동하지 않는 경우에는 해당 지시치를 그 측정점에서의 소음수준으로 한다.
④ 소음이 1초 이상의 간격을 유지하면서 최대음압수준이 120[dB(A)] 이상의 소음인 경우에는 소음수준에 따른 10분 동안의 발생횟수를 측정한다.

해 설

소음의 측정방법
소음이 1초 이상의 간격을 유지하면서 최대음압수준이 120[dB(A)] 이상의 소음인 경우에는 소음수준에 따른 1분 동안의 발생횟수를 측정한다.

28

초기 무게가 1.260[g]인 깨끗한 PVC 여과지를 하이볼륨(High-volume) 시료채취기에 장착하여 작업장에서 오전 9시부터 오후 5시까지 2.5[L/분]의 유량으로 시료채취기를 작동시킨 후 여과지의 무게를 측정한 결과가 1.280[g]이었다면 채취한 입자상 물질의 작업장 내 평균농도[mg/m³]는?

① 7.8 ② 13.4
③ 16.7 ④ 19.2

해 설

포집공기량 = $\frac{2.5L}{min} \times 480min \times \frac{10^{-3}m^3}{L} = 1.2[m^3]$

평균농도 = $\frac{1,280mg - 1,260mg}{1.2m^3} = 16.67[mg/m^3]$

29

다음 (　) 안에 들어갈 수치는?

단시간노출기준(STEL) : (　)분간의 시간가중평균 노출값

① 10 ② 15
③ 20 ④ 40

해 설

단시간노출기준(STEL)은 15분간의 시간가중평균노출값이다.

정답 26 ①　27 ④　28 ③　29 ②

30

코크스 제조공정에서 발생되는 코크스오븐 배출물질을 채취할 때, 다음 중 가장 적합한 여과지는?

① 은막 여과지
② PVC 여과지
③ 유리섬유 여과지
④ PTFE 여과지

해설

은막 여과지는 거의 순수한 은으로 만들어져 화학적, 열적 안정성이 매우 높다. 따라서, 코크스오븐 배출물질이나 콜타르피치 휘발성 물질, 다핵방향족 탄화수소 등을 채취할 때 사용한다.

31

직경 25[mm] 여과지(유효면적 385[mm²])를 사용하여 백석면을 채취하여 분석한 결과 단위 시야 당 시료는 3.15개, 공시료는 0.05개였을 때 석면의 농도[개/cc]는? (단, 측정시간은 100분, 펌프유량은 2.0[L/min], 단위 시야의 면적은 0.00785[mm²]이다.)

① 0.74
② 0.76
③ 0.78
④ 0.80

해설

공기 중 석면농도

$$C = \frac{E \times A_c}{V \times 1,000} \qquad E = \frac{F-B}{A_f}$$

여기서, C: 석면농도[개/cc]
E: 단위면적당 섬유밀도[개/mm²]
A_c: 여과지의 유효 시료채취면적[mm²]
V: 시료의 공기채취량[L]
F: 시료의 섬유수[개]
B: 공시료의 섬유수[개]
A_f: 단위 시야의 면적[mm²]

$E = \frac{3.15 - 0.05}{0.00785} = 394.90$[개/mm²]

$V = Q \times t = 2 \times 100 = 200$[L]

$C = \frac{394.90 \times 385}{200 \times 1,000} = 0.76$[개/cc]

32

공기 중에 카본테트라클로라이드(TLV = 10[ppm]) 8[ppm], 1, 2-디클로로에탄(TLV=50[ppm]) 40[ppm], 1, 2-디브로모에탄(TLV=20[ppm]) 10[ppm]으로 오염되었을 때, 이 작업장 환경의 허용기준농도[ppm]는? (단, 상가작용을 기준으로 한다.)

① 24.5
② 27.6
③ 29.6
④ 58.0

해설

허용기준농도

$$허용기준농도 = \frac{혼합물의 공기 중 농도}{EI}$$

$EI = \frac{8}{10} + \frac{40}{50} + \frac{10}{20} = 2.1$

허용기준농도 $= \frac{8+40+10}{2.1} = 27.62$[ppm]

33

고온의 노출기준을 구분하는 작업강도 중 중등작업에 해당하는 열량[kcal/h]은? (단, 고용노동부 고시를 기준으로 한다.)

① 130
② 221
③ 365
④ 445

해설

고온의 노출기준[℃, WBGT]

작업휴식시간비 (시간당)	작업강도[kcal]		
	경작업 (200 미만)	중등작업 (200~350)	중작업 (350~500)
계속 작업	30.0	26.7	25.0
75[%] 작업/25[%] 휴식	30.6	28.0	25.9
50[%] 작업/50[%] 휴식	31.4	29.4	27.9
25[%] 작업/75[%] 휴식	32.2	31.1	30.0

정답 30 ① 31 ② 32 ② 33 ②

34

어느 작업장에서 시료채취기를 사용하여 분진 농도를 측정한 결과 시료채취 전/후 여과지의 무게가 각각 32.4/44.7[mg]일 때, 이 작업장의 분진 농도[mg/m³]는? (단, 시료채취를 위해 사용된 펌프의 유량은 20[L/min]이고, 2시간 동안 시료를 채취하였다.)

① 5.1
② 6.2
③ 10.6
④ 12.3

해설

분진농도 = 채취된 먼지중량 / 채취공기량

채취된 먼지중량 = 44.7 − 32.4 = 12.3[mg]

채취공기량 = $\dfrac{20L}{min} \times 120min \times \dfrac{m^3}{1,000L} = 2.4[m^3]$

분진농도 = $\dfrac{12.3}{2.4} = 5.13[mg/m^3]$

35

한 근로자가 하루 동안 TCE에 노출되는 것을 측정한 결과가 아래와 같을 때, 8시간 시간가중평균치(TWA, [ppm])는?

측정시간	노출농도[ppm]
1시간	10.0
2시간	15.0
4시간	17.5
1시간	0.0

① 15.7
② 14.2
③ 13.8
④ 10.6

해설

시간가중평균노출기준(TWA)

$$TWA = \dfrac{C_1 t_1 + C_2 t_2 + \cdots + C_n t_n}{8}$$

여기서, TWA : 시간가중평균노출기준
C_n : 유해인자의 측정농도[mg/m³ 또는 ppm]
t_n : 유해인자의 발생시간[hr]

$TWA = \dfrac{(1 \times 10) + (2 \times 15) + (4 \times 17.5) + (1 \times 0)}{8} = 13.75[ppm]$

36

AIHA에서 정한 유사노출군(SEG)별로 노출농도 범위, 분포 등을 평가하며 역학조사에 가장 유용하게 활용되는 측정방법은?

① 진단모니터링
② 기초모니터링
③ 순응도(허용기준 초과여부)모니터링
④ 공정안전조사

해설

기초모니터링
유사노출군별로 노출농도 범위, 분포 등을 평가하며 역학조사에 가장 유용하게 활용되는 측정방법이다.

37

출력이 0.4[W]인 작은 점음원에서 10[m] 떨어진 곳의 음압수준은 약 몇 [dB]인가? (단, 공기의 밀도는 1.18[kg/m³]이고, 공기에서 음속은 344.4[m/sec]이다.)

① 80
② 85
③ 90
④ 95

해설

음력 수준(PWL)

$$PWL = 10 \log \dfrac{W}{W_0}$$

여기서, PWL : 음력 수준(음향파워레벨)[dB]
W : 측정음력[W]
W_0 : 기준음력(10^{-12}[W])

$PWL = 10 \log \dfrac{0.4}{10^{-12}} = 116.02[dB]$

SPL과 PWL의 관계(자유공간)

$$SPL = PWL - 20 \log r - 11$$

여기서, SPL : 음압 수준[dB]
PWL : 음력 수준[dB]
r : 음원으로부터 떨어진 거리[m]

$SPL = 116.02 - 20 \log 10 - 11 = 85.02[dB]$

정답 34 ① 35 ③ 36 ② 37 ②

38

시료공기를 흡수, 흡착 등의 과정을 거치지 않고 진공채취병 등의 채취용기에 물질을 채취하는 방법은?

① 직접채취방법
② 여과채취방법
③ 고체채취방법
④ 액체채취방법

해설

직접채취방법
시료공기를 흡수, 흡착 등의 과정을 거치지 않고 진공채취병이나 시료포집백 등을 이용하여 물질을 채취하는 방법이다.

39

다음 중 0.2~0.5[m/sec] 이하의 실내기류를 측정하는 데 사용할 수 있는 온도계는?

① 금속온도계
② 건구온도계
③ 카타온도계
④ 습구온도계

오답해설

①, ②, ④ : 작업장의 열환경 평가 시 사용되며, 기류 측정에는 사용할 수 없다.

40

불꽃 방식 원자흡광광도계가 갖는 특징으로 틀린 것은?

① 분석시간이 흑연으로 장치에 비하여 적게 소요된다.
② 혈액이나 소변 등 생물학적 시료의 유해금속 분석에 주로 많이 사용된다.
③ 일반적으로 흑연로장치나 유도결합플라스마-원자발광분석기에 비하여 저렴하다.
④ 용질이 고농도로 용해되어 있는 경우 버너의 슬롯을 막을 수 있으며 점성이 큰 용액은 분무가 어려워 분무 구멍을 막아버릴 수 있다.

해설

혈액이나 소변 등 생물학적 시료의 유해금속 분석에 주로 많이 사용되는 분석법은 전열고온로법이다.

3과목 작업환경관리대책

41

용접작업대에 그림과 같은 외부식 후드를 설치할 때 개구면적이 0.3[m²]이면 송풍량은? (단, V_c=외부식 후드의 제어풍속)

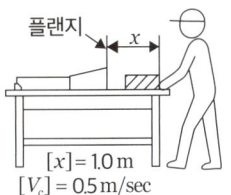

[x] = 1.0 m
[V_c] = 0.5 m/sec

① 약 150[m³/min]
② 약 155[m³/min]
③ 약 160[m³/min]
④ 약 165[m³/min]

해설

필요환기량(바닥면, 플랜지 부착)

$$Q = 0.5 V_c (10X^2 + A)$$

여기서, Q : 필요환기량[m³/s]
V_c : 제어속도[m/s]
X : 후드 중심선으로부터 발생원까지의 거리[m]
A : 개구부의 면적[m²]

$Q = 0.5 \times 0.5 \times (10 \times 1^2 + 0.3) = 2.58 [m^3/sec]$

$Q = \dfrac{2.58 m^3}{sec} \times \dfrac{60 sec}{min} = 155 [m^3/min]$

42

송풍기에 관한 설명으로 옳은 것은?

① 풍량은 송풍기의 회전수에 비례한다.
② 동력은 송풍기의 회전수의 제곱에 비례한다.
③ 풍력은 송풍기의 회전수의 세제곱에 비례한다.
④ 풍압은 송풍기의 회전수의 세제곱에 비례한다.

오답해설

② 동력은 회전수의 세제곱에 비례한다.
③ 풍력에 관한 상사법칙은 없다.
④ 풍압은 회전수의 제곱에 비례한다.

정답 38 ① 39 ③ 40 ② 41 ② 42 ①

43

다음 중 덕트 내 공기의 압력을 측정할 때 사용하는 장비로 가장 적절한 것은?

① 피토관
② 타코미터
③ 열선유속계
④ 회전날개형 유속계

오답해설

② 타코미터: 회전속도 측정에 사용
③ 열선유속계: 기류 측정에 사용
④ 회전날개형 유속계: 기류 측정에 사용

44

후드의 개구(opening) 내부로 작업환경의 오염공기를 흡인시키는 데 필요한 압력차에 관한 설명 중 적합하지 않은 것은?

① 정지상태의 공기가속에 필요한 것 이상의 에너지이어야 한다.
② 개구에서 발생되는 난류손실을 보전할 수 있는 에너지이어야 한다.
③ 개구에서 발생되는 난류손실은 형태나 재질에 무관하게 일정하다.
④ 공기의 가속에 필요한 에너지는 공기의 이동에 필요한 속도압과 같다.

해설
개구에서 발생되는 난류손실은 형태나 재질의 영향을 받는다.

가장 빠른 합격비법
후드 개구부에서 발생하는 난류손실은 주로 후드의 형상에 의하여 결정됩니다.
후드의 재질이 난류손실에 영향을 미치기도 하나 진입부 형상이 만드는 손실에 비해 미미하며, 덕트 내 마찰손실에 미치는 영향이 더 큽니다.

45

강제환기를 실시할 때 환기효과를 제고하기 위해 따르는 원칙으로 옳지 않은 것은?

① 배출공기를 보충하기 위하여 청정공기를 공급할 수 있다.
② 공기배출구와 근로자의 작업위치 사이에 오염원이 위치하여야 한다.
③ 오염물질 배출구는 가능한 한 오염원으로부터 가까운 곳에 설치하여 점환기현상을 방지한다.
④ 오염원 주위에 다른 작업공정이 있으면 공기배출량을 공급량보다 약간 크게 하여 음압을 형성하여 주위 근로자에게 오염물질이 확산되지 않도록 한다.

해설
오염물질 배출구는 가능한 한 오염원으로부터 가까운 곳에 설치하여 점환기 효과를 얻는다.

46

산업안전보건법령상 관리대상 유해물질 관련 국소배기장치 후드의 제어풍속[m/s]의 기준으로 옳은 것은?

① 가스상태(포위식 포위형): 0.4
② 가스상태(외부식 상방흡인형): 0.5
③ 입자상태(포위식 포위형): 1.0
④ 입자상태(외부식 상방흡인형): 1.5

해설
관리대상 유해물질 관련 국소배기장치 후드의 제어풍속

물질상태	후드 형식	제어풍속[m/s]
가스	포위식 포위형	0.4
	외부식 측방흡인형	0.5
	외부식 하방흡인형	0.5
	외부식 상방흡인형	1.0
입자	포위식 포위형	0.7
	외부식 측방흡인형	1.0
	외부식 하방흡인형	1.0
	외부식 상방흡인형	1.2

정답 43 ① 44 ③ 45 ③ 46 ①

47

곡관에서 곡률반경비(R/D)가 1.0일 때 압력손실계수값이 가장 작은 곡관의 종류는?

① 2조각 관
② 3조각 관
③ 4조각 관
④ 5조각 관

해설

곡관에서 곡률반경비(R/D)가 동일한 경우 조각관의 수가 많을수록, 곡률반경비를 크게 할수록 압력손실계수가 작아진다.

48

어떤 공장에서 1시간에 0.2[L]의 벤젠이 증발되어 공기를 오염시키고 있다. 전체환기를 위해 필요한 환기량 [m³/s]은? (단, 벤젠의 안전계수, 밀도 및 노출기준은 각각 6, 0.879[g/mL], 0.5[ppm]이며, 환기량은 21[℃], 1기압을 기준으로 한다.)

① 82
② 91
③ 146
④ 181

해설

벤젠 사용량 $= \dfrac{0.2\text{L}}{\text{hr}} \times \dfrac{0.879\text{g}}{\text{mL}} \times \dfrac{1{,}000\text{mL}}{\text{L}} = 175.8[\text{g/hr}]$

벤젠 발생률(G)

$78[\text{g}] : 24.1[\text{L}] = 175.8[\text{g/hr}] : x[\text{L/hr}]$

$x = \dfrac{24.1 \times 175.8}{78} = 54.32[\text{L/hr}]$

$G = \dfrac{54.32\text{L}}{\text{hr}} \times \dfrac{1{,}000\text{mL}}{\text{L}} \times \dfrac{\text{hr}}{3{,}600\text{sec}} = 15.09[\text{mL/sec}]$

필요환기량(Q)

$$Q = \dfrac{G}{\text{TLV}} \times K$$

여기서, Q : 필요환기량[m³/sec]
G : 발생률[mL/sec]
TLV : 노출기준[ppm]
K : 안전계수

$Q = \dfrac{15.09}{0.5} \times 6 = 181.06[\text{m}^3/\text{sec}]$

! 가장 빠른 합격비법

증발량이 제시되고, 전체환기량을 구하는 문제는 사용량 → 발생률 → 환기량 순으로 구하는 것이 편리합니다.

49

7[m]×14[m]×3[m]의 체적을 가진 방에 톨루엔이 저장되어 있고 공기를 공급하기 전에 측정한 농도가 300[ppm]이었다. 이 방으로 10[m³/min]의 환기량을 공급한 후 노출기준인 100[ppm]으로 도달하는데 걸리는 시간[min]은?

① 12
② 16
③ 24
④ 32

해설

농도 감소에 걸리는 시간

$$t = -\dfrac{V}{Q'} \ln \dfrac{C_2}{C_1}$$

여기서, t : 농도 감소에 걸리는 시간[sec]
V : 공간의 부피[m³]
Q' : 환기속도[m³/sec]
C_2 : 나중 농도[ppm]
C_1 : 처음 농도[ppm]

$t = -\dfrac{7 \times 14 \times 3}{10} \times \ln \dfrac{100}{300} = 32.30[\text{min}]$

50

유기용제 취급 공정의 작업환경관리대책으로 가장 거리가 먼 것은?

① 근로자에 대한 정신건강관리 프로그램 운영
② 유기용제의 대체사용과 작업공정 배치
③ 유기용제 발산원의 밀폐 등 조치
④ 국소배기장치의 설치 및 관리

해설

근로자에 대한 정신건강관리 프로그램 운영은 건강관리대책에 해당한다.

정답 47 ④　48 ④　49 ④　50 ①

51

일반적인 후드 설치의 유의사항으로 가장 거리가 먼 것은?

① 오염원 전체를 포위시킬 것
② 후드는 오염원에 가까이 설치할 것
③ 오염 공기의 성질, 발생상태, 발생원인을 파악할 것
④ 후드의 흡인 방향과 오염가스의 이동방향은 반대로 할 것

해설
후드 흡인 방향과 오염가스 이동방향을 같게 설계해야 한다.

52

공기가 20[℃]의 송풍관 내에서 20[m/sec]의 유속으로 흐를 때, 공기의 속도압은 약 몇 [mmH₂O]인가? (단, 공기밀도는 1.2[kg/m³])

① 15.5 ② 24.5
③ 33.5 ④ 40.2

해설
속도압(동압)

$$VP = \frac{\gamma V^2}{2g}$$

여기서, VP: 속도압[mmH₂O]
γ: 유체의 비중량[kgf/m³]
V: 유속[m/s]
g: 중력가속도[m/s²]

$$VP = \frac{1.2 \times 20^2}{2 \times 9.8} = 24.49 [mmH_2O]$$

53

후드로부터 0.25[m] 떨어진 곳에 있는 공정에서 발생되는 먼지를, 제어속도가 5[m/s], 후드직경이 0.4[m]인 원형후드를 이용하여 제거할 때, 필요환기량은 약 몇 [m³/min]인가? (단, 플랜지 등 기타 조건은 고려하지 않음)

① 205 ② 215
③ 225 ④ 235

해설
필요환기량(자유공간, 플랜지 미부착)

$$Q = V_c(10X^2 + A)$$

여기서, Q: 필요환기량[m³/s]
V_c: 제어속도[m/s]
X: 후드 중심선으로부터 발생원까지의 거리[m]
A: 개구부의 면적[m²]

$$Q = 5 \times (10 \times 0.25^2 + \frac{\pi}{4} \times 0.4^2) = 3.75 [m^3/min]$$

$$Q = \frac{3.75 m^3}{sec} \times \frac{60 sec}{min} = 225 [m^3/min]$$

54

원심력 송풍기인 방사날개형 송풍기에 관한 설명으로 틀린 것은?

① 깃이 평판으로 되어 있다.
② 플레이트형 송풍기라고도 한다.
③ 깃의 구조가 분진을 자체 정화할 수 있도록 되어 있다.
④ 큰 압력손실에서 송풍량이 급격히 떨어지는 단점이 있다.

해설
높은 압력손실에서 송풍량이 급격하게 떨어지는 단점이 있는 송풍기는 다익형(전향날개형)이다.

정답 51 ④ 52 ② 53 ③ 54 ④

55

눈 보호구에 관한 설명으로 틀린 것은? (KS 표준 기준)

① 눈을 보호하는 보호구는 유해광선 차광 보호구와 먼지나 이물을 막아주는 방진안경이 있다.
② 400A 이상의 아크용접 시 차광도번호 14의 차광도 보호안경을 사용하여야 한다.
③ 눈, 지붕 등으로부터 반사광을 받는 작업에서는 차광도 번호 1.2~3 정도의 차광도 보호안경을 사용하는 것이 알맞다.
④ 단순히 눈의 외상을 막는 데 사용되는 보호안경은 열처리를 하거나 색깔을 넣은 렌즈를 사용할 필요가 없다.

해설
단순히 눈의 외상을 막는 데 사용되는 보호안경은 열처리를 하거나 색깔을 넣은 렌즈를 사용하여야 한다.

56

Stokes 침강법칙에서 침강속도에 대한 설명으로 옳지 않은 것은? (단, 자유공간에서 구형의 분진입자를 고려한다.)

① 기체와 분진입자의 밀도차에 반비례한다.
② 중력가속도에 비례한다.
③ 기체의 점도에 반비례한다.
④ 분진입자 직경의 제곱에 비례한다.

해설
스토크스 법칙

$$V_g = \frac{d_p^2(\rho_p - \rho)g}{18\mu}$$

여기서, V_g : 침강속도
d_p : 입자의 직경
ρ_p : 입자의 밀도
ρ : 공기의 밀도
g : 중력가속도
μ : 점성계수

스토크스 법칙에 따르면, 입자의 침강속도는 입자와 공기 사이의 밀도차에 비례한다.

57

세정제진장치의 특징으로 틀린 것은?

① 배출수의 재가열이 필요 없다.
② 포집효율을 변화시킬 수 있다.
③ 유출수가 수질오염을 야기할 수 있다.
④ 가연성, 폭발성 분진을 처리할 수 있다.

해설
세정제진(집진)장치는 백연현상 등을 방지하기 위해 배출수의 재가열 시설이 필요하다.

가장 빠른 합격비법
백연현상은 굴뚝으로부터 배출된 뜨겁고 다습한 가스가 차가운 대기 중으로 분출될 때 미세한 물방울(또는 얼음 결정)로 응결되어 희고 뿌연 연기처럼 보이는 현상을 말합니다.

58

귀마개에 관한 설명으로 가장 거리가 먼 것은?

① 휴대가 편하다.
② 고온작업장에서도 불편 없이 사용할 수 있다.
③ 근로자들이 착용하였는지 쉽게 확인할 수 있다.
④ 제대로 착용하는데 시간이 걸리고 요령을 습득해야 한다.

해설
귀마개는 귀덮개에 비하여 근로자들이 착용하였는지 쉽게 확인할 수 없다.

정답 55 ④ 56 ① 57 ① 58 ③

59
작업환경개선에서 공학적인 대책과 가장 거리가 먼 것은?

① 교육
② 환기
③ 대체
④ 격리

해설
작업환경개선의 공학적 대책으로는 제거, 격리, 대체 및 환기 등이 있다.

60
환기시설 내 기류가 기본적 유체역학적 원리에 의하여 지배되기 위한 전제 조건에 관한 내용으로 틀린 것은?

① 환기시설 내외의 열교환은 무시한다.
② 공기의 압축이나 팽창을 무시한다.
③ 공기는 포화수증기상태로 가정한다.
④ 대부분의 환기시설에서는 공기 중에 포함된 유해물질의 무게와 용량을 무시한다.

해설
공기는 건조한 상태로 가정한다.

4과목 물리적유해인자관리

61
다음 중 자외선의 인체 내 작용에 대한 설명과 가장 거리가 먼 것은?

① 자외선 노출에 의한 가장 심각한 만성영향은 피부암이다.
② 280~320[nm]에서 비타민 D 생성이 활발하다.
③ 254~280[nm]에서 강한 살균작용이 나타난다.
④ 홍반은 250[nm] 이하에서 노출 시 가장 영향이 크다.

해설
홍반은 300[nm] 부근의 파장에서 잘 발생한다.

62
다음 중 한랭장애에 대한 예방법으로 적절하지 않은 것은?

① 의복이나 구두 등의 습기를 제거한다.
② 가능한 한 팔과 다리를 움직여서 혈액순환을 돕는다.
③ 과도한 피로를 피하고 충분한 식사를 한다.
④ 가능한 한 꼭 맞는 구두, 장갑을 착용하여 한기를 막는다.

해설
꼭 맞는 구두와 장갑은 혈액순환을 방해하여 동상 위험을 높이므로 방한용 신발, 장갑은 적당히 여유 있게 착용하여야 한다.

63
산업안전보건법령상 충격소음의 노출기준과 관련된 내용으로 옳은 것은?

① 충격소음의 강도가 120[dB(A)]일 경우 1일 최대 노출 회수는 1,000회이다.
② 충격소음의 강도가 130[dB(A)]일 경우 1일 최대 노출 회수는 100회이다.
③ 최대 음압수준이 135[dB(A)]를 초과하는 충격소음에 노출되어서는 안 된다.
④ 충격소음이란 최대 음압수준에 120[dB(A)] 이상인 소음이 1초 이상의 간격으로 발생하는 것을 말한다.

오답해설
① 충격소음의 강도가 120[dB(A)]일 경우 1일 최대 노출회수는 10,000회이다.
② 충격소음의 강도가 130[dB(A)]일 경우 1일 최대 노출회수는 1,000회이다.
③ 최대 음압수준이 140[dB(A)]를 초과하는 충격소음에 노출되어서는 안 된다.

정답 59 ① 60 ③ 61 ④ 62 ④ 63 ④

64
전리방사선의 종류에 해당하지 않는 것은?

① γ선
② 중성자
③ 레이저
④ β선

해설
전리방사선의 종류
- 전자기방사선: γ선, X선
- 입자방사선: α선, β선, 중성자

65
자연조명에 관한 설명으로 틀린 것은?

① 창의 면적은 바닥면적의 15~20[%] 정도가 이상적이다.
② 개각은 4~5°가 좋으며, 개각이 작을수록 실내는 밝다.
③ 균일한 조명을 요하는 작업실은 동북 또는 북창이 좋다.
④ 입사각은 28° 이상이 좋으며, 입사각이 클수록 실내는 밝다.

해설
개각 및 입사각이 클수록 실내가 밝다.

66
질소마취 증상과 가장 연관이 많은 작업은?

① 잠수작업
② 용접작업
③ 냉동작업
④ 금속제조작업

해설
질소마취 증상은 고압작업인 잠수작업과 관련이 크다.

67
소음의 생리적 영향으로 볼 수 없는 것은?

① 혈압 감소
② 맥박수 증가
③ 위분비액 감소
④ 집중력 감소

해설
소음에 노출되면 혈압이 증가한다.

68
채광계획에 관한 설명으로 옳지 않는 것은?

① 창의 면적은 방바닥 면적의 15~20[%]가 이상적이다.
② 조도의 평등을 요하는 작업실은 남향으로 하는 것이 좋다.
③ 실내 각점의 개각은 45°, 입사각은 28° 이상이 되어야 한다.
④ 유리창은 청결한 상태여도 10~15[%] 조도가 감소되는 점을 고려한다.

해설
조도의 평등을 요하는 작업실은 북향이 좋고, 많은 채광이 필요한 경우 남향이 좋다.

정답 64 ③ 65 ② 66 ① 67 ① 68 ②

69

고압환경의 인체작용에 있어 2차적 가압현상에 해당하지 않는 것은?

① 산소중독 ② 질소마취
③ 공기전색 ④ 이산화탄소 중독

해 설

공기전색은 폐포 내의 공기가 배출되지 못한 상태에서 급격한 감압 시 공기가 팽창하면서 폐포가 파열되는 현상이다. 따라서, 공기전색은 물리적, 역학적 가압현상인 1차적 가압현상에 해당한다

70

이상기압의 대책에 관한 내용으로 옳지 않은 것은?

① 고압실 내의 작업에서는 탄산가스의 분압이 증가하지 않도록 신선한 공기를 송기한다.
② 고압환경에서 작업하는 근로자에게는 질소의 양을 증가시킨 공기를 호흡시킨다.
③ 귀 등의 장해를 예방하기 위하여 압력을 가하는 속도를 매 분당 0.8[kg/cm²] 이하가 되도록 한다.
④ 감압병의 증상이 발생하였을 때에는 환자를 바로 원래의 고압환경 상태로 복귀시키거나, 인공고압실에서 천천히 감압한다.

해 설

고압환경에서 작업하는 근로자에게는 질소 대신 마취작용이 적은 헬륨 등의 기체로 대치한 공기를 호흡시킨다.

71

작업환경 조건을 측정하는 기기 중 기류를 측정하는 것이 아닌 것은?

① Kata 온도계 ② 풍차풍속계
③ 열선풍속계 ④ Assmann 통풍건습계

해 설

아스만(Assmann) 통풍건습계는 건구온도와 습구온도를 측정한다.

72

10시간 동안 측정한 누적소음노출량이 300[%]일 때 측정시간 평균소음수준은 약 얼마인가?

① 94.2[dB(A)] ② 96.3[dB(A)]
③ 97.4[dB(A)] ④ 98.6[dB(A)]

해 설

측정시간에 따른 소음평균치

$$\text{SPL} = 90 + 16.61 \log \frac{D}{12.5t}$$

여기서, SPL : 측정시간에 따른 소음평균치[dB]
D : 소음노출량계로 측정한 노출량[%]
t : 측정시간[hr]

$$\text{SPL} = 90 + 16.61 \log \frac{300}{12.5 \times 10}$$
$$= 96.32[dB(A)]$$

73

산업안전보건법령상 정밀작업을 수행하는 작업장의 조도기준은?

① 150럭스 이상
② 300럭스 이상
③ 450럭스 이상
④ 750럭스 이상

해 설

작업면의 조도 기준
- 초정밀 작업: 750럭스 이상
- 정밀 작업: 300럭스 이상
- 보통 작업: 150럭스 이상
- 그 밖의 작업: 75럭스 이상

정답 69 ③ 70 ② 71 ④ 72 ② 73 ②

74

다음에서 설명하는 고열 건강장해는?

> 고온 환경에서 강한 육체적 노동을 할 때 잘 발생하며, 지나친 발한에 의한 탈수와 염분소실이 발생하며 수의근의 유통성 경련증상이 나타나는 것이 특징이다.

① 열성 발진(Heat Rashes)
② 열사병(Heat Stroke)
③ 열피로(Heat Fatigue)
④ 열경련(Heat Cramps)

오답해설

① 열성 발진(열발진): 고온다습한 환경에 장시간 폭로 시 땀구멍이 막히고 염증이 발생하는 것이 원인이다.
② 열사병: 발한에 의한 체열방출 장해로 체내에 축적된 열이 원인이다.
③ 열피로: 고온에 장시간 노출되어 말초 운동신경의 조절장애 및 순환부전, 대뇌 피질의 혈류량 부족이 원인이다.

75

진동이 인체에 미치는 영향에 관한 설명으로 옳지 않은 것은?

① 맥박수가 증가한다.
② 1~3[Hz]에서 호흡이 힘들고 산소소비가 증가한다.
③ 1~3[Hz]에서 허리, 가슴 및 등 쪽에 감각적으로 가장 심한 통증을 느낀다.
④ 신체의 공진현상은 앉아 있을 때가 서 있을 때보다 심하게 나타난다.

해 설

가슴, 등에 심한 통증을 느끼는 진동수는 6[Hz]이다.

76

사무실 실내환경의 이산화탄소 농도를 측정하였더니 750[ppm]이었다. 이산화탄소가 750[ppm]인 사무실 실내환경의 직접적 건강영향은?

① 두통
② 피로
③ 호흡곤란
④ 직접적 건강영향은 없다.

해 설

사무실 공기관리 지침에 따르면, 이산화탄소의 관리기준은 1,000[ppm] 이하이다.
해당 사무실의 이산화탄소 농도는 관리기준 이내이므로 직접적 건강영향이 없다고 판단한다.

77

다음 중 음의 세기레벨을 나타내는 dB의 계산식으로 옳은 것은? (단, I_o=기준음향의 세기, I=발생음의 세기)

① $dB = 10 \log \dfrac{I}{I_o}$
② $dB = 20 \log \dfrac{I}{I_o}$
③ $dB = 10 \log \dfrac{I_o}{I}$
④ $dB = 20 \log \dfrac{I_o}{I}$

해 설

음의 세기레벨(SIL)

$$SIL = SPL = 10 \log \dfrac{I}{I_o}$$

여기서, SIL: 음의 세기레벨[dB]
I: 음의 강도[W/m^2]
I_o: 최소가청음 세기(10^{-12}[W/m^2])

정답 74 ④ 75 ③ 76 ④ 77 ①

78
미국(EPA)의 차음평가지수를 의미하는 것은?

① NRR
② TL
③ SNR
④ SLC80

해설
귀마개 차음효과의 예측(미국 OSHA 기준)

$$차음효과 = (NRR - 7) \times 0.5$$

여기서, NRR: 차음평가지수

79
질식우려가 있는 지하 맨홀 작업에 앞서서 준비해야 할 장비나 보호구로 볼 수 없는 것은?

① 안전대
② 방독마스크
③ 송기마스크
④ 산소농도 측정기

해설
산소결핍장소에서 방진/방독마스크의 착용은 부적절하다.

> **가장 빠른 합격비법**
> 산업안전보건법령에 따라 방진/방독마스크는 산소농도 18[%] 이상인 장소에서 사용하여야 합니다.

80
진동의 강도를 표현하는 방법으로 옳지 않은 것은?

① 속도(velocity)
② 투과(transmission)
③ 변위(displacement)
④ 가속도(acceleration)

해설
진동의 강도를 표현하는 방법
- 속도
- 변위
- 가속도

5과목 산업독성학

81
다음 중 피부에 묻었을 때 피부를 강하게 자극하고 피부로부터 흡수되어 간장장애 등의 중독증상을 일으키는 유해화학물질은?

① 헵탄
② 납
③ 아세톤
④ 디메틸포름아미드

해설
디메틸포름아미드(DMF)는 피부에 묻었을 때 피부를 강하게 자극하고 피부로 흡수되어 간장장애 등의 중독증상을 일으킨다.

82
다음 중 소화기관에서 화학물질 흡수율에 영향을 미치는 요인과 가장 거리가 먼 것은?

① 위액의 산도
② 음식물의 소화기관 통과속도
③ 화학물질의 물리적 구조와 화학적 성질
④ 식도의 두께

해설
식도의 두께는 음식물의 기계적 소화와 관련 있을 뿐, 실제 흡수는 위와 소장에서 일어나므로 흡수율에 영향을 미친다고 보기 어렵다.

정답 78 ① 79 ② 80 ② 81 ④ 82 ④

83
다음 중 알데히드류에 관한 설명으로 틀린 것은?

① 호흡기에 대한 자극작용이 심하다.
② 포름알데히드는 무취, 무미하지만 발암성 물질이다.
③ 아크롤레인은 특별히 독성이 강하다.
④ 지용성 알데히드는 기관지 및 폐를 자극할 수 있다.

해설
포름알데히드는 자극적인 냄새가 난다.

84
다음 중 20년간 석면을 사용하여 자동차 브레이크 라이닝과 패드를 만들었던 근로자가 걸릴 수 있는 대표적인 질병과 거리가 가장 먼 것은?

① 폐암
② 석면폐증
③ 악성중피종
④ 급성골수성백혈병

해설
급성골수성백혈병은 주로 벤젠에 의하여 발병된다.

85
다음 중 인체에 흡수된 대부분의 중금속을 배설, 제거하는 데 가장 중요한 역할을 담당하는 기관은 무엇인가?

① 대장
② 소장
③ 췌장
④ 신장

해설
인체에 흡수된 중금속을 배설, 제거하는 기관은 신장이다.

86
다음 중 카드뮴의 중독, 치료 및 예방대책에 관한 설명으로 틀린 것은?

① 소변 속의 카드뮴 배설량은 카드뮴 흡수를 나타내는 지표가 된다.
② BAL 또는 Ca-EDTA 등을 투여하여 신장에 대한 독성작용을 제거한다.
③ 칼슘대사에 장해를 주어 신결석을 동반한 증후군이 나타나고 다량의 칼슘배설이 일어난다.
④ 폐활량 감소, 잔기량 증가 및 호흡곤란의 폐증세가 나타나며, 이 증세는 노출기간과 노출농도에 의해 좌우된다.

해설
카드뮴 중독에 디메르카프롤(BAL)이나 Ca-EDTA를 사용하면 체내 카드뮴 배설은 늘어나지만, 동시에 신장 조직 내 카드뮴 농도가 증가하여 신독성이 악화된다.

87
다음 중 생체 내에서 혈액과 화학작용을 일으켜서 질식을 일으키는 물질은?

① 수소
② 헬륨
③ 질소
④ 일산화탄소

해설
일산화탄소는 화학적 질식제이다.

정답 83 ② 84 ④ 85 ④ 86 ② 87 ④

88

단시간노출기준이 시간가중평균농도(TLV-TWA)와 단기간노출기준(TLV-STEL) 사이일 경우 충족시켜야 하는 3가지 조건에 해당하지 않는 것은?

① 1일 4회를 초과해서는 안 된다.
② 15분 이상 지속 노출되어서는 안 된다.
③ 노출과 노출 사이에는 60분 이상의 간격이 있어야 한다.
④ TLV-TWA의 3배 농도에는 30분 이상 노출되어서는 안 된다.

해 설

노출농도가 시간가중평균노출기준(TWA)을 초과하고 단시간노출기준(STEL) 이하인 경우 다음 3가지 조건을 모두 충족하여야 한다.
- 1회 노출 지속시간이 15분 미만이어야 한다.
- 노출횟수가 1일 4회 이하이어야 한다.
- 각 노출의 간격은 60분 이상이어야 한다.

89

다음 중금속 취급에 의한 대표적인 직업성 질환을 연결한 것으로 서로 관련이 가장 적은 것은?

① 니켈 중독 - 백혈병, 재생불량성 빈혈
② 납 중독 - 골수침입, 빈혈, 소화기장해
③ 수은 중독 - 구내염, 수전증, 정신장해
④ 망간 중독 - 신경염, 신장염, 중추신경장해

해 설

니켈에 급성중독 시 폐렴, 폐부종 등의 증상이 나타나고, 만성중독 시 비강, 부비강, 폐에 암을 유발한다.

90

다음 단순 에스테르 중 독성이 가장 높은 것은?

① 초산염
② 개미산염
③ 부틸산염
④ 프로피온산염

해 설

단순 에스테르 중 독성이 가장 높은 물질은 부틸산염이다.

91

2000년대 외국인 근로자에게 다발성말초신경병증을 집단으로 유발한 노말헥산(n-hexane)은 체내 대사과정을 거쳐 어떤 물질로 배설되는가?

① 2-hexanone
② 2,5-hexanedione
③ hexachlorophene
④ hexachloroethane

해 설

노말헥산은 체내 대사과정을 거쳐 2,5-hexanedione으로 배설된다.

가장 빠른 합격비법

2,5-헥산디온(2,5-hexanedione)은 노말헥산의 최종 대사산물입니다. 신경독성이 강하며, 소변으로 배설되어 노말헥산의 생물학적 노출지표로 사용합니다.

92

이황화탄소를 취급하는 근로자를 대상으로 생물학적 모니터링을 하는 데 이용될 수 있는 생체 내 대사산물은?

① 소변 중 마뇨산
② 소변 중 메탄올
③ 소변 중 메틸마뇨산
④ 소변 중 TTCA(2-thiothiazolidine-4-carboxylic acid)

해 설

이황화탄소의 생물학적 노출지표물질은 소변 중 TTCA이다.

정답 88 ④ 89 ① 90 ③ 91 ② 92 ④

93
호흡기계로 들어온 입자상 물질에 대한 제거기전의 조합으로 가장 적절한 것은?

① 면역작용과 대식세포의 작용
② 폐포의 활발한 가스교환과 대식세포의 작용
③ 점액 섬모운동과 대식세포에 의한 정화
④ 점액 섬모운동과 면역작용에 의한 정화

해설

호흡기계로 들어온 입자상 물질에 대한 제거기전으로는 점액 섬모운동과 대식세포에 의한 정화가 대표적이다.

가장 빠른 합격비법
- 점액 섬모운동: 호흡기 점액층에 달라붙어 구강 쪽으로 향하는 섬모운동에 의해 객담으로 배출됩니다.
- 대식세포에 의한 정화: 대식세포가 방출하는 효소에 의해 제거됩니다.

94
벤젠의 생물학적 지표가 되는 대사물질은?

① Phenol
② Coproporphyrin
③ Hydroquinone
④ 1,2,4-Trihydroxybenzene

해설

벤젠의 생물학적 노출지표물질
혈액 중 벤젠, 요 중 페놀 및 뮤콘산

95
남성 근로자의 생식독성 유발요인이 아닌 것은?

① 풍진
② 흡연
③ 망간
④ 카드뮴

해설

남성 생식독성 유발 유해인자로는 음주, 흡연, 망간, 카드뮴, 납, 수은, 이황화탄소, 염화비닐, X선, 마이크로파 등이 있다.

가장 빠른 합격비법
풍진은 루벨라바이러스가 호흡기를 통하여 전파되어 발생하는 질병입니다. 발열, 발진, 눈 충혈, 기침 등을 동반합니다.

96
유기용제에 의한 장해의 설명으로 틀린 것은?

① 유기용제의 중추신경계 작용으로 잘 알려진 것은 마취작용이다.
② 사염화탄소는 간장과 신장을 침범하는 데 반하여 이황화탄소는 중추신경계통을 침해한다.
③ 벤젠은 노출 초기에는 빈혈증을 나타내고 장기간 노출되면 혈소판 감소, 백혈구 감소를 초래한다.
④ 대부분의 유기용제는 유독성의 포스겐을 발생시켜 장기간 노출 시 폐수종을 일으킬 수 있다.

해설

유기용제 중에서도 염화에틸렌, 사염화탄소, 트리클로로에틸렌 같은 염소화탄화수소의 연소 등에 의해 포스겐이 발생한다.

정답 93 ③ 94 ① 95 ① 96 ④

97

다음 중 납중독의 주요 증상에 포함되지 않는 것은?

① 혈중의 Metallothionein 증가
② 적혈구 내 Protoporphyrin 증가
③ 혈색소량 저하
④ 혈청 내 철 증가

해설

메탈로티오네인(Metallothionein)은 간, 신장 등에서 생성되는 단백질의 한 종류이다.
카드뮴에 폭로되면 메탈로티오네인의 합성이 촉진되고, 메탈로티오네인과 체내에 흡수된 카드뮴이 결합하여 독성을 완화한다.

98

산업안전보건법령상 기타 분진의 산화규소 결정체 함유율과 노출기준으로 맞는 것은?

① 함유율: 0.1[%] 이상, 노출기준: 5[mg/m³]
② 함유율: 0.1[%] 이하, 노출기준: 10[mg/m³]
③ 함유율: 1[%] 이상, 노출기준: 5[mg/m³]
④ 함유율: 1[%] 이하, 노출기준: 10[mg/m³]

해설

기타 분진의 산화규소 결정체 함유율은 1[%] 이하이며 노출기준은 10[mg/m³]이다.

99

ACGIH에서 규정한 유해물질 노출기준에 관한 사항으로 옳지 않은 것은?

① TLV−C: 최고노출기준
② TLV−STEL: 단기간노출기준
③ TLV−TWA: 8시간 평균노출기준
④ TLV−TLM: 시간가중한계농도기준

해설

TLV−TLM이란 노출기준은 없다.

100

다음 입자상 물질의 종류 중 액체나 고체의 2가지 상태로 존재할 수 있는 것은?

① 흄(fume)
② 증기(vapor)
③ 미스트(mist)
④ 스모크(smoke)

해설

연기(smoke)는 불완전 연소로 발생하는 에어로졸 상태이다. 주로 고체 입자로 구성되어 있으나, 액체 입자도 존재할 수 있다.

정답 97 ① 98 ④ 99 ④ 100 ④

2024년 제3회 CBT 복원문제

1과목 산업위생학개론

01
다음 중 산소부채(Oxygen debt)에 관한 설명으로 틀린 것은?

① 산소부채 현상은 작업이 시작되면서 발생한다.
② 작업이 끝난 후 산소부채의 보상현상이 발생한다.
③ 작업대사량의 증가와 관계없이 산소소비량은 계속 증가한다.
④ 작업강도에 따라 필요한 산소요구량과 산소공급량의 차이에 의하여 산소부채 현상이 발생된다.

해설
산소소비량은 일정한 비율로 계속 증가하다가 작업부하가 일정 한계를 초과하면 더 이상 증가하지 않는다.

02
화학물질 및 물리적 인자의 노출기준상 사람에게 충분한 발암성 증거가 있는 물질의 표기는?

① 1A
② 1B
③ 2C
④ 1D

해설
화학물질 및 물리적 인자의 노출기준상 발암성 분류

구분	설명
1A	사람에게 충분한 발암성 증거가 있는 물질
1B	시험동물에서 발암성 증거가 충분히 있거나, 시험동물과 사람 모두에서 제한된 발암성 증거가 있는 물질
2	사람이나 동물에서 제한된 증거가 있지만, 구분 1로 분류하기에는 증거가 충분하지 않은 물질

03
산업위생의 기본적인 과제에 해당하지 않는 것은?

① 작업환경이 미치는 건강장애에 관한 연구
② 작업능률 저하에 따른 작업조건에 관한 연구
③ 작업환경의 유해물질이 대기오염에 미치는 영향에 관한 연구
④ 작업환경에 의한 신체적 영향과 최적환경의 연구

해설
유해물질이 대기오염에 미치는 영향에 관한 연구는 대기환경분야의 과제이다.

관련개념
산업위생의 기본 과제
- 최적 작업환경 조성과 유해 작업환경에 의한 신체적 영향 연구
- 작업능력 향상, 저하에 따른 작업조건과 정신적 조건의 연구
- 노동력 재생산과 사회, 경제적 조건의 연구

04
누적외상성질환(CTDs) 또는 근골격계질환(MSDs)에 속하는 것으로 보기 어려운 것은?

① 건초염
② 스티븐스존슨증후군
③ 손목뼈터널증후군
④ 기용터널증후군

해설
스티븐스존슨증후군은 전신성 급성 피부점막 질환이다.

관련개념
근골격계 질환은 반복적인 동작, 부적절한 작업자세, 무리한 힘의 사용, 날카로운 면과의 신체접촉, 진동 및 온도 등의 요인에 의하여 발생하는 건강장해이다.

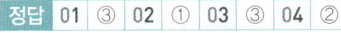

05

국가 및 기관별 허용기준에 대한 사용 명칭을 잘못 연결한 것은?

① 영국 HSE – OEL
② 미국 OSHA – PEL
③ 미국 ACGIH – TLV
④ 한국 – 화학물질 및 물리적 인자의 노출기준

해설
영국 보건안전청의 허용기준은 WEL(Workplace Exposure Limits)이다.

06

하인리히의 사고연쇄반응 이론(도미노 이론)에서 사고가 발생하기 바로 직전의 단계에 해당하는 것은?

① 개인적 결함
② 사회적 환경
③ 선진 기술의 미적용
④ 불안전한 행동 및 상태

해설
하인리히의 도미노 이론
1단계: 사회적 환경 및 유전적 요소
2단계: 개인적 결함
3단계: 불안전한 행동 및 불안전한 상태
4단계: 사고
5단계: 재해

07

다음 중 산업안전보건법령상 물질안전보건자료(MSDS)의 작성 원칙에 관한 설명으로 가장 거리가 먼 것은?

① MSDS의 작성단위는 「계량에 관한 법률」이 정하는 바에 의한다.
② MSDS는 한글로 작성하는 것을 원칙으로 하되 화학물질명, 외국기관명 등의 고유명사는 영어로 표기할 수 있다.
③ 각 작성항목은 빠짐없이 작성하여야 하며, 부득이 어느 항목에 대해 관련 정보를 얻을 수 없는 경우 작성란은 공란으로 둔다.
④ 외국어로 되어 있는 MSDS를 번역하는 경우에는 자료의 신뢰성이 확보될 수 있도록 최초 작성기관명 및 시기를 함께 기재하여야 한다.

해설
MSDS의 각 작성항목은 빠짐없이 작성하여야 한다. 다만, 부득이 어느 항목에 대해 관련 정보를 얻을 수 없는 경우에는 작성란에 "자료 없음"이라고 기재한다.

08

영국의 외과의사 Pott에 의하여 발견된 직업성 암은?

① 비암
② 폐암
③ 간암
④ 음낭암

해설
퍼시발 포트(Percivall Pott)
10세 이하 굴뚝 청소부에게서 최초로 직업성 암인 음낭암을 발견하였다.

정답 05 ① 06 ④ 07 ③ 08 ④

09

산업위생전문가의 윤리강령 중 "근로자에 대한 책임"에 해당하는 것은?

① 적절하고도 확실한 사실을 근거로 전문적인 견해를 발표한다.
② 기업주에 대하여는 실현 가능한 개선점으로 선별하여 보고한다.
③ 이해관계가 있는 상황에서는 고객의 입장에서 관련 자료를 제시한다.
④ 근로자의 건강보호가 산업위생전문가의 1차적인 책임이라는 것을 인식한다.

오답해설
① 확실한 사실을 근거로 전문적인 견해를 발표하는 것은 일반 대중에 대한 책임이다.
② 결과와 개선점 및 권고사항을 정확히 보고하는 것은 기업주와 고객에 대한 책임이다.
③ 이해관계가 있는 상황에는 개입하지 않는 것은 산업위생전문가로서의 책임이다.

10

산업안전보건법령상 입자상 물질의 농도 평가에서 2회 이상 측정한 단시간노출농도값이 단시간노출기준과 시간가중평균기준값 사이일 때 노출기준 초과로 평가해야 하는 경우가 아닌 것은?

① 1일 4회를 초과하는 경우
② 15분 이상 연속 노출되는 경우
③ 노출과 노출 사이의 간격이 1시간 이내인 경우
④ 단위작업장소의 넓이가 80평방미터 이상인 경우

해설
노출농도가 시간가중평균노출기준을 초과하고 단시간노출기준 이하인 경우 아래의 조건 중 하나라도 해당되면 노출기준 초과로 판단한다.
- 1회 노출 지속시간이 15분 이상
- 1일 4회를 초과하여 노출
- 각 노출의 간격이 60분 이내

11

단순반복동작 작업으로 손, 손가락 또는 손목의 부적절한 작업방법과 자세 등으로 주로 손목 부위에 주로 발생하는 근골격계질환은?

① 테니스엘보
② 회전근개 손상
③ 수근관증후군
④ 흉곽출구증후군

해설
수근관(손목터널)증후군은 단순반복동작 작업으로 인하여 주로 손목 부위에 발생하는 근골격계질환이다.

12

RMR이 10인 격심한 작업을 하는 근로자의 실동률(A)과 계속작업의 한계시간(B)으로 옳은 것은? (단, 실동률은 사이또-오시마식을 적용한다.)

	A	B		A	B
①	55[%]	약 7분	②	45[%]	약 5분
③	35[%]	약 3분	④	25[%]	약 1분

해설
실동률(사이또-오시마 공식)

$$실동률 = 85 - (5 \times RMR)$$

여기서, RMR : 작업대사율

실동률 $= 85 - (5 \times 10) = 34[\%]$

계속작업 한계시간(CMT; Continuous Maximum Task time)

$$\log(CMT) = 3.724 - 3.25\log(RMR)$$

여기서, CMT : 계속작업 한계시간[min]
RMR : 작업대사율

$\log(CMT) = 3.724 - 3.25\log 10$
$= 0.474$
$CMT = 10^{0.474} = 2.98[\min]$

정답 09 ④ 10 ④ 11 ③ 12 ③

13

재해예방의 4원칙에 해당되지 않는 것은?

① 손실우연의 원칙
② 예방가능의 원칙
③ 대책선정의 원칙
④ 원인조사의 원칙

해 설

재해예방의 4원칙
- 손실우연의 원칙
- 예방가능의 원칙
- 대책선정의 원칙
- 원인계기의 원칙

14

물체의 실제 무게를 미국 NIOSH의 권고 중량물한계기준(RWL; Recommended Weight Limit)으로 나누어 준 값을 무엇이라 하는가?

① 중량상수(LC)
② 빈도승수(FM)
③ 비대칭승수(AM)
④ 중량물 취급지수(LI)

해 설

중량물 취급지수(LI)

$$LI = \frac{L}{RWL}$$

여기서, LI: 중량물 취급지수
L: 실제 작업무게
RWL: 권장무게한계

15

사무실 공기관리 지침상 근로자가 건강장해를 호소하는 경우 사무실 공기관리 상태를 평가하기 위해 사업주가 실시해야 하는 조사 항목으로 옳지 않은 것은?

① 사무실 조명의 조도 조사
② 외부의 오염물질 유입경로 조사
③ 공기정화시설 환기량의 적정여부 조사
④ 근로자가 호소하는 증상(호흡기, 눈, 피부 자극 등)에 대한 조사

해 설

조명의 조도는 공기질과 무관하다.

관련개념

사무실 공기관리 상태평가
- 근로자가 호소하는 증상(호흡기, 눈·피부 자극 등) 조사
- 공기정화설비 환기량이 적정한지 여부 조사
- 외부의 오염물질 유입경로 조사
- 사무실 내 오염원 조사

16

산업피로의 대책으로 적합하지 않은 것은?

① 불필요한 동작을 피하고 에너지 소모를 적게 한다.
② 작업과정에 따라 적절한 휴식시간을 가져야 한다.
③ 작업능력에는 개인별 차이가 있으므로 각 개인마다 작업량을 조정해야 한다.
④ 동적인 작업은 피로를 더하게 하므로 가능한 한 정적인 작업으로 전환한다.

해 설

지나치게 정적인 작업은 피로를 더하므로 가능하면 동적인 작업으로 전환하여야 한다.

정답 13 ④ 14 ④ 15 ① 16 ④

17

심리학적 적성검사와 가장 거리가 먼 것은?

① 감각기능검사
② 지능검사
③ 지각동작검사
④ 인성검사

해 설

산업심리검사 중 적성검사

적성검사 분류	검사항목
신체검사	체격검사 등
생리적 기능검사	감각기능검사, 심폐기능검사, 체력검사
심리학적 기능검사	지능검사, 지각동작검사, 기능검사, 인성검사

18

정상작업영역에 대한 정의로 옳은 것은?

① 위팔은 몸통 옆에 자연스럽게 내린 자세에서 아래팔의 움직임에 의해 편안하게 도달 가능한 작업영역
② 어깨로부터 팔을 뻗어 도달 가능한 작업영역
③ 어깨로부터 팔을 머리 위로 뻗어 도달 가능한 작업영역
④ 위팔은 몸통 옆에 자연스럽게 내린 자세에서 손에 쥔 수공구의 끝부분이 도달 가능한 작업영역

해 설

수평작업역

- 정상작업영역: 위팔을 자연스럽게 수직으로 늘어뜨린 채 아래팔만으로 편하게 뻗어 파악할 수 있는 구역이다.(34~45[cm])
- 최대작업영역: 위팔과 아래팔을 곧게 뻗어 닿는 영역이다.(55~65[cm])

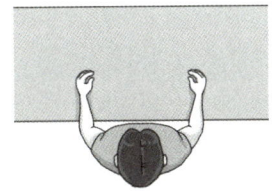
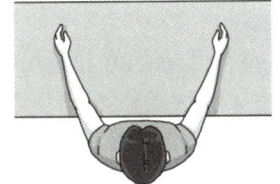

▲ 정상작업영역　　▲ 최대작업영역

19

산업위생 활동 중 유해인자의 양적, 질적인 정도가 근로자들의 건강에 어떤 영향을 미칠 것인지 판단하는 의사결정단계는?

① 인지
② 예측
③ 측정
④ 평가

해 설

평가(Evaluation)
유해인자의 양, 정도가 근로자 건강에 어떤 영향을 미칠 것인지 판단하는 의사결정 단계이다.

20

근로시간 1,000시간당 발생한 재해에 의하여 손실된 총 근로손실일수로 재해자의 수나 발생빈도와 관계 없이 재해의 내용(상해정도)을 측정하는 척도로 사용되는 것은?

① 건수율
② 연천인율
③ 재해 강도율
④ 재해 도수율

해 설

강도율

$$강도율 = \frac{근로손실일수}{연근로시간수} \times 1,000$$

연근로시간 1,000시간당 재해로 인하여 발생한 근로손실일수를 의미하며, 재해의 경중을 가장 잘 나타내는 지표이다.

정답 17 ①　18 ①　19 ④　20 ③

2과목 작업위생측정 및 평가

21
가스상 물질 흡수액의 흡수효율을 높이기 위한 방법으로 옳지 않은 것은?

① 시료채취속도를 낮춘다.
② 용액의 온도를 높여 증기압을 증가시킨다.
③ 두 개 이상의 버블러를 연속적으로 연결한다.
④ 가는 구멍이 많은 프리티드 버블러 등 채취효율이 좋은 기구를 사용한다.

해 설

흡수액으로 가스상 물질을 포획할 때는 흡수액의 온도를 낮춰 용해도를 높이고 증기압을 줄여야 흡수효율이 증가한다.

22
시간당 약 150[kcal]의 열량이 소모되는 작업조건에서 WBGT 측정치가 30.6[℃]일 때 고온의 노출기준에 따른 작업휴식조건으로 적절한 것은?

① 매시간 75[%] 작업, 25[%] 휴식
② 매시간 50[%] 작업, 50[%] 휴식
③ 매시간 25[%] 작업, 75[%] 휴식
④ 계속 작업

해 설

고온의 노출기준[℃, WBGT]

작업휴식시간비 (시간당)	작업강도[kcal]		
	경작업 (200 미만)	중등작업 (200~350)	중작업 (350~500)
계속 작업	30.0	26.7	25.0
75[%] 작업/25[%] 휴식	30.6	28.0	25.9
50[%] 작업/50[%] 휴식	31.4	29.4	27.9
25[%] 작업/75[%] 휴식	32.2	31.1	30.0

23
소음과 관련된 용어 중 둘 또는 그 이상의 음파의 구조적 간섭에 의해 시간적으로 일정하게 음압의 최고와 최저가 반복되는 패턴의 파를 의미하는 것은?

① 정재파 ② 맥놀이파
③ 평면파 ④ 발산파

해 설

정재파는 둘 또는 그 이상의 음파의 구조적 간섭에 의해 시간적으로 일정하게 음압의 최고와 최저가 반복되는 패턴의 파이다.

24
작업환경측정방법 중 소음측정시간 및 횟수에 관한 내용 중 (   ) 안에 들어갈 내용으로 옳은 것은? (단, 고용노동부 고시를 기준으로 한다.)

> 단위작업 장소에서의 소음발생시간이 6시간 이내인 경우나 소음발생원에서의 발생시간이 간헐적인 경우에는 발생시간동안 연속 측정하거나 등간격으로 나누어 (   )회 이상 측정하여야 한다.

① 2 ② 3
③ 4 ④ 6

해 설

단위작업 장소에서의 소음발생시간이 6시간 이내인 경우나 소음발생원에서의 발생시간이 간헐적인 경우에는 발생시간동안 연속 측정하거나 등간격으로 나누어 4회 이상 측정하여야 한다.

정답 21 ② 22 ① 23 ① 24 ③

25

0.04[M] HCl이 2[%] 해리되어 있는 수용액의 pH는?

① 3.1
② 3.3
③ 3.5
④ 3.7

해설

수소이온농도지수(pH)

$$pH = -\log[H^+]$$

여기서, pH: 수소이온농도지수
[H$^+$]: 수소이온농도[mol/L]

HCl ↔ H$^+$ + Cl$^-$
염화수소(HCl)와 수소이온(H$^+$)의 반응비가 1 : 1이다.
[H$^+$] = 0.04 × 0.02 = 0.0008[M]
pH = $-\log$[H$^+$] = $-\log 0.0008$ = 3.1

가장 빠른 합격비법

[M]은 몰농도의 단위이며, [M] = [mol/L]입니다.

26

석면농도를 측정하는 방법에 대한 설명 중 ( ) 안에 들어갈 적절한 기체는? (단, NIOSH 방법 기준)

공기 중 석면농도를 측정하는 방법으로 충전식 휴대용 펌프를 이용하여 여과지를 통하여 공기를 통과시켜 시료를 채취한 다음, 이 여과지에 (A) 증기를 쐬우고 (B) 시약을 가한 후 위상차현미경으로 400~450배의 배율에서 섬유수를 계수한다.

	A	B
①	솔벤트	메틸에틸케톤
②	아황산가스	클로로포름
③	아세톤	트리아세틴
④	트리클로로에탄	트리클로로에틸렌

해설

공기 중 석면농도를 측정하는 방법으로 충전식 휴대용펌프를 이용하여 여과지를 통하여 공기를 통과시켜 시료를 채취한 다음, 이 여과지에 아세톤 증기를 쐬우고 트리아세틴 시약을 가한 후 위상차현미경으로 400~450배의 배율에서 섬유수를 계수한다.

27

직독식 기구에 대한 설명과 가장 거리가 먼 것은?

① 측정과 작동이 간편하여 인력과 분석비를 절감할 수 있다.
② 연속적인 시료채취전략으로 작업시간 동안 하나의 완전한 시료채취에 해당된다.
③ 현장에서 실제 작업시간이나 어떤 순간에서 유해인자의 수준과 변화를 쉽게 알 수 있다.
④ 현장에서 즉각적인 자료가 요구될 때 민감성과 특이성이 있는 경우 매우 유용하게 사용될 수 있다.

해설

직독식 기구는 짧은 시간동안 시료를 채취하는 방법으로 순간농도를 측정한다.

가장 빠른 합격비법

직독식 기구는 시료를 채취하여 실험실에서 분석하지 않고 현장에서 즉시 농도나 노출량을 읽어낼 수 있는 기기입니다.

28

WBGT 측정기의 구성요소로 적절하지 않은 것은?

① 습구온도계
② 건구온도계
③ 카타온도계
④ 흑구온도계

해설

습구흑구온도지수(WBGT) 측정기 구성요소
- 습구온도계
- 건구온도계
- 흑구온도계

가장 빠른 합격비법

카타(KATA)온도계는 기류 측정 시 사용합니다.

정답 25 ① 26 ③ 27 ② 28 ③

29
여과지에 관한 설명으로 옳지 않은 것은?

① 막 여과지에서 유해물질은 여과지 표면이나 그 근처에서 채취된다.
② 막 여과지는 섬유상 여과지에 비해 공기저항이 심하다.
③ 막 여과지는 여과지 표면에 채취된 입자의 이탈이 없다.
④ 섬유상 여과지는 여과지 표면뿐 아니라 단면 깊게 입자상 물질이 들어가므로 더 많은 입자상 물질을 채취할 수 있다.

해 설
막 여과지는 여과지 표면에 채취된 입자들이 이탈되는 경향이 있다.

30
소음측정방법에 관한 내용으로 (　　)에 알맞은 것은?
(단, 고용노동부 고시 기준)

> 소음이 1초 이상의 간격을 유지하면서 최대음압수준이 120[dB(A)] 이상의 소음인 경우에는 소음수준에 따른 (　　) 동안의 발생횟수를 측정할 것

① 1분　　② 2분
③ 3분　　④ 5분

해 설
소음이 1초 이상의 간격을 유지하면서 최대음압수준이 120[dB(A)] 이상의 소음인 경우에는 소음수준에 따른 1분 동안의 발생횟수를 측정한다.

31
시료채취기를 근로자에게 착용시켜 가스·증기·미스트·흄 또는 분진 등을 호흡기 위치에서 채취하는 것을 무엇이라고 하는가?

① 지역시료채취　　② 개인시료채취
③ 작업시료채취　　④ 노출시료채취

해 설
개인시료채취
개인시료채취기를 이용하여 가스·증기·분진·흄·미스트 등을 근로자의 호흡위치(호흡기를 중심으로 반경 30[cm]인 반구)에서 채취하는 것을 말한다.

32
작업환경측정대상이 되는 작업장 또는 공정에서 정상적인 작업을 수행하는 동일 노출집단의 근로자가 작업하는 장소는? (단, 고용노동부 고시를 기준으로 한다.)

① 동일작업장소
② 단위작업장소
③ 노출측정장소
④ 측정작업장소

해 설
단위작업장소란 작업환경측정대상이 되는 작업장 또는 공정에서 정상적인 작업을 수행하는 동일 노출집단의 근로자가 작업을 하는 장소를 말한다.

33
누적소음노출량 측정기로 소음을 측정하는 경우, 기기 설정으로 적절한 것은? (단, 고용노동부 고시를 기준으로 한다.)

	Criteria	Exchange Rate	Threshold
①	80[dB]	5[dB]	90[dB]
②	80[dB]	10[dB]	90[dB]
③	90[dB]	10[dB]	80[dB]
④	90[dB]	5[dB]	80[dB]

해 설
누적소음노출량 측정기 설정
- Threshold=80[dB]
- Criteria=90[dB]
- Exchange Rate=5[dB]

정답 29 ③　30 ①　31 ②　32 ②　33 ④

34

방사선이 물질과 상호작용한 결과 그 물질의 단위질량에 흡수된 에너지(gray; Gy)의 명칭은?

① 조사선량 ② 등가선량
③ 유효선량 ④ 흡수선량

해설

흡수선량은 단위질량당 흡수된 방사선의 에너지[Gy]이다.

35

다음 중 직독식 기구로만 나열된 것은?

① AAS, ICP, 가스모니터
② AAS, 휴대용 GC, GC
③ 휴대용 GC, ICP, 가스검지관
④ 가스모니터, 가스검지관, 휴대용 GC

해설

가스모니터, 가스검지관, 휴대용 GC 등이 직독식 기구에 해당하고, 원자흡광광도계(AAS), 유도결합플라즈마 분석기(ICP), 기체크로마토그래피(GC)는 실험실에서 사용하는 분석기기이다.

> **가장 빠른 합격비법**
> 직독식 기구는 시료를 채취하여 실험실에서 분석하지 않고 현장에서 즉시 농도나 노출량을 읽어낼 수 있는 기기입니다.

36

양자역학을 응용하여 아주 짧은 파장의 전자기파를 증폭 또는 발진하여 발생시키며, 단일파장이고 위상이 고르며 간섭현상이 일어나기 쉬운 특성이 있는 비전리방사선은?

① X-ray ② Microwave
③ Laser ④ Gamma-ray

해설

레이저(Laser)
- 단색성, 간섭성, 지향성, 집속성, 고출력성이 특징적인 비전리방사선이다.
- 간섭이 발생하기 쉽다.

37

입경범위가 0.1~0.5[μm]인 입자상 물질이 여과지에 포집될 경우에 관여하는 주된 메커니즘은?

① 충돌과 간섭 ② 확산과 간섭
③ 확산과 충돌 ④ 충돌

해설

입자크기별 여과 기전
- 입경 0.1[μm] 미만: 확산
- 입경 0.1~0.5[μm]: 확산, 직접차단(간섭)
- 입경 0.5[μm] 이상: 직접차단(간섭), 관성충돌

38

87[°C]와 동등한 온도는? (단, 정수로 반올림한다.)

① 351[K] ② 189[°F]
③ 700[R] ④ 186[K]

해설

절대온도([°C] → [K])

$$T_K = T_C + 273.15$$

여기서, T_K: 절대온도[K]
T_C: 섭씨온도[°C]

$T_K = 87 + 273.15 = 360.15[K]$

화씨온도([°C] → [°F])

$$T_F = T_C \times \frac{9}{5} + 32$$

여기서, T_F: 화씨온도[°F]

$T_F = 87 \times \frac{9}{5} + 32 = 188.6[°F]$

랭킨온도([K] → [R])

$$T_R = T_K \times \frac{9}{5}$$

여기서, T_R: 랭킨온도[R]

$T_R = T_K \times \frac{9}{5} = 360.15 \times \frac{9}{5} = 648.27[R]$

정답 34 ④ 35 ④ 36 ③ 37 ② 38 ②

39

시료채취매체와 해당 매체로 포집할 수 있는 유해인자의 연결로 가장 거리가 먼 것은?

① 활성탄관 — 메탄올
② 유리섬유여과지 — 캡탄
③ PVC여과지 — 석탄분진
④ MCE막여과지 — 석면

해 설
메탄올은 보통 실리카겔관을 통하여 채취한다.

40

기체크로마토그래피 검출기 중 PCBs나 할로겐원소가 포함된 유기계 농약성분을 분석할 때 가장 적당한 것은?

① NPD(질소 검출기)
② ECD(전자포획 검출기)
③ FID(불꽃이온화 검출기)
④ TCD(열전도 검출기)

해 설
전자포획 검출기(ECD)는 PCBs나 할로겐 유기계 농약성분과 같은 물질에 대하여 대단히 예민하게 반응한다.

3과목 작업환경관리대책

41

다음 중 중성자의 차폐(shielding) 효과가 가장 적은 물질은?

① 물   ② 파라핀
③ 납   ④ 흑연

해 설
중성자 차폐에는 파라핀, 흑연, 물, 콘크리트 등을 사용한다.

가장 빠른 합격비법
중성자는 전하가 없으므로 원자핵과 직접 충돌하거나 핵반응을 통해 감속, 흡수시킬 수 있습니다. 하지만, 납은 무거운 원소이므로 오히려 탄성충돌이 잘 일어나고 중성자와 상호작용하여 감마선을 유도할 수 있어서 차폐제로 부적절합니다.

42

국소배기시스템 설계과정에서 두 덕트가 한 합류점에서 만났다. 정압(절대치)이 낮은 쪽 대 정압이 높은 쪽의 정압비가 1 : 1.1로 나타났을 때, 적절한 설계는?

① 정압이 낮은 쪽의 유량을 증가시킨다.
② 정압이 낮은 쪽의 덕트직경을 줄여 압력손실을 증가시킨다.
③ 정압이 높은 쪽의 덕트직경을 늘려 압력손실을 감소시킨다.
④ 정압의 차이를 무시하고 높은 정압을 지배정압으로 계속 계산해 나간다.

해 설
정압이 높은 쪽 대 정압이 낮은 쪽의 정압비가 1.2 이하일 경우, 정압이 낮은 쪽의 유량을 증가시켜 압력을 조정하고 1.2보다 클 경우에는 정압이 낮은 쪽을 재설계한다.

정답 39 ① 40 ② 41 ③ 42 ①

43

작업장의 음압수준이 86[dB(A)]이고, 근로자는 귀덮개(차음평가지수=19)를 착용하고 있을 때 근로자에게 노출되는 음압수준은 약 몇 [dB(A)]인가?

① 74
② 76
③ 78
④ 80

해설

귀마개 차음효과의 예측(미국 OSHA 기준)

> 차음효과=(NRR−7)×0.5
>
> 여기서, NRR: 차음평가지수

차음효과=(19−7)×0.5=6[dB(A)]
근로자에게 노출되는 음압수준=86−6=80[dB(A)]

44

오후 6시 20분에 측정한 사무실 내 이산화탄소의 농도는 1,200[ppm], 사무실이 빈 상태로 1시간이 경과한 오후 7시 20분에 측정한 이산화탄소의 농도는 400[ppm]이었다. 이 사무실의 시간당 공기교환 횟수는? (단, 외부공기 중의 이산화탄소의 농도는 330[ppm]이다.)

① 0.56
② 1.22
③ 2.52
④ 4.26

해설

시간당 공기교환 횟수(유해물질 농도 감소 목적)

> $$ACH = \frac{\ln(C_1 - C_o) - \ln(C_2 - C_o)}{t}$$
>
> 여기서, ACH: 시간당 공기교환 횟수
> C_o: 외부 공기 중 유해물질 농도
> C_1: 측정 초기 유해물질 농도
> C_2: t시간 후 유해물질 농도

$$ACH = \frac{\ln(1,200-330) - \ln(400-330)}{1} = 2.52[회/hr]$$

45

환기시설 내 기류가 기본적인 유체역학적 원리에 따르기 위한 전제조건과 가장 거리가 먼 것은?

① 공기는 절대습도를 기준으로 한다.
② 환기시설 내외의 열교환은 무시한다.
③ 공기의 압축이나 팽창은 무시한다.
④ 공기 중에 포함된 유해물질의 무게와 용량을 무시한다.

해설

공기는 건조하다고 가정한다.

46

귀덮개의 장점을 모두 짝지은 것으로 가장 옳은 것은?

> A. 귀마개보다 쉽게 착용 할 수 있다.
> B. 귀마개보다 일관성 있는 차음효과를 얻을 수 있다.
> C. 크기를 여러가지로 할 필요가 없다.
> D. 착용 여부를 쉽게 확인할 수 있다.

① A, B, D
② A, B, C
③ A, C, D
④ A, B, C, D

해설

귀덮개의 장점
- 귀마개보다 쉽게 착용할 수 있다.
- 귀마개보다 차음효과가 좋고 일관성 있는 차음효과를 얻을 수 있다.
- 기성품으로 대부분의 사람이 착용 가능하다.
- 착용 여부를 쉽게 확인할 수 있다.

정답 43 ④ 44 ③ 45 ① 46 ④

47

층류영역에서 직경이 2[μm]이며 비중이 3인 입자상 물질의 침강속도[cm/s]는?

① 0.032
② 0.036
③ 0.042
④ 0.046

해설

침강속도식(Lippman식)

$$V_g = 0.003 \times s_g \times d^2$$

여기서, V_g : 침강속도[cm/sec]
s_g : 입자의 비중
여기서, d : 입자의 직경[μm]

$V_g = 0.003 \times 3 \times 2^2 = 0.036$ [cm/s]

48

그림과 같은 형태로 설치하는 후드는?

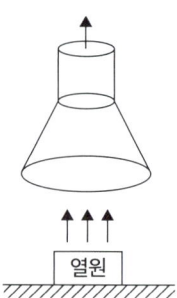

① 레시버식 캐노피형(Receiving Canopy Hoods)
② 포위식 커버형(Enclosures Cover Hoods)
③ 부스식 드래프트 챔버형(Booth Draft Chamber Hoods)
④ 외부식 그리드형(Exterior Capturing Grid Hoods)

해설

열은 주로 천장을 향해 상승하므로 천장 또는 높은 위치에 설치하는 캐노피형 후드가 적절하다.

49

송풍기의 효율이 큰 순서대로 나열된 것은?

① 평판송풍기＞다익송풍기＞터보송풍기
② 다익송풍기＞평판송풍기＞터보송풍기
③ 터보송풍기＞다익송풍기＞평판송풍기
④ 터보송풍기＞평판송풍기＞다익송풍기

해설

원심력식 송풍기를 효율이 큰 순서대로 나열하면 터보＞평판＞다익순이다.

50

1기압에서 혼합기체의 부피비가 질소 71[%], 산소 14[%], 탄산가스 15[%]로 구성되어 있을 때, 질소의 분압[mmH₂O]은?

① 433.2
② 539.6
③ 646.0
④ 653.6

해설

질소의 분압＝760[mmHg]×0.71＝539.6[mmHg]

51

송풍기 축의 회전수를 측정하기 위한 측정기구는?

① 열선풍속계(Hot wire anemometer)
② 타코미터(Tachometer)
③ 마노미터(Manometer)
④ 피토관(Pitot tube)

해설

송풍기 축의 회전수를 측정하기 위한 측정기구는 타코미터이다.

정답 47 ② 48 ① 49 ④ 50 ② 51 ②

52

흡인구와 분사구의 등속선에서 노즐의 분사구 개구면 유속을 100[%]라고 할 때 유속이 10[%] 수준이 되는 지점은 분사구 내경[d]의 몇 배 거리인가?

① 5d
② 10d
③ 30d
④ 40d

해설

송풍기에 의한 흡기 시 흡입면 직경의 1배(1d)인 위치에서는 입구 유속의 10[%]로 되고, 배기 시 배기면 직경의 30배(30d)인 위치에서 출구 유속의 10[%]가 된다.

53

760[mmH$_2$O]를 [mmHg]로 환산한 것으로 옳은 것은?

① 5.6
② 56
③ 560
④ 760

해설

1기압＝760[mmHg]＝10,332[mmH$_2$O]이므로
$760\text{mmH}_2\text{O} \times \dfrac{760\text{mmHg}}{10,332\text{mmH}_2\text{O}} = 55.90[\text{mmHg}]$

54

보호구의 재질과 적용 대상 화학물질에 대한 내용으로 잘못 짝지어진 것은?

① 천연고무 － 극성 용제
② Butyl 고무 － 비극성 용제
③ Nitrile 고무 － 비극성 용제
④ Neoprene 고무 － 비극성 용제

해설

부틸 고무는 극성 용제 취급에 적절하다.

55

전기도금 공정에 가장 적합한 후드 형태는?

① 캐노피 후드
② 슬롯 후드
③ 포위식 후드
④ 종형 후드

해설

슬롯 후드는 도금, 주조, 용해 등의 공정에 적합하다.

▲ 슬롯 후드

56

필요환기량을 감소시키는 방법으로 옳지 않은 것은?

① 가급적이면 공정이 많이 포위되지 않도록 하여야 한다.
② 후드 개구면에서 기류가 균일하게 분포되도록 설계한다.
③ 공정에서 발생 또는 배출되는 오염물질의 절대량을 감소시킨다.
④ 포집형이나 레시버형 후드를 사용할 때는 가급적 후드를 배출 오염원에 가깝게 설치한다.

해설

후드 사용 시 공정을 둘러싸는 구조가 완전할수록 후드 밖으로 유출되는 오염물질의 유속이 줄어들어 필요환기량이 감소한다.

정답 52 ③ 53 ② 54 ② 55 ② 56 ①

57

확대각이 10°인 원형 확대관에서 입구직관의 정압은 −15[mmH$_2$O], 속도압은 35[mmH$_2$O]이고, 확대된 출구 직관의 속도압은 25[mmH$_2$O]이다. 확대측의 정압 [mmH$_2$O]은? (단, 확대각이 10°일 때 압력손실계수(ζ)는 0.28이다.)

① 7.8　　② 15.6
③ −7.8　　④ −15.6

해설

확대관의 압력손실

$$\Delta P = \zeta(VP_1 - VP_2)$$
$$(SP_2 - SP_1) = (VP_1 - VP_2) - \Delta P$$

여기서, ζ: 압력손실계수
$SP_2 - SP_1$: 정압회복량[mmH$_2$O]
$VP_1 - VP_2$: 속도압감소량[mmH$_2$O]
ΔP: 압력손실[mmH$_2$O]

$(SP_2 - SP_1) = (VP_1 - VP_2) - \Delta P$

$7.2 = \dfrac{\Delta P}{\zeta} - \Delta P$

압력손실계수와 정압회복계수

$$\zeta = 1 - \zeta'$$

여기서, ζ: 압력손실계수
ζ': 정압회복계수

$\Delta P = \zeta(VP_1 - VP_2) = 0.28 \times (35 - 25) = 2.8[\text{mmH}_2\text{O}]$
$(SP_2 - SP_1) = (VP_1 - VP_2) - \Delta P$
$SP_2 = (VP_1 - VP_2) + SP_1 - \Delta P$
　　$= (35 - 25) - 15 - 2.8$
　　$= -7.8[\text{mmH}_2\text{O}]$

58

덕트에서 속도압 및 정압을 측정할 수 있는 표준기기는?

① 피토관　　② 풍차풍속계
③ 열선풍속계　　④ 임펀저관

해설

피토관은 전압과 정압을 측정할 수 있고 그 차이를 이용하여 속도압도 구할 수 있다.

59

두 분지관이 동일 합류점에서 만나 합류관을 이루도록 설계되어 있다. 한쪽 분지관의 송풍량은 200[m^3/min], 합류점에서의 이 관의 정압은 −34[mmH$_2$O]이며, 다른쪽 분지관의 송풍량은 160[m^3/min], 합류점에서의 이 관의 정압은 −30[mmH$_2$O]이다. 합류점에서 유량의 균형을 유지하기 위해서는 압력손실이 더 적은 관을 통해 흐르는 송풍량[m^3/min]을 얼마로 해야 하는가?

① 165　　② 170
③ 175　　④ 180

해설

정압비 $= \dfrac{SP_2}{SP_1} = \dfrac{-34}{-30} = 1.13$

정압비가 1.2 이하이므로 정압이 낮은 쪽의 유량을 증가시켜 압력을 조정한다.

필요송풍량(Q_2)
$= Q_1 \times \sqrt{\text{정압비}} = 160 \times \sqrt{1.13} = 170.33[\text{m}^3/\text{min}]$

60

회전차 외경이 600[mm]인 원심 송풍기의 풍량은 200[m^3/min]이다. 회전차 외경이 1,000[mm]인 동류(상사구조)의 송풍기가 동일한 회전수로 운전된다면 이 송풍기의 풍량[m^3/min]은? (단, 두 경우 모두 표준공기를 취급한다.)

① 333　　② 556
③ 926　　④ 2,572

해설

상사법칙(풍량 − 송풍기 직경)

$$Q_2 = Q_1 \times \left(\dfrac{D_2}{D_1}\right)^3$$

여기서, Q_1: 변경 전 풍량
Q_2: 변경 후 풍량
D_1: 변경 전 송풍기의 직경
D_2: 변경 후 송풍기의 직경

$Q_2 = 200 \times \left(\dfrac{1,000}{600}\right)^3 = 925.93 \text{m}^3/\text{min}$

정답 57 ③　58 ①　59 ②　60 ③

4과목　물리적유해인자관리

61

감압에 따르는 조직 내 질소기포 형성량에 영향을 주는 요인인 조직에 용해된 가스량을 결정하는 인자로 가장 적절한 것은?

① 감압 속도
② 혈류의 변화정도
③ 노출정도와 시간 및 체내 지방량
④ 폐내의 이산화탄소 농도

해설

조직 내 질소기포 형성량에 가장 큰 영향을 주는 요인은 고기압 폭로의 정도와 노출시간 및 체내 지방량이다.

> ⚠ **가장 빠른 합격비법**
>
> 조직 내 질소기포 형성량에 가장 큰 영향을 주는 요인은 다음과 같습니다.
> - 기압: 더 큰 기압에 노출될수록 더 많은 질소가 조직으로 용해됩니다.
> - 노출시간: 고기압에 노출된 시간이 길수록 더 많은 질소가 조직 구석구석에 용해됩니다.
> - 체내 지방량: 지방 조직은 물보다 약 5배 이상 많은 질소를 용해할 수 있는 성질이 있습니다.

62

다음 중 피부에 강한 특이적 홍반작용과 색소침착, 피부암 발생 등의 장해를 모두 일으키는 것은?

① 가시광선
② 적외선
③ 마이크로파
④ 자외선

해설

피부에 강한 특이적 홍반작용과 색소침착, 피부암 발생 등의 장해를 모두 일으키는 것은 자외선이다.

63

다음 중 이상기압의 인체작용으로 2차적인 가압현상과 가장 거리가 먼 것은? (단, 화학적 장해를 말한다.)

① 질소 마취
② 산소 중독
③ 이산화탄소의 중독
④ 일산화탄소의 작용

해설

일산화탄소의 작용은 이상기압으로 인한 인체 영향으로 보기 힘들다.

64

산업안전보건법령상 "적정한 공기"에 해당하지 않는 것은? (단, 다른 성분의 조건은 적정한 것으로 가정한다.)

① 이산화탄소 농도 1.5[%] 미만
② 일산화탄소 농도 100[ppm] 미만
③ 황화수소 농도 10[ppm] 미만
④ 산소 농도 18[%] 이상 23.5[%] 미만

해설

적정공기 기준
- 이산화탄소: 1.5[%] 미만
- 일산화탄소: 30[ppm] 미만
- 황화수소: 10[ppm] 미만
- 산소: 18[%] 이상 23.5[%] 미만

정답 61 ③　62 ④　63 ④　64 ②

65

자외선으로부터 눈을 보호하기 위한 차광보호구를 선정하고자 하는데 차광도가 큰 것이 없어 두 개를 겹쳐서 사용하였다. 각각의 보호구의 차광도가 6과 3이었다면 두 개를 겹쳐서 사용한 경우의 차광도는?

① 6
② 8
③ 9
④ 18

해 설

차광도

> 차광도=(보호구 1의 차광도+보호구 2의 차광도)−1

차광도=(6+3)−1=8

66

지적환경(optimum working environment)을 평가하는 방법이 아닌 것은?

① 생산적(productive) 방법
② 생리적(physiological) 방법
③ 정신적(psychological) 방법
④ 생물역학적(biomechanical) 방법

해 설

지적환경 평가방법으로는 생리적 방법, 정신적 방법 및 생산적 방법 등이 있다.

67

기류의 측정에 사용되는 기구가 아닌 것은?

① 흑구온도계
② 열선풍속계
③ 카타온도계
④ 풍차풍속계

해 설

흑구온도계는 열환경 측정에 사용된다.

68

다음의 설명에서 (　) 안에 들어갈 알맞은 숫자는?

> (　)기압 이상에서 공기 중의 질소가스는 마취작용을 나타내서 작업력의 저하, 기분의 변환, 여러 정도의 다행증(多幸症)이 일어난다.

① 2
② 4
③ 6
④ 8

해 설

대기압에서의 질소는 비활성기체이지만, 4기압 이상에서는 인체에 마취작용을 유발한다.

69

다음 중 단기간 동안 자외선(UV)에 초과 노출될 경우 발생할 수 있는 질병은?

① Hypothermia
② Welder's Flash
③ Phossy Jaw
④ White Fingers Syndrome

해 설

Welder's Flash는 용접아크로부터 방사되는 강한 자외선이 각막 상피세포를 손상시켜 발생한 광각막염이다.

오답해설

① Hypothermia: 저체온증
③ Phossy Jaw: 인악(백린중독으로 인한 직업병)
④ White Fingers Syndrome: 레이노드증후군

정답 65 ② 66 ④ 67 ① 68 ② 69 ②

70

감압병의 예방 및 치료의 방법으로 옳지 않은 것은?

① 감압이 끝날 무렵에 순수한 산소를 흡입시키면 예방적 효과와 함께 감압시간을 단축시킬 수 있다.
② 잠수 및 감압방법은 특별히 잠수에 익숙한 사람을 제외하고는 1분에 10[m] 정도씩 잠수하는 것이 안전하다.
③ 고압환경에서 작업 시 질소를 헬륨으로 대치하면 성대에 손상을 입힐 수 있으므로 할로겐가스로 대치한다.
④ 감압병의 증상을 보일 경우 환자를 인공적 고압실에 넣어 혈관 및 조직 속에 발생한 질소의 기포를 다시 용해시킨 후 천천히 감압한다.

해 설
호흡용 가스의 질소를 헬륨으로 대치한 공기를 공급한다.

가장 빠른 합격비법
헬륨은 질소보다 조직 용해도가 훨씬 낮고, 확산속도가 빠릅니다. 즉, 체내에 덜 쌓이고 빠르게 배출되므로 감압병 예방에 도움이 됩니다.

71

소음계(sound level meter)로 소음측정 시 A 및 C특성으로 측정하였다. 만약 C특성으로 측정한 값이 A특성으로 측정한 값보다 훨씬 크다면 소음의 주파수영역은 어떻게 추정이 되겠는가?

① 저주파수가 주성분이다.
② 중주파수가 주성분이다.
③ 고주파수가 주성분이다.
④ 중 및 고주파수가 주성분이다.

해 설
A특성과 C특성의 측정값에 따라 주파수 성분이 다르다.
- [dB(A)]≪[dB(C)]: 저주파수가 주성분
- [dB(A)]≒[dB(C)]: 고주파수가 주성분

72

작업장 내의 직접조명에 관한 설명으로 옳은 것은?

① 장시간 작업에도 눈이 부시지 않는다.
② 조명기구가 간단하고, 조명기구의 효율이 좋다.
③ 벽이나 천정의 색조에 좌우되는 경향이 있다.
④ 작업장 내의 균일한 조도의 확보가 가능하다.

오답해설
① 눈부심이 있다.
③ 벽이나 천정의 색조에 영향을 받지 않는다.
④ 작업장 내의 균일한 조도의 확보가 어렵다.

73

작업장에 흔히 발생하는 일반 소음의 차음효과(transmission loss)를 위해서 장벽을 설치한다. 이 때 장벽의 단위 표면적당 무게를 2배씩 증가함에 따라 차음효과는 약 얼마씩 증가하는가?

① 2[dB]
② 6[dB]
③ 10[dB]
④ 16[dB]

해 설
벽면의 투과손실

$$\Delta L_t = 20\log(m \times f) - 47$$

여기서, ΔL_t: 투과손실[dB]
m: 투과재료의 면적밀도[kg/m^3]
f: 주파수[Hz]

$\Delta L_t = 20\log(m \times f) - 47$
$= 20\log m + 20\log f - 47$

단위 표면적당 무게는 밀도와 같은 의미이므로, 단위 표면적당 무게가 2배이면 밀도도 2배이다.

$\Delta L_t = 20\log(2m) + 20\log f - 47$
$= 20\log 2 + 20\log m + 20\log f - 47$

따라서, 투과손실은 $20\log 2 = 6$[dB]만큼 증가한다.

정답 70 ③ 71 ① 72 ② 73 ②

74

소음의 흡음 평가 시 적용되는 잔향시간(reverberation time)에 관한 설명으로 옳은 것은?

① 잔향시간은 실내공간의 크기에 비례한다.
② 실내 흡음량을 증가시키면 잔향시간도 증가한다.
③ 잔향시간은 음압수준이 30[dB] 감소하는 데 소요되는 시간이다.
④ 잔향시간을 측정하려면 실내 배경소음이 90[dB] 이상 되어야 한다.

오답해설

② 실내 흡음량을 증가시키면 잔향시간은 감소한다.
③ 잔향시간은 음압수준이 60[dB] 감소하는 데 소요되는 시간이다.
④ 잔향시간을 측정하려면 실내 배경소음이 측정소음보다 15[dB] 이상 낮아야 한다.

75

빛과 밝기에 관한 설명으로 옳지 않은 것은?

① 광도의 단위로는 칸델라(candela)를 사용한다.
② 광원으로부터 한 방향으로 나오는 빛의 세기를 광속이라 한다.
③ 루멘(lumen)은 1촉광의 광원으로부터 단위입체각으로 나가는 광속의 단위이다.
④ 조도는 어떤 면에 들어오는 광속의 양에 비례하고, 입사면의 단면적에 반비례한다.

해설

광원으로부터 한 방향으로 나오는 빛의 세기를 광도라고 한다.

76

음압이 2배로 증가하면 음압레벨(Sound Pressure Level)은 몇 [dB] 증가하는가?

① 2　　　　② 3
③ 6　　　　④ 12

해설

음압수준(음압레벨)

$$SPL = 20\log\frac{P}{P_0}$$

여기서, SPL: 음압수준[dB]
P: 음압[N/m^2]
P_0: 기준음압(2×10^{-5}[N/m^2])

음압이 2배로 증가하면 $P \to 2P$로 변화하는 것이다.

$$SPL = 20\log\frac{2P}{P_0} = 20\log\left(2\times\frac{P}{P_0}\right)$$
$$= 20\log 2 + 20\log\frac{P}{P_0}$$

따라서, $20\log 2 = 6$[dB]만큼 증가한다.

77

산업안전보건법령상 고온의 노출기준 중 중등작업의 계속작업 시 노출기준은 몇 [℃](WBGT)인가?

① 26.7　　　② 28.3
③ 29.7　　　④ 31.4

해설

고온의 노출기준[℃, WBGT]

작업휴식시간비 (시간당)	작업강도[kcal]		
	경작업 (200 미만)	중등작업 (200~350)	중작업 (350~500)
계속 작업	30.0	26.7	25.0
75[%] 작업/25[%] 휴식	30.6	28.0	25.9
50[%] 작업/50[%] 휴식	31.4	29.4	27.9
25[%] 작업/75[%] 휴식	32.2	31.1	30.0

정답 74 ① 75 ② 76 ③ 77 ①

78
저기압의 영향에 관한 설명으로 틀린 것은?

① 산소결핍을 보충하기 위하여 호흡수, 맥박수가 증가된다.
② 고도 18,000[ft](5,468[m]) 이상이 되면 21[%] 이상의 산소가 필요하게 된다.
③ 고도 10,000[ft](3,048[m])까지는 시력, 협조운동의 가벼운 장해 및 피로를 유발한다.
④ 고도의 상승으로 기압이 저하되면 공기의 산소분압이 상승하여 폐포 내의 산소분압도 상승한다.

해 설
고도가 상승하면 공기 중 산소분압이 낮아져 폐포 내의 산소분압도 저하한다.

79
다음 파장 중 살균작용이 가장 강한 자외선의 파장범위는?

① 220~234[nm]
② 254~280[nm]
③ 290~315[nm]
④ 325~400[nm]

해 설
자외선의 살균작용은 254~280[nm]에서 가장 강하다.

80
피부로 감지할 수 없는 불감기류의 최고기류범위는 얼마인가?

① 약 0.5[m/s] 이하
② 약 1.0[m/s] 이하
③ 약 1.3[m/s] 이하
④ 약 1.5[m/s] 이하

해 설
불감기류는 0.5[m/s] 이하인 기류이며, 피부로 감지하기 힘들다.

5과목　산업독성학

81
화기 등에 접촉하면 유독성의 포스겐이 발생하여 폐수종을 일으킬 수 있는 유기용제는?

① 벤젠
② 노말헥산
③ 크실렌
④ 염화에틸렌

해 설
염화에틸렌이 연소하면 유독성 물질인 포스겐을 발생시켜 폐수종을 유발한다.

가장 빠른 합격비법
포스겐($COCl_2$)은 염소 원자를 포함한 염소화합물이므로, 보기 중 염소 원자를 가진 물질을 선택하면 됩니다.

82
유기용제류의 산업중독에 관한 설명으로 적절하지 않은 것은?

① 간장장애를 일으킨다.
② 유기용제는 지방, 콜레스테롤 등 각종 유기물질을 녹이는 성질 때문에 여러 조직에 다양한 영향을 끼친다.
③ 장기간 노출되어도 만성중독이 발생하지 않는 특징이 있다.
④ 중추신경계를 작용하여 마취, 환각현상을 일으킨다.

해 설
유기용제는 장기간 노출 시 만성중독을 일으킨다.

정답 78 ④　79 ②　80 ①　81 ④　82 ③

83

다음 중 피부에 건강상 영향을 일으키는 화학물질과 가장 거리가 먼 것은?

① 크롬 ② PAH
③ 망간흄 ④ 절삭유

해설
망간흄은 주로 흡입에 의한 독성이 문제가 되며, 피부접촉에 의한 건강장해는 거의 보고되지 않았다.

84

근로자의 유해물질 노출 및 흡수 정도를 종합적으로 평가하기 위하여 생물학적 측정이 필요하다. 또한 유해물질 배출 및 축적 속도에 따라 시료 채취시기를 적절히 정해야 하는데, 시료채취시기에 제한을 가장 작게 받는 것은?

① 요 중 납 ② 호기 중 벤젠
③ 요 중 총 페놀 ④ 혈 중 총 무기수은

해설
납 등 중금속은 반감기가 길어서 시료채취시간이 중요하지 않다.

85

호흡기에 대한 자극작용은 유해물질의 용해도에 따라 구분되는데 다음 중 상기도점막자극제에 해당하지 않는 것은?

① 염화수소 ② 아황산가스
③ 암모니아 ④ 이산화질소

해설
이산화질소는 종말기관지 및 폐포점막자극제에 해당한다.

86

다음 중 칼슘대사에 장해를 주어 신결석을 동반한 신증후군이 나타나고 다량의 칼슘 배설이 일어나 뼈의 통증, 골연화증 및 골수공증과 같은 근골격계 장해를 유발하는 중금속은?

① 망간 ② 수은
③ 비소 ④ 카드뮴

해설
카드뮴은 다량의 칼슘 배설을 일으켜 뼈의 통증, 골연화증 및 골수공증 등 근골격계 장해를 유발한다.

가장 빠른 합격비법
카드뮴(Cd)은 신장, 특히 근위세뇨관에 축적되어 칼슘의 재흡수 기능을 손상시킵니다. 이로 인해 재흡수되지 못한 칼슘이 소변으로 배설되고, 부족한 칼슘은 뼈에서 빼내기 때문에 근골격계 질환을 유발합니다.

87

접촉에 의한 알레르기성 피부감작을 증명하기 위한 시험으로 가장 적절한 것은?

① 첩포시험 ② 진균시험
③ 조직시험 ④ 유발시험

해설
첩포시험은 알레르기 유발물질을 첩포(Patch)에 소량 도포하여 피부에 부착하는 시험이다. 알레르기성 피부감작을 증명하는 데 유용하다.

정답 83 ③ 84 ① 85 ④ 86 ④ 87 ①

88
호흡성 먼지(Respirable Particulate Mass)에 대한 미국 ACGIH의 정의로 옳은 것은?

① 크기가 10~100[μm]로 코와 인후두를 통하여 기관지나 폐에 침착한다.
② 폐포에 도달하는 먼지로 입경이 7.1[μm] 미만인 먼지를 말한다.
③ 평균 입경이 4[μm]이고, 공기역학적 직경이 10[μm] 미만인 먼지를 말한다.
④ 평균 입경이 10[μm]인 먼지로 흉곽성(Thoracic) 먼지라고도 한다.

해설
입자상 물질의 분류(ACGIH)
- 흡입성 분진(평균입경: 100[μm])
  : 호흡기 어느 부위에 침착하더라도 독성을 나타내는 입자이다.
- 흉곽성 분진(평균입경: 10[μm])
  : 기도나 폐포에 침착되어 독성을 나타내는 입자이다.
- 호흡성 분진(평균입경: 4[μm])
  : 가스교환 부위(폐포)에 침착되어 독성을 나타내는 입자이다.

89
다음 중 조혈장기에 장해를 입히는 정도가 가장 낮은 것은?

① 망간　　② 벤젠
③ 납　　　④ TNT

해설
망간 중독은 조혈장기의 장애와 관련성이 떨어진다.

90
체내에 소량 흡수된 카드뮴은 체내에서 해독되는데 이들 반응에 중요한 작용을 하는 것은?

① 효소　　② 임파구
③ 간과 신장　　④ 백혈구

해설
체내에 흡수된 카드뮴은 혈액을 통해 $\frac{2}{3}$가 간과 신장으로 이동한다.

91
다음 중 크롬에 관한 설명으로 틀린 것은?

① 6가 크롬은 발암성 물질이다.
② 주로 소변을 통하여 배설된다.
③ 형광등 제조, 치과용 아말감 산업이 원인이 된다.
④ 만성 크롬중독인 경우 특별한 치료방법이 없다.

해설
형광등 제조, 아말감 산업이 중독 원인인 중금속은 수은이다.

92
직업적으로 벤지딘(Benzidine)에 장기간 노출되었을 때 암이 발생될 수 있는 인체 부위로 가장 적절한 것은?

① 피부　　② 뇌
③ 폐　　　④ 방광

해설
벤지딘, 2-나프틸아민, 4-아미노디페닐, 아닐린과 같은 아민류는 방광에 종양을 유발한다.

정답 88 ③ 89 ① 90 ③ 91 ③ 92 ④

93
직업성 천식을 유발하는 대표적인 물질로 나열된 것은?

① 알루미늄, 2-Bromopropane
② TDI(Toluene Diisocyanate), Asbestos
③ 실리카, DBCP(1,2-dibromo-3-chloropropane)
④ TDI(Toluene Diisocyanate), TMA(Trimellitic Anhydride)

해 설
직업성 천식의 원인물질
TDI, TMA, MDI, 에틸렌디아민, 포름알데히드, 니켈, 크롬, 알루미늄, 항생제, 소화제, 목재분진, 밀가루, 진드기 등

95
진폐증의 독성병리기전과 거리가 먼 것은?

① 천식
② 섬유증
③ 폐 탄력성 저하
④ 콜라겐 섬유 증식

해 설
진폐증은 폐 조직에 발생하는 질병이고, 천식은 기관지에 발생하는 질병이라 두 질병의 발병 위치가 아예 다르다

94
중금속에 중독되었을 경우에 치료제로 BAL이나 Ca-EDTA 등 금속배설 촉진제를 투여해서는 안되는 중금속은?

① 납
② 비소
③ 망간
④ 카드뮴

해 설
카드뮴 중독에 디메르카프롤(BAL)이나 Ca-EDTA를 사용하면 체내 카드뮴 배설은 늘어나지만, 동시에 신장 조직 내 카드뮴 농도가 증가하여 신독성이 악화된다.

96
카드뮴의 만성중독 증상으로 볼 수 없는 것은?

① 폐기능 장해
② 골격계의 장해
③ 신장기능 장해
④ 시각기능 장해

해 설
시각기능 장해는 주로 메탄올에 의해 나타난다.

정답 93 ④ 94 ④ 95 ① 96 ④

97

사염화탄소에 관한 설명으로 옳지 않은 것은?

① 생식기에 대한 독성작용이 특히 심하다.
② 고농도에 노출되면 중추신경계 장애 외에 간장과 신장 장애를 유발한다.
③ 신장장애 증상으로 감뇨, 혈뇨 등이 발생하며, 완전 무뇨증이 되면 사망할 수도 있다.
④ 초기 증상으로는 지속적인 두통, 구역 또는 구토, 복부 선통과 설사, 간압통 등이 나타난다.

해설
사염화탄소의 인체에 대한 생식독성 사례는 특별히 알려지지 않았다.

98

근로자가 1일 작업시간 동안 잠시라도 노출되어서는 아니 되는 기준을 나타내는 것은?

① TLV-C
② TLV-STEL
③ TLV-TWA
④ TLV-skin

해설
근로자가 1일 작업시간 동안 잠시라도 노출되어서는 아니 되는 기준은 TLV-C(천장값)이다.

> ⚠ **가장 빠른 합격비법**
> TLV-C에서 'C'는 천장을 의미하는 Ceiling의 약자입니다.

99

다핵방향족 탄화수소(PAHs)에 대한 설명으로 옳지 않은 것은?

① 벤젠고리가 2개 이상이다.
② 대사가 활발한 다핵 고리화합물로 되어있으며 수용성이다.
③ 시토크롬(cytochrome) P-450의 준개체단에 의하여 대사된다.
④ 철강 제조업에서 석탄을 건류할 때나 아스팔트를 콜타르 피치로 포장할 때 발생된다.

해설
다핵방향족 탄화수소는 대부분 지용성이다.

> ⚠ **가장 빠른 합격비법**
> 시토크롬(cytochrome) P-450은 다양한 기질을 대사할 수 있는 단백질의 일종입니다.

100

산업역학에서 상대위험도의 값이 1인 경우가 의미하는 것은?

① 노출되면 위험하다.
② 노출되어서는 절대 안된다.
③ 노출과 질병발생 사이에는 연관이 없다.
④ 노출되면 질병에 대하여 방어효과가 있다.

해설
상대위험도의 해석
상대위험도>1 → 위험의 증가
상대위험도=1 → 노출과 질병 사이의 연관성 없음
상대위험도<1 → 질병에 대한 방어효과 있음

정답 97 ① 98 ① 99 ② 100 ③

2023년 제1회 CBT 복원문제

1과목 산업위생학개론

01
다음 중 도수율에 관한 설명으로 옳지 않은 것은?

① 산업재해의 발생빈도를 나타낸다.
② 연근로시간 합계 100만 시간당의 재해발생건수이다.
③ 일반적으로 1인당 연간 근로시간수는 2,400시간이다.
④ 사망과 경상에 따른 재해강도를 고려한 값이다.

해설
사망과 경상에 따른 재해강도를 고려한 지표는 강도율이다.

02
영상표시단말기(VDT)의 작업자료로 틀린 것은?

① 발의 위치는 앞꿈치만 닿을 수 있도록 한다.
② 눈과 화면의 중심 사이의 거리는 40[cm] 이상이 되도록 한다.
③ 위팔과 아래팔이 이루는 각도는 90° 이상이 되도록한다.
④ 아래팔은 손등과 일직선을 유지하여 손목이 꺾이지 않도록 한다.

해설
영상표시단말기 취급근로자의 발바닥 전면이 바닥면에 닿는 자세를 기본으로 한다.

03
작업대사율(RMR) 계산 시 직접적으로 필요한 항목과 가장 거리가 먼 것은?

① 작업시간
② 안정 시 열량
③ 기초대사량
④ 작업에 소모된 열량

해설
$$RMR = \frac{작업대사량}{기초대사량}$$
$$= \frac{작업\ 시\ 대사량 - 안정\ 시\ 대사량}{기초대사량}$$

04
산업피로의 증상에 대한 설명으로 틀린 것은?

① 호흡이 빨라지고 혈액 중 이산화탄소의 양이 증가한다.
② 혈당치가 높아지고 젖산과 탄산이 증가한다.
③ 처음 체온은 높아지다가 피로가 심해지면 나중에는 떨어진다.
④ 처음 혈압은 높아지나 피로가 진행되면 나중에는 떨어진다.

해설
피로를 느끼면 혈당이 낮아지고 혈중 젖산과 이산화탄소 농도가 증가하여 산혈증이 발생한다.

정답 01 ④ 02 ① 03 ① 04 ②

05

어떤 사업장에서 500명의 근로자가 1년 동안 작업하던 중 재해가 50건 발생하였으며 이로 인해 총 근로시간 중 5[%]의 손실이 발생하였다면 이 사업장의 도수율은 약 얼마인가? (단, 근로자는 1일 8시간씩 연간 300일 근무한다.)

① 14
② 24
③ 34
④ 44

해설

도수율

$$도수율 = \frac{재해건수}{연근로시간수} \times 1,000,000$$

$$도수율 = \frac{50}{500 \times 8 \times 300 \times 0.95} \times 10^6 = 43.86$$

06

산업안전보건법령상 사업주는 몇 [kg] 이상의 중량물을 인력으로 들어올리는 작업에 근로자를 종사하도록 할 때 다음과 같은 조치를 취하여야 하는가?

- 주로 취급하는 물품에 대해 근로자가 쉽게 알 수 있도록 물품의 중량과 무게중심에 대하여 작업장 주변에 안내표시를 할 것
- 취급하기 곤란한 물품은 손잡이를 붙이거나 갈고리, 진공빨판 등 적절한 보조도구를 활용할 것

① 5[kg]
② 10[kg]
③ 20[kg]
④ 25[kg]

해설

사업주는 5[kg] 이상의 중량물을 인력으로 들어올리는 작업을 하는 경우에 다음 조치를 하여야 한다.
- 주로 취급하는 물품에 대하여 근로자가 쉽게 알 수 있도록 물품의 중량과 무게중심에 대하여 작업장 주변에 안내표시를 할 것
- 취급하기 곤란한 물품은 손잡이를 붙이거나 갈고리, 진공빨판 등 적절한 보조도구를 활용할 것

07

유리 제조, 용광로 작업, 세라믹 제조과정에서 발생 가능성이 가장 높은 직업성 질환은?

① 요통
② 근육경련
③ 백내장
④ 레이노드 현상

해설

유리 제조, 용광로 작업, 세라믹 제조과정 발생하는 자외선, 적외선 등의 유해광선으로 인한 백내장 발생 가능성이 가장 높다.

08

방직공장의 면분진 발생 공정에서 측정한 공기 중 면분진 농도가 2시간은 2.5[mg/m³], 3시간은 1.8[mg/m³], 3시간은 2.6[mg/m³] 일 때, 해당 공정의 시간가중평균 노출기준 환산값은 약 얼마인가?

① 0.86[mg/m³]
② 2.28[mg/m³]
③ 2.35[mg/m³]
④ 2.60[mg/m³]

해설

시간가중평균노출기준(TWA)

$$TWA = \frac{C_1 t_1 + C_2 t_2 + \cdots + C_n t_n}{8}$$

여기서, TWA : 시간가중평균노출기준
C_n : 유해인자의 측정농도[mg/m³ 또는 ppm]
t_n : 유해인자의 발생시간[hr]

$$TWA = \frac{(2 \times 2.5) + (3 \times 1.8) + (3 \times 2.6)}{8}$$
$$= 2.28[mg/m^3]$$

정답 05 ④ 06 ① 07 ③ 08 ②

09

산업안전보건법상 최근 1년간 작업공정에서 공정 설비의 변경, 작업방법의 변경, 설비의 이전, 사용 화학물질의 변경 등으로 작업환경측정 결과에 영향을 주는 변화가 없는 경우 작업공정 내 소음 외의 다른 모든 인자의 작업환경측정 결과가 최근 2회 연속 노출기준 미만인 사업장은 몇 년에 1회 이상 측정할 수 있는가?

① 6월 ② 1년
③ 2년 ④ 3년

해설

최근 1년간 작업공정에서 공정 설비의 변경, 작업방법의 변경, 설비의 이전, 사용 화학물질의 변경 등으로 작업환경측정 결과에 영향을 주는 변화가 없는 경우로서 다음 어느 하나에 해당하는 경우에는 해당 유해인자에 대한 작업환경측정을 연 1회 이상 할 수 있다.
- 작업공정 내 소음의 작업환경측정 결과가 최근 2회 연속 85[dB] 미만인 경우
- 작업공정 내 소음 외의 다른 모든 인자의 작업환경측정 결과가 최근 2회 연속 노출기준 미만인 경우

10

다음 중 실내환경 공기를 오염시키는 요소로 볼 수 없는 것은?

① 라돈 ② 포름알데히드
③ 연소가스 ④ 체온

해설

체온은 실내공기를 오염시키는 요소로 보기 힘들다.

11

유해인자와 그로 인하여 발생되는 직업병이 올바르게 연결된 것은?

① 크롬 - 간암 ② 이상기압 - 침수족
③ 망간 - 비중격천공 ④ 석면 - 악성중피종

오답해설
① 크롬: 비중격천공, 폐암 유발
② 이상기압: 잠함병, 폐수종 유발
③ 망간: 파킨슨증후군, 신장암 유발

12

산업안전보건법령상 작업환경측정에 대한 설명으로 옳지 않은 것은?

① 작업환경측정의 방법, 횟수 등의 필요사항은 사업주가 판단하여 정할 수 있다.
② 사업주는 작업환경의 측정 중 시료의 분석을 작업환경측정기관에 위탁할 수 있다.
③ 사업주는 작업환경측정 결과를 해당 작업장의 근로자에게 알려야한다.
④ 사업주는 근로자대표가 요구할 경우 작업환경측정 시 근로자대표를 참석시켜야 한다.

해설

작업환경측정의 방법, 횟수, 그 밖에 필요한 사항은 고용노동부령으로 정한다.

정답 09 ② 10 ④ 11 ④ 12 ①

13

다음은 직업성 질환과 그 원인이 되는 직업이 가장 적합하게 연결된 것은?

① 평편족 - VDT 작업
② 진폐증 - 고압, 저압작업
③ 중추신경장해 - 광산작업
④ 목위팔(경견완)증후군 - 타이핑작업

오답해설
① 평편족 - 오랫동안 서서 일하는 작업
② 진폐증 - 분진 취급 작업
③ 중추신경장해 - 유해화학물질 취급 작업

가장 빠른 합격비법
경견완증후군은 목, 어깨, 팔꿈치, 손목 등에 작열감이나 무감각, 통증, 뻣뻣함 등의 증상을 보이며, 상체를 이용하여 반복된 작업을 지속할 때 발생할 수 있습니다.

14

AIHA(American Industrial Hygiene Association)에서 정의하고 있는 산업위생의 범위에 해당하지 않는 것은?

① 근로자의 작업 스트레스를 예측하여 관리하는 기술
② 작업장 내 기계의 품질 향상을 위해 관리하는 기술
③ 근로자에게 비능률을 초래하는 작업환경요인을 예측하는 기술
④ 지역사회 주민들에게 건강장애를 초래하는 작업환경요인을 평가하는 기술

해설
산업위생의 정의(미국산업위생학회, AIHA)
근로자나 일반 대중에게 질병, 건강장애와 안녕 방해, 심각한 불쾌감 및 능률 저하 등을 초래하는 작업환경요인과 스트레스를 예측, 인지, 측정, 평가, 관리하는 과학과 기술이다.

15

산업안전보건법령상 물질안전보건자료 대상물질을 제조·수입하려는 자가 물질안전보건자료에 기재해야 하는 사항에 해당되지 않는 것은? (단, 그 밖에 고용노동부장관이 정하는 사항은 제외한다.)

① 응급조치요령
② 물리화학적 특성
③ 안전관리자의 직무범위
④ 폭발·화재 시 대처방법

해설
안전관리자의 직무범위는 물질안전보건자료의 기재사항이 아니다.

16

산업위생의 목적과 가장 거리가 먼 것은?

① 근로자의 건강을 유지시키고 작업능률을 향상시킴
② 근로자들의 육체적, 정신적, 사회적 건강을 증진시킴
③ 유해한 작업환경 및 조건으로 발생한 질병을 진단하고 치료함
④ 작업환경 및 작업조건이 최적화되도록 개선하여 질병을 예방함

해설
유해한 작업환경 및 조건으로 발생한 질병을 진단하고 치료함은 작업환경의학의 목적에 가깝다.

정답 13 ④ 14 ② 15 ③ 16 ③

17

산업위생전문가들이 지켜야 할 윤리강령에 있어 전문가로서의 책임에 해당하는 것은?

① 일반 대중에 관한 사항은 정직하게 발표한다.
② 위험요소와 예방조치에 관하여 근로자와 상담한다.
③ 과학적 방법의 적용과 자료의 해석에서 객관성을 유지한다.
④ 위험요인의 측정, 평가 및 관리에 있어서 외부의 압력에 굴하지 않고 중립적 태도를 취한다.

오답해설
① 일반 대중에 대한 책임
②, ④ 근로자에 대한 책임

18

산업피로에 대한 설명으로 틀린 것은?

① 산업피로는 원천적으로 일종의 질병이며 비가역적 생체변화이다.
② 산업피로는 건강장해에 대한 경고반응이라고 할 수 있다.
③ 육체적, 정신적 노동부하에 반응하는 생체의 태도이다.
④ 산업피로는 생산성의 저하뿐만 아니라 재해와 질병의 원인이 된다.

해설
피로의 정의
고단하다는 주관적인 느낌이 있으면서 작업능률이 떨어지고 생체 기능의 변화를 가져오는 현상이다.(가역적 생체의 변화)

19

직업성 질환의 범위에 해당되지 않는 것은?

① 합병증   ② 속발성 질환
③ 선천적 질환   ④ 원발성 질환

해설
직업성 질환의 범위
• 업무에 기인하여 1차적으로 발생하는 원발성 질환을 포함한다.
• 원발성 질환과 합병 작용하여 제2의 질환(속발성 질환)을 유발하는 경우를 포함한다.
• 합병증이 원발성 질환과 불가분의 관계를 가지는 경우를 포함한다.
• 원발성 질환과 떨어진 다른 부위에 동일한 원인에 의한 제2의 질환을 일으키는 경우를 포함한다.

가장 빠른 합격비법
• 원발성 질환: 다른 원인에 의해서 질병이 생긴 것이 아니라, 그 자체가 질병인 질환입니다.
• 속발성 질환: 다른 질병에 바로 이어서 생기는 질환입니다.
• 선천적 질환: 태어날 때부터 지니고 있는 질환입니다.

20

사무실 공기관리 지침 상 오염물질과 관리기준이 잘못 연결된 것은? (단, 관리기준은 8시간 시간가중평균농도이며, 고용노동부 고시를 따른다.)

① 총부유세균 — 800[CFU/m^3]
② 일산화탄소(CO) — 10[ppm]
③ 초미세먼지(PM2.5) — 50[μg/m^3]
④ 포름알데히드(HCHO) — 150[μg/m^3]

해설
포름알데히드(HCHO) — 100[μg/m^3]

정답 17 ③ 18 ① 19 ③ 20 ④

2과목　작업위생측정 및 평가

21

다음 중 냉동기에서 냉매체가 유출되고 있는지 검사하려고 할 때 가장 적합한 측정기구는?

① 스펙트로미터(Spectrometer)
② 가스크로마토그래피(Gas Chromatography)
③ 할로겐화합물 측정기기(Halide Meter)
④ 연소가스지시계(Combustible Gas Meter)

해설
냉매의 주성분은 할로겐원소로 구성되기 때문에 할로겐화합물 측정기기를 사용하여 냉매 유출을 검사한다.

22

용접작업 중 발생되는 용접 흄을 측정하기 위해 사용할 여과지 무게를 재었더니 70.1[mg]이었다. 이 여과지를 이용하여 2.5[L/min]의 시료채취유량으로 120분 간 측정을 실시한 후 잰 무게는 75.88[mg]이었다면 용접 흄의 농도는?

① 약 11[mg/m³]　② 약 13[mg/m³]
③ 약 19[mg/m³]　④ 약 23[mg/m³]

해설

$$분진농도 = \frac{채취된\ 먼지중량}{채취공기량}$$

채취된 먼지중량 = 75.88 − 70.1 = 5.78[mg]

채취공기량 = $\frac{2.5L}{min} \times 120min \times \frac{m^3}{1,000L} = 0.3[m^3]$

분진농도 = $\frac{5.78}{0.3} = 19.27[mg/m^3]$

23

펌프 유량 보정기구 중 1차 표준기구로 사용하는 피토튜브에 대한 설명으로 맞는 것은?

① 피토튜브의 정확성에는 한계가 있으며 기류가 12.7[m/s] 이상일 때는 U자 튜브를 사용하고 그 이하에서는 기울어진 튜브를 사용한다.
② 피토튜브를 사용하여 곧바로 기류측정이 가능하다.
③ 피토튜브로 전압(총압)과 속도압을 구하여 정압을 계산할 수 있다.
④ 속도압이 25[mmH₂O]일 때 기류속도는 28.58[m/s]이다.

해설
피토튜브는 전압과 정압을 측정하여 속도압을 역으로 구할 수 있다.

24

계통오차의 종류에 대한 설명으로 틀린 것은?

① 한 가지 실험측정을 반복할 때 측정값들의 변동으로 발생되는 오차
② 측정 및 분석기기의 부정확성으로 발생되는 오차
③ 측정자의 개인 선입관으로 발생되는 오차
④ 측정 및 분석 시 온도나 습도 같은 외계 영향으로 발생되는 오차

해설
한 가지 실험을 반복할 때 측정값들의 변동으로 발생되는 오차는 우발오차라고 한다.

정답 21 ③　22 ③　23 ③　24 ①

25

작업장 내 기류측정에 대한 설명으로 옳지 않은 것은?

① 풍차풍속계는 풍차의 회전속도로 풍속을 측정한다.
② 풍차풍속계는 보통 1~150[m/s] 범위의 풍속을 측정하며 옥외용이다.
③ 기류속도가 아주 낮을 때에는 카타온도계와 복사풍속계를 사용하는 것이 정확하다.
④ 카타온도계는 기류의 방향이 일정하지 않거나 실내 0.2~0.5[m/s] 정도의 불감기류를 측정할 때 사용한다.

해설
기류속도가 낮을 때에는 열선풍속계를 사용하는 것이 더 정확하다.

26

흡광광도법에서 사용되는 흡수셀의 재질 중 자외선 영역의 파장범위에 사용되는 재질은?

① 유리
② 플라스틱
③ 석영
④ 유리와 플라스틱

해설
자외선 영역의 파장범위에서 흡광광도법의 흡수셀 재질은 주로 석영을 사용한다.

27

셀룰로오스 에스테르 막여과지에 관한 설명으로 틀린 것은?

① 산에 쉽게 용해된다.
② 유해물질이 주로 표면에 침착되어 현미경 분석에 용이하다.
③ 흡습성이 적어서 주로 중량분석에 이용된다.
④ 중금속 시료채취에 유리하다.

해설
셀룰로오스 에스테르 막여과지(MCE 막여과지)는 흡습성이 있어 중량분석 시 오차를 유발할 수 있으므로 적절하지 않다.

28

자연습구온도는 31[℃], 흑구온도는 24[℃], 건구온도는 34[℃]인 실내작업장에서 시간당 400칼로리가 소모된다면 계속작업을 실시하는 주조공장의 WBGT는 몇 [℃]인가? (단, 고용노동부 고시를 기준으로 한다.)

① 28.9
② 29.9
③ 30.9
④ 31.9

해설
습구흑구온도지수(옥내 또는 태양광선이 내리쬐지 않는 옥외)

$$WBGT = 0.7NWB + 0.3GT$$

여기서, WBGT: 습구흑구온도지수[℃]
NWB: 자연습구온도[℃]
GT: 흑구온도[℃]

$WBGT = (0.7 \times 31) + (0.3 \times 24) = 28.9[℃]$

29

공장 내 지면에 설치된 한 기계로부터 10[m] 떨어진 지점의 소음이 70[dB(A)]일 때, 기계의 소음이 50[dB(A)]로 들리는 지점은 기계에서 몇 [m] 떨어진 곳인가? (단, 점음원을 기준으로 하고, 기타 조건은 고려하지 않는다.)

① 50
② 100
③ 200
④ 400

해설
음압의 거리 감쇠

$$SPL_1 - SPL_2 = 20\log\frac{r_2}{r_1}$$

여기서, SPL: 음압수준[dB]
r: 음원으로부터 떨어진 거리[m]

$70 - 50 = 20\log\frac{r_2}{10}$
$\log\frac{r_2}{10} = 1$
$r_2 = 100[m]$

정답 25 ③ 26 ③ 27 ③ 28 ① 29 ②

30

벤젠으로 오염된 작업장에서 무작위로 15개 지점의 벤젠의 농도를 측정하여 다음과 같은 결과를 얻었을 때, 이 작업장의 표준편차는?

> 8, 10, 15, 12, 9, 13, 16, 15, 11, 9, 12, 8, 13, 15, 14

① 4.7
② 3.7
③ 2.7
④ 0.7

해설

산술평균

$$\bar{x} = \frac{x_1 + x_2 + \cdots + x_n}{n}$$

여기서, $\bar{x}$: 산술평균
x_n: 측정치
n: 측정치의 개수

$$\bar{x} = \frac{8+10+15+12+9+13+16+15+11+9+12+8+13+15+14}{15} = 12$$

표준편차

$$SD = \sqrt{\frac{\sum_{i=1}^{n}(x_i - \bar{x})^2}{n-1}}$$

여기서, SD: 표준편차
x_i: 측정치
$\bar{x}$: 산술평균
n: 측정치의 개수

$$SD = \sqrt{\frac{\begin{array}{c}(8-12)^2+(10-12)^2+(15-12)^2\\+(12-12)^2+(9-12)^2+(13-12)^2\\+(16-12)^2+(15-12)^2+(11-12)^2\\+(9-12)^2+(12-12)^2+(8-12)^2\\+(13-12)^2+(15-12)^2+(14-12)^2\end{array}}{15-1}} = 2.7$$

31

입자상 물질을 채취하는 데 사용하는 여과지 중 막여과지(membrane filter)가 아닌 것은?

① MCE 여과지
② PVC 여과지
③ 유리섬유 여과지
④ PTFE 여과지

해설

유리섬유 여과지는 비막형 여과지이다.

32

일정한 온도조건에서 가스의 부피와 압력이 반비례하는 것과 가장 관계가 있는 법칙은?

① 보일의 법칙
② 샤를의 법칙
③ 라울의 법칙
④ 게이-루삭의 법칙

해설

보일의 법칙
일정한 온도에서 기체의 부피는 그 압력에 반비례한다.

33

작업장에서 오염물질 농도를 측정하였더니 그 중 일산화탄소(CO)가 0.01[%]였다. 이때 일산화탄소 농도[mg/m³]는 약 얼마인가?

① 95
② 4.91
③ 115
④ 10.50

해설

$$\frac{mg}{m^3} = \frac{ppm \times 분자량}{24.45} (1기압, 25[℃] 기준)$$

1[%] = 10,000[ppm]이므로,

$$ppm = 0.01\% \times \frac{10,000 ppm}{1\%} = 100[ppm]$$

$$\frac{mg}{m^3} = \frac{ppm \times 분자량}{24.45} = \frac{100 \times 28}{24.45} = 114.52[mg/m^3]$$

정답 30 ③ 31 ③ 32 ① 33 ③

34

Fick법칙이 적용된 확산포집방법에 의하여 시료가 포집될 경우, 포집량에 영향을 주는 요인과 가장 거리가 먼 것은?

① 공기 중 포집대상물질 농도와 포집매체에 함유된 포집대상물질의 농도 차이
② 포집기의 표면이 공기에 노출된 시간
③ 대상물질과 확산매체와의 확산계수 차이
④ 포집기에서 오염물질이 포집되는 면적

해설
확산으로 포집된 총량

$$M = Aft \times \frac{C_i - C_o}{L}$$

여기서, M : 확산에 의하여 포집된 총량[g]
  A : 오염물질의 포집 면적[cm^2]
  f : 확산계수
  t : 포집기의 표면이 공기에 노출된 시간[sec]
  C_i : 공기 중 포집대상물질의 농도[g/cm^3]
  C_o : 포집매질에 함유된 포집대상물질의 농도[g/cm^3]
  L : 확산경로의 길이[cm]

f 는 대상물질이 공기 중에서 움직일 때의 확산계수이다.

35

호흡성 먼지(RPM)의 입경[μm] 범위는? (단, 미국 ACGIH 정의 기준)

① 0~10
② 0~20
③ 0~25
④ 10~100

해설

구분	평균입경[μm]
흡입성 입자상 물질(IPM)	100
흉곽성 입자상 물질(TPM)	10
호흡성 입자상 물질(RPM)	4

호흡성 입자상 물질의 평균입경이 4[μm]이므로 대략적인 입경 범위는 0~10[μm]이다.

36

근로자가 일정시간 동안 일정 농도의 유해물질에 노출될 때 체내에 흡수되는 유해물질의 양은 아래의 식을 적용하여 구한다. 각 인자에 대한 설명이 틀린 것은?

$$체내\ 흡수량[mg] = C \times T \times R \times V$$

① C : 공기 중 유해물질 농도
② T : 노출시간
③ R : 체내 잔류율
④ V : 작업공간 공기의 부피

해설
체내 흡수량

$$체내\ 흡수량 = C \times t \times V \times R$$

여기서, C : 공기 중 유해물질 농도[mg/m^3]
  t : 노출시간[hr]
  V : 폐환기율, 호흡률[m^3/hr]
  R : 체내 잔류율(자료 없는 경우 1.0)

37

입자의 크기에 따라 여과기전 및 채취효율이 다르다. 입자크기가 0.1~0.5[μm]일 때 주된 여과기전은?

① 충돌과 간섭
② 확산과 간섭
③ 차단과 간섭
④ 침강과 간섭

해설
입경범위가 0.1~0.5[μm]인 경우 확산과 간섭이 주된 메커니즘이다.

> **가장 빠른 합격비법**
> - 확산 : 공기 흐름에 비해 매우 느리게 움직이는 미세입자는 브라운운동에 의해 무작위로 움직입니다. 이 과정에서 필터 주변의 유동이 제한되는 지점에서 입자가 섬유 표면에 충돌·부착됩니다.
> - 간섭 : 공기 흐름을 따라 이동하던 입자가 필터 섬유의 표면으로부터 입자 반경만큼 가까이 접근할 때, 유동선에서 벗어나지 않고 그대로 섬유에 포집되는 현상입니다.

정답 34 ③ 35 ① 36 ④ 37 ②

38

고체 흡착제를 이용하여 시료채취를 할 때 영향을 주는 인자에 관한 설명으로 옳지 않은 것은?

① 온도: 고온일수록 흡착성질이 감소하며 파과가 일어나기 쉽다.
② 오염물질농도: 공기 중 오염물질의 농도가 높을수록 파과공기량이 증가한다.
③ 흡착제의 크기: 입자의 크기가 작을수록 채취효율이 증가하나 압력강하가 심하다.
④ 시료채취유량: 시료채취유량이 높으면 파과가 일어나기 쉬우며 코팅된 흡착제일수록 그 경향이 강하다.

해설
공기 중 오염물질농도가 높을수록 파과공기량은 감소한다.

⚠ 가장 빠른 합격비법
파과공기량은 흡착제가 포화되어 뒷층에서 오염물질이 검출되기 시작할 때까지 통과시킨 공기량을 말합니다. 즉, 파과공기량이 감소한다는 것은 흡착제가 쉽게 파과된다는 뜻과 같습니다.

39

작업환경공기 중 A물질(TLV 10[ppm])이 5ppm, B물질(TLV 100[ppm])이 50ppm, C물질(TLV 100[ppm])이 60[ppm] 있을 때, 혼합물의 허용농도는 약 몇 [ppm]인가? (단, 상가작용 기준)

① 78   ② 72
③ 68   ④ 64

해설
허용기준농도

$$\text{허용기준농도} = \frac{\text{혼합물의 공기 중 농도}}{EI}$$

$EI = \frac{5}{10} + \frac{50}{100} + \frac{60}{100} = 1.6$

허용기준농도 $= \frac{5+50+60}{1.6} = 72[ppm]$

40

1[N]−HCl(F=1,000) 500[mL]를 만들기 위해 필요한 진한 염산의 부피[mL]는? (단, 진한 염산의 물성은 비중 1.18, 함량 35[%]이다.)

① 약 18   ② 약 36
③ 약 44   ④ 약 66

해설

$$\text{염산 부피}[mL] = \frac{\text{몰농도}[mol/L] \times \text{부피}[L] \times \text{몰질량}[g/mol]}{\text{염산의 밀도}[g/mL]}$$

$$= \frac{1 \times 0.5 \times 36.5}{0.35 \times 1.18} = 44.19[mL]$$

3과목   작업환경관리대책

41

덕트 내 기류 합류 시 정압균형유지방법의 장단점이 아닌 것은?

① 설계 시 잘못된 유량을 고치기가 용이하다.
② 설계가 복잡하고 시간이 걸린다.
③ 최대저항경로 선정이 잘못되어도 설계 시 쉽게 발견할 수 있다.
④ 상황에 따라 필요한 최소유량보다 더 초과될 수 있다.

해설
정압균형유지방법(정압조절평형법)은 설계 시 잘못된 유량을 수정하기 어렵다.

정답 38 ② 39 ② 40 ③ 41 ①

42

원심력 제진장치인 사이클론에 관한 설명 중 옳지 않은 것은?

① 함진가스에 선회류를 일으키는 원심력을 이용한다.
② 비교적 적은 비용으로 제진이 가능하다.
③ 가동부분이 많은 것이 기계적 특징이다.
④ 원심력과 중력을 동시에 이용하기 때문에 입경이 크면 효율적이다.

해 설

사이클론은 가동부분이 단순한 것이 특징이며, 구조가 간단하여 설치 및 유지관리 비용이 저렴하다.

43

페인트 도장의 경우처럼 공기 중에 가스상 물질과 분진이 동시에 존재할 때 호흡보호구에 이용되는 공기정화기는 무엇인가?

① 필터
② 만능형 캐니스터
③ 금속산화물이 도포된 활성탄
④ 요오드가 입혀진 활성탄

해 설

만능형 캐니스터는 방진마스크와 방독마스크의 기능이 둘 다 있는 공기정화기이다.

44

유해물질의 발산을 제거, 감소시킬 수 있는 작업방법 변경이 아닌 것은?

① 광산에서 습식 착암기를 사용하여 파쇄, 연마작업을 한다.
② 주물공정에서 셸 몰드법을 사용한다.
③ 석면함유 분체 원료를 건식 믹서로 혼합한다.
④ 용제 사용 분무도장을 에어스프레이 도장으로 변경한다.

해 설

석면함유 분체 원료는 습식 믹서로 혼합하여야 분체의 비산이 감소된다.

45

고속기류 내로 높은 초기속도로 배출되는 작업조건에서 회전연삭, 블라스팅 작업공정 시 제어속도로 적절한 것은? (단, 미국산업위생전문가협의회 권고 기준)

① 1.8[m/sec] ② 2.1[m/sec]
③ 8.8[m/sec] ④ 12.8[m/sec]

해 설

제어속도 권고기준(ACGIH)

작업조건	제어속도[m/s]
• 움직이지 않는 공기 중에서 속도 없이 배출되는 작업조건 • 조용한 대기 중에 거의 속도가 없는 상태로 발산하는 작업조건	0.25~0.5
공기의 움직임이 적은 대기 중에서 저속으로 비산하는 작업조건	0.5~1.0
발생기류가 높고 유해물질이 활발하게 발생하는 작업조건	1.0~2.5
초고속 기류가 있는 작업장소에 초고속으로 비산하는 작업조건	2.5~10

회전연삭, 블라스팅 작업 등은 초고속으로 비산하는 작업에 해당한다. 따라서, 제어속도는 2.5~10[m/s] 사이이어야 한다.

정답 42 ③ 43 ② 44 ③ 45 ③

46

희석환기의 목적 중 하나는 화재나 폭발을 방지하는 것이다. 이때 폭발하한치 LEL(Lower Explosive Limit)에 대한 설명 중 옳지 않은 것은?

① LEL은 근로자의 건강을 위해 만들어진 TLV보다 낮은 값이다.
② LEL의 단위는 [%]이다.
③ 폭발, 인화성이 있는 가스 및 증기, 입자상 물질을 대상으로 한 값이다.
④ 덕트처럼 밀폐되고 환기가 지속적으로 이루어지는 곳에서는 LEL의 1/4을 유지하는 것이 안전하다.

해 설
LEL은 보통 TLV보다 값이 높다.

47

공기정화장치의 한 종류인 원심력 제진장치의 분리계수에 대한 설명으로 옳지 않은 것은?

① 분리계수는 중력가속도와 반비례한다.
② 사이클론에서 입자에 작용하는 원심력을 중력으로 나눈 값을 분리계수라 한다.
③ 분리계수는 입자의 접선방향속도에 반비례한다.
④ 분리계수는 사이클론의 원추하부 반경에 반비례한다.

해 설
분리계수는 입자의 접선방향속도 제곱에 비례한다.

48

지적온도에 영향을 미치는 인자에 관한 설명으로 가장 거리가 먼 것은?

① 작업량이 클수록 체열 생산량이 많으므로 지적온도는 낮아진다.
② 덥거나 기름진 음식과 알코올 등을 섭취하면 지적온도가 낮아진다.
③ 노인들보다 젊은 사람의 지적온도가 높다.
④ 여름철이 겨울철보다 지적온도가 높다.

해 설
노인들보다 젊은 사람의 지적온도가 낮다.

⚠ 가장 빠른 합격비법
지적온도란 온도와 습도의 복합효과를 사람이 체감하는 수준으로 환산한 일종의 체감온도지표입니다.

49

축류송풍기에 관한 설명으로 잘못된 것은?

① 풍량 범위가 넓어서 가열되거나 오염된 공기 취급에 유리하다.
② 송풍기 구조가 원통형으로 되어 있다.
③ 전동기와 직결 설치가 가능하다.
④ 가볍고 설치비용이 저렴하다.

해 설
축류송풍기는 가열되거나 오염된 공기 취급에 적절하지 않다.

정답 46 ① 47 ③ 48 ③ 49 ①

50

차광 보호크림의 적용 화학물질로 가장 알맞게 짝지어진 것은?

① 글리세린, 산화제이철
② 벤드나이드, 탄산마그네슘
③ 밀랍, 이산화티타늄, 염화비닐수지
④ 탈수라노린, 스테아린산

해설

밀랍, 이산화티타늄, 염화비닐수지의 조합이 전형적인 차광 보호크림 조성이다.

관련개념

차광 보호크림의 성분
- 밀랍: 베이스 역할, 안정된 막 형성
- 이산화티타늄: 자외선 산란 및 흡수 효과
- 염화비닐수지: 이산화티타늄을 균등하게 고정

51

덕트의 설치 원칙과 가장 거리가 먼 것은?

① 가능한 한 후드와 먼 곳에 설치한다.
② 덕트는 가능한 한 짧게 배치하도록 한다.
③ 밴드의 수는 가능한 한 적게 하도록 한다.
④ 공기가 아래로 흐르도록 하향구배를 만든다.

해설

덕트는 후드와 가능한 한 가까운 곳에 설치한다.

52

유해물질의 증기발생률에 영향을 미치는 요소로 가장 거리가 먼 것은?

① 물질의 비중
② 물질의 사용량
③ 물질의 증기압
④ 물질의 노출기준

해설

유해물질의 노출기준은 작업환경평가에 사용되는 척도일뿐 증기발생률에 영향을 미치지 않는다.

53

21[℃], 1기압의 어느 작업장에서 톨루엔과 이소프로필알코올을 각각 100[g/h]씩 사용(증발)할 때, 필요환기량[m³/h]은? (단, 두 물질은 상가작용을 하며, 톨루엔의 분자량은 92, TLV는 50[ppm], 이소프로필알코올의 분자량은 60, TLV는 200[ppm]이고, 각 물질의 여유계수는 10으로 동일하다.)

① 약 6,250
② 약 7,250
③ 약 8,650
④ 약 9,150

해설

톨루엔 발생률(G_T)

$92[g] : 24.1[L] = 100[g/hr] : G_T[L/hr]$

$G_T = \dfrac{24.1 \times 100}{92} = 26.19[L/hr]$

$G_T = \dfrac{26.20L}{hr} \times \dfrac{1,000mL}{L} = 26,200[mL/hr]$

이소프로필알콜 발생률(G_P)

$60[g] : 24.1[L] = 100[g/hr] : G_P[L/hr]$

$G_P = \dfrac{24.1 \times 100}{60} = 40.17[L/hr]$

$G_P = \dfrac{40.17L}{hr} \times \dfrac{1,000mL}{L} = 40,170[mL/hr]$

필요환기량(Q)

$$Q = \dfrac{G}{TLV} \times K$$

여기서, Q: 필요환기량[m³/sec]
G: 발생률[mL/sec]
TLV: 노출기준[ppm]
K: 안전계수

$Q_T = \dfrac{26,200}{50} \times 10 = 5,240[m^3/hr]$

$Q_P = \dfrac{40,170}{200} \times 10 = 2,008.5[m^3/hr]$

두 물질은 상가작용하므로, 전체 필요환기량은 두 물질의 필요환기량을 더한 값과 같다.

전체 필요환기량
$= Q_T + Q_P = 5,240 + 2,008.5 = 7,248.5[m^3/hr]$

정답 50 ③ 51 ① 52 ④ 53 ②

54

방진마스크에 대한 설명으로 가장 거리가 먼 것은?

① 방진마스크의 필터에는 활성탄과 실리카겔이 주로 사용된다.
② 방진마스크는 인체에 유해한 분진, 연무, 흄, 미스트, 스프레이 입자가 작업자가 흡입하지 않도록 하는 보호구이다.
③ 방진마스크의 종류에는 격리식과 직결식, 면체여과식이 있다.
④ 비휘발성 입자에 대한 보호만 가능하며, 가스 및 증기로부터의 보호는 안 된다.

해 설

방진마스크 필터 재질로는 면, 모, 유리섬유, 합성섬유 및 금속섬유 등을 사용한다.

55

흡입관의 정압 및 속도압은 −30.5[mmH$_2$O], 7.2[mmH$_2$O]이고, 배출관의 정압 및 속도압은 20.0[mmH$_2$O], 15[mmH$_2$O]일 때, 송풍기의 유효전압[mmH$_2$O]은?

① 58.3
② 64.2
③ 72.3
④ 81.1

해 설

송풍기 유효전압(FTP)

$$FTP = (SP_{out} + VP_{out}) - (SP_{in} + VP_{in})$$

여기서, FTP: 송풍기 유효전압
SP$_{out}$, VP$_{out}$: 토출구 측 정압, 속도압
SP$_{in}$, VP$_{in}$: 흡입구 측 정압, 속도압

$FTP = (20+15) - (-30.5+7.2) = 58.3[mmH_2O]$

56

어떤 사업장의 산화규소 분진을 측정하기 위한 방법과 결과가 아래와 같을 때, 다음 설명 중 옳은 것은? (단, 산화규소(결정체 석영)의 호흡성 분진 노출기준은 0.045[mg/m^3]이다.)

시료채취방법 및 결과		
사용장치	시료채취시간 [min]	무게측정결과 [μg]
10[mm] 나일론 사이클론(1.7[LPM])	480	38

① 8시간 시간가중평가노출기준을 초과한다.
② 공기채취유량을 알 수가 없어 농도계산이 불가능하므로 위의 자료로는 측정결과를 알 수가 없다.
③ 산화규소(결정체 석영)는 진폐증을 일으키는 분진이므로 흡입성 먼지를 측정하는 것이 바람직하므로 먼지시료를 채취하는 방법이 잘못됐다.
④ 38[μg]은 0.038[mg]이므로 단시간노출기준을 초과하지 않는다.

해 설

공기채취량 $= 1.7 L/min \times 480 min \times \dfrac{m^3}{1,000L} = 0.816[m^3]$

먼지채취량 $= 38 μg \times \dfrac{mg}{1,000 μg} = 0.038[mg]$

$TWA = \dfrac{0.038}{0.816} = 0.047[mg/m^3]$

따라서, TLV 0.045[mg/m^3]를 초과한다.

오답해설

② 1.7[LPM]과 480[min]을 곱하면 공기채취유량을 구할 수 있다.
③ 산화규소(결정체 석영)은 호흡성 분진이다.
④ 문제에서 주어진 조건으로는 단시간노출기준의 준수 여부를 평가할 수 없다.

정답 54 ① 55 ① 56 ①

57

테이블에 붙여서 설치한 사각형 후드의 필요환기량 Q[m³/min]를 구하는 식으로 적절한 것은? (단, 플랜지는 부착되지 않았고, A[m²]는 개구면적, X[m]는 개구부와 오염원 사이의 거리, V[m/s]는 제어 속도를 의미한다.)

① $Q = V \times (5X^2 + A)$
② $Q = V \times (7X^2 + A)$
③ $Q = 60 \times V \times (5X^2 + A)$
④ $Q = 60 \times V \times (7X^2 + A)$

해설

필요환기량(작업대 위 외부식, 플랜지 미부착)

$$Q = 60 \times V \times (5X^2 + A)$$

여기서, Q: 필요환기량[m³/min]
V: 제어속도[m/s]
X: 개구부와 오염원 사이의 거리[m]
A: 개구부 면적[m²]

58

작업환경개선 대책 중 격리와 가장 거리가 먼 것은?

① 국소배기장치의 설치
② 원격조정장치의 설치
③ 특수저장창고의 설치
④ 콘크리트 방호벽의 설치

해설

국소배기장치 설치는 오염원을 격리하는 방법이 아니라, 오염원으로부터 방출되는 물질의 확산을 막는 공학적 대책이다.

59

작업환경의 관리원칙인 대치 중 물질의 변경에 따른 개선 예와 가장 거리가 먼 것은?

① 성냥 제조 시 황린 대신 적린을 사용하였다.
② 세척작업에서 사염화탄소 대신 트리클로로에틸렌을 사용하였다.
③ 야광시계의 자판에서 인 대신 라듐을 사용하였다.
④ 보온재료 사용에서 석면 대신 유리섬유를 사용하였다.

해설

야광시계의 자판에 라듐 대신 인을 사용하였을 때 물질의 대치에 의한 개선 예로 볼 수 있다.

가장 빠른 합격비법
라듐(Ra)은 인체에 해로운 방사성 원소이므로 독성이 적은 인(P)으로 대치하는 것은 개선이라고 볼 수 있습니다.

60

안지름이 200[mm]인 관을 통하여 공기를 55[m³/min]의 유량으로 송풍할 때, 관 내 평균유속은 약 몇 [m/sec]인가?

① 21.8 ② 24.5
③ 29.2 ④ 32.2

해설

$Q = AV$

$$V = \frac{Q}{A} = \frac{55}{\frac{\pi \times 0.2^2}{4}}$$

$= 1,750.70 [\text{m/min}]$

$$V = \frac{1,750.70 \text{m}}{\text{min}} \times \frac{\text{min}}{60 \text{sec}}$$

$= 29.2 [\text{m/sec}]$

정답 57 ③ 58 ① 59 ③ 60 ③

4과목 물리적유해인자관리

61
가로 10[m], 세로 7[m], 높이 4[m]인 작업장의 흡음률이 바닥 0.1, 천장 0.2, 벽 0.15일 때 이 공간의 흡음률은 얼마인가?

① 0.10
② 0.15
③ 0.20
④ 0.25

해설
평균흡음률

$$평균흡음률 = \frac{\sum_{i=1}^{n} S_i \alpha_i}{\sum_{i=1}^{n} S_i}$$

여기서, S_n: 넓이[m²]
α_n: 흡음률

$S_{바닥} = 10 \times 7 = 70$
$S_{벽} = (10 \times 4 \times 2) + (7 \times 4 \times 2) = 136$
$S_{천장} = 10 \times 7 = 70$

$= \frac{(70 \times 0.1) + (136 \times 0.15) + (70 \times 0.2)}{70 + 136 + 70} = 0.15$

62
전신진동은 진동이 작용하는 축에 따라 인체에 영향을 미치는 주파수의 범위가 다르다. 각 축에 따른 주파수의 범위로 옳은 것은?

	수직방향	수평방향
①	4~8[Hz]	1~2[Hz]
②	10~20[Hz]	4~8[Hz]
③	2~100[Hz]	8~1,500[Hz]
④	8~1,500[Hz]	50~100[Hz]

해설
인체는 수직진동 4~8[Hz] 범위, 수평진동 1~2[Hz] 범위에서 가장 민감하다.

63
작업장에서는 통상 근로자의 눈을 보호하기 위해 인공광선에 의한 충분한 조도를 확보하여야 한다. 다음 중 조도를 증가하지 않아도 되는 것은?

① 피사체의 반사율이 증가할 때
② 시력이 나쁘거나 눈에 결함이 있을 때
③ 계속 눈을 뜨고 정밀작업을 할 때
④ 취급물체가 주위와의 색깔 대조가 뚜렷하지 않을 때

해설
피사체의 반사율이 감소할 때 조도를 증가시켜야 효과가 있다.

64
태양으로부터 방출되는 복사에너지의 52[%] 정도를 차지하고 피부조직 온도를 상승시켜 충혈, 혈관확장, 각막손상, 두부장해를 일으키는 유해광선은?

① 자외선
② 적외선
③ 가시광선
④ 마이크로파

해설
적외선은 태양으로부터 방출되는 복사에너지의 52[%] 정도를 차지하고 피부조직 온도를 상승시켜 충혈, 혈관확장, 각막손상, 두부장해(열사병 등)를 일으킨다.

정답 61 ② 62 ① 63 ① 64 ②

65

다음 ( ) 안에 들어갈 알맞은 것은?

> 산업안전보건법령상 화학물질 및 물리적 인자의 노출기준에서 "시간가중평균노출기준(TWA)"이란 1일 (A) 시간 작업을 기준으로 하여 유해인자의 측정치에 발생시간을 곱하여 (B)시간으로 나눈 값을 말한다.

	A	B		A	B
①	6	6	②	6	8
③	8	6	④	8	8

해 설
산업안전보건법에서 정의하는 시간가중평균노출기준(TWA)이란 1일 8시간 작업을 기준으로 하여 유해인자의 측정치에 발생시간을 곱하여 8시간으로 나눈 값을 말한다.

66

음의 세기(I)와 음압(P) 사이의 관계로 옳은 것은?

① 음의 세기는 음압에 정비례
② 음의 세기는 음압에 반비례
③ 음의 세기는 음압의 제곱에 비례
④ 음의 세기는 음압의 세제곱에 비례

해 설
음의 세기

$$I = \frac{P^2}{\rho c}$$

여기서, I: 음의 세기[W/m²]
P: 음압실효치[N/m²]
ρ: 매질의 밀도[kg/m³]
c: 매질에서의 음속[m/sec]

음의 세기는 음압의 제곱에 비례한다.

67

1[fc](foot candle)은 약 몇 럭스(lux)인가?

① 3.9   ② 8.9
③ 10.8   ④ 13.4

해 설
1[fc]=10.8[lx]

68

다음에서 설명하는 고열장해는?

> 이것은 작업환경에서 가장 흔히 발생하는 피부장해로서 땀띠(prickly heat)라고도 말하며 땀에 젖은 피부 각질층이 떨어져 땀구멍을 막아 한선 내에 땀의 압력으로 염증성 반응을 일으켜 붉은 구진(Papules) 형태로 나타난다.

① 열사병(heat stroke)
② 열허탈(heat collapse)
③ 열경련(heat cramps)
④ 열발진(heat rashes)

해 설
열발진은 땀띠라고도 하며 땀에 젖은 피부 각질층이 떨어져 땀구멍을 막아 한선 내에 땀의 압력으로 염증성 반응을 일으켜 붉은 구진 형태로 나타난다.

정답 65 ④ 66 ③ 67 ③ 68 ④

69

빛과 밝기에 관한 설명으로 옳지 않은 것은?

① 광도의 단위로는 칸델라(candela)를 사용한다.
② 광원으로부터 한 방향으로 나오는 빛의 세기를 광속이라 한다.
③ 루멘(lumen)은 1촉광의 광원으로부터 단위입체각으로 나가는 광속의 단위이다.
④ 조도는 어떤 면에 들어오는 광속의 양에 비례하고, 입사면의 단면적에 반비례한다.

해설
광원으로부터 한 방향으로 나오는 빛의 세기를 광도라고 한다.

70

18[℃] 공기 중에서 800[Hz]인 음의 파장은 약 몇 [m]인가?

① 0.35
② 0.43
③ 3.5
④ 4.3

해설
음속

$$c = \lambda f$$
$$c = 331.42 + 0.6T$$

여기서, c: 음속[m/sec]
λ: 파장[m]
f: 주파수[Hz]
T: 음 전달 매질의 온도[℃]

$c = 331.42 + 0.6 \times 18$
$= 342.22 [\text{m/sec}]$
$\lambda = \dfrac{c}{f} = \dfrac{342.22}{800} = 0.43 [\text{m}]$

71

사람이 느끼는 최소 진동역치로 옳은 것은?

① 35±5[dB]
② 45±5[dB]
③ 55±5[dB]
④ 65±5[dB]

해설
사람이 느끼는 최소 진동역치는 50~60[dB]이다.

72

일반적으로 소음계의 A특성치는 몇 [phon]의 등감곡선과 비슷하게 주파수에 따른 반응을 보정하여 측정한 음압수준을 말하는가?

① 40
② 70
③ 100
④ 140

해설
음압수준의 보정
• A특성치: 40[phon] 등감곡선으로 보정
• B특성치: 70[phon] 등감곡선으로 보정
• C특성치: 100[phon] 등감곡선으로 보정

73

작업장에서 사용하는 트리클로로에틸렌을 독성이 강한 포스겐으로 전환시킬 수 있는 광화학작용을 하는 유해광선은?

① 적외선
② 자외선
③ 감마선
④ 마이크로파

해설
트리클로로에틸렌은 자외선에 의해 포스겐으로 전환될 수 있다.

⚠ **가장 빠른 합격비법**
자외선은 비전리방사선임에도 에너지가 커서 화합물의 분해, 합성에 관여합니다.

정답 69 ② 70 ② 71 ③ 72 ① 73 ②

74

산업안전보건법령상 적정한 공기에 해당하는 것은? (단, 다른 성분의 조건은 적정한 것으로 가정한다.)

① 이산화탄소농도가 1.0[%]인 공기
② 산소농도가 16[%]인 공기
③ 산소농도가 25[%]인 공기
④ 황화수소농도가 25[ppm]인 공기

해설

적정공기 기준
- 산소: 18[%] 이상 23.5[%] 미만
- 일산화탄소: 30[ppm] 미만
- 이산화탄소: 1.5[%] 미만
- 황화수소: 10[ppm] 미만

75

전리방사선에 의한 장해에 해당하지 않는 것은?

① 참호족
② 피부장해
③ 유전적 장해
④ 조혈기능 장해

해설

참호족(침수족)은 지속적인 한랭환경 노출로 모세혈관벽이 손상되어 발생한 국소부위의 산소결핍이 원인이다.

76

전리방사선의 흡수선량이 생체에 영향을 주는 정도를 표시하는 선당량(생체실효선량)의 단위는?

① [R]
② [Ci]
③ [Sv]
④ [Gy]

해설

[Sv](Sievert)
흡수선량이 생체에 영향을 주는 정도로 표시하는 선당량(생체실효선량)의 단위이다.

77

음력이 1.2[W]인 소음원으로부터 35[m]되는 자유공간 지점에서의 음압수준[dB]은 약 얼마인가?

① 62
② 74
③ 79
④ 121

해설

음력 수준(PWL)

$$PWL = 10 \log \frac{W}{W_0}$$

여기서, PWL: 음력 수준(음향파워레벨)[dB]
W: 측정음력[W]
W_0: 기준음력(10^{-12}[W])

$$PWL = 10 \log \frac{1.2}{10^{-12}} = 120.79[dB]$$

SPL과 PWL의 관계(자유공간)

$$SPL = PWL - 20 \log r - 11$$

여기서, SPL: 음압 수준[dB]
PWL: 음력 수준[dB]
r: 음원으로부터 떨어진 거리[m]

$$SPL = 120.79 - 20 \log 35 - 11 = 78.91[dB]$$

정답 74 ① 75 ① 76 ③ 77 ③

78

다음 중 전리방사선에 대한 감수성이 가장 낮은 인체조직은?

① 골수
② 생식선
③ 신경조직
④ 임파조직

해설

방사선에 감수성이 큰 조직 순서
골수, 임파구, 임파선, 흉선 및 림프조직 > 눈의 수정체 > 피부 등 상피세포 > 혈관, 복막 등 내피세포 > 결합조직, 지방조직 > 뼈, 근육조직 > 폐, 위장관 등 내장기관 조직 > 신경조직

79

감압병의 예방대책으로 적절하지 않은 것은?

① 호흡용 혼합가스의 산소에 대한 질소의 비율을 증가시킨다.
② 호흡기 또는 순환기에 이상이 있는 사람은 작업에 투입하지 않는다.
③ 감압병 발생 시 원래의 고압환경으로 복귀시키거나 인공고압실에 넣는다.
④ 고압실 작업에서는 탄산가스의 분압이 증가하지 않도록 신선한 공기를 송기한다.

해설

호흡용 가스의 질소를 헬륨으로 대치한 공기를 공급한다.

> **가장 빠른 합격비법**
> 헬륨은 질소보다 조직 용해도가 훨씬 낮고, 확산속도가 빠릅니다. 즉, 체내에 덜 쌓이고 빠르게 배출되므로 감압병 예방에 도움이 됩니다.

80

인체와 작업환경 사이의 열교환이 이루어지는 조건에 해당되지 않는 것은?

① 대류에 의한 열교환
② 복사에 의한 열교환
③ 증발에 의한 열교환
④ 기온에 의한 열교환

해설

열평형방정식

$$\Delta S = M \pm C \pm R - E$$

여기서, ΔS: 생체 열용량의 변화
M: 작업대사량
C: 대류에 의한 열득실
R: 복사에 의한 열득실
E: 증발에 의한 열방산

5과목 산업독성학

81

유해화학물질에 노출되었을 때 간장이 표적장기가 되는 주요 이유가 아닌 것은?

① 혈액의 흐름이 매우 풍부하기 때문에 혈액을 통해 쉽게 침투할 수 있다.
② 간장은 일상생활에서도 여러 가지 복잡한 생화학 반응 등 매우 복합적인 기능을 수행함에 따라 기능의 손상 가능성이 매우 높다.
③ 간장은 각종 대사효소가 집중적으로 분포되어 있고 효소활동에 의해 다양한 대사물질이 만들어지기 때문에 다른 기관에 비해 독성물질의 노출가능성이 매우 높다.
④ 간장은 대정맥을 통해 소화기계로부터 혈액을 공급받기 때문에 소화기관을 통해 흡수된 독성물질의 이차표적이 된다.

해설

간장은 소화기계로부터 혈액을 공급받기 때문에 소화기관을 통해 흡수된 독성물질의 일차적인 표적이다.

정답 78 ③ 79 ① 80 ④ 81 ④

82

다음 중 콜린에스테라아제 효소를 억제하여 신경증상을 일으키는 물질은?

① 유기인제 ② 중금속화합물
③ 파라쿼트 ④ 비소

해 설

유기인계 농약은 콜린에스테라아제를 억제하여 신경증상을 유발한다.

> **⚠ 가장 빠른 합격비법**
> 콜린에스테라아제(Cholinesterase)는 간에서 생성되는 단백질 효소의 일종으로, 간 기능이 저하되면 수치가 저하합니다.
> 아세틸콜린(신경전달물질)과 같은 콜린에스테르의 분해에 관여하기 때문에 수치가 너무 높거나 낮으면 신경증상이 나타납니다.

83

다음 중 생물학적 모니터링 과정을 할 수 없거나 어려운 물질은?

① 유기용제 ② 자극성 물질
③ 톨루엔 ④ 카드뮴

해 설

자극성 물질은 대부분 대사산물 또는 생체지표가 없거나, 자극반응 이외에 정량적 평가법이 없어 생물학적 모니터링이 불가능하다.

84

다음 중 중추신경 활성억제 작용이 가장 큰 것은?

① 알칸 ② 알코올
③ 유기산 ④ 에테르

해 설

중추신경계 활성억제 작용 순서
할로겐화합물 > 에테르 > 에스테르 > 유기산 > 알코올 > 알켄 > 알칸

85

유해화학물질의 노출경로에 관한 설명으로 틀린 것은?

① 위장의 산도에 따라 유해물질이 화학반응을 일으킬 수 있다.
② 소화기계통으로 노출되는 경우 호흡기로 노출되는 경우보다 흡수가 잘 이루어진다.
③ 소화기계통으로 침입하는 것은 위장관에서 산화, 환원, 분해과정을 거치면서 해독되기도 한다.
④ 구강으로 들어간 유해물질은 침이나 그 밖의 소화액에 의해 위장관에서 흡수된다.

해 설

호흡기로 흡수되는 경로의 표면적이 더 넓고 혈류와의 접촉이 직접적이어서 폐 흡수가 위장관 흡수보다 훨씬 빠르고 효율적이다.

86

다음 설명에 해당하는 중금속의 종류는?

> 이 중금속 중독의 특징적인 증상은 구내염, 정신증상, 근육진전이다. 급성중독 시 우유나 계란의 흰자를 먹이며, 만성중독 시 취급을 즉시 중지하고 BAL을 투여한다.

① 납 ② 크롬
③ 수은 ④ 카드뮴

해 설

수은의 특징적인 증상은 구내염, 정신증상, 근육진전이다.
급성중독 시 우유나 계란의 흰자를 먹이며, 만성중독 시 취급을 즉시 중지하고 BAL을 투여한다.

> **⚠ 가장 빠른 합격비법**
> 수은의 키워드는 뇌홍, BAL, 미나마타병, 구내염입니다.

정답 82 ① 83 ② 84 ④ 85 ② 86 ③

87
채석장 및 모래 분사 작업장 작업자들이 석영을 과도하게 흡입하여 발생하는 질병은?

① 규폐증 ② 탄폐증
③ 면폐증 ④ 석면폐증

해설
규폐증은 이산화규소(SiO_2) 또는 석영을 과도하게 흡입하여 발생한다.

88
다음 중 중금속에 의한 폐기능의 손상에 관한 설명으로 틀린 것은?

① 철폐증(Siderosis)은 철분진 흡입에 의한 암 발생(A_1)이며, 중피종과 관련이 없다.
② 화학적 폐렴은 베릴륨, 산화카드뮴 에어로졸 노출에 의하여 발생하며 발열, 기침, 폐기종이 동반된다.
③ 금속열은 금속이 용융점 이상으로 가열될 때 형성되는 산화금속을 흄 형태로 흡입할 경우 발생한다.
④ 6가 크롬은 폐암과 비강암 유발인자로 작용한다.

해설
철폐증은 철분진 흡입에 의하여 병적 증상을 보이고, 중피종과 관련이 있다.

89
직업병의 유병율이란 발생율에서 어떠한 인자를 제거한 것인가?

① 기간 ② 집단수
③ 장소 ④ 질병종류

해설
유병률은 어떤 시점에서 이미 존재하는 질병의 비율을 의미하며 발생률에서 기간을 제거한 것이다.

90
다음 중 카드뮴에 관한 설명으로 틀린 것은?

① 카드뮴은 부드럽고 연성이 있는 금속으로 납광물이나 아연광물을 제련할 때 부산물로 얻어진다.
② 흡수된 카드뮴은 혈장단백질과 결합하여 최종적으로 신장에 축적된다.
③ 인체 내에서 철을 필요로 하는 효소와의 결합반응으로 독성을 나타낸다.
④ 카드뮴 흄이나 먼지에 급성 노출되면 호흡기가 손상되며 사망에 이르기도 한다.

해설
철을 필요로 하는 효소와의 결합이 카드뮴 독성의 주된 메커니즘이라는 근거는 없다.
카드뮴은 효소의 기능 유지에 필요한 -SH기와 반응하여 독성을 보인다.

91
생물학적 모니터링을 위한 시료가 아닌 것은?

① 공기 중 유해인자
② 요 중의 유해인자나 대사산물
③ 혈액 중의 유해인자나 대사산물
④ 호기(exhaled air) 중의 유해인자나 대사산물

해설
생물학적 모니터링의 시료는 작업자의 대사 및 흡수 상태를 반영하는 지표로, 인체로부터 유래되어야 한다.

정답 87 ① 88 ① 89 ① 90 ③ 91 ①

92

생물학적 모니터링 방법 중 생물학적 결정인자로 보기 어려운 것은?

① 체액의 화학물질 또는 그 대사산물
② 표적조직에 작용하는 활성 화학물질의 양
③ 건강상의 영향을 초래하지 않은 부위나 조직
④ 처음으로 접촉하는 부위에 직접 독성영향을 야기하는 물질

해 설

처음으로 접촉하는 부위에 직접 독성영향을 야기하는 물질은 생물학적 결정인자로 보기 어렵다.

93

화학물질 및 물리적 인자의 노출기준 상 산화규소 종류와 노출기준이 올바르게 연결된 것은? (단, 노출기준은 TWA기준이다.)

① 결정체 석영 − $0.1[mg/m^3]$
② 결정체 트리폴리 − $0.1[mg/m^3]$
③ 비결정체 규소 − $0.01[mg/m^3]$
④ 결정체 트리디마이트 − $0.01[mg/m^3]$

오답해설

① 결정체 석영 − $0.05[mg/m^3]$
③ 비결정체 규소 − $0.1[mg/m^3]$
④ 결정체 트리디마이트 − $0.05[mg/m^3]$

94

흡입분진의 종류에 따른 진폐증의 분류 중 유기성 분진에 의한 진폐증에 해당하는 것은?

① 규폐증
② 활석폐증
③ 연초폐증
④ 석면폐증

해 설

보기 중 연초만 유기물에 해당하므로 연초폐증이 유기성 분진에 의한 진폐증이다.

95

카드뮴의 중독, 치료 및 예방대책에 관한 설명으로 옳지 않은 것은?

① 소변 속의 카드뮴 배설량은 카드뮴 흡수를 나타내는 지표가 된다.
② BAL 또는 Ca−EDTA 등을 투여하여 신장에 대한 독성작용을 제거한다.
③ 칼슘대사에 장해를 주어 신결석을 동반한 증후군이 나타나고 다량의 칼슘배설이 일어난다.
④ 폐활량 감소, 잔기량 증가 및 호흡곤란의 폐증세가 나타나며, 이 증세는 노출기간과 노출농도에 의해 좌우된다.

해 설

카드뮴 중독에 디메르카프롤(BAL) 또는 Ca−EDTA를 사용하면 체내 카드뮴 배설은 늘어나지만, 동시에 신장 조직 내 카드뮴 농도가 증가하여 신독성이 악화된다.

정답 92 ④ 93 ② 94 ③ 95 ②

96

산업안전보건법령상 다음 유해물질 중 노출기준[ppm]이 가장 낮은 것은? (단, 노출기준은 TWA 기준이다.)

① 오존(O_3)
② 암모니아(NH_3)
③ 염소(Cl_2)
④ 일산화탄소(CO)

해설

화학물질의 노출기준
- 오존(O_3): 0.08[ppm]
- 암모니아(NH_3): 25[ppm]
- 염소(Cl_2): 0.5[ppm]
- 일산화탄소(CO): 30[ppm]

97

화학물질의 생리적 작용에 의한 분류에서 종말기관지 및 폐포점막 자극제에 해당되는 유해가스는?

① 불화수소
② 이산화질소
③ 염화수소
④ 아황산가스

해설

종말기관지 및 폐포점막 자극제에 해당되는 유해가스는 이산화질소와 포스겐 등이다.

오답해설

① 불화수소: 상기도점막 및 폐조직 자극제
③ 염화수소: 상기도점막 및 폐조직 자극제
④ 아황산가스: 상기도점막 자극제

98

메탄올에 관한 설명으로 틀린 것은?

① 특징적인 악성변화는 간 혈관육종이다.
② 자극성이 있고, 중추신경계를 억제한다.
③ 플라스틱, 필름 제조와 휘발유첨가제 등에 이용된다.
④ 시각장해의 기전은 메탄올의 대사산물인 포름알데히드가 망막조직을 손상시키는 것이다.

해설

간 혈관육종은 염화비닐 중독에 의해 발생한다.

99

다음 중 유해물질의 독성 또는 건강영향을 결정하는 인자로 가장 거리가 먼 것은?

① 작업강도
② 인체 내 침입경로
③ 노출농도
④ 작업장 내 근로자수

해설

작업장 내 근로자수와 유해물질의 독성은 서로 관련 없다.

100

다음 중 달걀 썩는 것 같은 심한 부패성 냄새가 나는 물질로, 노출 시 중추신경의 억제와 후각의 마비증상을 유발하며, 치료를 위하여 100[%] O_2를 투여하는 등의 조치가 필요한 물질은?

① 암모니아
② 포스겐
③ 오존
④ 황화수소

해설

황화수소는 달걀 썩는 것 같은 심한 부패성 냄새가 나고 노출 시 중추신경의 억제와 후각의 마비증상을 유발한다.

정답 96 ① 97 ② 98 ① 99 ④ 100 ④

2023년 제2회 CBT 복원문제

1과목 산업위생학개론

01

미국산업위생학술원(AAIH)이 채택한 윤리강령 중 산업위생전문가가 지켜야 할 책임과 거리가 먼 것은?

① 기업체의 기밀은 누설하지 않는다.
② 과학적 방법의 적용과 자료의 해석에서 객관성을 유지한다.
③ 근로자, 사회 및 전문 직종의 이익을 위해 과학적 지식을 공개하고 발표한다.
④ 전문적 판단이 타협에 의하여 좌우될 수 있는 상황에 개입하여 객관적 자료로 판단한다.

해설
전문적 판단이 타협에 의하여 좌우될 수 있는 상황에는 개입하지 않는다.

02

작업자세는 피로 또는 작업 능률과 밀접한 관계가 있는데, 바람직한 작업자세의 조건으로 보기 어려운 것은?

① 정적 작업을 도모한다.
② 작업에 주로 사용하는 팔은 심장높이에 두도록 한다.
③ 작업물체와 눈의 거리는 명시거리로 30[cm] 정도를 유지토록 한다.
④ 근육을 지속적으로 수축시키기 때문에 불안정한 자세는 피하도록 한다.

해설
지나치게 정적인 작업은 피로를 더하므로 가능하면 동적인 작업으로 전환한다.

03

직업성 변이(occupational stigmata)의 정의로 옳은 것은?

① 직업에 따라 체온량의 변화가 일어나는 것이다.
② 직업에 따라 체지방량의 변화가 일어나는 것이다.
③ 직업에 따라 신체 활동량의 변화가 일어나는 것이다.
④ 직업에 따라 신체 형태와 기능에 국소적 변화가 일어나는 것이다.

해설
직업성 변이란 직업에 따라 신체 형태와 기능에 국소적 변화가 일어나는 것이다.

04

다음 최대작업역(maximum area)에 대한 설명으로 옳은 것은?

① 작업자가 작업할 때 팔과 다리를 모두 이용하여 닿는 영역
② 작업자가 작업을 할 때 아래팔을 뻗어 파악할 수 있는 영역
③ 작업자가 작업할 때 상체를 기울여 손이 닿는 영역
④ 작업자가 작업할 때 윗팔과 아래팔을 곧게 펴서 파악할 수 있는 영역

해설
최대작업역
- 아래팔과 위팔을 곧게 펴서 파악할 수 있는 영역이다.
- 팔전체가 수평상에 도달할 수 있는 작업영역이다.
- 움직이지 않고 상지를 뻗어서 닿는 범위이다.
- 어깨로부터 팔을 뻗어 도달할 수 있는 최대영역이다.

정답 01 ④ 02 ① 03 ④ 04 ④

05

교대근무제의 효과적인 운영방법으로 옳지 않은 것은?

① 업무효율을 위해 연속근무를 실시한다.
② 근무 교대시간은 근로자의 수면을 방해하지 않도록 정해야 한다.
③ 근무시간은 8시간을 주기로 교대하며 야간근무 시 충분한 휴식을 보장해 주어야 한다.
④ 교대작업은 피로회복을 위해 역교대 근무방식보다 전진 근무방식(주간근무 → 저녁근무 → 야간근무 → 주간근무)으로 하는 것이 좋다.

해 설
야간 교대근무의 연속일수는 최대 2~3일로 한다.

06

산업위생활동 중 평가(Evaluation)의 주요 과정에 대한 설명으로 옳지 않은 것은?

① 시료를 채취하고 분석한다.
② 예비조사의 목적과 범위를 결정한다.
③ 현장조사로 정량적인 유해인자의 양을 측정한다.
④ 바람직한 작업환경을 만드는 최종적인 활동이다.

해 설
바람직한 작업환경을 만드는 최종적인 활동은 예측, 측정, 평가, 관리 중 관리의 내용이다.

07

사무실 공기관리 지침 상 오염물질과 관리기준이 잘못 연결된 것은? (단, 관리기준은 8시간 시간가중평균농도이며, 고용노동부 고시를 따른다.)

① 총부유세균 － 800[CFU/m³]
② 일산화탄소(CO) － 10[ppm]
③ 초미세먼지(PM2.5) － 50[μg/m³]
④ 포름알데히드(HCHO) － 150[μg/m³]

해 설
포름알데히드(HCHO) － 100[μg/m³]

08

중량물 취급으로 인한 요통발생에 관여 하는 요인으로 볼 수 없는 것은?

① 근로자의 육체적 조건
② 작업빈도와 대상의 무게
③ 습관성 약물의 사용 유무
④ 작업습관과 개인적인 생활태도

해 설
습관성 약물의 사용 유무는 요통 발생과 관련성이 적다.

관련개념
요통발생요인
- 근로자의 육체적인 조건
- 작업빈도, 물체 특성 등 물리적 환경요인
- 잘못된 작업방법, 작업자세
- 작업습관과 생활태도

09

현재 총 흡음량이 1,200[sabins]인 작업장의 천장에 흡음 물질을 첨가하여 2,400[sabins]를 추가할 경우 예측되는 소음감음량(NR)은 약 몇 [dB]인가?

① 2.6
② 3.5
③ 4.8
④ 5.2

해 설
소음감소량(감음량, NR)

$$NR = 10\log\frac{A_2}{A_1}$$

여기서, NR: 소음감소량[dB]
A_1: 흡음물질을 처리하기 전의 총 흡음량[sabins]
A_2: 흡음물질을 처리한 후의 총 흡음량[sabins]

$$NR = 10\log\frac{1,200+2,400}{1,200} = 4.8[dB]$$

정답 05 ① 06 ④ 07 ④ 08 ③ 09 ③

10

사고예방대책의 기본원리 5단계를 순서대로 나열한 것으로 맞는 것은?

① 사실의 발견 → 조직 → 분석 → 시정책(대책)의 선정 → 시정책(대책)의 적용
② 조직 → 분석 → 사실의 발견 → 시정책(대책)의 선정 → 시정책(대책)의 적용
③ 조직 → 사실의 발견 → 분석 → 시정책(대책)의 선정 → 시정책(대책)의 적용
④ 사실의 발견 → 분석 → 조직 → 시정책(대책)의 선정 → 시정책(대책)의 적용

해 설

하인리히의 사고예방대책 기본원리 5단계
1단계: 안전관리조직 구성
2단계: 사실의 발견
3단계: 분석 · 평가
4단계: 시정방법의 선정
5단계: 시정책의 적용

11

Flex-time 제도의 설명으로 맞는 것은?

① 하루 중 자기가 편한 시간을 정하여 자유롭게 출·퇴근 하는 제도
② 주휴 2일제로 주당 40시간 이상의 근무를 원칙으로 하는 제도
③ 연중 4주간 연차 휴가를 정하여 근로자가 원하는 시기에 휴가를 갖는 제도
④ 작업상 전 근로자가 일하는 중추시간(Core Time)을 제외하고 주당 40시간 내외의 근로조건 하에서 자유롭게 출·퇴근하는 제도

해 설

Flex-time 제도(선택적 근무시간제)는 전 근로자가 일하는 중추시간(Core Time)을 설정하고, 지정된 주간 근무시간 내에서 자유로운 출퇴근을 인정하는 제도이다.

12

다음 중 피로에 관한 설명으로 틀린 것은?

① 일반적인 피로감은 근육 내 글리코겐의 고갈, 혈중 글루코오스의 증가, 혈중 젖산의 감소와 일치하고 있다.
② 충분한 영양섭취와 휴식은 피로의 예방에 유효한 방법이다.
③ 피로의 주관적 측정방법으로는 CMI(Cornell Medical Index)를 이용한다.
④ 피로는 질병이 아니고 원래 가역적인 생체반응이며 건강장해에 대한 경고적 반응이다.

해 설

일반적인 피로감은 근육 내 글리코겐의 고갈, 혈중 글루코스(포도당)의 감소, 혈중 젖산 농도의 증가로 나타난다.

13

다음 ( ) 안에 들어갈 알맞은 것은?

> 산업안전보건법령상 화학물질 및 물리적 인자의 노출기준에서 "시간가중평균노출기준(TWA)"이란 1일 (A) 시간 작업을 기준으로 하여 유해인자의 측정치에 발생시간을 곱하여 (B)시간으로 나눈 값을 말한다.

	A	B		A	B
①	6	6	②	6	8
③	8	6	④	8	8

해 설

산업안전보건법에서 정의하는 시간가중평균노출기준(TWA)이란 1일 8시간 작업을 기준으로 하여 유해인자의 측정치에 발생시간을 곱하여 8시간으로 나눈 값을 말한다.

정답 10 ③ 11 ④ 12 ① 13 ④

14

근골격계 부담작업으로 인한 건강장해 예방을 위한 조치항목으로 옳지 않은 것은?

① 근골격계 질환 예방관리 프로그램을 작성·시행할 경우에는 노사협의를 거쳐야 한다.
② 근골격계 질환 예방관리 프로그램에는 유해요인조사, 작업환경개선, 교육·훈련 및 평가 등이 포함되어 있다.
③ 사업주는 25[kg] 이상의 중량물을 들어 올리는 작업에 대하여 중량과 무게중심에 대하여 안내표시를 하여야 한다.
④ 근골격계 부담작업에 해당하는 새로운 작업·설비 등을 도입한 경우, 지체 없이 유해요인조사를 실시하여야 한다.

해설

사업주는 5[kg] 이상의 중량물을 들어올리는 작업에 대하여 중량과 무게중심에 대하여 작업장 주변에 안내표시를 하여야 한다.

관련개념

중량의 표시 등
사업주는 근로자가 5[kg] 이상의 중량물을 들어올리는 작업을 하는 경우 다음 조치를 하여야 한다.
- 주로 취급하는 물품에 대하여 근로자가 쉽게 알 수 있도록 물품의 중량과 무게중심에 대하여 작업장 주변에 안내표시를 할 것
- 취급하기 곤란한 물품은 손잡이를 붙이거나 갈고리, 진공빨판 등 적절한 보조도구를 활용할 것

15

효과적인 교대근무제의 운용방법에 대한 내용으로 옳은 것은?

① 야간근무 종료 후 휴식은 24시간 전후로 한다.
② 야근은 가면(假眠)을 하더라도 10시간 이내가 좋다.
③ 신체적 적응을 위하여 야간근무의 연속일수는 대략 1주일로 한다.
④ 누적 피로를 회복하기 위해서는 정교대 방식보다는 역교대 방식이 좋다.

오답해설

① 야간근무 종료 후 휴식은 최소 48시간을 갖는다.
③ 신체적 적응을 위하여 야간근무의 연속일수는 2~3일로 한다.
④ 누적 피로를 회복하기 위해서는 역교대 방식보다는 정교대(낮 → 저녁 → 밤) 방식이 좋다.

16

산업안전보건법령상 위험성평가를 실시하여야 하는 사업장의 사업주가 위험성평가의 결과와 조치사항을 기록할 때 포함되어야 하는 사항으로 볼 수 없는 것은?

① 위험성 결정의 내용
② 위험성평가 대상의 유해·위험요인
③ 위험성 평가에 소요된 기간, 예산
④ 위험성 결정에 따른 조치의 내용

해설

위험성평가 실시내용 및 결과의 기록·보존
- 위험성 결정의 내용
- 위험성평가 대상의 유해·위험요인
- 위험성 결정에 따른 조치의 내용
- 그 밖에 위험성평가의 실시내용을 확인하기 위하여 필요한 사항으로서 고용노동부장관이 정하여 고시하는 사항

17

직업성 질환 중 직업상의 업무에 의하여 1차적으로 발생하는 질환은?

① 합병증
② 일반 질환
③ 원발성 질환
④ 속발성 질환

해설

직업성 질환 중 직업상의 업무에 의해 1차적으로 발생하는 질환은 원발성 질환이다.

가장 빠른 합격비법
- 원발성 질환: 다른 원인에 의해서 질병이 생긴 것이 아니라, 그 자체가 질병인 질환입니다.
- 속발성 질환: 다른 질병에 바로 이어서 생기는 질환입니다.

정답 14 ③ 15 ② 16 ③ 17 ③

18

산업안전보건법령상 작업환경측정 대상 유해인자(분진)에 해당하지 않는 것은? (단, 그 밖에 고용노동부장관이 정하여 고시하는 인체에 해로운 유해인자는 제외한다.)

① 면 분진(Cotton dusts)
② 목재 분진(Wood dusts)
③ 지류 분진(Paper dusts)
④ 곡물 분진(Grain dusts)

해 설

작업환경측정 대상 유해인자 중 분진의 종류
광물성 분진, 곡물 분진, 면분진, 목재 분진, 석면 분진, 용접 흄, 유리섬유

19

다음 중 일반적인 실내공기질 오염과 가장 관련이 적은 질환은?

① 규폐증(Silicosis)
② 가습기 열(Humidifier Fever)
③ 레지오넬라병(Legionnaires Disease)
④ 과민성 폐렴(Hypersensitivity Pneumonitis)

해 설

규폐증은 이산화규소(SiO_2) 분진 흡입으로 폐 조직에 섬유화가 나타나는 진폐증으로, 광부나 석공 등에게 주로 발생하는 직업병이다.

⚠ 가장 빠른 합격비법

- 가습기 열: 인공으로 가습한 공기 중에서 생활하고 있는 사람들에게 나타나는 열병입니다.
- 레지오넬라병: 물에서 서식하는 레지오넬라균에 의해 발생하는 감염성 질환이며, 공기 중으로 전파됩니다.
- 과민성 폐렴: 미생물, 단백질, 화학물질 등에 폐가 과민반응하여 발생하는 폐렴입니다.

20

미국산업위생학술원(AAIH)에서 채택한 산업위생분야에 종사하는 사람들이 지켜야 할 윤리강령에 포함되지 않는 것은?

① 국가에 대한 책임
② 전문가로서의 책임
③ 일반 대중에 대한 책임
④ 기업주와 고객에 대한 책임

해 설

윤리강령 중 국가에 대한 책임은 없다.

관련개념

산업위생분야에 종사하는 사람들이 준수하여야 하는 윤리강령(AAIH)
- 산업위생 전문가로서의 책임
- 근로자에 대한 책임
- 기업주와 고객에 대한 책임
- 일반 대중에 대한 책임

2과목 작업위생측정 및 평가

21

공기 중 석면을 막여과지에 채취한 후 전처리하여 분석하는 방법으로, 다른 방법에 비해 간편하지만 석면 감별에 어려움이 있는 분석방법은?

① X선 회절법
② 편광 현미경법
③ 위상차 현미경법
④ 전자 현미경법

해설
위상차 현미경법은 막여과지에 석면 시료를 채취한 후 전처리하여 위상차 현미경으로 분석하는 방법이다.
간편한 장점이 있으나, 석면의 감별이 어렵다.

22

kata 온도계로 불감기류를 측정하는 방법에 대한 설명으로 틀린 것은?

① kata 온도계의 구(球)부를 50~60[℃]의 온수에 넣어 구부의 알코올을 팽창시켜 관의 상부 눈금까지 올라가게 한다.
② 온도계를 온수에서 꺼내어 구(球)부를 완전히 닦아내고 스탠드에 고정한다.
③ 알코올의 눈금이 100[℉]에서 65[℉]까지 내려가는 데 소요되는 시간을 초시계로 4~5회 측정하여 평균을 낸다.
④ 눈금 하강에 소요되는 시간으로 kata 상수를 나눈 값 H는 온도계의 구부 1[cm^2]에서 1초 동안에 방산되는 열량을 나타낸다.

해설
카타온도계는 눈금이 100[℉]에서 95[℉]까지 내려가는 데 소요되는 시간을 초시계로 4~5회 측정하고 평균하여 카타 상수값을 이용하여 간접적으로 측정한다.

23

작업장의 온도 측정결과가 다음과 같을 때, 측정결과의 기하평균은?

단위: [℃]

5, 7, 12, 18, 25, 13

① 11.6[℃]
② 12.4[℃]
③ 13.3[℃]
④ 15.7[℃]

해설
기하평균(GM)

$$GM = \sqrt[n]{x_1 \times x_2 \times \cdots \times x_n}$$

여기서, GM: 기하평균
x_n: 측정치
n: 측정치의 개수

$GM = \sqrt[6]{5 \times 7 \times 12 \times 18 \times 25 \times 13} = 11.61[℃]$

24

복사기, 전기기구, 플라즈마 이온방식의 공기청정기 등에서 공통적으로 발생할 수 있는 유해물질로 가장 적절한 것은?

① 오존
② 이산화질소
③ 일산화탄소
④ 포름알데히드

해설
오존은 복사기, 전기기구, 플라즈마 이온방식의 공기청정기 등과 같이 고전압 방전이 발행하는 환경에서 쉽게 생성된다.

정답 21 ③ 22 ③ 23 ① 24 ①

25

채취시료 10[mL]를 채취하여 분석한 결과 납(Pb)의 양이 8.5[μg]이고 Blank 시료도 동일한 방법으로 분석한 결과 납의 양이 0.7[μg]이다. 총 흡인유량이 60[L]일 때 작업환경 중 납의 농도[mg/m³]는? (단, 탈착효율은 0.95이다.)

① 0.14 ② 0.21
③ 0.65 ④ 0.70

해설

$$\text{납 농도} = \frac{\text{분석량}}{\text{공기채취량} \times \text{탈착효율}}$$
$$= \frac{(8.5-0.7)[\mu g]}{60[L] \times 0.95} = 0.14[\mu g/L] = 0.14[mg/m^3]$$

26

검지관의 장·단점에 관한 내용으로 옳지 않은 것은?

① 사용이 간편하고, 복잡한 분석실 분석이 필요 없다.
② 산소결핍이나 폭발성 가스로 인한 위험이 있는 경우에도 사용이 가능하다.
③ 민감도 및 특이도가 낮고 색변화가 선명하지 않아 판독자에 따라 변이가 심하다.
④ 측정대상물질의 동정이 미리 되어 있지 않아도 측정을 용이하게 할 수 있다.

해설

측정대상물질을 미리 동정해야 측정이 가능하다.

가장 빠른 합격비법

동정(identification)은 시료 중 포함된 화학종이 알려진 화학종과 동일함을 확인하는 과정입니다.

27

같은 작업 장소에서 동시에 5개의 공기시료를 동일한 채취조건 하에서 채취하여 벤젠에 대해 아래의 도표와 같은 분석결과를 얻었다. 이때 벤젠농도 측정의 변이계수(CV%)는?

공기시료번호	벤젠농도[ppm]
1	5.0
2	4.5
3	4.0
4	4.6
5	4.4

① 8[%] ② 14[%]
③ 56[%] ④ 96[%]

해설

변이계수

$$CV = \frac{SD}{\bar{x}} \times 100$$

여기서, CV : 변이계수[%]
SD : 표준편차
$\bar{x}$: 산술평균

$$\bar{x} = \frac{5+4.5+4+4.6+4.4}{5} = 4.5$$
$$SD = \sqrt{\frac{(5-4.5)^2+(4.5-4.5)^2+(4-4.5)^2+(4.6-4.5)^2+(4.4-4.5)^2}{5-1}}$$
$$= 0.36$$
$$\therefore CV = \frac{0.36}{4.5} \times 100 = 8[\%]$$

가장 빠른 합격비법

전체 공기(모집단)에서 5개의 시료만 채취했으므로 문제에서 주어진 시료는 표본집단입니다. 표본집단의 표준편차를 구할 때에는 $n-1$로 나누어 줍니다.

정답 25 ① 26 ④ 27 ①

28

산업안전보건법령에서 사용하는 용어의 정의로 틀린 것은?

① 신뢰도란 분석치가 참값에 얼마나 접근하였는가 하는 수치상의 표현을 말한다.
② 가스상 물질이란 화학적인자가 공기중으로 가스·증기의 형태로 발생되는 물질을 말한다.
③ 정도관리란 작업환경측정·분석 결과에 대한 정확성과 정밀도를 확보하기 위하여 작업환경측정기관의 측정·분석능력을 확인하고, 그 결과에 따라 지도·교육 등 측정·분석능력 향상을 위하여 행하는 모든 관리적 수단을 말한다.
④ 정밀도란 일정한 물질에 대해 반복측정·분석을 했을 때 나타나는 자료 분석치의 변동크기가 얼마나 작은가 하는 수치상의 표현을 말한다.

해 설

분석치가 참값에 얼마나 접근하였는가 하는 수치상의 표현은 정확도에 대한 정의이다.

29

원통형 비누거품미터를 이용하여 공기시료채취기의 유량을 보정하고자 한다. 원통형 비누거품미터의 내경은 4[cm]이고 거품막이 30[cm]의 거리를 이동하는 데 10초의 시간이 걸렸다면 이 공기시료채취기의 유량은 약 몇[cm³/sec]인가?

① 37.7 ② 16.5
③ 8.2   ④ 2.2

해 설

$$시료채취유량 = \frac{비누거품면적 \times 높이}{이동시간}$$

$$= \frac{\left(\frac{\pi}{4} \times 4^2\right) \times 30}{10} ≒ 37.7[cm^3/sec]$$

30

옥내작업장에서 측정한 건구온도가 73[℃]이고 자연습구온도 65[℃], 흑구온도 81[℃]일 때, 습구흑구온도지수는?

① 64.4[℃] ② 67.4[℃]
③ 69.8[℃] ④ 71.0[℃]

해 설

습구흑구온도지수(옥내 또는 태양광선이 내리쬐지 않는 옥외)

$$WBGT = 0.7NWB + 0.3GT$$

여기서, WBGT: 습구흑구 온도지수[℃]
NWB: 자연습구온도[℃]
GT: 흑구온도[℃]

$WBGT = (0.7 \times 65) + (0.3 \times 81) = 69.8[℃]$

31

공기시료채취 시 공기유량과 용량을 보정하는 표준기구 중 1차 표준기구는?

① 흑연피스톤미터
② 로터미터
③ 습식테스트미터
④ 건식가스미터

해 설

1차 표준기구는 측정 대상을 물리적으로 직접 측정할 수 있는 기구이다. 별도의 보정이 없어도 자체적으로 정확한 값을 얻을 수 있다.
예 흑연피스톤미터, 비누거품미터, 유리피스톤미터 등

정답 28 ① 29 ① 30 ③ 31 ①

32

소음작업장에서 두 기계 각각의 음압레벨이 90[dB]로 동일하게 나타났다면 두 기계가 모두 가동되는 이 작업장의 음압레벨[dB]은? (단, 기타 조건은 같다.)

① 93
② 95
③ 97
④ 99

해설

합산 소음

$$L_{합} = 10\log\left(10^{\frac{SPL_1}{10}} + 10^{\frac{SPL_2}{10}} + \cdots + 10^{\frac{SPL_n}{10}}\right)$$

여기서, $L_{합}$: 합산 소음[dB]
SPL$_n$: 음압수준[dB]

$$L_{합} = 10\log\left(10^{\frac{90}{10}} + 10^{\frac{90}{10}}\right) = 93[\text{dB}]$$

33

다음 중 활성탄관과 비교한 실리카겔관의 장점과 가장 거리가 먼 것은?

① 수분을 잘 흡수하여 습도에 대한 민감도가 높다.
② 매우 유독한 이황화탄소를 탈착용매로 사용하지 않는다.
③ 극성물질을 채취한 경우 물, 에탄올 등 다양한 용매로 쉽게 탈착된다.
④ 추출액이 화학분석이나 기기분석에 방해물질로 작용하는 경우가 많지 않다.

해설

실리카겔은 수분을 잘 흡수하여 습도가 증가하면 흡착용량이 감소하는 단점이 있다.

34

작업환경측정 및 정도관리 등에 관한 고시상 시료채취 근로자수에 대한 설명 중 옳은 것은?

① 단위작업 장소에서 최고 노출근로자 2명 이상에 대하여 동시에 개인 시료채취 방법으로 측정하되, 단위작업 장소에 근로자가 1명인 경우에는 그러하지 아니하며, 동일 작업근로자수가 20명을 초과하는 경우에는 매 5명당 1명 이상 추가하여 측정하여야 한다.
② 단위작업 장소에서 최고 노출근로자 2명 이상에 대하여 동시에 개인 시료채취 방법으로 측정하되, 동일 작업근로자수가 100명을 초과하는 경우에는 최대 시료채취 근로자수를 20명으로 조정할 수 있다.
③ 지역 시료채취 방법으로 측정을 하는 경우 단위작업장소 내에서 3개 이상의 지점에 대하여 동시에 측정하여야 한다.
④ 지역 시료채취 방법으로 측정을 하는 경우 단위작업 장소의 넓이가 60평방미터 이상인 경우에는 매 30평방미터마다 1개 지점 이상을 추가로 측정하여야 한다.

오답해설

① 단위작업 장소에서 최고 노출근로자 2명 이상에 대하여 동시에 개인 시료채취 방법으로 측정하되, 동일 작업근로자수가 100명을 초과하는 경우에는 최대 시료채취 근로자수를 20명으로 조정할 수 있다.
③ 지역 시료채취 방법으로 측정을 하는 경우 단위작업장소 내에서 2개 이상의 지점에 대하여 동시에 측정하여야 한다.
④ 지역 시료채취 방법으로 측정을 하는 경우 단위작업 장소의 넓이가 50평방미터 이상인 경우에는 매 30평방미터마다 1개 지점 이상을 추가로 측정하여야 한다.

정답 32 ① 33 ① 34 ②

35

소음의 단위 중 음원에서 발생하는 에너지를 의미하는 음력(Sound Power)의 단위는?

① [dB] ② [Phon]
③ [W] ④ [Hz]

해 설

음력(Sound Power)

$$W = I \times S$$

여기서, W: 음력[W]
I: 음의 세기[W/m²]
S: 표면적[m²]

음력(음향출력)은 음원으로부터 단위시간당 방출되는 총 소리에너지를 의미하며, 단위는 [W]이다.

36

고체흡착관의 뒷층에서 분석된 양이 앞층의 25[%]였다. 이에 대한 분석자의 결정으로 바람직하지 않은 것은?

① 파과가 일어났다고 판단하였다.
② 파과실험의 중요성을 인식하였다.
③ 시료채취과정에서 오차가 발생되었다고 판단하였다.
④ 분석된 앞층과 뒷층을 합하여 분석결과로 이용하였다.

해 설

고체흡착관 뒷층에서 분석된 양이 앞층의 10[%] 이상이면 파과가 일어났다고 판단하여 측정결과로 사용할 수 없다.

37

입자상 물질을 채취하는 방법 중 직경분립충돌기의 장점으로 틀린 것은?

① 호흡기에 부분별로 침착된 입자크기의 자료를 추정할 수 있다.
② 흡입성, 흉곽성, 호흡성 입자의 크기별 분포와 농도를 계산할 수 있다.
③ 시료채취준비에 시간이 적게 걸리며 비교적 채취가 용이하다.
④ 입자의 질량크기분포를 얻을 수 있다.

해 설

시료채취 준비시간이 오래 걸리고 시료채취방법도 까다롭다.

38

작업환경 중 분진의 측정 농도가 대수정규분포를 할 때, 측정 자료의 대표치에 해당되는 용어는?

① 기하평균치 ② 산술평균치
③ 최빈치 ④ 중앙치

해 설

작업환경측정 농도가 대수정규분포를 따른다면 대표치로 기하평균을 사용하고 산포도로 기하표준편차를 사용한다.

가장 빠른 합격비법

대수정규분포는 로그정규분포와 같은 의미입니다.

정답 35 ③ 36 ④ 37 ③ 38 ①

39

공기 중 acetone 500[ppm], sec-butyl acetate 100[ppm] 및 methyl ethyl ketone 150[ppm]이 혼합물로서 존재할 때 복합노출지수[ppm]는? (단, acetone, sec-butyl acetate 및 methyl ethyl ketone의 TLV는 각각 750, 200, 200[ppm]이다.)

① 1.25　　② 1.56
③ 1.74　　④ 1.92

해설

EI(노출지수)

$$EI = \frac{C_1}{TLV_1} + \frac{C_2}{TLV_2} + \cdots + \frac{C_n}{TLV_n}$$

여기서, EI: 노출지수
　　　C_n: 농도[ppm]
　　　TLV_n: 노출농도[ppm]

$EI = \dfrac{500}{750} + \dfrac{100}{200} + \dfrac{150}{200} = 1.92$

40

에틸렌글리콜이 20[℃], 1기압에서 공기 중에서 증기압이 0.05[mmHg]라면, 20[℃], 1기압에서 공기 중 포화농도는 약 몇 [ppm]인가?

① 55.4　　② 65.8
③ 73.2　　④ 82.1

해설

포화농도[ppm] = $\dfrac{증기압[mmHg]}{760} \times 10^6$

$= \dfrac{0.05}{760} \times 10^6 = 65.8[ppm]$

3과목　작업환경관리대책

41

작업환경관리의 공학적 대책에서 기본적 원리인 대체(Substitution)와 거리가 먼 것은?

① 가연성 물질을 보관하던 유리병을 안전한 철제통으로 바꾼다.
② 방사선동위원소 취급장소를 밀폐하고 원격장치를 설치한다.
③ 성냥 제조 시 황린 대신 적린을 사용한다.
④ 납을 고속회전 그라인더로 깎는 작업 대신 저속 오실레이팅(Osillating type sander) 작업으로 바꾼다.

해설

발생원을 밀폐하는 것은 대체가 아닌 격리이다.

42

입자상 물질을 처리하기 위한 공기정화장치로 가장 거리가 먼 것은?

① 사이클론
② 중력집진장치
③ 여과집진장치
④ 촉매산화에 의한 연소장치

해설

연소장치는 가스상 물질을 처리하기 위한 장치이다.

관련개념

입자상 물질 집진장치
- 원심집진장치(사이클론)
- 중력집진장치
- 여과집진장치
- 전기집진장치
- 관성집진장치

정답 39 ④　40 ②　41 ②　42 ④

43

용기 충진이나 콘베이어 적재와 같이 발생기류가 높고 유해물질이 활발하게 발생하는 작업조건의 제어속도로 가장 알맞은 것은? (단, ACGIH 권고 기준)

① 2.0[m/s]
② 3.0[m/s]
③ 4.0[m/s]
④ 5.0[m/s]

해설

용기 충진, 컨베이어 적재 작업은 발생기류가 높고 유해물질이 활발하게 발생하는 작업에 해당하므로, 제어속도는 1.0~2.5[m/s]가 적당하다.

관련개념

제어속도 권고기준(ACGIH)

작업조건	제어속도[m/s]
• 움직이지 않는 공기 중에서 속도 없이 배출되는 작업조건 • 조용한 대기 중에 거의 속도가 없는 상태로 발산하는 작업조건	0.25~0.5
공기의 움직임이 적은 대기 중에서 저속으로 비산하는 작업조건	0.5~1.0
발생기류가 높고 유해물질이 활발하게 발생하는 작업조건	1.0~2.5
초고속 기류가 있는 작업장소에 초고속으로 비산하는 작업조건	2.5~10

가장 빠른 합격비법

- 제어속도(제어풍속): 제어속도는 오염물질이 확산되기 전에 후드 쪽으로 끌어들이기 위해 필요한 기류의 속도입니다.
- 반송속도: 반송속도는 덕트 내부에서 이송되는 입자상 오염물질이 퇴적되지 않고 안정적으로 이송되기 위해 요구되는 최소 기류 속도입니다.

44

다음 중 도금조와 사형주조에 사용되는 후드형식으로 가장 적절한 것은?

① 부스식
② 포위식
③ 외부식
④ 장갑부착상자식

해설

외부식 후드는 넓은 영역에서 발생하는 오염물질을 효과적으로 포집하고, 작업 간섭을 최소화할 수 있기 때문에 도금조와 사형주조에 적합하다.

45

송풍기 입구 전압이 280[mmH$_2$O]이고 송풍기 출구 정압이 100[mmH$_2$O]이다. 송풍기 출구 속도압이 200[mmH$_2$O]일 때, 전압[mmH$_2$O]은?

① 20
② 40
③ 80
④ 180

해설

송풍기 유효전압(FTP)

$$FTP = (TP_{out} - TP_{in})$$
$$= (SP_{out} + VP_{out}) - (SP_{in} + VP_{in})$$

여기서, FTP: 송풍기 유효전압
TP$_{out}$, SP$_{out}$, VP$_{out}$: 토출구 측 전압, 정압, 속도압
TP$_{in}$, SP$_{in}$, VP$_{in}$: 흡입구 측 전압, 정압, 속도압

$FTP = (100 + 200) - 280 = 20[mmH_2O]$

46

산업안전보건법령상 안전인증 방독마스크에 안전인증 표시 외에 추가로 표시되어야 할 항목이 아닌 것은?

① 포집효율
② 파과곡선도
③ 사용시간 기록카드
④ 사용상의 주의사항

해설

안전인증 방독마스크에 안전인증 표시 외에 추가로 표시하여야 할 항목
파과곡선도, 사용시간 기록카드, 정화통의 외부측면의 표시색, 사용상의 주의사항

정답 43 ① 44 ③ 45 ① 46 ①

47

공기정화장치의 한 종류인 원심력집진기에서 절단입경의 의미로 옳은 것은?

① 100[%] 분리 포집되는 입자의 최소 크기
② 100[%] 처리효율로 제거되는 입자크기
③ 90[%] 이상 처리효율로 제거되는 입자크기
④ 50[%] 처리효율로 제거되는 입자크기

해설

절단입경(Cut-size Diameter)
50[%] 처리효율로 제거되는 입자의 최소입경이다.

> **가장 빠른 합격비법**
> 100[%] 처리효율로 제거되는 입자의 최소입경은 한계입경 또는 임계입경이라고 합니다.

48

20[℃], 1기압에서 공기유속은 5[m/s], 원형덕트의 단면적은 1.13[m²]일 때, Reynolds 수는? (단, 공기의 점성계수는 1.8×10^{-5}[kg/m·s]이고, 공기의 밀도는 1.2[kg/m³]이다.)

① 4.0×10^5
② 3.0×10^5
③ 2.0×10^5
④ 1.0×10^5

해설

레이놀즈수(Re)

$$Re = \frac{\rho DV}{\mu} = \frac{DV}{\nu}$$

여기서, Re: 레이놀즈수
ρ: 유체의 밀도[kg/m³]
D: 덕트의 직경[m]
V: 유체의 평균속도[m/sec]
μ: 점성계수[kg/m·sec]
ν: 동점성계수[m²/sec]

$D = \sqrt{\frac{4}{\pi} \times A} = \sqrt{\frac{4}{\pi} \times 1.13} = 1.20$[m]

$Re = \frac{1.2 \times 1.2 \times 5}{1.8 \times 10^{-5}} = 400,000$

49

방진마스크의 성능 기준 및 사용 장소에 대한 설명 중 옳지 않은 것은?

① 방진마스크 등급 중 2급은 포집효율이 분리식과 안면부 여과식 모두 90[%] 이상이어야 한다.
② 방진마스크 등급 중 특급의 포집효율은 분리식의 경우 99.95[%] 이상, 안면부 여과식의 경우 99.0[%] 이상이어야 한다.
③ 베릴륨 등과 같이 독성이 강한 물질들을 함유한 분진이 발생하는 장소에서는 특급 방진마스크를 착용하여야 한다.
④ 금속흄 등과 같이 열적으로 생기는 분진이 발생하는 장소에서는 1급 방진마스크를 착용하여야 한다.

해설

방진마스크의 여과재 분진 등 포집효율

등급	염화나트륨 및 파라핀 오일 시험[%]	
	분리식	안면부여과식
특급	99.95 이상	99.0 이상
1급	94.0 이상	94.0 이상
2급	80.0 이상	80.0 이상

2급 방진마스크의 포집효율은 80[%] 이상이어야 한다.

50

사이클론 설계 시 블로우다운 시스템에 적용되는 처리량으로 가장 적절한 것은?

① 처리배기량의 1~2[%]
② 처리배기량의 5~10[%]
③ 처리배기량의 40~50[%]
④ 처리배기량의 80~90[%]

해설

블로우다운 시스템은 처리가스량의 5~10[%] 정도를 분진 퇴적함으로부터 흡입하도록 설계한다.

> **가장 빠른 합격비법**
> 블로우다운(Blow Down) 효과는 사이클론 내의 난류현상을 억제하여 집진된 먼지의 비산을 방지하고 집진효율을 증대시킵니다.

정답 47 ④ 48 ① 49 ① 50 ②

51

작업장에서 methylene chloride(비중=1.336, 분자량=84.94, TLV=500[ppm])를 500[g/hr]를 사용할 때, 필요한 환기량은 약 몇 [m³/min]인가? (단, 안전계수는 7이고, 실내온도는 21[℃]이다.)

① 26.3
② 33.1
③ 42.0
④ 51.3

해설

이염화메탄(methylene chloride) 사용량=0.5[kg/hr]
이염화메탄 발생률(G)
84.94[kg] : 24.1[m³]=0.5[kg/hr] : x[m³/hr]
$x = \dfrac{24.1 \times 0.5}{84.94} = 0.1419$[m³/hr]
$G = \dfrac{0.1419\text{m}^3}{\text{hr}} \times \dfrac{10^6 \text{mL}}{\text{m}^3} \times \dfrac{\text{hr}}{60\text{min}} = 2,365$[mL/min]

필요환기량(Q)

$$Q = \dfrac{G}{\text{TLV}} \times K$$

여기서, Q: 필요환기량[m³/sec]
G: 발생률[mL/sec]
TLV: 노출기준[ppm]
K: 안전계수

$Q = \dfrac{2,365}{500} \times 7 = 33.11$[m³/min]

52

목재분진을 측정하기 위한 시료채취장치로 가장 적합한 것은?

① 활성탄관(charcoal tube)
② 흡입성 분진 시료채취기(IOM sampler)
③ 호흡성 분진 시료채취기(aluminum cyclone)
④ 실리카겔관(silica gel tube)

해설

목재분진은 흡입성 분진(평균입경: 100[μm])으로 IOM Sampler를 사용하여 채취한다.

53

국소배기시스템 설계에서 송풍기 전압이 136[mmH₂O]이고, 송풍량은 184[m³/min]일 때, 필요한 송풍기 소요동력은 약 몇 [kW]인가? (단, 송풍기의 효율은 60[%]이다.)

① 2.7
② 4.8
③ 6.8
④ 8.7

해설

송풍기 소요동력

$$\text{소요동력} = \dfrac{Q \times \Delta P}{6{,}120 \times \eta} \times \alpha$$

여기서, Q: 송풍량[m³/min]
ΔP: 송풍기 유효정압(또는 전압)[mmH₂O]
η: 효율
α: 여유율

소요동력 $= \dfrac{184 \times 136}{6{,}120 \times 0.6} \times 1.0 = 6.8$[kW]

54

덕트에서 평균 속도압이 25[mmH₂O]일 때, 반송속도[m/s]는?

① 101.1
② 50.5
③ 20.2
④ 10.1

해설

공기 유속 공식

$$V = 4.043\sqrt{\text{VP}}$$

여기서, V: 유속[m/s]
VP: 속도압[mmH₂O]

$V = 4.043\sqrt{25} = 20.22$[m/s]

정답 51 ② 52 ② 53 ③ 54 ③

55

페인트 도장이나 농약 살포와 같이 공기 중에 가스 및 증기상 물질과 분진이 동시에 존재하는 경우 호흡 보호구에 이용되는 가장 적절한 공기정화기는?

① 필터
② 만능형 캐니스터
③ 요오드를 입힌 활성탄
④ 금속산화물을 도포한 활성탄

해 설

만능형 캐니스터는 방진마스크와 방독마스크의 기능이 둘 다 있는 공기정화기이다.

56

후드의 유입계수가 0.82, 속도압이 50[mmH₂O]일 때 후드의 유입손실[mmH₂O]은?

① 22.4
② 24.4
③ 26.4
④ 28.4

해 설

유입손실계수(F_h)

$$F_h = \frac{1}{Ce^2} - 1$$

여기서, F_h: 유입손실계수
Ce: 유입계수

$F_h = \dfrac{1}{0.82^2} - 1 = 0.487$

후드 압력손실(ΔP)

$$\Delta P = F_h \times VP$$

여기서, ΔP: 후드 압력손실[mmH₂O]
F_h: 유입손실계수
VP: 속도압[mmH₂O]

$\Delta P = 0.487 \times 50 = 24.35 [mmH_2O]$

57

보호구의 재질과 적용 물질에 대한 내용으로 틀린 것은?

① 면: 고체상 물질에 효과적이다.
② 부틸(Butyl) 고무: 극성 용제에 효과적이다.
③ 니트릴(Nitrile) 고무: 비극성 용제에 효과적이다.
④ 천연 고무(Latex): 비극성 용제에 효과적이다.

해 설

천연 고무는 극성 및 수용성 용제에 효과적이다.

58

슬롯(Slot) 후드의 종류 중 전원주형의 배기량은 1/4원주형 대비 약 몇 배인가?

① 2배
② 3배
③ 4배
④ 5배

해 설

필요송풍량(외부식 슬롯 후드)

$$Q = C \times L \times X \times V_c$$

여기서, Q: 필요송풍량[m³/sec]
C: 형상계수
(전원주: 5, $\frac{3}{4}$ 원주: 4.1, $\frac{1}{2}$ 원주: 2.8, $\frac{1}{4}$ 원주: 1.6)
L: 후드의 길이[m]
X: 포착점까지의 거리[m]
V_c: 제어속도[m/s]

전원주형 송풍량 = $5 \times L \times X \times V_c$

$\frac{1}{4}$ 원주형 송풍량 = $1.6 \times L \times X \times V_c$

$\dfrac{5 \times L \times X \times V_c}{1.6 \times L \times X \times V_c} = 3.13$배

정답 55 ② 56 ② 57 ④ 58 ②

59

직경이 38[cm] 유효높이 2.5[m]의 원통형 백필터를 사용하여 60[m³/min]의 함진가스를 처리할 때 여과속도 [cm/s]는?

① 25
② 32
③ 50
④ 64

해설

연속방정식

$$Q = AV$$

여기서, Q: 유량[m³/sec]
A: 단면적[m²]
V: 공기의 평균속도[m/s]

$$V = \frac{Q}{A} = \frac{Q}{\pi DL}$$

$$= \frac{\frac{60\text{m}^3}{\text{min}} \times \frac{\text{min}}{60\text{sec}}}{\pi \times 0.38\text{m} \times 2.5\text{m}}$$

$$= 0.3351 \text{m/sec} \times \frac{100\text{cm}}{\text{m}}$$

$$= 33.51 [\text{cm/sec}]$$

60

입자의 침강속도에 대한 설명으로 틀린 것은? (단, 스토크스 식을 기준으로 한다.)

① 입자직경의 제곱에 비례한다.
② 공기와 입자 사이의 밀도차에 반비례한다.
③ 중력가속도에 비례한다.
④ 공기의 점성계수에 반비례한다.

해설

스토크스 법칙

$$V_g = \frac{d_p^2(\rho_p - \rho)g}{18\mu}$$

여기서, V_g: 침강속도
d_p: 입자의 직경
ρ_p: 입자의 밀도
ρ: 공기의 밀도
g: 중력가속도
μ: 점성계수

스토크스 법칙에 따르면, 입자의 침강속도는 입자와 공기 사이의 밀도차에 비례한다.

4과목 　　　　물리적유해인자관리

61

다음 중 소음대책에 대한 공학적 원리에 관한 설명으로 틀린 것은?

① 원형 톱날에는 고무 코팅재를 톱날 측면에 부착시키면 소음의 공명현상을 줄일 수 있다.
② 덕트 내에 이음부를 많이 부착하면 흡음효과로 소음을 줄일 수 있다.
③ 넓은 드라이브 벨트는 가는 드라이브 벨트로 대치하여 벨트 사이에 공간을 두는 것이 소음발생을 줄일 수 있다.
④ 고주파음은 저주파음보다 격리 및 차폐로써의 소음감소효과가 크다.

해설

덕트 내에 이음부가 많으면 틈새나 불완전 접합부 사이로 공기 누설이 발생하여 차음성능이 떨어진다.

62

체온의 상승에 따라 체온조절중추인 시상하부에서 혈액 온도를 감지하거나 신경망을 통하여 정보를 받아들여 체온방산작용이 활발해지는 작용은?

① 정신적 조절작용
② 화학적 조절작용
③ 생물학적 조절작용
④ 물리적 조절작용

해설

물리적 조절작용
체온조절중추인 시상하부에서 온도를 감지하거나 신경망을 통한 체온방산작용이 활발해지는 작용이다.

정답 59 ② 60 ② 61 ② 62 ④

63

한랭작업과 관련된 설명으로 옳지 않은 것은?

① 저체온증은 몸의 심부온도가 35[℃] 이하로 내려간 것을 말한다.
② 손가락의 온도가 내려가면 손동작의 정밀도가 떨어지고 시간이 많이 걸려 작업능률이 저하된다.
③ 동상은 혹심한 한랭에 노출됨으로써 피부 및 피하조직 자체가 동결하여 조직이 손상되는 것을 말한다.
④ 근로자의 발이 한랭에 장기간 노출되고 동시에 지속적으로 습기나 물에 잠기게 되면 '선단자람증'의 원인이 된다.

[해 설]

근로자의 발이 한랭에 장기간 노출되고 동시에 지속적으로 습기나 물에 잠기게 되면 참호족의 원인이 된다.

64

방사선 용어 중 조직(또는 물질)의 단위질량당 흡수된 에너지를 나타낸 것은?

① 등가선량   ② 흡수선량
③ 유효선량   ④ 노출선량

[해 설]

흡수선량은 단위질량당 흡수된 방사선 에너지를 의미하며, 단위로 [Gy](그레이) 또는 [rad](래드)를 사용한다.

65

일반적으로 전신진동에 의한 생체반응에 관여하는 인자로 가장 거리가 먼 것은?

① 온도   ② 강도
③ 방향   ④ 진동수

[해 설]

온도는 전신진동에 의한 생체반응과 관련이 적다.

66

전리방사선의 단위에 관한 설명으로 틀린 것은?

① [rad] - 조사량과 관계없이 인체조직에 흡수된 양을 의미한다.
② [rem] - 1[rad]의 X선 혹은 감마선이 인체조직에 흡수된 양을 의미한다.
③ curie - 1초 동안에 3.7×10^{10}개의 원자붕괴가 일어나는 방사능 물질의 양을 의미한다.
④ Roentgen[R] - 공기 중에 방사선에 의해 생성되는 이온의 양으로 주로 X선 및 감마선의 조사량을 표시할 때 쓰인다.

[해 설]

[rem]은 등가선량의 단위로, 같은 흡수선량이라 하더라도 방사선의 종류에 따라서 인체가 받는 영향의 정도가 다른 것을 고려한 개념이다.

[관련개념]
등가선량[rem] = 흡수선량[rad] × 상대적 생물학적 효과[RBE]

정답 63 ④ 64 ② 65 ① 66 ②

67

흑구온도는 32[℃], 건구온도는 27[℃], 자연습구온도는 30[℃]인 실내작업장의 습구·흑구온도지수는?

① 33.3[℃]   ② 32.6[℃]
③ 31.3[℃]   ④ 30.6[℃]

해설

습구흑구온도지수(옥내 또는 태양광선이 내리쬐지 않는 옥외)

$$WBGT = 0.7NWB + 0.3GT$$

여기서, WBGT: 습구흑구온도지수[℃]
NWB: 자연습구온도[℃]
GT: 흑구온도[℃]

$WBGT = (0.7 \times 30) + (0.3 \times 32) = 30.6[℃]$

68

전리방사선 방어의 궁극적 목적은 가능한 한 방사선에 불필요하게 노출되는 것을 최소화 하는 데 있다. 국제방사선방호위원회(ICRP)가 노출을 최소화하기 위해 정한 원칙 3가지에 해당하지 않는 것은?

① 작업의 최적화
② 작업의 다양성
③ 작업의 정당성
④ 개개인의 노출량 한계

해설

전리방사선 노출 최소화 원칙(ICRP)
- 작업의 최적화
- 작업의 정당성
- 개개인의 노출량 한계

69

고압 환경의 생체작용과 가장 거리가 먼 것은?

① 고공성 폐수종
② 이산화탄소(CO_2) 중독
③ 귀, 부비강, 치아의 압통
④ 손가락과 발가락의 작열통과 같은 산소중독

해설

폐수종은 저압 환경에서 발생한다.

70

산업안전보건법령상 상시 작업을 실시하는 장소에 대한 작업면의 조도 기준으로 옳은 것은?

① 초정밀 작업: 1,000럭스 이상
② 정밀 작업: 500럭스 이상
③ 보통 작업: 150럭스 이상
④ 그 밖의 작업: 50럭스 이상

해설

작업면의 조도 기준
- 초정밀 작업: 750럭스 이상
- 정밀 작업: 300럭스 이상
- 보통 작업: 150럭스 이상
- 그 밖의 작업: 75럭스 이상

정답 67 ④ 68 ② 69 ① 70 ③

71

1촉광의 광원으로부터 한 단위입체각으로 나가는 광속의 단위를 무엇이라 하는가?

① 럭스(lux)
② 램버트(lambert)
③ 캔들(candle)
④ 루멘(lumen)

해설
1촉광의 광원으로부터 한 단위입체각으로 나가는 광속을 1[lm]루멘)으로 정의한다.

72

1,000[Hz]에서의 음압레벨을 기준으로 하여 등청감곡선을 나타내는 단위로 사용되는 것은?

① [mel]
② [bell]
③ [sone]
④ [phon]

해설
1,000[Hz]에서의 음압레벨을 기준으로 하여 등청감곡선을 나타내는 단위로 사용되는 것은 [phon]이다.

73

전기성 안염(전광선 안염)과 가장 관련이 깊은 비전리방사선은?

① 자외선
② 적외선
③ 가시광선
④ 마이크로파

해설
전기용접, 자외선 살균기 등으로부터 발생하는 자외선은 전기성 안염의 원인이 될 수 있다.

74

고압환경의 영향 중 2차적인 가압현상(화학적 장해)에 관한 설명으로 옳지 않은 것은?

① 4기압 이상에서 공기 중의 질소 가스는 마취작용을 나타낸다.
② 이산화탄소의 증가는 산소의 독성과 질소의 마취작용을 촉진시킨다.
③ 산소의 분압이 2기압을 넘으면 산소 중독증세가 나타난다.
④ 산소중독은 고압산소에 대한 노출이 중지되어도 근육경련, 환청 등 후유증이 장기간 계속된다.

해설
산소중독
- 산소분압이 2기압을 넘으면 발생한다.
- 고압산소에 대한 노출이 중지되면 즉각 증상이 호전된다.

75

비이온화방사선의 파장별 건강에 미치는 영향으로 옳지 않은 것은?

① UV-A: 315~400[nm] - 피부노화 촉진
② IR-B: 780~1,400[nm] - 백내장, 각막화상
③ UV-B: 280~315[nm] - 발진, 피부암, 광결막염
④ 가시광선: 400~700[nm] - 광화학적이거나 열에 의한 각막손상, 피부화상

해설
적외선의 구분

구분	파장
IR-A(근적외선)	700~1,400[nm]
IR-B(중적외선)	1.4~10[μm]
IR-C(원적외선)	0.1~1[mm]

IR-B의 파장은 1.4~10[μm]이며, 백내장은 주로 원적외선의 영향으로 발생한다.

정답 71 ④ 72 ④ 73 ① 74 ④ 75 ②

76
다음 중 피부 투과력이 가장 큰 것은?

① X선 ② α선
③ β선 ④ 레이저

해설
전리방사선의 투과력 순서
중성자＞X선 또는 γ선＞β선＞α선

77
산업안전보건법령상, 소음의 노출기준에 따르면 몇 [dB(A)]의 연속소음에 노출되어서는 안 되는가? (단, 충격소음은 제외한다.)

① 85 ② 90
③ 100 ④ 115

해설
산업안전보건법상 115[dB(A)]를 초과하는 소음수준에 노출되어서는 안 된다.

78
적외선의 생물학적 영향에 관한 설명으로 틀린 것은?

① 근적외선은 급성 피부화상, 색소침착 등을 일으킨다.
② 적외선이 흡수되면 화학반응에 의하여 조직온도가 상승한다.
③ 조사 부위의 온도가 오르면 홍반이 생기고, 혈관이 확장된다.
④ 장기간 조사 시 두통, 자극작용이 있으며, 강력한 적외선은 뇌막자극증상을 유발할 수 있다.

해설
분자가 적외선을 흡수하면 분자의 에너지준위가 상승하여 조직온도도 상승하는데, 이는 화학적 반응이 아니라 물리적 반응이다.

79
다음 중 고압 작업환경만으로 나열된 것은?

① 고소작업, 등반작업
② 용접작업, 고소작업
③ 탈지작업, 샌드블라스트(sand blast) 작업
④ 잠함(caisson)작업, 광산의 수직갱 내 작업

해설
이상기압의 고압 작업환경으로는 잠함작업, 광산 수직갱 내 작업, 하저 터널작업 등이 있다.

80
일반소음의 차음효과는 벽체의 단위표적면에 대하여 벽체의 무게를 2배로 할 때 또는 주파수가 2배로 증가될 때 차음은 몇 [dB] 증가 하는가?

① 2[dB] ② 6[dB]
③ 10[dB] ④ 15[dB]

해설
벽면의 투과손실

$$\Delta L_t = 20\log(m \times f) - 47$$

여기서, ΔL_t: 투과손실[dB]
m: 투과재료의 면적밀도[kg/m³]
f: 주파수[Hz]

$\Delta L_t = 20\log(m \times f) - 47$
$= 20\log m + 20\log f - 47$
단위 표면적당 무게는 밀도와 같은 의미이므로, 단위 표면적당 무게가 2배이면 밀도도 2배이다.
$\Delta L_t = 20\log(2m) + 20\log f - 47$
$= 20\log 2 + 20\log m + 20\log f - 47$
따라서, 투과손실은 $20\log 2 = 6$[dB]만큼 증가한다.

정답 76 ① 77 ④ 78 ② 79 ④ 80 ②

5과목   산업독성학

81
다음 중 유병률(P)은 10[%] 이하이고 발생률(I)과 평균이환기간(D)이 시간 경과에 따라 일정하다고 할 때, 다음 중 유병률과 발생률 사이의 관계로 옳은 것은?

① $P = \dfrac{I}{D^2}$
② $P = \dfrac{I}{D}$
③ $P = I \times D^2$
④ $P = I \times D$

해설
유병률

> 유병률 = 발생률 × 평균이환기간

82
다음 중 급성 중독자에게 활성탄과 하제를 투여하고 구토를 유발시키며 확진되면 dimercaprol로 치료를 시작하는 유해물질은 무엇인가? (단, 쇼크 치료는 강력한 정맥수액제와 혈압상승제를 사용함)

① 크롬   ② 카드뮴
③ 비소   ④ 납

해설
급성 비소중독은 위장관을 자극하여 구토, 설사, 복통 등을 유발하므로 활성탄과 하제를 투여하여 흡착, 배출한다. 또한, 디메르카프롤(BAL)을 투여하여 배설시킨다.

83
유해화학물질이 체내에서 해독되는 데 중요한 작용을 하는 것은?

① 체표온도   ② 임파구
③ 효소   ④ 적혈구

해설
체내의 다양한 효소는 비극성인 화학물질에 극성을 부여하여 배설을 통한 해독에 핵심적 역할을 한다.

84
다음 중 납에 관한 설명으로 틀린 것은?

① 축전지 제조, 광명단 제조 근로자가 노출될 수 있다.
② 폐암을 야기하는 발암물질이다.
③ 최근 납의 노출정도는 혈액 중 납 농도로 확인할 수 있다.
④ 납중독 확인은 혈액 중 ZPP 농도를 통해 알 수 있다.

해설
납은 위장, 중추신경, 근육계통장애를 주로 유발한다.

85
헤모글로빈의 철성분이 어떤 화학물질에 의하여 메트헤모글로빈으로 전환되기도 하는데 이러한 현상은 철성분이 어떤 화학작용을 받기 때문인가?

① 산화반응
② 환원반응
③ 가수분해작용
④ 착화물작용

해설
헤모글로빈의 철이온이 특정 화학물질에 의해 산화되면 산소운반 기능을 상실한 메트헤모글로빈이 형성된다.

정답 81 ④   82 ③   83 ③   84 ②   85 ①

86

다음 중 벤젠에 의한 혈액조직의 특징적인 단계별 변화를 설명한 것으로 틀린 것은?

① 1단계: 혈액성분 감소로 인한 범혈구감소증이 나타난다.
② 1단계: 백혈구 수의 감소로 인한 응고작용결핍이 나타난다.
③ 2단계: 벤젠 노출이 계속되면 골수의 성장부전이 나타난다.
④ 3단계: 더욱 장시간 노출되어 심한 경우 빈혈과 출혈이 나타나고 재생불량성 빈혈이 된다.

해설
혈액의 응고작용은 혈소판과 응고인자에 의해 좌우된다.

87

다음 중 작업장에서 일반적으로 금속에 대한 노출 경로를 설명한 것으로 틀린 것은?

① 호흡기를 통해 입자상 물질 중 금속이 침투된다.
② 작업장 내 휴식시간에 음료수, 음식 등에 오염된 상태로 소화관을 통해 흡수될 수 있다.
③ 대부분 피부를 통해 흡수되는 것이 일반적이다.
④ 4-에틸납은 피부로 흡수될 수 있다.

해설
대다수의 금속은 이온 형태이거나 분진으로 존재하여 피부장벽을 쉽게 통과하지 못한다.

88

단백질을 침전시키며 thiol(-SH)기를 가진 효소의 작용을 억제하여 독성을 나타내는 것은?

① 수은
② 구리
③ 아연
④ 코발트

해설
수은은 -SH기 친화력을 가지고 있어 세포 내 효소반응을 억제함으로써 독성작용을 일으킨다.

89

자극성 접촉피부염에 대한 설명으로 옳지 않은 것은?

① 홍반과 부종을 동반하는 것이 특징이다.
② 작업장에서 발생빈도가 가장 높은 피부질환이다.
③ 진정한 의미의 알레르기 반응이 수반되는 것은 포함시키지 않는다.
④ 항원에 노출되고 일정시간이 지난 후에 다시 노출되었을 때 세포매개성 과민반응에 의하여 나타나는 부작용의 결과이다.

해설
항원에 노출되고 일정시간이 지난 후에 다시 노출되었을 때 세포매개성 과민반응에 의하여 나타나는 부작용의 결과는 알레르기성 접촉피부염이다.

> **가장 빠른 합격비법**
> 과거 노출경험(감작, Sensitization)이 있어야만 반응이 나타나는 피부염은 알레르기성 피부염입니다.
> 접촉성 피부염은 자극성 피부염에 해당하므로 감작이 없어도 반응이 나타납니다.

90

독성실험단계에 있어 제1단계(동물에 대한 급성노출시험)에 관한 내용과 가장 거리가 먼 것은?

① 생식독성과 최기형성 독성실험을 한다.
② 눈과 피부에 대한 자극성 실험을 한다.
③ 변이원성에 대하여 1차적인 스크리닝 실험을 한다.
④ 치사성과 기관장해에 대한 양-반응곡선을 작성한다.

해설
생식독성과 최기형성 독성실험은 독성실험 2단계에서 실시한다.

> **가장 빠른 합격비법**
> 최기형성이란 임신 중인 모체에 어떤 물질을 투여하였을 때 태아에게 형태적, 기능적 악영향을 일으키는 독성을 의미합니다.

정답 86 ② 87 ③ 88 ① 89 ④ 90 ①

91

약품 정제를 하기 위한 추출제 등에 이용되는 물질로 간장, 신장의 암발생에 주로 영향을 미치는 것은?

① 크롬　　　　　　　② 벤젠
③ 유리규산　　　　　④ 클로로포름

해설

클로로포름($CHCl_3$)
- 약품 정제를 하기 위한 추출제 등에 이용되는 물질로 간장, 신장의 암발생에 주로 영향을 미친다.
- 페니실린을 비롯한 약품을 정제하기 위한 추출제 혹은 냉동제 및 합성수지에 이용한다.

92

할로겐화탄화수소에 관한 설명으로 옳지 않은 것은?

① 대개 중추신경계의 억제에 의한 마취작용이 나타난다.
② 가연성과 폭발의 위험성이 높으므로 취급시 주의하여야 한다.
③ 일반적으로 할로겐화탄화수소의 독성 정도는 화합물의 분자량이 커질수록 증가한다.
④ 알켄족이 알칸족보다 중추신경계에 대한 억제작용이 크다.

해설

할로겐화탄화수소는 대체로 불연성이고 화학반응성이 낮다.

93

방향족 탄화수소 중 만성노출에 의한 조혈장해를 유발시키는 것은?

① 벤젠　　　　　　　② 톨루엔
③ 클로로포름　　　　④ 나프탈렌

해설

방향족 탄화수소 중 만성노출에 의한 조혈장해를 유발시키는 것은 벤젠이다.

94

단순 질식제로 볼 수 없는 것은?

① 오존　　　　　　　② 메탄
③ 질소　　　　　　　④ 헬륨

해설

오존(O_3)은 산소를 대체하거나 신체의 산소운반 및 활용능력을 방해하지 않기 때문에 질식제로 볼 수 없다.

95

다음 중 카드뮴에 관한 설명으로 틀린 것은?

① 카드뮴은 부드럽고 연성이 있는 금속으로 납광물이나 아연광물을 제련할 때 부산물로 얻어진다.
② 흡수된 카드뮴은 혈장단백질과 결합하여 최종적으로 신장에 축적된다.
③ 인체 내에서 철을 필요로 하는 효소와의 결합반응으로 독성을 나타낸다.
④ 카드뮴 흄이나 먼지에 급성 노출되면 호흡기가 손상되며 사망에 이르기도 한다.

해설

철을 필요로 하는 효소와의 결합이 카드뮴 독성의 주된 메커니즘이라는 근거는 없다.
카드뮴은 효소의 기능 유지에 필요한 −SH기와 반응하여 독성을 보인다.

정답 91 ④　92 ②　93 ①　94 ①　95 ③

96
다음 중 중추신경 억제작용이 가장 큰 것은?

① 알칸
② 에테르
③ 알코올
④ 에스테르

해설

중추신경계 활성 억제 작용 순서
할로겐화합물＞에테르＞에스테르＞유기산＞알코올＞알켄＞알칸

97
직업병의 유병율이란 발생율에서 어떠한 인자를 제거한 것인가?

① 기간
② 집단수
③ 장소
④ 질병종류

해설

유병률은 어떤 시점에서 이미 존재하는 질병의 비율을 의미하며 발생률에서 기간을 제거한 것이다.

98
생물학적 모니터링을 위한 시료가 아닌 것은?

① 공기 중 유해인자
② 요 중의 유해인자나 대사산물
③ 혈액 중의 유해인자나 대사산물
④ 호기(exhaled air) 중의 유해인자나 대사산물

해설

생물학적 모니터링의 시료는 작업자의 대사 및 흡수 상태를 반영하는 지표로, 인체로부터 유래되어야 한다.

99
생물학적 모니터링 방법 중 생물학적 결정인자로 보기 어려운 것은?

① 체액의 화학물질 또는 그 대사산물
② 표적조직에 작용하는 활성 화학물질의 양
③ 건강상의 영향을 초래하지 않은 부위나 조직
④ 처음으로 접촉하는 부위에 직접 독성영향을 야기하는 물질

해설

처음으로 접촉하는 부위에 직접 독성영향을 야기하는 물질은 생물학적 결정인자로 보기 어렵다.

100
화학물질 및 물리적 인자의 노출기준 상 산화규소 종류와 노출기준이 올바르게 연결된 것은? (단, 노출기준은 TWA기준이다.)

① 결정체 석영 － $0.1[mg/m^3]$
② 결정체 트리폴리 － $0.1[mg/m^3]$
③ 비결정체 규소 － $0.01[mg/m^3]$
④ 결정체 트리디마이트 － $0.01[mg/m^3]$

오답해설

① 결정체 석영 － $0.05[mg/m^3]$
③ 비결정체 규소 － $0.1[mg/m^3]$
④ 결정체 트리디마이트 － $0.05[mg/m^3]$

정답 96 ② 97 ① 98 ① 99 ④ 100 ②

2023년 제3회 CBT 복원문제

1과목 산업위생학개론

01
우리나라의 화학물질 노출기준에 관한 설명으로 틀린 것은?

① 발암성 정보물질의 표기 중 1A는 사람에게 충분한 발암성 증거가 있는 물질을 의미한다.
② Skin 표시 물질은 점막과 눈 그리고 경피로 흡수되어 전신영향을 일으킬 수 있는 물질을 말한다.
③ 화학물질이 IARC 등의 발암성 등급과 NTP의 R등급을 모두 갖는 경우에는 NTP의 R등급은 고려하지 아니한다.
④ Skin 표시 물질은 피부자극성을 뜻한다.

해설
Skin 표시 물질은 점막과 눈 그리고 경피로 흡수되어 전신 영향을 일으킬 수 있는 물질을 말하며, 피부자극성을 뜻하는 것이 아니다.

02
실내공기 오염물질 중 석면에 대한 일반적인 설명으로 거리가 먼 것은?

① 작업환경측정에서 석면은 길이가 5[μm]보다 크고 길이 대 넓이의 비가 3 : 1 이상인 섬유만 개수한다.
② 석면의 여러 종류 중 건강에 가장 치명적인 영향을 미치는 것은 사문석 계열의 청석면이다.
③ 과거 내열성, 단열성, 절연성 및 견인력 등의 뛰어난 특성 때문에 여러 분야에서 사용되었다.
④ 석면의 발암성 정보물질의 표기는 1A에 해당한다.

해설
청석면은 각섬석 계열의 석면이다.
사문석 계열의 석면으로는 백석면이 있다.

관련개념
석면의 독성 순서
청석면 > 갈석면 > 백석면

03
밀폐공간과 관련된 설명으로 틀린 것은?

① 산소결핍이란 공기 중의 산소농도가 16[%] 미만인 상태를 말한다.
② 산소결핍증이란 산소가 결핍된 공기를 들이마심으로써 생기는 증상을 말한다.
③ 유해가스란 이산화탄소, 일산화탄소, 황화수소 등의 기체로서 인체에 유해한 영향을 미치는 물질을 말한다.
④ 적정공기란 산소농도의 범위가 18[%] 이상 23.5[%] 미만, 이산화탄소의 농도가 1.5[%] 미만, 일산화탄소의 농도가 30[ppm] 미만, 황화수소의 농도가 10[ppm] 미만인 수준의 공기를 말한다.

해설
산소결핍이란 공기 중의 산소농도가 18[%] 미만인 상태를 말한다.

04
다음 중 ACGIH에서 권고하는 TLV-TWA(시간가중평균치)에 대한 근로자 노출의 상한치와 노출가능시간의 연결로 옳은 것은?

① TLV-TWA의 3배: 30분 이하
② TLV-TWA의 3배: 60분 이하
③ TLV-TWA의 5배: 5분 이하
④ TLV-TWA의 5배: 15분 이하

해설
ACGIH의 노출시간 권고사항
· TLV-TWA의 3배인 경우: 노출시간 30분 이하
· TLV-TWA의 5배인 경우: 잠시라도 노출되어서는 안 됨

정답 01 ④ 02 ② 03 ① 04 ①

05

인간공학에서 최대작업영역(Maximum Area)에 대한 설명으로 가장 적절한 것은?

① 허리에 불편 없이 적절히 조작할 수 있는 영역
② 팔과 다리를 이용하여 최대한 도달할 수 있는 영역
③ 어깨에서부터 팔을 뻗어 도달할 수 있는 최대 영역
④ 상완을 자연스럽게 몸에 붙인 채로 전완을 움직일 때 도달하는 영역

해설

수평작업역
- 정상작업영역: 위팔을 자연스럽게 수직으로 늘어뜨린 채, 아래팔만으로 편하게 뻗어 파악할 수 있는 구역이다.(34~45[cm])
- 최대작업영역: 위팔과 아래팔을 곧게 뻗어 닿는 영역이다.(55~65[cm])

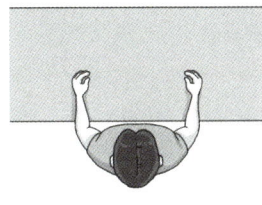

▲ 정상작업영역

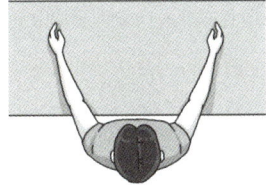

▲ 최대작업영역

06

지능검사, 기능검사, 인성검사는 직업 적성검사 중 어느 검사항목에 해당되는가?

① 감각적 기능검사
② 생리적 적성검사
③ 신체적 적성검사
④ 심리적 적성검사

해설

산업심리검사 중 적성검사

적성검사 분류	검사항목
신체검사	체격검사 등
생리적 기능검사	감각기능검사, 심폐기능검사, 체력검사
심리학적 기능검사	지능검사, 지각동작검사, 기능검사, 인성검사

07

다음 (   ) 안에 들어갈 알맞은 용어는?

> (   )은/는 근로자나 일반 대중에게 질병, 건강장해와 능률저하 등을 초래하는 작업환경요인과 스트레스를 예측, 인식(측정), 평가, 관리하는 과학인 동시에 기술을 말한다.

① 유해인자
② 산업위생
③ 위생인식
④ 인간공학

해설

산업위생의 정의(AIHA)

근로자나 일반 대중에게 질병, 건강장애와 안녕 방해, 심각한 불쾌감 및 능률 저하 등을 초래하는 작업환경요인과 스트레스를 예측, 인지, 측정, 평가, 관리하는 과학과 기술이다.

08

전신피로의 원인으로 볼 수 없는 것은?

① 산소공급의 부족
② 작업강도의 증가
③ 혈중포도당 농도의 저하
④ 근육 내 글리코겐 양의 증가

해설

근육 내 글리코겐의 양이 감소할 때 피로를 느낀다.

정답 05 ③ 06 ④ 07 ② 08 ④

09

심한 작업이나 운동 시 호흡조절에 영향을 주는 요인과 거리가 먼 것은?

① 산소 ② 수소이온
③ 혈중 포도당 ④ 이산화탄소

해 설

호흡조절 영향 요인으로는 산소, 수소이온, 이산화탄소 등이 있다.

> ⓘ 가장 빠른 합격비법
>
> 고강도 운동 시 근육 내 대사과정에서 젖산이 생성되며, 이 과정에서 수소이온(H^+)이 함께 증가합니다.
> 혈액 내 수소이온 농도가 증가하면 호흡중추가 이를 감지하여 호흡을 촉진합니다.

10

다음 중 최초로 기록된 직업병은?

① 규폐증 ② 폐질환
③ 음낭암 ④ 납중독

해 설

최초로 기록된 직업병은 납중독이다.

11

미국산업안전보건연구원(NIOSH)에서 제시한 중량물의 들기작업에 관한 감시기준(Action Limit)과 최대허용기준(Maximum Permissible Limit)의 관계를 바르게 나타낸 것은?

① MPL=5AL ② MPL=3AL
③ MPL=10AL ④ MPL=$\sqrt{2}$AL

해 설

최대허용기준(MPL; Maximum Permissible Limit)

> MPL=3AL
>
> 여기서, MPL: 최대허용기준
> AL: 감시기준

12

작업시작 및 종료 시 호흡의 산소소비량에 대한 설명으로 옳지 않은 것은?

① 산소소비량은 작업부하가 계속 증가하면 일정한 비율로 계속 증가한다.
② 작업이 끝난 후에도 맥박과 호흡수가 작업개시 수준으로 즉시 돌아오지 않고 서서히 감소한다.
③ 작업부하 수준이 최대 산소소비량 수준보다 높아지게 되면, 젖산의 제거 속도가 생성 속도에 못 미치게 된다.
④ 작업이 끝난 후에 남아 있는 젖산을 제거하기 위해서는 산소가 더 필요하며, 이때 동원되는 산소소비량을 산소부채(Oxygen Debt)라 한다.

해 설

산소소비량은 일정한 비율로 계속 증가하다가 작업부하가 일정 한계를 초과하면 더 이상 증가하지 않는다.

13

사고예방대책의 기본원리 5단계를 순서대로 나열한 것으로 옳은 것은?

① 사실의 발견 → 조직 → 분석 → 시정책(대책)의 선정 → 시정책(대책)의 적용
② 조직 → 분석 → 사실의 발견 → 시정책(대책)의 선정 → 시정책(대책)의 적용
③ 조직 → 사실의 발견 → 분석 → 시정책(대책)의 선정 → 시정책(대책)의 적용
④ 사실의 발견 → 분석 → 조직 → 시정책(대책)의 선정 → 시정책(대책)의 적용

해 설

하인리히의 사고예방대책 기본원리 5단계
1단계: 안전관리조직 구성
2단계: 사실의 발견
3단계: 분석·평가
4단계: 시정방법의 선정
5단계: 시정책의 적용

정답 09 ③ 10 ④ 11 ② 12 ① 13 ③

14
국가 및 기관별 허용기준에 대한 사용 명칭을 잘못 연결한 것은?

① 영국 HSE – OEL
② 미국 OSHA – PEL
③ 미국 ACGIH – TLV
④ 한국 – 화학물질 및 물리적 인자의 노출기준

해설
영국 보건안전청의 허용기준은 WEL(Workplace Exposure Limits)이다.

15
주요 실내 오염물질의 발생원으로 보기 어려운 것은?

① 호흡
② 흡연
③ 자외선
④ 연소기기

해설
자외선은 화학적, 생물학적 오염물질 자체가 아니다.

16
화학물질의 국내 노출기준에 관한 설명으로 틀린 것은?

① 1일 8시간을 기준으로 한다.
② 직업병 진단 기준으로 사용할 수 없다.
③ 대기오염의 평가나 관리상 지표로 사용할 수 없다.
④ 직업성 질병의 이환에 대한 반증자료로 사용할 수 있다.

해설
노출기준 사용상의 유의사항
- 노출기준은 1일 8시간 작업을 기준으로 하여 제정된 것이다.
- 노출기준을 직업병 진단에 사용하거나 노출기준 이하의 작업환경이라는 이유만으로 직업성 질병의 이환을 부정하는 근거 또는 반증자료로 사용하여서는 아니 된다.
- 노출기준을 대기오염의 평가 또는 관리상의 지표로 사용하여서는 아니 된다.

17
300명의 근로자가 1주일에 40시간, 연간 50주를 근무하는 사업장에서 1년 동안 50건의 재해로 60명의 재해자가 발생하였다. 이 사업장의 도수율은 약 얼마인가? (단, 근로자들은 질병, 기타 사유로 인하여 총 근로시간의 5[%]를 결근하였다.)

① 93.33
② 87.72
③ 83.33
④ 77.72

해설
도수율

$$\text{도수율} = \frac{\text{재해건수}}{\text{연근로시간수}} \times 1{,}000{,}000$$

$$\text{도수율} = \frac{50}{300 \times 40 \times 50 \times 0.95} \times 1{,}000{,}000 = 87.72$$

18
산업피로(industrial fatigue)에 관한 설명으로 옳지 않은 것은?

① 산업피로의 유발원인으로는 작업부하, 작업환경조건, 생활조건 등이 있다.
② 작업과정 사이에 짧은 휴식보다 장시간의 휴식시간을 삽입하여 산업피로를 경감시킨다.
③ 산업피로의 검사방법은 한 가지 방법으로 판정하기는 어려우므로 여러 가지 검사를 종합하여 결정한다.
④ 산업피로란 일반적으로 작업현장에서 고단하다는 주관적인 느낌이 있으면서 작업능률이 떨어지고, 생체기능의 변화를 가져오는 현상이라고 정의할 수 있다.

해설
짧은 시간 여러 번 나누어 휴식하는 것이 장시간 한 번 휴식하는 것보다 효과적이다.

정답 14 ① 15 ③ 16 ④ 17 ② 18 ②

19

산업안전보건법령상 영상표시단말기(VDT) 취급 근로자의 작업자세로 옳지 않은 것은?

① 팔꿈치의 내각은 90° 이상이 되도록 한다.
② 근로자의 발바닥 전면이 바닥면에 닿는 자세를 기본으로 한다.
③ 무릎의 내각은 90° 전후가 되도록 한다.
④ 근로자의 시선은 수평선상으로부터 10~15° 위로 가도록 한다.

해 설
작업자의 시선은 수평선상으로부터 아래로 10~15° 이내이어야 한다.

20

단순반복동작 작업으로 손, 손가락 또는 손목의 부적절한 작업방법과 자세 등으로 주로 손목 부위에 주로 발생하는 근골격계질환은?

① 테니스엘보
② 회전근개 손상
③ 수근관증후군
④ 흉곽출구증후군

해 설
수근관(손목터널)증후군은 단순반복동작 작업으로 인하여 주로 손목 부위에 발생하는 근골격계질환이다.

2과목 작업위생측정 및 평가

21

다음 중 흡착제에 대한 설명으로 틀린 것은 어느 것인가?

① 활성탄은 탄소의 불포화결합을 가진 분자를 선택적으로 흡착한다.
② 활성탄은 다른 흡착제에 비하여 큰 비표면적을 갖고 있다.
③ 실리카 및 알루미나계 흡착제는 그 표면에서 물 같은 극성 분자를 선택적으로 흡착한다.
④ 흡착제의 선정은 오염물질의 극성 및 비극성에 따라 맞춰 극성 및 비극성 흡착제를 사용하나 반드시 그렇지는 않다.

해 설
활성탄은 탄소의 불포화결합 유무에 의해 선택적으로 흡착하지 않는다.

22

에틸렌글리콜이 20[℃], 1기압에서 공기 중에서 증기압이 0.05[mmHg]라면, 20[℃], 1기압에서 공기 중 포화농도는 약 몇 [ppm]인가?

① 55.4
② 65.8
③ 73.2
④ 82.1

해 설
$$\text{포화농도[ppm]} = \frac{\text{증기압[mmHg]}}{760} \times 10^6$$
$$= \frac{0.05}{760} \times 10^6 = 65.8 [\text{ppm}]$$

정답 19 ④ 20 ③ 21 ① 22 ②

23

상온에서 벤젠(C_6H_6)의 농도 20[mg/m³]는 부피단위 농도로 약 몇 [ppm]인가?

① 0.06
② 0.6
③ 6
④ 60

해 설

$\dfrac{mg}{m^3} = \dfrac{ppm \times 분자량}{24.45}$ (25[℃], 1기압 기준)

$20 = \dfrac{ppm \times 78}{24.45}$

ppm = 6.27[ppm]

24

절삭작업을 하는 작업장의 오일미스트 농도 측정결과가 아래 표와 같다면 오일미스트의 TWA는 얼마인가?

측정시간	오일미스트 농도[mg/m³]
09:00~10:00	0
10:00~11:00	1.0
11:00~12:00	1.5
13:00~14:00	1.5
14:00~15:00	2.0
15:00~17:00	4.0
17:00~18:00	5.0

① 3.24[mg/m³]
② 2.38[mg/m³]
③ 2.16[mg/m³]
④ 1.78[mg/m³]

해 설

시간가중평균노출기준(TWA)

$$TWA = \dfrac{C_1 t_1 + C_2 t_2 + \cdots + C_n t_n}{t_1 + t_2 + \cdots + t_n}$$

여기서, TWA: 시간가중평균노출기준
C_n: 유해인자의 측정농도[mg/m³ 또는 ppm]
t_n: 유해인자의 발생시간[hr]

$TWA = \dfrac{(0 \times 1) + (1 \times 1) + (1.5 \times 2) + (2 \times 1) + (4 \times 2) + (5 \times 1)}{8}$

$= 2.38$[mg/m³]

25

다음 중 활성탄에 흡착된 유기화합물을 탈착하는 데 가장 많이 사용하는 용매는?

① 톨루엔
② 이황화탄소
③ 클로로포름
④ 메틸클로로포름

해 설

공기 중 유기용제 시료를 활성탄관으로 채취하였을 때 가장 적절한 탈착용매는 이황화탄소이다.

⚠ 가장 빠른 합격비법

이황화탄소는 비극성이므로 주로 비극성 유기용제 흡착에 사용하는 활성탄관의 탈착용매로 적절합니다. 또한, 가스크로마토그래피로 분석 시 반응성이 낮아 피크의 크기가 작게 나오므로 유리합니다.

26

작업장에서 어떤 유해물질의 농도를 무작위로 측정한 결과가 아래와 같을 때, 측정값에 대한 기하평균(GM)은?

단위: [ppm]

5, 10, 28, 46, 90, 200

① 11.4
② 32.4
③ 63.2
④ 104.5

해 설

기하평균(GM)

$$GM = \sqrt[n]{x_1 \times x_2 \times \cdots \times x_n}$$

여기서, GM: 기하평균
x_n: 측정치
n: 측정치의 개수

$GM = \sqrt[6]{5 \times 10 \times 28 \times 46 \times 90 \times 200} = 32.4$[ppm]

정답 23 ③ 24 ② 25 ② 26 ②

27

5[M] 황산을 이용하여 0.004[M] 황산용액 3[L]를 만들기 위해 필요한 5[M] 황산의 부피[mL]는?

① 5.6
② 4.8
③ 3.1
④ 2.4

> **해 설**
>
> 희석공식
>
> $$NV = N'V'$$
>
> 여기서, N: 처음 용액의 노르말농도[N]
> V: 처음 용액의 부피[mL]
> N': 나중 용액의 노르말농도[N]
> V': 나중 용액의 부피[mL]
>
> $$\left(\frac{5\,mol}{L} \times \frac{98\,g}{mol} \times \frac{1\,eq}{\frac{98}{2}\,g}\right) \times \left(V\,mL \times \frac{L}{1,000\,mL}\right)$$
> $$= \left(\frac{0.004\,mol}{L} \times \frac{98\,g}{mol} \times \frac{1\,eq}{\frac{98}{2}\,g}\right) \times \left(3,000\,mL \times \frac{L}{1,000\,mL}\right)$$
> $$V = 2.4\,[mL]$$

> **⚠ 가장 빠른 합격비법**
>
> 노르말농도[N]는 용액 1[L]당 용질의 당량[eq]수를 의미합니다. 당량(equivalent)은 화학반응에서 실제로 반응에 참여하는 능동적인 부분만을 따진 양입니다.

28

산업안전보건법령상 고열 측정 시간과 간격으로 옳은 것은?

① 작업시간 중 노출되는 고열의 평균온도에 해당하는 1시간, 10분 간격
② 작업시간 중 노출되는 고열의 평균온도에 해당하는 1시간, 5분 간격
③ 작업시간 중 가장 높은 고열에 노출되는 1시간, 5분 간격
④ 작업시간 중 가장 높은 고열에 노출되는 1시간, 10분 간격

> **해 설**
>
> 고열측정은 측정기를 설치한 후 충분히 안정화시킨 상태에서 1일 작업시간 중 가장 높은 고열에 노출되는 1시간을 10분 간격으로 연속하여 측정한다.

29

금속가공유를 사용하는 절단작업 시 주로 발생할 수 있는 공기 중 부유물질의 형태로 가장 적합한 것은?

① 미스트(mist)
② 먼지(dust)
③ 가스(gas)
④ 흄(fume)

> **해 설**
>
> 금속가공유를 사용하는 절단작업 시 금속가공유는 미스트 형태로 발생된다.

> **⚠ 가장 빠른 합격비법**
>
> - 미스트(mist): 직경 0.01~10[μm]인 공기 중에 부유하는 액체 상태의 미세한 입자를 의미합니다.
> - 먼지(dust): 직경 0.1~100[μm]인 공기 중에 부유하거나 침강한 고체 입자를 의미합니다.
> - 가스(gas): 상온에서 기체 상태로 존재하는 물질입니다. 증기(vapor)는 상온에서 액체/고체였다가 증발한 기체이나, 가스는 본래 기체입니다.
> - 흄(fume): 고체가 고온에서 기화되었다가 다시 응결하여 발생하는 초미세 고체 입자입니다. 직경이 1[μm] 이하로 매우 작고, 주로 금속의 기화가 원인입니다.

30

유해인자에 대한 노출평가방법인 위해도평가(Risk assessment)를 설명한 것으로 가장 거리가 먼 것은?

① 위험이 가장 큰 유해인자를 결정하는 것이다.
② 유해인자가 본래 가지고 있는 위해성과 노출요인에 의해 결정된다.
③ 모든 유해인자 및 작업자, 공정을 대상으로 동일한 비중을 두면서 관리하기 위한 방안이다.
④ 노출량이 높고 건강상의 영향이 큰 유해인자인 경우 관리해야 할 우선순위도 높게 된다.

> **해 설**
>
> 위험성평가는 동일 비중 관리가 아니라, 위험도를 산출하여 우선순위별 대책을 마련하는 절차이다.

정답 27 ④ 28 ④ 29 ① 30 ③

31

고체 흡착제를 이용하여 시료채취를 할 때 영향을 주는 인자에 관한 설명으로 틀린 것은?

① 오염물질 농도: 공기 중 오염물질의 농도가 높을수록 파과용량은 증가한다.
② 습도: 습도가 높으면 극성 흡착제를 사용할 때 파과 공기량이 적어진다.
③ 온도: 일반적으로 흡착은 발열 반응이므로 열역학적으로 온도가 낮을수록 흡착에 좋은 조건이다.
④ 시료 채취유량: 시료 채취유량이 높으면 쉽게 파과가 일어나나 코팅된 흡착제인 경우는 그 경향이 약하다.

해 설

시료 채취유량이 높을수록, 코팅된 흡착제일수록 파과되기 쉽다.

> ⓘ 가장 빠른 합격비법
>
> 흡착제는 필터로, 유량은 공기량으로 생각하면 빠르게 이해 가능합니다.

32

산업안전보건법령상 1회라도 초과노출되어서는 안되는 충격소음의 음압 수준[dB(A)] 기준은?

① 120
② 130
③ 140
④ 150

해 설

충격소음 노출기준

충격소음 강도[dB(A)]	1일 노출회수
140	100
130	1,000
120	10,000

최대 음압 수준이 140[dB(A)]를 초과하는 충격소음에 노출되어서는 안 된다.

33

입자의 가장자리를 이등분한 직경으로 과대평가될 가능성이 있는 직경은?

① 마틴 직경
② 페렛 직경
③ 공기역학 직경
④ 등면적 직경

해 설

페렛(Feret) 직경
입자의 끝과 끝, 즉 입자의 최장 거리를 직경으로 사용하는 방법이다. 실제 직경보다 과대평가되는 경향이 많다.

34

다음 중 흡착관인 실리카겔관에 사용되는 실리카겔에 관한 설명과 가장 거리가 먼 것은?

① 이황화탄소를 탈착용매로 사용하지 않는다.
② 극성 물질을 채취한 경우 물 또는 메탄올을 용매로 쉽게 탈착된다.
③ 추출용액이 화학분석이나 기기분석에 방해물질로 작용하는 경우가 많지 않다.
④ 파라핀류가 케톤류보다 극성이 강하기 때문에 실리카겔에 대한 친화력도 강하다.

해 설

케톤류가 파라핀류보다 실리카겔에 대한 친화력이 강하다.

> ⓘ 가장 빠른 합격비법
>
> 실리카겔은 극성 물질과 쉽게 결합하므로 극성이 강할수록 실리카겔과의 친화력도 좋습니다.
> 케톤류의 극성이 대체로 파라핀류보다 강한 편입니다.

정답 31 ④ 32 ③ 33 ② 34 ④

35

흉곽성 입자상 물질(TPM)의 평균입경[μm]은? (단, ACGIH 기준)

① 1　　　　② 4
③ 10　　　　④ 50

해설

흉곽성 입자상 물질(TPM)의 평균입경은 10[μm]이다.

관련개념

구분	평균입경(μm)
흡입성 입자상 물질(IPM)	100
흉곽성 입자상 물질(TPM)	10
호흡성 입자상 물질(RPM)	4

36

금속 도장 작업장의 공기 중에 혼합된 기체의 농도와 TLV가 다음 표와 같을 때, 이 작업장의 노출지수(EI)는 얼마인가? (단, 상가작용 기준이며 농도 및 TLV의 단위는 [ppm]이다.)

기체명	기체농도	TLV
Toluene	55	100
MIBK	25	50
Acetone	280	750
MEK	90	200

① 1.573　　　　② 1.673
③ 1.773　　　　④ 1.873

해설

EI(노출지수)

$$EI = \frac{C_1}{TLV_1} + \frac{C_2}{TLV_2} + \cdots + \frac{C_n}{TLV_n}$$

여기서, EI: 노출지수
C_n: 농도[ppm]
TLV_n: 노출농도[ppm]

$$EI = \frac{55}{100} + \frac{25}{50} + \frac{280}{750} + \frac{90}{200} = 1.873$$

37

고성능 액체크로마토그래피(HPLC)에 관한 설명으로 틀린 것은?

① 주 분석대상 화학물질은 PCB 등의 유기화학물질이다.
② 장점으로 빠른 분석 속도, 해상도, 민감도를 들 수 있다.
③ 분석물질이 이동상에 녹아야 하는 제한점이 있다.
④ 이동상인 운반가스의 친화력에 따라 용리법, 치환법으로 구분된다.

해설

고성능 액체크로마토그래피의 이동상으로 액체를 사용한다.

38

셀룰로오스 에스테르 막여과지에 대한 설명으로 틀린 것은?

① 산에 쉽게 용해된다.
② 유해물질이 표면에 주로 침착되어 현미경 분석에 유리하다.
③ 흡습성이 적어 중량분석에 주로 적용된다.
④ 중금속 시료채취에 유리하다.

해설

셀룰로오스의 흡습성이 높아 중량분석 시 오차를 유발할 수 있다.

정답 35 ③　36 ④　37 ④　38 ③

39

작업장의 기본적인 특성을 파악하는 예비조사의 목적으로 가장 적절한 것은?

① 유사노출그룹 설정
② 노출기준 초과여부 판정
③ 작업장과 공정의 특성파악
④ 발생되는 유해인자 특성조사

해설
예비조사의 목적은 유사노출그룹을 설정하고 정확한 시료채취전략을 수립하는 것이다.

40

활성탄관에 대한 설명으로 틀린 것은?

① 흡착관은 길이 7[cm], 외경 6[mm]인 것을 주로 사용한다.
② 흡입구 방향으로 가장 앞쪽에는 유리섬유가 장착되어 있다.
③ 활성탄 입자는 크기가 20~40[mesh]인 것을 선별하여 사용한다.
④ 앞층과 뒷층을 우레탄폼으로 구분하며 뒷층이 100[mg]으로 앞층보다 2배 정도 많다.

해설
앞층과 뒷층을 우레탄폼으로 구분하며, 앞층이 100[mg]으로 뒷층보다 2배 정도 많다.

3과목 작업환경관리대책

41

분진대책 중의 하나인 발진의 방지방법과 가장 거리가 먼 것은?

① 원재료 및 사용재료의 변경
② 생산기술의 변경 및 개량
③ 습식화에 의한 분진발생 억제
④ 밀폐 또는 포위

해설
발진의 방지법은 분진 생성 자체를 방지하는 방법으로, 공정 습식화와 대치가 대표적이다.
밀폐 또는 포위는 비산 방지법이다.

> **가장 빠른 합격비법**
> 발진(發塵)은 분진의 생성을 의미하고, 비산(飛散)은 분진의 부유 및 흩어짐을 뜻합니다.
> 즉, 발진 방지법은 근원적 대책, 비산 방지법은 임시방편책이라고 볼 수 있습니다.

42

청력보호구의 차음효과를 높이기 위해 유의사항으로 볼 수 없는 것은?

① 귀덮개 형식의 보호구는 머리카락이 길거나 안경테가 간섭되어 착용이 어려울 경우 사용하지 않도록 한다.
② 청력보호구를 잘 고정시켜 보호구 자체의 진동을 최소한도로 줄인다.
③ 청력보호구는 개인의 머리 모양이나 귓구멍에 잘 맞는 것을 사용하여 차음효과를 높인다.
④ 청력보호구는 기공이 많은 재료로 만들어 흡음효과를 높인다.

해설
청력보호구는 차음효과를 높이기 위해 기공이 많은 재료를 사용하지 않아야 한다.

정답 39 ① 40 ④ 41 ④ 42 ④

43

작업장에 설치된 후드가 100[m³/min]으로 환기되도록 송풍기를 설치하였다. 사용함에 따라 정압이 절반으로 줄었을 때, 환기량의 변화로 옳은 것은? (단, 상사법칙을 적용한다.)

① 환기량이 33.3[m³/min]으로 감소하였다.
② 환기량이 50[m³/min]으로 감소하였다.
③ 환기량이 57.7[m³/min]으로 감소하였다.
④ 환기량이 70.7[m³/min]으로 감소하였다.

해설

상사법칙에 의해 풍량은 회전수에 비례하고, 풍압은 회전수의 제곱에 비례한다. 따라서, 풍압은 풍량의 제곱에 비례한다.

상사법칙(풍압-풍량)

$$\frac{P_2}{P_1} = \left(\frac{Q_2}{Q_1}\right)^2$$

여기서, P_1, P_2: 변경 전, 변경 후 풍압
Q_1, Q_2: 변경 전, 변경 후 풍량

$0.5 = \left(\frac{Q_2}{100}\right)^2$

$Q_2 = 100 \times \sqrt{0.5} = 70.7[m^3/min]$

44

슬로트(슬롯) 후드에서 슬로트의 역할은?

① 제어속도를 감소시킨다.
② 후드 제작에 필요한 재료를 절약한다.
③ 공기가 균일하게 흡입되도록 한다.
④ 제어속도를 증가시킨다.

해설

슬롯은 후드의 가장자리에서도 공기의 흐름을 균일하게 하기 위해 사용한다.

가장 빠른 합격비법

슬롯(Slot)이란 좁고 길쭉한 모양의 개구부를 뜻합니다.

45

방진마스크에 대한 설명으로 옳은 것은?

① 흡기저항상승률이 높은 것이 좋다.
② 형태에 따라 전면형 마스크와 후면형 마스크가 있다.
③ 필터의 여과효율이 낮고 흡입저항이 클수록 좋다.
④ 비휘발성 입자에 대한 보호가 가능하고 가스 및 증기의 보호는 안 된다.

오답해설

① 방진마스크는 흡기저항상승률이 낮은 것이 좋다.
② 방진마스크는 형태에 따라 전면형, 반면형으로 나눌 수 있다.
③ 필터의 여과효율이 높고 흡입저항이 낮을수록 좋다.

46

원심력 송풍기 중 다익형 송풍기에 관한 설명으로 가장 거리가 먼 것은?

① 송풍기의 임펠러가 다람쥐 쳇바퀴 모양으로 생겼다.
② 큰 압력손실에서 송풍량이 급격하게 떨어지는 단점이 있다.
③ 고강도가 요구되기 때문에 제작비용이 비싸다는 단점이 있다.
④ 다른 송풍기와 비교하여 동일 송풍량을 발생시키기 위한 임펠러 회전속도가 상대적으로 낮기 때문에 소음이 작다.

해설

다익형 송풍기는 강도가 크게 중요하지 않기 때문에 저가로 제작이 가능하다.

정답 43 ④ 44 ③ 45 ④ 46 ③

47

다음의 보호장구의 재질 중 극성용제에 가장 효과적인 것은?

① Viton
② Nitrile 고무
③ Neoprene 고무
④ Butyl 고무

해설

Butyl 고무는 극성 유기용제를 취급할 때 효과적이다.

48

레시버식 캐노피형 후드를 설치할 때, 적절한 H/E는? (단, E는 배출원의 크기이고, H는 후드면과 배출원 간의 거리를 의미한다.)

① 0.7 이하
② 0.8 이하
③ 0.9 이하
④ 1.0 이하

해설

배출원의 크기(E)에 대한 후드면과 배출원 간의 거리(H)의 비(H/E)는 0.7 이하로 설계하는 것이 좋다.

! 가장 빠른 합격비법

H/E가 크면 배출원의 크기에 비해 후드와 배출원 간의 거리가 너무 멀다는 의미입니다. 즉, 유해물질이 잘 흡입되지 않아 주변으로 확산될 가능성이 커집니다.

49

유입계수가 0.82인 원형 후드가 있다. 원형 덕트의 면적이 0.0314[m^2]이고 필요환기량이 30[m^3/min]이라고 할 때, 후드의 정압[mmH$_2$O]은? (단, 공기밀도는 1.2[kg/m^3]이다.)

① 16
② 23
③ 32
④ 37

해설

연속방정식

$$Q = AV$$

여기서, Q: 유량[m^3/sec]
A: 단면적[m^2]
V: 공기의 평균속도[m/s]

$$V = \frac{Q}{A} = \frac{\frac{30\text{m}^3}{\text{min}} \times \frac{\text{min}}{60\text{s}}}{0.0314\text{m}^2} = 15.92[\text{m/s}]$$

속도압(동압)

$$\text{VP} = \frac{\gamma V^2}{2g}$$

여기서, VP: 속도압[mmH$_2$O]
γ: 유체의 비중량[kgf/m^3]
V: 유속[m/s]
g: 중력가속도[m/s^2]

$$\text{VP} = \frac{1.2 \times 15.92^2}{2 \times 9.8} = 15.52[\text{mmH}_2\text{O}]$$

유입손실계수(F_h)

$$F_h = \frac{1}{Ce^2} - 1$$

여기서, F_h: 유입손실계수
Ce: 유입계수

$$F_h = \frac{1}{0.82^2} - 1 = 0.49$$

후드정압

$$\text{SP}_h = \text{VP}(1 + F_h)$$

여기서, SP$_h$: 후드정압[mmH$_2$O]
VP: 속도압[mmH$_2$O]
F_h: 유입손실계수

$$\text{SP}_h = 15.52 \times (1 + 0.49) = 23.12[\text{mmH}_2\text{O}]$$

정답 47 ④ 48 ① 49 ②

50

덕트에서 공기 흐름의 평균속도압이 25[mmH₂O]였다면 덕트에서의 공기의 반송속도[m/s]는? (단, 공기 밀도는 1.21[kg/m³]로 동일하다.)

① 10
② 15
③ 20
④ 25

해설

공기 유속 공식

$$V = 4.043\sqrt{VP}$$

여기서, V: 유속[m/s]
  VP: 속도압[mmH₂O]

$V = 4.043 \times \sqrt{25} = 20.22[\text{m/s}]$

51

유해물질별 송풍관의 적정 반송속도로 옳지 않은 것은?

① 가스상 물질: 10[m/s]
② 무거운 물질: 25[m/s]
③ 일반 공업물질: 20[m/s]
④ 가벼운 건조 물질: 30[m/s]

해설

적정 반송속도

발생형태	반송속도[m/sec]
증기 · 가스 · 연기	5.0~10.0
흄	10.0~12.5
미세하고 가벼운 분진	12.5~15.0
건조한 분진이나 분말	15.0~20.0
일반 산업분진	17.5~20.0
무거운 분진	20.0~22.5
무겁고 습한 분진	22.5 이상

※ 문헌마다 약간의 수치 차이 있음

52

국소배기시설의 투자비용과 운전비를 작게 하기 위한 조건으로 옳은 것은?

① 제어속도 증가
② 필요송풍량 감소
③ 후드개구면적 증가
④ 발생원과의 원거리 유지

해설

필요송풍량을 감소시키면 투자비와 운전비가 줄어든다.

> ⓘ **가장 빠른 합격비법**
> 필요송풍량을 감소시키면 작은 용량의 송풍기를 사용할 수 있으므로 투자비와 운전비가 줄어듭니다.

53

오염물질의 농도가 200[ppm]까지 도달하였다가 오염물질 발생이 중지되었을 때, 공기 중 농도가 200[ppm]에서 19[ppm]으로 감소하는 데 걸리는 시간[min]은? (단, 환기를 통한 오염물질의 농도는 시간에 대한 지수함수(1차 반응)으로 근사된다고 가정하고 환기가 필요한 공간의 부피는 3,000[m³], 환기 속도는 1.17[m³/s]이다.)

① 89
② 101
③ 109
④ 115

해설

농도 감소에 걸리는 시간

$$t = -\frac{V}{Q'}\ln\frac{C_2}{C_1}$$

여기서, t: 농도 감소에 걸리는 시간[sec]
  V: 공간의 부피[m³]
  Q': 환기속도[m³/sec]
  C_2: 나중 농도[ppm]
  C_1: 처음 농도[ppm]

$t = -\dfrac{3,000}{1.17} \times \ln\dfrac{19}{200} = 6,035.59[\text{sec}]$

$t = 6,035.59\text{sec} \times \dfrac{\text{min}}{60\text{sec}} = 100.59[\text{min}]$

정답 50 ③ | 51 ④ | 52 ② | 53 ②

54

사이클론 집진장치의 블로다운에 대한 설명으로 옳은 것은?

① 유효원심력을 감소시켜 선회기류의 흐트러짐을 방지한다.
② 관 내 분진 부착으로 인한 장치의 폐쇄현상을 방지한다.
③ 부분적 난류 증가로 집진된 입자가 재비산된다.
④ 처리배기량의 50[%] 정도가 재유입되는 현상이다.

오답해설

① 블로다운(Blow down)은 사이클론 집진장치의 유효원심력을 증가시켜 선회기류의 흐트러짐을 방지한다.
③ 부분적 난류 감소로 집진된 입자의 재비산을 방지한다.
④ 블로다운 현상을 위해 처리배기량의 5~10[%] 정도가 재유입된다.

55

흡인 풍량이 200[m³/min], 송풍기 유효전압이 150[mmH₂O], 송풍기효율이 80[%]인 송풍기의 소요동력은?

① 3.5[kW]
② 4.8[kW]
③ 6.1[kW]
④ 9.8[kW]

해설

송풍기 소요동력

$$\text{소요동력} = \frac{Q \times \Delta P}{6{,}120 \times \eta} \times \alpha$$

여기서, Q: 송풍량[m³/min]
ΔP: 송풍기 유효정압(또는 전압)[mmH₂O]
η: 효율
α: 여유율

$$\text{소요동력} = \frac{200 \times 150}{6{,}120 \times 0.8} \times 1.0 = 6.13[\text{kW}]$$

56

후드의 정압이 50[mmH₂O]이고 덕트 속도압이 20[mmH₂O]일 때, 후드의 압력손실계수는?

① 1.5
② 2.0
③ 2.5
④ 3.0

해설

후드정압

$$SP_h = VP(1 + F_h)$$

여기서, SP_h: 후드정압[mmH₂O]
VP: 속도압[mmH₂O]
F_h: 유입손실계수

$50 = 20(1 + F_h)$
$F_h = 1.5$

57

여과제진장치의 설명 중 옳은 것은?

㉠ 여과속도가 클수록 미세입자 포집에 유리하다.
㉡ 연속식은 고농도 함진 배기가스 처리에 적합하다.
㉢ 습식제진에 유리하다.
㉣ 조작 불량을 조기에 발견할 수 있다.

① ㉠, ㉢
② ㉡, ㉣
③ ㉡, ㉢
④ ㉠, ㉡

오답해설

㉠ 여과속도가 클수록 포집효율이 떨어진다.
㉢ 여과제진장치는 습기에 취약한 편이다.

정답 54 ② 55 ③ 56 ① 57 ②

58

송풍기의 송풍량과 회전수의 관계에 대한 설명 중 옳은 것은?

① 송풍량과 회전수는 비례한다.
② 송풍량은 회전수의 제곱에 비례한다.
③ 송풍량은 회전수의 세제곱에 비례한다.
④ 송풍량과 회전수는 역비례한다.

해 설

송풍기 상사법칙(회전수와의 관계)
- 풍량은 회전수에 비례한다.
- 풍압은 회전수의 제곱에 비례한다.
- 동력은 회전수의 세제곱에 비례한다.

59

송풍관(duct) 내부에서 유속이 가장 빠른 곳은? (단, d는 송풍관의 직경을 의미한다.)

① 위에서 $\frac{1}{10}d$ 지점
② 위에서 $\frac{1}{5}d$ 지점
③ 위에서 $\frac{1}{3}d$ 지점
④ 위에서 $\frac{1}{2}d$ 지점

해 설

덕트 단면상에서 유속이 가장 빠른 부분은 덕트 중심부(위에서 $\frac{1}{2}d$ 지점)이다.

60

입자상 물질 집진기의 집진원리를 설명한 것이다. 아래의 설명에 해당하는 집진원리는?

> 분진의 입경이 클 때 분진은 가스흐름의 궤도에서 벗어나게 된다. 즉, 입자의 크기에 따라 비교적 큰 분진은 가스통과경로를 따라 발산하지 못하고 작은 분진은 가스와 같이 발산한다.

① 직접차단　　② 관성충돌
③ 원심력　　　④ 확산

해 설

해당 설명은 입자상 물질이 여과재에 충돌하여 큰 분진은 걸러지고, 작은 먼지는 통과하는 과정, 즉 관성충돌에 대한 것이다.

4과목　물리적유해인자관리

61

환경온도를 감각온도로 표시한 것을 지적온도라 하는데, 다음 중 3가지 관점에 따른 지적온도로 볼 수 없는 것은?

① 주관적 지적온도
② 생산적 지적온도
③ 개별적 지적온도
④ 생리적 지적온도

해 설

지적온도의 관점은 주관적, 생산적, 생리적 등이 있다.

정답 58 ①　59 ④　60 ②　61 ③

62
다음 중 유해광선과 거리와의 노출관계를 올바르게 나타낸 것은?

① 노출량은 거리에 반비례한다.
② 노출량은 거리에 비례한다.
③ 노출량은 거리에 제곱에 반비례한다.
④ 노출량은 거리에 제곱에 비례한다.

해설
빛, 방사선과 같은 에너지는 거리의 제곱에 반비례한다.

63
다음 중 전리방사선의 영향에 대하여 감수성이 가장 큰 인체 내의 기관은?

① 폐
② 혈관
③ 근육
④ 골수

해설
전리방사선의 감수성 크기 순서
골수, 임파/림프조직 > 수정체 > 상피/내피세포 > 근육세포 > 신경조직

64
전신진동 노출에 따른 인체의 영향에 대한 설명으로 옳지 않은 것은?

① 평형감각에 영향을 미친다.
② 산소소비량과 폐환기량이 증가한다.
③ 작업수행능력과 집중력이 저하된다.
④ 지속노출 시 레이노드 증후군(Raynaud's phenomenon)을 유발한다.

해설
레이노드 증후군의 유발원인은 국소진동 노출이다.

65
전리방사선이 인체에 미치는 영향에 관여하는 인자와 가장 거리가 먼 것은?

① 전리작용
② 피폭선량
③ 회절과 산란
④ 조직의 감수성

해설
전리방사선이 인체에 미치는 영향인자는 전리작용, 피폭선량, 조직의 감수성, 피폭방법, 투과력 등이 있다.

66
작업장의 조도를 균등하게 하기 위하여 국소조명과 전체조명이 병용될 때, 일반적으로 전체조명의 조도는 국부조명의 어느 정도가 적당한가?

① $\frac{1}{20} \sim \frac{1}{10}$
② $\frac{1}{10} \sim \frac{1}{5}$
③ $\frac{1}{5} \sim \frac{1}{3}$
④ $\frac{1}{3} \sim \frac{1}{2}$

해설
전체조명과 국소조명을 병용할 때 전체조명의 조도는 국부조명의 $\frac{1}{10} \sim \frac{1}{5}$ 정도가 되도록 조정한다.

가장 빠른 합격비법
국소조명에만 의존하면 눈의 피로를 야기하므로 전체조명과 병용하여 조도차를 줄이는 것이 좋습니다.

정답 62 ③ 63 ④ 64 ④ 65 ③ 66 ②

67
다음 계측기기 중 기류 측정기가 아닌 것은?

① 흑구온도계
② 카타온도계
③ 풍차풍속계
④ 열선풍속계

해설
흑구온도계는 열복사량을 측정하는 온도계이다.

68
비전리방사선이 아닌 것은?

① 감마선
② 극저주파
③ 자외선
④ 라디오파

해설
감마선은 전리방사선이다.

69
고온환경에 노출된 인체의 생리적 기전과 가장 거리가 먼 것은?

① 수분 부족
② 피부혈관 확장
③ 근육 이완
④ 갑상선자극호르몬 분비 증가

해설
갑상선자극호르몬 분비 증가는 한랭환경에서의 생리적 작용이다.

70
조명을 작업환경의 한 요인으로 볼 때, 고려해야 할 사항이 아닌 것은?

① 빛의 색
② 조명시간
③ 눈부심과 휘도
④ 조도와 조도의 분포

해설
조명시간은 작업환경요인보다는 작업조건에 가깝다.

71
고압환경에서 발생할 수 있는 생체증상으로 볼 수 없는 것은?

① 부종
② 압치통
③ 폐압박
④ 폐수종

해설
폐수종은 저압환경에서 발생한다.

72
작업장 내 조명방법에 관한 내용으로 옳지 않은 것은?

① 형광등은 백색에 가까운 빛을 얻을 수 있다.
② 나트륨등은 색을 식별하는 작업장에 가장 적합하다.
③ 수은등은 형광물질의 종류에 따라 임의의 광색을 얻을 수 있다.
④ 시계공장 등 작은 물건을 식별하는 작업을 하는 곳은 국소조명이 적합하다.

해설
나트륨등은 등황색으로, 색을 식별하는 작업에 적합하지 않고 주로 가로등 또는 차도의 조명등으로 사용된다.

정답 67 ① 68 ① 69 ④ 70 ② 71 ④ 72 ②

73

난청에 관한 설명으로 옳지 않은 것은?

① 일시적 난청은 청력의 일시적인 피로현상이다.
② 영구적 난청은 노인성 난청과 같은 현상이다.
③ 일반적으로 초기청력 손실을 C_5-dip 현상이라 한다.
④ 소음성 난청은 내이의 세포변성을 원인으로 볼 수 있다.

해설

영구적 난청은 강렬한 소음이나 지속적인 소음 노출에 의해 코르티기관의 섬모세포 손상으로 발생되고 노인성 난청은 퇴행성 질환이다.

74

고온환경에서 심한 육체노동을 할 때 잘 발생하며, 그 기전은 지나친 발한에 의한 탈수와 염분소실로 나타나는 건강장해는?

① 열경련(heat cramps)
② 열피로(heat fatigue)
③ 열실신(heat syncope)
④ 열발진(heat rashes)

해설

고온환경에서 심한 육체노동을 할 때 잘 발생하며, 그 기전은 지나친 발한에 의한 탈수와 염분소실로 나타나는 건강장해는 열경련이다.

> **가장 빠른 합격비법**
> - 열피로: 고온에 장시간 노출되어 말초혈관 운동신경의 조절 장애와 심박출량의 부족으로 순환부전, 특히 대뇌피질의 혈류량 부족이 원인입니다.
> - 열실신: 혈액순환 장해로 신체 말단에 혈액이 저류하게 되면서 뇌에 혈액공급이 부족하게 되는 증상입니다.
> - 열발진: 고온다습한 환경에 장시간 폭로 시 땀구멍이 막혀 염증이 발생하는 것이 원인입니다.

75

인체와 작업환경과의 사이의 열교환에 영향을 미치는 것으로 가장 거리가 먼 것은?

① 대류(convection)
② 열복사(radiation)
③ 증발(evaporation)
④ 열순응(acclimatization to heat)

해설

열평형방정식

$$\Delta S = M \pm C \pm R - E$$

여기서, ΔS: 생체 열용량의 변화
M: 작업대사량
C: 대류에 의한 열득실
R: 복사에 의한 열득실
E: 증발에 의한 열방산

76

산업안전보건법령상 고온의 노출기준 중 중등작업의 계속작업 시 노출기준은 몇 [℃](WBGT)인가?

① 26.7
② 28.3
③ 29.7
④ 31.4

해설

고온의 노출기준[℃, WBGT]

작업휴식시간비 (시간당)	작업강도[kcal]		
	경작업 (200 미만)	중등작업 (200~350)	중작업 (350~500)
계속 작업	30.0	26.7	25.0
75[%] 작업/2[%] 휴식	30.6	28.0	25.9
50[%] 작업/50[%] 휴식	31.4	29.4	27.9
25[%] 작업/75[%] 휴식	32.2	31.1	30.0

정답 73 ② 74 ① 75 ④ 76 ①

77

산업안전보건법령상 이상기압과 관련된 용어의 정의가 옳지 않은 것은?

① '압력'이란 게이지 압력을 말한다.
② '표면공급식 잠수작업'은 호흡용 기체통을 휴대하고 하는 작업을 말한다.
③ '고압작업'이란 고기압에서 잠함공법이나 그 외의 압기공법으로 하는 작업을 말한다.
④ '기압조절실'이란 고압작업을 하는 근로자가 가압 또는 감압을 받는 장소를 말한다.

해설
'표면공급식 잠수작업'이란 수면 위의 공기압축기 또는 호흡용 기체통에서 압축된 호흡용 기체를 공급받으면서 하는 작업을 말한다.

78

일반적으로 눈을 부시게 하지 않고 조도가 균일하여 눈의 피로를 줄이는 데 가장 효과적인 조명 방법은?

① 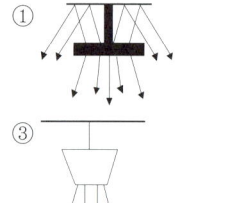 ②
③ ④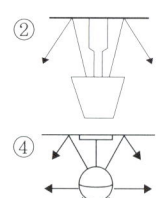

해설
간접조명은 광속의 90~100[%]를 위로 발산하여 천장, 벽에서 확산시켜 균일한 조명도를 얻을 수 있으므로 눈부심 등 눈의 피로를 줄이는데 효과적이다.

79

온열지수(WBGT)를 측정하는 데 있어 관련이 없는 것은?

① 기습   ② 기류
③ 전도열   ④ 복사열

해설
온열지수에 영향을 미치는 요소는 기온, 기류, 습도, 복사열이며 전도열은 관계 없다.

80

옥타브밴드로 소음의 주파수를 분석하였다. 낮은 쪽의 주파수가 250[Hz]이고, 높은 쪽의 주파수가 2배인 경우 중심주파수는 약 몇 [Hz]인가? (단, 1/1 옥타브 밴드)

① 250   ② 300
③ 354   ④ 375

해설
중심주파수(1/1 옥타브밴드)

$$f_c = \sqrt{2} f_L$$

여기서, f_c : 상한주파수[Hz]
f_L : 하한주파수[Hz]

$f_c = \sqrt{2} \times 250 = 353.55$[Hz]

정답 77 ② 78 ② 79 ③ 80 ③

5과목 산업독성학

81
다음 중 전향적 코호트 역학연구와 후향적 코호트 연구의 가장 큰 차이점은?

① 유해인자 종류
② 질병 종류
③ 질병 발생률
④ 연구 개시시점 및 기간

해설
전향적 연구는 연구 시작 후 미래를 추적하고, 후향적 연구는 과거 자료를 이용하여 이미 경과된 기간을 조사하므로 연구 개시시점 및 기간이 가장 본질적인 차이이다.

82
급성중독되면 심한 신장장애로 과뇨증이 오며 더 진전되면 무뇨증을 일으켜 요독증으로 10일 안에 사망할 수 있는 물질은?

① 벤젠
② 비소
③ 크롬
④ 베릴륨

해설
크롬 급성중독 시 심한 과뇨증 후 무뇨증이 발생하며, 요독증에 의해 빠르게 사망할 수 있다.

83
다음 중 특정 파장의 광선과 작용하여 광알레르기성 피부염을 일으킬 수 있는 물질은?

① 아닐린
② 아세토니트릴
③ 아세톤
④ 아크리딘

해설
아크리딘은 특정 파장의 광선과 작용하여 광알레르기성 피부염을 유발한다.

84
다음 중 중추신경의 자극작용이 가장 강한 유기용제는?

① 아민
② 알코올
③ 알칸
④ 알데히드

해설
중추신경계 자극작용의 순서
아민류 > 유기산 > 케톤 > 알데히드 > 알코올 > 알칸

정답 81 ④ 82 ③ 83 ④ 84 ①

85

접촉성 피부염의 특징으로 옳지 않은 것은?

① 작업장에서 발생빈도가 높은 피부질환이다.
② 증상은 다양하지만 홍반과 부종을 동반하는 것이 특징이다.
③ 원인물질은 크게 수분, 합성화학물질, 생물성 화학물질로 구분할 수 있다.
④ 면역학적 반응에 따라 과거 노출경험이 있어야만 반응이 나타난다.

해설
접촉성 피부염은 과거 노출경험이 없어도 반응이 나타난다.

> **가장 빠른 합격비법**
> 과거 노출경험(감작, Sensitization)이 있어야만 반응이 나타나는 피부염은 알레르기성 피부염입니다.
> 접촉성 피부염은 자극성 피부염에 해당하므로 감작이 없어도 반응이 나타납니다.

86

단시간노출기준(STEL)은 근로자가 1회 몇 분 동안 유해인자에 노출되는 경우의 기준을 말하는가?

① 5분   ② 10분
③ 15분 ④ 30분

해설
단시간노출기준(STEL)은 근로자가 1회 15분 동안 유해인자에 노출되는 경우의 기준이다.

87

유해인자에 노출된 집단에서의 질병 발생률과 노출되지 않은 집단에서 질병 발생률과의 비를 무엇이라 하는가?

① 교차비   ② 발병비
③ 기여위험도   ④ 상대위험도

해설
상대위험비(상대위험도)

$$상대위험비 = \frac{노출군에서의 발생률}{비노출군에서의 발생률}$$

- 상대위험비 > 1 → 위험의 증가
- 상대위험비 = 1 → 노출과 질병 사이의 연관성 없음
- 상대위험비 < 1 → 질병에 대한 방어효과 있음

88

납중독을 확인하는 시험이 아닌 것은?

① 혈중의 납농도
② 소변 중 단백질
③ 말초신경의 신경전달속도
④ ALA(Amino Levulinic Acid) 축적

해설
납 중독의 진단
- 빈혈 검사
- 요 중 코프로포르피린(Coproporphyrin) 및 δ-아미노레불린산(Aminolevulinic Acid, δ-ALA)
- 혈중 및 요 중 납 정량
- 혈중 α-ALA 탈수효소 활성치

정답 85 ④ 86 ③ 87 ④ 88 ②

89

소변 중 화학물질 A의 농도는 28[mg/mL], 단위시간(분)당 배설되는 소변의 부피는 1.5[mL/min], 혈장 중 화학물질 A의 농도가 0.2[mg/mL]라면 단위시간(분)당 화학물질 A의 제거율[mL/min]은 얼마인가?

① 120
② 180
③ 210
④ 250

해설

제거율

$= \dfrac{\text{단위시간당 배설되는 요의 부피} \times \text{요 중 화학물질의 농도}}{\text{혈장 중 물질의 농도}}$

$= \dfrac{1.5\,\text{mL/min} \times 28\,\text{mg/mL}}{0.2\,\text{mg/mL}} = 210\,[\text{mL/min}]$

90

다음 중 수은중독환자의 치료방법으로 적합하지 않은 것은?

① Ca-EDTA 투여
② BAL(British Anti-Lewisite) 투여
③ N-acetyl-D-penicillamine 투여
④ 우유와 계란의 흰자를 먹인 후 위 세척

해설

Ca-EDTA는 납중독 치료에는 사용하지만, 수은과 반응하지 않아 수은중독에 사용할 수 없다.

91

중금속과 중금속이 인체에 미치는 영향을 연결한 것으로 옳지 않은 것은?

① 크롬 - 폐암
② 수은 - 파킨슨병
③ 납 - 소아의 IQ 저하
④ 카드뮴 - 호흡기의 손상

해설

파킨슨병은 망간에 폭로될 시 발생 양상이 두드러진다.

92

동물을 대상으로 약물을 투여했을 때 독성을 초래하지는 않지만 대상의 50[%]가 관찰 가능한 가역적인 반응이 나타나는 작용량을 무엇이라 하는가?

① LC_{50}
② ED_{50}
③ LD_{50}
④ TD_{50}

해설

화학물질을 투여한 실험동물의 50[%]가 관찰 가능한 가역적인 반응을 나타내는 양을 의미하는 것은 ED_{50}이다.

가장 빠른 합격비법

쉽게 풀어 말하면, ED_{50}(Effective Dose 50)은 화학물질을 투여하였을 때 투여한 실험동물 절반에 어떠한 효과가 나타나는 용량을 의미합니다.

정답 89 ③ 90 ① 91 ② 92 ②

93

암모니아(NH_3)가 인체에 미치는 영향으로 가장 적합한 것은?

① 전구증상이 없이 치사량에 이를 수 있으며, 심한 경우 호흡부전에 빠질 수 있다.
② 고농도일 때 기도의 염증, 폐수종, 치아산식증, 위장장해 등을 초래한다.
③ 용해도가 낮아 하기도까지 침투하며, 급성 증상으로는 기침, 천명, 흉부압박감 외에 두통, 오심 등이 온다.
④ 피부, 점막에 작용하며 눈의 결막, 각막을 자극하고 폐부종, 성대경련, 호흡장애 및 기관지경련 등을 초래한다.

해 설

암모니아는 피부, 점막에 작용하며 눈의 결막, 각막을 자극하고 폐부종, 성대경련, 호흡장애 및 기관지경련 등을 초래한다.

94

다음 중 악성중피종(mesothelioma)을 유발시키는 대표적인 인자는?

① 석면   ② 주석
③ 아연   ④ 크롬

해 설

악성중피종을 유발시키는 대표적인 인자는 석면이다.

가장 빠른 합격비법

악성중피종은 흉부 외벽에 붙어있는 흉막이나 복부를 둘러싼 복막, 심장을 싸고 있는 심막 표면을 덮는 중피에 발생하는 악성 종양을 의미합니다. 대부분 석면에 의해 발생합니다.

95

다음 중 중절모자를 만드는 사람들에게 처음으로 발견되어 hatter's shake라고 하며 근육경련을 유발하는 중금속은?

① 카드뮴   ② 수은
③ 망간   ④ 납

해 설

중절모자를 만드는 사람들에게 처음으로 발견되어 hatter's shake라고 하는 근육경련을 유발하는 중금속은 수은이다.

96

금속열에 관한 설명으로 옳지 않은 것은?

① 금속열이 발생하는 작업장에서는 개인 보호용구를 착용해야 한다.
② 금속 흄에 노출된 후 일정 시간의 잠복기를 지나 감기와 비슷한 증상이 나타난다.
③ 금속열은 일주일 정도가 지나면 증상은 회복되나 후유증으로 호흡기, 시신경 장애 등을 일으킨다.
④ 아연, 마그네슘 등 비교적 융점이 낮은 금속의 제련, 용해, 용접 시 발생하는 산화금속 흄을 흡입할 경우 생기는 발열성 질병이다.

해 설

금속열은 수시간에서 수일 내에 자연적으로 회복되며, 호흡기·시신경 손상과 같은 장기적인 후유증은 거의 남지 않는다.

정답 93 ④ | 94 ① | 95 ② | 96 ③

97
금속의 일반적인 독성작용 기전으로 옳지 않은 것은?

① 효소의 억제
② 금속평형의 파괴
③ DNA 염기의 대체
④ 필수 금속성분의 대체

해설

금속의 독성 기전
- 효소억제: 효소의 구조 및 기능을 변화시켜 효소작용을 억제한다.
- 필수금속 평형의 파괴: 필수금속의 농도를 변화시켜 평형을 파괴한다.
- 필수금속 성분의 대체: 생물학적 대사과정을 변화시킨다.
- 간접영향: 세포성분의 역할을 변화시킨다.

98
규폐증(silicosis)에 관한 설명으로 옳지 않은 것은?

① 직업적으로 석영 분진에 노출될 때 발생하는 진폐증의 일종이다.
② 석면의 고농도 분진을 단기적으로 흡입할 때 주로 발생되는 질병이다.
③ 채석장 및 모래분사 작업장에 종사하는 작업자들이 잘 걸리는 폐질환이다.
④ 역사적으로 보면 이집트의 미이라에서도 발견되는 오래된 질병이다.

해설

규폐증은 석면이 아니라 규소(석영)에 노출되었을 때 주로 발생한다.

99
유해물질의 분류에 있어 질식제로 분류되지 않는 것은?

① H_2
② N_2
③ O_3
④ H_2S

해설

오존(O_3)은 산소를 대체하거나 신체의 산소운반 및 활용능력을 방해하지 않기 때문에 질식제로 볼 수 없다.

100
노말헥산이 체내 대사과정을 거쳐 변환되는 물질로, 노말헥산에 폭로된 근로자의 생물학적 노출지표 물질은 무엇인가?

① hippuric acid
② 2,5-hexanedione
③ hydroquonone
④ 9-hydroxyquinoline

해설

노말헥산은 체내 대사과정을 거쳐 요 중 2,5-hexanedione으로 배설된다.

정답 97 ③ 98 ② 99 ③ 100 ②

2022년 제1회 기출문제

1과목 산업위생학개론

01
중량물 취급으로 인한 요통발생에 관여 하는 요인으로 볼 수 없는 것은?

① 근로자의 육체적 조건
② 작업빈도와 대상의 무게
③ 습관성 약물의 사용 유무
④ 작업습관과 개인적인 생활태도

해설
습관성 약물의 사용 유무는 요통 발생과 관련성이 적다.

관련개념
요통발생요인
- 근로자의 육체적인 조건
- 작업빈도, 물체 특성 등 물리적 환경요인
- 잘못된 작업방법, 작업자세
- 작업습관과 생활태도

02
산업위생의 기본적인 과제에 해당하지 않는 것은?

① 작업환경이 미치는 건강장애에 관한 연구
② 작업능률 저하에 따른 작업조건에 관한 연구
③ 작업환경의 유해물질이 대기오염에 미치는 영향에 관한 연구
④ 작업환경에 의한 신체적 영향과 최적환경의 연구

해설
유해물질이 대기오염에 미치는 영향에 관한 연구는 대기환경분야의 과제이다.

관련개념
산업위생의 기본 과제
- 작업능력 향상, 저하에 따른 작업조건과 정신적 조건의 연구
- 노동력 재생산과 사회, 경제적 조건의 연구
- 최적 작업환경 조성과 유해 작업환경에 의한 신체적 영향 연구

03
작업시작 및 종료 시 호흡의 산소소비량에 대한 설명으로 옳지 않은 것은?

① 산소소비량은 작업부하가 계속 증가하면 일정한 비율로 계속 증가한다.
② 작업이 끝난 후에도 맥박과 호흡수가 작업개시 수준으로 즉시 돌아오지 않고 서서히 감소한다.
③ 작업부하 수준이 최대 산소소비량 수준보다 높아지게 되면, 젖산의 제거 속도가 생성 속도에 못 미치게 된다.
④ 작업이 끝난 후에 남아 있는 젖산을 제거하기 위해서는 산소가 더 필요하며, 이때 동원되는 산소소비량을 산소부채(Oxygen Debt)라 한다.

해설
산소소비량은 일정한 비율로 계속 증가하다가 작업부하가 일정 한계를 초과하면 더 이상 증가하지 않는다.

04
산업위생의 역사에 있어 주요 인물과 업적의 연결이 올바른 것은?

① Percivall Pott – 구리광산의 산 증기 위험성 보고
② Hippocrates – 역사상 최초의 직업병(납중독) 보고
③ G. Agricola – 검댕에 의한 직업성 암의 최초 보고
④ Bernardino Ramazzini – 금속 중독과 수은의 위험성 규명

오답해설
① Galen – 구리광산의 산 증기 위험성 보고
③ Agricola – 광산에서 규폐증의 유해성 언급
④ Ramazzini – 산업보건의 시조

정답 01 ③ 02 ③ 03 ① 04 ②

05

38세 된 남성근로자의 육체적 작업능력(PWC)은 15[kcal/min]이다. 이 근로자가 1일 8시간 동안 물체를 운반하고 있으며 이때의 작업대사량은 7[kcal/min]이고, 휴식 시 대사량은 1.2[kcal/min]이다. 이 사람의 적정 휴식시간과 작업시간의 배분(매시간별)은 어떻게 하는 것이 이상적인가?

① 12분 휴식, 48분 작업
② 17분 휴식, 43분 작업
③ 21분 휴식, 39분 작업
④ 27분 휴식, 33분 작업

해설

적정 휴식시간비(Hertig 공식)

$$T_{rest} = \frac{E_{max} - E_{task}}{E_{rest} - E_{task}} \times 100$$

여기서, T_{rest}: 피로 예방을 위한 적정 휴식시간 비[%] (60분 기준)
E_{max}: 1일 8시간 작업에 적합한 작업대사량 $\left(\frac{PWC}{3}\right)$
E_{rest}: 휴식 중 소모 대사량
E_{task}: 해당 작업의 작업대사량

$E_{max} = \frac{PWC}{3} = 5[kcal/min]$

$T_{rest} = \left(\frac{5-7}{1.2-7}\right) \times 100 = 34.48[\%]$

휴식시간＝60분×0.3448≒21분
작업시간＝60분－휴식시간＝60－21＝39분

06

산업안전보건법령상 자격을 갖춘 보건관리자가 해당 사업장의 근로자를 보호하기 위한 조치에 해당하는 의료행위를 모두 고른 것은? (단, 보건관리자는 의료법에 따른 의사로 한정한다.)

가. 자주 발생하는 가벼운 부상에 대한 치료
나. 응급처치가 필요한 사람에 대한 처치
다. 부상·질병의 악화를 방지하기 위한 처치
라. 건강진단 결과 발견된 질병자의 요양지도 및 관리

① 가, 나
② 가, 다
③ 가, 다, 라
④ 가, 나, 다, 라

해설

근로자를 보호하기 위한 의료행위(의사 또는 간호사만 가능)
• 자주 발생하는 가벼운 부상에 대한 치료
• 응급처치가 필요한 사람에 대한 처치
• 부상·질병의 악화를 방지하기 위한 처치
• 건강진단 결과 발견된 질병자의 요양지도 및 관리
• 의료행위에 따르는 의약품의 투여

07

온도 25[℃], 1기압 하에서 분당 100[mL]씩 60분 동안 채취한 공기 중에서 벤젠이 5[mg] 검출되었다면 검출된 벤젠은 약 몇 [ppm]인가? (단, 벤젠의 분자량은 78이다.)

① 15.7　　　　② 26.1
③ 157　　　　④ 261

해 설

벤젠의 농도 = $\dfrac{5\text{mg}}{\dfrac{100 \times 10^{-6}\text{m}^3}{\text{min}} \times 60\text{min}}$ = 833.33[mg/m³]

$\dfrac{\text{mg}}{\text{m}^3} = \dfrac{\text{ppm} \times 분자량}{24.45}$ 이므로(25[℃], 1기압 기준)

ppm = $\dfrac{24.45 \times 833.33}{78}$ = 261.22[ppm]

⚡ 가장 빠른 합격비법

- ppm = $\dfrac{\text{mL}}{\text{m}^3}$ 이므로 $\dfrac{\text{mL}}{\text{m}^3} \times \dfrac{\text{mg}}{\text{mL}}$ = [mg/m³]입니다.
- 0[℃], 1기압에서 1[mol]의 공기는 22.4[L]이므로, 25[℃], 1기압에서는 $22.4 \times \dfrac{(273+25)\text{K}}{273\text{K}}$ = 24.45[L]입니다.

08

어떤 플라스틱 제조 공장에 200명의 근로자가 근무하고 있다. 1년에 40건의 재해가 발생하였다면 이 공장의 도수율은? (단, 1일 8시간, 연간 290일 근무기준이다.)

① 200　　　　② 86.2
③ 17.3　　　　④ 4.4

해 설

도수율

> 도수율 = $\dfrac{재해건수}{연근로시간수} \times 10^6$

도수율 = $\dfrac{40}{200 \times 8 \times 290} \times 10^6$ = 86.21

09

산업위생전문가들이 지켜야 할 윤리강령에 있어 전문가로서의 책임에 해당하는 것은?

① 일반 대중에 관한 사항은 정직하게 발표한다.
② 위험요소와 예방조치에 관하여 근로자와 상담한다.
③ 과학적 방법의 적용과 자료의 해석에서 객관성을 유지한다.
④ 위험요인의 측정, 평가 및 관리에 있어서 외부의 압력에 굴하지 않고 중립적 태도를 취한다.

해 설

산업위생전문가로서 책임
- 자료해석 시 객관성 유지
- 성실성을 갖추고 학문적으로 최고 수준을 유지
- 산업위생을 학문적으로 발전
- 과학적 지식 공개 및 발표
- 기업기밀 보장
- 이해관계에 불개입

근로자에 대한 책임
- 근로자의 건강보호가 산업위생전문가의 1차적 책임
- 위험요인 측정, 평가 및 관리에 중립적 태도 유지
- 위험요인, 예방조치에 관하여 근로자와 상담

기업주와 고객에 대한 책임
- 산업위생 이론 적용 및 책임감 있는 행동
- 정직하게 권고하고 결과와 개선사항 정확히 보고
- 사용된 자료를 정확히 기록, 유지, 보관하여 운영 및 관리
- 근로자의 건강보호에 궁극적 책임

정답 07 ④　08 ②　09 ③

10

산업스트레스에 대한 반응을 심리적 결과와 행동적 결과로 구분할 때 행동적 결과로 볼 수 없는 것은?

① 수면 방해
② 약물 남용
③ 식욕 부진
④ 돌발 행동

해설

산업스트레스에 대한 반응

행동적 결과	심리적 결과
식욕 부진, 생산저하, 카페인 및 알코올 남용, 돌발적 행동 등	가정문제, 수면 방해 등

11

산업안전보건법령상 충격소음의 강도가 130[dB(A)]일 때 1일 노출회수 기준으로 옳은 것은?

① 50
② 100
③ 500
④ 1,000

해설

충격소음 노출기준

충격소음 강도[dB(A)]	1일 노출회수
140	100
130	1,000
120	10,000

12

다음 중 일반적인 실내공기질 오염과 가장 관련이 적은 질환은?

① 규폐증(Silicosis)
② 가습기 열(Humidifier Fever)
③ 레지오넬라병(Legionnaires Disease)
④ 과민성 폐렴(Hypersensitivity Pneumonitis)

해설

규폐증은 이산화규소(SiO_2) 분진 흡입으로 폐 조직에 섬유화가 나타나는 진폐증으로, 광부나 석공 등에게 주로 발생하는 직업병이다.

가장 빠른 합격비법
- 가습기 열: 인공으로 가습한 공기 중에서 생활하고 있는 사람들에게 나타나는 열병입니다.
- 레지오넬라병: 물에서 서식하는 레지오넬라균에 의해 발생하는 감염성 질환이며, 공기 중으로 전파됩니다.
- 과민성 폐렴: 미생물, 단백질, 화학물질 등에 폐가 과민반응하여 발생하는 폐렴입니다.

13

물체의 실제 무게를 미국 NIOSH의 권고 중량물한계기준(RWL; Recommended Weight Limit)으로 나누어 준 값을 무엇이라 하는가?

① 중량상수(LC)
② 빈도승수(FM)
③ 비대칭승수(AM)
④ 중량물 취급지수(LI)

해설

중량물 취급지수(LI)

$$LI = \frac{L}{RWL}$$

여기서, LI: 중량물 취급지수
L: 실제 작업무게
RWL: 권장 무게 한계

정답 10 ① 11 ④ 12 ① 13 ④

14

산업안전보건법령상 사업주가 위험성평가의 결과와 조치사항을 기록·보존할 때 포함되어야 할 사항이 아닌 것은? (단, 그 밖에 위험성평가의 실시내용을 확인하기 위하여 필요한 사항은 제외한다.)

① 위험성 결정의 내용
② 유해위험방지계획서 수립 유무
③ 위험성 결정에 따른 조치의 내용
④ 위험성평가 대상의 유해·위험요인

해설
위험성평가 결과 기록·보존 시 포함사항
- 위험성 결정의 내용
- 위험성 결정에 따른 조치의 내용
- 위험성평가 대상 유해·위험요인
- 그 밖에 위험성평가의 실시내용을 확인하기 위하여 필요한 사항으로서 고용노동부장관이 정하여 고시하는 사항

15

다음 중 규폐증을 일으키는 주요 물질은?

① 면분진 ② 석탄 분진
③ 유리규산 ④ 납흄

해설
규폐증의 주 원인 물질은 이산화규소(유리규산)이다.

16

화학물질 및 물리적 인자의 노출기준 고시상 다음 (　)에 들어갈 유해물질들 간의 상호작용은?

> (노출기준 사용상의 유의사항) 각 유해인자의 노출기준은 해당 유해인자가 단독으로 존재하는 경우의 노출기준을 말하며, 2종 또는 그 이상의 유해인자가 혼재하는 경우에는 각 유해인자의 (　)으로 유해성이 증가할 수 있으므로 법에 따라 산출하는 노출기준을 사용하여야 한다.

① 상승작용 ② 강화작용
③ 상가작용 ④ 길항작용

해설
상가작용
2종 이상의 화학물질이 혼재하는 경우 인체의 같은 부위에 작용함으로써 그 유해성이 가중되는 화학적 상호작용이다.

17

A사업장에서 중대재해인 사망사고가 1년간 4건 발생하였다면 이 사업장의 1년간 4일 미만의 치료를 요하는 경미한 사고건수는 몇 건이 발생하는지 예측되는가? (단, Heinrich의 이론에 근거하여 추정한다.)

① 116 ② 120
③ 1,160 ④ 1,200

해설
하인리히 법칙(1 : 29 : 300 법칙)

> 중상 또는 사망 : 경상해 : 무상해사고 = 1 : 29 : 300

경상해 건수 = 29 × 4 = 116건

정답 14 ② 15 ③ 16 ③ 17 ①

18

교대작업이 생기게 된 배경으로 옳지 않은 것은?

① 사회 환경의 변화로 국민생활과 이용자들의 편의를 위한 공공사업의 증가
② 의학의 발달로 인한 생체주기 등의 건강상 문제 감소 및 의료기관의 증가
③ 석유화학 및 제철업 등과 같이 공정상 조업중단이 불가능한 산업의 증가
④ 생산설비의 완전가동을 통해 시설투자비용을 조속히 회수하려는 기업의 증가

해설
교대작업은 불면 같은 건강 문제를 야기한다.

관련개념
교대작업의 확장 배경
- 공공분야에서 국민생활과 편의를 위한 사업 증가
- 생산과정이 주야로 연속되어야 하는 공정 증가
- 생산설비를 완전 가동하여 시설투자비용을 조속히 회수하려는 기업 증가

19

작업장에 존재하는 유해인자와 직업성 질환의 연결이 옳지 않은 것은?

① 망간 — 신경염
② 무기 분진 — 진폐증
③ 6가 크롬 — 비중격천공
④ 이상기압 — 레이노씨 병

해설
레이노씨 병(레이노 증후군)의 발생원인은 말단 수지, 족지에 가해지는 국소진동이다.

! 가장 빠른 합격비법
이상기압은 잠함병, 폐수종의 발생원인입니다.

20

심한 노동 후의 피로 현상으로 단기간의 휴식에 의해 회복될 수 없는 병적상태를 무엇이라 하는가?

① 곤비
② 과로
③ 전신피로
④ 국소피로

해설
피로의 3단계

보통피로	하룻밤 이후 완전 회복 가능
과로	다음날까지 피로 지속 및 단기간 휴식으로 회복 가능한 단계(발병 아님)
곤비	과로 축적으로 단기간 안에 회복 불가능(병적인 상태)

2과목 작업위생측정 및 평가

21

고체 흡착제를 이용하여 시료채취를 할 때 영향을 주는 인자에 관한 설명으로 틀린 것은?

① 오염물질 농도: 공기 중 오염물질의 농도가 높을수록 파과용량은 증가한다.
② 습도: 습도가 높으면 극성 흡착제를 사용할 때 파과 공기량이 적어진다.
③ 온도: 일반적으로 흡착은 발열 반응이므로 열역학적으로 온도가 낮을수록 흡착에 좋은 조건이다.
④ 시료 채취유량: 시료 채취유량이 높으면 쉽게 파과가 일어나 코팅된 흡착제인 경우는 그 경향이 약하다.

해설
시료 채취유량이 높을수록, 코팅된 흡착제일수록 파과되기 쉽다.

! 가장 빠른 합격비법
흡착제는 필터로, 유량은 공기량으로 생각하면 빠르게 이해 가능합니다.

정답 18 ② 19 ④ 20 ① 21 ④

22

불꽃방식의 원자흡광광도계의 특징으로 옳지 않은 것은?

① 조작이 쉽고 간편하다.
② 분석시간이 흑연로장치에 비하여 적게 소요된다.
③ 주입 시료액의 대부분이 불꽃부분으로 보내지므로 감도가 높다.
④ 고체 시료의 경우 전처리에 의하여 매트릭스를 제거해야 한다.

해 설

불꽃 원자흡광광도계
- 조작이 쉽고 간편하다.
- 분석 시간이 적게 소요된다.
- 시료량이 많이 소요되고 감도가 낮다.
- 고체 시료는 전처리로 기질 제거가 필요하다.
- 금속 원소의 농도를 측정할 수 있다.
- 가격이 흑연로장치, 유도결합플라즈마 장치에 비해 저렴하다.

23

산업안전보건법령상 소음의 측정시간에 관한 내용 중 A에 들어갈 숫자는?

> 단위작업 장소에서 소음수준은 규정된 측정위치 및 지점에서 1일 작업시간 동안 (A)시간 이상 연속측정하거나 작업시간을 1시간 간격으로 나누어 (A)회 이상 측정하여야 한다. 다만, ……(후략)

① 2
② 4
③ 6
④ 8

해 설

소음 측정시간
- 단위작업 장소에서 소음수준은 규정된 측정위치 및 지점에서 1일 작업시간 동안 6시간 이상 연속 측정하거나 작업시간을 1시간 간격으로 나누어 6회 이상 측정해야 한다. 다만, 소음의 발생 특성이 연속음으로서 측정치가 변동이 없다고 자격자 또는 지정측정기관이 판단한 경우에는 1시간 동안을 등간격으로 나누어 3회 이상 측정할 수 있다.
- 단위작업 장소에서의 소음발생시간이 6시간 이내인 경우나 소음 발생원에서의 발생시간이 간헐적인 경우에는 발생시간 동안 연속 측정하거나 등간격으로 나누어 4회 이상 측정하여야 한다.

24

산업안전보건법령상 다음과 같이 정의되는 용어는?

> 작업환경측정·분석 결과에 대한 정확성과 정밀도를 확보하기 위하여 작업환경측정기관의 측정·분석능력을 확인하고, 그 결과에 따라 지도·교육 등 측정·분석능력 향상을 위하여 행하는 모든 관리적 수단

① 정밀관리
② 정확관리
③ 적정관리
④ 정도관리

해 설

정도관리
작업환경측정·분석 결과에 대한 정확성과 정밀도를 확보하기 위하여 작업환경측정기관의 측정·분석능력을 확인하고, 그 결과에 따라 지도·교육 등 측정·분석능력 향상을 위하여 행하는 모든 관리적 수단이다.

25

한 근로자가 하루 동안 TCE에 노출되는 것을 측정한 결과가 아래와 같을 때, 8시간 시간가중평균치(TWA, [ppm])는?

측정시간	노출농도[ppm]
1시간	10.0
2시간	15.0
4시간	17.5
1시간	0.0

① 15.7
② 14.2
③ 13.8
④ 10.6

해 설

시간가중평균노출기준(TWA)

$$TWA = \frac{C_1 t_1 + C_2 t_2 + \cdots + C_n t_n}{8}$$

여기서, TWA: 시간가중평균노출기준
C_n: 유해인자의 측정농도[mg/m³ 또는 ppm]
t_n: 유해인자의 발생시간[hr]

$$TWA = \frac{(1 \times 10 + 2 \times 15 + 4 \times 17.5 + 1 \times 0)}{8} = 13.75 [ppm]$$

정답 22 ③ 23 ③ 24 ④ 25 ③

26

피토관(Pitot tube)에 대한 설명 중 옳은 것은? (단, 측정 기체는 공기이다.)

① Pitot tube의 정확성에는 한계가 있어 정밀한 측정에서는 경사마노미터를 사용한다.
② Pitot tube를 이용하여 곧바로 기류를 측정할 수 있다.
③ Pitot tube를 이용하여 총압과 속도압을 구하여 정압을 계산한다.
④ 속도압이 25[mmH₂O] 일때 기류속도는 28.58[m/s] 이다.

오답해설

피토관(Pitot tube)
② 피토관을 통해 측정되는 속도압을 통해 기류를 계산하여야 한다.
③ 피토관으로 총압과 정압을 측정하여 속도압을 구할 수 있다.
 (속도압=총압-정압)
④ 속도압(VP)=$\frac{\gamma V^2}{2g}$ 이므로 기류속도는
$$V=\sqrt{\frac{VP \times 2g}{\gamma}}=\sqrt{\frac{25 \times 2 \times 9.8}{1.2}}=20.21[m/s]$$

27

산업안전보건법령상 작업환경측정 대상이 되는 작업장 또는 공정에서 정상적인 작업을 수행하는 동일 노출집단의 근로자가 작업을 하는 장소를 지칭하는 용어는?

① 동일작업 장소
② 단위작업 장소
③ 노출측정 장소
④ 측정작업 장소

해설

단위작업 장소
작업환경측정 대상이 되는 작업장 또는 공정에서 정상적인 작업을 수행하는 동일 노출집단의 근로자가 작업을 하는 장소이다.

28

근로자가 일정시간 동안 일정 농도의 유해물질에 노출될 때 체내에 흡수되는 유해물질의 양은 아래의 식을 적용하여 구한다. 각 인자에 대한 설명이 틀린 것은?

$$체내 흡수량[mg]=C \times T \times R \times V$$

① C : 공기 중 유해물질 농도
② T : 노출시간
③ R : 체내 잔류율
④ V : 작업공간 공기의 부피

해설

체내 흡수량

$$체내 흡수량=C \times t \times V \times R$$

여기서, C : 공기 중 유해물질 농도[mg/m³]
 t : 노출시간[hr]
 V : 폐환기율, 호흡률[m³/hr]
 R : 체내 잔류율(자료 없는 경우 1.0)

29

고열(Heat stress)의 작업환경 평가와 관련된 내용으로 틀린 것은?

① 가장 일반적인 방법은 습구흑구온도(WBGT)를 측정하는 방법이다.
② 자연습구온도는 대기온도를 측정하긴 하지만 습도와 공기의 움직임에 영향을 받는다.
③ 흑구온도는 복사열에 의해 발생하는 온도이다.
④ 습도가 높고 대기 흐름이 적을 때 낮은 습구온도가 발생한다.

해설

습도가 높고 대기 흐름이 적으면 습구온도가 높아진다.

정답 26 ① 27 ② 28 ④ 29 ④

30

작업환경 중 분진의 측정 농도가 대수정규분포를 할 때, 측정 자료의 대표치에 해당되는 용어는?

① 기하평균치 ② 산술평균치
③ 최빈치 ④ 중앙치

해설

작업환경 측정 농도가 대수정규분포를 따른다면 대표치로 기하평균을 사용하고 산포도로 기하표준편차를 사용한다.

⚠️ **가장 빠른 합격비법**
대수정규분포는 로그정규분포와 같은 의미입니다.

31

작업장 내 다습한 공기에 포함된 비극성 유기증기를 채취하기 위해 이용할 수 있는 흡착제의 종류로 가장 적절한 것은?

① 활성탄(Activated Charcoal)
② 실리카겔(Silica Gel)
③ 분자체(Molecular Sieve)
④ 알루미나(Alumina)

해설

활성탄은 비극성물질이므로 주로 비극성 유기용제 포집에 사용된다.

32

산업안전보건법령상 가스상 물질의 측정에 관한 내용 중 일부이다. (　)에 들어갈 내용으로 옳은 것은?

> 검지관방식으로 측정하는 경우에는 1일 작업시간 동안 1시간 간격으로 (　)회 이상 측정하되 측정시간마다 2회 이상 반복 측정하여 평균값을 산출하여야 한다. 다만, … 후략

① 2 ② 4
③ 6 ④ 8

해설

검지관방식으로 측정하는 경우에는 1일 작업시간 동안 1시간 간격으로 6회 이상 측정하되 측정시간마다 2회 이상 반복 측정하여 평균값을 산출하여야 한다.

33

단위작업 장소에서 소음의 강도가 불규칙적으로 변동하는 소음을 누적소음노출량 측정기로 측정하였다. 누적소음노출량이 300[%]인 경우, 시간가중평균소음수준[dB(A)]은?

① 92 ② 98
③ 103 ④ 106

해설

시간가중평균소음수준(TWA)

$$TWA = 90 + 16.61 \log \frac{D}{100}$$

여기서, TWA : 시간가중평균소음수준[dB(A)]
　　　　D : 누적소음폭로량[%]

$TWA = 90 + 16.61 \log \frac{300}{100} = 97.92 = 98[dB(A)]$

정답 30 ① 31 ① 32 ③ 33 ②

34

벤젠과 톨루엔이 혼합된 시료를 길이 30[cm], 내경 3[mm]인 충진관이 장치된 기체크로마토그래피로 분석한 결과가 아래와 같을 때, 혼합시료의 분리효율을 99.7[%]로 증가시키는 데 필요한 충진관의 길이[cm]는? (단, N, H, L, W, R_s, t_R은 각각 이론단수, 높이(HETP), 길이, 봉우리 너비, 분리계수, 머무름 시간을 의미하며, 문자 위 "−"(bar)는 평균값을, 하첨자 A와 B는 각각의 물질을 의미하고, 분리효율이 99.7[%]가 되기 위한 R_s는 1.5이다.)

[크로마토그램 결과]

분석 물질	머무름 시간 (Retention time)	봉우리 너비 (Peak width)
벤젠	16.4분	1.15분
톨루엔	17.6분	1.25분

[크로마토그램 관계식]

$$N = 16\left(\frac{t_R}{W}\right)^2, \quad H = \frac{L}{N}$$

$$R_s = \frac{2(t_{R \cdot A} - t_{R \cdot B})}{W_A + W_B}, \quad \frac{\overline{N_1}}{\overline{N_2}} = \frac{R_{s \cdot 1}^2}{R_{s \cdot 2}^2}$$

① 60
② 62.5
③ 67.5
④ 72.5

해설

분리도(R_s)

$$R_s = \frac{2(t_{RB} - t_{RA})}{W_A + W_B}$$

여기서, R_s: 분리도
$t_{R\,AorB}$: 물질 A 또는 B의 머무름시간
W_{AorB}: 물질 A 또는 B의 봉우리너비
머무름시간: 시료도입점으로부터 해당 피크(Peak)의 최고점까지의 길이
봉우리너비: 봉우리의 좌우 변곡점에서의 접선이 자르는 바탕선의 길이

$$R_s = \frac{2(t_{R톨루엔} - t_{R벤젠})}{W_{벤젠} + W_{톨루엔}} = \frac{2 \times (17.6 - 16.4)}{1.15 + 1.25} = 1(R_{s1})$$

이론단수(N) 및 평균이론단수($\overline{N}$)

$$N = 16\left(\frac{t_R}{W}\right)^2 \qquad \overline{N} = \frac{N_A + N_B}{2}$$

여기서, N: 이론단수
t_R: 머무름시간
W: 봉우리너비

$$N_{벤젠} = 16\left(\frac{t_{R벤젠}}{W_{벤젠}}\right)^2 = 16 \times \left(\frac{16.4}{1.15}\right)^2 = 3,253.96$$

$$N_{톨루엔} = 16\left(\frac{t_{R톨루엔}}{W_{톨루엔}}\right)^2 = 16 \times \left(\frac{17.6}{1.25}\right)^2 = 3,171.94$$

$$\overline{N} = \frac{N_{벤젠} + N_{톨루엔}}{2} = \frac{3,253.96 + 3,171.94}{2} = 3,212.95(\overline{N_1})$$

분리효율이 99.7[%]가 되기 위한 R_s는 1.5(R_{s2})이므로

$$\frac{\overline{N_1}}{\overline{N_2}} = \frac{R_{s1}^2}{R_{s2}^2} = \frac{1^2}{1.5^2}$$

$$\frac{3,253.96}{\overline{N_2}} = \frac{1^2}{1.5^2}$$

$$\overline{N_2} = 7,229.14$$

HETP(H)

$$H = \frac{L}{N}$$

여기서, H: 높이(HETP)
L: 분리관 길이
N: 이론단수

$$H = \frac{L}{N} = \frac{30}{3,212.95} = 9.34 \times 10^{-3}[cm]$$

$\overline{N_1}$일 때와 $\overline{N_2}$일 때의 H는 같다.

$$H = \frac{L}{\overline{N_2}} = \frac{L}{7,229.14} = 9.34 \times 10^{-3}[cm]$$

$L = 67.5[cm]$

정답 34 ③

35

공장에서 A용제 30[%](노출기준 1,200[mg/m³]), B용제 30[%](노출기준 1,400[mg/m³]) 및 C용제 40[%](노출기준 1,600[mg/m³])의 중량비로 조성된 액체용제가 증발되어 작업환경을 오염시킬 때, 이 혼합물의 노출기준 [mg/m³]은? (단, 혼합물의 성분은 상가작용을 한다.)

① 1,400
② 1,450
③ 1,500
④ 1,550

해설

혼합물의 노출농도

$$TLV = \cfrac{1}{\cfrac{f_a}{TLV_a} + \cfrac{f_b}{TLV_b} + \cdots + \cfrac{f_n}{TLV_n}}$$

여기서, TLV: 혼합물의 노출기준
f_n: 중량 구성비
TLV_n: 해당 물질의 노출기준[mg/m³]

$$TLV = \cfrac{1}{\cfrac{0.3}{1,200} + \cfrac{0.3}{1,400} + \cfrac{0.4}{1,600}} = 1,400[mg/m^3]$$

36

WBGT 측정기의 구성요소로 적절하지 않은 것은?

① 습구온도계
② 건구온도계
③ 카타온도계
④ 흑구온도계

해설

카타(Kata)온도계는 기류 측정 시 사용한다.

관련개념

습구흑구온도지수(WBGT) 측정기 구성요소
- 습구온도계
- 건구온도계
- 흑구온도계

37

유량, 측정시간, 회수율 및 분석에 의한 오차가 각각 18[%], 3[%], 9[%], 5[%]일 때, 누적오차[%]는?

① 18
② 21
③ 24
④ 29

해설

누적오차(E_c)

$$E_c = \sqrt{E_1^2 + E_2^2 + \cdots + E_n^2}$$

여기서, E_c: 누적오차
E_n: 각 요소별 오차

$E_c = \sqrt{18^2 + 3^2 + 9^2 + 5^2} = 20.95[\%]$

38

흡광광도법에 관한 설명으로 틀린 것은?

① 광원에서 나오는 빛을 단색화장치를 통해 넓은 파장 범위의 단색 빛으로 변화시킨다.
② 선택된 파장의 빛을 시료액 층으로 통과시킨 후 흡광도를 측정하여 농도를 구한다.
③ 분석의 기초가 되는 법칙은 램버어트─비어의 법칙이다.
④ 표준액에 대한 흡광도와 농도의 관계를 구한 후, 시료의 흡광도를 측정하여 농도를 구한다.

해설

단색화장치는 입사된 빛 중 원하는 파장의 빛만을 골라내기 위해 사용하는 장치이다.

정답 35 ① 36 ③ 37 ② 38 ①

39

같은 작업 장소에서 동시에 5개의 공기시료를 동일한 채취조건 하에서 채취하여 벤젠에 대해 아래의 도표와 같은 분석결과를 얻었다. 이때 벤젠농도 측정의 변이계수(CV%)는?

공기시료번호	벤젠농도[ppm]
1	5.0
2	4.5
3	4.0
4	4.6
5	4.4

① 8[%]
② 14[%]
③ 56[%]
④ 96[%]

해설

변이계수

$$CV = \frac{SD}{\bar{x}} \times 100$$

여기서, CV: 변이계수[%]
SD: 표준편차
$\bar{x}$: 산술평균

$\bar{x} = \frac{5+4.5+4+4.6+4.4}{5} = 4.5$

$SD = \sqrt{\frac{(5-4.5)^2+(4.5-4.5)^2+(4-4.5)^2+(4.6-4.5)^2+(4.4-4.5)^2}{5-1}}$

$= 0.36$

$\therefore CV = \frac{0.36}{4.5} \times 100 = 8[\%]$

! 가장 빠른 합격비법

전체 공기(모집단)에서 5개의 시료만 채취했으므로 문제에서 주어진 시료는 표본집단입니다. 표본집단의 표준편차를 구할 때에는 $n-1$로 나누어 줍니다.

40

진동을 측정하기 위한 기기는?

① 충격측정기(Impulse meter)
② 레이저판독판(Laser readout)
③ 가속측정기(Accelerometer)
④ 소음측정기(Sound level meter)

해설

가속측정기는 진동을 측정하거나 구조물의 운동 가속을 측정하는 장치이다.

! 가장 빠른 합격비법

진동은 변위, 속도, 가속도라는 3가지의 변수로 표현됩니다.

3과목 작업환경관리대책

41

국소배기 시설에서 장치 배치 순서로 가장 적절한 것은?

① 송풍기 → 공기정화기 → 후드 → 덕트 → 배출구
② 공기정화기 → 후드 → 송풍기 → 덕트 → 배출구
③ 후드 → 덕트 → 공기정화기 → 송풍기 → 배출구
④ 후드 → 송풍기 → 공기정화기 → 덕트 → 배출구

해설

국소배기시설의 구성
후드(Hood) → 덕트(Duct) → 공기정화기(Air cleaner equipment) → 송풍기(Fan) → 배출구

! 가장 빠른 합격비법

송풍기 보호, 송풍기 성능 유지, 배출가스 기준 준수 등을 위해 송풍기 이전에 공기정화기를 설치합니다.

정답 39 ① 40 ③ 41 ③

42

금속을 가공하는 음압수준이 98[dB(A)]인 공정에서 NRR이 17인 귀마개를 착용했을 때의 차음효과[dB(A)]는? (단, OSHA의 차음효과 예측방법을 적용한다.)

① 2
② 3
③ 5
④ 7

해설

귀마개 차음효과의 예측(미국 OSHA 기준)

> 차음효과 = (NRR − 7) × 0.5
>
> 여기서, NRR: 차음평가지수

차음효과 = (17 − 7) × 0.5 = 5[dB(A)]

43

다음 중 중성자의 차폐(shielding) 효과가 가장 적은 물질은?

① 물
② 파라핀
③ 납
④ 흑연

해설

중성자 차폐에는 파라핀, 흑연, 물, 콘크리트 등을 사용한다.

> ⓘ **가장 빠른 합격비법**
>
> 중성자는 전하가 없으므로 원자핵과 직접 충돌하거나 핵반응을 통해 감속, 흡수시킬 수 있습니다. 하지만, 납은 무거운 원소이므로 오히려 탄성충돌이 잘 일어나고 중성자와 상호작용하여 감마선을 유도할 수 있어서 차폐재로 부적절합니다.

44

테이블에 붙여서 설치한 사각형 후드의 필요환기량 Q[m³/min]를 구하는 식으로 적절한 것은? (단, 플랜지는 부착되지 않았고, A[m²]는 개구면적, X[m]는 개구부와 오염원 사이의 거리, V[m/s]는 제어 속도를 의미한다.)

① $Q = V \times (5X^2 + A)$
② $Q = V \times (7X^2 + A)$
③ $Q = 60 \times V \times (5X^2 + A)$
④ $Q = 60 \times V \times (7X^2 + A)$

해설

필요환기량(작업대 위 외부식, 플랜지 미부착)

> $$Q = 60 \times V \times (5X^2 + A)$$
>
> 여기서, Q: 필요환기량[m³/min]
> V: 제어속도[m/s]
> X: 개구부와 오염원 사이의 거리[m]
> A: 개구부 면적[m²]

45

원심력집진장치에 관한 설명 중 옳지 않은 것은?

① 비교적 적은 비용으로 집진이 가능하다.
② 분진의 농도가 낮을수록 집진효율이 증가한다.
③ 함진가스에 선회류를 일으키는 원심력을 이용한다.
④ 입자의 크기가 크고 모양이 구체에 가까울수록 집진효율이 증가한다.

해설

원심력집진장치는 입자의 입경과 분진의 농도가 클수록 집진효율이 증가한다.

정답 42 ③ 43 ③ 44 ③ 45 ②

46

직경이 38[cm] 유효높이 2.5[m]의 원통형 백필터를 사용하여 60[m³/min]의 함진가스를 처리할 때 여과속도 [cm/s]는?

① 25   ② 32
③ 50   ④ 64

해설

연속방정식

$$Q = A \times V$$

여기서, Q: 유량[m³/s]
A: 단면적[m²]
V: 공기의 평균속도[m/s]

$$V = \frac{Q}{A} = \frac{Q}{\pi D L}$$

$$= \frac{\frac{60 \text{m}^3}{\text{min}} \times \frac{\text{min}}{60 \text{sec}}}{\pi \times 0.38\text{m} \times 2.5\text{m}}$$

$$= 0.3351 \text{m/sec} \times \frac{100\text{cm}}{\text{m}}$$

$$= 33.51 [\text{cm/sec}]$$

47

표준상태(STP; 0[℃], 1기압)에서 공기의 밀도가 1.293[kg/m³]일 때, 40[℃], 1기압에서 공기의 밀도[kg/m³]는?

① 1.040   ② 1.128
③ 1.185   ④ 1.312

해설

밀도는 온도에 반비례하고 압력에 비례한다.

$$1.293 \times \frac{273}{273+40} = 1.128 [\text{kg/m}^3]$$

> ⚠ 가장 빠른 합격비법
>
> 밀도는 $\frac{질량}{부피}$ 이므로 밀도의 온도, 압력보정계수는 부피일 때의 역수입니다.

48

국소배기장치로 외부식 측방형 후드를 설치할 때, 제어풍속을 고려하여야 할 위치는?

① 후드의 개구면
② 작업자의 호흡 위치
③ 발산되는 오염 공기 중의 중심위치
④ 후드의 개구면으로부터 가장 먼 작업위치

해설

제어풍속은 후드 개구면에서 유해물질을 흡입하여 제거할 수 있는 공기속도로, 외부식 후드의 경우 후드의 개구면으로부터 가장 먼 작업위치를 고려하여 선정하여야 한다.

49

작업장에서 작업공구와 재료 등에 적용할 수 있는 진동 대책과 가장 거리가 먼 것은?

① 진동공구의 무게는 10[kg] 이상 초과하지 않도록 만들어야 한다.
② 강철로 코일용수철을 만들면 설계를 자유롭게 할 수 있으나 Oil Damper 등의 저항요소가 필요할 수 있다.
③ 방진고무를 사용하면 공진 시 진폭이 지나치게 커지지 않지만 내구성, 내약품성이 문제가 될 수 있다.
④ 코르크는 정확하게 설계할 수 있고 고유진동수가 20[Hz] 이상이므로 진동방지에 유용하게 사용할 수 있다.

해설

코르크는 재질이 일정하지 않아 정확한 설계가 어려우며 고유진동수가 10[Hz] 전후로 진동방지보다 고체음 전파방지에 사용된다.

정답 46 ②　47 ②　48 ④　49 ④

50

여과집진장치의 여과지에 대한 설명으로 틀린 것은?

① 0.1[μm] 이하의 입자는 주로 확산에 의해 채취된다.
② 압력강하가 적으면 여과지의 효율이 크다.
③ 여과지의 특성을 나타내는 항목으로 기공의 크기, 여과지의 두께 등이 있다.
④ 혼합섬유 여과지로 가장 많이 사용되는 것은 Microsorban 여과지이다.

해설
혼합섬유 여과지로 가장 많이 사용되는 것은 유리섬유여과지(Glass Fiber Filter)이다.

51

일반적인 후드 설치의 유의사항으로 가장 거리가 먼 것은?

① 오염원 전체를 포위시킬 것
② 후드는 오염원에 가까이 설치할 것
③ 오염 공기의 성질, 발생상태, 발생원인을 파악할 것
④ 후드의 흡인 방향과 오염가스의 이동방향은 반대로 할 것

해설
후드 흡인 방향과 오염가스 이동방향을 같게 설계해야 한다.

52

앞으로 구부리고 수행하는 작업공정에서 올바른 작업자세라고 볼 수 없는 것은?

① 작업점의 높이는 팔꿈치보다 낮게 한다.
② 바닥의 얼룩을 닦을 때에는 허리를 구부리지 말고 다리를 구부려서 작업한다.
③ 상체를 구부리고 작업을 하다가 일어설 때에는 무릎을 굴절시켰다가 다리 힘으로 일어난다.
④ 신체의 중심이 물체의 중심보다 뒤쪽에 있도록 한다.

해설
신체의 중심이 물체의 중심보다 앞쪽에 있는 것이 올바르다.

53

호흡기 보호구의 사용 시 주의사항과 가장 거리가 먼 것은?

① 보호구의 능력을 과대평가 하지 말아야 한다.
② 보호구 내 유해물질 농도는 허용기준 이하로 유지해야 한다.
③ 보호구를 사용할 수 있는 최대 사용가능농도는 노출기준에 할당보호계수를 곱한 값이다.
④ 유해물질의 농도가 즉시 생명에 위태로울 정도인 경우는 공기정화식 보호구를 착용해야 한다.

해설
산소가 결핍되었거나 유해물질의 농도가 매우 높은 환경에서는 에어라인마스크, 호스마스크 등을 사용한다.

가장 빠른 합격비법
에어라인마스크, 호스마스크는 자체적으로 산소 공급이 이루어지므로 산소 결핍 또는 유해물질 고농도 환경에서도 사용 가능합니다.

정답 50 ④ 51 ④ 52 ④ 53 ④

54

흡인구와 분사구의 등속선에서 노즐의 분사구 개구면 유속을 100[%]라고 할 때 유속의 10[%] 수준이 되는 지점은 분사구 내경(d)의 몇 배 거리인가?

① 5d ② 10d
③ 30d ④ 40d

해설

송풍기에 의한 흡기 시 흡입면 직경의 1배(1d)인 위치에서는 입구 유속의 10[%]로 되고, 배기 시 배기면 직경의 30배(30d)인 위치에서 출구 유속의 10[%]가 된다.

55

방진마스크의 성능 기준 및 사용 장소에 대한 설명 중 옳지 않은 것은?

① 방진마스크 등급 중 2급은 포집효율이 분리식과 안면부 여과식 모두 90[%] 이상이어야 한다.
② 방진마스크 등급 중 특급의 포집효율은 분리식의 경우 99.95[%] 이상, 안면부 여과식의 경우 99.0[%] 이상이어야 한다.
③ 베릴륨 등과 같이 독성이 강한 물질들을 함유한 분진이 발생하는 장소에서는 특급 방진마스크를 착용하여야 한다.
④ 금속흄 등과 같이 열적으로 생기는 분진이 발생하는 장소에서는 1급 방진마스크를 착용하여야 한다.

해설

방진마스크의 여과재 분진 등 포집효율

등급	염화나트륨 및 파라핀 오일 시험[%]	
	분리식	안면부여과식
특급	99.95 이상	99.0 이상
1급	94.0 이상	94.0 이상
2급	80.0 이상	80.0 이상

2급 방진마스크의 포집효율은 80[%] 이상이어야 한다.

56

레시버식 캐노피형 후드 설치에 있어 열원 주위 상부의 퍼짐각도는? (단, 실내에는 다소의 난기류가 존재한다.)

① 20° ② 40°
③ 60° ④ 90°

해설

레시버식 캐노피형 후드 설치 시 다소의 난기류가 존재할 경우 퍼짐각도를 약 40°로 제작하고, 난기류가 없는 경우에는 약 20°로 제작한다.

57

국소배기시설의 투자비용과 운전비를 작게 하기 위한 조건으로 옳은 것은?

① 제어속도 증가
② 필요송풍량 감소
③ 후드개구면적 증가
④ 발생원과의 원거리 유지

해설

필요송풍량을 감소시키면 투자비와 운전비가 줄어든다.

가장 빠른 합격비법

필요송풍량을 감소시키면 작은 용량의 송풍기를 사용할 수 있으므로 투자비와 운전비가 줄어듭니다.

정답 54 ③ 55 ① 56 ② 57 ②

58

정상류가 흐르고 있는 유체 유동에 관한 연속방정식을 설명하는 데 적용된 법칙은?

① 관성의 법칙
② 운동량의 법칙
③ 질량보존의 법칙
④ 점성의 법칙

해설

연속방정식 – 질량보존의 법칙
정상류로 흐르는 임의의 한 단면을 통과하는 유체의 질량은 다른 임의의 단면을 통과하는 단위시간당 유체의 질량과 같아야 한다.

59

공기 중의 포화증기압이 1.52[mmHg]인 유기용제가 공기 중에 도달할 수 있는 포화농도[ppm]는?

① 2,000
② 4,000
③ 6,000
④ 8,000

해설

포화농도[ppm]

$$\text{포화농도} = \frac{\text{증기압}}{760} \times 10^6$$

여기서, 포화농도[ppm]
증기압[mmHg]

$\frac{1.52}{760} \times 10^6 = 2,000[\text{ppm}]$

60

표준공기(21[℃])에서 동압이 5[mmHg]일 때 유속[m/s]은?

① 9
② 15
③ 33
④ 45

해설

속도압(동압)

$$VP = \frac{\gamma V^2}{2g}$$

여기서, VP: 속도압[mmH$_2$O]
γ: 유체의 비중량[kgf/m^3]
V: 유속[m/s]
g: 중력가속도[m/s^2]

이때, 1[mmHg]=13.5947[mmH$_2$O]이다.

$V = \sqrt{\frac{2g \times VP}{\gamma}} = \sqrt{\frac{2 \times 9.8 \times 5 \times 13.5947}{1.203}} = 33.28[\text{m/s}]$

4과목 　　　　　물리적유해인자관리

61

일반적으로 전신진동에 의한 생체반응에 관여하는 인자와 가장 거리가 먼 것은?

① 온도
② 진동강도
③ 진동 방향
④ 진동수

해설

온도는 전신진동 보다는 국부진동에 의한 생체반응에 관여하는 인자이다.

관련개념

전신진동에 의한 생체반응에 관여하는 인자
- 진동강도
- 진동방향
- 진동수
- 노출시간

정답 58 ③ 59 ① 60 ③ 61 ①

62

잔향시간(Reverberation Time)에 관한 설명으로 옳은 것은?

① 잔향시간과 작업장의 공간부피만 알면 흡음량을 추정할 수 있다.
② 소음원에서 소음발생이 중지한 후 소음의 감소는 시간의 제곱에 반비례하여 감소한다.
③ 잔향시간은 소음이 닿는 면적을 계산하기 어려운 실외에서의 흡음량을 추정하기 위하여 주로 사용한다.
④ 소음원에서 발생하는 소음과 배경소음 간의 차이가 40[dB]인 경우에는 60[dB]만큼 소음이 감소하지 않기 때문에 잔향시간을 측정할 수 없다.

해설

잔향시간

$$T = 0.161 \frac{V}{A}$$

여기서, T: 잔향시간[sec]
V: 작업공간 부피[m^3]
A: 흡음력[sabin, m^2]

음원을 끈 순간부터 음압 수준이 60[dB] 감쇠되는 데 소요되는 시간이다.
잔향시간과 작업공간 부피만 알면 재료의 흡음력을 알 수 있다.

63

산업안전보건법령상 이상기압과 관련된 용어의 정의가 옳지 않은 것은?

① '압력'이란 게이지 압력을 말한다.
② '표면공급식 잠수작업'은 호흡용 기체통을 휴대하고 하는 작업을 말한다.
③ '고압작업'이란 고기압에서 잠함공법이나 그 외의 압기 공법으로 하는 작업을 말한다.
④ '기압조절실'이란 고압작업을 하는 근로자가 가압 또는 감압을 받는 장소를 말한다.

해설

'표면공급식 잠수작업'이란 수면 위의 공기압축기 또는 호흡용 기체통에서 압축된 호흡용 기체를 공급받으면서 하는 작업을 말한다.

64

빛과 밝기의 단위에 관한 설명으로 옳지 않은 것은?

① 반사율은 조도에 대한 휘도의 비로 표시한다.
② 광원으로부터 나오는 빛의 양을 광속이라고 하며 단위는 루멘을 사용한다.
③ 입사면의 단면적에 대한 광도의 비를 조도라 하며 단위는 촉광을 사용한다.
④ 광원으로부터 나오는 빛의 세기를 광도라고 하며 단위는 칸델라를 사용한다.

해설

입사면의 단면적에 대한 광속의 비를 조도라고 하며 단위는 럭스[lx]이다.

! 가장 빠른 합격비법
- 광도=빛의 세기 → 거리에 따라 달라짐
- 광속=광원에서 나오는 빛의 양 → 거리에 무관

65

전리방사선의 종류에 해당하지 않는 것은?

① γ선
② 중성자
③ 레이저
④ β선

해설

레이저는 비전리방사선이다.

관련개념

전리방사선의 종류
- 전자기방사선: γ선, X선
- 입자방사선: α선, β선, 중성자

정답 62 ① 63 ② 64 ③ 65 ③

66

다음 중 방사선에 감수성이 가장 큰 인체조직은?

① 눈의 수정체
② 뼈 및 근육조직
③ 신경조직
④ 결합조직과 지방조직

해 설

방사선에 감수성이 큰 조직 순서
골수, 임파구, 임파선, 흉선 및 림프조직＞눈의 수정체＞피부 등 상피세포＞혈관, 복막 등 내피세포＞결합조직, 지방조직＞뼈, 근육조직＞폐, 위장관 등 내장기관 조직＞신경조직

67

산소결핍이 진행되면서 생체에 나타나는 영향을 순서대로 나열한 것은?

⊙ 가벼운 어지러움
ⓒ 사망
ⓒ 대뇌피질의 기능 저하
ⓔ 중추성 기능장애

① ㉠ → ㉢ → ㉣ → ㉡
② ㉠ → ㉣ → ㉢ → ㉡
③ ㉢ → ㉠ → ㉣ → ㉡
④ ㉢ → ㉣ → ㉠ → ㉡

해 설

산소결핍의 생체 영향 순서
가벼운 어지러움 → 대뇌피질의 기능 저하 → 중추성 기능장애 → 사망

68

자외선으로부터 눈을 보호하기 위한 차광보호구를 선정하고자 하는데 차광도가 큰 것이 없어 두 개를 겹쳐서 사용하였다. 각각의 보호구의 차광도가 6과 3이었다면 두 개를 겹쳐서 사용한 경우의 차광도는?

① 6
② 8
③ 9
④ 18

해 설

차광도

> 차광도＝(보호구 1의 차광도＋보호구 2의 차광도)－1

차광도＝(6＋3)－1＝8

69

체온의 상승에 따라 체온조절중추인 시상하부에서 혈액 온도를 감지하거나 신경망을 통하여 정보를 받아들여 체온방산작용이 활발해지는 작용은?

① 정신적 조절작용
② 화학적 조절작용
③ 생물학적 조절작용
④ 물리적 조절작용

해 설

물리적 조절작용
체온조절중추인 시상하부에서 온도를 감지하거나 신경망을 통한 체온방산작용이 활발해지는 작용이다.

정답 66 ① 67 ① 68 ② 69 ④

70

다음 중 진동에 의한 장해를 최소화시키는 방법과 거리가 먼 것은?

① 진동의 발생원을 격리시킨다.
② 진동의 노출시간을 최소화시킨다.
③ 훈련을 통하여 신체의 적응력을 향상시킨다.
④ 진동을 최소화하기 위하여 공학적으로 설계 및 관리한다.

해 설

훈련으로 신체의 적응력을 향상시킨다고 하여 진동에 의한 장해를 방지할 수 없다.

71

저온 환경에 의한 장해의 내용으로 옳지 않은 것은?

① 근육 긴장이 증가하고 떨림이 발생한다.
② 혈압은 변화되지 않고 일정하게 유지된다.
③ 피부 표면의 혈관들과 피하조직이 수축된다.
④ 부종, 저림, 가려움, 심한 통증 등이 생긴다.

해 설

저온에 의한 생리적 반응

1차	체표면적 감소, 피부혈관 수축, 화학적 대사작용 증가, 근육 긴장 증가 및 전율
2차	말초혈관의 수축, 혈압의 일시적 상승, 조직대사의 증진과 식욕항진

저온 환경에 노출 시 혈압이 일시적으로 상승한다.

72

작업장의 조도를 균등하게 하기 위하여 국소조명과 전체조명이 병용될 때, 일반적으로 전체조명의 조도는 국부조명의 어느 정도가 적당한가?

① $\frac{1}{20} \sim \frac{1}{10}$
② $\frac{1}{10} \sim \frac{1}{5}$
③ $\frac{1}{5} \sim \frac{1}{3}$
④ $\frac{1}{3} \sim \frac{1}{2}$

해 설

전체조명과 국소조명을 병용할 때 전체조명의 조도는 국부조명의 $\frac{1}{10} \sim \frac{1}{5}$ 정도가 되도록 조정한다.

> **가장 빠른 합격비법**
> 국소조명에만 의존하면 눈의 피로를 야기하므로 전체조명과 병용하여 조도차를 줄이는 것이 좋습니다.

73

다음 중 소음에 의한 청력장해가 가장 잘 일어나는 주파수 대역은?

① 1,000[Hz]
② 2,000[Hz]
③ 4,000[Hz]
④ 8,000[Hz]

해 설

C_5-dip 현상

소음성 난청은 3,000~6,000[Hz]에서 청력의 저하가 뚜렷하고 4,000[Hz]에서 가장 심하게 발생하는데, 이를 C_5-dip 현상이라고 한다.

정답 70 ③ 71 ② 72 ② 73 ③

74

음향출력이 1,000[W]인 음원이 반자유공간(반구면파)에 있을 때 20[m] 떨어진 지점에서의 음의 세기는 약 얼마인가?

① 0.2[W/m²]　　② 0.4[W/m²]
③ 2.0[W/m²]　　④ 4.0[W/m²]

해설

음력 수준(PWL)

$$PWL = 10\log \frac{W}{W_o}$$

여기서, PWL: 음력수준(음향파워레벨)[dB]
　　　　W: 측정음력[W]
　　　　W_o: 기준음력(10^{-12}[W])

$PWL = 10\log \frac{1,000}{10^{-12}} = 150[dB]$

SPL과 PWL의 관계(반자유공간)

$$SPL = PWL - 20\log r - 8$$

여기서, SPL: 음압 수준[dB]
　　　　PWL: 음력 수준[dB]
　　　　r: 음원으로부터 떨어진 거리[m]

$SPL = 150 - 20\log 20 - 8$
　　　$= 115.98[dB]$

음의 세기레벨(SIL)

$$SIL = SPL = 10\log \frac{I}{I_o}$$

여기서, SIL: 음의 세기레벨[dB]
　　　　I: 음강도[W/m²]
　　　　I_o: 최소가청음 세기(10^{-12}[W/m²])

$SIL = SPL = 11.598 = 10\log \frac{I}{I_o}$

$\log \frac{I}{I_o} = 11.60$

$\frac{I}{I_o} = 10^{11.60} = 10^{-12} \times 10^{11.60} = 0.4[W/m^2]$

75

다음 중 감압과정에서 감압속도가 너무 빨라서 나타나는 종격기종, 기흉의 원인이 되는 것은?

① 질소　　　　② 이산화탄소
③ 산소　　　　④ 일산화탄소

해설

감압과정에서 감압속도가 너무 빠르면 혈액과 조직에 질소기포가 형성되어 종격기종, 기흉의 원인이 된다.

가장 빠른 합격비법
- 종격기종: 종격동(가슴의 중앙부)에 공기가 존재하는 상태입니다.
- 기흉: 폐에 생긴 구멍으로 공기가 새면서 늑막강 안에 공기가 차는 질환입니다.

76

다음에서 설명하는 고열 건강장해는?

> 고온 환경에서 강한 육체적 노동을 할 때 잘 발생하며, 지나친 발한에 의한 탈수와 염분소실이 발생하며 수의근의 유통성 경련증상이 나타나는 것이 특징이다.

① 열성 발진(Heat Rashes)
② 열사병(Heat Stroke)
③ 열 피로(Heat Fatigue)
④ 열 경련(Heat Cramps)

오답해설

① 열성 발진(열발진): 고온다습한 환경에 장시간 폭로 시 땀구멍이 막히고 염증이 발생하는 것이 원인이다.
② 열사병: 발한에 의한 체열방출 장해로 체내에 축적된 열이 원인이다.
③ 열피로: 고온에 장시간 노출되어 말초 운동신경의 조절장애 및 순환부전, 대뇌 피질의 혈류량 부족이 원인이다.

정답 74 ②　75 ①　76 ④

77

마이크로파와 라디오파에 관한 설명으로 옳지 않은 것은?

① 마이크로파의 주파수 대역은 100~3,000[MHz] 정도이며, 국가(지역)에 따라 범위의 규정이 각각 다르다.
② 라디오파의 파장은 1[MHz]와 자외선 사이의 범위를 말한다.
③ 마이크로파와 라디오파의 생체작용 중 대표적인 것은 온감을 느끼는 열작용이다.
④ 마이크로파의 생물학적 작용은 파장뿐만 아니라 출력, 노출시간, 노출된 조직에 따라 다르다.

해 설

라디오파의 주파수 범위는 3[kHz]~300[GHz] 정도이고, 파장은 1[mm]~100[km]이다.

78

18[℃] 공기 중에서 800[Hz]인 음의 파장은 약 몇 [m]인가?

① 0.35
② 0.43
③ 3.5
④ 4.3

해 설

음속

$$c = \lambda f$$
$$c = 331.42 + 0.6T$$

여기서, c : 음속[m/sec]
λ : 파장[m]
f : 주파수[Hz]
T : 음 전달 매질의 온도[℃]

$c = 331.42 + 0.6 \times 18$
$\quad = 342.22$[m/sec]
$\lambda = \dfrac{c}{f} = \dfrac{342.22}{800} = 0.43$[m]

79

음압이 2배로 증가하면 음압레벨(Sound Pressure Level)은 몇 [dB] 증가하는가?

① 2
② 3
③ 6
④ 12

해 설

음압수준(음압레벨)

$$\text{SPL} = 20 \log \dfrac{P}{P_0}$$

여기서, SPL : 음압수준[dB]
P : 음압[N/m²]
P_0 : 기준음압(2×10^{-5}[N/m²])

음압이 2배로 증가하면 $P \rightarrow 2P$로 변화하는 것이다.

$\text{SPL} = 20 \log \dfrac{2P}{P_0} = 20 \log \left(2 \times \dfrac{P}{P_0} \right)$
$\quad = 20 \log 2 + 20 \log \dfrac{P}{P_0}$

따라서, $20 \log 2 = 6$[dB]만큼 증가한다.

80

고압환경의 영향 중 2차적인 가압현상(화학적 장해)에 관한 설명으로 옳지 않은 것은?

① 4기압 이상에서 공기 중의 질소 가스는 마취작용을 나타낸다.
② 이산화탄소의 증가는 산소의 독성과 질소의 마취작용을 촉진시킨다.
③ 산소의 분압이 2기압을 넘으면 산소 중독증세가 나타난다.
④ 산소중독은 고압산소에 대한 노출이 중지되어도 근육경련, 환청 등 후유증이 장기간 계속된다.

해 설

산소중독
- 산소분압이 2기압을 넘으면 발생한다.
- 고압산소에 대한 노출이 중지되면 즉각 증상이 호전된다.

정답 77 ② 78 ② 79 ③ 80 ④

5과목 산업독성학

81
산업안전보건법령상 사람에게 충분한 발암성 증거가 있는 유해물질에 해당하지 않는 것은?

① 석면(모든 형태)
② 크롬광 가공(크롬산)
③ 알루미늄(용접 흄)
④ 황화니켈(흄 및 분진)

해 설

1A	정의	사람에게 충분한 발암성 증거가 있는 물질
	예시	황화니켈(흄 및 분진), 석면(모든 형태), 트리클로로에틸렌, 클로로에틸렌, 크롬광 가공(크롬산), 카드뮴 및 그 화합물, 액화석유가스 등

82
다음 설명에 해당하는 중금속은?

- 뇌홍의 제조에 사용
- 소화관으로는 27[%] 정도의 소량 흡수
- 금속 형태는 뇌, 혈액, 심극에 많이 분포
- 만성 노출 시 식욕부진, 신기능부전, 구내염 발생

① 납(Pb) ② 수은(Hg)
③ 카드뮴(Cd) ④ 안티몬(Sb)

해 설

수은
- 소화관으로 27[%] 정도 소량 흡수된다.
- 체내에 흡수되면 주로 신장에 축적된다.
- 금속 형태는 뇌, 혈액, 심근에 많이 분포한다.
- 뇌홍 제조에 사용된다.
- 메틸수은은 미나마타병을 일으킨다.
- 만성 노출 시 식욕부진, 신기능부전, 구내염이 발생한다.

! 가장 빠른 합격비법
수은의 키워드는 뇌홍, BAL, 미나마타병, 구내염입니다.

83
골수장애로 재생불량성 빈혈을 일으키는 물질이 아닌 것은?

① 벤젠(benzene)
② 2-브로모프로판(2-bromopropane)
③ TNT(trinitrotoluene)
④ 2,4-TDI(toluene-2,4-diisocyanate)

해 설
TDI는 천식 유발물질이다.

84
호흡성 먼지(Respirable Particulate Mass)에 대한 미국 ACGIH의 정의로 옳은 것은?

① 크기가 10~100[μm]로 코와 인후두를 통하여 기관지나 폐에 침착한다.
② 폐포에 도달하는 먼지로 입경이 7.1[μm] 미만인 먼지를 말한다.
③ 평균 입경이 4[μm]이고, 공기역학적 직경이 10[μm] 미만인 먼지를 말한다.
④ 평균 입경이 10[μm]인 먼지로 흉곽성(Thoracic) 먼지라고도 한다.

해 설
입자상 물질의 분류(ACGIH)
- 흡입성 분진(평균입경: 100[μm])
  : 호흡기 어느 부위에 침착하더라도 독성을 나타내는 입자이다.
- 흉곽성 분진(평균입경: 10[μm])
  : 기도나 폐포에 침착되어 독성을 나타내는 입자이다.
- 호흡성 분진(평균입경: 4[μm])
  : 가스교환 부위(폐포)에 침착되어 독성을 나타내는 입자이다.

정답 81 ③ 82 ② 83 ④ 84 ③

85

무기성 분진에 의한 진폐증이 아닌 것은?

① 규폐증(silicosis)
② 연초폐증(tabacosis)
③ 흑연폐증(graphite lung)
④ 용접공폐증(welder's lung)

해설
연초폐증은 유기성 분진에 의한 진폐증이다.

관련개념

무기성 분진에 의한 진폐증		유기성 분진에 의한 진폐증	
• 규폐증	• 탄광부 진폐증	• 면폐증	• 설탕폐증
• 용접공폐증	• 활석폐증	• 농부폐증	• 목재분진폐증
• 베릴륨폐증	• 석면폐증	• 연초폐증	• 모발분진폐증
• 흑연폐증	• 알루미늄폐증		
• 탄소폐증	• 철폐증		
• 규조토폐증	• 주석폐증		
• 칼륨폐증	• 바륨폐증		

87

생물학적 모니터링에 관한 설명으로 옳지 않은 것을 모두 고른 것은?

(A): 생물학적 검체인 호기, 소변, 혈액 등에서 결정인자를 측정하여 노출정도를 추정하는 방법이다.
(B): 결정인자는 공기 중에서 흡수된 화학물질이나 그것의 대사산물 또는 화학물질에 의해 생긴 비가역적인 생화학적 변화이다.
(C): 공기 중의 농도를 측정하는 것이 개인의 건강위험을 보다 직접적으로 평가할 수 있다.
(D): 목적은 화학물질에 대한 현재나 과거의 노출이 안전한 것인지를 확인하는 것이다.
(E): 공기 중 노출기준이 설정된 화학물질의 수만큼 생물학적 노출기준(BEI)이 있다.

① (A), (B), (C)
② (A), (C), (D)
③ (B), (C), (E)
④ (B), (D), (E)

해설
(B): 결정인자는 공기 중에서 흡수된 화학물질에 의하여 생긴 가역적 생화학적 변화이다.
(C): 공기 중 유해물질의 농도를 측정하는 것보다는 생물학적 모니터링이 개인의 건강위험을 보다 직접적으로 평가할 수 있다.
(E): 공기 중 노출기준이 설정된 화학물질보다 생물학적 노출기준의 개수가 훨씬 적다.

86

체내에 노출되면 Metallothionein이라는 단백질을 합성하여 노출된 중금속의 독성을 감소시키는 경우가 있는데 이에 해당되는 중금속은?

① 납
② 니켈
③ 비소
④ 카드뮴

해설
메탈로티오네인(Metallothionein)은 간, 신장 등에서 생성되는 단백질의 한 종류이다.
카드뮴에 폭로되면 메탈로티오네인의 합성이 촉진되고, 메탈로티오네인과 체내에 흡수된 카드뮴이 결합하여 독성을 완화한다.

88

산업안전보건법령상 다음 유해물질 중 노출기준[ppm]이 가장 낮은 것은? (단, 노출기준은 TWA 기준이다.)

① 오존(O_3)
② 암모니아(NH_3)
③ 염소(Cl_2)
④ 일산화탄소(CO)

해설
화학물질의 노출기준(TWA)
• 오존(O_3): 0.08[ppm]
• 암모니아(NH_3): 25[ppm]
• 염소(Cl_2): 0.5[ppm]
• 일산화탄소(CO): 30[ppm]

정답 85 ② 86 ④ 87 ③ 88 ①

89

유해인자에 노출된 집단에서의 질병 발생률과 노출되지 않은 집단에서 질병 발생률과의 비를 무엇이라 하는가?

① 교차비
② 발병비
③ 기여위험도
④ 상대위험도

해설

상대위험도(비교위험도)

$$상대위험비 = \frac{노출군에서의 발생률}{비노출군에서의 발생률}$$

상대위험비＞1 → 위험의 증가
상대위험비＝1 → 노출과 질병 사이의 연관성 없음
상대위험비＜1 → 질병에 대한 방어효과 있음

90

수은중독의 예방대책이 아닌 것은?

① 수은 주입과정을 밀폐공간 안에서 자동화한다.
② 작업장 내에서 음식물 섭취와 흡연 등의 행동을 금지한다.
③ 수은취급 근로자의 비점막 궤양 생성 여부를 면밀히 관찰한다.
④ 작업장에 흘린 수은은 신체가 닿지 않는 방법으로 즉시 제거한다.

해설

비점막 궤양 생성 여부를 관찰하여도 수은중독인지 판단하기 어렵다.

91

일산화탄소 중독과 관련이 없는 것은?

① 고압산소실
② 카나리아 새
③ 식염의 다량투여
④ 카르복시헤모글로빈(carboxyhemoglobin)

해설

① 고압산소실: 높은 압력으로 산소를 체내에 주입하는 치료실로, 일산화탄소 중독을 치료할 때 사용한다.
② 카나리아 새: 소량의 일산화탄소 노출에도 사망하여 누출조기 경보시스템으로 사용하기도 한다.
④ 카르복시헤모글로빈: 헤모글로빈이 일산화탄소와 결합하여 만들어진 안정적인 복합체이다.

92

유해물질이 인체에 미치는 영향을 결정하는 인자와 가장 거리가 먼 것은?

① 개인의 감수성
② 유해물질의 독립성
③ 유해물질의 농도
④ 유해물질의 노출시간

해설

유해물질이 인체에 미치는 영향을 결정하는 인자
- 개인의 감수성
- 유해물질의 농도, 노출시간
- 작업강도
- 인체 내 침입경로
- 기상조건

정답 89 ④ 90 ③ 91 ③ 92 ②

93
벤젠의 생물학적 지표가 되는 대사물질은?

① Phenol
② Coproporphyrin
③ Hydroquinone
④ 1,2,4-Trihydroxybenzene

해 설

벤젠의 생물학적 노출지표물질
혈액 중 벤젠, 요 중 페놀 및 뮤콘산

94
유기용제의 흡수 및 대사에 관한 설명으로 옳지 않은 것은?

① 유기용제가 인체로 들어오는 경로는 호흡기를 통한 경우가 가장 많다.
② 대부분의 유기용제는 물에 용해되어 지용성 대사산물로 전환되어 체외로 배설된다.
③ 유기용제는 휘발성이 강하기 때문에 호흡기를 통하여 들어간 경우에 다시 호흡기로 상당량이 배출된다.
④ 체내로 들어온 유기용제는 산화, 환원, 가수분해로 이루어지는 생전환과 포합체를 형성하는 포합반응인 두 단계의 대사과정을 거친다.

해 설

유기용제는 지방에 대한 친화력이 높아 신체 지방조직에 잘 축적된다.

95
다핵방향족 탄화수소(PAHs)에 대한 설명으로 옳지 않은 것은?

① 벤젠고리가 2개 이상이다.
② 대사가 활발한 다핵 고리화합물로 되어있으며 수용성이다.
③ 시토크롬(cytochrome) P-450의 준개체단에 의하여 대사된다.
④ 철강 제조업에서 석탄을 건류할 때나 아스팔트를 콜타르 피치로 포장할 때 발생된다.

해 설

다핵방향족 탄화수소는 대부분 지용성이다.

⚠ 가장 빠른 합격비법
사이토크롬 P450(cytochrome P450)은 다양한 기질을 대사할 수 있는 단백질의 일종입니다.

96
증상으로는 무력증, 식욕감퇴, 보행장해 등의 증상을 나타내며, 계속적인 노출시에는 파킨슨씨 증상을 초래하는 유해물질은?

① 망간
② 카드뮴
③ 산화칼륨
④ 산화마그네슘

해 설

망간 중독
- 파킨슨증후군을 유발한다.
- 이산화망간 흄에 급성 폭로될 시 금속열(열, 오한, 호흡곤란 등)이 발생한다.
- 언어장해, 균형감각 상실 등의 증상이 발생한다.

⚠ 가장 빠른 합격비법
망간의 키워드는 파킨슨증후군, 보행장애입니다.

정답 93 ① 94 ② 95 ② 96 ①

97
다음 중 중추신경 활성억제 작용이 가장 큰 것은?

① 알칸 ② 알코올
③ 유기산 ④ 에테르

해설
중추신경계 활성억제 작용 순서
할로겐화합물 > 에테르 > 에스테르 > 유기산 > 알코올 > 알켄 > 알칸

관련개념
중추신경계 자극작용 순서
아민류 > 유기산 > 케톤 > 알데히드 > 알코올 > 알칸

98
산업안전보건법령상 기타 분진의 산화규소 결정체 함유율과 노출기준으로 옳은 것은?

① 함유율: 0.1[%] 이상, 노출기준: 5[mg/m³]
② 함유율: 0.1[%] 이하, 노출기준: 10[mg/m³]
③ 함유율: 1[%] 이상, 노출기준: 5[mg/m³]
④ 함유율: 1[%] 이하, 노출기준: 10[mg/m³]

해설
화학물질의 노출기준
기타 분진의 노출기준(산화규소 결정체 1[%] 이하): 10[mg/m³]

99
단순 질식제로 볼 수 없는 것은?

① 오존 ② 메탄
③ 질소 ④ 헬륨

해설
단순 질식제
농도가 높아질 시 산소 농도가 저하되어 질식의 위험이 있는 물질이다.(수소, 메탄, 헬륨, 질소 등)

100
금속의 일반적인 독성작용 기전으로 옳지 않은 것은?

① 효소의 억제
② 금속평형의 파괴
③ DNA 염기의 대체
④ 필수 금속성분의 대체

해설
금속의 독성 기전
- 효소억제: 효소의 구조 및 기능을 변화시켜 효소작용을 억제한다.
- 필수금속 평형의 파괴: 필수금속의 농도를 변화시켜 평형을 파괴한다.
- 필수금속 성분의 대체: 생물학적 대사과정을 변화시킨다.
- 간접영향: 세포성분의 역할을 변화시킨다.

정답 97 ④　98 ④　99 ①　100 ③

2022년 제2회 기출문제

1과목 산업위생학개론

01

현재 총 흡음량이 1,200[sabins]인 작업장의 천장에 흡음 물질을 첨가하여 2,400[sabins]를 추가할 경우 예측되는 소음감음량(NR)은 약 몇 [dB]인가?

① 2.6
② 3.5
③ 4.8
④ 5.2

해설
소음감소량(감음량, NR)

$$NR = 10\log\frac{A_2}{A_1}$$

여기서, NR : 소음감소량[dB]
A_1 : 흡음물질을 처리하기 전의 총 흡음량[sabins]
A_2 : 흡음물질을 처리한 후의 총 흡음량[sabins]

$$NR = 10\log\frac{1,200+2,400}{1,200} = 4.8[dB]$$

02

젊은 근로자에 있어서 약한 쪽 손의 힘은 평균 45[kp]라고 한다. 이러한 근로자가 무게 8[kg]인 상자를 양손으로 들어 올릴 경우 작업강도[%MS]는 약 얼마인가?

① 17.8[%]
② 8.9[%]
③ 4.4[%]
④ 2.3[%]

해설
작업강도(%MS)

$$\%MS = \frac{RF}{MS} \times 100$$

여기서, %MS : 작업강도[%]
RF : 작업이 요구하는 힘[kgf]
MS : 근로자가 가지고 있는 최대힘[kgf]

$$\%MS = \frac{8 \times \frac{1}{2}}{45} \times 100 = 8.9[\%]$$

03

누적외상성질환(CTDs) 또는 근골격계질환(MSDs)에 속하는 것으로 보기 어려운 것은?

① 건초염
② 스티븐스존슨증후군
③ 손목뼈터널증후군
④ 기용터널증후군

해설
스티븐스존슨증후군은 급성 전신 피부점막 질환이다.

관련개념 근골격계 질환
반복적인 동작, 부적절한 작업자세, 무리한 힘의 사용, 날카로운 면과의 신체접촉, 진동 등의 요인에 의하여 발생하는 건강장해이다.

04

심리학적 적성검사에 해당하는 것은?

① 지각동작검사
② 감각기능검사
③ 심폐기능검사
④ 체력검사

해설
산업심리검사 중 적성검사

적성검사 분류	검사항목
신체검사	체격검사 등
생리적 기능검사	감각기능검사, 심폐기능검사, 체력검사
심리학적 기능검사	지능검사, 지각동작검사, 기능검사, 인성검사

정답 01 ③ 02 ② 03 ② 04 ①

05

산업위생의 4가지 주요 활동에 해당하지 않는 것은?

① 예측 ② 평가
③ 관리 ④ 제거

해설

산업위생의 정의(AIHA)
근로자나 일반 대중에게 질병, 건강장애와 안녕 방해, 심각한 불쾌감 및 능률 저하 등을 초래하는 작업환경요인과 스트레스를 예측, 인지, 측정, 평가, 관리하는 과학과 기술이다.

06

사고예방대책의 기본원리 5단계를 순서대로 나열한 것으로 옳은 것은?

① 사실의 발견 → 조직 → 분석 → 시정책(대책)의 선정 → 시정책(대책)의 적용
② 조직 → 분석 → 사실의 발견 → 시정책(대책)의 선정 → 시정책(대책)의 적용
③ 조직 → 사실의 발견 → 분석 → 시정책(대책)의 선정 → 시정책(대책)의 적용
④ 사실의 발견 → 분석 → 조직 → 시정책(대책)의 선정 → 시정책(대책)의 적용

해설

하인리히의 사고예방대책 기본원리 5단계
1단계: 안전관리조직 구성
2단계: 사실의 발견
3단계: 분석·평가
4단계: 시정방법의 선정
5단계: 시정책의 적용

07

산업안전보건법령상 보건관리자의 자격 기준에 해당하지 않는 사람은?

① 「의료법」에 따른 의사
② 「의료법」에 따른 간호사
③ 「국가기술자격법」에 따른 환경기능사
④ 「산업안전보건법」에 따른 산업보건지도사

해설

보건관리자의 자격 기준
- 「산업안전보건법」에 따른 산업보건지도사 자격을 가진 사람
- 「의료법」에 따른 의사
- 「의료법」에 따른 간호사
- 「국가기술자격법」에 따른 산업위생관리산업기사 또는 대기환경산업기사 이상의 자격을 취득한 사람
- 「국가기술자격법」에 따른 인간공학기사 이상의 자격을 취득한 사람
- 「고등교육법」에 따른 전문대학 이상의 학교에서 산업보건 또는 산업위생 분야의 학위를 취득한 사람

08

근육운동의 에너지원 중 혐기성 대사의 에너지원에 해당되는 것은?

① 지방 ② 포도당
③ 단백질 ④ 글리코겐

해설

보기 중 글리코겐만이 근육세포 안에 저장되어 있다가 산소 없이도 해당과정을 통해 빠르게 ATP를 생성할 수 있다.

정답 05 ④ 06 ③ 07 ③ 08 ④

09

산업재해의 기본원인을 4M(Management, Machine, Media, Man)이라고 할 때 다음 중 Man(사람)에 해당되는 것은?

① 안전교육과 훈련의 부족
② 인간관계·의사소통의 불량
③ 부하에 대한 지도·감독부족
④ 작업자세·작업동작의 결함

해설

산업재해의 기본원인(4M)

구분	설명
Man (사람)	인간관계, 의사소통 불량
Machine (기계, 설비)	기계, 설비의 결함
Media (환경, 작업방법)	작업동작, 작업방법의 결함
Management (관리, 감독)	안전교육 및 훈련의 부족, 관리 및 감독의 부족

10

직업성 질환의 범위에 해당되지 않는 것은?

① 합병증
② 속발성 질환
③ 선천적 질환
④ 원발성 질환

해설

직업성 질환의 범위
- 업무에 기인하여 1차적으로 발생하는 원발성 질환을 포함한다.
- 원발성 질환과 합병 작용하여 제2의 질환(속발성 질환)을 유발하는 경우를 포함한다.
- 합병증이 원발성 질환과 불가분의 관계를 가지는 경우를 포함한다.
- 원발성 질환과 떨어진 다른 부위에 동일한 원인에 의한 제2의 질환을 일으키는 경우를 포함한다.

⚠️ **가장 빠른 합격비법**
- 원발성 질환: 다른 원인에 의해서 질병이 생긴 것이 아니라, 그 자체가 질병인 질환입니다.
- 속발성 질환: 다른 질병에 바로 이어서 생기는 질환입니다.
- 선천적 질환: 태어날 때부터 지니고 있는 질환입니다.

11

18세기에 Percivall Pott가 어린이 굴뚝 청소부에게서 발견한 직업성 질환은?

① 백혈병
② 골육종
③ 진폐증
④ 음낭암

해설

Percivall Pott(1713~1788년)
10세 이하 굴뚝 청소부에게서 최초로 직업성 암인 음낭암을 발견하였다. (원인물질: PAHs)

12

산업피로의 대책으로 적합하지 않은 것은?

① 불필요한 동작을 피하고 에너지 소모를 적게 한다.
② 작업과정에 따라 적절한 휴식시간을 가져야 한다.
③ 작업능력에는 개인별 차이가 있으므로 각 개인마다 작업량을 조정해야 한다.
④ 동적인 작업은 피로를 더하게 하므로 가능한 한 정적인 작업으로 전환한다.

해설

지나치게 정적인 작업은 피로를 더하므로 가능하면 동적인 작업으로 전환하여야 한다.

정답 09 ② 10 ③ 11 ④ 12 ④

13

미국산업위생학술원(AAIH)에서 채택한 산업위생분야에 종사하는 사람들이 지켜야 할 윤리강령에 포함되지 않는 것은?

① 국가에 대한 책임
② 전문가로서의 책임
③ 일반 대중에 대한 책임
④ 기업주와 고객에 대한 책임

해설
윤리강령 중 국가에 대한 책임은 없다.

관련개념
산업위생분야에 종사하는 사람들이 준수하여야 하는 윤리강령(AAIH)
- 산업위생 전문가로서의 책임
- 근로자에 대한 책임
- 기업주와 고객에 대한 책임
- 일반대중에 대한 책임

14

사무실 공기관리 지침상 근로자가 건강장해를 호소하는 경우 사무실 공기관리 상태를 평가하기 위해 사업주가 실시해야 하는 조사 항목으로 옳지 않은 것은?

① 사무실 조명의 조도 조사
② 외부의 오염물질 유입경로 조사
③ 공기정화시설 환기량의 적정여부 조사
④ 근로자가 호소하는 증상(호흡기, 눈, 피부 자극 등)에 대한 조사

해설
사무실 공기관리 상태평가
- 외부의 오염물질 유입경로 조사
- 공기정화설비 환기량이 적정한지 여부조사
- 근로자가 호소하는 증상(호흡기, 눈·피부 자극 등) 조사
- 사무실 내 오염원 조사

15

ACGIH에서 제정한 TLVs(Threshold Limit Values)의 설정근거가 아닌 것은?

① 동물실험자료
② 인체실험자료
③ 사업장 역학조사
④ 선진국 허용기준

해설
TLVs 설정근거
- 동물실험자료
- 인체실험자료
- 사업장 역학조사자료
- 화학구조상의 유사성

정답 13 ① 14 ① 15 ④

16

다음 중 점멸-융합 테스트(Flicker test)의 용도로 가장 적합한 것은?

① 진동 측정
② 소음 측정
③ 피로도 측정
④ 열중증 판정

해설

점멸-융합 테스트(Flicker test)
산업피로 측정방법 중 생리학적 방법에 해당하며, 정신적 피로도의 척도로 사용된다.

> ⚠️ **가장 빠른 합격비법**
> 점멸-융합 테스트는 점멸하는 빛이 연속된 빛으로 보이는 순간을 측정하는 시험입니다.

17

산업안전보건법령상 물질안전보건자료 작성 시 포함되어야 할 항목이 아닌 것은? (단, 그 밖의 참고사항은 제외한다.)

① 유해성·위험성
② 안정성 및 반응성
③ 사용빈도 및 타당성
④ 노출방지 및 개인보호구

해설

물질안전보건자료 작성항목

• 화학제품과 회사에 관한 정보	• 물리화학적 특성
• 유해성·위험성	• 안정성 및 반응성
• 구성성분의 명칭 및 함유량	• 독성에 관한 정보
• 응급조치요령	• 환경에 미치는 영향
• 폭발·화재시 대처방법	• 폐기 시 주의사항
• 누출사고시 대처방법	• 운송에 필요한 정보
• 취급 및 저장방법	• 법적규제 현황
• 노출방지 및 개인보호구	• 그 밖의 참고사항

18

직업병의 원인이 되는 유해요인, 대상 직종과 직업병 종류의 연결이 잘못된 것은?

① 면분진 - 방직공 - 면폐증
② 이상기압 - 항공기 조종 - 잠함병
③ 크롬 - 도금 - 피부점막 궤양, 폐암
④ 납 - 축전지 제조 - 빈혈, 소화기장애

해설

잠함병의 고위험 직종은 잠수부이다. 따라서, '이상기압-잠수부-잠함병'이 올바른 연결이다.

19

산업안전보건법령상 특수건강진단 대상자에 해당하지 않는 것은?

① 고온환경 하에서 작업하는 근로자
② 소음환경 하에서 작업하는 근로자
③ 자외선 및 적외선을 취급하는 근로자
④ 저기압 하에서 작업하는 근로자

해설

특수건강진단 대상 유해인자
• 화학적 인자: 유기화합물, 금속류, 산·알칼리류 등
• 분진: 곡물분진, 면분진, 용접 흄, 석면분진 등
• 물리적 인자: 소음, 진동, 방사선, 고/저기압, 유해광선(자외선, 적외선, 마이크로파 및 라디오파)
• 야간작업

정답 16 ③ 17 ③ 18 ② 19 ①

20

방직공장의 면분진 발생 공정에서 측정한 공기 중 면분진 농도가 2시간은 2.5[mg/m³], 3시간은 1.8[mg/m³], 3시간은 2.6[mg/m³] 일 때, 해당 공정의 시간가중평균 노출기준 환산값은 약 얼마인가?

① 0.86[mg/m³]
② 2.28[mg/m³]
③ 2.35[mg/m³]
④ 2.60[mg/m³]

해설

시간가중평균노출기준(TWA)

$$TWA = \frac{C_1 t_1 + C_2 t_2 + \cdots + C_n t_n}{8}$$

여기서, TWA: 시간가중평균노출기준
 C_n: 유해인자의 측정농도[mg/m³ 또는 ppm]
 t_n: 유해인자의 발생시간[hr]

$$TWA = \frac{(2 \times 2.5) + (3 \times 1.8) + (3 \times 2.6)}{8}$$
$$= 2.28[mg/m^3]$$

22

산업안전보건법령상 1회라도 초과노출되어서는 안되는 충격소음의 음압수준[dB(A)] 기준은?

① 120
② 130
③ 140
④ 150

해설

충격소음 노출기준

충격소음 강도[dB(A)]	1일 노출회수
140	100
130	1,000
120	10,000

최대음압수준이 140[dB(A)]를 초과하는 충격소음에 노출되어서는 안 된다.

2과목 작업위생측정 및 평가

21

작업환경측정치의 통계 처리에 활용되는 변이계수에 관한 설명과 가장 거리가 먼 것은?

① 평균값의 크기가 0에 가까울수록 변이계수의 의의는 작아진다.
② 측정단위와 무관하게 독립적으로 산출되며 백분율로 나타낸다.
③ 단위가 서로 다른 집단이나 특성값의 상호산포도를 비교하는 데 이용될 수 있다.
④ 편차의 제곱합들의 평균값으로, 통계집단의 측정값들에 대한 균일성, 정밀도 정도를 표현한다.

해설

변이계수(CV)는 표준편차를 산술평균으로 나누어 백분율로 표현한 값으로, 표준편차가 평균의 몇 [%] 정도인지 나타낸다.

23

예비조사 시 유해인자 특성파악에 해당되지 않는 것은?

① 공정보고서 작성
② 유해인자의 목록 작성
③ 월별 유해물질 사용량 조사
④ 물질별 유해성 자료 조사

해설

예비조사 시 유해인자 특성 파악 내용
- 유해인자 목록
- 유해물질 사용량
- 물질별 유해성 자료
- 유해인자의 발생시간

정답 20 ② 21 ④ 22 ③ 23 ①

24

분석에서 언급되는 용어에 대한 설명으로 옳은 것은?

① LOD는 LOQ의 10배로 정의하기도 한다.
② LOQ는 분석결과가 신뢰성을 가질 수 있는 양이다.
③ 회수율[%]은 $\frac{첨가량}{분석량} \times 100$으로 정의된다.
④ LOQ란 검출한계를 말한다.

오답해설
① LOQ는 LOD의 3배의 값을 가지는 경우가 일반적이다.
③ 회수율 = $\frac{분석량}{첨가량} \times 100$
④ LOQ는 정량한계를 말한다.(LOD가 검출한계임)

25

작업환경 내 유해물질 노출로 인한 위험성(위해도)의 결정 요인은?

① 반응성과 사용량
② 위해성과 노출요인
③ 노출기준과 노출량
④ 반응성과 노출기준

해설
위험성(위해도) = 위해성 × 노출요인

26

AIHA에서 정한 유사노출군(SEG)별로 노출농도 범위, 분포 등을 평가하며 역학조사에 가장 유용하게 활용되는 측정방법은?

① 진단모니터링
② 기초모니터링
③ 순응도(허용기준 초과여부)모니터링
④ 공정안전조사

해설
기초모니터링
유사노출군별로 노출농도 범위, 분포 등을 평가하며 역학조사에 가장 유용하게 활용되는 측정방법이다.

27

알고 있는 공기 중 농도를 만드는 방법인 Dynamic Method에 관한 내용으로 틀린 것은?

① 만들기가 복잡하고 가격이 고가이다.
② 온습도 조절이 가능하다.
③ 소량의 누출이나 벽면에 의한 손실은 무시할 수 있다.
④ 대개 운반용으로 제작하기가 용이하다.

해설
Dynamics Method의 특징
- 만들기가 복잡하고 가격이 고가이다.
- 온·습도 조절이 가능하다.
- 소량의 누출이나 벽면에 의한 손실은 무시 가능하다.
- 다양한 농도범위에서 제조가 가능하다.
- 가스, 증기, 에어로졸 실험도 가능하다.
- 지속적인 모니터링이 필요하다.

정답 24 ② 25 ② 26 ② 27 ④

28

기체크로마토그래피 검출기 중 PCBs나 할로겐원소가 포함된 유기계 농약성분을 분석할 때 가장 적당한 것은?

① NPD(질소 검출기)
② ECD(전자포획 검출기)
③ FID(불꽃이온화 검출기)
④ TCD(열전도 검출기)

해설

전자포획 검출기(ECD)는 PCBs나 할로겐 유기계 농약성분과 같은 물질에 대하여 대단히 예민하게 반응한다.

29

호흡성 먼지(RPM)의 입경[μm] 범위는? (단, 미국 ACGIH 정의 기준)

① 0~10
② 0~20
③ 0~25
④ 10~100

해설

구분	평균입경[μm]
흡입성 입자상 물질(IPM)	100
흉곽성 입자상 물질(TPM)	10
호흡성 입자상 물질(RPM)	4

호흡성 입자상 물질의 평균입경이 4[μm]이므로 대략적인 입경범위는 0~10[μm]이다.

30

원자흡광광도계의 표준시약으로서 적당한 것은?

① 순도가 1급 이상인 것
② 풍화에 의한 농도변화가 있는 것
③ 조해에 의한 농도변화가 있는 것
④ 화학변화 등에 의한 농도변화가 있는 것

해설

순도가 1급 이상인 것이 적절하다.

> **가장 빠른 합격비법**
> 표준시약은 적정에 사용하기 위하여 농도가 정확하게 알려져 있는 용액을 말하며, 농도변화가 발생하여서는 안됩니다.

31

공기 중 acetone 500[ppm], sec-butyl acetate 100[ppm] 및 methyl ethyl ketone 150[ppm]이 혼합물로서 존재할 때 복합노출지수[ppm]는? (단, acetone, sec-butyl acetate 및 methyl ethyl ketone의 TLV는 각각 750, 200, 200[ppm]이다.)

① 1.25
② 1.56
③ 1.74
④ 1.92

해설

EI(노출지수)

$$EI = \frac{C_1}{TLV_1} + \frac{C_2}{TLV_2} + \cdots + \frac{C_n}{TLV_n}$$

여기서, EI: 노출지수
C_n: 농도[ppm]
TLV_n: 노출농도[ppm]

$$EI(노출지수) = \frac{500}{750} + \frac{100}{200} + \frac{150}{200} = 1.92$$

정답 28 ② 29 ① 30 ① 31 ④

32

화학공장의 작업장 내의 Toluene 농도를 측정하였더니 5, 6, 5, 6, 6, 6, 4, 8, 9, 20[ppm]일 때, 측정치의 기하표준편차(GSD)는?

① 1.6
② 3.2
③ 4.8
④ 6.4

해설

기하평균(GM)

$$GM = \sqrt[n]{x_1 \times x_2 \times \cdots \times x_n}$$

여기서, GM: 기하평균
x_n: 측정치
n: 측정치의 개수

$GM = \sqrt[10]{5 \times 6 \times 5 \times 6 \times 6 \times 6 \times 4 \times 8 \times 9 \times 20} = 6.72$

기하표준편차(GSD)

$$\log(GSD) = \sqrt{\frac{(\log x_1 - \log GM)^2 + (\log x_2 - \log GM)^2 + \cdots + (\log x_n - \log GM)^2}{n-1}}$$

여기서, GDS: 기하표준편차
x_n: 측정치
GM: 기하평균
n: 측정치의 개수

$$\log(GSD) = \sqrt{\frac{\begin{array}{l}(\log 5 - \log 6.72)^2 + (\log 6 - \log 6.72)^2 \\ + (\log 5 - \log 6.72)^2 + (\log 6 - \log 6.72)^2 \\ + (\log 6 - \log 6.72)^2 + (\log 6 - \log 6.72)^2 \\ + (\log 4 - \log 6.72)^2 + (\log 8 - \log 6.72)^2 \\ + (\log 9 - \log 6.72)^2 + (\log 20 - \log 6.72)^2 \end{array}}{10-1}}$$

$= 0.1943$

$GSD = 10^{0.1943} = 1.56$ [ppm]

33

고열장해와 가장 거리가 먼 것은?

① 열사병
② 열경련
③ 열호족
④ 열발진

해설

① 열사병: 발한에 의한 체열방출장해로 체내에 축적된 열이 원인이다.
② 열경련: 고온에서 심한 육체적 노동을 할 경우 발생하며, 지나친 발한에 의한 탈수와 염분 손실로 혈액이 농축되는 것이 원인이다.
④ 열발진: 고온다습한 환경에 장시간 폭로 시 땀구멍이 막혀 염증이 발생하는 것이 원인이다.

34

산업안전보건법령상 누적소음노출량 측정기로 소음을 측정하는 경우의 기기설정값은?

Criteria: (A)[dB]
Exchange Rate: (B)[dB]
Threshold: (C)[dB]

	A	B	C		A	B	C
①	80	10	90	②	90	10	80
③	80	4	90	④	90	5	80

해설

누적소음노출량 측정기로 소음을 측정하는 경우에는 Criteria는 90[dB], Exchange Rate는 5[dB], Threshold는 80[dB]로 기기를 설정하여야 한다.

정답 32 ① 33 ③ 34 ④

35

직경분립충돌기에 관한 설명으로 틀린 것은?

① 흡입성, 흉곽성, 호흡성 입자의 크기별 분포와 농도를 계산할 수 있다.
② 호흡기의 부분별로 침착된 입자 크기를 추정할 수 있다.
③ 입자의 질량크기분포를 얻을 수 있다.
④ 되튐 또는 과부하로 인한 시료 손실이 없어 비교적 정확한 측정이 가능하다.

해 설

직경분립충돌기는 되튐으로 인한 시료의 손실이 있다.

> ⚠️ 가장 빠른 합격비법
> 되튐이란 시료가 튕겨나가는 현상을 말합니다.

36

옥외(태양광선이 내리쬐지 않는 장소)의 온열조건이 아래와 같을 때, WBGT[℃]는?

┤ 조건 ├
- 건구온도: 30[℃]
- 흑구온도: 40[℃]
- 자연습구온도: 25[℃]

① 26.5
② 29.5
③ 33
④ 55.5

해 설

습구흑구온도지수(옥내 또는 태양광선이 내리쬐지 않는 옥외)

$$WBGB = 0.7NWB + 0.3GT$$

여기서, WBGT: 습구흑구온도지수[℃]
NWB: 자연습구온도[℃]
GT: 흑구온도[℃]

$WBGT = (0.7 \times 25) + (0.3 \times 40)$
$= 29.5[℃]$

37

여과지에 관한 설명으로 옳지 않은 것은?

① 막 여과지에서 유해물질은 여과지 표면이나 그 근처에서 채취된다.
② 막 여과지는 섬유상 여과지에 비해 공기저항이 심하다.
③ 막 여과지는 여과지 표면에 채취된 입자의 이탈이 없다.
④ 섬유상 여과지는 여과지 표면뿐 아니라 단면 깊게 입자상 물질이 들어가므로 더 많은 입자상 물질을 채취할 수 있다.

해 설

막 여과지는 여과지 표면에 채취된 입자들이 이탈되는 경향이 있다.

38

어느 작업장에서 A물질의 농도를 측정 한 결과가 아래와 같을 때, 측정 결과의 중앙값(median; [ppm])은?

단위: [ppm]

23.9 21.6 22.4 24.1 22.7 25.4

① 22.7
② 23.0
③ 23.3
④ 23.9

해 설

중앙값

중앙값(중앙치)를 구하기 위해서는 우선 측정 결과를 오름차순으로 배치한다.
21.6, 22.4, 22.7, 23.9, 24.1, 25.4
측정치의 개수가 짝수이므로, 가운데 두 측정치의 산술평균이 중앙값이다.

$$중앙값 = \frac{22.7 + 23.9}{2} = 23.3[ppm]$$

정답 35 ④ 36 ② 37 ③ 38 ③

39

복사선(Radiation)에 관한 설명 중 틀린 것은?

① 복사선은 전리작용의 유무에 따라 전리복사선과 비전리복사선으로 구분한다.
② 비전리복사선에는 자외선, 가시광선, 적외선 등이 있고, 전리복사선에는 X선, γ선 등이 있다.
③ 비전리복사선은 에너지 수준이 낮아 분자구조나 생물학적 세포조직에 영향을 미치지 않는다.
④ 전리복사선이 인체에 영향을 미치는 정도는 복사선의 형태, 조사량, 신체조직, 연령 등에 따라 다르다.

해 설

비전리복사선은 전리복사선 수준까지는 아니더라도 단백질 변성 및 핵산분자의 파괴 작용을 일으켜 분자구조나 세포조직에 영향을 미친다.

40

산업안전보건법령에서 사용하는 용어의 정의로 틀린 것은?

① 신뢰도란 분석치가 참값에 얼마나 접근하였는가 하는 수치상의 표현을 말한다.
② 가스상 물질이란 화학적인자가 공기중으로 가스·증기의 형태로 발생되는 물질을 말한다.
③ 정도관리란 작업환경측정·분석 결과에 대한 정확성과 정밀도를 확보하기 위하여 작업환경측정기관의 측정·분석능력을 확인하고, 그 결과에 따라 지도·교육 등 측정·분석능력 향상을 위하여 행하는 모든 관리적 수단을 말한다.
④ 정밀도란 일정한 물질에 대해 반복측정·분석을 했을 때 나타나는 자료 분석치의 변동크기가 얼마나 작은가 하는 수치상의 표현을 말한다.

해 설

분석치가 참값에 얼마나 접근하였는가 하는 수치상의 표현은 정확도에 대한 정의이다.

3과목 작업환경관리대책

41

후드 제어속도에 대한 내용 중 틀린 것은?

① 제어속도는 오염물질의 증발속도와 후드 주위의 난기류 속도를 합한 것과 같아야 한다.
② 포위식 후드의 제어속도를 결정하는 지점은 후드의 개구면이 된다.
③ 외부식 후드의 제어속도를 결정하는 지점은 유해물질이 흡인되는 범위 안에서 후드의 개구면으로부터 가장 멀리 떨어진 지점이 된다.
④ 오염물질의 발생상황에 따라서 제어속도는 달라진다.

해 설

제어속도는 오염물질을 후드로 흡인하기 위하여 필요한 최소 풍속을 의미하며, 오염물질의 증발속도, 후드 주위의 기류, 후드의 개구부 모양, 후드와 오염물질 사이의 거리 등 다양한 요소를 고려하여 정한다.

42

전기집진장치에 대한 설명 중 틀린 것은?

① 초기 설치비가 많이 든다.
② 운전 및 유지비가 비싸다.
③ 가연성 입자의 처리가 곤란하다.
④ 고온가스를 처리할 수 있어 보일러와 철강로 등에 설치할 수 있다.

해 설

전기집진장치

장점	단점
• 운영비용이 저렴함	• 초기 설치비용이 큼
• 낮은 압력손실로 대량가스 처리 가능	• 가스상 오염물질 제거 불가능
• 광범위한 온도범위 설계 가능	• 운전조건 변화에 대한 유연성 낮음
• 건식 및 습식으로 집진 가능	• 설치면적이 큼
• 미세입자에 대한 집진효율이 높음	• 저항이 너무 크거나 너무 작은 분진에는 적용하기 어려움

정답 39 ③ 40 ① 41 ① 42 ②

43

후드의 유입계수 0.86, 속도압 25[mmH$_2$O]일 때 후드의 압력손실[mmH$_2$O]은?

① 8.8
② 12.2
③ 15.4
④ 17.2

해 설

유입손실계수(F_h)

$$F_h = \frac{1}{Ce^2} - 1$$

여기서, F_h: 유입손실계수
Ce: 유입계수

$$F_h = \frac{1}{0.86^2} - 1 = 0.352$$

후드 압력손실(ΔP)

$$\Delta P = F_h \times VP$$

여기서, ΔP: 후드 압력손실[mmH$_2$O]
F_h: 유입손실계수
VP: 속도압[mmH$_2$O]

$\Delta P = F_h \times VP = 0.352 \times 25 = 8.8[\text{mmH}_2\text{O}]$

44

국소배기시스템 설계과정에서 두 덕트가 한 합류점에서 만났다. 정압(절대치)이 낮은 쪽 대 정압이 높은 쪽의 정압비가 1 : 1.1로 나타났을 때, 적절한 설계는?

① 정압이 낮은 쪽의 유량을 증가시킨다.
② 정압이 낮은 쪽의 덕트직경을 줄여 압력손실을 증가시킨다.
③ 정압이 높은 쪽의 덕트직경을 늘려 압력손실을 감소시킨다.
④ 정압의 차이를 무시하고 높은 정압을 지배정압으로 계속 계산해 나간다.

해 설

정압이 높은 쪽 대 정압이 낮은 쪽의 정압비가 1.2 이하일 경우, 정압이 낮은 쪽의 유량을 증가시켜 압력을 조정하고 1.2보다 클 경우에는 정압이 낮은 쪽을 재설계한다.

45

어떤 사업장의 산화규소 분진을 측정하기 위한 방법과 결과가 아래와 같을 때, 다음 설명 중 옳은 것은? (단, 산화규소(결정체 석영)의 호흡성 분진 노출기준은 0.045[mg/m^3]이다.)

시료채취방법 및 결과		
사용장치	시료채취시간 [min]	무게측정결과 [μg]
10[mm] 나일론 사이클론(1.7[LPM])	480	38

① 8시간 시간가중평가노출기준을 초과한다.
② 공기채취유량을 알 수가 없어 농도계산이 불가능하므로 위의 자료로는 측정결과를 알 수가 없다.
③ 산화규소(결정체 석영)는 진폐증을 일으키는 분진이므로 흡입성 먼지를 측정하는 것이 바람직하므로 먼지시료를 채취하는 방법이 잘못됐다.
④ 38[μg]은 0.038[mg]이므로 단시간노출기준을 초과하지 않는다.

해 설

공기채취량 $= \dfrac{1.7\text{L}}{\text{min}} \times 480\text{min} \times \dfrac{\text{m}^3}{1,000\text{L}} = 0.816[\text{m}^3]$

먼지채취량 $= 38\mu g \times \dfrac{\text{mg}}{1,000\mu g} = 0.038[\text{mg}]$

$\text{TWA} = \dfrac{0.038}{0.816} = 0.047[\text{mg/m}^3]$

따라서, TLV 0.045[mg/m^3]를 초과한다.

오답해설

② 1.7[LPM]과 480[min]을 곱하면 공기채취유량을 구할 수 있다.
③ 산화규소(결정체 석영)는 호흡성 분진이다.
④ 문제에서 주어진 조건으로는 단시간노출기준의 준수 여부를 평가할 수 없다.

정답 43 ① 44 ① 45 ①

46

샌드 블라스트(sand blast), 그라인더 분진 등 보통 산업분진을 덕트로 운반할 때의 최소설계속도[m/s]로 가장 적절한 것은?

① 10
② 15
③ 20
④ 25

해설

샌드 블라스트, 그라인더 분진 등 보통(일반) 산업분진을 덕트로 운반할 때의 반송속도는 17.5~20[m/s]가 적절하다.

> **가장 빠른 합격비법**
> 덕트의 최소설계속도와 반송속도는 동일한 의미이며, 덕트를 통하여 이동하는 물질이 덕트 내에서 퇴적이 일어나지 않는 상태로 이동시키기 위하여 필요한 최소 속도입니다.

47

입자의 침강속도에 대한 설명으로 틀린 것은? (단, 스토크스 식을 기준으로 한다.)

① 입자직경의 제곱에 비례한다.
② 공기와 입자 사이의 밀도차에 반비례한다.
③ 중력가속도에 비례한다.
④ 공기의 점성계수에 반비례한다.

해설

스토크스 법칙

$$V_g = \frac{d_p^2(\rho_p - \rho)g}{18\mu}$$

여기서, V_g: 침강속도
 d_p: 입자의 직경
 ρ_p: 입자의 밀도
 ρ: 공기의 밀도
 g: 중력가속도
 μ: 점성계수

스토크스 법칙에 따르면, 입자의 침강속도는 입자와 공기 사이의 밀도차에 비례한다.

48

다음 중 도금조와 사형주조에 사용되는 후드형식으로 가장 적절한 것은?

① 부스식
② 포위식
③ 외부식
④ 장갑부착상자식

해설

도금조 및 주조 공정상 작업에 방해가 없는 외부식 후드를 사용한다.

49

환기시스템에서 포착속도(capture velocity)에 대한 설명 중 틀린 것은?

① 먼지나 가스의 성상, 확산조건, 발생원 주변 기류 등에 따라서 크게 달라질 수 있다.
② 제어풍속이라고도 하며 후드 앞 오염원에서의 기류로서 오염공기를 후드로 흡인하는 데 필요하며, 방해기류를 극복해야 한다.
③ 유해물질의 발생기류가 높고 유해물질이 활발하게 발생할 때는 대략 15~20[m/s]이다.
④ 유해물질이 낮은 기류로 발생하는 도금 또는 용접 작업공정에서는 대략 0.5~1.0[m/s]이다.

해설

유해물질의 발생기류가 높고 활발하게 발생하는 경우의 제어속도는 대략 1.0~2.5[m/s]이다.

> **가장 빠른 합격비법**
> 제어속도는 최대 10[m/s] 정도 내외로, 상황에 알맞게 설정하여야 환기시스템 효율이 올라갑니다.

정답 46 ③ 47 ② 48 ③ 49 ③

50

국소배기시설에서 필요환기량을 감소시키기 위한 방법으로 틀린 것은?

① 후드 개구면에서 기류가 균일하게 분포되도록 설계한다.
② 공정에서 발생 또는 배출되는 오염물질의 절대량을 감소시킨다.
③ 포집형이나 레시버형 후드를 사용할 때에는 가급적 후드를 배출 오염원에 가깝게 설치한다.
④ 공정 내 측면 부착 차폐막이나 커튼 사용을 줄여 오염물질의 희석을 유도한다.

해설

공정 내 측면 부착 차폐막이나 커튼 사용을 늘려 오염물질의 희석을 방지한다.

51

차음보호구인 귀마개(Ear Plug)에 대한 설명으로 가장 거리가 먼 것은?

① 차음효과는 일반적으로 귀덮개보다 우수하다.
② 외청도에 이상이 없는 경우에 사용이 가능하다.
③ 더러운 손으로 만짐으로써 외청도를 오염시킬 수 있다.
④ 귀덮개와 비교하면 제대로 착용하는데 시간은 걸리나 부피가 작아서 휴대하기가 편리하다.

해설

차음효과는 일반적으로 귀덮개보다 떨어진다.

52

어떤 공장에서 1시간에 0.2[L]의 벤젠이 증발되어 공기를 오염시키고 있다. 전체환기를 위해 필요한 환기량 [m^3/s]은? (단, 벤젠의 안전계수, 밀도 및 노출기준은 각각 6, 0.879[g/mL], 0.5[ppm]이며, 환기량은 21[℃], 1기압을 기준으로 한다.)

① 82
② 91
③ 146
④ 181

해설

벤젠 사용량 = $\dfrac{0.2L}{hr} \times \dfrac{0.879g}{mL} \times \dfrac{1,000mL}{L} = 175.8[g/hr]$

벤젠 발생률(G)

$78[g] : 24.1[L] = 175.8[g/hr] : x[L/hr]$

$x = \dfrac{24.1 \times 175.8}{78} = 54.32[L/hr]$

$G = \dfrac{54.32L}{hr} \times \dfrac{1,000mL}{L} \times \dfrac{hr}{3,600s} = 15.09[mL/s]$

필요환기량(Q)

$$Q = \dfrac{G}{TLV} \times K$$

여기서, Q: 필요환기량[m^3/s]
G: 발생률[mL/s]
TLV: 노출기준[ppm]
K: 안전계수

$Q = \dfrac{15.09}{0.5} \times 6 = 181.06[m^3/s]$

가장 빠른 합격비법

증발량이 제시되고, 전체환기량을 구하는 문제는 사용량 → 발생률 → 환기량 순으로 구하는 것이 편리합니다.

정답 50 ④ 51 ① 52 ④

53

마스크 본체 자체가 필터 역할을 하는 방진마스크의 종류는?

① 격리식 방진마스크
② 직결식 방진마스크
③ 안면부 여과식 마스크
④ 전동식 마스크

해설

안면부 여과식 마스크는 마스크 본체가 필터 역할을 한다.

54

정압이 −1.6[cmH$_2$O]이고, 전압이 −0.7[cmH$_2$O]로 측정되었을 때, 속도압(VP; [cmH$_2$O])과 유속 (u; [m/s])은?

① VP: 0.9, u: 3.8
② VP: 0.9, u: 12
③ VP: 2.3, u: 3.8
④ VP: 2.3, u: 12

해설

전압(TP)

$$TP = VP + SP$$

여기서, TP: 전압
VP: 속도압
SP: 정압

VP = TP − SP = −0.7 − (−1.6) = 0.9[cmH$_2$O]

VP = 0.9cmH$_2$O × $\frac{10,332\text{mmH}_2\text{O}}{1,033.2\text{cmH}_2\text{O}}$ = 9[mmH$_2$O]

공기 유속 공식

$$V = 4.043\sqrt{VP}$$

여기서, V: 유속[m/s]
VP: 속도압[mmH$_2$O]

$V = 4.043\sqrt{9} = 12.13$[m/s]

55

760[mmH$_2$O]를 [mmHg]로 환산한 것으로 옳은 것은?

① 5.6
② 56
③ 560
④ 760

해설

1기압 = 760[mmHg] = 10,332[mmH$_2$O]이므로

760mmH$_2$O × $\frac{760\text{mmHg}}{10,332\text{mmH}_2\text{O}}$ = 55.90[mmHg]

56

사이클론 설계 시 블로우다운 시스템에 적용되는 처리량으로 가장 적절한 것은?

① 처리배기량의 1~2[%]
② 처리배기량의 5~10[%]
③ 처리배기량의 40~50[%]
④ 처리배기량의 80~90[%]

해설

블로우다운 시스템은 처리가스량의 5~10[%] 정도를 분진 퇴적함으로부터 흡입하도록 설계한다.

> **가장 빠른 합격비법**
>
> 블로우다운(Blow Down) 효과는 사이클론 내의 난류현상을 억제하여 집진된 먼지의 비산을 방지하고 집진효율을 증대시킵니다.

정답 53 ③ 54 ② 55 ② 56 ②

57

레시버식 캐노피형 후드의 유량비법에 의한 필요송풍량(Q)을 구하는 식에서 "A"는? (단, q는 오염원에서 발생하는 오염기류의 양을 의미한다.)

$$Q = q + (1 + "A")$$

① 열상승 기류량　② 누입한계유량비
③ 설계 유량비　　④ 유도 기류량

해설

필요송풍량(레시버식 캐노피형 후드)

$$Q = q + (1 + A)$$

여기서, Q: 필요송풍량
q: 오염기류의 양
A: 누입한계유량비

58

오염물질의 농도가 200[ppm]까지 도달하였다가 오염물질 발생이 중지되었을 때, 공기 중 농도가 200[ppm]에서 19[ppm]으로 감소하는 데 걸리는 시간[min]은? (단, 환기를 통한 오염물질의 농도는 시간에 대한 지수함수(1차 반응)으로 근사된다고 가정하고 환기가 필요한 공간의 부피는 3,000[m³], 환기 속도는 1.17[m³/s]이다.)

① 89　② 101
③ 109　④ 115

해설

농도 감소에 걸리는 시간

$$t = -\frac{V}{Q'} \ln \frac{C_2}{C_1}$$

여기서, t: 농도 감소에 걸리는 시간[sec]
V: 공간의 부피[m³]
Q': 환기속도[m³/sec]
C_2: 나중 농도[ppm]
C_1: 처음 농도[ppm]

$t = -\frac{3,000}{1.17} \times \ln \frac{19}{200} = 6,035.59[\text{sec}]$

$t = 6,035.59 \text{sec} \times \frac{\min}{60 \text{sec}} = 100.59[\min]$

59

방진마스크에 대한 설명 중 틀린 것은?

① 공기 중에 부유하는 미세입자물질을 흡입함으로써 인체에 장해의 우려가 있는 경우에 사용한다.
② 방진마스크의 종류에는 격리식과 직결식이 있고, 그 성능에 따라 특급, 1급 및 2급으로 나누어진다.
③ 장시간 사용 시 분진의 포집효율이 증가하고 압력강하는 감소한다.
④ 베릴륨, 석면 등에 대해서는 특급을 사용하여야 한다.

해설

장시간 사용 시 분진의 포집효율이 감소하고 압력강하는 증가한다.

60

길이가 2.4[m], 폭이 0.4[m]인 플랜지 부착 슬롯형 후드가 바닥에 설치되어 있다. 포착점까지의 거리가 0.5[m], 제어속도가 0.4[m/s]일 때 필요송풍량[m³/min]은? (단, $\frac{1}{4}$ 원주 슬롯형이다.)

① 20.2　② 46.1
③ 80.6　④ 161.3

해설

필요송풍량(외부식 슬롯 후드)

$$Q = C \times L \times X \times V_c$$

여기서, Q: 필요송풍량[m³/sec]
C: 형상계수
(전원주: 5, $\frac{3}{4}$ 원주: 4.1, $\frac{1}{2}$ 원주: 2.8, $\frac{1}{4}$ 원주: 1.6)
L: 후드의 길이[m]
X: 포착점까지의 거리[m]
V_c: 제어속도[m/s]

$Q = 1.6 \times 2.4 \times 0.5 \times 0.4 = 0.768[\text{m}^3/\text{sec}]$
$Q = \frac{0.768 \text{m}^3}{\text{sec}} \times \frac{60 \text{sec}}{\min} = 46.08[\text{m}^3/\min]$

정답 57 ②　58 ②　59 ③　60 ②

4과목 물리적유해인자관리

61
전기성 안염(전광선 안염)과 가장 관련이 깊은 비전리방사선은?

① 자외선
② 적외선
③ 가시광선
④ 마이크로파

해설

전기용접, 자외선 살균기 등으로부터 발생하는 자외선은 전기성 안염의 원인이 될 수 있다.

62
방사선의 투과력이 큰 것에서부터 작은 순으로 올바르게 나열한 것은?

① $X>\beta>\gamma$
② $X>\beta>\alpha$
③ $\alpha>X>\gamma$
④ $\gamma>\alpha>\beta$

해설

전리방사선의 투과력 순서
중성자>X선 또는 γ선>β선>α선

63
소음에 의한 인체의 장해(소음성 난청)에 영향을 미치는 요인이 아닌 것은?

① 소음의 크기
② 개인의 감수성
③ 소음 발생 장소
④ 소음의 주파수 구성

해설

소음성 난청에 영향을 미치는 요소로는 소음의 크기, 개인의 감수성, 소음의 주파수 및 소음의 발생 특성 등이 있다.

64
일반적으로 눈을 부시게 하지 않고 조도가 균일하여 눈의 피로를 줄이는 데 가장 효과적인 조명 방법은?

①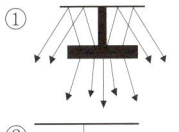
②
③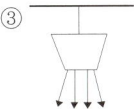
④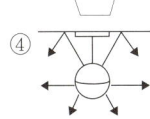

해설

간접조명은 광속의 90~100%를 위로 발산하여 천장, 벽에서 확산시켜 균일한 조명도를 얻을 수 있으므로 눈부심 등 눈의 피로를 줄이는 데 효과적이다.

정답 61 ① 62 ② 63 ③ 64 ②

65

도르노선(Dorno-ray)에 대한 내용으로 옳은 것은?

① 가시광선의 일종이다.
② 280~315[Å] 파장의 자외선을 의미한다.
③ 소독작용, 비타민D 형성 등 생물학적 작용이 강하다.
④ 절대온도 이상의 모든 물체는 온도에 비례하여 방출한다.

오답해설
① 도르노선은 자외선의 일종이다.
② 도르노선의 파장 범위는 2,800~3,150[Å]이다.
④ 절대온도 이상의 물체가 온도에 비례하여 방출하는 방사선은 적외선이다.

66

산업안전보건법령상 충격소음의 노출기준과 관련된 내용으로 옳은 것은?

① 충격소음의 강도가 120[dB(A)]일 경우 1일 최대 노출회수는 1,000회이다.
② 충격소음의 강도가 130[dB(A)]일 경우 1일 최대 노출회수는 100회이다.
③ 최대 음압수준이 135[dB(A)]를 초과하는 충격소음에 노출되어서는 안 된다.
④ 충격소음이란 최대 음압수준에 120[dB(A)] 이상인 소음이 1초 이상의 간격으로 발생하는 것을 말한다.

오답해설
① 충격소음의 강도가 120[dB(A)]일 경우 1일 최대 노출회수는 10,000회이다.
② 충격소음의 강도가 130[dB(A)]일 경우 1일 최대 노출회수는 1,000회이다.
③ 최대 음압수준이 140[dB(A)]를 초과하는 충격소음에 노출되어서는 안 된다.

67

감압에 따른 인체의 기포 형성량을 좌우하는 요인과 가장 거리가 먼 것은?

① 감압속도
② 산소공급량
③ 조직에 용해된 가스량
④ 혈류를 변화시키는 상태

해설
감압에 따른 인체의 기포 형성량을 좌우하는 요인
- 감압속도
- 조직에 용해된 가스량
- 혈류를 변화시키는 상태

68

작업환경측정 및 정도관리 등에 관한 고시상 고열 측정방법으로 옳지 않은 것은?

① 예비조사가 목적인 경우 검지관방식으로 측정할 수 있다.
② 측정은 단위작업 장소에서 측정대상이 되는 근로자의 주 작업 위치에서 측정한다.
③ 측정기의 위치는 바닥면으로부터 50[cm] 이상 150[cm] 이하의 위치에서 측정한다.
④ 측정기를 설치한 후 충분히 안정화시킨 상태에서 1일 작업시간 중 가장 높은 고열에 노출되는 1시간을 10분 간격으로 연속하여 측정한다.

해설
고열은 습구흑구온도지수(WBGT)를 측정할 수 있는 기기 또는 이와 동등 이상의 성능을 가진 기기를 사용한다.

정답 65 ③ 66 ④ 67 ② 68 ①

69

지적환경(optimum working environment)을 평가하는 방법이 아닌 것은?

① 생산적(productive) 방법
② 생리적(physiological) 방법
③ 정신적(psychological) 방법
④ 생물역학적(biomechanical) 방법

해 설

지적환경 평가방법으로는 생산적 방법, 생리적 방법 및 정신적 방법 등이 있다.

70

한랭작업과 관련된 설명으로 옳지 않은 것은?

① 저체온증은 몸의 심부온도가 35[℃] 이하로 내려간 것을 말한다.
② 손가락의 온도가 내려가면 손동작의 정밀도가 떨어지고 시간이 많이 걸려 작업능률이 저하된다.
③ 동상은 혹심한 한랭에 노출됨으로써 피부 및 피하조직 자체가 동결하여 조직이 손상되는 것을 말한다.
④ 근로자의 발이 한랭에 장기간 노출되고 동시에 지속적으로 습기나 물에 잠기게 되면 '선단자람증'의 원인이 된다.

해 설

근로자의 발이 한랭에 장기간 노출되고 동시에 지속적으로 습기나 물에 잠기게 되면 참호족의 원인이 된다.

71

다음 방사선 중 입자방사선으로만 나열된 것은?

① α선, β선, γ선
② α선, β선, X선
③ α선, β선, 중성자
④ α선, β선, γ선, X선

해 설

전리방사선의 분류
- 전자기방사선: X선, γ선
- 입자방사선: α선, β선, 중성자

72

다음은 빛과 밝기의 단위를 설명한 것으로 ㉠, ㉡에 해당하는 용어로 옳은 것은?

> 1루멘의 빛이 1[ft²]의 평면상에 수직방향으로 비칠 때, 그 평면의 빛의 양, 즉 조도를 (㉠)(이)라하고, 1[m²]의 평면에 1루멘의 빛이 비칠 때 밝기를 1(㉡)(이)라고 한다.

	㉠	㉡
①	캔들(Candle)	럭스(Lux)
②	럭스(Lux)	캔들(Candle)
③	럭스(Lux)	푸트캔들(Footcandle)
④	푸트캔들(Footcandle)	럭스(Lux)

해 설

푸트캔들
1루멘의 빛이 1[ft²]의 평면상에 수직방향으로 비칠 때, 그 평면의 빛의 양을 1푸트캔들이라고 한다.

럭스
1[m²]의 평면에 1루멘의 빛이 비칠 때 밝기를 1럭스라고 한다.

정답 69 ④ 70 ④ 71 ③ 72 ④

73

다음 계측기기 중 기류 측정기가 아닌 것은?

① 흑구온도계
② 카타온도계
③ 풍차풍속계
④ 열선풍속계

해설
흑구온도계는 열복사량을 측정하는 온도계이다.

74

고압환경에서의 2차적 가압현상(화학적 장해)에 의한 생체 영향과 거리가 먼 것은?

① 질소 마취
② 산소 중독
③ 질소 기포 형성
④ 이산화탄소 중독

해설
체내의 질소 기포는 감압환경일 때 생성된다.

75

다음 중 공장 내부에 기계 및 설비가 복잡하게 설치되어 있는 경우에 작업장 기계에 의한 흡음이 고려되지 않아 실제 흡음보다 과소평가되기 쉬운 흡음 측정방법은?

① Sabin method
② Reverberation time method
③ Sound power method
④ Loss due to distance method

해설
공장 내부에 기계 및 설비가 복잡하게 설치되어 있는 경우에 작업장 기계에 의한 흡음이 고려되지 않아 실제 흡음보다 과소평가되기 쉬운 흡음 측정방법은 Sabin method이다.

76

작업자 A의 4시간 작업 중 소음노출량이 76[%]일 때, 측정시간에 있어서 평균치는 약 몇 [dB(A)]인가?

① 88
② 93
③ 98
④ 103

해설
측정시간에 따른 소음평균치

$$SPL = 90 + 16.61 \log \frac{D}{12.5t}$$

여기서, SPL : 측정시간에 따른 소음평균치[dB]
D : 소음노출량계로 측정한 노출량[%]
t : 측정시간[hr]

$$SPL = 90 + 16.61 \log \frac{76}{12.5 \times 4}$$
$$= 93.02[dB(A)]$$

정답 73 ① 74 ③ 75 ① 76 ②

77

진동이 인체에 미치는 영향에 관한 설명으로 옳지 않은 것은?

① 맥박수가 증가한다.
② 1~3[Hz]에서 호흡이 힘들고 산소소비가 증가한다.
③ 1~3[Hz]에서 허리, 가슴 및 등 쪽에 감각적으로 가장 심한 통증을 느낀다.
④ 신체의 공진현상은 앉아 있을 때가 서 있을 때보다 심하게 나타난다.

해설
가슴, 등에 심한 통증을 느끼는 진동수는 6[Hz]이다.

78

공장 내 각기 다른 3대의 기계에서 각각 90[dB(A)], 95[dB(A)], 88[dB(A)]의 소음이 발생된다면 동시에 기계를 가동시켰을 때의 합산 소음[dB(A)]은 약 얼마인가?

① 96
② 97
③ 98
④ 99

해설
합산 소음

$$L_{합}=10\log\left(10^{\frac{SPL_1}{10}}+10^{\frac{SPL_2}{10}}+\cdots+10^{\frac{SPL_n}{10}}\right)$$

여기서, $L_{합}$: 합산 소음[dB]
SPL_n: 음압수준[dB]

$L_{합}=10\log\left(10^{\frac{90}{10}}+10^{\frac{95}{10}}+10^{\frac{88}{10}}\right)=96.8[dB(A)]$

79

사람이 느끼는 최소 진동역치로 옳은 것은?

① 35±5[dB]
② 45±5[dB]
③ 55±5[dB]
④ 65±5[dB]

해설
사람이 느끼는 최소 진동역치는 50~60[dB]이다.

80

산업안전보건법령상 적정공기의 범위에 해당하는 것은?

① 산소농도 18[%] 미만
② 일산화탄소 농도 50[ppm] 미만
③ 이산화탄소 농도 10[%] 미만
④ 황화수소 농도 10[ppm] 미만

해설
적정공기 기준
- 산소: 18[%] 이상 23.5[%] 미만
- 일산화탄소: 30[ppm] 미만
- 이산화탄소(탄산가스): 1.5[%] 미만
- 황화수소: 10[ppm] 미만

정답 77 ③ 78 ② 79 ③ 80 ④

5과목 산업독성학

81
규폐증(silicosis)에 관한 설명으로 옳지 않은 것은?

① 직업적으로 석영 분진에 노출될 때 발생하는 진폐증의 일종이다.
② 석면의 고농도 분진을 단기적으로 흡입할 때 주로 발생되는 질병이다.
③ 채석장 및 모래분사 작업장에 종사하는 작업자들이 잘 걸리는 폐질환이다.
④ 역사적으로 보면 이집트의 미이라에서도 발견되는 오래된 질병이다.

해설
규폐증은 석면이 아니라 규소(석영)에 노출되었을 때 주로 발생한다.

82
입자상 물질의 하나인 흄(fume)의 발생기전 3단계에 해당하지 않는 것은?

① 산화 ② 입자화
③ 응축 ④ 증기화

해설
흄의 발생기전 3단계
금속 증기화 → 증기물 산화 → 산화물 응축

83
다음 중 20년간 석면을 사용하여 자동차 브레이크 라이닝과 패드를 만들었던 근로자가 걸릴 수 있는 대표적인 질병과 거리가 가장 먼 것은?

① 폐암 ② 석면폐증
③ 악성중피종 ④ 급성골수성 백혈병

해설
급성골수성백혈병은 주로 벤젠에 의하여 발병된다.

84
유해물질의 생체 내 배설과 관련된 설명으로 옳지 않은 것은?

① 유해물질은 대부분 위(胃)에서 대사된다.
② 흡수된 유해물질은 수용성으로 대사된다.
③ 유해물질의 분포량은 혈중농도에 대한 투여량으로 산출된다.
④ 유해물질의 혈장농도가 50[%]로 감소하는 데 소요되는 시간을 반감기라고 한다.

해설
여러 화학물질 대사에 관여하는 장기는 간이다.

정답 81 ② 82 ② 83 ④ 84 ①

85

다음 중 조혈장기에 장해를 입히는 정도가 가장 낮은 것은?

① 망간
② 벤젠
③ 납
④ TNT

해설
망간 중독은 조혈장기의 장애와 무관하다.

86

화학물질을 투여한 실험동물의 50[%]가 관찰 가능한 가역적인 반응을 나타내는 양을 의미하는 것은?

① ED_{50}
② LC_{50}
③ LE_{50}
④ TE_{50}

해설
화학물질을 투여한 실험동물의 50[%]가 관찰 가능한 가역적인 반응을 나타내는 양을 의미하는 것은 ED_{50}이다.

> **가장 빠른 합격비법**
> 쉽게 풀어 말하면, ED_{50}(Effective Dose 50)은 화학물질을 투여하였을 때 투여한 실험동물 절반에 어떠한 효과가 나타나는 용량을 의미합니다.

87

금속의 독성에 관한 일반적인 특성을 설명한 것으로 옳지 않은 것은?

① 금속의 대부분은 이온상태로 작용된다.
② 생리과정에 이온상태의 금속이 활용되는 정도는 용해도에 달려있다.
③ 금속이온과 유기화합물 사이의 강한 결합력은 배설율에도 영향을 미치게 한다.
④ 용해성 금속염은 생체 내 여러 가지 물질과 작용하여 수용성 화합물로 전환된다.

해설
용해성 금속염은 생체 내 여러 가지 물질과 작용하여 지용성 화합물로 전환된다.

88

작업자가 납 흄에 장기간 노출되어 혈액 중 납의 농도가 높아졌을 때 일어나는 혈액 내 현상이 아닌 것은?

① K^+와 수분이 손실된다.
② 삼투압에 의하여 적혈구가 위축된다.
③ 적혈구 생존시간이 감소한다.
④ 적혈구 내 전해질이 급격히 증가한다.

해설
납 중독 시 적혈구 내 전해질이 감소한다.

정답 85 ① 86 ① 87 ④ 88 ④

89

화학물질의 생리적 작용에 의한 분류에서 종말기관지 및 폐포점막 자극제에 해당되는 유해가스는?

① 불화수소   ② 이산화질소
③ 염화수소   ④ 아황산가스

해설

종말기관지 및 폐포점막 자극제에 해당되는 유해가스는 이산화질소와 포스겐 등이다.

오답해설

① 불화수소: 상기도점막 및 폐조직 자극제
③ 염화수소: 상기도점막 및 폐조직 자극제
④ 아황산가스: 상기도점막 자극제

90

단시간노출기준(STEL)은 근로자가 1회 몇 분 동안 유해인자에 노출되는 경우의 기준을 말하는가?

① 5분   ② 10분
③ 15분   ④ 30분

해설

단시간노출기준(STEL)은 근로자가 1회 15분 동안 유해인자에 노출되는 경우의 기준이다.

91

폴리비닐중합체를 생산하는 데 많이 쓰이며, 간장해와 발암작용이 있다고 알려진 물질은?

① 납   ② PCB
③ 염화비닐   ④ 포름알데히드

해설

염화비닐
폴리비닐중합체를 생산하는 데 많이 쓰이며, 간장해와 발암작용이 있다.

92

알레르기성 접촉 피부염에 관한 설명으로 옳지 않은 것은?

① 알레르기성 반응은 극소량 노출에 의해서도 피부염이 발생할 수 있는 것이 특징이다.
② 알레르기 반응을 일으키는 관련세포는 대식세포, 림프구, 랑거한스세포로 구분된다.
③ 항원에 노출되고 일정시간이 지난 후에 다시 노출되었을 때 세포매개성 과민반응에 의하여 나타나는 부작용의 결과이다.
④ 알레르기원에 노출되고 이 물질이 알레르기원으로 작용하기 위해서는 일정기간이 소요되며 그 기간을 휴지기라 한다.

해설

알레르기원에 노출되고 이 물질이 알레르기원으로 작용하기 위해서는 일정기간이 소요되며 그 기간을 유도기라 한다.

정답 89 ② 90 ③ 91 ③ 92 ④

93

망간중독에 관한 설명으로 옳지 않은 것은?

① 호흡기 노출이 주경로이다.
② 언어장애, 균형감각상실 등의 증세를 보인다.
③ 전기용접봉 제조업, 도자기 제조업에서 빈번하게 발생된다.
④ 만성중독은 3가 이상의 망간화합물에 의해서 주로 발생한다.

해 설

만성중독은 2가 망간화합물에 의해서 주로 발생한다.

94

남성 근로자의 생식독성 유발요인이 아닌 것은?

① 풍진
② 흡연
③ 망간
④ 카드뮴

해 설

남성 생식독성 유발 유해인자로는 음주, 흡연, 망간, 카드뮴, 납, 수은, 이황화탄소, 염화비닐, X선, 마이크로파 등이 있다.

! 가장 빠른 합격비법

풍진은 루벨라 바이러스가 호흡기를 통하여 전파되어 발생하는 질병입니다. 발열, 발진, 눈 충혈, 기침 등을 동반합니다.

95

연(납)의 인체 내 침입경로 중 피부를 통하여 침입하는 것은?

① 일산화연
② 4메틸연
③ 아질산연
④ 금속연

해 설

유기연(4메틸연, 4에틸연)은 피부를 통해 체내에 흡수된다.

! 가장 빠른 합격비법

납을 한자로 연(鉛)이라고 합니다.

96

산업역학에서 상대위험도의 값이 1인 경우가 의미하는 것은?

① 노출되면 위험하다.
② 노출되어서는 절대 안된다.
③ 노출과 질병발생 사이에는 연관이 없다.
④ 노출되면 질병에 대하여 방어효과가 있다.

해 설

상대위험도의 해석

상대위험도>1 → 위험의 증가
상대위험도=1 → 노출과 질병 사이의 연관성 없음
상대위험도<1 → 질병에 대한 방어효과 있음

정답 93 ④ 94 ① 95 ② 96 ③

97

유해물질과 생물학적 노출지표와의 연결이 잘못된 것은?

① 벤젠 – 소변 중 페놀
② 크실렌 – 소변 중 카테콜
③ 스티렌 – 소변 중 만델린산
④ 퍼클로로에틸렌 – 소변 중 삼연화초산

해설
크실렌의 생물학적 노출지표는 소변 중 메틸마뇨산이다.

98

다음 설명에 해당하는 중금속의 종류는?

> 이 중금속 중독의 특징적인 증상은 구내염, 정신증상, 근육진전이다. 급성중독 시 우유나 계란의 흰자를 먹이며, 만성중독 시 취급을 즉시 중지하고 BAL을 투여한다.

① 납
② 크롬
③ 수은
④ 카드뮴

해설
수은의 특징적인 증상은 구내염, 정신증상, 근육진전이다. 급성중독 시 우유나 계란의 흰자를 먹이며, 만성중독 시 취급을 즉시 중지하고 BAL을 투여한다.

가장 빠른 합격비법
수은의 키워드는 뇌홍, BAL, 미나마타병, 구내염입니다.

99

납에 노출된 근로자가 납중독 되었는지를 확인하기 위하여 소변을 시료로 채취하였을 경우 측정할 수 있는 항목이 아닌 것은?

① 델타 – ALA
② 납 정량
③ Coproporphyrin
④ Protoporphyrin

해설
납 중독의 진단
- 빈혈 검사
- 요 중 코프로포르피린(Coproporphyrin) 및 δ-아미노레불린산(Aminolevulinic Acid, δ-ALA)
- 혈중 및 요 중 납 정량
- 혈중 α-ALA 탈수효소 활성치

가장 빠른 합격비법
프로토포르피린(Protoporphyrin)은 헤모글로빈과 사이토크롬 같은 중요한 생체분자의 구성 요소가 되는 물질입니다.
하지만, 납에 중독되면 프로토포르피린의 대사를 방해하여 체내에 비정상적으로 많은 프로토포르피린이 축적됩니다. 따라서, 혈중 아연-프로토포르피린의 농도는 납 중독의 지표로 사용됩니다.

100

다음 중 중추신경 억제작용이 가장 큰 것은?

① 알칸
② 에테르
③ 알코올
④ 에스테르

해설
중추신경계 활성 억제 작용 순서
할로겐화합물 > 에테르 > 에스테르 > 유기산 > 알코올 > 알켄 > 알칸

정답 97 ② 98 ③ 99 ④ 100 ②

2022년 제3회 CBT 복원문제

1과목 산업위생학개론

01
어떤 유해요인에 노출될 때 환자수가 어느 정도로 증가되는지 설명해 주는 위험도는?

① 상대위험도 ② 기여위험도
③ 인자위험도 ④ 노출위험도

해설
기여위험도

기여위험도＝노출군의 발생률－비노출군 발생률

기여위험도는 순수하게 유해요인에 노출되어 나타난 위험도를 평가하기 위한 것으로, 어떤 유해요인에 노출되어 환자가 얼만큼 증가했는지 설명해 준다.

02
신체적 결함과 이에 따른 부적합한 작업을 짝지은 것으로 틀린 것은?

① 심계항진 － 정밀작업
② 간기능 장해 － 화학공업
③ 빈혈증 － 유기용제 취급작업
④ 당뇨증 － 외상받기 쉬운 작업

해설
격심작업, 고소작업 등이 심계항진을 유발한다.

> ⚠ **가장 빠른 합격비법**
> 격심작업은 생리적 부담이 매우 높은 강도의 작업입니다. 고소작업은 고도가 높은 곳에서 실시하는 작업입니다.

03
해외 국가의 노출기준 연결이 틀린 것은?

① 영국 － WEL(Workplace Exposure Limit)
② 독일 － REL(Recommended Exposure Limit)
③ 스웨덴 － OEL(Occupational Exposure Limit)
④ 미국(ACGIH) － TLV(Threshold Limit Value)

해설
해외의 노출기준
- 미국국립산업안전보건연구원(NIOSH) : REL(Recommended Exposure Limits)
- 독일 : MAK－Wert(Maximale Arbeitsplatz－Konzentration)

04
산업안전보건법령상 사무실 공기관리에 대한 설명으로 옳지 않은 것은?

① 관리기준은 8시간 시간가중평균농도 기준이다.
② 이산화탄소와 일산화탄소는 비분산적외선검출기의 연속 측정에 의한 직독식 분석방법에 의한다.
③ 이산화탄소의 측정결과 평가는 각 지점에서 측정한 측정치 중 평균값을 기준으로 비교·평가한다.
④ 공기의 측정시료는 사무실 안에서 공기질이 가장 나쁠 것으로 예상되는 2곳 이상에서 채취하고, 측정은 사무실 바닥면으로부터 0.9～1.5[m]의 높이에서 한다.

해설
사무실 공기질 측정항목 중 이산화탄소는 각 지점에서 측정한 측정치 중 최고값을 기준으로 비교·평가한다.

정답 01 ② 02 ① 03 ② 04 ③

05

산업안전보건법령상 사무실 오염물질에 대한 관리기준으로 옳지 않은 것은?

① 라돈: 148[Bq/m³] 이하
② 일산화탄소: 10[ppm] 이하
③ 이산화질소: 0.1[ppm] 이하
④ 포름알데히드: 500[μg/m³] 이하

해설

사무실 오염물질 관리기준

오염물질	관리기준
미세먼지(PM10)	100[μg/m³]
초미세먼지(PM2.5)	50[μg/m³]
이산화탄소(CO_2)	1,000[ppm]
일산화탄소(CO)	10[ppm]
이산화질소(NO_2)	0.1[ppm]
포름알데히드(HCHO)	100[μg/m³]
총휘발성유기화합물(TVOC)	500[μg/m³]
라돈(radon)	148[Bq/m³]
총부유세균	800[CFU/m³]
곰팡이	500[CFU/m³]

06

온도 25[℃], 1기압 하에서 분당 100[mL]씩 60분 동안 채취한 공기 중에서 벤젠이 5[mg] 검출되었다면 검출된 벤젠은 약 몇 [ppm]인가? (단, 벤젠의 분자량은 78이다.)

① 15.7
② 26.1
③ 157
④ 261

해설

벤젠의 농도 $= \dfrac{5\text{mg}}{\dfrac{100 \times 10^{-6}\text{m}^3}{\text{min}} \times 60\text{min}} = 833.33[\text{mg/m}^3]$

$\dfrac{\text{mg}}{\text{m}^3} = \dfrac{\text{ppm} \times 분자량}{24.45}$ 이므로(25[℃], 1기압 기준)

$\text{ppm} = \dfrac{24.45 \times 833.33}{78} = 261.22[\text{mL/m}^3]$

07

산업안전보건법령상 제조 등이 금지되는 유해물질이 아닌 것은?

① 석면
② 염화비닐
③ β-나프틸아민
④ 4-니트로디페닐

해설

제조 등 금지물질
- β-나프틸아민과 그 염(중량비율 1[%] 이하 제외)
- 4-니트로디페닐과 그 염(중량비율 1[%] 이하 제외)
- 백연을 포함한 페인트(중량비율 2[%] 이하 제외)
- 벤젠을 포함하는 고무풀(중량비율 5[%] 이하 제외)
- 석면(중량비율 1[%] 이하 제외)
- 폴리클로리네이티드 터페닐(중량비율 1[%] 이하 제외)
- 황린 성냥

08

하인리히의 사고예방대책의 기본원리 5단계를 순서대로 나타낸 것은?

① 조직 → 사실의 발견 → 분석·평가 → 시정책의 선정 → 시정책의 적용
② 조직 → 분석·평가 → 사실의 발견 → 시정책의 선정 → 시정책의 적용
③ 사실의 발견 → 조직 → 분석·평가 → 시정책의 선정 → 시정책의 적용
④ 사실의 발견 → 조직 → 시정책의 선정 → 시정책의 적용 → 분석·평가

해설

하인리히의 사고예방대책 기본원리 5단계
1단계: 안전관리조직 구성
2단계: 사실의 발견
3단계: 분석·평가
4단계: 시정방법의 선정
5단계: 시정책의 적용

정답 05 ④ 06 ④ 07 ② 08 ①

09

산업안전보건법령상 근로자에 대해 실시하는 특수건강진단 대상 유해인자에 해당되지 않는 것은?

① 에탄올(Ethanol)
② 가솔린(Gasoline)
③ 니트로벤젠(Nitrobenzene)
④ 디에틸에테르(Diethyl ether)

해설
에탄올은 특수건강진단 대상 유해인자가 아니다.

10

교대근무에 있어 야간작업의 생리적 현상으로 옳지 않은 것은?

① 체중의 감소가 발생한다.
② 체온이 주간보다 올라간다.
③ 주간 근무에 비하여 피로를 쉽게 느낀다.
④ 수면 부족 및 식사시간의 불규칙으로 위장장애를 유발한다.

해설
야간 작업 시 체온이 주간보다 떨어진다.

11

산업스트레스에 대한 반응을 심리적 결과와 행동적 결과로 구분할 때 행동적 결과로 볼수 없는 것은?

① 수면 방해
② 약물 남용
③ 식욕 부진
④ 돌발 행동

해설
산업스트레스에 대한 반응

행동적 결과	심리적 결과
식욕 부진, 생산저하, 카페인 및 알코올 남용, 돌발적 행동 등	가정문제, 수면 방해 등

12

18세기에 Percivall Pott가 어린이 굴뚝 청소부에게서 발견한 직업성 질환은?

① 백혈병
② 골육종
③ 진폐증
④ 음낭암

해설
Percivall Pott(1713~1788년)
10세 이하 굴뚝 청소부에게서 세계 최초로 직업성 암인 음낭암을 발견하였다. (원인물질: PAHs)

13

다음 중 노동의 적응과 장애에 관련된 내용으로 적절하지 않은 것은?

① 인체는 환경에서 오는 여러 자극(Stress)에 대하여 적응하려는 반응을 일으킨다.
② 인체에 적응이 일어나는 과정은 뇌하수체와 부신피질을 중심으로 한 특유의 반응이 일어나는데 이를 부적응증상군이라고 한다.
③ 직업에 따라 신체 형태와 기능에 국소적 변화가 일어나는데 이것을 직업성 변이(Occupational Stignata)라고 한다.
④ 외부의 환경변화나 신체활동이 반복되면 조절기능이 원활해지며, 이에 숙련 습득된 상태를 순화라고 한다.

해설
인체의 적응을 위해 뇌하수체와 부신피질을 중심으로 특유의 반응이 일어나는데, 이를 일반적응증후군이라고 한다.

정답 09 ① 10 ② 11 ① 12 ④ 13 ②

14

산업안전보건법령상 보건관리자의 업무가 아닌 것은? (단, 그 밖에 작업관리 및 작업환경관리에 관한 사항은 제외한다.)

① 물질안전보건자료의 게시 또는 비치에 관한 보좌 및 지도·조언
② 보건교육계획의 수립 및 보건교육 실시에 관한 보좌 및 지도·조언
③ 안전인증대상기계등 보건과 관련된 보호구의 점검, 지도, 유지에 관한 보좌 및 지도·조언
④ 전체 환기장치 등에 관한 설비의 점검과 작업방법의 공학적 개선에 관한 보좌 및 지도·조언

해 설

안전인증대상기계등과 자율안전확인대상기계등 중 보건과 관련된 보호구 구입 시 적격품 선정에 관한 보좌 및 지도·조언이 보건관리자의 업무이다.

관련개념

보건관리자의 업무 등
- 산업안전보건위원회 또는 노사협의체에서 심의·의결한 업무와 안전보건관리규정 및 취업규칙에서 정한 업무
- 안전인증대상기계등과 자율안전확인대상기계등 중 보건과 관련된 보호구 구입 시 적격품 선정에 관한 보좌 및 지도·조언
- 위험성평가에 관한 보좌 및 지도·조언
- 물질안전보건자료의 게시 또는 비치에 관한 보좌 및 지도·조언
- 산업보건의의 직무(의사 한정)
- 보건교육계획의 수립 및 보건교육 실시에 관한 보좌 및 지도·조언
- 의료행위(의사 또는 간호사 한정)
- 작업장 내에서 사용되는 전체 환기장치 및 국소 배기장치 등에 관한 설비의 점검과 작업방법의 공학적 개선에 관한 보좌 및 지도·조언
- 사업장 순회점검, 지도 및 조치 건의
- 산업재해 발생의 원인 조사·분석 및 재발 방지를 위한 기술적 보좌 및 지도·조언
- 산업재해에 관한 통계의 유지·관리·분석을 위한 보좌 및 지도·조언
- 법 또는 법에 따른 명령으로 정한 보건에 관한 사항의 이행에 관한 보좌 및 지도·조언
- 업무 수행 내용의 기록·유지

15

산업위생의 역사에서 직업과 질병의 관계가 있음을 알렸고, 광산에서의 납중독을 보고한 인물은?

① Larigo
② Paracelsus
③ Percivall Pott
④ Hippocrates

해 설

히포크라테스(Hippocrates)는 광산에서의 납중독을 보고하였고 납중독은 역사상 최초로 기록된 직업병이다.

16

A유해물질의 노출기준은 100[ppm]이다. 잔업으로 인하여 작업시간이 8시간에서 10시간으로 늘었다면 이 기준치는 몇 [ppm]으로 보정해 주어야 하는가? (단, Brief와 Scala의 보정방법을 적용하며 1일 노출시간을 기준으로 한다.)

① 60
② 70
③ 80
④ 90

해 설

Brief and Scala 보정방법(1일 노출시간 기준)

$$RF = \frac{8}{H} \times \frac{24-H}{16}$$

보정노출기준 = 8시간 노출기준 × RF

여기서, RF: 노출기준 보정계수
H: 노출시간[hr/일]

$RF = \frac{8}{10} \times \frac{24-10}{16} = 0.7$

보정노출기준 = $100 \times 0.7 = 70$[ppm]

정답 14 ③ 15 ④ 16 ②

17
다음 중 직업병의 발생 원인으로 볼 수 없는 것은?

① 국소난방
② 과도한 작업량
③ 유해물질의 취급
④ 불규칙한 작업시간

해설
국소난방은 직업병 발생원인으로 보기 힘들다.

> **가장 빠른 합격비법**
> 직업병(직업성 질환)은 어떤 직업에 종사함으로써 발생하는 업무상 질병입니다.

18
마이스터(D.Meister)가 정의한 내용으로 시스템으로부터 요구된 작업결과(Performance)와의 차이(Deviation)가 의미하는 것은?

① 인간실수
② 무의식 행동
③ 주변적 동작
④ 지름길 반응

해설
마이스터(D.Meister)는 인간실수를 시스템으로부터 요구된 작업결과와의 차이라고 정의했다.

19
미국산업위생학술원(AAIH)이 채택한 윤리강령 중 사업주에 대한 책임에 해당되는 내용은?

① 일반 대중에 관한 사항은 정직하게 발표한다.
② 위험 요소와 예방 조치에 관하여 근로자와 상담한다.
③ 성실성과 학문적 실력면에서 최고 수준을 유지한다.
④ 근로자의 건강에 대한 궁극적인 책임은 사업주에게 있음을 인식시킨다.

해설
사업주와 고객에 대한 책임
- 근로자의 건강보호는 사업주가 궁극적 책임
- 정직하게 권고하고 결과와 개선사항 정확히 보고
- 사용된 자료를 정확히 기록, 유지, 보관하여 운영 및 관리
- 산업위생 이론 적용 및 책임감 있는 행동

20
작업장에 존재하는 유해인자와 직업성 질환의 연결이 옳지 않은 것은?

① 망간 - 신경염
② 무기 분진 - 진폐증
③ 6가 크롬 - 비중격천공
④ 이상기압 - 레이노씨 병

해설
레이노씨 병(레이노 증후군)의 발생원인은 말단 수지, 족지에 가해지는 국소진동이다.

> **가장 빠른 합격비법**
> 이상기압은 잠함병, 폐수종의 발생원인입니다.

정답 17 ① 18 ① 19 ④ 20 ④

2과목 작업위생측정 및 평가

21
작업환경측정치의 통계 처리에 활용되는 변이계수에 관한 설명과 가장 거리가 먼 것은?

① 평균값의 크기가 0에 가까울수록 변이계수의 의의는 작아진다.
② 측정단위와 무관하게 독립적으로 산출되며 백분율로 나타낸다.
③ 단위가 서로 다른 집단이나 특성값의 상호산포도를 비교하는 데 이용될 수 있다.
④ 편차의 제곱합들의 평균값으로, 통계집단의 측정값들에 대한 균일성, 정밀도 정도를 표현한다.

해설
변이계수(CV)는 표준편차를 산술평균으로 나누어 백분율로 표현한 값으로, 표준편차가 평균의 몇 [%] 정도인지 나타낸다.

22
원통형 비누거품미터를 이용하여 공기시료채취기의 유량을 보정하고자 한다. 원통형 비누거품미터의 내경은 4[cm]이고 거품막이 30[cm]의 거리를 이동하는 데 10초의 시간이 걸렸다면 이 공기시료채취기의 유량은 약 몇 [cm³/sec]인가?

① 37.7
② 16.5
③ 8.2
④ 2.2

해설
$$\text{시료채취유량} = \frac{\text{비누거품면적} \times \text{높이}}{\text{이동시간}}$$
$$= \frac{\left(\frac{\pi}{4} \times 4^2\right) \times 30}{10} \fallingdotseq 37.7[\text{cm}^3/\text{sec}]$$

23
다음 중 수동식 채취기에 적용되는 이론으로 가장 적절한 것은?

① 침강원리, 분산원리
② 확산원리, 투과원리
③ 침투원리, 흡착원리
④ 충돌원리, 전달원리

해설
수동식 시료채취기는 펌프를 사용하지 않고 자연적인 기류로 확산 또는 투과, 흡착 원리를 통해 가스나 증기를 포집한다.

24
고열 측정방법에 관한 내용이다. ( ) 안에 들어갈 내용으로 맞는 것은? (단, 고용노동부 고시를 기준으로 한다.)

> 측정기를 설치한 후 충분히 안정화시킨 상태에서 1일 작업시간 중 가장 높은 고열에 노출되는 (㉠)시간을 (㉡)분 간격으로 연속하여 측정한다.

	㉠	㉡		㉠	㉡
①	1	5	②	2	5
③	1	10	④	2	10

해설
측정기를 설치한 후 충분히 안정화시킨 상태에서 1일 작업시간 중 가장 높은 고열에 노출되는 1시간을 10분 간격으로 연속하여 측정한다.

정답 21 ④ 22 ① 23 ② 24 ③

25

대푯값에 대한 설명 중 틀린 것은?

① 측정값 중 빈도가 가장 많은 수가 최빈값이다.
② 가중평균은 빈도를 가중치로 택하여 평균값을 계산한다.
③ 중앙값은 측정값을 모두 나열하였을 때 중앙에 위치하는 측정값이다.
④ 기하평균은 n개의 측정값이 있을 때 이들의 합을 개수로 나눈 값으로 산업위생분야에서 많이 사용한다.

해 설

n개의 측정값이 있을 때 이들의 합을 측정값의 개수로 나눈 값을 산술평균이라고 한다.

26

시료채취매체와 해당 매체로 포집할 수 있는 유해인자의 연결로 가장 거리가 먼 것은?

① 활성탄관 — 메탄올
② 유리섬유여과지 — 캡탄
③ PVC여과지 — 석탄분진
④ MCE막여과지 — 석면

해 설

메탄올은 보통 실리카겔관을 통하여 채취한다.

27

호흡성 먼지에 관한 내용으로 옳은 것은? (단, ACGIH를 기준으로 한다.)

① 평균입경은 1[μm]이다.
② 평균입경은 4[μm]이다.
③ 평균입경은 10[μm]이다.
④ 평균입경은 50[μm]이다.

해 설

입자상 물질 종류	평균입경[μm]
흡입성 입자상 물질(IPM)	100
흉곽성 입자상 물질(TPM)	10
호흡성 입자상 물질(RPM)	4

28

산업안전보건법령상 유해인자와 단위의 연결이 틀린 것은?

① 소음 — [dB]
② 흄 — [mg/m³]
③ 석면 — [개/cm³]
④ 고열 — 습구·흑구온도지수, [℃]

해 설

소음수준의 측정단위는 [dB(A)]로 표시한다.

가장 빠른 합격비법

[dB(A)]는 A특성치라고도 하며, 40[phon]의 등감곡선과 비슷하게 주파수에 따른 반응을 보정하여 측정한 음압수준입니다.

29

옥내의 습구흑구온도지수(WBGT)를 계산하는 식으로 옳은 것은?

① WBGT=0.1×자연습구온도+0.9×흑구온도
② WBGT=0.9×자연습구온도+0.1×흑구온도
③ WBGT=0.3×자연습구온도+0.7×흑구온도
④ WBGT=0.7×자연습구온도+0.3×흑구온도

해 설

습구흑구온도지수(옥내 또는 태양광선이 내리쬐지 않는 옥외)

$$WBGT = 0.7NWT + 0.3GT$$

여기서, WBGT : 습구흑구온도지수[℃]
NWT : 자연습구온도[℃]
GT : 흑구온도[℃]

30

공기 중 유기용제 시료를 활성탄관으로 채취하였을 때 가장 적절한 탈착용매는?

① 황산
② 사염화탄소
③ 중크롬산칼륨
④ 이황화탄소

해설

공기 중 유기용제 시료를 활성탄관으로 채취하였을 때 가장 적절한 탈착용매는 이황화탄소이다.

> **가장 빠른 합격비법**
>
> 이황화탄소는 비극성이므로 주로 비극성 유기용제 흡착에 사용하는 활성탄관의 탈착용매로 적절합니다. 또한, 가스크로마토그래피로 분석 시 반응성이 낮아 피크의 크기가 작게 나오므로 유리합니다.

31

작업장 내 다습한 공기에 포함된 비극성 유기증기를 채취하기 위해 이용할 수 있는 흡착제의 종류로 가장 적절한 것은?

① 활성탄(Activated Charcoal)
② 실리카겔(Silica Gel)
③ 분자체(Molecular Sieve)
④ 알루미나(Alumina)

해설

활성탄은 비극성물질이므로 주로 비극성 유기용제 포집에 사용된다.

32

화학공장의 작업장 내의 Toluene 농도를 측정하였더니 5, 6, 5, 6, 6, 6, 4, 8, 9, 20[ppm]일 때, 측정치의 기하표준편차(GSD)는?

① 1.6
② 3.2
③ 4.8
④ 6.4

해설

기하평균(GM)

$$GM = \sqrt[n]{x_1 \times x_2 \times \cdots \times x_n}$$

여기서, GM : 기하평균
x_n : 측정치
n : 측정치의 개수

$GM = \sqrt[10]{5 \times 6 \times 5 \times 6 \times 6 \times 6 \times 4 \times 8 \times 9 \times 20} = 6.72$

기하표준편차(GSD)

$$\log(GSD) = \sqrt{\frac{(\log x_1 - \log GM)^2 + (\log x_2 - \log GM)^2 + \cdots + (\log x_n - \log GM)^2}{n-1}}$$

여기서, GDS : 기하표준편차
x_n : 측정치
GM : 기하평균
n : 측정치의 개수

$$\log(GSD) = \sqrt{\frac{\begin{array}{c}(\log 5 - \log 6.72)^2 + (\log 6 - \log 6.72)^2 \\ +(\log 5 - \log 6.72)^2 + (\log 6 - \log 6.72)^2 \\ +(\log 6 - \log 6.72)^2 + (\log 6 - \log 6.72)^2 \\ +(\log 4 - \log 6.72)^2 + (\log 8 - \log 6.72)^2 \\ +(\log 9 - \log 6.72)^2 + (\log 20 - \log 6.72)^2\end{array}}{10-1}}$$

$= 0.1943$
$GSD = 10^{0.1943} = 1.56$ [ppm]

정답 30 ④ 31 ① 32 ①

33

입자상 물질을 채취하기 위해 사용하는 막여과지에 관한 설명으로 틀린 것은?

① MCE막 여과지: 산에 쉽게 용해되므로 입자상 물질 중의 금속을 채취하여 원자흡광광도법으로 분석하는 데 적당하다.
② PVC막 여과지: 유리규산을 채취하여 X선회절법으로 분석하는 데 적절하다.
③ PTFE: 농약, 알칼리성 먼지, 콜타르피치 등을 채취하는 데 사용한다.
④ 은막 여과지: 금속은, 결합제, 섬유 등을 소결하여 만든 것으로 코크스오븐에 대한 저항이 약한 단점이 있다.

해설

은막 여과지는 거의 순수한 은으로 만들어져 화학적, 열적 안정성이 매우 높다. 따라서, 코크스오븐 배출물질이나 콜타르피치 휘발성 물질, 다핵방향족 탄화수소 등을 채취할 때 사용한다.

34

다음 중 비누거품방법(Bubble Meter Method)을 이용해 유량을 보정할 때의 주의사항과 가장 거리가 먼 것은?

① 측정시간의 정확성은 ±5초 이내이어야 한다.
② 측정장비 및 유량보정계는 Tygon Tube로 연결한다.
③ 보정을 시작하기 전에 충분히 충전된 펌프를 5분간 작동한다.
④ 표준뷰렛 내부면을 세척제 용액으로 씻어서 비누거품이 쉽게 상승하도록 한다.

해설

비누거품미터의 측정시간 정확성은 ±1초 이내이어야 한다.

ⓘ 가장 빠른 합격비법

비누거품미터는 유량을 정밀하게 교정하기 위해 사용하는 기계식 유량계입니다.

35

작업장에서 오염물질농도를 측정했을 때 일산화탄소(CO)가 0.01[%]이었다면 이때 일산화탄소 농도[mg/m³]는 약 얼마인가? (단, 25[℃], 1기압 기준이다.)

① 95
② 105
③ 115
④ 125

해설

1[%]는 10,000[ppm]이다.

$0.01\% \times \dfrac{10,000\text{ppm}}{1\%} = 100[\text{ppm}]$

$\dfrac{\text{mg}}{\text{m}^3} = \dfrac{\text{ppm} \times 분자량}{24.45}$ (25[℃], 1기압 기준)

$\dfrac{\text{mg}}{\text{m}^3} = \dfrac{100 \times 28}{24.45} = 114.52[\text{mg/m}^3]$

36

입경이 50[μm]이고 비중이 1.32인 입자의 침강속도[cm/s]는 얼마인가?

① 8.6
② 9.9
③ 11.9
④ 13.6

해설

침강속도식(Lippman식)

$$V_g = 0.003 \times s_g \times d^2$$

여기서, V_g: 침강속도[cm/sec]
s_g: 입자의 비중
d: 입자의 직경[μm]

$V_g = 0.003 \times 1.32 \times 50^2 = 9.9[\text{cm/s}]$

ⓘ 가장 빠른 합격비법

입자의 밀도가 아니라 비중이 주어지면 Lippman 침강속도식을 사용합니다.

정답 33 ④ 34 ① 35 ③ 36 ②

37

접착공정에서 본드를 사용하는 작업장에서 톨루엔을 측정하고자 한다. 노출기준의 10[%]까지 측정하고자 할 때, 최소시료채취시간[min]은? (단, 작업장은 25[℃], 1기압이며, 톨루엔의 분자량은 92.14, 기체크로마토그래피의 분석에서 톨루엔의 정량한계는 0.5[mg], 노출기준은 100[ppm], 채취유량은 0.15[L/분]이다.)

① 13.3
② 39.6
③ 88.5
④ 182.5

해 설

노출기준의 단위를 [ppm]에서 [mg/m³]으로 변환한다.

$$\frac{mg}{m^3} = \frac{ppm \times 분자량}{24.45} \ (25[℃], 1기압 기준)$$

$$\frac{mg}{m^3} = \frac{100 \times 0.1 \times 92.14}{24.45} = 37.69[mg/m^3]$$

최소채취량/최소채취시간

$$최소채취량 = \frac{정량한계(LOQ)}{농도}$$

$$최소채취시간 = \frac{최소채취량}{채취유량}$$

최소채취량 $= \frac{0.5}{37.69} = 0.01327[m^3]$

채취최소시간 $= \frac{13.27L}{0.15L/min} = 88.47[min]$

38

작업환경공기 중의 물질A(TLV 50[ppm])가 55[ppm]이고, 물질B(TLV 50[ppm])가 47[ppm]이며, 물질C(TLV 50[ppm])가 52[ppm]이었다면, 공기의 노출농도 초과도는? (단, 상가작용을 기준으로 한다.)

① 3.62
② 3.08
③ 2.73
④ 2.33

해 설

$$EI = \frac{55}{50} + \frac{47}{50} + \frac{52}{50} = 3.08$$

39

입자상 물질의 여과원리와 가장 거리가 먼 것은?

① 차단
② 확산
③ 흡착
④ 관성충돌

해 설

입자상 물질의 여과원리로는 관성충돌, 중력침강, 확산, 직접차단, 정전기침강 등이 있다.

40

두 집단의 어떤 유해물질의 측정값이 아래 도표와 같을 때 두 집단의 표준편차의 크기 비교에 대한 설명 중 옳은 것은?

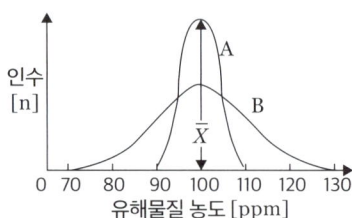

① A 집단과 B 집단은 서로 같다.
② A 집단의 경우가 B 집단의 경우보다 크다.
③ A 집단의 경우가 B 집단의 경우보다 작다.
④ 주어진 도표만으로 판단하기 어렵다.

해 설

표준편차가 클수록 평균에서 떨어진 측정값이 많이 존재한다.

정답 37 ③ 38 ② 39 ③ 40 ③

3과목 작업환경관리대책

41

회전차 외경이 600[mm]인 레이디얼(방사날개형) 송풍기의 풍량은 300[m³/min], 송풍기 전압은 60[mmH₂O], 축동력은 0.70[kW]이다. 회전차 외경이 1,000[mm]로 상사인 레이디얼(방사날개형) 송풍기가 같은 회전수로 운전될 때 전압[mmH₂O]은 어느 것인가? (단, 공기비중은 같다고 가정한다.)

① 167 ② 182
③ 214 ④ 246

해설

상사법칙(풍압-송풍기 직경)

$$\frac{P_2}{P_1} = \left(\frac{D_2}{D_1}\right)^2$$

여기서, P_1, P_2: 변경 전, 변경 후 풍압
D_1, D_2: 변경 전, 변경 후 송풍기의 직경

$P_2 = 60 \times \left(\frac{1,000}{600}\right)^2 = 166.67 [\text{mmH}_2\text{O}]$

42

사무실에서 일하는 근로자의 건강장애를 예방하기 위한 시간당 공기교환 횟수는 6회 이상 되어야 한다. 사무실의 체적이 150[m³]일 때 최소 필요환기량[m³/min]은?

① 9   ② 12
③ 15 ④ 18

해설

시간당 공기교환 횟수(ACH)

$$\text{ACH} = \frac{Q}{V}$$

여기서, ACH: 시간당 공기교환 횟수
Q: 필요환기량
V: 실내 용적

$\frac{6회}{hr} \times \frac{hr}{60\min} = \frac{Q}{150}$

$Q = 15 [\text{m}^3/\min]$

43

호흡기 보호구에 대한 설명으로 옳지 않은 것은?

① 호흡기 보호구를 선정할 때는 기대되는 공기 중의 농도를 노출기준으로 나눈 값을 위해비(HR)라 하는데, 위해비보다 할당보호계수(APF)가 작은 것을 선택한다.
② 할당보호계수(APF)가 100인 보호구를 착용하고 작업장에 들어가면 외부 유해물질로부터 적어도 100배만큼의 보호를 받을 수 있다는 의미이다.
③ 보호구를 착용함으로써 유해물질로부터 얼마만큼 보호해주는지 나타내는 것은 보호계수(PF)이다.
④ 보호계수(PF)는 보호구 밖의 농도(C_o)와 안의 농도(C_i)의 비(C_o/C_i)로 표현할 수 있다.

해설

할당보호계수(APF)

$$\text{APF} \geq \frac{\text{기대되는 공기 중 농도}}{\text{노출기준}} = \text{HR}$$

여기서, APF: 할당보호계수
HR: 위해비
※ APF는 HR보다 크거나 같아야 한다.

보호계수(PF)

$$\text{PF} = \frac{C_o}{C_i}$$

여기서, PF: 보호계수
C_o: 보호구 밖의 농도
C_i: 보호구 안의 농도

정답 41 ① 42 ③ 43 ①

44

금속을 가공하는 음압수준이 98[dB(A)]인 공정에서 NRR이 17인 귀마개를 착용했을 때의 차음효과[dB(A)]는? (단, OSHA의 차음효과 예측방법을 적용한다.)

① 2
② 3
③ 5
④ 7

해설

귀마개 차음효과의 예측(미국 OSHA 기준)

> 차음효과 = (NRR − 7) × 0.5
>
> 여기서, NRR : 차음평가지수

차음효과 = (17 − 7) × 0.5 = 5[dB(A)]

45

후드의 유입계수 0.86, 속도압 25[mmH$_2$O]일 때 후드의 압력손실[mmH$_2$O]은?

① 8.8
② 12.2
③ 15.4
④ 17.2

해설

유입손실계수(F_h)

$$F_h = \frac{1}{Ce^2} - 1$$

여기서, F_h : 유입손실계수
Ce : 유입계수

$F_h = \frac{1}{0.86^2} - 1 = 0.352$

후드 압력손실(ΔP)

$$\Delta P = F_h \times VP$$

여기서, ΔP : 후드 압력손실[mmH$_2$O]
F_h : 유입손실계수
VP : 속도압[mmH$_2$O]

$\Delta P = 0.352 \times 25 = 8.8$[mmH$_2$O]

46

국소배기시설의 일반적 배열순서로 가장 적절한 것은?

① 후드 → 덕트 → 송풍기 → 공기정화장치 → 배기구
② 후드 → 송풍기 → 공기정화장치 → 덕트 → 배기구
③ 후드 → 덕트 → 공기정화장치 → 송풍기 → 배기구
④ 후드 → 공기정화장치 → 덕트 → 송풍기 → 배기구

해설

국소배기시설의 구성

후드(Hood) → 덕트(Duct) → 공기정화기(Air cleaner equipment) → 송풍기(Fan) → 배출구

> ⓘ **가장 빠른 합격비법**
> 송풍기 보호, 송풍기 성능 유지, 배출가스 기준 준수 등을 위해 송풍기 이전에 공기정화기를 설치합니다.

47

입자의 침강속도에 대한 설명으로 틀린 것은? (단, 스토크스식을 기준으로 한다.)

① 입자직경의 제곱에 비례한다.
② 공기와 입자 사이의 밀도차에 반비례한다.
③ 중력가속도에 비례한다.
④ 공기의 점성계수에 반비례한다.

해설

스토크스 법칙

$$V_g = \frac{d_p^2(\rho_p - \rho)g}{18\mu}$$

여기서, V_g : 침강속도
d_p : 입자의 직경
ρ_p : 입자의 밀도
ρ : 공기의 밀도
g : 중력가속도
μ : 점성계수

스토크스 법칙에 따르면, 입자의 침강속도는 입자와 공기 사이의 밀도차에 비례한다.

정답 44 ③ 45 ① 46 ③ 47 ②

48

다음 중 국소배기장치에서 공기공급시스템이 필요한 이유와 가장 거리가 먼 것은?

① 에너지 절감
② 안전사고 예방
③ 작업장의 교차기류 촉진
④ 국소배기장치의 효율 유지

해설
교차기류는 환기를 방해하는 방해기류의 일종이다.
공기공급시스템은 교차기류의 형성을 방지하는 역할을 한다.

49

강제환기의 효과를 제고하기 위한 원칙으로 틀린 것은?

① 오염물질 배출구는 가능한 한 오염원으로부터 가까운 곳에 설치하여 점환기현상을 방지한다.
② 공기배출구와 근로자의 작업위치 사이에 오염원이 위치하여야 한다.
③ 공기가 배출되면서 오염장소를 통과하도록 공기배출구와 유입구의 위치를 선정한다.
④ 오염원 주위에 다른 작업 공정이 있으면 공기배출량을 공급량보다 약간 크게 하여 음압을 형성하여 주위 근로자에게 오염물질이 확산되지 않도록 한다.

해설
오염물질 배출구는 가능한 한 오염원으로부터 가까운 곳에 설치하여 점환기효과를 얻는다.

> ⚠️ **가장 빠른 합격비법**
> 점환기효과란 오염물질이 흩어지기 전에 발생원 바로 앞에서 포집하여 환기효율을 높이는 방법을 말합니다.
> 오염물질 배출구를 오염원 가까이에 설치하면 포집효율이 상승하므로 점환기효과를 얻을 수 있습니다.

50

점음원과 1[m] 거리에서 소음을 측정한 결과 95[dB]로 측정되었다. 소음수준을 90[dB]로 하는 제한구역을 설정할 때, 제한구역의 반경[m]은?

① 3.16
② 2.20
③ 1.78
④ 1.39

해설
음압의 거리 감쇠

$$SPL_1 - SPL_2 = 20\log\frac{r_2}{r_1}$$

여기서, SPL : 음압수준[dB]
r : 음원으로부터 떨어진 거리[m]

$SPL_1 - 75 = 20\log\frac{40}{10}$

$SPL_1 = 87.04[dB]$

$95 - 90 = 20\log\frac{r_2}{1}$

$r_2 = 10^{0.25} = 1.78[m]$

51

외부식 후드(포집형 후드)의 단점이 아닌 것은?

① 포위식 후드보다 일반적으로 필요송풍량이 많다.
② 외부 난기류의 영향을 받아서 흡인효과가 떨어진다.
③ 근로자가 발생원과 환기시설 사이에서 작업하게 되는 경우가 많다.
④ 기류속도가 후드 주변에서 매우 빠르므로 쉽게 흡인되는 물질의 손실이 크다.

해설
발생원과 환기시설 사이에서 작업이 가능하여 다른 후드 형식에 비해 작업자가 방해를 받지 않고 작업할 수 있다.

정답 48 ③ 49 ① 50 ③ 51 ③

52

고열 배출원이 아닌 탱크 위에 한 변이 2[m]인 정방형 모양의 캐노피형 후드를 3측면이 개방되도록 설치하고자 한다. 제어속도가 0.25[m/s], 개구면과 배출원 사이의 높이가 1.0[m]일 때 필요송풍량[m³/min]은?

① 2.44
② 146.46
③ 249.15
④ 435.81

해설

필요환기량(3측면 개방 외부식 천개형 후드)

$$Q = 8.5 \times H^{1.8} \times W^{0.2} \times V_c$$

여기서, Q : 필요환기량[m³/s]
H : 오염원과 후드 사이의 수직거리[m]
W : 후드의 폭[m]
V_c : 제어속도[m/s]

$Q = 8.5 \times 1^{1.8} \times 2^{0.2} \times 0.25 = 2.44$ [m³/s]

$Q = \dfrac{2.44 \text{m}^3}{\text{s}} \times \dfrac{60\text{s}}{\text{s}} = 146.4$ [m³/min]

53

송풍기의 회전수 변화에 따른 풍량, 풍압 및 동력에 대한 설명으로 옳은 것은?

① 풍량은 송풍기의 회전수에 비례한다.
② 풍압은 송풍기의 회전수에 반비례한다.
③ 동력은 송풍기의 회전수에 비례한다.
④ 동력은 송풍기 회전수의 제곱에 비례한다.

오답해설

② 풍압은 송풍기 회전수 제곱에 비례한다.
③, ④ 동력은 송풍기 회전수 세제곱에 비례한다.

54

회전차 외경이 600[mm]인 원심 송풍기의 풍량은 200[m³/min]이다. 회전차 외경이 1,200[mm]인 동류(상사구조)의 송풍기가 동일한 회전수로 운전된다면 이 송풍기의 풍량[m³/min]은? (단, 두 경우 모두 표준공기를 취급한다.)

① 1,000
② 1,200
③ 1,400
④ 1,600

해설

상사법칙(풍량 – 송풍기 직경)

$$\dfrac{Q_2}{Q_1} = \left(\dfrac{D_2}{D_1}\right)^3$$

여기서, Q_1 : 변경 전 풍량
Q_2 : 변경 후 풍량
D_1 : 변경 전 송풍기의 직경
D_2 : 변경 후 송풍기의 직경

$Q_2 = 200 \times \left(\dfrac{1,200}{600}\right)^3 = 1,600$ [m³/min]

55

호흡기 보호구의 사용 시 주의사항과 가장 거리가 먼 것은?

① 보호구의 능력을 과대평가 하지 말아야 한다.
② 보호구 내 유해물질 농도는 허용기준 이하로 유지해야 한다.
③ 보호구를 사용할 수 있는 최대 사용가능농도는 노출기준에 할당보호계수를 곱한 값이다.
④ 유해물질의 농도가 즉시 생명에 위태로울 정도인 경우는 공기정화식 보호구를 착용해야 한다.

해설

산소가 결핍되었거나 유해물질의 농도가 매우 높은 환경에서는 에어라인마스크, 호스마스크 등을 사용한다.

> **가장 빠른 합격비법**
> 에어라인마스크, 호스마스크는 자체적으로 산소 공급이 이루어지므로 산소 결핍 또는 유해물질 고농도 환경에서도 사용 가능합니다.

정답 52 ② 53 ① 54 ④ 55 ④

56

정압이 −1.6[cmH₂O]이고, 전압이 −0.7[cmH₂O]로 측정되었을 때, 속도압(VP; [cmH₂O])과 유속 (u; [m/s])은?

① VP: 0.9, u: 3.8
② VP: 0.9, u: 12
③ VP: 2.3, u: 3.8
④ VP: 2.3, u: 12

해설

전압(TP)

$$TP = VP + SP$$

여기서, TP: 전압
VP: 속도압
SP: 정압

$VP = TP - SP = -0.7 - (-1.6) = 0.9 [cmH_2O]$

$VP = 0.9 cmH_2O \times \dfrac{10,332 mmH_2O}{1,033.2 cmH_2O} = 9 [mmH_2O]$

공기 유속 공식

$$V = 4.043\sqrt{VP}$$

여기서, V: 유속[m/s]
VP: 속도압[mmH₂O]

$V = 4.043\sqrt{9} = 12.13 [m/s]$

57

환기량을 Q[m³/hr], 작업장 내 체적을 V[m³]라고 할 때, 시간당 환기 횟수[회/hr]로 옳은 것은?

① 시간당 환기횟수 $= Q \times V$
② 시간당 환기횟수 $= V/Q$
③ 시간당 환기횟수 $= Q/V$
④ 시간당 환기횟수 $= Q\sqrt{V}$

해설

시간당 공기교환 횟수(ACH)

$$ACH = \dfrac{Q}{V}$$

여기서, ACH: 시간당 공기교환 횟수
Q: 필요환기량
V: 실내 용적

58

1기압에서 혼합기체가 질소(N₂) 50[vol%], 산소(O₂) 20[vol%], 탄산가스 30[vol%]로 구성되어 있을 때, 질소(N₂)의 분압은?

① 380[mmHg] ② 228[mmHg]
③ 152[mmHg] ④ 740[mmHg]

해설

가스 분압 = 전체기압 × $\dfrac{가스농도[\%]}{100}$

$= 760 [mmHg] \times \dfrac{50}{100}$

$= 380 [mmHg]$

59

원심력 송풍기의 종류 중 전향날개형 송풍기에 관한 설명으로 옳지 않은 것은?

① 다익형 송풍기라고도 한다.
② 큰 압력손실에도 송풍량의 변동이 적은 장점이 있다.
③ 송풍기의 임펠러가 다람쥐 쳇바퀴 모양이며, 송풍기 깃이 회전방향과 동일한 방향으로 설계되어 있다.
④ 동일 송풍량을 발생시키기 위한 임펠러 회전속도가 상대적으로 낮아 소음문제가 거의 발생하지 않는다.

해설

전향날개형(다익형) 송풍기는 높은 압력손실에서 송풍량이 급격하게 떨어진다.

정답 56 ② 57 ③ 58 ① 59 ②

60

국소환기시설에 필요한 공기송풍량을 계산하는 공식 중 점흡인에 해당하는 것은?

① $Q = 4\pi \times X^2 \times V_c$
② $Q = 2\pi \times L \times X \times V_c$
③ $Q = 60 \times 0.75 \times V_c(10X^2 + A)$
④ $Q = 60 \times 0.5 \times V_c(10X^2 + A)$

해설

필요환기량(점흡인)

$$Q = 4\pi \times X^2 \times V_c$$

여기서, Q: 필요환기량[m³/s]
X: 후드 중심선으로부터 발생원까지의 거리[m]
V_c: 제어속도[m/s]

4과목   물리적유해인자관리

61

다음 중 산소결핍의 위험이 가장 작은 작업장소는?

① 실내에서 전기용접을 실시하는 작업
② 장기간 밀폐된 보일러 탱크 내부 작업
③ 장기간 사용하지 않은 우물 내부 작업
④ 물품 저장을 위한 지하실 내부 청소작업

해설

전기용접은 산소를 소모하지 않고, 유해가스도 잘 발생하지 않으므로 산소결핍의 위험이 적다.

62

수심 50[m]에서 작업을 할 때 작업자가 받는 절대압은 어느 수준인가?

① 3기압   ③ 4기압
② 5기압   ④ 6기압

해설

1기압은 높이 10[m] 정도의 물기둥의 무게가 주는 압력과 동일하다.

계기압 $= \dfrac{50}{10} = 5$기압

절대압 = 계기압 + 대기압 = 5 + 1 = 6기압

63

다음 중 외부조사보다 체내 흡입 및 섭취로 인한 내부조사의 피해가 가장 큰 전리방사선의 종류는?

① 알파선   ③ 감마선
② 베타선   ④ 엑스선

해설

α선은 입자방사선이므로 투과력이 약하여 외부조사로 인한 건강상 위험보다는 내부조사에 의한 피해가 더 크다.

정답 60 ① 61 ① 62 ④ 63 ①

64

다음 중 자연채광을 이용한 조명방법으로 가장 적절하지 않은 것은?

① 입사각은 25° 미만이 좋다.
② 실내 각점의 개각은 4~5°가 좋다.
③ 창의 면적은 바닥면적의 15~20[%]가 이상적이다.
④ 많은 채광을 요구할 경우 창의 방향은 남향이 좋으며, 조명의 평등을 요하는 작업실은 북향이 좋다.

해설

채광의 입사각은 28° 이상이 좋으며, 개각 1°의 감소를 입사각으로 보충하려면 2~5°의 증가가 필요하다.

65

청력손실치가 다음과 같을 때 6분법에 의하여 판정하면 청력손실은 얼마인가?

- 500[Hz]에서 청력손실치 8
- 1,000[Hz]에서 청력손실치 12
- 2,000[Hz]에서 청력손실치 12
- 4,000[Hz]에서 청력손실치 22

① 12
② 13
③ 14
④ 15

해설

평균청력손실(6분법)

$$\text{평균청력손실} = \frac{a + 2b + 2c + d}{6}$$

여기서, a: 500[Hz]에서의 청력손실
b: 1,000[Hz]에서의 청력손실
c: 2,000[Hz]에서의 청력손실
d: 4,000[Hz]에서의 청력손실

$$\text{평균청력손실} = \frac{8 + (2 \times 12) + (2 \times 12) + 22}{6} = 13[\text{dB}]$$

66

대상음의 음압이 1.0[N/m²]일 때 음압레벨은 몇 [dB(A)]인가?

① 91
② 94
③ 97
④ 100

해설

음압수준(음압레벨)

$$\text{SPL} = 20 \log \frac{P}{P_0}$$

여기서, SPL: 음압수준[dB]
P: 음압[N/m²]
P_0: 기준음압(2×10^{-5}[N/m²])

$$\text{SPL} = 20 \log \frac{1.0}{2 \times 10^{-5}} = 94[\text{dB}]$$

67

다음 중 인체에 적당한 기류(온열요소)속도 범위로 맞는 것은?

① 2~3[m/min]
② 6~7[m/min]
③ 12~13[m/min]
④ 16~17[m/min]

해설

인체에 적당한 기류속도 범위는 6~7[m/min]이다.

정답 64 ① 65 ② 66 ② 67 ②

68

레이저에 관한 설명으로 틀린 것은?

① 레이저광에 가장 민감한 표적기관은 눈이다.
② 레이저광은 출력이 대단히 강력하고 극히 좁은 파장범위를 가지기 때문에 쉽게 산란하지 않는다.
③ 레이저광 중 에너지의 양을 지속적으로 축적하여 강력한 파동을 발생시키는 것을 지속파라 한다.
④ 파장, 조사량 또는 시간 및 개인의 감수성에 따라 피부에 홍반, 수포, 색소침착 등이 발생한다.

해 설
에너지의 양을 지속적으로 축적하여 강력한 파동을 발생시키는 것을 맥동파라고 한다.

69

자외선에 관한 설명으로 틀린 것은?

① 생체반응으로는 적혈구 및 백혈구에 영향을 미친다.
② 비전리방사선이다.
③ 200[nm] 이하의 자외선은 망막까지 도달한다.
④ 280~315[nm]의 자외선을 도르노선(Dorno ray)이라고 한다.

해 설
자외선이 아무리 강력하여도 투과력에 한계가 있으므로 피부층을 뚫고 적혈구, 백혈구에 영향을 미치기는 힘들다.

70

진동증후군(HAVS)에 대한 스톡홀름 워크숍의 분류로서 틀린 것은?

① 진동증후군의 단계를 0부터 4까지 5단계로 구분하였다.
② 1단계는 가벼운 증상으로 하나 또는 그 이상의 손가락 끝부분이 하얗게 변하는 증상을 의미한다.
③ 3단계는 심각한 증상으로 하나 또는 그 이상의 손가락 가운뎃마디 부분까지 하얗게 변하는 증상이 나타나는 단계이다.
④ 4단계는 매우 심각한 증상으로 대부분의 손가락이 하얗게 변하는 증상과 함께 손끝에서 땀의 분비가 제대로 일어나지 않는 등의 변화가 나타나는 단계이다.

해 설
3단계는 대부분의 손가락에 증상이 발생하고, 일상생활에 지장이 생기는 단계이다.

71

다음 중 투과력이 커서 노출 시 인체 내부에도 영향을 미칠 수 있는 방사선의 종류는?

① γ선
② α선
③ β선
④ 자외선

오답해설
②, ③ α, β선은 전리방사선이지만 입자방사선이므로 투과력이 낮아 보통 인체를 투과할 수 없다.
④ 자외선은 비전리방사선이고 전리방사선보다 에너지가 훨씬 낮아 인체를 투과할 수 없다.

정답 68 ③ 69 ① 70 ③ 71 ①

72

높은(고) 기압에 의한 건강영향의 설명으로 틀린 것은?

① 청력의 저하, 귀의 압박감이 일어나며 심하면 고막파열이 일어날 수 있다.
② 부비강 개구부 감염 혹은 기형으로 폐쇄된 경우 심한 구토, 두통 등의 증상을 일으킨다.
③ 압력상승이 급속한 경우 폐 및 혈액으로 탄산가스의 일과성 배출이 일어나 호흡이 억제된다.
④ 3~4기압의 산소 혹은 이에 상당하는 공기 중 산소분압에 의하여 중추신경계의 장해에 기인하는 운동장해를 나타내는데 이것을 산소중독이라고 한다.

해설
압력상승이 급속한 경우 폐포 및 혈중 이산화탄소 농도가 올라가므로 숨이 더 가파라진다.

가장 빠른 합격비법
혈중 이산화탄소 농도가 상승하면 이를 체외로 배출하기 위하여 숨이 가파라집니다.

73

고소음으로 인한 소음성 난청 질환자를 예방하기 위한 작업환경관리 방법 중 공학적 개선에 해당되지 않는 것은?

① 소음원의 밀폐
② 보호구의 지급
③ 소음원을 벽으로 격리
④ 작업장 흡음시설의 설치

해설
보호구의 지급은 공학적 개선대책이 아니다.

가장 빠른 합격비법
산업안전보건법령에 따르면, 설비개선 등의 조치를 하기 어려운 경우에만 제한적으로 해당 작업에 맞는 보호구를 사용하도록 하여야 합니다.

74

실효음압이 2×10^{-3} [N/m²]인 음의 음압수준은 몇 [dB]인가?

① 40 ② 50
③ 60 ④ 70

해설
음압수준(음압레벨)

$$SPL = 20 \log \frac{P}{P_0}$$

여기서, SPL: 음압수준[dB]
P: 음압[N/m²]
P_0: 기준음압(2×10^{-5}[N/m²])

$$SPL = 20 \log \frac{2 \times 10^{-3}}{2 \times 10^{-5}} = 40 [dB]$$

75

비전리방사선 중 유도방출에 의한 광선을 증폭시킴으로서 얻는 복사선으로, 쉽게 산란하지 않으며 강력하고 예리한 지향성을 지닌 것은?

① 적외선 ② 마이크로파
③ 가시광선 ④ 레이저광선

해설
레이저(Laser)
- 단색성, 간섭성, 지향성, 집속성, 고출력성이 특징적인 비전리방사선이다.
- 간섭이 발생하기 쉽다.

정답 72 ③ 73 ② 74 ① 75 ④

76

인체에 미치는 영향이 가장 큰 전신진동의 주파수 범위는?

① 2~100[Hz]
② 140~250[Hz]
③ 275~500[Hz]
④ 4,000[Hz] 이상

해 설

전신진동 주파수 범위: 2~100[Hz]
국소진동 주파수 범위: 8~1,500[Hz]

77

1[sone]이란 몇 [Hz]에서, 몇 [dB]의 음압레벨을 갖는 소음의 크기를 말하는가?

① 1,000[Hz], 40[dB]
② 1,200[Hz], 45[dB]
③ 1,500[Hz], 45[dB]
④ 2,000[Hz], 48[dB]

해 설

1,000[Hz] 순음에 대한 음의 세기레벨 40[dB] 크기를 1[sone]으로 정의한다.

78

심한 소음에 반복 노출되면, 일시적인 청력변화는 영구적 청력변화로 변하게 되는데, 이는 다음 중 어느 기관의 손상으로 인한 것인가?

① 원형창
② 삼반규반
③ 유스타키오관
④ 코르티 기관

해 설

코르티 기관은 기계적 진동을 전기신호로 변환하여 청신경을 통해 뇌로 청각 정보를 전달하는 기관이다.
코르티 기관의 손상은 영구적 청력 상실로 이어질 수 있다.

오답해설

① 원형창: 달팽이관 내 압력 완충
② 삼반규반(반고리관): 회전운동 감지
③ 유스타키오관: 중이 내외 압력 평형 유지

79

다음 중 진동에 의한 장해를 최소화시키는 방법과 거리가 먼 것은?

① 진동의 발생원을 격리시킨다.
② 진동의 노출시간을 최소화시킨다.
③ 훈련을 통하여 신체의 적응력을 향상시킨다.
④ 진동을 최소화하기 위하여 공학적으로 설계 및 관리한다.

해 설

훈련으로 신체의 적응력을 향상시킨다고 하여 진동에 의한 장해를 방지할 수 없다.

정답 76 ① 77 ① 78 ④ 79 ③

80

다음 방사선 중 입자방사선으로만 나열된 것은?

① α선, β선, γ선
② α선, β선, X선
③ α선, β선, 중성자
④ α선, β선, γ선, X선

해 설

전리방사선의 분류
- 전자기방사선: X선, γ선
- 입자방사선: α선, β선, 중성자

5과목 산업독성학

81

다음 중 천연가스, 석유정제산업, 지하석탄광업 등을 통해서 노출되고 중추신경의 억제와 후각의 마비 증상을 유발하며, 치료를 위하여 100[%] O_2를 투여하는 등의 조치가 필요한 물질은?

① 황화수소
② 포스겐
③ 오존
④ 암모니아

해 설

황화수소(H_2S)
- 부패한 계란 냄새가 나는 무색의 기체로 폭발성이 있다.
- 오수조, 천연가스, 석유정제산업, 지하석탄광업 등에서 주로 발생된다.
- 100[%]의 산소를 투여하는 것이 치료법이다.

82

다음 중 농약에 의한 중독을 일으키는 것으로 인체에 대한 독성이 강한 유기인제 농약에 포함되지 않는 것은?

① 파라치온
② 말라치온
③ 클로로포름
④ TEPP

해 설

클로로포름은 유기염소계 화합물이며, 농약으로 사용되지 않는다.

83

여성근로자의 생식독성인자 중 연결이 잘못된 것은?

① 중금속 — 납
② 물리적 인자 — 엑스선
③ 화학물질 — 알킬화제
④ 사회적 습관 — 루벨라바이러스

해 설

사회적 습관의 생식독성인자로는 흡연, 음주 등이 해당된다.

> ⚠ **가장 빠른 합격비법**
> 루벨라바이러스는 풍진의 원인이 되는 감염성 병원체로, 발열, 발진, 눈 충혈, 기침 등을 유발합니다.

정답 80 ③ | 81 ① | 82 ③ | 83 ④

84

생물학적 모니터링은 노출에 대한 것과 영향에 대한 것으로 구분된다. 다음 중 노출에 대한 생물학적 모니터링은?

① 일산화탄소 – 호기 중 일산화탄소
② 카드뮴 – 소변에서 저분자량 단백질
③ 납 – 적혈구 ZPP
④ 납 – FEP

오답해설

생물학적 노출지표
② 카드뮴: 혈액 중 카드뮴
③, ④ 납: 혈액 중 납 또는 요 중 납, δ-ALA

85

작업장 내 유해물질 노출에 따른 위험성을 결정하는 주요 인자로만 나열된 것은?

① 독성과 노출량
② 배출농도와 사용량
③ 노출기준과 노출량
④ 노출기준과 노출농도

해설

독성과 노출량이 유해성을 결정하는 주요 인자이다.

86

다음 중 직업성 피부질환에 관한 설명으로 틀린 것은?

① 가장 빈번한 직업성 피부질환은 접촉성 피부염이다.
② 알레르기성 접촉 피부염은 일반적인 보호기구로도 개선 효과가 좋다.
③ 첩포시험은 알레르기성 접촉 피부염의 감작물질을 색출하는 임상시험이다.
④ 일부 화학물질과 식물은 광선에 의해서 활성화되어 피부반응을 보일 수 있다.

해설

일반적인 보호기구만으로는 알레르기성 접촉 피부염의 개선효과가 제한적이다.

87

다음 중 진폐증 발생에 관여하는 인자와 가장 거리가 먼 것은?

① 분진의 노출기간
② 분진의 분자량
③ 분진의 농도
④ 분진의 크기

해설

분진의 크기(직경)는 진폐증 발생에 관여하여도 분진의 분자량은 관여한다고 보기 어렵다.

정답 84 ① 85 ① 86 ② 87 ②

88

급성 전신중독을 유발하는 데 있어 그 독성이 가장 강한 방향족 탄화수소는?

① 벤젠(Benzene)
② 크실렌(Xylene)
③ 톨루엔(Toluene)
④ 에틸렌(Ethylene)

해설

급성 전신중독에 대한 독성이 가장 강한 물질은 톨루엔이다.

89

3가 및 6가 크롬의 인체 작용 및 독성에 관한 내용으로 옳지 않은 것은?

① 산업장의 노출의 관점에서 보면 3가 크롬이 6가 크롬보다 더 해롭다.
② 3가 크롬은 피부 흡수가 어려우나 6가 크롬은 쉽게 피부를 통과한다.
③ 세포막을 통과한 6가 크롬은 세포 내에서 수 분 내지 수 시간 만에 발암성을 가진 3가 형태로 환원된다.
④ 6가에서 3가로의 환원이 세포질에서 일어나면 독성이 적으나 DNA의 근위부에서 일어나면 강한 변이원성을 나타낸다.

해설

산업장의 노출의 관점에서 보면 6가 크롬이 3가 크롬보다 더 해롭다.

90

독성을 지속기간에 따라 분류할 때 만성독성(chronic toxicity)에 해당되는 독성물질 투여(노출)기간은? (단, 실험동물에 외인성 물질을 투여하는 경우로 한정한다.)

① 1일 이상 ~ 14일 정도
② 30일 이상 ~ 60일 정도
③ 3개월 이상 ~ 1년 정도
④ 1년 이상 ~ 3년 정도

해설

실험동물에 외인성 물질을 투여하는 경우 만성독성에 해당하는 기간은 3개월~1년 정도이다.

⚠️ **가장 빠른 합격비법**
- 급성독성: 한 번의 노출만으로 즉각적이고 전신적인 독성반응이 관찰됩니다.
- 아급성독성: 2~4주간의 반복 노출을 통해 단기간 누적독성을 평가합니다.
- 만성독성: 3개월~1년간의 반복 노출을 통해 장기 누적 독성을 평가합니다.

91

인체 내 주요 장기 중 화학물질 대사능력이 가장 높은 기관은?

① 폐
② 간장
③ 소화기관
④ 신장

해설

인체 내 주요 장기 중 화학물질 대사능력이 가장 높은 기관은 간장이다.

정답 88 ③ 89 ① 90 ③ 91 ②

92

화학물질의 상호작용인 길항작용 중 독성물질의 생체과정인 흡수, 대사 등에 변화를 일으켜 독성이 감소되는 것을 무엇이라 하는가?

① 화학적 길항작용
② 배분적 길항작용
③ 수용체 길항작용
④ 기능적 길항작용

해 설

배분적 길항작용은 독성물질의 생체과정인 흡수, 대사 등에 변화를 일으켜 독성이 감소되는 작용이다.

93

대사과정에 의해서 변화된 후에만 발암성을 나타내는 간접 발암원으로만 나열된 것은?

① benzo(a)pyrene, ethylbromide
② PAH, methyl nitrosourea
③ benzo(a)pyrene, dimethyl sulfate
④ nitrosamine, ethyl methanesulfonate

해 설

대사과정에 의해서 변화된 후에만 발암성을 나타내는 간접 발암원으로는 benzo(a)pyrene, ethylbromide 등이 있다.

94

수은중독의 예방대책이 아닌 것은?

① 수은 주입과정을 밀폐공간 안에서 자동화한다.
② 작업장 내에서 음식물 섭취와 흡연 등의 행동을 금지한다.
③ 수은취급 근로자의 비점막 궤양 생성 여부를 면밀히 관찰한다.
④ 작업장에 흘린 수은은 신체가 닿지 않는 방법으로 즉시 제거한다.

해 설

비점막 궤양 생성 여부를 관찰하여도 수은중독인지 판단하기 어렵다.

95

폴리비닐중합체를 생산하는 데 많이 쓰이며, 간장해와 발암작용이 있다고 알려진 물질은?

① 납
② PCB
③ 염화비닐
④ 포름알데히드

해 설

포름알데히드(폼알데하이드)
폴리비닐중합체를 생산하는 데 많이 쓰이며, 간장해와 발암작용이 있다.

96

유기용제의 종류에 따른 중추신경계 억제작용을 작은 것부터 큰 것으로 순서대로 나타낸 것은?

① 에스테르<유기산<알코올<알켄<알칸
② 에스테르<알칸<알켄<알코올<유기산
③ 알칸<알켄<알코올<유기산<에스테르
④ 알켄<알코올<에스테르<알칸<유기산

해 설

중추신경계 활성 억제 작용 순서
할로겐화합물>에테르>에스테르>유기산>알코올>알켄>알칸

정답 92 ② 93 ① 94 ③ 95 ④ 96 ③

97

다음 중 피부의 색소침착(Pigmentation)이 가능한 표피층 내의 세포는?

① 기저세포
② 멜라닌세포
③ 각질세포
④ 피하지방세포

해설

멜라닌세포가 생성한 멜라닌색소는 자외선을 흡수·차단함으로써 피부 손상을 줄이는 역할을 하며, 정상 피부에서 멜라닌세포는 표피에만 존재한다.

98

ACGIH에 의하여 구분된 입자상 물질의 명칭과 입경을 연결한 것으로 틀린 것은?

① 폐포성 입자상 물질 - 평균입경이 1[μm]
② 호흡성 입자상 물질 - 평균입경이 4[μm]
③ 흉곽성 입자상 물질 - 평균입경이 10[μm]
④ 흡입성 입자상 물질 - 평균입경이 100[μm]

해설

ACGIH의 구분에 따르면, 입자상 물질은 흡입성, 흉곽성, 호흡성으로 구분되며, 폐포성 입자상 물질은 없다.

99

작업환경에서 발생될 수 있는 망간에 관한 설명으로 옳지 않은 것은?

① 주로 철합금으로 사용되며, 화학공업에서는 건전지 제조업에 사용된다.
② 만성노출 시 언어가 느려지고 무표정하게 되며, 파킨슨 증후군 등의 증상이 나타나기도 한다.
③ 망간은 호흡기, 소화기 및 피부를 통하여 흡수되며, 이 중에서 호흡기를 통한 경로가 가장 많고 위험하다.
④ 급성중독 시 신장장애를 일으켜 요독증(uremia)으로 8~10일 이내 사망하는 경우도 있다.

해설

급성 중독시 심한 신장장해로 인한 요독증으로 사망의 위험이 있는 물질은 크롬이다.

100

이황화탄소(CS_2)에 중독될 가능성이 가장 높은 작업장은?

① 비료 제조 및 초자공 작업장
② 유리 제조 및 농약 제조 작업장
③ 타르, 도장 및 석유 정제 작업장
④ 인조견, 셀로판 및 사염화탄소 생산 작업장

해설

이황화탄소는 인조견, 셀로판, 농약, 사염화탄소 및 고무제품 등을 제조하는 용도로 사용되므로, 이를 취급하는 작업장에서 중독 가능성이 크다.

정답 97 ② 98 ① 99 ④ 100 ④

2021년 제1회 기출문제

1과목 산업위생학개론

01

산업재해의 원인을 직접원인(1차원인)과 간접원인(2차원인)으로 구분할 때 직접원인에 대한 설명으로 옳지 않은 것은?

① 불안전한 상태와 불안전한 행위로 나눌 수 있다.
② 근로자의 신체적 원인(두통, 현기증, 만취상태 등)이 있다.
③ 근로자의 방심, 태만, 무모한 행위에서 비롯되는 인적 원인이 있다.
④ 작업장소의 결함, 보호장구의 결함 등의 물적 원인이 있다.

해 설

근로자의 신체적 원인(두통, 현기증, 만취상태 등)은 간접원인이다.

02

작업장에서 누적된 스트레스를 개인차원에서 관리하는 방법에 대한 설명으로 옳지 않은 것은?

① 신체검사를 통하여 스트레스성 질환을 평가한다.
② 자신의 한계와 문제의 징후를 인식하여 해결방안을 도출한다.
③ 규칙적인 운동을 삼가고 흡연, 음주 등을 통해 스트레스를 관리한다.
④ 명상, 요가 등의 긴장 이완훈련을 통하여 생리적 휴식 상태를 점검한다.

해 설

흡연, 음주 등을 피하고 규칙적인 운동을 통해 스트레스를 관리한다.

03

어느 사업장에서 톨루엔($C_6H_5CH_3$)의 농도가 0[℃]일 때 100[ppm]이었다. 기압의 변화 없이 기온이 25[℃]로 올라갈 때 농도는 약 몇 [mg/m³]인가?

① 325
② 346
③ 365
④ 376

해 설

25[℃]일 때의 톨루엔 1[mol](=92[g])의 부피
$= 22.4 \times \dfrac{273+25}{273} = 24.4513[L]$

$\dfrac{mg}{m^3} = \dfrac{100mL}{m^3} \times \dfrac{92mg}{24.4513mL} = 376.26[mg/m^3]$

⚠ 가장 빠른 합격비법

표준상태(1기압, 0[℃])에서 모든 기체 1[mol]의 부피는 22.4[L]입니다.

04

인체의 항상성 유지기전의 특성에 해당하지 않는 것은?

① 확산성(diffusion)
② 보상성(compensatory)
③ 자가조절성(self-regulatory)
④ 되먹이기전(feedback mechanism)

해 설

인체의 항상성 유지기전의 특성으로는 보상성, 자가조절성, 되먹이 기전 등이 있다.

⚠ 가장 빠른 합격비법

인체의 항상성이란 외부 조건의 변화에 대하여 인체 내부 환경을 일정하게 유지하는 과정으로, 대표적인 예로 체온 조절 및 pH 유지가 있습니다.

정답 01 ② 02 ③ 03 ④ 04 ①

05

산업안전보건법령상 밀폐공간작업으로 인한 건강장해의 예방에 있어 다음 각 용어의 정의로 옳지 않은 것은?

① "밀폐공간"이란 산소결핍, 유해가스로 인한 화재, 폭발 등의 위험이 있는 장소이다.
② "산소결핍"이란 공기 중의 산소농도가 16[%] 미만인 상태를 말한다.
③ "적정공기"란 산소농도의 범위가 18[%] 이상 23.5[%] 미만, 이산화탄소의 농도가 1.5[%] 미만, 일산화탄소의 농도가 30[ppm] 미만, 황화수소의 농도가 10[ppm] 미만인 수준의 공기를 말한다.
④ "유해가스"란 이산화탄소·일산화탄소·황화수소 등의 기체로서 인체에 유해한 영향을 미치는 물질을 말한다.

해설
산소결핍이란 공기 중의 산소농도가 18[%] 미만인 상태를 말한다.

06

AIHA(American Industrial Hygiene Association)에서 정의하고 있는 산업위생의 범위에 해당하지 않는 것은?

① 근로자의 작업 스트레스를 예측하여 관리하는 기술
② 작업장 내 기계의 품질 향상을 위해 관리하는 기술
③ 근로자에게 비능률을 초래하는 작업환경요인을 예측하는 기술
④ 지역사회 주민들에게 건강장애를 초래하는 작업환경요인을 평가하는 기술

해설
산업위생의 정의(미국산업위생학회, AIHA)
근로자나 일반 대중에게 질병, 건강장애와 안녕 방해, 심각한 불쾌감 및 능률 저하 등을 초래하는 작업환경요인과 스트레스를 예측, 인지, 측정, 평가, 관리하는 과학과 기술이다.

07

하인리히의 사고예방대책의 기본원리 5단계를 순서대로 나타낸 것은?

① 조직 → 사실의 발견 → 분석·평가 → 시정책의 선정 → 시정책의 적용
② 조직 → 분석·평가 → 사실의 발견 → 시정책의 선정 → 시정책의 적용
③ 사실의 발견 → 조직 → 분석·평가 → 시정책의 선정 → 시정책의 적용
④ 사실의 발견 → 조직 → 시정책의 선정 → 시정책의 적용 → 분석·평가

해설
하인리히의 사고예방대책 기본원리 5단계
1단계: 안전관리조직 구성
2단계: 사실의 발견
3단계: 분석·평가
4단계: 시정방법의 선정
5단계: 시정책의 적용

08

혈액을 이용한 생물학적 모니터링의 단점으로 옳지 않은 것은?

① 보관, 처치에 주의를 요한다.
② 시료채취 시 오염되는 경우가 많다.
③ 시료채취 시 근로자가 부담을 가질 수 있다.
④ 약물동력학적 변이 요인들의 영향을 받는다.

해설
시료채취 시 오염되는 경우는 거의 없다.

정답 05 ② 06 ② 07 ① 08 ②

09

산업안전보건법령상 위험성평가를 실시하여야 하는 사업장의 사업주가 위험성평가의 결과와 조치사항을 기록할 때 포함되어야 하는 사항으로 볼 수 없는 것은?

① 위험성 결정의 내용
② 위험성평가 대상의 유해·위험요인
③ 위험성 평가에 소요된 기간, 예산
④ 위험성 결정에 따른 조치의 내용

해 설

위험성평가 실시내용 및 결과의 기록·보존
- 위험성 결정의 내용
- 위험성평가 대상의 유해·위험요인
- 위험성 결정에 따른 조치의 내용
- 그 밖에 위험성평가의 실시내용을 확인하기 위하여 필요한 사항으로서 고용노동부장관이 정하여 고시하는 사항

10

단순반복동작 작업으로 손, 손가락 또는 손목의 부적절한 작업방법과 자세 등으로 주로 손목 부위에 주로 발생하는 근골격계질환은?

① 테니스엘보
② 회전근개 손상
③ 수근관증후군
④ 흉곽출구증후군

해 설

수근관(손목터널)증후군은 단순반복동작 작업으로 인하여 주로 손목 부위에 발생하는 근골격계질환이다.

11

작업자의 최대작업역(maximum area)이란?

① 어깨에서부터 팔을 뻗쳐 도달하는 최대 영역
② 위팔과 아래팔을 상, 하로 이동할 때 닿는 최대 범위
③ 상체를 좌, 우로 이동하여 최대한 닿을 수 있는 범위
④ 위팔을 상체에 붙인 채 아래팔과 손으로 조작할 수 있는 범위

해 설

최대작업역이란 어깨로부터 팔을 뻗어 도달할수 있는 최대 영역이다.

오답해설

④ 위팔을 상체에 붙인 채 아래팔과 손으로 조작할 수 있는 범위는 정상작업영역이다.

12

미국산업위생학술원(AAIH)에서 정한 산업위생전문가들이 지켜야 할 윤리강령 중 전문가로서의 책임에 해당되지 않는 것은?

① 기업체의 기밀을 누설하지 않는다.
② 전문 분야로서의 산업위생 발전에 기여한다.
③ 근로자, 사회 및 전문분야의 이익을 위해 과학적 지식을 공개하고 발표한다.
④ 위험요인의 측정, 평가 및 관리에 있어서 외부의 압력에 굴하지 않고 중립적 태도를 취한다.

해 설

위험요인의 측정, 평가 및 관리에 있어서 외부의 압력에 굴하지 않고 중립적 태도를 취하는 것은 근로자에 대한 책임 내용이다.

정답 09 ③ 10 ③ 11 ① 12 ④

13

턱뼈의 괴사를 유발하여 영국에서 사용 금지된 최초의 물질은?

① 벤지딘(benzidine)
② 청석면(crocidolite)
③ 적린(red phosphorus)
④ 황린(yellow phosphorus)

해설

황린(백린, P_4)
- 자연발화성이 매우 크다.
- 사람의 뼈와 반응하여 강력한 독성을 유발한다.(턱뼈가 괴사되는 질병인 인악의 원인 물질)

14

산업안전보건법령상 강렬한 소음작업에 대한 정의로 옳지 않은 것은?

① 90데시벨 이상의 소음이 1일 8시간 이상 발생하는 작업
② 105데시벨 이상의 소음이 1일 1시간 이상 발생하는 작업
③ 110데시벨 이상의 소음이 1일 30분 이상 발생하는 작업
④ 115데시벨 이상의 소음이 1일 10분 이상 발생하는 작업

해설

115데시벨 이상의 소음이 1일 15분 이상 발생하는 작업이 강렬한 소음작업에 해당한다.

15

38세 된 남성근로자의 육체적 작업능력(PWC)은 15[kcal/min]이다. 이 근로자가 1일 8시간 동안 물체를 운반하고 있으며 이때의 작업대사량이 7[kcal/min]이고, 휴식 시 대사량이 1.2[kcal/min]일 경우 이 사람이 쉬지 않고 계속하여 일을 할 수 있는 최대허용시간(T_{end})은? (단, $\log T_{end} = 3.720 - 0.1949E$이다.)

① 7분
② 98분
③ 227분
④ 3,063분

해설

문제에서 주어진 최대허용시간

$$\log T_{end} = 3.720 - 0.1949E$$

여기서, T_{end} : 최대허용시간[min]
E : 작업대사량[kcal/min]

$\log T_{end} = 3.720 - 0.1949 \times 7$
$\qquad = 2.356$
$T_{end} = 10^{2.356} = 227[\min]$

16

다음 중 직업병의 발생원인으로 볼 수 없는 것은?

① 국소난방
② 과도한 작업량
③ 유해물질의 취급
④ 불규칙한 작업시간

해설

국소난방은 직업병 발생원인으로 보기 힘들다.

> **가장 빠른 합격비법**
> 직업병(직업성 질환)은 어떤 직업에 종사함으로써 발생하는 업무상 질병입니다.

정답 13 ④ 14 ④ 15 ③ 16 ①

17

온도 25[℃], 1기압 하에서 분당 100[mL]씩 60분 동안 채취한 공기 중에서 벤젠이 3[mg] 검출되었다면 이때 검출된 벤젠은 약 몇 [ppm]인가? (단, 벤젠의 분자량은 78이다.)

① 11
② 15.7
③ 111
④ 157

해설

벤젠의 농도 $= \dfrac{3\text{mg}}{\dfrac{100 \times 10^{-6}\text{m}^3}{\text{min}} \times 60\text{min}} = 500[\text{mg/m}^3]$

$\dfrac{\text{mg}}{\text{m}^3} = \dfrac{\text{ppm} \times 분자량}{24.45}$ 이므로(25[℃], 1기압 기준)

$\text{ppm} = \dfrac{24.45 \times 500}{78} = 156.73[\text{ppm}]$

18

교대근무제의 효과적인 운영방법으로 옳지 않은 것은?

① 업무효율을 위해 연속근무를 실시한다.
② 근무 교대시간은 근로자의 수면을 방해하지 않도록 정해야 한다.
③ 근무시간은 8시간을 주기로 교대하며 야간근무 시 충분한 휴식을 보장해 주어야 한다.
④ 교대작업은 피로회복을 위해 역교대 근무방식보다 전진 근무방식(주간근무 → 저녁근무 → 야간근무 → 주간근무)으로 하는 것이 좋다.

해설

야간 교대근무의 연속일수는 최대 2~3일로 한다.

19

다음 물질에 관한 생물학적 노출지수를 측정하려 할 때 시료의 채취시기가 다른 하나는?

① 크실렌
② 이황화탄소
③ 일산화탄소
④ 트리클로로에틸렌

해설

트리클로로에틸렌의 시료는 주말 작업 종료 시 채취한다.
크실렌, 이황화탄소, 일산화탄소의 시료는 당일 작업 종료 시 채취한다.

20

심한 작업이나 운동 시 호흡조절에 영향을 주는 요인과 거리가 먼 것은?

① 산소
② 수소이온
③ 혈중 포도당
④ 이산화탄소

해설

호흡조절 영향 요인으로는 산소, 수소이온, 이산화탄소 등이 있다.

가장 빠른 합격비법

고강도 운동 시 근육 내 대사과정에서 젖산이 생성되며, 이 과정에서 수소이온(H^+)이 함께 증가합니다.
혈액 내 수소이온 농도가 증가하면 호흡중추가 이를 감지하여 호흡을 촉진합니다.

정답 17 ④ 18 ① 19 ④ 20 ③

2과목　작업위생측정 및 평가

21

어느 작업장에서 소음의 음압수준[dB]을 측정한 결과가 85, 87, 84, 86, 89, 81, 82, 84, 83, 88일 때, 측정 결과의 중앙값[dB]은?

① 83.5　　② 84.0
③ 84.5　　④ 84.9

해설

중앙값(중앙치)을 구하기 위해서는 우선 측정 결과를 오름차순으로 배치한다.
81, 82, 83, 84, 84, 85, 86, 87, 88, 89
측정치의 개수가 짝수이므로, 가운데 두 측정치의 산술평균이 중앙값이다.

중앙값 $= \dfrac{84+85}{2} = 84.5$[dB]

22

직경 25[mm] 여과지(유효면적 385[mm²])를 사용하여 백석면을 채취하여 분석한 결과 단위 시야 당 시료는 3.15개, 공시료는 0.05개였을 때 석면의 농도[개/cc]는? (단, 측정시간은 100분, 펌프유량은 2.0[L/min], 단위 시야의 면적은 0.00785[mm²]이다.)

① 0.74　　② 0.76
③ 0.78　　④ 0.80

해설

공기 중 석면농도

$$C = \dfrac{E \times A_c}{V \times 1,000} \qquad E = \dfrac{F-B}{A_f}$$

여기서, C: 석면농도[개/cc]
　　　　E: 단위면적당 섬유밀도[개/mm²]
　　　　A_c: 여과지의 유효 시료채취면적[mm²]
　　　　V: 시료의 공기채취량[L]
　　　　F: 시료의 섬유수[개]
　　　　B: 공시료의 섬유수[개]
　　　　A_f: 단위 시야의 면적[mm²]

$E = \dfrac{F-B}{A_f} = \dfrac{3.15-0.05}{0.00785} = 394.90$[개/mm²]

$V = Q \times t = 2 \times 100 = 200$[L]

$C = \dfrac{E \times A_c}{V \times 1,000} = \dfrac{394.90 \times 385}{200 \times 1,000} = 0.76$[개/cc]

23

측정기구와 측정하고자 하는 물리적인자의 연결이 틀린 것은?

① 피토관 － 정압
② 흑구온도 － 복사온도
③ 아스만통풍건습계 － 기류
④ 가이거뮬러카운터 － 방사능

해설

아스만통풍건습계는 건구온도 및 습구온도를 동시에 측정할 수 있도록 설계된 장비이다.

24

양자역학을 응용하여 아주 짧은 파장의 전자기파를 증폭 또는 발진하여 발생시키며, 단일파장이고 위상이 고르며 간섭현상이 일어나기 쉬운 특성이 있는 비전리방사선은?

① X－ray　　② Microwave
③ Laser　　④ Gamma－ray

해설

레이저(Laser)
- 단색성, 간섭성, 지향성, 집속성, 고출력성이 특징적인 비전리방사선이다.
- 간섭이 발생하기 쉽다.

정답 21 ③　22 ②　23 ③　24 ③

25

태양광선이 내리쬐지 않는 옥외 장소의 습구흑구온도지수(WBGT)를 산출하는 식은?

① WBGT＝0.7×자연습구온도＋0.3×흑구온도
② WBGT＝0.3×자연습구온도＋0.7×흑구온도
③ WBGT＝0.3×자연습구온도＋0.7×건구온도
④ WBGT＝0.7×자연습구온도＋0.3×건구온도

해 설

습구흑구온도지수(옥내 또는 태양광선이 내리쬐지 않는 옥외)

$$WBGT = 0.7NWB + 0.3GT$$

여기서, WBGT: 습구흑구온도지수[℃]
NWB: 자연습구온도[℃]
GT: 흑구온도[℃]

26

일정한 온도조건에서 가스의 부피와 압력이 반비례하는 것과 가장 관계가 있는 법칙은?

① 보일의 법칙
② 샤를의 법칙
③ 라울의 법칙
④ 게이-루삭의 법칙

해 설

보일의 법칙
일정한 온도에서 기체의 부피는 그 압력에 반비례한다.

27

소음의 단위 중 음원에서 발생하는 에너지를 의미하는 음력(Sound Power)의 단위는?

① [dB]   ② [phon]
③ [W]   ④ [Hz]

해 설

음력(Sound Power)

$$W = I \times S$$

여기서, W: 음력[W]
I: 음의 세기[W/m²]
S: 표면적[m²]

음력(음향출력)은 음원으로부터 단위시간당 방출되는 총 소리에너지를 의미하며, 단위는 [W]이다.

28

산업안전보건법령상 유해인자와 단위의 연결이 틀린 것은?

① 소음 － [dB]
② 흄 － [mg/m³]
③ 석면 － [개/cm³]
④ 고열 － 습구·흑구온도지수, [℃]

해 설

소음수준의 측정단위는 [dB(A)]로 표시한다.

⚠ 가장 빠른 합격비법

[dB(A)]는 A특성치라고도 하며, 40[phon]의 등감곡선과 비슷하게 주파수에 따른 반응을 보정하여 측정한 음압수준입니다.

정답 25 ① 26 ① 27 ③ 28 ①

29

작업장의 기본적인 특성을 파악하는 예비조사의 목적으로 가장 적절한 것은?

① 유사노출그룹 설정
② 노출기준 초과여부 판정
③ 작업장과 공정의 특성파악
④ 발생되는 유해인자 특성조사

해설

예비조사의 목적은 유사노출그룹을 설정하고 정확한 시료채취전략을 수립하는 것이다.

30

소음의 변동이 심하지 않은 작업장에서 1시간 간격으로 8회 측정한 산술평균의 소음수준이 93.5[dB(A)]이었을 때, 작업시간이 8시간인 근로자의 하루 소음노출량(Noise dose; [%])은? (단, 기준소음노출시간과 수준 및 Exchange rate은 OSHA 기준을 준용한다.)

① 104
② 135
③ 162
④ 234

해설

측정시간에 따른 소음평균치

$$\text{SPL} = 90 + 16.61 \log \frac{D}{12.5t}$$

여기서, SPL: 측정시간에 따른 소음평균치[dB]
D: 소음노출량계로 측정한 노출량[%]
t: 측정시간[hr]

$93.5 = 90 + 16.61 \log \dfrac{D}{12.5 \times 8}$

$\log \dfrac{D}{100} = 0.2107$

$D = 10^{0.2107} \times 100 = 162.44[\%]$

31

유기용제 취급 사업장의 메탄올 농도 측정 결과가 100, 89, 94, 99, 120[ppm]일 때, 이 사업장의 메탄올 농도 기하평균[ppm]은?

① 99.4
② 99.9
③ 100.4
④ 102.3

해설

기하평균(GM)

$$\text{GM} = \sqrt[n]{x_1 \times x_2 \times \cdots \times x_n}$$

여기서, GM: 기하평균
x_n: 측정치
n: 측정치의 개수

$\text{GM} = \sqrt[5]{100 \times 89 \times 94 \times 99 \times 120} = 99.9[\text{ppm}]$

32

흡착제를 이용하여 시료채취를 할 때 영향을 주는 인자에 관한 설명으로 틀린 것은?

① 흡착제의 크기: 입자의 크기가 작을수록 표면적이 증가하여 채취효율이 증가하나 압력강하가 심하다.
② 흡착관의 크기: 흡착관의 크기가 커지면 전체 흡착제의 표면적이 증가하여 채취용량이 증가하므로 파과가 쉽게 발생되지 않는다.
③ 습도: 극성 흡착제를 사용할 때 수증기가 흡착되기 때문에 파과가 일어나기 쉽다.
④ 온도: 온도가 높을수록 기공활동이 활발하여 흡착능이 증가하나 흡착제의 변형이 일어날 수 있다.

해설

대부분의 흡착은 발열반응이므로 온도가 상승하면 온도를 낮추기 위해 흡착을 줄이려고 한다. 또한, 고온일 경우 기체 분자들의 운동성이 활발하여 흡착되더라도 쉽게 탈착된다.

정답 29 ① 30 ③ 31 ② 32 ④

33

0.04[M] HCl이 2[%] 해리되어 있는 수용액의 pH는?

① 3.1
② 3.3
③ 3.5
④ 3.7

해설

수소이온농도지수(pH)

$$pH = -\log[H^+]$$

여기서, pH: 수소이온농도지수
$[H^+]$: 수소이온농도[mol/L]

$HCl \leftrightarrow H^+ + Cl^-$
염화수소(HCl)와 수소이온(H^+)의 반응비가 1 : 1이다.
$[H^+] = 0.04 \times 0.02 = 0.0008[M]$
$pH = -\log[H^+] = -\log 0.0008 = 3.1$

> **가장 빠른 합격비법**
> [M]은 몰농도의 단위이며, [M]=[mol/L]입니다.

34

포집효율이 90[%]와 50[%]의 임핀저(impinger)를 직렬로 연결하여 작업장 내 가스를 포집할 경우 전체 포집효율[%]은?

① 93
② 95
③ 97
④ 99

해설

총 집진율(직렬연결)

$$\eta_T = \eta_1 + \eta_2(1-\eta_1)$$

여기서, η_T: 총 집진율
η_1: 1차 집진기 집진율
η_2: 2차 집진기 집진율

$\eta_T = 0.9 + 0.5 \times (1-0.9)$
$= 0.95 = 95[\%]$

35

먼지를 크기별 분포로 측정한 결과를 가지고 기하표준편차(GSD)를 계산하고자 할 때 필요한 자료가 아닌 것은?

① 15.9[%]의 분포를 가진 값
② 18.1[%]의 분포를 가진 값
③ 50.0[%]의 분포를 가진 값
④ 84.1[%]의 분포를 가진 값

해설

기하표준편차(GSD)

$$GSD = \frac{누적도수\ 84.1[\%]에\ 해당하는\ 값}{누적도수\ 50[\%]에\ 해당하는\ 값(GM)}$$
$$= \frac{누적도수\ 50[\%]에\ 해당하는\ 값(GM)}{누적도수\ 15.9[\%]에\ 해당하는\ 값}$$

여기서, GSD: 기하표준편차
GM: 기하평균

> **가장 빠른 합격비법**
> 로그정규분포에서 평균을 중심으로 -1σ 지점의 누적도수가 약 15.9[%], $+1\sigma$ 지점의 누적도수가 약 84.1[%]이므로 해당 값을 이용하여 기하표준편차를 구할 수 있습니다.

36

복사기, 전기기구, 플라즈마 이온방식의 공기청정기 등에서 공통적으로 발생할 수 있는 유해물질로 가장 적절한 것은?

① 오존
② 이산화질소
③ 일산화탄소
④ 포름알데히드

해설

오존은 복사기, 전기기구, 플라즈마 이온방식의 공기청정기 등과 같이 고전압 방전이 발행하는 환경에서 쉽게 생성된다.

> **가장 빠른 합격비법**
> 오존(O_3)은 고전압 방전이나 자외선 환경에서 쉽게 생성됩니다.

정답 33 ① 34 ② 35 ② 36 ①

37

벤젠이 배출되는 작업장에서 채취한 시료의 벤젠농도 분석 결과가 3시간 동안 4.5[ppm], 2시간 동안 12.8[ppm], 1시간 동안 6.8[ppm]일 때, 이 작업장의 벤젠 TWA[ppm]는?

① 4.5
② 5.7
③ 7.4
④ 9.8

해설

시간가중평균노출기준(TWA)

$$TWA = \frac{C_1 t_1 + C_2 t_2 + \cdots + C_n t_n}{8}$$

여기서, TWA: 시간가중평균노출기준
C_n: 유해인자의 측정농도[mg/m³ 또는 ppm]
t_n: 유해인자의 발생시간[hr]

$$TWA = \frac{(3 \times 4.5) + (2 \times 12.8) + (1 \times 6.8)}{8}$$
$$= 5.74[ppm]$$

38

산업안전보건법령상 고열 측정 시간과 간격으로 옳은 것은?

① 작업시간 중 노출되는 고열의 평균온도에 해당하는 1시간, 10분 간격
② 작업시간 중 노출되는 고열의 평균온도에 해당하는 1시간, 5분 간격
③ 작업시간 중 가장 높은 고열에 노출되는 1시간, 5분 간격
④ 작업시간 중 가장 높은 고열에 노출되는 1시간, 10분 간격

해설

고열측정은 측정기를 설치한 후 충분히 안정화시킨 상태에서 1일 작업시간 중 가장 높은 고열에 노출되는 1시간을 10분 간격으로 연속하여 측정한다.

39

입자상 물질의 여과원리와 가장 거리가 먼 것은?

① 차단
② 확산
③ 흡착
④ 관성충돌

해설

입자상 물질의 여과원리로는 관성충돌, 중력침강, 확산, 직접차단, 정전기침강 등이 있다.

40

산화마그네슘, 망간, 구리 등의 금속 분진을 분석하기 위한 장비로 가장 적절한 것은?

① 자외선/가시광선 분광광도계
② 가스크로마토그래피
③ 핵자기공명분광계
④ 원자흡광광도계

해설

원자흡광광도계(AAS)
분석대상 원소가 포함된 시료를 불꽃이나 전기열에 의해 바닥상태의 원자로 해리시키고, 이 원자의 증기층에 특정 파장의 빛을 투과시키면 바닥상태의 분석대상 원자가 그 파장의 빛을 흡수하여 들뜬 상태의 원자로 되는데, 이때 흡수하는 빛의 세기를 측정하는 분석기기로서 주로 금속 및 중금속의 분석에 적용한다.

정답 37 ② 38 ④ 39 ③ 40 ④

3과목 작업환경관리대책

41

유해물질의 증기발생률에 영향을 미치는 요소로 가장 거리가 먼 것은?

① 물질의 비중
② 물질의 사용량
③ 물질의 증기압
④ 물질의 노출기준

해설
유해물질의 노출기준은 작업환경평가에 사용되는 척도일뿐 증기발생률에 영향을 미치지 않는다.

42

회전차 외경이 600[mm]인 원심 송풍기의 풍량은 200[m³/min]이다. 회전차 외경이 1,000[mm]인 동류(상사구조)의 송풍기가 동일한 회전수로 운전된다면 이 송풍기의 풍량[m³/min]은? (단, 두 경우 모두 표준공기를 취급한다.)

① 333
② 556
③ 926
④ 2,572

해설
상사법칙(풍량-송풍기 직경)

$$\frac{Q_2}{Q_1} = \left(\frac{D_2}{D_1}\right)^3$$

여기서, Q_1: 변경 전 풍량
Q_2: 변경 후 풍량
D_1: 변경 전 송풍기의 직경
D_2: 변경 후 송풍기의 직경

$$Q_2 = Q_1 \times \left(\frac{D_2}{D_1}\right)^3 = 200 \times \left(\frac{1,000}{600}\right)^3 = 925.93 [m^3/min]$$

43

후드의 유입계수가 0.82, 속도압이 50[mmH₂O]일 때 후드의 유입손실[mmH₂O]은?

① 22.4
② 24.4
③ 26.4
④ 28.4

해설
유입손실계수(F_h)

$$F_h = \frac{1}{Ce^2} - 1$$

여기서, F_h: 유입손실계수
Ce: 유입계수

$$F_h = \frac{1}{0.82^2} - 1 = 0.487$$

후드 압력손실(ΔP)

$$\Delta P = F_h \times VP$$

여기서, ΔP: 후드 압력손실[mmH₂O]
F_h: 유입손실계수
VP: 속도압[mmH₂O]

$\Delta P = 0.487 \times 50 = 24.35 [mmH_2O]$

44

다음 중 위생보호구에 대한 설명과 가장 거리가 먼 것은?

① 사용자는 손질방법 및 착용방법을 숙지해야 한다.
② 근로자 스스로 폭로대책으로 사용할 수 있다.
③ 규격에 적합한 것을 사용해야 한다.
④ 보호구 착용으로 유해물질로부터의 모든 신체적 장해를 막을 수 있다.

해설
보호구 착용으로 유해물질로부터의 모든 신체적 장해를 막을 수 없다.

정답 41 ④ 42 ③ 43 ② 44 ④

45

입자상 물질 집진기의 집진원리를 설명한 것이다. 아래의 설명에 해당하는 집진원리는?

> 분진의 입경이 클 때 분진은 가스흐름의 궤도에서 벗어나게 된다. 즉, 입자의 크기에 따라 비교적 큰 분진은 가스 통과경로를 따라 발산하지 못하고 작은 분진은 가스와 같이 발산한다.

① 직접차단 ② 관성충돌
③ 원심력 ④ 확산

해설

해당 설명은 입자상 물질이 여과재에 충돌하여 큰 분진은 걸러지고 작은 먼지는 통과하는 과정, 즉 관성충돌에 대한 것이다.

46

철재 연마공정에서 생기는 철가루의 비산을 방지하기 위해 가로 50[cm], 높이 20[cm]인 직사각형 후드에 플랜지를 부착하여 바닥면에 설치하고자 할 때, 필요환기량[m³/min]은? (단, 제어풍속은 ACGIH 권고치 기준의 하한으로 설정하며, 제어풍속이 미치는 최대거리는 개구면으로부터 30[cm]라 가정한다.)

① 111 ② 119
③ 253 ④ 238

해설

필요환기량(바닥면, 플랜지 부착)

$$Q = 0.5V_c(10X^2 + A)$$

여기서, Q: 필요환기량[m³/s]
V_c: 제어속도[m/s]
X: 후드 중심선으로부터 발생원까지의 거리[m]
A: 개구부의 면적[m²]

$A = 0.5 \times 0.2\text{m} = 0.1[\text{m}^2]$
철가루 비산 작업장의 ACGIH 최소 권고 제어풍속 = 3.7[m/s]
$Q = 0.5 \times 3.7 \times (10 \times 0.3^2 + 0.1) = 1.85[\text{m}^3/\text{s}]$
$Q = \dfrac{1.85\text{m}^3}{\text{s}} \times \dfrac{60\text{s}}{\text{min}} = 111[\text{m}^3/\text{min}]$

47

길이, 폭, 높이가 각각 25[m], 10[m], 3[m]인 실내에 시간당 18회의 환기를 하고자 한다. 직경 50[cm]의 개구부를 통하여 공기를 공급하고자 하면 개구부를 통과하는 공기의 유속[m/s]은?

① 13.7 ② 15.3
③ 17.2 ④ 19.1

해설

시간당 공기교환횟수(ACH)

$$\text{ACH} = \dfrac{Q}{V}$$

여기서, ACH: 시간당 공기교환횟수
Q: 필요환기량
V: 실내 용적

$Q = \text{ACH} \times V = 18 \times (25 \times 10 \times 3) = 13,500[\text{m}^3/\text{hr}]$
$= \dfrac{13,500\text{m}^3}{\text{hr}} \times \dfrac{\text{hr}}{3,600s} = 3.75[\text{m}^3/\text{s}]$

연속방정식

$$Q = AV$$

여기서, Q: 유량[m³/s]
V: 공기의 평균속도(유속)[m/s]
A: 단면적[m²]

$V = \dfrac{Q}{A} = \dfrac{3.75}{\dfrac{\pi \times 0.5^2}{4}} = 19.11[\text{m/s}]$

48

곡간에서 곡률반경비(R/D)가 1.0일 때 압력손실계수값이 가장 작은 곡관의 종류는?

① 2조각 관 ② 3조각 관
③ 4조각 관 ④ 5조각 관

해설

곡관에서 곡률반경비(R/D)가 동일한 경우 조각관의 수가 많을수록, 곡률반경비를 크게 할수록 압력손실계수가 작아진다.

정답 45 ② 46 ① 47 ④ 48 ④

49

작업 중 발생하는 먼지에 대한 설명으로 옳지 않은 것은?

① 일반적으로 특별한 유해성이 없는 먼지는 불활성 먼지 또는 공해성 먼지라고 하며, 이러한 먼지에 노출된 경우 일반적으로 폐용량에 이상이 나타나지 않으며, 먼지에 대한 폐의 조직반응은 가역적이다.
② 결정형 유리규산(Free Silica)은 규산의 종류에 따라 Cristobalite, Quartz, Tridymite, Tripoli가 있다.
③ 용융규산(Fused Silica)은 비결정형 규산으로 노출기준은 10[mg/m³]이다.
④ 일반적으로 호흡성 먼지란 종말 모세기관지나 폐포 영역의 가스교환이 이루어지는 영역까지 도달하는 미세먼지를 말한다.

해설

용융규산(Fused Silica)은 비결정형 규산으로, 노출기준은 0.1[mg/m³]이다.

50

고열 배출원이 아닌 탱크 위에 한 변이 2[m]인 정방형 모양의 캐노피형 후드를 3측면이 개방되도록 설치하고자 한다. 제어속도가 0.25[m/s], 개구면과 배출원 사이의 높이가 1.0[m]일 때 필요송풍량[m³/min]은?

① 2.44
② 146.46
③ 249.15
④ 435.81

해설

필요환기량(3측면 개방 외부식 천개형 후드)

$$Q = 8.5 \times H^{1.8} \times W^{0.2} \times V_c$$

여기서, Q: 필요환기량[m³/s]
H: 오염원과 후드 사이의 수직거리[m]
W: 후드의 폭[m]
V_c: 제어속도[m/s]

$Q = 8.5 \times 1^{1.8} \times 2^{0.2} \times 0.25 = 2.44[\text{m}^3/\text{s}]$

$Q = \dfrac{2.44\text{m}^3}{\text{s}} \times \dfrac{60\text{s}}{\text{min}} = 146.4[\text{m}^3/\text{min}]$

51

그림과 같은 형태로 설치하는 후드는?

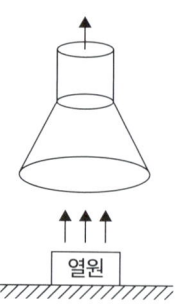

① 레시버식 캐노피형(Receiving Canopy Hoods)
② 포위식 커버형(Enclosures Cover Hoods)
③ 부스식 드래프트 챔버형(Booth Draft Chamber Hoods)
④ 외부식 그리드형(Exterior Capturing Grid Hoods)

해설

열은 주로 천장을 향해 상승하므로 천장 또는 높은 위치에 설치하는 캐노피형 후드가 적절하다.

52

산업안전보건법령상 안전인증 방독마스크에 안전인증 표시 외에 추가로 표시되어야 할 항목이 아닌 것은?

① 포집효율
② 파과곡선도
③ 사용시간 기록카드
④ 사용상의 주의사항

해설

안전인증 방독마스크에 안전인증 표시 외에 추가로 표시하여야 할 항목
파과곡선도, 사용시간 기록카드, 정화통의 외부측면의 표시색, 사용상의 주의사항

정답 49 ③ 50 ② 51 ① 52 ①

53

에틸벤젠의 농도가 400[ppm]인 1,000[m³] 체적의 작업장의 환기를 위해 90[m³/min] 속도로 외부 공기를 유입한다고 할 때, 이 작업장의 에틸벤젠 농도가 노출기준(TLV) 이하로 감소되기 위한 최소소요시간[min]은? (단, 에틸벤젠의 TLV는 100[ppm]이고 외부유입공기 중 에틸벤젠의 농도는 0[ppm]이다.)

① 11.8
② 15.4
③ 19.2
④ 23.6

해설

농도 감소에 걸리는 시간(1차 반응)

$$t = -\frac{V}{Q'} \ln \frac{C_2}{C_1}$$

여기서, t: 농도 감소에 걸리는 시간[sec]
V: 공간의 부피[m³]
Q': 환기속도[m³/sec]
C_2: 나중 농도[ppm]
C_1: 처음 농도[ppm]

$$t = -\frac{1,000}{90} \times \ln \frac{100}{400} = 15.40[\min]$$

54

덕트에서 공기 흐름의 평균속도압이 25[mmH₂O]였다면 덕트에서의 공기의 반송속도[m/s]는? (단, 공기 밀도는 1.21[kg/m³]로 동일하다.)

① 10
② 15
③ 20
④ 25

해설

공기 유속 공식

$$V = 4.043\sqrt{VP}$$

여기서, V: 유속[m/s]
VP: 속도압[mmH₂O]

$V = 4.043 \times \sqrt{25} = 20.22[\text{m/s}]$

55

강제환기를 실시할 때 환기효과를 제고시킬 수 있는 방법이 아닌 것은?

① 공기배출구와 근로자의 작업위치 사이에 오염원이 위치하지 않도록 하여야 한다.
② 배출구가 창문이나 문 근처에 위치하지 않도록 한다.
③ 오염물질 배출구는 가능한 한 오염원으로부터 가까운 곳에 설치하여 점환기 효과를 얻는다.
④ 공기가 배출되면서 오염장소를 통과하도록 공기배출구와 유입구의 위치를 선정한다.

해설

공기배출구와 근로자의 작업위치 사이에 오염원이 위치하여야 한다.

가장 빠른 합격비법

'작업자 → 오염원 → 후드' 순서이어야 오염 공기가 작업자를 거치지 않고 바로 제거됩니다.
만약, '오염원 → 작업자 → 후드' 순서가 되면 오염 공기가 후드 방향으로 이동하면서 작업자가 노출될 수 있습니다.

56

전기집진장치의 장·단점으로 틀린 것은?

① 운전 및 유지비가 많이 든다.
② 고온가스처리가 가능하다.
③ 설치 공간이 많이 든다.
④ 압력손실이 낮다.

해설

전기집진장치는 운전 및 유지비가 저렴하다.

정답 53 ② 54 ③ 55 ① 56 ①

57

산업위생관리를 작업환경관리, 작업관리, 건강관리로 나눠서 구분할 때, 다음 중 작업환경관리와 가장 거리가 먼 것은?

① 유해 공정의 격리
② 유해 설비의 밀폐화
③ 전체환기에 의한 오염물질의 희석 배출
④ 보호구 사용에 의한 유해물질의 인체 침입방지

해설
보호구 사용에 의한 유해물질의 인체 침입방지는 건강관리의 내용이다.

58

국소환기시스템의 슬롯(slot) 후드에 설치된 충만실(plenum chamber)에 관한 설명 중 옳지 않은 것은?

① 후드가 크게 되면 충만실의 공기속도 손실도 고려해야 한다.
② 제어속도는 슬롯속도와는 관계가 없어 슬롯속도가 높다고 흡인력을 증가시키지는 않는다.
③ 슬롯에서의 병목현상으로 인하여 유체의 에너지가 손실된다.
④ 충만실의 목적은 슬롯의 공기유속을 결과적으로 일정하게 상승시키는 것이다.

해설
충만실의 목적은 슬롯의 공기유속을 결과적으로 일정하게 만들기 위함이다.

가장 빠른 합격비법
충만실은 공기가 먼저 모이는 공간으로, 슬롯 전체에서 고르게 공기를 흡입하도록 도와줍니다.
충만실 없이 바로 덕트에 연결되면, 슬롯의 덕트와 가까운 쪽만 공기가 많이 흡입되고, 먼 쪽은 흡입력이 약해집니다.

59

귀마개에 관한 설명으로 가장 거리가 먼 것은?

① 휴대가 편하다.
② 고온작업장에서도 불편 없이 사용할 수 있다.
③ 근로자들이 착용하였는지 쉽게 확인할 수 있다.
④ 제대로 착용하는 데 시간이 걸리고 요령을 습득해야 한다.

해설
귀마개는 귀덮개에 비하여 근로자들이 착용하였는지 쉽게 확인할 수 없다.

60

덕트 설치시 고려해야 할 사항으로 가장 거리가 먼 것은?

① 직경이 다른 덕트를 연결할 때에는 경사 30° 이내의 테이퍼를 부착한다.
② 곡관의 곡률반경은 최대 덕트 직경의 3.0 이상으로 하며 주로 4.0을 사용한다.
③ 송풍기를 연결할 때에는 최소 덕트 직경의 6배 정도는 직선구간으로 한다.
④ 가급적 원형덕트를 사용하며 부득이 사각형 덕트를 사용할 경우는 가능한 한 정방형을 사용한다.

해설
곡관의 곡률반경은 최소 덕트 직경의 1.5 이상으로 하며 주로 2.0을 사용한다.

정답 57 ④ 58 ④ 59 ③ 60 ②

4과목 물리적유해인자관리

61

귀마개의 차음평가수(NRR)가 27일 경우 이 귀마개의 차음효과는 얼마인가? (단, OSHA의 계산방법을 따른다.)

① 6[dB]
② 8[dB]
③ 10[dB]
④ 12[dB]

해 설

귀마개 차음효과의 예측(미국 OSHA 기준)

> 차음효과=(NRR−7)×0.5
> 여기서, NRR: 차음평가지수

차음효과=(27−7)×0.5=10[dB]

62

소음성 난청에 영향을 미치는 요소의 설명으로 옳지 않은 것은?

① 음압 수준: 높을수록 유해하다.
② 소음 특성: 저주파음이 고주파음보다 유해하다.
③ 노출시간: 간헐적 노출이 계속적 노출보다 덜 유해하다.
④ 개인의 감수성: 소음에 노출된 사람이 똑같이 반응하지는 않으며, 감수성이 매우 높은 사람이 극소수 존재한다.

해 설

고주파음이 저주파음보다 영향이 크다.

63

진동 작업장의 환경관리 대책이나 근로자의 건강보호를 위한 조치로 옳지 않은 것은?

① 발진원과 작업자의 거리를 가능한 한 멀리한다.
② 작업자의 체온을 낮게 유지시키는 것이 바람직하다.
③ 절연패드의 재질로는 코르크, 펠트(felt), 유리섬유 등을 사용한다.
④ 진동공구의 무게는 10[kg]을 넘지 않게 하며 방진장갑 사용을 권장한다.

해 설

작업자의 체온을 따뜻하게 유지시키는 것이 바람직하다.

> ⓘ **가장 빠른 합격비법**
>
> 진동은 말초 부위의 혈액 순환을 방해하는데, 체온을 따뜻하게 유지하면 혈관 수축을 억제하여 혈액 순환 장애를 완화할 수 있습니다.

64

한랭환경에 의한 건강장해에 대한 설명으로 옳지 않은 것은?

① 레이노씨 병과 같은 혈관 이상이 있을 경우에는 증상이 악화된다.
② 제2도 동상은 수포와 함께 광범위한 삼출성 염증이 일어나는 경우를 의미한다.
③ 참호족은 지속적인 국소의 영양결핍 때문이며, 한랭에 의한 신경조직의 손상이 발생한다.
④ 전신 저체온의 첫 증상은 억제하기 어려운 떨림과 냉(冷)감각이 생기고 심박동이 불규칙하고 느려지며, 맥박은 약해지고 혈압이 낮아진다.

해 설

참호족(침수족)은 지속적인 한랭환경 노출로 모세혈관벽이 손상되어 발생한 국소부위의 산소결핍이 원인이다.

정답 61 ③ 62 ② 63 ② 64 ③

65

다음 중 피부에 강한 특이적 홍반작용과 색소침착, 피부암 발생 등의 장해를 모두 일으키는 것은?

① 가시광선 ② 적외선
③ 마이크로파 ④ 자외선

해설

피부에 강한 특이적 홍반작용과 색소침착, 피부암 발생 등의 장해를 모두 일으키는 것은 자외선이다.

66

음력이 1.2[W]인 소음원으로부터 35[m]되는 자유공간 지점에서의 음압수준[dB]은 약 얼마인가?

① 62 ② 74
③ 79 ④ 121

해설

음력수준(PWL)

$$PWL = 10\log\frac{W}{W_o}$$

여기서, PWL: 음력수준(음향파워레벨)[dB]
W: 측정음력[W]
W_o: 기준음력(10^{-12}[W])

$PWL = 10\log\dfrac{1.2}{10^{-12}} = 120.79$[dB]

SPL과 PWL의 관계(자유공간)

$$SPL = PWL - 20\log r - 11$$

여기서, SPL: 음압수준[dB]
PWL: 음력수준[dB]
r: 음원으로부터 떨어진 거리[m]

$SPL = 120.79 - 20\log 35 - 11$
$\quad\quad = 78.91$[dB]

67

인체에 미치는 영향이 가장 큰 전신진동의 주파수 범위는?

① 2~100[Hz] ② 140~250[Hz]
③ 275~500[Hz] ④ 4,000[Hz] 이상

해설

- 전신진동 주파수 범위: 2~100[Hz]
- 국소진동 주파수 범위: 8~1,500[Hz]

68

극저주파 방사선(extremely low frequency fields)에 대한 설명으로 옳지 않은 것은?

① 강한 전기장의 발생원은 고전류장비와 같은 높은 전류와 관련이 있으며 강한 자기장의 발생원은 고전압장비와 같은 높은 전하와 관련이 있다.
② 작업장에서 발전, 송전, 전기 사용에 의해 발생되며 이들 경로에 있는 발전기에서 전력선, 전기설비, 기계, 기구 등도 잠재적인 노출원이다.
③ 주파수가 1~3,000[Hz]에 해당되는 것으로 정의되며, 이 범위 중 50~60[Hz]의 전력선과 관련한 주파수의 범위가 건강과 밀접한 연관이 있다.
④ 교류전기는 1초에 60번씩 극성이 바뀌는 60[Hz]의 저주파를 나타내므로 이에 대한 노출평가, 생물학적 및 인체영향 연구가 많이 이루어져 왔다.

해설

강한 전기장의 발생원은 고전압장비와 같은 높은 전압과 관련이 있으며 강한 자기장의 발생원은 고전류장비와 같은 높은 전하와 관련이 있다.

정답 65 ④ 66 ③ 67 ① 68 ①

69
다음 중 전리방사선의 영향에 대하여 감수성이 가장 큰 인체 내의 기관은?

① 폐
② 혈관
③ 근육
④ 골수

해설
전리방사선의 감수성 크기 순서
골수, 임파/림프조직 > 수정체 > 상피/내피세포 > 근육세포 > 신경조직

70
1루멘의 빛이 1[ft²]의 평면상에 수직방향으로 비칠 때 그 평면의 빛 밝기를 나타내는 것은?

① 1lux
② 1candela
③ 1촉광
④ 1foot candle

해설
풋캔들[fc]의 정의

$$1[fc] = \frac{1[lm]}{1[ft^2]}$$

71
인체와 환경 간의 열교환에 관여하는 온열조건 인자로 볼 수 없는 것은?

① 대류
② 증발
③ 복사
④ 기압

해설
열평형방정식

$$\Delta S = M \pm C \pm R - E$$

여기서, ΔS : 생체 열용량의 변화
M : 작업대사량
C : 대류에 의한 열득실
R : 복사에 의한 열득실
E : 증발에 의한 열방산

기압은 열교환에 관여하는 인자로 보기 어렵다.

72
감압병의 증상에 대한 설명으로 옳지 않은 것은?

① 관절, 심부 근육 및 뼈에 동통이 일어나는 것을 bends라 한다.
② 흉통 및 호흡곤란은 흔하지 않은 특수형 질식이다.
③ 산소의 기포가 뼈의 소동맥을 막아서 후유증으로 무균성 골괴사를 일으킨다.
④ 마비는 감압증에서 보는 중증 합병증이며 하지에 강직성 마비가 나타나는데 이는 척수나 그 혈관에 기포가 형성되어 일어난다.

해설
질소의 기포가 뼈의 소동맥을 막아서 후유증으로 무균성 골괴사를 일으킨다.

정답 69 ④ 70 ④ 71 ④ 72 ③

73

작업환경 조건을 측정하는 기기 중 기류를 측정하는 것이 아닌 것은?

① Kata 온도계
② 풍차풍속계
③ 열선풍속계
④ Assmann 통풍건습계

해설

아스만(Assmann) 통풍건습계는 건구온도와 습구온도를 측정한다.

74

고압환경의 인체작용에 있어 2차적인 가압현상에 대한 내용이 아닌 것은?

① 흉곽이 잔기량보다 적은 용량까지 압축되면 폐압박 현상이 나타난다.
② 4기압 이상에서 공기 중의 질소가스는 마취작용을 나타낸다.
③ 산소의 분압이 2기압을 넘으면 산소중독증세가 나타난다.
④ 이산화탄소는 산소의 독성과 질소의 마취작용을 증강시킨다.

해설

흉곽이 잔기량보다 적은 용량까지 압축되면 발생하는 폐압박 현상은 1차적인 가압현상(기계적 장해)이다.

75

음의 세기(I)와 음압(P) 사이의 관계로 옳은 것은?

① 음의 세기는 음압에 정비례
② 음의 세기는 음압에 반비례
③ 음의 세기는 음압의 제곱에 비례
④ 음의 세기는 음압의 세제곱에 비례

해설

음의 세기

$$I = \frac{P^2}{\rho c}$$

여기서, I : 음의 세기[W/m²]
　　　　P : 음압실효치[N/m²]
　　　　ρ : 매질의 밀도[kg/m³]
　　　　c : 매질에서의 음속[m/sec]

음의 세기는 음압의 제곱에 비례한다.

76

작업장에 흔히 발생하는 일반 소음의 차음효과(transmission loss)를 위해서 장벽을 설치한다. 이 때 장벽의 단위 표면적당 무게를 2배씩 증가함에 따라 차음효과는 약 얼마씩 증가하는가?

① 2[dB]
② 6[dB]
③ 10[dB]
④ 16[dB]

해설

벽면의 투과손실

$$\Delta L_t = 20\log(m \times f) - 47$$

여기서, ΔL_t : 투과손실[dB]
　　　　m : 투과재료의 면적밀도[kg/m³]
　　　　f : 주파수[Hz]

$\Delta L_t = 20\log(m \times f) - 47$
　　　$= 20\log m + 20\log f - 47$

단위 표면적당 무게는 밀도와 같은 의미이므로, 단위 표면적당 무게가 2배이면 밀도도 2배이다.

$\Delta L_t = 20\log 2m + 20\log f - 47$
　　　$= 20\log 2 + 20\log m + 20\log f - 47$

따라서, 투과손실은 $20\log 2 = 6$[dB]만큼 증가한다.

정답 73 ④　74 ①　75 ③　76 ②

77

산업안전보건법령상 상시 작업을 실시하는 장소에 대한 작업면의 조도 기준으로 옳은 것은?

① 초정밀 작업: 1,000럭스 이상
② 정밀 작업: 500럭스 이상
③ 보통 작업: 150럭스 이상
④ 그 밖의 작업: 50럭스 이상

해설

작업면의 조도 기준
- 초정밀 작업: 750럭스 이상
- 정밀 작업: 300럭스 이상
- 보통 작업: 150럭스 이상
- 그 밖의 작업: 75럭스 이상

78

산업안전보건법령상 근로자가 밀폐공간에서 작업을 하는 경우, 사업주가 조치해야 할 사항으로 옳지 않은 것은?

① 사업주는 밀폐공간 작업 프로그램을 수립하여 시행하여야 한다.
② 사업주는 사업장 특성 상 환기가 곤란한 경우 방독마스크를 지급하여 착용하도록 하고 환기를 하지 않을 수 있다.
③ 사업주는 근로자가 밀폐공간에서 작업을 하는 경우에 그 장소에 근로자를 입장시킬 때와 퇴장시킬 때마다 인원을 점검하여야 한다.
④ 사업주는 밀폐공간에는 관계 근로자가 아닌 사람의 출입을 금지하고, 출입금지 표지를 밀폐공간 근처의 보기 쉬운 장소에 게시하여야 한다.

해설

사업주는 작업의 성질상 환기하기가 매우 곤란한 경우에는 근로자에게 공기호흡기 또는 송기마스크를 지급하여 착용하도록 하고 환기하지 아니할 수 있다.

79

인간 생체에서 이온화시키는 데 필요한 최소에너지를 기준으로 전리방사선과 비전리방사선을 구분한다. 전리방사선과 비전리방사선을 구분하는 에너지의 강도는 약 얼마인가?

① 7[eV]　② 12[eV]
③ 17[eV]　④ 22[eV]

해설

광자에너지가 12[eV] 이상이면 전리방사선으로 분류한다.

80

고온환경에서 심한 육체노동을 할 때 잘 발생하며, 그 기전은 지나친 발한에 의한 탈수와 염분소실로 나타나는 건강장해는?

① 열경련(heat cramps)
② 열피로(heat fatigue)
③ 열실신(heat syncope)
④ 열발진(heat rashes)

해설

고온환경에서 심한 육체노동을 할 때 잘 발생하며, 그 기전은 지나친 발한에 의한 탈수와 염분소실로 나타나는 건강장해는 열경련이다.

오답해설

② 열피로: 고온에 장시간 노출되어 말초혈관 운동신경의 조절 장애와 심박출량의 부족으로 순환부전, 특히 대뇌피질의 혈류량 부족이 원인이다.
③ 열실신: 혈액순환 장해로 신체 말단에 혈액이 저류하게 되면서 뇌에 혈액공급이 부족하게 되는 증상이다.
④ 열발진: 고온다습한 환경에 장시간 폭로 시 땀구멍이 막혀 염증이 발생하는 것이 원인이다.

정답 77 ③　78 ②　79 ②　80 ①

5과목 산업독성학

81
호흡기에 대한 자극작용은 유해물질의 용해도에 따라 구분되는데 다음 중 상기도점막자극제에 해당하지 않는 것은?

① 염화수소
② 아황산가스
③ 암모니아
④ 이산화질소

해설
이산화질소는 종말기관지 및 폐포점막자극제에 해당한다.

82
납중독에 대한 치료방법의 일환으로 체내에 축적된 납을 배출하도록 하는 데 사용되는 것은?

① Ca-EDTA
② DMPS
③ 2-PAM
④ Atropin

해설
납중독에 대한 치료방법의 일환으로 체내에 축적된 납을 배출하도록 하는 데 사용되는 것은 Ca-EDTA이다.

⚠ 가장 빠른 합격비법
Ca-EDTA는 체내에 들어오면 납이온(Pb^{2+})과 잘 결합하여 수용성의 킬레이트 화합물을 형성합니다. 이 화합물은 신장을 통해 소변으로 배출되기 쉬운 형태이기 때문에, 체내 납의 농도를 효과적으로 낮출 수 있습니다.

83
다음에서 설명하고 있는 유해물질 관리기준은?

> 이것은 유해물질에 폭로된 생체시료 중의 유해물질 또는 그 대사물질 등에 대한 생물학적 감시(Monitoring)를 실시하여 생체 내에 침입한 유해물질의 총량 또는 유해물질에 의하여 일어난 생체변화의 강도를 지수로서 표현한 것이다.

① TLV(Threshold Limit Value)
② BEI(Biological Exposure Indices)
③ THP(Total Health Promotion Plan)
④ STEL(Short Term Exposure Limit)

해설
BEI는 유해물질에 폭로된 생체시료 중의 유해물질 또는 그 대사물질 등에 대한 생물학적 감시를 실시하여 생체 내에 침입한 유해물질의 총량 또는 유해물질에 의하여 일어난 생체변화의 강도를 지수로서 표현한 것이다.

84
수치로 나타낸 독성의 크기가 각각 2와 3인 두 물질이 화학적 상호작용에 의해 상대적 독성이 9로 상승하였다면 이러한 상호작용을 무엇이라 하는가?

① 상가작용
② 가승작용
③ 상승작용
④ 길항작용

해설
각각 단일물질에 노출되었을 때의 독성보다 훨씬 독성이 커지는 경우 상승작용이다.

정답 81 ④ 82 ① 83 ② 84 ③

85

화학물질 및 물리적 인자의 노출기준 상 산화규소 종류와 노출기준이 올바르게 연결된 것은? (단, 노출기준은 TWA기준이다.)

① 결정체 석영 — $0.1[mg/m^3]$
② 결정체 트리폴리 — $0.1[mg/m^3]$
③ 비결정체 규소 — $0.01[mg/m^3]$
④ 결정체 트리디마이트 — $0.01[mg/m^3]$

오답해설

① 결정체 석영 — $0.05[mg/m^3]$
③ 비결정체 규소 — $0.1[mg/m^3]$
④ 결정체 트리디마이트 — $0.05[mg/m^3]$

86

노출에 대한 생물학적 모니터링의 단점이 아닌 것은?

① 시료채취의 어려움
② 근로자의 생물학적 차이
③ 유기시료의 특이성과 복잡성
④ 호흡기를 통한 노출만을 고려

해 설

생물학적 노출지표는 호흡기를 통한 노출뿐만 아니라 피부, 소화기 등으로 흡수된 유해물질의 총 흡수량을 반영한다.

87

인체 내 주요 장기 중 화학물질 대사능력이 가장 높은 기관은?

① 폐
② 간장
③ 소화기관
④ 신장

해 설

인체 내 주요 장기 중 화학물질 대사능력이 가장 높은 기관은 간장이다.

88

중추신경계에 억제 작용이 가장 큰 것은?

① 알칸족
② 알켄족
③ 알코올족
④ 할로겐족

해 설

중추신경계 활성 억제 작용 순서
할로겐화합물＞에테르＞에스테르＞유기산＞알코올＞알켄＞알칸

정답 85 ② 86 ④ 87 ② 88 ④

89

망간중독에 대한 설명으로 옳지 않은 것은?

① 금속망간의 직업성 노출은 철강제조 분야에서 많다.
② 망간의 만성중독을 일으키는 것은 2가의 망간화합물이다.
③ 치료제는 Ca−EDTA가 있으며 중독 시 신경이나 뇌세포 손상 회복에 효과가 크다.
④ 이산화망간 흄에 급성 폭로되면 열, 오한, 호흡곤란 등의 증상을 특징으로 하는 금속열을 일으킨다.

해 설
증상 초기에 망간 폭로를 중단하는 것이 중요하며, 이미 신경손상이 진행되면 회복이 어렵다.

90

다음 단순 에스테르 중 독성이 가장 높은 것은?

① 초산염
② 개미산염
③ 부틸산염
④ 프로피온산염

해 설
단순 에스테르 중 독성이 가장 높은 물질은 부틸산염이다.

91

작업장에서 생물학적 모니터링의 결정인자를 선택하는 기준으로 옳지 않은 것은?

① 검체의 채취나 검사과정에서 대상자에게 불편을 주지 않아야 한다.
② 적절한 민감도(sensitivity)를 가진 결정인자이어야 한다.
③ 검사에 대한 분석적인 변이나 생물학적 변이가 타당해야 한다.
④ 결정인자는 노출된 화학물질로 인해 나타나는 결과가 특이하지 않고 평범해야 한다.

해 설
결정인자는 노출된 화학물질로 인해 나타나는 결과가 특이하여야 한다.

92

카드뮴의 만성중독 증상으로 볼 수 없는 것은?

① 폐기능 장해
② 골격계의 장해
③ 신장기능 장해
④ 시각기능 장해

해 설
시각기능 장해는 주로 메탄올에 의해 나타난다.

정답 89 ③ 90 ③ 91 ④ 92 ④

93
인체에 흡수된 납(Pb) 성분이 주로 축적되는 곳은?

① 간
② 뼈
③ 신장
④ 근육

해설
신체 중 납의 90[%]는 뼈에 축적된다.

⚠ 가장 빠른 합격비법
납이온은 2가 양이온으로 칼슘이온과 성질이 비슷합니다. 이 때문에 몸은 납을 칼슘으로 착각하여 뼈조직에 저장합니다.

94
작업자의 소변에서 o-크레졸이 검출되었다. 이 작업자는 어떤 물질을 취급하였다고 볼 수 있는가?

① 톨루엔
② 에탄올
③ 클로로벤젠
④ 트리클로로에틸렌

해설
톨루엔 생물학적 노출지표는 요 중 o-크레졸이다.

95
중금속의 노출 및 독성기전에 대한 설명으로 옳지 않은 것은?

① 작업환경 중 작업자가 흡입하는 금속형태는 흄과 먼지 형태이다.
② 대부분의 금속이 배설되는 가장 중요한 경로는 신장이다.
③ 크롬은 6가크롬보다 3가크롬이 체내 흡수가 많이 된다.
④ 납에 노출될 수 있는 업종은 축전지 제조, 합금업체, 전자산업 등이다.

해설
크롬은 3가크롬보다 6가크롬이 체내 흡수가 많이 된다.

96
약품 정제를 하기 위한 추출제 등에 이용되는 물질로 간장, 신장의 암발생에 주로 영향을 미치는 것은?

① 크롬
② 벤젠
③ 유리규산
④ 클로로포름

해설
클로로포름($CHCl_3$)
약품 정제를 하기 위한 추출제 등에 이용되는 물질로 간장, 신장의 암발생에 주로 영향을 미친다.

정답 93 ② 94 ① 95 ③ 96 ④

97

다음 중 악성중피종(mesothelioma)을 유발시키는 대표적인 인자는?

① 석면
② 주석
③ 아연
④ 크롬

해설

악성중피종을 유발시키는 대표적인 인자는 석면이다.

> **가장 빠른 합격비법**
>
> 악성중피종은 흉부 외벽에 붙어있는 흉막이나 복부를 둘러싼 복막, 심장을 싸고 있는 심막 표면을 덮는 중피에 발생하는 악성 종양을 의미합니다. 대부분 석면에 의해 발생합니다.

98

유리규산(석영) 분진에 의한 규폐성 결정과 폐포벽 파괴 등 망상 내피계 반응은 분진입자의 크기가 얼마일 때 자주 일어나는가?

① 0.1~0.5[μm]
② 2~5[μm]
③ 10~15[μm]
④ 15~20[μm]

해설

유리규산(석영) 분진에 의한 규폐성 결정과 폐포벽 파괴 등 망상 내피계 반응은 분진입자의 크기가 2~5[μm]일 때 자주 일어난다.

99

입자상 물질의 호흡기계 침착기전 중 길이가 긴 입자가 호흡기계로 들어오면 그 입자의 가장자리가 기도의 표면을 스치게 됨으로써 침착하는 현상은?

① 충돌
② 침전
③ 차단
④ 확산

해설

호흡기계 축적 메커니즘 중 차단
섬유 입자의 한쪽 끝이 기도 표면에 접촉하게 될 경우 간섭으로 인한 침착이 발생한다.

100

다음에서 설명하는 물질은?

> 이것은 소방제나 세척액 등으로 사용되었으나 현재는 강한 독성 때문에 이용되지 않으며 고농도의 이 물질에 노출되면 중추신경계 장애 외에 간장과 신장장애를 유발한다. 대표적인 초기증상으로는 두통, 구토, 설사 등이 있으며 그 후에 알부민뇨, 혈뇨 및 혈중 Urea 수치의 상승 등의 증상이 있다.

① 납
② 수은
③ 황화수은
④ 사염화탄소

해설

사염화탄소(CCl_4)는 소방제나 세척액 등으로 사용되었으나 현재는 강한 독성 때문에 이용되지 않으며 고농도에 노출되면 중추신경계 장애 외에 간장과 신장장애를 유발한다. 대표적인 초기증상으로는 두통, 구토, 설사 등이 있으며 그 후에 알부민뇨, 혈뇨 및 혈중 Urea 수치의 상승 등의 증상이 있다.

정답 97 ① | 98 ② | 99 ③ | 100 ④

2021년 제2회 기출문제

1과목 산업위생학개론

01
다음 중 최초로 기록된 직업병은?
① 규폐증 ② 폐질환
③ 음낭암 ④ 납중독

해설
최초로 기록된 직업병은 납중독이다.

02
근골격계질환에 관한 설명으로 옳지 않은 것은?
① 점액낭염(bursistis)은 관절 사이의 윤활액을 싸고 있는 윤활낭에 염증이 생기는 질병이다.
② 건초염(tendosynovitis)은 건막에 염증이 생긴 질환이며, 건염(tendonitis)은 건의 염증으로, 건염과 건초염을 정확히 구분하기 어렵다.
③ 수근관증후군(carpal tunnel syndrome)은 반복적이고 지속적인 손목의 압박, 무리한 힘 등으로 인해 수근관 내부에 정중신경이 손상되어 발생한다.
④ 요추 염좌(lumbar sprain)는 근육이 잘못된 자세, 외부의 충격, 과도한 스트레스 등으로 수축되어 굳어지면 근섬유의 일부가 띠처럼 단단하게 변하여 근육의 특정 부위에 압통, 방사통, 목부위 운동제한, 두통 등의 증상이 나타난다.

해설
요추 염좌는 인대, 근육 및 건조직이 과도하게 신전되거나 파열되는 경우나 추간관절의 활액조직에 자극성 염증이 있을 때 주로 발생하며 근육에 통증과 경련이 일어난다.

03
근로자가 노동환경에 노출될 때 유해인자에 대한 해치(Hatch)의 양-반응관계곡선의 기관장애 3단계에 해당하지 않는 것은?
① 보상단계 ② 고장단계
③ 회복단계 ④ 항상성 유지단계

해설
Hatch 기관장애 3단계
1단계 : 항상성 유지단계(정상적인 단계)
2단계 : 보상 유지단계(노출기준 설정단계)
3단계 : 고장 장애단계(비가역적 단계)

04
산업피로의 용어에 관한 설명으로 옳지 않은 것은?
① 곤비란 단시간의 휴식으로 회복될 수 있는 피로를 말한다.
② 다음 날까지도 피로상태가 계속되는 것을 과로라 한다.
③ 보통 피로는 하룻밤 잠을 자고 나면 다음날 회복되는 정도이다.
④ 정신피로는 중추신경계의 피로를 말하는 것으로 정밀작업 등과 같은 정신적 긴장을 요하는 작업시에 발생된다.

해설
곤비란 단기간 휴식으로는 회복 불가능한 병적인 피로 상태이다.

정답 01 ④ 02 ④ 03 ③ 04 ①

05

산업안전보건법령에서 정하고 있는 제조 등이 금지되는 유해물질에 해당되지 않는 것은?

① 석면(Asbestos)
② 크롬산 아연(Zinc chromates)
③ 황린 성냥(Yellow phosphorus match)
④ β-나프틸아민과 그 염(β-Naphthylamine and its salts)

해설

제조 등 금지물질
- β-나프틸아민과 그 염(중량비율 1[%] 이하 제외)
- 4-니트로디페닐과 그 염(중량비율 1[%] 이하 제외)
- 백연을 포함한 페인트(중량비율 2[%] 이하 제외)
- 벤젠을 포함하는 고무풀(중량비율 5[%] 이하 제외)
- 석면(중량비율 1[%] 이하 제외)
- 폴리클로리네이티드 터페닐(중량비율 1[%] 이하 제외)
- 황린 성냥

06

사무실 공기관리 지침에 관한 내용으로 옳지 않은 것은? (단, 고용노동부 고시를 기준으로 한다.)

① 오염물질인 미세먼지(PM10)의 관리기준은 100[μg/m³]이다.
② 사무실 공기의 관리기준은 8시간 시간가중평균농도를 기준으로 한다.
③ 총부유세균의 시료채취방법은 충돌법을 이용한 부유세균채취기(bioair sampler)로 채취한다.
④ 사무실 공기질의 모든 항목에 대한 측정결과는 측정치 전체에 대한 평균값을 이용하여 평가한다.

해설

이산화탄소의 경우 각 지점에서 측정한 측정치 중 최고값을 기준으로 비교 평가한다.

07

산업안전보건법령상 물질안전보건자료 대상물질을 제조·수입하려는 자가 물질안전보건자료에 기재해야 하는 사항에 해당되지 않는 것은? (단, 그 밖에 고용노동부장관이 정하는 사항은 제외한다.)

① 응급조치요령
② 물리화학적 특성
③ 안전관리자의 직무범위
④ 폭발·화재 시 대처방법

해설

안전관리자의 직무범위는 물질안전보건자료의 기재사항이 아니다.

08

산업안전보건법령상 근로자에 대해 실시하는 특수건강진단 대상 유해인자에 해당되지 않는 것은?

① 에탄올(Ethanol)
② 가솔린(Gasoline)
③ 니트로벤젠(Nitrobenzene)
④ 디에틸에테르(Diethyl ether)

해설

에탄올은 특수건강진단 대상 유해인자가 아니다.

정답 05 ② 06 ④ 07 ③ 08 ①

09

산업피로에 대한 대책으로 옳은 것은?

① 커피, 홍차, 엽차 및 비타민 B_1은 피로 회복에 도움이 되므로 공급한다.
② 신체 리듬의 적응을 위하여 야간 근무는 연속으로 7일 이상 실시하도록 한다.
③ 움직이는 작업은 피로를 가중시키므로 될수록 정적인 작업으로 전환하도록 한다.
④ 피로한 후 장시간 휴식하는 것이 휴식시간을 여러 번으로 나누는 것보다 효과적이다.

오답해설

② 신체 리듬의 적응을 위하여 야간 근무의 연속일수는 2~3일로 한다.
③ 정적인 작업은 줄이고 동적인 작업을 늘려 피로를 줄여야 한다.
④ 휴식시간을 여러 번으로 나누는 것이 장시간 휴식하는 것보다 효과적이다.

10

직업성 질환 중 직업상의 업무에 의하여 1차적으로 발생하는 질환은?

① 합병증
② 일반 질환
③ 원발성 질환
④ 속발성 질환

해 설

직업성 질환 중 직업상의 업무에 의해 1차적으로 발생하는 질환은 원발성 질환이다.

⚠ 가장 빠른 합격비법

- 원발성 질환: 다른 원인에 의해서 질병이 생긴 것이 아니라, 그 자체가 질병인 질환입니다.
- 속발성 질환: 다른 질병에 바로 이어서 생기는 질환입니다.

11

재해예방의 4원칙에 해당되지 않는 것은?

① 손실우연의 원칙
② 예방가능의 원칙
③ 대책선정의 원칙
④ 원인조사의 원칙

해 설

재해예방의 4원칙
- 손실우연의 원칙
- 예방가능의 원칙
- 대책선정의 원칙
- 원인계기의 원칙

12

토양이나 암석 등에 존재하는 우라늄의 자연적 붕괴로 생성되어 건물의 균열을 통해 실내공기로 유입되는 발암성 오염물질은?

① 라돈
② 석면
③ 알레르겐
④ 포름알데히드

해 설

라돈(Rn)
- WHO에서 지정한 1급 발암물질이다.
- 우라늄이 자연적으로 붕괴하면서 생성되며, 우라늄이 포함된 토양, 암석 등에서 방출된다.
- 무색, 무취이므로 인간의 감각으로는 감지가 불가능하다.

정답 09 ① 10 ③ 11 ④ 12 ①

13

NIOSH에서 제시한 권장무게한계가 6[kg]이고, 근로자가 실제 작업하는 중량물의 무게가 12[kg]일 경우 중량물 취급지수(LI)는?

① 0.5
② 1.0
③ 2.0
④ 6.0

해설

중량물 취급지수(LI)

$$LI = \frac{L}{RWL}$$

여기서, LI: 중량물 취급지수
L: 실제 작업무게
RWL: 권장 무게 한계

$LI = \frac{12}{6} = 2.0$

14

미국산업위생학술원(American Academy of Industrial Hygiene)에서 산업위생 분야에 종사하는 사람들이 반드시 지켜야 할 윤리강령 중 전문가로서의 책임 부분에 해당하지 않는 것은?

① 기업체의 기밀은 누설하지 않는다.
② 근로자의 건강보호 책임을 최우선으로 한다.
③ 전문 분야로서의 산업위생을 학문적으로 발전시킨다.
④ 과학적 방법의 적용과 자료의 해석에서 객관성을 유지한다.

해설

근로자의 건강보호가 산업위생전문가의 일차적인 책임임을 인지하는 것은 근로자에 대한 책임 내용이다.

15

근육운동을 하는 동안 혐기성 대사에 동원되는 에너지원과 가장 거리가 먼 것은?

① 글리코겐
② 아세트알데히드
③ 크레아틴인산(CP)
④ 아데노신삼인산(ATP)

해설

혐기성 대사 순서
아데노신삼인산(ATP) → 크레아틴인산(CP) → 글리코겐(Glycogen) 또는 포도당(Glucose)

16

산업안전보건법령상 중대재해에 해당되지 않는 것은?

① 사망자가 2명이 발생한 재해
② 상해는 없으나 재산피해 정도가 심각한 재해
③ 4개월의 요양이 필요한 부상자가 동시에 2명이 발생한 재해
④ 부상자 또는 직업성 질병자가 동시에 12명이 발생한 재해

해설

중대재해의 범위
- 사망자가 1명 이상 발생한 재해
- 3개월 이상 요양을 요하는 부상자가 동시에 2명 이상 발생한 재해
- 부상자 또는 직업성 질병자가 동시에 10명 이상 발생한 재해

정답 13 ③ 14 ② 15 ② 16 ②

17

마이스터(D.Meister)가 정의한 내용으로 시스템으로부터 요구된 작업결과(Performance)와의 차이(Deviation)가 의미하는 것은?

① 인간실수
② 무의식 행동
③ 주변적 동작
④ 지름길 반응

해 설

마이스터(D.Meister)는 인간실수를 시스템으로부터 요구된 작업결과와의 차이라고 정의했다.

18

작업대사율이 3인 강한 작업을 하는 근로자의 실동률[%]은?

① 50
② 60
③ 70
④ 80

해 설

실동률(사이또-오시마 공식)

$$실동률 = 85 - (5 \times RMR)$$

여기서, RMR: 작업대사율

실동률 = $85 - (5 \times 3) = 70[\%]$

19

산업위생활동 중 평가(Evaluation)의 주요 과정에 대한 설명으로 옳지 않은 것은?

① 시료를 채취하고 분석한다.
② 예비조사의 목적과 범위를 결정한다.
③ 현장조사로 정량적인 유해인자의 양을 측정한다.
④ 바람직한 작업환경을 만드는 최종적인 활동이다.

해 설

바람직한 작업환경을 만드는 최종적인 활동은 예측, 측정, 평가, 관리 중 관리의 내용이다.

20

톨루엔(TLV=50[ppm])을 사용하는 작업장의 작업시간이 10시간일 때 허용기준을 보정하여야 한다. OSHA 보정법과 Brief and Scala 보정법을 적용하였을 경우 보정된 허용기준치 간의 차이는?

① 1[ppm]
② 2.5[ppm]
③ 5[ppm]
④ 10[ppm]

해 설

OSHA 보정방법

$$보정노출기준 = 8시간 노출기준 \times \frac{8시간}{노출시간/일}$$

보정노출기준 = $50 \times \frac{8}{10} = 40[ppm]$

Brief and Scala 보정방법(1일 노출시간 기준)

$$RF = \frac{8}{H} \times \frac{24-H}{16}$$

보정노출기준 = 8시간 노출기준 × RF

여기서, RF: 노출기준 보정계수
　　　　H: 노출시간[hr/일]

$RF = \frac{8}{10} \times \frac{24-10}{16} = 0.7$

보정노출기준 = $50 \times 0.7 = 35[ppm]$
보정된 허용기준치 간의 차이 = $40 - 35 = 5[ppm]$

정답 17 ① 18 ③ 19 ④ 20 ③

2과목 작업위생측정 및 평가

21
가스상 물질의 분석 및 평가를 위한 열탈착에 관한 설명으로 틀린 것은?

① 이황화탄소를 활용한 용매 탈착은 독성 및 인화성이 크고 작업이 번잡하여 열탈착이 보다 간편한 방법이다.
② 활성탄관을 이용하여 시료를 채취한 경우, 열탈착에 300[℃] 이상의 온도가 필요하므로 사용이 제한된다.
③ 열탈착은 용매탈착에 비하여 흡착제에 채취된 일부 분석물질만 기기로 주입되어 감도가 떨어진다.
④ 열탈착은 대개 자동으로 수행되며 탈착된 분석물질이 가스크로마토그래피로 직접 주입되도록 되어 있다.

해 설
열탈착은 한 번에 모든 시료가 주입된다.

22
정량한계에 관한 설명으로 옳은 것은?

① 표준편차의 3배 또는 검출한계의 5배(또는 5.5배)로 정의
② 표준편차의 3배 또는 검출한계의 10배(또는 10.3배)로 정의
③ 표준편차의 5배 또는 검출한계의 3배(또는 3.3배)로 정의
④ 표준편차의 10배 또는 검출한계의 3배(또는 3.3배)로 정의

해 설
정량한계는 표준편차의 10배 또는 검출한계의 3배(또는 3.3배)로 정의된다.

23
고온의 노출기준을 구분하는 작업강도 중 중등작업에 해당하는 열량[kcal/h]은? (단, 고용노동부 고시를 기준으로 한다.)

① 130
② 221
③ 365
④ 445

해 설
고온의 노출기준[℃, WBGT]

작업휴식시간비 (시간당)	작업강도[kcal]		
	경작업 (200 미만)	중등작업 (200~350)	중작업 (350~500)
계속 작업	30.0	26.7	25.0
75[%] 작업/25[%] 휴식	30.6	28.0	25.9
50[%] 작업/50[%] 휴식	31.4	29.4	27.9
25[%] 작업/75[%] 휴식	32.2	31.1	30.0

24
고열(Heat Stress) 환경의 온열 측정과 관련된 내용으로 틀린 것은?

① 흑구온도와 기온과의 차를 실효복사온도라 한다.
② 실제 환경의 복사온도를 평가할 때는 평균복사온도를 이용한다.
③ 고열로 인한 환경적인 요인은 기온, 기류, 습도 및 복사열이다.
④ 습구흑구온도지수(WBGT) 계산 시에는 반드시 기류를 고려하여야 한다.

해 설
습구흑구온도지수 계산 시 기류가 고려되지 않는다.

정답 21 ③ 22 ④ 23 ② 24 ④

25

입경범위가 0.1~0.5[μm]인 입자상 물질이 여과지에 포집될 경우에 관여하는 주된 메커니즘은?

① 충돌과 간섭
② 확산과 간섭
③ 확산과 충돌
④ 충돌

해설

입자크기별 여과 기전
- 입경 0.1[μm] 미만: 확산
- 입경 0.1~0.5[μm]: 확산, 직접차단(간섭)
- 입경 0.5[μm] 이상: 직접차단(간섭), 관성충돌

27

1[%] Sodium bisulfite의 흡수액 20[mL]를 취한 유리제품의 미드젯임핀져를 고속시료포집 펌프에 연결하여 공기시료 0.480[m³]를 포집하였다. 가시광선흡광광도계를 사용하여 시료를 실험실에서 분석한 값이 표준검량선의 외삽법에 의하여 50[μg/mL]가 지시되었다. 표준상태에서 시료포집기간동안의 공기 중 포름알데히드 증기의 농도[ppm]는? (단, 포름알데히드 분자량은 30[g/mol]이다.)

① 1.7
② 2.5
③ 3.4
④ 4.8

해설

$$\text{ppm} = \frac{\text{mg/m}^3 \times 24.45}{\text{분자량}}$$

$$\frac{\text{mg}}{\text{m}^3} = \frac{\frac{50\mu g}{mL} \times 20mL \times \frac{mg}{10^3 \mu g}}{0.480 m^3} = 2.083[\text{mg/m}^3]$$

$$\text{ppm} = \frac{2.083 \times 24.45}{30} = 1.70[\text{ppm}]$$

26

작업장에서 오염물질 농도를 측정하였더니 그 중 일산화탄소(CO)가 0.01[%]였다. 이때 일산화탄소 농도[mg/m³]는 약 얼마인가?

① 95
② 4.91
③ 115
④ 10.50

해설

$$\frac{\text{mg}}{\text{m}^3} = \frac{\text{ppm} \times \text{분자량}}{24.45} (1기압, 25[℃] 기준)$$

1[%]=10,000[ppm]이므로,

$$\text{ppm} = 0.01\% \times \frac{10,000\text{ppm}}{1\%} = 100[\text{ppm}]$$

$$\frac{\text{mg}}{\text{m}^3} = \frac{100 \times 28}{24.45} = 114.52[\text{mg/m}^3]$$

28

고체흡착관의 뒷층에서 분석된 양이 앞층의 25[%]였다. 이에 대한 분석자의 결정으로 바람직하지 않은 것은?

① 파과가 일어났다고 판단하였다.
② 파과실험의 중요성을 인식하였다.
③ 시료채취과정에서 오차가 발생되었다고 판단하였다.
④ 분석된 앞층과 뒷층을 합하여 분석결과로 이용하였다.

해설

고체흡착관 뒷층에서 분석된 양이 앞층의 10[%] 이상이면 파과가 일어났다고 판단하여 측정결과로 사용할 수 없다.

정답 25 ② 26 ③ 27 ① 28 ④

29

옥내의 습구흑구온도지수(WBGT)를 계산하는 식으로 옳은 것은?

① WBGT = 0.1 × 자연습구온도 + 0.9 × 흑구온도
② WBGT = 0.9 × 자연습구온도 + 0.1 × 흑구온도
③ WBGT = 0.3 × 자연습구온도 + 0.7 × 흑구온도
④ WBGT = 0.7 × 자연습구온도 + 0.3 × 흑구온도

해 설

습구흑구온도지수(옥내 또는 태양광선이 내리쬐지 않는 옥외)

$$WBGT = 0.7NWB + 0.3GT$$

여기서, WBGT : 습구흑구온도지수[℃]
　　　　NWB : 자연습구온도[℃]
　　　　GT : 흑구온도[℃]

30

활성탄관에 대한 설명으로 틀린 것은?

① 흡착관은 길이 7[cm], 외경 6[mm]인 것을 주로 사용한다.
② 흡입구 방향으로 가장 앞쪽에는 유리섬유가 장착되어 있다.
③ 활성탄 입자는 크기가 20~40[mesh]인 것을 선별하여 사용한다.
④ 앞층과 뒷층을 우레탄폼으로 구분하며 뒷층이 100[mg]으로 앞층보다 2배 정도 많다.

해 설

활성탄관은 앞층과 뒷층을 우레탄폼으로 구분하며, 앞층이 100[mg]으로 뒷층보다 2배 정도 많다.

31

처음 측정한 측정치는 유량, 측정시간, 회수율, 분석에 의한 오차가 각각 15[%], 3[%], 10[%], 7[%]이었으나 유량에 의한 오차가 개선되어 10[%]로 감소되었다면 개선 전 측정치의 누적오차와 개선 후 측정치의 누적오차의 차이[%]는?

① 6.5　　　　　② 5.5
③ 4.5　　　　　④ 3.5

해 설

누적오차

$$E_c = \sqrt{E_1^2 + E_2^2 + \cdots + E_n^2}$$

여기서, E_c : 누적오차
　　　　E_n : 각 요소별 오차

개선 전 $E_c = \sqrt{15^2 + 3^2 + 10^2 + 7^2} = 19.57[\%]$
개선 후 $E_c = \sqrt{10^2 + 3^2 + 10^2 + 7^2} = 16.06[\%]$
누적오차의 차이 = 19.57 − 16.06 = 3.51[%]

32

산업위생통계에서 적용하는 변이계수에 대한 설명으로 틀린 것은?

① 표준오차에 대한 평균값의 크기를 나타낸 수치이다.
② 통계집단의 측정값들에 대한 균일성, 정밀성 정도를 표현하는 것이다.
③ 단위가 서로 다른 집단이나 특성값의 상호 산포도를 비교하는 데 이용될 수 있다.
④ 평균값의 크기가 0에 가까울수록 변이계수의 의의가 작아지는 단점이 있다.

해 설

변이계수는 표준편차의 수치가 평균치에 비해 몇 [%]인지 나타낸 값이다.

정답 29 ④　30 ④　31 ④　32 ①

33

누적소음노출량 측정기로 소음을 측정할 때의 기기 설정값으로 옳은 것은? (단, 고용노동부 고시를 기준으로 한다.)

	Threshold	Criteria	Exchange Rate
①	80[dB]	90[dB]	5[dB]
②	80[dB]	90[dB]	10[dB]
③	90[dB]	80[dB]	10[dB]
④	90[dB]	80[dB]	5[dB]

해설

누적소음노출량 측정기 설정
- Threshold = 80[dB]
- Criteria = 90[dB]
- Exchange Rate = 5[dB]

34

석면농도를 측정하는 방법에 대한 설명 중 ( ) 안에 들어갈 적절한 기체는? (단, NIOSH 방법 기준)

> 공기 중 석면농도를 측정하는 방법으로 충전식 휴대용펌프를 이용하여 여과지를 통하여 공기를 통과시켜 시료를 채취한 다음, 이 여과지에 (A) 증기를 씌우고 (B) 시약을 가한 후 위상차현미경으로 400~450배의 배율에서 섬유수를 계수한다.

① 솔벤트, 메틸에틸케톤
② 아황산가스, 클로로포름
③ 아세톤, 트리아세틴
④ 트리클로로에탄, 트리클로로에틸렌

해설

공기 중 석면농도를 측정하는 방법으로 충전식 휴대용펌프를 이용하여 여과지를 통하여 공기를 통과시켜 시료를 채취한 다음, 이 여과지에 아세톤 증기를 씌우고 트리아세틴 시약을 가한 후 위상차현미경으로 400~450배의 배율에서 섬유수를 계수한다.

35

방사성 물질의 단위에 대한 설명이 잘못된 것은?

① 방사능의 SI 단위는 Becquerel[Bq]이다.
② 1[Bq]는 3.7×10^{10}[DPS]이다.
③ 물질에 조사되는 선량은 Röntgen[R]으로 표시한다.
④ 방사선의 흡수선량은 Gray[Gy]로 표시한다.

해설

1[Bq]은 1초에 한 번 방사성 붕괴가 일어나는 것을 의미한다. 이는 곧 1[DPS](Disintegration Per Second, 1초당 1붕괴)와 같다.

36

세 개의 소음원의 소음수준을 한 지점에서 각각 측정해 보니 첫 번째 소음원만 가동될 때 88[dB], 두 번째 소음원만 가동될 때 86[dB], 세 번째 소음원만이 가동될 때 91[dB]이었다. 세 개의 소음원이 동시에 가동될 때 측정지점에서의 음압수준[dB]은?

① 91.6
② 93.6
③ 95.4
④ 100.2

해설

합산 소음

$$L_{합} = 10\log\left(10^{\frac{SPL_1}{10}} + 10^{\frac{SPL_2}{10}} + \cdots + 10^{\frac{SPL_n}{10}}\right)$$

여기서, $L_{합}$: 합산 소음[dB]
SPL_n: 음압수준[dB]

$L_{합} = 10\log\left(10^{\frac{88}{10}} + 10^{\frac{86}{10}} + 10^{\frac{91}{10}}\right) = 93.6$[dB]

정답 33 ① 34 ③ 35 ② 36 ②

37

채취시료 10[mL]를 채취하여 분석한 결과 납(Pb)의 양이 8.5[μg]이고 Blank 시료도 동일한 방법으로 분석한 결과 납의 양이 0.7[μg]이다. 총 흡인유량이 60[L]일 때 작업환경 중 납의 농도[mg/m³]는? (단, 탈착효율은 0.95이다.)

① 0.14
② 0.21
③ 0.65
④ 0.70

해 설

$$납\ 농도 = \frac{분석량}{공기채취량 \times 탈착효율}$$
$$= \frac{(8.5-0.7)[μg]}{60[L] \times 0.95} = 0.14[μg/L] = 0.14[mg/m^3]$$

38

작업환경 내 105[dB(A)]의 소음이 30분, 110[dB(A)] 소음이 15분, 115[dB(A)] 5분 발생하였을 때, 작업환경의 소음 정도는? (단, 105, 110, 115[dB(A)]의 1일 노출허용시간은 각각 1시간, 30분, 15분이고, 소음은 단속음이다.)

① 허용기준 초과
② 허용기준과 일치
③ 허용기준 미만
④ 평가할 수 없음(조건부족)

해 설

소음허용기준

$$소음허용기준 = \frac{C_1}{t_1} + \frac{C_2}{t_2} + \cdots + \frac{C_n}{t_n}$$

여기서, C_n: 노출시간[min]
t_n: 노출허용시간[min]

$$소음허용기준 = \frac{30}{60} + \frac{15}{30} + \frac{5}{15} = 1.33$$

소음허용기준이 1 이상일 경우 허용기준 초과로 판단한다.

39

금속가공유를 사용하는 절단작업 시 주로 발생할 수 있는 공기 중 부유물질의 형태로 가장 적합한 것은?

① 미스트(mist)
② 먼지(dust)
③ 가스(gas)
④ 흄(fume)

해 설

금속가공유를 사용하는 절단작업 시 금속가공유는 미스트 형태로 발생된다.

! 가장 빠른 합격비법

- 미스트(mist): 직경 0.01~10[μm]인 공기 중에 부유하는 액체 상태의 미세한 입자를 의미합니다.
- 먼지(dust): 직경 0.1~100[μm]인 공기 중에 부유하거나 침강한 고체 입자를 의미합니다.
- 가스(gas): 상온에서 기체 상태로 존재하는 물질입니다. 증기(vapor)는 상온에서 액체/고체였다가 증발한 기체이나, 가스는 본래 기체입니다.
- 흄(fume): 고체가 고온에서 기화되었다가 다시 응결하여 발생하는 초미세 고체 입자입니다. 직경이 1[μm] 이하로 매우 작고, 주로 금속의 기화가 원인입니다.

40

두 집단의 어떤 유해물질의 측정값이 아래 도표와 같을 때 두 집단의 표준편차의 크기 비교에 대한 설명 중 옳은 것은?

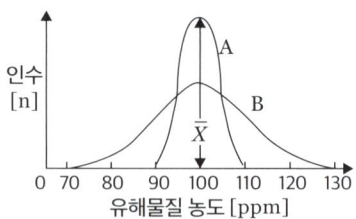

① A 집단과 B 집단은 서로 같다.
② A 집단의 경우가 B 집단의 경우보다 크다.
③ A 집단의 경우가 B 집단의 경우보다 작다.
④ 주어진 도표만으로 판단하기 어렵다.

해 설

표준편차가 클수록 평균에서 떨어진 측정값이 많이 존재한다.

정답 37 ① 38 ① 39 ① 40 ③

| 3과목 | 작업환경관리대책 |

41

다음 중 특급 분리식 방진마스크의 여과재 분진 등의 포집효율은? (단, 고용노동부 고시를 기준으로 한다.)

① 80[%] 이상
② 94[%] 이상
③ 99.0[%] 이상
④ 99.95[%] 이상

해설
여과재 분진 등 포집효율

형태 및 등급		염화나트륨(NaCl) 및 파라핀 오일(Paraffin oil) 시험[%]
분리식	특급	99.95 이상
	1급	94.0 이상
	2급	80.0 이상
안면부 여과식	특급	99.0 이상
	1급	94.0 이상
	2급	80.0 이상

42

방진마스크에 대한 설명으로 가장 거리가 먼 것은?

① 방진마스크의 필터에는 활성탄과 실리카겔이 주로 사용된다.
② 방진마스크는 인체에 유해한 분진, 연무, 흄, 미스트, 스프레이 입자가 작업자가 흡입하지 않도록 하는 보호구이다.
③ 방진마스크의 종류에는 격리식과 직결식, 면체여과식이 있다.
④ 비휘발성 입자에 대한 보호만 가능하며, 가스 및 증기로부터의 보호는 안 된다.

해설
방진마스크 필터 재질로는 면, 모, 유리섬유, 합성섬유 및 금속섬유 등을 사용한다.

43

지름이 100[cm]인 원형 후드 입구로부터 200[cm] 떨어진 지점에 오염물질이 있다. 제어풍속이 3[m/s]일 때, 후드의 필요환기량[m³/s]은? (단, 자유공간에 위치하며 플랜지는 없다.)

① 143
② 122
③ 103
④ 83

해설
필요환기량(자유공간, 플랜지 미부착)

$$Q = V_c(10X^2 + A)$$

여기서, Q: 필요환기량[m³/s]
V_c: 제어속도[m/s]
X: 후드 중심선으로부터 발생원까지의 거리[m]
A: 개구부의 면적[m²]

$$Q = 3 \times \left(10 \times 2^2 + \frac{\pi}{4} \times 1^2\right) = 122.36 [\text{m/s}]$$

44

보호구의 재질과 적용 물질에 대한 내용으로 틀린 것은?

① 면: 고체상 물질에 효과적이다.
② 부틸(Butyl) 고무: 극성 용제에 효과적이다.
③ 니트릴(Nitrile) 고무: 비극성 용제에 효과적이다.
④ 천연 고무(Latex): 비극성 용제에 효과적이다.

해설
천연 고무는 극성 및 수용성 용제에 적절하다.

정답 41 ④ 42 ① 43 ② 44 ④

45

국소환기장치 설계에서 제어속도에 대한 설명으로 옳은 것은?

① 작업장 내의 평균유속을 말한다.
② 발산되는 유해물질을 후드로 흡인하는 데 필요한 기류 속도이다.
③ 덕트 내의 기류속도를 말한다.
④ 일명 반송속도라고도 한다.

해설

제어속도는 오염물질 발생원 주변 방해기류를 극복하고 후드 쪽으로 오염물질을 흡인하기 위해 필요한 최소풍속을 의미한다.

46

흡인 풍량이 200[m³/min], 송풍기 유효전압이 150[mmH₂O], 송풍기 효율이 80[%]인 송풍기의 소요동력[kW]은?

① 4.1 ② 5.1
③ 6.1 ④ 7.1

해설

송풍기 소요동력

$$소요동력 = \frac{Q \times \Delta P}{6{,}120 \times \eta} \times \alpha$$

여기서, Q: 송풍량[m³/min]
ΔP: 송풍기 유효정압(또는 전압)[mmH₂O]
η: 효율
α: 여유율

$$소요동력 = \frac{200 \times 150}{6{,}120 \times 0.8} \times 1.0 = 6.13[kW]$$

가장 빠른 합격비법

송풍기 소요동력 계산 시 효율, 여유율에 대한 별도의 언급이 없으면 1.0으로 가정합니다.

47

덕트 내 공기흐름에서의 레이놀즈수(Reynolds Number)를 계산하기 위해 알아야 하는 모든 요소는?

① 공기속도, 공기점성계수, 공기밀도, 덕트의 직경
② 공기속도, 공기밀도, 중력가속도
③ 공기속도, 공기온도, 덕트의 길이
④ 공기속도, 공기점성계수, 덕트의 길이

해설

레이놀즈수(Re)

$$Re = \frac{\rho DV}{\mu} = \frac{DV}{\nu}$$

여기서, Re: 레이놀즈수
ρ: 유체의 밀도[kg/m³]
D: 덕트의 직경[m]
V: 유체의 평균속도[m/sec]
μ: 점성계수[kg/m·sec]
ν: 동점성계수[m²/sec]

48

작업환경관리 대책 중 물질의 대체에 해당되지 않는 것은?

① 성냥을 만들 때 백린을 적린으로 교체한다.
② 보온 재료인 유리섬유를 석면으로 교체한다.
③ 야광시계의 자판에 라듐 대신 인을 사용한다.
④ 분체 입자를 큰 입자로 대체한다.

해설

보온 재료인 석면을 유리섬유나 암면 등으로 교체한다.

정답 45 ② 46 ③ 47 ① 48 ②

49

7[m]×14[m]×3[m]의 체적을 가진 방에 톨루엔이 저장되어 있고 공기를 공급하기 전에 측정한 농도가 300[ppm]이었다. 이 방으로 10[m³/min]의 환기량을 공급한 후 노출기준인 100[ppm]으로 도달하는 데 걸리는 시간[min]은?

① 12
② 16
③ 24
④ 32

해설

농도 감소에 걸리는 시간

$$t = -\frac{V}{Q'} \ln \frac{C_2}{C_1}$$

여기서, t: 농도 감소에 걸리는 시간[sec]
V: 공간의 부피[m³]
Q': 환기속도[m³/sec]
C_2: 나중 농도[ppm]
C_1: 처음 농도[ppm]

$$t = -\frac{7 \times 14 \times 3}{10} \times \ln \frac{100}{300} = 32.30[\text{min}]$$

50

후드의 선택에서 필요환기량을 최소화하기 위한 방법이 아닌 것은?

① 측면 조절판 또는 커텐 등으로 가능한 한 공정을 둘러쌀 것
② 후드를 오염원에 가능한 한 가깝게 설치할 것
③ 후드 개구부로 유입되는 기류속도 분포가 균일하게 되도록 할 것
④ 공정 중 발생되는 오염물질의 비산속도를 크게 할 것

해설

공정 중 발생되는 오염물질의 절대량을 감소시켜야 한다.

51

송풍기의 회전수 변화에 따른 풍량, 풍압 및 동력에 대한 설명으로 옳은 것은?

① 풍량은 송풍기의 회전수에 비례한다.
② 풍압은 송풍기의 회전수에 반비례한다.
③ 동력은 송풍기의 회전수에 비례한다.
④ 동력은 송풍기 회전수의 제곱에 비례한다.

오답해설

② 풍압은 송풍기 회전수 제곱에 비례한다.
③, ④ 동력은 송풍기 회전수 세제곱에 비례한다.

52

1기압에서 혼합기체의 부피비가 질소 71[%], 산소 14[%], 탄산가스 15[%]로 구성되어 있을 때, 질소의 분압[mmH₂O]은?

① 433.2
② 539.6
③ 646.0
④ 653.6

해설

질소의 분압 = 760mmHg × 0.71 = 539.6[mmHg]

정답 49 ④ 50 ④ 51 ① 52 ②

53

공기정화장치의 한 종류인 원심력집진기에서 절단입경의 의미로 옳은 것은?

① 100[%] 분리 포집되는 입자의 최소 크기
② 100[%] 처리효율로 제거되는 입자크기
③ 90[%] 이상 처리효율로 제거되는 입자크기
④ 50[%] 처리효율로 제거되는 입자크기

해 설

절단입경(Cut-size Diameter)
50[%] 처리효율로 제거되는 입자의 최소입경이다.

> ⚠ **가장 빠른 합격비법**
>
> 100[%] 처리효율로 제거되는 입자의 최소입경은 한계입경 또는 임계입경이라고 합니다.

54

50℃의 송풍관에 15[m/s]의 유속으로 흐르는 기체의 속도압[mmH₂O]은? (단, 기체의 밀도는 1.293[kg/m³]이다.)

① 32.4 ② 22.6
③ 14.8 ④ 7.2

해 설

속도압(동압)

$$VP = \frac{\gamma V^2}{2g}$$

여기서, VP: 속도압[mmH₂O]
  γ: 유체의 비중량[kgf/m³]
  V: 유속[m/s]
  g: 중력가속도[m/s²]

$$VP = \frac{1.293 \times 15^2}{2 \times 9.8} = 14.84 [mmH_2O]$$

> ⚠ **가장 빠른 합격비법**
>
> 'γ'는 유체의 비중량이지만, 문제에서 밀도가 주어질 시 밀도를 대입하여 풀도록 합니다.

55

유입계수가 0.82인 원형 후드가 있다. 원형 덕트의 면적이 0.0314[m²]이고 필요환기량이 30[m³/min]이라고 할 때, 후드의 정압[mmH₂O]은? (단, 공기밀도는 1.2[kg/m³]이다.)

① 16 ② 23
③ 32 ④ 37

해 설

연속방정식

$$Q = AV$$

여기서, Q: 유량[m³/s]
  A: 단면적[m²]
  V: 공기의 평균속도[m/s]

$$V = \frac{Q}{A} = \frac{30m^3/min \times min/60s}{0.0314m^2} = 15.92 [m/s]$$

속도압(동압)

$$VP = \frac{\gamma V^2}{2g}$$

여기서, VP: 속도압[mmH₂O]
  γ: 유체의 비중량[kgf/m³]
  V: 유속[m/s]
  g: 중력가속도(9.8[m/s²])

$$VP = \frac{1.2 \times 15.92^2}{2 \times 9.8} = 15.52 [mmH_2O]$$

유입손실계수(F_h)

$$F_h = \frac{1}{Ce^2} - 1$$

여기서, F_h: 유입손실계수
  Ce: 유입계수

$$F_h = \frac{1}{0.82^2} - 1 = 0.49$$

후드정압

$$SP_h = VP(1 + F_h)$$

여기서, SP_h: 후드정압[mmH₂O]
  VP: 속도압[mmH₂O]
  F_h: 유입손실계수

$$SP_h = 15.52 \times (1 + 0.49) = 23.12 [mmH_2O]$$

정답 53 ④ 54 ③ 55 ②

56

플랜지 없는 외부식 사각형 후드가 설치되어 있다. 성능을 높이기 위해 플랜지 있는 외부식 사각형 후드로 작업대에 부착했을 때, 필요환기량의 변화로 옳은 것은? (단, 포촉거리, 개구면적, 제어속도는 같다.)

① 기존 대비 10[%]로 줄어든다.
② 기존 대비 25[%]로 줄어든다.
③ 기존 대비 50[%]로 줄어든다.
④ 기존 대비 75[%]로 줄어든다.

해설

필요환기량(자유공간, 플랜지 미부착)

$$Q = V_c(10X^2 + A)$$

여기서, Q: 필요환기량[m³/s]
V_c: 제어속도[m/s]
X: 후드 중심선으로부터 발생원까지의 거리[m]
A: 개구부의 면적[m²]

필요환기량(바닥면, 플랜지 부착)

$$Q = 0.5V_c(10X^2 + A)$$

여기서, Q: 필요환기량[m³/s]
V_c: 제어속도[m/s]
X: 후드 중심선으로부터 발생원까지의 거리[m]
A: 개구부의 면적[m²]

$V_c(10X^2+A) - 0.5V_c(10X^2+A) = 0.5V_c(10X^2+A)$
따라서, 기존 대비 50[%]로 줄어든다.

57

작업환경개선에서 공학적인 대책과 가장 거리가 먼 것은?

① 교육
② 환기
③ 대체
④ 격리

해설

작업환경개선의 공학적 대책으로는 제거, 격리, 대체 및 환기 등이 있다.

58

온도 50[℃]인 기체가 관을 통하여 20[m³/min]으로 흐르고 있을 때, 같은 조건의 0[℃]에서 유량[m³/min]은? (단, 관내압력 및 기타 조건은 일정하다.)

① 14.7
② 16.9
③ 20.0
④ 23.7

해설

$$Q = 20 \times \frac{273}{273+50} = 16.9 [m^3/min]$$

59

방사형 송풍기에 관한 설명과 가장 거리가 먼 것은?

① 고농도 분진함유 공기나 부식성이 강한 공기를 이송시키는 데 많이 이용된다.
② 깃이 평판으로 되어 있다.
③ 가격이 저렴하고 효율이 높다.
④ 깃의 구조가 분진을 자체 정화할 수 있도록 되어 있다.

해설

방사형 송풍기의 효율은 65[%] 정도로, 중간 정도의 효율을 가진다.

60

원심력 송풍기 중 다익형 송풍기에 관한 설명과 가장 거리가 먼 것은?

① 큰 압력손실에서도 송풍량이 안정적이다.
② 송풍기의 임펠러가 다람쥐 쳇바퀴 모양으로 생겼다.
③ 강도가 크게 요구되지 않기 때문에 적은 비용으로 제작 가능하다.
④ 다른 송풍기와 비교하여 동일 송풍량을 발생시키기 위한 임펠러 회전속도가 상대적으로 낮기 때문에 소음이 작다.

해설

다익형 송풍기는 큰 압력손실에서 송풍량이 급격히 감소한다.

정답 56 ③ 57 ① 58 ② 59 ③ 60 ①

4과목 물리적유해인자관리

61

진동증후군(HAVS)에 대한 스톡홀름 워크숍의 분류로서 옳지 않은 것은?

① 진동증후군의 단계를 0부터 4까지 5단계로 구분하였다.
② 1단계는 가벼운 증상으로 1개 또는 그 이상의 손가락 끝부분이 하얗게 변하는 증상을 의미한다.
③ 3단계는 심각한 증상으로 1개 또는 그 이상의 손가락 가운뎃마디 부분까지 하얗게 변하는 증상이 나타나는 단계이다.
④ 4단계는 매우 심각한 증상을 대부분의 손가락이 하얗게 변하는 증상과 함께 손끝에서 땀의 분비가 제대로 일어나지 않는 등의 변화가 나타나는 단계이다.

해 설

3단계는 대부분의 손가락에 증상이 발생하고, 일상생활에 지장이 생기는 단계이다.

62

인체와 작업환경과의 사이의 열교환에 영향을 미치는 것으로 가장 거리가 먼 것은?

① 대류(convection)
② 열복사(radiation)
③ 증발(evaporation)
④ 열순응(acclimatization to heat)

해 설

열평형방정식

$$\Delta S = M \pm C \pm R - E$$

여기서, ΔS: 생체 열용량의 변화
M: 작업대사량
C: 대류에 의한 열득실
R: 복사에 의한 열득실
E: 증발에 의한 열방산

63

비전리방사선의 종류 중 옥외작업을 하면서 콜타르의 유도체, 벤조피렌, 안트라센 화합물과 상호작용하여 피부암을 유발시키는 것으로 알려진 비전리방사선은?

① γ선
② 자외선
③ 적외선
④ 마이크로파

해 설

자외선은 비전리방사선임에도 에너지가 커서 화합물의 분해, 합성에 관여한다.
자외선이 콜타르의 유도체, 벤조피렌, 안트라센 화합물 등과 상호작용하면 피부암을 유발할 수 있다.

64

소독작용, 비타민 D 형성, 피부색소 침착 등 생물학적 작용이 강한 특성을 가진 자외선(Dorno선)의 파장 범위는 약 얼마인가?

① 1,000[Å]~2,800[Å]
② 2,800[Å]~3,150[Å]
③ 3,150[Å]~4,000[Å]
④ 4,000[Å]~4,700[Å]

해 설

소독작용, 비타민 D 형성, 피부색소 침착 등 생물학적 작용이 강한 특성을 가진 자외선(Dorno선)의 파장 범위는 2,800~3,150[Å] (280~315[nm])이다.

정답 61 ③ 62 ④ 63 ② 64 ②

65

전리방사선 중 전자기방사선에 속하는 것은?

① α선
② β선
③ γ선
④ 중성자

해설

전리방사선의 종류
- 전자기방사선 : γ선, X선
- 입자방사선 : α선, β선, 중성자

66

다음 중 이상기압의 인체작용으로 2차적인 가압현상과 가장 거리가 먼 것은? (단, 화학적 장해를 말한다.)

① 질소 마취
② 산소 중독
③ 이산화탄소의 중독
④ 일산화탄소의 작용

해설

일산화탄소의 작용은 이상기압으로 인한 인체 영향으로 보기 힘들다.

67

출력이 10Watt의 작은 점음원으로부터 자유공간의 10[m] 떨어져 있는 곳의 음압레벨(Sound Pressure Level)은 몇 [dB]정도인가?

① 89
② 99
③ 161
④ 229

해설

음력수준(PWL)

$$PWL = 10\log\frac{W}{W_o}$$

여기서, PWL : 음력수준(음향파워레벨)[dB]
W : 측정음력[W]
W_o : 기준음력(10^{-12}[W])

$PWL = 10\log\dfrac{10}{10^{-12}} = 130[dB]$

SPL과 PWL의 관계(자유공간)

$$SPL = PWL - 20\log r - 11$$

여기서, SPL : 음압수준[dB]
PWL : 음력수준[dB]
r : 음원으로부터 떨어진 거리[m]

$SPL = 130 - 20\log 10 - 11$
$= 99[dB]$

68

1[sone]이란 몇 [Hz]에서, 몇 [dB]의 음압레벨을 갖는 소음의 크기를 말하는가?

① 1,000[Hz], 40[dB]
② 1,200[Hz], 45[dB]
③ 1,500[Hz], 45[dB]
④ 2,000[Hz], 48[dB]

해설

1,000[Hz] 순음에 대한 40[dB] 크기를 1[sone]으로 정의한다.

정답 65 ③ 66 ④ 67 ② 68 ①

69

자연조명에 관한 설명으로 옳지 않은 것은?

① 창의 면적은 바닥 면적의 15~20[%]정도가 이상적이다.
② 개각은 4~5°가 좋으며, 개각이 작을수록 실내는 밝다.
③ 균일한 조명을 요구하는 작업실은 동북 또는 북창이 좋다.
④ 입사각은 28° 이상이 좋으며, 입사각이 클수록 실내는 밝다.

해 설
개각은 4~5°가 좋으며, 개각이 클수록 실내는 밝다.

70

전신진동 노출에 따른 인체의 영향에 대한 설명으로 옳지 않은 것은?

① 평형감각에 영향을 미친다.
② 산소소비량과 폐환기량이 증가한다.
③ 작업수행능력과 집중력이 저하된다.
④ 지속노출 시 레이노드 증후군(Raynaud's phenomenon)을 유발한다.

해 설
레이노드 증후군의 유발원인은 국소진동 노출이다.

71

소음에 의한 인체의 장해정도(소음성 난청)에 영향을 미치는 요인이 아닌 것은?

① 소음의 크기
② 개인의 감수성
③ 소음 발생 장소
④ 소음의 주파수 구성

해 설
소음성 난청에 영향을 미치는 요소는 소음 크기, 소음의 주파수, 소음의 발생특성 및 개인의 감수성 등이 있다.

72

다음 중 전리방사선에 대한 감수성의 크기를 올바른 순서대로 나열한 것은?

> ㄱ. 상피세포
> ㄴ. 골수, 흉선 및 림프조직(조혈기관)
> ㄷ. 근육세포
> ㄹ. 신경조직

① ㄱ > ㄴ > ㄷ > ㄹ
② ㄱ > ㄹ > ㄴ > ㄷ
③ ㄴ > ㄱ > ㄷ > ㄹ
④ ㄴ > ㄷ > ㄹ > ㄱ

해 설
전리방사선 감수성의 크기 순서
골수, 임파/림프조직 > 수정체 > 상피/내피세포 > 근육세포 > 신경조직

정답 69 ② 70 ④ 71 ③ 72 ③

73

한랭 환경에서 인체의 일차적 생리적 반응으로 볼 수 없는 것은?

① 피부혈관의 팽창
② 체표면적의 감소
③ 화학적 대사작용의 증가
④ 근육긴장의 증가와 떨림

해설
한랭 환경에서는 피부혈관이 수축된다.

74

10시간 동안 측정한 누적소음노출량이 300[%]일 때 측정시간 평균소음수준은 약 얼마인가?

① 94.2[dB(A)]
② 96.3[dB(A)]
③ 97.4[dB(A)]
④ 98.6[dB(A)]

해설
측정시간에 따른 소음평균치

$$SPL = 90 + 16.61 \log \frac{D}{12.5t}$$

여기서, SPL: 측정시간에 따른 소음평균치[dB]
D: 소음노출량계로 측정한 노출량[%]
t: 측정시간[hr]

$SPL = 90 + 16.61 \log \frac{300}{12.5 \times 10}$
$= 96.32[dB(A)]$

75

감압에 따른 인체의 기포 형성량을 좌우하는 요인과 가장 거리가 먼 것은?

① 감압속도
② 산소공급량
③ 조직에 용해된 가스량
④ 혈류를 변화시키는 상태

해설
감압 시 질소 기포 형성 결정인자
- 감압속도: 감압속도가 빠를수록 조직에 용해되어 있던 질소가 빠르게 기포로 형성된다.
- 조직에 용해된 가스량: 수심이 깊고 수중 체류 시간이 길수록 조직에 더 많은 질소가 용해된다.
- 혈류를 변화시키는 상태: 혈액 점도나 혈류속도의 고저에 따라 기포 형성 정도, 질소 제거 효율이 달라진다.

76

다음에서 설명하는 고열장해는?

> 이것은 작업환경에서 가장 흔히 발생하는 피부장해로서 땀띠(prickly heat)라고도 말하며 땀에 젖은 피부 각질층이 떨어져 땀구멍을 막아 한선 내에 땀의 압력으로 염증성 반응을 일으켜 붉은 구진(Papules) 형태로 나타난다.

① 열사병(heat stroke)
② 열허탈(heat collapse)
③ 열경련(heat cramps)
④ 열발진(heat rashes)

해설
열발진은 땀띠라고도 하며 땀에 젖은 피부 각질층이 떨어져 땀구멍을 막아 한선 내에 땀의 압력으로 염증성 반응을 일으켜 붉은 구진 형태로 나타난다.

정답 73 ① 74 ② 75 ② 76 ④

77

소음의 흡음 평가 시 적용되는 잔향시간(reverberation time)에 관한 설명으로 옳은 것은?

① 잔향시간은 실내공간의 크기에 비례한다.
② 실내 흡음량을 증가시키면 잔향시간도 증가한다.
③ 잔향시간은 음압수준이 30[dB] 감소하는 데 소요되는 시간이다.
④ 잔향시간을 측정하려면 실내 배경소음이 90[dB] 이상 되어야 한다.

오답해설
② 실내 흡음량을 증가시키면 잔향시간은 감소한다.
③ 잔향시간은 음압수준이 60[dB] 감소하는 데 소요되는 시간이다.
④ 잔향시간을 측정하려면 실내 배경소음이 측정소음보다 15[dB] 이상 낮아야 한다.

78

1촉광의 광원으로부터 한 단위입체각으로 나가는 광속의 단위를 무엇이라 하는가?

① 럭스(lux)
② 램버트(lambert)
③ 캔들(candle)
④ 루멘(lumen)

해설
1촉광의 광원으로부터 한 단위입체각으로 나가는 광속을 1[lm](루멘)으로 정의한다.

79

밀폐공간에서 산소결핍의 원인을 소모(consumption), 치환(displacement), 흡수(absorption)로 구분할 때 소모에 해당하지 않는 것은?

① 용접, 절단, 불 등에 의한 연소
② 금속의 산화, 녹 등의 화학반응
③ 제한된 공간 내에서 사람의 호흡
④ 질소, 아르곤, 헬륨 등의 불활성가스 사용

해설
질소, 아르곤, 헬륨 등의 불활성가스 사용은 치환에 해당된다.

80

산업안전보건법령상 이상기압에 의한 건강장해의 예방에 있어 사용되는 용어의 정의로 옳지 않은 것은?

① 압력이란 절대 압력과 게이지 압력의 합을 말한다.
② 고압작업이란 고기압에서 잠함공법이나 그 외의 압기공법으로 하는 작업을 말한다.
③ 기압조절실이란 고압작업을 하는 근로자 또는 잠수작업을 하는 근로자가 가압 또는 감압을 받는 장소를 말한다.
④ 표면공급식 잠수작업이란 수면 위의 공기압축기 또는 호흡용 기체통에서 압축된 호흡용 기체를 공급받으면서 하는 작업을 말한다.

해설
압력이란 게이지 압력을 말한다.

정답 77 ① 78 ④ 79 ④ 80 ①

5과목　산업독성학

81
건강영향에 따른 분진의 분류와 유발물질의 종류를 잘못 짝지은 것은?

① 유기성 분진 — 목분진, 면, 밀가루
② 알레르기성 분진 — 크롬산, 망간, 황
③ 진폐성 분진 — 규산, 석면, 활석, 흑연
④ 발암성 분진 — 석면, 니켈카보닐, 아민계 색소

해설
알레르기성 분진의 예로 꽃가루, 털, 목재분진 등이 있다.

82
다음 중 칼슘대사에 장해를 주어 신결석을 동반한 신증후군이 나타나고 다량의 칼슘 배설이 일어나 뼈의 통증, 골연화증 및 골수공증과 같은 근골격계 장해를 유발하는 중금속은?

① 망간　　　　　② 수은
③ 비소　　　　　④ 카드뮴

해설
카드뮴은 다량의 칼슘 배설을 일으켜 뼈의 통증, 골연화증 및 골수공증 등 근골격계 장해를 유발한다.

> ⚠️ **가장 빠른 합격비법**
> 카드뮴(Cd)은 신장, 특히 근위세뇨관에 축적되어 칼슘의 재흡수 기능을 손상시킵니다. 이로 인해 재흡수되지 못한 칼슘이 소변으로 배설되고, 부족한 칼슘은 뼈에서 빼내기 때문에 근골격계 질환을 유발합니다.

83
폐에 침착된 먼지의 정화과정에 대한 설명으로 옳지 않은 것은?

① 어떤 먼지는 폐포벽을 통과하여 림프계나 다른 부위로 들어가기도 한다.
② 먼지는 세포가 방출하는 효소에 의해 용해되지 않으므로 점액층에 의한 방출 이외에는 체내에 축적된다.
③ 폐에 침착된 먼지는 식세포에 의하여 포위되어, 포위된 먼지의 일부는 미세기관지로 운반되고 점액 섬모운동에 의하여 정화된다.
④ 폐에서 먼지를 포위하는 식세포는 수명이 다한 후 사멸하고 다시 새로운 식세포가 먼지를 포위하는 과정이 계속적으로 일어난다.

해설
먼지는 대식세포가 방출하는 효소에 의해 용해된다.

84
카드뮴이 체내에 흡수되었을 경우 주로 축적되는 곳은?

① 뼈, 근육　　　　② 뇌, 근육
③ 간, 신장　　　　④ 혈액, 모발

해설
카드뮴은 호흡기, 경구로 흡수되어 간이나 신장에 주로 축적된다.

정답 81 ②　82 ④　83 ②　84 ③

85

생물학적 모니터링(biological monitoring)에 관한 설명으로 옳지 않은 것은?

① 주목적은 근로자 채용 시기를 조정하기 위하여 실시한다.
② 건강에 영향을 미치는 바람직하지 않은 노출상태를 파악하는 것이다.
③ 최근의 노출량이나 과거로부터 축적된 노출량을 파악한다.
④ 건강상의 위험은 생물학적 검체에서 물질별 결정인자를 생물학적 노출지수와 비교하여 평가된다.

해 설
생물학적 모니터링의 주목적은 유해물질에 노출된 근로자 개인에 대해 인체침입경로, 근로시간에 따른 노출량 정보를 제공하는 것이다.

86

흡입분진의 종류에 따른 진폐증의 분류 중 유기성 분진에 의한 진폐증에 해당하는 것은?

① 규폐증　　　　② 활석폐증
③ 연초폐증　　　④ 석면폐증

해 설
보기 중 연초만 유기물에 해당하므로 연초폐증이 유기성 분진에 의한 진폐증이다.

87

다음 중 중추신경의 자극작용이 가장 강한 유기용제는?

① 아민　　　　② 알코올
③ 알칸　　　　④ 알데히드

해 설
중추신경계 자극작용의 순서
아민류＞유기산＞알데히드 또는 케톤＞알코올＞알칸

88

화학물질의 상호작용인 길항작용 중 독성물질의 생체과정인 흡수, 대사 등에 변화를 일으켜 독성이 감소되는 것을 무엇이라 하는가?

① 화학적 길항작용
② 배분적 길항작용
③ 수용체 길항작용
④ 기능적 길항작용

해 설
배분적 길항작용은 독성물질의 생체과정인 흡수, 대사 등에 변화를 일으켜 독성이 감소되는 작용이다.

정답 85 ①　86 ③　87 ①　88 ②

89
직업성 천식에 관한 설명으로 옳지 않은 것은?

① 작업환경 중 천식을 유발하는 대표물질로 톨루엔디이소시안산염(TDI), 무수트리멜리트산(TMA)이 있다.
② 일단 질환에 이환하게 되면 작업환경에서 추후 소량의 동일한 유발물질에 노출되더라도 지속적으로 증상이 발현된다.
③ 항원공여세포가 탐식되면 T림프구 중 I형 T림프구(type I killer T cell)가 특정 알레르기 항원을 인식한다.
④ 직업성 천식은 근무시간에 증상이 점점 심해지고, 휴일 같은 비근무시간에 증상이 완화되거나 없어지는 특징이 있다.

해설
항원공여세포(APC)가 탐식하면 $CD4^+$ T세포가 항원을 인식한다. 직업성 천식의 경우 알레르기성 천식과 유사하므로, $CD4^+$ T세포는 주로 II형 보조 T세포(Th2)로 분화한다.

> **가장 빠른 합격비법**
> 직업성 천식의 면역 과정은 다음과 같습니다.
> 항원공여세포가 알레르기 항원을 탐식 → $CD4^+$ T세포가 항원 인식 → 항원의 종류에 따라 Th1, Th2, Th17 등 다양한 보조 T세포로 분화

90
다음 중 납중독에서 나타날 수 있는 증상을 모두 나열한 것은?

> ㄱ. 빈혈
> ㄴ. 신장장해
> ㄷ. 중추 및 말초신경장해
> ㄹ. 소화기장해

① ㄱ, ㄷ
② ㄴ, ㄹ
③ ㄱ, ㄴ, ㄷ
④ ㄱ, ㄴ, ㄷ, ㄹ

해설
납중독의 증상으로는 중추 및 말초신경장해, 소화기장해, 신경 및 근육장애, 신장장해 및 빈혈 등이 있다.

91
이황화탄소를 취급하는 근로자를 대상으로 생물학적 모니터링을 하는 데 이용될 수 있는 생체 내 대사산물은?

① 소변 중 마뇨산
② 소변 중 메탄올
③ 소변 중 메틸마뇨산
④ 소변 중 TTCA(2-thiothiazolidine-4-carboxylic acid)

해설
이황화탄소의 생물학적 노출지표물질은 소변 중 TTCA이다.

92
산업안전보건법령상 다음의 설명에서 ㉠~㉢에 해당하는 내용으로 옳은 것은?

> 단시간노출기준(STEL)이란 (㉠)분간의 시간가중평균노출값으로서 노출농도가 시간가중평균노출기준(TWA)을 초과하고 단시간노출기준(STEL) 이하인 경우에는 1회 노출 지속시간이 (㉡)분 미만이어야 하고, 이러한 상태가 1일 (㉢)회 이하로 발생하여야 하며, 각 노출의 간격은 60분 이상이어야 한다.

	㉠	㉡	㉢		㉠	㉡	㉢
①	15	20	2	②	20	15	2
③	15	15	4	④	20	20	4

해설
단시간노출기준(STEL)이란 15분간의 시간가중평균노출값으로서 노출농도가 시간가중평균노출기준(TWA)을 초과하고 단시간노출기준(STEL) 이하인 경우에는 1회 노출 지속시간이 15분 미만이어야 하고, 이러한 상태가 1일 4회 이하로 발생하여야 하며, 각 노출의 간격은 60분 이상이어야 한다.

정답 89 ③ 90 ④ 91 ④ 92 ③

93

사염화탄소에 관한 설명으로 옳지 않은 것은?

① 생식기에 대한 독성작용이 특히 심하다.
② 고농도에 노출되면 중추신경계 장애 외에 간장과 신장 장애를 유발한다.
③ 신장장애 증상으로 감뇨, 혈뇨 등이 발생하며, 완전 무뇨증이 되면 사망할 수도 있다.
④ 초기 증상으로는 지속적인 두통, 구역 또는 구토, 복부 선통과 설사, 간압통 등이 나타난다.

해설
사염화탄소의 인체에 대한 생식독성 사례는 특별히 알려지지 않았다.

94

단순 질식제에 해당되는 물질은?

① 아닐린　　　　② 황화수소
③ 이산화탄소　　④ 니트로벤젠

해설
이산화탄소, 질소, 메탄, 수소 등은 단순 질식제이다.

! 가장 빠른 합격비법
단순 질식제는 농도가 높아질 시 산소 농도가 저하되어 질식의 위험이 있는 물질입니다.
화학적 질식제는 혈색소의 산소운반능력을 억제하여 빈혈성 저산소증을 유발하거나, 산화작용에 관여하는 효소작용을 저해하여 조직의 산소이용능력을 떨어뜨리는 물질입니다.

95

상기도 점막 자극제로 볼 수 없는 것은?

① 포스겐　　　　② 크롬산
③ 암모니아　　　④ 염화수소

해설
상기도 점막 자극제로는 불화수소, 염화수소, 아황산가스, 암모니아, 포름알데히드, 아세트알데히드, 산화에틸렌 및 크롬산 등이 있다.

! 가장 빠른 합격비법
포스겐($COCl_2$)은 독성이 매우 강한 기체로, 제1차 세계대전 당시 살상용 가스로 사용되었습니다.

96

적혈구의 산소운반 단백질을 무엇이라 하는가?

① 백혈구　　　　② 단구
③ 혈소판　　　　④ 헤모글로빈

해설
적혈구의 산소운반 단백질은 헤모글로빈이다.

정답 93 ①　94 ③　95 ①　96 ④

97

할로겐화탄화수소에 관한 설명으로 옳지 않은 것은?

① 대개 중추신경계의 억제에 의한 마취작용이 나타난다.
② 가연성과 폭발의 위험성이 높으므로 취급시 주의하여야 한다.
③ 일반적으로 할로겐화탄화수소의 독성 정도는 화합물의 분자량이 커질수록 증가한다.
④ 알켄족이 알칸족보다 중추신경계에 대한 억제작용이 크다.

해 설
할로겐화탄화수소는 대체로 불연성이고 화학반응성이 낮다.

98

다음 표는 A작업장의 백혈병과 벤젠에 대한 코호트 연구를 수행한 결과이다. 이때 벤젠의 백혈병에 대한 상대위험비는 약 얼마인가?

구분	백혈병 발생	백혈병 비발생	합계(명)
벤젠노출군	5	14	19
벤젠비노출군	2	25	27
합계(명)	7	39	46

① 3.29
② 3.55
③ 4.64
④ 4.82

해 설
상대위험도(비교위험도)

$$상대위험비 = \frac{노출군에서의 발생률}{비노출군에서의 발생률}$$

노출군에서의 발생률 $= \frac{5}{19}$

비노출군에서의 발생률 $= \frac{2}{27}$

상대위험비 $= \dfrac{\frac{5}{19}}{\frac{2}{27}} = 3.55$

99

다음 중 중절모자를 만드는 사람들에게 처음으로 발견되어 hatter's shake라고 하며 근육경련을 유발하는 중금속은?

① 카드뮴
② 수은
③ 망간
④ 납

해 설
중절모자를 만드는 사람들에게 처음으로 발견되어 hatter's shake라고 하는 근육경련을 유발하는 중금속은 수은이다.

100

유기용제별 중독의 대표적인 증상으로 올바르게 연결된 것은?

① 벤젠 – 간장해
② 크실렌 – 조혈장해
③ 염화탄화수소 – 시신경장해
④ 에틸렌글리콜에테르 – 생식기능장해

오답해설
① 벤젠 – 조혈장해
② 크실렌 – 중추신경장해, 신장 및 간장해
③ 염화탄화수소 – 간장해

정답 97 ② 98 ② 99 ② 100 ④

2021년 제3회 기출문제

1과목 산업위생학개론

01
화학물질 및 물리적 인자의 노출기준상 사람에게 충분한 발암성 증거가 있는 물질의 표기는?

① 1A ② 1B
③ 2C ④ 1D

해설
화학물질 및 물리적 인자의 노출기준상 발암성 분류

구분	설명
1A	사람에게 충분한 발암성 증거가 있는 물질
1B	시험동물에서 발암성 증거가 충분히 있거나, 시험동물과 사람 모두에서 제한된 발암성 증거가 있는 물질
2	사람이나 동물에서 제한된 증거가 있지만, 구분 1로 분류하기에는 증거가 충분하지 않은 물질

02
미국산업안전보건연구원(NIOSH)에서 제시한 중량물의 들기작업에 관한 감시기준(Action Limit)과 최대허용기준(Maximum Permissible Limit)의 관계를 바르게 나타낸 것은?

① MPL=5AL ② MPL=3AL
③ MPL=10AL ④ MPL=$\sqrt{2}$AL

해설
최대허용기준(MPL; Maximum Permissible Limit)

$$MPL = 3AL$$

여기서, MPL: 최대허용기준
AL: 감시기준

03
산업안전보건법령상 작업환경측정에 관한 내용으로 옳지 않은 것은?

① 모든 측정은 지역 시료채취방법을 우선으로 실시하여야 한다.
② 작업환경측정을 하기 전에 예비조사를 하여야 한다.
③ 작업환경측정자는 그 사업장에 소속된 사람 중 산업위생관리산업기사 이상의 자격을 가진 사람이다.
④ 작업이 정상적으로 이루어져 작업시간과 유해인자에 대한 근로자의 노출정도를 정확히 평가할 수 있을 때 실시하여야 한다.

해설
모든 측정은 개인 시료채취방법으로 하되, 개인 시료채취방법이 곤란한 경우에는 지역 시료채취방법으로 실시하여야 한다.

04
근골격계질환 평가 방법 중 JSI(Job Strain Index)에 대한 설명으로 옳지 않은 것은?

① 특히 허리와 팔을 중심으로 이루어지는 작업 평가에 유용하게 사용된다.
② JSI 평가결과의 점수가 7점 이상은 위험한 작업이므로 즉시 작업개선이 필요한 작업으로 관리기준을 제시하게 된다.
③ 이 기법은 힘, 근육사용기간, 작업 자세, 하루 작업시간 등 6개의 위험요소로 구성되어 이를 곱한 값으로 상지 질환의 위험성을 평가한다.
④ 이 평가방법은 손목의 특이적인 위험성만을 평가하고 있어 제한적인 작업에 대해서만 평가가 가능하고, 손, 손목 부위에서 중요한 진동에 대한 위험요인이 배제되었다는 단점이 있다.

해설
JSI는 주로 상지 말단의 근골격계 유해요인을 평가하기 위한 도구이다.

정답 01 ① 02 ② 03 ① 04 ①

05

휘발성 유기화합물의 특징이 아닌 것은?

① 물질에 따라 인체에 발암성을 보이기도 한다.
② 대기 중에 반응하여 광화학 스모그를 유발한다.
③ 증기압이 낮아 대기 중으로 쉽게 증발하지 않고 실내에 장기간 머무른다.
④ 지표면 부근 오존 생성에 관여하여 결과적으로 지구온난화에 간접적으로 기여한다.

해 설

휘발성 유기화합물은 증기압이 높아 대기 중으로 쉽게 증발한다.

06

체중이 60[kg]인 사람이 1일 8시간 작업 시 안전흡수량이 1[mg/kg]인 물질의 체내 흡수를 안전흡수량 이하로 유지하려면 공기 중 유해물질 농도를 몇 [mg/m³] 이하로 하여야 하는가? (단, 작업 시 폐환기율은 1.25[m³/hr], 체내 잔류율은 1로 가정한다.)

① 0.06
② 0.6
③ 6
④ 60

해 설

사람에 대한 안전용량(SHD)

$$SHD = C \times t \times V \times R$$

여기서, SHD: 체내 흡수량[mg]
C: 공기 중 유해물질 농도[mg/m³]
t: 노출시간[hr]
V: 폐환기율[m³/hr]
R: 체내 잔류율

$SHD = 60kg \times \dfrac{1mg}{kg} = 60[mg]$

$C = \dfrac{SHD}{t \times V \times R} = \dfrac{60}{8 \times 1.25 \times 1.0} = 6[mg/m^3]$

07

업무상 사고나 업무상 질병을 유발할 수 있는 불안전한 행동의 직접원인에 해당되지 않는 것은?

① 지식의 부족
② 기능의 미숙
③ 태도의 불량
④ 의식의 우회

해 설

의식의 우회는 간접원인(정신적 원인)에 해당한다.

08

산업위생의 목적과 가장 거리가 먼 것은?

① 근로자의 건강을 유지시키고 작업능률을 향상시킴
② 근로자들의 육체적, 정신적, 사회적 건강을 증진시킴
③ 유해한 작업환경 및 조건으로 발생한 질병을 진단하고 치료함
④ 작업환경 및 작업조건이 최적화되도록 개선하여 질병을 예방함

해 설

유해한 작업환경 및 조건으로 발생한 질병을 진단하고 치료함은 작업환경의학의 목적에 가깝다.

09

교대근무에 있어 야간작업의 생리적 현상으로 옳지 않은 것은?

① 체중의 감소가 발생한다.
② 체온이 주간보다 올라간다.
③ 주간 근무에 비하여 피로를 쉽게 느낀다.
④ 수면 부족 및 식사시간의 불규칙으로 위장장애를 유발한다.

해설
야간 작업 시 체온이 주간보다 떨어진다.

11

산업안전보건법령상 작업환경측정 대상 유해인자(분진)에 해당하지 않는 것은? (단, 그 밖에 고용노동부장관이 정하여 고시하는 인체에 해로운 유해인자는 제외한다.)

① 면 분진(Cotton dusts)
② 목재 분진(Wood dusts)
③ 지류 분진(Paper dusts)
④ 곡물 분진(Grain dusts)

해설
작업환경측정 대상 유해인자 중 분진의 종류
광물성 분진, 곡물 분진, 면 분진, 목재 분진, 석면 분진, 용접 흄, 유리섬유

12

RMR이 10인 격심한 작업을 하는 근로자의 실동률(A)과 계속작업의 한계시간(B)으로 옳은 것은? (단, 실동률은 사이또－오시마식을 적용한다.)

	A	B		A	B
①	55[%]	약 7분	②	45[%]	약 5분
③	35[%]	약 3분	④	25[%]	약 1분

해설
실동률(사이또－오시마 공식)

$$실동률 = 85 - (5 \times RMR)$$

여기서, RMR : 작업대사율

실동률 $= 85 - (5 \times 10) = 35[\%]$

계속작업 한계시간(CMT ; Continuous Maximum Task time)

$$\log(CMT) = 3.724 - 3.25 \log(RMR)$$

여기서, CMT : 계속작업 한계시간[min]
RMR : 작업대사율

$\log(CMT) = 3.724 - 3.25 \log 10$
$\qquad\qquad = 0.474$
$CMT = 10^{0.474} = 2.98[min]$

10

미국에서 1910년 납(lead) 공장에 대한 조사를 시작으로 레이온 공장의 이황화탄소 중독, 구리 광산에서 규폐증, 수은 광산에서의 수은 중독 등을 조사하여 미국의 산업 보건 분야에 크게 공헌한 선구자는?

① Leonard Hill
② Max Von Pettenkofer
③ Edward Chadwick
④ Alice Hamilton

해설
앨리스 해밀턴(Alice Hamilton)
- 미국 최초, 현대적 의미의 산업의학 전문 조사관이다.
- 직업성 질병이 유해물질(납, 수은, 이황화탄소) 때문임을 과학적으로 증명하였다. 특히, 납중독 문제를 강하게 제기하여 미국 내 납 사용 규제 기반을 마련하였다.

정답 09 ② 10 ④ 11 ③ 12 ③

13

다음 중 산업안전보건법령상 제조 등이 허가되는 유해물질에 해당하는 것은?

① 석면(Asbestos)
② 베릴륨(Beryllium)
③ 황린 성냥(Yellow phosphorus match)
④ β-나프틸아민과 그 염(β-Naphthylamine and its salts)

해설
보기 ②를 제외한 나머지는 산업안전보건법령에서 정하는 제조 등이 금지된 유해물질에 해당한다.

14

직업병 진단 시 유해요인 노출 내용과 정도에 대한 평가요소와 가장 거리가 먼 것은?

① 성별
② 노출의 추정
③ 작업환경측정
④ 생물학적 모니터링

해설
성별은 직업병 진단 시 유해요인 노출 내용과 정도에 대한 평가요소와 관련이 없다.

15

직업적성검사 중 생리적 기능검사에 해당하지 않는 것은?

① 체력검사
② 감각기능검사
③ 심폐기능검사
④ 지각동작검사

해설

적성검사 분류	검사항목
신체검사	체격검사
생리적 기능검사	감각기능검사, 심폐기능검사, 체력검사
심리학적 기능검사	지능검사, 지각동작검사, 기능검사, 인성검사

16

산업재해 통계 중 재해발생건수(100만 배)를 총 연인원의 근로시간수로 나누어 산정하는 것으로 재해발생의 정도를 표현하는 것은?

① 강도율
② 도수율
③ 발생율
④ 연천인율

해설
도수율

$$도수율 = \frac{재해건수}{연근로시간수} \times 1,000,000$$

정답 13 ② 14 ① 15 ④ 16 ②

17

직업병 및 작업관련성 질환에 관한 설명으로 옳지 않은 것은?

① 작업관련성 질환은 작업에 의하여 악화되거나 작업과 관련하여 높은 발병률을 보이는 질병이다.
② 직업병은 일반적으로 단일요인에 의해, 작업관련성 질환은 다수의 원인 요인에 의해서 발병된다.
③ 직업병은 직업에 의해 발생된 질병으로서 직업 환경 노출과 특정 질병 간에 인과관계는 불분명하다.
④ 작업관련성 질환은 작업환경과 업무수행상의 요인들이 다른 위험요인과 함께 질병 발생의 복합적 병인 중 한 요인으로서 기여한다.

해 설

작업관련성 질환은 직업에 의해 발생된 질병으로서 직업 환경과 특정 질병 간에 인과관계는 불분명하다.

> **가장 빠른 합격비법**

직업병	작업관련성 질환
직업적 유해인자 자체가 질병 발생의 직접적이고 주된 원인입니다.	직업적 유해인자와 직업 외적 요인이 결합하여 발생, 악화됩니다.

18

미국산업위생학술원(AAIH)이 채택한 윤리강령 중 사업주에 대한 책임에 해당되는 내용은?

① 일반 대중에 관한 사항은 정직하게 발표한다.
② 위험 요소와 예방 조치에 관하여 근로자와 상담한다.
③ 성실성과 학문적 실력면에서 최고 수준을 유지한다.
④ 근로자의 건강에 대한 궁극적인 책임은 사업주에게 있음을 인식시킨다.

오답해설

①: 일반 대중에 대한 책임
②: 근로자에 대한 책임
③: 전문가로서의 책임

19

단기간의 휴식에 의하여 회복될 수 없는 병적상태를 일컫는 용어는?

① 곤비　　　　　② 과로
③ 국소피로　　　④ 전신피로

해 설

곤비는 단기간 휴식으로 회복 불가능한 병적인 피로 상태이다.

20

사무실 공기관리 지침 상 오염물질과 관리기준이 잘못 연결된 것은? (단, 관리기준은 8시간 시간가중평균농도이며, 고용노동부 고시를 따른다.)

① 총부유세균 － 800[CFU/m³]
② 일산화탄소(CO) － 10[ppm]
③ 초미세먼지(PM2.5) － 50[μg/m³]
④ 포름알데히드(HCHO) － 150[μg/m³]

해 설

포름알데히드(HCHO) － 100[μg/m³]

정답 17 ③　18 ④　19 ①　20 ④

2과목 작업위생측정 및 평가

21

금속탈지 공정에서 측정한 trichloroethylene의 농도[ppm]가 아래와 같을 때, 기하평균 농도[ppm]는?

101 45 51 87 36 54 40

① 49.7
② 54.7
③ 55.2
④ 57.2

해설

기하평균(GM)

$$GM = \sqrt[n]{x_1 \times x_2 \times \cdots \times x_n}$$

여기서, GM: 기하평균
x_n: 측정치
n: 측정치의 개수

$GM = \sqrt[7]{101 \times 45 \times 51 \times 87 \times 36 \times 54 \times 40} = 55.23[ppm]$

22

공기 중 먼지를 채취하여 채취된 입자 크기의 중앙값(median)은 1.12[μm]이고 84[%]에 해당하는 크기가 2.68[μm]일 때, 기하표준편차 값은? (단, 채취된 입경의 분포는 대수정규분포를 따른다.)

① 0.42
② 0.94
③ 2.25
④ 2.39

해설

기하표준편차(GSD)

$$GSD = \frac{누적도수\ 84.1[\%]에\ 해당하는\ 값}{누적도수\ 50[\%]에\ 해당하는\ 값(GM)}$$
$$= \frac{누적도수\ 50[\%]에\ 해당하는\ 값(GM)}{누적도수\ 15.9[\%]에\ 해당하는\ 값}$$

여기서, GSD: 기하표준편차
GM: 기하평균

$GSD = \dfrac{2.68}{1.12} = 2.39$

23

입경이 20[μm]이고 입자비중이 1.5인 입자의 침강속도[cm/s]는?

① 1.8
② 2.4
③ 12.7
④ 36.2

해설

침강속도식(Lippman식)

$$V_g = 0.003 \times s_g \times d^2$$

여기서, V_g: 침강속도[cm/sec]
s_g: 입자의 비중
d: 입자의 직경[μm]

$V_g = 0.003 \times 1.5 \times 20^2 = 1.8[cm/sec]$

가장 빠른 합격비법

입자의 밀도가 아니라 비중이 주어지면 Lippman 침강속도식을 사용합니다.

24

어느 작업장에서 시료채취기를 사용하여 분진 농도를 측정한 결과 시료채취 전/후 여과지의 무게가 각각 32.4/44.7[mg]일 때, 이 작업장의 분진 농도[mg/m³]는? (단, 시료채취를 위해 사용된 펌프의 유량은 20[L/min]이고, 2시간 동안 시료를 채취하였다.)

① 5.1
② 6.2
③ 10.6
④ 12.3

해설

$분진농도 = \dfrac{채취된\ 먼지중량}{채취공기량}$

채취된 먼지중량 $= 44.7 - 32.4 = 12.3[mg]$

채취공기량 $= \dfrac{20L}{min} \times 120min \times \dfrac{m^3}{1,000L} = 2.4[m^3]$

분진농도 $= \dfrac{12.3}{2.4} = 5.13[mg/m^3]$

정답 21 ③ 22 ④ 23 ① 24 ①

25

근로자 개인의 청력 손실 여부를 알기 위해 사용하는 청력 측정용 기기는?

① Audiometer
② Noise dosimeter
③ Sound level meter
④ Impact sound level meter

해설

근로자 개인의 청력 손실 여부를 알기 위해 사용하는 청력 측정용 기기는 Audiometer이다.

26

87[℃]와 동등한 온도는? (단, 정수로 반올림한다.)

① 351[K] ② 189[℉]
③ 700[R] ④ 186[K]

해설

절대온도([℃] → [K])

$$T_K = T_C + 273.15$$

여기서, T_K: 절대온도[K]
T_C: 섭씨온도[℃]

$T_K = 87 + 273.15 = 360.15[K]$

화씨온도([℃] → [℉])

$$T_F = T_C \times \frac{9}{5} + 32$$

여기서, T_F: 화씨온도[℉]

$T_F = 87 \times \frac{9}{5} + 32 = 188.6[℉]$

랭킨온도([K] → [R])

$$T_R = T_K \times \frac{9}{5}$$

여기서, T_R: 랭킨온도[R]

$T_R = 360.15 \times \frac{9}{5} = 648.27[R]$

27

옥내의 습구흑구온도지수(WBGT)를 산출하는 식은?

① WBGT[℃]=0.7×자연습구온도+0.3×흑구온도
② WBGT[℃]=0.4×자연습구온도+0.6×흑구온도
③ WBGT[℃]=0.7×자연습구온도+0.1×흑구온도
　　　　　　+0.2×건구온도
④ WBGT[℃]=0.7×자연습구온도+0.2×흑구온도
　　　　　　+0.1×건구온도

해설

습구흑구온도지수(옥내 또는 태양광선이 내리쬐지 않는 옥외)

$$WBGT = 0.7NWB + 0.3GT$$

여기서, WBGT: 습구흑구온도지수[℃]
NWB: 자연습구온도[℃]
GT: 흑구온도[℃]

28

Fick법칙이 적용된 확산포집방법에 의하여 시료가 포집될 경우, 포집량에 영향을 주는 요인과 가장 거리가 먼 것은?

① 공기 중 포집대상물질 농도와 포집매체에 함유된 포집대상물질의 농도 차이
② 포집기의 표면이 공기에 노출된 시간
③ 대상물질과 확산매체와의 확산계수 차이
④ 포집기에서 오염물질이 포집되는 면적

해설

확산으로 포집된 총량

$$M = Aft \times \frac{C_i - C_o}{L}$$

여기서, M: 확산에 의하여 포집된 총량[g]
A: 오염물질의 포집 면적[cm²]
f: 확산계수
t: 포집기의 표면이 공기에 노출된 시간[sec]
C_i: 공기 중 포집대상물질의 농도[g/cm³]
C_o: 포집매질에 함유된 포집대상물질의 농도[g/cm³]
L: 확산경로의 길이[cm]

f는 대상물질이 공기 중에서 움직일 때의 확산계수이다.

정답 25 ① 26 ② 27 ① 28 ③

29

입자상 물질을 채취하는 방법 중 직경분립충돌기의 장점으로 틀린 것은?

① 호흡기에 부분별로 침착된 입자크기의 자료를 추정할 수 있다.
② 흡입성, 흉곽성, 호흡성 입자의 크기별 분포와 농도를 계산할 수 있다.
③ 시료채취 준비에 시간이 적게 걸리며 비교적 채취가 용이하다.
④ 입자의 질량크기분포를 얻을 수 있다.

해설

직경분립충돌기는 시료채취 준비시간이 오래 걸리고 시료채취방법도 까다롭다.

30

공기 중 유기용제 시료를 활성탄관으로 채취하였을 때 가장 적절한 탈착용매는?

① 황산
② 사염화탄소
③ 중크롬산칼륨
④ 이황화탄소

해설

공기 중 유기용제 시료를 활성탄관으로 채취하였을 때 가장 적절한 탈착용매는 이황화탄소이다.

> **가장 빠른 합격비법**
>
> 이황화탄소는 비극성이므로 주로 비극성 유기용제 흡착에 사용하는 활성탄관의 탈착용매로 적절합니다. 또한, 가스크로마토그래피로 분석 시 반응성이 낮아 피크의 크기가 작게 나오므로 유리합니다.

31

산업안전보건법령상 소음 측정방법에 관한 내용이다. (Ⓐ) 안에 맞는 내용은?

> 소음이 1초 이상의 간격을 유지하면서 최대음압수준이 (Ⓐ)[dB(A)] 이상의 소음인 경우에는 소음수준에 따른 1분 동안의 발생횟수를 측정할 것

① 110
② 120
③ 130
④ 140

해설

소음이 1초 이상의 간격을 유지하면서 최대음압수준이 120[dB(A)] 이상의 소음인 경우에는 소음수준에 따른 1분 동안의 발생횟수를 측정한다.

32

산업안전보건법령상 단위작업장소에서 작업근로자수가 17명일 때, 측정해야 할 근로자수는? (단, 시료채취는 개인 시료채취로 한다.)

① 1
② 2
③ 3
④ 4

해설

- 단위작업장소에서 최고 노출근로자 2명 이상에 대하여 동시에 개인 시료채취 방법으로 측정하되, 동일 작업근로자수가 10명을 초과하는 경우에는 매 5명당 1명 이상 추가하여 측정하여야 한다.
- 위 규정에 의하여 17명의 작업근로자 중 최고 노출근로자 2명을 개인 시료채취 방법으로 측정한다.
- 작업근로자가 10명을 초과하므로, 초과분 7명에 대하여 매 5명당 1명 이상 추가하여 측정하여야 한다.

$$\frac{17-10}{5} = 1.4 ≒ 2명$$

- 2+2=4명
따라서, 최소 4명 이상 측정하여야 한다.

정답 29 ③ 30 ④ 31 ② 32 ④

33
실리카겔과 친화력이 가장 큰 물질은?

① 알데하이드류
② 올레핀류
③ 파라핀류
④ 에스테르류

해설

실리카겔의 친화력 크기 순서
알데히드(알데하이드)＞에스테르＞올레핀＞파라핀

34
측정값이 1, 7, 5, 3, 9일 때, 변이계수[%]는?

① 183
② 133
③ 63
④ 13

해설

산술평균

$$\bar{x} = \frac{x_1 + x_2 + \cdots + x_n}{n}$$

여기서, $\bar{x}$: 산술평균
 x_n: 측정치
 n: 측정치의 개수

$$\bar{x} = \frac{1+7+5+3+9}{5} = 5$$

표준편차

$$SD = \sqrt{\frac{\sum_{i=1}^{n}(x_i - \bar{x})^2}{n-1}}$$

여기서, SD: 표준편차
 x_i: 측정치
 $\bar{x}$: 산술평균
 n: 측정치의 개수

$$SD = \sqrt{\frac{(1-5)^2+(7-5)^2+(5-5)^2+(3-5)^2+(9-5)^2}{5-1}} = 3.16$$

변이계수

$$CV = \frac{SD}{\bar{x}} \times 100$$

여기서, CV: 변이계수[%]
 SD: 표준편차
 $\bar{x}$: 산술평균

$$CV = \frac{3.16}{5} \times 100 = 63.25[\%]$$

35
직독식 기구에 대한 설명과 가장 거리가 먼 것은?

① 측정과 작동이 간편하여 인력과 분석비를 절감할 수 있다.
② 연속적인 시료채취전략으로 작업시간 동안 하나의 완전한 시료채취에 해당된다.
③ 현장에서 실제 작업시간이나 어떤 순간에서 유해인자의 수준과 변화를 쉽게 알 수 있다.
④ 현장에서 즉각적인 자료가 요구될 때 민감성과 특이성이 있는 경우 매우 유용하게 사용될 수 있다.

해설

직독식 기구는 짧은 시간동안 시료를 채취하는 방법으로 순간농도를 측정한다.

! 가장 빠른 합격비법

직독식 기구는 시료를 채취하여 실험실에서 분석하지 않고 현장에서 즉시 농도나 노출량을 읽어낼 수 있는 기기입니다.

36
시료채취방법 중 유해물질에 따른 흡착제의 연결이 적절하지 않은 것은?

① 방향족 유기용제류 — Charcoal tube
② 방향족 아민류 — Silicagel tube
③ 니트로벤젠 — Silicagel tube
④ 알코올류 — Amberlite(XAD-2)

해설

알코올류는 활성탄관을 사용하여 채취한다.

정답 33 ① 34 ③ 35 ② 36 ④

37

어느 작업장에서 작동하는 기계 각각의 소음 측정결과가 아래와 같을 때, 총 음압수준[dB]은? (단, A, B, C 기계는 동시에 작동된다.)

> A 기계: 93[dB], B 기계: 89[dB], C 기계: 88[dB]

① 91.5
② 92.7
③ 95.3
④ 96.8

해설

합산 소음

$$L_{합}=10\log\left(10^{\frac{SPL_1}{10}}+10^{\frac{SPL_2}{10}}+\cdots+10^{\frac{SPL_n}{10}}\right)$$

여기서, $L_{합}$: 합산 소음[dB]
SPL_n: 음압수준[dB]

$$L_{합}=10\log\left(10^{\frac{93}{10}}+10^{\frac{89}{10}}+10^{\frac{88}{10}}\right)=95.34[dB(A)]$$

38

검지관의 장·단점에 관한 내용으로 옳지 않은 것은?

① 사용이 간편하고, 복잡한 분석실 분석이 필요 없다.
② 산소결핍이나 폭발성 가스로 인한 위험이 있는 경우에도 사용이 가능하다.
③ 민감도 및 특이도가 낮고 색변화가 선명하지 않아 판독자에 따라 변이가 심하다.
④ 측정대상물질의 동정이 미리 되어 있지 않아도 측정을 용이하게 할 수 있다.

해설

측정대상물질을 미리 동정해야 측정이 가능하다.

> ⓘ **가장 빠른 합격비법**
> 동정(identification)은 시료 중 포함된 화학종이 알려진 화학종과 동일함을 확인하는 과정입니다.

39

어떤 작업장의 8시간 작업 중 연속음 소음 100[dB(A)]가 1시간, 95[dB(A)]가 2시간 발생하고 그 외 5시간은 기준 이하의 소음이 발생되었을 때, 이 작업장의 누적소음도에 대한 노출기준 평가로 옳은 것은?

① 0.75로 기준 이하였다.
② 1.0으로 기준과 같았다.
③ 1.25로 기준을 초과하였다.
④ 1.50으로 기준을 초과하였다.

해설

소음허용기준

$$소음허용기준=\frac{C_1}{t_1}+\frac{C_2}{t_2}+\cdots+\frac{C_n}{t_n}$$

여기서, C_n: 노출시간[min]
t_n: 노출허용시간[min]

누적소음노출량 측정기로 소음을 측정하는 경우에 Criteria는 90[dB], Exchange Rate는 5[dB]이고, 5[dB]이 증가할 때마다 노출기준 $\frac{1}{2}$이 된다.

따라서, 95[dB]의 노출기준은 4시간이고 100[dB]의 노출기준은 2시간이다.

$$소음허용기준=\frac{1}{2}+\frac{2}{4}=1$$

소음허용기준이 1일 경우 노출기준과 동일한 것으로 판단한다.

40

유해인자에 대한 노출평가방법인 위해도평가(Risk assessment)를 설명한 것으로 가장 거리가 먼 것은?

① 위험이 가장 큰 유해인자를 결정하는 것이다.
② 유해인자가 본래 가지고 있는 위해성과 노출요인에 의해 결정된다.
③ 모든 유해인자 및 작업자, 공정을 대상으로 동일한 비중을 두면서 관리하기 위한 방안이다.
④ 노출량이 높고 건강상의 영향이 큰 유해인자인 경우 관리해야 할 우선순위도 높게 된다.

해설

위험성평가는 동일 비중 관리가 아니라, 위험도를 산출하여 우선순위별 대책을 마련하는 절차이다.

정답 37 ③ 38 ④ 39 ② 40 ③

3과목 작업환경관리대책

41

호흡기 보호구에 대한 설명으로 옳지 않은 것은?

① 호흡기 보호구를 선정할 때는 기대되는 공기 중의 농도를 노출기준으로 나눈 값을 위해비(HR)라 하는데, 위해비보다 할당보호계수(APF)가 작은 것을 선택한다.
② 할당보호계수(APF)가 100인 보호구를 착용하고 작업장에 들어가면 외부 유해물질로부터 적어도 100배만큼의 보호를 받을 수 있다는 의미이다.
③ 보호구를 착용함으로써 유해물질로부터 얼마만큼 보호해주는지 나타내는 것은 보호계수(PF)이다.
④ 보호계수(PF)는 보호구 밖의 농도(C_o)와 안의 농도(C_i)의 비(C_o/C_i)로 표현할 수 있다.

[해설]

할당보호계수(APF)

$$APF \geq \frac{\text{기대되는 공기 중 농도}}{\text{노출기준}} = HR$$

여기서, APF: 할당보호계수
HR: 위해비
※ APF는 HR보다 크거나 같아야 한다.

보호계수(PF)

$$PF = \frac{C_o}{C_i}$$

여기서, PF: 보호계수
C_o: 보호구 밖의 농도
C_i: 보호구 안의 농도

42

환기시설 내 기류가 기본적 유체역학적 원리에 의하여 지배되기 위한 전제 조건에 관한 내용으로 틀린 것은?

① 환기시설 내외의 열교환은 무시한다.
② 공기의 압축이나 팽창을 무시한다.
③ 공기는 포화 수증기 상태로 가정한다.
④ 대부분의 환기시설에서는 공기 중에 포함된 유해물질의 무게와 용량을 무시한다.

[해설]
공기는 건조상태로 가정한다.

43

흡입관의 정압 및 속도압은 −30.5[mmH₂O], 7.2[mmH₂O] 이고, 배출관의 정압 및 속도압은 20.0[mmH₂O], 15[mmH₂O] 일 때, 송풍기의 유효전압[mmH₂O]은?

① 58.3
② 64.2
③ 72.3
④ 81.1

[해설]
송풍기 유효전압(FTP)

$$FTP = (SP_{out} + VP_{out}) - (SP_{in} + VP_{in})$$

여기서, FTP: 송풍기 유효전압
SP_{out}, VP_{out}: 토출구 측 정압, 속도압
SP_{in}, VP_{in}: 흡입구 측 정압, 속도압

$FTP = (SP_{out} + VP_{out}) - (SP_{in} + VP_{in})$
$= (20+15) - (-30.5+7.2) = 58.3[mmH_2O]$

44

전기도금 공정에 가장 적합한 후드 형태는?

① 캐노피 후드
② 슬롯 후드
③ 포위식 후드
④ 종형 후드

[해설]
슬롯 후드는 도금, 주조, 용해 등의 공정에 적합하다.

▲ 슬롯 후드

정답 41 ① 42 ③ 43 ① 44 ②

45

보호구의 재질에 따른 효과적 보호가 가능한 화학물질을 잘못 짝지은 것은?

① 가죽 – 알코올
② 천연고무 – 물
③ 면 – 고체상 물질
④ 부틸고무 – 알코올

해설
가죽은 유기용제에 취약하여 용제에 노출되면 팽창·경화·균열이 발생하고 보호 기능이 상실된다.

46

슬롯(Slot) 후드의 종류 중 전원주형의 배기량은 1/4원주형 대비 약 몇 배인가?

① 2배
② 3배
③ 4배
④ 5배

해설
필요송풍량(외부식 슬롯 후드)

$$Q = C \times L \times X \times V_c$$

여기서, Q: 필요송풍량[m³/sec]
C: 형상계수
(전원주: 5, $\frac{3}{4}$ 원주: 4.1, $\frac{1}{2}$ 원주: 2.8, $\frac{1}{4}$ 원주: 1.6)
L: 후드의 길이[m]
X: 포착점까지의 거리[m]
V_c: 제어속도[m/s]

전원주형 송풍량 $= 5 \times L \times X \times V_c$
$\frac{1}{4}$ 원주형 송풍량 $= 1.6 \times L \times X \times V_c$

$$\frac{5 \times L \times X \times V_c}{1.6 \times L \times X \times V_c} = 3.13배$$

47

터보(Turbo) 송풍기에 관한 설명으로 틀린 것은?

① 후향날개형 송풍기라고도 한다.
② 송풍기의 깃이 회전방향 반대편으로 경사지게 설계되어 있다.
③ 고농도 분진함유 공기를 이송시킬 경우, 집진기 후단에 설치하여 사용해야 한다.
④ 방사날개형이나 전향날개형 송풍기에 비해 효율이 떨어진다.

해설
후향날개형(터보형) 송풍기는 원심력 송풍기 중 가장 효율이 좋다.

48

밀도가 1.225[kg/m³]인 공기가 20[m/s]의 속도로 덕트를 통과하고 있을 때 동압[mmH₂O]은?

① 15
② 20
③ 25
④ 30

해설
속도압(동압)

$$VP = \frac{\gamma V^2}{2g}$$

여기서, VP: 속도압[mmH₂O]
γ: 유체의 비중량[kgf/m³]
V: 유속[m/s]
g: 중력가속도(9.8[m/s²])

$$VP = \frac{1.225 \times 20^2}{2 \times 9.8} = 25[mmH_2O]$$

정답 45 ① 46 ② 47 ④ 48 ③

49

정압회복계수가 0.72이고 정압회복량이 7.2[mmH₂O]인 원형 확대관의 압력손실[mmH₂O]은?

① 4.2
② 3.6
③ 2.8
④ 1.3

해설

확대관의 압력손실

$$\Delta P = \varsigma (VP_1 - VP_2)$$
$$(SP_2 - SP_1) = (VP_1 - VP_2) - \Delta P$$

여기서, ς: 압력손실계수
$SP_2 - SP_1$: 정압회복량[mmH₂O]
$VP_1 - VP_2$: 속도압감소량[mmH₂O]
ΔP: 압력손실[mmH₂O]

$(SP_2 - SP_1) = (VP_1 - VP_2) - \Delta P$

$7.2 = \dfrac{\Delta P}{\varsigma} - \Delta P$

압력손실계수와 정압회복계수

$$\varsigma = 1 - \varsigma'$$

여기서, ς: 압력손실계수
ς': 정압회복계수

$7.2 = \dfrac{\Delta P}{1 - \varsigma'} - \Delta P = \dfrac{\Delta P}{1 - 0.72} - \Delta P$

$\Delta P = 2.8 [mmH_2O]$

50

유기용제 취급 공정의 작업환경관리대책으로 가장 거리가 먼 것은?

① 근로자에 대한 정신건강관리 프로그램 운영
② 유기용제의 대체사용과 작업공정 배치
③ 유기용제 발산원의 밀폐 등 조치
④ 국소배기장치의 설치 및 관리

해설

근로자에 대한 정신건강관리 프로그램 운영은 건강관리대책에 해당한다.

51

송풍기의 풍량조절기법 중에서 풍량(Q)을 가장 크게 조절할 수 있는 것은?

① 회전수 조절법
② 안내익 조절법
③ 댐퍼부착 조절법
④ 흡입압력 조절법

해설

풍량을 크게 바꿀 때 가장 적절한 방법은 회전수 조절법이다.

52

회전차 외경이 600[mm]인 원심 송풍기의 풍량은 200[m³/min]이다. 회전차 외경이 1,200[mm]인 동류(상사구조)의 송풍기가 동일한 회전수로 운전된다면 이 송풍기의 풍량[m³/min]은? (단, 두 경우 모두 표준공기를 취급한다.)

① 1,000
② 1,200
③ 1,400
④ 1,600

해설

상사법칙(풍량 – 송풍기 직경)

$$\dfrac{Q_2}{Q_1} = \left(\dfrac{D_2}{D_1}\right)^3$$

여기서, Q_1: 변경 전 풍량
Q_2: 변경 후 풍량
D_1: 변경 전 송풍기의 직경
D_2: 변경 후 송풍기의 직경

$Q_2 = Q_1 \times \left(\dfrac{D_2}{D_1}\right)^3 = 200 \times \left(\dfrac{1,200}{600}\right)^3 = 1,600 [m^3/min]$

정답 49 ③ 50 ① 51 ① 52 ④

53

송풍기 축의 회전수를 측정하기 위한 측정기구는?

① 열선풍속계(Hot wire anemometer)
② 타코미터(Tachometer)
③ 마노미터(Manometer)
④ 피토관(Pitot tube)

해설
송풍기 축의 회전수를 측정하기 위한 측정기구는 타코미터이다.

54

20[℃], 1기압에서 공기유속은 5[m/s], 원형덕트의 단면적은 1.13[m²]일 때, Reynolds 수는? (단, 공기의 점성계수는 1.8×10^{-5}[kg/m·s]이고, 공기의 밀도는 1.2[kg/m³]이다.)

① 4.0×10^5
② 3.0×10^5
③ 2.0×10^5
④ 1.0×10^5

해설
레이놀즈수(Re)

$$Re = \frac{\rho DV}{\mu} = \frac{DV}{\nu}$$

여기서, Re: 레이놀즈수
ρ: 유체의 밀도[kg/m³]
D: 덕트의 직경[m]
V: 유체의 평균속도[m/s]
μ: 점성계수[kg/m·s]
ν: 동점성계수[m²/s]

$D = \sqrt{\frac{4}{\pi} \times A} = \sqrt{\frac{4}{\pi} \times 1.13} = 1.20$[m]

$Re = \frac{1.2 \times 1.2 \times 5}{1.8 \times 10^{-5}} = 400,000$

55

유해물질별 송풍관의 적정 반송속도로 옳지 않은 것은?

① 가스상 물질: 10[m/s]
② 무거운 물질: 25[m/s]
③ 일반 공업물질: 20[m/s]
④ 가벼운 건조 물질: 30[m/s]

해설
적정 반송속도

발생형태	반송속도[m/s]
증기·가스·연기	5.0~10.0
흄	10.0~12.5
미세하고 가벼운 분진	12.5~15.0
건조한 분진이나 분말	15.0~20.0
일반 산업분진	17.5~20.0
무거운 분진	20.0~22.5
무겁고 습한 분진	22.5 이상

※ 문헌마다 약간의 수치 차이 있음

56

신체 보호구에 대한 설명으로 틀린 것은?

① 정전복은 마찰에 의하여 발생되는 정전기의 대전을 방지하기 위하여 사용된다.
② 방열의에는 석면제나 섬유에 알루미늄 등을 증착한 알루미나이즈 방열의가 사용된다.
③ 위생복(보호의)에서 방한복, 방한화, 방한모는 -18[℃] 이하인 급냉동 창고 하역작업 등에 이용된다.
④ 안면 보호구에는 일반 보호면, 용접면, 안전모, 방진마스크 등이 있다.

해설
안면 보호구로는 보안경과 보안면이 있다.

정답 53 ② 54 ① 55 ④ 56 ④

57

국소환기시설 설계에 있어 정압조절평형법의 장점으로 틀린 것은?

① 예기치 않은 침식 및 부식이나 퇴적문제가 일어나지 않는다.
② 설치된 시설의 개조가 용이하여 장치변경이나 확장에 대한 유연성이 크다.
③ 설계가 정확할 때에는 가장 효율적인 시설이 된다.
④ 설계 시 잘못 설계된 분지관 또는 저항이 제일 큰 분지관을 쉽게 발견할 수 있다.

해설
정압조절평형법으로 설치한 국소환기시설은 변경이나 확장에 대한 유연성이 낮다.

58

전체환기의 목적에 해당되지 않는 것은?

① 발생된 유해물질을 완전히 제거하여 건강을 유지·증진한다.
② 유해물질의 농도를 희석시켜 건강을 유지·증진한다.
③ 실내의 온도와 습도를 조절한다.
④ 화재나 폭발을 예방한다.

해설
발생된 유해물질 농도를 희석 및 감소시켜 근로자의 건강을 유지·증진하는 것이 전체환기의 목적이다.

59

심한 난류상태의 덕트 내에서 마찰계수를 결정하는 데 가장 큰 영향을 미치는 요소는?

① 덕트의 직경
② 공기점도와 밀도
③ 덕트의 표면조도
④ 레이놀즈수

해설
완전난류상태의 덕트 내 마찰계수는 레이놀즈수와 무관해지고, 오직 상대조도에 의해서만 결정된다.

60

호흡용 보호구 중 방독/방진마스크에 대한 설명 중 옳지 않은 것은?

① 방진마스크의 흡기저항과 배기저항은 모두 낮은 것이 좋다.
② 방진마스크의 포집효율과 흡기저항상승률은 모두 높은 것이 좋다.
③ 방독마스크는 사용 중에 조금이라도 가스냄새가 나는 경우 새로운 정화통으로 교체하여야 한다.
④ 방독마스크의 흡수제는 활성탄, 실리카겔, sodalime 등이 사용된다.

해설
방진 마스크는 포집효율이 높고 흡기저항과 흡기저항상승률은 모두 낮아야 한다.

!) 가장 빠른 합격비법
흡기저항은 착용자가 방진마스크로 공기를 들이마실 때 느끼는 저항감을 말합니다. 흡기저항이 클수록 호흡에 더 많은 에너지가 소모되므로 피로감, 호흡곤란의 증상이 나타날 수 있습니다.

정답 57 ② 58 ① 59 ③ 60 ②

4과목　물리적유해인자관리

61
다음 파장 중 살균작용이 가장 강한 자외선의 파장범위는?

① 220~234[nm]
② 254~280[nm]
③ 290~315[nm]
④ 325~400[nm]

해설
자외선의 살균작용은 254~280[nm]에서 가장 강하다.

62
산업안전보건법령상 고온의 노출기준 중 중등작업의 계속작업 시 노출기준은 몇 [℃](WBGT)인가?

① 26.7
② 28.3
③ 29.7
④ 31.4

해설
고온의 노출기준[℃, WBGT]

작업휴식시간비 (시간당)	작업강도[kcal]		
	경작업 (200 미만)	중등작업 (200~350)	중작업 (350~500)
계속 작업	30.0	26.7	25.0
75[%] 작업/25[%] 휴식	30.6	28.0	25.9
50[%] 작업/50[%] 휴식	31.4	29.4	27.9
25[%] 작업/75[%] 휴식	32.2	31.1	30.0

63
다음 중 레이노 현상(Raynaud's phenomenon)의 주요 원인으로 옳은 것은?

① 국소진동
② 전신진동
③ 고온환경
④ 다습환경

해설
레이노 현상의 주요 원인은 국소진동이다.

> **가장 빠른 합격비법**
> 레이노 현상(레이노증후군)은 말초혈관순환장애로 인하여 손가락 등이 창백해지고 감각이 마비되는 질환입니다.
> 착암기, 해머 등 국소진동을 유발하는 진동공구의 장시간 사용이 주원인입니다.

64
일반소음에 대한 차음효과는 벽체의 단위표면적에 대하여 벽체의 무게가 2배 될때마다 약 몇 [dB]씩 증가하는가? (단, 벽체 무게 이외의 조건은 동일하다.)

① 4
② 6
③ 8
④ 10

해설
벽면의 투과손실

$$\Delta L_t = 20\log(m \times f) - 47$$

여기서, ΔL_t: 투과손실[dB]
m: 투과재료의 면적밀도[kg/m³]
f: 주파수[Hz]

$\Delta L_t = 20\log(m \times f) - 47$
$= 20\log m + 20\log f - 47$

단위 표면적당 무게는 밀도와 같은 의미이므로, 단위 표면적당 무게가 2배이면 밀도도 2배이다.

$\Delta L_t = 20\log(2m) + 20\log f - 47$
$= 20\log 2 + 20\log m + 20\log f - 47$

따라서, 투과손실은 $20\log 2 = 6$[dB]만큼 증가한다.

정답 61 ② 62 ① 63 ① 64 ②

65

전기성 안염(전광선 안염)과 가장 관련이 깊은 비전리방사선은?

① 자외선 ② 적외선
③ 가시광선 ④ 마이크로파

해설

전기용접, 자외선 살균기 등으로부터 발생하는 자외선은 전기성 안염의 원인이 될 수 있다.

66

한랭노출 시 발생하는 신체적 장해에 대한 설명으로 옳지 않은 것은?

① 동상은 조직의 동결을 말하며, 피부의 이론상 동결온도는 약 −1[℃] 정도이다.
② 전신 체온강하는 장시간의 한랭노출과 체열상실에 따라 발생하는 급성 중증 장해이다.
③ 참호족은 동결 온도 이하의 찬공기에 단기간의 접촉으로 급격한 동결이 발생하는 장해이다.
④ 침수족은 부종, 저림, 작열감, 소양감 및 심한 동통을 수반하며, 수포, 궤양이 형성되기도 한다.

해설

참호족은 발이 한랭 상태에 장기간 노출되고, 동시에 습기나 물에 젖으면 피부에 국소적인 산소결핍이 발생하여 모세혈관벽이 손상되는 질환이다.

67

산업안전보건법령상 "적정한 공기"에 해당하지 않는 것은? (단, 다른 성분의 조건은 적정한 것으로 가정한다.)

① 이산화탄소 농도 1.5[%] 미만
② 일산화탄소 농도 100[ppm] 미만
③ 황화수소 농도 10[ppm] 미만
④ 산소 농도 18[%] 이상 23.5[%] 미만

해설

적정공기 기준
- 산소: 18[%] 이상 23.5[%] 미만
- 일산화탄소: 30[ppm] 미만
- 이산화탄소: 1.5[%] 미만
- 황화수소: 10[ppm] 미만

68

인체와 작업환경 사이의 열교환이 이루어지는 조건에 해당되지 않는 것은?

① 대류에 의한 열교환
② 복사에 의한 열교환
③ 증발에 의한 열교환
④ 기온에 의한 열교환

해설

열평형방정식

$$\Delta S = M \pm C \pm R - E$$

여기서, ΔS: 생체 열용량의 변화
M: 작업대사량
C: 대류에 의한 열득실
R: 복사에 의한 열득실
E: 증발에 의한 열방산

정답 65 ① 66 ③ 67 ② 68 ④

69

심한 소음에 반복 노출되면, 일시적인 청력변화는 영구적 청력변화로 변하게 되는데, 이는 다음 중 어느 기관의 손상으로 인한 것인가?

① 원형창
② 삼반규반
③ 유스타키오관
④ 코르티 기관

해 설

코르티 기관은 기계적 진동을 전기신호로 변환하여 청신경을 통해 뇌로 청각 정보를 전달하는 기관이다.
코르티 기관의 손상은 영구적 청력 상실로 이어질 수 있다.

오답해설

① 원형창: 달팽이관 내 압력 완충
② 삼반규반(반고리관): 회전운동 감지
③ 유스타키오관: 중이 내외 압력 평형 유지

70

방진재료로 적절하지 않은 것은?

① 방진고무
② 코르크
③ 유리섬유
④ 코일 용수철

해 설

유리섬유는 진동에너지를 효과적으로 소산하지 못하므로 방진재료로 적절하지 않다.

71

전리방사선이 인체에 미치는 영향에 관여하는 인자와 가장 거리가 먼 것은?

① 전리작용
② 피폭선량
③ 회절과 산란
④ 조직의 감수성

해 설

전리방사선이 인체에 미치는 영향인자는 전리작용, 피폭선량, 조직의 감수성, 피폭방법, 투과력 등이 있다.

72

산업안전보건법령상 소음작업의 기준은?

① 1일 8시간 작업을 기준으로 80데시벨 이상의 소음이 발생하는 작업
② 1일 8시간 작업을 기준으로 85데시벨 이상의 소음이 발생하는 작업
③ 1일 8시간 작업을 기준으로 90데시벨 이상의 소음이 발생하는 작업
④ 1일 8시간 작업을 기준으로 95데시벨 이상의 소음이 발생하는 작업

해 설

- 소음작업 기준(1일 8시간): 85[dB] 이상
- 소음노출 기준(1일 8시간): 90[dB] 이상

정답 69 ④ 70 ③ 71 ③ 72 ②

73
비전리방사선이 아닌 것은?

① 적외선 ② 레이저
③ 라디오파 ④ 알파(α)선

해설
α선은 전리방사선이다.

74
음원으로부터 40[m]되는 지점에서 음압수준이 75[dB]로 측정되었다면 10[m]되는 지점에서의 음압수준[dB]은 약 얼마인가?

① 84 ② 87
③ 90 ④ 93

해설
음압의 거리 감쇠

$$SPL_1 - SPL_2 = 20\log\frac{r_2}{r_1}$$

여기서, SPL : 음압수준[dB]
 r : 음원으로부터 떨어진 거리[m]

$SPL_1 - 75 = 20\log\frac{40}{10}$

$SPL_1 = 87.04[dB]$

75
산업안전보건법령상 정밀작업을 수행하는 작업장의 조도기준은?

① 150럭스 이상
② 300럭스 이상
③ 450럭스 이상
④ 750럭스 이상

해설
작업면의 조도 기준
- 초정밀 작업: 750럭스 이상
- 정밀 작업: 300럭스 이상
- 보통 작업: 150럭스 이상
- 그 밖의 작업: 75럭스 이상

76
고압환경의 2차적인 가압현상 중 산소중독에 관한 내용으로 옳지 않은 것은?

① 일반적으로 산소의 분압이 2기압이 넘으면 산소중독 증세가 나타난다.
② 산소중독에 따른 증상은 고압산소에 대한 노출이 중지되면 멈추게 된다.
③ 산소의 중독작용은 운동이나 중등량의 이산화탄소의 공급으로 다소 완화될 수 있다.
④ 수지와 족지의 작열통, 시력장해, 정신혼란, 근육경련 등의 증상을 보이며 나아가서는 간질 모양의 경련을 나타낸다.

해설
산소중독은 운동이나 이산화탄소의 공급으로 악화된다.

정답 73 ④ 74 ② 75 ② 76 ③

77

빛과 밝기에 관한 설명으로 옳지 않은 것은?

① 광도의 단위로는 칸델라(candela)를 사용한다.
② 광원으로부터 한 방향으로 나오는 빛의 세기를 광속이라 한다.
③ 루멘(lumen)은 1촉광의 광원으로부터 단위입체각으로 나가는 광속의 단위이다.
④ 조도는 어떤 면에 들어오는 광속의 양에 비례하고, 입사면의 단면적에 반비례한다.

해 설
광원으로부터 한 방향으로 나오는 빛의 세기를 광도라고 한다.

78

감압병의 예방대책으로 적절하지 않은 것은?

① 호흡용 혼합가스의 산소에 대한 질소의 비율을 증가시킨다.
② 호흡기 또는 순환기에 이상이 있는 사람은 작업에 투입하지 않는다.
③ 감압병 발생 시 원래의 고압환경으로 복귀시키거나 인공고압실에 넣는다.
④ 고압실 작업에서는 탄산가스의 분압이 증가하지 않도록 신선한 공기를 송기한다.

해 설
호흡용 가스의 질소를 헬륨으로 대치한 공기를 공급한다.

> **가장 빠른 합격비법**
> 헬륨은 질소보다 조직 용해도가 훨씬 낮고, 확산속도가 빠릅니다. 즉, 체내에 덜 쌓이고 빠르게 배출되므로 감압병 예방에 도움이 됩니다.

79

이상기압의 영향으로 발생되는 고공성 폐수종에 관한 설명으로 옳지 않은 것은?

① 어른보다 아이들에게서 많이 발생된다.
② 고공 순화된 사람이 해면에 돌아올 때에도 흔히 일어난다.
③ 산소공급과 해면 귀환으로 급속히 소실되며, 증세가 반복되는 경향이 있다.
④ 진해성 기침과 과호흡이 나타나고 폐동맥 혈압이 급격히 낮아진다.

해 설
고공성 폐수종은 진해성 기침, 호흡곤란 및 폐동맥의 혈압상승 현상이 나타난다.

80

1,000[Hz]에서의 음압레벨을 기준으로 하여 등청감곡선을 나타내는 단위로 사용되는 것은?

① [mel]
② [bell]
③ [sone]
④ [phon]

해 설
1,000[Hz]에서의 음압레벨을 기준으로 하여 등청감곡선을 나타내는 단위로 사용되는 것은 [phon]이다.

정답 77 ② 78 ① 79 ④ 80 ④

5과목 산업독성학

81
다음 중 무기연에 속하지 않는 것은?

① 금속연　　　　② 일산화연
③ 사산화삼연　　④ 4메틸연

해설
메틸기($-CH_3$), 에틸기($-C_2H_5$) 등의 유기원자단과 결합되어 있으면 유기화합물이므로 4메틸납, 4에틸납은 유기연에 해당합니다.

82
유해물질의 경구투여용량에 따른 반응범위를 결정하는 독성검사에서 얻은 용량-반응곡선(dose-response curve)에서 실험동물군의 50[%]가 일정시간 동안 죽는 치사량을 나타내는 것은?

① LC_{50}　　　② LD_{50}
③ ED_{50}　　　④ TD_{50}

해설
실험동물군의 50[%]가 일정시간 동안 죽는 치사량을 나타내는 지표는 LD_{50}이다.

83
접촉에 의한 알레르기성 피부감작을 증명하기 위한 시험으로 가장 적절한 것은?

① 첩포시험　　② 진균시험
③ 조직시험　　④ 유발시험

해설
첩포시험은 알레르기 유발물질을 첩포(Patch)에 소량 도포하여 피부에 부착하는 시험이다. 알레르기성 피부감작을 증명하는 데 유용하다.

84
피부는 표피와 진피로 구분하는데, 진피에만 있는 구조물이 아닌 것은?

① 혈관　　　② 모낭
③ 땀샘　　　④ 멜라닌세포

해설
정상 피부에서 멜라닌세포는 표피에만 존재한다.

> **가장 빠른 합격비법**
> 멜라닌세포가 생성한 멜라닌(Melanin)은 자외선을 흡수·차단함으로써 피부 손상을 줄이는 역할을 합니다.

85
카드뮴에 노출되었을 때 체내의 주요 축적 기관으로만 나열한 것은?

① 간, 신장　　② 심장, 뇌
③ 뼈, 근육　　④ 혈액, 모발

해설
카드뮴은 주로 간과 신장에 축적된다.

86
근로자의 소변 속에서 o-크레졸이 다량 검출되었다면 이 근로자는 다음 중 어떤 유해물질에 폭로되었다고 판단되는가?

① 클로로포름　　② 초산메틸
③ 벤젠　　　　　④ 톨루엔

해설
톨루엔의 생물학적 노출지표는 소변 중 o-크레졸이다.

정답 81 ④　82 ②　83 ①　84 ④　85 ①　86 ④

87

카드뮴의 중독, 치료 및 예방대책에 관한 설명으로 옳지 않은 것은?

① 소변 속의 카드뮴 배설량은 카드뮴 흡수를 나타내는 지표가 된다.
② BAL 또는 Ca-EDTA 등을 투여하여 신장에 대한 독성작용을 제거한다.
③ 칼슘대사에 장해를 주어 신결석을 동반한 증후군이 나타나고 다량의 칼슘배설이 일어난다.
④ 폐활량 감소, 잔기량 증가 및 호흡곤란의 폐증세가 나타나며, 이 증세는 노출기간과 노출농도에 의해 좌우된다.

해설

카드뮴 중독에 디메르카프롤(BAL) 또는 Ca-EDTA를 사용하면 체내 카드뮴 배설은 늘어나지만, 동시에 신장 조직 내 카드뮴 농도가 증가하여 신독성이 악화된다.

88

접촉성 피부염의 특징으로 옳지 않은 것은?

① 작업장에서 발생빈도가 높은 피부질환이다.
② 증상은 다양하지만 홍반과 부종을 동반하는 것이 특징이다.
③ 원인물질은 크게 수분, 합성화학물질, 생물성 화학물질로 구분할 수 있다.
④ 면역학적 반응에 따라 과거 노출경험이 있어야만 반응이 나타난다.

해설

접촉성 피부염은 과거 노출경험이 없어도 반응이 나타난다.

⚠️ **가장 빠른 합격비법**
과거 노출경험(감작, Sensitization)이 있어야만 반응이 나타나는 피부염은 알레르기성 피부염입니다.
접촉성 피부염은 자극성 피부염에 해당하므로 감작이 없어도 반응이 나타납니다.

89

대사과정에 의해서 변화된 후에만 발암성을 나타내는 간접 발암원으로만 나열된 것은?

① benzo(a)pyrene, ethylbromide
② PAH, methyl nitrosourea
③ benzo(a)pyrene, dimethyl sulfate
④ nitrosamine, ethyl methanesulfonate

해설

대사과정에 의해서 변화된 후에만 발암성을 나타내는 간접 발암원으로는 benzo(a)pyrene, ethylbromide 등이 있다.

90

인체 내에서 독성이 강한 화학물질과 무독한 화학물질이 상호작용하여 독성이 증가되는 현상을 무엇이라 하는가?

① 상가작용
② 상승작용
③ 가승작용
④ 길항작용

해설

인체에 영향을 나타내지 않은 물질이 다른 독성물질과 상호작용하여 그 독성이 커질 경우 가승작용(잠재작용)이라고 한다.

91

직업성 피부질환에 영향을 주는 직접적인 요인에 해당되는 것은?

① 연령
② 인종
③ 고온
④ 피부의 종류

해설

직업성 피부질환의 직접적 요인은 작업환경으로부터 피부에 직접 작용하는 화학적·물리적·기계적·생물학적 유해요인이다.
물리적 요인으로 열(고온), 한랭, 방사선 등이 포함된다.

정답 87 ② 88 ④ 89 ① 90 ③ 91 ③

92

호흡기계로 들어온 입자상 물질에 대한 제거기전의 조합으로 가장 적절한 것은?

① 면역작용과 대식세포의 작용
② 폐포의 활발한 가스교환과 대식세포의 작용
③ 점액 섬모운동과 대식세포에 의한 정화
④ 점액 섬모운동과 면역작용에 의한 정화

해 설

호흡기계로 들어온 입자상 물질에 대한 제거기전으로는 점액 섬모운동과 대식세포에 의한 정화가 대표적이다.

⚠ 가장 빠른 합격비법

- 점액 섬모운동: 호흡기 점액층에 달라붙어 구강 쪽으로 향하는 섬모운동에 의해 객담으로 배출됩니다.
- 대식세포에 의한 정화: 대식세포가 방출하는 효소에 의해 제거됩니다.

93

노말헥산이 체내 대사과정을 거쳐 변환되는 물질로, 노말헥산에 폭로된 근로자의 생물학적 노출지표로 이용되는 물질로 옳은 것은?

① hippuric acid
② 2,5-hexanedione
③ hydroquinone
④ 9-hydroxyquinoline

해 설

노말헥산은 체내 대사과정을 거쳐 2,5-헥산디온(2,5-hexanedione)으로 배설된다.

94

근로자가 1일 작업시간동안 잠시라도 노출되어서는 아니 되는 기준을 나타내는 것은?

① TLV-C
② TLV-STEL
③ TLV-TWA
④ TLV-skin

해 설

근로자가 1일 작업시간동안 잠시라도 노출되어서는 아니 되는 기준은 TLV-C(천장값)이다.

⚠ 가장 빠른 합격비법

TLV-C에서 'C'는 천장을 의미하는 Ceiling의 약자입니다.

95

대상 먼지와 침강속도가 같고, 밀도가 1이며 구형인 먼지의 직경으로 환산하여 표현하는 입자상 물질의 직경을 무엇이라 하는가?

① 입체적 직경
② 등면적 직경
③ 기하학적 직경
④ 공기역학적 직경

해 설

대상 먼지와 침강속도가 같고, 밀도가 1이며 구형인 먼지의 직경으로 환산한 직경을 공기역학적 직경이라고 한다.

정답 92 ③ 93 ② 94 ① 95 ④

96

다음 중 규폐증(silicosis)을 일으키는 원인 물질과 가장 관계가 깊은 것은?

① 매연
② 암석분진
③ 일반부유분진
④ 목재분진

해설
유리규산, 석영분진 등의 암석분진 노출에 의해 규폐증이 주로 발생한다.

97

무색의 휘발성 용액으로서 도금 사업장에서 금속표면의 탈지 및 세정용, 드라이클리닝, 접착제 등으로 사용되며, 간 및 신장 장해를 유발시키는 유기용제는?

① 톨루엔
② 노르말헥산
③ 클로로포름
④ 트리클로로에틸렌

해설
무색의 휘발성 용액으로서 도금 사업장에서 금속표면의 탈지 및 세정용, 드라이클리닝, 접착제 등으로 사용되며, 간 및 신장 장해를 유발시키는 유기용제는 트리클로로에틸렌이다.

98

방향족 탄화수소 중 만성노출에 의한 조혈장해를 유발시키는 것은?

① 벤젠
② 톨루엔
③ 클로로포름
④ 나프탈렌

해설
방향족 탄화수소 중 만성노출에 의한 조혈장해를 유발시키는 것은 벤젠이다.

99

금속열에 관한 설명으로 옳지 않은 것은?

① 금속열이 발생하는 작업장에서는 개인 보호용구를 착용해야 한다.
② 금속 흄에 노출된 후 일정 시간의 잠복기를 지나 감기와 비슷한 증상이 나타난다.
③ 금속열은 일주일 정도가 지나면 증상은 회복되나 후유증으로 호흡기, 시신경 장애 등을 일으킨다.
④ 아연, 마그네슘 등 비교적 융점이 낮은 금속의 제련, 용해, 용접 시 발생하는 산화금속 흄을 흡입할 경우 생기는 발열성 질병이다.

해설
금속열은 수시간에서 수일 내에 자연적으로 회복되며, 호흡기·시신경 손상과 같은 장기적인 후유증은 거의 남지 않는다.

100

납이 인체에 흡수됨으로 초래되는 결과로 옳지 않은 것은?

① δ-ALAD 활성치 저하
② 혈청 및 요 중 δ-ALA 증가
③ 망상적혈구 수의 감소
④ 적혈구 내 프로토폴피린 증가

해설
납에 중독되면 망상적혈구와 친염기성 적혈구가 증가한다.

정답 96 ② 97 ④ 98 ① 99 ③ 100 ③

2020년 제1, 2회 기출문제

1과목 산업위생학개론

01
직업성 질환 발생의 요인을 직접적인 원인과 간접적인 원인으로 구분할 때 직접적인 원인에 해당되지 않는 것은?

① 물리적 환경요인
② 화학적 환경요인
③ 작업강도와 작업시간적 요인
④ 부자연스런 자세와 단순 반복 작업 등의 작업요인

해설
작업강도와 작업시간적 요인은 직업성 질환의 직접원인에 해당하지 않는다.

관련개념
직업성 질환의 직접적 원인

물리적 요인	• 소음, 진동 • 유해광선(전리방사선, 비전리방사선) • 온도, 이상기압, 조명
화학적 요인	• 화학물질(유기용제, 타르 등) • 금속흄
생물학적 요인	바이러스, 진균 등
인간공학적 요인	• 작업방법 • 작업자세 • 중량물 취급

02
산업안전보건법령상 시간당 200~350[kcal]의 열량이 소요되는 작업을 매시간 50[%] 작업, 50[%] 휴식시의 고온노출 기준(WBGT)은?

① 26.7[℃] ② 28.0[℃]
③ 28.4[℃] ④ 29.4[℃]

해설
고온의 노출기준[℃, WBGT]

작업휴식시간비 (시간당)	작업강도[kcal]		
	경작업 (200 미만)	중등작업 (200~350)	중작업 (350~500)
계속 작업	30.0	26.7	25.0
75[%] 작업/25[%] 휴식	30.6	28.0	25.9
50[%] 작업/50[%] 휴식	31.4	29.4	27.9
25[%] 작업/75[%] 휴식	32.2	31.1	30.0

03
유해인자와 그로 인하여 발생되는 직업병이 올바르게 연결된 것은?

① 크롬 - 간암 ② 이상기압 - 침수족
③ 망간 - 비중격천공 ④ 석면 - 악성중피종

오답해설
① 크롬: 비중격천공, 폐암 유발
② 이상기압: 잠함병, 폐수종 유발
③ 망간: 파킨슨증후군, 신장암 유발

정답 01 ③ 02 ④ 03 ④

04

산업안전보건법령상 사무실 오염물질에 대한 관리기준으로 옳지 않은 것은?

① 라돈: 148[Bq/m³] 이하
② 일산화탄소: 10[ppm] 이하
③ 이산화질소: 0.1[ppm] 이하
④ 포름알데히드: 500[μg/m³] 이하

해설

사무실 오염물질 관리기준

오염물질	관리기준
미세먼지(PM10)	100[μg/m³]
초미세먼지(PM2.5)	50[μg/m³]
이산화탄소(CO_2)	1,000[ppm]
일산화탄소(CO)	10[ppm]
이산화질소(NO_2)	0.1[ppm]
포름알데히드(HCHO)	100[μg/m³]
총휘발성유기화합물(TVOC)	500[μg/m³]
라돈(radon)	148[Bq/m³]
총부유세균	800[CFU/m³]
곰팡이	500[CFU/m³]

05

연평균 근로자수가 5,000명인 사업장에서 1년 동안에 125건의 재해로 인하여 250명의 사상자가 발생하였다면, 이 사업장의 연천인율은 얼마인가? (단, 이 사업장의 근로자 1인당 연간 근로시간은 2,400시간이다.)

① 10 ② 25
③ 50 ④ 200

해설

연천인율

$$\text{연천인율} = \frac{\text{재해자수}}{\text{연평균근로자수}} \times 1,000$$

연천인율 $= \frac{250}{5,000} \times 1,000 = 50$

06

근골격계 부담작업으로 인한 건강장해 예방을 위한 조치 항목으로 옳지 않은 것은?

① 근골격계 질환 예방관리 프로그램을 작성·시행할 경우에는 노사협의를 거쳐야 한다.
② 근골격계 질환 예방관리 프로그램에는 유해요인조사, 작업환경개선, 교육·훈련 및 평가 등이 포함되어 있다.
③ 사업주는 25[kg] 이상의 중량물을 들어올리는 작업에 대하여 중량과 무게중심에 대하여 안내표시를 하여야 한다.
④ 근골격계 부담작업에 해당하는 새로운 작업·설비 등을 도입한 경우, 지체 없이 유해요인조사를 실시하여야 한다.

해설

사업주는 5[kg] 이상의 중량물을 들어올리는 작업에 대하여 중량과 무게중심에 대하여 작업장 주변에 안내표시를 하여야 한다.

관련개념

중량의 표시 등
사업주는 근로자가 5[kg] 이상의 중량물을 들어올리는 작업을 하는 경우 다음 조치를 하여야 한다.
- 주로 취급하는 물품에 대하여 근로자가 쉽게 알 수 있도록 물품의 중량과 무게중심에 대하여 작업장 주변에 안내표시를 할 것
- 취급하기 곤란한 물품은 손잡이를 붙이거나 갈고리, 진공빨판 등 적절한 보조도구를 활용할 것

07

영국의 외과의사 Pott에 의하여 발견된 직업성 암은?

① 비암 ② 폐암
③ 간암 ④ 음낭암

해설

퍼시볼 포트(Percivall Pott)
18세기 영국 외과의사로, 최초로 어린이 굴뚝청소부에게서 직업성 암인 음낭암을 보고하였다.

정답 04 ④　05 ③　06 ③　07 ④

08

산업피로(industrial fatigue)에 관한 설명으로 옳지 않은 것은?

① 산업피로의 유발원인으로는 작업부하, 작업환경조건, 생활조건 등이 있다.
② 작업과정 사이에 짧은 휴식보다 장시간의 휴식시간을 삽입하여 산업피로를 경감시킨다.
③ 산업피로의 검사방법은 한 가지 방법으로 판정하기는 어려우므로 여러 가지 검사를 종합하여 결정한다.
④ 산업피로란 일반적으로 작업현장에서 고단하다는 주관적인 느낌이 있으면서 작업능률이 떨어지고, 생체기능의 변화를 가져오는 현상이라고 정의할 수 있다.

해 설

짧은 시간 여러 번 나누어 휴식하는 것이 장시간 한 번 휴식하는 것보다 효과적이다.

09

재해예방의 4원칙에 대한 설명으로 옳지 않은 것은?

① 재해발생에는 반드시 그 원인이 있다.
② 재해가 발생하면 반드시 손실도 발생한다.
③ 재해는 원인 제거를 통하여 예방이 가능하다.
④ 재해예방을 위한 가능한 안전대책은 반드시 존재한다.

해 설

재해예방의 4원칙
- 손실우연의 원칙
- 예방가능의 원칙
- 대책선정의 원칙
- 원인계기의 원칙

10

산업안전보건법령상 사무실 공기의 시료채취 방법이 잘못 연결된 것은?

① 일산화탄소 − 전기화학검출기에 의한 채취
② 이산화질소 − 캐니스터(canister)를 이용한 채취
③ 이산화탄소 − 비분산적외선검출기에 의한 채취
④ 총부유세균 − 충돌법을 이용한 부유세균채취기로 채취

해 설

사무실 공기의 시료채취방법

오염물질	시료채취방법
미세먼지 (PM10)	PM10샘플러(sampler)를 장착한 고용량 시료채취기에 의한 채취
초미세먼지 (PM2.5)	PM2.5샘플러(sampler)를 장착한 고용량 시료채취기에 의한 채취
이산화탄소 (CO_2)	비분산적외선검출기에 의한 채취
일산화탄소 (CO)	비분산적외선검출기 또는 전기화학검출기에 의한 채취
이산화질소 (NO_2)	고체흡착관에 의한 시료채취
포름알데히드 (HCHO)	2,4−DNPH(2,4−Dinitrophenylhydrazine)가 코팅된 실리카겔관(silicagel tube)이 장착된 시료채취기에 의한 채취
총휘발성 유기화합물 (TVOC)	• 고체흡착관 • 캐니스터(canister)로 채취
라돈	라돈연속검출기(자동형), 알파트랙(수동형), 충전막 전리함(수동형)측정 등
총부유세균	충돌법을 이용한 부유세균채취기(bioair sampler)로 채취
곰팡이	충돌법을 이용한 부유진균채취기(bioair sampler)로 채취

정답 08 ② 09 ② 10 ②

11

작업환경측정기관이 작업환경측정을 한 경우 결과를 시료채취를 마친 날부터 며칠 이내에 관할 지방고용노동관서의 장에게 제출하여야 하는가? (단, 제출기간의 연장은 고려하지 않는다.)

① 30일
② 60일
③ 90일
④ 120일

해설

사업주는 작업환경측정을 한 경우 시료채취를 마친 날부터 30일 이내에 관할 지방고용노동관서의 장에게 제출하여야 한다.

12

인간공학에서 고려해야 할 인간의 특성과 가장 거리가 먼 것은?

① 인간의 습성
② 신체의 크기와 작업환경
③ 기술, 집단에 대한 적응능력
④ 인간의 독립성 및 감정적 조화성

해설

인간의 독립성 및 감정적 조화성은 인간공학에서 고려하는 인간 특성이 아니다.

관련개념

인간공학에서 고려해야 할 인간 특성
- 인간의 습성
- 신체 크기와 작업환경
- 기술, 집단에 대한 적응능력
- 감각, 지각
- 운동력, 근력

13

산업안전보건법령상 보건관리자의 업무가 아닌 것은? (단, 그 밖에 작업관리 및 작업환경관리에 관한 사항은 제외한다.)

① 물질안전보건자료의 게시 또는 비치에 관한 보좌 및 지도·조언
② 보건교육계획의 수립 및 보건교육 실시에 관한 보좌 및 지도·조언
③ 안전인증대상기계등 보건과 관련된 보호구의 점검, 지도, 유지에 관한 보좌 및 지도·조언
④ 전체 환기장치 등에 관한 설비의 점검과 작업방법의 공학적 개선에 관한 보좌 및 지도·조언

해설

안전인증대상기계등과 자율안전확인대상기계등 중 보건과 관련된 보호구 구입 시 적격품 선정에 관한 보좌 및 지도·조언이 보건관리자의 업무이다.

관련개념

보건관리자의 업무 등
- 산업안전보건위원회 또는 노사협의체에서 심의·의결한 업무와 안전보건관리규정 및 취업규칙에서 정한 업무
- 안전인증대상기계등과 자율안전확인대상기계등 중 보건과 관련된 보호구 구입 시 적격품 선정에 관한 보좌 및 지도·조언
- 위험성평가에 관한 보좌 및 지도·조언
- 물질안전보건자료의 게시 또는 비치에 관한 보좌 및 지도·조언
- 산업보건의의 직무(의사 한정)
- 보건교육계획의 수립 및 보건교육 실시에 관한 보좌 및 지도·조언
- 의료행위(의사 또는 간호사 한정)
- 작업장 내에서 사용되는 전체 환기장치 및 국소 배기장치 등에 관한 설비의 점검과 작업방법의 공학적 개선에 관한 보좌 및 지도·조언
- 사업장 순회점검, 지도 및 조치 건의
- 산업재해 발생의 원인 조사·분석 및 재발 방지를 위한 기술적 보좌 및 지도·조언
- 산업재해에 관한 통계의 유지·관리·분석을 위한 보좌 및 지도·조언
- 법 또는 법에 따른 명령으로 정한 보건에 관한 사항의 이행에 관한 보좌 및 지도·조언
- 업무 수행 내용의 기록·유지

정답 11 ① 12 ④ 13 ③

14

산업안전보건법령상 유해위험방지계획서의 제출 대상이 되는 사업이 아닌 것은? (단, 모두 전기 계약용량이 300킬로와트 이상이다.)

① 항만운송사업
② 반도체 제조업
③ 식료품 제조업
④ 전자부품 제조업

해 설
항만운송사업은 유해위험방지계획서 제출 대상이 아니다.

관련개념
유해위험방지계획서 제출 대상
- 금속가공제품 제조업: 기계 및 가구 제외
- 비금속 광물제품 제조업
- 기타 기계 및 장비 제조업
- 자동차 및 트레일러 제조업
- 식료품 제조업
- 고무제품 및 플라스틱제품 제조업
- 목재 및 나무제품 제조업
- 기타 제품 제조업
- 1차 금속 제조업
- 가구 제조업
- 화학물질 및 화학제품 제조업
- 반도체 제조업
- 전자부품 제조업

15

작업자세는 피로 또는 작업 능률과 밀접한 관계가 있는데, 바람직한 작업자세의 조건으로 보기 어려운 것은?

① 정적 작업을 도모한다.
② 작업에 주로 사용하는 팔은 심장높이에 두도록 한다.
③ 작업물체와 눈의 거리는 명시거리로 30[cm] 정도를 유지토록 한다.
④ 근육을 지속적으로 수축시키기 때문에 불안정한 자세는 피하도록 한다.

해 설
지나치게 정적인 작업은 피로를 더하므로 가능하면 동적인 작업으로 전환한다.

16

산업위생전문가의 윤리강령 중 "전문가로서의 책임"에 해당하지 않는 것은?

① 기업체의 기밀은 누설하지 않는다.
② 과학적 방법의 적용과 자료의 해석에서 객관성을 유지한다.
③ 근로자, 사회 및 전문 직종의 이익을 위해 과학적 지식은 공개하거나 발표하지 않는다.
④ 전문적 판단이 타협에 의하여 좌우될 수 있는 상황에는 개입하지 않는다.

해 설
과학적 지식은 공개, 발표한다.

관련개념
산업위생전문가로서 책임
- 과학적 지식 공개 및 발표
- 기업기밀 보장
- 자료해석 시 객관성 유지
- 이해관계에 불개입
- 산업위생을 학문적으로 발전
- 성실성을 갖추고 학문적으로 최고 수준을 유지

17

지능검사, 기능검사, 인성검사는 직업 적성검사 중 어느 검사항목에 해당되는가?

① 감각적 기능검사
② 생리적 적성검사
③ 신체적 적성검사
④ 심리적 적성검사

해 설
산업심리검사 중 적성검사

적성검사 분류	검사항목
신체검사	체격검사 등
생리적 기능검사	감각기능검사, 심폐기능검사, 체력검사
심리학적 기능검사	지능검사, 지각동작검사, 기능검사, 인성검사

정답 14 ① 15 ① 16 ③ 17 ④

18

산업위생 활동 중 유해인자의 양적, 질적인 정도가 근로자들의 건강에 어떤 영향을 미칠 것인지 판단하는 의사결정단계는?

① 인지
② 예측
③ 측정
④ 평가

해설

평가(Evaluation)
유해인자의 양, 질적인 정도가 근로자 건강에 어떤 영향을 미칠 것인지 판단하는 의사결정 단계이다.

19

근로자에 있어서 약한 손(왼손잡이의 경우 오른손)의 힘은 평균 45[kp]라고 한다. 이 근로자가 무게 18[kg]인 박스를 두 손으로 들어 올리는 작업을 할 경우의 작업강도[%MS]는?

① 15[%]
② 20[%]
③ 25[%]
④ 30[%]

해설

작업강도(%MS)

$$\%MS = \frac{RF}{MS} \times 100$$

여기서, %MS: 작업강도[%]
RF: 작업이 요구하는 힘[kgf]
MS: 근로자가 가지고 있는 최대힘[kgf]

$$\%MS = \frac{18 \times \frac{1}{2}}{45} \times 100 = 20[\%]$$

20

물체 무게가 2[kg], 권고중량한계가 4[kg]일 때 NIOSH의 중량물 취급지수(LI, Lifting Index)는?

① 0.5
② 1
③ 2
④ 4

해설

중량물 취급지수(LI)

$$LI = \frac{L}{RWL}$$

여기서, LI: 중량물 취급지수
L: 실제 작업무게
RWL: 권장무게한계

$$LI = \frac{2}{4} = 0.5$$

2과목 작업위생측정 및 평가

21

시료채취기를 근로자에게 착용시켜 가스·증기·미스트·흄 또는 분진 등을 호흡기 위치에서 채취하는 것을 무엇이라고 하는가?

① 지역시료채취
② 개인시료채취
③ 작업시료채취
④ 노출시료채취

해설

개인시료채취
개인시료채취기를 이용하여 가스·증기·분진·흄·미스트 등을 근로자의 호흡위치(호흡기를 중심으로 반경 30[cm]인 반구)에서 채취하는 것을 말한다.

정답 18 ④ 19 ② 20 ① 21 ②

22

공장 내 지면에 설치된 한 기계로부터 10[m] 떨어진 지점의 소음이 70[dB(A)]일 때, 기계의 소음이 50[dB(A)]로 들리는 지점은 기계에서 몇 [m] 떨어진 곳인가? (단, 점음원을 기준으로 하고, 기타 조건은 고려하지 않는다.)

① 50 　　　　　　　② 100
③ 200 　　　　　　　④ 400

해설

음압의 거리 감쇠

$$SPL_1 - SPL_2 = 20\log\frac{r_2}{r_1}$$

여기서, SPL: 음압수준[dB]
　　　　r: 음원으로부터 떨어진 거리[m]

$70 - 50 = 20\log\frac{r_2}{10}$

$\log\frac{r_2}{10} = 1$

$r_2 = 100[m]$

23

Low Volume Air Sampler로 작업장 내 시료를 측정한 결과 2.55[mg/m³]이고, 상대농도계로 10분간 측정한 결과 1550이고, Dark Count가 6일 때 질량농도의 변환계수는?

① 0.27 　　　　　　　② 0.36
③ 0.64 　　　　　　　④ 0.85

해설

Low Volume Air Sampler 질량농도의 변환계수(K)

$$K = \frac{C}{R - D}$$

여기서, K: 변환계수
　　　　C: 중량분석실측치
　　　　R: Digital Counter
　　　　D: Dark Count

$K = \dfrac{2.55}{\dfrac{155}{10} - 6} = 0.27[mg/m^3]$

24

소음작업장에서 두 기계 각각의 음압레벨이 90[dB]로 동일하게 나타났다면 두 기계가 모두 가동되는 이 작업장의 음압레벨[dB]은? (단, 기타 조건은 같다.)

① 93 　　　　　　　② 95
③ 97 　　　　　　　④ 99

해설

합산 소음

$$L_{합} = 10\log\left(10^{\frac{SPL_1}{10}} + 10^{\frac{SPL_2}{10}} + \cdots + 10^{\frac{SPL_n}{10}}\right)$$

여기서, $L_{합}$: 합산 소음[dB]
　　　　SPL_n: 음압수준[dB]

$L_{합} = 10\log\left(10^{\frac{90}{10}} + 10^{\frac{90}{10}}\right) = 93[dB]$

25

대푯값에 대한 설명 중 틀린 것은?

① 측정값 중 빈도가 가장 많은 수가 최빈값이다.
② 가중평균은 빈도를 가중치로 택하여 평균값을 계산한다.
③ 중앙값은 측정값을 모두 나열하였을 때 중앙에 위치하는 측정값이다.
④ 기하평균은 n개의 측정값이 있을 때 이들의 합을 개수로 나눈 값으로 산업위생분야에서 많이 사용한다.

해설

n개의 측정값이 있을 때 이들의 합을 측정값의 개수로 나눈 값을 산술평균이라고 한다.

정답 22 ② 23 ① 24 ① 25 ④

26

금속 도장 작업장의 공기 중에 혼합된 기체의 농도와 TLV가 다음 표와 같을 때, 이 작업장의 노출지수(EI)는 얼마인가? (단, 상가작용 기준이며 농도 및 TLV의 단위는 [ppm]이다.)

기체명	기체농도	TLV
Toluene	55	100
MIBK	25	50
Acetone	280	750
MEK	90	200

① 1.573
② 1.673
③ 1.773
④ 1.873

해설

EI(노출지수)

$$EI = \frac{C_1}{TLV_1} + \frac{C_2}{TLV_2} + \cdots + \frac{C_n}{TLV_n}$$

여기서, EI: 노출지수
C_n: 농도[ppm]
TLV_n: 노출농도[ppm]

$$EI = \frac{55}{100} + \frac{25}{50} + \frac{280}{750} + \frac{90}{200} = 1.873$$

27

소음 측정을 위한 소음계(Sound level meter)는 주파수에 따른 사람의 느낌을 감안하여 세 가지 특성 즉 A, B 및 C 특성에서 음압을 측정할 수 있다. 다음 내용에서 A, B 및 C 특성에 대한 설명이 바르게 된 것은?

① A특성 보정치는 4,000[Hz] 수준에서 가장 크다.
② B특성 보정치와 C특성 보정치는 각각 70[phon]과 40[phon]의 등감곡선과 비슷하게 보정하여 측정한 값이다.
③ B특성 보정치[dB]는 2,000[Hz]에서 값이 0이다.
④ A특성 보정치[dB]는 1,000[Hz]에서 값이 0이다.

오답해설

① A특성 보정치는 저주파에서 크다.
② B특성 보정치와 C특성 보정치는 각각 70[phon]과 100[phon]의 등감각곡선과 비슷하게 보정하여 측정한 값이다.
③ B특성 보정치는 1,000[Hz]에서 값이 0이다.

28

노출기준(TLV) 적용상 주의할 사항으로 틀린 것은?

① 대기오염평가 및 관리에 적용될 수 없다.
② 기존의 질병이나 육체적 조건을 판단하기 위한 척도로 사용될 수 없다.
③ 사업장의 유해조건을 평가하고 개선하는 지침으로 사용될 수 없다.
④ 안전농도와 위험농도를 정확히 구분하는 경계선이 아니다.

해설

ACGIH에서 권고하는 TLV는 사업장의 유해조건을 평가하고 개선하기 위한 지침이다.

29

작업환경측정 및 정도관리 등에 관한 고시상 원자흡광광도법(AAS)으로 분석할 수 있는 유해인자가 아닌 것은?

① 코발트
② 구리
③ 산화철
④ 카드뮴

해설

코발트는 유도결합플라즈마 분광광도계(ICP)로 분석한다.

정답 26 ④ 27 ④ 28 ③ 29 ①

30

불꽃 방식 원자흡광광도계가 갖는 특징으로 틀린 것은?

① 분석시간이 흑연로 장치에 비하여 적게 소요된다.
② 혈액이나 소변 등 생물학적 시료의 유해금속 분석에 주로 많이 사용된다.
③ 일반적으로 흑연로장치나 유도결합플라스마−원자발광분석기에 비하여 저렴하다.
④ 용질이 고농도로 용해되어 있는 경우 버너의 슬롯을 막을 수 있으며 점성이 큰 용액은 분무가 어려워 분무 구멍을 막아버릴 수 있다.

해설
혈액이나 소변 등 생물학적 시료의 유해금속 분석에 주로 많이 사용되는 분석법은 전열고온로법이다.

31

작업환경측정결과를 통계처리 시 고려해야 할 사항으로 적절하지 않은 것은?

① 대표성　　② 불변성
③ 통계적 평가　　④ 2차 정규분포 여부

해설
2차 정규분포라는 분포는 없다.

32

고온의 노출기준에서 작업자가 경작업을 할 때, 휴식 없이 계속 작업할 수 있는 기준에 위배되는 온도는? (단, 고용노동부 고시를 기준으로 한다.)

① 습구흑구온도지수: 30[℃]
② 태양광이 내리쬐는 옥외장소
　자연습구온도: 28[℃]
　흑구온도: 32[℃]
　건구온도: 40[℃]
③ 태양광이 내리쬐는 옥외장소
　자연습구온도: 29[℃]
　흑구온도: 33[℃]
　건구온도: 33[℃]
④ 태양광이 내리쬐는 옥외 장소
　자연습구온도: 30[℃]
　흑구온도: 30[℃]
　건구온도: 30[℃]

해설
고온의 노출기준[℃, WBGT]

작업휴식시간비 (시간당)	작업강도[kcal]		
	경작업 (200 미만)	중등작업 (200~350)	중작업 (350~500)
계속 작업	30.0	26.7	25.0
75[%] 작업/25[%] 휴식	30.6	28.0	25.9
50[%] 작업/50[%] 휴식	31.4	29.4	27.9
25[%] 작업/75[%] 휴식	32.2	31.1	30.0

WBGT(태양광선이 내리쬐는 옥외)
$= 0.7NWB + 0.2GT + 0.1DT$
WBGT(옥내 또는 태양광선이 내리쬐지 않는 옥외)
$= 0.7NWB + 0.3GT$
여기서, NWB: 자연습구온도[℃]
　　　　GT: 흑구온도[℃]
　　　　DT: 건구온도[℃]
② $(0.7 \times 28) + (0.2 \times 32) + (0.1 \times 40) = 30[℃]$
③ $(0.7 \times 29) + (0.2 \times 33) + (0.1 \times 33) = 30.2[℃]$ → 노출기준 위배
④ $(0.7 \times 30) + (0.2 \times 30) + (0.1 \times 30) = 30[℃]$

정답 30 ②　31 ④　32 ③

33

1[N]-HCl(F=1.000) 500[mL]를 만들기 위해 필요한 진한 염산의 부피[mL]는? (단, 진한 염산의 물성은 비중 1.18, 함량 35[%]이다.)

① 약 18
② 약 36
③ 약 44
④ 약 66

해설

$$염산\ 부피[mL] = \frac{몰농도[mol/L] \times 부피[L] \times 몰질량[g/mol]}{염산의\ 밀도[g/mL]}$$

$$= \frac{1 \times 0.5 \times 36.5}{0.35 \times 1.18} = 44.19[mL]$$

34

다음 중 고열 측정기기 및 측정방법 등에 관한 내용으로 틀린 것은?

① 고열은 습구흑구온도지수를 측정할 수 있는 기기 또는 이와 동등 이상의 성능을 가진 기기를 사용한다.
② 측정은 단위작업장소에서 측정 대상이 되는 근로자의 주 작업 위치에서 측정한다.
③ 고열작업에 대한 측정은 1일 작업시간 중 최대로 고열에 노출되고 있는 1시간을 30분 간격으로 연속하여 측정한다.
④ 측정기의 위치는 바닥면으로부터 50[cm] 이상, 150[cm] 이하의 위치에서 측정한다.

해설

고열 측정 시 측정기를 설치한 후 충분히 안정화시킨 상태에서 1일 작업시간 중 가장 높은 고열에 노출되는 1시간을 10분 간격으로 연속하여 측정한다.

35

다음 중 활성탄에 흡착된 유기화합물을 탈착하는 데 가장 많이 사용하는 용매는?

① 톨루엔
② 이황화탄소
③ 클로로포름
④ 메틸클로로포름

해설

공기 중 유기용제 시료를 활성탄관으로 채취하였을 때 가장 적절한 탈착용매는 이황화탄소이다.

⚠ 가장 빠른 합격비법

이황화탄소는 비극성이므로 주로 비극성 유기용제 흡착에 사용하는 활성탄관의 탈착용매로 적절합니다. 또한, 가스크로마토그래피로 분석 시 반응성이 낮아 피크의 크기가 작게 나오므로 유리합니다.

36

입경이 50[μm]이고 비중이 1.32인 입자의 침강속도[cm/s]는 얼마인가?

① 8.6
② 9.9
③ 11.9
④ 13.6

해설

침강속도식(Lippman식)

$$V_g = 0.003 \times s_g \times d^2$$

여기서, V_g : 침강속도[cm/sec]
s_g : 입자의 비중
d : 입자의 직경[μm]

$V_g = 0.003 \times 1.32 \times 50^2 = 9.9[cm/s]$

⚠ 가장 빠른 합격비법

입자의 밀도가 아니라 비중이 주어지면 Lippman 침강속도식을 사용합니다.

정답 33 ③ | 34 ③ | 35 ② | 36 ②

37

작업자가 유해물질에 노출된 정도를 표준화하기 위한 계산식으로 옳은 것은? (단, 고용노동부 고시를 기준으로 하며, C는 유해물질의 농도, T는 노출시간을 의미한다.)

① $\dfrac{\sum\limits_{n=1}^{m}(C_n \times T_n)}{8}$
② $\dfrac{8}{\sum\limits_{n=1}^{m}(C_n \times T_n)}$
③ $\dfrac{\sum\limits_{n=1}^{m}(C_n) \times T_n}{8}$
④ $\dfrac{\sum\limits_{n=1}^{m}(C_n) + T_n}{8}$

해설

시간가중평균노출기준(TWA)

$$\text{TWA} = \dfrac{C_1 t_1 + C_2 t_2 + \cdots + C_n t_n}{8}$$

여기서, TWA: 시간가중평균노출기준
C_n: 유해인자의 측정농도[mg/m³ 또는 ppm]
t_n: 유해인자의 발생시간[hr]

38

원자흡광분광법의 기본 원리가 아닌 것은?

① 모든 원자들은 빛을 흡수한다.
② 빛을 흡수할 수 있는 곳에서 빛은 각 화학적 원소에 대한 특정파장을 갖는다.
③ 흡수되는 빛의 양은 시료에 함유되어 있는 원자의 농도에 비례한다.
④ 컬럼 안에서 시료들은 충진제와 친화력에 의해서 상호 작용하게 된다.

해설

원자흡광분광법은 컬럼이나 충진제를 사용하지 않는다.

> ⚠ **가장 빠른 합격비법**
> 시료가 컬럼 안에서 충진제와의 친화력에 의해 상호작용하는 기법은 크로마토그래피(chromatography)입니다.
> 크로마토그래피는 시료가 이동상과 정지상 사이에서 친화성의 차이에 따라 분리되는 성질을 이용합니다.

39

다음 ( ) 안에 들어갈 수치는?

> 단시간노출기준(STEL): ( )분간의 시간가중평균 노출값

① 10   ② 15
③ 20   ④ 40

해설

단시간노출기준(STEL)은 15분간의 시간가중평균노출값이다.

40

흡수액 측정법에 주로 사용되는 주요 기구로 옳지 않은 것은?

① 테드라 백(Tedlar bag)
② 프리티드 버블러(Fritted bubbler)
③ 간이 가스 세척병(Simple gas washing bottle)
④ 유리구 충진분리관(Packed glass bead column)

해설

테들러 백(Tedlar bag)
가스상 시료를 채취 및 보관할 때 널리 쓰이는 가스샘플링용 백이다.

정답 37 ① 38 ④ 39 ② 40 ①

3과목 작업환경관리대책

41

무거운 분진(납분진, 주물사, 금속가루분진)의 일반적인 반송속도로 적절한 것은?

① 5[m/s] ② 10[m/s]
③ 15[m/s] ④ 25[m/s]

해설

덕트의 반송속도

발생형태	유해물질 종류	반송속도[m/s]
증기, 가스, 연기	모든 증기, 가스 및 연기	5.0~10.0
흄	아연흄, 산화알미늄흄, 용접흄 등	10.0~12.5
미세하고 가벼운 분진	미세 면분진, 미세 목분진, 종이분진 등	12.5~15.0
건조한 분진이나 분말	고무분진, 면분진, 가죽분진, 동물털 등	15.0~20.0
일반 산업분진	그라인더 분진, 금속분진, 모직물, 실리카, 석면	17.5~20.0
무거운 분진	젖은 톱밥분진, 샌드블라스트, 납분진	20.0~22.5
무겁고 습한 분진	습한 시멘트, 석면 덩어리 등	22.5 이상

※ 문헌마다 약간의 수치 차이 있음

42

여과제진장치의 설명 중 옳은 것은?

> ㉠ 여과속도가 클수록 미세입자 포집에 유리하다.
> ㉡ 연속식은 고농도 함진 배기가스 처리에 적합하다.
> ㉢ 습식제진에 유리하다.
> ㉣ 조작 불량을 조기에 발견할 수 있다.

① ㉠, ㉢ ② ㉡, ㉣
③ ㉡, ㉢ ④ ㉠, ㉡

오답해설

㉠ 여과속도가 클수록 포집효율이 떨어진다.
㉢ 여과제진장치는 습기에 취약한 편이다.

43

호흡기 보호구의 밀착도 검사(fit test)에 대한 설명이 잘못된 것은?

① 정량적인 방법에는 냄새, 맛, 자극물질 등을 이용한다.
② 밀착도 검사란 얼굴피부 접촉면과 보호구 안면부가 적합하게 밀착되는지를 측정하는 것이다.
③ 밀착도 검사를 하는 것은 작업자가 작업장에 들어가기 전 누설정도를 최소화시키기 위함이다.
④ 어떤 형태의 마스크가 작업자에게 적합한지 마스크를 선택하는 데 도움을 주어 작업자의 건강을 보호한다.

해설

밀착도 검사의 정량적인 방법으로 보호구 안과 밖의 농도 및 압력 차이를 측정한다.

44

어떤 공장에서 접착공정이 유기용제 중독의 원인이 되었다. 직업병 예방을 위한 작업환경관리 대책이 아닌 것은?

① 신선한 공기에 의한 희석 및 환기 실시
② 공정의 밀폐 및 격리
③ 조업방법의 개선
④ 보건교육 미실시

해설

직업병 예방을 위해서는 보건교육을 실시하여야 한다.

정답 41 ④ 42 ② 43 ① 44 ④

45

후드의 개구(opening) 내부로 작업환경의 오염공기를 흡인시키는 데 필요한 압력차에 관한 설명 중 적합하지 않은 것은?

① 정지상태의 공기가속에 필요한 것 이상의 에너지이어야 한다.
② 개구에서 발생되는 난류손실을 보전할 수 있는 에너지이어야 한다.
③ 개구에서 발생되는 난류손실은 형태나 재질에 무관하게 일정하다.
④ 공기의 가속에 필요한 에너지는 공기의 이동에 필요한 속도압과 같다.

해 설
개구에서 발생되는 난류 손실은 형태나 재질의 영향을 받는다.

> ⚠️ **가장 빠른 합격비법**
> 후드 개구부에서 발생하는 난류손실은 주로 후드의 형상에 의하여 결정됩니다.
> 후드의 재질이 난류손실에 영향을 미치기도 하나 진입부 형상이 만드는 손실에 비해 미미합니다.

46

90° 곡관의 반경비가 2.0일 때 압력손실계수는 0.27이다. 속도압이 14[mmH₂O]라면 곡관의 압력손실[mmH₂O]은?

① 7.6　　② 5.5
③ 3.8　　④ 2.7

해 설
$\Delta P = \delta \times VP$
여기서, ΔP: 압력손실[mmH₂O]
　　　　δ: 압력손실계수
　　　　VP: 속도압[mmH₂O]
$\Delta P = 0.27 \times 14 = 3.78$[mmH₂O]

47

강제환기의 효과를 제고하기 위한 원칙으로 틀린 것은?

① 오염물질 배출구는 가능한 한 오염원으로부터 가까운 곳에 설치하여 점환기현상을 방지한다.
② 공기배출구와 근로자의 작업위치 사이에 오염원이 위치하여야 한다.
③ 공기가 배출되면서 오염장소를 통과하도록 공기배출구와 유입구의 위치를 선정한다.
④ 오염원 주위에 다른 작업 공정이 있으면 공기배출량을 공급량보다 약간 크게 하여 음압을 형성하여 주위 근로자에게 오염물질이 확산되지 않도록 한다.

해 설
오염물질 배출구는 가능한 한 오염원으로부터 가까운 곳에 설치하여 점환기효과를 얻는다.

> ⚠️ **가장 빠른 합격비법**
> 점환기효과란 오염물질이 흩어지기 전에 발생원 바로 앞에서 포집하여 환기효율을 높이는 방법을 말합니다.
> 오염물질 배출구를 오염원 가까이에 설치하면 포집효율이 상승하므로 점환기효과를 얻을 수 있습니다.

48

귀덮개의 장점을 모두 짝지은 것으로 가장 옳은 것은?

> A. 귀마개보다 쉽게 착용 할 수 있다.
> B. 귀마개보다 일관성 있는 차음효과를 얻을 수 있다.
> C. 크기를 여러가지로 할 필요가 없다.
> D. 착용 여부를 쉽게 확인할 수 있다.

① A, B, D　　② A, B, C
③ A, C, D　　④ A, B, C, D

해 설
귀덮개의 장점
• 귀마개보다 쉽게 착용할 수 있다.
• 귀마개보다 차음효과가 좋고 일관성 있는 차음효과를 얻을 수 있다.
• 기성품으로 대부분의 사람이 착용 가능하다.
• 착용 여부를 쉽게 확인할 수 있다.

정답 45 ③　46 ③　47 ①　48 ④

49

용기 충진이나 콘베이어 적재와 같이 발생기류가 높고 유해물질이 활발하게 발생하는 작업조건의 제어속도로 가장 알맞는 것은? (단, ACGIH 권고 기준)

① 2.0[m/s] ② 3.0[m/s]
③ 4.0[m/s] ④ 5.0[m/s]

해설
용기 충진, 컨베이어 적재 작업은 발생기류가 높고 유해물질이 활발하게 발생하는 작업에 해당하므로, 제어속도는 1.0~2.5[m/s]가 적당하다.

관련개념
제어속도 권고 기준(ACGIH)

작업조건	제어속도[m/s]
• 움직이지 않는 공기 중에서 속도 없이 배출되는 작업조건 • 조용한 대기 중에 거의 속도가 없는 상태로 발산하는 작업조건	0.25~0.5
공기의 움직임이 적은 대기 중에서 저속으로 비산하는 작업조건	0.5~1.0
발생기류가 높고 유해물질이 활발하게 발생하는 작업조건	1.0~2.5
초고속 기류가 있는 작업장소에 초고속으로 비산하는 작업조건	2.5~10

50

후드 흡인기류의 불량상태를 점검할 때 필요하지 않은 측정기기는?

① 열선풍속계
② Threaded thermometer
③ 연기발생기
④ Pitot tube

해설
Threaded thermometer는 온도측정기기이므로 기류 측정에 필요하지 않다.

51

원심력 송풍기 중 다익형 송풍기에 관한 설명으로 가장 거리가 먼 것은?

① 송풍기의 임펠러가 다람쥐 쳇바퀴 모양으로 생겼다.
② 큰 압력손실에서 송풍량이 급격하게 떨어지는 단점이 있다.
③ 고강도가 요구되기 때문에 제작비용이 비싸다는 단점이 있다.
④ 다른 송풍기와 비교하여 동일 송풍량을 발생시키기 위한 임펠러 회전속도가 상대적으로 낮기 때문에 소음이 작다.

해설
다익형 송풍기는 강도가 크게 중요하지 않기 때문에 저가로 제작이 가능하다.

52

덕트(duct)의 압력손실에 관한 설명으로 옳지 않은 것은?

① 직관에서의 마찰손실과 형태에 따른 압력손실로 구분할 수 있다.
② 압력손실은 유체의 속도압에 반비례한다.
③ 덕트 압력손실은 배관의 길이와 정비례한다.
④ 덕트 압력손실은 관직경과 반비례한다.

해설
압력손실(원형 덕트)

$$\Delta P = f_d \times \frac{l}{D} \times \frac{\gamma V^2}{2g} = f_d \times \frac{l}{D} \times \text{VP}$$

여기서, ΔP: 압력손실
f_d: 덕트마찰계수
l: 덕트의 길이
D: 덕트의 직경
γ: 유체의 비중량
V: 유체의 속도
g: 중력가속도
VP: 속도압

압력손실은 유체의 속도압에 비례한다.

정답 49 ① 50 ② 51 ③ 52 ②

53

송풍기 깃이 회전방향 반대편으로 경사지게 설계되어 충분한 압력을 발생시킬 수 있고, 원심력송풍기 중 효율이 가장 좋은 송풍기는?

① 후향날개형 송풍기
② 방사날개형 송풍기
③ 전향날개형 송풍기
④ 안내깃이 붙은 축류 송풍기

해설

후향날개형 송풍기는 원심력송풍기 중 효율이 가장 좋다.

관련개념

후향날개형 송풍기(터보형 송풍기)

- 회전날개가 회전방향 반대편으로 경사지도록 설계되어 있어서 충분한 압력을 발생시킬 수 있다.
- 원심력송풍기 중 가장 효율이 좋다.
- 송풍량이 증가하더라도 동력이 증가하지 않는 장점을 가지고 있어 한계부하 송풍기라고도 한다.
- 소요정압이 떨어져도 동력은 크게 상승하지 않아 시설저항 및 운전상태가 변하더라도 과부하가 걸리지 않는다.
- 고농도의 분진을 이송시킬 경우 안내깃 뒷면에 분진이 퇴적하기 때문에 집진기 후단에 송풍기를 설치하여 이를 방지하여야 한다.

54

전기집진장치의 장점으로 옳지 않은 것은?

① 가연성 입자의 처리에 효율적이다.
② 넓은 범위의 입경과 분진농도에 집진효율이 높다.
③ 압력손실이 낮으므로 송풍기의 가동 비용이 저렴하다.
④ 고온 가스를 처리할 수 있어 보일러와 철강로 등에 설치할 수 있다.

해설

전기집진장치는 집진 전극에서 스파크가 발생할 수 있으므로 가연성 입자의 처리가 어렵다.

55

어떤 원형덕트에 유체가 흐르고 있다. 덕트의 직경을 1/2로 하면 직관 부분의 압력손실은 몇 배로 되는가? (단, 달시의 방정식을 적용한다.)

① 4배 ② 8배 ③ 16배 ④ 32배

해설

압력손실(원형 덕트)

$$\Delta P = f_d \times \frac{l}{D} \times \frac{\gamma V^2}{2g}$$

여기서, ΔP: 압력손실 f_d: 덕트마찰계수
l: 덕트의 길이 D: 덕트의 직경
γ: 유체의 비중량 V: 유체의 속도
g: 중력가속도

$Q = AV = \frac{\pi}{4}D^2 \times V_1$

$D \rightarrow \frac{1}{2}D$ 이므로 $Q = \frac{\pi}{16}D^2 \times V_2$

연속방정식에 의해 유체의 유량은 같아야 한다.

$\frac{\pi}{4}D^2 \times V_1 = \frac{\pi}{16}D^2 \times V_2$ $V_2 = 4V_1$

$\Delta P = \frac{\Delta P_2}{\Delta P_1} = \dfrac{\dfrac{16V^2}{\frac{1}{2}D}}{\dfrac{V^2}{D}} = 32$배

56

눈 보호구에 관한 설명으로 틀린 것은? (KS 표준 기준)

① 눈을 보호하는 보호구는 유해광선 차광 보호구와 먼지나 이물을 막아주는 방진안경이 있다.
② 400A 이상의 아크용접 시 차광도번호 14의 차광도 보호안경을 사용하여야 한다.
③ 눈, 지붕 등으로부터 반사광을 받는 작업에서는 차광도 번호 1.2~3 정도의 차광도 보호안경을 사용하는 것이 알맞다.
④ 단순히 눈의 외상을 막는 데 사용되는 보호안경은 열처리를 하거나 색깔을 넣은 렌즈를 사용할 필요가 없다.

해설

눈의 외상을 막는 데 사용되는 보호안경은 열처리를 하거나 색깔을 넣은 렌즈를 사용하여야 한다.

정답 53 ① 54 ① 55 ④ 56 ④

57

확대각이 10°인 원형 확대관에서 입구직관의 정압은 −15[mmH₂O], 속도압은 35[mmH₂O]이고, 확대된 출구직관의 속도압은 25[mmH₂O]이다. 확대측의 정압 [mmH₂O]은? (단, 확대각이 10°일 때 압력손실계수(ς)는 0.28이다.)

① 7.8
② 15.6
③ −7.8
④ −15.6

해설

확대관의 압력손실

$$\Delta P = \varsigma(VP_1 - VP_2)$$
$$(SP_2 - SP_1) = (VP_1 - VP_2) - \Delta P$$

여기서, ς: 압력손실계수
$SP_2 - SP_1$: 정압회복량[mmH₂O]
$VP_1 - VP_2$: 속도압감소량[mmH₂O]
ΔP: 압력손실[mmH₂O]

$(SP_2 - SP_1) = (VP_1 - VP_2) - \Delta P$

$7.2 = \dfrac{\Delta P}{\varsigma} - \Delta P$

압력손실계수와 정압회복계수

$$\varsigma = 1 - \varsigma'$$

여기서, ς: 압력손실계수
ς': 정압회복계수

$\Delta P = \varsigma(VP_1 - VP_2) = 0.28 \times (35 - 25) = 2.8$[mmH₂O]
$SP_2 = (VP_1 - VP_2) + SP_1 - \Delta P$
  $= (35 - 25) - 15 - 2.8$
  $= -7.8$[mmH₂O]

58

목재분진을 측정하기 위한 시료채취장치로 가장 적합한 것은?

① 활성탄관(charcoal tube)
② 흡입성분진 시료채취기(IOM sampler)
③ 호흡성분진 시료채취기(aluminum cyclone)
④ 실리카겔관(silica gel tube)

해설

목재분진은 흡입성 분진이므로 IOM Sampler를 사용하여 채취한다.

59

소음 작업장에 소음수준을 줄이기 위하여 흡음을 중심으로 하는 소음저감대책을 수립한 후, 그 효과를 측정하였다. 소음 감소효과가 있었다고 보기 어려운 경우는?

① 음의 잔향시간을 측정하였더니 잔향시간이 약간이지만 증가한 것으로 나타났다.
② 대책 후의 총흡음량이 약간 증가하였다.
③ 소음원으로부터 거리가 멀어질수록 소음수준이 낮아지는 정도가 대책수립 전보다 커졌다.
④ 실내상수 R을 계산해보니 R값이 대책 수립전보다 커졌다.

해설

음의 잔향시간이 증가하여도 실내 작업장의 소음 감소효과는 미미하다.

⚠️ **가장 빠른 합격비법**

소음 중 잔향음(반사음)이 차지하는 비중은 매우 작기 때문에 잔향시간을 줄이거나 늘려도 전체 소음수준에는 큰 변화가 없습니다.

60

국소환기시설에 필요한 공기송풍량을 계산하는 공식 중 점흡인에 해당하는 것은?

① $Q = 4\pi \times X^2 \times V_c$
② $Q = 2\pi \times L \times X \times V_c$
③ $Q = 60 \times 0.75 \times V_c(10X^2 + A)$
④ $Q = 60 \times 0.5 \times V_c(10X^2 + A)$

해설

필요환기량(점흡인)

$$Q = 4\pi \times X^2 \times V_c$$

여기서, Q: 필요환기량[m³/s]
X: 후드 중심선으로부터 발생원까지의 거리[m]
V_c: 제어속도[m/s]

정답 57 ③ 58 ② 59 ① 60 ①

4과목 물리적유해인자관리

61
질식우려가 있는 지하 맨홀 작업에 앞서서 준비해야 할 장비나 보호구로 볼 수 없는 것은?

① 안전대
② 방독마스크
③ 송기마스크
④ 산소농도 측정기

해 설

산소결핍장소에서 방진/방독마스크의 착용은 부적절하다.

> ⓘ 가장 빠른 합격비법
>
> 산업안전보건법령에 따라 방진/방독마스크는 산소농도 18[%] 이상인 장소에서 사용하여야 합니다.

62
진동 발생원에 대한 대책으로 가장 적극적인 방법은?

① 발생원의 격리
② 보호구 착용
③ 발생원의 제거
④ 발생원의 재배치

해 설

발생원을 제거하는 것이 가장 적극적인 진동 방지대책이다.

63
전리방사선에 의한 장해에 해당하지 않는 것은?

① 참호족
② 피부장해
③ 유전적 장해
④ 조혈기능 장해

해 설

참호족(침수족)은 지속적인 한랭환경 노출로 모세혈관벽이 손상되어 발생한 국소부위의 산소결핍이 원인이다.

64
고소음으로 인한 소음성 난청 질환자를 예방하기 위한 작업환경관리 방법 중 공학적 개선에 해당되지 않는 것은?

① 소음원의 밀폐
② 보호구의 지급
③ 소음원을 벽으로 격리
④ 작업장 흡음시설의 설치

해 설

보호구의 지급은 공학적 개선대책이 아니다.

> ⓘ 가장 빠른 합격비법
>
> 산업안전보건법령에 따르면, 설비개선 등의 조치를 하기 어려운 경우에만 제한적으로 해당 작업에 맞는 보호구를 사용하도록 하여야 합니다.

정답 61 ② 62 ③ 63 ① 64 ②

65

비이온화방사선의 파장별 건강에 미치는 영향으로 옳지 않은 것은?

① UV-A: 315~400[nm] - 피부노화 촉진
② IR-B: 780~1,400[nm] - 백내장, 각막화상
③ UV-B: 280~315[nm] - 발진, 피부암, 광결막염
④ 가시광선: 400~700[nm] - 광화학적이거나 열에 의한 각막손상, 피부화상

해설

적외선의 구분

구분	파장
IR-A(근적외선)	700~1,400[nm]
IR-B(중적외선)	1.4~10[μm]
IR-C(원적외선)	0.1~1[mm]

IR-B의 파장은 1.4~10[μm]이며, 백내장은 주로 원적외선의 영향으로 발생한다.

66

WBGT에 대한 설명으로 옳지 않은 것은?

① 표시단위는 절대온도[K]이다.
② 기온, 기습 및 복사열을 고려하여 계산된다.
③ 태양광선이 있는 옥외 및 태양광선이 없는 옥내로 구분된다.
④ 고온에서의 작업휴식시간비를 결정하는 지표로 활용된다.

해설

WBGT(습구흑구온도지수)의 표시단위는 섭씨온도[°C]이다.

67

작업자 A의 4시간 작업 중 소음노출량이 76[%]일 때, 측정시간에 있어서의 평균치는 약 몇 [dB(A)]인가?

① 88　② 93
③ 98　④ 103

해설

측정시간에 따른 소음평균치

$$SPL = 90 + 16.61 \log \frac{D}{12.5t}$$

여기서, SPL: 측정시간에 따른 소음평균치[dB]
D: 소음노출량계로 측정한 노출량[%]
t: 측정시간[hr]

$SPL = 90 + 16.61 \log \frac{76}{12.5 \times 4}$
$= 93.02[dB(A)]$

68

이온화방사선과 비이온화방사선을 구분하는 광자에너지는?

① 1[eV]　② 4[eV]
③ 12.4[eV]　④ 15.6[eV]

해설

광자에너지가 12[eV] 이상이면 전리(이온화)방사선으로 분류한다.

정답 65 ② 66 ① 67 ② 68 ③

69
이상기압에 의하여 발생하는 직업병에 영향을 미치는 유해인자가 아닌 것은?

① 산소(O_2)
② 이산화황(SO_2)
③ 질소(N_2)
④ 이산화탄소(CO_2)

해설
이산화황은 독성이 있는 기체로, 이산화황에 노출되면 기압의 변화가 없어도 점막 손상, 염증을 유발한다.

70
채광계획에 관한 설명으로 옳지 않는 것은?

① 창의 면적은 방바닥 면적의 15~20[%]가 이상적이다.
② 조도의 평등을 요하는 작업실은 남향으로 하는 것이 좋다.
③ 실내 각점의 개각은 45°, 입사각은 28° 이상이 되어야 한다.
④ 유리창은 청결한 상태여도 10~15[%] 조도가 감소되는 점을 고려한다.

해설
조도의 평등을 요하는 작업실은 북향이 좋고, 많은 채광이 필요한 경우 남향이 좋다.

71
빛에 관한 설명으로 옳지 않은 것은?

① 광원으로부터 나오는 빛의 세기를 조도라 한다.
② 단위 평면적에서 발산 또는 반사되는 광량을 휘도라 한다.
③ 루멘은 1촉광의 광원으로부터 단위 입체각으로 나가는 광속의 단위이다.
④ 조도는 어떤 면에 들어오는 광속의 양에 비례하고, 입사면의 단면적에 반비례한다.

해설
광원으로부터 한 방향으로 나오는 빛의 세기를 광도라고 한다.

72
태양으로부터 방출되는 복사에너지의 52[%] 정도를 차지하고 피부조직 온도를 상승시켜 충혈, 혈관확장, 각막손상, 두부장해를 일으키는 유해광선은?

① 자외선
② 적외선
③ 가시광선
④ 마이크로파

해설
적외선은 태양으로부터 방출되는 복사에너지의 52[%] 정도를 차지하고 피부조직 온도를 상승시켜 충혈, 혈관확장, 각막손상, 두부장해(열사병 등)를 일으킨다.

정답 69 ② 70 ② 71 ① 72 ②

73

감압병의 예방 및 치료의 방법으로 옳지 않은 것은?

① 감압이 끝날 무렵에 순수한 산소를 흡입시키면 예방적 효과와 함께 감압시간을 단축시킬 수 있다.
② 잠수 및 감압방법은 특별히 잠수에 익숙한 사람을 제외하고는 1분에 10[m] 정도씩 잠수하는 것이 안전하다.
③ 고압환경에서 작업 시 질소를 헬륨으로 대치하면 성대에 손상을 입힐 수 있으므로 할로겐가스로 대치한다.
④ 감압병의 증상을 보일 경우 환자를 인공적 고압실에 넣어 혈관 및 조직 속에 발생한 질소의 기포를 다시 용해시킨 후 천천히 감압한다.

해설
호흡용 가스의 질소를 헬륨으로 대치한 공기를 공급한다.

> **가장 빠른 합격비법**
> 헬륨은 질소보다 조직 용해도가 훨씬 낮고, 확산속도가 빠릅니다. 즉, 체내에 덜 쌓이고 빠르게 배출되므로 감압병 예방에 도움이 됩니다.

74

흑구온도는 32[℃], 건구온도는 27[℃], 자연습구온도는 30[℃]인 실내작업장의 습구흑구온도지수는?

① 33.3[℃] ② 32.6[℃]
③ 31.3[℃] ④ 30.6[℃]

해설
습구흑구온도지수(옥내 또는 태양광선이 내리쬐지 않는 옥외)

$$WBGT = 0.7NWB + 0.3GT$$

여기서, WBGT : 습구흑구온도지수[℃]
NWB : 자연습구온도[℃]
GT : 흑구온도[℃]

$WBGT = (0.7 \times 30) + (0.3 \times 32) = 30.6[℃]$

75

저온환경에서 나타나는 일차적인 생리적 반응이 아닌 것은?

① 체표면적의 증가
② 피부혈관의 수축
③ 근육긴장의 증가와 떨림
④ 화학적 대사작용의 증가

해설
저온환경에서 체표면적은 감소한다.

> **가장 빠른 합격비법**
> 체표면적의 감소는 열교환이 일어나는 유효 표면적을 줄인다는 의미입니다. 대표적인 예로 말초혈관 수축, 발모근 수축이 있습니다.

76

소음에 의하여 발생하는 노인성 난청의 청력손실에 대한 설명으로 옳은 것은?

① 고주파영역으로 갈수록 큰 청력손실이 예상된다.
② 2,000[Hz]에서 가장 큰 청력장애가 예상된다.
③ 1,000[Hz] 이하에서는 20~30[dB]의 청력손실이 예상된다.
④ 1,000~8,000[Hz] 영역에서는 0~20[dB]의 청력손실이 예상된다.

해설
노인성 난청은 노화에 의한 퇴행성 청력질환으로, 6,000[Hz] 이상의 고음에 대한 청력손실이 현저하다.

정답 73 ③ 74 ④ 75 ① 76 ①

77
고압환경에서 발생할 수 있는 생체증상으로 볼 수 없는 것은?

① 부종
② 압치통
③ 폐압박
④ 폐수종

해 설
폐수종은 저압환경에서 발생한다.

78
음(sound)에 관한 설명으로 옳지 않은 것은?

① 음(음파)이란 대기압보다 높거나 낮은 압력의 파동이고, 매질을 타고 전달되는 진동에너지이다.
② 주파수란 1초 동안에 음파로 발생되는 고압력 부분과 저압력 부분을 포함한 압력 변화의 완전한 주기를 말한다.
③ 음의 단위는 물리적 단위를 쓰는 것이 아니라 감각수준인 데시벨[dB]이라는 무차원의 비교단위를 사용한다.
④ 사람이 대기압에서 들을 수 있는 음압은 0.000002[N/m²]에서부터 20[N/m²]까지 광범위한 영역이다.

해 설
사람이 대기압에서 들을 수 있는 음압의 범위는 0.00002~20[N/m²] 정도이다.

79
흡음재의 종류 중 다공질 재료에 해당되지 않는 것은?

① 암면
② 펠트(felt)
③ 석고보드
④ 발포수지재료

해 설
석고보드는 내부에 기공 구조가 없는 밀착층 형태이므로 다공질 재료로 분류하지 않는다.

관련개념
① 암면: 무수한 미세 섬유 사이에 기공이 많아 다공질이다.
② 펠트: 섬유를 압착·결합한 구조로 내부에 공극이 많아 다공질이다.
④ 발포수지재료: 발포 공정으로 기포가 형성되어 다공질이다.

80
6[N/m²]의 음압은 약 몇 [dB]의 음압수준인가?

① 90
② 100
③ 110
④ 120

해 설
음압수준(음압레벨)

$$\text{SPL} = 20 \log \frac{P}{P_0}$$

여기서, SPL: 음압수준[dB]
P: 음압[N/m²]
P_0: 기준음압(2×10^{-5}[N/m²])

$$\text{SPL} = 20 \log \frac{6}{2 \times 10^{-5}} = 109.54 [\text{dB}]$$

정답 77 ④ 78 ④ 79 ③ 80 ③

5과목 산업독성학

81
Metallothionein에 대한 설명으로 옳지 않은 것은?

① 방향족 아미노산이 없다.
② 주로 간장과 신장에 많이 축적된다.
③ 카드뮴과 결합하면 독성이 강해진다.
④ 시스테인이 주성분인 아미노산으로 구성된다.

해설
메탈로티오네인(Metallothionein)은 간, 신장 등에서 생성되는 단백질의 한 종류이다.
카드뮴에 폭로되면 메탈로티오네인의 합성이 촉진되고, 메탈로티오네인과 체내에 흡수된 카드뮴이 결합하여 독성을 완화한다.

82
직업병의 유병율이란 발생율에서 어떠한 인자를 제거한 것인가?

① 기간
② 집단수
③ 장소
④ 질병종류

해설
유병률은 어떤 시점에서 이미 존재하는 질병의 비율을 의미하며 발생률에서 기간을 제거한 것이다.

83
투명한 휘발성 액체로 페인트, 시너, 잉크 등의 용제로 사용되며 장기간 노출될 경우 말초신경장해가 초래되어 사지의 지각상실과 신근마비 등 다발성 신경장해를 일으키는 파라핀계 탄화수소의 대표적인 유해물질은?

① 벤젠
② 노말헥산
③ 톨루엔
④ 클로로포름

해설
노말헥산에 장기간 노출되면 말초신경장해를 유발하여 사지의 지각상실과 다발성 신경장해를 초래한다.

가장 빠른 합격비법
노말헥산의 키워드는 사지의 지각상실과 다발성 신경장해입니다.

84
급성 전신중독을 유발하는 데 있어 그 독성이 가장 강한 방향족 탄화수소는?

① 벤젠(Benzene)
② 크실렌(Xylene)
③ 톨루엔(Toluene)
④ 에틸렌(Ethylene)

해설
급성 전신중독에 대한 독성이 가장 강한 물질은 톨루엔이다.

정답 81 ③ 82 ① 83 ② 84 ③

85
사업장에서 노출되는 금속의 일반적인 독성기전이 아닌 것은?

① 효소억제
② 금속평형의 파괴
③ 중추신경계 활성억제
④ 필수금속 성분의 대체

해설

금속의 독성 기전
- 효소억제: 효소의 구조 및 기능을 변화시켜 효소작용을 억제한다.
- 필수금속 평형의 파괴: 필수금속의 농도를 변화시켜 평형을 파괴한다.
- 필수금속 성분의 대체: 생물학적 대사과정을 변화시킨다.
- 간접영향: 세포성분의 역할을 변화시킨다.

86
무기성 분진에 의한 진폐증에 해당하는 것은?

① 면폐증
② 농부폐증
③ 규폐증
④ 목재분진폐증

해설

무기성 분진에 의한 진폐증		유기성 분진에 의한 진폐증	
• 규폐증	• 탄광부 진폐증	• 면폐증	• 설탕폐증
• 용접공폐증	• 활석폐증	• 농부폐증	• 목재분진폐증
• 베릴륨폐증	• 석면폐증	• 연초폐증	• 모발분진폐증
• 흑연폐증	• 알루미늄폐증		
• 탄소폐증	• 철폐증		
• 규조토폐증	• 주석폐증		
• 칼륨폐증	• 바륨폐증		

87
생물학적 모니터링에 대한 설명으로 옳지 않은 것은?

① 화학물질의 종합적인 흡수 정도를 평가할 수 있다.
② 노출기준을 가진 화학물질의 수보다 BEI를 가지는 화학물질의 수가 더 많다.
③ 생물학적 시료를 분석하는 것은 작업환경측정보다 훨씬 복잡하고 취급이 어렵다.
④ 근로자의 유해인자에 대한 노출 정도를 소변, 호기, 혈액 중에서 그 물질이나 대사산물을 측정함으로써 노출 정도를 추정하는 방법을 의미한다.

해설

노출기준을 가진 화학물질의 수보다 BEI를 가지는 화학물질의 수가 더 적다.

> **가장 빠른 합격비법**
> ACGIH의 TLV 리스트에는 700종 이상의 화학물질이 있지만, BEI 리스트에는 보통 50여 종 정도만 등재되어 있습니다.
> BEI는 적절한 생체지표를 찾아 검증하는 과정이 필요하므로 자료 확보에 시간과 비용이 많이 들어갑니다.

88
니트로벤젠의 화학물질의 영향에 대한 생물학적 모니터링 대상으로 옳은 것은?

① 요에서의 마뇨산
② 적혈구에서의 ZPP
③ 요에서의 저분자량 단백질
④ 혈액에서의 메트헤모글로빈

오답해설

① 요 중 마뇨산: 톨루엔의 지표(현재는 요 중 o-크레졸을 주로 사용함)
② 적혈구에서의 ZPP: 납의 지표
③ 요에서의 저분자량 단백질: 카드뮴의 지표

정답 85 ③ 86 ③ 87 ② 88 ④

89
직업성 천식을 유발하는 대표적인 물질로 나열된 것은?

① 알루미늄, 2-Bromopropane
② TDI(Toluene Diisocyanate), Asbestos
③ 실리카, DBCP(1, 2-dibromo-3-chloropropane)
④ TDI(Toluene Diisocyanate), TMA(Trimellitic Anhydride)

해설
직업성 천식의 원인물질
TDI, MDI, TMA, 에틸렌디아민, 포름알데히드, 니켈, 크롬, 알루미늄, 항생제, 소화제, 목재분진, 밀가루, 진드기 등

90
생리적으로는 아무 작용도 하지 않으나 공기 중에 많이 존재하여 산소분압을 저하시켜 조직에 필요한 산소의 공급부족을 초래하는 질식제는?

① 단순 질식제
② 화학적 질식제
③ 물리적 질식제
④ 생물학적 질식제

해설
단순 질식제
농도가 높아질 시 산소 농도가 저하되어 질식의 위험이 있는 물질이다.(수소, 메탄, 헬륨, 질소 등)

91
크롬화합물 중독에 대한 설명으로 옳지 않은 것은?

① 크롬중독은 뇨 중의 크롬양을 검사하여 진단한다.
② 크롬 만성중독의 특징은 코, 폐 및 위장에 병변을 일으킨다.
③ 중독치료는 배설촉진제인 Ca-EDTA를 투약하여야 한다.
④ 정상인보다 크롬취급자는 폐암으로 인한 사망률이 약 13~31배나 높다고 보고된 바 있다.

해설
크롬 중독에 BAL, Ca-EDTA는 효과가 없다.

92
기관지와 폐포 등 폐 내부의 공기통로와 가스교환 부위에 침착되는 먼지로서 공기역학적 지름이 30[μm] 이하의 크기를 가지는 것은?

① 흉곽성 먼지
② 호흡성 먼지
③ 흡입성 먼지
④ 침착성 먼지

해설
흉곽성 입자상 물질(TPM)
기도나 하기도(가스교환 부위)에 침착하여 독성을 나타내는 입자상 물질이다.

정답 89 ④ 90 ① 91 ③ 92 ①

93

자극성 접촉피부염에 대한 설명으로 옳지 않은 것은?

① 홍반과 부종을 동반하는 것이 특징이다.
② 작업장에서 발생빈도가 가장 높은 피부질환이다.
③ 진정한 의미의 알레르기 반응이 수반되는 것은 포함시키지 않는다.
④ 항원에 노출되고 일정시간이 지난 후에 다시 노출되었을 때 세포매개성 과민반응에 의하여 나타나는 부작용의 결과이다.

해설
항원에 노출되고 일정시간이 지난 후에 다시 노출되었을 때 세포매개성 과민반응에 의하여 나타나는 부작용의 결과는 알레르기성 접촉피부염이다.

가장 빠른 합격비법
과거 노출경험(감작, Sensitization)이 있어야만 반응이 나타나는 피부염은 알레르기성 피부염입니다.
접촉성 피부염은 자극성 피부염에 해당하므로 감작이 없어도 반응이 나타납니다.

94

중금속과 중금속이 인체에 미치는 영향을 연결한 것으로 옳지 않은 것은?

① 크롬 — 폐암
② 수은 — 파킨슨병
③ 납 — 소아의 IQ 저하
④ 카드뮴 — 호흡기의 손상

해설
파킨슨병은 망간에 폭로될 시 발생 양상이 두드러진다.

95

작업환경에서 발생될 수 있는 망간에 관한 설명으로 옳지 않은 것은?

① 주로 철합금으로 사용되며, 화학공업에서는 건전지 제조업에 사용된다.
② 만성노출 시 언어가 느려지고 무표정하게 되며, 파킨슨 증후군 등의 증상이 나타나기도 한다.
③ 망간은 호흡기, 소화기 및 피부를 통하여 흡수되며, 이 중에서 호흡기를 통한 경로가 가장 많고 위험하다.
④ 급성중독 시 신장장애를 일으켜 요독증(uremia)으로 8~10일 이내 사망하는 경우도 있다.

해설
급성중독 시 심한 신장장해로 인한 요독증으로 사망의 위험이 있는 물질은 크롬이다.

96

유해물질을 생리적 작용에 의하여 분류한 자극제에 관한 설명으로 옳지 않은 것은?

① 상기도의 점막에 작용하는 자극제는 크롬산, 산화에틸렌 등이 해당된다.
② 상기도 점막과 호흡기관지에 작용하는 자극제는 불소, 요오드 등이 해당된다.
③ 호흡기관의 종말기관지와 폐포 점막에 작용하는 자극제는 수용성이 높아 심각한 영향을 준다.
④ 피부와 점막에 작용하여 부식작용을 하거나 수포를 형성하는 물질을 자극제라고 하며 고농도로 눈에 들어가면 결막염과 각막염을 일으킨다.

해설
호흡기관의 종말기관지와 폐포 점막에 작용하는 자극제는 수용성이 낮아 폐 속 깊이 침투하여 조직에 작용한다.

정답 93 ④ 94 ② 95 ④ 96 ③

97

어떤 물질의 독성에 관한 인체실험 결과 안전흡수량이 체중 1[kg] 당 0.15[mg]이었다. 체중이 70[kg]인 근로자가 1일 8시간 작업할 경우, 이 물질의 체내 흡수를 안전흡수량 이하로 유지하려면, 공기 중 농도를 약 얼마 이하로 하여야 하는가? (단, 작업 시 폐환기율(또는 호흡률)은 1.3[m³/h], 체내 잔류율은 1.0으로 한다.)

① 0.52[mg/m³] ② 1.01[mg/m³]
③ 1.57[mg/m³] ④ 2.02[mg/m³]

해설

사람에 대한 안전용량(SHD)

$$SHD = C \times t \times V \times R$$

여기서, SHD: 체내 흡수량[mg]
C: 공기 중 유해물질 농도[mg/m³]
t: 노출시간[hr]
V: 폐환기율[m³/hr]
R: 체내 잔류율

$$SHD = 70kg \times \frac{0.15mg}{kg} = 10.5[mg]$$

$$C = \frac{SHD}{t \times V \times R} = \frac{10.5}{8 \times 1.3 \times 1.0} = 1.01[mg/m^3]$$

98

ACGIH에서 규정한 유해물질 노출기준에 관한 사항으로 옳지 않은 것은?

① TLV-C: 최고노출기준
② TLV-STEL: 단기간노출기준
③ TLV-TWA: 8시간 평균노출기준
④ TLV-TLM: 시간가중한계농도기준

해설

TLV-TLM이란 노출기준은 없다.

99

먼지가 호흡기계로 들어올 때 인체가 가지고 있는 방어기전으로 가장 적정하게 조합된 것은?

① 면역작용과 폐 내의 대사작용
② 폐포의 활발한 가스교환과 대사작용
③ 점액 섬모운동과 가스교환에 의한 정화
④ 점액 섬모운동과 폐포의 대식세포의 작용

해설

호흡기계의 인체 방어기전으로는 점액 섬모운동과 대식세포에 의한 정화가 대표적이다.

100

공기 중 입자상 물질의 호흡기계 축적기전에 해당하지 않는 것은?

① 교환 ② 충돌
③ 침전 ④ 확산

해설

호흡기계 축적 메커니즘
- 관성충돌
- 침강
- 확산
- 차단

정답 97 ② 98 ④ 99 ④ 100 ①

2020년 제3회 기출문제

1과목　산업위생학개론

01
주로 정적인 자세에서 인체의 특정 부위를 지속적, 반복적으로 사용하거나 부적합한 자세로 장기간 작업할 때 나타나는 질환을 의미하는 것이 아닌 것은?

① 반복성 긴장장애
② 누적외상성질환
③ 작업관련성 신경계질환
④ 작업관련성 근골격계질환

해설
정적인 자세에서 특정 부위를 지속적, 반복적으로 사용하거나 부적합한 자세로 장시간 작업하면 근골격계 질환에 걸릴 수 있다. 작업관련성 신경계질환은 근골격계 질환으로 보기 힘들다.

관련개념
근골격계 질환의 종류
- 반복성 긴장장애(RSI; Repetitive Strain Injuries)
- 누적외상성 질환(CTDs; Cumulative Trauma Disorders)
- 근골격계질환(MSD; Musculo Skeletal Disorders)

02
육체적 작업 시 혐기성 대사에 의해 생성되는 에너지원에 해당하지 않은 것은?

① 산소(Oxygen)
② 포도당(Glucose)
③ 크레아틴인산(CP)
④ 아데노신삼인산

해설
혐기성 대사에서 산소는 사용되지 않는다.

03
산업안전보건법령상 발암성 정보물질의 표기법 중 '사람에게 충분한 발암성 증거가 있는 물질'에 대한 표기방법으로 옳은 것은?

① 1　　② 1A
③ 2A　　④ 2B

해설
화학물질 및 물리적 인자의 노출기준상 발암성 분류

구분	설명
1A	사람에게 충분한 발암성 증거가 있는 물질
1B	시험동물에서 발암성 증거가 충분히 있거나, 시험동물과 사람 모두에서 제한된 발암성 증거가 있는 물질
2	사람이나 동물에서 제한된 증거가 있지만, 구분 1로 분류하기에는 증거가 충분하지 않은 물질

04
산업안전보건법령상 작업환경측정에 대한 설명으로 옳지 않은 것은?

① 작업환경측정의 방법, 횟수 등의 필요사항은 사업주가 판단하여 정할 수 있다.
② 사업주는 작업환경의 측정 중 시료의 분석을 작업환경측정기관에 위탁할 수 있다.
③ 사업주는 작업환경측정 결과를 해당 작업장의 근로자에게 알려야한다.
④ 사업주는 근로자대표가 요구할 경우 작업환경측정 시 근로자대표를 참석시켜야 한다.

해설
작업환경측정의 방법, 횟수, 그 밖에 필요한 사항은 고용노동부령으로 정한다.

정답 01 ③　02 ①　03 ②　04 ①

05

온도 25[℃], 1기압 하에서 분당 100[mL]씩 60분 동안 채취한 공기 중에서 벤젠이 5[mg] 검출되었다면 검출된 벤젠은 약 몇 [ppm]인가? (단, 벤젠의 분자량은 78이다.)

① 15.7
② 26.1
③ 157
④ 261

해 설

벤젠의 농도 $= \dfrac{5\text{mg}}{\dfrac{100 \times 10^{-6}\text{m}^3}{\text{min}} \times 60\text{min}} = 833.33[\text{mg/m}^3]$

$\dfrac{\text{mg}}{\text{m}^3} = \dfrac{\text{ppm} \times 분자량}{24.45}$ (25[℃], 1기압 기준)

$\text{ppm} = \dfrac{24.45 \times 833.33}{78} = 261.22[\text{mL/m}^3]$

06

화학적 원인에 의한 직업성 질환으로 볼 수 없는 것은?

① 정맥류
② 수전증
③ 치아산식증
④ 시신경 장해

해 설

정맥류는 물리적 원인에 의한 직업성 질환이다.

> ⓘ **가장 빠른 합격비법**
> 정맥류(하지정맥류)는 주로 정맥 내 판막 기능 이상과 중력·역학적 부담에 의해 발생하는 질환이므로, 화학적 원인에 의한 직업성 질환으로 보기 어렵습니다.

07

다음 (   ) 안에 들어갈 알맞은 것은?

> 산업안전보건법령상 화학물질 및 물리적 인자의 노출기준에서 "시간가중평균노출기준(TWA)"이란 1일 (A) 시간 작업을 기준으로 하여 유해인자의 측정치에 발생시간을 곱하여 (B)시간으로 나눈 값을 말한다.

	A	B		A	B
①	6	6	②	6	8
③	8	6	④	8	8

해 설

시간가중평균노출기준(TWA)이란 1일 8시간 작업을 기준으로 하여 유해인자의 측정치에 발생시간을 곱하여 8시간으로 나눈 값을 말한다.

08

산업위생전문가의 윤리강령 중 "근로자에 대한 책임"에 해당하는 것은?

① 적절하고도 확실한 사실을 근거로 전문적인 견해를 발표한다.
② 기업주에 대하여는 실현 가능한 개선점으로 선별하여 보고한다.
③ 이해관계가 있는 상황에서는 고객의 입장에서 관련 자료를 제시한다.
④ 근로자의 건강보호가 산업위생전문가의 1차적인 책임이라는 것을 인식한다.

오답해설

① 확실한 사실을 근거로 전문적인 견해를 발표하는 것은 일반 대중에 대한 책임이다.
② 결과와 개선점 및 권고사항을 정확히 보고하는 것은 기업주와 고객에 대한 책임이다.
③ 이해관계가 있는 상황에는 개입하지 않는 것은 산업위생전문가로서의 책임이다.

정답 05 ④ 06 ① 07 ④ 08 ④

09

주요 실내 오염물질의 발생원으로 보기 어려운 것은?

① 호흡
② 흡연
③ 자외선
④ 연소기기

해설

자외선은 화학적, 생물학적 오염물질 자체가 아니다.

10

산업안전보건법령상 사업주가 사업을 할 때 근로자의 건강장해를 예방하기 위하여 필요한 보건상의 조치를 하여야 할 항목이 아닌 것은?

① 사업장에서 배출되는 기계·액체 또는 찌꺼기 등에 의한 건강장해
② 폭발성, 발화성 및 인화성 물질 등에 의한 위험 작업의 건강장해
③ 계측감시, 컴퓨터 단말기 조작, 정밀공작 등의 작업에 의한 건강장해
④ 단순반복작업 또는 인체에 과도한 부담을 주는 작업에 의한 건강장해

해설

건강장해를 예방하기 위하여 필요한 보건조치
- 원재료·가스·증기·분진·흄·미스트·산소결핍·병원체 등에 의한 건강장해
- 방사선·유해광선·고열·한랭·초음파·소음·진동·이상기압 등에 의한 건강장해
- 사업장에서 배출되는 기체·액체 또는 찌꺼기 등에 의한 건강장해
- 계측감시, 컴퓨터 단말기 조작, 정밀공작 등의 작업에 의한 건강장해
- 단순반복작업 또는 인체에 과도한 부담을 주는 작업에 의한 건강장해
- 환기·채광·조명·보온·방습·청결 등의 적정기준을 유지하지 아니하여 발생하는 건강장해
- 폭염·한파에 장시간 작업함에 따라 발생하는 건강장해

11

산업피로의 종류에 대한 설명으로 옳지 않은 것은?

① 근육의 일부 부위에만 발생하는 국소피로와 전신에 나타나는 전신피로가 있다.
② 신체피로는 육체적 노동에 의한 근육의 피로를 말하는 것으로 근육노동을 할 경우 주로 발생된다.
③ 피로는 그 정도에 따라 보통피로, 과로 및 곤비로 분류할 수 있으며 가장 경증의 피로단계는 곤비이다.
④ 정신피로는 중추신경계의 피로를 말하는 것으로 정밀작업 등과 같은 정신적 긴장을 요하는 작업 시에 발생된다.

해설

피로는 그 정도에 따라 보통피로, 과로 및 곤비로 분류 가능하며, 가장 중증의 피로단계가 곤비이다.

12

육체적 작업능력(PWC)이 16[kcal/min]인 남성 근로자가 1일 8시간 동안 물체를 운반하는 작업을 하고 있다. 이 때 작업대사율은 10[kcal/min]이고, 휴식 시 대사율은 2[kcal/min]이다. 매 시간마다 적정한 휴식시간은 약 몇 분인가? (단, Hertig의 공식을 적용하여 계산한다.)

① 15분
② 25분
③ 35분
④ 45분

해설

적정 휴식시간비(Hertig 공식)

$$T_{rest} = \frac{E_{max} - E_{task}}{E_{rest} - E_{task}} \times 100$$

여기서, T_{rest} : 피로 예방을 위한 적정 휴식시간 비[%] (60분 기준)
E_{max} : 1일 8시간 작업에 적합한 작업대사량 $\left(\frac{PWC}{3}\right)$
E_{rest} : 휴식 중 소모 대사량
E_{task} : 해당 작업의 작업대사량

$E_{max} = \frac{PWC}{3} = \frac{16}{3} = 5.33[kcal/min]$

$T_{rest} = \frac{5.33 - 10}{2 - 10} \times 100 = 58.38[\%]$

휴식시간 = 60분 × 0.5838 ≒ 35분

정답 09 ③ 10 ② 11 ③ 12 ③

13

Diethyl ketone(TLV=200[ppm])을 사용하는 근로자의 작업시간이 9시간일 때 허용기준을 보정하였다. OSHA 보정법과 Brief and Scala 보정법을 적용하였을 경우 보정된 허용기준치 간의 차이는 약 몇 [ppm]인가?

① 5.05
② 11.11
③ 22.22
④ 33.33

해 설

OSHA 보정방법

$$보정노출기준 = 8시간 노출기준 \times \frac{8시간}{노출시간/일}$$

보정노출기준 $= 200 \times \frac{8}{9} = 177.78$[ppm]

Brief and Scala 보정방법(1일 노출시간 기준)

$$RF = \frac{8}{H} \times \frac{24-H}{16}$$

보정노출기준 = 8시간 노출기준 × RF

여기서, RF: 노출기준 보정계수
H: 노출시간[hr/일]

$RF = \frac{8}{9} \times \frac{24-9}{16} = 0.833$

보정노출기준 $= 200 \times 0.83 = 166.67$[ppm]
보정된 허용기준치 간의 차이 $= 177.78 - 166.67 = 11.11$[ppm]

14

산업위생의 역사에서 직업과 질병의 관계가 있음을 알렸고, 광산에서의 납중독을 보고한 인물은?

① Larigo
② Paracelsus
③ Percivall Pott
④ Hippocrates

해 설

히포크라테스(Hippocrates)는 광산에서 납중독을 보고하였고, 납중독은 역사상 최초로 기록된 직업병이다.

15

피로의 예방대책으로 적절하지 않은 것은?

① 충분한 수면을 갖는다.
② 작업환경을 정리, 정돈한다.
③ 정적인 자세를 유지하는 작업을 동적인 작업으로 전환하도록 한다.
④ 작업과정 사이에 여러 번 나누어 휴식하는 것보다 장시간의 휴식을 취한다.

해 설

휴식시간을 여러 번으로 나누는 것이 장시간 휴식하는 것보다 효과적이다.

16

직업성 변이(occupational stigmata)의 정의로 옳은 것은?

① 직업에 따라 체온량의 변화가 일어나는 것이다.
② 직업에 따라 체지방량의 변화가 일어나는 것이다.
③ 직업에 따라 신체 활동량의 변화가 일어나는 것이다.
④ 직업에 따라 신체 형태와 기능에 국소적 변화가 일어나는 것이다.

해 설

직업성 변이란 직업에 따라 신체 형태와 기능에 국소적 변화가 일어나는 것이다.

정답 13 ② 14 ④ 15 ④ 16 ④

17

생체와 환경과의 열교환 방정식을 올바르게 나타낸 것은? (단, ΔS: 생체 내 열용량의 변화, M: 대사에 의한 열생산, E: 수분증발에 의한 열방산, R: 복사에 의한 열득실, C: 대류 및 전도에 의한 열득실이다.)

① $\Delta S = M + E \pm R - C$
② $\Delta S = M - E \pm R \pm C$
③ $\Delta S = R + M + C + E$
④ $\Delta S = C - M - R - E$

해설

열평형방정식

$$\Delta S = M \pm C \pm R - E$$

여기서, ΔS: 생체 열용량의 변화
　　　　M: 작업대사량
　　　　C: 대류에 의한 열득실
　　　　R: 복사에 의한 열득실
　　　　E: 증발에 의한 열방산

18

작업적성에 대한 생리적 적성검사 항목에 해당하는 것은?

① 체력검사　　② 지능검사
③ 인성검사　　④ 지각동작검사

해설

산업심리검사 중 적성검사

적성검사 분류	검사항목
신체검사	체격검사 등
생리적 기능검사	감각기능검사, 심폐기능검사, 체력검사
심리학적 기능검사	지능검사, 지각동작검사, 기능검사, 인성검사

19

다음 (　) 안에 들어갈 알맞은 용어는?

> (　　)은/는 근로자나 일반 대중에게 질병, 건강장해와 능률저하 등을 초래하는 작업환경요인과 스트레스를 예측, 인식(측정), 평가, 관리하는 과학인 동시에 기술을 말한다.

① 유해인자　　② 산업위생
③ 위생인식　　④ 인간공학

해설

산업위생의 정의(AIHA)
근로자나 일반 대중에게 질병, 건강장애와 안녕 방해, 심각한 불쾌감 및 능률 저하 등을 초래하는 작업환경요인과 스트레스를 예측, 인지, 측정, 평가, 관리하는 과학과 기술이다.

20

근로시간 1,000시간당 발생한 재해에 의하여 손실된 총 근로손실일수로 재해자의 수나 발생빈도와 관계 없이 재해의 내용(상해정도)을 측정하는 척도로 사용되는 것은?

① 건수율　　② 연천인율
③ 재해 강도율　　④ 재해 도수율

해설

강도율

$$강도율 = \frac{근로손실일수}{연근로시간수} \times 1,000$$

연근로시간 1,000시간당 재해로 인하여 발생한 근로손실일수를 의미하며, 재해의 경중을 가장 잘 나타내는 지표이다.

정답 17 ② 18 ① 19 ② 20 ③

2과목 작업위생측정 및 평가

21
분석용어에 대한 설명 중 틀린 것은?

① 이동상이란 시료를 이동시키는 데 필요한 유동체로서 기체일 경우를 GC라고 한다.
② 크로마토그램이란 유해물질이 검출기에서 반응하여 띠 모양으로 나타낸 것을 말한다.
③ 전처리는 분석물질 이외의 것들을 제거하거나 분석에 방해되지 않도록 하는 과정으로서 분석기기에 의한 정량을 포함한다.
④ AAS분석원리는 원자가 갖고 있는 고유한 흡수파장을 이용한 것이다.

해설
시료 전처리는 양질의 값을 얻기 위해 분석하려는 대상 물질의 방해요소를 제거하여 최적의 상태를 만들기 위한 작업이다.

22
방사선이 물질과 상호작용한 결과 그 물질의 단위질량에 흡수된 에너지(gray; [Gy])의 명칭은?

① 조사선량   ② 등가선량
③ 유효선량   ④ 흡수선량

해설
흡수선량은 단위질량당 흡수된 방사선의 에너지이다.

23
두 개의 버블러를 연속적으로 연결하여 시료를 채취할 때, 첫 번째 버블러의 채취효율이 75[%]이고, 두 번째 버블러의 채취효율이 90[%]이면 전체 채취효율[%]은?

① 91.5   ② 93.5
③ 95.5   ④ 97.5

해설
총 집진율(직렬연결)

$$\eta_T = \eta_1 + \eta_2(1-\eta_1)$$

여기서, η_T: 총 집진율
η_1: 1차 집진기 집진율
η_2: 2차 집진기 집진율

$\eta_T = 0.75 + 0.9 \times (1-0.75) = 0.975 = 97.5[\%]$

24
벤젠으로 오염된 작업장에서 무작위로 15개 지점의 벤젠의 농도를 측정하여 다음과 같은 결과를 얻었을 때, 이 작업장의 표준편차는?

8, 10 ,15, 12, 9, 13, 16, 15, 11, 9, 12, 8, 13, 15, 14

① 4.7   ② 3.7
③ 2.7   ④ 0.7

해설
산술평균

$$\bar{x} = \frac{x_1 + x_2 + \cdots + x_n}{n}$$

여기서, $\bar{x}$: 산술평균
x_n: 측정치
n: 측정치의 개수

$\bar{x} = \frac{8+10+15+12+9+13+16+15+11+9+12+8+13+15+14}{15} = 12$

표준편차

$$SD = \sqrt{\frac{\sum_{i=1}^{n}(x_i - \bar{x})^2}{n-1}}$$

여기서, SD: 표준편차
x_i: 측정치
$\bar{x}$: 산술평균
n: 측정치의 개수

$$SD = \sqrt{\frac{\begin{array}{l}(8-12)^2+(10-12)^2+(15-12)^2\\+(12-12)^2+(9-12)^2+(13-12)^2\\+(16-12)^2+(15-12)^2+(11-12)^2\\+(9-12)^2+(12-12)^2+(8-12)^2\\+(13-12)^2+(15-12)^2+(14-12)^2\end{array}}{15-1}} = 2.7$$

정답 21 ③ 22 ④ 23 ④ 24 ③

25

작업환경측정 및 정도관리 등에 관한 고시상 시료채취 근로자수에 대한 설명 중 옳은 것은?

① 단위작업 장소에서 최고 노출근로자 2명 이상에 대하여 동시에 개인 시료채취 방법으로 측정하되, 단위작업 장소에 근로자가 1명인 경우에는 그러하지 아니하며, 동일 작업근로자수가 20명을 초과하는 경우에는 매 5명당 1명 이상 추가하여 측정하여야 한다.
② 단위작업 장소에서 최고 노출근로자 2명 이상에 대하여 동시에 개인 시료채취 방법으로 측정하되, 동일 작업근로자수가 100명을 초과하는 경우에는 최대 시료채취 근로자수를 20명으로 조정할 수 있다.
③ 지역 시료채취 방법으로 측정을 하는 경우 단위작업장소 내에서 3개 이상의 지점에 대하여 동시에 측정하여야 한다.
④ 지역 시료채취 방법으로 측정을 하는 경우 단위작업 장소의 넓이가 60평방미터 이상인 경우에는 매 30평방미터마다 1개 지점 이상을 추가로 측정하여야 한다.

오답해설

① 단위작업 장소에서 최고 노출근로자 2명 이상에 대하여 동시에 개인 시료채취 방법으로 측정하되, 동일 작업근로자수가 100명을 초과하는 경우에는 최대 시료채취 근로자수를 20명으로 조정할 수 있다.
③ 지역 시료채취 방법으로 측정을 하는 경우 단위작업장소 내에서 2개 이상의 지점에 대하여 동시에 측정하여야 한다.
④ 지역 시료채취 방법으로 측정을 하는 경우 단위작업 장소의 넓이가 50평방미터 이상인 경우에는 매 30평방미터마다 1개 지점 이상을 추가로 측정하여야 한다.

26

시료채취매체와 해당 매체로 포집할 수 있는 유해인자의 연결로 가장 거리가 먼 것은?

① 활성탄관 - 메탄올
② 유리섬유여과지 - 캡탄
③ PVC여과지 - 석탄분진
④ MCE막여과지 - 석면

해설

메탄올은 보통 실리카겔관을 통하여 채취한다.

27

고성능 액체크로마토그래피(HPLC)에 관한 설명으로 틀린 것은?

① 주 분석대상 화학물질은 PCB 등의 유기화학물질이다.
② 장점으로 빠른 분석 속도, 해상도, 민감도를 들 수 있다.
③ 분석물질이 이동상에 녹아야 하는 제한점이 있다.
④ 이동상인 운반가스의 친화력에 따라 용리법, 치환법으로 구분된다.

해설

고성능 액체크로마토그래피의 이동상으로 액체를 사용한다.

28

18[℃], 770[mmHg]인 작업장에서 methylethyl ketone의 농도가 26[ppm]일 때 [mg/m³] 단위로 환산된 농도는? (단, Methylethyl ketone의 분자량은 72[g/mol]이다.)

① 64.5
② 79.4
③ 87.3
④ 93.2

해설

$$\frac{mg}{m^3} = \frac{ppm \times 분자량}{22.4} \ (0[℃], 1기압 기준)$$

분자의 부피를 18[℃], 770[mmHg]로 보정해준다.

$$\frac{mg}{m^3} = \frac{26 \times 72}{22.4 \times \frac{273+18}{273} \times \frac{760}{770}} = 79.43[mg/m^3]$$

정답 25 ② 26 ① 27 ④ 28 ②

29

작업장에 작동되는 기계 두 대의 소음레벨이 각각 98[dB(A)], 96[dB(A)]로 측정되었을 때, 두 대의 기계가 동시에 작동되었을 경우의 소음레벨[dB(A)]은?

① 98
② 100
③ 102
④ 104

해설

합산 소음

$$L_{합} = 10\log\left(10^{\frac{SPL_1}{10}} + 10^{\frac{SPL_2}{10}} + \cdots + 10^{\frac{SPL_n}{10}}\right)$$

여기서, $L_{합}$: 합산 소음[dB]
SPL_n: 음압수준[dB]

$$L_{합} = 10\log\left(10^{\frac{98}{10}} + 10^{\frac{96}{10}}\right) = 100.12[dB(A)]$$

30

어떤 작업장에 50[%] acetone, 30[%] benzene, 20[%] xylene의 중량비로 조성된 용제가 증발하여 작업환경을 오염시키고 있을 때, 이 용제의 허용농도(TLV; [mg/m³])는? (단, acetone, benzene, xylene의 TLV는 각각 1,600, 720, 670[mg/m³]이고, 용제의 각 성분은 상가작용을 하며, 성분 간 비휘발도 차이는 고려하지 않는다.)

① 873
② 973
③ 1,073
④ 1,173

해설

혼합물의 허용농도

$$혼합물의 허용농도 = \frac{1}{\frac{f_1}{TLV_1} + \frac{f_2}{TLV_2} + \cdots + \frac{f_n}{TLV_n}}$$

여기서, f_n: 중량 구성비
TLV_n: 각 물질의 허용농도

$$혼합물의 허용농도 = \frac{1}{\frac{0.5}{1,600} + \frac{0.3}{720} + \frac{0.2}{670}} = 973.07[mg/m^3]$$

31

시간당 약 150[kcal]의 열량이 소모되는 작업조건에서 WBGT 측정치가 30.6[℃]일 때 고온의 노출기준에 따른 작업휴식조건으로 적절한 것은?

① 매시간 75[%] 작업, 25[%] 휴식
② 매시간 50[%] 작업, 50[%] 휴식
③ 매시간 25[%] 작업, 75[%] 휴식
④ 계속 작업

해설

고온의 노출기준[℃, WBGT]

작업휴식시간비 (시간당)	작업강도[kcal]		
	경작업 (200 미만)	중등작업 (200~350)	중작업 (350~500)
계속 작업	30.0	26.7	25.0
75[%] 작업/25[%] 휴식	30.6	28.0	25.9
50[%] 작업/50[%] 휴식	31.4	29.4	27.9
25[%] 작업/75[%] 휴식	32.2	31.1	30.0

32

검지관의 장·단점으로 틀린 것은?

① 측정대상물질의 동정이 미리 되어 있지 않아도 측정이 가능하다.
② 민감도가 낮으며 비교적 고농도에 적용이 가능하다.
③ 특이도가 낮다. 즉, 다른 방해물질의 영향을 받기 쉬워 오차가 크다.
④ 색이 시간에 따라 변화하므로 제조자가 정한 시간에 읽어야 한다.

해설

검지관은 측정대상물질을 미리 동정해야 측정이 가능하다.

가장 빠른 합격비법

동정(identification)은 시료 중 포함된 화학종이 알려진 화학종과 동일함을 확인하는 과정입니다.

정답 29 ② 30 ② 31 ① 32 ①

33

MCE여과지를 사용하여 금속 성분을 측정, 분석한다. 샘플링이 끝난 시료를 전처리하기 위해 회화용액(ashing acid)을 사용하는데, 다음 중 NIOSH에서 제시한 금속별 전처리용액 중 적절하지 않은 것은?

① 납: 질산
② 크롬: 염산 + 인산
③ 카드뮴: 질산, 염산
④ 다성분금속: 질산 + 과염소산

해설
크롬과 그 화합물은 염산 + 질산 용액을 사용하여 전처리한다.

34

kata 온도계로 불감기류를 측정하는 방법에 대한 설명으로 틀린 것은?

① kata 온도계의 구(球)부를 50~60[°C]의 온수에 넣어 구부의 알코올을 팽창시켜 관의 상부 눈금까지 올라가게 한다.
② 온도계를 온수에서 꺼내어 구(球)부를 완전히 닦아내고 스탠드에 고정한다.
③ 알코올의 눈금이 100[°F]에서 65[°F]까지 내려가는 데 소요되는 시간을 초시계로 4~5회 측정하여 평균을 낸다.
④ 눈금 하강에 소요되는 시간으로 kata 상수를 나눈 값 H는 온도계의 구부 1[cm²]에서 1초 동안에 방산되는 열량을 나타낸다.

해설
카타온도계는 알코올 눈금이 100[°F]에서 95[°F]까지 내려가는 데 소요되는 시간을 초시계로 4~5회 측정하고 평균하여 카타상수값을 이용하여 간접적으로 측정한다.

35

실리카겔 흡착에 대한 설명으로 틀린 것은?

① 실리카겔은 규산나트륨과 황산의 반응에서 유도된 무정형의 물질이다.
② 극성을 띠고 흡습성이 강하므로 습도가 높을수록 파과용량이 증가한다.
③ 추출액이 화학분석이나 기기분석에 방해물질로 작용하는 경우가 많지 않다.
④ 활성탄으로 채취가 어려운 아닐린, 오르쏘-톨루이딘 등의 아민류나 몇몇 무기물질의 채취도 가능하다.

해설
실리카겔은 극성을 띠고 흡습성이 강하므로 습도가 높을수록 파과용량이 감소한다.

36

작업장에서 어떤 유해물질의 농도를 무작위로 측정한 결과가 아래와 같을 때, 측정값에 대한 기하평균(GM)은?

단위: [ppm]

5, 10, 28, 46, 90, 200

① 11.4
② 32.4
③ 63.2
④ 104.5

해설
기하평균(GM)

$$GM = \sqrt[n]{x_1 \times x_2 \times \cdots \times x_n}$$

여기서, GM: 기하평균
x_n: 측정치
n: 측정치의 개수

$GM = \sqrt[6]{5 \times 10 \times 28 \times 46 \times 90 \times 200} = 32.4[ppm]$

정답 33 ② 34 ③ 35 ② 36 ②

37

접착공정에서 본드를 사용하는 작업장에서 톨루엔을 측정하고자 한다. 노출기준의 10[%]까지 측정하고자 할 때, 최소시료채취시간[min]은? (단, 작업장은 25[℃], 1기압이며, 톨루엔의 분자량은 92.14, 기체크로마토그래피의 분석에서 톨루엔의 정량한계는 0.5[mg], 노출기준은 100[ppm], 채취유량은 0.15[L/분]이다.)

① 13.3
② 39.6
③ 88.5
④ 182.5

해설

노출기준의 단위를 [ppm]에서 [mg/m³]으로 변환한다.

$$\frac{mg}{m^3} = \frac{ppm \times 분자량}{24.45} \;(25[℃], 1기압 기준)$$

$$\frac{mg}{m^3} = \frac{100 \times 0.1 \times 92.14}{24.45} = 37.69[mg/m^3]$$

최소채취량/최소채취시간

$$최소채취량 = \frac{정량한계(LOQ)}{농도}$$

$$최소채취시간 = \frac{최소채취량}{채취유량}$$

$$최소채취량 = \frac{0.5}{37.69} = 0.01327[m^3]$$

$$채취최소시간 = \frac{13.27L}{0.15L/min} = 88.47[min]$$

38

셀룰로오스 에스테르 막여과지에 관한 설명으로 옳지 않은 것은?

① 산에 쉽게 용해된다.
② 중금속 시료채취에 유리하다.
③ 유해물질이 표면에 주로 침착된다.
④ 흡습성이 적어 중량분석에 적당하다.

해설

흡습성이 높아 중량분석에 부적합하다.

> ⚠ **가장 빠른 합격비법**
> 흡습성이 높으면 공기 중 습기를 쉽게 흡수하여 중량오차를 유발할 수 있습니다.

39

작업장 소음에 대한 1일 8시간 노출 시 허용기준[dB(A)]은? (단, 미국 OSHA의 연속소음에 대한 노출기준으로 한다.)

① 45
② 60
③ 86
④ 90

해설

한국의 소음노출기준

1일 노출시간[hr]	소음강도[dB(A)]
8	90
4	95
2	100
1	105
0.5	110
0.25	115

한국의 소음노출기준과 미국 OSHA의 기준이 같다.

40

코크스 제조공정에서 발생되는 코크스오븐 배출물질을 채취할 때, 다음 중 가장 적합한 여과지는?

① 은막 여과지
② PVC 여과지
③ 유리섬유 여과지
④ PTFE 여과지

해설

은막 여과지는 거의 순수한 은으로 만들어져 화학적, 열적 안정성이 매우 높다. 따라서, 코크스오븐 배출물질이나 콜타르피치 휘발성 물질, 다핵방향족 탄화수소 등을 채취할 때 사용한다.

정답 37 ③ 38 ④ 39 ④ 40 ①

| 3과목 | 작업환경관리대책 |

41

덕트에서 평균 속도압이 25[mmH₂O]일 때, 반송속도 [m/s]는?

① 101.1　　② 50.5
③ 20.2　　④ 10.1

해설

공기 유속 공식

$$V = 4.043\sqrt{VP}$$

여기서, V: 유속[m/s]
　　　　VP: 속도압[mmH₂O]

$V = 4.043 \times \sqrt{25} = 20.22[\text{m/s}]$

42

덕트 합류 시 댐퍼를 이용한 균형유지방법의 장점이 아닌 것은?

① 시설 설치 후 변경에 유연하게 대처 가능
② 설치 후 부적당한 배기유량 조절 가능
③ 임의로 유량을 조절하기 어려움
④ 설계 계산이 상대적으로 간단함

해설

댐퍼조절평형법(저항조절평형법)은 임의로 유량을 조절하기 쉽다.

43

송풍기의 송풍량과 회전수의 관계에 대한 설명 중 옳은 것은?

① 송풍량과 회전수는 비례한다.
② 송풍량은 회전수의 제곱에 비례한다.
③ 송풍량은 회전수의 세제곱에 비례한다.
④ 송풍량과 회전수는 역비례한다.

해설

송풍기 상사법칙(회전수와의 관계)
• 풍량은 회전수에 비례한다.
• 풍압은 회전수의 제곱에 비례한다.
• 동력은 회전수의 세제곱에 비례한다.

44

동일한 두께로 벽체를 만들었을 경우에 차음효과가 가장 크게 나타나는 재질은? (단, 2,000[Hz] 소음을 기준으로 하며, 공극률 등 기타 조건은 동일하다고 가정한다.)

① 납　　② 석고
③ 알루미늄　　④ 콘크리트

해설

재질의 밀도가 클수록 차음효과가 크므로, 보기 중 밀도가 가장 큰 납의 차음효과가 가장 크다.

관련개념

물질의 비중
• 납: 11.29
• 석고: 2.2
• 알루미늄: 2.7
• 콘크리트: 2.0~2.5

정답 41 ③　42 ③　43 ①　44 ①

45

다음 보기 중 공기공급시스템(보충용 공기의 공급 장치)이 필요한 이유가 모두 선택된 것은?

> a. 연료를 절약하기 위해서
> b. 작업장 내 안전사고를 예방하기 위해서
> c. 국소배기장치를 적절하게 가동시키기 위해서
> d. 작업장의 교차기류를 유지하기 위해서

① a, b
② a, b, c
③ b, c, d
④ a, b, c, d

해설
교차기류는 환기를 방해하는 방해기류의 일종이다.
공기공급시스템은 교차기류의 형성을 방지하는 역할을 한다.

46

동력과 회전수의 관계로 옳은 것은?

① 동력은 송풍기 회전속도에 비례한다.
② 동력은 송풍기 회전속도의 제곱에 비례한다.
③ 동력은 송풍기 회전속도의 세제곱에 비례한다.
④ 동력은 송풍기 회전속도에 반비례한다.

해설
동력은 회전수(회전속도)의 세제곱에 비례한다.

⚠ **가장 빠른 합격비법**
회전수는 [rpm](분당회전수)으로 표현되므로, 회전수의 증가는 회전속도의 증가와 같은 의미입니다.

47

강제환기를 실시할 때 환기효과를 제고하기 위해 따르는 원칙으로 옳지 않은 것은?

① 배출공기를 보충하기 위하여 청정공기를 공급할 수 있다.
② 공기배출구와 근로자의 작업위치 사이에 오염원이 위치하여야 한다.
③ 오염물질 배출구는 가능한 한 오염원으로부터 가까운 곳에 설치하여 점환기현상을 방지한다.
④ 오염원 주위에 다른 작업공정이 있으면 공기배출량을 공급량보다 약간 크게 하여 음압을 형성하여 주위 근로자에게 오염물질이 확산되지 않도록 한다.

해설
오염물질 배출구는 가능한 한 오염원으로부터 가까운 곳에 설치하여 점환기효과를 얻는다.

48

점음원과 1[m] 거리에서 소음을 측정한 결과 95[dB]로 측정되었다. 소음수준을 90[dB]로 하는 제한구역을 설정할 때, 제한구역의 반경[m]은?

① 3.16
② 2.20
③ 1.78
④ 1.39

해설
음압의 거리 감쇠

$$SPL_1 - SPL_2 = 20 \log \frac{r_2}{r_1}$$

여기서, SPL: 음압수준[dB]
  r: 음원으로부터 떨어진 거리[m]

$$95 - 90 = 20 \log \frac{r_2}{1}$$
$$r_2 = 10^{0.25} = 1.78[m]$$

정답 45 ② 46 ③ 47 ③ 48 ③

49

층류영역에서 직경이 2[μm]이며 비중이 3인 입자상 물질의 침강속도[cm/s]는?

① 0.032
② 0.036
③ 0.042
④ 0.046

해설

침강속도식(Lippman식)

$$V_g = 0.003 \times s_g \times d^2$$

여기서, V_g: 침강속도[cm/sec]
s_g: 입자의 비중
d: 입자의 직경[μm]

$V_g = 0.003 \times 3 \times 2^2 = 0.036$[cm/s]

50

입자상 물질을 처리하기 위한 공기정화장치로 가장 거리가 먼 것은?

① 사이클론
② 중력집진장치
③ 여과집진장치
④ 촉매산화에 의한 연소장치

해설

촉매산화에 의한 연소장치는 가스상 물질을 처리하기 위한 장치이다.

관련개념

입자상 물질 집진장치
- 원심력집진장치(사이클론)
- 중력집진장치
- 여과집진장치
- 전기집진장치
- 관성력집진장치

51

공기가 흡인되는 덕트관 또는 공기가 배출되는 덕트관에서 음압이 될 수 없는 압력의 종류는?

① 속도압(VP)
② 정압(SP)
③ 확대압(EP)
④ 전압(TP)

해설

속도압(동압)

$$VP = \frac{\gamma V^2}{2g}$$

여기서, VP: 속도압[mmH$_2$O]
γ: 유체의 비중량[kgf/m^3]
V: 유속[m/s]
g: 중력가속도[m/s^2]

속도압 공식에서 음수일 수 있는 변수는 없으므로 속도압은 항상 0 이상이다.

52

다음의 보호장구의 재질 중 극성용제에 가장 효과적인 것은?

① Viton
② Nitrile 고무
③ Neoprene 고무
④ Butyl 고무

해설

Butyl 고무는 극성 유기용제를 취급할 때 효과적이다.

정답 49 ② 50 ④ 51 ① 52 ④

53

귀덮개 착용 시 일반적으로 요구되는 차음효과는?

① 저음에서 15[dB] 이상, 고음에서 30[dB] 이상
② 저음에서 20[dB] 이상, 고음에서 45[dB] 이상
③ 저음에서 25[dB] 이상, 고음에서 50[dB] 이상
④ 저음에서 30[dB] 이상, 고음에서 55[dB] 이상

해설
귀덮개는 일반적으로 저음에서 20[dB] 이상, 고음에서 45[dB] 이상의 차음효과가 있다.

54

움직이지 않는 공기 중으로 속도 없이 배출되는 작업조건(예시: 탱크에서 증발)의 제어속도 범위[m/s]는? (단, ACGIH 권고 기준)

① 0.1~0.3
② 0.3~0.5
③ 0.5~1.0
④ 1.0~1.5

해설
움직이지 않는 공기 중에서 속도 없이 배출되는 물질의 제어속도는 0.25~0.5[m/s]가 적당하다.

관련개념
제어속도 권고 기준(ACGIH)

작업조건	제어속도[m/s]
• 움직이지 않는 공기 중에서 속도 없이 배출되는 작업조건 • 조용한 대기 중에 거의 속도가 없는 상태로 발산하는 작업조건	0.25~0.5
공기의 움직임이 적은 대기 중에서 저속으로 비산하는 작업조건	0.5~1.0
발생기류가 높고 유해물질이 활발하게 발생하는 작업조건	1.0~2.5
초고속 기류가 있는 작업장소에 초고속으로 비산하는 작업조건	2.5~10

55

기류를 고려하지 않고 감각온도(Effective Temperature)의 근사치로 널리 사용되는 지수는?

① WBGT
② Radiation
③ Evaporation
④ Glove Temperature

해설
WBGT(습구흑구온도지수)는 기류를 고려하지 않은 감각온도 근사치로 널리 사용된다.

56

안전보건규칙상 국소배기장치의 덕트 설치 기준으로 틀린 것은?

① 가능하면 길이는 짧게 하고 굴곡부의 수는 적게 할 것
② 접속부의 안쪽은 돌출된 부분이 없도록 할 것
③ 덕트 내부에 오염물질이 쌓이지 않도록 이송속도를 유지할 것
④ 연결 부위 등은 내부 공기가 들어오지 않도록 할 것

해설
연결 부위 등은 외부 공기가 들어오지 않도록 하여야 한다.

57

Stokes 침강법칙에서 침강속도에 대한 설명으로 옳지 않은 것은? (단, 자유공간에서 구형의 분진입자를 고려한다.)

① 기체와 분진입자의 밀도차에 반비례한다.
② 중력가속도에 비례한다.
③ 기체의 점도에 반비례한다.
④ 분진입자 직경의 제곱에 비례한다.

해설

침강속도식(Stoke's식)

$$V_g = \frac{d_p^2(\rho_p - \rho)g}{18\mu}$$

여기서, V_g: 침강속도
d_p: 입자의 직경
ρ_p: 입자의 밀도
ρ: 공기의 밀도
g: 중력가속도
μ: 점성계수

스토크스 법칙에 따르면, 입자의 침강속도는 입자와 공기 사이의 밀도차에 비례한다.

58

호흡용 보호구 중 마스크의 올바른 사용법이 아닌 것은?

① 마스크를 착용할 때는 반드시 밀착성에 유의해야 한다.
② 공기정화식 가스마스크(방독마스크)는 방진마스크와는 달리 산소결핍 작업장에서도 사용이 가능하다.
③ 정화통 혹은 흡수통(canister)은 한번 개봉하면 재사용을 피하는 것이 좋다.
④ 유해물질의 농도가 극히 높으면 자기공급식장치를 사용한다.

해설

산소결핍 작업장에서는 송기마스크 및 공기호흡기를 사용하여야 한다.
방독마스크와 방진마스크는 산소결핍 작업장에서 사용할 경우 질식의 위험이 있다.

59

21[℃], 1기압의 어느 작업장에서 톨루엔과 이소프로필알코올을 각각 100[g/h]씩 사용(증발)할 때, 필요환기량 [m³/h]은? (단, 두 물질은 상가작용을 하며, 톨루엔의 분자량은 92, TLV = 50[ppm], 이소프로필알코올의 분자량은 60, TLV는 200[ppm]이고, 각 물질의 여유계수는 10으로 동일하다.)

① 약 6,250 ② 약 7,250
③ 약 8,650 ④ 약 9,150

해설

톨루엔 발생률(G_T)
92[g] : 24.1[L] = 100[g/hr] : G_T[L/hr]
$G_T = \frac{24.1 \times 100}{92} = 26.20$[L/hr] = 26,200[mL/hr]

이소프로필알콜 발생률(G_P)
60[g] : 24.1[L] = 100[g/hr] : G_P[L/hr]
$G_P = \frac{24.1 \times 100}{60} = 40.17$[L/hr] = 40,170[mL/hr]

필요환기량(Q)

$$Q = \frac{G}{TLV} \times K$$

여기서, Q: 필요환기량[m³/hr] G: 발생률[mL/hr]
TLV: 노출기준[ppm] K: 안전계수

$G_T = \frac{26,200}{50} \times 10 = 5,240$[m³/hr]
$G_P = \frac{40,170}{200} \times 10 = 2,008.5$[m³/hr]

두 물질은 상가작용하므로, 전체 필요환기량은 두 물질의 필요환기량을 더한 값과 같다.
전체 필요환기량
$= Q_T + Q_P = 5,240 + 2,008.5 = 7,248.5$[m³/hr]

60

덕트에서 속도압 및 정압을 측정할 수 있는 표준기기는?

① 피토관 ② 풍차풍속계
③ 열선풍속계 ④ 임펀저관

해설

피토관은 전압과 정압을 측정할 수 있고 그 차이를 이용하여 속도압도 구할 수 있다.

정답 57 ① 58 ② 59 ② 60 ①

4과목　물리적유해인자관리

61
지적환경(optimum working environment)을 평가하는 방법이 아닌 것은?

① 생산적(productive) 방법
② 생리적(physiological) 방법
③ 정신적(psychological) 방법
④ 생물역학적(biomechanical) 방법

해설
생물역학적 방법은 지적환경의 평가방법과 거리가 멀다.

관련개념
지적환경 평가방법
- 생산적 방법
- 생리적 방법
- 정신적 방법

62
감압환경의 설명 및 인체에 미치는 영향으로 옳은 것은?

① 인체와 환경 사이의 기압 차이 때문으로 부종, 출혈, 동통 등을 동반한다.
② 화학적 장해로 작업력의 저하, 기분의 변화, 여러 종류의 다행증이 일어난다.
③ 대기가스의 독성 때문으로 시력장애, 정신혼란, 간질 모양의 경련을 나타낸다.
④ 용해질소의 기포 형성 때문으로 동통성 관절장애, 호흡곤란, 무균성 골괴사 등을 일으킨다.

해설
급격한 감압 시 체내에 질소 기포가 발생하여 동통성 관절장애, 호흡곤란, 무균성 골괴사 등의 질병을 유발한다.

63
진동의 강도를 표현하는 방법으로 옳지 않은 것은?

① 속도(velocity)
② 투과(transmission)
③ 변위(displacement)
④ 가속도(acceleration)

해설
진동의 강도를 표현하는 방법
- 속도
- 변위
- 가속도

64
전리방사선의 흡수선량이 생체에 영향을 주는 정도를 표시하는 선당량(생체실효선량)의 단위는?

① [R]　　② [Ci]
③ [Sv]　　④ [Gy]

해설
[Sv](Sievert)
흡수선량이 생체에 영향을 주는 정도로 표시하는 선당량(생체실효선량)의 단위이다.

정답 61 ④　62 ④　63 ②　64 ③

65

실효음압이 2×10^{-3} [N/m²]인 음의 음압수준은 몇 [dB] 인가?

① 40
② 50
③ 60
④ 70

해설

음압수준(음압레벨)

$$SPL = 20 \log \frac{P}{P_o}$$

여기서, SPL: 음압수준[dB]
P: 음압[N/m²]
P_o: 기준음압(2×10^{-5}[N/m²])

$SPL = 20 \log \dfrac{2 \times 10^{-3}}{2 \times 10^{-5}} = 40$[dB]

66

다음 중 고압 작업환경만으로 나열된 것은?

① 고소작업, 등반작업
② 용접작업, 고소작업
③ 탈지작업, 샌드블라스트(sand blast) 작업
④ 잠함(caisson)작업, 광산의 수직갱 내 작업

해설

1기압 이상의 고압 작업환경으로는 잠함작업, 광산 수직갱 내 작업, 하저 터널작업 등이 있다.

67

다음 (   ) 안에 들어갈 내용으로 옳은 것은?

> 일반적으로 (   )의 마이크로파는 신체를 완전히 투과하며 흡수되어도 감지되지 않는다.

① 150[MHz] 이하
② 300[MHz] 이하
③ 500[MHz] 이하
④ 1,000[MHz] 이하

해설

150[MHz] 이하의 마이크로파와 라디오파는 신체를 완전히 투과하며 흡수되어도 감지되지 않는다.

68

저온에 의한 1차적인 생리적 영향에 해당하는 것은?

① 말초혈관의 수축
② 혈압의 일시적 상승
③ 근육긴장의 증가와 전율
④ 조직대사의 증진과 식욕 항진

해설

정답을 제외한 나머지 보기는 저온환경에 의한 2차 생리적 반응이다.

정답 65 ① 66 ④ 67 ① 68 ③

69

실내 작업장에서 실내 온도조건이 다음과 같을 때 WBGT [℃]는?

- 흑구온도: 32[℃]
- 건구온도: 27[℃]
- 자연습구온도: 30[℃]

① 30.1
② 30.6
③ 30.8
④ 31.6

해설

습구흑구온도지수(옥내 또는 태양광선이 내리쬐지 않는 옥외)

$$WBGT = 0.7NWB + 0.3GT$$

여기서, WBGT: 습구흑구온도지수[℃]
NWB: 자연습구온도[℃]
GT: 흑구온도[℃]

$WBGT = (0.7 \times 30) + (0.3 \times 32) = 30.6[℃]$

70

다음 중 살균력이 가장 센 파장영역은?

① 1,800~2,100[Å]
② 2,800~3,100[Å]
③ 3,800~4,100[Å]
④ 4,800~5,100[Å]

해설

자외선의 살균작용은 2,800~3,100[Å](254~280[nm])에서 가장 강하다.

71

고압환경의 인체작용에 있어 2차적 가압현상에 해당하지 않는 것은?

① 산소중독
② 질소마취
③ 공기전색
④ 이산화탄소 중독

해설

공기전색은 폐포 내의 공기가 배출되지 못한 상태에서 급격한 감압 시 공기가 팽창하면서 폐포가 파열되는 현상이다. 따라서, 공기전색은 물리적, 역학적 가압현상인 1차적 가압현상에 해당한다.

72

다음 중 차음평가지수를 나타내는 것은?

① sone
② NRN
③ NRR
④ phon

해설

귀마개 차음효과의 예측(미국 OSHA 기준)

$$차음효과 = (NRR - 7) \times 0.5$$

여기서, NRR: 차음평가지수

정답 69 ② 70 ② 71 ③ 72 ③

73

소음성 난청에 대한 내용으로 옳지 않은 것은?

① 내이의 세포 변성이 원인이다.
② 음이 강해짐에 따라 정상인에 비해 음이 급격하게 크게 들린다.
③ 청력손실은 초기에 4,000[Hz] 부근에서 영향이 현저하다.
④ 소음 노출과 관계 없이 연령이 증가함에 따라 발생하는 청력장애를 말한다.

해 설

소음 노출과 관계없이 연령이 증가함에 따라 발생하는 청력장애는 노인성 난청이다.

74

소음계(sound level meter)로 소음측정 시 A 및 C특성으로 측정하였다. 만약 C특성으로 측정한 값이 A특성으로 측정한 값보다 훨씬 크다면 소음의 주파수영역은 어떻게 추정이 되겠는가?

① 저주파수가 주성분이다.
② 중주파수가 주성분이다.
③ 고주파수가 주성분이다.
④ 중 및 고주파수가 주성분이다.

해 설

A특성과 C특성의 측정값에 따라 주파수 성분이 다르다.
- [dB(A)]≪[dB(C)]: 저주파수가 주성분
- [dB(A)]≒[dB(C)]: 고주파수가 주성분

75

전리방사선 방어의 궁극적 목적은 가능한 한 방사선에 불필요하게 노출되는 것을 최소화 하는 데 있다. 국제방사선방호위원회(ICRP)가 노출을 최소화하기 위해 정한 원칙 3가지에 해당하지 않는 것은?

① 작업의 최적화
② 작업의 다양성
③ 작업의 정당성
④ 개개인의 노출량 한계

해 설

전리방사선 노출 최소화 원칙(ICRP)
- 작업의 최적화
- 작업의 정당성
- 개개인의 노출량 한계

76

현재 총 흡음량이 1,200[sabins]인 작업장의 천장에 흡음물질을 첨가하여 2,800[sabins]을 더할 경우 예측되는 소음감소량[dB]은 약 얼마인가?

① 3.5 ② 4.2
③ 4.8 ④ 5.2

해 설

소음감소량(감음량, NR)

$$NR = 10 \log \frac{A_2}{A_1}$$

여기서, NR: 소음감소량[dB]
A_1: 흡음물질을 처리하기 전의 총 흡음량[sabins]
A_2: 흡음물질을 처리한 후의 총 흡음량[sabins]

$$NR = 10 \log \frac{1,200 + 2,800}{1,200} = 5.2[dB]$$

정답 73 ④ 74 ① 75 ② 76 ④

77

레이노 현상(Raynaud's phenomenon)과 관련이 없는 것은?

① 방사선
② 국소진동
③ 혈액순환장애
④ 저온환경

해 설

레이노 현상의 주요 원인은 국소진동이며, 방사선은 레이노 현상과 무관하다.

78

작업장 내 조명방법에 관한 내용으로 옳지 않은 것은?

① 형광등은 백색에 가까운 빛을 얻을 수 있다.
② 나트륨등은 색을 식별하는 작업장에 가장 적합하다.
③ 수은등은 형광물질의 종류에 따라 임의의 광색을 얻을 수 있다.
④ 시계공장 등 작은 물건을 식별하는 작업을 하는 곳은 국소조명이 적합하다.

해 설

나트륨등은 등황색으로, 색을 식별하는 작업에 적합하지 않고 주로 가로등 또는 차도의 조명등으로 사용된다.

79

럭스(lux)의 정의로 옳은 것은?

① $1[m^2]$의 평면에 1루멘의 빛이 비칠 때의 밝기를 의미한다.
② 1촉광의 광원으로부터 한 단위 입체각으로 나가는 빛의 밝기 단위이다.
③ 지름이 1인치되는 촛불이 수평방향으로 비칠 때의 빛의 광도를 나타내는 단위이다.
④ 1루멘의 빛이 $1[ft^2]$의 평면상에 수직방향으로 비칠 때 그 평면의 빛의 양을 의미한다.

해 설

$1[m^2]$의 평면에 $1[lm]$(루멘)의 빛이 비칠 때의 밝기를 $1[lx]$(럭스)로 정의한다.

80

유해한 환경의 산소결핍장소에 출입 시 착용하여야 할 보호구와 가장 거리가 먼 것은?

① 방독마스크
② 송기마스크
③ 공기호흡기
④ 에어라인마스크

해 설

방독마스크와 방진마스크는 산소결핍 작업장에서 사용할 경우 질식의 위험이 있다.

정답 77 ① 78 ② 79 ① 80 ①

5과목 산업독성학

81

유해물질의 생리적 작용에 의한 분류에서 질식제를 단순 질식제와 화학적 질식제로 구분할 때 화학적 질식제에 해당하는 것은?

① 수소(H_2)
② 메탄(CH_4)
③ 헬륨(He)
④ 일산화탄소(CO)

해설

일산화탄소는 혈색소의 산소운반능력을 억제하는 화학적 질식제에 해당한다.

82

화학물질 및 물리적 인자의 노출기준에서 근로자가 1일 작업시간동안 잠시라도 노출되어서는 아니 되는 기준을 나타내는 것은?

① TLV-C
② TLV-skin
③ TLV-TWA
④ TLV-STEL

해설

최고노출기준(TLV-C)이란 근로자가 1일 작업시간 동안 잠시라도 노출되어서는 아니 되는 기준이다.

83

생물학적 모니터링을 위한 시료가 아닌 것은?

① 공기 중 유해인자
② 요 중의 유해인자나 대사산물
③ 혈액 중의 유해인자나 대사산물
④ 호기(exhaled air) 중의 유해인자나 대사산물

해설

생물학적 모니터링의 시료는 작업자의 대사 및 흡수 상태를 반영하는 지표로, 인체로부터 유래되어야 한다.

84

흡인분진의 종류에 의한 진폐증의 분류 중 무기성 분진에 의한 진폐증이 아닌 것은?

① 규폐증
② 면폐증
③ 철폐증
④ 용접공폐증

해설

무기성 분진에 의한 진폐증		유기성 분진에 의한 진폐증	
• 규폐증	• 탄광부 진폐증	• 면폐증	• 설탕폐증
• 용접공폐증	• 활석폐증	• 농부폐증	• 목재분진폐증
• 베릴륨폐증	• 석면폐증	• 연초폐증	• 모발분진폐증
• 흑연폐증	• 알루미늄폐증		
• 탄소폐증	• 철폐증		
• 규조토폐증	• 주석폐증		
• 칼륨폐증	• 바륨폐증		

정답 81 ④ 82 ① 83 ① 84 ②

85

3가 및 6가 크롬의 인체 작용 및 독성에 관한 내용으로 옳지 않은 것은?

① 산업장의 노출의 관점에서 보면 3가 크롬이 6가 크롬보다 더 해롭다.
② 3가 크롬은 피부 흡수가 어려우나 6가 크롬은 쉽게 피부를 통과한다.
③ 세포막을 통과한 6가 크롬은 세포 내에서 수 분 내지 수 시간 만에 발암성을 가진 3가 형태로 환원된다.
④ 6가에서 3가로의 환원이 세포질에서 일어나면 독성이 적으나 DNA의 근위부에서 일어나면 강한 변이원성을 나타낸다.

해설

노출의 관점에서 보면 6가 크롬이 3가 크롬보다 더 해롭다.

86

다음 중 만성중독 시 코, 폐 및 위장의 점막에 병변을 일으키며, 장기간 흡입하는 경우 원발성 기관지암과 폐암이 발생하는 것으로 알려진 대표적인 중금속은?

① 납(Pb)   ② 수은(Hg)
③ 크롬(Cr)   ④ 베릴륨(Be)

해설

크롬에 만성중독 시 비중격천공, 크롬폐증 등의 호흡기장애 및 기관지암, 폐암 등의 암을 유발한다.

87

독성물질 생체 내 변환에 관한 설명으로 옳지 않은 것은?

① 1상 반응은 산화, 환원, 가수분해 등의 과정을 통해 이루어진다.
② 2상 반응은 1상 반응이 불가능한 물질에 대한 추가적 축합반응이다.
③ 생체변환의 기전은 기존의 화합물보다 인체에서 제거하기 쉬운 대사물질로 변화시키는 것이다.
④ 생체 내 변환은 독성물질이나 약물의 제거에 대한 첫 번째 기전이며, 1상 반응과 2상 반응으로 구분된다.

해설

2상 반응은 1상 반응을 거친 물질의 수용성을 강화하는 포합반응이다.

> **가장 빠른 합격비법**
>
> 체내에 축적되는 유해물질은 주로 지용성이므로, 체외로 배설하기 위해서는 유해물질의 친수성을 높이는 과정이 필요합니다. 이 과정은 크게 1상 반응과 2상 반응으로 나눌 수 있습니다.
> - 1상 반응: 유해물질의 친수성을 약간 증가시키는 반응입니다.
> - 2상 반응: 유해물질의 친수성을 크게 증가시키는 반응입니다. 주로 친수성 분자를 직접 물질에 부착하는 방식(포합반응)으로 이루어집니다.

88

다음 중금속 취급에 의한 대표적인 직업성 질환을 연결한 것으로 서로 관련이 가장 적은 것은?

① 니켈 중독 - 백혈병, 재생불량성 빈혈
② 납 중독 - 골수침입, 빈혈, 소화기장해
③ 수은 중독 - 구내염, 수전증, 정신장해
④ 망간 중독 - 신경염, 신장염, 중추신경장해

해설

니켈에 급성중독 시 폐렴, 폐부종 등의 증상이 나타나고, 만성중독 시 비강, 부비강, 폐에 암을 유발한다.

정답 85 ① 86 ③ 87 ② 88 ①

89

다음 중 가스상 물질의 호흡기계 축적을 결정하는 가장 중요한 인자는?

① 물질의 농도차
② 물질의 입자분포
③ 물질의 발생기전
④ 물질의 수용성 정도

해 설

가스상 물질의 수용성 정도가 호흡기계의 축적을 결정하는 가장 중요한 인자이다.
물질의 농도와 용해도는 체내로 흡수되는 속도를 결정한다.

90

중금속에 중독되었을 경우에 치료제로 BAL이나 Ca-EDTA 등 금속배설 촉진제를 투여해서는 안되는 중금속은?

① 납
② 비소
③ 망간
④ 카드뮴

해 설

카드뮴 중독에 디메르카프롤(BAL) 또는 Ca-EDTA를 사용하면 체내 카드뮴 배설은 늘어나지만, 동시에 신장 조직 내 카드뮴 농도가 증가하여 신독성이 악화된다.

91

산업안전보건법령상 석면 및 내화성 세라믹 섬유의 노출기준 표시단위로 옳은 것은?

① [%]
② [ppm]
③ [개/cm^3]
④ [mg/m^3]

해 설

석면은 위상차현미경을 통해 개수를 센다.
(단위: [개/cm^3]=[개/mL]=[개/cc])

92

피부독성 반응의 설명으로 옳지 않은 것은?

① 가장 빈번한 피부반응은 접촉성 피부염이다.
② 알레르기성 접촉피부염은 면역반응과 관계가 없다.
③ 광독성 반응은 홍반·부종·착색을 동반하기도 한다.
④ 담마진 반응은 접촉 후 보통 30~60분 후에 발생한다.

해 설

알레르기성 접촉피부염은 면역반응으로 인하여 발생한다.

정답 89 ④ 90 ④ 91 ③ 92 ②

93

산업안전보건법령상 사람에게 충분한 발암성 증거가 있는 물질(1A)에 포함되어 있지 않은 것은?

① 벤지딘(Benzidine)
② 베릴륨(Beryllium)
③ 에틸벤젠(Ethyl benzene)
④ 염화비닐(Vinyl chloride)

해설
에틸벤젠은 발암성 2에 해당한다.

94

단백질을 침전시키며 thiol(-SH)기를 가진 효소의 작용을 억제하여 독성을 나타내는 것은?

① 수은
② 구리
③ 아연
④ 코발트

해설
수은은 -SH기 친화력을 가지고 있어 세포 내 효소반응을 억제함으로써 독성작용을 일으킨다.

95

동물을 대상으로 약물을 투여했을 때 독성을 초래하지는 않지만 대상의 50[%]가 관찰 가능한 가역적인 반응이 나타나는 작용량을 무엇이라 하는가?

① LC_{50}
② ED_{50}
③ LD_{50}
④ TD_{50}

해설
화학물질을 투여한 실험동물의 50[%]가 관찰 가능한 가역적인 반응을 나타내는 양을 의미하는 것은 ED_{50}이다.

가장 빠른 합격비법
쉽게 풀어 말하면, ED_{50}(Effective Dose 50)은 화학물질을 투여하였을 때 투여한 실험동물 절반에 어떠한 효과가 나타나는 용량을 의미합니다.

96

이황화탄소(CS_2)에 중독될 가능성이 가장 높은 작업장은?

① 비료 제조 및 초자공 작업장
② 유리 제조 및 농약 제조 작업장
③ 타르, 도장 및 석유 정제 작업장
④ 인조견, 셀로판 및 사염화탄소 생산 작업장

해설
이황화탄소는 인조견, 셀로판, 농약, 사염화탄소 및 고무제품 등을 제조하는 용도로 사용되므로, 이를 취급하는 작업장에서 중독 가능성이 크다.

정답 93 ③ 94 ① 95 ② 96 ④

97

다음 사례의 근로자에게서 의심되는 노출인자는?

> 41세 A씨는 1990년부터 1997년까지 기계공구 제조업에서 산소용접작업을 하다가 두통, 관절통, 전신근육통, 가슴 답답함, 이가 시리고 아픈 증상이 있어 건강검진을 받았다. 건강검진 결과 단백뇨와 혈뇨가 있어 신장질환 유소견자 진단을 받았다. 이 유해인자의 혈중, 소변 중 농도가 직업병 예방을 위한 생물학적 노출기준을 초과하였다.

① 납
② 망간
③ 수은
④ 카드뮴

해설

카드뮴 중독은 다량의 칼슘 배설을 일으켜 뼈의 통증, 골연화증 및 골수 공증 등 근골격계 장해를 유발한다. 또한, 단백뇨, 혈뇨와 같은 신장기능 장애 및 호흡곤란, 폐기종 같은 폐기능 장애를 유발할 수도 있다.

98

유기용제의 중추신경 활성 억제의 순위를 큰 것에서부터 작은 순으로 나타낸 것 중 옳은 것은?

① 알켄＞알칸＞알코올
② 에테르＞알코올＞에스테르
③ 할로겐화합물＞에스테르＞알켄
④ 할로겐화합물＞유기산＞에테르

해설

중추신경계 활성 억제 작용 순서
할로겐화합물＞에테르＞에스테르＞유기산＞알코올＞알켄＞알칸

99

다음 입자상 물질의 종류 중 액체나 고체의 2가지 상태로 존재할 수 있는 것은?

① 흄(fume)
② 증기(vapor)
③ 미스트(mist)
④ 스모크(smoke)

해설

연기(smoke)는 불완전 연소로 발생하는 에어로졸 상태이다. 주로 고체 입자로 구성되어 있으나, 액체 입자도 존재할 수 있다.

100

벤젠을 취급하는 근로자를 대상으로 벤젠에 대한 노출량을 추정하기 위해 호흡기 주변에서 벤젠 농도를 측정함과 동시에 생물학적 모니터링을 실시하였다. 벤젠 노출로 인한 대사산물의 결정인자(determinant)로 옳은 것은?

① 호기 중의 벤젠
② 소변 중의 마뇨산
③ 소변 중의 총페놀
④ 혈액 중의 만델릭산

해설

소변 중 페놀을 벤젠의 생물학적 노출지표로 사용할 수 있으나, 근래에는 혈액 중 벤젠 또는 소변 중 뮤콘산을 더 빈번하게 사용한다.

정답 97 ④ 98 ③ 99 ④ 100 ③

2020년 제4회 기출문제

1과목 산업위생학개론

01
미국산업위생학술원(AAIH)에서 채택한 산업위생전문가의 윤리강령 중 기업주와 고객에 대한 책임과 관계된 윤리강령은?

① 기업체의 기밀은 누설하지 않는다.
② 전문적 판단이 타협의 의하여 좌우될 수 있는 상황에는 개입하지 않는다.
③ 근로자, 사회 및 전문 직종의 이익을 위해 과학적 지식을 공개하고 발표한다.
④ 결과와 결론을 뒷받침할 수 있도록 기록을 유지하고 산업위생사업을 전문가답게 운영, 관리한다.

오답해설
① 전문가로서의 책임
② 전문가로서의 책임
③ 전문가로서의 책임

02
근육과 뼈를 연결하는 섬유조직을 무엇이라 하는가?

① 건(tendon)
② 관절(joint)
③ 뉴런(neuron)
④ 인대(ligament)

해설
건은 근육과 뼈를 연결하는 섬유조직으로 힘줄이라고도 한다.

03
산업안전보건법령상 보건관리자의 자격에 해당되지 않는 것은?

① 「의료법」에 따른 의사
② 「의료법」에 따른 간호사
③ 「국가기술자격법」에 따른 산업위생관리산업기사 이상의 자격을 취득한 사람
④ 「국가기술자격법」에 따른 수질환경기사 이상의 자격을 취득한 사람

해설
보건관리자의 자격
- 「산업안전보건법」에 따른 산업보건지도사 자격을 가진 사람
- 「의료법」에 따른 의사
- 「의료법」에 따른 간호사
- 「국가기술자격법」에 따른 산업위생관리산업기사 또는 대기환경산업기사 이상의 자격을 취득한 사람
- 「국가기술자격법」에 따른 인간공학기사 이상의 자격을 취득한 사람
- 「고등교육법」에 따른 전문대학 이상의 학교에서 산업보건 또는 산업위생 분야의 학위를 취득한 사람

04
다음 중 18세기 영국에서 최초로 보고하였으며, 어린이 굴뚝청소부에게 많이 발생하였고, 원인물질이 검댕(soot)이라고 규명된 직업성 암은?

① 폐암
② 후두암
③ 음낭암
④ 피부암

해설
영국의 외과의사인 퍼시볼 포트(Percivall Pott)는 어린이 굴뚝청소부에게서 발생한 직업병인 음낭암을 최초로 보고하였다.

정답 01 ④ 02 ① 03 ④ 04 ③

05

다음은 직업성 질환과 그 원인이 되는 직업이 가장 적합하게 연결된 것은?

① 평편족 – VDT 작업
② 진폐증 – 고압, 저압작업
③ 중추신경장해 – 광산작업
④ 목위팔(경견완)증후군 – 타이핑작업

오답해설
① 평편족 – 오랫동안 서서 일하는 작업
② 진폐증 – 분진 취급 작업
③ 중추신경장해 – 유해화학물질 취급 작업

> ⚠️ **가장 빠른 합격비법**
> 경견완증후군은 목, 어깨, 팔꿈치, 손목 등에 작열감이나 무감각, 통증, 뻣뻣함 등의 증상을 보이며, 상체를 이용하여 반복된 작업을 지속할 때 발생할 수 있습니다.

06

산업안전보건법령상 제조 등이 금지되는 유해물질이 아닌 것은?

① 석면
② 염화비닐
③ β-나프틸아민
④ 4-니트로디페닐

해설
제조 등 금지물질
- β-나프틸아민과 그 염(중량비율 1[%] 이하 제외)
- 4-니트로디페닐과 그 염(중량비율 1[%] 이하 제외)
- 백연을 포함한 페인트(중량비율 2[%] 이하 제외)
- 벤젠을 포함하는 고무풀(중량비율 5[%] 이하 제외)
- 석면(중량비율 1[%] 이하 제외)
- 폴리클로리네이티드 터페닐(중량비율 1[%] 이하 제외)
- 황린 성냥

07

재해발생의 주요 원인에서 불안전한 행동에 해당하는 것은?

① 보호구 미착용
② 방호장치 미설치
③ 시끄러운 주변 환경
④ 경고 및 위험표지 미설치

해설
불안전한 행동(인적요인)
- 보호구 미착용
- 불안전한 상태 방치
- 불안전한 자세
- 위험장소 접근
- 안전장치(인터록) 제거

08

효과적인 교대근무제의 운용방법에 대한 내용으로 옳은 것은?

① 야간근무 종료 후 휴식은 24시간 전후로 한다.
② 야근은 가면(假眠)을 하더라도 10시간 이내가 좋다.
③ 신체적 적응을 위하여 야간근무의 연속일수는 대략 1주일로 한다.
④ 누적 피로를 회복하기 위해서는 정교대 방식보다는 역교대 방식이 좋다.

오답해설
① 야간근무 종료 후 휴식은 최소 48시간을 갖는다.
③ 신체적 적응을 위하여 야간근무의 연속일수는 2~3일로 한다.
④ 누적 피로를 회복하기 위해서는 역교대 방식보다는 정교대(낮 → 저녁 → 밤) 방식이 좋다.

정답 05 ④ 06 ② 07 ① 08 ②

09

산업안전보건법령상 입자상 물질의 농도 평가에서 2회 이상 측정한 단시간노출농도값이 단시간노출기준과 시간가중평균기준값 사이일 때 노출기준 초과로 평가해야 하는 경우가 아닌 것은?

① 1일 4회를 초과하는 경우
② 15분 이상 연속 노출되는 경우
③ 노출과 노출 사이의 간격이 1시간 이내인 경우
④ 단위작업장소의 넓이가 80평방미터 이상인 경우

해설

노출농도가 시간가중평균노출기준을 초과하고 단시간노출기준 이하인 경우 아래의 조건 중 하나라도 해당되면 노출기준 초과로 판단한다.
- 1회 노출 지속시간이 15분 이상
- 1일 4회를 초과하여 노출
- 각 노출의 간격이 60분 이내

10

다음 산업위생의 정의 중 (　) 안에 들어갈 내용으로 볼 수 없는 것은?

> 산업위생이란 근로자나 일반 대중에게 질병, 건강장애 등을 초래하는 작업환경요인과 스트레스를 (　)하는 과학과 기술이다.

① 보상　　② 예측
③ 평가　　④ 관리

해설

산업위생은 건강장애를 초래하는 작업환경요인을 예측, 인지, 측정, 평가, 관리하는 과학과 기술이다.

11

산업안전보건법령상 영상표시단말기(VDT) 취급 근로자의 작업자세로 옳지 않은 것은?

① 팔꿈치의 내각은 90° 이상이 되도록 한다.
② 근로자의 발바닥 전면이 바닥면에 닿는 자세를 기본으로 한다.
③ 무릎의 내각은 90° 전후가 되도록 한다.
④ 근로자의 시선은 수평선상으로부터 10~15° 위로 가도록 한다.

해설

작업자의 시선은 수평선상으로부터 아래로 10~15° 이내이어야 한다.

12

직업성 질환에 관한 설명으로 옳지 않은 것은?

① 직업성 질환과 일반 질환은 경계가 뚜렷하다.
② 직업성 질환은 재해성 질환과 직업병으로 나눌 수 있다.
③ 직업성 질환이란 어떤 작업에 종사함으로써 발생하는 업무상 질병을 의미한다.
④ 직업병은 저농도 또는 저수준의 상태로 장시간에 걸쳐 반복노출로 생긴 질병을 의미한다.

해설

직업성 질환과 일반 질환은 경계가 뚜렷하지 않다.

> **가장 빠른 합격비법**
> 대다수의 직업성 질환은 직업적 요인과 비직업적 요인이 동시에 작용하여 발생합니다. 이로 인해 직업성 질환과 일반 질환은 경계가 모호합니다.

정답 09 ④　10 ①　11 ④　12 ①

13

사고예방대책 기본원리 5단계를 올바르게 나열한 것은?

① 사실의 발견 → 조직 → 분석·평가 → 시정방법의 선정 → 시정책의 적용
② 사실의 발견 → 조직 → 시정방법의 선정 → 시정책의 적용 → 분석·평가
③ 조직 → 사실의 발견 → 분석·평가 → 시정방법의 선정 → 시정책의 적용
④ 조직 → 분석·평가 → 사실의 발견 → 시정방법의 선정 → 시정책의 적용

해설

하인리히의 사고예방대책 기본원리 5단계
1단계: 안전관리조직 구성
2단계: 사실의 발견
3단계: 분석·평가
4단계: 시정방법의 선정
5단계: 시정책의 적용

14

유해물질의 생물학적 노출지수 평가를 위한 소변 시료채취방법 중 채취시간에 제한없이 채취할 수 있는 유해물질은 무엇인가? (단, ACGIH 권장기준이다.)

① 벤젠　　　　② 카드뮴
③ 일산화탄소　　④ 트리클로로에틸렌

해설

카드뮴 등 중금속은 긴 반감기를 가지고 있어서 시료채취시간이 중요하지 않다.

15

A유해물질의 노출기준은 100[ppm]이다. 잔업으로 인하여 작업시간이 8시간에서 10시간으로 늘었다면 이 기준치는 몇 [ppm]으로 보정해 주어야 하는가? (단, Brief와 Scala의 보정방법을 적용하며 1일 노출시간을 기준으로 한다.)

① 60　　　　② 70
③ 80　　　　④ 90

해설

Brief and Scala 보정방법(1일 노출시간 기준)

$$RF = \frac{8}{H} \times \frac{24-H}{16}$$

보정노출기준 = 8시간 노출기준 × RF

여기서, RF: 노출기준 보정계수
　　　　H: 노출시간[hr/일]

$RF = \frac{8}{10} \times \frac{24-10}{16} = 0.7$

보정노출기준 = 100 × 0.7 = 70[ppm]

16

젊은 근로자의 약한 손(오른손잡이일 경우 왼손)의 힘이 평균 45[kp]일 경우 이 근로자가 무게 10[kg]인 상자를 두 손으로 들어 올릴 경우의 작업강도[%MS]는 약 얼마인가?

① 1.1　　　　② 8.5
③ 11.1　　　④ 21.1

해설

작업강도(%MS)

$$\%MS = \frac{RF}{MS} \times 100$$

여기서, %MS: 작업강도[%]
　　　　RF: 작업이 요구하는 힘[kgf]
　　　　MS: 근로자가 가지고 있는 최대힘[kgf]

$\%MS = \frac{10 \times \frac{1}{2}}{45} \times 100 = 11.11[\%]$

정답 13 ③　14 ②　15 ②　16 ③

17

다음 최대작업역(maximum area)에 대한 설명으로 옳은 것은?

① 작업자가 작업할 때 팔과 다리를 모두 이용하여 닿는 영역
② 작업자가 작업을 할 때 아래팔을 뻗어 파악할 수 있는 영역
③ 작업자가 작업할 때 상체를 기울여 손이 닿는 영역
④ 작업자가 작업할 때 위팔과 아래팔을 곧게 펴서 파악할 수 있는 영역

해 설
최대작업역은 아래팔과 위팔을 곧게 펴서 파악할 수 있는 영역이다.

18

산업스트레스의 반응에 따른 심리적 결과에 해당되지 않는 것은?

① 가정문제　　② 수면방해
③ 돌발적 사고　④ 성(性)적 역기능

해 설
돌발적 사고는 행동적 결과이다.

19

전신피로의 원인으로 볼 수 없는 것은?

① 산소공급의 부족
② 작업강도의 증가
③ 혈중포도당 농도의 저하
④ 근육 내 글리코겐 양의 증가

해 설
근육 내 글리코겐의 양이 감소할 때 피로를 느낀다.

20

공기 중의 혼합물로서 아세톤 400[ppm](TLV=750[ppm]), 메틸에틸케톤 100[ppm](TLV=200[ppm])이 서로 상가작용을 할 때 이 혼합물의 노출지수(EI)는 약 얼마인가?

① 0.82　　　② 1.03
③ 1.10　　　④ 1.45

해 설
EI(노출지수)

$$EI = \frac{C_1}{TLV_1} + \frac{C_2}{TLV_2} + \cdots + \frac{C_n}{TLV_n}$$

여기서, EI: 노출지수
C_n: 농도[ppm]
TLV_n: 노출농도[ppm]

$$EI = \frac{400}{750} + \frac{100}{200} = 1.03$$

정답 17 ④　18 ③　19 ④　20 ②

2과목 작업위생측정 및 평가

21

공기 중에 카본테트라클로라이드(TLV = 10[ppm]) 8[ppm], 1, 2-디클로로에탄(TLV=50[ppm]) 40[ppm], 1, 2-디브로모에탄(TLV=20[ppm]) 10[ppm]으로 오염되었을 때, 이 작업장 환경의 허용기준농도[ppm]는? (단, 상가작용을 기준으로 한다.)

① 24.5
② 27.6
③ 29.6
④ 58.0

해설

허용기준농도

$$\text{허용기준농도} = \frac{\text{혼합물의 공기 중 농도}}{\text{EI}}$$

$$\text{EI} = \frac{8}{10} + \frac{40}{50} + \frac{10}{20} = 2.1$$

$$\text{허용기준농도} = \frac{8+40+10}{2.1} = 27.62[\text{ppm}]$$

22

시간당 200~300[kcal]의 열량이 소요되는 중등작업 조건에서 WBGT 측정치가 31.1[℃]일 때 고열작업 노출기준의 작업휴식조건으로 가장 적절한 것은?

① 계속 작업
② 매시간 25[%] 작업, 75[%] 휴식
③ 매시간 50[%] 작업, 50[%] 휴식
④ 매시간 75[%] 작업, 25[%] 휴식

해설

고온의 노출기준[℃, WBGT]

작업휴식시간비 (시간당)	작업강도[kcal]		
	경작업 (200 미만)	중등작업 (200~350)	중작업 (350~500)
계속 작업	30.0	26.7	25.0
75[%] 작업/25[%] 휴식	30.6	28.0	25.9
50[%] 작업/50[%] 휴식	31.4	29.4	27.9
25[%] 작업/75[%] 휴식	32.2	31.1	30.0

23

다음 중 직독식 기구로만 나열된 것은?

① AAS, ICP, 가스모니터
② AAS, 휴대용 GC, GC
③ 휴대용 GC, ICP, 가스검지관
④ 가스모니터, 가스검지관, 휴대용 GC

해설

가스모니터, 가스검지관, 휴대용 GC 등이 직독식 기구에 해당하고, 원자흡광광도계(AAS), 유도결합플라즈마 분석기(ICP), 기체크로마토그래피(GC)는 실험실에서 사용하는 분석기기이다.

가장 빠른 합격비법

직독식 기구는 시료를 채취하여 실험실에서 분석하지 않고 현장에서 즉시 농도나 노출량을 읽어낼 수 있는 기기입니다.

24

입자상 물질을 채취하는 데 사용하는 여과지 중 막여과지(membrane filter)가 아닌 것은?

① MCE 여과지
② PVC 여과지
③ 유리섬유 여과지
④ PTFE 여과지

해설

유리섬유 여과지는 비막형 여과지이다.

정답 21 ② 22 ② 23 ④ 24 ③

25

연속적으로 일정한 농도를 유지하면서 만드는 방법 중 Dynamic Method에 관한 설명으로 틀린 것은?

① 농도변화를 줄 수 있다.
② 대개 운반용으로 제작된다.
③ 만들기가 복잡하고, 가격이 고가이다.
④ 소량의 누출이나 벽면에 의한 손실은 무시할 수 있다.

해 설

Dynamic Method는 복잡한 장비가 필요하여 운반용으로 제작되지 않는다.

27

호흡성 먼지에 관한 내용으로 옳은 것은? (단, ACGIH를 기준으로 한다.)

① 평균입경은 1[μm]이다.
② 평균입경은 4[μm]이다.
③ 평균입경은 10[μm]이다.
④ 평균입경은 50[μm]이다.

해 설

입자상 물질 종류	평균입경[μm]
흡입성 입자상 물질(IPM)	100
흉곽성 입자상 물질(TPM)	10
호흡성 입자상 물질(RPM)	4

26

다음 중 활성탄관과 비교한 실리카겔관의 장점과 가장 거리가 먼 것은?

① 수분을 잘 흡수하여 습도에 대한 민감도가 높다.
② 매우 유독한 이황화탄소를 탈착용매로 사용하지 않는다.
③ 극성물질을 채취한 경우 물, 에탄올 등 다양한 용매로 쉽게 탈착된다.
④ 추출액이 화학분석이나 기기분석에 방해물질로 작용하는 경우가 많지 않다.

해 설

실리카겔은 수분을 잘 흡수하여 습도가 증가하면 흡착용량이 감소하는 단점이 있다.

28

셀룰로오스 에스테르 막여과지에 대한 설명으로 틀린 것은?

① 산에 쉽게 용해된다.
② 유해물질이 표면에 주로 침착되어 현미경 분석에 유리하다.
③ 흡습성이 적어 중량분석에 주로 적용된다.
④ 중금속 시료채취에 유리하다.

해 설

셀룰로오스의 흡습성이 높아 중량분석 시 오차를 유발할 수 있다.

정답 25 ② 26 ① 27 ② 28 ③

29

작업장의 유해인자에 대한 위해도 평가에 영향을 미치는 것과 가장 거리가 먼 것은?

① 유해인자의 위해성
② 휴식시간의 배분 정도
③ 유해인자에 노출되는 근로자수
④ 노출되는 시간 및 공간적인 특성과 빈도

해 설

휴식시간의 배분 정도는 유해인자에 대한 위해도 평가에 영향을 미치지 않는다.

관련개념

작업장의 유해인자 위해도 평가에 영향을 미치는 인자
- 유해인자 위해성
- 유해인자에 노출되는 근로자수
- 노출시간 및 공간적인 특성과 빈도

30

직경이 5[μm], 비중이 1.8인 원형 입자의 침강속도[cm/min]는? (단, 공기의 밀도는 0.0012[g/cm³], 공기의 점도는 1.807×10^{-4}[poise]이다.)

① 6.1
② 7.1
③ 8.1
④ 9.1

해 설

침강속도식(Stoke's 법칙)

$$V_g = \frac{d_p^2(\rho_p - \rho)g}{18\mu}$$

여기서, V_g: 침강속도[cm/sec]
d_p: 입자의 직경[cm]
ρ_p: 입자의 밀도[g/cm³]
ρ: 공기의 밀도[g/cm³]
g: 중력가속도(980[cm/sec²])
μ: 점성계수[g/cm·sec]

$$V_g = \frac{(5 \times 10^{-4})^2 \times (1.8 - 0.0012) \times 980}{18 \times 1.807 \times 10^{-4}} = 0.1355[\text{cm/sec}]$$

$$V_g = \frac{0.1355\text{cm}}{\text{sec}} \times \frac{60\text{sec}}{\text{min}} = 8.13[\text{cm/min}]$$

31

어느 작업장의 소음 측정 결과가 다음과 같을 때, 총 음압레벨[dB(A)]은? (단, A, B, C 기계는 동시에 작동된다.)

A기계: 81[dB(A)]
B기계: 85[dB(A)]
C기계: 88[dB(A)]

① 84.7
② 86.5
③ 88.0
④ 90.3

해 설

합산 소음

$$L_\text{합} = 10\log\left(10^{\frac{SPL_1}{10}} + 10^{\frac{SPL_2}{10}} + \cdots + 10^{\frac{SPL_n}{10}}\right)$$

여기서, $L_\text{합}$: 합산 소음[dB]
SPL_n: 음압수준[dB]

$$L_\text{합} = 10\log\left(10^{\frac{81}{10}} + 10^{\frac{85}{10}} + 10^{\frac{88}{10}}\right) = 90.31[\text{dB(A)}]$$

32

작업환경측정방법 중 소음측정시간 및 횟수에 관한 내용 중 ( ) 안에 들어갈 내용으로 옳은 것은? (단, 고용노동부 고시를 기준으로 한다.)

단위작업 장소에서의 소음발생시간이 6시간 이내인 경우나 소음발생원에서의 발생시간이 간헐적인 경우에는 발생시간동안 연속 측정하거나 등간격으로 나누어 ( )회 이상 측정하여야 한다.

① 2
② 3
③ 4
④ 6

해 설

단위작업 장소에서의 소음발생시간이 6시간 이내인 경우나 소음발생원에서의 발생시간이 간헐적인 경우에는 발생시간동안 연속 측정하거나 등간격으로 나누어 4회 이상 측정하여야 한다.

정답 29 ② 30 ③ 31 ④ 32 ③

33

레이저광의 폭로량을 평가하는 사항에 해당하지 않는 항목은?

① 각막 표면에서의 조사량[J/cm²] 또는 폭로량을 측정한다.
② 조사량의 서한도는 1[mm] 구경에 대한 평균치이다.
③ 레이저광과 같은 직사광파 형광등 또는 백열등과 같은 확산광은 구별하여 사용해야 한다.
④ 레이저광에 대한 눈의 허용량은 폭로시간에 따라 수정되어야 한다.

해설
레이저광에 대한 눈의 허용량은 파장에 따라 수정되어야 한다.

34

금속제품을 탈지 세정하는 공정에서 사용하는 유기용제인 트리클로로에틸렌이 근로자에게 노출되는 농도를 측정하고자 한다. 과거의 노출농도를 조사해 본 결과, 평균 50[ppm]이었을 때, 활성탄관(100[mg]/50[mg])을 이용하여 0.4[L/min]으로 채취하였다면 채취해야 할 시간[min]은? (단, 트리클로로에틸렌의 분자량은 131.39이고 기체크로마토그래피의 정량한계는 시료당 0.5[mg], 1기압, 25[℃] 기준으로 기타 조건은 고려하지 않는다.)

① 2.4
② 3.2
③ 4.7
④ 5.3

해설
노출기준의 단위를 [ppm]에서 [mg/m³]으로 변환한다.

$$\frac{mg}{m^3} = \frac{ppm \times 분자량}{24.45} \ (25[℃], 1기압 기준)$$

$$\frac{mg}{m^3} = \frac{50 \times 131.39}{24.45} = 268.69[mg/m^3]$$

최소채취량/최소채취시간

$$최소채취량 = \frac{정량한계(LOQ)}{농도}$$

$$최소채취시간 = \frac{최소채취량}{채취유량}$$

$$최소채취량 = \frac{0.5mg}{\frac{268.69mg}{m^3} \times \frac{m^3}{1,000L}} = 1.86[L]$$

$$채취최소시간 = \frac{1.86L}{0.4L/min} = 4.65[min]$$

35

작업장의 온도 측정결과가 다음과 같을 때, 측정결과의 기하평균은?

단위: [℃]

> 5, 7, 12, 18, 25, 13

① 11.6[℃]
② 12.4[℃]
③ 13.3[℃]
④ 15.7[℃]

해설
기하평균(GM)

$$GM = \sqrt[n]{x_1 \times x_2 \times \cdots \times x_n}$$

여기서, GM : 기하평균
x_n : 측정치
n : 측정치의 개수

$$GM = \sqrt[6]{5 \times 7 \times 12 \times 18 \times 25 \times 13} = 11.62[℃]$$

36

분석기기에서 바탕선량(background)과 구별하여 분석될 수 있는 최소의 양은?

① 검출한계
② 정량한계
③ 정성한계
④ 정도한계

해설
바탕선량과 구별하여 분석될 수 있는 가장 적은 분석물질의 양을 검출한계라고 한다.

정답 33 ④ 34 ③ 35 ① 36 ①

37

5[M] 황산을 이용하여 0.004[M] 황산용액 3[L]를 만들기 위해 필요한 5[M] 황산의 부피[mL]는?

① 5.6　　② 4.8
③ 3.1　　④ 2.4

해설

당량등식

$$NV = N'V'$$

여기서, N: 처음 용액의 노르말농도[N]
　　　　V: 처음 용액의 부피[mL]
　　　　N': 나중 용액의 노르말농도[N]
　　　　V': 나중 용액의 부피[mL]

$$\left(\frac{5\text{mol}}{\text{L}} \times \frac{98\text{g}}{\text{mol}} \times \frac{1\text{eq}}{\frac{98}{2}\text{g}}\right) \times \left(V\text{mL} \times \frac{\text{L}}{1{,}000\text{mL}}\right)$$

$$= \left(\frac{0.004\text{mol}}{\text{L}} \times \frac{98\text{g}}{\text{mol}} \times \frac{1\text{eq}}{\frac{98}{2}\text{g}}\right) \times \left(3{,}000\text{mL} \times \frac{\text{L}}{1{,}000\text{mL}}\right)$$

$V = 2.4[\text{mL}]$

가장 빠른 합격비법

노르말농도[N]는 용액 1[L]당 용질의 당량[eq]수를 의미합니다. 당량(equivalent)은 화학반응에서 실제로 반응에 참여하는 능동적인 부분만을 따진 양입니다.

38

작업환경공기 중의 물질A(TLV 50[ppm])가 55[ppm]이고, 물질B(TLV 50[ppm])가 47[ppm]이며, 물질C(TLV 50[ppm])가 52[ppm]이었다면, 공기의 노출농도 초과도는? (단, 상가작용을 기준으로 한다.)

① 3.62　　② 3.08
③ 2.73　　④ 2.33

해설

$\text{EI} = \dfrac{55}{50} + \dfrac{47}{50} + \dfrac{52}{50} = 3.08$

39

다음 중 정밀도를 나타내는 통계적 방법과 가장 거리가 먼 것은?

① 오차　　② 산포도
③ 표준편차　　④ 변이계수

해설

정밀도는 반복적으로 측정한 값 간의 일관성, 재현성을 나타내며, 이는 산포도, 표준편차, 변이계수 같은 산포 지표로 표현된다.
반면, 오차는 측정값과 참값 사이의 차이로, 정확도와 관련된 개념이다.

40

빛의 파장의 단위로 사용되는 Å(Ångström)을 국제표준단위계(SI)로 나타낸 것은?

① $10^{-6}[\text{m}]$　　② $10^{-8}[\text{m}]$
③ $10^{-10}[\text{m}]$　　④ $10^{-12}[\text{m}]$

해설

1[Å]은 $10^{-10}[\text{m}]$와 같다.

정답 37 ④　38 ②　39 ①　40 ③

3과목 작업환경관리대책

41

두 분지관이 동일 합류점에서 만나 합류관을 이루도록 설계되어 있다. 한쪽 분지관의 송풍량은 200[m³/min], 합류점에서의 이 관의 정압은 -34[mmH₂O]이며, 다른쪽 분지관의 송풍량은 160[m³/min], 합류점에서의 이 관의 정압은 -30[mmH₂O]이다. 합류점에서 유량의 균형을 유지하기 위해서는 압력손실이 더 적은 관을 통해 흐르는 송풍량[m³/min]을 얼마로 해야 하는가?

① 165
② 170
③ 175
④ 180

해 설

정압이 높은 쪽 대 정압이 낮은 쪽의 정압비가 1.2 이하일 경우 정압이 낮은 쪽의 유량을 증가시켜 압력을 조정하고, 1.2보다 클 경우에는 정압이 낮은 쪽을 재설계한다.

정압비 $= \dfrac{SP_2}{SP_1} = \dfrac{-34}{-30} = 1.13$

정압비가 1.2 이하이므로 정압이 낮은 쪽의 유량을 증가시켜 압력을 조정한다.

필요송풍량(Q_2)
$= Q_1 \times \sqrt{정압비} = 160 \times \sqrt{1.13} = 170.08[m^3/min]$

42

페인트 도장이나 농약 살포와 같이 공기 중에 가스 및 증기상 물질과 분진이 동시에 존재하는 경우 호흡 보호구에 이용되는 가장 적절한 공기정화기는?

① 필터
② 만능형 캐니스터
③ 요오드를 입힌 활성탄
④ 금속산화물을 도포한 활성탄

해 설

만능형 캐니스터는 방진마스크와 방독마스크의 기능이 둘 다 있는 공기정화기이다.

43

전체환기시설을 설치하기 위한 기본원칙으로 가장 거리가 먼 것은?

① 오염물질 사용량을 조사하여 필요환기량을 계산한다.
② 공기배출구와 근로자의 작업위치 사이에 오염원이 위치해야 한다.
③ 오염물질 배출구는 가능한 한 오염원으로부터 가까운 곳에 설치하여 점환기효과를 얻는다.
④ 오염원 주위에 다른 작업공정이 있으면 공기 공급량을 배출량보다 크게 하여 양압을 형성시킨다.

해 설

오염원 주위에 다른 작업공정이 있으면 공기공급량을 배출량보다 적게 하여 음압을 형성시켜 주변 작업자에게 오염물질이 확산되지 않도록 한다.

44

송풍관(duct) 내부에서 유속이 가장 빠른 곳은? (단, d는 송풍관의 직경을 의미한다.)

① 위에서 $\dfrac{1}{10}d$ 지점
② 위에서 $\dfrac{1}{5}d$ 지점
③ 위에서 $\dfrac{1}{3}d$ 지점
④ 위에서 $\dfrac{1}{2}d$ 지점

해 설

덕트 단면상에서 유속이 가장 빠른 부분은 덕트 중심부(위에서 $\dfrac{1}{2}d$ 지점)이다.

정답 41 ② 42 ② 43 ④ 44 ④

45

작업장 용적이 10[m]×3[m]×40[m]이고 필요환기량이 120[m³/min]일 때 시간당 공기교환횟수는?

① 360회
② 60회
③ 6회
④ 0.6회

해설

시간당 공기교환횟수(ACH)

$$ACH = \frac{Q}{V}$$

여기서, ACH: 시간당 공기교환횟수
Q: 필요환기량
V: 실내 용적

$$ACH = \frac{120}{10 \times 3 \times 40} = 0.1[회/min]$$

$$ACH = \frac{0.1회}{min} \times \frac{60min}{hr} = 6[회/hr]$$

46

국소배기시설이 희석환기시설보다 오염물질을 제거하는 데 효과적이므로 선호도가 높다. 이에 대한 이유가 아닌 것은?

① 설계가 잘된 경우 오염물질의 제거가 거의 완벽하다.
② 오염물질의 발생 즉시 배기시키므로 필요공기량이 적다.
③ 오염 발생원의 이동성이 큰 경우에도 적용 가능하다.
④ 오염물질 독성이 클 때도 효과적 제거가 가능하다.

해설

오염 발생원의 이동성이 큰 경우 전체환기를 적용하는 것이 효과적이다.

47

산업안전보건법령상 관리대상 유해물질 관련 국소배기장치 후드의 제어풍속[m/s]의 기준으로 옳은 것은?

① 가스상태(포위식 포위형): 0.4
② 가스상태(외부식 상방흡인형): 0.5
③ 입자상태(포위식 포위형): 1.0
④ 입자상태(외부식 상방흡인형): 1.5

해설

관리대상 유해물질 관련 국소배기장치 후드의 제어풍속

물질상태	후드 형식	제어풍속[m/s]
가스	포위식 포위형	0.4
	외부식 측방흡인형	0.5
	외부식 하방흡인형	0.5
	외부식 상방흡인형	1.0
입자	포위식 포위형	0.7
	외부식 측방흡인형	1.0
	외부식 하방흡인형	1.0
	외부식 상방흡인형	1.2

48

총흡음량이 900[sabins]인 소음발생작업장에 흡음재를 천장에 설치하여 2,000[sabins] 더 추가하였다. 이 작업장에서 기대되는 소음감소치(NR; [dB(A)])는?

① 약 3
② 약 5
③ 약 7
④ 약 9

해설

소음감소량(감음량, NR)

$$NR = 10\log\frac{A_2}{A_1}$$

여기서, NR: 소음감소량[dB]
A_1: 흡음물질을 처리하기 전의 총 흡음량[sabins]
A_2: 흡음물질을 처리한 후의 총 흡음량[sabins]

$$NR = 10\log\frac{900+2,000}{900} = 5.09[dB(A)]$$

정답 45 ③ 46 ③ 47 ① 48 ②

49

외부식 후드(포집형 후드)의 단점이 아닌 것은?

① 포위식 후드보다 일반적으로 필요송풍량이 많다.
② 외부 난기류의 영향을 받아서 흡인효과가 떨어진다.
③ 근로자가 발생원과 환기시설 사이에서 작업하게 되는 경우가 많다.
④ 기류속도가 후드 주변에서 매우 빠르므로 쉽게 흡인되는 물질의 손실이 크다.

해설
외부식 후드는 다른 후드 형식에 비해 작업자가 방해를 받지 않고 작업할 수 있다.

50

송풍기의 효율이 큰 순서대로 나열된 것은?

① 평판송풍기 > 다익송풍기 > 터보송풍기
② 다익송풍기 > 평판송풍기 > 터보송풍기
③ 터보송풍기 > 다익송풍기 > 평판송풍기
④ 터보송풍기 > 평판송풍기 > 다익송풍기

해설
원심력식 송풍기를 효율이 큰 순서대로 나열하면 터보 > 평판 > 다익순이다.

51

송풍기 입구 전압이 280[mmH$_2$O]이고 송풍기 출구 정압이 100[mmH$_2$O]이다. 송풍기 출구 속도압이 200[mmH$_2$O]일 때, 전압[mmH$_2$O]은?

① 20
② 40
③ 80
④ 180

해설
송풍기 유효전압(FTP)

$$FTP = (TP_{out} - TP_{in})$$
$$= (SP_{out} + VP_{out}) - (SP_{in} + VP_{in})$$

여기서, FTP: 송풍기 유효전압
TP$_{out}$, SP$_{out}$, VP$_{out}$: 토출구 측 전압, 정압, 속도압
TP$_{in}$, SP$_{in}$, VP$_{in}$: 흡입구 측 전압, 정압, 속도압

$$FTP = (SP_{out} + VP_{out}) - TP_{in}$$
$$= (100 + 200) - 280 = 20[mmH_2O]$$

52

플레넘형 환기시설의 장점이 아닌 것은?

① 연마분진과 같이 끈적거리거나 보풀거리는 분진의 처리가 용이하다.
② 주관의 어느 위치에서도 분지관을 추가하거나 제거할 수 있다.
③ 주관은 입경이 큰 분진을 제거할 수 있는 침강식의 역할이 가능하다.
④ 분지관으로부터 송풍기까지 낮은 압력손실을 제공하여 운전동력을 최소화할 수 있다.

해설
플레넘형 환기시설은 연마분진과 같이 끈적거리거나 보풀거리는 분진의 처리가 힘들다.

가장 빠른 합격비법
플레넘(Plenum)이란 덕트 내부처럼 고정된 관로가 아니라, 천장과 바닥 또는 벽과 벽 사이의 빈 공간의 유로를 말합니다.
이 플레넘을 공기 공급 또는 배기 덕트 대신 사용하여 실내 공기를 순환·분배하는 환기시설을 플레넘형 환기시설이라고 합니다.

정답 49 ③　50 ④　51 ①　52 ①

53

레시버식 캐노피형 후드를 설치할 때, 적절한 H/E는? (단, E는 배출원의 크기이고, H는 후드면과 배출원 간의 거리를 의미한다.)

① 0.7 이하
② 0.8 이하
③ 0.9 이하
④ 1.0 이하

해 설

배출원의 크기(E)에 대한 후드면과 배출원 간의 거리(H)의 비(H/E)는 0.7 이하로 설계하는 것이 좋다.

> ⓘ 가장 빠른 합격비법
>
> H/E가 크면 배출원의 크기에 비해 후드와 배출원 간의 거리가 너무 멀다는 의미입니다. 즉, 유해물질이 잘 흡입되지 않아 주변으로 확산될 가능성이 커집니다.

54

귀덮개의 차음성능기준상 중심주파수가 1,000[Hz]인 음원의 차음치[dB]는?

① 10 이상
② 20 이상
③ 25 이상
④ 35 이상

해 설

귀덮개의 차음성능기준상 중심주파수가 1,000[Hz]일 경우 귀덮개의 차음치는 25[dB] 이상이어야 한다.

55

다음 중 작업장에서 거리, 시간, 공정, 작업자 전체를 대상으로 실시하는 대책은?

① 대체
② 격리
③ 환기
④ 개인보호구

해 설

격리는 물리적, 거리적, 시간적인 격리를 의미하며 작업자 전체를 대상으로 쉽게 적용 가능한 효과적인 대책이다.

56

작업대 위에서 용접할 때 흄(fume)을 포집 제거하기 위해 작업면에 고정된 플랜지가 붙은 외부식 사각형 후드를 설치하였다면 소요송풍량[m³/min]은? (단, 개구면에서 작업지점까지의 거리는 0.25[m], 제어속도는 0.5[m/s], 후드 개구면적은 0.5[m²]이다.)

① 0.281
② 8.430
③ 16.875
④ 26.425

해 설

필요환기량(바닥면, 플랜지 부착)

$$Q = 0.5 V_c (10 X^2 + A)$$

여기서, Q: 필요환기량[m³/s]
V_c: 제어속도[m/s]
X: 후드 중심선으로부터 발생원까지의 거리[m]
A: 개구부의 면적[m²]

$Q = 0.5 \times 0.5 \times (10 \times 0.25^2 + 0.5) = 0.28125$[m³/sec]

$Q = \dfrac{0.28125 \text{m}^3}{\text{sec}} \times \dfrac{60 \text{sec}}{\text{min}} = 16.875$[m³/min]

정답 53 ① 54 ③ 55 ② 56 ③

57

산업위생보호구의 점검, 보수 및 관리방법에 관한 설명 중 틀린 것은?

① 보호구의 수는 사용하여야 할 근로자의 수 이상으로 준비한다.
② 호흡용보호구는 사용 전, 사용 후 여재의 성능을 점검하여 성능이 저하된 것은 폐기, 보수, 교환 등의 조치를 취한다.
③ 보호구의 청결 유지에 노력하고, 보관할 때에는 건조한 장소와 분진이나 가스 등에 영향을 받지 않는 일정한 장소에 보관한다.
④ 호흡용보호구나 귀마개 등은 특정 유해물질 취급이나 소음에 노출될 때 사용하는 것으로서 그 목적에 따라 반드시 공용으로 사용해야 한다.

해설
호흡용보호구나 귀마개 등은 특정 유해물질 취급이나 소음에 노출될 때 사용하는 것으로서, 그 목적에 따라 반드시 개인용으로 사용하여야 한다.

58

세정제진장치의 특징으로 틀린 것은?

① 배출수의 재가열이 필요 없다.
② 포집효율을 변화시킬 수 있다.
③ 유출수가 수질오염을 야기할 수 있다.
④ 가연성, 폭발성 분진을 처리할 수 있다.

해설
세정제진(집진)장치는 백연현상 등을 방지하기 위해 배출수의 재가열 시설이 필요하다.

> **가장 빠른 합격비법**
> 백연현상은 굴뚝으로부터 배출된 뜨겁고 다습한 가스가 차가운 대기 중으로 분출될 때 미세한 물방울(또는 얼음 결정)로 응결되어 희고 뿌연 연기처럼 보이는 현상을 말합니다.

59

다음 중 직관의 압력손실에 관한 설명으로 잘못된 것은?

① 직관의 마찰계수에 비례한다.
② 직관의 길이에 비례한다.
③ 직관의 직경에 비례한다.
④ 속도(관내유속)의 제곱에 비례한다.

해설
압력손실(원형 덕트)

$$\Delta P = f_d \times \frac{l}{D} \times \frac{\gamma V^2}{2g} = f_d \times \frac{l}{D} \times VP$$

여기서, ΔP: 압력손실
f_d: 덕트마찰계수
l: 덕트의 길이
D: 덕트의 직경
γ: 유체의 비중량
V: 유체의 속도
g: 중력가속도
VP: 속도압

압력손실은 덕트의 직경에 반비례한다.

60

덕트의 설치 원칙과 가장 거리가 먼 것은?

① 가능한 한 후드와 먼 곳에 설치한다.
② 덕트는 가능한 한 짧게 배치하도록 한다.
③ 밴드의 수는 가능한 한 적게 하도록 한다.
④ 공기가 아래로 흐르도록 하향구배를 만든다.

해설
덕트는 후드와 가능한 한 가까운 곳에 설치한다.

정답 57 ④ 58 ① 59 ③ 60 ①

4과목 물리적유해인자관리

61
다음에서 설명하고 있는 측정기구는?

> 작업장의 환경에서 기류의 방향이 일정하지 않거나 실내 0.2~0.5[m/s] 정도의 불감기류를 측정할 때 사용되며 온도에 따른 알코올의 팽창, 수축 원리를 이용하여 기류속도를 측정한다.

① 풍차풍속계
② 카타(Kata)온도계
③ 가열온도풍속계
④ 습구흑구온도계(WBGT)

오답해설
① 풍차풍속계: 수평 회전축에 부착된 반구가 바람에 밀려 회전하는 속도로 풍속 산출(알코올 사용 ×)
③ 가열온도풍속계: 유속이 클수록 와이어 냉각이 빨라지고, 이를 보상하려는 전류 변화를 측정해 풍속 산출(알코올 사용 ×)
④ 습구흑구온도계: 습구온도계, 흑구온도계를 사용하여 열환경 평가(기류 측정 ×, 알코올 사용 ×)

62
진동에 의한 작업자의 건강장해를 예방하기 위한 대책으로 옳지 않은 것은?

① 공구의 손잡이를 세게 잡지 않는다.
② 가능한 한 무거운 공구를 사용하여 진동을 최소화한다.
③ 진동공구를 사용하는 작업시간을 단축시킨다.
④ 진동공구와 손 사이 공간에 방진재료를 채워 놓는다.

해설
진동공구는 10[kg] 이상 초과하지 않도록 한다.

63
마이크로파가 인체에 미치는 영향으로 옳지 않은 것은?

① 1,000~10,000[Hz]의 마이크로파는 백내장을 일으킨다.
② 두통, 피로감, 기억력 감퇴 등의 증상을 유발시킨다.
③ 마이크로파의 열작용에 많은 영향을 받는 기관은 생식기와 눈이다.
④ 중추신경계는 1,400~2,800[Hz] 마이크로파 범위에서 가장 영향을 많이 받는다.

해설
중추신경계는 300~1,200[Hz] 마이크로파 범위에서 가장 영향을 많이 받는다.

64
감압에 따르는 조직 내 질소기포 형성량에 영향을 주는 요인인 조직에 용해된 가스량을 결정하는 인자로 가장 적절한 것은?

① 감압 속도
② 혈류의 변화정도
③ 노출정도와 시간 및 체내 지방량
④ 폐 내의 이산화탄소 농도

해설
조직 내 질소기포 형성량에 가장 큰 영향을 주는 요인은 고기압 폭로의 정도와 시간 및 체내 지방량이다.

가장 빠른 합격비법
조직 내 질소기포 형성량에 가장 큰 영향을 주는 요인은 다음과 같습니다.
- 기압: 더 큰 기압에 노출될수록 더 많은 질소가 조직으로 용해됩니다.
- 노출시간: 고기압에 노출된 시간이 길수록 더 많은 질소가 조직 구석구석에 용해됩니다.
- 체내 지방량: 지방 조직은 물보다 약 5배 이상 많은 질소를 용해할 수 있는 성질이 있습니다.

정답 61 ② 62 ② 63 ④ 64 ③

65

다음 중 전리방사선에 대한 감수성이 가장 낮은 인체조직은?

① 골수
② 생식선
③ 신경조직
④ 임파조직

해설

방사선에 감수성이 큰 조직 순서
골수, 임파구, 임파선, 흉선 및 림프조직 > 눈의 수정체 > 피부 등 상피세포 > 혈관, 복막 등 내피세포 > 결합조직, 지방조직 > 뼈, 근육조직 > 폐, 위장관 등 내장기관 조직 > 신경조직

66

비전리방사선 중 유도방출에 의한 광선을 증폭시킴으로서 얻는 복사선으로, 쉽게 산란하지 않으며 강력하고 예리한 지향성을 지닌 것은?

① 적외선
② 마이크로파
③ 가시광선
④ 레이저광선

해설

레이저(Laser)
- 단색성, 간섭성, 지향성, 집속성, 고출력성이 특징적인 비전리방사선이다.
- 간섭이 발생하기 쉽다.

67

한랭환경에서 발생할 수 있는 건강장해에 관한 설명으로 옳지 않은 것은?

① 혈관의 이상은 저온 노출로 유발되거나 악화된다.
② 참호족과 침수족은 지속적인 국소의 산소결핍 때문이며, 모세혈관벽이 손상되는 것이다.
③ 전신체온강하는 단시간의 한랭폭로에 따른 일시적 체온상실에 따라 발생하는 중증장해에 속한다.
④ 동상에 대한 저항은 개인에 따라 차이가 있으나 중증환자의 경우 근육 및 신경조직 등 심부조직이 손상된다.

해설

전신체온강하는 장시간의 한랭폭로에 따른 일시적 체온상실로 발생하는 급성 중증장해이다.

68

일반소음의 차음효과는 벽체의 단위표면적에 대하여 벽체의 무게를 2배로 할 때 또는 주파수가 2배로 증가될 때 차음은 몇 [dB] 증가하는가?

① 2[dB]
② 6[dB]
③ 10[dB]
④ 15[dB]

해설

벽면의 투과손실

$$\Delta L_t = 20\log(m \times f) - 47$$

여기서, ΔL_t: 투과손실[dB]
m: 투과재료의 면적밀도[kg/m³]
f: 주파수[Hz]

$\Delta L_t = 20\log(m \times f) - 47$
$= 20\log m + 20\log f - 47$

단위 표면적당 무게는 밀도와 같은 의미이므로, 단위 표면적당 무게가 2배이면 밀도도 2배이다.

$\Delta L_t = 20\log(2m) + 20\log f - 47$
$= 20\log 2 + 20\log m + 20\log f - 47$

따라서, 투과손실은 $20\log 2 = 6$[dB]만큼 증가한다.

정답 65 ③ 66 ④ 67 ③ 68 ②

69
3[N/m²]의 음압은 약 몇 [dB]의 음압수준인가?

① 95
② 104
③ 110
④ 1,115

해설

음압수준(음압레벨)

$$SPL = 20 \log \frac{P}{P_0}$$

여기서, SPL: 음압수준[dB]
P: 음압[N/m²]
P_0: 기준음압(2×10^{-5}[N/m²])

$SPL = 20 \log \frac{3}{2 \times 10^{-5}} = 103.52$[dB]

70
손가락의 말초혈관운동의 장애로 인한 혈액순환장애로 손가락의 감각이 마비되고 창백해지며, 추운 환경에서 더욱 심해지는 레이노(Raynaud) 현상의 주요 원인으로 옳은 것은?

① 진동
② 소음
③ 조명
④ 기압

해설

레이노 현상의 주요원인은 진동이다.

71
고열장해에 대한 내용으로 옳지 않은 것은?

① 열경련(heat cramps): 고온 환경에서 고된 육체적인 작업을 하면서 땀을 많이 흘릴 때 많은 물을 마시지만 신체의 염분 손실을 충당하지 못할 경우 발생한다.
② 열허탈(heat collapse): 고열작업에 순화되지 못해 말초혈관이 확장되고, 신체 말단에 혈액이 과다하게 저류되어 뇌의 산소부족이 나타난다.
③ 열소모(heat exhaustion): 과다발한으로 수분/염분 손실에 의하여 나타나며, 두통, 구역감, 현기증 등이 나타나지만 체온은 정상이거나 조금 높아진다.
④ 열사병(heat stroke): 작업환경에서 가장 흔히 발생하는 피부장해로서 땀에 젖은 피부 각질층이 떨어져 땀구멍을 막아 염증성 반응을 일으켜 붉은 구진 형태로 나타난다.

해설

열사병(heat strokes)
발한에 의한 체열방출장해로 체내에 축적된 열이 원인이며, 뇌의 온도가 상승하여 체온조절중추 기능이 망가져 사망에 이를 수 있다.

72
이상기압의 대책에 관한 내용으로 옳지 않은 것은?

① 고압실 내의 작업에서는 탄산가스의 분압이 증가하지 않도록 신선한 공기를 송기한다.
② 고압환경에서 작업하는 근로자에게는 질소의 양을 증가시킨 공기를 호흡시킨다.
③ 귀 등의 장해를 예방하기 위하여 압력을 가하는 속도를 매 분당 0.8[kg/cm²] 이하가 되도록 한다.
④ 감압병의 증상이 발생하였을 때에는 환자를 바로 원래의 고압환경 상태로 복귀시키거나, 인공고압실에서 천천히 감압한다.

해설

고압환경에서 작업하는 근로자에게는 질소 대신 마취작용이 적은 헬륨 등의 기체로 대치한 공기를 호흡시킨다.

정답 69 ② 70 ① 71 ④ 72 ②

73

산소농도가 6[%] 이하인 공기 중의 산소분압으로 옳은 것은? (단, 표준상태이며, 부피기준이다.)

① 45[mmHg] 이하 ② 55[mmHg] 이하
③ 65[mmHg] 이하 ④ 75[mmHg] 이하

해설
산소분압 = 760 × 0.06 = 45.6[mmHg]

74

1[fc](foot candle)은 약 몇 럭스(lux)인가?

① 3.9 ② 8.9
③ 10.8 ④ 13.4

해설
1[fc] = 10.8[lx]

75

작업장 내의 직접조명에 관한 설명으로 옳은 것은?

① 장시간 작업에도 눈이 부시지 않는다.
② 조명기구가 간단하고, 조명기구의 효율이 좋다.
③ 벽이나 천정의 색조에 좌우되는 경향이 있다.
④ 작업장 내의 균일한 조도의 확보가 가능하다.

오답해설
① 눈부심이 있다.
③ 벽이나 천정의 색조의 영향을 받지 않는다.
④ 작업장 내의 균일한 조도의 확보가 어렵다.

76

고압 환경의 생체작용과 가장 거리가 먼 것은?

① 고공성 폐수종
② 이산화탄소(CO_2) 중독
③ 귀, 부비강, 치아의 압통
④ 손가락과 발가락의 작열통과 같은 산소중독

해설
폐수종은 저압 환경에서 발생한다.

정답 73 ① 74 ③ 75 ② 76 ①

77

음압이 20[N/m²]일 경우 음압수준(sound pressure level)은 얼마인가?

① 100[dB]   ② 110[dB]
③ 120[dB]   ④ 130[dB]

해설

음압수준(음압레벨)

$$SPL = 20\log\frac{P}{P_0}$$

여기서, SPL: 음압수준[dB]
P: 음압[N/m²]
P_0: 기준음압(2×10^{-5}[N/m²])

$SPL = 20\log\dfrac{20}{2\times 10^{-5}} = 120$[dB]

78

25[℃]일 때, 공기 중에서 1,000[Hz]인 음의 파장은 약 몇 m인가? (단, 0[℃], 1기압에서의 음속은 331.5[m/s]이다.)

① 0.035   ② 0.35
③ 3.5   ④ 35

해설

주파수와 음속

$$c = \lambda f$$
$$c = 331.42 + 0.6T$$

여기서, c: 음속[m/sec]
λ: 파장[m]
f: 주파수[Hz]
T: 음 전달 매질의 온도[℃]

$\lambda = \dfrac{c}{f} = \dfrac{331.5 + (0.6 \times 25)}{1,000} = 0.35$[m]

79

난청에 관한 설명으로 옳지 않은 것은?

① 일시적 난청은 청력의 일시적인 피로현상이다.
② 영구적 난청은 노인성 난청과 같은 현상이다.
③ 일반적으로 초기청력 손실을 C_5-dip 현상이라 한다.
④ 소음성 난청은 내이의 세포변성을 원인으로 볼 수 있다.

해설

영구적 난청은 강렬한 소음이나 지속적인 소음 노출에 의해 코르티기관의 섬모세포 손상으로 발생되고 노인성 난청은 퇴행성 질환이다.

80

다음 전리방사선 중 투과력이 가장 약한 것은?

① 중성자   ② γ선
③ β선   ④ α선

해설

전리방사선의 투과력 순서
중성자＞X선 또는 γ선＞β선＞α선

정답 77 ③ 78 ② 79 ② 80 ④

| 5과목 | 산업독성학 |

81

물질 A의 독성에 관한 인체실험 결과, 안전흡수량이 체중 [kg]당 0.1[mg]이었다. 체중이 50[kg]인 근로자가 1일 8시간 작업할 경우 이 물질의 체내 흡수를 안전흡수량 이하로 유지하려면 공기 중 농도를 몇 [mg/m³] 이하로 하여야 하는가? (단, 작업시 폐환기율은 1.25[m³/h], 체내 잔류율은 1.0으로 한다.)

① 0.5
② 1.0
③ 1.5
④ 2.0

해 설

체내 흡수량

> 체내 흡수량 $= C \times t \times V \times R$
>
> 여기서, C: 공기 중 유해물질 농도[mg/m³]
> t: 노출시간[hr]
> V: 폐환기율, 호흡률[m³/hr]
> R: 체내 잔류율(자료 없는 경우 1.0)

$C = \dfrac{체내흡수량}{t \times V \times R} = \dfrac{0.1 \times 50}{8 \times 1.25 \times 1.0} = 0.5 [\text{mg/m}^3]$

82

소변을 이용한 생물학적 모니터링의 특징으로 옳지 않은 것은?

① 비파괴적 시료채취 방법이다.
② 많은 양의 시료확보가 가능하다.
③ EDTA와 같은 항응고제를 첨가한다.
④ 크레아티닌 농도 및 비중으로 보정이 필요하다.

해 설

소변 시료에는 EDTA와 같은 항응고제를 첨가하지 않는다.

> **가장 빠른 합격비법**
> EDTA는 금속 이온과 잘 결합하는 성질이 있으므로, 소변 시료에 첨가하면 실제보다 금속 농도를 낮게 만들 가능성이 큽니다.

83

톨루엔(Toluene)의 노출에 대한 생물학적 모니터링 지표 중 소변에서 확인 가능한 대사산물은?

① thiocyanate
② glucuronate
③ o-cresol
④ organic sulfate

해 설

톨루엔의 생물학적 노출지표는 소변 중 o-크레졸이다.

84

생물학적 모니터링 방법 중 생물학적 결정인자로 보기 어려운 것은?

① 체액의 화학물질 또는 그 대사산물
② 표적조직에 작용하는 활성 화학물질의 양
③ 건강상의 영향을 초래하지 않은 부위나 조직
④ 처음으로 접촉하는 부위에 직접 독성영향을 야기하는 물질

해 설

처음으로 접촉하는 부위에 직접 독성영향을 야기하는 물질은 생물학적 결정인자로 보기 어렵다.

정답 81 ① 82 ③ 83 ③ 84 ④

85

작업환경 내의 유해물질과 그로 인한 대표적인 장애를 잘못 연결한 것은?

① 벤젠 — 시신경 장애
② 염화비닐 — 간 장애
③ 톨루엔 — 중추신경계 억제
④ 이황화탄소 — 생식기능 장애

해 설
벤젠은 주로 조혈장애를 일으키며, 시신경 장애를 일으키는 유해물질은 메탄올이다.

86

독성을 지속기간에 따라 분류할 때 만성독성(chronic toxicity)에 해당되는 독성물질 투여(노출)기간은? (단, 실험동물에 외인성 물질을 투여하는 경우로 한정한다.)

① 1일 이상 ~ 14일 정도
② 30일 이상 ~ 60일 정도
③ 3개월 이상 ~ 1년 정도
④ 1년 이상 ~ 3년 정도

해 설
실험동물에 외인성 물질을 투여하는 경우 만성독성에 해당하는 기간은 3개월~1년 정도이다.

가장 빠른 합격비법
- 급성독성: 한 번의 노출만으로 즉각적이고 전신적인 독성반응이 관찰됩니다.
- 아급성독성: 2~4주간의 반복 노출을 통해 단기간 누적독성을 평가합니다.
- 만성독성: 3개월~1년간의 반복 노출을 통해 장기 누적독성을 평가합니다.

87

단시간노출기준이 시간가중평균농도(TLV-TWA)와 단기간노출기준(TLV-STEL) 사이일 경우 충족시켜야 하는 3가지 조건에 해당하지 않는 것은?

① 1일 4회를 초과해서는 안 된다.
② 15분 이상 지속 노출되어서는 안 된다.
③ 노출과 노출 사이에는 60분 이상의 간격이 있어야 한다.
④ TLV-TWA의 3배 농도에는 30분 이상 노출되어서는 안 된다.

해 설
노출농도가 시간가중평균노출기준(TWA)을 초과하고 단시간노출기준(STEL) 이하인 경우 다음 3가지 조건을 모두 충족하여야 한다.
- 1회 노출 지속시간이 15분 미만이어야 한다.
- 노출횟수가 1일 4회 이하이어야 한다.
- 각 노출의 간격은 60분 이상이어야 한다.

88

직업성 폐암을 일으키는 물질과 가장 거리가 먼 것은?

① 니켈   ② 석면
③ β-나프틸아민   ④ 결정형 실리카

해 설
β-나프틸아민은 췌장암, 방광암 등을 발생시킨다.

정답 85 ① 86 ③ 87 ④ 88 ③

89

2000년대 외국인 근로자에게 다발성말초신경병증을 집단으로 유발한 노말헥산(n-hexane)은 체내 대사과정을 거쳐 어떤 물질로 배설되는가?

① 2-hexanone
② 2,5-hexanedione
③ hexachlorophene
④ hexachloroethane

해설

노말헥산은 체내 대사과정을 거쳐 2,5-hexanedione으로 배설된다.

⚠ 가장 빠른 합격비법

2,5-헥산디온(2,5-hexanedione)은 노말헥산의 최종 대사산물입니다. 신경독성이 강하며, 소변으로 배설되어 노말헥산의 생물학적 노출지표로 사용합니다.

90

비중격천공을 유발시키는 물질은?

① 납   ② 크롬
③ 수은   ④ 카드뮴

해설

크롬에 중독 시 비중격천공을 일으킨다.

91

진폐증의 독성병리기전과 거리가 먼 것은?

① 천식
② 섬유증
③ 폐 탄력성 저하
④ 콜라겐 섬유 증식

해설

진폐증은 폐 조직에 발생하는 질병이고, 천식은 기관지에 발생하는 질병이라 두 질병의 발병 위치가 아예 다르다.

92

중금속 노출에 의하여 나타나는 금속열은 흄 형태의 금속을 흡입하여 발생되는데, 감기증상과 매우 비슷하여 오한, 구토감, 기침, 전신위약감 등의 증상이 있으며 월요일 출근 후에 심해져서 월요일열(monday fever)이라고도 한다. 다음 중 금속열을 일으키는 물질이 아닌 것은?

① 납   ② 카드뮴
③ 안티몬   ④ 산화아연

해설

납은 금속열을 유발하는 주요 원인이 아니다.

정답 89 ② 90 ② 91 ① 92 ①

93

독성물질의 생체과정인 흡수, 분포, 생전환, 배설 등에 변화를 일으켜 독성이 낮아지는 길항작용(antagonism)은?

① 화학적 길항작용
② 기능적 길항작용
③ 배분적 길항작용
④ 수용체 길항작용

해설

배분적 길항작용은 독성물질의 생체과정인 흡수, 분포, 생전환, 배설 등에 변화를 일으켜 독성이 낮아지는 작용이다.

94

합금, 도금 및 전지 등의 제조에 사용되며, 알레르기 반응, 폐암 및 비강암을 유발할 수 있는 중금속은?

① 비소
② 니켈
③ 베릴륨
④ 안티몬

해설

니켈은 합금, 도금 및 전지 등의 제조에 사용되며, 알레르기 반응, 폐암 및 비강암을 유발할 수 있는 중금속이다.

95

독성실험단계에 있어 제1단계(동물에 대한 급성노출시험)에 관한 내용과 가장 거리가 먼 것은?

① 생식독성과 최기형성 독성실험을 한다.
② 눈과 피부에 대한 자극성 실험을 한다.
③ 변이원성에 대하여 1차적인 스크리닝 실험을 한다.
④ 치사성과 기관장해에 대한 양-반응곡선을 작성한다.

해설

생식독성과 최기형성 독성실험은 독성실험 2단계에서 실시한다.

가장 빠른 합격비법

최기형성이란 임신 중인 모체에 어떤 물질을 투여하였을 때 태아에게 형태적, 기능적 악영향을 일으키는 독성을 의미합니다.

96

암모니아(NH_3)가 인체에 미치는 영향으로 가장 적합한 것은?

① 전구증상이 없이 치사량에 이를 수 있으며, 심한 경우 호흡부전에 빠질 수 있다.
② 고농도일 때 기도의 염증, 폐수종, 치아산식증, 위장장해 등을 초래한다.
③ 용해도가 낮아 하기도까지 침투하며, 급성 증상으로는 기침, 천명, 흉부압박감 외에 두통, 오심 등이 온다.
④ 피부, 점막에 작용하며 눈의 결막, 각막을 자극하고 폐부종, 성대경련, 호흡장애 및 기관지경련 등을 초래한다.

해설

암모니아는 피부, 점막에 작용하며 눈의 결막, 각막을 자극하고 폐부종, 성대경련, 호흡장애 및 기관지경련 등을 초래한다.

정답 93 ③ 94 ② 95 ① 96 ④

97

지방족 할로겐화 탄화수소물 중 인체 노출 시, 간의 장해인 중심소엽성 괴사를 일으키는 물질은?

① 톨루엔 ② 노말헥산
③ 사염화탄소 ④ 트리클로로에틸렌

해설
사염화탄소는 간의 장해인 중심소엽성 괴사를 유발한다.

가장 빠른 합격비법
중심소엽성 괴사는 간 소엽의 중앙 부위에서 선택적으로 일어나는 괴사 양상을 말합니다.

98

납중독을 확인하는 데 이용하는 시험으로 옳지 않은 것은?

① 혈중 납농도 ② EDTA 흡착능
③ 신경전달속도 ④ 헴(heme)의 대사

해설
EDTA 흡착능은 납 중독 진단용으로 사용되지 않는다.

관련개념
납중독 확인 시험
- 혈중 납농도
- 헴(heme)의 대사
- 말초신경 신경전달속도
- Ca-EDTA 이동시험
- ALA 축적

99

유기용제 중 벤젠에 대한 설명으로 옳지 않은 것은?

① 벤젠은 백혈병을 일으키는 원인물질이다.
② 벤젠은 만성장해로 조혈장해를 유발하지 않는다.
③ 벤젠은 빈혈을 일으켜 혈액의 모든 세포성분이 감소한다.
④ 벤젠은 주로 페놀로 대사되며 페놀은 벤젠의 생물학적 노출지표로 이용된다.

해설
벤젠은 만성장해로 조혈장해를 유발한다.

100

근로자의 유해물질 노출 및 흡수 정도를 종합적으로 평가하기 위하여 생물학적 측정이 필요하다. 또한 유해물질 배출 및 축적 속도에 따라 시료채취시기를 적절히 정해야 하는데, 시료채취시기에 제한을 가장 작게 받는 것은?

① 요 중 납 ② 호기 중 벤젠
③ 요 중 총 페놀 ④ 혈 중 총 무기수은

해설
납 등 중금속은 반감기가 길어서 시료채취시간이 중요하지 않다.

정답 97 ③ 98 ② 99 ② 100 ①

2019년 제1회 기출문제

1과목	산업위생학개론

01
신체적 결함과 이에 따른 부적합한 작업을 짝지은 것으로 틀린 것은?

① 심계항진 - 정밀작업
② 간기능 장해 - 화학공업
③ 빈혈증 - 유기용제 취급작업
④ 당뇨증 - 외상받기 쉬운 작업

해설
격심작업, 고소작업 등이 심계항진을 유발한다.

⚠️ **가장 빠른 합격비법**
격심작업은 생리적 부담이 매우 높은 강도의 작업입니다. 고소작업은 고도가 높은 곳에서 실시하는 작업입니다.

02
OSHA가 의미하는 기관의 명칭으로 맞는 것은?

① 세계보건기구
② 영국보건안전부
③ 미국산업위생협회
④ 미국산업안전보건청

해설
OSHA는 Occupational Safety and Health Administration의 약자로, 미국산업안전보건청이다.

03
사고예방대책의 기본원리 5단계를 순서대로 나열한 것으로 맞는 것은?

① 사실의 발견 → 조직 → 분석 → 시정책(대책)의 선정 → 시정책(대책)의 적용
② 조직 → 분석 → 사실의 발견 → 시정책(대책)의 선정 → 시정책(대책)의 적용
③ 조직 → 사실의 발견 → 분석 → 시정책(대책)의 선정 → 시정책(대책)의 적용
④ 사실의 발견 → 분석 → 조직 → 시정책(대책)의 선정 → 시정책(대책)의 적용

해설
하인리히의 사고예방대책 기본원리 5단계
1단계: 안전관리조직 구성
2단계: 사실의 발견
3단계: 분석·평가
4단계: 시정방법의 선정
5단계: 시정책의 적용

04
실내공기의 오염에 따른 건강상의 영향을 나타내는 용어가 아닌 것은?

① 새집증후군
② 헌집증후군
③ 화학물질과민증
④ 스티븐스존슨증후군

해설
스티븐스존슨증후군은 피부병이 악화된 상태로 피부의 탈락을 유발하는 급성 피부 점막 질환으로, 주로 유해화학물질에 의해 발생한다.

정답 01 ① 02 ④ 03 ③ 04 ④

05

국가 및 기관별 허용기준에 대한 사용 명칭을 잘못 연결한 것은?

① 영국 HSE — OEL
② 미국 OSHA — PEL
③ 미국 ACGIH — TLV
④ 한국 — 화학물질 및 물리적 인자의 노출기준

해설
영국 보건안전청의 허용기준은 WEL(Workplace Exposure Limits)이다.

06

육체적 작업능력(PWC)이 15[kcal/min]인 근로자가 1일 8시간 물체를 운반하고 있다. 이때의 작업대사율이 6.5[kcal/min]이고, 휴식 시의 대사량이 1.5[kcal/min]일 때 매 시간당 적정 휴식시간은 약 얼마인가? (단, Hertig의 식을 적용한다.)

① 18분 ② 25분
③ 30분 ④ 42분

해설
적정 휴식시간비(Hertig 공식)

$$T_{rest} = \frac{E_{max} - E_{task}}{E_{rest} - E_{task}} \times 100$$

여기서, T_{rest}: 피로 예방을 위한 적정 휴식시간 비[%] (60분 기준)
E_{max}: 1일 8시간 작업에 적합한 작업대사량 $\left(\frac{PWC}{3}\right)$
E_{rest}: 휴식 중 소모대사량
E_{task}: 해당 작업의 작업대사량

$E_{max} = \frac{15}{3} = 5[kcal/min]$

$T_{rest} = \frac{5 - 6.5}{1.5 - 6.5} \times 100 = 30[\%]$

휴식시간 = 60분 × 0.3 = 18[min]

07

물체의 실제무게를 미국 NIOSH의 권고 중량물한계기준(RWL)으로 나누어 준 값을 무엇이라 하는가?

① 중량상수(LC)
② 빈도승수(FM)
③ 비대칭승수(AM)
④ 중량물 취급지수(LI)

해설
중량물 취급지수(LI)

$$LI = \frac{L}{RWL}$$

여기서, LI: 중량물 취급지수
L: 실제 작업무게
RWL: 권장 무게 한계

08

1994년 ABIH에서 채택된 산업위생전문가의 윤리강령 내용으로 틀린 것은?

① 산업위생 활동을 통해 얻은 개인 및 기업의 정보는 누설하지 않는다.
② 과학적 방법의 적용과 자료의 해석에서 경험을 통한 전문가의 주관성을 유지한다.
③ 전문적 판단이 타협에 의하여 좌우될 수 있거나 이해관계가 있는 상황에는 개입하지 않는다.
④ 쾌적한 작업환경을 만들기 위해 산업위생이론을 적용하고 책임 있게 행동한다.

해설
산업위생전문가는 과학적 방법을 적용하고 자료 해석에서 객관성을 유지한다.

정답 05 ① 06 ① 07 ④ 08 ②

09

산업안전보건법령상 석면에 대한 작업환경측정 결과 측정치가 노출기준을 초과하는 경우 그 측정일로부터 몇 개월에 몇 회 이상의 작업환경측정을 하여야 하는가?

① 1개월에 1회 이상
② 3개월에 1회 이상
③ 6개월에 1회 이상
④ 12개월에 1회 이상

해설

3개월에 1회 이상 작업환경측정을 해야 하는 경우
- 화학적 인자(발암성 물질(석면, 벤젠 등)만 해당)의 측정치가 노출기준을 초과하는 경우
- 화학적 인자(발암성 물질 제외)의 측정치가 노출기준을 2배 이상 초과하는 경우

10

미국산업위생학회(AIHA)에서 정한 산업위생의 정의로 옳은 것은?

① 작업장에서 인종, 정치적 이념, 종교적 갈등을 배제하고 작업자의 알권리를 최대한 확보해주는 사회과학적 기술이다.
② 작업자가 단순하게 허약하지 않거나 질병이 없는 상태가 아닌 육체적, 정신적 및 사회적인 안녕 상태를 유지하도록 관리하는 과학과 기술이다.
③ 근로자 및 일반 대중에게 질병, 건강장애, 불쾌감을 일으킬 수 있는 작업환경 요인과 스트레스를 예측, 측정, 평가 및 관리하는 과학이며 기술이다.
④ 노동생산성보다는 인권이 소중하다는 이념 하에 노사 간 갈등을 최소화하고 협력을 도모하여 최대한 쾌적한 작업환경을 유지·증진하는 사회과학이며 자연과학이다.

해설

산업위생의 정의(미국산업위생학회, AIHA)
근로자나 일반 대중에게 질병, 건강장애와 안녕 방해, 심각한 불쾌감 및 능률 저하 등을 초래하는 작업환경요인과 스트레스를 예측, 인지, 측정, 평가, 관리하는 과학과 기술이다.

11

직업성 질환의 범위에 대한 설명으로 틀린 것은?

① 합병증이 원발성 질환과 불가분의 관계를 가지는 경우를 포함한다.
② 직업상 업무에 기인하여 1차적으로 발생하는 원발성 질환은 제외한다.
③ 원발성 질환과 합병작용하여 제2의 질환을 유발하는 경우를 포함한다.
④ 원발성 질환 부위가 아닌 다른 부위에서도 동일한 원인에 의하여 제2의 질환을 일으키는 경우를 포함한다.

해설

직업성 질환의 범위
- 업무에 기인하여 1차적으로 발생하는 원발성 질환을 포함한다.
- 원발성 질환과 합병 작용하여 제2의 질환(속발성 질환)을 유발하는 경우를 포함한다.
- 합병증이 원발성 질환과 불가분의 관계를 가지는 경우를 포함한다.
- 원발성 질환과 떨어진 다른 부위에 동일한 원인에 의한 제2의 질환을 일으키는 경우를 포함한다.

12

산업피로에 대한 설명으로 틀린 것은?

① 산업피로는 원천적으로 일종의 질병이며 비가역적 생체변화이다.
② 산업피로는 건강장해에 대한 경고반응이라고 할 수 있다.
③ 육체적, 정신적 노동부하에 반응하는 생체의 태도이다.
④ 산업피로는 생산성의 저하뿐만 아니라 재해와 질병의 원인이 된다.

해설

피로의 정의
고단하다는 주관적인 느낌이 있으면서 작업능률이 떨어지고 생체기능의 변화를 가져오는 현상이다.(가역적 생체의 변화)

정답 09 ② 10 ③ 11 ② 12 ①

13

산업안전보건법상 사무실 공기관리에 있어 오염물질에 대한 관리 기준이 잘못 연결된 것은?

① 미세먼지(PM10) — 50[μg/m³] 이하
② 일산화탄소 — 10[ppm] 이하
③ 이산화탄소 — 1,000[ppm] 이하
④ 포름알데히드(HCHO) — 0.1[ppm] 이하

해설

사무실 오염물질 관리기준

오염물질	관리기준
미세먼지(PM10)	100[μg/m³]
초미세먼지(PM2.5)	50[μg/m³]
이산화탄소(CO_2)	1,000[ppm]
일산화탄소(CO)	10[ppm]
이산화질소(NO_2)	0.1[ppm]
포름알데히드(HCHO)	100[μg/m³]
총휘발성유기화합물(TVOC)	500[μg/m³]
라돈(radon)	148[Bq/m³]
총부유세균	800[CFU/m³]
곰팡이	500[CFU/m³]

14

밀폐공간과 관련된 설명으로 틀린 것은?

① 산소결핍이란 공기 중의 산소농도가 16[%] 미만인 상태를 말한다.
② 산소결핍증이란 산소가 결핍된 공기를 들이마심으로써 생기는 증상을 말한다.
③ 유해가스란 이산화탄소, 일산화탄소, 황화수소 등의 기체로서 인체에 유해한 영향을 미치는 물질을 말한다.
④ 적정공기란 산소농도의 범위가 18[%] 이상 23.5[%] 미만, 이산화탄소의 농도가 1.5[%] 미만, 일산화탄소의 농도가 30[ppm] 미만, 황화수소의 농도가 10[ppm] 미만인 수준의 공기를 말한다.

해설

산소결핍이란 공기 중의 산소농도가 18[%] 미만인 상태를 말한다.

15

산업피로의 대책으로 적합하지 않은 것은?

① 불필요한 동작을 피하고 에너지 소모를 적게 한다.
② 작업과정에 따라 적절한 휴식시간을 가져야 한다.
③ 작업능력에는 개인별 차이가 있으므로 각 개인마다 작업량을 조정해야 한다.
④ 동적인 작업은 피로를 더하게 하므로 가능한 한 정적인 작업으로 전환한다.

해설

지나치게 정적인 작업은 피로를 더하므로 가능하면 동적인 작업으로 전환하여야 한다.

16

산업안전보건법에서 정하는 중대재해라고 볼 수 없는 것은?

① 사망자가 1명 이상 발생한 재해
② 부상자 또는 직업성 질병자가 동시에 10명 이상 발생한 재해
③ 3개월 이상의 요양을 요하는 부상자가 동시에 2명 이상 발생한 재해
④ 재산피해액 5천만 원 이상의 재해

해설

산업안전보건법령상 중대재해의 범위
- 사망자가 1명 이상 발생한 재해
- 부상자 또는 직업성 질병자가 동시에 10명 이상 발생한 재해
- 3개월 이상의 요양이 필요한 부상자가 동시에 2명 이상 발생한 재해

정답 13 ① 14 ① 15 ④ 16 ④

17

상시근로자수가 1,000명인 사업장에 1년 동안 6건의 재해로 8명의 재해자가 발생하였고, 이로 인한 근로손실일수는 80일이었다. 근로자가 1일 8시간씩 매월 25일씩 근무하였다면, 이 사업장의 도수율은 얼마인가?

① 0.03 ② 2.50
③ 4.00 ④ 8.00

해설

도수율

$$도수율 = \frac{재해건수}{연근로시간수} \times 10^6$$

$$도수율 = \frac{6}{1,000 \times 8 \times 25 \times 12} \times 10^6 = 2.5$$

18

근육운동의 에너지원 중에서 혐기성 대사의 에너지원에 해당되는 것은?

① 지방 ② 포도당
③ 글리코겐 ④ 단백질

해설

보기 중 글리코겐만이 근육세포 안에 저장되어 있다가 산소 없이 해당과정을 통해 빠르게 ATP를 생성할 수 있다.

19

산업안전보건법에서 산업재해를 예방하기 위하여 잠재적 위험성을 발견하고 그 개선대책을 수립할 목적으로 고용노동부장관이 명하는 조사·평가를 무엇이라 하는가?

① 위험성 평가
② 작업환경측정
③ 안전보건진단
④ 유해성·위험성 조사

해설

안전보건진단은 고용노동부장관이 추락·붕괴, 화재·폭발, 유해하거나 위험한 물질의 누출 등 산업재해 발생의 위험이 현저히 높은 사업장의 사업주에게 실시를 명할 수 있는 진단이다.

20

최대작업영역(Maximum Working Area)에 대한 설명으로 맞는 것은?

① 양팔을 곧게 폈을 때 도달할 수 있는 최대영역
② 팔을 위 방향으로만 움직이는 경우에 도달할 수 있는 작업영역
③ 팔을 아래 방향으로만 움직이는 경우에 도달할 수 있는 작업영역
④ 팔을 가볍게 몸체에 붙이고 팔꿈치를 구부린 상태에서 자유롭게 손이 닿는 영역

해설

수평작업역
- 정상작업영역: 위팔을 자연스럽게 수직으로 늘어뜨린 채, 아래팔만으로 편하게 뻗어 파악할 수 있는 구역이다.(34~45[cm])
- 최대작업영역: 위팔과 아래팔을 곧게 뻗어 닿는 영역이다.(55~65[cm])

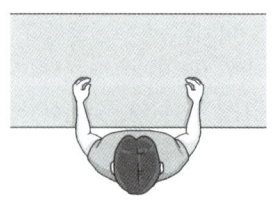
▲ 정상작업영역

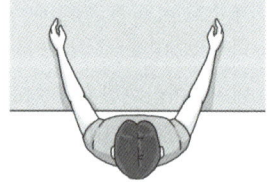
▲ 최대작업영역

정답 17 ② 18 ③ 19 ③ 20 ①

2과목 작업위생측정 및 평가

21

유기용제 작업장에서 측정한 톨루엔 농도는 65, 150, 175, 63, 83, 112, 58, 49, 205, 178[ppm]일 때, 산술평균과 기하평균값은 약 몇 [ppm]인가?

① 산술평균 108.4, 기하평균 100.4
② 산술평균 108.4, 기하평균 117.6
③ 산술평균 113.8, 기하평균 100.4
④ 산술평균 113.8, 기하평균 117.6

해설

$$\bar{x} = \frac{65+150+175+63+83+112+58+49+205+178}{10}$$
$$= 113.8[ppm]$$

기하평균(GM)

$$GM = \sqrt[n]{x_1 \times x_2 \times \cdots \times x_n}$$

여기서, GM: 기하평균
x_n: 측정치
n: 측정치의 개수

$$GM = \sqrt[10]{65 \times 150 \times 175 \times 63 \times 83 \times 112 \times 58 \times 49 \times 205 \times 178}$$
$$= 100.35 ≒ 100.4[ppm]$$

22

원통형 비누거품미터를 이용하여 공기시료채취기의 유량을 보정하고자 한다. 원통형 비누거품미터의 내경은 4[cm]이고 거품막이 30[cm]의 거리를 이동하는 데 10초의 시간이 걸렸다면 이 공기시료채취기의 유량은 약 몇[cm³/sec]인가?

① 37.7   ② 16.5
③ 8.2   ④ 2.2

해설

$$시료채취유량 = \frac{비누거품면적 \times 높이}{이동시간}$$
$$= \frac{\left(\frac{\pi}{4} \times 4^2\right) \times 30}{10} ≒ 37.7[cm^3/sec]$$

23

입자의 가장자리를 이등분한 직경으로 과대평가될 가능성이 있는 직경은?

① 마틴 직경
② 페렛 직경
③ 공기역학 직경
④ 등면적 직경

해설

페렛(Feret) 직경
입자의 끝과 끝, 즉 입자의 최장 거리를 직경으로 사용하는 방법이다. 실제 직경보다 과대평가되는 경향이 많다.

24

다음 중 1차 표준기구가 아닌 것은?

① 오리피스미터   ② 폐활량계
③ 가스치환병   ④ 유리피스톤미터

해설

2차 표준기구는 측정 대상을 물리적으로 직접 측정할 수 없고, 1차 표준기구를 기준으로 보정하여야 정확도를 확보할 수 있는 기구이다.
예) 오리피스미터, 로터미터, 건식가스미터 등

! 가장 빠른 합격비법
1차 표준기구는 측정 대상을 물리적으로 직접 측정할 수 있는 기구입니다. 별도의 보정이 없어도 자체적으로 정확한 값을 얻을 수 있습니다.

정답 21 ③ 22 ① 23 ② 24 ①

25

온도 표시에 대한 설명으로 틀린 것은? (단, 고용노동부 고시를 기준으로 한다.)

① 절대온도는 [K]로 표시하고 절대온도 0[K]는 −273[℃]로 한다.
② 실온은 135[℃], 미온은 30~40[℃]로 한다.
③ 온도의 표시는 셀시우스(Celcius)법에 따라 아라비아 숫자의 오른쪽에 [℃]를 붙인다.
④ 냉수는 4[℃] 이하, 온수는 60~70[℃]를 말한다.

해 설

냉수(冷水)는 15[℃] 이하, 온수(溫水)는 60~70[℃], 열수(熱水)는 약 100[℃]를 말한다.

26

유사노출그룹에 대한 설명으로 틀린 것은?

① 유사노출그룹은 노출되는 유해인자의 농도와 특성이 유사하거나 동일한 근로자 그룹을 말한다.
② 역학조사를 수행할 때 사건이 발생된 근로자가 속한 유사노출그룹의 노출농도를 근거로 노출원인을 추정할 수 있다.
③ 유사노출그룹 설정을 위해 시료채취 수가 과다해지는 경우가 있다.
④ 유사노출그룹은 모든 근로자의 노출 상태를 측정하는 효과를 가진다.

해 설

유사노출그룹을 설정함으로 시료채취 수를 줄여 경제성을 확보할 수 있다.

27

출력이 0.4[W]인 작은 점음원에서 10[m] 떨어진 곳의 음압수준은 약 몇 [dB]인가? (단, 공기의 밀도는 1.18[kg/m³]이고, 공기에서 음속은 344.4[m/sec]이다.)

① 80 ② 85
③ 90 ④ 95

해 설

음력 수준(PWL)

$$PWL = 10 \log \frac{W}{W_0}$$

여기서, PWL: 음력 수준(음향파워레벨)[dB]
　　　　W: 측정음력[W]
　　　　W_0: 기준음력(10^{-12}[W])

$$PWL = 10 \log \frac{0.4}{10^{-12}} = 116.02 [dB]$$

SPL과 PWL의 관계(자유공간)

$$SPL = PWL - 20 \log r - 11$$

여기서, SPL: 음압수준[dB]
　　　　PWL: 음력수준[dB]
　　　　r: 음원으로부터 떨어진 거리[m]

$$SPL = 116.02 - 20 \log 10 - 11 = 85.02 [dB]$$

28

측정결과를 평가하기 위하여 표준화값을 산정할 때 필요한 것은? (단, 고용노동부 고시를 기준으로 한다.)

① 시간가중평균값(단시간노출값)과 허용기준
② 평균농도와 표준편차
③ 측정농도와 시료채취분석오차
④ 시간가중평균값(단시간노출값)과 평균농도

해 설

$$표준화값 = \frac{시간가중평균값(또는 단시간노출값)}{허용기준}$$

정답 25 ④　26 ③　27 ②　28 ①

29

입경이 20[μm]이고 입자비중이 1.5인 입자의 침강속도는 약 몇 [cm/sec]인가?

① 1.8
② 2.4
③ 12.7
④ 36.2

해설

침강속도식(Lippman식)

$$V_g = 0.003 \times s_g \times d^2$$

여기서, V_g : 침강속도[cm/sec]
s_g : 입자의 비중
d : 입자의 직경[μm]

$V_g = 0.003 \times 1.5 \times 20^2 = 1.8$[cm/sec]

30

입자의 크기에 따라 여과기전 및 채취효율이 다르다. 입자크기가 0.1~0.5[μm]일 때 주된 여과기전은?

① 충돌과 간섭
② 확산과 간섭
③ 차단과 간섭
④ 침강과 간섭

해설

입경범위가 0.1~0.5[μm]인 경우 확산과 간섭이 주된 여과 메커니즘이다.

💡 가장 빠른 합격비법

- 확산: 공기 흐름에 비해 매우 느리게 움직이는 미세입자는 브라운운동에 의해 무작위로 움직입니다. 이 과정에서 필터 주변의 유동이 제한되는 지점에서 입자가 섬유 표면에 충돌·부착됩니다.
- 간섭: 공기 흐름을 따라 이동하던 입자가 필터 섬유의 표면으로부터 입자 반경만큼 가까이 접근할 때, 유동선에서 벗어나지 않고 그대로 섬유에 포집되는 현상입니다.

31

다음은 가스상 물질을 측정 및 분석하는 방법에 대한 내용이다. ( ) 안에 알맞은 것은? (단, 고용노동부 고시를 기준으로 한다.)

> 가스상 물질을 검지관 방식으로 측정하는 경우에 1일 작업시간 동안 1시간 간격으로 (㉠)회 이상 측정하되 측정시간마다 (㉡)회 이상 반복 측정하며 평균값을 산출하여야 한다.

	㉠	㉡		㉠	㉡
①	6	2	②	6	3
③	8	2	④	8	3

해설

가스상 물질을 검지관방식으로 측정하는 경우에는 1일 작업시간 동안 1시간 간격으로 6회 이상 측정하되 측정시간마다 2회 이상 반복 측정하여 평균값을 산출하여야 한다.

32

에틸렌글리콜이 20[℃], 1기압에서 공기 중에서 증기압이 0.05[mmHg]라면, 20[℃], 1기압에서 공기 중 포화농도는 약 몇 [ppm]인가?

① 55.4
② 65.8
③ 73.2
④ 82.1

해설

$$포화농도[ppm] = \frac{증기압[mmHg]}{760} \times 10^6$$

$$= \frac{0.05}{760} \times 10^6 = 65.8[ppm]$$

정답 29 ① 30 ② 31 ① 32 ②

33

입자상 물질을 채취하기 위해 사용하는 막여과지에 관한 설명으로 틀린 것은?

① MCE막 여과지: 산에 쉽게 용해되므로 입자상 물질 중의 금속을 채취하여 원자흡광광도법으로 분석하는 데 적당하다.
② PVC막 여과지: 유리규산을 채취하여 X선회절법으로 분석하는 데 적절하다.
③ PTFE막 여과지: 농약, 알칼리성 먼지, 콜타르피치 등을 채취하는 데 사용한다.
④ 은막 여과지: 금속은, 결합제, 섬유 등을 소결하여 만든 것으로 코크스오븐에 대한 저항이 약한 단점이 있다.

해 설

은막 여과지는 거의 순수한 은으로 만들어져 화학적, 열적 안정성이 매우 높다. 따라서, 코크스오븐 배출물질이나 콜타르피치 휘발성 물질, 다핵방향족 탄화수소 등을 채취할 때 사용한다.

34

유량, 측정시간, 회수율 및 분석에 의한 오차가 각각 18[%], 3[%], 9[%], 5[%]일 때, 누적오차는 약 몇 [%]인가?

① 18
② 21
③ 24
④ 29

해 설

누적오차(E_c)

$$E_c = \sqrt{E_1^2 + E_2^2 + \cdots + E_n^2}$$

여기서, E_c: 누적오차
E_n: 각 요소별 오차

$E_c = \sqrt{18^2 + 3^2 + 9^2 + 5^2} = 20.95[\%]$

35

다음 중 자외선에 관한 내용과 가장 거리가 먼 것은?

① 비전리방사선이다.
② 인체와 관련된 Dorno선을 포함한다.
③ 100~1,000[nm] 사이의 파장을 갖는 전자파를 총칭하는 것으로 열선이라고도 한다.
④ UV-B는 약 280~315[nm]의 파장의 자외선이다.

해 설

자외선의 파장 범위는 200~380[nm]이며, 열선으로 불리는 비전리방사선은 적외선이다.

36

다음 중 78[°C]와 동등한 온도는?

① 351[K]
② 189[°F]
③ 26[°F]
④ 195[K]

해 설

절대온도([°C] → [K])

$$T_K = T_C + 273.15$$

여기서, T_K: 절대온도[K]
T_C: 섭씨온도[°C]

$T_K = 78 + 273.15 = 351.15[K]$

화씨온도([°C] → [°F])

$$T_F = T_C \times \frac{9}{5} + 32$$

여기서, T_F: 화씨온도[°F]

$T_F = 78 \times \frac{9}{5} + 32 = 172.4[°F]$

정답 33 ④ 34 ② 35 ③ 36 ①

37
이황화탄소(CS_2)가 배출되는 작업장에서 시료분석농도가 3시간에 3.5[ppm], 2시간에 15.2[ppm], 3시간에 5.8[ppm]일 때, 시간가중평균값은 약 몇 [ppm]인가?

① 3.7
② 6.4
③ 7.3
④ 8.9

해설

시간가중평균노출기준(TWA)

$$TWA = \frac{C_1 t_1 + C_2 t_2 + \cdots + C_n t_n}{8}$$

여기서, TWA: 시간가중평균노출기준
C_n: 유해인자의 측정농도[mg/m³ 또는 ppm]
t_n: 유해인자의 발생시간[hr]

$$TWA = \frac{(3.5 \times 3) + (15.2 \times 2) + (5.8 \times 3)}{3+2+3} = 7.3 [ppm]$$

38
소음측정방법에 관한 내용으로 ( )에 알맞은 것은? (단, 고용노동부 고시 기준)

> 소음이 1초 이상의 간격을 유지하면서 최대음압수준이 120[dB(A)] 이상의 소음인 경우에는 소음수준에 따른 ( ) 동안의 발생횟수를 측정할 것

① 1분
② 2분
③ 3분
④ 5분

해설

소음이 1초 이상의 간격을 유지하면서 최대음압수준이 120[dB(A)] 이상의 소음인 경우에는 소음수준에 따른 1분 동안의 발생횟수를 측정한다.

39
측정에서 변이계수를 알맞게 나타낸 것은?

① 표준편차/산술평균
② 기하평균/표준편차
③ 표준오차/표준편차
④ 표준편차/표준오차

해설

변이계수

$$CV = \frac{SD}{\bar{x}} \times 100$$

여기서, CV: 변이계수[%]
SD: 표준편차
$\bar{x}$: 산술평균

40
옥외(태양광선이 내리쬐는 장소)에서 습구흑구온도지수(WBGT)의 산출식은?

① (0.7 × 자연습구온도) + (0.2 × 건구온도) + (0.1 × 흑구온도)
② (0.7 × 자연습구온도) + (0.2 × 흑구온도) + (0.1 × 건구온도)
③ (0.7 × 자연습구온도) + (0.3 × 흑구온도)
④ (0.7 × 자연습구온도) + (0.2 × 건구온도)

해설

습구흑구온도지수(태양광선이 내리쬐는 옥외)

$$WBGT = 0.7 NWB + 0.2 GT + 0.1 DT$$

여기서, WBGT: 습구흑구온도지수[°C]
NWB: 자연습구온도[°C]
GT: 흑구온도[°C]
DT: 건구온도[°C]

정답 37 ③ 38 ① 39 ① 40 ②

3과목 작업환경관리대책

41
후드의 유입계수가 0.7이고 속도압이 20[mmH$_2$O]일 때, 후드의 유입손실은 약 몇 [mmH$_2$O]인가?

① 10.5 ② 20.8
③ 32.5 ④ 40.8

해설

유입손실계수(F_h)

$$F_h = \frac{1}{Ce^2} - 1$$

여기서, F_h: 유입손실계수
Ce: 유입계수

$F_h = \frac{1}{0.7^2} - 1 = 1.04$

후드 압력손실(ΔP)

$$\Delta P = F_h \times VP$$

여기서, ΔP: 후드 압력손실[mmH$_2$O]
F_h: 유입손실계수
VP: 속도압[mmH$_2$O]

$\Delta P = 1.04 \times 20 = 20.8$[mmH$_2$O]

42
주물작업 시 발생되는 유해인자로 가장 거리가 먼 것은?

① 소음 발생 ② 금속흄 발생
③ 분진 발생 ④ 자외선 발생

해설

주물작업 시 주로 발생하는 광선은 적외선이다.

43
보호구의 보호정도와 한계를 나타내는 데 필요한 보호계수(PF)를 산정하는 공식으로 옳은 것은? (단, 보호구 밖의 농도는 C$_o$이고, 보호구 안의 농도는 C$_i$이다.)

① $PF = C_o/C_i$
② $PF = C_i/C_o$
③ $PF = (C_i/C_o) \times 100$
④ $PF = (C_i/C_o) \times 0.5$

해설

보호계수(PF)

$$PF = \frac{C_o}{C_i}$$

여기서, PF: 보호계수
C_o: 보호구 밖의 농도
C_i: 보호구 안의 농도

44
국소배기시설의 일반적 배열순서로 가장 적절한 것은?

① 후드 → 덕트 → 송풍기 → 공기정화장치 → 배기구
② 후드 → 송풍기 → 공기정화장치 → 덕트 → 배기구
③ 후드 → 덕트 → 공기정화장치 → 송풍기 → 배기구
④ 후드 → 공기정화장치 → 덕트 → 송풍기 → 배기구

해설

국소배기시설의 구성
후드(Hood) → 덕트(Duct) → 공기정화기(Air cleaner equipment) → 송풍기(Fan) → 배출구

⚠ 가장 빠른 합격비법

송풍기 보호, 송풍기 성능 유지, 배출가스 기준 준수 등을 위해 송풍기 이전에 공기정화기를 설치합니다.

정답 41 ② 42 ④ 43 ① 44 ③

45

작업장의 음압수준이 86[dB(A)]이고, 근로자는 귀덮개 (차음평가지수=19)를 착용하고 있을 때 근로자에게 노출되는 음압수준은 약 몇 [dB(A)]인가?

① 74
② 76
③ 78
④ 80

해설

귀마개 차음효과의 예측(미국 OSHA 기준)

> 차음효과=(NRR−7)×0.5
> 여기서, NRR: 차음평가지수

차음효과=(19−7)×0.5=6[dB(A)]
근로자에게 노출되는 음압수준=86−6=80[dB(A)]

46

작업환경개선 대책 중 격리와 가장 거리가 먼 것은?

① 국소배기장치의 설치
② 원격조정장치의 설치
③ 특수저장창고의 설치
④ 콘크리트 방호벽의 설치

해설

국소배기장치 설치는 오염원을 격리하는 방법이 아니라, 오염원으로부터 방출되는 물질의 확산을 막기 위해 환기하는 방법이다.

47

회전수가 600[rpm]이고, 동력은 5[kW]인 송풍기의 회전수를 800[rpm]으로 상향조정하였을 때, 동력은 약 몇 [kW]인가?

① 6
② 9
③ 12
④ 15

해설

상사법칙(동력−회전수)

$$\frac{W_2}{W_1}=\left(\frac{N_2}{N_1}\right)^3$$

여기서, W_1, W_2: 변경 전, 변경 후 동력
N_1, N_2: 변경 전, 변경 후 회전수

$W_2=5\times\left(\frac{800}{600}\right)^3=11.85[kW]$

48

작업장에 설치된 후드가 100[m³/min]으로 환기되도록 송풍기를 설치하였다. 사용함에 따라 정압이 절반으로 줄었을 때, 환기량의 변화로 옳은 것은? (단, 상사법칙을 적용한다.)

① 환기량이 33.3[m³/min]으로 감소하였다.
② 환기량이 50[m³/min]으로 감소하였다.
③ 환기량이 57.7[m³/min]으로 감소하였다.
④ 환기량이 70.7[m³/min]으로 감소하였다.

해설

상사법칙에 의해 풍량은 회전수에 비례하고, 풍압은 회전수의 제곱에 비례한다. 따라서, 풍압은 풍량의 제곱에 비례한다.

상사법칙(풍압−풍량)

$$\frac{P_2}{P_1}=\left(\frac{Q_2}{Q_1}\right)^2$$

여기서, P_1, P_2: 변경 전, 변경 후 풍압
Q_1, Q_2: 변경 전, 변경 후 풍량

$0.5=\left(\frac{Q_2}{100}\right)^2$
$Q_2=100\times\sqrt{0.5}=70.7[m^3/min]$

정답 45 ④ 46 ① 47 ③ 48 ④

49

주물사, 고온가스를 취급하는 공정에 환기시설을 설치하고자 할 때, 다음 중 덕트의 재료로 가장 적절한 것은?

① 아연도금 강판
② 중질 콘크리트
③ 스테인레스 강판
④ 흑피 강판

해설

흑피 강판은 모래가 함유되어 있어 마모의 우려가 크거나 고온 가스의 배기 시 덕트의 재료로 적절하다.

50

푸시풀 후드(Push-pull Hood)에 대한 설명으로 적합하지 않은 것은?

① 도금조와 같이 폭이 넓은 경우에 사용하면 포집효율을 증가시키면서 필요유량을 감소시킬 수 있다.
② 공정에서 작업물체를 처리조에 넣거나 꺼내는 중에 발생되는 공기막 파괴현상을 사전에 방지할 수 있다.
③ 개방조 한 변에서 압축공기를 이용하여 오염물질이 발생하는 표면에 공기를 불어 반대쪽에 오염물질이 도달하게 한다.
④ 제어속도는 푸시 제트기류에 의해 발생한다.

해설

푸시풀 후드는 공정에서 작업물체를 처리조에 넣거나 꺼내는 중에 공기막이 파괴되어 오염물질이 발생하는 단점이 있다.

> ⚠ **가장 빠른 합격비법**
>
> 푸시풀 후드는 뒤쪽에서 깨끗한 공기를 밀어(push)주고, 앞쪽에서 오염된 공기를 당기면서(pull) 작업공간과 외부를 분리합니다. 이렇게 후드 앞면에서 흐르는 일정한 공기층을 공기막이라고 합니다.

51

다음 중 덕트 합류 시 댐퍼를 이용한 균형유지법의 특징과 가장 거리가 먼 것은?

① 임의로 댐퍼 조정 시 평형상태가 깨진다.
② 시설 설치 후 변경이 어렵다.
③ 설계 계산이 상대적으로 간단하다.
④ 설치 후 부적당한 배기 유량의 조절이 가능하다.

해설

댐퍼조절평형법(저항조절평형법)은 설계 과정이 매우 단순하고 시설 설치 후 변경이 용이하다.

52

작업장 내 열부하량이 5,000[kcal/h]이며, 외기온도 20[℃], 작업장 내 온도는 35[℃]이다. 이때 전체환기를 위한 필요환기량은 약 몇 [m³/min]인가? (단, 정압비열은 0.3[kcal/m³·℃]이다.)

① 18.5
② 37.1
③ 185
④ 1,111

해설

발열 시 필요환기량

$$Q = \frac{H_s}{C_p \times \Delta t}$$

여기서, Q: 필요환기량[m³/h]
H_s: 작업장 내 열부해[kcal/h]
Δt: 실내외 온도차[℃]
C_p: 정압비열[kcal/m³·℃]

$Q = \frac{5,000}{0.3 \times (35-20)} = 1,111.11 [m^3/h]$

$Q = \frac{1,111.11 m^3}{h} \times \frac{h}{60 min} = 18.5 [m^3/min]$

정답 49 ④ 50 ② 51 ② 52 ①

53

공기가 20[℃]의 송풍관 내에서 20[m/sec]의 유속으로 흐를 때, 공기의 속도압은 약 몇 [mmH₂O]인가? (단, 공기밀도는 1.2[kg/m³])

① 15.5
② 24.5
③ 33.5
④ 40.2

해설

속도압(동압)

$$VP = \frac{\gamma V^2}{2g}$$

여기서, VP: 속도압[mmH₂O]
γ: 유체의 비중량[kgf/m³]
V: 유속[m/s]
g: 중력가속도[m/s²]

$VP = \dfrac{1.2 \times 20^2}{2 \times 9.8} = 24.49 [\text{mmH}_2\text{O}]$

54

다음 중 전체환기를 적용할 수 있는 상황과 가장 거리가 먼 것은?

① 유해물질의 독성이 높은 경우
② 작업장 특성상 국소배기장치의 설치가 불가능한 경우
③ 동일 사업장에 다수의 오염발생원이 분산되어 있는 경우
④ 오염발생원이 근로자가 작업하는 장소로부터 멀리 떨어져 있는 경우

해설

전체환기는 유해물질의 독성이 비교적 낮은 경우 적용한다.

55

환기량을 Q[m³/hr], 작업장 내 체적을 V[m³]라고 할 때, 시간당 환기 횟수[회/hr]로 옳은 것은?

① 시간당 환기횟수 = $Q \times V$
② 시간당 환기횟수 = V/Q
③ 시간당 환기횟수 = Q/V
④ 시간당 환기횟수 = $Q\sqrt{V}$

해설

시간당 공기교환횟수(ACH)

$$ACH = \frac{Q}{V}$$

여기서, ACH: 시간당 공기교환횟수
Q: 필요환기량
V: 실내 용적

56

보호구의 재질과 적용 대상 화학물질에 대한 내용으로 잘못 짝지어진 것은?

① 천연고무 - 극성 용제
② Butyl 고무 - 비극성 용제
③ Nitrile 고무 - 비극성 용제
④ Neoprene 고무 - 비극성 용제

해설

부틸 고무는 극성 용제에 효과적이다.

정답 53 ② 54 ① 55 ③ 56 ②

57

덕트 직경이 30[cm]이고 공기유속이 10[m/sec]일 때, 레이놀즈수는 약 얼마인가? (단, 공기의 점성계수는 1.85×10^{-5}[kg/sec·m], 공기밀도는 1.2[kg/m³]이다.)

① 195,000
② 215,000
③ 235,000
④ 255,000

해 설

레이놀즈수(Re)

$$Re = \frac{\rho DV}{\mu} = \frac{DV}{\nu}$$

여기서, Re: 레이놀즈수
ρ: 유체의 밀도[kg/m³]
D: 덕트의 직경[m]
V: 유체의 평균속도[m/sec]
μ: 점성계수[kg/m·sec]
ν: 동점성계수[m²/sec]

$$Re = \frac{1.2 \times 0.3 \times 10}{1.85 \times 10^{-5}} = 194,594.59$$

58

다음 중 도금조와 사형주조에 사용되는 후드형식으로 가장 적절한 것은?

① 부스식
② 포위식
③ 외부식
④ 장갑부착상자식

해 설

외부식 후드는 넓은 영역에서 발생하는 오염물질을 효과적으로 포집하고, 작업 간섭을 최소화할 수 있기 때문에 도금조와 사형주조에 적합하다.

59

사이클론 집진장치의 블로다운에 대한 설명으로 옳은 것은?

① 유효원심력을 감소시켜 선회기류의 흐트러짐을 방지한다.
② 관 내 분진 부착으로 인한 장치의 폐쇄현상을 방지한다.
③ 부분적 난류 증가로 집진된 입자가 재비산된다.
④ 처리배기량의 50[%] 정도가 재유입되는 현상이다.

오답해설

① 블로다운(Blow down)은 사이클론 집진장치의 유효원심력을 증가시켜 선회기류의 흐트러짐을 방지한다.
③ 부분적 난류 감소로 집진된 입자의 재비산을 방지한다.
④ 블로다운 현상을 위해 처리배기량의 5~10[%] 정도가 재유입된다.

60

다음 중 개인보호구에서 귀덮개의 장점과 가장 거리가 먼 것은?

① 귀 안에 염증이 있어도 사용 가능하다.
② 동일한 크기의 귀덮개를 대부분의 근로자가 사용할 수 있다.
③ 멀리서도 착용 유무를 확인할 수 있다.
④ 고온에서 사용해도 불편이 없다.

해 설

고온에서 귀덮개를 착용하면 접촉부위에 땀이 나므로 불편하다.

정답 57 ① 58 ③ 59 ② 60 ④

4과목 물리적유해인자관리

61
진동증후군(HAVS)에 대한 스톡홀름 워크숍의 분류로서 틀린 것은?

① 진동증후군의 단계를 0부터 4까지 5단계로 구분하였다.
② 1단계는 가벼운 증상으로 하나 또는 그 이상의 손가락 끝부분이 하얗게 변하는 증상을 의미한다.
③ 3단계는 심각한 증상으로 하나 또는 그 이상의 손가락 가운뎃마디 부분까지 하얗게 변하는 증상이 나타나는 단계이다.
④ 4단계는 매우 심각한 증상으로 대부분의 손가락이 하얗게 변하는 증상과 함께 손끝에서 땀의 분비가 제대로 일어나지 않는 등의 변화가 나타나는 단계이다.

해설
3단계는 대부분의 손가락에 증상이 발생하고, 일상생활에 지장이 생기는 단계이다.

62
다음 중 피부 투과력이 가장 큰 것은?

① X선
② α선
③ β선
④ 레이저

해설
전리방사선의 투과력 순서
중성자>X선 또는 γ선>β선>α선

63
다음은 빛과 밝기의 단위를 설명한 것으로 ㉠, ㉡에 해당하는 용어로 맞는 것은?

> 1루멘의 빛이 1[ft²]의 평면상에 수직방향으로 비칠 때, 그 평면의 빛의 양, 즉 조도를 (㉠)(이)라 하고, 1[m²]의 평면에 1루멘의 빛이 비칠 때의 밝기를 (㉡)(이)라고 한다.

	㉠	㉡
①	캔들(Candle)	럭스(Lux)
②	럭스(Lux)	캔들(Candle)
③	럭스(Lux)	푸트캔들(Footcandle)
④	푸트캔들(Footcandle)	럭스(Lux)

해설
밝기의 정의
- 1[lm](루멘)의 빛이 1[ft²]의 평면에 수직으로 비칠 때 그 평면의 밝기를 1[fc](푸트캔들)로 정의한다.
- 1[lm]의 빛이 1[m²]의 평면에 수직으로 비칠 때 그 평면의 밝기를 1[lx](럭스)로 정의한다.

64
저기압의 영향에 관한 설명으로 틀린 것은?

① 산소결핍을 보충하기 위하여 호흡수, 맥박수가 증가된다.
② 고도 18,000[ft](5,468[m]) 이상이 되면 21[%] 이상의 산소가 필요하게 된다.
③ 고도 10,000[ft](3,048[m])까지는 시력, 협조운동의 가벼운 장해 및 피로를 유발한다.
④ 고도의 상승으로 기압이 저하되면 공기의 산소분압이 상승하여 폐포 내의 산소분압도 상승한다.

해설
고도가 상승하면 공기 중 산소분압이 낮아져 폐포 내의 산소분압도 저하한다.

정답 61 ③ 62 ① 63 ④ 64 ④

65

온열지수(WBGT)를 측정하는 데 있어 관련이 없는 것은?

① 기습 ② 기류
③ 전도열 ④ 복사열

해설

온열지수에 영향을 미치는 요소는 기온, 기류, 습도, 복사열이며 전도열은 관계 없다.

66

열사병(Heat Stroke)에 관한 설명으로 맞는 것은?

① 피부가 차갑고 습한 상태로 된다.
② 보온을 시키고, 더운 커피를 마시게 한다.
③ 지나친 발한에 의한 탈수와 염분소실이 원인이다.
④ 뇌 온도 상승으로 체온조절중추의 기능이 장해를 받게 된다.

오답해설

① 열사병 발생 시 피부가 뜨거워지고 건조해진다.
② 열사병 발생 시 체온 저하를 위하여 얼음 마사지를 실시한다.
③ 발한에 의한 체열방출장해로 체내에 축적된 열이 원인이다.

67

자연조명에 관한 설명으로 틀린 것은?

① 창의 면적은 바닥면적의 15~20[%] 정도가 이상적이다.
② 개각은 4~5°가 좋으며, 개각이 작을수록 실내는 밝다.
③ 균일한 조명을 요하는 작업실은 동북 또는 북창이 좋다.
④ 입사각은 28° 이상이 좋으며, 입사각이 클수록 실내는 밝다.

해설

개각 및 입사각이 클수록 실내가 밝다.

68

다음 중 저온에 의한 장해에 관한 내용으로 틀린 것은?

① 근육 긴장이 증가하고 떨림이 발생한다.
② 혈압은 변화되지 않고 일정하게 유지된다.
③ 피부 표면의 혈관들과 피하조직이 수축된다.
④ 부종, 저림, 가려움, 심한 통증 등이 생긴다.

해설

저온에 의한 2차 생리적 반응으로 혈압이 일시적으로 상승한다.

가장 빠른 합격비법

저온에 노출되면 말초혈관이 수축하고 교감신경이 활성화되어 일시적으로 혈압이 높아집니다.

정답 65 ③ 66 ④ 67 ② 68 ②

69

다음 중 적외선의 생체작용에 대한 설명으로 틀린 것은?

① 조직에 흡수된 적외선은 화학반응을 일으키는 것이 아니라 구성분자의 운동에너지를 증대시킨다.
② 만성노출에 따라 눈장해인 백내장을 일으킨다.
③ 700[nm] 이하의 적외선은 눈의 각막을 손상시킨다.
④ 적외선이 체외에서 조사되면 일부는 피부에서 반사되고 나머지만 흡수된다.

해 설

적외선에 의한 각막 손상은 1,400[nm] 이상의 파장에서 주로 발생한다.

70

다음의 설명에서 (   ) 안에 들어갈 알맞은 숫자는?

> (   )기압 이상에서 공기 중의 질소가스는 마취작용을 나타내서 작업력의 저하, 기분의 변환, 여러 정도의 다행증(多幸症)이 일어난다.

① 2 ② 4
③ 6 ④ 8

해 설

대기압에서의 질소는 비활성기체이지만, 4기압 이상에서는 인체에 마취작용을 유발한다.

71

방사선 용어 중 조직(또는 물질)의 단위질량당 흡수된 에너지를 나타낸 것은?

① 등가선량   ② 흡수선량
③ 유효선량   ④ 노출선량

해 설

흡수선량은 단위질량당 흡수된 방사선 에너지를 의미하며, 단위로 [Gy](그레이) 또는 [rad](래드)를 사용한다.

72

감압병의 예방 및 치료에 관한 설명으로 틀린 것은?

① 고압환경에서의 작업시간을 제한한다.
② 감압이 끝날 무렵에 순수한 산소를 흡입시키면 감압시간을 25[%]가량 단축시킬 수 있다.
③ 특별히 잠수에 익숙한 사람을 제외하고는 10[m/min] 속도 정도로 잠수하는 것이 안전하다.
④ 헬륨은 질소보다 확산속도가 작고 체내에서 불안정적이므로 질소를 헬륨으로 대치한 공기로 호흡시킨다.

해 설

헬륨은 질소보다 확산속도가 크고 조직 용해도가 훨씬 낮으므로 질소를 헬륨으로 대치한 공기를 흡입시킨다.

정답 69 ③ 70 ② 71 ② 72 ④

73

사람이 느끼는 최소 진동역치로 맞는 것은?

① 35±5[dB] ② 45±5[dB]
③ 55±5[dB] ④ 65±5[dB]

해설

최소 진동역치란 사람이 감지할 수 있는 최소한의 진동 강도이다. 평균적으로 50~60[dB]이 최소 진동역치에 해당한다.

74

비전리방사선이 아닌 것은?

① 감마선 ② 극저주파
③ 자외선 ④ 라디오파

해설

감마선은 전리방사선이다.

75

소음성 난청에 관한 설명으로 틀린 것은?

① 소음성 난청은 4,000~6,000[Hz] 정도에서 가장 많이 발생한다.
② 일시적 청력변화 때의 각 주파수에 대한 청력손실의 양상은 같은 소리에 의하여 생긴 영구적 청력변화 때의 청력손실 양상과는 다르다.
③ 심한 소음에 노출되면 처음에는 일시적 청력변화를 초래하는데, 이것은 소음 노출을 중단하면 다시 노출 전의 상태로 회복되는 변화이다.
④ 심한 소음에 반복하여 노출되면 일시적 청력 변화는 영구적 청력 변화로 변하며 코르티 기관에 손상이 온 것이므로 회복이 불가능하다.

해설

같은 소리에 의하여 발생한 일시적 청력손실과 영구적 청력손실의 양상은 유사하다.

76

정상인이 들을 수 있는 가장 낮은 이론적 음압은 몇 [dB]인가?

① 0   ② 5
③ 10 ④ 20

해설

사람이 들을 수 있는 음압은 0~130[dB] 사이이다.

⚠ 가장 빠른 합격비법

0[dB]은 소리의 절대적인 무(無)가 아니라, 사람이 감지할 수 있는 최소 소리 크기를 의미합니다.

정답 73 ③ 74 ① 75 ② 76 ①

77

소음의 흡음평가 시 적용되는 반향시간(Reverberation Time)에 관한 설명으로 맞는 것은?

① 반향시간은 실내공간의 크기에 비례한다.
② 실내흡음량을 증가시키면 반향시간도 증가한다.
③ 반향시간은 음압수준이 30[dB] 감소하는 데 소요되는 시간이다.
④ 반향시간을 측정하려면 실내 배경소음이 90[dB] 이상 되어야 한다.

오답해설

② 실내흡음량을 증가시키면 반향시간(잔향시간)은 감소한다.
③ 반향시간은 음원을 끈 순간부터 음압수준이 60[dB] 감소하는 데 소요되는 시간이다.
④ 잔향시간을 측정하려면 실내 배경소음이 측정소음보다 15[dB] 이상 낮아야 한다.

78

사무실 실내환경의 이산화탄소 농도를 측정하였더니 750[ppm]이었다. 이산화탄소가 750[ppm]인 사무실 실내환경의 직접적 건강영향은?

① 두통
② 피로
③ 호흡곤란
④ 직접적 건강영향은 없다.

해 설

사무실 공기관리 지침에 따르면, 이산화탄소의 관리기준은 1,000[ppm] 이하이다.
해당 사무실의 이산화탄소 농도는 관리기준 이내이므로 직접적 건강영향이 없다고 판단한다.

79

각각 90[dB], 90[dB], 95[dB], 100[dB]의 음압수준을 발생하는 소음원이 있다. 이 소음원들이 동시에 가동될 때 발생되는 음압수준은?

① 99[dB]
② 102[dB]
③ 105[dB]
④ 108[dB]

해 설

합산 소음

$$L_{합} = 10\log\left(10^{\frac{SPL_1}{10}} + 10^{\frac{SPL_2}{10}} + \cdots + 10^{\frac{SPL_n}{10}}\right)$$

여기서, $L_{합}$: 합산 소음[dB]
SPL_n: 음압수준[dB]

$$L_{합} = 10\log\left(10^{\frac{90}{10}} + 10^{\frac{90}{10}} + 10^{\frac{95}{10}} + 10^{\frac{100}{10}}\right) = 101.8[dB]$$

80

일반적으로 소음계의 A특성치는 몇 [phon]의 등감곡선과 비슷하게 주파수에 따른 반응을 보정하여 측정한 음압수준을 말하는가?

① 40
② 70
③ 100
④ 140

해 설

음압수준의 보정
- A특성치: 40[phon] 등감곡선으로 보정
- B특성치: 70[phon] 등감곡선으로 보정
- C특성치: 100[phon] 등감곡선으로 보정

정답 77 ① 78 ④ 79 ② 80 ①

| 5과목 | 산업독성학 |

81
작업장 내 유해물질 노출에 따른 위험성을 결정하는 주요 인자로만 나열된 것은?

① 독성과 노출량
② 배출농도와 사용량
③ 노출기준과 노출량
④ 노출기준과 노출농도

해설
독성과 노출량이 유해성을 결정하는 주요 인자이다.

82
유해물질의 분류에 있어 질식제로 분류되지 않는 것은?

① H_2
② N_2
③ O_3
④ H_2S

해설
오존(O_3)은 산소를 대체하거나 신체의 산소운반 및 활용능력을 방해하지 않기 때문에 질식제로 볼 수 없다.

83
베릴륨 중독에 관한 설명으로 틀린 것은?

① 베릴륨의 만성중독은 Neighborhood Cases라고도 불리운다.
② 예방을 위해 X선 촬영과 폐기능 검사가 포함된 정기 건강검진이 필요하다.
③ 염화물, 황화물, 불화물과 같은 용해성 베릴륨화합물은 급성중독을 일으킨다.
④ 치료는 BAL 등 금속배설 촉진제를 투여하며, 피부병소에는 BAL 연고를 바른다.

해설
베릴륨 중독에는 BAL을 사용하지 않는다.

> **가장 빠른 합격비법**
> BAL(디메르카프롤)은 제1차 세계대전 때 루이사이트라는 화학무기의 작용을 해독하기 위해 개발된 약물입니다.
> 중금속 해독에 뛰어난 작용을 보여 전후에도 사용되고 있으며, 특히 수은 중독에 주로 사용됩니다.

84
다음 중 인체에 흡수된 대부분의 중금속을 배설, 제거하는 데 가장 중요한 역할을 담당하는 기관은 무엇인가?

① 대장
② 소장
③ 췌장
④ 신장

해설
인체에 흡수된 중금속을 배설, 제거하는 기관은 신장이다.

정답 81 ① 82 ③ 83 ④ 84 ④

85

납의 독성에 대한 인체실험 결과, 안전흡수량이 체중[kg]당 0.005[mg/m³]이었다. 1일 8시간 작업 시의 허용농도[mg/m³]는? (단, 근로자의 평균 체중은 70[kg], 해당 작업 시의 폐환기량(또는 호흡량)은 시간당 1.25[m³]으로 가정한다.)

① 0.030
② 0.035
③ 0.040
④ 0.045

해설

사람에 대한 안전용량(SHD)

$$SHD = C \times t \times V \times R$$

여기서, SHD: 체내 흡수량[mg]
C: 공기 중 유해물질 농도[mg/m³]
t: 노출시간[hr]
V: 폐환기율[m³/hr]
R: 체내 잔류율

$$SHD = 70kg \times \frac{0.005mg}{kg} = 0.35[mg]$$

$$C = \frac{SHD}{t \times V \times R} = \frac{0.35}{8 \times 1.25 \times 1.0} = 0.035[mg/m^3]$$

86

체내에 소량 흡수된 카드뮴은 체내에서 해독되는데 이들 반응에 중요한 작용을 하는 것은?

① 효소
② 임파구
③ 간과 신장
④ 백혈구

해설

체내에 흡수된 카드뮴은 혈액을 통해 $\frac{2}{3}$가 간과 신장으로 이동한다.

87

이황화탄소를 취급하는 근로자를 대상으로 생물학적 모니터링을 하는 데 이용될 수 있는 생체 내 대사산물은?

① 소변 중 마뇨산
② 소변 중 메탄올
③ 소변 중 메틸마뇨산
④ 소변 중 TTCA(2-thiothiazolidine-4-carboxylic acid)

해설

이황화탄소의 생물학적 노출지표는 요 중 TTCA이다.

88

수은중독의 예방대책이 아닌 것은?

① 수은 주입과정을 밀폐공간 안에서 자동화한다.
② 작업장 내에서 음식물 섭취와 흡연 등의 행동을 금지한다.
③ 수은취급 근로자의 비점막궤양 생성 여부를 면밀히 관찰한다.
④ 작업장에 흘린 수은은 신체가 닿지 않는 방법으로 즉시 제거한다.

해설

비점막장해는 크롬중독에서 주로 볼 수 있는 양상이다.

정답 85 ② 86 ③ 87 ④ 88 ③

89

폐에 침착된 먼지의 정화과정에 대한 설명으로 틀린 것은?

① 어떤 먼지는 폐포벽을 통과하여 림프계나 다른 부위로 들어가기도 한다.
② 먼지는 세포가 방출하는 효소에 의해 용해되지 않으므로 점액층에 의한 방출 이외에는 체내에 축적된다.
③ 폐에 침착된 먼지는 식세포에 의하여 포위되어, 포위된 먼지의 일부는 미세 기관지로 운반되고 점액 섬모 운동에 의하여 정화된다.
④ 폐에서 먼지를 포위하는 식세포는 수명이 다한 후 사멸하고 다시 새로운 식세포가 먼지를 포위하는 과정이 계속적으로 일어난다.

해설
먼지는 대식세포가 방출하는 효소에 의해 용해된다.

90

메탄올에 관한 설명으로 틀린 것은?

① 특징적인 악성변화는 간 혈관육종이다.
② 자극성이 있고, 중추신경계를 억제한다.
③ 플라스틱, 필름 제조와 휘발유첨가제 등에 이용된다.
④ 시각장해의 기전은 메탄올의 대사산물인 포름알데히드가 망막조직을 손상시키는 것이다.

해설
간 혈관육종은 염화비닐 중독에 의해 발생한다.

91

납중독을 확인하는 시험이 아닌 것은?

① 혈중의 납농도
② 소변 중 단백질
③ 말초신경의 신경전달속도
④ ALA(Amino Levulinic Acid) 축적

해설
납중독의 진단
- 빈혈 검사
- 요 중 코프로포르피린(Coproporphyrin) 및 δ-아미노레불린산(Aminolevulinic Acid, δ-ALA)
- 혈중 및 요 중 납 정량
- 혈중 α-ALA 탈수효소 활성치

92

유기용제의 종류에 따른 중추신경계 억제작용을 작은 것부터 큰 것으로 순서대로 나타낸 것은?

① 에스테르 < 유기산 < 알코올 < 알켄 < 알칸
② 에스테르 < 알칸 < 알켄 < 알코올 < 유기산
③ 알칸 < 알켄 < 알코올 < 유기산 < 에스테르
④ 알켄 < 알코올 < 에스테르 < 알칸 < 유기산

해설
중추신경계 활성 억제 작용 순서
할로겐화합물 > 에테르 > 에스테르 > 유기산 > 알코올 > 알켄 > 알칸

정답 89 ② 90 ① 91 ② 92 ③

93

메탄올의 시각장애 독성을 나타내는 대사 단계의 순서로 맞는 것은?

① 메탄올 → 에탄올 → 포름산 → 포름알데히드
② 메탄올 → 아세트알데히드 → 아세테이트 → 물
③ 메탄올 → 아세트알데히드 → 포름알데히드 → 이산화탄소
④ 메탄올 → 포름알데히드 → 포름산 → 이산화탄소

해설

메탄올의 체내 대사과정
메탄올 → 포름알데히드 → 포름산 → 이산화탄소

94

주로 비강, 인후두, 기관 등 호흡기의 기도 부위에 축적됨으로써 호흡기계 독성을 유발하는 분진은?

① 흡입성 분진
② 호흡성 분진
③ 흉곽성 분진
④ 총부유 분진

해설

흡입성 분진(IPM; Inhalable Particulate Mass)
호흡기 어느 부위에 침착하더라도 독성을 나타내는 입자로서, 비암이나 비중격천공을 일으키는 입자상 물질이 여기에 속한다. 입경의 범위는 0~100[μm]이다.

95

유기용제에 의한 장해의 설명으로 틀린 것은?

① 유기용제의 중추신경계 작용으로 잘 알려진 것은 마취작용이다.
② 사염화탄소는 간장과 신장을 침범하는 데 반하여 이황화탄소는 중추신경계통을 침해한다.
③ 벤젠은 노출 초기에는 빈혈증을 나타내고 장기간 노출되면 혈소판 감소, 백혈구 감소를 초래한다.
④ 대부분의 유기용제는 유독성의 포스겐을 발생시켜 장기간 노출 시 폐수종을 일으킬 수 있다.

해설

유기용제 중에서도 염화에틸렌, 사염화탄소, 트리클로로에틸렌 같은 염소화탄화수소가 연소 등에 의해 포스겐이 발생한다.

96

할로겐화탄화수소의 사염화탄소에 관한 설명으로 틀린 것은?

① 생식기에 대한 독성작용이 특히 심하다.
② 고농도에 노출되면 중추신경계 장애 외에 간장과 신장 장애를 유발한다.
③ 신장장애 증상으로 감뇨, 혈뇨 등이 발생하며 완전 무뇨증이 되면 사망할 수도 있다.
④ 초기 증상으로는 지속적인 두통, 구역 또는 구토, 복부 선통과 설사, 간압통 등이 나타난다.

해설

사염화탄소의 생식기 독성에 대한 데이터는 현재 충분하지 않은 상태이며, 주요 독성 메커니즘도 아니다.

정답 93 ④ 94 ① 95 ④ 96 ①

97

다음의 설명에서 ㉠~㉢에 해당하는 내용이 맞는 것은?

> 단시간노출기준(STEL)이란 (㉠)분 간의 시간가중평균노출값으로서 노출농도가 시간가중평균노출기준(TWA)을 초과하고 단시간노출기준(STEL) 이하인 경우에는 1회 노출 지속시간이 (㉡)분 미만이어야 하고, 이러한 상태가 1일 (㉢)회 이하로 발생하여야 하며, 각 노출의 간격은 60분 이상이어야 한다.

	A	B	C		A	B	C
①	15	20	2	②	15	15	4
③	20	15	2	④	20	20	4

해설
단시간노출기준(STEL)이란 15분 간의 시간가중평균노출값으로서 노출농도가 시간가중평균노출기준(TWA)을 초과하고 단시간노출기준(STEL) 이하인 경우에는 1회 노출 지속시간이 15분 미만이어야 하고, 이러한 상태가 1일 4회 이하로 발생하여야 하며, 각 노출의 간격은 60분 이상이어야 한다.

98

페니실린을 비롯한 약품을 정제하기 위한 추출제 혹은 냉동제 및 합성수지에 이용되는 물질로 가장 적절한 것은?

① 벤젠
② 클로로포름
③ 브롬화메틸
④ 헥사클로로나프탈렌

해설
클로로포름은 페니실린을 비롯한 약품을 정제하기 위한 추출제 혹은 냉동제 및 합성수지에 이용된다.

99

채석장 및 모래 분사 작업장 작업자들이 석영을 과도하게 흡입하여 발생하는 질병은?

① 규폐증
② 탄폐증
③ 면폐증
④ 석면폐증

해설
규폐증은 이산화규소(SiO_2) 또는 석영을 과도하게 흡입하여 발생한다.

100

근로자의 화학물질에 대한 노출을 평가하는 방법으로 가장 거리가 먼 것은?

① 개인시료 측정
② 생물학적 모니터링
③ 유해성 확인 및 독성평가
④ 건강감시(Medical Surveillance)

해설
근로자의 화학물질 노출평가방법
개인시료 측정, 생물학적 모니터링, 건강감시

정답 97 ② 98 ② 99 ① 100 ③

2019년 제2회 기출문제

1과목 | 산업위생학개론

01
산업안전보건법상 최근 1년간 작업공정에서 공정 설비의 변경, 작업방법의 변경, 설비의 이전, 사용 화학물질의 변경 등으로 작업환경측정 결과에 영향을 주는 변화가 없는 경우 작업공정 내 소음 외의 다른 모든 인자의 작업환경측정 결과가 최근 2회 연속 노출기준 미만인 사업장은 몇 년에 1회 이상 측정할 수 있는가?

① 6월 ② 1년
③ 2년 ④ 3년

해설
최근 1년간 작업공정에서 공정 설비의 변경, 작업방법의 변경, 설비의 이전, 사용 화학물질의 변경 등으로 작업환경측정 결과에 영향을 주는 변화가 없는 경우로서 다음 어느 하나에 해당하는 경우에는 해당 유해인자에 대한 작업환경측정을 연 1회 이상 할 수 있다.
- 작업공정 내 소음의 작업환경측정 결과가 최근 2회 연속 85[dB] 미만인 경우
- 작업공정 내 소음 외의 다른 모든 인자의 작업환경측정 결과가 최근 2회 연속 노출기준 미만인 경우

02
해외 국가의 노출기준 연결이 틀린 것은?

① 영국 — WEL(Workplace Exposure Limit)
② 독일 — REL(Recommended Exposure Limit)
③ 스웨덴 — OEL(Occupational Exposure Limit)
④ 미국(ACGIH) — TLV(Threshold Limit Value)

해설
해외의 노출기준
- 미국국립산업안전보건연구원(NIOSH): REL(Recommended Exposure Limits)
- 독일: MAK-Wert(Maximale Arbeitsplatz-Konzentration)

03
L_5/S_1 디스크에 얼마 정도의 압력이 초과되면 대부분의 근로자에게 장해가 나타나는가?

① 3,400[N] ② 4,400[N]
③ 5,400[N] ④ 6,400[N]

해설
연구결과에 의하면, L_5/S_1 디스크에 6,400[N] 이상의 압력 부하 시 대부분의 근로자에게 장해가 나타났다.

04
Flex-time 제도의 설명으로 맞는 것은?

① 하루 중 자기가 편한 시간을 정하여 자유롭게 출·퇴근하는 제도
② 주휴 2일제로 주당 40시간 이상의 근무를 원칙으로 하는 제도
③ 연중 4주간 연차 휴가를 정하여 근로자가 원하는 시기에 휴가를 갖는 제도
④ 작업상 전 근로자가 일하는 중추시간(Core Time)을 제외하고 주당 40시간 내외의 근로조건 하에서 자유롭게 출·퇴근하는 제도

해설
Flex-time 제도(선택적 근무시간제)는 전 근로자가 일하는 중추시간(Core Time)을 설정하고, 지정된 주간 근무시간 내에서 자유로운 출퇴근을 인정하는 제도이다.

정답 01 ② 02 ② 03 ④ 04 ④

05

하인리히의 사고연쇄반응 이론(도미노 이론)에서 사고가 발생하기 바로 직전의 단계에 해당하는 것은?

① 개인적 결함
② 사회적 환경
③ 선진 기술의 미적용
④ 불안전한 행동 및 상태

해설

하인리히의 도미노 이론
1단계: 사회적 환경 및 유전적 요소
2단계: 개인적 결함
3단계: 불안전한 행동 및 불안전한 상태
4단계: 사고
5단계: 재해

06

화학물질의 국내 노출기준에 관한 설명으로 틀린 것은?

① 1일 8시간을 기준으로 한다.
② 직업병 진단 기준으로 사용할 수 없다.
③ 대기오염의 평가나 관리상 지표로 사용할 수 없다.
④ 직업성 질병의 이환에 대한 반증자료로 사용할 수 있다.

해설

노출기준 사용상의 유의사항
• 노출기준은 1일 8시간 작업을 기준으로 하여 제정된 것이다.
• 노출기준을 직업병 진단에 사용하거나 노출기준 이하의 작업환경이라는 이유만으로 직업성 질병의 이환을 부정하는 근거 또는 반증자료로 사용하여서는 아니 된다.
• 노출기준을 대기오염의 평가 또는 관리상의 지표로 사용하여서는 아니 된다.

07

사업장에서의 산업보건관리업무는 크게 3가지로 구분될 수 있다. 산업보건관리업무와 가장 관련이 적은 것은?

① 안전관리
② 건강관리
③ 환경관리
④ 작업관리

해설

안전관리는 보건관리와 분리하여 역할을 수행하는 것이 효과적이다.

08

최근 실내공기질에서 문제가 되고 있는 방사성 물질인 라돈에 관한 설명으로 옳지 않은 것은?

① 무색, 무취, 무미한 가스로 인간의 감각에 의해 감지할 수 없다.
② 인광석이나 산업폐기물을 포함하는 토양, 석재, 각종 콘크리트 등에서 발생할 수 있다.
③ 라돈의 감마(γ)붕괴에 의하여 라돈의 딸핵종이 생성되며 이것이 기관지에 부착되어 감마선을 방출하여 폐암을 유발한다.
④ 우라늄 계열의 붕괴과정 일부에서 생성될 수 있다.

해설

라돈(Rn)이 알파(α)붕괴하여야 딸핵종인 폴로늄(Po)이 생성된다. 알파붕괴 시 방출되는 에너지는 알파선이다.

정답 05 ④ 06 ④ 07 ① 08 ③

09

어느 공장에서 경미한 사고가 3건이 발생하였다. 그렇다면 이 공장의 무상해사고는 몇 건이 발생하는가? (단, 하인리히의 법칙을 활용한다.)

① 25
② 31
③ 36
④ 40

해설

하인리히 법칙(1 : 29 : 300 법칙)

> 중상 또는 사망 : 경상해 : 무상해사고=1 : 29 : 300

무상해사고 건수=$\frac{3}{29} \times 300 = 31.03$건

10

인간공학에서 고려해야 할 인간의 특성과 가장 거리가 먼 것은?

① 감각과 지각
② 운동과 근력
③ 감정과 생산능력
④ 기술, 집단에 대한 적응능력

해설

인간공학에서는 인간의 감정과 생산능력에 대해 고려하지 않는다.

11

한 근로자가 트리클로로에틸렌(TLV 50[ppm])이 담긴 탈지탱크에서 금속가공제품의 표면에 존재하는 절삭유 등의 기름성분을 제거하기 위해 탈지작업을 수행하였다. 또 이 과정을 마치고 포장단계에서 표면 세척을 위해 아세톤(TLV 500[ppm])을 사용하였다. 이 근로자의 작업환경측정 결과는 트리클로로에틸렌이 45[ppm], 아세톤이 100[ppm]이었을 때, 노출지수와 노출기준에 관한 설명으로 맞는 것은? (단, 두 물질은 상가작용을 한다.)

① 노출지수는 0.9이며, 노출기준 미만이다.
② 노출지수는 1.1이며, 노출기준을 초과하고 있다.
③ 노출지수는 6.1이며, 노출기준을 초과하고 있다.
④ 트리클로로에틸렌의 노출지수는 0.9, 아세톤의 노출지수는 0.2이며, 혼합물로서 노출기준 미만이다.

해설

EI(노출지수)

$$EI = \frac{C_1}{TLV_1} + \frac{C_2}{TLV_2} + \cdots + \frac{C_n}{TLV_n}$$

여기서, EI: 노출지수
C_n: 농도[ppm]
TLV_n: 노출농도[ppm]

$EI = \frac{45}{50} + \frac{100}{500} = 1.1$

노출지수가 1보다 크므로 노출기준을 초과한다.

12

직업성 질환의 범위에 해당되지 않는 것은?

① 합병증
② 속발성 질환
③ 선천적 질환
④ 원발성 질환

해설

선천적 질환은 태어날 때부터 지니고 있는 질환이므로 직업성 질환으로 볼 수 없다.

정답 09 ② 10 ③ 11 ② 12 ③

13

단기간 휴식을 통해서는 회복될 수 없는 발병단계의 피로를 무엇이라 하는가?

① 곤비 ② 정신피로
③ 과로 ④ 전신피로

해 설

피로의 3단계

보통피로	하룻밤 이후 완전 회복 가능
과로	다음날까지 피로 지속 및 단기간 휴식으로 회복 가능한 단계(발병 아님)
곤비	과로 축적으로 단기간 안에 회복 불가능(병적인 상태)

14

NIOSH의 권고중량한계(RWL; Recommended Weight Limit)에 사용되는 승수(Multiplier)가 아닌 것은?

① 들기거리(Lift Multiplier)
② 이동거리(Distance Multiplier)
③ 수평거리(Horizontal Multiplier)
④ 비대칭각도(Asymmetry Multiplier)

해 설

권고중량한계(권장무게한계)

$$RWL = LC \times HM \times VM \times DM \times AM \times FM \times CM$$

여기서, LC: 중량상수(23[kg])
HM: 수평계수
VM: 수직계수
DM: 거리계수
AM: 비대칭계수
FM: 빈도계수
CM: 손잡이계수

15

인간공학에서 최대작업영역(Maximum Area)에 대한 설명으로 가장 적절한 것은?

① 허리에 불편 없이 적절히 조작할 수 있는 영역
② 팔과 다리를 이용하여 최대한 도달할 수 있는 영역
③ 어깨에서부터 팔을 뻗어 도달할 수 있는 최대 영역
④ 상완을 자연스럽게 몸에 붙인 채로 전완을 움직일 때 도달하는 영역

해 설

수평작업역

- 정상작업영역: 위팔을 자연스럽게 수직으로 늘어뜨린 채, 아래팔만으로 편하게 뻗어 파악할 수 있는 구역이다.(34~45[cm])
- 최대작업영역: 위팔과 아래팔을 곧게 뻗어 닿는 영역이다.(55~65[cm])

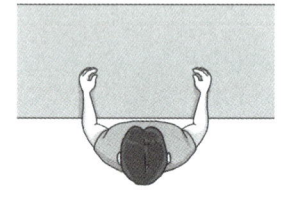 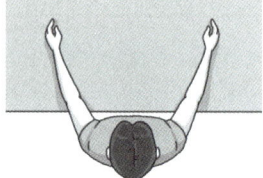

▲ 정상작업영역   ▲ 최대작업영역

16

심리학적 적성검사와 가장 거리가 먼 것은?

① 감각기능검사 ② 지능검사
③ 지각동작검사 ④ 인성검사

해 설

산업심리검사 중 적성검사

적성검사 분류	검사항목
신체검사	체격검사 등
생리적 기능검사	감각기능검사, 심폐기능검사, 체력검사
심리학적 기능검사	지능검사, 지각동작검사, 기능검사, 인성검사

정답 13 ① 14 ① 15 ③ 16 ①

17

산업위생 분야에 종사하는 사람들이 반드시 지켜야 할 윤리강령 중 전문가로서의 책임에 대한 설명으로 틀린 것은?

① 기업체의 기밀은 누설하지 않는다.
② 과학적 방법의 적용과 자료의 해석에서 객관성을 유지한다.
③ 근로자, 사회 및 전문직종의 이익을 위해 과학적 지식을 공개하고 발표한다.
④ 전문적 판단이 타협에 의하여 좌우될 수 있거나 이해관계가 있는 상황에는 적극적으로 개입한다.

해 설
전문적 판단이 타협에 의하여 좌우될 수 있거나 이해관계가 있는 상황에는 개입하지 않는다.

18

산업안전보건법상 사무실 공기관리의 관리대상 오염물질의 종류에 해당하지 않는 것은?

① 미세먼지(PM10)
② 총부유세균
③ 아산화질소(N_2O)
④ 일산화탄소(CO)

해 설
사무실 오염물질 관리기준

오염물질	관리기준
미세먼지(PM10)	$100[\mu g/m^3]$
초미세먼지(PM2.5)	$50[\mu g/m^3]$
이산화탄소(CO_2)	1,000[ppm]
일산화탄소(CO)	10[ppm]
이산화질소(NO_2)	0.1[ppm]
포름알데히드(HCHO)	$100[\mu g/m^3]$
총휘발성유기화합물(TVOC)	$500[\mu g/m^3]$
라돈(radon)	$148[Bq/m^3]$
총부유세균	$800[CFU/m^3]$
곰팡이	$500[CFU/m^3]$

19

산업위생 역사에서 영국의 외과의사 Percivall Pott에 대한 내용 중 틀린 것은?

① 직업성 암을 최초로 보고하였다.
② 산업혁명 이전의 산업위생 역사이다.
③ 어린이 굴뚝 청소부에게 많이 발생하던 음낭암(Scrotal Cancer)의 원인물질을 검댕(Soot)이라고 규명하였다.
④ Pott의 노력으로 1788년 영국에서는 도제 건강 및 도덕법(Health and Morals of Apprentices Act)이 통과되었다.

해 설
퍼시볼 포트(Percivall Pott)
• 영국의 외과의사로, 어린이 굴뚝청소부에게서 발생한 직업병인 음낭암을 최초로 보고하였다.
• 굴뚝청소부법 제정에 기여하였다.(1788년)

20

젊은 근로자의 약한 쪽 손의 힘은 평균 50[kp]이고, 이 근로자가 무게 10[kg]인 상자를 두 손으로 들어올릴 경우에 한 손의 작업강도[%MS]는 얼마인가? (단, 1[kp]는 질량 1[kg]을 중력의 크기로 당기는 힘을 말한다.)

① 5
② 10
③ 15
④ 20

해 설
작업강도(%MS)

$$\%MS = \frac{RF}{MS} \times 100$$

여기서, %MS : 작업강도[%]
RF : 작업이 요구하는 힘[kgf]
MS : 근로자가 가지고 있는 최대힘[kgf]

$$\%MS = \frac{10 \times \frac{1}{2}}{50} \times 100 = 10[\%]$$

정답 17 ④ 18 ③ 19 ④ 20 ②

2과목　작업위생측정 및 평가

21
어느 작업장에 9시간 작업시간 동안 측정한 유해인자의 농도는 0.045[mg/m³]일 때, 95[%]의 신뢰도를 가진 하한치는 얼마인가? (단, 유해인자의 노출기준은 0.05[mg/m³], 시료채취분석오차는 0.132이다.)

① 0.768　　② 0.929
③ 1.032　　④ 1.258

해설

표준화값 = $\dfrac{\text{시간가중평균값(또는 단시간노출값)}}{\text{허용기준}} = \dfrac{0.045}{0.05} = 0.9$

하한치 = 표준화값 − 시료채취분석오차
　　　 = 0.9 − 0.132 = 0.768

22
옥내작업장에서 측정한 건구온도가 73[℃]이고 자연습구온도 65[℃], 흑구온도 81[℃]일 때, 습구흑구온도지수는?

① 64.4[℃]　　② 67.4[℃]
③ 69.8[℃]　　④ 71.0[℃]

해설

습구흑구온도지수(옥내 또는 태양광선이 내리쬐지 않는 옥외)

$$WBGT = 0.7NWB + 0.3GT$$

여기서, WBGT: 습구흑구 온도지수[℃]
　　　　NWB: 자연습구온도[℃]
　　　　GT: 흑구온도[℃]

WBGT = (0.7 × 65) + (0.3 × 81) = 69.8[℃]

23
다음 중 수동식 채취기에 적용되는 이론으로 가장 적절한 것은?

① 침강원리, 분산원리
② 확산원리, 투과원리
③ 침투원리, 흡착원리
④ 충돌원리, 전달원리

해설

수동식 시료채취기는 펌프를 사용하지 않고 자연적인 기류로 확산 또는 투과, 흡착되는 원리를 통해 가스나 증기를 포집한다.

24
다음 중 흡착관인 실리카겔관에 사용되는 실리카겔에 관한 설명과 가장 거리가 먼 것은?

① 이황화탄소를 탈착용매로 사용하지 않는다.
② 극성 물질을 채취한 경우 물 또는 메탄올을 용매로 쉽게 탈착된다.
③ 추출용액이 화학분석이나 기기분석에 방해물질로 작용하는 경우가 많지 않다.
④ 파라핀류가 케톤류보다 극성이 강하기 때문에 실리카겔에 대한 친화력도 강하다.

해설

케톤류가 파라핀류보다 실리카겔에 대한 친화력이 강하다.

> **가장 빠른 합격비법**
>
> 실리카겔은 극성 물질과 쉽게 결합하므로 극성이 강할수록 실리카겔과의 친화력도 좋습니다.
> 케톤류의 극성이 대체로 파라핀류보다 강한 편입니다.

정답 21 ①　22 ③　23 ②　24 ④

25

다음 중 PVC막 여과지에 관한 설명과 가장 거리가 먼 것은?

① 수분에 대한 영향이 크지 않다.
② 공해성 먼지, 총 먼지 등의 중량분석을 위한 측정에 이용된다.
③ 유리규산을 채취하여 X선 회절법으로 분석하는 데 적절하다.
④ 코크스 제조공정에서 발생되는 코크스오븐 배출물질을 채취하는 데 이용된다.

해설
코크스오븐 배출물질을 채취하는 데 이용되는 여과지는 은막 여과지이다.

26

입자상 물질의 측정 및 분석방법으로 틀린 것은? (단, 고용노동부 고시를 기준으로 한다.)

① 석면의 농도는 여과채취방법에 의한 계수방법으로 측정한다.
② 규산염은 분립장치 또는 입자의 크기를 파악할 수 있는 기기를 이용한 여과채취방법으로 측정한다.
③ 광물성 분진은 여과채취방법으로 측정하고 석영, 크리스토바라이트, 트리디마이트를 분석할 수 있는 적합한 분석방법으로 분석한다.
④ 용접흄은 여과채취방법으로 측정하되 용접보안면을 착용한 경우에는 그 내부에서 시료를 채취하고 중량분석방법과 원자흡광광도계 또는 유도결합플라스마를 이용한 방법으로 분석한다.

해설
규산염과 그 밖의 광물성 분진은 중량분석방법으로 분석한다.

27

화학공장의 작업장 내 먼지농도를 측정하였더니 5, 6, 5, 6, 6, 6, 4, 8, 9, 8[ppm]일 때, 측정치의 기하평균은 약 몇 [ppm]인가?

① 5.13
② 5.83
③ 6.13
④ 6.83

해설
기하평균(GM)

$$GM = \sqrt[n]{x_1 \times x_2 \times \cdots \times x_n}$$

여기서, GM: 기하평균
x_n: 측정치
n: 측정치의 개수

$GM = \sqrt[10]{5 \times 6 \times 5 \times 6 \times 6 \times 6 \times 4 \times 8 \times 9 \times 8} = 6.13$[ppm]

28

시료공기를 흡수, 흡착 등의 과정을 거치지 않고 진공채취병 등의 채취용기에 물질을 채취하는 방법은?

① 직접채취방법
② 여과채취방법
③ 고체채취방법
④ 액체채취방법

해설
직접채취방법
시료공기를 흡수, 흡착 등의 과정을 거치지 않고 진공채취병이나 시료포집백 등을 이용하여 물질을 채취하는 방법이다.

정답 25 ④ 26 ② 27 ③ 28 ①

29

다음은 작업장 소음측정에 관한 고용노동부 고시 내용이다. ( ) 안에 내용으로 옳은 것은?

> 누적소음노출량측정기로 소음을 측정하는 경우에는 Criteria 90[dB], Exchange Rate 5[dB], Threshold ( )[dB]로 기기를 설정한다.

① 50
② 60
③ 70
④ 80

해설
누적소음노출량측정기로 소음을 측정하는 경우에는 Criteria 90[dB], Exchange Rate 5[dB], Threshold 80[dB]로 기기를 설정한다.

30

원자흡광광도계의 구성요소와 역할에 대한 설명 중 옳지 않은 것은?

① 광원은 속빈음극램프를 주로 사용한다.
② 광원은 분석물질이 반사할 수 있는 표준파장의 빛을 방출한다.
③ 단색화장치는 특정 파장만 분리하여 검출기로 보내는 역할을 한다.
④ 원자화장치에서 원자화 방법에는 불꽃방식, 흑연로방식, 증기화방식이 있다.

해설
원자흡광광도계의 광원은 분석하고자 하는 물질이 잘 흡수하는 특정 파장의 빛을 방출하여야 한다.

31

고체 흡착제를 이용하여 시료채취를 할 때 영향을 주는 인자에 관한 설명으로 옳지 않은 것은?

① 온도: 고온일수록 흡착성질이 감소하며 파과가 일어나기 쉽다.
② 오염물질농도: 공기 중 오염물질의 농도가 높을수록 파과공기량이 증가한다.
③ 흡착제의 크기: 입자의 크기가 작을수록 채취효율이 증가하나 압력강하가 심하다.
④ 시료채취유량: 시료채취유량이 높으면 파과가 일어나기 쉬우며 코팅된 흡착제일수록 그 경향이 강하다.

해설
공기 중 오염물질 농도가 높을수록 파과공기량은 감소한다.

가장 빠른 합격비법
파과공기량은 흡착제가 포화되어 뒷층에서 오염물질이 검출되기 시작할 때까지 통과시킨 공기량을 말합니다. 즉, 파과공기량이 감소한다는 것은 흡착제가 쉽게 파과된다는 뜻과 같습니다.

32

다음 중 조선소에서 용접작업 시 발생 가능한 유해인자와 가장 거리가 먼 것은?

① 오존
② 자외선
③ 황산
④ 망간 흄

해설
용접작업 시 오존, 자외선 및 망간 흄(중금속 흄) 등이 발생한다.

정답 29 ④ 30 ② 31 ② 32 ③

33

상온에서 벤젠(C_6H_6)의 농도 20[mg/m³]는 부피단위농도로 약 몇 [ppm]인가?

① 0.06 ② 0.6
③ 6 ④ 60

해설

$\dfrac{mg}{m^3} = \dfrac{ppm \times 분자량}{24.45}$ (25[℃], 1기압 기준)

$20 = \dfrac{ppm \times 78}{24.45}$

ppm = 6.27[ppm]

34

다음 중 비누거품방법(Bubble Meter Method)을 이용해 유량을 보정할 때의 주의사항과 가장 거리가 먼 것은?

① 측정시간의 정확성은 ±5초 이내이어야 한다.
② 측정장비 및 유량보정계는 Tygon Tube로 연결한다.
③ 보정을 시작하기 전에 충분히 충전된 펌프를 5분간 작동한다.
④ 표준뷰렛 내부면을 세척제 용액으로 씻어서 비누거품이 쉽게 상승하도록 한다.

해설

비누거품미터의 측정시간 정확성은 ±1초 이내이어야 한다.

⚠️ 가장 빠른 합격비법

비누거품미터는 유량을 정밀하게 교정하기 위해 사용하는 기계식 유량계입니다.

35

어느 작업환경에서 발생되는 소음원 1개의 음압수준이 92[dB]이라면, 이와 동일한 소음원이 8개일 때의 전체음압수준은?

① 101[dB] ② 103[dB]
③ 105[dB] ④ 107[dB]

해설

합산 소음

$$L_{합} = 10\log\left(10^{\frac{SPL_1}{10}} + 10^{\frac{SPL_2}{10}} + \cdots + 10^{\frac{SPL_n}{10}}\right)$$

여기서, $L_{합}$: 합산 소음[dB]
SPL_n: 음압수준[dB]

$L_{합} = 10\log\left(8 \times 10^{\frac{92}{10}}\right) = 101.03[dB]$

36

어느 작업장에서 A물질의 농도를 측정한 결과가 각각 23.9[ppm], 21.6[ppm], 22.4[ppm], 24.1[ppm], 22.7[ppm], 25.4[ppm]을 얻었다. 측정 결과에서 중앙값(Median)은 몇 [ppm]인가?

① 23.0 ② 23.1
③ 23.3 ④ 23.5

해설

중앙값

중앙값(중앙치)을 구하기 위해서는 우선 측정 결과를 오름차순으로 배치한다.

21.6, 22.4, 22.7, 23.9, 24.1, 25.4

측정치의 개수가 짝수이므로, 가운데 두 측정치의 산술평균이 중앙값이다.

중앙값 $= \dfrac{22.7 + 23.9}{2} = 23.3[ppm]$

정답 33 ③ 34 ① 35 ① 36 ③

37

소음의 측정방법으로 틀린 것은? (단, 고용노동부 고시를 기준으로 한다.)

① 소음계의 청감보정회로는 A특성으로 한다.
② 소음계 지시침의 동작은 느린(Slow) 상태로 한다.
③ 소음계의 지시치가 변동하지 않는 경우에는 해당 지시치를 그 측정점에서의 소음수준으로 한다.
④ 소음이 1초 이상의 간격을 유지하면서 최대음압수준이 120[dB(A)] 이상의 소음인 경우에는 소음수준에 따른 10분 동안의 발생횟수를 측정한다.

해 설
소음의 측정방법
소음이 1초 이상의 간격을 유지하면서 최대음압수준이 120[dB(A)] 이상의 소음인 경우에는 소음수준에 따른 1분 동안의 발생횟수를 측정한다.

38

온도 표시에 대한 내용으로 틀린 것은? (단, 고용노동부 고시를 기준으로 한다.)

① 미온은 20~30[℃]를 말한다.
② 온수(溫水)는 60~70[℃]를 말한다.
③ 냉수(冷水)는 15[℃] 이하를 말한다.
④ 상온은 15~25[℃], 실온은 1~35[℃]을 말한다.

해 설
상온은 15~25[℃], 실온은 1~35[℃], 미온은 30~40[℃]로 하고, 찬 곳은 따로 규정이 없는 한 0~15[℃]의 곳을 말한다.

39

작업환경측정대상이 되는 작업장 또는 공정에서 정상적인 작업을 수행하는 동일 노출집단의 근로자가 작업하는 장소는? (단, 고용노동부 고시를 기준으로 한다.)

① 동일작업장소
② 단위작업장소
③ 노출측정장소
④ 측정작업장소

해 설
단위작업장소란 작업환경측정대상이 되는 작업장 또는 공정에서 정상적인 작업을 수행하는 동일 노출집단의 근로자가 작업을 하는 장소를 말한다.

40

다음 중 작업환경측정치의 통계처리에 활용되는 변이계수에 관한 설명과 가장 거리가 먼 것은?

① 평균값의 크기가 0에 가까울수록 변이계수의 의의는 작아진다.
② 측정단위와 무관하게 독립적으로 산출되며 백분율로 나타낸다.
③ 단위가 서로 다른 집단이나 특성값의 상호산포도를 비교하는 데 이용될 수 있다.
④ 편차의 제곱합들의 평균값으로 통계집단의 측정값들에 대한 균일성, 정밀성 정도를 표현한다.

해 설
변이계수는 평균값에 대한 표준편차의 크기를 [%]로 표시한 값이다.

정답 37 ④ 38 ① 39 ② 40 ④

| 3과목 | 작업환경관리대책 |

41
다음 중 오염물질을 후드로 유입하는 데 필요한 기류의 속도인 제어속도에 영향을 주는 인자와 가장 거리가 먼 것은?

① 덕트의 재질
② 후드의 모양
③ 후드에서 오염원까지의 거리
④ 오염물질의 종류 및 확산상태

해설
덕트의 재질은 제어속도가 아닌, 반송속도에 영향을 주는 인자이다.

42
다음 중 국소배기장치에 관한 주의사항과 가장 거리가 먼 것은?

① 유독물질의 경우에는 굴뚝에 흡인장치를 보강할 것
② 흡인되는 공기가 근로자의 호흡기를 거치지 않도록 할 것
③ 배기관은 유해물질이 발산하는 부위의 공기를 모두 흡입할 수 있는 성능을 갖출 것
④ 먼지를 제거할 때에는 공기속도를 조절하여 배기관 안에서 먼지가 일어나도록 할 것

해설
국소배기장치의 먼지를 제거할 때에는 배기관 안의 먼지가 재비산하지 않도록 공기속도를 조절하여야 한다.

43
송풍기에 관한 설명으로 옳은 것은?

① 풍량은 송풍기의 회전수에 비례한다.
② 동력은 송풍기의 회전수의 제곱에 비례한다.
③ 풍력은 송풍기의 회전수의 세제곱에 비례한다.
④ 풍압은 송풍기의 회전수의 세제곱에 비례한다.

오답해설
② 동력은 회전수의 세제곱에 비례한다.
③ 풍력에 관한 상사법칙은 없다.
④ 풍압은 회전수의 제곱에 비례한다.

44
정압이 3.5[cmH$_2$O]인 송풍기의 회전속도를 180[rpm]에서 360[rpm]으로 증가시켰다면, 송풍기의 정압은 약 몇 [cmH$_2$O]인가? (단, 기타 조건은 같다고 가정한다.)

① 16
② 14
③ 12
④ 10

해설
상사법칙(풍압-회전수)

$$\frac{P_2}{P_1} = \left(\frac{N_2}{N_1}\right)^2$$

여기서, P_1, P_2: 변경 전, 변경 후 풍압
N_1, N_2: 변경 전, 변경 후 회전수

$\frac{P_2}{3.5} = \left(\frac{360}{180}\right)^2$

$P_2 = 14[\text{cmH}_2\text{O}]$

정답 41 ① 42 ④ 43 ① 44 ②

45

입자의 침강속도에 대한 설명으로 틀린 것은? (단, 스토크스식을 기준으로 한다.)

① 입자직경의 제곱에 비례한다.
② 공기와 입자 사이의 밀도차에 반비례한다.
③ 중력가속도에 비례한다.
④ 공기의 점성계수에 반비례한다.

해설

침강속도식(Stoke's식)

$$V_g = \frac{d_p^2(\rho_p - \rho)g}{18\mu}$$

여기서, V_g : 침강속도
d_p : 입자의 직경
ρ_p : 입자의 밀도
ρ : 공기의 밀도
g : 중력가속도
μ : 점성계수

스토크스 법칙에 따르면, 입자의 침강속도는 입자와 공기의 밀도차에 비례한다.

46

환기시설 내 기류가 기본적인 유체역학적 원리에 따르기 위한 전제조건과 가장 거리가 먼 것은?

① 공기는 절대습도를 기준으로 한다.
② 환기시설 내외의 열교환은 무시한다.
③ 공기의 압축이나 팽창은 무시한다.
④ 공기 중에 포함된 유해물질의 무게와 용량을 무시한다.

해설

공기는 건조하다고 가정한다.

47

작업환경의 관리원칙인 대치 중 물질의 변경에 따른 개선 예와 가장 거리가 먼 것은?

① 성냥 제조 시 황린 대신 적린을 사용하였다.
② 세척작업에서 사염화탄소 대신 트리클로로에틸렌을 사용하였다.
③ 야광시계의 자판에서 인 대신 라듐을 사용하였다.
④ 보온재료 사용에서 석면 대신 유리섬유를 사용하였다.

해설

야광시계의 자판에 라듐 대신 인을 사용하였을 때 물질의 대치에 의한 개선 예로 볼 수 있다.

⚠ **가장 빠른 합격비법**

라듐(Ra)은 인체에 해로운 방사성 원소이므로 독성이 적은 인(P)으로 대치하는 것은 개선이라고 볼 수 있습니다.

48

다음 중 작업환경개선을 위해 전체환기를 적용할 수 있는 상황과 가장 거리가 먼 것은?

① 오염발생원의 유해물질 발생량이 적은 경우
② 작업자가 근무하는 장소로부터 오염발생원이 멀리 떨어져 있는 경우
③ 소량의 오염물질이 일정속도로 작업장으로 배출되는 경우
④ 동일 작업장에 오염발생원이 한군데로 집중되어 있는 경우

해설

동일 작업장에 오염발생원이 한군데로 집중되어 있는 경우 국소환기가 더 효율적이다.

정답 45 ② 46 ① 47 ③ 48 ④

49

슬로트(슬롯) 후드에서 슬로트의 역할은?

① 제어속도를 감소시킨다.
② 후드 제작에 필요한 재료를 절약한다.
③ 공기가 균일하게 흡입되도록 한다.
④ 제어속도를 증가시킨다.

해설
후드의 가장자리에서도 공기의 흐름을 균일하게 하기 위해 사용한다.

가장 빠른 합격비법
슬롯(Slot)이란 좁고 길쭉한 모양의 개구부를 뜻합니다.

50

체적이 1,000[m³]이고 유효환기량이 50[m³/min]인 작업장에 메틸클로로포름 증기가 발생하여 100[ppm]의 상태로 오염되었다. 이 상태에서 증기발생이 중지되었다면 25[ppm]까지 농도를 감소시키는 데 걸리는 시간은?

① 약 17분 ② 약 28분
③ 약 32분 ④ 약 41분

해설
농도 감소에 걸리는 시간

$$t = -\frac{V}{Q'}\ln\frac{C_2}{C_1}$$

여기서, t : 농도 감소에 걸리는 시간[sec]
V : 공간의 부피[m³]
Q' : 환기속도[m³/sec]
C_2 : 나중 농도[ppm]
C_1 : 처음 농도[ppm]

$$t = -\frac{1,000}{50}\ln\frac{25}{100} = 27.73[\min]$$

51

다음은 분진발생 작업환경에 대한 대책이다. 옳은 것을 모두 고른 것은?

> ㉠ 연마작업에서는 국소배기장치가 필요하다.
> ㉡ 암석 굴진작업, 분쇄작업에서는 연속적인 살수가 필요하다.
> ㉢ 샌드블라스팅에 사용하는 모래를 철사나 금강사로 대치한다.

① ㉠, ㉡ ② ㉡, ㉢
③ ㉠, ㉢ ④ ㉠, ㉡, ㉢

해설
㉠ 연마작업 시 다량의 분진이 발생하므로 이를 흡입할 국소배기장치가 필요하다.
㉡ 암석 굴진작업, 분쇄작업 시 발생하는 암석분진은 살수에 의해 어느 정도 제거가 가능하므로 연속적인 살수가 필요하다(작업공정의 습식화).
㉢ 샌드블라스팅에 사용하는 모래를 철사나 금강사로 대치하면 분진발생이 감소한다.

52

보호장구의 재질과 대상 화학물질이 잘못 짝지어진 것은?

① 부틸고무 – 극성용제
② 면 – 고체상 물질
③ 천연고무(Latex) – 수용성 용액
④ Viton – 극성용제

해설
Viton 재질은 비극성 용제에 사용한다.

정답 49 ③ 50 ② 51 ④ 52 ④

53

다음 그림이 나타내는 국소배기장치의 후드 형식은?

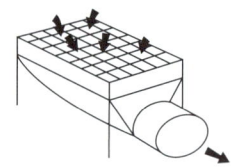

① 측방형　　② 포위형
③ 하방형　　④ 슬롯형

해설

외부식 후드 형식 중 하방으로 공기를 흡입하는 형식은 하방형 후드이다.

54

후드로부터 0.25[m] 떨어진 곳에 있는 공정에서 발생되는 먼지를, 제어속도가 5[m/s], 후드직경이 0.4[m]인 원형후드를 이용하여 제거할 때, 필요환기량은 약 몇 [m³/min]인가? (단, 플랜지 등 기타 조건은 고려하지 않음)

① 205　　② 215
③ 225　　④ 235

해설

필요환기량(자유공간, 플랜지 미부착)

$$Q = V_c(10X^2 + A)$$

여기서, Q: 필요환기량[m³/s]
V_c: 제어속도[m/s]
X: 후드 중심선으로부터 발생원까지의 거리[m]
A: 개구부의 면적[m²]

$Q = 5 \times (10 \times 0.25^2 + \frac{\pi}{4} \times 0.4^2) = 3.75 [\text{m}^3/\text{sec}]$

$Q = \frac{3.75 \text{m}^3}{\text{sec}} \times \frac{60 \text{sec}}{\text{min}} = 225 [\text{m}^3/\text{min}]$

55

20[℃]의 송풍관 내부에 480[m/min]으로 공기가 흐르고 있을 때, 속도압은 약 몇 [mmH₂O]인가? (단, 0[℃] 공기 밀도는 1.296[kg/m³]로 가정한다.)

① 2.3　　② 3.9
③ 4.5　　④ 7.3

해설

밀도를 0[℃]에서 20[℃]로 보정한다.

$1.296 \times \frac{273}{273+20} = 1.208 [\text{kg/m}^3]$

속도압(동압)

$$VP = \frac{\gamma V^2}{2g}$$

여기서, VP: 속도압[mmH₂O]
γ: 유체의 비중량[kgf/m³]
V: 유속[m/s]
g: 중력가속도[m/s²]

$VP = \dfrac{1.208 \times \left(\dfrac{480\text{m}}{60\text{s}}\right)^2}{2 \times 9.8} = 3.94 [\text{mmH}_2\text{O}]$

56

1기압에서 혼합기체가 질소(N₂) 50[vol%], 산소(O₂) 20[vol%], 탄산가스 30[vol%]로 구성되어 있을 때, 질소(N₂)의 분압은?

① 380[mmHg]　　② 228[mmHg]
③ 152[mmHg]　　④ 740[mmHg]

해설

가스 분압 = 전체 기압 $\times \dfrac{\text{가스농도}[\%]}{100}$

$= 760\text{mmHg} \times \dfrac{50}{100}$

$= 380 [\text{mmHg}]$

정답 53 ③　54 ③　55 ②　56 ①

57

어떤 작업장의 음압수준이 80[dB(A)]이고 근로자가 NRR이 19인 귀마개를 착용하고 있다면, 차음효과는 몇 [dB(A)]인가? (단, OSHA 방법 기준)

① 4 ② 6
③ 60 ④ 70

해설

귀마개 차음효과의 예측(미국 OSHA 기준)

> 차음효과＝(NRR－7)×0.5
>
> 여기서, NRR: 차음평가지수

차음효과＝(19－7)×0.5＝6[dB(A)]

58

작업장에서 methylene chloride(비중=1.336, 분자량=84.94, TLV=500[ppm])를 500[g/hr]를 사용할 때, 필요한 환기량은 약 몇 [m³/min]인가? (단, 안전계수는 7이고, 실내온도는 21[℃]이다.)

① 26.3 ② 33.1
③ 42.0 ④ 51.3

해설

이염화메탄(methylene chloride) 사용량＝0.5[kg/hr]
이염화메탄 발생률(G)
84.94[kg] : 24.1[m³]＝0.5[kg/hr] : x[m³/hr]
$x = \dfrac{24.1 \times 0.5}{84.94} = 0.1419$[m³/hr]
$G = \dfrac{0.1419\text{m}^3}{\text{hr}} \times \dfrac{10^6 \text{mL}}{\text{m}^3} \times \dfrac{\text{hr}}{60\text{min}} = 2,365$[mL/min]

필요환기량(Q)

> $Q = \dfrac{G}{\text{TLV}} \times K$
>
> 여기서, Q: 필요환기량[m³/sec]
> G: 발생률[mL/sec]
>   TLV: 노출기준[ppm]
> K: 안전계수

$Q = \dfrac{2,365}{500} \times 7 = 33.11$[m³/min]

59

방진마스크에 관한 설명으로 옳지 않은 것은?

① 일반적으로 활성탄 필터가 많이 사용된다.
② 종류에는 격리식, 직결식, 면체여과식이 있다.
③ 흡기저항상승률은 낮은 것이 좋다.
④ 비휘발성 입자에 대한 보호가 가능하다.

해설

활성탄 필터가 많이 사용되는 보호구는 방독마스크이다.

60

흡인풍량이 200[m³/min], 송풍기 유효전압이 150[mmH₂O], 송풍기효율이 80[%]인 송풍기의 소요동력은?

① 3.5[kW] ② 4.8[kW]
③ 6.1[kW] ④ 9.8[kW]

해설

송풍기 소요동력

> 소요동력＝$\dfrac{Q \times \Delta P}{6,120 \times \eta} \times \alpha$
>
> 여기서, Q: 송풍량[m³/min]
> ΔP: 송풍기 유효정압(또는 전압)[mmH₂O]
> η: 효율
> α: 여유율

소요동력＝$\dfrac{200 \times 150}{6,120 \times 0.8} \times 1.0 = 6.13$[kW]

정답 57 ② 58 ② 59 ① 60 ③

| 4과목 | 물리적유해인자관리 |

61
작업장에서 사용하는 트리클로로에틸렌을 독성이 강한 포스겐으로 전환시킬 수 있는 광화학작용을 하는 유해광선은?

① 적외선
② 자외선
③ 감마선
④ 마이크로파

해설
트리클로로에틸렌은 자외선에 의해 포스겐으로 전환될 수 있다.

(!) 가장 빠른 합격비법
자외선은 비전리방사선임에도 에너지가 커서 화합물의 분해, 합성에 관여합니다.

62
다음 중 투과력이 커서 노출 시 인체 내부에도 영향을 미칠 수 있는 방사선의 종류는?

① γ선
② α선
③ β선
④ 자외선

오답해설
②, ③ α, β선은 전리방사선이지만 입자방사선이므로 투과력이 낮아 보통 인체를 투과할 수 없다.
④ 자외선은 비전리방사선이고 전리방사선보다 에너지가 훨씬 낮아 인체를 투과할 수 없다.

63
산업안전보건법령상, 소음의 노출기준에 따르면 몇 [dB(A)]의 연속소음에 노출되어서는 안 되는가? (단, 충격소음은 제외한다.)

① 85
② 90
③ 100
④ 115

해설
산업안전보건법상 115[dB(A)]를 초과하는 소음 수준에 노출되어서는 안 된다.

64
인공호흡용 혼합가스 중 헬륨-산소 혼합가스에 관한 설명으로 틀린 것은?

① 헬륨은 고압 하에서 마취작용이 약하다.
② 헬륨은 분자량이 작아서 호흡저항이 적다.
③ 헬륨은 질소보다 확산속도가 작아 인체 흡수속도를 줄일 수 있다.
④ 헬륨은 체외로 배출되는 시간이 질소에 비하여 50[%] 정도밖에 걸리지 않는다.

해설
헬륨은 질소보다 확산속도가 크고 조직 용해도가 낮으므로 질소를 헬륨으로 대치한 공기를 공급한다.

정답 61 ② 62 ① 63 ④ 64 ③

65

개인의 평균청력손실을 평가하기 위하여 6분법을 적용하였을 때, 500[Hz]에서 6[dB], 1,000[Hz]에서 10[dB], 2,000[Hz]에서 10[dB], 4,000[Hz]에서 20[dB]이면 이때의 청력손실은 얼마인가?

① 10[dB]
② 11[dB]
③ 12[dB]
④ 13[dB]

해 설

평균청력손실(6분법)

$$평균청력손실 = \frac{a + 2b + 2c + d}{6}$$

여기서, a : 500[Hz]에서의 청력손실
b : 1,000[Hz]에서의 청력손실
c : 2,000[Hz]에서의 청력손실
d : 4,000[Hz]에서의 청력손실

$$평균청력손실 = \frac{6 + (2 \times 10) + (2 \times 10) + 20}{6} = 11[dB]$$

66

옥타브밴드로 소음의 주파수를 분석하였다. 낮은 쪽의 주파수가 250[Hz]이고, 높은 쪽의 주파수가 2배인 경우 중심주파수는 약 몇 [Hz]인가? (단, 1/1 옥타브 밴드)

① 250
② 300
③ 354
④ 375

해 설

중심주파수(1/1 옥타브밴드)

$$f_c = \sqrt{2} f_L$$

여기서, f_c : 상한주파수[Hz]
f_L : 하한주파수[Hz]

$f_c = \sqrt{2} \times 250 = 353.55[Hz]$

67

다음 중 체온의 상승에 따라 체온조절중추인 시상하부에서 혈액온도를 감지하거나 신경망을 통하여 정보를 받아들여 체온방산작용이 활발해지는 작용은?

① 정신적 조절작용(Spiritual Thermo Regulation)
② 물리적 조절작용(Physical Thermo Regulation)
③ 화학적 조절작용(Chemical Thermo Regulation)
④ 생물학적 조절작용(Biological Thermo Regulation)

해 설

물리적 조절작용
체온조절중추인 시상하부에서 온도를 감지하거나 신경망을 통한 체온방산작용 기전이다.

68

질소마취 증상과 가장 연관이 많은 작업은?

① 잠수작업
② 용접작업
③ 냉동작업
④ 금속제조작업

해 설

질소마취 증상은 고압작업인 잠수작업과 관련이 크다.

정답 65 ② 66 ③ 67 ② 68 ①

69

사무실 책상면으로부터 수직으로 1.4[m]의 거리에 1,000[cd](모든 방향으로 일정하다.)의 광도를 가지는 광원이 있다. 이 광원에 대한 책상에서의 조도(Intensity of Illumination, lux)는 약 얼마인가?

① 410
② 444
③ 510
④ 544

해설

조도

$$조도 = \frac{광속[lm]}{면적[m^2]} = \frac{광속[cd \cdot sr]}{거리^2[m^2]}$$

$조도 = \dfrac{1,000}{1.4^2} = 510.20[lx]$

⚠ 가장 빠른 합격비법

조도의 정의는 $\dfrac{광도}{면적}$이 아니라, $\dfrac{광속}{면적}$이므로 분자의 단위는 [cd]가 아닌 [cd·sr]이 되어야 합니다. 하지만, 문제에서 광속 대신 광도가 주어지면 광도를 대입하여 계산합니다.

70

이상기압과 건강장해에 대한 설명으로 맞는 것은?

① 고기압 조건은 주로 고공에서 비행업무에 종사하는 사람에게 나타나며 이를 다루는 학문은 항공의학 분야이다.
② 고기압 조건에서의 건강장해는 주로 기후의 변화로 인한 대기압의 변화 때문에 발생하며 휴식이 가장 좋은 대책이다.
③ 고압 조건에서 급격한 압력저하(감압)과정은 혈액과 조직에 녹아 있던 질소가 기포를 형성하여 조직과 순환계 손상을 일으킨다.
④ 고기압 조건에서 주요 건강장해 기전은 산소부족이므로 일차적인 응급치료는 고압산소실에서 치료하는 것이 바람직하다.

오답해설

① 고공에서 비행업무에 종사하는 사람은 주로 저기압 조건에 노출된다.
② 고기압 조건에서의 건강장해는 주로 잠수, 수직갱 작업 등에 의해서 발생한다.
④ 고기압 조건에서의 주요 건강장해는 산소중독, 질소마취 등이다.

71

다음 중 단기간 동안 자외선(UV)에 초과 노출될 경우 발생할 수 있는 질병은?

① Hypothermia
② Welder's Flash
③ Phossy Jaw
④ White Fingers Syndrome

해설

Welder's Flash는 용접아크로부터 방사되는 강한 자외선이 각막 상피세포를 손상시켜 발생한 광각막염이다.

오답해설

① Hypothermia: 저체온증
③ Phossy Jaw: 인악(백린중독으로 인한 직업병)
④ White Fingers Syndrome: 레이노드증후군

72

일반적으로 전신진동에 의한 생체반응에 관여하는 인자로 가장 거리가 먼 것은?

① 온도
② 강도
③ 방향
④ 진동수

해설

온도는 전신진동에 의한 생체반응과 관련이 적다.

| 정답 | 69 | ③ | 70 | ③ | 71 | ② | 72 | ① |

73
저기압 환경에서 발생하는 증상으로 옳은 것은?

① 이산화탄소에 의한 산소중독 증상
② 폐 압박
③ 질소마취 증상
④ 우울감, 두통, 식욕상실

해 설
저압환경 중 고산병의 증상으로 우울감, 두통, 구토, 식욕상실 등이 있다.

75
전리방사선에 대한 감수성이 가장 큰 조직은?

① 간 ② 골수세포
③ 연골 ④ 신장

해 설
방사선에 감수성이 큰 조직 순서
골수, 임파구, 임파선, 흉선 및 림프조직 > 눈의 수정체 > 피부 등 상피세포 > 혈관, 복막 등 내피세포 > 결합조직, 지방조직 > 뼈, 근육조직 > 폐, 위장관 등 내장기관 조직 > 신경조직

74
다음 중 진동에 의한 장해를 최소화시키는 방법과 거리가 먼 것은?

① 진동의 발생원을 격리시킨다.
② 진동의 노출시간을 최소화시킨다.
③ 훈련을 통하여 신체의 적응력을 향상시킨다.
④ 진동을 최소화하기 위하여 공학적으로 설계 및 관리한다.

해 설
훈련으로 신체의 적응력을 향상시킨다고 하여 진동에 의한 장해를 방지할 수 없다.

76
고온환경에 노출된 인체의 생리적 기전과 가장 거리가 먼 것은?

① 수분 부족
② 피부혈관 확장
③ 근육 이완
④ 갑상선자극호르몬 분비 증가

해 설
갑상선자극호르몬 분비 증가는 한랭환경에서의 생리적 작용이다.

정답 73 ④ 74 ③ 75 ② 76 ④

77

현재 총 흡음량이 1,000[sabins]인 작업장에 흡음을 보강하여 4,000[sabins]를 더할 경우, 총 소음감소는 약 얼마인가? (단, 소수점 첫째 자리에서 반올림한다.)

① 5[dB]
② 6[dB]
③ 7[dB]
④ 8[dB]

해설

소음감소량(감음량, NR)

$$NR = 10\log\frac{A_2}{A_1}$$

여기서, NR: 소음감소량[dB]
A_1: 흡음물질을 처리하기 전의 총 흡음량[sabins]
A_2: 흡음물질을 처리한 후의 총 흡음량[sabins]

$NR = 10\log\frac{1,000+4,000}{1,000} = 7[dB]$

78

빛 또는 밝기와 관련된 단위가 아닌 것은?

① weber
② candela
③ lumen
④ foot lambert

해설

weber는 자속을 나타내는 단위이다.

79

다음 중 음의 세기레벨을 나타내는 dB의 계산식으로 옳은 것은? (단, I_o=기준음향의 세기, I=발생음의 세기)

① $dB = 10\log\frac{I}{I_o}$
② $dB = 20\log\frac{I}{I_o}$
③ $dB = 10\log\frac{I_o}{I}$
④ $dB = 20\log\frac{I_o}{I}$

해설

음의 세기레벨(SIL)

$$SIL = SPL = 10\log\frac{I}{I_o}$$

여기서, SIL: 음의 세기레벨[dB]
I: 음의 강도[W/m²]
I_o: 최소가청음 세기(10^{-12}[W/m²])

80

참호족에 관한 설명으로 맞는 것은?

① 직장온도가 35[℃] 수준 이하로 저하되는 경우를 의미한다.
② 체온이 35~32.2[℃]에 이르면 신경학적 억제증상으로 운동실조, 자극에 대한 반응도 저하와 언어이상 등이 온다.
③ 27[℃]에서는 떨림이 멎고 혼수에 빠지게 되고, 25~23[℃]에 이르면 사망하게 된다.
④ 근로자의 발이 한랭에 장기간 노출됨과 동시에 지속적으로 습기나 물에 잠기게 되면 발생한다.

해설

참호족은 발이 한랭 상태에 장기간 노출되고, 동시에 습기나 물에 젖으면 피부에 국소적인 산소결핍이 발생하여 모세혈관벽이 손상되는 질환이다.

정답 77 ③ 78 ① 79 ① 80 ④

5과목 산업독성학

81
다음 중 생물학적 모니터링에서 사용되는 약어의 의미가 틀린 것은?

① B-background, 직업적으로 노출되지 않은 근로자의 검체에서 동일한 결정인자가 검출될 수 있다는 의미
② Sc-susceptibiliy(감수성), 화학물질의 영향으로 감수성이 커질 수도 있다는 의미
③ Nq-nonqualitative, 결정인자가 동 화학물질에 노출되었다는 지표일 뿐이고 측정치를 정량적으로 해석하는 것은 곤란하다는 의미
④ Ns-nonspecific(비특이적), 특정 화학물질 노출에서뿐만 아니라 다른 화학물질에 의해서도 이 결정인자가 나타날 수 있다는 의미

해설
Nq는 Non-quantitative의 약어이며, 해당 물질에 대하여 생물학적 모니터링은 고려되어야 하나 데이터가 부족하여 구체적인 BEI를 수치로 설정할 수 없음을 나타낸다.

82
다음 중 직업성 피부질환에 관한 설명으로 틀린 것은?

① 가장 빈번한 직업성 피부질환은 접촉성 피부염이다.
② 알레르기성 접촉 피부염은 일반적인 보호기구로도 개선 효과가 좋다.
③ 첩포시험은 알레르기성 접촉 피부염의 감작물질을 색출하는 임상시험이다.
④ 일부 화학물질과 식물은 광선에 의해서 활성화되어 피부반응을 보일 수 있다.

해설
일반적인 보호기구만으로는 알레르기성 접촉 피부염의 개선효과가 제한적이다.

83
노말헥산이 체내 대사과정을 거쳐 변환되는 물질로, 노말헥산에 폭로된 근로자의 생물학적 노출지표 물질은 무엇인가?

① hippuric acid
② 2,5-hexanedione
③ hydroquonone
④ 9-hydroxyquinoline

해설
노말헥산은 체내 대사과정을 거쳐 요 중 2,5-hexanedione으로 배설된다.

84
다음 중 석면작업의 주의사항으로 적절하지 않은 것은?

① 석면 등을 사용하는 작업은 가능한 한 습식으로 하도록 한다.
② 석면을 사용하는 작업장이나 공정 등은 격리시켜 근로자의 노출을 막는다.
③ 근로자가 상시 접근할 필요가 없는 석면취급설비는 밀폐실에 넣어 양압을 유지한다.
④ 공정상 밀폐가 곤란한 경우, 적절한 형식과 기능을 갖춘 국소배기장치를 설치한다.

해설
근로자가 상시 접근할 필요가 없는 석면취급설비는 밀폐실에 넣어 음압을 유지한다.

정답 81 ③ 82 ② 83 ② 84 ③

85

다음 중 카드뮴의 중독, 치료 및 예방대책에 관한 설명으로 틀린 것은?

① 소변 속의 카드뮴 배설량은 카드뮴 흡수를 나타내는 지표가 된다.
② BAL 또는 Ca-EDTA 등을 투여하여 신장에 대한 독성작용을 제거한다.
③ 칼슘대사에 장해를 주어 신결석을 동반한 증후군이 나타나고 다량의 칼슘배설이 일어난다.
④ 폐활량 감소, 잔기량 증가 및 호흡곤란의 폐증세가 나타나며, 이 증세는 노출기간과 노출농도에 의해 좌우된다.

해 설

카드뮴 중독에 디메르카프롤(BAL)이나 Ca-EDTA를 사용하면 체내 카드뮴 배설은 늘어나지만, 동시에 신장 조직 내 카드뮴 농도가 증가하여 신독성이 악화된다.

86

산업독성학에서 LC_{50}의 설명으로 맞는 것은?

① 실험동물의 50[%]가 죽게 되는 양이다.
② 실험동물의 50[%]가 죽게 되는 농도이다.
③ 실험동물의 50[%]가 살아남을 비율이다.
④ 실험동물의 50[%]가 살아남을 확률이다.

해 설

LC_{50}은 실험동물의 50%를 죽게 하는 독성물질의 농도이다.

87

다음 중 크롬에 관한 설명으로 틀린 것은?

① 6가 크롬은 발암성 물질이다.
② 주로 소변을 통하여 배설된다.
③ 형광등 제조, 치과용 아말감 산업이 원인이 된다.
④ 만성 크롬중독인 경우 특별한 치료방법이 없다.

해 설

형광등 제조, 아말감 산업이 중독 원인인 중금속은 수은이다.

88

납중독을 확인하기 위한 시험방법과 가장 거리가 먼 것은?

① 혈액 중 납 농도 측정
② 헴(Heme) 합성과 관련된 효소의 혈중농도 측정
③ 신경전달속도 측정
④ β-ALA 이동 측정

해 설

납중독을 진단할 때 혈중 α-ALA 탈수효소 활성치를 측정한다.

정답 85 ② 86 ② 87 ③ 88 ④

89

동물실험에서 구해진 역치량을 사람에게 외삽하여 사람에게 안전한 양으로 추정한 것을 SHD(Safe Human Dose)라고 하는데 SHD 계산에 필요하지 않은 항목은?

① 배설률
② 노출시간
③ 호흡률
④ 폐흡수비율

해 설

사람에 대한 안전용량(SHD)

$$SHD = C \times t \times V \times R$$

여기서, SHD: 체내 흡수량[mg]
C: 공기 중 유해물질 농도[mg/m³]
t: 노출시간[hr]
V: 폐환기율[m³/hr]
R: 체내 잔류율

배설률은 SHD 계산에 필요하지 않다.

90

자동차 정비업체에서 우레탄 도료를 사용하는 도장작업 근로자에게서 직업성 천식이 발생되었을 때, 원인물질로 추측할 수 있는 것은?

① 시너(Thinner)
② 벤젠(Benzene)
③ 크실렌(Xylene)
④ TDI(Toluene Diisocyanate)

해 설

천식을 유발하는 대표적인 물질로 톨루엔디이소시안산염(TDI), 무수트리멜리트산(TMA)이 있다.

91

다음 중 유해물질의 독성 또는 건강영향을 결정하는 인자로 가장 거리가 먼 것은?

① 작업강도
② 인체 내 침입경로
③ 노출농도
④ 작업장 내 근로자수

해 설

작업장 내 근로자수와 유해물질의 독성은 서로 관련 없다.

92

소변 중 화학물질 A의 농도는 28[mg/mL], 단위시간(분)당 배설되는 소변의 부피는 1.5[mL/min], 혈장 중 화학물질 A의 농도가 0.2[mg/mL]라면 단위시간(분)당 화학물질 A의 제거율[mL/min]은 얼마인가?

① 120
② 180
③ 210
④ 250

해 설

제거율

$$= \frac{\text{단위시간당 배설되는 요의 부피} \times \text{요 중 화학물질의 농도}}{\text{혈장 중 물질의 농도}}$$

$$= \frac{1.5\text{mL/min} \times 28\text{mg/mL}}{0.2\text{mg/mL}} = 210[\text{mL/min}]$$

정답 89 ① 90 ④ 91 ④ 92 ③

93

다음 중 피부의 색소침착(Pigmentation)이 가능한 표피층 내의 세포는?

① 기저세포
② 멜라닌세포
③ 각질세포
④ 피하지방세포

해 설

멜라닌세포가 생성한 멜라닌색소는 자외선을 흡수·차단함으로써 피부 손상을 줄이는 역할을 하며, 정상 피부에서 멜라닌세포는 표피에만 존재한다.

94

다음 중 조혈장해를 일으키는 물질은?

① 납
② 망간
③ 수은
④ 우라늄

해 설

체내에 흡수된 납의 90[%] 이상은 뼈에 축적되므로 납중독은 조혈장해를 유발한다.

95

다음 중 다핵방향족탄화수소(PAHs)에 대한 설명으로 틀린 것은?

① 철강제조업의 석탄 건류공정에서 발생된다.
② PAHs의 대사에 관여하는 효소는 시토크롬 P-448이다.
③ PAHs의 배설을 쉽게 하기 위하여 수용성으로 대사된다.
④ 벤젠고리가 2개 이상인 것으로 톨루엔이나 크실렌 등이 있다.

해 설

톨루엔, 크실렌은 벤젠고리가 1개이다.

96

다음 중 납중독의 주요 증상에 포함되지 않는 것은?

① 혈중의 Metallothionein 증가
② 적혈구 내 Protoporphyrin 증가
③ 혈색소량 저하
④ 혈청 내 철 증가

해 설

메탈로티오네인(Metallothionein)은 간, 신장 등에서 생성되는 단백질의 한 종류이다.
카드뮴에 폭로되면 메탈로티오네인의 합성이 촉진되고, 메탈로티오네인과 체내에 흡수된 카드뮴이 결합하여 독성을 완화한다.

정답 93 ② 94 ① 95 ④ 96 ①

97

화학적 질식제(Chemical Asphyxiant)에 심하게 노출되었을 경우 사망에 이르게 되는 이유로 적절한 것은?

① 폐에서 산소를 제거하기 때문
② 심장의 기능을 저하시키기 때문
③ 폐 속으로 들어가는 산소의 활용을 방해하기 때문
④ 신진대사 기능을 높여 가용한 산소가 부족해지기 때문

해설
화학적 질식제는 혈색소의 산소운반능력을 억제하여 빈혈성 저산소증을 유발하거나, 산화작용에 관여하는 효소작용을 저해하여 조직의 산소이용능력을 떨어트리는 물질이다.

98

다음 중 유해화학물질에 의한 간의 중요한 장해인 중심소엽성 괴사를 일으키는 물질로 옳은 것은?

① 수은
② 사염화탄소
③ 이황화탄소
④ 에틸렌글리콜

해설
사염화탄소는 간의 장해인 중심소엽성 괴사를 유발한다.

> ⚠ **가장 빠른 합격비법**
> 중심소엽성 괴사는 간 소엽의 중앙 부위에서 선택적으로 일어나는 괴사 양상을 말합니다.

99

다음 중 유해물질의 흡수에서 배설까지의 과정에 대한 설명으로 옳지 않은 것은?

① 흡수된 유해물질은 원래의 형태든, 대사산물의 형태로든 배설되기 위하여 수용성으로 대사된다.
② 흡수된 유해화학물질은 다양한 비특이적 효소에 의한 유해물질의 대사로 수용성이 증가되어 체외로의 배출이 용이하게 된다.
③ 간은 화학물질을 대사시키고 콩팥과 함께 배설시키는 기능을 담당하여, 다른 장기보다도 여러 유해물질의 농도가 낮다.
④ 유해물질은 조직에 분포되기 전에 먼저 몇 개의 막을 통과하여야 하며, 흡수속도는 유해물질의 물리화학적 성상과 막의 특성에 따라 결정된다.

해설
간은 화학물질을 대사시키기 때문에 다른 장기보다도 여러 유해물질의 농도가 높다.

100

다음 중 중금속에 의한 폐기능의 손상에 관한 설명으로 틀린 것은?

① 철폐증(Siderosis)은 철분진 흡입에 의한 암 발생(A_1)이며, 중피종과 관련이 없다.
② 화학적 폐렴은 베릴륨, 산화카드뮴 에어로졸 노출에 의하여 발생하며 발열, 기침, 폐기종이 동반된다.
③ 금속열은 금속이 용융점 이상으로 가열될 때 형성되는 산화금속을 흄 형태로 흡입할 경우 발생한다.
④ 6가 크롬은 폐암과 비강암 유발인자로 작용한다.

해설
철폐증은 철분진 흡입에 의하여 병적 증상을 보이고, 중피종과 관련이 있다.

정답 97 ③ 98 ② 99 ③ 100 ①

2019년 제3회 기출문제

1과목 산업위생학개론

01 다음 중 재해예방의 4원칙에 관한 설명으로 옳지 않은 것은?

① 재해발생과 손실의 관계는 우연적이므로 사고의 예방이 가장 중요하다.
② 재해발생에는 반드시 원인이 있으며, 사고와 원인의 관계는 필연적이다.
③ 재해는 예방이 불가능하므로 지속적인 교육이 필요하다.
④ 재해예방을 위한 가능한 안전대책은 반드시 존재한다.

해설
재해예방의 4원칙
• 손실우연의 원칙 : 재해발생과 손실의 관계는 우연적이다.
• 예방가능의 원칙 : 재해는 원인만 제거하면 예방이 가능하다.
• 대책선정의 원칙 : 재해예방을 위한 가능한 안전대책은 반드시 존재한다.
• 원인계기의 원칙 : 재해발생에는 반드시 원인이 있으며, 사고와 원인의 관계는 필연적이다.

02 다음 중 실내환경 공기를 오염시키는 요소로 볼 수 없는 것은?

① 라돈 ② 포름알데히드
③ 연소가스 ④ 체온

해설
체온은 실내공기를 오염시키는 요소로 보기 힘들다.

03 산업안전보건법령상 사무실 공기관리에 대한 설명으로 옳지 않은 것은?

① 관리기준은 8시간 시간가중평균농도 기준이다.
② 이산화탄소와 일산화탄소는 비분산적외선검출기의 연속 측정에 의한 직독식 분석방법에 의한다.
③ 이산화탄소의 측정결과 평가는 각 지점에서 측정한 측정치 중 평균값을 기준으로 비교·평가한다.
④ 공기의 측정시료는 사무실 안에서 공기질이 가장 나쁠 것으로 예상되는 2곳 이상에서 채취하고, 측정은 사무실 바닥면으로부터 0.9~1.5[m]의 높이에서 한다.

해설
사무실 공기질 측정항목 중 이산화탄소는 각 지점에서 측정한 측정치 중 최고값을 기준으로 비교·평가한다.

04 다음 근육운동에 동원되는 주요 에너지 생산방법 중 혐기성 대사에 사용되는 에너지원이 아닌 것은?

① 아데노신삼인산
② 크레아틴인산
③ 지방
④ 글리코겐

해설
혐기성 대사 순서
아데노신삼인산(ATP) → 크레아틴인산(CP) → 글리코겐(Glycogen) 또는 포도당(Glucose)

정답 01 ③ 02 ④ 03 ③ 04 ③

05

다음 중 피로에 관한 설명으로 틀린 것은?

① 일반적인 피로감은 근육 내 글리코겐의 고갈, 혈중 글루코오스의 증가, 혈중 젖산의 감소와 일치하고 있다.
② 충분한 영양섭취와 휴식은 피로의 예방에 유효한 방법이다.
③ 피로의 주관적 측정방법으로는 CMI(Cornell Medical Index)를 이용한다.
④ 피로는 질병이 아니고 원래 가역적인 생체반응이며 건강장해에 대한 경고적 반응이다.

해설
일반적인 피로감은 근육 내 글리코겐의 고갈, 혈중 글루코스(포도당)의 감소, 혈중 젖산 농도의 증가로 나타난다.

06

다음 중 산업안전보건법령상 물질안전보건자료(MSDS)의 작성 원칙에 관한 설명으로 가장 거리가 먼 것은?

① MSDS의 작성단위는 「계량에 관한 법률」이 정하는 바에 의한다.
② MSDS는 한글로 작성하는 것을 원칙으로 하되 화학물질명, 외국기관명 등의 고유명사는 영어로 표기할 수 있다.
③ 각 작성항목은 빠짐없이 작성하여야 하며, 부득이 어느 항목에 대해 관련 정보를 얻을 수 없는 경우 작성란은 공란으로 둔다.
④ 외국어로 되어 있는 MSDS를 번역하는 경우에는 자료의 신뢰성이 확보될 수 있도록 최초 작성기관명 및 시기를 함께 기재하여야 한다.

해설
MSDS의 각 작성항목은 빠짐없이 작성하여야 한다. 다만, 부득이 어느 항목에 대해 관련 정보를 얻을 수 없는 경우에는 작성란에 "자료 없음"이라고 기재한다.

07

300명의 근로자가 1주일에 40시간, 연간 50주를 근무하는 사업장에서 1년 동안 50건의 재해로 60명의 재해자가 발생하였다. 이 사업장의 도수율은 약 얼마인가? (단, 근로자들은 질병, 기타 사유로 인하여 총 근로시간의 5[%]를 결근하였다.)

① 93.33　　② 87.72
③ 83.33　　④ 77.72

해설
도수율

$$도수율 = \frac{재해건수}{연근로시간수} \times 1,000,000$$

$$도수율 = \frac{50}{300 \times 40 \times 50 \times 0.95} \times 1,000,000 = 87.72$$

08

영국에서 최초로 직업성 암을 보고하여 1788년에 굴뚝청소부법이 통과되도록 노력한 사람은?

① Ramazzini　　② Paracelsus
③ Percivall Pott　　④ Robert Owen

오답해설
① Ramazzini: 이탈리아 출신의 의사로 산업보건의 시조로 여겨진다. '노동자의 질병'이라는 책을 저술하여 노동환경과 과도한 노동이 질병의 원인이 될 수 있음을 주장하였다.
② Paracelsus: 스위스 출신의 의사. 독성학의 아버지로 여겨진다. 모든 화학물질은 독성을 가지고 있으며, 중독 여부는 그 양(Dose)에 달려있다고 주장하였다.
④ Robert Owen: 영국의 사회운동가이다.

정답 05 ① 06 ③ 07 ② 08 ③

09

미국산업안전보건연구원(NIOSH)의 중량물취급작업기준 중, 들어 올리는 물체의 폭에 대한 기준은 얼마인가?

① 55[cm] 이하
② 65[cm] 이하
③ 75[cm] 이하
④ 85[cm] 이하

해설

NIOSH의 중량물취급기준에 따르면, 물체의 폭이 75[cm] 이하로서 두 손을 적당히 벌리고 작업할 수 있어야 한다.

10

다음 중 작업종류별 바람직한 작업시간과 휴식시간을 배분한 것으로 옳지 않은 것은?

① 사무작업: 오전 4시간 중에 2회, 오후 1시에서 4시 사이에 1회, 평균 10~20분 휴식
② 정신집중작업: 가장 효과적인 것은 60분 작업에 5분간 휴식
③ 신경운동성의 경속도 작업: 40분간 작업과 20분간 휴식
④ 중근작업: 1회 계속작업을 1시간 정도로 하고, 20~30분씩 오전에 3회, 오후에 2회 정도 휴식

해설

정신집중작업은 50분 작업에 10분간 휴식하여 자주 쉬는 것이 좋다.

11

근로자 또는 일반대중에게 질병, 건강장해, 불편함, 심한 불쾌감 및 능률 저하 등을 초래하는 작업요인과 스트레스를 예측, 측정, 평가하고 관리하는 과학과 기술이라고 산업위생을 정의하는 기관은?

① 미국산업위생학회(AIHA)
② 국제노동기구(ILO)
③ 세계보건기구(WHO)
④ 산업안전보건청(OSHA)

해설

산업위생의 정의(AIHA)
근로자나 일반 대중에게 질병, 건강장애와 안녕 방해, 심각한 불쾌감 및 능률 저하 등을 초래하는 작업환경요인과 스트레스를 예측, 인지, 측정, 평가, 관리하는 과학과 기술이다.

12

다음 중 노동의 적응과 장애에 관련된 내용으로 적절하지 않은 것은?

① 인체는 환경에서 오는 여러 자극(Stress)에 대하여 적응하려는 반응을 일으킨다.
② 인체에 적응이 일어나는 과정은 뇌하수체와 부신피질을 중심으로 한 특유의 반응이 일어나는데 이를 부적응증상군이라고 한다.
③ 직업에 따라 신체 형태와 기능에 국소적 변화가 일어나는데 이것을 직업성 변이(Occupational Stignata)라고 한다.
④ 외부의 환경변화나 신체활동이 반복되면 조절기능이 원활해지며, 이에 숙련 습득된 상태를 순화라고 한다.

해설

인체에 적응이 일어나는 과정은 뇌하수체와 부신피질을 중심으로 한 특유의 반응이 일어나는데, 이를 일반적응증후군이라고 한다.

정답 09 ③ 10 ② 11 ① 12 ②

13

산업안전보건법령에 따라 단위작업장소에서 동일 작업 근로자 13명을 대상으로 시료를 채취할 때의 최초 시료채취 근로자 수는 몇 명인가?

① 1명 ② 2명
③ 3명 ④ 4명

해설
- 단위작업장소에서 최고 노출근로자 2명 이상에 대하여 동시에 개인 시료채취 방법으로 측정하되, 동일 작업근로자수가 10명을 초과하는 경우에는 매 5명당 1명 이상 추가하여 측정하여야 한다.
- 위 규정에 의하여 13명의 작업근로자 중 최고 노출근로자 2명을 개인 시료채취 방법으로 측정한다.
- 작업근로자가 10명을 초과하므로, 초과분 3명에 대하여 매 5명당 1명 이상 추가하여 측정하여야 한다.

$$\frac{13-10}{5} = 0.6 ≒ 1명$$

- 2+1=3명

따라서, 최소 3명 이상 측정하여야 한다.

14

미국산업위생학술원(AAIH)이 채택한 윤리강령 중 산업위생전문가가 지켜야 할 책임과 거리가 먼 것은?

① 기업체의 기밀은 누설하지 않는다.
② 과학적 방법의 적용과 자료의 해석에서 객관성을 유지한다.
③ 근로자, 사회 및 전문 직종의 이익을 위해 과학적 지식을 공개하고 발표한다.
④ 전문적 판단이 타협에 의하여 좌우될 수 있는 상황에 개입하여 객관적 자료로 판단한다.

해설
전문적 판단이 타협에 의하여 좌우될 수 있는 상황에는 개입하지 않는다.

15

다음 중 직업병 예방을 위하여 설비개선 등의 조치로는 어려운 경우 가장 마지막으로 적용하는 방법은?

① 격리 및 밀폐
② 개인보호구의 지급
③ 환기시설 등의 설치
④ 공정 또는 물질의 변경, 대치

해설
개인보호구의 지급이 가장 소극적 대책에 해당하므로 최후의 방법으로 적용한다.

16

다음 중 ACGIH에서 권고하는 TLV-TWA(시간가중평균치)에 대한 근로자 노출의 상한치와 노출가능시간의 연결로 옳은 것은?

① TLV-TWA의 3배: 30분 이하
② TLV-TWA의 3배: 60분 이하
③ TLV-TWA의 5배: 5분 이하
④ TLV-TWA의 5배: 15분 이하

해설
ACGIH의 노출시간 권고사항
- TLV-TWA의 3배인 경우: 노출시간 30분 이하
- TLV-TWA의 5배인 경우: 잠시라도 노출되어서는 안 됨

정답 13 ③ 14 ④ 15 ② 16 ①

17

정상작업영역에 대한 정의로 옳은 것은?

① 위팔은 몸통 옆에 자연스럽게 내린 자세에서 아래팔의 움직임에 의해 편안하게 도달 가능한 작업영역
② 어깨로부터 팔을 뻗어 도달 가능한 작업영역
③ 어깨로부터 팔을 머리 위로 뻗어 도달 가능한 작업영역
④ 위팔은 몸통 옆에 자연스럽게 내린 자세에서 손에 쥔 수공구의 끝부분이 도달 가능한 작업영역

해 설

수평작업역
- 정상작업영역: 위팔을 자연스럽게 수직으로 늘어뜨린 채, 아래팔만으로 편하게 뻗어 파악할 수 있는 구역이다.(34~45[cm])
- 최대작업영역: 위팔과 아래팔을 곧게 뻗어 닿는 영역이다.(55~65[cm])

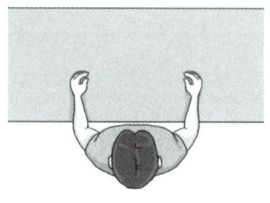
▲ 정상작업영역

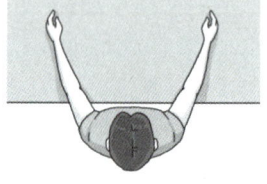
▲ 최대작업영역

18

산업안전보건법령상의 충격소음작업은 몇 [dB] 초과의 소음이 1일 100회 이상 발생되는 작업을 말하는가?

① 110 ② 120
③ 130 ④ 140

해 설

충격소음작업(1초 이상의 간격으로 발생)

1일 발생횟수	100회 이상	1,000회 이상	10,000회 이상
소음크기[dB]	140 초과	130 초과	120 초과

19

다음 중 전신피로에 관한 설명으로 틀린 것은?

① 작업에 의한 근육 내 글리코겐 농도의 변화는 작업자의 훈련유무에 따라 차이를 보인다.
② 작업강도가 증가하면 근육 내 글리코겐양이 비례적으로 증가되어 근육피로가 발생된다.
③ 작업강도가 높을수록 혈중 포도당 농도는 급속히 저하하며, 이에 따라 피로감이 빨리 온다.
④ 작업대사량의 증가에 따라 산소소비량도 비례하여 증가하나, 작업대사량이 일정한계를 넘으면 산소소비량은 증가하지 않는다.

해 설

작업강도가 증가하면 근육 내 글리코겐양이 감소하여 근육피로가 발생한다.

20

크롬에 노출되지 않은 집단의 질병발생율은 1.0이었고, 노출된 집단의 질병발생율은 1.2였을 때, 다음 설명으로 옳지 않은 것은?

① 크롬의 노출에 대한 귀속위험도는 0.2이다.
② 크롬의 노출에 대한 비교위험도는 1.2이다.
③ 크롬에 노출된 집단의 위험도가 더 큰 것으로 나타났다.
④ 비교위험도는 크롬의 노출이 기여하는 절대적인 위험률의 정도를 의미한다.

해 설

비교위험도(상대위험도)는 질병요인에 노출된 집단에서의 질병발생률을 비노출군의 질병발생률로 나눈 값으로, 절대적인 지표가 아닌 비율 지표이다.

정답 17 ① 18 ④ 19 ② 20 ④

2과목 작업위생측정 및 평가

21
자연습구온도는 31[℃], 흑구온도는 24[℃], 건구온도는 34[℃]인 실내작업장에서 시간당 400칼로리가 소모된다면 계속작업을 실시하는 주조공장의 WBGT는 몇 [℃]인가? (단, 고용노동부 고시를 기준으로 한다.)

① 28.9
② 29.9
③ 30.9
④ 31.9

해설

습구흑구온도지수(옥내 또는 태양광선이 내리쬐지 않는 옥외)

$$WBGT = 0.7NWB + 0.3GT$$

여기서, WBGT: 습구흑구온도지수[℃]
NWB: 자연습구온도[℃]
GT: 흑구온도[℃]

$WBGT = (0.7 \times 31) + (0.3 \times 24) = 28.9[℃]$

22
작업환경측정의 단위표시로 틀린 것은? (단, 고용노동부 고시를 기준으로 한다.)

① 미스트, 흄의 농도는 [ppm], [mg/mm³]로 표시한다.
② 소음수준의 측정단위는 [dB(A)]로 표시한다.
③ 석면의 농도표시는 섬유개수[개/cm³]로 표시한다.
④ 고열(복사열 포함)의 측정단위는 섭씨온도[℃]로 표시한다.

해설

미스트, 흄의 농도는 [ppm] 또는 [mg/m³]으로 표시한다.

23
공기시료채취 시 공기유량과 용량을 보정하는 표준기구 중 1차 표준기구는?

① 흑연피스톤미터
② 로터미터
③ 습식테스트미터
④ 건식가스미터

해설

1차 표준기구는 측정 대상을 물리적으로 직접 측정할 수 있는 기구이다. 별도의 보정이 없어도 자체적으로 정확한 값을 얻을 수 있다.
예 흑연피스톤미터, 비누거품미터, 유리피스톤미터 등

24
고열 측정방법에 관한 내용이다. ( ) 안에 들어갈 내용으로 맞는 것은? (단, 고용노동부 고시를 기준으로 한다.)

측정기를 설치한 후 충분히 안정화시킨 상태에서 1일 작업시간 중 가장 높은 고열에 노출되는 (㉠)시간을 (㉡)분 간격으로 연속하여 측정한다.

	㉠	㉡		㉠	㉡
①	1	5	②	2	5
③	1	10	④	2	10

해설

측정기를 설치한 후 충분히 안정화시킨 상태에서 1일 작업시간 중 가장 높은 고열에 노출되는 1시간을 10분 간격으로 연속하여 측정한다.

정답 21 ① 22 ① 23 ① 24 ③

25

흉곽성 입자상 물질(TPM)의 평균입경[μm]은? (단, ACGIH 기준)

① 1
② 4
③ 10
④ 50

해설

흉곽성 입자상 물질(TPM)의 평균입경은 10[μm]이다.

관련개념

구분	평균입경(μm)
흡입성 입자상 물질(IPM)	100
흉곽성 입자상 물질(TPM)	10
호흡성 입자상 물질(RPM)	4

26

일반적으로 소음계는 A, B, C 세 가지 특성에서 측정할 수 있도록 보정되어 있다. 그 중 A특성치는 몇 [phon]의 등감곡선에 기준한 것인가?

① 20[phon]
② 40[phon]
③ 70[phon]
④ 100[phon]

해설

음압수준의 보정
- A특성치: 40[phon] 등감곡선으로 보정
- B특성치: 70[phon] 등감곡선으로 보정
- C특성치: 100[phon] 등감곡선으로 보정

27

작업환경측정 결과 측정치가 다음과 같을 때, 평균편차가 얼마인가?

7, 5, 15, 20, 8

① 2.8
② 5.2
③ 11
④ 17

해설

산술평균

$$\bar{x} = \frac{x_1 + x_2 + \cdots + x_n}{n}$$

여기서, $\bar{x}$: 산술평균
x_n: 측정치
n: 측정치의 개수

$$\bar{x} = \frac{7+5+15+20+8}{5} = 11$$

평균편차(MAD)

$$\text{MAD} = \frac{\sum_{i=1}^{n} |x_i - \bar{x}|}{n}$$

여기서, MAD: 평균편차
x_i: 측정치
$\bar{x}$: 산술평균
n: 측정치의 개수

$$\text{MAD} = \frac{|7-11|+|5-11|+|15-11|+|20-11|+|8-11|}{5}$$
$$= 5.2$$

28

다음의 유기용제 중 실리카겔에 대한 친화력이 가장 강한 것은?

① 알코올류
② 케톤류
③ 올레핀류
④ 에스테르류

해설

실리카겔의 친화력 크기 순서
물>알코올>알데히드(알데하이드)>케톤>에스테르>방향족 탄화수소>올레핀>파라핀

정답 25 ③ 26 ② 27 ② 28 ①

29

다음 중 0.2~0.5[m/sec] 이하의 실내기류를 측정하는 데 사용할 수 있는 온도계는?

① 금속온도계 ② 건구온도계
③ 카타온도계 ④ 습구온도계

오답해설
①, ②, ④ : 작업장의 열환경 평가 시 사용되며, 기류 측정에는 사용할 수 없다.

30

누적소음노출량(D, [%])을 적용하여 시간가중평균소음기준(TWA, [dB(A)])을 산출하는 식은? (단, 고용노동부 고시를 기준으로 한다.)

① $TWA = 61.16 \log \frac{D}{100} + 70$

② $TWA = 16.61 \log \frac{D}{100} + 70$

③ $TWA = 16.61 \log \frac{D}{100} + 90$

④ $TWA = 61.16 \log \frac{D}{100} + 90$

해설
시간가중평균소음수준(TWA)

$$TWA = 90 + 16.61 \log \frac{D}{100}$$

여기서, TWA : 시간가중평균소음수준[dB(A)]
  D : 누적소음폭로량[%]

31

다음 소음의 측정시간에 관련한 내용에서 ( )에 들어갈 수치로 알맞은 것은? (단, 고용노동부 고시를 기준으로 한다.)

> 단위작업장소에서의 소음발생시간이 6시간 이내인 경우나 소음발생원에서의 발생시간이 간헐적인 경우에는 발생시간 동안 연속 측정하거나 등간격으로 나누어 ( )회 이상 측정하여야 한다.

① 2 ② 4
③ 6 ④ 8

해설
소음의 측정시간
단위작업장소에서의 소음발생시간이 6시간 이내인 경우나 소음발생원에서의 발생시간이 간헐적인 경우에는 발생시간 동안 연속 측정하거나 등간격으로 나누어 4회 이상 측정하여야 한다.

32

작업환경공기 중 A물질(TLV 10[ppm])이 5[ppm], B물질(TLV 100[ppm])이 50[ppm], C물질(TLV 100[ppm])이 60[ppm] 있을 때, 혼합물의 허용농도는 약 몇 [ppm]인가? (단, 상가작용 기준)

① 78 ② 72
③ 68 ④ 64

해설
허용기준농도

$$허용기준농도 = \frac{혼합물의 공기 중 농도}{EI}$$

$EI = \frac{5}{10} + \frac{50}{100} + \frac{60}{100} = 1.6$

허용기준농도 $= \frac{5+50+60}{1.6} = 72[ppm]$

정답 29 ③ 30 ③ 31 ② 32 ②

33

입자상 물질을 채취하는 데 이용되는 PVC 여과지에 대한 설명으로 틀린 것은?

① 유리규산을 채취하여 X선 회절분석법에 적합하다.
② 수분에 대한 영향이 크지 않다.
③ 공해성 먼지, 총 먼지 등의 중량분석에 용이하다.
④ 산에 쉽게 용해되어 금속 채취에 적당하다.

해 설

PVC 여과지는 산에 쉽게 용해되지 않아 금속 채취용으로 적절하지 않다.
금속 채취용으로 적절한 여과지는 MCE 막여과지이다.

34

절삭작업을 하는 작업장의 오일미스트 농도 측정결과가 아래 표와 같다면 오일미스트의 TWA는 얼마인가?

측정시간	오일미스트 농도[mg/m³]
09:00~10:00	0
10:00~11:00	1.0
11:00~12:00	1.5
13:00~14:00	1.5
14:00~15:00	2.0
15:00~17:00	4.0
17:00~18:00	5.0

① 3.24[mg/m³]
② 2.38[mg/m³]
③ 2.16[mg/m³]
④ 1.78[mg/m³]

해 설

시간가중평균노출기준(TWA)

$$TWA = \frac{C_1 t_1 + C_2 t_2 + \cdots + C_n t_n}{8}$$

여기서, TWA: 시간가중평균노출기준
C_n: 유해인자의 측정농도[mg/m³ 또는 ppm]
t_n: 유해인자의 발생시간[hr]

$$TWA = \frac{(0 \times 1) + (1 \times 1) + (1.5 \times 2) + (2 \times 1) + (4 \times 2) + (5 \times 1)}{8}$$
$$= 2.38[mg/m^3]$$

35

작업장에서 오염물질농도를 측정했을 때 일산화탄소(CO)가 0.01[%]이었다면 이때 일산화탄소 농도[mg/m³]는 약 얼마인가? (단, 25[℃], 1기압 기준이다.)

① 95
② 105
③ 115
④ 125

해 설

1[%]는 10,000[ppm]이다.

$0.01\% \times \frac{10,000 \text{ppm}}{1\%} = 100[\text{ppm}]$

$\frac{\text{mg}}{\text{m}^3} = \frac{\text{ppm} \times 분자량}{24.45}$ (25[℃], 1기압 기준)

$\frac{\text{mg}}{\text{m}^3} = \frac{100 \times 28}{24.45} = 114.52[\text{mg/m}^3]$

36

다음 중 석면을 포집하는 데 적합한 여과지는?

① 은막 여과지
② 섬유상 막여과지
③ PTFE 막여과지
④ MCE 막여과지

해 설

석면은 MCE 막여과지로 채취하여 위상차현미경법 등을 통해 측정한다.

정답 33 ④ 34 ② 35 ③ 36 ④

37

입자상 물질인 흄(Fume)에 관한 설명으로 옳지 않은 것은?

① 용접공정에서 흄이 발생한다.
② 일반적으로 흄은 모양이 불규칙하다.
③ 흄의 입자 크기는 먼지보다 매우 커 폐포에 쉽게 도달하지 않는다.
④ 흄은 상온에서 고체상태의 물질이 고온으로 액체화된 다음 증기화되고, 증기물의 응축 및 산화로 생기는 고체상의 미립자이다.

해설

흄의 입자 크기는 먼지보다 매우 작아 폐포에 쉽게 도달하여 각종 직업병을 일으킨다.

38

초기 무게가 1,260[g]인 깨끗한 PVC 여과지를 하이볼륨(High-volume) 시료채취기에 장착하여 작업장에서 오전 9시부터 오후 5시까지 2.5[L/분]의 유량으로 시료채취기를 작동시킨 후 여과지의 무게를 측정한 결과가 1,280[g]이었다면 채취한 입자상 물질의 작업장 내 평균농도[mg/m³]는?

① 7.8　　② 13.4
③ 16.7　　④ 19.2

해설

포집공기량 $= \dfrac{2.5L}{min} \times 480min \times \dfrac{10^{-3}m^3}{L} = 1.2[m^3]$

평균농도 $= \dfrac{1,280mg - 1,260mg}{1.2m^3} = 16.67[mg/m^3]$

39

다음 중 표본에서 얻은 표준편차와 표본의 수만 가지고 얻을 수 있는 것은?

① 산술평균치　　② 분산
③ 변이계수　　　④ 표준오차

해설

표준오차

$$SE = \dfrac{SD}{\sqrt{n}}$$

여기서, SE : 표준오차
　　　　SD : 표준편차
　　　　n : 측정치의 개수

표준오차는 표준편차와 표본의 개수(측정치의 개수)만으로 구할 수 있다.

40

누적소음노출량 측정기로 소음을 측정하는 경우, 기기 설정으로 적절한 것은? (단, 고용노동부 고시를 기준으로 한다.)

	Criteria	Exchange Rate	Threshold
①	80[dB]	5[dB]	90[dB]
②	80[dB]	10[dB]	90[dB]
③	90[dB]	10[dB]	80[dB]
④	90[dB]	5[dB]	80[dB]

해설

누적소음노출량 측정기 설정
- Criteria = 90[dB]
- Exchange Rate = 5[dB]
- Threshold = 80[dB]

정답 37 ③　38 ③　39 ④　40 ④

| 3과목 | 작업환경관리대책 |

41

후드의 정압이 50[mmH₂O]이고 덕트 속도압이 20[mmH₂O]일 때, 후드의 압력손실계수는?

① 1.5
② 2.0
③ 2.5
④ 3.0

해 설

후드정압

$$SP_h = VP(1+F_h)$$

여기서, SP_h: 후드정압[mmH₂O]
  VP: 속도압[mmH₂O]
  F_h: 유입손실계수

$50 = 20 \times (1+F_h)$
$F_h = 1.5$

42

다음 중 귀마개의 특징과 가장 거리가 먼 것은?

① 제대로 착용하는 데 시간이 걸린다.
② 보안경 사용 시 차음효과가 감소한다.
③ 착용 여부 파악이 곤란하다.
④ 귀마개 오염에 따른 감염 가능성이 있다.

해 설

귀마개는 보안경 착용 등에 의해 방해를 받지 않는다.

43

0[℃], 1기압에서 A기체의 밀도가 1.415[kg/m³]일 때, 100[℃], 1기압에서 A기체의 밀도는 몇 [kg/m³]인가?

① 0.903
② 1.036
③ 1.085
④ 1.411

해 설

밀도에 온도보정을 적용한다.

$$\rho = 1.415 \times \frac{273}{273+100} = 1.036 [\text{kg/m}^3]$$

44

다음 중 덕트 내 공기의 압력을 측정할 때 사용하는 장비로 가장 적절한 것은?

① 피토관
② 타코미터
③ 열선유속계
④ 회전날개형 유속계

오답해설

② 타코미터: 회전속도 측정에 사용
③ 열선유속계: 기류 측정에 사용
④ 회전날개형 유속계: 기류 측정에 사용

정답 41 ① 42 ② 43 ② 44 ①

45

내경 15[mm] 관에 40[m/min]의 속도로 비압축성 유체가 흐르고 있다. 같은 조건에서 내경이 10[mm]로 변화하였다면, 유속은 약 몇 [m/min]인가? (단, 관 내 유체의 유량은 같다.)

① 90
② 120
③ 160
④ 210

해설

연속방정식

$$Q = A \times V$$

여기서, Q: 유량[m³/s]
A: 단면적[m²]
V: 공기의 평균속도[m/s]

$Q_1 = A_1 \times V_1$
$= \dfrac{\pi \times 0.015^2}{4} \times 40$
$= 0.007 [\text{m}^3/\text{min}]$

$Q_1 = A_2 \times V_2$

$V_2 = \dfrac{Q_1}{A_2} = \dfrac{0.007}{\dfrac{\pi \times 0.01^2}{4}}$
$= 89.13 [\text{m/min}]$

46

다음 중 국소배기장치에서 공기공급시스템이 필요한 이유와 가장 거리가 먼 것은?

① 에너지 절감
② 안전사고 예방
③ 작업장의 교차기류 촉진
④ 국소배기장치의 효율 유지

해설

교차기류는 환기를 방해하는 방해기류의 일종이다.
공기공급시스템은 교차기류의 형성을 방지하는 역할을 한다.

47

오후 6시 20분에 측정한 사무실 내 이산화탄소의 농도는 1,200[ppm], 사무실이 빈 상태로 1시간이 경과한 오후 7시 20분에 측정한 이산화탄소의 농도는 400[ppm]이었다. 이 사무실의 시간당 공기교환 횟수는? (단, 외부공기 중의 이산화탄소의 농도는 330[ppm]이다.)

① 0.56
② 1.22
③ 2.52
④ 4.26

해설

시간당 공기교환횟수(유해물질 농도 감소 목적)

$$\text{ACH} = \dfrac{\ln(C_1 - C_o) - \ln(C_2 - C_o)}{t}$$

여기서, ACH: 시간당 공기교환횟수
C_o: 외부 공기 중 유해물질 농도
C_1: 측정 초기 유해물질 농도
C_2: t시간 후 유해물질 농도

$\text{ACH} = \dfrac{\ln(1,200 - 330) - \ln(400 - 330)}{1} = 2.52 [\text{회/hr}]$

48

안지름이 200[mm]인 관을 통하여 공기를 55[m³/min]의 유량으로 송풍할 때, 관 내 평균유속은 약 몇 [m/sec]인가?

① 21.8
② 24.5
③ 29.2
④ 32.2

해설

$Q = AV$

$V = \dfrac{Q}{A} = \dfrac{55}{\dfrac{\pi \times 0.2^2}{4}}$

$= 1,750.70 [\text{m/min}]$

$V = \dfrac{1,750.70 \text{m}}{\text{min}} \times \dfrac{\text{min}}{60 \text{sec}}$

$= 29.2 [\text{m/sec}]$

정답 45 ① 46 ③ 47 ③ 48 ③

49

슬롯 길이가 3[m]이고, 제어속도가 2[m/sec]인 슬롯 후드에서 오염원이 2[m] 떨어져 있을 경우 필요환기량은 몇 [m³/min]인가? (단, 공간에 설치하며 플랜지는 부착되어 있지 않다.)

① 1,434
② 2,664
③ 3,734
④ 4,864

해설

필요환기량(슬롯형, 플랜지 없음)

$$Q = 3.7 LXV_c$$

여기서, Q: 필요환기량[m³/sec]
L: 장변의 길이[m]
X: 포착점까지의 거리[m]
V_c: 제어속도[m/sec]

$Q = 3.7 \times 3 \times 2 \times 2 = 44.4 [\text{m}^3/\text{sec}]$

$Q = \dfrac{44.4 \text{m}^3}{\text{sec}} \times \dfrac{60 \text{sec}}{\text{min}} = 2,664 [\text{m}^3/\text{min}]$

50

방진마스크에 대한 설명으로 옳은 것은?

① 흡기저항상승률이 높은 것이 좋다.
② 형태에 따라 전면형 마스크와 후면형 마스크가 있다.
③ 필터의 여과효율이 낮고 흡입저항이 클수록 좋다.
④ 비휘발성 입자에 대한 보호가 가능하고 가스 및 증기의 보호는 안 된다.

오답해설

① 방진마스크는 흡기저항상승률이 낮은 것이 좋다.
② 방진마스크는 형태에 따라 전면형, 반면형으로 나눌 수 있다.
③ 필터의 여과효율이 높고 흡입저항이 낮을수록 좋다.

51

한랭작업장에서 일하고 있는 근로자의 관리에 대한 내용으로 옳지 않은 것은?

① 가장 따뜻한 시간대에 작업을 실시한다.
② 노출된 피부나 전신의 온도가 떨어지지 않도록 온도를 높이고 기류의 속도는 낮추어야 한다.
③ 신발은 발을 압박하지 않고 습기가 있는 것을 신는다.
④ 외부 액체가 스며들지 않도록 방수처리된 의복을 입는다.

해설

신발은 발을 압박하지 않고 습기가 없는 것이 좋다.

52

스토크스식에 근거한 중력침강속도에 대한 설명으로 틀린 것은? (단, 공기 중의 입자를 고려한다.)

① 중력가속도에 비례한다.
② 입자직경의 제곱에 비례한다.
③ 공기의 점성계수에 반비례한다.
④ 입자와 공기의 밀도차에 반비례한다.

해설

침강속도식(Stoke's식)

$$V_g = \dfrac{d_p^2 (\rho_p - \rho) g}{18 \mu}$$

여기서, V_g: 침강속도
d_p: 입자의 직경
ρ_p: 입자의 밀도
ρ: 공기의 밀도
g: 중력가속도
μ: 점성계수

스토크스 법칙에 따르면, 입자의 침강속도는 입자와 공기 사이의 밀도차에 비례한다.

정답 49 ② | 50 ④ | 51 ③ | 52 ④

53

다음 중 국소배기장치 설계의 순서로 가장 적절한 것은?

① 소요풍량 계산 → 후드형식 선정 → 제어속도 결정
② 제어속도 결정 → 소요풍량 계산 → 후드형식 선정
③ 후드형식 선정 → 제어속도 결정 → 소요풍량 계산
④ 후드형식 선정 → 소요풍량 계산 → 제어속도 결정

해설

국소배기장치의 설계 순서
후드형식 선정 → 제어속도 결정 → 소요풍량 계산 → 반송속도 결정

54

다음 중 방독마스크의 카트리지의 수명에 영향을 미치는 요소와 가장 거리가 먼 것은?

① 흡착제의 질과 양
② 상대습도
③ 온도
④ 분진입자의 크기

해설

방독마스크는 분진이 아니라 유해가스 및 증기를 차단하기 위한 보호구이며, 유해가스의 농도가 높을수록 카트리지의 수명이 짧아진다.

55

원심력 송풍기인 방사날개형 송풍기에 관한 설명으로 틀린 것은?

① 깃이 평판으로 되어 있다.
② 플레이트형 송풍기라고도 한다.
③ 깃의 구조가 분진을 자체 정화할 수 있도록 되어 있다.
④ 큰 압력손실에서 송풍량이 급격히 떨어지는 단점이 있다.

해설

높은 압력손실에서 송풍량이 급격하게 떨어지는 단점이 있는 송풍기는 다익형(전향날개형)이다.

56

작업환경개선을 위한 물질의 대체로 적절하지 않은 것은?

① 주물공정에서 실리카모래 대신 그린모래로 주형을 채우도록 한다.
② 보온재로 석면 대신 유리섬유나 암면 등을 사용한다.
③ 금속표면을 블라스팅할 때 사용재료를 철구슬 대신 모래를 사용한다.
④ 야광시계 자판의 라듐을 인으로 대체하여 사용한다.

해설

금속표면을 블라스팅할 때 모래 대신 철구슬을 사용하여야 모래 비산으로 인한 작업장 오염을 방지할 수 있다.

정답 53 ③ 54 ④ 55 ④ 56 ③

57

원심력 송풍기의 종류 중 전향날개형 송풍기에 관한 설명으로 옳지 않은 것은?

① 다익형 송풍기라고도 한다.
② 큰 압력손실에도 송풍량의 변동이 적은 장점이 있다.
③ 송풍기의 임펠러가 다람쥐 쳇바퀴 모양이며, 송풍기 깃이 회전방향과 동일한 방향으로 설계되어 있다.
④ 동일 송풍량을 발생시키기 위한 임펠러 회전속도가 상대적으로 낮아 소음문제가 거의 발생하지 않는다.

해 설

전향날개형(다익형) 송풍기는 높은 압력손실에서 송풍량이 급격하게 떨어진다.

58

필요환기량을 감소시키는 방법으로 옳지 않은 것은?

① 가급적이면 공정이 많이 포위되지 않도록 하여야 한다.
② 후드 개구면에서 기류가 균일하게 분포되도록 설계한다.
③ 공정에서 발생 또는 배출되는 오염물질의 절대량을 감소시킨다.
④ 포집형이나 레시버형 후드를 사용할 때는 가급적 후드를 배출 오염원에 가깝게 설치한다.

해 설

후드 사용 시 공정을 둘러싸는 구조가 완전할수록 후드 밖으로 유출되는 오염물질의 유속이 줄어들어 필요환기량이 감소한다.

59

국소배기시스템 설계에서 송풍기 전압이 136[mmH$_2$O]이고, 송풍량은 184[m^3/min]일 때, 필요한 송풍기 소요동력은 약 몇 [kW]인가? (단, 송풍기의 효율은 60[%]이다.)

① 2.7   ② 4.8
③ 6.8   ④ 8.7

해 설

송풍기 소요동력

$$소요동력 = \frac{Q \times \Delta P}{6{,}120 \times \eta} \times \alpha$$

여기서, Q: 송풍량[m^3/min]
ΔP: 송풍기 유효정압(또는 전압)[mmH$_2$O]
η: 효율
α: 여유율

$$소요동력 = \frac{184 \times 136}{6{,}120 \times 0.6} \times 1.0 = 6.8[kW]$$

60

다음 중 작업환경관리의 목적과 가장 거리가 먼 것은?

① 산업재해 예방
② 작업환경의 개선
③ 작업능률의 향상
④ 직업병 치료

해 설

유해한 작업환경 및 조건으로 발생한 질병을 진단하고 치료함은 작업환경의학의 목적에 가깝다.

정답 57 ② 58 ① 59 ③ 60 ④

4과목 물리적유해인자관리

61
흑구온도가 260[K]이고, 기온이 251[K]일 때 평균복사온도는? (단, 기류속도는 1[m/s]이다.)

① 227.8 ② 260.7
③ 287.2 ④ 300.6

해설

평균복사온도

$$T_r = T_g + 0.24\sqrt{V}(T_g - T_a)$$

여기서, T_r: 평균복사온도[K]
T_g: 흑구온도[K]
V: 기류속도[m/s]
T_a: 기온[K]

$T_r = 260 + 0.24 \times \sqrt{1} \times (260 - 251) = 262.16[K]$

62
산업안전보건법령상 적정한 공기에 해당하는 것은? (단, 다른 성분의 조건은 적정한 것으로 가정한다.)

① 이산화탄소농도가 1.0[%]인 공기
② 산소농도가 16[%]인 공기
③ 산소농도가 25[%]인 공기
④ 황화수소농도가 25[ppm]인 공기

해설

적정공기 기준
- 산소: 18[%] 이상 23.5[%] 미만
- 일산화탄소: 30[ppm] 미만
- 이산화탄소: 1.5[%] 미만
- 황화수소: 10[ppm] 미만

63
높은(고) 기압에 의한 건강영향의 설명으로 틀린 것은?

① 청력의 저하, 귀의 압박감이 일어나며 심하면 고막파열이 일어날 수 있다.
② 부비강 개구부 감염 혹은 기형으로 폐쇄된 경우 심한 구토, 두통 등의 증상을 일으킨다.
③ 압력상승이 급속한 경우 폐 및 혈액으로 탄산가스의 일과성 배출이 일어나 호흡이 억제된다.
④ 3~4기압의 산소 혹은 이에 상당하는 공기 중 산소분압에 의하여 중추신경계의 장해에 기인하는 운동장해를 나타내는데 이것을 산소중독이라고 한다.

해설

압력상승이 급속한 경우 폐포 및 혈중 이산화탄소 농도가 올라가므로 숨이 더 가빠진다.

> ⓘ **가장 빠른 합격비법**
> 혈중 이산화탄소 농도가 상승하면 이를 체외로 배출하기 위하여 숨이 가빠집니다.

64
적외선의 생물학적 영향에 관한 설명으로 틀린 것은?

① 근적외선은 급성 피부화상, 색소침착 등을 일으킨다.
② 적외선이 흡수되면 화학반응에 의하여 조직온도가 상승한다.
③ 조사 부위의 온도가 오르면 홍반이 생기고, 혈관이 확장된다.
④ 장기간 조사 시 두통, 자극작용이 있으며, 강력한 적외선은 뇌막자극증상을 유발할 수 있다.

해설

분자가 적외선을 흡수하면 분자의 에너지준위가 상승하여 조직온도도 상승하는데, 이는 화학적 반응이 아니라 물리적 반응이다.

정답 61 ② 62 ① 63 ③ 64 ②

65

피부로 감지할 수 없는 불감기류의 최고기류범위는 얼마인가?

① 약 0.5[m/s] 이하
② 약 1.0[m/s] 이하
③ 약 1.3[m/s] 이하
④ 약 1.5[m/s] 이하

해 설

불감기류는 0.5[m/s] 이하인 기류이며, 피부로 감지하기 힘들다.

66

소음작업장에서 각 음원의 음압레벨이 A=110[dB], B=80[dB], C=70[dB]이다. 음원이 동시에 가동될 때 음압레벨(SPL)은?

① 87[dB]　　② 90[dB]
③ 95[dB]　　④ 110[dB]

해 설

합산 소음

$$L_{합} = 10\log\left(10^{\frac{SPL_1}{10}} + 10^{\frac{SPL_2}{10}} + \cdots + 10^{\frac{SPL_n}{10}}\right)$$

여기서, $L_{합}$: 합산 소음[dB]
　　　　SPL_n: 음압수준[dB]

$$L_{합} = 10\log\left(10^{\frac{110}{10}} + 10^{\frac{80}{10}} + 10^{\frac{70}{10}}\right) = 110[dB]$$

67

한랭환경으로 인하여 발생되거나 악화되는 질병과 가장 거리가 먼 것은?

① 동상(Frist Bote)
② 지단자람증(Acrocyanosis)
③ 케이슨병(Caisson Disease)
④ 레이노드씨병(Raynaud's Disease)

해 설

고압환경에서 체내에 과다하게 용해되었던 질소가 압력이 낮아질 때 기포를 형성하여 혈액의 순환을 방해하거나 조직에 영향을 주어 여러 가지 다양한 증상을 일으키는데, 이를 케이슨병(감압병)이라고 한다.

68

진동에 의한 생체영향과 가장 거리가 먼 것은?

① C_5-dip 현상
② Raynaud 현상
③ 내분비계 장해
④ 뼈 및 관절의 장해

해 설

C_5-dip은 4,000[Hz] 부근의 소음에서 청력저하가 뚜렷해지는 소음성 난청현상이다.

정답 65 ① 66 ④ 67 ③ 68 ①

69

소음의 생리적 영향으로 볼 수 없는 것은?

① 혈압 감소　　② 맥박수 증가
③ 위분비액 감소　④ 집중력 감소

해설
소음에 노출되면 혈압이 증가한다.

70

자유공간에 위치한 점음원의 음향파워레벨(PWL)이 110[dB]일 때, 이 점음원으로부터 100[m] 떨어진 곳의 음압레벨(SPL)은?

① 49[dB]　　② 59[dB]
③ 69[dB]　　④ 79[dB]

해설
SPL과 PWL의 관계(자유공간)

$$SPL = PWL - 20\log r - 11$$

여기서, SPL: 음압수준[dB]
PWL: 음력수준[dB]
r: 음원으로부터 떨어진 거리[m]

$SPL = 110 - 20\log 100 - 11 = 59[dB]$

71

방사선을 전리방사선과 비전리방사선으로 분류하는 인자가 아닌 것은?

① 파장　　　　② 주파수
③ 이온화하는 성질　④ 투과력

해설
입자방사선에 속하는 전리방사선은 투과력이 낮다. 따라서, 투과력으로 전리방사선과 비전리방사선을 구분할 수 없다.

72

기류의 측정에 사용되는 기구가 아닌 것은?

① 흑구온도계　　② 열선풍속계
③ 카타온도계　　④ 풍차풍속계

해설
흑구온도계는 열환경 측정에 사용된다.

정답 69 ①　70 ②　71 ④　72 ①

73

전리방사선의 단위에 관한 설명으로 틀린 것은?

① [rad] – 조사량과 관계없이 인체조직에 흡수된 양을 의미한다.
② [rem] – 1[rad]의 X선 혹은 감마선이 인체조직에 흡수된 양을 의미한다.
③ curie – 1초 동안에 3.7×10^{10}개의 원자붕괴가 일어나는 방사능 물질의 양을 의미한다.
④ Roentgen[R] – 공기 중에 방사선에 의해 생성되는 이온의 양으로 주로 X선 및 감마선의 조사량을 표시할 때 쓰인다.

해설

[rem]은 등가선량의 단위로, 같은 흡수선량이라 하더라도 방사선의 종류에 따라서 인체가 받는 영향의 정도가 다른 것을 고려한 개념이다.

관련개념

등가선량[rem] = 흡수선량[rad] × 상대적 생물학적 효과[RBE]

74

국소진동에 노출된 경우에 인체에 장애를 발생시킬 수 있는 주파수 범위로 알맞은 것은?

① 10~150[Hz]
② 10~300[Hz]
③ 8~500[Hz]
④ 8~1,500[Hz]

해설

국소진동의 영향은 주로 8~1,500[Hz] 범위의 진동에서 발생한다.

75

소음평가치의 단위로 가장 적절한 것은?

① [Hz]
② [NRR]
③ [phon]
④ [NRN]

해설

NRN(Noise Rating Number)은 실내소음평가지수이므로 소음평가치의 단위로 가장 적절하다.

76

조명을 작업환경의 한 요인으로 볼 때, 고려해야 할 사항이 아닌 것은?

① 빛의 색
② 조명시간
③ 눈부심과 휘도
④ 조도와 조도의 분포

해설

조명시간은 작업환경요인보다는 작업조건에 가깝다.

정답 73 ② 74 ④ 75 ④ 76 ②

77
감압에 따른 기포형성량을 좌우하는 요인이 아닌 것은?

① 감압속도
② 체내 가스의 팽창 정도
③ 조직에 용해된 가스량
④ 혈류를 변화시키는 상태

해설
감압에 따른 기포형성량은 가스의 팽창정도보다는 감압속도, 조직에 용해된 가스량, 혈류를 변화시키는 상태 등에 의해 더 큰 영향을 받는다.

78
도르노선(Dorno-ray)에 대한 내용으로 맞는 것은?

① 가시광선의 일종이다.
② 280~315[Å] 파장의 자외선을 의미한다.
③ 소독작용, 비타민 D 형성 등 생물학적 작용이 강하다.
④ 절대온도 이상의 모든 물체는 온도에 비례하여 방출한다.

오답해설
① 도르노선은 자외선의 일종이다.
② 280~315[nm](2,800~3,150[Å]) 파장의 자외선이다.
④ 절대온도 이상의 모든 물체가 방출하는 빛은 적외선이다.

79
일반적인 작업장의 인공조명 시 고려사항으로 적절하지 않은 것은?

① 조명도를 균등히 유지할 것
② 경제적이며 취급이 용이할 것
③ 가급적 직접조명이 되도록 설치할 것
④ 폭발성 또는 발화성이 없으며 유해가스를 발생하지 않을 것

해설
작업장의 인공조명은 가급적 간접조명이 되도록 설치하여야 한다.

80
미국(EPA)의 차음평가지수를 의미하는 것은?

① NRR
② TL
③ SNR
④ SLC80

해설
귀마개 차음효과의 예측(미국 OSHA 기준)

차음효과 = (NRR − 7) × 0.5

여기서, NRR : 차음평가지수

정답 77 ② 78 ③ 79 ③ 80 ①

5과목　산업독성학

81
다음 중 카드뮴에 관한 설명으로 틀린 것은?

① 카드뮴은 부드럽고 연성이 있는 금속으로 납광물이나 아연광물을 제련할 때 부산물로 얻어진다.
② 흡수된 카드뮴은 혈장단백질과 결합하여 최종적으로 신장에 축적된다.
③ 인체 내에서 철을 필요로 하는 효소와의 결합반응으로 독성을 나타낸다.
④ 카드뮴 흄이나 먼지에 급성 노출되면 호흡기가 손상되며 사망에 이르기도 한다.

해 설

철을 필요로 하는 효소와의 결합이 카드뮴 독성의 주된 메커니즘이라는 근거는 없다.
카드뮴은 효소의 기능 유지에 필요한 −SH기와 반응하여 독성을 보인다.

82
다음 중 실험동물을 대상으로 투여 시 독성을 초래하지는 않지만 관찰 가능한 가역적인 반응이 나타는 양을 의미하는 용어는?

① 유효량(ED)　　② 치사량(LD)
③ 독성량(TD)　　④ 서한량(PD)

해 설

화학물질을 투여한 실험동물에게 관찰 가능한 가역적인 반응을 나타내는 양을 의미하는 용어는 ED(Effective Dose)이다.

83
다음 중 진폐증 발생에 관여하는 인자와 가장 거리가 먼 것은?

① 분진의 노출기간
② 분진의 분자량
③ 분진의 농도
④ 분진의 크기

해 설

분진의 크기(직경)는 진폐증 발생에 관여하여도 분진의 분자량은 관여한다고 보기 어렵다.

84
유해화학물질의 노출기준으로 정하고 있는 기관과 노출기준 명칭의 연결이 옳은 것은?

① OSHA − REL
② AIHA − MAC
③ ACGIH − TLV
④ NIOSH − PEL

오답해설

① OSHA(미국산업안전보건청): PEL
② AIHA(미국산업위생학회): WEEL
④ NIOSH(국립산업안전보건연구원): REL

정답 81 ③　82 ①　83 ②　84 ③

85

다음 중 생물학적 모니터링에 관한 설명으로 적절하지 않은 것은?

① 생물학적 모니터링은 작업자의 생물학적 시료에서 화학물질의 노출 정도를 추정하는 것을 말한다.
② 근로자 노출평가와 건강상의 영향평가 두 가지 목적으로 모두 사용될 수 있다.
③ 내재용량은 최근에 흡수된 화학물질의 양을 말한다.
④ 내재용량은 여러 신체 부분이나 몸 전체에서 저장된 화학물질의 양을 말하는 것은 아니다.

해 설
내재용량(체내노출량)은 신체 내로 유효하게 흡수된 화학물질의 양을 말한다.

86

다음 중 생체 내에서 혈액과 화학작용을 일으켜서 질식을 일으키는 물질은?

① 수소   ② 헬륨
③ 질소   ④ 일산화탄소

해 설
일산화탄소는 화학적 질식제이다.

87

다음 중 핵산 하나를 탈락시키거나 첨가함으로써 돌연변이를 일으키는 물질은?

① 아세톤(Acetone)
② 아닐린(Aniline)
③ 아크리딘(Acridine)
④ 아세토니트릴(Acetonitrile)

해 설
아크리딘은 핵산 하나를 탈락시키거나 첨가함으로써 돌연변이를 발생시킨다.

88

직업적으로 벤지딘(Benzidine)에 장기간 노출되었을 때 암이 발생될 수 있는 인체 부위로 가장 적절한 것은?

① 피부   ② 뇌
③ 폐   ④ 방광

해 설
벤지딘, 2-나프틸아민, 4-아미노디페닐, 아닐린과 같은 아민류는 방광에 종양을 유발한다.

정답 85 ④ 86 ④ 87 ③ 88 ④

89

다음 표와 같은 크롬중독을 스크린하는 검사법을 개발하였다면 이 검사법의 특이도는 얼마인가?

구분		크롬중독진단		합계
		양성	음성	
검사법	양성	15	9	24
	음성	9	21	30
합계		24	30	54

① 68[%] ② 69[%]
③ 70[%] ④ 71[%]

해설

특이도
$= \dfrac{\text{검사법은 음성이고 실제 진단도 음성}}{\text{검사법은 양성이나 실제 진단은 음성} + \text{검사법은 음성이고 실제 진단도 음성}}$
$= \dfrac{21}{9+21} = 0.7 = 70[\%]$

90

다음 중 수은중독에 관한 설명으로 틀린 것은?

① 수은은 주로 골조직과 신경에 많이 축적된다.
② 무기수은염류는 호흡기나 경구적 어느 경로라도 흡수된다.
③ 수은중독의 특징적인 증상은 구내염, 근육진전 등이 있다.
④ 전리된 수은이온은 단백질을 침전시키고, thiol기(−SH)를 가진 효소작용을 억제한다.

해설

수은은 일반적으로 신장 및 간에 고농도로 축적된다.

91

다음 중 인체 순환기계에 대한 설명으로 틀린 것은?

① 인체의 각 구성세포에 영양소를 공급하며, 노폐물 등을 운반한다.
② 혈관계의 동맥은 심장에서 말초혈관으로 이동하는 원심성 혈관이다.
③ 림프관은 체내에서 들어온 감염성 미생물 및 이물질을 살균 또는 식균하는 역할을 한다.
④ 신체방어에 필요한 혈액응고효소 등을 손상받은 부위로 수송한다.

해설

림프관은 병원체를 운반하고, 림프절에서 면역세포들이 이를 제거·처리한다.

92

다음 중 달걀 썩는 것 같은 심한 부패성 냄새가 나는 물질로, 노출 시 중추신경의 억제와 후각의 마비증상을 유발하며, 치료를 위하여 100[%] O_2를 투여하는 등의 조치가 필요한 물질은?

① 암모니아 ② 포스겐
③ 오존 ④ 황화수소

해설

황화수소는 달걀 썩는 것 같은 심한 부패성 냄새가 나고 노출 시 중추신경의 억제와 후각의 마비증상을 유발한다.

정답 89 ③ 90 ① 91 ③ 92 ④

93

다음 중 수은중독환자의 치료방법으로 적합하지 않는 것은?

① Ca-EDTA 투여
② BAL(British Anti-Lewisite) 투여
③ N-acetyl-D-penicillamine 투여
④ 우유와 계란의 흰자를 먹인 후 위 세척

해 설
Ca-EDTA는 납중독 치료에는 사용하지만, 수은과 반응하지 않아 수은중독에 사용할 수 없다.

94

ACGIH에 의하여 구분된 입자상 물질의 명칭과 입경을 연결한 것으로 틀린 것은?

① 폐포성 입자상 물질 - 평균입경이 1[μm]
② 호흡성 입자상 물질 - 평균입경이 4[μm]
③ 흉곽성 입자상 물질 - 평균입경이 10[μm]
④ 흡입성 입자상 물질 - 평균입경이 0~100[μm]

해 설
ACGIH의 구분에 따르면, 입자상 물질은 흡입성, 흉곽성, 호흡성으로 구분되며, 폐포성 입자상 물질은 없다.

95

벤젠 노출근로자의 생물학적 모니터링을 위하여 소변시료를 확보하였다. 다음 중 분석해야 하는 대사산물로 맞는 것은?

① 마뇨산(Hippuric Acid)
② t,t-뮤코닉산(t,t-Muconic Acid)
③ 메틸마뇨산(Methylhippuric Acid)
④ 트리클로로아세트산(Trichloroacetic Acid)

해 설
벤젠의 생물학적 노출지표는 요 중 뮤콘산(Muconic Acid)이다.

96

다음 중 ACGIH의 발암물질 구분 중 인체발암성 미분류 물질 구분으로 알맞은 것은?

① A_2
② A_3
③ A_4
④ A_5

해 설
ACGIH의 발암성 물질 구분

그룹	설명
A_1	인체발암 확정 물질
A_2	인체발암이 의심되는 물질(발암 추정물질)
A_3	동물 발암성 확인물질
A_4	인체 발암성 미분류 물질
A_5	인체 발암성 미의심 물질

정답 93 ① 94 ① 95 ② 96 ③

97

산업안전보건법령상 기타 분진의 산화규소 결정체 함유율과 노출기준으로 맞는 것은?

① 함유율: 0.1[%] 이상, 노출기준: 5[mg/m³]
② 함유율: 0.1[%] 이하, 노출기준: 10[mg/m³]
③ 함유율: 1[%] 이상, 노출기준: 5[mg/m³]
④ 함유율: 1[%] 이하, 노출기준: 10[mg/m³]

해설

기타 분진의 산화규소 결정체 함유율은 1[%] 이하이며 노출기준은 10[mg/m³]이다.

98

다음 중 혈색소와 친화도가 산소보다 강하여 COHb를 형성하여 조직에서 산소공급을 억제하며, 혈중 COHb의 농도가 높아지면 HbO_2의 해리작용을 방해하는 물질은?

① 일산화탄소 ② 에탄올
③ 리도카인   ④ 염소산염

해설

일산화탄소는 헤모글로빈과의 결합력이 산소보다 240배 강해 COHb을 형성하여 산소공급을 억제한다. 또한, HbO_2의 해리작용을 방해한다.

99

직업성 천식의 발생기전과 관계가 없는 것은?

① Metallothionein
② 항원공여세포
③ IgG
④ Histamine

해설

직업성 천식은 면역학적 과민반응 또는 기도 염증으로부터 기인한다. 메탈로티오네인(Metallothionein)은 주로 금속 독성으로부터 세포를 보호하는 단백질이다.

100

할로겐화 탄화수소에 속하는 삼염화에틸렌(Trichloroethylene)은 호흡기를 통하여 흡수된다. 삼염화에틸렌의 대사 산물은?

① 삼염화초산   ② 메틸마뇨산
③ 사염화에틸렌   ④ 페놀

해설

삼염화에틸렌(트리클로로에틸렌)의 생물학적 노출지표는 요 중 삼염화초산이다.

정답 97 ④ 98 ① 99 ① 100 ①

**에듀윌이
너를
지**지할게
ENERGY

내가 꿈을 이루면
나는 누군가의 꿈이 된다.

– 이도준

여러분의 작은 소리
에듀윌은 크게 듣겠습니다.

본 교재에 대한 여러분의 목소리를 들려주세요.
공부하시면서 어려웠던 점, 궁금한 점,
칭찬하고 싶은 점, 개선할 점, 어떤 것이라도 좋습니다.
에듀윌은 여러분께서 나누어 주신 의견을
통해 끊임없이 발전하고 있습니다.

에듀윌 도서몰 book.eduwill.net
- 부가학습자료 및 정오표: 에듀윌 도서몰 → 도서자료실
- 교재 문의: 에듀윌 도서몰 → 문의하기 → 교재(내용, 출간) / 주문 및 배송

꿈을 현실로 만드는 에듀윌

공무원 교육
- 선호도 1위, 신뢰도 1위! 브랜드만족도 1위!
- 합격자 수 2,100% 폭등시킨 독한 커리큘럼

자격증 교육
- 9년간 아무도 깨지 못한 기록 합격자 수 1위
- 가장 많은 합격자를 배출한 최고의 합격 시스템

직영학원
- 검증된 합격 프로그램과 강의
- 1:1 밀착 관리 및 컨설팅
- 호텔 수준의 학습 환경

종합출판
- 온라인서점 베스트셀러 1위!
- 출제위원급 전문 교수진이 직접 집필한 합격 교재

어학 교육
- 토익 베스트셀러 1위
- 토익 동영상 강의 무료 제공

콘텐츠 제휴 · B2B 교육
- 고객 맞춤형 위탁 교육 서비스 제공
- 기업, 기관, 대학 등 각 단체에 최적화된 고객 맞춤형 교육 및 제휴 서비스

부동산 아카데미
- 부동산 실무 교육 1위!
- 상위 1% 고소득 창업/취업 비법
- 부동산 실전 재테크 성공 비법

학점은행제
- 99%의 과목이수율
- 17년 연속 교육부 평가 인정 기관 선정

대학 편입
- 편입 교육 1위!
- 최대 200% 환급 상품 서비스

국비무료 교육
- '5년우수훈련기관' 선정
- K-디지털, 산대특 등 특화 훈련과정
- 원격국비교육원 오픈

에듀윌 교육서비스 **공무원 교육** 9급공무원/소방공무원/계리직공무원 **자격증 교육** 공인중개사/주택관리사/손해평가사/감정평가사/노무사/전기기사/경비지도사/검정고시/소방설비기사/소방시설관리사/사회복지사1급/대기환경기사/수질환경기사/건축기사/토목기사/직업상담사/전기기능사/산업안전기사/건설안전기사/위험물산업기사/위험물기능사/유통관리사/물류관리사/행정사/한국사능력검정/한경TESAT/매경TEST/KBS한국어능력시험/실용글쓰기/ITT자격증/국제무역사/무역영어 **어학 교육** 토익 교재/토익 동영상 강의 **세무/회계** 전산세무회계/ERP정보관리사/재경관리사 **대학 편입** 편입 영어/수학/연고대/의약대/경찰대/논술/면접 **직영학원** 공무원학원/소방학원/공인중개사 학원/주택관리사 학원/전기기사 학원/편입학원 **종합출판** 공무원·자격증 수험교재 및 단행본 **학점은행제** 교육부 평가인정기관 원격평생교육원(사회복지사2급/경영학/CPA) **콘텐츠 제휴·B2B 교육** 교육 콘텐츠 제휴/기업 맞춤 자격증 교육/대학취업역량 강화 교육 **부동산 아카데미** 부동산 창업CEO/부동산 경매 마스터/부동산 컨설팅 **주택취업센터** 실무 특강/실무 아카데미 **국비무료 교육(국비교육원)** 전기기능사/전기(산업)기사/소방설비(산업)기사/IT(빅데이터/자바프로그램/파이썬)/게임그래픽/3D프린터/실내건축디자인/웹퍼블리셔/그래픽디자인/영상편집(유튜브) 디자인/온라인 쇼핑몰광고 및 제작(쿠팡, 스마트스토어)/전산세무회계/컴퓨터활용능력/ITQ/GTQ/직업상담사

교육문의 1600-6700 www.eduwill.net

- 2022 소비자가 선택한 최고의 브랜드 공무원·자격증 교육 1위 (조선일보) • 2023 대한민국 브랜드만족도 공무원·자격증·취업·학원·편입·부동산 실무 교육 1위 (한경비즈니스)
- 2017/2022 에듀윌 공무원 과정 최종 환급자 수 기준 • 2023년 성인 자격증, 공무원 직영학원 기준 • YES24 공인중개사 부문, 2025 에듀윌 공인중개사 1차 단원별 기출문제집 민법 및 민사특별법(2025년 5월 월별 베스트) • 교보문고 취업/수험서 부문, 2020 에듀윌 농협은행 6급 NCS 직무능력평가+실전모의고사 4회 (2020년 1월 27일~2월 5일, 인터넷 주간 베스트) 그 외 다수
- YES24 컴퓨터활용능력 부문, 2024 컴퓨터활용능력 1급 필기 초단기끝장(2023년 10월 3~4주 주별 베스트) 그 외 다수 • YES24 신규 자격증 부문, 2024 에듀윌 데이터분석 준전문가 ADsP 2주끝장(2024년 4월 2주, 9월 5주 주별 베스트) • 인터파크 자격서/수험서 부문, 에듀윌 한국사능력검정시험 2주끝장 심화 (1, 2, 3급) (2020년 6~8월 월간 베스트) 그 외 다수 • YES24 국어 외국어 사전영어 토익/TOEIC 기출문제/모의고사 분야 베스트셀러 1위 (에듀윌 토익 READING RC 4주끝장 리딩 종합서, 2022년 9월 4주 주별 베스트) • 에듀윌 토익 교재 입문~실전 인강 무료 제공 (2022년 최신 강좌 기준/109강) • 2024년 종강반 중 모든 평가항목 정상 참여자 기준, 99% (평생교육원 기준) • 2008년~2024년까지 234만 누적수강학점으로 과목 운영 (평생교육원 기준)
- 에듀윌 국비교육원 구로센터 고용노동부 지정 '5년우수훈련기관' 선정 (2023~2027) • KRI 한국기록원 2016, 2017, 2019년 공인중개사 최다 합격자 배출 공식 인증 (2025년 현재까지 업계 최고 기록)

2023 대한민국 브랜드만족도 기술자격증 교육 1위
(한경비즈니스)

2026 에듀윌 산업위생관리기사
필기+무료특강

1 최빈출 100제와 연계된 〈최빈출 100제 특강〉 무료 제공
　　이용경로　에듀윌 도서몰(book.eduwill.net) ▶ 동영상강의실 ▶ '산업위생' 검색

2 시험에 출제되는 유형만 모아놓은 계.산.끝. 부록 제공
　　이용경로　교재 내 수록

3 단기합격을 위한 한 달 합격 학습 플래너 제공
　　이용경로　광고 내 수록

고객의 꿈, 직원의 꿈, 지역사회의 꿈을 실현한다

에듀윌 도서몰
book.eduwill.net
- 부가학습자료 및 정오표: 에듀윌 도서몰 > 도서자료실
- 교재 문의: 에듀윌 도서몰 > 문의하기 > 교재(내용, 출간) / 주문 및 배송